# 建筑材料标准汇编

## 水泥制品 2004

全国水泥制品标准化技术委员会
建筑材料工业技术监督研究中心 编
中国标准出版社第二编辑室

中国标准出版社

**图书在版编目（CIP）数据**

水泥制品．2004/全国水泥制品标准化技术委员会等编．—北京：中国标准出版社，2004

（建筑材料标准汇编）

ISBN 7-5066-3591-7

Ⅰ．水…　Ⅱ．全…　Ⅲ．水泥-制品-标准-汇编-中国-2004　Ⅳ．TU525-65

中国版本图书馆 CIP 数据核字（2004）第 105979 号

中 国 标 准 出 版 社 出 版 发 行

北京复兴门外三里河北街 16 号

邮政编码：100045

网址 www.bzcbs.com

电话：68523946　68517548

中国标准出版社秦皇岛印刷厂印刷

各地新华书店经销

*

开本 880×1230　1/16　印张 75.5　字数 2 308 千字

2004 年 11 月第一版　2004 年 11 月第一次印刷

*

定价 200.00 元

# 前　　言

水泥制品是主要的工程建设材料，它取材广泛、价格低廉、性能优良，因此，被世界各国广泛而普遍采用。近年来，随着我国国民经济的迅速发展，基础建设工程不断扩大，国家对工程质量的要求也越来越高。为了适应行业技术进步的要求和满足广大水泥制品生产企业、质量监督检验部门、行业管理部门贯彻执行标准的需要，我们编制了这本《建筑材料标准汇编　水泥制品　2004》。

全国水泥制品标准化技术委员会曾于1999年出版了《建筑材料标准汇编　水泥制品》，对我国水泥制品行业的标准化和规范化起到了积极的作用，深受广大读者的欢迎。

1999年以来，我国又陆续制、修订了一批水泥制品行业相关的国家标准和行业标准，鉴于标准的时效性和有助于更好地贯彻实施相关标准，全国水泥制品标准化技术委员会联合建筑材料工业技术监督研究中心对1999年出版的《建筑材料标准汇编　水泥制品》进行了修订、增补。此次重新修订增加收录了《钢丝网水泥板》、《蒸压加气混凝土砌块》、《蒸压加气混凝土板》等标准内容。

本次修订的2004年版与1999年版相比，增加国家标准24项、行业标准30项。本汇编共收集了2004年4月30日前发布的水泥制品产品标准、试验方法标准及水泥制品设备、模具、辅配件标准137项。其中国家标准54项、行业标准83项。

本汇编收集的标准的属性（推荐性或强制性）已在本目录上标明，标准年号用四位数字表示。鉴于部分国家标准是在标准清理整顿前出版的，现尚未修订，故正文部分仍保留原样，读者在使用这些标准时，其属性以本目录上标明的为准（标准正文“引用标准”中的标准的属性）请读者注意查对。由于所收录标准的发布年代不尽相同，我们对标准中所涉及到的有关量和单位的表示方法未做统一改动。

本汇编目录中，凡注有“*”者均表示该标准有修改单，标准中相关内容已按修改单改正。

考虑到水泥制品行业的实际生产、应用情况，本书中未编入有关水泥船的国家、行业标准。

李建华、甘向晨负责本书的汇集整理工作，奚飞达、岳秋辉、丁明、金福锦、陈斌等参加了汇集整理工作。

本书读者对象为建材、建设部门、监理部门、水泥制品的科研、生产、设计、质检机构与施工材料供销单位的技术人员、销售人员等。

编　者

2004 年 5 月

# 前言(2000年版)

水泥制品是一项重要的建筑材料，它对于保证工程质量具有特别重要的意义。同时，由于其种类繁多，涉及面广，有关标准收集、查阅困难。为此，我们特汇集《建筑材料标准汇编　水泥制品》一书。本书收集了1999年8月31日前发布的水泥制品基础、试验方法标准，水泥制品产品标准，水泥制品辅、配件标准及水泥制品设备、模具标准等。其中国家标准29项，行业标准54项。

考虑到水泥制品行业的实际生产应用情况，本书中未编入有关水泥船及钢丝网水泥的国家、行业标准。

禹琦负责本书的汇集整理工作，杨祥坤、赖喜平、陈义荣、汤关祚、李建华、奚飞达等参加了汇集整理。

本汇编收集的国家标准的属性已在本目录上标明(GB或GB/T)，年号用四位数字表示。鉴于部分国家标准是在国家标准清理整顿前出版的，现尚未修订，故正文部分仍保留原样：读者在使用这些国家标准时，其属性以本目录上标明的为准(标准正文“引用标准”中标准的属性请读者注意查对)。

本汇编目录中，凡注有“*”者均表示该标准有修改单，标准中相关内容已按修改单改正。

在编辑过程中，由于时间仓促，水平有限，可能还存在一些差错，请读者不吝指正。

本书读者对象为建材、建设部门，水泥制品的科研、生产、设计、质检机构与施工材料供销单位的技术人员、销售人员。

编　者

1999年9月

# 目　　录

## 一、产品标准

## 二、基础标准、试验方法标准

## 三、设备、模具标准



## 四、辅、配件标准

# 一、产　品　标　准

中华人民共和国国家标准

GB 396—94

# 环形钢筋混凝土电杆

代替 GB 396—84

**Circular reinforced concrete pole**

## 1 主题内容与适用范围

本标准规定了环形钢筋混凝土电杆的产品分类、技术要求、试验方法、检验规则、标志与出厂合格证明书、保管及运输等。

本标准适用于电力、通讯及接触网架空线路的电杆、照明支柱和信号机柱等。不包括电杆的其他组成部分，如横担、卡盘、底盘等配件。

## 2 引用标准

GB 175 硅酸盐水泥、普通硅酸盐水泥
GB 199 快硬硅酸盐水泥
GB 700 碳素结构钢
GB 701 低碳钢热轧圆盘条
GB 748 抗硫酸盐硅酸盐水泥
GB 1344 矿渣硅酸盐水泥、火山灰质硅酸盐水泥及粉煤灰硅酸盐水泥
GB 1499 钢筋混凝土用热轧带肋钢筋
GB 8076 混凝土外加剂
GB/T 14684 建筑用砂
GB/T 14685 建筑用卵石、碎石
GB J10 混凝土结构设计规范
GB J81 普通混凝土力学性能试验方法
GB J107 混凝土强度检验评定标准
GB J204 钢筋混凝土工程施工及验收规范
GB J321 预制混凝土构件质量检验评定标准
JG J63 混凝土拌合用水标准

## 3 术语

3.1 标准检验荷载($P$)

正常使用短期荷载检验值。

3.2 标准检验弯矩($M_K$)

电杆在标准检验荷载作用下，检验断面处弯矩的检验值。

3.3 承载力检验弯矩($M_U$)

电杆在承载力检验荷载作用下，检验断面处弯矩的检验值。

3.4 裂缝

国家技术监督局1994-12-22批准　　1995-08-01实施

电杆表面有伸入混凝土内部的缝隙。

3.5 漏浆

电杆表面水泥浆流失，露出砂、石。

3.6 露筋

电杆内部的钢筋未被混凝土包裹而外露的缺陷。

3.7 塌落

电杆内壁混凝土成块状脱落。

3.8 蜂窝

混凝土表面因漏浆或缺少水泥砂浆而形成石子外露的缺陷。

3.9 麻面

电杆表面呈密集的微孔。

3.10 粘皮

电杆外表面的水泥浆层被粘去，显现出凹凸不平的结构层。

3.11 龟裂

电杆表面呈龟背纹路，无整齐的边缘和明显的深度。

3.12 水纹

当水渗入混凝土时，表面有可见微细纹路，水分蒸发后，纹路随之消失。

## 4 产品分类

4.1 产品按外形分为锥形杆(锥度为 1∶75)和等径杆，如图 1。

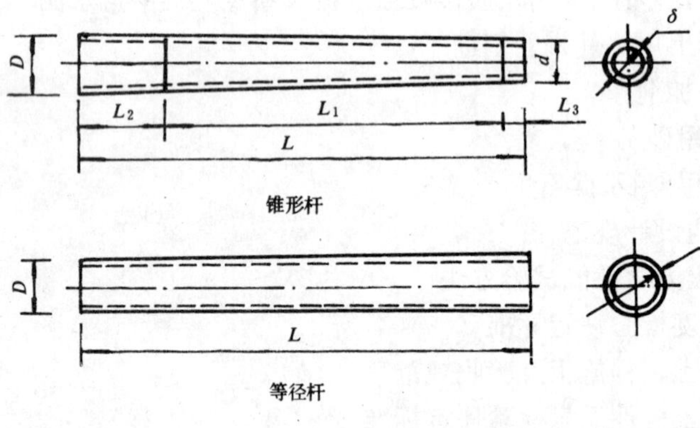


图 1

$L$—杆长；$L_1$——荷载点高度；$L_2$—支持点高度；$L_3$—梢端至荷载点距离(为 0.25 m)；$D$—根径或直径；$d$—梢径；$\delta$—壁厚

4.2 锥形杆有整根和组装杆。锥形杆的杆段系列如图 2。

4.3 电杆的梢径(或直径)、长度、标准检验荷载及标准检验弯矩见表 1、表 2 和表 3。

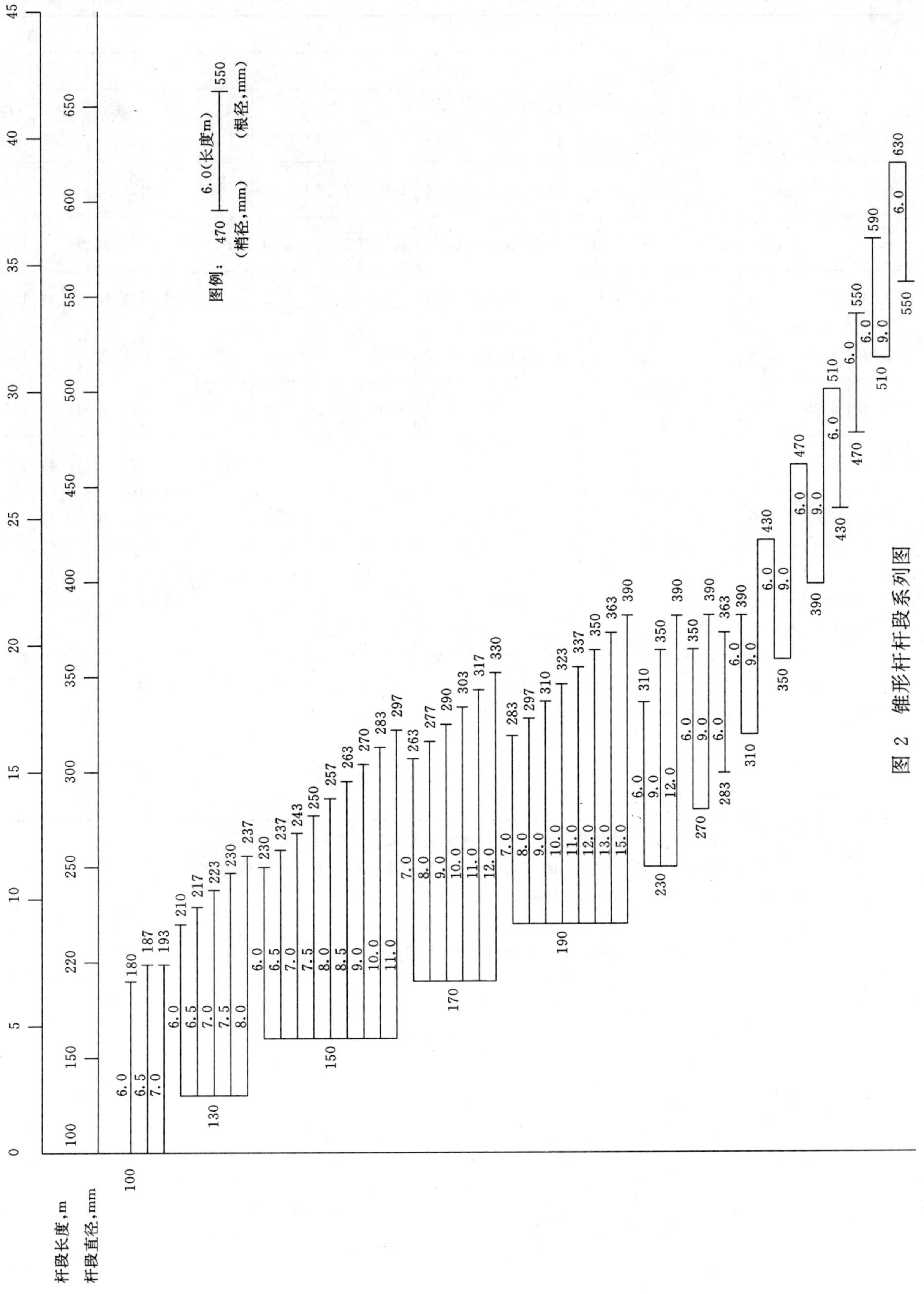


图 2 锥形杆杆段系列图

表 1　整根锥形杆标准

| 标准荷载 $P$ kN | | | 梢 | | | | | | | | | | | | | |
|---|---|---|---|---|---|---|---|---|---|---|---|---|---|---|---|---|
| | | | $\phi100$ | | | $\phi130$ | | | | | $\phi150$ | | | | | |
| | | | $Q_1$ | $Q_2$ | $Q_3$ | $Q_3$ | A | $A_1$ | B | C | B | C | D | E | F | G |
| $L$,m | $L_1$,m | $L_2$,m | 0.50 | 0.60 | 0.75 | 0.75 | 1.00 | 1.15 | 1.25 | 1.50 | 1.25 | 1.50 | 1.75 | 2.00 | 2.25 | 2.50 |
| 6.00 | 4.75 | 1.00 | 2.38 | 2.85 | 3.56 | 3.56 | 4.75 | 5.46 | 5.94 | 7.12 | 5.94 | 7.12 | 8.31 | 9.50 | 10.69 | 11.86 |
| 6.50 | 5.15 | 1.10 | 2.58 | 3.09 | 3.86 | 3.86 | 5.15 | 5.92 | 6.44 | 7.72 | 6.44 | 7.72 | 9.01 | 10.30 | 11.59 | 12.88 |
| 7.00 | 5.55 | 1.20 | 2.78 | 3.33 | 4.16 | 4.16 | 5.55 | 6.38 | 6.94 | 8.32 | 6.94 | 8.32 | 9.71 | 11.10 | 12.49 | 13.88 |
| 7.50 | 6.00 | 1.25 | | | | 4.50 | 6.00 | 6.90 | 7.50 | 9.00 | 7.50 | 9.00 | 10.50 | 12.00 | 13.50 | 15.00 |
| 8.00 | 6.45 | 1.30 | | | | 4.84 | 6.45 | 7.42 | 8.06 | 9.68 | 8.06 | 9.68 | 11.29 | 12.90 | 14.51 | 16.12 |
| 8.50 | 6.85 | 1.40 | | | | | | | | | | 10.28 | 11.99 | 13.70 | 15.41 | 17.12 |
| 9.00 | 7.25 | 1.50 | | | | | | | | | 9.06 | 10.88 | 12.69 | 14.50 | 16.31 | 18.12 |
| 10.00 | 8.05 | 1.70 | | | | | | | | | | 12.08 | 14.09 | 16.10 | 18.11 | 20.12 |
| 11.00 | 8.85 | 1.90 | | | | | | | | | | | 15.49 | | | |
| 12.00 | 9.75 | 2.00 | | | | | | | | | | | | | | |
| 13.00 | 10.55 | 2.20 | | | | | | | | | | | | | | |
| 15.00 | 12.25 | 2.50 | | | | | | | | | | | | | | |

注：① 标准检验弯矩即支持点断面处弯矩，等于标准检验荷载乘以荷载点高度。

② 电杆承载力检验弯矩 $M_U=[\beta_U]M_K$，$[\beta_U]$——承载力综合检验系数允许值为 2.0。

③ $Q_1$、$Q_2$、A、B、C、D……，是不同标准检验荷载的代号。

④ 经供需双方协议，也可生产其他承载检验弯矩的电杆。

⑤ 按照上级主管部门批准的图纸生产的产品，则根据图纸注明的要求进行检验。

检验弯矩 kN·m

径,mm

| φ170 | | | | | φ190 | | | | | | | φ230 | | |
|---|---|---|---|---|---|---|---|---|---|---|---|---|---|---|
| D<br>1.75 | E<br>2.00 | F<br>2.25 | G<br>2.50 | H<br>2.75 | F<br>2.25 | G<br>2.50 | H<br>2.75 | I<br>3.00 | J<br>3.50 | K<br>4.00 | L<br>5.00 | L<br>5.00 | M<br>6.00 | |
| | | | | | | | | | | | | | | |
| | | | | | | | | | | | | | | |
| 9.71 | 11.10 | 12.49 | 13.88 | | | | | | | 22.20 | | | | |
| | | | | | | | | | | | | | | |
| 11.29 | 12.90 | 14.51 | 16.12 | | 14.51 | 16.13 | | | | | | | | |
| | | | | | | | | | | | | | | |
| 12.69 | 14.50 | 16.31 | 18.12 | | 16.31 | | | 21.75 | 25.38 | 29.00 | 36.25 | | | |
| 14.09 | 16.10 | 18.11 | 26.12 | 22.14 | 18.11 | 20.12 | 22.14 | 24.15 | | | | | | |
| | 17.70 | 19.91 | 22.12 | 24.34 | 19.91 | 22.12 | 24.34 | 26.55 | | | | | | |
| | 19.50 | 21.94 | 24.38 | 26.81 | 21.94 | 24.38 | 26.81 | 29.25 | 34.12 | 39.00 | | 48.75 | 58.50 | |
| | | | | | 23.74 | 26.38 | 29.01 | 31.65 | 36.93 | 42.20 | 52.75 | | | |
| | | | | | 27.56 | 30.62 | 33.69 | 36.75 | 42.88 | | | | | |

表 2　组装锥形杆标

| 检验断面处弯矩 kN·m / $L$,m | $L_1$,m | $L_2$,m | 梢 $\phi$190 检验断面 $d_0$ mm | 标准检验弯矩 kN·m | | | | | | | $\phi$230 检验断面 $d_0$ mm | 标准检验弯矩 kN·m | | | | | | |
|---|---|---|---|---|---|---|---|---|---|---|---|---|---|---|---|---|---|---|
| 6.00 | 4.75 | 1.00 | | | | | | | | | 297 | 24 | 30 | 35 | 40 | | | |
| 7.00 | 5.55 | 1.20 | 267 | 17 | 20 | 25 | | | | | | | | | | | | |
| 8.00 | 6.45 | 1.30 | 279 | 20 | 25 | 30 | 35 | | | | | | | | | | | |
| 9.00 | 7.25 | 1.50 | 290 | 22 | 25 | 30 | 35 | 38 | | | 330 | 29 | 35 | 40 | 45 | 50 | | |
| 10.00 | 8.05 | 1.70 | 301 | 24 | 30 | 35 | 40 | | | | | | | | | | | |
| 11.00 | 8.85 | 1.90 | 311 | 26 | 30 | 35 | 40 | 45 | | | | | | | | | | |
| 12.00 | 9.75 | 2.00 | 323 | 28 | 35 | 40 | 45 | 50 | | | 363 | 36 | 45 | 50 | 60 | | | |
| | | | $\phi$350 | | | | | | | | | | | | | | | |
| 6.00 | 4.75 | 1.00 | 417 | 48 | 60 | 70 | 80 | | | | 457 | 60 | 70 | 80 | 90 | 100 | 120 | |
| 9.00 | 7.25 | 1.50 | 450 | 58 | 70 | 80 | 90 | | | | 490 | 70 | 80 | 90 | 100 | 120 | 140 | 160 |
| 6.00+6.00 | 9.75 | 2.00 | 483 | 68 | 80 | 90 | 100 | 120 | 140 | 160 | 523 | 80 | 90 | 100 | 120 | 140 | 160 | 180 |

注：① 用悬臂式试验时标准检验弯矩即支持点断面处弯矩。

② $\phi$350、$\phi$390、$\phi$430 与 $\phi$470 均为〔6.00+6.00〕；组装杆上杆段的梢径，表中所列数值系指下杆段的标准检验弯矩值。

③ 电杆承载力检验弯矩 $M_U=[\beta_U]M_K$，$[\beta_U]$——承载力综合检验系数允许值为 2.0。

④ 经供需双方协议，也可生产其他承载力检验弯矩的电杆。

⑤ 按照上级主管部门批准的图纸生产的产品，则根据图纸注明的要求进行检验。

准检验弯矩

径,mm

| φ270 | | | | | | | φ283 | | | | | | | | φ310 | | | | | | |
|---|---|---|---|---|---|---|---|---|---|---|---|---|---|---|---|---|---|---|---|---|---|
| 检验断面 $d_0$ mm | 标准检验弯矩 kN·m | | | | | | 检验断面 $d_0$ mm | 标准检验弯矩 kN·m | | | | | | | 检验断面 $d_0$ mm | 标准检验弯矩 kN·m | | | | | |
| 337 | 30 | 35 | 40 | 45 | 50 | | 360 | 35 | 45 | 55 | 60 | | | | 377 | 35 | 45 | 55 | 60 | 70 | |
| | | | | | | | | | | | | | | | | | | | | | |
| | | | | | | | | | | | | | | | | | | | | | |
| 370 | 37 | 45 | 50 | 60 | 65 | | | | | | | | | | 410 | 45 | 55 | 60 | 70 | | |
| | | | | | | | | | | | | | | | | | | | | | |
| | | | | | | | | | | | | | | | | | | | | | |
| | | | | | | | | | | | | | | | | | | | | | |
| φ430 | | | | | | | φ410 | | | | | | | | φ510 | | | | | | |
| | | | | | | | | | | | | | | | | | | | | | |
| | | | | | | | | | | | | | | | 610 | 100 | 120 | 140 | 160 | 200 | 220 |
| 560 | 90 | 100 | 120 | 150 | 180 | 200 | 603 | 100 | 120 | 140 | 160 | 180 | 200 | 220 | | | | | | | |

表 3　等径杆标准检验弯矩　kN·m

| 直径<br>mm | 长　　度,m | | | | | | | |
|---|---|---|---|---|---|---|---|---|
| | 4.5;6.0;9.0 | | | | | | | |
| φ300 | 20 | 25 | 30 | 35 | 40 | 45 | | |
| φ400 | 40 | 45 | 50 | 55 | 60 | 70 | 80 | 90 |
| φ500 | 70 | 75 | 80 | 85 | 90 | 95 | 100 | 105 |
| φ550 | 90 | 115 | 135 | 155 | 180 | | | |

注:① 用简支式试验,标准检验弯矩即两加荷点间断面处的最大弯矩。

② 电杆承载力检验弯矩 $M_U=[\beta_U]M_K$,$[\beta_U]$——承载力综合检验系数允许值为 2.0。

③ 经供需双方协议,也可生产其他承载力检验弯矩的电杆。

④ 按照上级主管部门批准的图纸生产的产品,则根据图纸注明的要求进行检验。

## 5　技术要求

5.1　产品外形尺寸

应符合本标准要求或按设计图纸制造。

5.2　原材料

5.2.1　水泥

宜采用不低于 425 的硅酸盐水泥、普通硅酸盐水泥、矿渣硅酸盐水泥,抗硫酸盐硅酸盐水泥或不低于 425 的快硬硅酸盐水泥,其性能应分别符合 GB 175、GB 199、GB 748 及 GB 1344 的规定。

5.2.2　集料

砂子宜采用中粗砂,石子宜采用碎石或卵石。其质量应分别符合 GB/T 14684、GB/T 14685 的规定。并符合 GB J204 的规定。

5.2.3　水

拌制混凝土宜采用饮用水,水质应符合 JG J63 的规定。

5.2.4　外加剂

掺入混凝土中的外加剂,其性能应符合 GB 8076 的规定。严禁掺入氯盐类外加剂。

5.2.5　钢筋

宜采用Ⅰ级、Ⅱ级、冷拉Ⅲ级钢筋或冷拔低碳钢丝,其性能应分别符合 GB 700、GB 701 和 GB J204 的规定。

5.3　混凝土

5.3.1　当电杆壁厚为 30～35 mm 时,离心混凝土的设计强度等级不宜低于 C50 级,当电杆壁厚大于 35 mm 时,离心混凝土的设计强度等级不宜低于 C40 级。脱模时,混凝土强度等级不宜低于设计强度等级的 50%。出厂时,混凝土强度等级应不低于设计的混凝土强度等级的 80%。

5.4　构造要求

5.4.1　保护层厚度:主筋直径为 6 mm 或小于 6 mm 时,保护层厚度不得小于 12 mm;直径在 6 mm 以上时,保护层厚度不得小于 15 mm;钢板圈接头端顶部必须有混凝土保护层。

5.4.2　钢筋加工应符合本标准附录 A(补充件)的要求。

5.5　电杆接头、预埋件及预留孔

5.5.1　电杆分段制造时,接头可采用钢板圈、法兰盘或其他接头形式。

5.5.2　主筋与连接件的连接应采用焊接。焊接质量应符合 GB J204 的规定。

5.5.3　电杆接头强度不得低于接头处断面承载能力的 95%。

5.5.4　预埋件、预留孔及泄水孔按设计图纸设置,并清理干净。

5.5.5 接地螺母、脚钉母、接线盒等的外露金属部分应有明显标记，并清理干净。

5.6 其他要求

5.6.1 产品出厂前，顶端应用混凝土或砂浆封实，如有特殊要求，另行处理。

5.7 外观质量

应符合表4规定。

表4 外观质量要求

| 序号 | 项目 | | 优等品 | 一等品 | 合格品 |
|---|---|---|---|---|---|
| 1 | 表面裂缝[1] | | 纵横向均不允许 | 纵横向均不允许 | 纵裂不允许，环向裂缝宽度≤0.05 mm |
| 2 | 合缝漏浆 | 边模合缝处 | 深度不大于3 mm；<br>每处长不大于100 mm；<br>累计长不大于杆长5%；<br>无搭接漏浆 | 深度不大于5 mm；<br>每处长不大于200 mm；<br>累计长不大于杆长8%；<br>无搭接漏浆 | 深度不大于保护层厚；<br>每处长不大于300 mm；<br>累计长不大于杆长10%；<br>搭接长不大于100 mm |
| | | 钢板圈（或法兰盘）与杆身结合面 | 深度不大于3 mm；<br>环向长不大于1/6周长；<br>纵向长不大于20 mm | 深度不大于5 mm；<br>环向长不大于1/5周长；<br>纵向长不大于30 mm | 深度不大于保护层厚；<br>环向长不大于1/4周长；<br>纵向长不大于50 mm |
| 3 | 梢端及根端碰伤或漏浆 | | 环向长不大于1/6周长；<br>纵向长不大于20 mm | 环向长不大于1/5周长；<br>纵向长不大于30 mm | 环向长不大于1/4周长；<br>纵向长不大于50 mm |
| 4 | 内、外表面露筋 | | 不允许 | 不允许 | 不允许 |
| 5 | 内表面砼塌落 | | 不允许 | 不允许 | 不允许 |
| 6 | 蜂窝 | | 不允许 | 不允许 | 不允许 |
| 7 | 麻面、粘皮[2] | | 总面积不大于1% | 总面积不大于3% | 总面积不大于5% |
| 8 | 预留孔周围砼损伤 | | 损伤深度不大于5 mm | 深度不大于8 mm | 深度不大于10 mm |
| 9 | 钢板圈焊口距离 | | 距离大于10 mm | 距离大于10 mm | 距离大于10 mm |

注：1）表面裂缝中不计龟裂和水纹。

2）麻面、粘皮的总面积百分数为麻面、粘皮总面积为1 m长度内外表面积之比。

5.8 各部尺寸允许偏差

应符合表5规定。

表5 各部尺寸允许偏差 mm

| 项目名称 | | 产品等级 | | |
|---|---|---|---|---|
| | | 优等品 | 一等品 | 合格品 |
| 杆长 | 整根杆 | +20<br>−40 | +20<br>−40 | +20<br>−40 |
| | 组装杆杆段[1] | ±10 | ±10 | ±10 |
| 壁厚 | | +6<br>−2 | +8<br>−2 | +10<br>−2 |

续表 5 mm

| 项目名称 | | | | 产品等级 优等品 | 一等品 | 合格品 |
|---|---|---|---|---|---|---|
| 外径 | | | | +4<br>−2 | +4<br>−2 | +4<br>−2 |
| 保护层厚度[2)] | | | | +5<br>0 | +7<br>0 | +10<br>0 |
| 弯曲度 | 杆梢径小于或等于 190 | | | 不大于 $L/1\ 000$ | 不大于 $L/800$ | 不大于 $L/800$ |
| 弯曲度 | 杆梢径或直径大于 190 | | | 不大于 $L/1\ 000$ | 不大于 $L/1\ 000$ | 不大于 $L/1\ 000$ |
| 端部倾斜 | 杆底 | | | 5 | 5 | 5 |
| 端部倾斜 | 钢板圈 | | | 3 | 5 | 5 |
| 端部倾斜 | 法兰盘 | | | 2 | 3 | 4 |
| 预埋件 | 预留孔 | 对杆中心垂直度误差(埋管式) | | $D_e$[3)]/100 | $D_e$[3)]/100 | $D_e$[3)]/100 |
| 预埋件 | 预留孔 | 纵向两孔间距 | | ±4 | ±4 | ±4 |
| 预埋件 | 预留孔 | 横向误差 | 固定式 | 2 | 2 | 2 |
| 预埋件 | 预留孔 | 横向误差 | 埋管式 | 3 | 3 | 3 |
| 预埋件 | 预留孔 | 直径误差 | | +2 | +2 | +2 |
| 预埋件 | 钢板圈 | 内径 | 杆外径≤400 | ±2 | ±2 | ±2 |
| 预埋件 | 钢板圈 | 内径 | 杆外径>400 | ±3 | ±3 | ±3 |
| 预埋件 | 法兰盘 | 内外径 | | ±2 | ±2 | ±2 |
| 预埋件 | 法兰盘 | 螺孔中心距 | | ±0.5 | ±0.5 | ±1 |
| 预埋件 | 法兰盘 | 端板厚度 | 铸造 | +1.5<br>−0.5 | +1.5<br>−0.5 | +1.5<br>−0.5 |
| 预埋件 | 法兰盘 | 端板厚度 | 焊接 | ±0.5 | ±0.5 | ±0.5 |
| 钢板圈及法兰盘轴线与杆段轴线偏差 | | | | 2 | 2 | 2 |

注：1) 如果取得使用单位同意，组装杆杆段按设计长度生产时，杆长度偏差为制造长度与设计长度的差数。

2) 保护层厚度偏差为制造与设计的差数；在承载力检验弯矩检验后进行测量。

3) $D_e$ 系埋管处电杆直径。

### 5.9 力学性能

力学性能包括抗裂、裂缝宽度、承载力检验弯矩和挠度检验，以表 1、表 2 和表 3 所列标准检验弯矩或设计图纸作为检验依据，并应符合下列要求：

5.9.1 加荷至标准检验弯矩时，裂缝宽度不得超过 0.2 mm；不同杆长的锥形杆杆顶挠度应符合表 6 的要求；等径杆及对挠度和裂缝宽度有特殊要求的锥形杆，其挠度和裂缝宽度由供需双方协议规定。

表 6 杆顶挠度允许值〔$\alpha f$〕mm

| 梢径<br>mm | 杆长,m <10 | 10~12 | >12 |
|---|---|---|---|
| 100 | $(L_1+L_3)/35$ | | |
| <150 | $(L_1+L_3)/35$ | $(L_1+L_3)/32$ | |
| >150 | $(L_1+L_3)/35$ | $(L_1+L_3)/32$ | $(L_1+L_3)/25$ |

5.9.2 加荷至标准检验弯矩卸荷后，新增残余裂缝宽度不得超过 0.05 mm。

5.9.3 加荷至承载力检验弯矩时，不得出现下列任一种情况。

**a.** 受拉区裂缝宽度达到 1.5 mm，或受拉钢筋被拉断；

**b.** 受压区混凝土破坏；

**c.** 挠度：锥形杆按悬臂式试验时，挠度大于$\frac{L_1+L_3}{10}$；等径杆按简支式试验时，直径 300 mm，挠度大于$\frac{L_0}{50}$；直径大于或等于 400 mm，挠度大于$\frac{L_0}{70}$。

注：梢径为 310 mm 以上，长度在 8 m 以下的组装锥形杆杆段，不做挠度试验。

## 6 试验方法

6.1 离心混凝土强度

采用与产品混凝土同材料、同配合比、同成型工艺、同养护条件的离心环形试件测定，试验方法见附录 B(补充件)。

6.2 外观及尺寸

6.2.1 外观尺寸测量量具的技术要求见表 7。

表 7 检测量具的技术要求

| 序号 | 检测项目 | 量具名称 | 检测器具的技术要求 | | |
|---|---|---|---|---|---|
| | | | 量程 | 精度或示值误差 | 分度值 |
| 1 | 长度 | 钢卷尺 | 0～20 m | Ⅱ级±5.0 mm | 1.0 mm |
| 2 | 外径 | 钢卷尺 | 0～2 m | Ⅱ级±1.2 mm | 1.0 mm |
| 3 | 壁厚 | 钢卷尺 | 0～2 m | Ⅱ级±1.2 mm | 1.0 mm |
| | | 钢直尺 | 0～150 mm | ±0.5 mm | 0.5 mm |
| 4 | 弯曲度 | 拉线钢直尺 | 0～150 mm | ±0.5 mm | 0.5 mm |
| 5 | 端部倾斜 | 角度尺 | 0～90° | ±2′ | 2′ |
| | | 钢直尺 | 0～150 mm | ±0.5 mm | 0.5 mm |
| 6 | 深度 | 深度游标卡 | 0～200 | ±0.02 mm | 0.02 mm |
| 7 | 保护层厚度 | 深度游标卡尺 | 0～200 mm | ±0.02 mm | 0.02 mm |
| 8 | 裂缝宽度 | 20 倍读数显微镜 | 0～6 mm | 0.01 mm | 0.01 mm |
| 9 | 法兰盘厚度 | 游标卡尺 | 0～150，0～300 | ±0.02 mm | 0.02 mm |

6.2.2 外观及尺寸检验方法见表 8。

表 8 外观及尺寸测量

| 序号 | 测 量 项 目 | 测 量 方 法 |
|---|---|---|
| 1 | 表面裂缝 | 观察，用 20 倍读数显微镜测量 |
| 2 | 合缝漏浆 | 观察，用 2 m 长钢卷尺测量 |
| 3 | 碰伤或漏浆(梢端及根端) | 观察，用 2 m 长钢卷尺(或钢直尺)测量 |
| 4 | 内、外表面露筋 | 观察，用 2 m 长钢卷尺(或钢直尺)测量 |
| 5 | 内表面砼塌落 | 观察，用 2 m 长钢卷尺(或钢直尺)测量 |
| 6 | 蜂窝 | 观察 |
| 7 | 麻面，粘皮 | 观察，用 2 m 长钢卷尺(或 150 mm 长钢直尺)测量 |

续表 8

| 序号 | 测 量 项 目 | 测 量 方 法 |
|---|---|---|
| 8 | 预留孔损伤 | 观察，深度用深度游标卡尺测量 |
| 9 | 钢板圈焊口距离 | 观察，距离用 150 mm 钢直尺测量 |
| 10 | 杆长 | 长度用 20 m 长钢卷尺测量 |
| 11 | 壁厚 | 厚度用 2 m 长钢卷尺（或 150 mm 长钢直尺）测量 |
| 12 | 外径 | 用 2 m 长钢卷尺测量 |
| 13 | 保护层厚度 | 厚度用深度游标卡尺测量 |
| 14 | 弯曲度 | 用拉线及 150 mm 长钢直尺测量 |
| 15 | 端部倾斜 | 用 90°角度尺及 150 mm 长钢直尺测量 |
| 16 | 预留孔 | 用 2 m 长钢卷尺（或 150 mm 长钢直尺）测量 |
| 17 | 钢板圈内径 | 用 2 m 长钢卷尺及内卡测量 |
| 18 | 法兰盘 | 用$^{0\sim150}_{0\sim300}$游标卡尺测量 |
| 19 | 钢板圈及法兰盘轴线与杆段轴线偏差 | 用吊锤及 150 mm 长钢直尺测量 |

6.3 电杆力学性能试验方法

6.3.1 锥形杆采用悬臂式试验方法，等径杆采用简支式试验方法，试验装置及程序见附录 C（补充件）。

6.3.2 在进行承载力检验弯矩试验后，按下列位置测量保护层厚度。

**a.** 锥形杆测量三点：第一点在 B 支座处；第二点在距梢端 0.6 m 处；第三点在前面两点中间的任一处；

**b.** 等径杆在中部和两端支座处测量。

## 7 检验规则

7.1 出厂检验

7.1.1 检验项目

包括外观质量、尺寸偏差、抗裂检验、裂缝宽度检验和标准检验弯矩下的挠度以及混凝土强度检验等。

7.1.2 批量

同型号、同材料、同工艺、同梢径（或直径）的电杆，每 1 000 根为一批，但在两个月内生产总数不足 1 000根，但不少于 30 根时，也可作为一个检验批。

7.1.3 抽样

7.1.3.1 外观质量和尺寸偏差

每批随机抽取 10 根进行外观质量和尺寸偏差检验。

7.1.3.2 力学性能

从外观质量及尺寸偏差检验合格的产品中，随机抽取 1 根进行抗裂检验裂缝宽度检验和标准检验弯矩下的挠度检验。

7.1.4 判定

7.1.4.1 外观质量和尺寸偏差

10 根受检电杆中，不符合某一等级的电杆不超过 2 根，则判该批产品的外观质量和尺寸偏差为相应等级。

7.1.4.2 力学性能

抗裂、裂缝宽度检验和标准检验弯矩下的挠度均符合本标准 5.9 条规定时，判为合格。如有一项不符合 5.9 条规定时，允许再抽取 2 根电杆进行检验，如仍有 1 根不符合 5.9 条规定，则判该批产品力学性能不合格。

7.1.4.3 总判定

在混凝土强度、力学性能合格的基础上，外观质量和尺寸偏差均符合某一等级时，则该批判为相应等级的产品。但力学性能经复验合格的产品，只能判为合格品。

7.2 型式检验

7.2.1 检验条件

有下列情况之一时，应进行型式检验：

a. 当结构、材料、工艺有较大改变时；

b. 产品长期停产后，恢复生产时；

c. 出厂检验结果与上次型式检验有较大差异时；

d. 当同类型产品连续生产 3 000 根或在 4 个月内生产总数不足 3 000 根时；

e. 国家或地方质量监督检验机构提出进行检验时。

7.2.2 检验项目

包括混凝土强度、外观质量、尺寸偏差、力学性能检验。

7.2.3 抽样

7.2.3.1 外观质量和尺寸偏差

同 7.1.3.1 条。

7.2.3.2 力学性能

从外观质量和尺寸偏差合格的电杆中随机抽取 3 根。

7.2.4 判定

7.2.4.1 外观质量和尺寸偏差

同 7.1.4.1 条。

7.2.4.2 力学性能

样品进行抗裂检验、裂缝宽度检验、承载力检验弯矩和挠度检验时，均符合本标准 5.9 条规定，则判该批产品力学性能合格。其中有 1 根不合格时，允许再抽取 2 根电杆进行复验，如仍有 1 根不合格，则判该批产品力学性能不合格。

7.2.4.3 总判定

在混凝土强度及三项力学性能指标合格的基础上，外观质量和尺寸偏差均符合某一等级规定时，则该批产品判为相应等级的产品。但力学性能经复验合格的产品，只能判为合格品。

7.3 修复

外观缺陷允许修补的产品，应修补完好经检验合格后可按相应等级品验收。

## 8 标志与出厂证明书

8.1 标志

8.1.1 永久标志

制造厂厂名或商标，标记在电杆表面上，其位置：梢径或直径大于或等于 190 mm 的电杆，距根端以上 3.5 m 处；梢径小于 190 mm 的电杆，距根端 3.0 m 处。

8.1.2 临时标志

包括电杆类型、梢径（或直径）、杆长、标准检验弯矩（或代号）和制造年、月、日，用油漆写在电杆表面上，其位置略低于永久标志。

表示方法如下：

$\frac{\text{梢径(或直径)×杆长×标准检验弯矩(或代号)×类型}}{\text{制造时间(　年　月　日)}}$商标

注：① 梢径或直径用 mm 表示；杆长用 m 表示；标准检验弯矩用 kN·m 表示。

② 类型用“G”表示。

③ 支点标志按图 3 规定的位置，标明在电杆表面上，表示符号←。

例： 等径杆：$\frac{\phi300\times9\times45\times G}{1991\cdot10\cdot2}$

锥形杆：$\frac{\phi150\times10\times D\times G}{1991\cdot10\cdot5}$

8.2 出厂合格证明书

出厂合格证明书包括下列内容：

a. 证明书编号；

b. 本标准编号；

c. 制造厂厂名及商标；

d. 产品规格数量及制造年月日；

e. 混凝土性能检验结果；

f. 组装杆主筋抗拉强度检验结果；

g. 外观及尺寸偏差检验结果；

h. 力学性能检验结果；

i. 制造厂技术检验部门签章。

## 9 保管及运输

9.1 保管

9.1.1 产品堆放场地应平整。

9.1.2 产品应根据不同杆长分别采用两支点或三支点堆放。

杆长小于或等于 12 m，采用两支点支承；杆长大于 12 m，采用三支点支承。电杆支点位置如图 3。

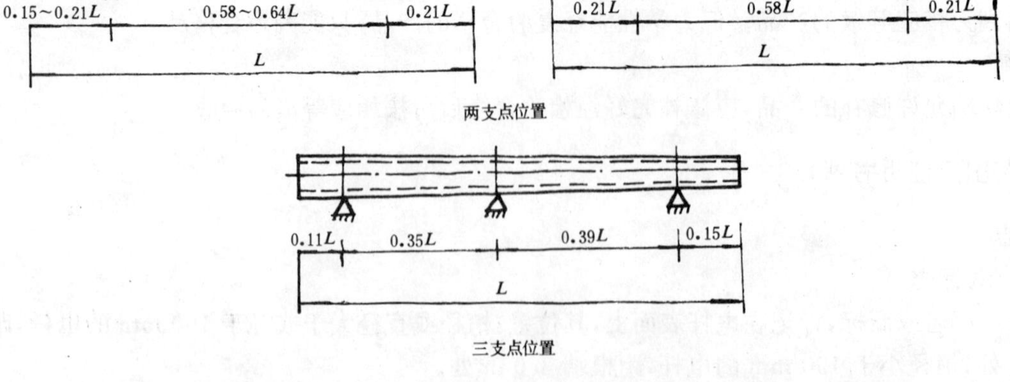


两支点位置

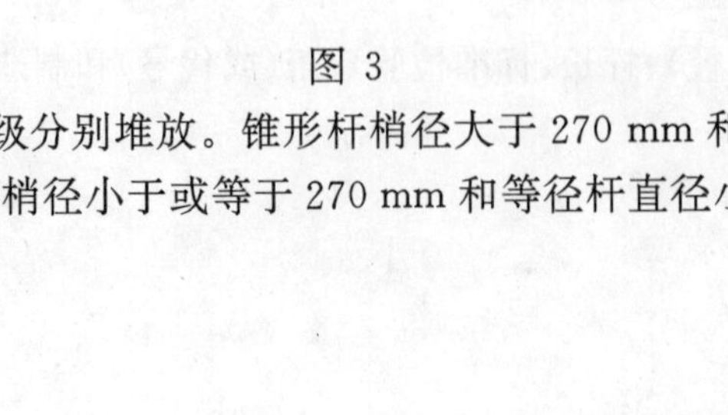


三支点位置

图 3

9.1.3 产品应按规格、类别、等级分别堆放。锥形杆梢径大于 270 mm 和等径杆直径大于 400 mm 时，堆放层数不宜超过 4 层。锥形杆梢径小于或等于 270 mm 和等径杆直径小于或等于 400 mm 时，堆放层数不宜超过6层。

9.1.4 产品堆垛应放在支垫物上，层与层之间用支垫物隔开，每层支承点在同一平面上，各层支垫物位置在同一垂直线上。

9.2 运输

9.2.1 产品起吊与运输时，不分电杆长短均须采用两支点法。装卸、起吊应轻起轻放，严禁抛掷、碰撞。

9.2.2 产品在运输过程中的支承要求应按照本标准9.1条中有关规定。

9.2.3 产品装卸过程中，每次吊运数量，梢径大于170 mm的电杆，不宜超过3根；梢径小于或等于170 mm的电杆，不宜超过5根，如果采取有效措施，每次吊运数量可适当增加。

9.2.4 产品由高处滚向低处，必须采取牵制措施，不得自由滚落。

9.2.5 产品支点处套上一软织物（草圈等），或用草绳等捆扎，以防碰伤。

## 附　录　A
## 钢筋加工及骨架构造要求
（补充件）

### A1　适用范围

本附录适用于环形钢筋混凝土电杆的钢筋加工及骨架构造的技术要求。

### A2　技术要求

**A2.1**　主筋直径应不大于壁厚的 2/5。如主筋采用低碳冷拔钢丝，其直径应不大于壁厚的 1/5。

**A2.2**　主筋沿电杆环向均匀配置，整根锥形杆主筋不得少于 6 根，等径杆不得少于 8 根，或按设计图纸配置。

**A2.3**　主筋接头须采用对焊连接，其对焊接头在间距为 500 mm 并不得小于 30 $d$（$d$ 为主筋直径）的两个断面间，接头面积不得大于主筋总截面积的 25%。其接头技术性能应符合 GB J204 的规定，当主筋采用冷拉强化时，其性能也应符合 GB J204 的规定。

**A2.4**　螺旋筋直径宜采用 2～6 mm，其间距不得大于 150 mm。当手工缠绕时，螺旋筋应用钢丝与主筋绑扎或用接触焊固定；当用机械缠绕时，两端必须挂牢，且两端均密缠 3～5 圈。

**A2.5**　架立圈钢筋的直径为 4～8 mm，其间距不得大于 500 mm，并采用电焊与主筋连接。当钢筋骨架采用滚焊成型时。其两端应各设置一个架立圈。

## 附　录　B
## 电杆离心混凝土强度试验方法
（补充件）

### B1　适用范围

本试验方法用于测定电杆离心混凝土强度等级。

### B2　试件制备

**B2.1**　试件尺寸及形状

尺寸：$\phi$300 mm×85 mm×70.7 mm（外径×宽度×厚度）。

形状：环形，如图 B1。

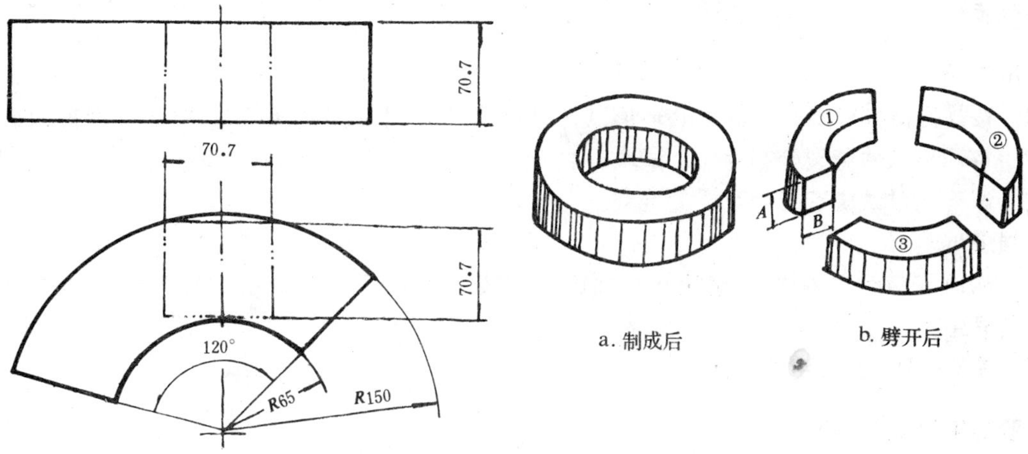


图 B1　离心混凝土环形试件示意图

**B2.2**　试件数量

每套试模一次可制作相同规格的环形试件三件，将每环劈裂分割成三块，共九块组成三组环形试块。

**B2.3**　试件制作的质量要求

**B2.3.1**　试件所用的原材料、混凝土配合比、离心工艺制度、养护方法和制度应与电杆生产实际情况相符合。

**B2.3.2**　试件制作时，在快速离心前，必须投料完毕。

**B2.3.3**　试件表面要求平整光洁，棱角整齐，厚度均匀，无明显露砂、石等现象。

**B2.3.4**　试件尺寸的允许偏差：A±1 mm；B±5 mm(如图 B1)。

## B3　试验设备和仪器

**B3.1**　离心环形试模如图 B2。试模与钢模的同轴度允许偏差为 2。亦可利用电杆钢模或其他离心试模。

图 B2

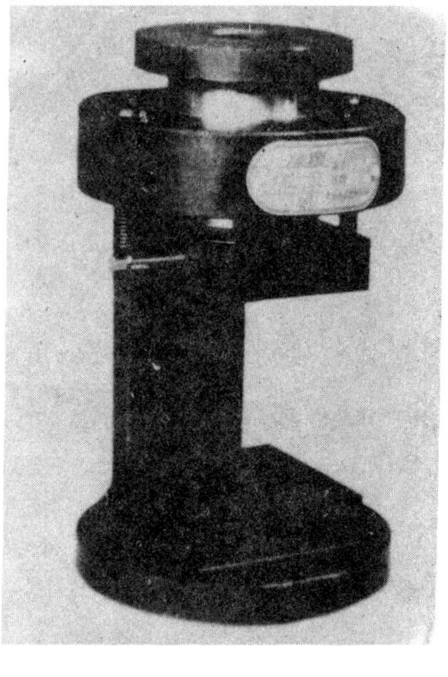

图 B3

**B3.2**　离心环形试块专用压具如图 B3。

离心环形试块专用压具的上、下压板尺寸为 70.7×70.7 mm²；承压面积为 5 000 mm²。

## B4 试验步骤

B4.1 试验准备工作

B4.1.1 按规定龄期将养护好的离心环形试件进行编号(浸水保养的离心试件,必须提前取出晾干)。

B4.1.2 将环形试件劈裂分割为三个试块。

B4.1.3 试验前对试块进行外观质量检查。

B4.2 强度试验

B4.2.1 试块安装时必须注意:试块承压面的中心线与专用压具中心线以及试压机的中心对正,且试块应搁置平稳。

B4.2.2 按 GB J81 的规定进行试验。

## B5 试验结果计算与评定

B5.1 试验结果计算

离心混凝土强度按式(B1)计算:

$$f_{CU\cdot S}=\frac{K\cdot P}{A} \qquad \cdots\cdots\cdots\cdots (B1)$$

式中:$f_{CU\cdot S}$——离心混凝土抗压强度,$N/mm^2$;

$P$——总受压荷载值,N;

$A$——试件的承压面积。取 5 000 $mm^2$;

$K$——强度换算系数,取用 0.90。

B5.2 试验结果评定

B5.2.1 每个环形试件分割成三块作为一组进行试验。

B5.2.2 离心混凝土抗压强度检验结果,按 GB J107 的规定评定。

B5.2.3 凡原材料和配合比基本一致的混凝土才能组成同一验收批,同一验收批的混凝土强度,应以同批内全部试块的强度代表值进行计算和评定。

## 6 试验报告内容

试验报告应包括下列内容:

a. 试验项目名称;

b. 试验目的与要求;

c. 试件成型日期、试验日期;

d. 原材料品种、规格、混凝土配合比;

e. 试件编号、外观及尺寸检查记录;

f. 脱模强度、28 天强度以及其他龄期的强度值;

g. 试验人员签章。

# 附 录 C
# 电杆力学性能试验方法
(补充件)

本附录适用于环形钢筋混凝土电杆的力学性能试验。包括试验用仪器设备的技术要求和试验结果评定。

## C1 适用范围

C1.1 悬臂式试验方法

适用于不同梢径锥形杆的力学性能试验。

C1.2 简支式试验方法

适用于不同直径的等径杆的力学性能试验。

## C2 试件

试件按出厂检验或型式检验的规定随机抽样。

## C3 试验仪器设备

C3.1 台座

用于固定试件的支承座，可采用钢支座或钢筋混凝土支座。悬臂式试验时，为消除杆段自重影响采用灵活的滚动支座。

C3.2 加荷设备

可采用电动机械传动，卷扬机或手动葫芦等方式施加荷载。

C3.3 仪器

试验用计量仪表，应按规定期限进行检定。其技术要求见表C1。

表C1 试验仪器技术要求

| 测量项目 | 仪器名称 | 单位 | 技术指标 | | |
|---|---|---|---|---|---|
| | | | 量程 | 分度值 | 精度 |
| 荷载 | 荷载测力器 | kN | 0～10<br>0～20 | 0.01 | 满程:0.5% |
| | | | 0～100<br>0～200 | 0.1 | |
| 挠度 | 挠度仪 | mm | 0～100 | 0.1 | 满程:0.5% |
| | | | 0～1 500 | 1.0 | |
| 支座位移 | 数字式微位移仪或百分表 | mm | 0～±10 | 0.01 | 0.5% |
| | | | | | 1级 |
| 裂缝宽度 | 20倍读数显微镜 | mm | 0～6 | 0.01 | 示值误差±0.01 |

## C4 试验方法

C4.1 悬臂式试验方法

锥形电杆如杆长小于或等于10 m，采用一个滚动支座，如杆长大于10 m，采用两个滚动支座。加荷原理见图C1。

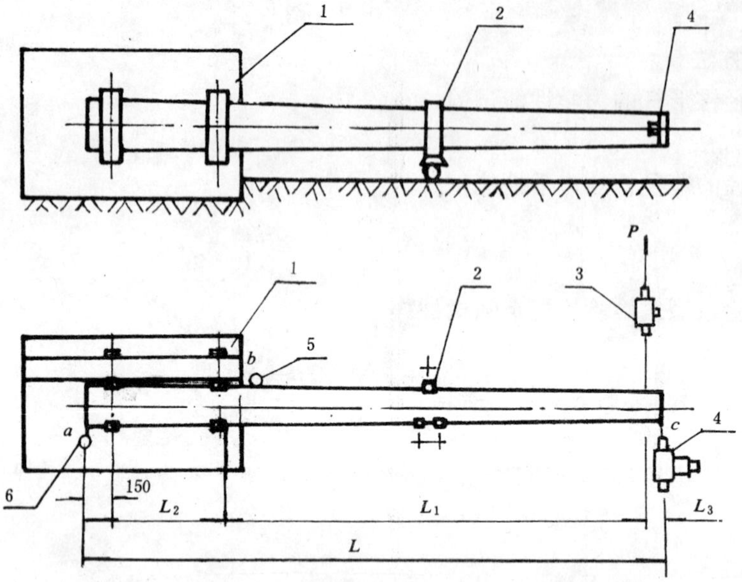


图 C1

1—混凝土(或钢制)台座;2—滚动支座;3—测力器;4—挠度仪;5—$b$ 测点百分表;6—$a$ 测点百分表;

A、B—支座宽 150 mm 硬木制成的 U 型垫板[1)]

注:1) U 型垫板放置位置;A 支座处于垫板中心线到电杆根端的距离等于 150 mm;B 支座右端面到电杆根端面的距离等于 $L_2$。

**C4.2 简支式试验方法**

等径电杆宜采用水平加荷或垂直加荷。允许加荷点与支点互换。应考虑自重影响。加荷原理见图 C2。

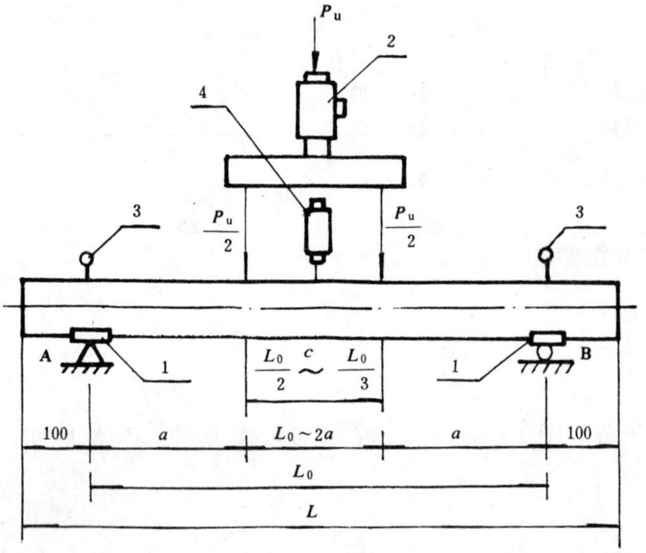


图 C2

1—宽 150 mm 硬木制成的 U 型垫板;2—测力器;3—支座位移百分表;

4—挠度仪;$P_u$—荷载;$L_0$—跨距;$L$—杆长

## C5 加荷程序

C5.1 钢筋混凝土电杆

第一步 由零按标准检验弯矩 20%的级差加荷至标准检验弯矩的 40%，每次静停时间不少于 1 min；然后按标准检验弯矩 10%的级差继续加荷至标准检验弯矩的 60%，每次静停时间不少于 3 min，观察是否有裂缝出现，并测定和记录裂缝宽度，再按标准检验弯矩 20%的级差加荷至标准检验弯矩，每次静停时间不少于 3 min，测量和记录裂缝宽度及挠度值。

第二步 由标准检验弯矩卸荷至零。卸荷后静停时间不少于 3 min，测量和记录残余裂缝宽度及挠度值。

第三步 由零按标准检验弯矩 20%的级差加荷至标准检验弯矩，测量和记录裂缝宽度及挠度值，递增至标准检验弯矩的 160%后，按标准检验弯矩 10%的级差继续加荷，递增至出现承载力检验标志时，测量和记录裂缝宽度和挠度值，每次静停时间不少于 3 min。

C5.2 加荷值偏差

试验时，当加荷至抗裂弯矩、标准检验弯矩、承载力检验弯矩时，加荷值的允许偏差为 2%。

## C6 试验结果评定

C6.1 弯矩计算

C6.1.1 锥形杆采用悬臂式试验时，实测弯矩按式(C1)计算：

$$M_{ui} = P_{ui} \cdot L_1 \qquad \cdots\cdots (C1)$$

式中：$M_{ui}$——任一级荷载作用下的弯矩值。kN·m；

$P_{ui}$——任一级荷载加荷值；N 或 kN；

$L_1$——荷载点高度；m。

C6.1.2 等径杆采用简支式试验时，实测弯矩按式(C2)～式(C4)计算：

$$\text{水平加荷时：} M_{ui} = \frac{P_{ui}}{2} \cdot a \text{（消除自重影响）} \qquad \cdots\cdots (C2)$$

$$\text{向下加荷时：} M_{ui} = \frac{(P_{ui} + Q)}{2} \cdot a + \frac{1}{8} q L_0^2 \qquad \cdots\cdots (C3)$$

$$\text{向上加荷时：} M_{ui} = \frac{(P_{ui} - Q - qL_0)}{2} \cdot a + \frac{1}{2} q a^2 \qquad \cdots\cdots (C4)$$

式中：$M_{ui}$——任一级荷载作用下的弯矩值，N·m 或 kN·m；

$L_0$——跨距，mm；

$a$——加荷点至支座中心线的距离，mm；

$q$——电杆单位长度的自重，N/m 或 kN/m；

$Q$——试验设备总重，N 或 kN；

$P_{ui}$——由测力器测得的加荷值，N 或 kN。

C6.2 抗裂计算

电杆的抗裂检验系数 $\gamma_{cr}^{0}$，是以初裂弯矩(裂缝宽度小于 0.02 mm 时的弯矩值)与标准检验弯矩(或抗裂弯矩计算值)之比求得：

$$\gamma_{cr}^{0} = \frac{M_{f}}{M_{k}} \qquad \cdots\cdots (C5)$$

式中：$\gamma_{cr}^{0}$——短期检验荷载作用下的抗裂检验系数实测值；

$M_{f}$——实测初裂弯矩值，N·m 或 kN·m；

$M_{k}$——标准检验弯矩(或抗裂弯矩计算值)，N·m 或 kN·m。

C6.3 挠度计算

C6.3.1 悬臂式试验时，任一级荷载下的梢端挠度，按式(C6)求得：

$$\alpha_{s}^{0} = \alpha_{C} - \frac{\alpha_{a} + \alpha_{b}}{L_{2}}L + \alpha_{a} \qquad \cdots\cdots (C6)$$

式中：$\alpha_{s}^{0}$——标准检验荷载作用下的挠度值，mm；

$\alpha_{C}$——由测量仪器测得梢端任一级荷载的挠度，mm；

$\alpha_{a}$——由测量仪器测得 a 测点处的变形值，mm；

$\alpha_{b}$——由测量仪器测得 b 测点处的变形值，mm；

$L$——电杆总长度，mm；

$L_{2}$——电杆支持点高度(见本标准图 1)，mm。

C6.3.2 简支式试验时，任一级荷载下的跨中实际挠度 $\alpha_{s}^{0}$ 按式(C7)进行计算：

$$\alpha_{s}^{0} = \alpha_{C} - \frac{\alpha_{A} + \alpha_{B}}{2} \pm \alpha_{1}\frac{P_{0}}{P_{1}} \qquad \cdots\cdots (C7)$$

$$\alpha_{1} = \alpha_{C1} - \frac{\alpha_{A1} + \alpha_{B1}}{2} \qquad \cdots\cdots (C8)$$

式中：$\alpha_{s}^{0}$——简支式试验时，任一级荷载下的跨中实际挠度值，mm；当向下加荷时取“+”，向上加荷时取“−”，水平加荷时，忽略不计由于杆自重所产生的挠度。

$P_{0}$——仪表为零读数时，已作用于电杆上的荷载。如电杆自重和加荷设备的总重，N 或 kN；

$P_{1}$——标准检验荷载的第一级荷载(不包括 $P_{0}$)，N 或 kN；

$\alpha_{A}$——由测量仪表(位移计或百分表)测得支点 A 任一级荷载的变形值，mm；

$\alpha_{B}$——由测量仪表(位移计或百分表)测得支点 B 任一级荷载的变形值，mm；

$\alpha_{C}$——由测量仪表(挠度仪或其他)测得中点任一级荷载的挠度值，mm；

$\alpha_{1}$——电杆在第一级荷载作用下的挠度值，按式(C8)求得，mm；

$\alpha_{A1}$——由测量仪表(位移计或百分表)测得支点 A 第一级荷载的变形值，mm；

$\alpha_{B1}$——由测量仪表(位移计或百分表)测得支点 B 第一级荷载的变形值，mm；

$\alpha_{C1}$——由测量仪表(挠度仪或其他)测得电杆中点第一级荷载的挠度，mm。

C6.4 试验结果评定

C6.4.1 承载力检验弯矩

实测承载力检验弯距，应符合式(C9)要求：

$$M_{U}^{0} > [\beta_{U}]M_{K} \qquad \cdots\cdots (C9)$$

式中：$M_{U}^{0}$——电杆承载力检验弯矩实测值，N·m 或 kN·m；

$[\beta_{U}]$——电杆承载力综合检验系数允许值为 2；

$M_{K}$——标准检验弯矩值，N·m 或 kN·m。

C6.4.2 抗裂检验

钢筋混凝土电杆抗裂检验结果，用 100% 标准检验弯矩下最大裂缝宽度 $W_{max}$ 和卸荷后残余裂缝宽

度 $W$ 表示：

$$W_{max} < 0.2\ \text{mm} \quad \cdots\cdots (C10)$$

$$W < 0.05\ \text{mm} \quad \cdots\cdots (C11)$$

C6.4.3 挠度检验

电杆挠度检验结果，应符合式(C12)要求：

$$\alpha_s^0 < [\alpha_f] \quad \cdots\cdots (C12)$$

式中：$\alpha_s^0$——短期标准检验荷载作用下挠度的实测值，mm；

$[\alpha_f]$——本标准 5.9 条中规定的标准检验荷载作用下挠度的允许值，或在设计图中明确给出的挠度允许值指标，mm。

## 附　录　D
## 本标准用词说明
（参考件）

本附录对条文中要求严格程度的词予以说明，以便在执行中区别对待。

D1　表示很严格，非这样作不可的用词：

正面词一般采用“必须”，反面词一般采用“严禁”。

D2　表示严格，在正常情况下均应这样作的用词：

正面词一般采用“应”，反面词一般采用“不应”或“不允许”、“不得”。

D3　表示允许稍有选择，在条件许可时首先应这样作的用词：

正面词一般采用“宜”或“一般”，反面词一般采用“不宜”。

D4　表示允许有选择，在一定条件下可以这样作的，采用“可”。

D5　条文中必须按指定的标准、规范或其他有关规定执行的写法为“按……执行”或“符合……要求”。非必须按所指标准、规范或其他规定执行的写法为“参照……”。

D6　条文中“不大于”含“等于”。

**附加说明：**

本标准由国家建筑材料工业局提出。

本标准由国家建筑材料工业局苏州混凝土水泥制品研究院归口。

本标准由国家建筑材料工业局苏州混凝土水泥制品研究院、杭州装饰材料总厂、能源部电力建设研究所、铁道部专业设计院、邮电部明水通信机械厂等单位负责起草。

本标准主要起草人徐忠文、夏桂娟、沈力行、赵力、袁有盛。

本标准首次发布于 1965 年，1984 年第一次修订。

中华人民共和国国家标准

GB/T 3039—94

代替 GB 3039—82

# 石棉水泥输水管及其接头

**Asbestos-cement pressure' pipes and joints for water**

本标准非等效采用国际标准化组织 ISO 160—80《石棉水泥压力管与接头》。

## 1 主题内容与适用范围

本标准规定了石棉水泥输水管及其接头的产品分类与规格、技术要求、试验方法和检验规则、标志、包装和运输等。

本标准适用于铺设工、农业与城镇供水用的石棉水泥压力管及其接头。

## 2 引用标准

GB 175 硅酸盐水泥、普通硅酸盐水泥

GB 748 抗硫酸盐硅酸盐水泥

GB 7019 石棉水泥制品吸水率、容重及孔隙率测定方法

GB 8071 温石棉

## 3 产品分类

3.1 根据管道工作压力,石棉水泥输水管及其接头分成表1中所列的七种级别。

表1 管子级别

MPa

| 级别 | Ⅰ | Ⅱ | Ⅲ | Ⅳ | Ⅴ | Ⅵ | Ⅶ |
|---|---|---|---|---|---|---|---|
| 工作压力 | 0.3 | 0.5 | 0.75 | 0.9 | 1.2 | 1.5 | 1.8 |

3.2 质量等级:根据管子的外观质量、尺寸允许偏差及试验水压与管壁吸水率等分为优等品(A)、一等品(B)、合格品(C)。

3.3 代号、标记:以产品名称(SNG)、管子级别(罗马数字)、质量级别(英文字母)、公称直径(mm)、标准编号表示,汉语拼音字头组合"SNG"表示石棉水泥输水管。

示例:石棉水泥输水管,公称直径 300 mm,管子级别为Ⅴ级,优等品。

SNG ⅤA 300 GB 3039

## 4 规格尺寸

4.1 管子规格:基本尺寸应符合图1和表2的规定。

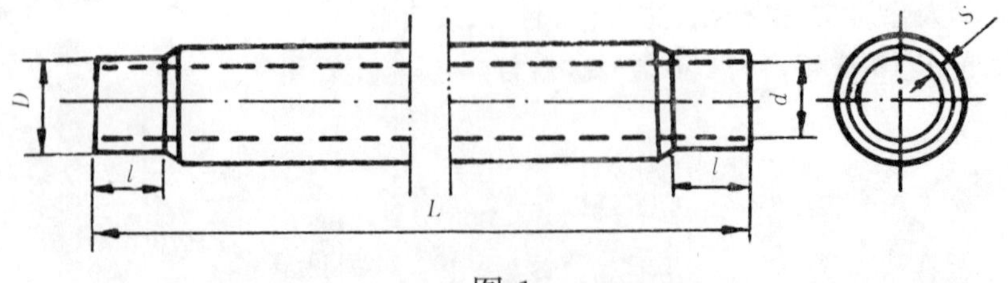


图 1

$d$—内径;$D$—车削端外径;$S$—车削端壁厚;$l$—车削长度;$L$—管子标准长度

国家技术监督局1994-12-22批准 1995-08-01实施

4.2 接头型式与规格：连接管子用的接头为柔性接头，应安装方便、密封性能好、使用安全。接头具体型式，套管或管子承口的规格尺寸与尺寸允许偏差，以及套管外观质量与检验规定，由厂方确定，并通知用户。

## 5 技术要求

5.1 原材料

5.1.1 石棉：应采用符合 GB 8071 规定的五级和五级以上的温石棉，也可掺用适量对制品性能与输送水质无害的其他纤维。

5.1.2 水泥：应采用符合 GB 175 规定不低于 425 号的硅酸盐水泥与普通硅酸盐水泥，但不得使用掺有煤、炭粉作助磨剂及页岩、煤矸石作混合材料的普通硅酸盐水泥。

若管子在硫酸盐含量高的土壤中使用，应采用 GB 748 的抗硫酸盐硅酸盐水泥，也可选用砂质水泥，但需要采用压蒸养护。

5.1.3 水：应采用清洁的淡水或循环系统的水，淡水中不应含有油、盐、酸类等杂物。

5.1.4 连接管子用的石棉水泥套管与接头配件所用的材料应符合本标准 5.1.1～5.1.3 条规定的要求。如经供需双方协议，也可用其他材料制作，但应符合有关标准规定。

选用的橡胶圈的品种、性能与形状规格等应符合接头与管道技术性能的要求，并要符合有关标准的规定。

5.2 外观质量

各种质量等级的管子外观质量应符合表 3 规定。

表 3 外观质量

| 外观质量检验项目 | 允许范围 | | |
|---|---|---|---|
| | 优等品 | 一等品 | 合格品 |
| 未加工的外表面 | 不准许有伤痕和脱皮 | 深度不大于 2 mm 的伤痕和脱皮，每处面积不大于 10 $cm^2$，其总面积不大于 30 $cm^2$ | 深度不大于 2 mm 的伤痕和脱皮，每处面积不得大于 10 $cm^2$，其总面积不大于 50 $cm^2$ |
| 内表面 | 不准许有伤痕脱皮 | 深度不大于 2 mm 的脱皮，每处面积不得大于 10 $cm^2$，其总面积不大于 20 $cm^2$ | 深度不大于 2 mm 的脱皮，每处面积不得大于 10 $cm^2$，其总面积不大于 30 $cm^2$ |
| 车削部位外表面 | 不准许有伤痕、脱皮和起鳞 | | |

5.3 尺寸允许偏差

5.3.1 尺寸允许偏差应符合表 4 的规定。

表 4 尺寸允许偏差 mm

| 公称直径 | 允许偏差 | | | | | | |
|---|---|---|---|---|---|---|---|
| | 内径 | | | 车削端外径 | 长度，% | | |
| | 优等品 | 一等品 | 合格品 | 优等品、一等品、合格品 | 优等品 | 一等品 | 合格品 |
| 75～125 | ±0.8 | ±1 | ±1 | ±1 | −1 | −1.5 | −2 |
| 150～350 | ±1.5 | ±1.8 | ±2 | ±1 | −1 | −1.5 | −2 |
| 400～1 000 | ±2.4 | ±2.8 | ±3 | ±2 | −1 | −1.5 | −2 |

注：管子长度正偏差不作规定。

表 2 各种级别

| 公称直径 | 内径 d | 标准长度 L m | Ⅰ | | | Ⅱ | | | Ⅲ | | |
|---|---|---|---|---|---|---|---|---|---|---|---|
| | | | 车削端 | | 参考重量 W kg/m | 车削端 | | 参考重量 W kg/m | 车削端 | | 参考重量 W kg/m |
| | | | 厚度 S | 外径 D | | 厚度 S | 外径 D | | 厚度 S | 外径 D | |
| mm | | | mm | | | mm | | | mm | | |
| 75 | 75 | 2、3、4 | 9 | 93 | 5.5 | 10 | 95 | 6.1 | 11 | 97 | 6.6 |
| 100 | 100 | 2、3、4 | 9 | 118 | 7.1 | 10 | 120 | 7.8 | 11 | 122 | 8.5 |
| 125 | 125 | 2、3、4 | 10 | 145 | 8.7 | 11 | 147 | 9.5 | 13 | 151 | 11.3 |
| 150 | 150 | 2、3、4、5 | 12 | 174 | 11.3 | 11 | 172 | 12.3 | 14 | 178 | 15.4 |
| 200 | 200 | 3、4、5 | 13 | 226 | 16.1 | 13 | 226 | 17.4 | 16 | 232 | 22.8 |
| 250 | 250 | 3、4、5 | 14 | 278 | 23.1 | 16 | 282 | 26.4 | 19 | 288 | 33.1 |
| 300 | 300 | 3、4、5 | 16 | 332 | 33.3 | 19 | 338 | 35.2 | 23 | 346 | 47.2 |
| 350 | 350 | 4、5 | 19 | 388 | 43.0 | 22 | 394 | 45.3 | 27 | 404 | 63.9 |
| 400 | 400 | 4、5 | 21 | 442 | 56.5 | 25 | 450 | 59.1 | 30 | 460 | 80.3 |
| 450 | 450 | 4、5 | 24 | 496 | 69.0 | 28 | 506 | 83.7 | 33 | 516 | 93.6 |
| 500 | 500 | 4、5 | 27 | 554 | 89.2 | 31 | 562 | 102.2 | 38 | 576 | 125.5 |
| 600 | 600 | 4、5 | 32 | 664 | 125.2 | 37 | 674 | 144.8 | 44 | 688 | 164.6 |
| 700 | 700 | 4、5 | 37 | 774 | 167.4 | 42 | 784 | 190.2 | 47 | 794 | 213.2 |
| 800 | 800 | 4、5 | 41 | 882 | 210.6 | 47 | 894 | 241.7 | 50 | 900 | 246.9 |
| 900 | 900 | 4、5 | 45 | 990 | 258.6 | 52 | 1 004 | 299.3 | 55 | 1 010 | 316.3 |
| 1 000 | 1 000 | 4、5 | 50 | 1 100 | 317.8 | 57 | 1 114 | 393.0 | 60 | 1 120 | 369.5 |

注：① 经供需双方协议可生产其他规格尺寸的管子。

② 生产厂可暂时采用原有内径尺寸生产：147(141)、195(189)、243(236)、291(279)、338(322)、386(368)、482(458) mm 等的管子，但新建的厂或更新管芯时，一律按表 2 的规定。

管子规格尺寸

| Ⅳ | | | Ⅴ | | | Ⅵ | | | Ⅶ | | |
|---|---|---|---|---|---|---|---|---|---|---|---|
| 车削端 | | 参考重量 W kg/m | 车削端 | | 参考重量 W kg/m | 车削端 | | 参考重量 W kg/m | 车削端 | | 参考重量 W kg/m |
| 厚度 S | 外径 D | | 厚度 S | 外径 D | | 厚度 S | 外径 D | | 厚度 S | 外径 D | |
| mm | | | mm | | | mm | | | mm | | |
| 11 | 97 | 6.6 | 12 | 99 | 7.2 | 14 | 103 | 8.5 | 16 | 107 | 9.7 |
| 11 | 122 | 8.5 | 12 | 124 | 9.3 | 15 | 130 | 11.6 | 18 | 136 | 13.9 |
| 15 | 155 | 13.1 | 15 | 155 | 13.1 | 18 | 161 | 15.9 | 20 | 165 | 17.8 |
| 16 | 182 | 17.6 | 18 | 186 | 19.8 | 20 | 190 | 22.0 | 22 | 194 | 22.0 |
| 21 | 242 | 29.8 | 25 | 250 | 35.6 | 25 | 250 | 35.6 | 27 | 256 | 38.6 |
| 23 | 296 | 40.0 | 27 | 304 | 47.0 | 30 | 310 | 82.4 | 33 | 316 | 57.9 |
| 26 | 352 | 57.5 | 30 | 360 | 61.7 | 35 | 370 | 72.4 | 38 | 376 | 79.0 |
| 30 | 410 | 71.0 | 34 | 418 | 80.8 | 39 | 428 | 93.1 | 43 | 436 | 103.3 |
| 35 | 470 | 94.0 | 40 | 480 | 110.7 | 44 | 488 | 119.2 | 48 | 496 | 130.7 |
| 39 | 523 | 117.0 | 45 | 540 | 135.8 | 49 | 548 | 148.4 | 53 | 556 | 161.3 |
| 43 | 586 | 142.0 | 50 | 600 | 166.8 | 54 | 604 | 180.9 | 58 | 616 | 195.2 |
| 49 | 698 | 192.3 | 58 | 716 | 230.0 | 62 | 724 | 246.9 | 68 | 736 | 272.4 |
| 55 | 810 | 250.7 | 66 | 832 | 293.7 | 70 | 840 | 322.9 | 76 | 852 | 352.5 |
| 61 | 922 | 315.8 | 74 | 948 | 375.7 | 78 | 956 | 409.0 | 86 | 972 | 453.9 |
| 66 | 1 032 | 382.4 | 82 | 1 064 | 467.8 | 86 | 1 072 | 505.1 | 95 | 1 090 | 561.8 |
| 71 | 1 144 | 455.0 | 90 | 1 180 | 569.9 | 96 | 1 192 | 625.1 | 105 | 1 210 | 688.1 |

5.3.2 管子同一端内径的最大与最小值相差不得大于表 5 的规定，管子两端面必须切削成与中心轴线相垂直，不应有毛刺和起层。

表 5 管子内径的极差

mm

| 公称直径 | | 75 | 100 | 150 | 200 | 250 | 300 | 350 | 400 |
|---|---|---|---|---|---|---|---|---|---|
| 允许值 | 优等品 | 0.7 | 0.9 | 1.4 | 1.8 | 2.3 | 2.7 | 3.2 | 3.6 |
| | 一等品 | | | | | | | | |
| | 合格品 | 0.8 | 1.0 | 1.50 | 2.0 | 2.5 | 3.0 | 3.5 | 4.0 |

| 公称直径 | | 450 | 500 | 600 | 700 | 800 | 900 | 1 000 |
|---|---|---|---|---|---|---|---|---|
| 允许值 | 优等品<br>一等品 | 4.1 | 4.5 | 5.4 | 6.3 | 7.2 | 7.9 | 9.0 |
| | 合格品 | 4.5 | 5.0 | 6.0 | 7.0 | 8.0 | 9.0 | 10.0 |

5.3.3 管子弯曲度不得大于表 6 的规定。

表 6 管子的弯曲度

| 管子标准长度，m | | 2、3 | 4、5 |
|---|---|---|---|
| 允许值，mm | 优等品<br>一等品 | 8 | 10 |
| | 合格品 | 10 | 14 |

5.3.4 短管在优等品中不允许有一等品、合格品的每批中短管数量不允许超过 10%。这种短管长度比标准长度不得短 300 mm。但所供应的管子总长以实数计算，宜不少于用户订货单上提出的所规定的数量。

5.4 物理力学性能

5.4.1 管子

5.4.1.1 各种级别的管子应承受表 7 中所规定的试验水压，在此压力下，保持 30 s，管子外表面不应有洇水现象。

表 7 管子的试验水压

MPa

| 管子级别 | 试验水压 | | |
|---|---|---|---|
| | 优等品 | 一等品 | 合格品 |
| Ⅰ | 0.8 | 0.7 | 0.6 |
| Ⅱ | 1.2 | 1.1 | 1.0 |
| Ⅲ | 1.7 | 1.6 | 1.5 |
| Ⅳ | 2.0 | 1.9 | 1.8 |
| Ⅴ | 2.6 | 2.5 | 2.4 |
| Ⅵ | 3.2 | 3.1 | 3.0 |
| Ⅶ | 3.8 | 3.7 | 3.6 |

5.4.1.2 各种级别管子的破坏水压值与抗张强度不低于表 8、表 9 的规定。

表 8 管子的破坏水压

| 公称直径 mm | 管子破坏水压,MPa | | | | | | |
|---|---|---|---|---|---|---|---|
| | Ⅰ | Ⅱ | Ⅲ | Ⅳ | Ⅴ | Ⅵ | Ⅶ |
| 75 | 2.79 | 3.76 | 4.09 | 5.12 | 6.07 | 6.92 | 7.74 |
| 100 | 2.15 | 2.91 | 3.17 | 4.29 | 4.71 | 5.74 | 6.71 |
| 125 | 1.93 | 2.59 | 3.01 | 4.29 | 4.71 | 5.54 | 6.07 |
| 150 | 1.93 | 2.19 | 2.73 | 3.85 | 4.71 | 5.18 | 5.63 |
| 200 | 1.58 | 1.95 | 2.37 | 3.80 | 5.54 | 4.89 | 5.23 |
| 250 | 1.37 | 1.92 | 2.26 | 3.37 | 4.29 | 4.71 | 5.13 |
| 300 | 1.32 | 1.90 | 2.28 | 3.19 | 4.00 | 4.59 | 4.97 |
| 350 | 1.33 | 1.89 | 2.29 | 3.16 | 4.00 | 4.41 | 4.81 |
| 400 | 1.30 | 1.88 | 2.23 | 3.22 | 4.00 | 4.36 | 4.71 |
| 450 | 1.32 | 1.87 | 2.19 | 3.19 | 4.00 | 4.32 | 4.64 |
| 500 | 1.33 | 1.87 | 2.26 | 3.17 | 4.00 | 4.29 | 4.57 |
| 600 | 1.31 | 1.85 | 2.18 | 3.02 | 3.88 | 4.12 | 4.48 |
| 700 | 1.30 | 1.81 | 2.01 | 2.91 | 3.79 | 4.00 | 4.31 |
| 800 | 1.28 | 1.78 | 1.88 | 2.83 | 3.73 | 4.92 | 4.27 |
| 900 | 1.24 | 1.74 | 1.84 | 2.73 | 3.67 | 3.84 | 4.20 |
| 1 000 | 1.24 | 1.72 | 1.81 | 2.65 | 3.63 | 3.78 | 4.18 |

表 9 管子的抗张强度 MPa

| 管子级别 | 抗张强度 |
|---|---|
| Ⅰ | 13.0 |
| Ⅱ、Ⅲ | 16.0 |
| Ⅳ | 20.0 |
| Ⅴ、Ⅵ、Ⅶ | 22.0 |

5.4.1.3 各种级别管子的抗折强度不应低于表 10 的规定。

表 10 管子的抗折强度 MPa

| 管子级别 | 抗折强度 |
|---|---|
| Ⅰ | 21.0 |
| Ⅱ、Ⅲ | 25.0 |
| Ⅳ、Ⅴ、Ⅵ、Ⅶ | 26.0 |

5.4.1.4 各种级别管子的外压强度不应低于表 11 的规定。

表 11 管子的外压强度 MPa

| 管子级别 | 外压强度 |
|---|---|
| Ⅰ | 33.0 |
| Ⅱ | 35.0 |
| Ⅲ、Ⅳ | 33.0 |
| Ⅴ、Ⅵ、Ⅶ | 44.0 |

5.4.1.5 管子的管壁吸水率不应大于表 12 的规定。

表 12 管子管壁的吸水率 %

| 管子级别 | 管子与套管吸水率 | | |
| --- | --- | --- | --- |
| | 优等品 | 一等品 | 合格品 |
| Ⅰ、Ⅱ、Ⅲ | 18 | 19 | 20 |
| Ⅳ、Ⅴ、Ⅵ、Ⅶ | 17 | 18 | 20 |

5.4.2 接头

5.4.2.1 各种级别的套管应承受表 7 中所规定的试验水压，在此压力下，保持 30 s，套管外表面不应有洇水现象。

5.4.2.2 各种级别套管的破坏水压值不应低于表 8 的规定。

5.4.2.3 接头水压密封应达到管子级别工作压力的 2 倍，不洇水。

5.4.2.4 各种级别套管的外压强度不应低于表 11 的规定。

5.4.2.5 套管的吸水率不应大于表 12 的规定。

## 6 试验方法

6.1 管子试验方法

6.1.1 外观质量检查

用目测与最小刻度为 0.5 mm 的钢板尺测量管子内外表面伤痕和脱皮。

6.1.2 规格尺寸检验

6.1.2.1 管子长度用最小刻度为 1 mm 的钢卷尺测量，对称位置测 2 处，测量结果的算术平均值作为管子的长度。管子壁厚用精确度为 0.1 mm 的游标卡尺测量，以管子两端垂直对称位置各测四处，测量结果的算术平均值作为管壁厚度。

6.1.2.2 管子的内、外径分别用内、外卡钳及精确度为 0.5 mm 的钢板尺测量，以管子两端垂直对称位置各测四处，测量结果的算术平均值作为管子的内、外径尺寸。用同样方法测定同一管端的最大与最小的内径值。

6.1.2.3 管子的弯曲度用长度不小于管子长度的金属尺或木尺作靠尺，用精确度为 1 mm 的钢板尺测量，管子外表面与靠尺之间的最大间隙作为管子的弯曲度。

6.1.3 物理力学试验

6.1.3.1 水压抗渗试验

以整根经车削加工后的管子作试验，采用管端密封后管子轴向不受压力的水压试验设备。在不少于 1 min 的时间内，使管内水压逐渐上升至本标准表 7 所规定的试验水压值，恒压 30 s，检查管子外表面状况。

6.1.3.2 破坏水压试验

用 1 m 长的管段作试验，管段先在温度为 20±5℃的水中浸泡 48 h 后，在水压试验机上进行试验（该设备要求同 6.1.3.1 的规定），升压应平稳，速度为 0.1～0.2 MPa/s，直至管段破裂，按公式(1)计算管子抗张强度：

$$R_t = \frac{P_t(d + S_1)}{2S_1} \qquad \cdots\cdots(1)$$

式中：$R_t$——抗张强度，MPa；

$P_t$——破坏水压，MPa；

$d$——管段实际内径，mm；

$S_1$——破裂处管壁实际厚度，mm。

6.1.3.3 抗折强度试验

采用一点加荷试验方法测定管子抗折强度。如图 2 所示，在管段中部及两侧支点放上 120°V 型钢制托架，管段与托架之间应垫有厚度约 10 mm 的橡胶垫。

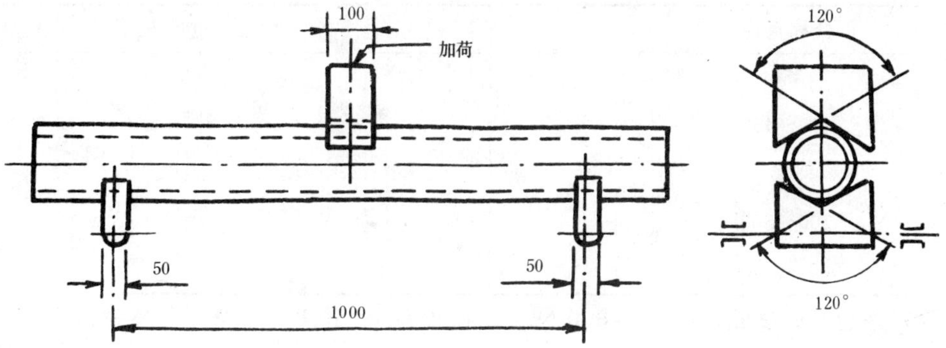


图 2

试验需先在温度为 20±5℃的水中浸泡 48 h。试样长度和支承托架中心距离应符合表 13 规定。

表 13 试样长度和支距

mm

| 公称直径 | 试样长度 $L$ | 支距 $L'$ |
|---|---|---|
| 100～150 | 1 200 | 1 000 |

在材料试验机上，按图 2 装置好后开始试验，以 400～600 N/s 匀速加荷，直至管段折断，按公式(2)计算管子抗折强度：

$$R_f = \frac{8L'}{\pi} \cdot \frac{P_f(d + 2S_1)}{(d + 2S_1)^4 - d^4} \quad \cdots\cdots(2)$$

式中：$R_f$——抗折强度，MPa；

$P_f$——破坏荷载，N；

$L'$——支距，mm；

$d$——管段实际内径，mm；

$S_1$——折断处管壁厚度，mm。

6.1.3.4 外压强度试验

管子外压试验是用 30 cm 长的管段作试验，试样需先在温度为 20±5℃的水中浸泡 48 h 后，取出擦干，按图 3 所示放在材料试验机上进行试验。

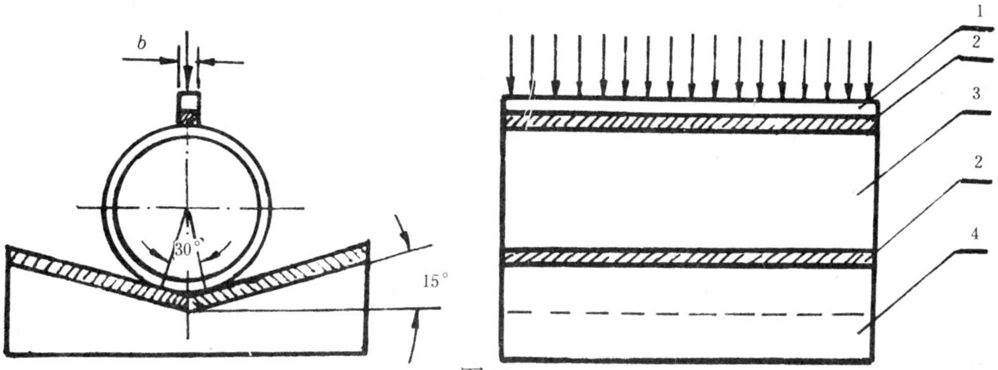


图 3

1—压块；2—橡胶垫；3—石棉水泥管；4—托架

试样底部垫板形状为150°V型托架，压块、托架与试样之间需垫入厚度为15 mm，硬度为邵氏60±5度的橡胶垫，托架与压块用同样材料的金属或硬木制成、压块的宽度 $b$ 根据管径而定，$b$ 值列于表14。

表14　　mm

| 公称直径 | 宽度 $b$ |
|---|---|
| 350 | 35 |
| 400～450 | 50 |
| 500 | 60 |
| 700～800 | 85 |
| 900～1 000 | 105 |

按图3装置好后开始试验，以400～600 N/s匀速加荷，直至管段开裂。按公式(3)计算管子外压强度：

$$R_c = n \cdot \frac{P_c(3d + 5S_1)}{L \cdot S_1^2} \quad \cdots\cdots(3)$$

式中：$R_c$——外压强度，MPa；

$P_c$——破坏荷载，N；

$d$——试样实际内径，mm；

$S_1$——破裂处实际厚度，mm；

$L$——试样长度，mm；

$n$——系数，取0.3。

6.1.3.5　吸水率试验

管子的吸水率试验方法按照GB 7019规定进行。

6.2　接头与套管

6.2.1　外观质量检查

同6.1.1。

6.2.2　规格尺寸检验

6.2.2.1　套管的长度、厚度测量

测量方法同6.1.2.1。

6.2.2.2　套管的内、外径测量

测量方法同6.1.2.2。

6.2.2.3　套管与接头密封性能试验

试验方法同6.1.3.1。

6.2.2.4　套管破坏水压试验

试验方法同6.1.3.2。

6.2.2.5　套管外压试验

试验方法同6.1.3.4。

6.2.2.6　套管的吸水率试验

试验方法按照GB 7019规定进行。

## 7　检验规则

7.1　检验分类

分为出厂检验和型式检验。

7.2 出厂检验

7.2.1 检验项目

7.2.1.1 管子

外观质量、尺寸允许偏差、水压抗渗试验，破坏水压试验、抗折强度试验（管子公称内径小于、等于150 mm时进行）。

7.2.1.2 接头与套管

外观质量、尺寸允许偏差、水压抗渗试验。

7.2.2 批量

每批管子与套管应为同质材料、同一规格、同一级别的产品。每批的数量应符合表15的规定，不足批量下限数时亦可作为一个批量。

表15 管子与套管的批量

| 公称直径，mm | 批量根数范围，根或个 |
|---|---|
| 75～125 | 200～800 |
| 150～250 | 100～400 |
| 300～500 | 100～200 |
| 600～1 000 | 100～150 |

7.2.3 检验与判定规则

7.2.3.1 外观质量与尺寸允许偏差检验

从每批管子或套管中随机抽取5%（至少20根或个）进行检验，若不符合该等级的试样不多于2个，则判该批产品符合该等级品，若多于2个，则该批产品应降等或判为不合格品。

7.2.3.2 水压抗渗试验

全部管子与套管应逐根（个）进行水压抗渗试验，出厂检验时，从每批产品中随机抽取3根（个）试样作水压抗渗试验。检验结果全部符合技术要求中相应等级，则判为符合该等级，若有1根（个）不符合，则再取3根（个）重新试验，若仍有1根（个）不符合，则该批产品应降等降级或判为不合格品。

7.2.3.3 破坏水压试验

从龄期14天的每批管子或套管中任意抽取2根（个）作破坏试验，若破坏水压不低于表8相应级别的规定，则判为符合该等级。若有1根（个）不符合，则试验龄期延长至28天，加倍抽取试样重新检验。若仍有1根（个）不符合时，则该批产品应降级或判为不合格品。

7.2.3.4 抗折强度试验：从龄期为14天的每批管子中，随机抽取2根作抗折强度试验，若试样的抗折强度均符合表10相应级别的规定，则判为符合该级别：若有1根不符合，则试验龄期延长至28天，加倍抽取试样重新检验，若仍有1根不符合，则该批产品应降级或判为不合格品。

7.2.3.5 判定规则，当试样的外观质量、尺寸允许偏差、物理力学性能均符合技术要求中相应等级要求时，则判为该等级，若有一项不符合，则应降等降级或判为不合格品。

7.3 型式检验

7.3.1 遇有下列情况之一时，产品应进行型式检验：

**a.** 新产品或老产品转厂生产的试制定型鉴定；

**b.** 正式生产后如产品结构、材料、工艺有较大改变，可能影响产品性能时；

**c.** 正式生产时，至少每年进行一次检验；

**d.** 产品长期停产后，恢复生产时；

**e.** 出厂检验结果与上次型或检验有较大差异时；

**f.** 国家质量监督机构提出进行型式检验的要求时。

7.3.2 检验项目：包括技术要求中的全部项目。

7.3.3 批量抽样与检验：外观质量、尺寸允许偏差、水压抗渗试验、破坏水压试验、抗折强度试验、批量抽样与检验，同出厂检验。

7.3.3.1 外压强度试验：从龄期14天的每批管子或套管中，随机抽取2根（个）作外压强度试验，若试样的外压强度均符合表11相应级别的规定，则判为符合该级别：若有1根（个）不符合，则试验龄期延长至28天，加倍抽取试样重新检验，若仍有1根（个）不符合，则该批产品应降级或判为不合格品。

7.3.3.2 吸水率试验：从龄期14天的每批管子或套管中任意抽取2根（个）作吸水率试验，若试样的吸水率均符合表12相应级别的规定，则判为符合该级别；若有1根（个）不符合，则试验龄期延长至28天，加倍抽取试样重新检验，若仍有1根（个）不符合，则该批产品应降级或判为不合格品。

7.3.4 判定规则：当试样的所有检验结果均符合技术要求中相应等级要求时，则判为该等级。若有一项不符合，则应降等级或判为不合格品。

## 8 标志、包装、运输与保管

### 8.1 标志与出厂证明书

8.1.1 标志

管子与套管的外表面必须用不掉色的颜料注明标志，其内容与格式如下：

$$\text{注册商标、生产厂名称}\frac{\text{标　　志}}{\text{生产日期、班、生产编号}}\begin{matrix}\text{小心轻放}\\\text{严禁抛掷}\end{matrix}$$

8.1.2 出厂证明书

发货时，必须将出厂证明书随同发货单寄给用户，其内容包括：

a. 产品名称、级别、质量等级、数量；

b. 生产厂名称、商标、厂址；

c. 批量编号：生产日期；

d. 产品检验结果；

e. 标准编号；

f. 生产厂检验部门及检验人员签名盖章。

### 8.2 包装

每根管子与套管在出厂前必须妥善捆扎，但不要遮住标志，每根管子捆扎不应少于三个部位，管子与套管两端须严加保护。

### 8.3 运输

用各种运输工具运管与套管时，必须设法使管子与套管固定，在运输过程中，减少震动，防止碰撞，装卸时严禁抛掷。

### 8.4 保管

堆放场地必须坚实平坦，不同级别、不同质量等级、不同规格的管子与套管，应分别堆放。堆放时，最下一层的管子与套管应固定好，以防塌落。管子堆垛高度如表16规定，套管堆垛高度由生产厂根据实际条件确定。

表16 堆垛高度　　mm

| 公称直径 | 堆垛高度 |
|---|---|
| 75～250 | ≤1 500 |
| 300～500 | ≤2 000 |
| 600～1 000 | ≤3 000 |

**附加说明：**

本标准由国家建筑材料工业局提出，由国家建筑材料工业局苏州混凝土水泥制品研究院归口。

本标准由国家建筑材料工业局苏州混凝土水泥制品研究院、华新水泥厂、吴桥石棉水泥管厂、陕西省石棉水泥制管厂等负责起草。

本标准主要起草人叶启汉、张勤、崔景山、陈桂琴、张志武、朱连荣。

本标准委托国家建筑材料工业局苏州混凝土水泥制品研究院负责解释。

# 前　言

本标准是在总结GB 4084—1983《承插式自应力钢筋混凝土输水管》和SL 11—1990《喷灌用自应力钢丝网水泥管》实施经验的基础上，经调查研究与试验验证后修订的。无国外同类产品标准可等效或等同采用。

本标准修订的主要内容：

1. 将自应力钢丝网水泥输水管纳入本标准；
2. 增列了原材料的质量要求；
3. 根据产品的外观质量与尺寸偏差划分了产品质量等级；
4. 试验方法规定比较详细，有利于测试结果的准确与可比；
5. 制定了检验规则等。

本标准附录A、附录B为标准的附录。

本标准作为强制性国家标准实施。

本标准自实施之日起，代替GB 4084—1983。

本标准由国家建筑材料工业局提出。

本标准由全国水泥制品标准化技术委员会归口。

本标准负责起草单位：中国建筑材料科学研究院水泥科学与新型建筑材料研究所、国家建筑材料工业局苏州混凝土水泥制品研究院、国家建筑材料工业局标准化研究所。

本标准参加起草单位：浙江新安江水泥制品厂、山东莱西水泥制品厂、浙江浙东水泥制品有限公司、江苏盐城市自应力管有限公司、广西南宁水泥制品总厂、福建南平市水泥制品厂、江苏泰兴水泥制品厂、南京市水泥制管厂、浙江省水泥制品厂、浙江临海水泥制品厂、河北石家庄市水泥制品厂、浙江湖州市浙北水泥制管有限公司、南京市水泥制品机械厂、江苏江都华光水泥机械制造有限公司、广东番禺市水泥制品厂。

本标准主要起草人：曹永康、周正、杨斌、沈雅国、吴刚、邱风雷、蔡仲林。

本标准委托中国建筑材料科学研究院水泥科学与新型建筑材料研究所负责解释。

本标准首次发布时间1984年，第一次修订时间1999年。

中华人民共和国国家标准

GB 4084—1999

代替 GB 4084—1983

# 自应力混凝土输水管

# Self-stressing concrete pipe for water

## 1 范围

本标准规定了自应力混凝土输水管产品的分类、规格尺寸、技术要求、试验方法、检验规则、标志、出厂证明、运输、保管、使用规定等内容。

本标准适用于公称内径为100～800 mm，工作压力为0.4～1.2 MPa，其接头采用圆形截面橡胶圈密封的承插式自应力混凝土输水管。

对管体和密封圈有腐蚀作用的水和土壤，应采取防护措施后方可铺设使用。

若所需管子的规格、尺寸、工压、用途不属于本标准所列范围者，由供需双方协商解决。

## 2 引用标准

下列标准所包含的条文，通过在本标准中引用而构成为本标准的条文。本标准出版时，所示版本均为有效。所有标准都会被修订，使用本标准的各方应探讨使用下列标准最新版本的可能性。

GB/T 176—1996 水泥化学分析方法

GB/T 17671—1999 水泥胶砂强度检验方法(ISO法)

GB 8076—1997 混凝土外加剂

GB/T 14684—1993 建筑用砂

GB/T 14685—1993 建筑用卵石、碎石

GB/T 15345—1994 预应力混凝土输水管检验方法

GB/T 16752—1997 混凝土和钢筋混凝土排水管试验方法

JC/T 218—1995 自应力硅酸盐水泥

JC/T 453—1992(1996) 自应力水泥物理检验方法

JC 715—1996 自应力硫铝酸盐水泥

JC/T 748—1987(1996) 预应力与自应力钢筋混凝土管用橡胶密封圈

JC/T 749—1987(1996) 预应力与自应力钢筋混凝土管用橡胶密封圈试验方法

JG J18—1996 钢筋焊接及验收规程

JG J19—1992 冷拔钢丝预应力混凝土构件设计与施工规程

JG J63—1989 混凝土拌合用水标准

## 3 定义

利用自应力水泥膨胀力张拉钢筋或钢丝网而产生预应力的混凝土输水管，称为自应力混凝土输水管(以下简称管子)。

国家质量技术监督局 1999-07-30 批准　　2000-02-01 实施

## 4 分类

### 4.1 产品分类

管子按配筋分为钢筋管和钢丝网管两类，后者又按管模结构分为两半模成型管和整体模成型管两种。以上三种管顺序称为Ⅰ型管、Ⅱ型管和Ⅲ型管。Ⅰ型管外形及各部尺寸示于图1、表2，Ⅱ型管外形及各部尺寸示于图2、表3，Ⅲ型管外形及各部尺寸示于图3、表4。

### 4.2 压力等级

管子按工作压力分为工压-4、工压-5、工压-6、工压-8、工压-10、工压-12六个等级，各等级管子的压力指标见表1。

表1 各等级管子压力指标

| 等 级 | 公称内径，mm | 压力指标，MPa | |
|---|---|---|---|
| | | 工作压力 | 出厂检验压力 |
| 工压-4 | 100～800 | 0.4 | 0.8 |
| 工压-5 | | 0.5 | 1.0 |
| 工压-6 | | 0.6 | 1.2 |
| 工压-8 | | 0.8 | 1.4 |
| 工压-10 | | 1.0 | 1.7 |
| 工压-12 | | 1.2 | 2.0 |

注

1 各等级管子是在素土平基、管顶复土深0.8～2 m，地面允许两辆汽-15级汽车荷载及相应等级的工作压力的条件下设计的。

2 $\phi$600～800 mm的自应力钢丝网水泥管，系按90°土弧基础设计。

3 用各类型管铺设管道时，其接头允许的转角：内径100～350 mm的管子为2.0度；内径400～800 mm的管子为1.5度。

4 不在上述使用条件下铺设使用时，应根据地面荷载、埋设深度、工作压力等进行设计计算

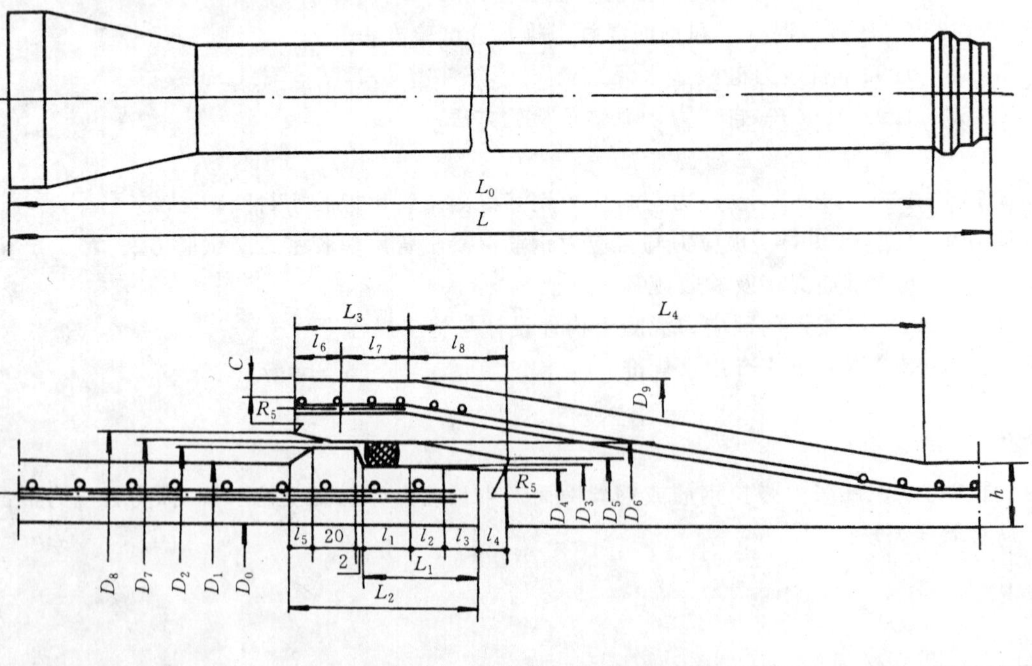


图1 Ⅰ型管外形及接头

表 2　I 型管尺寸表

mm

| | | | | | | | | | | | | |
|---|---|---|---|---|---|---|---|---|---|---|---|---|
| 公称内径 $D_0$ | | | 100 | 150 | 200 | 250 | 300 | 350 | 400 | 500 | 600 | 800 |
| 外径 $D_1$ | | | 150 | 200 | 260 | 320 | 380 | 440 | 490 | 610 | 720 | 960 |
| 壁厚 $h$ | | | 25 | 25 | 30 | 35 | 40 | 45 | 45 | 55 | 60 | 80 |
| 外保护层厚 $C$ | | | 7 | 7 | 7 | 7 | 7 | 7 | 7 | 7 | 7 | 7 |
| 管长 | | $L_0$ | 3 000 | 3 000 | 3 000 | 3 000 | 4 000 | 4 000 | 4 000 | 4 000 | 4 000 | 4 000 |
| | | $L$ | 3 080 | 3 080 | 3 080 | 3 080 | 4 088 | 4 088 | 4 107 | 4 107 | 4 117 | 4 140 |
| 接头尺寸 | 插口 | $D_2$ | 164 | 214 | 274 | 334 | 397 | 457 | 514 | 634 | 743 | 984 |
| | | $D_3$ | 152 | 202 | 262 | 322 | 382 | 442 | 496 | 616 | 726 | 966 |
| | | $D_4$ | 146 | 196 | 256 | 316 | 376 | 436 | 490 | 610 | 718 | 958 |
| | | $l_1$ | 20 | 20 | 20 | 20 | 25 | 25 | 35 | 35 | 40 | 50 |
| | | $l_2$ | 15 | 15 | 15 | 15 | 15 | 15 | 15 | 15 | 20 | 20 |
| | | $l_3$ | 15 | 15 | 15 | 15 | 18 | 18 | 20 | 20 | 20 | 25 |
| | | $l_4$ | 10 | 15 | 15 | 15 | 17 | 17 | 20 | 20 | 25 | 25 |
| | | $l_5$ | 8 | 8 | 8 | 8 | 8 | 8 | 15 | 15 | 15 | 23 |
| | | $L_1$ | 50 | 50 | 50 | 50 | 58 | 58 | 70 | 70 | 80 | 95 |
| | | $L_2$ | 80 | 80 | 80 | 80 | 88 | 88 | 107 | 107 | 117 | 140 |
| | 承口 | $D_5$ | 148 | 198 | 258 | 318 | 378 | 438 | 492 | 612 | 724 | 963 |
| | | $D_6$ | 168 | 218 | 278 | 338 | 401 | 461 | 518 | 638 | 750 | 993 |
| | | $D_7$ | 169 | 219 | 279 | 339 | 402 | 462 | 519 | 639 | 751 | 994 |
| | | $D_8$ | 176 | 226 | 286 | 346 | 411 | 471 | 530 | 650 | 762 | 1 008 |
| | | $D_9$ | 240 | 290 | 365 | 435 | 510 | 580 | 640 | 780 | 910 | 1 214 |
| | | $l_6$ | 20 | 20 | 20 | 20 | 20 | 20 | 27 | 27 | 27 | 35 |
| | | $l_7$ | 30 | 30 | 30 | 30 | 35 | 35 | 45 | 45 | 50 | 60 |
| | | $l_8$ | 40 | 45 | 45 | 45 | 50 | 50 | 55 | 55 | 65 | 70 |
| | | $L_3$ | 50 | 50 | 50 | 50 | 55 | 55 | 72 | 72 | 77 | 95 |
| | | $L_4$ | 210 | 210 | 245 | 270 | 310 | 335 | 350 | 395 | 475 | 592 |
| 参考质量(kg/根) | | | 90 | 115 | 180 | 260 | 470 | 615 | 700 | 1 070 | 1 415 | 2 536 |

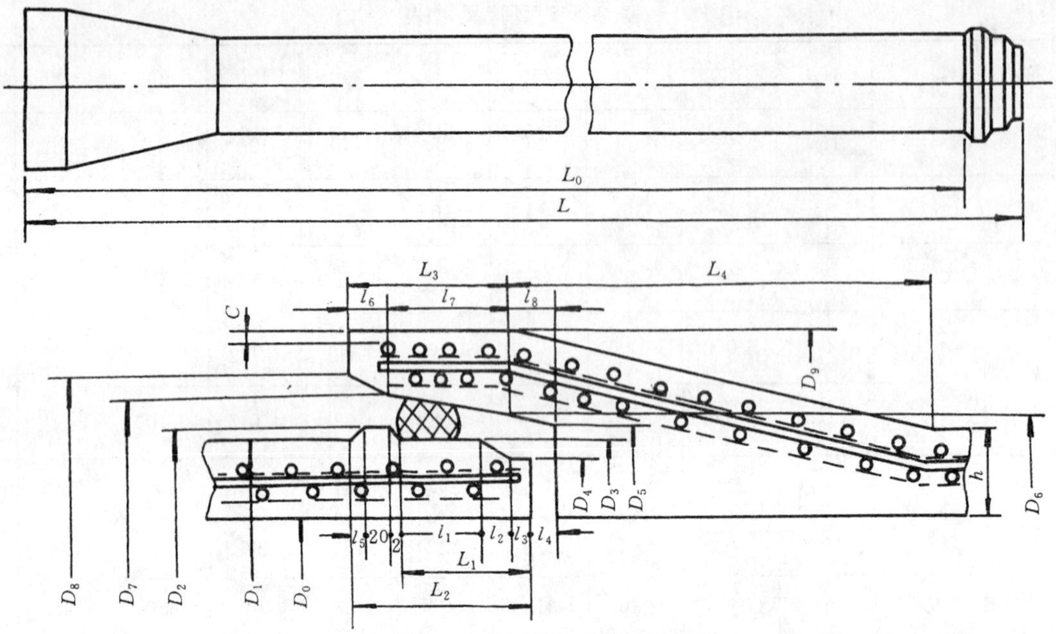


图 2 Ⅱ型管外形及接头

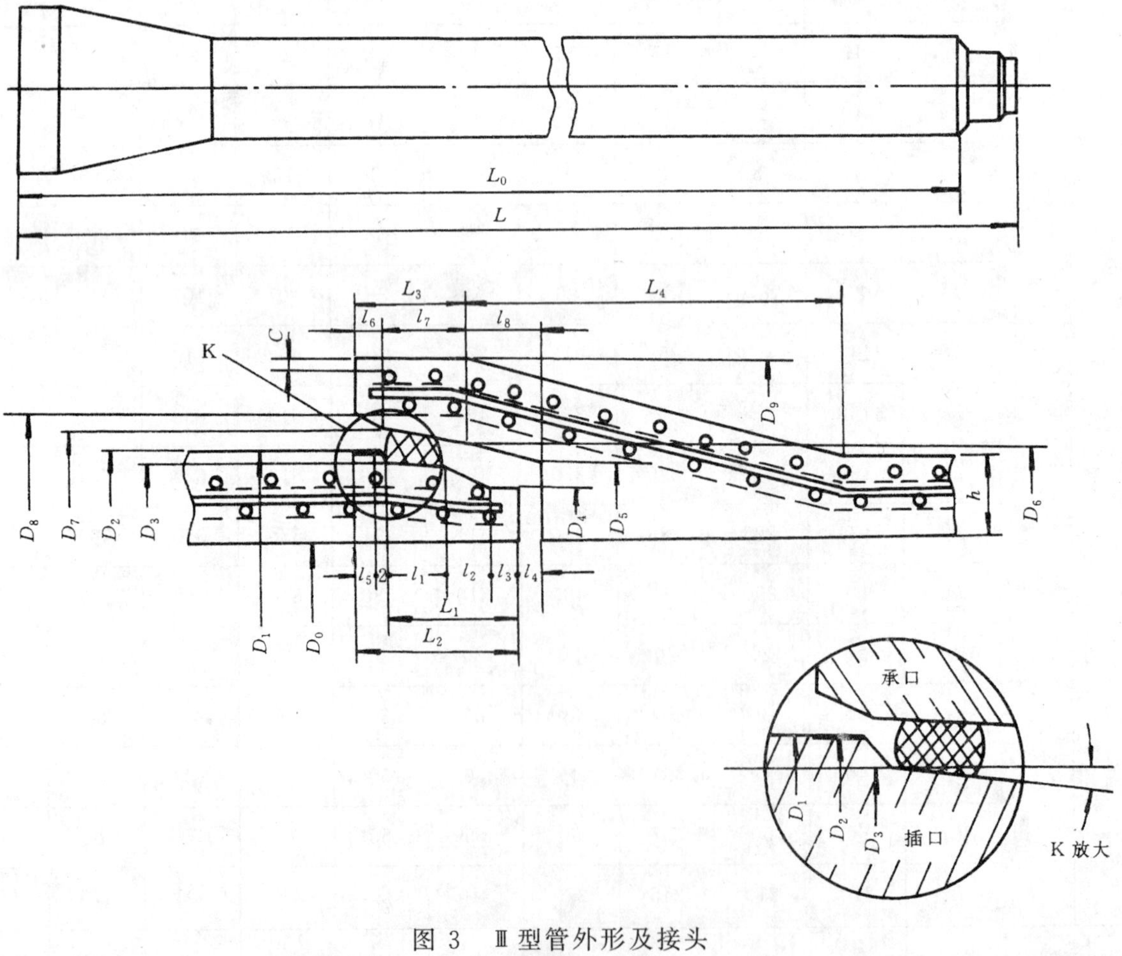


图 3 Ⅲ型管外形及接头

表 3　Ⅱ型管尺寸表

mm

| 公称内径 $D_0$ | | | 100 | 150 | 200 | 250 | 300 | 350 | 400 | 500 | 600 | 800 |
|---|---|---|---|---|---|---|---|---|---|---|---|---|
| 外径 $D_1$ | | | 150 | 200 | 260 | 310 | 370 | 430 | 480 | 590 | 700 | 920 |
| 壁厚 $h$ | | | 25 | 25 | 30 | 30 | 35 | 40 | 40 | 45 | 50 | 60 |
| 外保护层厚 $C$ | | | 7 | 7 | 7 | 7 | 7 | 7 | 7 | 7 | 7 | 7 |
| 管长 | | $L_0$ | 3 000 | 3 000 | 3 000 | 3 000 | 4 000 | 4 000 | 4 000 | 4 000 | 4 000 | 4 000 |
| | | $L$ | 3 080 | 3 080 | 3 080 | 3 080 | 4 088 | 4 088 | 4 107 | 4 107 | 4 117 | 4 135 |
| 接头尺寸 | 插口 | $D_2$ | 164 | 214 | 274 | 324 | 386 | 447 | 503 | 613 | 723 | 945 |
| | | $D_3$ | 152 | 202 | 262 | 312 | 372 | 432 | 486 | 596 | 706 | 926 |
| | | $D_4$ | 146 | 196 | 256 | 306 | 366 | 426 | 480 | 590 | 698 | 918 |
| | | $l_1$ | 20 | 20 | 20 | 20 | 25 | 25 | 35 | 35 | 40 | 50 |
| | | $l_2$ | 15 | 15 | 15 | 15 | 15 | 15 | 15 | 15 | 20 | 20 |
| | | $l_3$ | 15 | 15 | 15 | 15 | 18 | 18 | 20 | 20 | 20 | 25 |
| | | $l_4$ | 10 | 15 | 15 | 15 | 17 | 17 | 20 | 20 | 25 | 30 |
| | | $l_5$ | 8 | 8 | 8 | 8 | 8 | 8 | 15 | 15 | 15 | 18 |
| | | $L_1$ | 50 | 50 | 50 | 50 | 58 | 58 | 70 | 70 | 80 | 95 |
| | | $L_2$ | 80 | 80 | 80 | 80 | 88 | 88 | 107 | 107 | 117 | 135 |
| | 承口 | $D_5$ | 148 | 198 | 256 | 308 | 368 | 428 | 482 | 592 | 704 | 924 |
| | | $D_6$ | 167 | 217 | 277 | 327 | 390 | 450 | 507 | 617 | 730 | 952 |
| | | $D_7$ | 169 | 219 | 279 | 329 | 392 | 452 | 509 | 619 | 732 | 954 |
| | | $D_8$ | 176 | 226 | 286 | 336 | 401 | 461 | 520 | 630 | 743 | 962 |
| | | $D_9$ | 240 | 290 | 365 | 424 | 490 | 555 | 617 | 740 | 870 | 1 114 |
| | | $l_6$ | 20 | 20 | 20 | 20 | 20 | 20 | 27 | 27 | 27 | 35 |
| | | $l_7$ | 30 | 30 | 30 | 30 | 35 | 35 | 45 | 45 | 50 | 60 |
| | | $l_8$ | 40 | 45 | 45 | 45 | 50 | 50 | 55 | 55 | 65 | 70 |
| | | $L_3$ | 50 | 50 | 50 | 50 | 55 | 55 | 72 | 72 | 77 | 95 |
| | | $L_4$ | 210 | 210 | 245 | 308 | 324 | 338 | 370 | 405 | 458 | 523 |
| 参考质量(kg/根) | | | 90 | 115 | 180 | 225 | 419 | 556 | 634 | 907 | 1 222 | 2 030 |

表 4 Ⅲ型管尺寸表

mm

| 公称内径 $D_0$ | | | 100 | 150 | 200 | 250 | 300 | 350 | 400 | 500 | 600 | 800 |
|---|---|---|---|---|---|---|---|---|---|---|---|---|
| 外径 $D_1$ | | | 154 | 204 | 260 | 310 | 370 | 430 | 480 | 590 | 700 | 920 |
| 壁厚 $h$ | | | 27 | 27 | 30 | 30 | 35 | 40 | 40 | 45 | 50 | 60 |
| 外保护层厚 $C$ | | | 7 | 7 | 7 | 7 | 7 | 7 | 7 | 7 | 7 | 7 |
| 管长 | | $L_0$ | 3 000 | 3 000 | 3 000 | 3 000 | 4 000 | 4 000 | 4 000 | 4 000 | 4 000 | 4 000 |
| | | $L$ | 3 080 | 3 080 | 3 080 | 3 080 | 4 088 | 4 088 | 4 107 | 4 107 | 4 117 | 4 135 |
| 接头尺寸 | 插口 | $D_2$ | 154 | 204 | 260 | 310 | 370 | 430 | 480 | 590 | 700 | 920 |
| | | $D_3$ | 142 | 192 | 248 | 299 | 356 | 416 | 464 | 574 | 682 | 902 |
| | | $D_4$ | 138 | 188 | 244 | 294 | 350 | 410 | 457 | 567 | 674 | 893 |
| | | $l_1$ | 20 | 20 | 20 | 20 | 25 | 25 | 35 | 35 | 40 | 50 |
| | | $l_2$ | 15 | 15 | 15 | 15 | 15 | 15 | 15 | 15 | 20 | 20 |
| | | $l_3$ | 15 | 15 | 15 | 15 | 18 | 18 | 20 | 20 | 20 | 25 |
| | | $l_4$ | 10 | 15 | 15 | 15 | 17 | 17 | 20 | 20 | 25 | 30 |
| | | $l_5$ | 28 | 28 | 28 | 28 | 28 | 28 | 35 | 35 | 35 | 38 |
| | | $L_1$ | 50 | 50 | 50 | 50 | 58 | 58 | 70 | 70 | 80 | 95 |
| | | $L_2$ | 80 | 80 | 80 | 80 | 88 | 88 | 107 | 107 | 117 | 135 |
| | 承口 | $D_5$ | 140 | 190 | 244 | 294 | 351 | 411 | 460 | 570 | 680 | 902 |
| | | $D_6$ | 157 | 207 | 263 | 313 | 374 | 434 | 485 | 595 | 706 | 927 |
| | | $D_7$ | 159 | 209 | 265 | 315 | 376 | 436 | 487 | 597 | 708 | 929 |
| | | $D_8$ | 167 | 217 | 273 | 323 | 384 | 444 | 497 | 609 | 721 | 945 |
| | | $D_9$ | 231 | 281 | 351 | 401 | 473 | 543 | 596 | 716 | 848 | 1 091 |
| | | $l_6$ | 20 | 20 | 20 | 20 | 20 | 20 | 27 | 27 | 27 | 35 |
| | | $l_7$ | 30 | 30 | 30 | 30 | 35 | 35 | 45 | 45 | 50 | 60 |
| | | $l_8$ | 40 | 45 | 45 | 45 | 50 | 50 | 55 | 55 | 65 | 70 |
| | | $L_3$ | 50 | 50 | 50 | 50 | 55 | 55 | 72 | 72 | 77 | 95 |
| | | $L_4$ | 218 | 218 | 258 | 258 | 292 | 320 | 329 | 357 | 420 | 485 |
| 参考质量(kg/根) | | | 95 | 132 | 190 | 232 | 430 | 573 | 650 | 905 | 1 200 | 1 916 |

4.3 管子按公称内径分为 100 mm、150 mm、200 mm、250 mm、300 mm、350 mm、400 mm、500 mm、600 mm 和 800 mm 10 种。

4.4 当公称内径小于 300 mm 时，管子的有效长度为 3 m；当等于和大于 300 mm 时，管子的有效长度为 4 m。

4.5 质量等级分类：根据产品的外观质量、尺寸偏差及出厂检验水压下的检验结果将管子分为一等品(B)和合格品(C)。

4.6 规格尺寸及标记：规格以下述代号作为标记：自应力混凝土输水管(以汉字拼音字头 Z 表示)、类别(以罗马数字加括号表示)、质量等级(英文字母)、公称内径(mm)×有效长度(m) 压力等级及标准号。

规格标记示例：

a) Z(Ⅰ)B 600×4 6 GB 4084

表示自应力混凝土管，钢筋滚焊骨架成型，一等品，公称内径 600 mm，有效长度 4 m，工作压力 0.6 MPa。

b) Z(Ⅲ)C 800×4　4 GB 4084

表示自应力混凝土管，钢丝网整体模成型，合格品，公称内径 800 mm，有效长度 4 m，工作压力 0.4 MPa。

## 5 原材料

### 5.1 自应力水泥

自应力水泥应符合 JC/T 218、JC 715 及有关标准的规定。

#### 5.1.1 钢丝

冷拔低碳钢丝的标准强度不得低于 600 MPa，其性能应符合 JGJ 19 的规定。

#### 5.1.2 钢丝网

钢丝网采用冷拔低碳钢丝编织，钢丝直径宜用 $1_{-0.05}^{0}$ mm，网孔尺寸应符合设计要求。钢丝标准强度不得低于 550 MPa。

#### 5.1.3 集料

砂子含泥量不得大于 1%，其余要求应符合 GB/T 14684 的规定。

石子用碎石或卵石，含泥量不得大于 1%，其最大粒径不得大于环向钢筋净距的 2/3，其余要求应符合 GB/T 14685 的规定。

#### 5.1.4 水

水质应符合 JGJ 63 的规定。

#### 5.1.5 外加剂

使用的外加剂不得污染所输送的水。严禁掺入氯盐类外加剂。其余要求应符合 GB 8076 的规定。

## 6 技术要求

### 6.1 外观

各质量等级管子的承口、插口、管子内、外壁及缺陷修补应符合表 5 的规定。

表 5　外观要求

| 项　目 | 质量等级 | 要　　求 |
|---|---|---|
| 承口密封面 | 一等品 | 表面平整光滑，不得露砂、起皮，无凹槽缺损 |
| | 合格品 | 表面平整，不得露砂、起皮，出现的凹槽其深度不大于 2 mm，面积不大于 300 mm²，应修补 |
| 插口密封面 | 一等品 | 合缝不得错位，其余同承口规定 |
| | 合格品 | 表面光滑，无飞边毛刺，合缝凹槽宽与深度不大于 3 mm，错位不大于 1 mm，凹槽同承口规定，均应修补 |
| 管内壁 | 一等品 | 表面平整，无起皮、鼓泡，无浮渣 |
| | 合格品 | 有起皮、鼓泡，其不平整度不大于 3 mm，累计面积不大于 5% |
| 管外壁 | 一等品 | 平整，两管端对管轴线倾斜度：$D_0$ 不大于 250 mm 者，不大于 1 mm，其余管子不大于 2 mm，两端无损伤，管子内外壁不得露筋露网 |
| | 合格品 | 有粘皮、麻面，其深度不大于 2 mm，累计面积不大于 5%，两管端对管轴线倾斜度：$D_0$ 不大于 250 mm 者，不大于 2 mm，其余管子不大于 4 mm，两端如有损伤，但其纵向长度未达到承插口密封面，环向长度不超过周长的 1/4，允许修补，管子内外壁不得露筋露网 |
| 缺限修补 | 一等品 | 不允许修补 |
| | 合格品 | 允许修补，修补处应粘结牢固、平整 |

6.2 管子尺寸允许偏差

管子尺寸偏差不得超过表6的规定。

表6 管子主要尺寸允许偏差 mm

| 公称直径 | 质量等级 | 内径 $D_0$ | 壁厚 $h$ | 保护层 $C$ | 插口 | | | 承口 |
|---|---|---|---|---|---|---|---|---|
| | | | | | 止胶台 $D_2$ | 密封面 $D_3$ | 密封面 $l_1$ | 密封面 $D_7$ |
| 100～350 | 一等品<br>合格品 | 0,−2<br>+3,−4 | 0,−2<br>+4,−2 | +2,0<br>+4,−2 | ±1 | +1<br>−0.5 | +2<br>−1 | ±1 |
| 400～600 | 一等品<br>合格品 | 0,−2<br>+4,−5 | 0,−2<br>+4,−2 | +2,0<br>+4,−2 | ±1.5 | ±1 | +2<br>−1 | ±1 |
| 800 | 一等品<br>合格品 | 0,−4<br>+6,−8 | 0,−3<br>+6,−3 | +2,0<br>+4,−2 | ±2 | +2<br>−1 | ±2 | +2<br>−1 |

6.3 出厂压力检验

出厂管子的压力指标必须符合表1中出厂检验压力的规定。管子性能应符合表7规定且不开裂。

表7 出厂检验压力下管子性能

| 项目 | 质量等级 | 内 容 |
|---|---|---|
| 管子抗渗性能 | 一等品 | 不应有潮片等任何渗水现象发生 |
| | 合格品 | 允许有潮片,表面砂眼漏水不超过三点,合缝漏水不超过二处,每处长度不超过200 mm,允许修补后再试一次,应达到不渗水 |
| 接头性能 | 一等品<br>合格品 | 不应滴水 |
| 管子抗裂性能 | 一等品<br>合格品 | 不开裂 |

6.4 膨胀稳定期

判定管子膨胀稳定期,先按附录A(标准的附录)测定自应力混凝土的自由膨胀值,再参照自应力水泥标准中膨胀稳定期的规定来判定,膨胀未稳定的管子不得出厂。

## 7 试验方法

7.1 自应力混凝土管试验的主要仪器、设备和量具见表8。

表8 试验用主要仪器、设备和量具

| 序号 | 名 称 | 测量范围 | 精确度 | 分度值 | 标准代号 |
|---|---|---|---|---|---|
| 1 | 百分表 | 0～10 mm | 18 μm | 0.01 mm | GB/T 1219 |
| 2 | 外径千分尺 | 150～175 mm | 7 μm | 0.001 mm | GB/T 1216 |
| 3 | 外径千分尺 | 175～200 mm | 7 μm | 0.001 mm | GB/T 1216 |
| 4 | 胶砂试模 | 40 mm×40 mm×160 mm | — | — | JC/T 726 |
| 5 | 混凝土试验用振动台 | 频率 50 Hz±3 Hz,<br>振幅 0.5 mm±0.02 mm | — | — | JG/T 3020 |
| 6 | 压力试验机 | 0～300 kN | ±2% | — | — |
| 7 | 深度游标卡尺 | 0～200 mm | ±0.05 mm | 0.05 mm | GB/T 1214 |
| 8 | 钢直尺 | 0～150 mm | ±0.07 mm | 0.5 mm | GB/T 9056 |
| 9 | 钢卷尺 | 2 000 mm | Ⅱ级±0.7 mm | 1 mm | — |
| 10 | 一般压力表 | 按检验压力配备 | 1.5级 | 0.05 MPa | GB/T 1226 |

表 8(完)

| 序号 | 名　　称 | 测量范围 | 精确度 | 分度值 | 标准代号 |
| --- | --- | --- | --- | --- | --- |
| 11 | 测量内径可采用：<br>a)内径千分尺<br>b) 内径专用检验量具 | <br>50～1 000 mm<br>50～1 000 mm | <br>±0.019 mm<br>±0.2 mm | <br>0.01 mm<br>0.1 mm | <br>GB/T 8177<br>计量检定合格 |
| 12 | 测量外径可采用：<br>a) 游标卡尺<br>b) 外径专用检验量具 | <br>0～1 000 mm<br>100～1 000 mm | <br>±0.15 mm<br>±0.2 mm | <br>0.10 mm<br>0.1 mm | <br>GB/T 1214<br>计量检定合格 |

7.2　自应力混凝土

自应力混凝土自由膨胀、限制膨胀和抗压强度的试验方法见附录 A。

7.3　自应力混凝土输水管

自应力混凝土输水管试验方法见附录 B(标准的附录)。

## 8　检验规则

8.1　产品检验分为出厂检验和型式检验。

生产检验应逐根检验管子的外观和水压，抽检尺寸检验项目。在此基础上进行出厂检验与型式检验。

8.2　出厂检验

8.2.1　出厂检验项目，按表 9。

表 9　检验项目

| 检验类型 | 水压试验 | 公称内径 $D_0$ | 保护层厚度 $C$ | 承口密封面直径 $D_7$ | 止胶台外径 $D_2$ | 插口密封面直径 $D_3$ | 插口密封面长度 $l_1$ | 保护层 | 承口密封面 | 管子两端 | 插口密封面 | 管子内壁 | 相对转角 |
| --- | --- | --- | --- | --- | --- | --- | --- | --- | --- | --- | --- | --- | --- |
| 出厂检验 | √ | √ | — | √ | — | √ | √ | √ | √ | √ | √ | — | — |
| 型式检验 | √ | √ | √ | √ | √ | √ | √ | √ | √ | √ | √ | √ | √ |
| 注：“√”表示应检验的项目 | | | | | | | | | | | | | |

8.2.2　批量

a) 由同种原材料用相同工艺制成的同一规格、同一类型和同一质量等级的管子组成同一受检批；

b) $\phi$100～250 mm 的管子 1 000 根为一受检批，$\phi$300～800 mm 的管子 500 根为一受检批；

c) $\phi$100～250 的管子不足 1 000 根，至少有 30 根；$\phi$300～800 mm 的管子不足 500 根，至少有 30 根均可作为一受检批。

8.2.3　抽样和检验

在受检批中用随机抽样的方法抽 10 根样管，逐根进行外观、尺寸和水压检验。在 10 根样管中随机抽取一根检验保护层厚度，再随机抽取二根复检备用，测定相对转角。

8.2.4　各项判定

a) 外观和规格尺寸。外观和规格尺寸的各个检验项目，某项符合某一质量等级的管子大于或等于八根，则判该批产品某项为该等级。

b) 保护层厚度。保护层厚度符合某一质量等级的要求，则判该批产品保护层厚度为该等级；若保护层厚度检验结果不合格，允许在 10 根样管中再抽取两根复验。若两根均符合标准要求，则判该批管子保护层厚度合格，否则，判为不合格品。

c) 水压试验。10 根样管都符合某一质量等级的要求，则判该批产品水压试验为该等级。

d) 相对转角。在允许相对转角下，水压检验合格为该项合格。

8.2.5　总判定

当 10 根样管水压检验、保护层厚度、外观和尺寸符合某一质量等级的要求，则判该批产品为该等级。

8.3 型式检验

8.3.1 检验条件

有下列情况之一时，应进行型式检验：

a）新产品试制定型鉴定；

b）当产品结构、材料、工艺有较大改变时；

c）产品长期停产后，再恢复生产时；

d）出厂检验结果与上一次型式检验结果有较大差异时；

e）正常生产应每年进行一次检验；

f）国家或地方质量监督检验机构提出检验的要求时。

8.3.2 检验项目

按表9进行。

8.3.3 抽样和检验

受检批至少有30根，其余同8.2.3。

8.3.4 各项判定

同8.2.4。

8.3.5 总判定

当10根样管水压检验、保护层厚度、外观、尺寸和相对转角符合某一质量等级的要求，则判该批产品为该等级。

## 9 标志、堆放、运输与出厂

9.1 在每根管子平直段（外壁）的中部应注明生产厂厂名、产品名称、商标、规格标记、生产日期、全国工业产品生产许可证证书编号及"严禁碰撞"等字样。

标识参考样

厂名、产品名称、商标 $\frac{\text{规格标记}}{\text{生产日期　生产许可证编号}}$ 严禁碰撞

9.2 管子应按公称内径、类型、质量等级和生产日期分别堆放。堆放场地要平整，管子的承口、插口各层相互交错，各层管子之间宜用两根平行垫木或其他材料隔开，上下支垫应对齐，管子悬臂长度不得超过管长的1/5。堆放层数不宜超过表10的规定。

表10

| 公称直径，mm | 100～150 | 200～250 | 300～400 | 500～600 | 800 |
|---|---|---|---|---|---|
| 堆放层数 | 8 | 7 | 5 | 3 | 2 |

9.3 装卸及搬运管子时，必须轻装轻放，用撬杠滚动管子时不允许管子承口端、插口端着地，严禁抛掷和碰撞。

9.4 运输管子时，承口、插口应妥善包扎，管子应固定好，防止滚动碰撞。层与层之间应放支垫，管子超出车厢的长度不得超过管长的1/5。

9.5 管子出厂时应提交产品质量合格证明书，其内容应包括：

a）生产厂厂名、商标；

b）规格标记、数量及批量编号；

c）生产日期及出厂日期；

d）检验结果；

e）全国工业产品生产许可证证书编号；

f）生产厂质量检验部门签章。

# 附 录 A
（标准的附录）
# 自应力混凝土物理试验方法

## A1 范围

本附录规定了自应力混凝土的自由膨胀、限制膨胀、抗压强度的试验方法。

本附录适用于JC/T 218、JC 715标准规定的自应力水泥配制的自应力混凝土的物理性能试验。

## A2 仪器

A2.1 测长仪，可采用下列两种中的一种。

A2.1.1 外径千分尺，分度值为0.01 mm，量程分别为150～175 mm和175～200 mm。

A2.1.2 比长仪，由百分表和支架组成，并带有基长标准杆。百分表分度值为0.01 mm，量程不小于10 mm。支架底部装有可调底座，基长分别为156 mm和176 mm。

A2.2 限制钢丝骨架、自由膨胀测量钉头、试模符合JC/T 453的规定。

A2.3 混凝土试验用振动台应符合JG/T 3020的规定。

## A3 试体的成型养护

A3.1 试体数量 自由膨胀试体三条，限制膨胀试体三条，抗压强度试体不少于六条，称为一组。上述试体均采用40 mm×40 mm×160 mm的三联试模。

A3.2 每组试体所用的混凝土拌合物应根据不同要求从同一盘搅拌或同一车运送的混凝土中取出，或在试验室用人工或机械单独拌制。

A3.3 拌合物取样后应尽快进行试验。试验前，试样应经人工略加翻拌，以保证其均匀性。

A3.4 试验室拌制混凝土时，拌合所需的原材料应提前运入室内，试验室的温度应保持在20℃±5℃。

A3.5 试验室拌制混凝土时，材料用量以质量计，称量的允许偏差：骨料为±1%；水、水泥、外加剂、膨胀剂均为±0.5%。

A3.6 试体成型

将拌合物一次装入试模，装料时应用抹刀沿试模内壁略加插实并使混凝土拌合物高出试模。振动时应防止试模在振动台上自由跳动。振动应持续到混凝土表面出浆为止，用抹刀抹平，盖上盖板。

A3.7 成型后根据不同要求可与生产中的同批管子一起蒸汽养护，或在蒸汽养护箱中按预先确定的蒸汽养护制度进行蒸汽养护。

A3.8 蒸汽养护完毕取出试模立即脱模，脱模时应防止试体损伤，脱模后的试体摊开冷却，从脱模开始算起在1～1.5 h内测量自由膨胀、限制膨胀试体初始值；测量脱模强度，脱模强度不得低于8 MPa。测量后的膨胀试体和强度试体与同批管放入水养池中养护，或按预先规定的条件水养。

## A4 自由膨胀率的测定

A4.1 龄期 应根据自应力的增长和自应力混凝土的膨胀稳定期的要求规定测量龄期。

A4.2 测量 从养护水中取出自由膨胀试体，擦净试体表面尤其是钉头。在要求的龄期±3 h内按一定的试体方向测量长度，测定值应记录至0.001 mm。每次测量前后应用标准杆校准千分尺或百分表，如发现误差超过0.01 mm时，整批试体应重新测量。

A4.3 计算 自由膨胀率 $\varepsilon_1$ 按式(A1)计算到0.001%。

$$\varepsilon_1 = \frac{L_{X1} - L_1}{L_{01}} \times 100 \qquad \cdots\cdots(A1)$$

式中：$\varepsilon_1$——所测龄期的自由膨胀率，%；

$L_{X1}$——所测龄期的自由膨胀试体测量值，mm；

$L_1$——脱模后自由膨胀试体测量值，mm；

$L_{01}$——自由膨胀试体原始净长 160 mm。

**A4.4** 取值　自由膨胀率以三条试体测定值的平均值来表示，当三个值中有超过平均值±10%的应予剔除，其余两个数值平均，不足两个时重做试验。

**A5　限制膨胀率的测定**

**A5.1** 龄期　同 A4.1。

**A5.2** 测量　同 A4.2。

**A5.3** 计算　限制膨胀率 $\varepsilon_2$ 按式(A2)计算到 0.001%。

$$\varepsilon_2 = \frac{L_{X2} - L_2}{L_{02}} \times 100 \qquad \cdots\cdots(A2)$$

式中：$\varepsilon_2$——所测龄期的限制膨胀率，%；

$L_{X2}$——所测龄期的限制膨胀试体测量值，mm；

$L_2$——脱模后限制膨胀试体测量值，mm；

$L_{02}$——限制膨胀试体原始净长 135 mm。

**A5.4** 取值　同 A4.4。

**A6　自应力值的计算**

自应力值 $\sigma$ 按式(A3)计算到 0.01 MPa。

$$\sigma = \mu \cdot E \cdot \varepsilon_2 \qquad \cdots\cdots(A3)$$

式中：$\sigma$——所测龄期的自应力值，MPa；

$\mu$——配筋率，1.24%；

$E$——钢筋弹性模量，一般取 $1.96\times10^5$ MPa；

$\varepsilon_2$——所测龄期的限制膨胀率。

**A7　抗压强度试验**

**A7.1** 龄期　分为蒸汽养护脱模后、膨胀稳定期两个龄期，可根据需要增加龄期。

**A7.2** 强度试验　抗压强度试验按 GB/T 177 规定进行。

**A7.3** 计算与取值　同 GB/T 177。

## 附　录　B

(标准的附录)

## 自应力混凝土输水管试验方法

**B1　外观**

**B1.1** 飞边、毛刺、露砂和凹槽

a) 目测承口各部位有无露砂；承口密封面有无凹槽；

b) 目测插口密封面合缝处有无飞边、毛刺；有无凹槽和错位；

c）凹槽尺寸用20号铁丝和钢直尺测量深度；用钢直尺或钢卷尺测量长度、宽度。

B1.2 起皮、鼓泡、粘皮和麻面

a）目测管内壁有无起皮、鼓泡，外壁有无粘皮、麻面；

b）用钢直尺和靠尺测量内壁不平整度；

c）按GB/T 15345—1994中5.2.3的规定，分别测量起皮和鼓泡、粘皮和麻面的面积。

B1.3 露筋、端部损伤

a）目测管子外壁和两端有无露筋，两端有无损伤；

b）记录两端露筋的点数，外壁露筋的根数；

c）用钢直尺、钢卷尺分别测量露筋长度，端部损伤处的纵向深度与环向长度。

## B2 规格尺寸

B2.1 测点位置

a）各项尺寸测点的环向位置与管子合缝连线成45°圆心角，见图B1；

b）公称内径测点的纵向位置：

公称内径小于或等于200 mm时，测点位置距插口端部100 mm；

公称内径大于200 mm时，测点位置距插口端部200 mm。

B2.2 公称内径（$D_0$）

a）按B2.1确定测点，测量方法见GB/T 16752—1997中5.3.4；

b）测量二个值，取平均值，采用修约值比较法。

B2.3 承口密封面直径（$D_7$）

a）按B2.1a)在承口密封面中部确定测点；

b）按GB/T 16752—1997中5.2.6测量二个值，采用修约值比较法。

B2.4 插口密封面直径（$D_3$）、止胶台外径（$D_2$）

a）按B2.1在插口密封面中部、止胶台中部确定测点；

b）按GB/T 16752—1997中5.3.5各测量二个值，采用修约值比较法。

B2.5 插口密封面长度（$l_1$）

用钢直尺测量密封面长度的最大值、最小值，采用修约值比较法。

## B3 保护层厚度（$C$）

B3.1 测点位置

a）纵向：测点分布在管子平直段外壁，一点距插口止胶台300 mm，一点距拐点300 mm，另一点在承口平直段的中部；

b）环向：三点与圆心的夹角约为120°。

B3.2 试验步骤

a）用凿子或冲击钻在测点处将管壁表层混凝土凿去，不得损伤钢筋，暴露钢筋骨架的环向钢筋，清除钢筋表面砂浆；

b）用深度游标卡尺测量环筋表面到管子外壁的距离，测量时深度游标卡尺的底座方向应与管轴线平行，测值采用修约值比较法。

## B4 水压试验

B4.1 检查水压试验机压力表的量程与精度是否满足管子出厂检验压力的要求，检查设备状况，设备无故障时方可试验。

B4.2 试验时管子应饱和含水，外表面风干；管子在大气中长期存放时，需回水养护后再进行水压检验。

**B4.3** 将管子安装在水压试验机上，管子两条合缝宜处于管子左右两侧，充水并排净管内空气。

**B4.4** 徐徐升压到检验压力值，恒压时间 10 min，检查管子的抗渗和抗裂性能，检查接头的密封性能。

## B5 相对转角

将两根管子按表 B1 允许相对转角的要求安装，按 B4 进行水压检验。测点的环向位置见图 B1。

表 B1 允许相对转角

| 管子公称内径，mm | 允许相对转角，(°) |
| --- | --- |
| 100～350 | 2.0 |
| 400～800 | 1.5 |

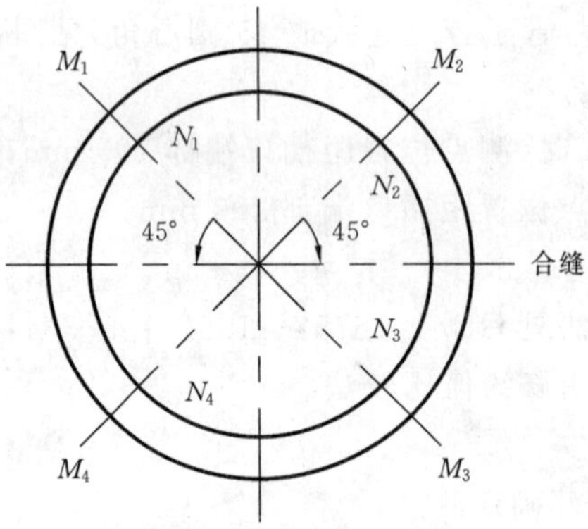


$M_1$、$M_2$、$M_3$、$M_4$—外径测点；$N_1$、$N_2$、$N_3$、$N_4$—内径测点

图 B1 测点的环向位置示意图

GB 4623—94

# 环形预应力混凝土电杆

代替GB 4623—84

**Circular prestressed concrete pole**

## 1 主题内容与适用范围

本标准规定了环形预应力混凝土电杆的产品分类、技术要求、试验方法、检验规则、标志与出厂合格证明书、保管及运输等。

本标准适用于电力、通讯及接触网架空线路的电杆、照明支柱和信号机柱等。不包括电杆的其他组成部分,如横担、卡盘、底盘等配件。

## 2 引用标准

GB 175 硅酸盐水泥、普通硅酸盐水泥
GB 199 快硬硅酸盐水泥
GB 700 碳素结构钢
GB 701 低碳钢热轧圆盘条
GB 748 抗硫酸盐硅酸盐水泥
GB 1344 矿渣硅酸盐水泥、火山灰质硅酸盐水泥及粉煤灰硅酸盐水泥
GB 1499 钢筋混凝土用钢筋
GB 4463 预应力混凝土用热处理钢筋
GB 5223 预应力混凝土用钢丝
GB 5224 预应力混凝土用钢绞线
GB 8076 混凝土外加剂
GB/T 14684 建筑用砂
GB/T 14685 建筑用卵石、碎石
GB J10 混凝土结构设计规范
GB J81 普通混凝土力学性能试验方法
GB J107 混凝土强度检验评定标准
GB J204 钢筋混凝土工程施工及验收规范
GB J321 预制混凝土构件质量检验评定标准
JG J63 混凝土拌合用水标准

## 3 术语

3.1 预应力混凝土电杆 (Y)

电杆主要受力钢筋为预应力钢筋,抗裂检验系数允许值$[\gamma_{cr}]>1.0$。

3.2 部分预应力混凝土电杆 (BY)

电杆主要受力钢筋由预应力钢筋与非预应力钢筋组成,或全部为预应力钢筋,抗裂检验系数允许值$[\gamma_{cr}]>0.8$。

国家技术监督局1994-12-22批准　　1995-08-01实施

3.3 标准检验荷载($P$)

正常使用短期荷载检验值。

3.4 标准检验弯矩 ($M_K$)

电杆在标准检验荷载作用下,检验断面处弯矩的检验值。

3.5 承载力检验弯矩 ($M_u$)

电杆在承载力检验荷载作用下,检验断面处弯矩的检验值。

3.6 裂缝

电杆表面有伸入混凝土内部的缝隙。

3.7 漏浆

电杆表面水泥浆流失,露出砂、石。

3.8 露筋

电杆内部的钢筋未被混凝土包裹而外露的缺陷。

3.9 塌落

电杆内壁混凝土成块状脱落。

3.10 蜂窝

混凝土表面因漏浆或缺少水泥砂浆而形成石子外露的缺陷。

3.11 麻面

电杆表面呈密集的微孔。

3.12 粘皮

电杆外表面的水泥浆层被粘去,呈现出凹凸不平的结构层。

3.13 龟裂

电杆表面呈龟背纹路,无整齐的边缘和明显的深度。

3.14 水纹

当水渗入混凝土时,表面有可见微细纹路,水分蒸发后,纹路随之消失。

## 4 产品分类

4.1 产品按外形分为锥形杆(锥度为 1:75)和等径杆两种,如图 1。

按不同抗裂检验系数允许值,又可分为预应力混凝土电杆和部分预应力混凝土电杆。

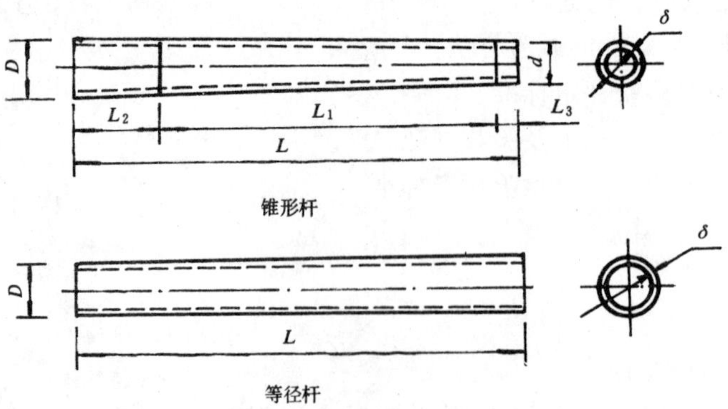


图 1

$L$—杆长;$L_1$—荷载点高度;$L_2$—支持点高度;$L_3$—梢端至荷载点距离(为 0.25 m);

$D$—根径或直径;$d$—梢径;$\delta$—壁厚

4.2 锥形杆有整根杆和组装杆。锥形杆的杆段系列如图 2。

4.3 电杆的梢径(或直径)、长度、标准检验荷载及标准检验弯矩见表 1、表 2 和表 3。

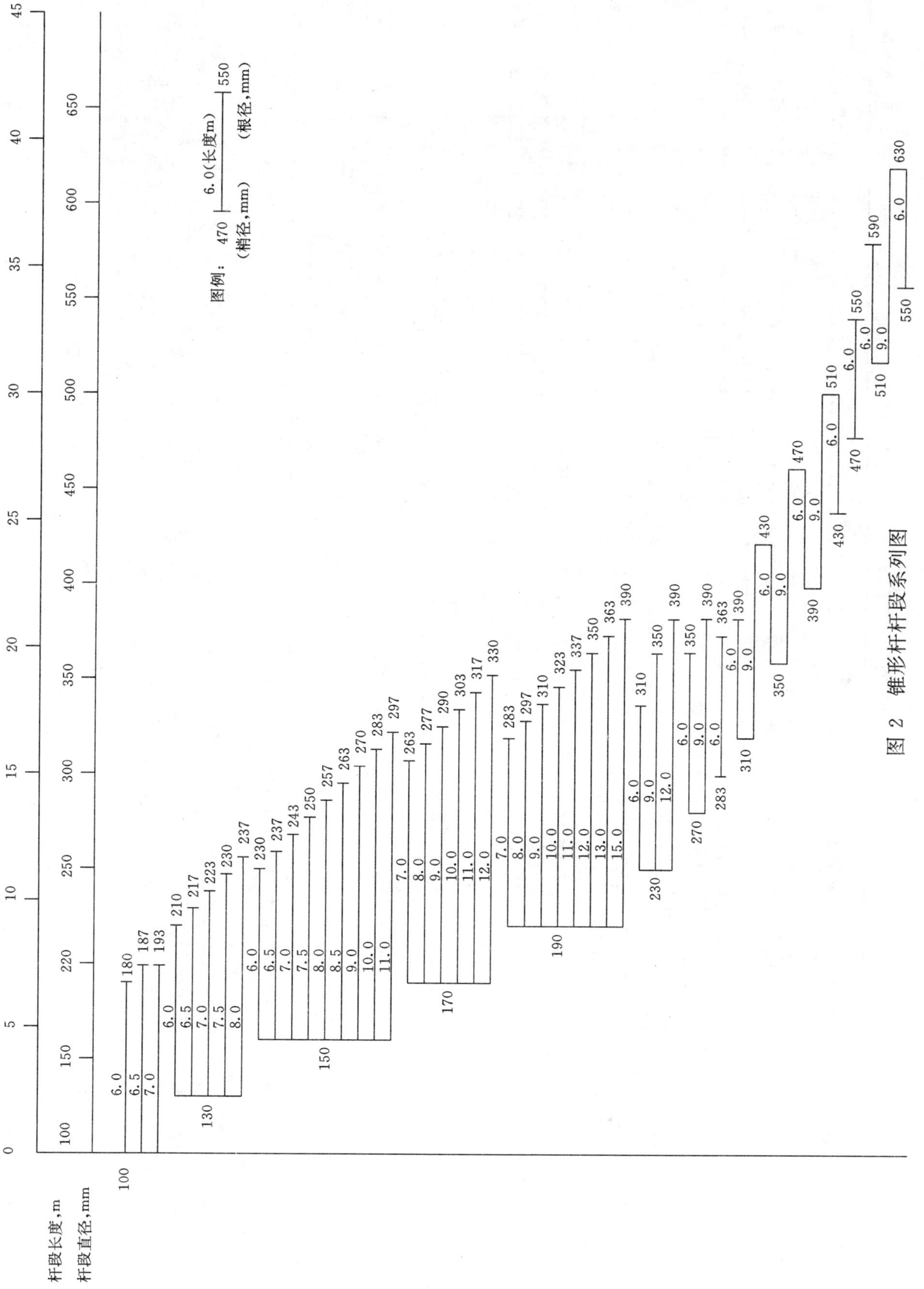


图 2 锥形杆杆段系列图

表 1　整根锥形杆标准检验弯矩

kN・m

| 标准荷载 P kN / L, m | $L_1$, m | $L_2$, m | 梢径,mm | | | | | | | | | | | | | | | | | | | | | | | | | | |
|---|---|---|---|---|---|---|---|---|---|---|---|---|---|---|---|---|---|---|---|---|---|---|---|---|---|---|---|---|---|
| | | | φ100 | | φ130 | | | | φ150 | | | | | | | | φ170 | | | | | φ190 | | | | | | φ230 | |
| | | | $Q_1$ | $Q_3$ | $Q_3$ | A | B | C | B | C | $C_1$ | D | E | F | G | I | D | E | G | I | J | E | G | I | J | K | L | L | M |
| | | | 0.50 | 0.75 | 0.75 | 1.00 | 1.25 | 1.50 | 1.25 | 1.50 | 1.65 | 1.75 | 2.00 | 2.25 | 2.50 | 3.00 | 1.75 | 2.00 | 2.50 | 3.00 | 3.50 | 2.00 | 2.50 | 3.00 | 3.50 | 4.00 | 5.00 | 5.00 | 6.00 |
| 6.00 | 4.75 | 1.00 | 2.38 | 3.56 | 3.56 | 4.75 | 5.94 | 7.12 | 5.94 | 7.12 | 7.84 | 8.31 | 9.50 | | 11.88 | | | | | | | | | | | | | | |
| 6.50 | 5.15 | 1.10 | 2.58 | 3.86 | 3.86 | 5.15 | 6.44 | 7.72 | 6.44 | 7.72 | 8.50 | 9.01 | 10.30 | 11.59 | | | | | | | | | | | | | | | |
| 7.00 | 5.55 | 1.20 | 2.78 | 4.16 | 4.16 | 5.55 | 6.94 | 8.32 | 6.94 | 8.32 | 9.16 | 9.71 | 11.10 | 12.49 | 13.88 | | 9.71 | 11.10 | 13.88 | | | 11.10 | | 16.65 | | 22.20 | | | |
| 7.50 | 6.00 | 1.25 | | | 4.50 | 6.00 | 7.50 | 9.00 | 7.50 | 9.00 | 9.90 | 10.50 | 12.00 | | | | | | | | | | | | | | | | |
| 8.00 | 6.45 | 1.30 | | | 4.84 | 6.45 | 8.06 | 9.68 | 8.06 | 9.68 | 10.64 | 11.29 | 12.90 | 14.51 | 16.12 | 19.35 | 11.29 | 12.90 | 16.12 | | | 12.90 | | 19.35 | | 25.80 | | | |
| 8.50 | 6.85 | 1.40 | | | | | | | | 10.28 | 11.30 | | | | | | | | | | | | | | | | | | |
| 9.00 | 7.25 | 1.50 | | | | | | 10.88 | 9.06 | 10.88 | 11.96 | 12.69 | 14.50 | 16.31 | 18.12 | 21.75 | 12.69 | 14.50 | 18.12 | 21.75 | 25.38 | 14.50 | | 21.75 | 25.38 | 29.00 | 36.25 | | |
| 10.00 | 8.05 | 1.70 | | | | | | | | 12.08 | 13.28 | 14.08 | 16.10 | 18.11 | 20.12 | 24.15 | 14.08 | 16.10 | 20.12 | 24.15 | 28.18 | 16.10 | 20.12 | 24.15 | | | | | |
| 11.00 | 8.85 | 1.90 | | | | | | | | 13.28 | | 15.49 | | | | | | 17.70 | | 26.55 | | 17.70 | 22.12 | 26.55 | | | | | |
| 12.00 | 9.75 | 2.00 | | | | | | | | | | | | | | | | 19.50 | 24.38 | | | 19.50 | 24.38 | 29.25 | 34.12 | 39.00 | | 48.75 | 58.50 |
| 13.00 | 10.55 | 2.20 | | | | | | | | | | | | | | | | | | | | 21.10 | 26.38 | 31.65 | 36.93 | 42.20 | | | |
| 15.00 | 12.25 | 2.50 | | | | | | | | | | | | | | | | | | | | 24.50 | 30.62 | 36.75 | 42.88 | | | | |

注：① 标准检验弯矩即支持点断面处弯矩，等于标准检验荷载乘以荷载点高度。

② 电杆承载力检验弯矩 $M_U=[\beta_U]M_K$，$[\beta_U]$——承载力综合检验系数允许值为 2.0。

③ $Q_1$、$Q_3$、A、B、C、D……，是不同标准检验荷载的代号。

④ 经供需双方协议，也可生产其他承载力检验弯矩的电杆。

⑤ 按照上级主管部门批准的图纸生产的产品，则根据图纸注明的要求进行检验。

表 2　组装锥形杆标准检验弯矩

| 检验断面处弯矩 kN·m / L,m | $L_1$, m | $L_2$, m | 梢径,mm | | | | | | | | | | | | | | | | | | | | | | | | | | | | | | | | | | | |
|---|---|---|---|---|---|---|---|---|---|---|---|---|---|---|---|---|---|---|---|---|---|---|---|---|---|---|---|---|---|---|---|---|---|---|---|---|---|---|
| | | | φ190 | | | | | | | | φ230 | | | | | | | | φ270 | | | | | | | φ283 | | | | | | | φ310 | | | | | | |
| | | | 检验断面 $d_o$ mm | 标准检验弯矩 kN·m | | | | | | | 检验断面 $d_o$ mm | 标准检验弯矩 kN·m | | | | | | | 检验断面 $d_o$ mm | 标准检验弯矩 kN·m | | | | | | 检验断面 $d_o$ mm | 标准检验弯矩 kN·m | | | | | | 检验断面 $d_o$ mm | 标准检验弯矩 kN·m | | | | | |
| 6.00 | 4.75 | 1.00 | | | | | | | | | 297 | 17 | 20 | 25 | 30 | 35 | 40 | 45 | 337 | 30 | 35 | 40 | 45 | 50 | | 360 | 35 | 45 | 55 | 60 | | | 377 | 35 | 45 | 55 | 60 | 70 | |
| 7.00 | 5.55 | 1.20 | 267 | 15 | 17 | 20 | 25 | 30 | | | | | | | | | | | | | | | | | | | | | | | | | | | | | | | |
| 8.00 | 6.45 | 1.30 | 279 | 17 | 20 | 25 | 30 | 35 | | | | | | | | | | | | | | | | | | | | | | | | | | | | | | | |
| 9.00 | 7.25 | 1.50 | 290 | 17 | 20 | 25 | 30 | 35 | 40 | | 330 | 25 | 30 | 35 | 40 | 45 | 50 | 55 | 370 | 35 | 40 | 45 | 50 | 55 | 60 | | | | | | | | 410 | 45 | 55 | 60 | 70 | 80 | |
| 10.00 | 8.05 | 1.70 | 301 | 20 | 25 | 30 | 35 | 40 | 45 | | | | | | | | | | | | | | | | | | | | | | | | | | | | | | |
| 11.00 | 8.85 | 1.90 | 311 | 25 | 30 | 35 | 40 | 45 | 50 | | | | | | | | | | | | | | | | | | | | | | | | | | | | | | |
| 12.00 | 9.75 | 2.00 | 323 | 25 | 30 | 35 | 40 | 45 | 50 | 55 | 363 | 30 | 35 | 40 | 45 | 50 | 55 | 60 | | | | | | | | | | | | | | | | | | | | | |
| | | | φ350 | | | | | | | | φ390 | | | | | | | | φ430 | | | | | | | φ470 | | | | | | | φ510 | | | | | | |
| 6.00 | 4.75 | 1.0 | 417 | 45 | 50 | 60 | 70 | 80 | 90 | | 457 | 50 | 60 | 70 | 80 | 90 | 100 | 120 | | | | | | | | | | | | | | | | | | | | | |
| 9.00 | 7.25 | 1.5 | 450 | 50 | 60 | 70 | 80 | 90 | 100 | 110 | 490 | 60 | 70 | 80 | 90 | 100 | 110 | | | | | | | | | | | | | | | | 610 | 80 | 100 | 120 | 150 | 180 | 210 |
| 6.00+6.00 | 9.75 | 2.0 | 483 | 60 | 70 | 80 | 90 | 100 | 110 | 120 | 523 | 70 | 80 | 90 | 100 | 110 | 120 | 130 | 563 | 80 | 100 | 130 | 160 | 190 | 200 | 603 | 80 | 100 | 120 | 150 | 180 | 210 | | | | | | | |

注：① 用悬臂式试验时标准检验弯矩即支持点断面处弯矩。

② φ350、φ390、φ430 与 φ470 均为[6.00+6.00]:组装杆上杆段的梢径，表中所列数值系指下杆段的标准检验弯矩值。

③ 电杆承载力检验弯矩 $M_U=[\beta_U]M_K$,$[S_U]$——承载力综合检验系数允许值为 2.0。

④ 经供需双方协议，也可生产其他承载力检验弯矩的电杆。

⑤ 按照上级主管部门批准的图纸生产的产品，则根据图纸注明的要求进行检验。

表 3 等径杆标准检验弯矩 kN·m

| 长度 m / 标准检验弯矩 / 直径 mm | 4.5,6.00,9.00 | | | | | | | |
|---|---|---|---|---|---|---|---|---|
| $\phi$300 | 20 | 25 | 30 | 35 | 40 | 45 | | |
| $\phi$400 | 40 | 45 | 50 | 55 | 60 | 70 | 80 | 90 |
| $\phi$500 | 70 | 75 | 80 | 85 | 90 | 95 | 100 | 105 |
| $\phi$550 | 90 | 115 | 135 | 155 | 180 | | | |

注：① 用简支式试验，标准检验弯矩即两加荷点间断面处的最大弯矩。

② 电杆承载力检验弯矩 $M_u=[\beta_u]M_k$，$[\beta_u]$——承载力综合检验系数允许值为 2.0。

③ 经供需双方协议，也可生产其他承载力检验弯矩的电杆。

④ 按照上级主管部门批准的图纸生产的产品，则根据图纸注明的要求进行检验。

## 5 技术要求

### 5.1 产品外形尺寸

应符合本标准要求，或按设计图纸制造。

### 5.2 原材料

#### 5.2.1 水泥

宜采用不低于 525 的硅酸盐水泥、普通硅酸盐水泥、矿渣硅酸盐水泥、抗硫酸盐硅酸盐水泥、或不低于 425 的快硬硅酸盐水泥，其性能应分别符合 GB 175、GB 199、GB 748 及 GB 1344 的规定。

#### 5.2.2 集料

砂子宜采用中粗砂，石子宜采用碎石或卵石。其质量应分别符合 GB/T 14684、GB/T 14685 的规定。并应符合 GBJ 204 的规定。

#### 5.2.3 水

拌制混凝土宜采用饮用水，水质应符合 JG J63 的规定。

#### 5.2.4 外加剂

掺入混凝土中的外加剂，其性能应符合 GB 8076 的规定。严禁掺入氯盐类外加剂。

#### 5.2.5 钢材

##### 5.2.5.1 预应力钢筋

宜采用冷拉Ⅱ级、冷拉Ⅲ级、冷拉Ⅳ级、Ⅴ级(热处理)钢筋、甲级冷拔低碳钢丝、碳素钢丝、刻痕钢丝和钢铰丝、碳素结构钢。钢材性能应分别符合 GB 1499、GB 5223、GB 5224 和 GB 4463 的规定，甲级冷拔低碳钢丝应符合 GBJ 204 的规定。

##### 5.2.5.2 非预应力钢筋

宜采用Ⅰ级、Ⅱ级、Ⅲ级钢筋和乙级冷拔低碳钢丝，其性能应分别符合 GB 701、GBJ 204 的规定。

### 5.3 混凝土

预应力电杆离心混凝土的设计强度等级不宜低于 C50 级，施加预应力时不得低于设计的混凝土强度等级的 70%，出厂时应不低于设计的混凝土强度等级的 80%。

### 5.4 构造要求

#### 5.4.1 保护层厚度

预应力钢筋直径为 6 mm 或小于 6 mm 时，保护层厚度不得小于 12 mm；直径在 6 mm 以上时，保护层厚度不得小于 15 mm；钢板圈接头端主筋镦头顶部必须有混凝土保护层。

#### 5.4.2 钢筋加工

应符合本标准附录A(补充件)的要求。

5.5 施加预应力的技术要求

5.5.1 为减少预应力钢筋松驰影响,可采用超张拉,张拉程序及应力控制方法应符合GB J204的规定。

5.5.2 预应力钢筋不得断筋。

5.6 电杆接头、预埋件及预留孔

5.6.1 电杆分段制造时,接头可采用钢板圈,法兰盘或其他接头形式。

5.6.2 主筋与连接件的连接,预应力钢筋宜采用先穿筋后镦头的方法,镦头的承力面应在同一平面内。非预应力钢筋采用焊接,焊接质量应符合GB J204的规定。

5.6.3 电杆接头强度不得低于接头处断面承载能力的95%。

5.6.4 预埋件、预留孔及泄水孔按设计图纸设置,并清理干净。

5.6.5 接地螺母、脚钉母、接线盒等的外露金属部分应有明显标记,并清理干净。

5.7 其他要求

5.7.1 产品出厂前,顶端应用混凝土或砂浆封实,如有特殊要求,另行处理。

5.7.2 脱模后或出厂前,电杆两端的预应力钢筋头必须切除,并采取有效防腐措施处理。

5.8 外观质量

应符合表4规定。

表4 外观质量要求

| 序号 | 项目 | | 优等品 | 一等品 | 合格品 |
|---|---|---|---|---|---|
| 1 | 表面裂缝1) | | 纵横向均<br>不允许 | 纵横向均<br>不允许 | 纵横向均<br>不允许 |
| 2 | 合缝漏浆 | 边模合缝处 | 深度不大于3 mm;<br>每处长不大于100 mm;<br>累计长不大于杆长5%;<br>无搭接漏浆 | 深度不大于5 mm;<br>每处长不大于200 mm;<br>累计长不大于杆长8%;<br>无搭接漏浆 | 深度不大于保护层厚;<br>每处长不大于300 mm;<br>累计长不大于杆长10%;<br>搭接长不大于100 mm |
| | | 钢板圈<br>(或法兰盘)<br>与杆身结合面 | 深度不大于3 mm;<br>环向长不大于1/6周长;<br>纵向长不大于20 mm | 深度不大于5 mm;<br>环向长不大于1/5周长;<br>纵向长不大于30 mm | 深度不大于保护层厚;<br>环向长不大于1/4周长;<br>纵向长不大于50 mm |
| 3 | 梢端及根端<br>碰伤或漏浆 | | 环向长不大于1/6周长;<br>纵向长不大于20 mm | 环向长不大于1/5周长;<br>纵向长不大于30 mm | 环向长不大于1/4周长;<br>纵向长不大于50 mm |
| 4 | 内、外表面<br>露筋 | | 不允许 | 不允许 | 不允许 |
| 5 | 内表面砼塌落 | | 不允许 | 不允许 | 不允许 |
| 6 | 蜂窝 | | 不允许 | 不允许 | 不允许 |
| 7 | 麻面、粘皮2) | | 总面积不大于1% | 总面积不大于3% | 总面积不大于5% |
| 8 | 预留孔周围砼损伤 | | 损伤深度不大于5 mm | 深度不大于8 mm | 深度不大于10 mm |
| 9 | 钢板圈焊口距离 | | 距离大于10 mm | 距离大于10 mm | 距离大于10 mm |

注:1) 表面裂缝中不计龟裂和水纹。

2) 麻面、粘皮的总面积百分数为麻面、粘皮总面积与1 m长度内外表面积之比。

5.9 各部尺寸允许偏差

应符合表5规定。

表 5　各部尺寸允许偏差　　mm

| 项目名称 | | | | 优等品 | 一等品 | 合格品 |
|---|---|---|---|---|---|---|
| 杆长 | 整根杆 | | | +20<br>−40 | +20<br>−40 | +20<br>−40 |
| 杆长 | 组装杆杆段[1] | | | ±10 | ±10 | ±10 |
| 壁厚 | | | | +6<br>−2 | +8<br>−2 | +10<br>−2 |
| 外径 | | | | +4<br>−2 | +4<br>−2 | +4<br>−2 |
| 保护层厚度[2] | | | | +5<br>0 | +7<br>0 | +10<br>0 |
| 弯曲度 | 杆梢径小于或等于 190 | | | 不大于 $L/1\ 000$ | 不大于 $L/800$ | 不大于 $L/800$ |
| 弯曲度 | 杆梢径或直径大于 190 | | | 不大于 $L/1\ 000$ | 不大于 $L/1\ 000$ | 不大于 $L/1\ 000$ |
| 端部倾斜 | 杆底 | | | 5 | 5 | 5 |
| 端部倾斜 | 钢板圈 | | | 3 | 5 | 5 |
| 端部倾斜 | 法兰盘 | | | 2 | 3 | 4 |
| 预埋件 | 预留孔 | 对杆中心垂直度误差(埋管式) | | $D_e$[3]/100 | $D_e$[3]/100 | $D_e$[3]/100 |
| 预埋件 | 预留孔 | 纵向两孔间距 | | ±4 | ±4 | ±4 |
| 预埋件 | 预留孔 | 横向误差 | 固定式 | 2 | 2 | 2 |
| 预埋件 | 预留孔 | 横向误差 | 埋管式 | 3 | 3 | 3 |
| 预埋件 | 预留孔 | 直径误差 | | +2 | +2 | +2 |
| 预埋件 | 钢板圈 | 内径 | 杆外径≤400 | ±2 | ±2 | ±2 |
| 预埋件 | 钢板圈 | 内径 | 杆外径>400 | ±3 | ±3 | ±3 |
| 预埋件 | 法兰盘 | 内外径 | | ±2 | ±2 | ±2 |
| 预埋件 | 法兰盘 | 螺孔中心距 | | ±0.5 | ±0.5 | ±1 |
| 预埋件 | 法兰盘 | 端板厚度 | 铸造 | +1.5<br>−0.5 | +1.5<br>−0.5 | +1.5<br>−0.5 |
| 预埋件 | 法兰盘 | 端板厚度 | 焊接 | ±0.5 | ±0.5 | ±0.5 |
| 钢板圈及法兰盘轴线与杆段轴线偏差 | | | | 2 | 2 | 2 |

注：1）如果取得使用单位同意，组装杆杆段按设计长度生产时，杆长度偏差为制造长度与设计长度的差数。

2）保护层厚度偏差为制造与设计的差数；在承载力检验弯矩检验后进行测量。

3）$D_e$ 系埋管处电杆直径。

## 5.10　力学性能

力学性能包括抗裂、裂缝宽度、承载力检验弯矩和挠度检验。以表 1、表 2 和表 3 所列标准检验弯矩或设计图纸作为检验依据，并应符合下列要求：

5.10.1　预应力混凝土电杆加荷至标准检验弯矩时，不得出现裂缝，锥形杆杆长小于或等于 12 m 时，杆顶挠度不大于 $\frac{L_1+L_3}{70}$；杆长大于 12 m 时，杆顶挠度不大于 $\frac{L_1+L_3}{50}$。

5.10.2 部分预应力混凝土电杆加荷至标准检验弯矩的80%时，不得出现裂缝，加荷至标准检验弯矩时，裂缝宽度不得大于0.1 mm；锥形杆杆长小于或等于12 m时，杆顶挠度不应超过$\frac{L_1+L_3}{50}$；杆长大于12 m时，杆顶挠度不应超过$\frac{L_1+L_3}{35}$。等径杆及对挠度和裂缝宽度有特殊要求的锥形杆，其挠度和裂缝宽度由供需双方协议规定。

5.10.3 加荷至承载力检验弯矩时，不得出现下列任一种情况：

a. 受拉区裂缝宽度达到1.5 mm，或受拉钢筋被拉断；

b. 受压区混凝土破坏；

c. 挠度：按悬臂式试验的锥形杆大于$\frac{L_1+L_3}{10}$；

按简支式试验的等径杆：直径300 mm，挠度大于$\frac{L_0}{50}$；直径大于或等于400 mm，挠度大于$\frac{L_0}{70}$。

注：梢径为310 mm以上，长度在8 m以下的组装锥形杆杆段，不做挠度试验。

## 6 试验方法

6.1 离心混凝土强度

采用与产品混凝土同材料、同配合比、同成型工艺、同养护条件的离心环形试件测定，试验方法见附录B(补充件)。

6.2 外观及尺寸

6.2.1 外观及尺寸测量量具的技术要求见表6。

表6 检测量具的技术要求

| 序号 | 检测项目 | 量具名称 | 检测量具的技术要求 | | |
|---|---|---|---|---|---|
| | | | 量程 | 精度或示值误差 | 分度值 |
| 1 | 长度 | 钢卷尺 | 0～20 m | Ⅱ级±5.0 mm | 1.0 mm |
| 2 | 外径 | 钢卷尺 | 0～2 m | Ⅱ级±1.2 mm | 1.0 mm |
| 3 | 壁厚 | 钢卷尺 | 0～2 m | Ⅱ级±1.2 mm | 1.0 mm |
| | | 钢直尺 | 0～150 mm | ±0.5 mm | 0.5 mm |
| 4 | 弯曲度 | 拉线及钢直尺 | 0～150 mm | ±0.5 mm | 0.5 mm |
| 5 | 端部倾斜 | 角度尺 | 0～90° | ±2′ | 2′ |
| | | 钢直尺 | 0～150 mm | ±0.5 mm | 0.5 mm |
| 6 | 深度 | 深度游标卡 | 0～200 mm | ±0.02 mm | 0.02 mm |
| 7 | 保护层厚度 | 深度游标卡尺 | 0～200 mm | ±0.02 mm | 0.02 mm |
| 8 | 裂缝宽度 | 20倍读数显微镜 | 0～6 mm | 0.01 mm | 0.01 mm |
| 9 | 法兰盘厚度 | 游标卡尺 | 0～150<br>0～300 | +0.02 mm | ±0.02 |

6.2.2 外观及尺寸测量见表7。

表7 外观及规格尺寸测量

| 序号 | 测量项目 | 测量方法 |
|---|---|---|
| 1 | 表面裂缝 | 观察，用20倍读数显微镜测量 |
| 2 | 合缝漏浆 | 观察，用2 m长钢卷尺测量 |

续表 7

| 序　号 | 测　量　项　目 | 测　量　方　法 |
| --- | --- | --- |
| 3 | 碰伤或漏浆(梢端及根端) | 观察,用 2 m 长钢卷尺(或钢直尺)测量 |
| 4 | 内、外表面露筋 | 观察,用 2 m 长钢卷尺(或钢直尺)测量 |
| 5 | 内表面砼塌落 | 观察,用 2 m 长钢卷尺(或钢直尺)测量 |
| 6 | 蜂窝 | 观察 |
| 7 | 麻面、粘皮 | 观察,用 2 m 长钢卷尺(或 150 mm 钢直尺)测量 |
| 8 | 预留孔损伤 | 观察,深度用深度游标卡尺测量 |
| 9 | 钢板圈焊口距离 | 观察,距离用 150 mm 钢直尺测量 |
| 10 | 杆长 | 长度用 20 m 长钢卷尺测量 |
| 11 | 壁厚 | 厚度用 2 m 长钢卷尺(或 150 mm 长钢直尺)测量 |
| 12 | 外径 | 用 2 m 长钢卷尺测量 |
| 13 | 保护层厚度 | 厚度用深度游标卡尺测量 |
| 14 | 弯曲度 | 用拉线及 150 mm 钢直尺测量 |
| 15 | 端部倾斜 | 用 90°角度尺及 150 mm 钢直尺测量 |
| 16 | 预留孔 | 用 2 m 长钢卷尺(或 150 mm 钢直尺)测量 |
| 17 | 钢板圈内径 | 用 2 m 长钢卷尺(或内卡)测量 |
| 18 | 法兰盘厚度 | 用 $\frac{0\sim150}{0\sim300}$ 游标卡尺测量 |
| 19 | 钢板圈及法兰盘轴线与杆段轴线偏差 | 用吊锤及 150 mm 钢直尺测量 |

6.3　电杆力学性能

6.3.1　锥形杆采用悬臂式试验方法。等径杆采用简支式试验方法,试验装置及程序见附录 C(补充件)。

6.3.2　在进行承载力检验弯矩试验后,按下列位置测量保护层厚度。

**a.**　锥形杆测量三点:第一点在支座处(B 点);第二点在距梢端 0.6 m 处,第三点在前面两点中间的任一处。

**b.**　等径杆在中部和两端支座处测量。

## 7　检验规则

7.1　出厂检验

7.1.1　检验项目

包括外观质量、尺寸偏差、抗裂检验、裂缝宽度检验、标准检验弯矩下的挠度以及混凝土强度检验等。

7.1.2　批量

同型号、同材料、同工艺、同梢径(或直径)的电杆,每 1 000 根为一批,但在两个月内生产总数不足 1 000根,但不少于 30 根时,也可作为一个验收批。

7.1.3　抽样

7.1.3.1　外观质量和尺寸偏差

每批随机抽取 10 根进行外观质量和尺寸偏差检验。

7.1.3.2　力学性能

从外观质量和尺寸偏差检验合格的产品中,随机抽取 1 根进行抗裂检验裂缝宽度检验和标准检验弯矩下的挠度检验。

7.1.4 判定

7.1.4.1 外观质量和尺寸偏差

10 根受检电杆中，不符合某一等级的电杆不超过 2 根，则判该批产品的外观质量和尺寸偏差为相应等级。

7.1.4.2 力学性能

抗裂检验、裂缝宽度检验和标准检验弯矩下的挠度均符合本标准 5.10 条规定时，判为合格。如有一项不符合 5.10 条规定时，允许再抽取 2 根电杆进行复验，如仍有 1 根不符合 5.10 条规定，则判该批产品力学性能不合格。

7.1.4.3 总判定

在混凝土强度、力学性能合格的基础上，外观质量和尺寸偏差均符合某一等级时，则该批判为相应等级的产品，但力学性能经复验合格的产品，只能判为合格品。

7.2 型式检验

7.2.1 检验条件

有下列情况之一时，应进行型式检验：

a. 当结构、材料、工艺有较大改变时；

b. 产品长期停产后，恢复生产时；

c. 出厂检验结果与上次型式检验有较大差异时；

d. 当同类型产品连续生产 3 000 根或在 4 个月内生产总数不足 3 000 根时；

e. 国家或地方质量监督检验机构提出进行检验时。

7.2.2 检验项目

包括混凝土强度、外观质量、尺寸偏差、力学性能。

7.2.3 抽样

7.2.3.1 外观质量和尺寸偏差

同 7.1.3.1 条。

7.2.3.2 力学性能

从外观质量和尺寸偏差合格的电杆中随机抽取 3 根。

7.2.4 判定

7.2.4.1 外观质量和尺寸偏差

同 7.1.4.1 条。

7.2.4.2 力学性能

样品进行抗裂检验、裂缝宽度检验、承载力检验弯矩和挠度检验时，均符合本标准 5.10 条规定，则判该批产品力学性能合格。其中有 1 根不合格时，允许再抽取 2 根电杆进行复验，如仍有 1 根不合格，则判该批产品力学性能不合格。

7.2.4.3 总判定

在混凝土强度及三项力学性能指标合格的基础上，外观质量和尺寸偏差均符合某一等级规定时，则该批产品判为相应等级的产品，但力学性能经复验合格的产品，只能判为合格品。

7.3 修复

外观缺陷允许修补的产品，应修补完好经检验合格后可按相应等级品验收。

## 8 标志与出厂证明书

8.1 标志

8.1.1 永久标志

制造厂厂名或商标，标记在电杆表面上，其位置：梢径或直径大于或等于 190 mm 的电杆，距根端以上 3.5 m 处；梢径小于 190 mm 的电杆，距根端 3.0 m 处。

8.1.2 临时标志

包括电杆类型、梢径（或直径）、杆长、标准检验弯矩（或代号）和制造年、月、日，用油漆写在电杆表面上，其位置略低于永久标志。

表示方法如下：

$$\frac{\text{梢径（或直径）}\times\text{杆长}\times\text{标准检验弯矩（或代号）}\times\text{类型}}{\text{制造时间（年 月 日）}}\text{商标}$$

注：① 梢径或直径用 mm 表示；杆长用 m 表示；标准检验弯矩用 kN · m 表示。

② 预应力混凝土电杆用“Y”表示；部分预应力混凝土电杆用“BY”表示。

③ 支点标志按图 3 规定的位置，标明在电杆表面上，表示符号←。

例：

$$\text{等径杆：}\frac{\phi 300\times 9\times 45\times \mathrm{Y}}{1991\cdot 10\cdot 2}\text{商标}$$

$$\text{锥形杆：}\frac{\phi 150\times 10\times \mathrm{C}\times \mathrm{BY}}{1991\cdot 10\cdot 5}\text{商标}$$

8.2 出厂合格证明书

出厂合格证明书包括下列内容：

a. 证明书编号；
b. 本标准编号；
c. 制造厂厂名及商标；
d. 产品规格数量及制造年月日；
e. 混凝土性能检验结果；
f. 组装杆主筋镦头强度检验结果；
g. 外观及尺寸偏差检验结果；
h. 力学性能检验结果；
i. 制造厂技术检验部门签章。

## 9 保管及运输

9.1 保管

9.1.1 产品堆放场地应平整。

9.1.2 产品应根据不同杆长不同分别采用两支点或三支点支堆放。

杆长小于或等于 12 m，采用两支点支承；杆长大于 12 m，采用三支点承。电杆支点位置如图 3。

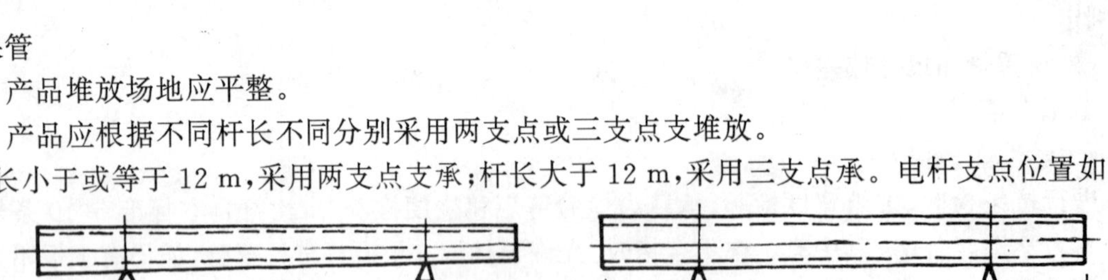


两支点位置

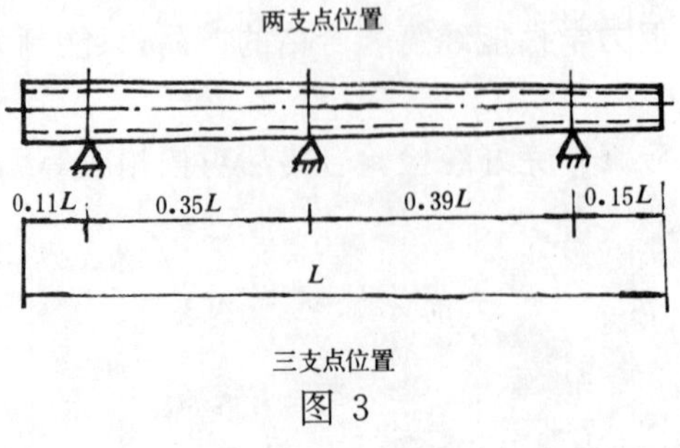


三支点位置

图 3

9.1.3 产品应按规格、类别、等级分别堆放。锥形杆梢径大于 270 mm 和等径杆直径大于 400 mm 时,堆放层数不宜超过 4 层。锥形杆梢径小于或等于 270 mm 和等径杆直径小于或等于 400 mm 时,堆放层数不宜超过 6 层。

9.1.4 产品堆垛应放在支垫物上,层与层之间用支垫物隔开,每层支承点在同一平面上,各层支垫物位置在同一垂直线上。

9.2 运输

9.2.1 产品起吊与运输时,不分电杆长短均须采用两支点法。装卸、起吊应轻起轻放,严禁抛掷、碰撞。

9.2.2 产品在运输过程中的支承要求应按照本标准 9.1 条中有关规定。

9.2.3 产品装卸过程中,每次吊运数量,梢径大于 170 mm 的电杆,不宜超过 3 根;梢径小于或等于 170 mm的电杆,不宜超过 5 根。如采取有效措施,每次吊运数量可适当增加。

9.2.4 产品由高处滚向低处,必须采取牵制措施,不得自由滚落。

9.2.5 产品支点处套上一软织物(草圈等),或用草绳等捆扎,以防碰伤。

# 附 录 A
# 钢筋加工及骨架构造要求
（补充件）

本附录适用于预应力混凝土电杆的钢筋加工及骨架构造的技术要求。

A1 预应力钢筋调直前应清除油污，调直下料后，不应有局部弯曲，端面应平整。其下料长度相对误差应不大于钢筋长度的1.5/10 000。

A2 采用镦头后定长的预应力钢筋，在同一根电杆中的有效长度相对误差不得超过2/10 000。

A3 碳素钢丝和Ⅴ级光面钢筋的直径大于5 mm时，应采取加强锚固措施。

A4 主筋沿电杆环向均匀配置。其根数不得少于下列规定：

a. 梢径小于或等于150 mm的锥形杆为6根（组）；

b. 梢径170～230 mm的锥形杆为6根（组）；但用于10 kV以上的电力杆不得少于8根；

c. 梢径270～283 mm的杆段为10根（组）；

d. 梢径或直径300～400 mm的杆段为12根（组）；

e. 梢径或直径为400 mm以上杆段，按设计图纸配置；

f. 部分预应力混凝土电杆的主筋中，若需配置非预应力钢筋时，其根数，不得少于6根。

A5 主筋净距不宜小于30 mm，锥形杆小头也不宜小于25 mm。当小头配筋太密时，可采取双根并列布置。

A6 主筋属于非预应力钢筋时，其直径不得大于壁厚的$\frac{2}{5}$。主筋内侧应设架立圈，其间距一般为500 mm，或按设计图纸配置。

A7 主筋与预埋件、钢板圈焊接时，必须符合GB J204中有关焊接与绑扎接头的规定。钢筋焊接接头的强度不得低于该材料屈服强度或极限强度的95%。

A8 组装杆钢筋镦头的强度不得低于该材料标准强度的95%，达不到时，可降低强度使用。

A9 组装杆、等径杆和整根锥形杆，在其全部长度范围内均应配置螺旋钢筋。或按设计图纸配置。

A10 螺旋钢筋的直径不应小于下列规定：

a. 梢径小于190 mm的锥形杆为2.5 mm；

b. 梢径等于190 mm的锥形杆为3.0 mm；

c. 锥形杆的梢径和等径杆的直径大于230 mm的杆段为4.0 mm，或按设计图纸配置。

A11 螺旋钢筋的间距应符合下列规定：

a. 当锥形杆杆段梢径小于或等于170 mm时，不大于150 mm，杆段梢径大于170 mm时，不大于100 mm；

b. 等径杆不大于100 mm；

c. 所有杆段的两端，螺旋钢筋应密缠3～5圈。

A12 骨架成型后，各部尺寸应符合下列要求：

a. 主筋间距偏差不得超过5 mm；

b. 螺旋钢筋应紧缠于主筋外，其间距偏差不得超过±10 mm；

c. 架立圈间距偏差不得超过±20 mm，垂直度偏差不得超过架立圈直径的1/40。

## 附 录 B
## 电杆离心混凝土强度试验方法
（补充件）

### B1 适用范围

本试验方法用于测定电杆离心混凝土强度等级。

### B2 试件制备

B2.1 试件尺寸及形状

尺寸：$\phi$300 mm×85 mm×70.7 mm（外径×宽度×厚度）。

形状：环形，如图 B1。

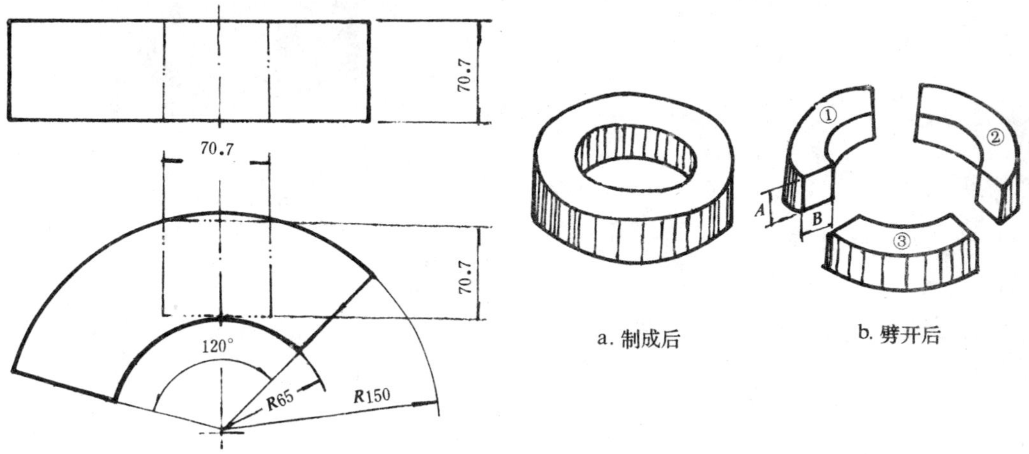


图 B1 离心混凝土环形试件示意图

B2.2 试件数量

每套试模一次可制作相同规格的环形试件三件，将每环劈裂分割成三块，共九块组成三组环形试块。

B2.3 试件制作的质量要求

B2.3.1 试件所用的原材料、混凝土配合比、离心工艺制度、养护方法和制度应与电杆生产实际情况相符合。

B2.3.2 试件制作：在快速离心前，必须投料完毕。

B2.3.3 试件要求平整光洁，棱角整齐，厚度均匀，无明显露砂、石等现象。

B2.3.4 试件尺寸的允许偏差：$A\pm1$ mm；$B\pm5$ mm（如图 B1）。

### B3 试验设备和仪器

B3.1 离心环形试模如图 B2。试模与钢模的同轴度允许偏差为 2。亦可利用电杆钢模或其他离心试模。

B3.2 离心环形试块专用压具如图 B3。

离心环形试块专用压具的上、下压板尺寸为 70.7×70.7 $mm^2$；承压面积为 5 000 $mm^2$。

### B4 试验步骤

B4.1 试验准备

B4.1.1 按规定龄期将养护好的离心环形试件进行编号(浸水保养的离心试件,必须提前取出晾干)。

B4.1.2 将环形试件劈裂分割为三个试块。

图 B2

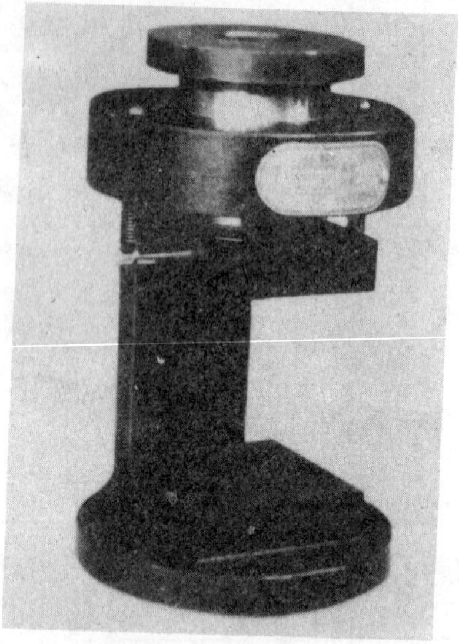

图 B3

B4.1.3 试验前对试块进行外观、尺寸检查。

B4.2 强度试验

B4.2.1 试块安装时必须注意:试块承压面的中心线与专用压具中心线以及试验机的中心对正,且试块应搁置平稳。

B4.2.2 按 GBJ 81 有关规定进行试验。

## B5 试验结果计算与评定

B5.1 试验结果计算

离心混凝土强度,$f_{CU \cdot S}$按式(B1)计算:

$$f_{CU \cdot S} = \frac{K \cdot P}{A} \qquad \cdots\cdots (B1)$$

式中:$f_{CU \cdot S}$——离心混凝土抗压强度,$N/mm^2$;

$P$——总受压荷载值,N 或 kN;

$A$——试件的承压面积,按本试验方法为 5 000 $mm^2$;

$K$——强度换算系数,取用 0.90。

B5.2 试验结果评定

B5.2.1 每个环形试件分割成三块作为一组进行试验。

B5.2.2 离心混凝土抗压强度检验结果按照 GB J107 的规定评定。

B5.2.3 凡原材料和配合比基本一致的混凝土才能组成同一验收批,同一验收批的混凝土强度,应以同批内全部试块的强度代表值进行计算和评定。

B5.2.4 预应力及部分预应力混凝土电杆,其脱模时的放张强度,应符合下列规定:

**a.** 每组抗压强度的平均值($mf_{CU \cdot S}$)不得低于电杆设计强度等级的 70%;

**b.** 任一个试件的脱模放张强度($f_{CU \cdot S}$)不得低于电杆设计强度等级的 65%。

## B6 试验报告内容

试验报告应包括下列内容：

a. 试验项目名称；

b. 试验目的与要求；

c. 试件成型日期、试验日期；

d. 原材料品种、规格、混凝土配合比；

e. 试件编号、外观及尺寸检查记录；

f. 脱模强度、28 天强度以及其他龄期的强度值；

g. 试验人员签章。

# 附　录　C
# 电杆力学性能试验方法
（补充件）

本附录适用于预应力混凝土电杆的力学性能试验，包括试验用仪器设备的技术要求和试验结果评定。

## C1 适用范围

C1.1 悬臂式试验方法，适用于不同梢径锥形杆的力学性能试验。

C1.2 简支式试验方法，适用于不同直径的等径杆的力学性能试验。

## C2 试件

试件按出厂检验或型式检验的规定随机抽样。

## C3 试验仪器设备

C3.1 台座

用于固定试件的支承座，可采用钢支座或钢筋混凝土支座。悬臂式试验时和简支式试验采用水平加荷时，为消除杆段自重影响应采用灵活的滚动支座。

C3.2 加荷设备

可采用电动机械传动，卷扬机或手动葫芦等方式施加荷载。

C3.3 仪器

试验用计量仪表，应按规定期限进行检定。其技术要求见表 C1。

表 C1　试验仪器技术要求

| 测量项目 | 仪器名称 | | 技术指标 | | |
|---|---|---|---|---|---|
| | | | 量程 | 分度值 | 精度 |
| 荷载 | 荷载测力器 | kN | 0～10<br>0～20 | 0.01 | 满程:0.5% |
| | | | 0～100<br>0～200 | 0.1 | |

续表 C1

| 测量项目 | 仪器名称 | | 技术指标 | | |
|---|---|---|---|---|---|
| | | | 量程 | 分度值 | 精度 |
| 挠度 | 挠度仪 | mm | 0～100 | 0.1 | 满程:0.5% |
| | | | 0～1 500 | 1.0 | |
| 支座位移 | 数字式微位移仪或百分表 | mm | 0～10 | 0.01 | 0.5% |
| | | | | | 1级 |
| 裂缝宽度 | 20倍读数显微镜 | mm | 0～6 | 0.01 | 示值误差±0.01 |

## C4 试验方法

### C4.1 悬臂式试验方法

锥形电杆如杆长小于或等于 10 m，采用一个滚动支座，如杆长大于 10 m，采用两个滚动支座。加荷原理见图 C1。

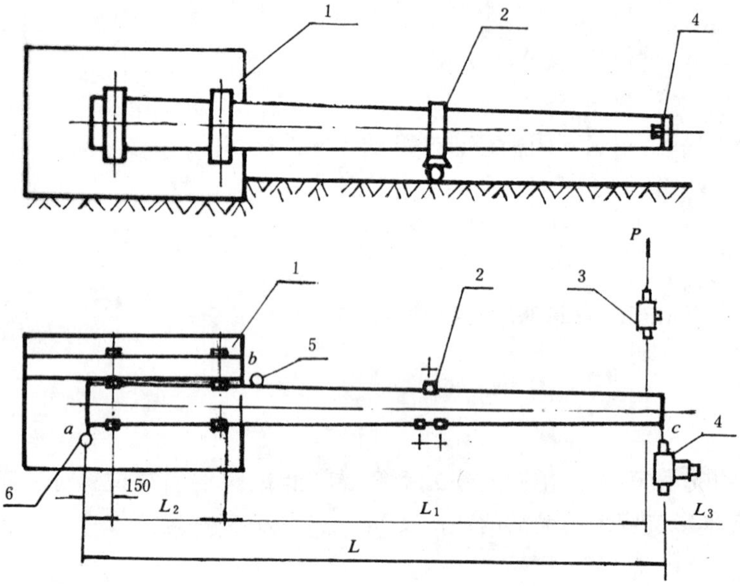


图 C1

1—混凝土(或钢制)台座；2—滚动支座；3—测力器；4—挠度仪；5—*b* 测点百分表；

6—*a* 测点百分表；*A*、*B*—支座宽 150 mm 硬木制成的 U 型垫板[1)]

注：1) U 型垫板放置位置；*A* 支座处于垫板中心线到电杆根端的距离等于 150 mm；*B* 支座右端面到电杆根端面的距离等于 $L_2$。

### C4.2 简支式试验方法

等径电杆宜采用水平加荷或垂直加荷。允许加荷点与支点互换。应考虑自重影响。加荷原理见示图 C2。

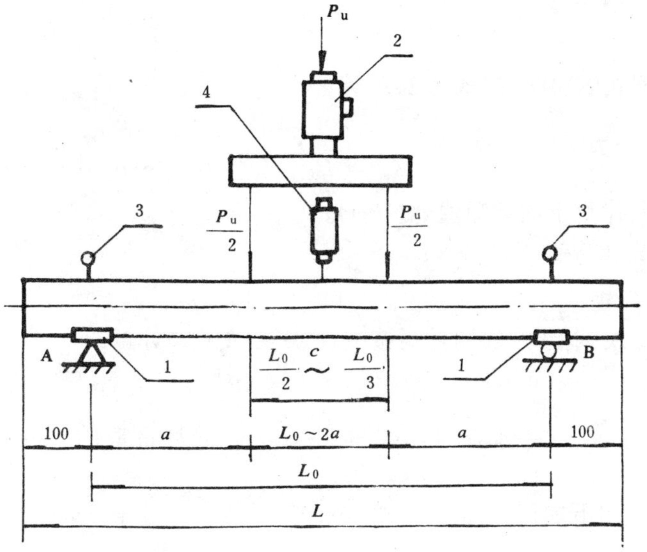


图 C2

1—宽 150 mm 硬木制成的 U 型垫板；2—测力器；3—支座位移百分表；
4—挠度仪；$P_u$—荷载；$L_0$—跨距；$L$—杆长

## C5 加荷程序

C5.1 预应力混凝土电杆

第一步 由零按标准检验弯矩 20%的级差加荷至标准检验弯矩的 80%，每次静停时间不少于 1 min；然后按标准检验弯矩 10%的级差继续加荷至标准检验弯矩，每次静停时间不少于 3 min，观察是否有裂缝出现，测量和记录裂缝宽度及挠度值。

第二步 如果在标准检验弯矩出现裂缝，则卸荷至零。如果未出现裂缝，则继续按标准检验弯矩 10%的级差加荷至裂缝出现，测量并记录裂缝宽度及挠度值，每次静停时间不少于 3 min。

第三步 由初裂弯矩(裂缝宽度小于 0.02 mm 时的弯矩值)卸荷至零，卸荷后静停时间不少于 3 min，观察裂缝是否闭合并测定其残余挠度值，作好记录。

第四步 由零按标准检验弯矩 20%的级差加荷至标准检验弯矩，测量并记录裂缝宽度及挠度值，递增至标准检验弯矩的 160%后，按标准检验弯矩 10%的级差继续加荷，递增至承载力检验标志(即极限检验弯矩)时，每次静停时间不少于 3 min，测量并记录裂缝宽度及挠度值。

C5.2 部分预应力混凝土电杆

第一步 由零按标准检验弯矩 20%的级差加荷至标准检验弯矩的 60%，每次静停时间不少于 1 min。再按标准检验弯矩 10%的级差继续加荷至标准检验弯矩的 80%，观察是否有裂缝并测定裂缝宽度及挠度值，再递增至标准检验弯矩，每次静停时间不少于 3 min，测量并记录裂缝宽度及挠度值。

第二步 由标准检验弯矩卸荷至零，卸荷后静停时间不少于 3 min，测量和记录残余裂缝宽度及挠度值。

第三步 由零按标准检验弯矩 20%的级差加荷至标准检验弯矩时，测量和记录裂缝宽度及挠度值。递增至标准检验弯矩的 160%后，按标准检验弯矩 10%的级差继续加荷，递增至出现承载力检验标志(即极限检验弯矩)时，测量和记录裂缝宽度及挠度值，每次静停时间不少于 3 min。

C5.3 加荷值偏差

试验时，当加荷至抗裂弯矩、标准检验弯矩、承载力检验弯矩时，加荷值的允许偏差为 2%。

## C6 试验结果评定

C6.1 弯矩计算

C6.1.1 锥形杆采用悬臂式试验时，按式(C1)计算：

$$M_{ui}=P_{ui}\cdot L_1 \quad\cdots\cdots(C1)$$

式中：$M_{ui}$——任一级荷载作用下的弯矩值，kN·m；

$P_{ui}$——任一级荷载加荷值，N 或 kN；

$L_1$——荷载点高度，m。

C6.1.2 等径杆采用简支式试验时，实测弯矩按式(C2)至式(C4)计算：

$$\text{水平加荷时：}M_{ui}=\frac{P_{ui}}{2}\cdot a\text{（消除杆自重）} \quad\cdots\cdots(C2)$$

$$\text{向下加荷时：}M_{ui}=\frac{(P_{ui}+Q)}{2}\cdot a+\frac{1}{8}qL_0{}^2 \quad\cdots\cdots(C3)$$

$$\text{向上加荷时：}M_{ui}=\frac{(P_{ui}-Q-qL_0)}{2}\cdot a+\frac{1}{2}qa^2 \quad\cdots\cdots(C4)$$

式中：$M_{ui}$——任一级荷载作用下的弯矩值，N·m 或 kN·m；

$L_0$——跨距，mm；

$a$——加荷点至支座中心线的距离，mm；

$q$——电杆单位长度的自重，N/m 或 kN/m；

$Q$——试验设备总重，N 或 kN；

$P_{ui}$——由测力器测得的加荷值，N 或 kN。

C6.2 抗裂计算

电杆的抗裂检验系数 $\gamma_{cr}^0$，是以初裂弯矩（裂缝宽度为 0.02 mm 时的弯矩值）与标准检验弯矩（或抗裂弯矩计算值）之比求得：

$$\gamma_{cr}^0=\frac{M_f}{M_k} \quad\cdots\cdots(C5)$$

式中：$\gamma_{cr}^0$——短期检验荷载作用下的抗裂检验系数实测值；

$M_f$——实测初裂弯矩值，N·m 或 kN·m；

$M_k$——标准检验弯矩（或抗裂弯矩计算值），N·m 或 kN·m。

C6.3 挠度计算

C6.3.1 悬臂式试验时，任一级荷载下的梢端挠度，按式(C6)求得：

$$\alpha_S^0=\alpha_C-\frac{\alpha_a+\alpha_b}{L_2}L+\alpha_a \quad\cdots\cdots(C6)$$

式中：$\alpha_S^0$——标准检验荷载作用下的挠度值，mm；

$\alpha_C$——由测量仪器测得梢端任一级荷载的挠度，mm；

$\alpha_a$——由测量仪器测得 a 测点处的变形值，mm；

$\alpha_b$——由测量仪器测得 b 测点处的变形值，mm；

$L$——电杆总长度，mm；

$L_2$——电杆支持点高度(见本标准图 1)，mm。

C6.3.2 简支式试验时，任一级荷载下的跨中实际挠度 $\alpha_S^0$ 按式(C7)进行计算：

$$\alpha_S^0 = \alpha_C - \frac{\alpha_A + \alpha_B}{2} \pm \alpha_1 \frac{P_0}{P_1} \quad \cdots\cdots(C7)$$

$$\alpha_1 = \alpha_{C1} - \frac{\alpha_{A1} + \alpha_{B1}}{2} \quad \cdots\cdots(C8)$$

式中：$\alpha_S^0$——简支式试验时，任一级荷载下的跨中实际挠度值，mm；当向下加荷时取"+"，向上加荷时取"-"，水平加荷时，忽略不计由于杆自重所产生的挠度。

$P_0$——仪表为零读数时，已作用于电杆上的荷载。如电杆自重和加荷设备的总重，N 或 kN；

$P_1$——标准检验荷载的第一级荷载(不包括 $P_0$)，N 或 kN；

$\alpha_A$——由测量仪表(位移计或百分表)测得支点 A 任一级荷载的变形值，mm；

$\alpha_B$——由测量仪表(位移计或百分表)测得支点 B 任一级荷载的变形值，mm；

$\alpha_C$——由测量仪表(挠度仪或其他)测得中点任一级荷载的挠度值，mm；

$\alpha_1$——电杆在第一级荷载作用下的挠度值，按式(8)求取，mm；

$\alpha_{A1}$——由测量仪表(位移计或百分表)测得支点 A 第一级荷载的变形值，mm；

$\alpha_{B1}$——由测量仪表(位移计或百分表)测得支点 B 第一级荷载的变形值，mm；

$\alpha_{C1}$——由测量仪表(挠度仪或其他)测得电杆中点第一级荷载的挠度，mm。

C6.4 试验结果评定

C6.4.1 承载力检验弯矩

实测承载力检验弯距，应符合式(C9)要求：

$$M_U^0 > [\beta_U] M_K \quad \cdots\cdots(C9)$$

式中：$M_U^0$——电杆达到承载力检验标志时的实测弯矩值，N·m 或 kN·m；

$[\beta_U]$——电杆承载力综合检验系数允许值为 2；

$M_K$——标准检验弯矩值，N·m 或 kN·m。

C6.4.2 抗裂检验

电杆抗裂检验结果，应符合式(C10)要求：

$$\gamma_{cr}^0 > [\gamma_{cr}] \quad \cdots\cdots(C10)$$

式中：$\gamma_{cr}^0$——抗裂检验系数实测值，即电杆的初裂弯矩实测值与标准检验弯矩(或抗裂弯矩计算值)之比值。

$[\gamma_{cr}]$——电杆的抗裂检验系数允许值。

对于预应力混凝土电杆：$[\gamma_{cr}] > 1.0$；

对于部分预应力混凝土电杆：$[\gamma_{cr}] > 0.8$。

或由设计者在设计图中明确给出抗裂检验允许值的指标。

C6.4.3 挠度检验

电杆挠度检验结果，应符合式(C11)要求：

$$\alpha_S^0 < [\alpha_j] \quad \cdots\cdots(C11)$$

式中：$a_s^0$——短期标准检验荷载及承载力检验荷载作用下挠度的实测值，mm；

〔$a_j$〕——本标准5.10条中规定的标准检验荷载及承载力检验荷载作用下挠度的允许值或在设计图中明确给出的挠度允许值指标，mm。

## 附 录 D
## 本标准用词说明
（参考件）

本附录对条文中要求严格程度的词予以说明，以便在执行中区别对待。

**D1** 表示很严格，非这样作不可的用词：

正面词一般采用"必须"，反面词一般采用"严禁"。

**D2** 表示严格，在正常情况下均应这样作的用词：

正面词一般采用"应"，反面词一般采用"不应"或"不允许""不得"。

**D3** 表示允许稍有选择，在条件许可时首先应这样作的用词：

正面词一般采用"宜"或"一般"，反面词一般采用"不宜"。

**D4** 表示允许有选择，在一定条件下可以这样作的，采用"可"。

**D5** 条文中必须按指定的标准、规范或其他有关规定执行的写法为"按……执行"或"符合……要求"。非必须按所指标准、规范或其他规定执行的写法为"参照……"。

**D6** 条文中"不大于"含"等于"。

---

**附加说明：**

本标准由国家建筑材料工业局提出。

本标准由国家建筑材料工业局苏州混凝土水泥制品研究院归口。

本标准由国家建筑材料工业局苏州混凝土水泥制品研究院、杭州装饰材料总厂、能源部电力建设研究所、铁道部专业设计院、邮电部明水通信机械厂等单位负责起草。

本标准主要起草人徐忠文、夏桂娟、沈力行、赵力、袁有盛。

本标准首次发布于1984年。

# 中华人民共和国国家标准

# 预应力混凝土输水管（震动挤压工艺）

**Prestressed vibrohydropressed concrete pipe for water**

GB 5695—94

代替 GB 5695—85

## 1 主题内容与适用范围

本标准规定了预应力混凝土输水管(震动挤压工艺)产品的等级、规格、技术要求、试验方法、检验规则、运输、保管、使用规定、出厂证明等。

本标准适用于“震动挤压工艺”(一阶段工艺)制造的公称直径为 400～2 000 mm,静水压力为 0.4～1.2 MPa 的承插式双向预应力混凝土输水管。

对管体和密封圈有腐蚀作用的水或土壤,应采取防护措施方可铺设使用。

公称直径和静水压力不在本标准规定范围内的非定型管子,可参照本标准执行。

## 2 引用标准

GB 175 硅酸盐水泥、普通硅酸盐水泥

GB 1344 矿渣硅酸盐水泥、火山灰质硅酸盐水泥及粉煤灰硅酸盐水泥

GB 4463 预应力混凝土用热处理钢筋

GB 5223 预应力混凝土用钢丝

GB 5224 预应力混凝土用钢铰线

GB 8076 混凝土外加剂

GB 11837 混凝土管用混凝土抗压强度试验方法

GB/T 14684 建筑用砂

GB/T 14685 建筑用卵石、碎石

GB/T 15345 预应力混凝土输水管检验方法

ZB Q43 001 预应力与自应力钢筋混凝土管用橡胶密封圈

ZB Q43 002 预应力与自应力钢筋混凝土管用橡胶密封圈试验方法

JGJ 63 混凝土拌和用水标准

## 3 产品分类

3.1 管子级别:根据管道使用期间的静水压力,将管子分为五级,见表 1。

国家技术监督局 1994-12-22 批准　　1995-08-01 实施

表 1 管子级别

MPa

| 级别 | Ⅰ | Ⅱ | Ⅲ | Ⅳ | Ⅴ |
|---|---|---|---|---|---|
| 静水压力 | 0.4 | 0.6 | 0.8 | 1.0 | 1.2 |

注：① 各级产品是在素土基础、埋深 0.8～2.0 m，地面允许两辆汽-15 级汽车荷载及相应等级的静水压力的使用条件下设计的。

② 不在上述使用条件下铺设使用时，应根据地面荷载、埋设深度、静水压力等进行设计计算。

3.2 质量等级：根据管子的外观质量、尺寸偏差及在静水检验压力下的性能等分为优等品(A)、一等品(B)、合格品(C)。

3.3 代号、标记：以成型工艺(YYG)、质量等级、(英文字母)、管子级别(罗马数字)、公称直径(毫米)、标准编号表示；汉语拼音字头组合“YYG”表示震动挤压预应力管。

示例：震动挤压工艺预应力混凝土管、公称直径 800 mm、管子级别为Ⅲ级、优等品。

YYG Ⅲ A800 GB 5695

## 4 规格尺寸

4.1 震动挤压工艺制造的管子的基本尺寸应符合图 1 和表 2 的规定。

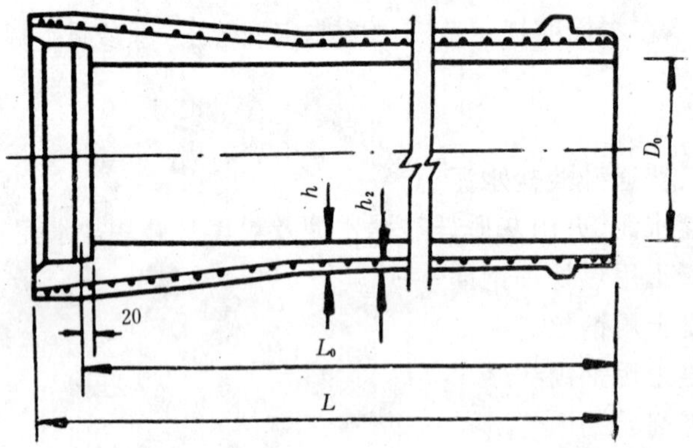


图 1 管子外形

表 2 基本尺寸及参考重量

| 型号 | 公称直径 | 管体内径 $D_0$ | 有效长度 $L_0$ | 管体长度 $L$ | 筒体壁厚 $h$ | 保护层厚度 $h_2$ | 参考重量 kg |
|---|---|---|---|---|---|---|---|
| | mm | | | | | | |
| YYG-400 -Ⅰ -Ⅱ -Ⅲ -Ⅳ -Ⅴ | 400 | 400 | 5 000 | 5 160 | 50 | 15 | 997 |
| YYG-500 -Ⅰ -Ⅱ -Ⅲ -Ⅳ -Ⅴ | 500 | 500 | 5 000 | 5 160 | 50 | 15 | 1 218 |

续表 2

| 型　号 | | 公称直径 | 管体内径 $D_0$ | 有效长度 $L_0$ | 管体长度 $L$ | 简体壁厚 $h$ | 保护层厚度 $h_2$ | 参考重量 kg |
|---|---|---|---|---|---|---|---|---|
| | | mm | | | | | | |
| YYG-600 | -Ⅰ<br>-Ⅱ<br>-Ⅲ<br>-Ⅳ<br>-Ⅴ | 600 | 600 | 5 000 | 5 160 | 55 | 15 | 1 587 |
| YYG-700 | -Ⅰ<br>-Ⅱ<br>-Ⅲ<br>-Ⅳ<br>-Ⅴ | 700 | 700 | 5 000 | 5 160 | 55 | 15 | 1 836 |
| YYG-800 | -Ⅰ<br>-Ⅱ<br>-Ⅲ<br>-Ⅳ<br>-Ⅴ | 800 | 800 | 5 000 | 5 160 | 60 | 15 | 2 285 |
| YYG-900 | -Ⅰ<br>-Ⅱ<br>-Ⅲ<br>-Ⅳ<br>-Ⅴ | 900 | 900 | 5 000 | 5 160 | 65 | 15 | 2 787 |
| YYG-1 000 | -Ⅰ<br>-Ⅱ<br>-Ⅲ<br>-Ⅳ<br>-Ⅴ | 1 000 | 1 000 | 5 000 | 5 160 | 70 | 15 | 3 337 |
| YYG-1 200 | -Ⅰ<br>-Ⅱ<br>-Ⅲ<br>-Ⅳ<br>-Ⅴ | 1 200 | 1 200 | 5 000 | 5 160 | 80 | 15 | 4 569 |
| YYG-1 400 | -Ⅰ<br>-Ⅱ<br>-Ⅲ<br>-Ⅳ<br>-Ⅴ | 1 400 | 1 400 | 5 000 | 5 160 | 90 | 15 | 5 992 |
| YYG-1 600 | -Ⅰ<br>-Ⅱ<br>-Ⅲ<br>-Ⅳ<br>-Ⅴ | 1 600 | 1 600 | 5 000 | 5 160 | 100 | 20 | 7 609 |

续表 2

| 型号 | 公称直径 | 管体内径 $D_0$ | 有效长度 $L_0$ | 管体长度 $L$ | 筒体壁厚 $h$ | 保护层厚度 $h_2$ | 参考重量 kg |
|---|---|---|---|---|---|---|---|
| | mm | | | | | | |
| YYG-1 800 -Ⅰ<br>-Ⅱ<br>-Ⅲ<br>-Ⅳ<br>-Ⅴ | 1 800 | 1 800 | 5 000 | 5 160 | 115 | 20 | 9 840 |
| YYG-2 000 -Ⅰ<br>-Ⅱ<br>-Ⅲ<br>-Ⅳ<br>-Ⅴ | 2 000 | 2 000 | 5 000 | 5 160 | 130 | 20 | 12 356 |

注：① 保护层厚度系指管体外壁表面至环向预应力钢筋内环面厚度。

② 公称直径系指插口端向管内 200 mm 处的尺寸。

③ 根据条件和需要，可以生产有效长度为 4 000 mm 的管子。

4.2 承口和插口细部尺寸应符合图 2 和表 3 及表 4 规定。

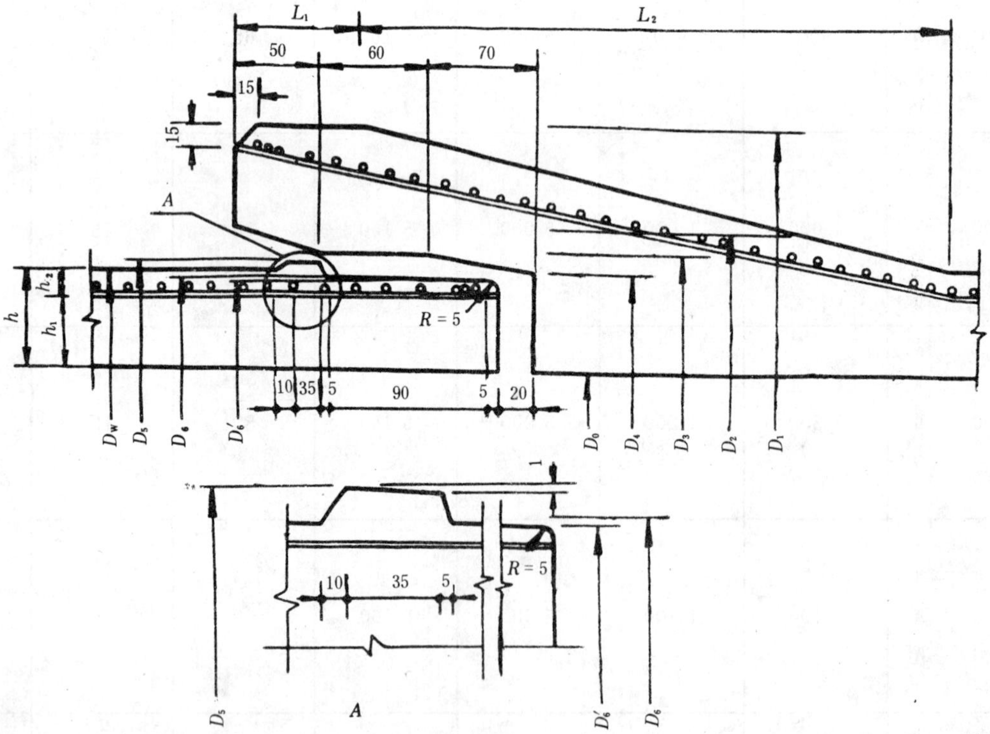


图 2 管子接头

表 3　承口细部尺寸

mm

| 公称直径 | 承口外直径 $D_1$ | 外导坡直径 $D_2$ | 工作面直径 $D_3$ | 内倒坡直径 $D_4$ | 平直段长度 $L_1$ | 斜坡投影长度 $L_2$ |
|---|---|---|---|---|---|---|
| 400 | 684 | 548 | 524 | 494 | 70 | 504 |
| 500 | 784 | 648 | 624 | 594 | 70 | 504 |
| 600 | 904 | 758 | 734 | 704 | 70 | 504 |
| 700 | 1 004 | 858 | 834 | 804 | 70 | 532 |
| 800 | 1 124 | 968 | 944 | 914 | 70 | 560 |
| 900 | 1 248 | 1 082 | 1 056 | 1 024 | 80 | 599 |
| 1 000 | 1 368 | 1 192 | 1 166 | 1 134 | 80 | 626 |
| 1 200 | 1 608 | 1 412 | 1 385 | 1 354 | 80 | 682 |
| 1 400 | 1 850 | 1 636 | 1 608 | 1 574 | 80 | 714 |
| 1 600 | 2 098 | 1 866 | 1 838 | 1 802 | 90 | 740 |
| 1 800 | 2 352 | 2 100 | 2 066 | 2 030 | 90 | 770 |
| 2 000 | 2 602 | 2 330 | 2 296 | 2 260 | 90 | 800 |

表 4　插口细部尺寸

mm

| 公称直径 | 筒体外径 $D_W$ | 工作面直径 | | 止胶台外径 $D_5$ |
|---|---|---|---|---|
| | | $D_6$ | $D'_6$ | |
| 400 | 500 | 500 | 492 | 516 |
| 500 | 600 | 600 | 592 | 616 |
| 600 | 710 | 710 | 702 | 726 |
| 700 | 810 | 810 | 802 | 826 |
| 800 | 920 | 920 | 912 | 936 |
| 900 | 1 030 | 1 030 | 1 022 | 1 048 |
| 1 000 | 1 140 | 1 140 | 1 132 | 1 158 |
| 1 200 | 1 360 | 1 360 | 1 352 | 1 378 |
| 1 400 | 1 580 | 1 580 | 1 572 | 1 600 |
| 1 600 | 1 800 | 1 808 | 1 800 | 1 830 |
| 1 800 | 2 030 | 2 032 | 2 024 | 2 058 |
| 2 000 | 2 260 | 2 262 | 2 254 | 2 288 |

## 5 技术要求

5.1 应根据本标准规定和产品设计结构图生产和检验管子。

5.2 原材料质量：

5.2.1 水泥：采用不低于 GB 175、GB 1344 标准中 425 号的硅酸盐水泥、普通硅酸盐水泥及矿渣硅酸盐水泥。

5.2.2 砂子：应符合 GB/T 14684 标准的规定，其中含泥量不宜大于 1%。

5.2.3 碎石或卵石：应符合 GB/T 14685 标准的规定。石子最大粒径不得大于 25 mm 或环筋净距，且不应大于管壁厚度的四分之一。

5.2.4 混凝土拌和用水：不得降低产品质量和输水质量，应符合 JGJ 63 要求。

5.2.5 外加剂：应符合 GB 8076 标准的有关规定。

5.2.6 预应力环向钢筋和纵向钢筋，应采用 GB 4463、GB 5223、GB 5224 标准规定的钢筋。

5.3 混凝土强度：

5.3.1 制管用混凝土强度等级不得低于 C 50。

5.3.2 环向预应力钢筋传力给管体时，各级管子在热状态下的脱模强度不得低于表 5 所列数值。

5.3.3 管子出厂时混凝土强度不宜低于强度等级的 90%。

5.3.4 脱模强度和 28 d 强度由标准立方试体强度乘以强度提高系数确定；强度提高系数由各厂经实验确定，在本厂没有足够实验的根据时可采用 1.5。

5.4 外观质量：

5.4.1 各质量等级的管子承口工作面、管体内壁、外壁质量、缺陷及修补等应符合表 6 要求。

5.4.2 插口模与管模发生错位时，管体外表面不得高出止胶台。

5.4.3 管端外露纵向钢筋必须烧掉，并烧入混凝土中 5 mm，其凹坑应用砂浆等无毒性防腐材料填补。

5.4.4 制管时，模具合口缝残留在管体印痕处的浮渣应清除，并用砂浆压实抹平处理。

5.5 管体尺寸允许偏差不得超过表 7 规定。

表 5 脱模强度（热态） MPa

| 管子级别 \ 公称直径 mm | 400 | 500 | 600 | 700 | 800 | 900 | 1 000 | 1 200 | 1 400 | 1 600 | 1 800 | 2 000 |
|---|---|---|---|---|---|---|---|---|---|---|---|---|
| Ⅰ | 28 | 28 | 28 | 28 | 28 | 28 | 28 | 34 | 34 | 34 | 34 | 34 |
| Ⅱ | 28 | 28 | 28 | 34 | 34 | 34 | 34 | 34 | 40 | 40 | 40 | 40 |
| Ⅲ | 28 | 28 | 28 | 34 | 34 | 34 | 34 | 34 | 40 | 40 | 40 | 40 |
| Ⅳ | 28 | 28 | 34 | 34 | 40 | 40 | 40 | 40 | 46 | 46 | 46 | 46 |
| Ⅴ | 28 | 28 | 34 | 34 | 40 | 40 | 40 | 40 | 46 | 46 | 46 | 46 |

表 6　外观质量

| 检验项目 | 质量等级 | 公称直径，mm<br>400～2 000 |
|---|---|---|
| 承口工作面 | 优等品 | 光洁平整，不应有蜂窝、脱皮现象，不应有缺陷。 |
| | 一等品 | 光洁平整，不应有蜂窝、脱皮现象，缺陷凹凸度不大于 1 mm，面积不大于 20 $mm^2$。 |
| | 合格品 | 光洁平整，不应有蜂窝、脱皮现象，缺陷凹凸度不大于 2 mm，面积不大于 30 $mm^2$ |
| 插口工作面 | 优等品<br>一等品<br>合格品 | 光洁平整，不应有蜂窝、刻痕、脱皮现象 |
| 管体内壁 | 优等品 | 内壁应光洁平整，局部凹坑深度不应大于壁厚的二十分之一。 |
| | 一等品 | 内壁应平整，局部凹坑深度不应大于壁厚的十分之一。 |
| | 合格品 | 内壁应平整，局部凹坑深度不应大于壁厚的五分之一 |
| 管体外壁 | 优等品<br>一等品 | 不应有结构裂纹、空鼓，保护层不应脱落。 |
| | 合格品 | 空鼓面积累计不超 0.04 $m^2$，其他同一等品 |
| 缺陷修补 | 优等品 | 除纵筋头处允许修补外，不允许有其他修补。 |
| | 一等品<br>合格品 | 修补完整，粘结牢固，光洁平整，不应有漏修 |

表 7　尺寸极限偏差　　mm

<table>
<tr><td colspan="2" rowspan="2">检验项目</td><td rowspan="2">质量等级</td><td colspan="12">公　称　直　径</td></tr>
<tr><td>400</td><td>500</td><td>600</td><td>700</td><td>800</td><td>900</td><td>1 000</td><td>1 200</td><td>1 400</td><td>1 600</td><td>1 800</td><td>2 000</td></tr>
<tr><td rowspan="6">承口</td><td rowspan="3">工作面直径<br>$D_3$</td><td>优等品</td><td colspan="4">+2<br>−1</td><td colspan="2" rowspan="3"></td><td colspan="6">±2</td></tr>
<tr><td>一等品</td><td colspan="4">±2</td><td colspan="6">+3<br>−2</td></tr>
<tr><td>合格品</td><td colspan="4">±2</td><td colspan="6">+3<br>−2</td></tr>
<tr><td rowspan="3">工作面长度</td><td>优等品</td><td colspan="12">−3</td></tr>
<tr><td>一等品</td><td colspan="12">−4</td></tr>
<tr><td>合格品</td><td colspan="12">−5</td></tr>
<tr><td rowspan="2">插口</td><td>工作面直径<br>$D_6$</td><td>优等品<br>一等品<br>合格品</td><td colspan="4">±1</td><td colspan="2"></td><td colspan="3">±2</td><td colspan="3"></td></tr>
<tr><td>止胶台外径<br>$D_5$</td><td>优等品<br>一等品<br>合格品</td><td colspan="12">±2</td></tr>
</table>

续表 7　　　　mm

| 检验项目 | | 质量等级 | 公称直径 | | | | | | | | | | | |
|---|---|---|---|---|---|---|---|---|---|---|---|---|---|---|
| | | | 400 | 500 | 600 | 700 | 800 | 900 | 1 000 | 1 200 | 1 400 | 1 600 | 1 800 | 2 000 |
| 管体 | 内径 $D_0$ | 优等品 | ±5 | | | | | | +8<br>−8 | | | +10<br>−6 | | |
| | | 一等品 | ±5 | | | | | | +10<br>−6 | | | +12<br>−4 | | |
| | | 合格品 | +6<br>−4 | | | | | | +12<br>−4 | | | +14<br>−2 | | |
| | 管壁厚度 $h$ | 优等品<br>一等品<br>合格品 | +2<br>−4 | | | +2<br>−5 | | | +2<br>−6 | | | +2<br>−7 | | |
| | 保护层厚度 $h_2$ | 优等品<br>一等品<br>合格品 | −2 | | | | | | | | | −3 | | |

注：承口工作面直径在尺寸允许偏差限制条件下，允许长短径差值：公称直径小于或等于 900 mm 时为 3 mm；大于 900 mm 时为 4 mm。

5.6　静水压力检验：

5.6.1　管子抗渗、接头密封检验压力指标必须满足表 8 要求。

表 8　抗渗检验压力　　　　MPa

| 管子等级 | Ⅰ | Ⅱ | Ⅲ | Ⅳ | Ⅴ |
|---|---|---|---|---|---|
| 检验压力 | 0.6 | 0.9 | 1.2 | 1.5 | 1.8 |

5.6.2　管子在抗渗检验压力下，管体抗渗性能、接头密封性能应符合表 9 要求。

表 9　管子在静水检验压力下的性能

| 静水压力检验 | 质量等级 | 公称直径，mm<br>400　500　600　700　800　900　1 000　1 200　1 400　1 600　1 800　2 000 |
|---|---|---|
| 抗渗性能 | 优等品 | 管体外表面不应有潮片。 |
| | 一等品 | 每平方米外表面积，潮片面积不超过 20 $cm^2$，少于或等于 3 处，管体表面不得冒汗、淌水、喷水。 |
| | 合格品 | 每平方米外表面积，潮片面积不超过 40 $cm^2$，少于或等于 5 处。管体表面不得冒汗、淌水、喷水 |
| 密封性能 | 优等品 | 一次检验不应滴水。 |
| | 一等品<br>合格品 | 允许重装复检一次不应滴水 |
| 抗裂性能 | 优等品<br>一等品 | 在抗裂检验压力下不得开裂。 |
| | 合格品 | 在抗裂检验压力下不得开裂，但可加倍复试 |

5.6.3　管子抗裂检验压力必须满足表 10 要求。

表 10　抗裂检验压力　　MPa

| 管子级别 / 公称直径，mm | 抗裂检验压力 | | | | |
|---|---|---|---|---|---|
| | Ⅰ | Ⅱ | Ⅲ | Ⅳ | Ⅴ |
| 400 | 1.03 | 1.28 | 1.54 | 1.70 | 1.86 |
| 500 | 1.11 | 1.34 | 1.57 | 1.76 | 1.95 |
| 600 | 1.16 | 1.39 | 1.62 | 1.81 | 2.00 |
| 700 | 1.24 | 1.47 | 1.70 | 1.89 | 2.08 |
| 800 | 1.26 | 1.49 | 1.73 | 1.92 | 2.10 |
| 900 | 1.28 | 1.51 | 1.74 | 1.93 | 2.11 |
| 1 000 | 1.29 | 1.52 | 1.75 | 1.94 | 2.12 |
| 1 200 | 1.33 | 1.56 | 1.80 | 1.99 | 2.17 |
| 1 400 | 1.37 | 1.60 | 1.84 | 2.03 | 2.21 |
| 1 600 | 1.39 | 1.62 | 1.85 | 2.04 | 2.22 |
| | (1.54) | (1.77) | (2.00) | (2.19) | (2.37) |
| 1 800 | 1.39 | 1.62 | 1.85 | 2.04 | 2.22 |
| | (1.54) | (1.77) | (2.00) | (2.19) | (2.37) |
| 2 000 | 1.39 | 1.62 | 1.85 | 2.04 | 2.22 |
| | (1.54) | (1.77) | (2.00) | (2.19) | (2.37) |

注：表列数值为卧式检验压力指标，带括弧数值为立式检验压力指标。

5.6.4　管子在抗裂检验压力下，管体抗裂性能应符合表 9 规定。

5.6.5　管子允许相对转角列于表 11 中，在抗渗检验压力下接头不应滴水。

表 11　允许相对转角

| 公称直径，mm | 相对转角，(°) |
|---|---|
| 400～700 | 1.5 |
| 800～1 400 | 1.0 |
| 1 600～2 000 | 0.5 |

5.7　管子筒体环向截面的纵向预压应力值不得低于表 12 的规定。

表 12　管子筒体环向截面的纵向预应力值　　MPa

<table>
<tr><th>公称直径，mm / 管子级别</th><th>400</th><th>500</th><th>600</th><th>700</th><th>800</th><th>900</th><th>1 000</th><th>1 200</th><th>1 400</th><th>1 600</th><th>1 800</th><th>2 000</th></tr>
<tr><td>Ⅰ</td><td colspan="7" rowspan="4">1.5</td><td colspan="5"></td></tr>
<tr><td>Ⅱ</td><td colspan="5" rowspan="3">2.0</td></tr>
<tr><td>Ⅲ</td></tr>
<tr><td>Ⅳ</td></tr>
<tr><td>Ⅴ</td><td colspan="2"></td><td colspan="4">2.0</td><td colspan="6">2.5</td></tr>
</table>

## 6 试验方法

6.1 管子的规格尺寸、外观质量、静水压力等按GB/T 15345进行。

6.2 采用与制管同一批混凝土拌和料和与制管相同的震动成型方法制作边长为100 mm的立方试体，试体表面施加0.03 MPa的均布压力后，在相同的条件下养护，用以测定脱模强度和28 d强度，按GB 11837标准进行。

6.3 用“三点应力仪”测定纵向预应力钢筋应力值。

## 7 检验规则

7.1 产品检验分为出厂检验和型式检验。

7.2 出厂检验：

7.2.1 出厂检验项目：外观质量、尺寸偏差、静水压力、混凝土强度及其他有关项目。

7.2.2 批量：由同质材料、同一工艺制成的同一型号的管子100根为一检验批；不足100根，但不少于30根，也可作为一批。

7.2.3 抽样：外观质量逐根检验，主要尺寸偏差的数量见表13。

表13 管子主要尺寸偏差的抽样数量

| 检验项目 | | 抽样数量 |
|---|---|---|
| 管子内径 $D_0$ | | 10 |
| 管子筒体壁厚 $h$ | | 10 |
| 承口 | 工作面长度 | 100 |
| | 工作面直径 $D_3$ | 100 |
| 插口 | 工作面直径 $D_6$ | 5 |
| | 止胶台处错位 | 100 |
| 保护层厚度 $h_2$（出厂） | | 根据用户要求，但不超过2% |

静水压力检验、抗渗性能和接头密封性能逐根检验，并随机抽取两根进行抗裂性水压检验。

混凝土强度，环向预应力钢筋传力给混凝土的脱模强度以及管子的出厂强度，应定期抽查并记录，以备验收。

环向和纵向预应力钢筋张拉控制应力值，定期抽检并记录。

7.2.4 判定：出厂检验结果均达到本标准相应等级规定时，判为该等级。

7.2.5 出厂检验时，遇有下列情况应采取措施处理。

7.2.5.1 管子有缺陷或碰伤，及经外观检验不合格的管子经修补后，再次进行外观质量检验。

7.2.5.2 抗渗检验和接头密封性能检验不合格的管子，经修补或潮湿养护或重新安装后进行复检，仍不合格者，则应降级处理，Ⅰ级管降为等外品。

7.2.5.3 抗裂检验结果，如有一根不合格，则取加倍数量复检；如仍有一根不合格，则该批管子应逐根检验或降级验收使用。

7.2.6 使用单位有权按照本标准抗渗、抗裂检验要求，对交付使用的管子与厂方配合进行复检。

7.3 型式检验：

7.3.1 遇有下列情况之一时，应进行型式检验。

**a.** 新产品或老产品的转产试制定型鉴定；

b. 正式投产后，如产品结构、材料、工艺有较大改变，可能影响产品性能时；

c. 正常生产时，应每年进行一次检验；

d. 产品长期停产后再恢复生产时；

e. 出厂检验结果与最近一次型式检验结果有较大差异时；

f. 国家质量监督机构提出进行检验的要求时。

7.3.2 型式检验的批量规定，同出厂检验。

7.3.3 检验项目及抽检数量见表14。

表14 型式检验的检验项目及抽检数量

| 序 号 | 检验项目 | | 抽检数量<br>根 | 备注 |
|---|---|---|---|---|
| 1 | 外观质量 | 承口工作面 | 10 | |
| 2 | | 插口工作面 | 10 | |
| 3 | | 管体外壁 | 10 | |
| 4 | | 管体内壁 | 10 | |
| 5 | | 纵筋头处理 | 10 | |
| 6 | | 修补质量及漏修情况 | 10 | |
| 7 | 主要尺寸 | 管体内径 | 10 | |
| 8 | | 止胶台外径 | 10 | |
| 9 | | 承口工作面直径 | 10 | |
| 10 | | 插口工作面直径 | 10 | |
| 11 | | 承口工作面长度 | 10 | |
| 12 | | 保护层厚度 | 1 | 从2根中随机抽取 |
| 13 | 物理性能 | 管体抗裂性能 | 2 | 从6根中随机抽取 |
| 14 | | 管体抗渗性能 | 6 | 从10根中随机抽取 |
| 15 | | 接头密封性能 | 6 | 同于抗渗检验样品 |
| 16 | | 转角接头密封性能 | 2 | |
| 17 | | 混凝土强度 | | 检查记录 |

7.3.4 判定规则：

所有检验结果达到本标准相应等级时，判为该等级。

## 8 标志、运输和保管

8.1 每根管子承口外表面应注明制造厂名称、代号标志、型号、制造日期及严禁碰撞等字样；有“注册商标”者也应注明。

标志式样：

注册商标、生产厂名称$\frac{\text{代号、标志}}{\text{制造日期}}$(严禁碰撞)

8.2 用滚杠滚动管子时，不允许承口端和插口端着地撞击。

8.3 长途运输时，承口和插口端应妥善包扎，以防碰伤；运管车辆底板应备有鞍形垫木，防止管子移动。

8.4 装卸、搬运时，必须轻装轻放，严禁抛掷和碰撞。

8.5 管子应按代号、标志分别堆放。

8.6　管子堆放层数不宜超过表15规定。

表15　堆放层数

| 公称直径,mm | 400　500　600 | 700　800 | 900　1 000　1 200 | 1 400　1 600 | 1 800　2 000 |
|---|---|---|---|---|---|
| 堆放层数 | 5 | 4 | 3 | 2 | 1 |

8.7　每堆第一层管子下面应设置两根平行垫木,并防止第一层管子滚动

一层承口端与另一层插口端应错开堆放,两端垫以草垫。

8.8　在干燥气候条件下,宜定期洒水使管子保持湿润。

## 9　使用规定

9.1　管道铺设施工应遵照有关水泥压力管输水管道施工规程的规定。

9.2　管子和密封圈宜配套供货,胶圈不得污染水质,胶圈规格(建议值)见附录A承插口接头用圆形橡胶密封圈(参考件)。

橡胶密封圈性能及其试验方法按ZB Q43 001、ZB Q43 002执行。

## 10　出厂证明

证明书包括下列内容:

a.　型号、规格、质量等级、数量及管号;

b.　外观检查结果;

c.　水压检验结果(抗渗、密封、抗裂);

d.　混凝土强度等级;

e.　生产日期及出厂日期;

f.　产品标准编号;

g.　生产厂名与商标;

h.　生产厂质量检验部门签章;

i.　橡胶圈供货合格证。

## 附 录 A
## 承插口接头用圆形橡胶密封圈
（参考件）

表 A1 胶圈尺寸 mm

| 管子公称直径 | 截面直径 | | 圆环内径 | |
|---|---|---|---|---|
| | 基本尺寸 | 尺寸公差 | 基本尺寸 | 尺寸公差 |
| 400 | 24 | ±0.5 | 447 | ±5 |
| 500 | 24 | ±0.5 | 536 | ±5 |
| 600 | 24 | ±0.5 | 635 | ±5 |
| 700 | 24 | ±0.5 | 725 | ±5 |
| 800 | 24 | ±0.5 | 824 | ±5 |
| 900 | 26 | ±0.5 | 923 | ±5 |
| 1 000 | 26 | ±0.5 | 1 022 | ±5 |
| 1 200 | 26 | ±0.5 | 1 220 | ±5 |
| 1 400 | 28 | ±0.5 | 1 418 | ±5 |
| 1 600 | 28 | ±0.6 | 1 624 | ±6 |
| 1 800 | 32 | ±0.6 | 1 825 | ±6 |
| 2 000 | 32 | ±0.6 | 2 032 | ±6 |

**附加说明：**
本标准由国家建筑材料工业局提出。
本标准由国家建筑材料工业局苏州混凝土水泥制品研究院归口。
本标准由国家建筑材料工业局苏州混凝土水泥制品研究院负责起草。
本标准主要起草人解德信、刘秉钧、王位陞。
本标准委托国家建筑材料工业局苏州混凝土水泥制品研究院负责解释。
本标准首次发布于 1985 年。

中华人民共和国国家标准

# 预应力混凝土输水管（管芯缠丝工艺）

GB 5696—94

代替 GB 5696—85

**Core type prestressed concrete pipe for water**

## 1 主题内容与适用范围

本标准规定了预应力混凝土输水管(管芯缠丝工艺)产品分类、规格尺寸、技术要求、试验方法、检验规则、标志、运输、保管、使用规定、出厂证明等内容。

本标准适用于"管芯缠丝工艺"(三阶段工艺)制造的公称直径为400～3 000 mm;静水压力为0.4～1.2 MPa的承插式双向预应力混凝土输水管。其接头型式可采用滚动橡胶密封圈,也可采用滑动密封圈。

对管体和密封圈有腐蚀作用的水和土壤,应采取防护措施方可铺设使用。

公称直径和静水压力不在本标准规定范围内的非定型管子,可参照本标准执行。

## 2 引用标准

GB 175　硅酸盐水泥、普通硅酸盐水泥

GB 1344　矿渣硅酸盐水泥、火山灰质硅酸盐水泥及粉煤灰硅酸盐水泥

GB 4463　预应力混凝土用热处理钢筋

GB 5223　预应力混凝土用钢丝

GB 5224　预应力混凝土用钢铰线

GB 8076　混凝土外加剂

GB 11837　混凝土管用混凝土抗压强度试验方法

GB/T 14684　建筑用砂

GB/T 14685　建筑用卵石、碎石

GB/T 15345　预应力混凝土输水管检验方法

ZB Q43 001　预应力与自应力钢筋混凝土管用橡胶密封圈

ZB Q43 002　预应力与自应力钢筋混凝土管用橡胶密封圈用试验方法

JGJ 63　混凝土拌和用水标准

## 3 产品分类

3.1　管子级别:根据管道使用期间的静水压力,将管子分为五级,见表1。

表1　管子级别　　MPa

| 级　别 | Ⅰ | Ⅱ | Ⅲ | Ⅳ | Ⅴ |
|---|---|---|---|---|---|
| 静水压力 | 0.4 | 0.6 | 0.8 | 1.0 | 1.2 |

国家技术监督局1994-12-22批准　　1995-08-01实施

注：① 各级产品是在素土基础、埋深 0.8～2.0 m、地面允许两辆汽-15 级汽车荷载及相应等级的静水压力的使用条件下设计的。

② 不在上述使用条件下铺设使用时，应根据地面荷载、埋设深度、静水压力等进行设计计算。

3.2 质量等级：根据管子的外观质量、尺寸偏差及在静水检验压力下的性能等分为优等品(A)、一等品(B)、合格品(C)。

3.3 代号、标记：以成型工艺(SYG)、质量等级、(英文字母)管子级别(罗马数字)、公称直径(毫米)、标准编号表示、汉语拼音字头组合"SYG"表示滚动橡胶密封圈接头型式的管芯缠丝预应力管；"SYGH"表示采用滑动橡胶密封圈接头型式的管芯缠丝预应力管。

示例：管芯缠丝工艺预应力混凝土管：公称直径 800 mm、管子级别为Ⅲ级、优质品。

SYG ⅢA800 GB 5696

## 4 规格尺寸

4.1 管芯缠丝工艺制造的管子，由三部分组成：

a. 配有纵向预应力钢筋的混凝土管芯；

b. 缠绕在管芯上的环向预应力钢丝；

c. 水泥砂浆保护层。

4.2 管子的基本尺寸应符合图 1 和表 2 的规定。

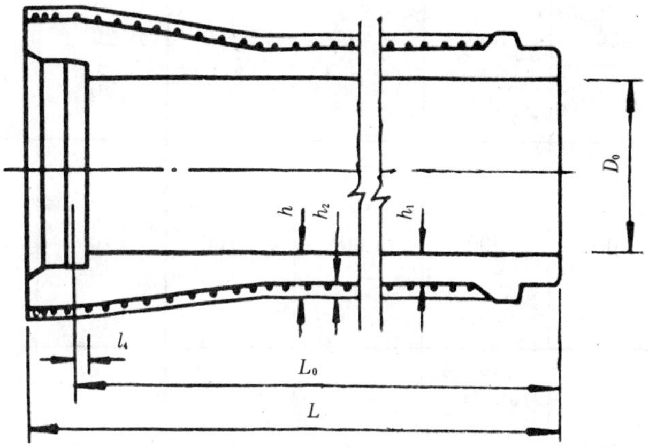


图 1 管子外形

表 2 基本尺寸及参考重量

| 型号 | | 公称直径 | 管体内径 $D_0$ | 有效长度 $L_0$ | 管体长度 $L$ | 安装间隙 $L_4$ | 筒体芯厚 $h_1$ | 保护层厚度 $h_2$ | 参考重量 kg |
|---|---|---|---|---|---|---|---|---|---|
| | | mm | | | | | | | |
| SYG-400 | -Ⅰ<br>-Ⅱ<br>-Ⅲ<br>-Ⅳ<br>-Ⅴ | 400 | 400 | 5 000 | 5 160 | 20 | 38 | 20 | 1 182 |

续表 2

| 型号 | | 公称直径 | 管体内径 $D_0$ | 有效长度 $L_0$ | 管体长度 $L$ | 安装间隙 $L_4$ | 筒体芯厚 $h_1$ | 保护层厚度 $h_2$ | 参考重量 kg |
|---|---|---|---|---|---|---|---|---|---|
| | | mm | | | | | | | |
| SYG-500 | -Ⅰ<br>-Ⅱ<br>-Ⅲ<br>-Ⅳ<br>-Ⅴ | 500 | 500 | 5 000 | 5 160 | 20 | 38 | 20 | 1 464 |
| SYG-600 | -Ⅰ<br>-Ⅱ<br>-Ⅲ<br>-Ⅳ<br>-Ⅴ | 600 | 600 | 5 000 | 5 160 | 20 | 43 | 20 | 1 890 |
| SYG-700 | -Ⅰ<br>-Ⅱ<br>-Ⅲ<br>-Ⅳ<br>-Ⅴ | 700 | 700 | 5 000 | 5 160 | 20 | 43 | 20 | 2 228 |
| SYG-800 | -Ⅰ<br>-Ⅱ<br>-Ⅲ<br>-Ⅳ<br>-Ⅴ | 800 | 800 | 5 000 | 5 160 | 20 | 48 | 20 | 2 720 |
| SYG-900 | -Ⅰ<br>-Ⅱ<br>-Ⅲ<br>-Ⅳ<br>-Ⅴ | 900 | 900 | 5 000 | 5 160 | 20 | 54 | 20 | 3 289 |
| SYG-1 000 | -Ⅰ<br>-Ⅱ<br>-Ⅲ<br>-Ⅳ<br>-Ⅴ | 1 000 | 1 000 | 5 000 | 5 160 | 20 | 54 | 20 | 3 898 |
| SYG-1 200 | -Ⅰ<br>-Ⅱ<br>-Ⅲ<br>-Ⅳ<br>-Ⅴ | 1 200 | 1 200 | 5 000 | 5 160 | 20 | 69 | 20 | 5 250 |
| SYG-1 400 | -Ⅰ<br>-Ⅱ<br>-Ⅲ<br>-Ⅳ<br>-Ⅴ | 1 400 | 1 400 | 5 000 | 5 160 | 20 | 80 | 20 | 6 665 |

续表 2

| 型号 | | 公称直径 | 管体内径 $D_0$ | 有效长度 $L_0$ | 管体长度 $L$ | 安装间隙 $L_4$ | 筒体芯厚 $h_1$ | 保护层厚度 $h_2$ | 参考重量 kg |
|---|---|---|---|---|---|---|---|---|---|
| | | mm | | | | | | | |
| SYG-1 600 | -Ⅰ<br>-Ⅱ<br>-Ⅲ<br>-Ⅳ<br>-Ⅴ | 1 600 | 1 600 | 5 000 | 5 160 | 20 | 95 | 20 | 8 895 |
| SYG-1 800 | -Ⅰ<br>-Ⅱ<br>-Ⅲ<br>-Ⅳ<br>-Ⅴ | 1 800 | 1 800 | 4 000 | 4 170 | 20 | 109 | 20 | 9 608 |
| SYG-2 000 | -Ⅰ<br>-Ⅱ<br>-Ⅲ<br>-Ⅳ<br>-Ⅴ | 2 000 | 2 000 | 4 000 | 4 170 | 20 | 115 | 20 | 11 000 |
| SYG-2 200 | -Ⅰ<br>-Ⅱ<br>-Ⅲ<br>-Ⅳ<br>-Ⅴ | 2 200 | 2 200 | 4 000 | 4 170 | 30 | 120 | 25 | 13 503 |
| SYG-2 600 | -Ⅰ | 2 600 | 2 600 | 4 000 | 4 200 | 30 | 150 | 25 | 19 953 |
| SYG-3 000 | -Ⅰ | 3 000 | 3 000 | 4 000 | 4 200 | 30 | 185 | 25 | 27763 |

注：① 非标准模具允许使用至模具报废为止。

② 根据条件和需要，可以生产有效长度为 4 000、5 000 mm 的管子。

4.3 承口和插口端细部尺寸应符合图 2 和表 3 及表 4 的规定。

注：采用承插式滑动密封圈柔性接头型式时，其接头细部尺寸详见附录 A 承插式滑动密封圈柔性接头（补充件）。

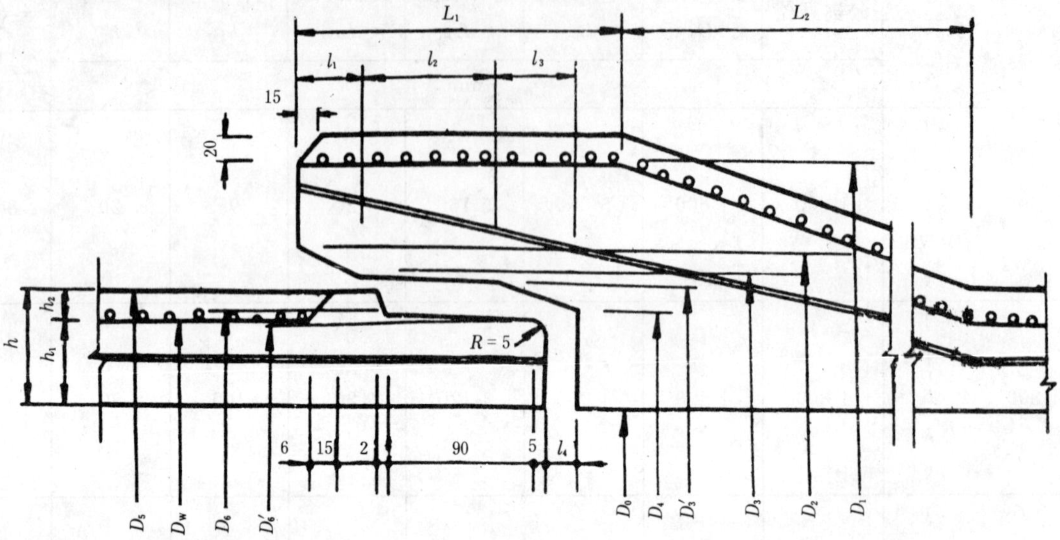


图 2 管子接头

表 3 承口细部尺寸 mm

| 公称直径 | 管芯承口外径 | 外导坡直径 | 工作面直径 | | 内倒坡直径 | 平直段长度 | 斜坡投影长度 | 细部尺寸 | | |
|---|---|---|---|---|---|---|---|---|---|---|
| | $D_1$ | $D_2$ | $D_3$ | $D_3$ | $D_4$ | $L_1$ | $L_2$ | $l_1$ | $l_2$ | $l_3$ |
| 400 | 644 | 545 | 524 | 518 | 494 | 220 | 554 | 50 | 65 | 65 |
| 500 | 764 | 650 | 624 | 618 | 594 | 220 | 612 | 50 | 65 | 65 |
| 600 | 882 | 760 | 734 | 728 | 704 | 230 | 648 | 50 | 65 | 65 |
| 700 | 1 004 | 860 | 834 | 828 | 804 | 230 | 726 | 50 | 60 | 70 |
| 800 | 1 120 | 970 | 944 | 938 | 914 | 240 | 740 | 50 | 60 | 70 |
| 900 | 1 228 | 1 080 | 1 056 | 1 050 | 1 024 | 240 | 756 | 50 | 60 | 70 |
| 1 000 | 1 348 | 1 199 | 1 166 | 1 160 | 1 134 | 240 | 790 | 50 | 60 | 70 |
| 1 200 | 1 580 | 1 410 | 1 386 | 1 380 | 1 354 | 240 | 864 | 50 | 60 | 70 |
| 1 400 | 1 818 | 1 634 | 1 608 | 1 602 | 1 574 | 240 | 900 | 50 | 60 | 70 |
| 1 600 | 2 081 | 1 864 | 1 838 | 1 832 | 1 802 | 190 | 1 075 | 50 | 110 | 20 |
| 1 800 | 2 320 | 2 088 | 2 066 | 2 060 | 2 028 | 190 | 1 140 | 60 | 110 | 20 |
| 2 000 | 2 556 | 2 318 | 2 296 | 2 299 | 2 258 | 190 | 1 300 | 60 | 110 | 20 |
| 2 200 | 2 782 | 2 528 | 2 498 | 2 492 | 2 454 | 195 | 1 356 | 60 | 120 | 20 |
| 2 600 | 3 308 | 3 004 | 2 958 | 2 952 | 2 912 | 250 | 1 620 | 90 | 120 | 20 |
| 3 000 | 3 828 | 3 464 | 3 418 | 3 412 | 3 370 | 260 | 1 860 | 90 | 120 | 20 |

表 4　插口细部尺寸

mm

| 公称直径 | 管芯筒体外径 $D_W$ | 工作面直径 | | 止胶台外径 $D_5$ |
|---|---|---|---|---|
| | | $D_1$ | $D'_6$ | |
| 400 | 476 | 500 | 492 | 516 |
| 500 | 576 | 600 | 592 | 616 |
| 600 | 686 | 710 | 702 | 226 |
| 700 | 786 | 810 | 802 | 826 |
| 800 | 896 | 920 | 912 | 936 |
| 900 | 1 008 | 1 030 | 1 022 | 1 048 |
| 1 000 | 1 118 | 1 140 | 1 132 | 1 158 |
| 1 200 | 1 338 | 1 360 | 1 352 | 1 378 |
| 1 400 | 1 560 | 1 580 | 1 572 | 1 600 |
| 1 600 | 1 790 | 1 808 | 1 800 | 1 830 |
| 1 800 | 2 018 | 2 032 | 2 024 | 2 058 |
| 2 000 | 2 230 | 2 262 | 2 254 | 2 270 |
| 2 200 | 2 440 | 2 458 | 2 450 | 2 490 |
| 2 600 | 2 900 | 2 916 | 2 908 | 2 950 |
| 3 000 | 3 360 | 3 374 | 3 366 | 3 410 |

## 5　技术要求

5.1　应根据本标准规定和产品设计结构图生产和检验管子。

5.2　原材料质量：

5.2.1　水泥：采用不低于 GB 175、GB 1344 标准中 425 号的硅酸盐水泥、普通硅酸盐水泥与矿渣硅酸盐水泥。

5.2.2　砂子：应符合 GB/T 14684 标准的规定。其中含泥量不宜大于 1%。

5.2.3　碎石或卵石：应符合 GB/T 14685 标准的规定。石子最大粒径：芯厚小于或等于 50 mm 时为不应大于 15 mm；芯厚大于 50 mm 时为 20 mm，且不应大于筒体芯厚的四分之一。

5.2.4　混凝土拌和用水：不得影响产品质量和输水质量。应符合 JGJ 63 标准要求。

5.2.5　外加剂，应符合 GB 8076 标准的有关规定。

5.2.6　预应力环向钢筋和纵向钢筋，应符合 GB 4463、GB 5223、GB 5224 标准的规定。

纵向预应力钢筋，采用自锚锚固方式时，宜采用螺纹钢筋。

5.3　混凝土强度：

5.3.1　管芯混凝土强度等级，不得低于 C 40，脱模强度不得低于 28 MPa。

5.3.2　管芯混凝土的缠丝强度不得低于表 5 所列数值。

5.3.3　管子出厂时管芯混凝土强度，不应低于强度等级的 90%。

5.3.4　缠丝强度和 28 d 强度由标准立方试体强度乘以强度系数确定：强度系数由各厂经实验确定，在没有足够实验根据时可分别采用：离心成型时为 1.25，悬辊成型和立式震动成型时为 1.00。

5.4　保护层质量：

5.4.1　砂浆保护层应有足够的抗渗性，吸水面积为 3 000 $mm^2$ 时，30 min 的平均吸水高度不超过

35 mm。

5.4.2 保护层砂浆的强度等级不低于 C 30，出厂强度不应低于强度等级的 90%。

5.4.3 保护层砂浆用水泥宜同于管芯混凝土用水泥品种。

5.5 外观质量：

5.5.1 各质量等级的管子承口工作面、插口工作面，管体内壁、保护层外观质量、缺陷修补等应符合表 6 要求。

表 5 缠丝强度 MPa

| 管子级别 \ 公称直径 mm | 400 | 500 | 600 | 700 | 800 | 900 | 1 000 | 1 200 | 1 400 | 1 800 | 2 000 | 2 200 | 2 600 | 3 000 |
|---|---|---|---|---|---|---|---|---|---|---|---|---|---|---|
| Ⅰ | 28 | 28 | 28 | 28 | 28 | 28 | 28 | 28 | 28 | 28 | 28 | 34 | 34 | 34 |
| Ⅱ | 28 | 28 | 28 | 28 | 28 | 34 | 34 | 34 | 40 | 40 | 40 | 40 | 40 | 40 |
| Ⅲ | 28 | 28 | 28 | 28 | 28 | 34 | 34 | 34 | 40 | 40 | 40 | 40 | 40 | 40 |
| Ⅳ | 28 | 28 | 34 | 34 | 34 | 34 | 40 | 40 | 46 | 46 | 46 | 46 | 46 | 46 |
| Ⅴ | 28 | 28 | 34 | 34 | 34 | 34 | 40 | 40 | 46 | 46 | 46 | 46 | 46 | 46 |

表 6 外观质量

| 检验项目 | 等级 | 公称直径，mm<br>400～3 000 |
|---|---|---|
| 承口工作面 | 优等品 | 光洁平整、不得有蜂窝、脱皮现象。 |
| | 一等品 | 不应有蜂窝、脱皮现象，缺陷凹凸度不大于 1 mm，面积不大于 20 $mm^2$。 |
| | 合格品 | 不应有蜂窝、脱皮现象，缺陷凹凸度不大于 2 mm，面积不大于 30 $mm^2$ |
| 插口工作面 | 优等品 | 光洁平整不得有蜂窝、刻痕、脱皮、缺边等。 |
| | 一等品 | 不应有蜂窝、刻痕、脱皮、缺边等。 |
| | 合格品 | 同一等品，缺边允许修补完整 |
| 管体内壁 | 优等品 | 内壁应光洁平整，不应露石和不应有浮渣。 |
| | 一等品 | 内壁应平整，不应露石，不宜有浮渣。 |
| | 合格品 | 内壁应平整，不应露石 |
| 管体外壁 | 优等品 | 保护层不应有空鼓、裂纹、脱落现象。 |
| | 一等品<br>合格品 | 保护层不应有空鼓、裂纹、脱落现象 |
| 缺陷修补 | 优等品 | 除纵筋头处修补外，不允许有其他修补。 |
| | 一等品<br>合格品 | 修补完整、粘结牢固，光洁平整，不应漏修 |

5.5.2 承口外导坡、插口止胶台外缘、内侧不得有灰渣。

5.5.3 安装线内、保护层厚度、不得超过止胶台高度。

5.5.4 管子两端外径斜度不应大于公称直径的 1/150，且不大于 5 mm。

5.5.5 管体端面外露的纵向钢筋头必须烧掉，留下深度为 5 mm 的坑，应用砂浆等无毒防腐材料填补。

5.5.6 管体承、插口工作面不得碰伤，对于环向连续碰伤长度小于 250 mm，且不降低密封性能和结构性能时，应进行修补。

5.6 管体尺寸允许偏差不得超过表 7 和表 8 规定。

表 7 尺寸允许偏差

mm

<table>
<tr><th colspan="2" rowspan="2">检查项目</th><th rowspan="2">等级</th><th colspan="15">公称直径</th></tr>
<tr><th>400</th><th>500</th><th>600</th><th>700</th><th>800</th><th>900</th><th>1 000</th><th>1 200</th><th>1 400</th><th>1 600</th><th>1 800</th><th>2 000</th><th>2 200</th><th>2 600</th><th>3 000</th></tr>
<tr><td rowspan="6">承口</td><td rowspan="3">工作面直径 $D_3$</td><td>优等品</td><td colspan="7" rowspan="3">+2<br>−1</td><td colspan="8" rowspan="3">+2<br>−2</td></tr>
<tr><td>一等品</td></tr>
<tr><td>合格品</td></tr>
<tr><td rowspan="3">工作面长度 $L_2$</td><td>优等品</td><td colspan="4">+2<br>−2</td><td colspan="3">+3<br>−2</td><td colspan="4">+3<br>−3</td><td colspan="4">+3<br>−3</td></tr>
<tr><td>一等品</td><td colspan="4">+3<br>−2</td><td colspan="3">+4<br>−2</td><td colspan="4">+4<br>−3</td><td colspan="4">+4<br>−3</td></tr>
<tr><td>合格品</td><td colspan="4">+3<br>−2</td><td colspan="3">+4<br>−2</td><td colspan="4">+4<br>−3</td><td colspan="4">+5<br>−3</td></tr>
<tr><td rowspan="6">插口</td><td rowspan="3">工作面直径 $D_6$</td><td>优等品</td><td colspan="7" rowspan="3">±1</td><td colspan="8" rowspan="3">±2</td></tr>
<tr><td>一等品</td></tr>
<tr><td>合格品</td></tr>
<tr><td rowspan="3">止胶台外径 $D_5$</td><td>优等品</td><td colspan="15" rowspan="3">±2</td></tr>
<tr><td>一等品</td></tr>
<tr><td>合格品</td></tr>
<tr><td rowspan="9">管体</td><td rowspan="3">内径 $D_0$</td><td>优等品</td><td colspan="7">+3<br>−5</td><td colspan="8">+4<br>−6</td></tr>
<tr><td>一等品</td><td colspan="7">+4<br>−5</td><td colspan="8">+6<br>−8</td></tr>
<tr><td>合格品</td><td colspan="7">+4<br>−6</td><td colspan="8">+8<br>−8</td></tr>
<tr><td rowspan="3">保护层厚度 $h_2$</td><td>优等品</td><td colspan="11" rowspan="3">−2</td><td colspan="4" rowspan="3">−3</td></tr>
<tr><td>一等品</td></tr>
<tr><td>合格品</td></tr>
<tr><td rowspan="3">筒体芯厚 $h_1$</td><td>优等品</td><td colspan="4" rowspan="3">+4<br>−2</td><td colspan="3" rowspan="3">+5<br>−3</td><td colspan="8" rowspan="3">+5<br>−4</td></tr>
<tr><td>一等品</td></tr>
<tr><td>合格品</td></tr>
</table>

表 8 尺寸允许偏差 mm

<table>
<tr><td rowspan="2">项目名称</td><td colspan="15">公称直径</td></tr>
<tr><td>400</td><td>500</td><td>600</td><td>700</td><td>800</td><td>900</td><td>1 000</td><td>1 200</td><td>1 400</td><td>1 600</td><td>1 800</td><td>2 000</td><td>2 200</td><td>2 600</td><td>3 000</td></tr>
<tr><td>承口外导坡直径 $D_2$</td><td colspan="4">±3</td><td colspan="7">±4</td><td colspan="4">±5</td></tr>
<tr><td>承口内倒坡直径 $D_4$</td><td colspan="4">±2</td><td colspan="7">±3</td><td colspan="4">±4</td></tr>
<tr><td>插口工作面长度</td><td colspan="4">±2</td><td colspan="11">±3</td></tr>
<tr><td>保护层厚度 $h_2$<br>(安装线内)</td><td colspan="15">+1<br>−2</td></tr>
</table>

表 9 抗渗检验压力 MPa

| 管子级别 | Ⅰ | Ⅱ | Ⅲ | Ⅳ | Ⅴ |
|---|---|---|---|---|---|
| 检验压力 | 0.6 | 0.9 | 1.2 | 1.5 | 1.8 |

5.7 静水压力检验：

5.7.1 管子抗渗性能和接头密封性能的检验压力指标必须满足表 9 要求。

5.7.2 管子在抗渗检验压力下，管体的抗渗性能、接头密封性能应符合表 10 要求。

5.7.3 管子抗裂检验压力指标必须满足表 11 要求。

5.7.4 管子在抗裂检验压力下，管体抗裂性能应符合表 10 要求。

5.7.5 管子允许相对转角列于表 12 中，在抗渗检验压力下，接头不应滴水。

5.8 管子筒体环向截面的纵向预压应力值不得低于表 13 的规定。

表 10 管子在静水检验压力下的性能

<table>
<tr><td rowspan="2">检验项目</td><td rowspan="2">质量等级</td><td>公称直径,mm</td></tr>
<tr><td>400 500 600 700 800 900 1 000 1 200 1 400 1 600 1 800 2 000 2 200 2 600 3 000</td></tr>
<tr><td rowspan="3">抗渗性能</td><td>优等品</td><td>管体表面不应有潮片。</td></tr>
<tr><td>一等品</td><td>每平方米管外表面积，潮片面积不超过 20 cm²，少于或等于 3 处；管体表面不得冒汗、淌水、喷水。</td></tr>
<tr><td>合格品</td><td>每平方米管外表面积，潮片面积不超过 40 cm²，少于或等于 5 处；管体表面不得冒汗、淌水、喷水</td></tr>
<tr><td rowspan="2">密封性能</td><td>优等品</td><td>一次检验不应滴水。</td></tr>
<tr><td>一等品<br>合格品</td><td>允许重装复检一次，不应滴水</td></tr>
<tr><td rowspan="2">抗裂性能</td><td>优等品<br>一等品</td><td>在抗裂检验压力下不得开裂。</td></tr>
<tr><td>合格品</td><td>在抗裂检验压力下不得开裂，但可加倍复试</td></tr>
</table>

表 11 抗裂检验压力

MPa

| 管子级别 / 公称直径，mm | Ⅰ | Ⅱ | Ⅲ | Ⅳ | Ⅴ |
|---|---|---|---|---|---|
| 400 | 0.95 | 1.18 | 1.41 | 1.60 | 1.80 |
| 500 | 1.02 | 1.25 | 1.49 | 1.67 | 1.86 |
| 600 | 1.05 | 1.29 | 1.52 | 1.71 | 1.89 |
| 700 | 1.11 | 1.34 | 1.57 | 1.76 | 1.94 |
| 800 | 1.14 | 1.38 | 1.61 | 1.79 | 1.98 |
| 900 | 1.15 | 1.38 | 1.61 | 1.80 | 1.98 |
| 1 000 | 1.19 | 1.42 | 1.65 | 1.84 | 2.02 |
| 1 200 | 1.22 | 1.45 | 1.68 | 1.87 | 2.05 |
| 1 400 | 1.25 | 1.49 | 1.72 | 1.91 | 2.09 |
| 1 600 | 1.25 | 1.49 | 1.72 | 1.91 | 2.09 |
|  | (1.40) | (1.64) | (1.87) | (2.06) | (2.24) |
| 1 800 | 1.25 | 1.49 | 1.72 | 1.91 | 2.09 |
|  | (1.40) | (1.64) | (1.87) | (2.06) | (2.24) |
| 2 000 | 1.25 | 1.49 | 1.72 | 1.91 | 2.09 |
|  | (1.40) | (1.64) | (1.87) | (2.06) | (2.24) |
| 2 200 | 1.30 | 1.54 | 1.77 | — | — |
|  | (1.49) | (1.73) | (1.96) | (—) | (—) |
| 2 600 | 1.30 | — | — | — | — |
|  | (1.52) | (—) | (—) | (—) | (—) |
| 3 000 | 1.30 | — | — | — | — |
|  | (1.53) | (—) | (—) | (—) | (—) |

注：表列数据为卧式检压指标，带括弧数值为立式检压指标。

表 12 允许相对转角

| 公称直径，mm | 允许相对转角，(°) |
|---|---|
| 400～700 | 1.5 |
| 800～1 400 | 1.0 |
| 1 600～3 000 | 0.5 |

表 13 管子筒体环向截面纵向预压应力值 MPa

| 管子级别 | 公称直径,mm | | | | | | | | | | | | | | |
|---|---|---|---|---|---|---|---|---|---|---|---|---|---|---|---|
| | 400 | 500 | 600 | 700 | 800 | 900 | 1 000 | 1 200 | 1 400 | 1 600 | 1 800 | 2 000 | 2 200 | 2 600 | 3 000 |
| Ⅰ | 1.5 | 1.5 | 1.5 | 1.5 | 1.5 | 1.5 | 1.5 | 1.5 | 1.5 | 1.5 | 1.5 | 1.5 | 1.5 | 1.5 | 1.5 |
| Ⅱ | 1.5 | 1.5 | 1.5 | 1.5 | 1.5 | 2.0 | 2.0 | 2.0 | 2.0 | 2.0 | 2.0 | 2.0 | 2.0 | — | — |
| Ⅲ | 1.5 | 1.5 | 1.5 | 1.5 | 1.5 | 2.0 | 2.0 | 2.0 | 2.0 | 2.0 | 2.0 | 2.0 | 2.0 | — | — |
| Ⅳ | 1.5 | 1.5 | 2.0 | 2.0 | 2.0 | 2.0 | 2.5 | 2.5 | 2.5 | 2.5 | 2.5 | 2.5 | — | — | — |
| Ⅴ | 1.5 | 1.5 | 2.0 | 2.0 | 2.0 | 2.0 | 2.5 | 2.5 | 2.5 | 2.5 | 2.5 | 2.5 | — | — | — |

## 6 试验方法

6.1 管子的规格尺寸、外观质量、静水压力等按 GB/T 15345 进行。

6.2 管芯混凝土强度采用与产品相同的混凝土混合料,相同养护条件的边长为 100 mm 的混凝土立方试体抗压强度乘以换算系数来确定,按 GB 11837 方法进行。

6.3 用“三点应力仪”或其他量具测定环向和纵向预应力钢筋应力值。

## 7 检验规则

7.1 产品检验分为出厂检验和型式检验。

7.2 出厂检验:

7.2.1 出厂检验项目:外观质量、尺寸偏差、静水压力、混凝土强度及其他有关项目。

7.2.2 批量:由同质材料、同一工艺制成的同一型号的管子 100 根为一检验批;不足 100 根,但不少于 30 根,也可作为一批。

7.2.3 抽样:外观质量逐根检验;主要尺寸偏差的抽样数量见表 14。

表 14 管子主要尺寸偏差的抽样数量

| 检验项目 | | 抽样数量 |
|---|---|---|
| 管子内径 $D_0$ | | 10 |
| 管子筒体壁厚 $h_1$ | | 10 |
| 承口 | 工作面直径 $D_3$ | 5 |
| | 工作面长度 $L_2$ | 5 |
| 插口 | 工作面直径 $D_6$ | 5 |
| | 止胶台外径 $D_5$ | 5 |
| 保护层厚度 $h_2$(成品) | | 根据用户要求,但不超过批量的 2% |

静水压力检验、抗渗性能和接头密封性能逐根检验,并随机抽取两根进行抗裂性水压检验。

混凝土强度:管芯混凝土的脱模强度、缠丝强度、出厂强度,应定期抽查并记录;保护层砂浆强度应有试验记录;环向和纵向预应力钢筋张拉控制应力值应定期抽检并记录。以备检查验收。

7.2.4 出厂检验结果达到本标准相应等级规定时,判为该等级。

7.2.5 出厂检验时,遇有下列情况应采取相应措施处理。

7.2.5.1 对碰伤、有缺陷或外观检验不合格的管子应经修补后再进行外观质量复检。

7.2.5.2 抗渗检验和接头密封性能检验不合格的管子经修补或潮湿养护或重新安装后再进行复检，仍不合格者则应降级处理。I级降为等外品。

7.2.5.3 抗裂检验结果，如有一根不合格，则取加倍数量复检。如仍有一根不合格时，则该批管子应逐根检验或降级验收使用。

7.2.5.4 保护层厚度的测量检验，应与制作保护层同时进行。

7.2.5.5 保护层砂浆抗渗性能的检验，应在管体同一直线上布置三处同时进行测量。

7.2.6 使用单位有权按照本标准抗渗、抗裂检验要求，对交付使用的管子与厂方配合进行抽检。

7.3 型式检验：

7.3.1 遇有下列情况之一时，应进行型式检验：

a. 新产品或老产品转产的试制定型鉴定；

b. 正式投产后，如结构、材料、工艺有较大改变可能影响产品性能时；

c. 正常生产时，应每年进行一次检验；

d. 产品长期停产后恢复生产时；

e. 出厂检验结果与最近一次型式检验结果有较大差异时；

f. 国家质量监督机构提出进行型式检验的要求时。

7.3.2 型式检验的批量规定：同于出厂检验。

7.3.3 检验项目及抽检数量见表15。

表15 型式检验的检验项目及抽检数量

| 序号 | 检验项目 | | 抽检数量<br>根 | 备注 |
|---|---|---|---|---|
| 1 | 外观质量 | 承口工作面 | 10 | |
| 2 | | 插口工作面 | 10 | |
| 3 | | 管体外壁 | 10 | |
| 4 | | 管体内壁 | 10 | |
| 5 | | 纵筋头处理 | 10 | |
| 6 | | 修补质量及漏修情况 | 10 | |
| 7 | 主要尺寸 | 管体内径 | 10 | |
| 8 | | 止胶台外径 | 10 | |
| 9 | | 承口工作面直径 | 10 | |
| 10 | | 插口工作面直径 | 10 | |
| 11 | | 承口工作面长度 | 10 | |
| 12 | | 保护层厚度 | 1 | 从2根中随机抽取 |
| 13 | 物理性能 | 管体抗裂性能 | 2 | 从6根中随机抽取 |
| 14 | | 管体抗渗性能 | 6 | 从10根中随机抽取 |
| 15 | | 接头密封性能 | 6 | 同于抗渗检验样品 |
| 16 | | 转角接头密封性能 | 2 | |
| 17 | | 混凝土强度 | | 检查记录 |

7.3.4 判定规则：

所有检验结果均达到本标准相应等级规定时，判为该等级。

## 8 标志、运输和保管

8.1 每根管子的外表面应注明制造厂名称、代号、标志、制造日期及“严禁碰撞”等字样；有“注册商标”者也应注明。

标志式样：

注册商标、生产厂名称$\frac{\text{代号、标志}}{\text{制造日期}}$(严禁碰撞)

8.2 用滚杠滚动管子时，不允许承口端或插口端着地撞击。

8.3 长途运输时，管子的承口和插口端应妥善包扎，以防碰伤，运管车辆的底板应备有鞍形垫木，以防管子滚动。

8.4 装卸管子的注意事项：

8.4.1 不应使用有刚性接头的绳索和链条捆吊管子。

8.4.2 严禁钢绳穿管装卸。

8.4.3 严禁管子自由滚落和随意抛掷。

8.5 管子应按代号、标志、型号、质量等级分别堆放。

8.6 管子堆放层数不宜超过表16规定。

表16 堆放层数

| 公称直径 mm | 400～600 | 700～800 | 900～1 200 | 1 400～1 600 | ≥1 800 |
|---|---|---|---|---|---|
| 堆放层数 | 5 | 4 | 3 | 2 | 1 |

注：大于或等于1 600 mm的管允许立放。

8.7 每堆第一层下面应放两根平行垫木，并防止第一层管子滚动，一层承口端与另一层插口端应错开堆放，两端垫以草垫。

8.8 在干燥气候条件下，宜定期洒水使管子保持湿润。

## 9 使用规定

9.1 管道铺设施工应遵照有关水泥压力管输水管道施工规程的规定。

9.2 管子和密封胶圈应配套供应，胶圈不得污染水质，胶圈规格(建议值)见附录B承插口接头用圆形橡胶密封圈(参考件)。

橡胶密封圈性能和试验方法按ZB Q43 001、ZB Q43 002执行。

## 10 出厂证明书

证明书包括下列内容：

**a.** 型号、规格、质量等级、数量及管号；

**b.** 外观检查结果；

**c.** 水压检验结果(抗渗、密封、抗裂)；

**d.** 混凝土强度等级；

**e.** 生产和出厂日期；

**f.** 产品标准编号；

**g.** 生产厂名与商标；

**h.** 生产厂质量检验部门签章；

**i.** 橡胶圈供货合格证。

# 附　录　A
## 承插式滑动密封圈柔性接头
（补充件）

管芯缠丝工艺（三阶段）制造的输水压力管，也可采用承插式滑动密封圈柔性接头，见图 A1。

公称直径 600～1 600 mm，管芯采用悬辊工艺制造成型，其承插式滑动密封圈接头型式，见图 A1；其细部尺寸和参考重量，见表 A1。

表 A1　细部尺寸与参考重量表

单位　长度　mm；重量　kg

| 公称直径 | 实际内径 $D_0$ | 管芯厚度 $h_1$ | 保护层厚度 $h_2$ | 管芯外径 $D_W$ | 有效长度 $L_0$,m | 插口 | | | | | | | | |
|---|---|---|---|---|---|---|---|---|---|---|---|---|---|---|
| | | | | | | $e$ | $f$ | $g$ | $H$ | 半径 $E$ | 半径 $F$ | 台阶高度 $U$ | 直径 $D_5$ | 工作面直径 $D_6$ |
| 600 | 620 | 40 | 26 | 700 | 5 | 20 | 35 | 7 | 8 | 7 | 3 | 11 | 752 | 730 |
| 700 | 700 | 45 | 26 | 790 | 5 | 20 | 35 | 7 | 8 | 7 | 3 | 11 | 842 | 820 |
| 800 | 800 | 50 | 26 | 900 | 5 | 20 | 35 | 7 | 8 | 7 | 3 | 11 | 952 | 930 |
| 900 | 900 | 55 | 26 | 1 010 | 5 | 20 | 35 | 7 | 8 | 7 | 3 | 11 | 1 062 | 1 042 |
| 1 000 | 1 000 | 60 | 26 | 1 120 | 5 | 22 | 40 | 8 | 9 | 8 | 4 | 13 | 1 172 | 1 146 |
| 1 200 | 1 200 | 70 | 26 | 1 340 | 5 | 22 | 40 | 8 | 9 | 8 | 4 | 13 | 1 392 | 1 366 |
| 1 400 | 1 400 | 80 | 26 | 1 560 | 5 | 22 | 40 | 8 | 9 | 8 | 4 | 13 | 1 612 | 1 586 |
| 1 500 | 1 500 | 85 | 26 | 1 690 | 5 | 25 | 43 | 9 | 9 | 9 | 5 | 14 | 1 722 | 1 694 |
| 1 600 | 1 600 | 90 | 26 | 1 780 | 5 | 25 | 43 | 9 | 9 | 9 | 5 | 14 | 1 832 | 1 804 |

| 承口 | | | | | | | | | | | | 橡胶圈 | | 安装 | | 公差 | | | 管芯重量 | 保护层重量 |
|---|---|---|---|---|---|---|---|---|---|---|---|---|---|---|---|---|---|---|---|---|
| $S$ | 直径 $D_3$ | 直径 $D_1$ | $K$ | $M$ | $N$ | $l_1$ | $P$ | $l_2$ | $W$ | 半径 $B$ | 半径 $Y$ | 内径 | 直径 | 允许转角 | 间隙 $l_4$ | 插口 $U$ | 插口 $Z$ | 承口 $D_3$ | | |
| 14 | 759 | 879 | 160 | 2.5 | 2 | 30 | 132 | 76 | 806 | 50 | 11 | 635 | 22 | 1°40′ | 6 | 0.5 | 1.2 | 1.2 | 1 350 | 750 |
| 14 | 849 | 973 | 161 | 2.5 | 2 | 30 | 136 | 80 | 824 | 50 | 11 | 713 | 22 | 1°40′ | 6 | 0.5 | 1.2 | 1.2 | 1 655 | 835 |
| 14 | 959 | 1 089 | 165 | 2.5 | 2 | 30 | 140 | 84 | 850 | 50 | 11 | 808 | 22 | 1°40′ | 6 | 0.5 | 1.2 | 1.2 | 2 075 | 945 |
| 14 | 1 069 | 1 205 | 175 | 2.5 | 2 | 30 | 150 | 94 | 883 | 50 | 11 | 904 | 22 | 1°40′ | 6 | 0.5 | 1.2 | 1.2 | 2 560 | 1 065 |
| 16 | 1 180 | 1 324 | 185 | 3 | 2 | 36 | 160 | 95 | 918 | 56 | 13 | 997 | 25 | 1°35′ | 7 | 0.5 | 1.2 | 1.2 | 3 080 | 1 175 |
| 16 | 1 400 | 1 560 | 190 | 3 | 2 | 36 | 170 | 105 | 990 | 56 | 13 | 1 180 | 25 | 1°35′ | 7 | 0.5 | 1.2 | 1.2 | 4 300 | 1 400 |
| 16 | 1 620 | 1 798 | 200 | 3 | 2 | 36 | 175 | 110 | 1 071 | 56 | 13 | 1 379 | 25 | 1°30′ | 7 | 0.5 | 1.2 | 1.2 | 5 715 | 1 625 |
| 17 | 1 731 | 1 917 | 212 | 3.5 | 2 | 39 | 187 | 115 | 1 113 | 62 | 14 | 1 473 | 28 | 1°25′ | 7 | 0.5 | 2.1 | 2.0 | 6 550 | 1 750 |
| 17 | 1 841 | 2 036 | 215 | 3.5 | 2 | 39 | 190 | 118 | 1 152 | 62 | 14 | 1 569 | 28 | 1°25′ | 8 | 0.5 | 2.1 | 2.0 | 7 505 | 1 860 |

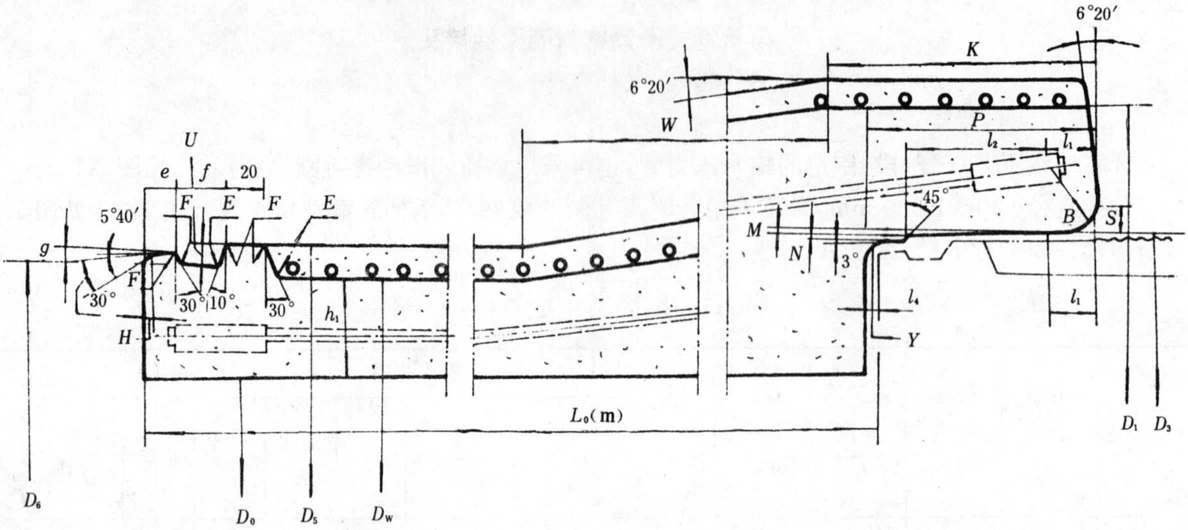


图 A1 悬辊法成型滑动密封圈承插口接头型式图

# 附 录 B
## 承插口接头用圆形橡胶密封圈
（参考件）

表 B1 胶圈尺寸 mm

| 管子公称直径 | 截面直径 | | 圆环内径 | |
|---|---|---|---|---|
| | 基本尺寸 | 极限偏差 | 基本尺寸 | 极限偏差 |
| 400 | 24 | ±0.5 | 447 | ±5 |
| 500 | 24 | ±0.5 | 536 | ±5 |
| 600 | 24 | ±0.5 | 635 | ±5 |
| 700 | 24 | ±0.5 | 725 | ±5 |
| 800 | 24 | ±0.5 | 824 | ±5 |
| 900 | 26 | ±0.5 | 923 | ±5 |
| 1 000 | 26 | ±0.5 | 1 022 | ±5 |
| 1 200 | 26 | ±0.5 | 1 220 | ±5 |
| 1 400 | 28 | ±0.5 | 1 418 | ±5 |
| 1 600 | 28 | ±0.6 | 1 624 | ±6 |
| 1 800 | 32 | ±0.6 | 1 825 | ±6 |
| 2 000 | 32 | ±0.6 | 2 032 | ±6 |
| 2 200 | 34 | ±0.6 | 2 190 | ±6 |
| 2 600 | 36 | ±0.6 | 2 598 | ±6 |
| 3 000 | 36 | ±0.6 | 3 007 | ±6 |

**附加说明：**

本标准由国家建筑材料工业局提出。

本标准由国家建筑材料工业局苏州混凝土水泥制品研究院归口。

本标准由国家建筑材料工业局苏州混凝土水泥制品研究院负责起草。

本标准主要起草人解德信、王克法、王位陞。

本标准委托国家建筑材料工业局苏州混凝土水泥制品研究院负责解释。

本标准首次发布于 1985 年。

# 前言

本标准是在 GB 8076—87 基础上修订的，主要技术内容未作重大修订。本次修订主要内容如下：

增加缓凝高效减水剂的品种及性能指标；将试验混凝土的坍落度由 60 mm±10 mm 提高至 80 mm±10 mm；调整原标准表 1 中各种混凝土外加剂的部分性能指标；外加剂的检测掺量改按推荐掺量；规定了粉状外加剂细度要求；增加了附录 B、C、D，规定了钢筋锈蚀和外加剂总碱量的测定方法。

本标准自生效之日起，同时代替 GB 8076—87。

本标准的附录 A、附录 B、附录 C、附录 D 是标准的附录。

本标准首次发布时间 1987 年，第一次修订时间 1996 年。

本标准由国家建筑材料工业局提出。

本标准由全国水泥制品标准化技术委员会归口，委托中国建筑材料科学研究院房建材料与混凝土研究所解释。

本标准负责起草单位：中国建筑材料科学研究院房建材料与混凝土研究所。

本标准参加起草单位：冶金部建筑研究总院、上海市建筑科学研究院、天津市建筑工程质量检测监督中心、北京市建筑工程质量检测监督中心、南京水利科学研究院、铁道部科学研究院、北京科技大学、青岛市应用化学建材厂、湛江外加剂厂、江都市减水剂厂、山东省莱芜硫酸厂负责起草。

本标准主要起草人：田培、姚燕、熊大玉、吴菊珍、张璐明、于新文、奚迎收、刘文长。

中华人民共和国国家标准

GB 8076—1997

# 混 凝 土 外 加 剂

**Concrete admixtures**

代替 GB 8076—87

## 1 范围

本标准规定了用于水泥混凝土中外加剂的定义、技术要求、试验方法、检验规则、包装、出厂、贮存及退货等。

本标准适用于普通减水剂、高效减水剂、缓凝高效减水剂、早强减水剂、缓凝减水剂、引气减水剂、早强剂、缓凝剂和引气剂共九种混凝土外加剂。

## 2 引用标准

下列标准包含的条文通过在本标准中引用而构成本标准的条文。本标准出版时，所示版本均为有效。所有标准都会被修订，使用本标准的各方应探讨使用下列标准最新版本的可能性。

GB/T 176—1996 水泥化学分析方法

GB/T 8074—87 水泥表面积测定方法 勃氏法

GB/T 8075—87 混凝土外加剂的分类、命名与定义

GB/T 8077—87 混凝土外加剂匀质性能试验方法

GB/T 14684—93 建筑用砂

GB/T 14685—93 建筑用卵石、碎石

GBJ 80—85 普通混凝土拌合物性能试验方法

GBJ 81—85 普通混凝土力学性能试验方法

GBJ 82—85 普通混凝土长期性能和耐久性能试验方法

JGJ 55—81 普通混凝土配合比设计技术规定

JGJ 63—89 混凝土拌合用水标准

## 3 定义

本标准采用下列定义。

### 3.1 外加剂

缓凝高效减水剂：兼有缓凝和大幅度减少拌合用水量的外加剂。

其余混凝土外加剂的定义见 GB/T 8075。

### 3.2 基准水泥

符合本标准附录 A 要求的、专门用于检验混凝土外加剂性能的水泥。

### 3.3 基准混凝土

按照本标准试验条件规定配制的不掺外加剂的混凝土。

## 4 技术要求

### 4.1 掺外加剂混凝土性能指标

掺外加剂混凝土性能指标应符合表 1 的要求。

国家技术监督局1997-05-06批准　　　　1997-11-01实施

表1　掺外加剂混凝土性能指标

| 试验项目 | | 外加剂品种 | | | | | | | | | | | | | | | | | |
|---|---|---|---|---|---|---|---|---|---|---|---|---|---|---|---|---|---|---|---|
| | | 普通减水剂 | | 高效减水剂 | | 早强减水剂 | | 缓凝高效减水剂 | | 缓凝减水剂 | | 引气减水剂 | | 早强剂 | | 缓凝剂 | | 引气剂 | |
| | | 一等品 | 合格品 | 一等品 | 合格品 | 一等品 | 合格品 | 一等品 | 合格品 | 一等品 | 合格品 | 一等品 | 合格品 | 一等品 | 合格品 | 一等品 | 合格品 | 一等品 | 合格品 |
| 减水率,%,不小于 | | 8 | 5 | 12 | 10 | 8 | 5 | 12 | 10 | 8 | 5 | 10 | 10 | — | — | — | — | 6 | 6 |
| 泌水率比,%,不大于 | | 95 | 100 | 90 | 95 | 95 | 100 | 100 | | 100 | | 70 | 80 | 100 | | 100 | 110 | 70 | 80 |
| 含气量,% | | ≤3.0 | ≤4.0 | ≤3.0 | ≤4.0 | ≤3.0 | ≤4.0 | <4.5 | | <5.5 | | >3.0 | | — | | — | | >3.0 | |
| 凝结时间之差 min | 初凝 | −90～+120 | | −90～+120 | | −90～+90 | | >+90 | | >+90 | | −90～+120 | | −90～+90 | | >+90 | | −90～+120 | |
| | 终凝 | | | | | | | — | | — | | | | | | — | | | |
| 抗压强度比,% 不小于 | 1d | — | — | 140 | 130 | 140 | 130 | — | | — | | — | | 135 | 125 | — | | — | |
| | 3d | 115 | 110 | 130 | 120 | 130 | 120 | 125 | 120 | 100 | | 115 | 110 | 130 | 120 | 100 | 90 | 95 | 80 |
| | 7d | 115 | 110 | 125 | 115 | 115 | 110 | 125 | 115 | 110 | | 110 | | 110 | 105 | 100 | 90 | 95 | 80 |
| | 28d | 110 | 105 | 120 | 110 | 105 | 100 | 120 | 110 | 110 | 105 | 100 | | 100 | 95 | 100 | 90 | 90 | 80 |
| 收缩率比,% 不大于 | 28d | 135 | | 135 | | 135 | | 135 | | 135 | | 135 | | 135 | | 135 | | 135 | |
| 相对耐久性指标,% 200次,不小于 | | — | | — | | — | | — | | — | | 80 | 60 | — | | — | | 80 | 60 |
| 对钢筋锈蚀作用 | | 应说明对钢筋有无锈蚀危害 | | | | | | | | | | | | | | | | | |

注

1　除含气量外,表中所列数据为掺外加剂混凝土与基准混凝土的差值或比值。

2　凝结时间指标,"−"号表示提前,"+"号表示延缓。

3　相对耐久性指标一栏中,"200 次≥80 和 60"表示将 28 d 龄期的掺外加剂混凝土试件冻融循环 200 次后,动弹性模量保留值≥80%或≥60%。

4　对于可以用高频振捣排除的,由外加剂所引入的气泡的产品,允许用高频振捣,达到某类型性能指标要求的外加剂,可按本表进行命名和分类,但须在产品说明书和包装上注明"用于高频振捣的××剂"

4.2 匀质性指标

匀质性指标应符合表2的要求。

表2 匀质性指标

| 试验项目 | 指 标 |
|---|---|
| 含固量或含水量 | a. 对液体外加剂,应在生产厂所控制值的相对量的3%内;<br>b. 对固体外加剂,应在生产厂控制值的相对量的5%之内 |
| 密度 | 对液体外加剂,应在生产厂所控制值的±0.02 g/cm³之内 |
| 氯离子含量 | 应在生产厂所控制值相对量的5%之内 |
| 水泥净浆流动度 | 应不小于生产控制值的95% |
| 细度 | 0.315mm筛筛余应小于15% |
| pH值 | 应在生产厂控制值±1之内 |
| 表面张力 | 应在生产厂控制值±1.5之内 |
| 还原糖 | 应在生产厂控制值±3% |
| 总碱量($Na_2O$+0.658$K_2O$) | 应在生产厂控制值的相对量的5%之内 |
| 硫酸钠 | 应在生产厂控制值的相对量的5%之内 |
| 泡沫性能 | 应在生产厂控制值的相对量的5%之内 |
| 砂浆减水率 | 应在生产厂控制值±1.5%之内 |

## 5 试验方法

5.1 材料

5.1.1 水泥

采用本标准附录A规定的基准水泥。在因故得不到基准水泥时,允许采用$C_3A$含量6%~8%,总碱量($Na_2O$+0.658$K_2O$)不大于1%的熟料和二水石膏、矿渣共同磨制的标号大于(含)525号普通硅酸盐水泥。但仲裁仍需用基准水泥。

5.1.2 砂

符合GB/T 14684要求的细度模数为2.6~2.9的中砂。

5.1.3 石子

符合GB/T 14685粒径为5 mm~20 mm(圆孔筛),采用二级配,其中5 mm~10 mm占40%,10 mm~20 mm占60%。如有争议,以卵石试验结果为准。

5.1.4 水

符合JGJ 63要求。

5.1.5 外加剂

需要检测的外加剂。

5.2 配合比

基准混凝土配合比按JGJ 55进行设计。掺非引气型外加剂混凝土和基准混凝土的水泥、砂、石的比例不变。配合比设计应符合以下规定:

a) 水泥用量:采用卵石时,(310±5) kg/m³;采用碎石时,(330±5) kg/m³。

b）砂率：基准混凝土和掺外加剂混凝土的砂率均为36%～40%，但掺引气减水剂和引气剂的混凝土砂率应比基准混凝土低1%～3%。

c）外加剂掺量：按科研单位或生产厂推荐的掺量。

d）用水量：应使混凝土坍落度达(80±10) mm。

5.3 混凝土搅拌

采用60 L自落式混凝土搅拌机，全部材料及外加剂一次投入，拌合量应不少于15 L，不大于45 L，搅拌3 min，出料后在铁板上用人工翻拌2～3次再行试验。

各种混凝土材料及试验环境温度均应保持在(20±3)℃。

5.4 试件制作及试验所需试件数量

5.4.1 试件制作：混凝土试件制作及养护按GBJ 80进行，但混凝土预养温度为(20±3)℃。

5.4.2 试验项目及所需数量详见表3。

表3 试验项目及所需数量

| 试验项目 | 外加剂类别 | 试验类别 | 试验所需数量 | | | |
|---|---|---|---|---|---|---|
| | | | 混凝土拌合批数 | 每批取样数目 | 掺外加剂混凝土总取样数目 | 基准混凝土总取样数目 |
| 减水率 | 除早强剂、缓凝剂外各种外加剂 | 混凝土拌合物 | 3 | 1次 | 3次 | 3次 |
| 泌水率比 | 各种外加剂 | 混凝土拌合物 | 3 | 1个 | 3个 | 3个 |
| 含气量 | 各种外加剂 | 混凝土拌合物 | 3 | 1个 | 3个 | 3个 |
| 凝结时间差 | 各种外加剂 | 混凝土拌合物 | 3 | 1个 | 3个 | 3个 |
| 抗压强度比 | 各种外加剂 | 硬化混凝土 | 3 | 9或12块 | 27或36块 | 27或36块 |
| 收缩比率 | 各种外加剂 | 硬化混凝土 | 3 | 1块 | 3块 | 3块 |
| 相对耐久性指标 | 引气剂、引气减水剂 | 硬化混凝土 | 3 | 1块 | 3块 | 3块 |
| 钢筋锈蚀 | 各种外加剂 | 新拌或硬化砂浆 | 3 | 1块 | 3块 | 3块 |

注

1 试验时，检验一种外加剂的三批混凝土要在同一天内完成。

2 试验龄期参考表1试验项目栏

5.5 混凝土拌合物

5.5.1 减水率测定：减水率为坍落度基本相同时基准混凝土和掺外加剂混凝土单位用水量之差与基准混凝土单位用水量之比。坍落度按GBJ 80测定。减水率按式(1)计算：

$$W_R = \frac{W_0 - W_1}{W_0} \times 100 \qquad \cdots\cdots(1)$$

式中：$W_R$——减水率，%；

$W_0$——基准混凝土单位用水量，kg/m³；

$W_1$——掺外加剂混凝土单位用水量，kg/m³。

$W_R$以三批试验的算术平均值计，精确到小数点后一位。若三批试验的最大值或最小值中有一个与中间值之差超过中间值的15%时，则把最大值与最小值一并舍去，取中间值作为该组试验的减水率。若有两个测值与中间值之差均超过15%时，则该批试验结果无效，应该重做。

5.5.2 泌水率比测定：泌水率比按式(2)计算，精确到小数点后一位数。

$$B_R = \frac{B_t}{B_c} \times 100 \qquad \cdots\cdots(2)$$

式中：$B_R$——泌水率之比，%；

$B_t$——掺外加剂混凝土泌水率，%；

$B_c$——基准混凝土泌水率，%。

泌水率的测定和计算方法如下：

先用湿布润湿容积为5 L的带盖筒（内径为185 mm，高200 mm），将混凝土拌合物一次装入，在振动台上振动20 s，然后用抹刀轻轻抹平，加盖以防水分蒸发。试样表面应比筒口边低约20 mm。自抹面开始计算时间，在前60 min，每隔10 min用吸液管吸出泌水一次，以后每隔20 min吸水一次，直至连续三次无泌水为止。每次吸水前5 min，应将筒底一侧垫高约20 mm，使筒倾斜，以便于吸水。吸水后，将筒轻轻放平盖好。将每次吸出的水都注入带塞的量筒，最后计算出总的泌水量，准确至1 g，并按式(3)、(4)计算泌水率：

$$B = \frac{V_W}{(W/G)G_W} \times 100 \qquad \cdots\cdots(3)$$

$$G_W = G_1 - G_0 \qquad \cdots\cdots(4)$$

式中：$B$——泌水率，%；

$V_W$——泌水总质量，g；

$W$——混凝土拌合物的用水量，g；

$G$——混凝土拌和物的总质量，g；

$G_W$——试样质量，g；

$G_1$——筒及试样质量，g；

$G_0$——筒质量，g。

试验时，每批混凝土拌合物取一个试样，泌水率取三个试样的算术平均值。若三个试样的最大值或最小值中有一个与中间值之差大于中间值的15%，则把最大值与最小值一并舍去，取中间值作为该组试验的泌水率，如果最大与最小值与中间值之差均大于中间值的15%时，则应重做。

5.5.3 含气量：按GBJ 80用气水混合式含气量测定仪，并按该仪器说明进行操作，但混凝土拌合物一次装满并稍高于容器，用振动台振实15 s～20 s，用高频插入式振捣器（$\phi$25 mm，14 000次/min）在模型中心垂直插捣10 s。

试验时，每批混凝土拌合物取一个试样，含气量以三个试样测值的算术平均值来表示。若三个试样中的最大值或最小值中有一个与中间值之差超过0.5%时，将最大值与最小值一并舍去，取中间值作为该批的试验结果，如果最大值与最小值均超过0.5%，则应重作。

5.5.4 凝结时间差测定：凝结时间差按式(5)计算：

$$\Delta T = T_t - T_c \qquad \cdots\cdots(5)$$

式中：$\Delta T$——凝结时间之差，min；

$T_t$——掺外加剂混凝土的初凝或终凝时间，min；

$T_c$——基准混凝土的初凝或终凝时间，min。

凝结时间采用贯入阻力仪测定，仪器精度为5 N，凝结时间测定方法如下：

将混凝土拌合物用5 mm（圆孔筛）振动筛筛出砂浆，拌匀后装入上口内径为160 mm，下口内径为150 mm，净高150 mm的刚性不渗水的金属圆筒，试样表面应低于筒口约10 mm，用振动台振实（约3 s～5 s），置于(20±3)℃的环境中，容器加盖。一般基准混凝土在成型后3 h～4 h，掺早强剂的在成型后

1 h～2 h,掺缓凝剂的在成型后4 h～6 h开始测定,以后每0.5 h或1 h测定一次,但在临近初、终凝时,可以缩短测定间隔时间。每次测点应避开前一次测孔,其净距为试针直径的2倍,但至少不小于15 mm,试针与容器边缘之距离不小于25 mm。测定初凝时间用截面积为100 $mm^2$的试针,测定终凝时间用20 $mm^2$的试针。贯入阻力按式(6)计算:

$$R = \frac{P}{A} \quad \cdots\cdots(6)$$

式中:$R$——贯入阻力值,MPa;

$P$——贯入深度达25 mm时所需的净压力,N;

$A$——贯入仪试针的截面积,$mm^2$。

根据计算结果,以贯入阻力值为纵坐标,测试时间为横坐标,绘制贯入阻力值与时间关系曲线,求出贯入阻力值达3.5 MPa时对应的时间作为初凝时间及贯入阻力值达28 MPa时对应的时间作为终凝时间。凝结时间从水泥与水接触时开始计算。

试验时,每批混凝土拌合物取一个试样,凝结时间取三个试样的平均值。若三批试验的最大值或最小值之中有一个与中间值之差超过30 min时,则把最大值与最小值一并舍去,取中间值作为该组试验的凝结时间。若两测值与中间值之差的均超过30 min时,该组试验结果无效,则应重做。

5.6 硬化混凝土

5.6.1 抗压强度比测定:抗压强度比以掺外加剂混凝土与基准混凝土同龄期抗压强度之比表示,按式(7)计算:

$$R_S = \frac{S_t}{S_c} \times 100 \quad \cdots\cdots(7)$$

式中:$R_S$——抗压强度比,%;

$S_t$——掺外加剂混凝土的抗压强度,MPa;

$S_c$——基准混凝土的抗压强度,MPa。

掺外加剂与基准混凝土的抗压强度按GBJ 81进行试验和计算。试件用振动台振动15 s～20 s,用插入式高频振捣器($\phi$25 mm,14 000次/min)振捣时间为8 s～12 s。试件预养温度为(20±3)℃。试验结果以三批试验测值的平均值表示,若三批试验中有一批的最大值或最小值与中间值的差值超过中间值的15%,则把最大及最小值一并舍去,取中间值作为该批的试验结果,如有两批测值与中间值的差均超过中间值的15%,则试验结果无效,应该重做。

5.6.2 收缩率比测定:收缩率比以龄期28 d掺外加剂混凝土与基准混凝土干缩率比值表示,按(8)式计算:

$$R_\varepsilon = \frac{\varepsilon_t}{\varepsilon_c} \times 100 \quad \cdots\cdots(8)$$

式中:$R_\varepsilon$——收缩率比,%;

$\varepsilon_t$——掺加外加剂的混凝土的收缩率,%;

$\varepsilon_c$——基准混凝土的收缩率,%。

掺外加剂及基准混凝土的收缩率按GBJ 82测定和计算,试件用振动台成型,振动15 s～20 s,用插入式高频振动器($\phi$25 mm,14 000次/min)插捣8 s～12 s。每批混凝土拌合物取一个试样,以三个试样收缩率的算术平均值表示。

5.6.3 相对耐久性试验:按GBJ 82进行,试件采用振动台成型,振动15 s～20 s,用插入式高频振捣器($\phi$25 mm,14 000次/min)时,应距两端120 mm各垂直插捣8 s～12 s。标准养护28 d后进行冻融循环试验。

每批混凝土拌合物取一个试样,冻融循环次数以三个试件动弹性模量的算术平均值表示。

相对耐久性指标是以掺外加剂混凝土冻融200次后的动弹性模量降至80%或60%以上评定外加

剂质量。

5.7 钢筋锈蚀试验

钢筋锈蚀采用钢筋在新拌或硬化砂浆中阳极极化电位曲线来表示，测定方法按本标准附录 B、C 规定进行。

5.8 外加剂匀质性

外加剂匀质性试验按 GB/T 8077 进行。总碱量按本标准附录 D 进行测定。

## 6 检验规则

6.1 取样及编号

6.1.1 试样分点样和混合样。点样是在一次生产的产品所得试样，混合样是三个或更多的点样等量均匀混合而取得的试样。

6.1.2 生产厂应根据产量和生产设备条件，将产品分批编号，掺量大于 1%（含 1%）同品种的外加剂每一编号为 100 t，掺量小于 1% 的外加剂每一编号为 50 t，不足 100 t 或 50 t 的也可按一个批量计，同一编号的产品必须混合均匀。

6.1.3 每一编号取样量不少于 0.2 t 水泥所需用的外加剂量。

6.2 试样及留样

每一编号取得的试样应充分混匀，分为两等份，一份按表 2 中规定部分项目进行试验。另一份要密封保存半年，以备有疑问时提交国家指定的检验机关进行复验或仲裁。

6.3 检验分类

6.3.1 出厂检验：每编号外加剂检验项目，根据其品种不同按表 4 项目进行检验。

表 4 外加剂测定项目

| 测定项目 | 外加剂品种 | | | | | | | | | |
|---|---|---|---|---|---|---|---|---|---|---|
| | 普通减水剂 | 高效减水剂 | 早强减水剂 | 缓凝高效减水剂 | 缓凝减水剂 | 引气减水剂 | 早强剂 | 缓凝剂 | 引气剂 | 备注 |
| 固体含量 | √ | √ | √ | √ | √ | √ | √ | √ | √ | |
| 密度 | | | | | | | | | | 液体外加剂必测 |
| 细度 | | | | | | | | | | 粉状外加剂必测 |
| pH 值 | √ | √ | √ | √ | √ | √ | | | | |
| 表面张力 | | √ | | √ | | √ | | | √ | |
| 泡沫性能 | | | | | | √ | | | √ | |
| 氯离子含量 | √ | √ | √ | √ | √ | √ | √ | √ | √ | |
| 硫酸钠含量 | | | | | | | | | | 含有硫酸钠的早强减水剂或早强剂必测 |
| 总碱量 | √ | √ | √ | √ | √ | √ | √ | √ | √ | 每年至少一次 |
| 还原糖分 | √ | | | √ | √ | | | √ | | 木质素磺酸钙减水剂必测 |
| 水泥净浆流动度 | √ | √ | √ | √ | √ | √ | | | | 两种任选一种 |
| 水泥砂浆流动度 | √ | √ | √ | √ | √ | √ | √ | √ | | |

6.3.2 型式检验：型式检验项目包括表 2 中匀质性及表 1 中新拌及硬化混凝土性能指标。有下列情况之一者，应进行型式检验：

a）新产品或老产品转厂生产的试制定型鉴定；

b）正式生产后，如材料、工艺有较大改变，可能影响产品性能时；

c）正常生产时，一年至少进行一次检验；

d）产品长期停产后，恢复生产时；

e）出厂检验结果与上次型式检验有较大差异时；

f）国家质量监督机构提出进行型式试验要求时。

6.4 判定规则

产品经检验，匀质性符合表2的要求，各种类型的减水剂的减水率、缓凝型外加剂的凝结时间差、引气型外加剂的含气量及硬化混凝土的各项性能符合表1要求，则判定该编号外加剂为相应等级的产品，如不符合上述要求时，则判该编号外加剂不合格。其余项目作为参考指标。

6.5 复验

复验以封存样进行。如使用单位要求现场取样，应事先在供货合同中规定，并在生产和使用单位人员在场的情况下于现场取平均样，复验按照型式检验项目检验。

## 7 包装、出厂、贮存及退货

7.1 包装

粉状外加剂应采用有塑料袋衬里的编织袋，每袋重20 kg～50 kg。液体外加剂应采用塑料桶、金属桶包装或槽车运输。

所有包装的容器上均应在明显位置注明以下内容：产品名称、型号、净质量或体积（包括含量或浓度）、生产厂名。生产日期及出厂编号应于产品合格证上予以说明。

7.2 产品出厂

凡有下列情况之一者，不得出厂：不合格品、技术文件不全（产品说明书、合格证、检验报告）、包装不符、质量不足、产品受潮变质，以及超过有效期限。

生产厂随货提供说明书的内容应包括产品名称及型号、出厂日期、主要特性及成分、适用范围及推荐掺量、外加剂总碱量、氯离子含量、有无毒性、易燃状况、储存条件及有效期、使用方法及注意事项。

7.3 贮存

外加剂应存放在专用仓库或固定的场所妥善保管，以易于识别，便于检查和提货为原则。

7.4 退货

7.4.1 使用单位在规定的存放条件和有效期限内，经复验发现外加剂性能与本标准不符时，则应予退回或更换。

7.4.2 实际的质量、体积与规定的质量、体积（按固形物计）有2%的差异时，可以要求退货或补足。粉状的可取50包，液体的可取30桶（其他包装形式由双方协商），称量取平均值计算。

7.4.3 凡无出厂文件或出厂技术文件不全，以及发现实物质量与出厂技术文件不符合，可退货。

## 附 录 A
（标准的附录）
## 混凝土外加剂性能检验用基准水泥技术条件

基准水泥是统一检验混凝土外加剂性能的材料，是由符合下列品质指标的硅酸盐水泥熟料与二水石膏共同粉磨而成的标号大于(含)525号的硅酸盐水泥。基准水泥必须由经中国水泥质量监督中心确认具备生产条件的工厂供给。

### A1 品质指标(除满足525号硅酸盐水泥技术要求外)

A1.1 铝酸三钙($C_3A$)含量6%～8%。
A1.2 硅酸三钙($C_3S$)含量50%～55%。
A1.3 游离氧化钙(fCaO)含量不得超过1.2%。
A1.4 碱($Na_2O+0.658K_2O$)含量不得超过1.0%。
A1.5 水泥比表面积(320±20)$m^2/kg$。

### A2 试验方法

A2.1 游离氧化钙、氧化钾和氧化钠的测定，按GB/T 176进行。
A2.2 水泥比表面积的测定，按GB/T 8074进行。
A2.3 铝酸三钙和硅酸三钙含量由熟料中氧化钙、二氧化硅、三氧化二铝和三氧化二铁含量，按下式计算得：

$$C_3S = 3.80 \cdot SiO_2(3KH - 2) \quad \cdots\cdots (A1)$$

$$C_3A = 2.65 \cdot (Al_2O_3 - 0.64 \cdot Fe_2O_3) \quad \cdots\cdots (A2)$$

$$KH = \frac{CaO - fCaO - 1.65 \cdot Al_2O_3 - 0.35 \cdot Fe_2O_3}{2.80 \cdot SiO_2} \quad \cdots\cdots (A3)$$

式中：$C_3S$、$C_3A$、$SiO_2$、$Al_2O_3$、$Fe_2O_3$和fCaO分别表示该成分在熟料中所占的质量百分数，KH表示石灰保护系数。

### A3 验收规则

A3.1 基准水泥出厂一吨为一编号。每一编号应取三个有代表性的样品，分别测定比表面积，测定结果均须符合规定。
A3.2 凡不符合本技术条件A1中任何一项规定时，均不得出厂。

### A4 包装及贮运

包装袋应结实牢固和密封良好，采用金属桶装或加有塑料袋的纸袋包装。每袋净重50 kg。袋中须有合格证，注明生产日期、编号。有效储存期为半年。

## 附 录 B

（标准的附录）

## 钢筋锈蚀快速试验方法（新拌砂浆法）

### B1 仪器设备

a）恒电位仪

专用的符合本标准要求的钢筋锈蚀测量仪，或恒电位/恒电流仪，或恒电流仪，或恒电位仪（输出电流范围不小于 0～2 000 μA，可连续变化 0～2 V，精度≤1%）；

b）甘汞电极；

c）定时钟；

d）电线：铜芯塑料线；

e）绝缘涂料（石蜡：松香＝9：1）；

f）试模：塑料有底活动模（尺寸 40 mm×100 mm×150 mm）。

### B2 试验步骤

**B2.1** 制作钢筋电极

将Ⅰ级建筑钢筋加工制成直径 7 mm，长度为 100 mm，表面粗糙度 $R_a$ 的最大允许值为 1.6 μm 的试件，用汽油、乙醇、丙酮依次浸擦除去油脂，并在一端焊上长 130 mm～150 mm 的导线，再用乙醇仔细擦去焊油，钢筋两端浸涂热熔石蜡松香绝缘涂料，使钢筋中间暴露长度为 80 mm，计算其表面积。经过处理后的钢筋放入干燥器内备用，每组试件三根。

**B2.2** 拌制新鲜砂浆

在无特定要求时，采用水灰比 0.5，灰砂比 1：2 配制砂浆，水为蒸馏水，砂为检验水泥强度用的标准砂，水泥为基准水泥（或按试验要求的配合比配制）。干拌 1 min，湿拌 3 min。检验外加剂时，外加剂按比例随拌和水加入。

**B2.3** 砂浆及电极入模

把拌制好的砂浆浇入试模中，先浇一半（厚 20 mm 左右）。将两根处理好经检查无锈痕的钢筋电极平行放在砂浆表面，间距 40 mm，拉出导线，然后灌满砂浆抹平，并轻敲几下侧板，使其密实。

**B2.4** 连接试验仪器

按图 B1 连接试验装置，以一根钢筋作为阳极接仪器的“研究”与“＊号”接线孔，另一根钢筋为阴极（即辅助电极）接仪器的“辅助”接线孔，再将甘汞电极的下端与钢筋阳极的正中位置对准，与新鲜砂浆表面接触，并垂直于砂浆表面。甘汞电极的导线接仪器的“参比”接线孔。在一些现代新型钢筋锈蚀测量仪或恒电位/恒电流仪上，电极输入导线通常为集束导线，只须按规定将三个夹子分别接阳极钢筋、阴极钢筋和甘汞电极即可。

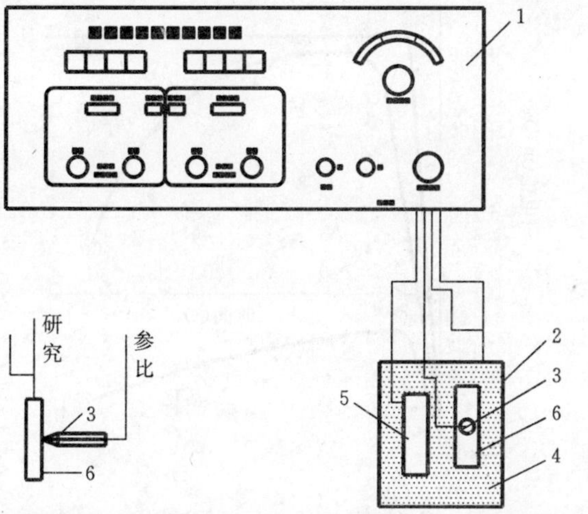


1—钢筋锈蚀测量仪或恒电位/恒电流仪；2—硬塑料模；
3—甘汞电极；4—新拌砂浆；5—钢筋阴极；6—钢筋阳极

图 B1 新鲜砂浆极化电位测试装置图

**B2.5** 测试

a）未通外加电流前，先读出阳极钢筋的自然电位 $V$（即钢筋阳极与甘汞电极之间的电位差值）。

b）接通外加电流，并按电流密度 $50\times10^{-2}$ A/m²（即 50 μA/cm²）调整 μA 表至需要值。同时，开始计算时间，依次按 2、4、6、8、10、15、20、25、30、60 min，分别记录阳极极化电位值。

## B3 试验结果处理

**B3.1** 以三个试验电极测量结果的平均值，作为钢筋阳极极化电位的测定值，以时间为横坐标，阳极极化电位为纵坐标，绘制电位-时间曲线（如图 B2）。

**B3.2** 根据电位-时间曲线判断砂浆中的水泥、外加剂等对钢筋锈蚀的影响。

a）电极通电后，阳极钢筋电位迅速向正方向上升，并在 1 min～5 min 内达到析氧电位值，经30 min 测试，电位值无明显降低，如图 B2 中的曲线①，则属钝化曲线。表明阳极钢筋表面钝化膜完好无损，所测外加剂对钢筋是无害的。

b）通电后，阳极钢筋电位先向正方向上升，随着又逐渐下降，如图 B2 中的曲线②，说明钢筋表面钝化膜已部分受损。而图 B2 中的曲线③属活化曲线，说明钢筋表面钝化膜破坏严重。这两种情况均表明钢筋钝化膜已遭破坏。但这时对试验砂浆中所含的水泥、外加剂对钢筋锈蚀的影响仍不能作出明确的判断，还必须再作硬化砂浆阳极极化电位的测量，以进一步判别外加剂对钢筋有无锈蚀危害。

c）通电后，阳极钢筋电位随时间的变化有时会出现图 B2 中曲线①和②之间的中间态情况，即电位先向正方上升至较正电位值（例如≥+600 mV），持续一段稳定时间，然后渐呈下降趋势，如电位值迅速下降，则属第②项情况。如电位值缓降，且变化不多，则试验和记录电位的时间再延长 30 min，继续 35，40，45，50，55，60 分 min 分别记录阳极极化电位值，如果电位曲线保持稳定不再下降，可认为钢筋表面尚能保持完好钝化膜，所测外加剂对钢筋是无害的；如果电位曲线继续持续下降，可认为钢筋表面钝化膜已破损而转变为活化状态，对于这种情况，还必须再作硬化砂浆阳极极化电位的测量，以进一步判别外加剂对钢筋有无锈蚀危害。

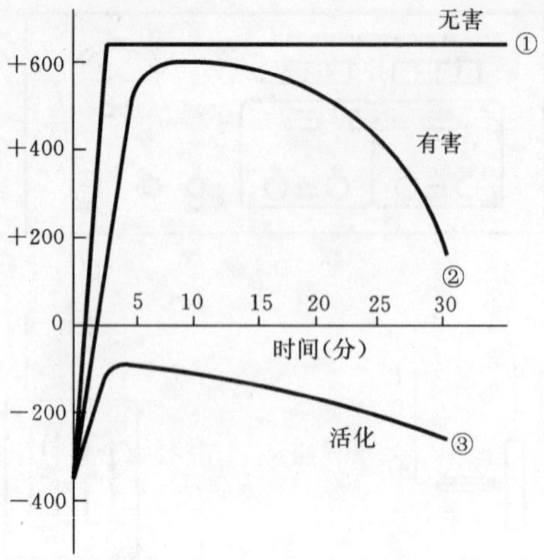


图 B2　恒电流、电位-时间曲线分析图

## 附　录　C
（标准的附录）
## 钢筋锈蚀快速试验方法(硬化砂浆法)

### C1　仪器设备

a）恒电位仪：专用的符合本标准要求的钢筋锈蚀测量仪或恒电位/恒电流仪，或恒电流仪，或恒电位仪（输出电流范围不小于 0～2 000 μA，可连续变化 0～2 V，精度≤1%）；

b）不锈钢片电极；

c）甘汞电极（232 型或 222 型）；

d）定时钟；

e）电线；铜芯塑料线（型号 RV1×16/0.15 mm）；

f）绝缘涂料（石蜡：松香＝9：1）；

g）搅拌锅、搅拌铲；

h）试模：长 95 mm，宽和高均为 30 mm 的棱柱体，模板两端中心带有固定钢筋的凹孔，其直径为 7.5 mm，深 2～3 mm，半通孔。试模用 8 mm 厚，硬聚氯乙烯塑料板制成。

### C2　试验步骤

#### C2.1　制备埋有钢筋的砂浆电极

a）制备钢筋

采用 I 级建筑钢筋经加工成直径 7 mm，长度 100 mm，表面粗糙度 $R_a$ 的最大允许值为 1.6 μm 的试件，使用汽油、乙醇、丙酮依次浸擦除去油脂，经检查无锈痕后放入干燥器中备用，每组三根。

b）成型砂浆电极

将钢筋插入试模两端的预留凹孔中，位于正中。按配比拌制砂浆，灰砂比为 1：2.5，采用基准水泥、检验水泥强度用的标准砂、蒸馏水（用水量按砂浆稠度 5 cm～7 cm 时的加水量而定），外加剂采用推荐掺量。将称好的材料放入搅拌锅内干拌 1 min，湿拌 3 min。将拌匀的砂浆灌入预先按放好钢筋的试模内，置检验水泥强度用的振动台上振 5 s～10 s，然后抹平。

c）砂浆电极的养护及处理

试件成型后盖上玻璃板，移入标准养护室养护，24 h 后脱模，用水泥净浆将外露的钢筋两头覆盖，继续标准养护 2 d。取出试件，除去端部的封闭净浆，仔细擦净外露钢筋头的锈斑。在钢筋的一端焊上长 130 mm～150 mm 的导线，用乙醇擦去焊油，并在试件两端浸涂热石蜡松香绝缘，使试件中间暴露长度为 80 mm，如图 C1 所示。

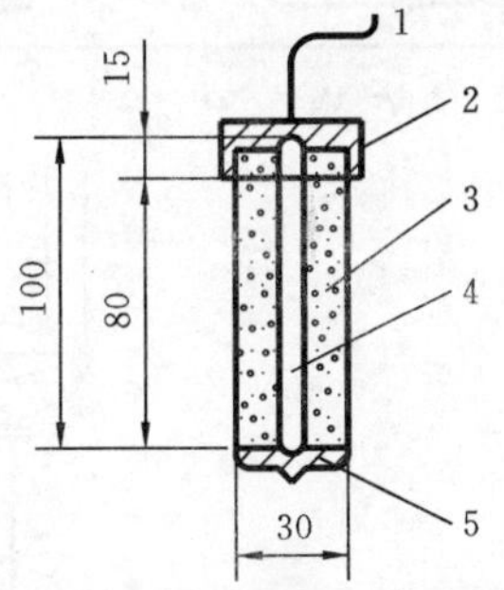


1—导线；2 和 5—石蜡；3—砂浆；4—钢筋

图 C1　钢筋砂浆电极

C2.2　测试

a）将处理好的硬化砂浆电极置于饱和氢氧化钙溶液中，浸泡数小时，直至浸透试件，其表征为监测硬化砂浆电极在饱和氢氧化钙溶液中的自然电位至电位稳定且接近新拌砂浆中的自然电位，由于存在欧姆电压降可能会使两者之间有一个电位差。试验时应注意不同类型或不同掺量外加剂的试件不得放置在同一容器内浸泡，以防互相干扰。

b）把一个浸泡后的砂浆电极移入盛有饱和氢氧化钙溶液的玻璃缸内，使电极浸入溶液的深度为 8 cm，以它作为阳极，以不锈钢片作为阴极（即辅助电极），以甘汞电极作参比。按图 C2 要求接好试验线路。

c）未通外加电流前，先读出阳极（埋有钢筋的砂浆电极）的自然电位 $V$。

f）接通外加电流，并按电流密度 $50\times10^{-2}$ A/m$^2$（即 50 μA/cm$^2$）调整 μA 表至需要值。同时，开始计算时间，依次按 2、4、6、8、10、15、20、25、30 min，分别记录埋有钢筋的砂浆电极阳极极化电位值。

## C3　试验结果处理

C3.1　取一组三个埋有钢筋的硬化砂浆电极极化电位的测量结果的平均值作为测定值，以阳极极化电位为纵坐标，时间为横坐标，绘制阳极极化电位-时间曲线。

C3.2　根据电位-时间曲线判断砂浆中的水泥、外加剂等对钢筋锈蚀的影响。

a）电极通电后，阳极钢筋电位迅速向正方向上升，并在 1 min～5 min 内达到析氧电位值，经30 min 测试，电位值无明显降低，如图 B2 中的曲线①，则属钝化曲线。表明阳极钢筋表面钝化膜完好无损，所测外加剂对钢筋是无害的。

b）通电后，阳极钢筋电位先向正方向上升，随着又逐渐下降，如图 B2 中的曲线②，说明钢筋表面钝化膜已部分受损。而图 B2 中的曲线③活化曲线，说明钢筋表面钝化膜破坏严重。这两种情况均表明钢筋钝化膜已遭破坏，所测外加剂对钢筋是有锈蚀危害的。

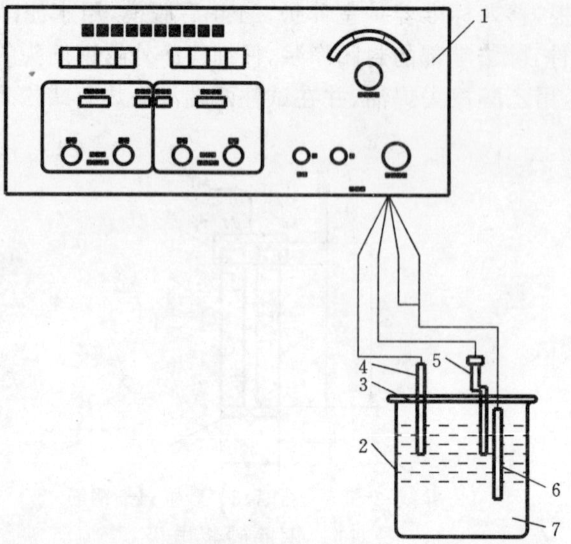


1—钢筋锈蚀测量仪或恒电位/恒电流仪；2—烧杯 1 000 mL；3—有机玻璃盖；4—不锈钢片(阴极)；
5—甘汞电极；6—硬化砂浆电极(阳极)；7—饱和氢氧化钙溶液

图 C2　硬化砂浆极化电位测试装置图

# 附　录　D
（标准的附录）
## 混凝土外加剂中碱总量的测定方法
（火焰光度法）

**D1　适用范围**

矿物质的混凝土外加剂：如膨胀剂等，不在此范围之内。

**D2　方法提要**

试样用约 80℃的热水溶解，以氨水分离铁、铝；以碳酸钙分离钙、镁。滤液中的碱(钾和钠)，采用相应的滤光片，用火焰光度计进行测定。

**D3　试剂与仪器**

a）水：本方法所涉及的水为蒸馏水或同等纯度的水。

b）试剂：本方法所涉及的化学试剂除特别注明外，均为分析纯化学试剂。

c）氧化钾、氧化钠标准溶液：精确称取已在 130～150℃烘过 2 h 的氯化钾(光谱纯)0.792 0 g 及氯化钠(光谱纯)0.943 0 g，置于烧杯中，加水溶解后，移入 1 000 mL 容量瓶中，用水稀释至标线，摇匀，转移至干燥的带盖的塑料瓶中。此标准溶液每毫升相当于氧化钾及氧化钠 0.5 mg。

d）盐酸(1+1)。

e）氨水(1+1)。

f）碳酸铵溶液[10%(*W*/*V*)]

g）甲基红指示剂{[0.2%(*W*/*V*)]乙醇溶液}。

h）火焰光度计。

**D4 工作曲线的绘制**

分别向 100 mL 容量瓶中注入 0.00;1.00;2.00;4.00;8.00;12.00 mL 的氧化钾、氧化钠标准溶液(分别相当于氧化钾、氧化钠各 0.00;0.50;1.00;2.00;4.00;6.00 mg),用水稀释至标线,摇匀,然后分别于火焰光度计上按仪器使用规程进行测定,根据测得的检流计读数与溶液的浓度关系,分别绘制氧化钾及氧化钠的工作曲线。

**D5 分析步骤**

准确称取一定量的试样置于 150 mL 的瓷蒸发皿中,用 80℃左右的热水润湿并稀释至 30 mL,置于电热板上加热蒸发,保持微沸 5 min 后取下,冷却,加 1 滴甲基红指示剂{[0.2%(*W*/*V*)]乙醇溶液},滴加氨水(1+1),使溶液呈黄色;加入 10 mL 碳酸铵溶液[10%(*W*/*V*)],搅拌,置于电热板上加热并保持微沸 10 min,用中速滤纸过滤,以热水洗涤,滤液及洗液盛于容量瓶中,冷却至室温,以盐酸(1+1)中和至溶液呈红色,然后用水稀释至标线,摇匀,以火焰光度计按仪器使用规程进行测定。称样量及稀释倍数见表 D1。

表 D1

| 总碱量,% | 称样量,g | 稀释体积,mL | 稀释倍数(*n*) |
|---|---|---|---|
| 1.0 | 0.2 | 100 | 1 |
| 1.0~5.0 | 0.1 | 250 | 2.5 |
| 5.0~10.0 | 0.05 | 250 或 500 | 2.5 或 5.0 |
| 10.0 | 0.05 | 500 或 1 000 | 5.0 或 10.0 |

**D6 氧化钾与氧化钠含量计算**

氧化钾百分含量($X_1$)及氧化钠百分含量($X_2$)分别按(D1)和(D2)式计算:

$$X_1(\%)=\frac{C_1\times n}{G\times 1\,000}\times 100 \quad\cdots\cdots(D1)$$

$$X_2(\%)=\frac{C_2\times n}{G\times 1\,000}\times 100 \quad\cdots\cdots(D2)$$

式中:$C_1$——在工作曲线上查得每 100 mL 被测定液中氧化钾的含量,mg;

$C_2$——在工作曲线上查得每 100 mL 被测溶液中氧化钠的含量,mg;

$n$——被测溶液的稀释倍数;

$G$——试样质量,g。

**D7 总碱量按(D3)式计算**

$$总碱量(\%)=0.658\times X_1+X_2 \quad\cdots\cdots(D3)$$

式中:$X_1$——氧化钾含量,%;

$X_2$——氧化钠含量,%。

**D8 分析结果的允许误差范围**

分析结果的允许误差范围见表 D2。

表 D2

| 总碱量,% | 室内允许误差,% | 室间允许误差,% |
|---|---|---|
| 1.0 | 0.10 | 0.15 |
| 1.0～5.0 | 0.20 | 0.30 |
| 5.0～10.0 | 0.30 | 0.50 |
| 大于 10.0 | 0.50 | 0.80 |

**D9 总碱量的测定**

总碱量的测定亦可采用原子吸收光谱法,参见 GB/T 176 中 3.11.2。

# 前　　言

本标准是在GB 8239—87《混凝土小型空心砌块》的基础上修订的，修订时，参照国外先进标准，结合我国国情，保留了原标准中科学合理的内容，对部分条款进行了修订，编写的规则和格式按GB/T 1.1—1993标准化工作导则进行。

在标准中增加了砌块各部位的名称；

砌块的尺寸偏差单独作为一项技术指标列入标准，外观质量由原来的一等品、二等品两个等级，增加了优等品；

砌块的强度等级增加了MU20.0级；

取消了砌块按相对含水率和抗渗性分级，出厂砌块均要求相对含水率，只对用于清水墙的砌块规定抗渗性指标。

本标准作为强制性国家标准执行。

本标准生效之日起，同时代替GB 8239—87。

本标准由国家建筑材料工业局提出。

本标准由河南建筑材料研究设计院归口。

本标准负责起草单位：河南建筑材料研究设计院。

本标准参加起草单位：深圳市珠江均安水泥制品有限公司、四川省绵竹机械厂。

本标准主要起草人：陈红军、侯清照、申国权、张凤芝、张太元、谭春英。

本标准1987年首次发布，1996年第一次修订。

本标准委托河南建筑材料研究设计院负责解释。

中华人民共和国国家标准

# 普通混凝土小型空心砌块

**Normal concrete small hollow block**

GB 8239—1997

代替 GB 8239—87

## 1 范围

本标准规定了普通混凝土小型空心砌块的产品分类、技术要求、试验方法、检验规则、运输和堆放等。

本标准适用于工业与民用建筑用普通混凝土小型空心砌块(以下简称砌块)。

## 2 引用标准

下列标准所包含的条文,通过在本标准中引用而构成为本标准的条文。本标准出版时,所示版本均为有效,所有标准都会被修订,使用本标准的各方应探讨使用下列标准最新版本的可能性。

GB/T 175—92 硅酸盐水泥,普通硅酸盐水泥

GB/T 1344—92 矿渣硅酸盐水泥、火山灰质硅酸盐水泥及粉煤灰硅酸盐水泥

GB/T 4111—1997 混凝土小型空心砌块试验方法

GB 8076—1997 混凝土外加剂

GB 12958—91 复合硅酸盐水泥

GB/T 14684—93 建筑用砂

GB/T 14685—93 建筑用卵石碎石

YBJ 20584—84 混凝土用高炉重矿渣碎石技术条件

## 3 砌块各部位名称

砌块各部位名称见图1。

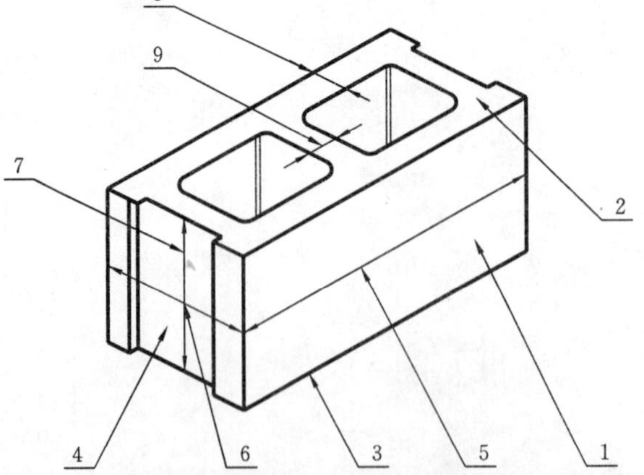


1—条面;2—坐浆面(肋厚较小的面);3—铺浆面(肋厚较大的面);

4—顶面;5—长度;6—宽度;7—高度;8—壁;9—肋

图1 砌块各部位的名称

国家技术监督局1997-05-06批准 1997-11-01实施

## 4 等级和标记

4.1 等级

4.1.1 按其尺寸偏差,外观质量分为:优等品(A),一等品(B)及合格品(C)。

4.1.2 按其强度等级分为:MU3.5,MU5.0,MU7.5,MU10.0,MU15.0,MU20.0。

4.2 标记

4.2.1 按产品名称(代号 NHB)、强度等级、外观质量等级和标准编号的顺序进行标记。

4.2.2 标记示例

强度等级为 MU7.5,外观质量为优等品(A)的砌块,其标记为:

NHB MU7.5A GB 8239

## 5 原材料

5.1 水泥:宜采用符合 GB/T 175、GB/T 1344、GB 12958 规定的水泥。

5.2 细集料:应符合 GB/T 14684 的规定。

5.3 粗集料:可采用碎石、卵石和重矿渣,碎石、卵石应符合 GB/T 14685 的规定,重矿渣应符合 YBJ 20584的规定,其最大粒径为 10 mm。如采用石屑等破碎石材,小于 0.15 mm 的细石粉含量不应大于 20%。

5.4 外加剂:应符合 GB 8076 的规定。

## 6 技术要求

6.1 规格:

6.1.1 规格尺寸

主规格尺寸为 390 mm×190 mm×190 mm,其他规格尺寸可由供需双方协商。

6.1.2 最小外壁厚应不小于 30 mm,最小肋厚应不小于 25 mm。

6.1.3 空心率应不小于 25%。

6.1.4 尺寸允许偏差应符合表 1 要求

表 1 尺寸允许偏差 mm

| 项目名称 | 优等品(A) | 一等品(B) | 合格品(C) |
|---|---|---|---|
| 长度 | ±2 | ±3 | ±3 |
| 宽度 | ±2 | ±3 | ±3 |
| 高度 | ±2 | ±3 | +3<br>−4 |

6.2 外观质量应符合表 2 规定。

表 2 外观质量

| 项目名称 | | 优等品(A) | 一等品(B) | 合格品(C) |
|---|---|---|---|---|
| 弯曲,mm 不大于 | | 2 | 2 | 3 |
| 掉角缺棱 | 个数,个 不多于 | 0 | 2 | 2 |
| | 三个方向投影尺寸的最小值,mm 不大于 | 0 | 20 | 30 |
| 裂纹延伸的投影尺寸累计,mm 不大于 | | 0 | 20 | 30 |

6.3 强度等级应符合表 3 的规定。

表 3 强度等级 MPa

| 强度等级 | 砌块抗压强度 | |
|---|---|---|
| | 平均值不小于 | 单块最小值不小于 |
| MU3.5 | 3.5 | 2.8 |
| MU5.0 | 5.0 | 4.0 |
| MU7.5 | 7.5 | 6.0 |
| MU10.0 | 10.0 | 8.0 |
| MU15.0 | 15.0 | 12.0 |
| MU20.0 | 20.0 | 16.0 |

6.4 相对含水率应符合表 4 规定。

表 4 相对含水率 %

| 使用地区 | 潮湿 | 中等 | 干燥 |
|---|---|---|---|
| 相对含水率不大于 | 45 | 40 | 35 |

注：潮湿——系指年平均相对湿度大于 75%的地区；
中等——系指年平均相对湿度 50%～75%的地区；
干燥——系指年平均相对湿度小于 50%的地区

6.5 抗渗性：用于清水墙的砌块，其抗渗性应满足表 5 的规定。

表 5 抗渗性 mm

| 项目名称 | 指　标 |
|---|---|
| 水面下降高度 | 三块中任一块不大于 10 |

6.6 抗冻性：应符合表 6 的规定。

表 6 抗冻性

| 使用环境条件 | | 抗冻标号 | 指　标 |
|---|---|---|---|
| 非采暖地区 | | 不规定 | — |
| 采暖地区 | 一般环境 | D15 | 强度损失≤25%<br>质量损失≤5% |
| | 干湿交替环境 | D25 | |

注：非采暖地区指最冷月份平均气温高于−5℃的地区；
采暖地区指最冷月份平均气温低于或等于−5℃的地区

## 7 试验方法

试验方法按 GB/T 4111 进行。

## 8 检验规则

8.1 检验分类

8.1.1 出厂检验：检验项目为：尺寸偏差、外观质量、强度等级、相对含水率，用于清水墙的砌块尚应检验抗渗性。

8.1.2 型式检验:检验项目为技术要求中的全部项目

有下列情况之一者,必须进行型式检验:

——新产品的试制定型鉴定;

——正常生产后,原材料、配比及生产工艺改变时;

——正常生产经过半年时;

——产品停产三个月以上恢复生产时;

——出厂检验结果与上次型式检验有较大差异时;

——国家质量监督机构提出进行型式检验要求时。

8.2 组批规则

砌块按外观质量等级和强度等级分批验收。它以同一种原材料配制成的相同外观质量等级、强度等级和同一工艺生产的 10 000 块砌块为一批,每月生产的块数不足 10 000 块者亦按一批。

8.3 抽样规则

8.3.1 每批随机抽取 32 块做尺寸偏差和外观质量检验。

8.3.2 从尺寸偏差和外观质量检验合格的砌块中抽取如下数量进行其他项目检验。

a) 强度等级 5 块;

b) 相对含水率 3 块;

c) 抗渗性 3 块;

d) 抗冻性 10 块;

e) 空心率 3 块。

8.4 判定规则

8.4.1 若受检砌块的尺寸偏差和外观质量均符合表 1 和表 2 的相应指标时,则判该砌块符合相应等级。

8.4.2 若受检的 32 块砌块中,尺寸偏差和外观质量的不合格数不超过 7 块时,则判该批砌块符合相应等级。

8.4.3 当所有项目的检验结果均符合本标准中第 6 章各项技术要求的等级时,则判该批砌块为相应等级。

## 9 产品合格证、堆放和运输

9.1 砌块出厂时,生产厂应提供产品质量合格证书,其内容包括:

a) 厂名和商标;

b) 批量编号和砌块数量(块);

c) 产品标记和检验结果;

d) 合格证编号;

e) 检验部门和检验人员签章。

9.2 砌块应按规格、等级分批分别堆放,不得混杂。

9.3 砌块堆放运输及砌筑时应有防雨措施。

9.4 砌块装卸时,严禁碰撞、扔摔;应轻码轻放,不许翻斗倾卸。

# 前　言

本标准非等效采用 ISO 393-1:1983《石棉水泥制品——第一部分:屋面及墙面用波瓦与配件》中的有关条款。

本标准是在 GB 9772—88 基础上修订的,主要技术内容未作重大修订。大波瓦修改了波高与边距,并对中波瓦和小波瓦横抗折力和纵抗折力指标进行了调整,合格品外观质量指标中取消了方正度,抽样方法采用了 ISO 390—1993《纤维增强水泥制品——抽样和检验》。

本标准从生效之日起,同时代替 GB 9772—88。

本标准的附录 A 是标准的附录。

本标准由国家建筑材料工业局提出。

本标准由全国水泥制品标准化技术委员会归口与解释。

本标准由国家建筑材料工业局苏州混凝土水泥制品研究院、沈阳市新型建筑材料总厂、江苏爱富希新型建筑材料厂、昆明轻型建筑材料厂、吉林省双阳建筑材料股份公司和嘉兴石棉水泥制品厂等负责起草。

本标准主要起草人:叶启汉、张明勇、张敬云、冯立平、王兴国、薄贵、陈桂琴。

本标准首次发布时间 1988 年,第一次修订时间 1995 年。

中华人民共和国国家标准

GB/T 9772—1996

代替 GB 9772—88

# 石棉水泥波瓦及其脊瓦

Asbestos-cement corrugated sheet and ridge tile

## 1 范围

本标准规定了石棉水泥波瓦及其脊瓦的分级与规格、技术要求、试验方法、检验规则和包装、标志、贮存等一般要求。

本标准适用于覆盖屋面和装敷墙壁用的石棉水泥大、中、小波瓦及覆盖屋脊的"人"字形脊瓦。

石棉水泥波瓦及其脊瓦是用温石棉和水泥为基本原材料制成的屋面和墙面材料。

## 2 引用标准

下列标准所包含的条文,通过在本标准中引用而构成为本标准的条文。在标准出版时,所示版本均为有效。所有标准都会被修订,使用本标准的各方应探讨、使用下列标准最新版本的可能性。

GB 175 硅酸盐水泥、普通硅酸盐水泥

GB 7019 石棉水泥制品吸水率、容重及孔隙率测定方法

GB 8040 石棉水泥波瓦、平板抗折试验方法

GB 8041 石棉水泥波瓦、平板不透水性试验方法

GB 8042 石棉水泥波瓦、平板抗冻性试验方法

GB 8071 温石棉

GB 9773 石棉水泥波瓦、平板抗冲击性试验方法

JG J63 混凝土拌合用水标准

## 3 分类、分级与规格

3.1 分类

石棉水泥瓦按波高分为大波瓦(D)、中波瓦(M)和小波瓦(S)。

3.2 分级

石棉水泥大、中、小波瓦根据其抗折力、吸水率与外观质量分为3个等级:优等品(A)、一等品(B)和合格品(C)。

3.3 规格

3.3.1 石棉水泥大、中、小波瓦的横断面形状分别见图1、图2、图3,规格尺寸及允许偏差应符合表1规定。

国家技术监督局1996-09-26批准　　　　1997-04-01实施

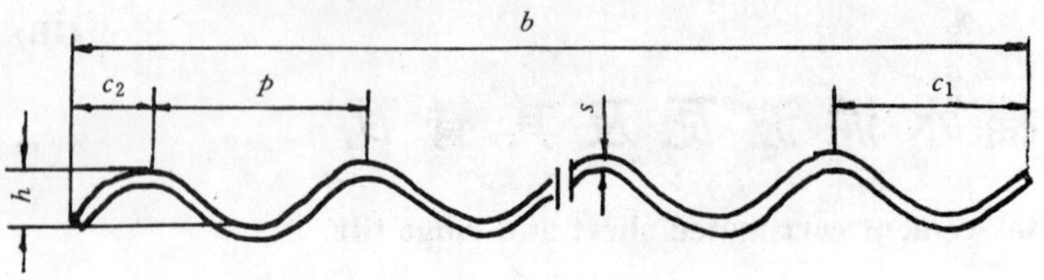


图 1 石棉水泥大波瓦

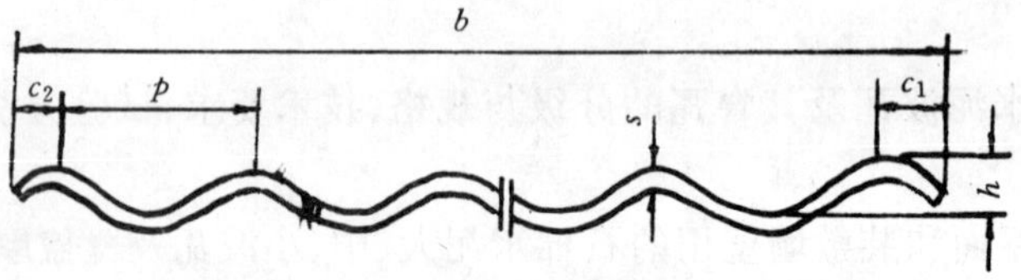


图 2 石棉水泥中波瓦

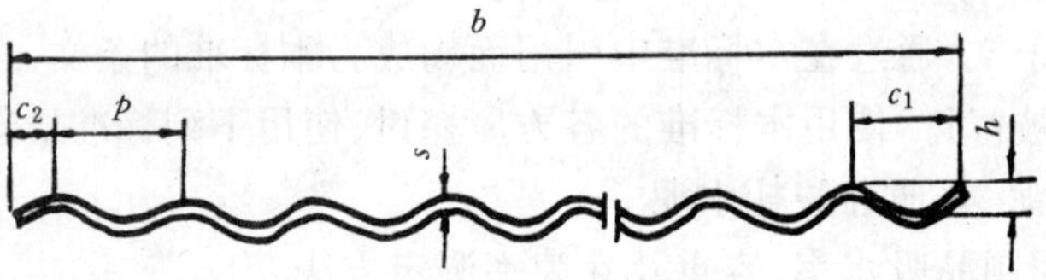


图 3 石棉水泥小波瓦

表 1

mm

| 品种 | 规格尺寸及允许偏差 | | | | | | | | 参考重量 m kg |
|---|---|---|---|---|---|---|---|---|---|
| | 长 $l$ | 宽 $b$ | 厚 $s$ | 波距 $p$ | 波高 $h$ | 波数 $n$ (个) | 边距 $c_1$ | 边距 $c_2$ | |
| 大波瓦 | 2 800±10 | 994±10 | 7.5±0.5 | 167±3 | ≥48 | 6 | 95±5 | 64±5 | 45 |
| 中波瓦 | 2 400±10<br>1 800±10 | 745±10 | $6.5^{+0.5}_{-0.3}$<br>$6.0^{+0.5}_{-0.3}$ | 131±3 | ≥31 | 5.7 | 45±5 | 45±5 | 22<br>15 |
| 小波瓦 | 1 800±10 | 720±5 | $6.0^{+0.5}_{-0.3}$<br>$5.0^{+0.5}_{-0.2}$ | 63.5±2 | ≥16 | 11.5 | 58±3 | 27±3 | 15<br>13 |

3.3.2 石棉水泥脊瓦的形状见图 4,规格尺寸及允许偏差应符合表 2 规定。

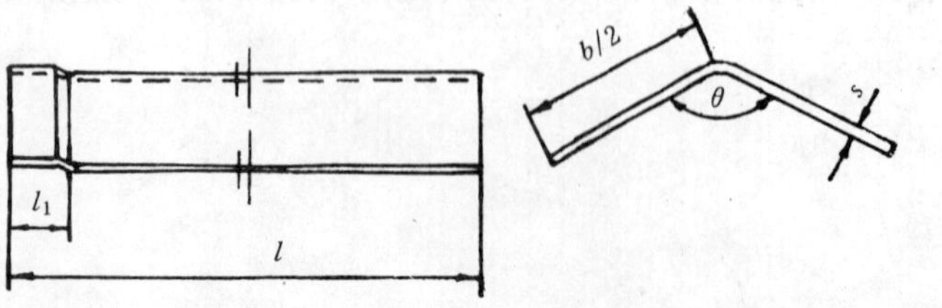


图 4 “人”字形石棉水泥脊瓦

3.4 标记

3.4.1 标记方法:标记顺序为产品名称类别、长度、宽度、厚度、等级和标准号。

3.4.2 标记示例：石棉水泥小波瓦，优等品，长度 1 800 mm，宽度 720 mm，厚度 6 mm：

S 1 800×720×6 A GB/T 9772

表 2

mm

| 规格尺寸及允许偏差 | | | | | 参考重量 $m$<br>kg |
|---|---|---|---|---|---|
| 长度 | | 宽度 $b$ | 厚度 $s$ | 角度 $\theta$<br>(°) | |
| 搭接长 $l_1$ | 总长 $l$ | | | | |
| 70±10 | 850±10 | (230×2)±10<br>(180×2)±10 | $6.0^{+0.5}_{-0.3}$ | 125±5 | 4<br>3 |
| 注：表 1、表 2 以外的其他规格的石棉水泥波瓦及其脊瓦可由供需双方协商生产。 | | | | | |

## 4 技术要求

### 4.1 原材料

4.1.1 石棉纤维：应采用符合 GB 8071 规定的五级和五级以上的温石棉纤维。亦可掺加适量耐久性好、对制品性能不起有害作用的其他纤维，但含量不得超过纤维总用量的 30%。

4.1.2 水泥：应采用符合 GB 175 标准中不低于 425 号的水泥。不应使用掺有煤、炭粉作助磨剂及页岩、煤矸石、窑灰作混合材的普通硅酸盐水泥。

4.1.3 水：应采用循环系统的水或符合 JG J63 规定的拌合用水。

### 4.2 外观质量

4.2.1 优等品

石棉水泥波瓦及其脊瓦应边缘整齐、厚度均匀、四边方正、表面平整，不得有起层、断裂与夹杂物等缺陷。

4.2.2 一等品的外观质量应符合表 3 规定。合格品的外观质量应符合表 4 规定。

表 3

mm

| 外观质量项目 | 允许范围 | | | |
|---|---|---|---|---|
| | 大波瓦 | 中波瓦 | 小波瓦 | 脊瓦 |
| 掉角 | 沿瓦边长不得超过 100，宽度方向不得超过 50 | 沿瓦边长不得超过 50，宽度方向不得超过 35 | 沿瓦边长不得超过 50，宽度方向不得超过 20 | 沿瓦边长和宽度方向均不得超过 20 |
| | 一张瓦的掉角不得多于 1 个 | | | |
| 掉边 | 宽不得超过 15 | 宽不得超过 10 | 宽不得超过 10 | 不允许 |
| 裂纹 | 因成型造成的下列之一裂纹：<br>正表面：a. 宽度不得超过 1.2；<br>b. 长度不得超过 75；<br>背　面：a. 宽度不得超过 1.5；<br>b. 长度不得超过 150 | | | |
| 方正度 | ≤6 | | | — |
| 端部厚度 | 不得超过实测瓦厚的 25% | | | — |

表 4

mm

| 外观质量项目 | 允许范围 | | | |
|---|---|---|---|---|
| | 大波瓦 | 中波瓦 | 小波瓦 | 脊瓦 |
| 掉角 | 沿瓦边长不得超过 150，宽度方向不得超过 70 | 沿瓦边长不得超过 100，宽度方向不得超过 45 | 沿瓦边长不得超过 100，宽度方向不得超过 30 | 沿瓦边长和宽度方向均不得超过 20 |
| | 一张瓦的掉角不得多于 2 个 | | | |
| 掉边 | 宽不得超过 20 | 宽不得超过 15 | 宽不得超过 15 | 不允许 |
| 裂纹 | 因成型造成的下列之一裂纹：<br>正表面：a. 宽度不得超过 1.5；<br>b. 长度不得超过 100；<br>背　面：a. 宽度不得超过 2；<br>b. 长度不得超过 300 | | | |

4.3 物理力学性能

4.3.1 石棉水泥波瓦物理力学性能应符合表 5 的规定。

表 5

| 检验项目 | | | 大波瓦 | | | 中波瓦 | | | 小波瓦 | | |
|---|---|---|---|---|---|---|---|---|---|---|---|
| | | | 优等品 | 一等品 | 合格品 | 优等品 | 一等品 | 合格品 | 优等品 | 一等品 | 合格品 |
| 抗折力 | 横向 | N/m | 3 800 | 3 300 | 2 900 | 3 800 | 3 400 | 3 000 | 3 000 | 2 700 | 2 400 |
| | 纵向 | N | 470 | 450 | 430 | 320 | 310 | 300 | 390 | 340 | 290 |
| 吸水率，% ≤ | | | 26 | 28 | 28 | 26 | 28 | 28 | 25 | 26 | 26 |
| 抗冻性 | | | 25 次冻融循环后不得有起层等破坏现象 | | | | | | | | |
| 不透水性 | | | 浸水后瓦体背面允许出现洇斑，但不允许出现水滴 | | | | | | | | |
| 抗冲击性 | | | 在相距 60 cm 处进行观察，冲击一次后的被击处背面不得出现龟裂、剥落、贯通孔及裂纹 | | | | | | | | |
| 注：大波瓦横向抗折力支距 1 300 mm，中、小波瓦横向抗折力支距 800 mm。 | | | | | | | | | | | |

4.3.2 石棉水泥大、中、小脊瓦的破坏荷载不得低于 590 N，抗冻性经 25 次冻融循环后不得有起层等破坏现象。

## 5 试验方法

5.1 外观质量与规格尺寸

按照本标准附录 A 规定进行。

5.2 物理力学性能

5.2.1 抗折力试验，按照 GB 8040 规定进行。

5.2.2 吸水率测定，按照 GB 7019 规定进行。

5.2.3 抗冻性试验，按照 GB 8042 规定进行。

5.2.4 不透水性试验，按照 GB 8041 规定进行。

5.2.5 抗冲击性试验，按照 GB 9773 规定进行。

## 6 检验规则

6.1 检验项目

6.1.1 出厂检验：波瓦的外观质量、规格尺寸、抗折力、吸水率和抗冻性，脊瓦的外观质量、规格尺寸和破坏荷载。

6.1.2 型式检验：包括出厂检验的全部检验项目和波瓦的不透水性、抗冲击性，脊瓦的抗冻性。

6.2 抽样与判定

6.2.1 出厂检验

6.2.1.1 每批石棉水泥波瓦或脊瓦应为同一品种、同一等级、同一规格的产品，每批量最多和最少的数量按表6的规定。验收地点应在生产厂内进行。

表 6

张

| 品种 | 批量数量范围 |
|---|---|
| 波瓦 | 501～3 200 |
| 脊瓦 | 151～500 |

6.2.1.2 用户可从每一受检批次中抽取样品，样品数量列于表7第2栏和第7栏。

表 7

<table>
<tr><td rowspan="3">批量数量 $N$</td><td colspan="5">品质检验——二次抽样</td><td colspan="3">变量检验——单一抽样</td></tr>
<tr><td rowspan="2">样品数量[1) ] $n$</td><td colspan="2">第一次样品</td><td colspan="2">第一次＋第二次样品</td><td rowspan="2">样品数量 $n$</td><td rowspan="2">可接收系数 $K$</td><td rowspan="2">备注</td></tr>
<tr><td>合格判定数 $A_{c1}$</td><td>不合格判定数 $R_{e1}$</td><td>合格判定数 $A_{c2}$</td><td>不合格判定数 $R_{e2}$</td></tr>
<tr><td>1</td><td>2</td><td>3</td><td>4</td><td>5</td><td>6</td><td>7</td><td>8</td><td>9</td></tr>
<tr><td>≤150</td><td>3</td><td>0</td><td>1</td><td>不适用</td><td>不适用</td><td>3</td><td>0.502</td><td rowspan="6">$AL = L + K \cdot R$<br>式中：<br>$AL$——可验收极限；<br>$L$——标准低限；<br>$K$——可接收系数；<br>$R$——样品中最大值与最小值之差</td></tr>
<tr><td>151～280</td><td>8</td><td>0</td><td>2</td><td>1</td><td>2</td><td>3</td><td>0.502</td></tr>
<tr><td>281～500</td><td>8</td><td>0</td><td>2</td><td>1</td><td>2</td><td>4</td><td>0.450</td></tr>
<tr><td>501～1 200</td><td>8</td><td>0</td><td>2</td><td>1</td><td>2</td><td>5</td><td>0.431</td></tr>
<tr><td>1 201～3 200</td><td>8</td><td>0</td><td>2</td><td>1</td><td>2</td><td>7</td><td>0.405</td></tr>
<tr><td colspan="8">注：1）第二次样品数量与第一次样品数量相同。</td></tr>
</table>

6.2.1.3 外观质量与规格尺寸检验按本标准附录A进行，验收规则按品质检验程序进行（表7第2～6栏），即不合格品数未超过表7第3、5栏时，则该受检批量应予验收；若不合格品数等于或大于表7第4、6栏时，则该批量可予拒收；若第一次样品中的不合格品数超过 $A_{c1}$ 但小于 $R_{e1}$，则应抽取并检验与第一次样品相同数量的第二次样品。批量拒收后可进行逐张检查处理。

6.2.1.4 按变量检验程序（表7第7～9栏）对抗折力试验进行验收。若样品的平均值（$\overline{X}$）大于或等于可验收极限，即 $\overline{X} \geqslant AL$，则该批量可以验收；若 $X < AL$，则该批量拒收。

6.2.1.5 瓦的吸水率、抗冻性、不透水性和抗冲击性试验，脊瓦的抗冻性试验，应在同一批量中任意抽取2张试样（也可从同样的抽样单位中切取），试验结果如有不合格品时，取加倍数量进行复检，复检后仍有一张不合格，则该批产品不得验收。

6.2.2 型式检验

6.2.2.1 当产品有下列情况时应进行型式检验：

a. 新产品或老产品转厂生产的试制定型鉴定；

· 正式生产后如产品结构、材料、工艺有较大改变时；

c. 产品停产后恢复生产时或交货检验结果与上次型式检验有较大差异时；

d. 正常生产达半年时；

e. 国家质量监督机构提出进行型式检验时。

6.2.2.2 型式检验项目、抽样与验收按 6.2.1.1～6.2.1.5 规定进行。

## 7 标志与出厂证明书

7.1 标志

在每张瓦的正面第 2 个或第 3 个波上(脊瓦在外表面上)须用不掉色的颜色标明生产厂名称、生产日期、班别、等级等。

7.2 出厂检验单

发货时，必须将出厂检验单随同发货单寄给用户。其中应标明：

a. 证明书编号；

b. 生产厂名称、商标及厂址；

c. 产品标记、数量与生产日期等；

d. 产品性能检验结果；

e. 生产厂检验部门及检验人员签名盖章。

## 8 包装、运输和贮存

8.1 包装

产品根据需要可散装或包装。包装时可采用集装箱、夹具或捆扎包装，并方便搬运，散装时要保证瓦底部平坦稳固。

8.2 运输

用各种运输工具运石棉水泥波瓦及其脊瓦时，底部保持平坦，必须设法使产品固定好。在运输过程中，减少震动，防止碰撞，装卸、搬运时严禁抛掷。

8.3 贮存

存放场地必须坚实平坦，不同品种、不同等级、不同规格的石棉水泥波瓦，应两张花弧或“井”字分别堆垛存放，垛高不应超过 1.8 m。脊瓦可侧立或平垛堆放。

# 附　录　A

（标准的附录）

## 石棉水泥波瓦及其脊瓦规格尺寸与外观质量检验方法

本附录规定了石棉水泥波瓦及其脊瓦的规格尺寸与外观质量检验方法：包括长度、宽度、厚度、波高、波距、边距、角度、掉角、掉边、方正度和表面平整度。

### A1　规格尺寸的检验

A1.1　测量工具

a.　游标卡尺：量程 125 mm，分度值 0.02 mm。

b.　深度游标卡尺：量程 200 mm，分度值 0.02 mm。

c.　钢直尺：量程 1 000 mm 与 150 mm 各 1 把，分度值 1 mm。

d.　钢卷尺：量程 2 000 mm 或 3 000 mm，分度值 1 mm。

e.　金属弧谷定位轴（滚筒）：数量每种规格 2 个，如图 A1 所示。

f.　万用角度规：量程 320°，分度值 2″。

g.　壁厚千分尺：量程 25 mm，分度值 0.01 mm。

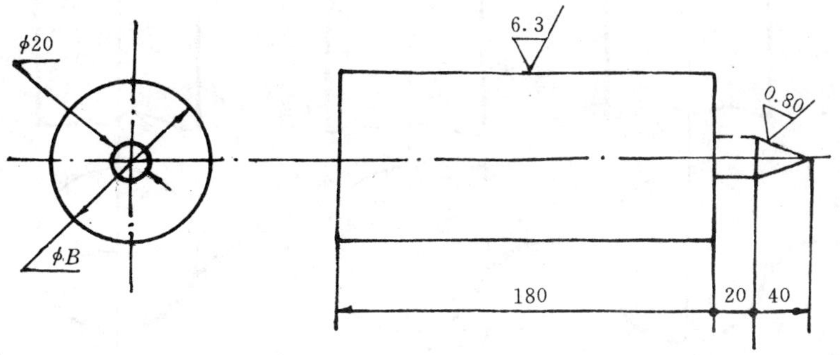


图 A1　金属弧谷定位轴

注：ϕB 分别为 ϕ37 mm 和 ϕ65 mm；锥项必须在轴线上。

A1.2　测量方法

A1.2.1　长度

在大、中波瓦的 2 和 5 波顶，小波瓦的 3 和 9 波顶处测量，取 2 次测量结果的算术平均值。

A1.2.2　宽度

波瓦在离端部 150 mm～300 mm 之间测量，脊瓦在中部测量，取 2 次测量结果的算术平均值。

A1.2.3　厚度

用壁厚千分尺在大、中波瓦 2 和 5 波顶，小波瓦 3 和 9 波顶或脊瓦每边中部离端部至少 10 mm 处测量，取 2 次测量结果的算术平均值。在相同部位用游标卡尺测量波瓦端部厚度，取 2 次测量结果的算术平均值。

A1.2.4　波高

大、中波瓦的波高在波瓦离端部 150 mm～300 mm 的 2 和 3 波间及 4 和 5 波间测量，小波瓦的波高在波瓦后端离端部 150 mm～300 mm 的 3 和 4 波间及 8 和 9 波间测量，取其 2 次测量的算术平均值，如图 A2 所示。

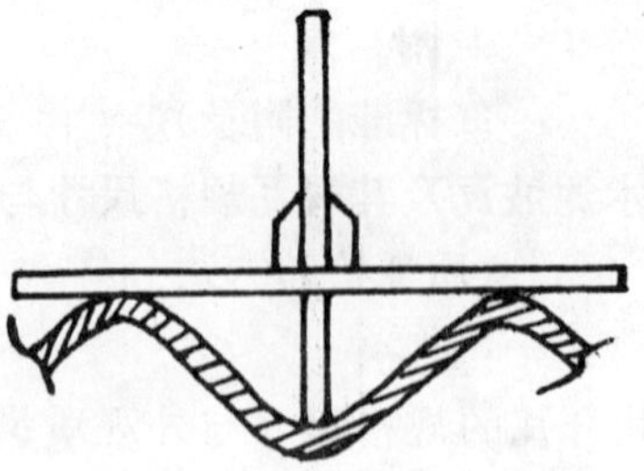

图 A2 波高的测量方法

A1.2.5 波距

在波瓦相邻波谷(与测量波高的波谷相同)中放置滚筒,让滚筒锥形端伸出瓦端,用钢直尺测量相邻两锥顶的距离,取 2 个测量值的算术平均值,如图 A3 所示。

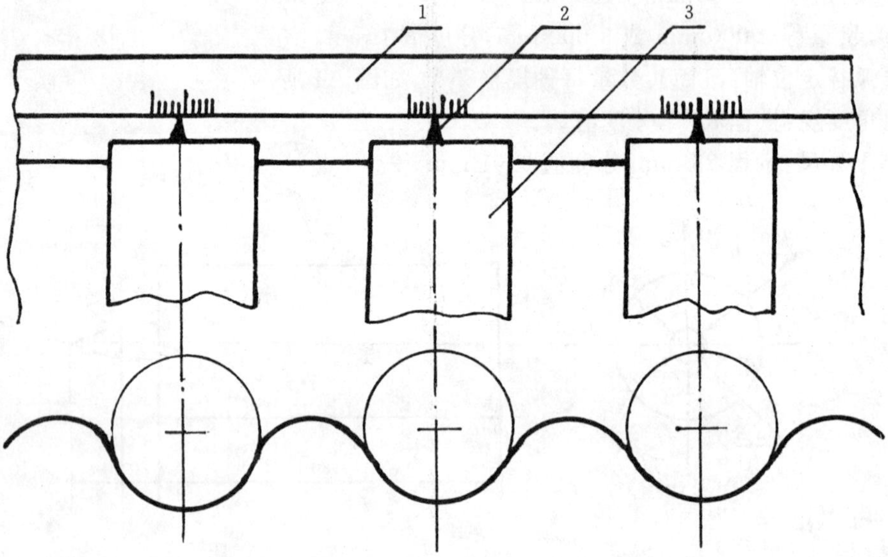


图 A3 波距的测量方法

1—金属刻度尺;2—锥顶点;3—滚筒

A1.2.6 边距

将钢滚筒放置在波瓦反面边波波谷内,用钢板尺测出滚筒顶端至边线的距离,取 2 个测量值的算术平均值。

A1.2.7 角度

把角度规一边紧靠脊瓦外边一面,调整角度规使之与脊瓦另一面紧密接触,读取角度规读数。

A1.3 测量误差

厚度测量,读数至小数点后两位,修约至 0.1 mm;其他规格尺寸测量结果修约至 1 mm,角度修约至 1°,读数至小数点后一位。

## A2 外观质量的检验

A2.1 测量工具

**a.** 宽度直角尺:量程 160 mm,精度一级。

**b.** 钢直尺:量程 1 000 mm 与 150 mm 各 1 把,分度值 1 mm。

c. 钢卷尺：量程 2 000 mm，分度值 1 mm。

d. 矩形框架：两端带有与瓦形吻合的弧形，要求框架每边与直尺的偏差每米不超过 0.2 mm，两边间的直角精度为 0.001 弧度。

e. 塞尺：最小分度值 0.05 mm。

A2.2 测量方法

A2.2.1 掉角

将角尺贴至石棉水泥波瓦或脊瓦的缺角部位（见图 A4），然后用钢直尺测量两个方向的缺角长度。

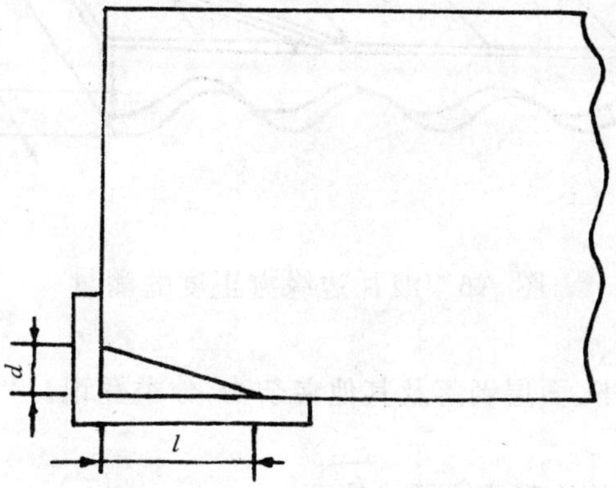


图 A4 掉角的测量方法

$l$—沿瓦长方向最大值；$d$ ——沿瓦宽方向最大值

A2.2.2 掉边

将钢直尺一边紧靠在缺边处，用钢直尺测出缺边至尺边的最大距离，如图 A5 所示。

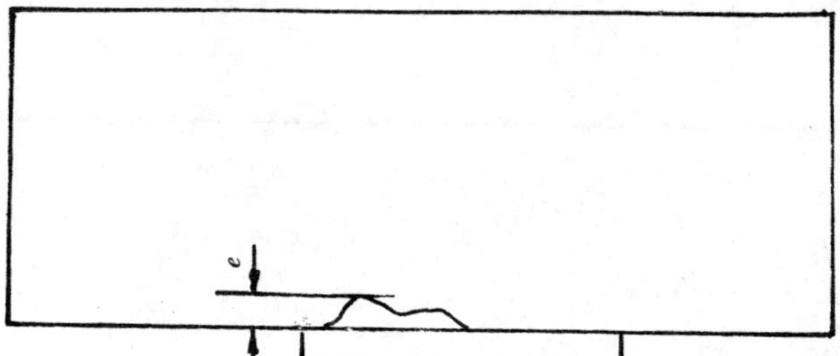


图 A5 掉边的测量方法

$e$ —掉边的最大宽度

A2.2.3 裂纹：用塞尺测量宽度，用钢直尺测量长度。

A2.2.4 方正度

将框架的一边与石棉水泥波瓦的一边对齐（见图 A6），用钢直尺测出框架一端与石棉水泥波瓦一端波顶的最大间隙（$\delta$）。

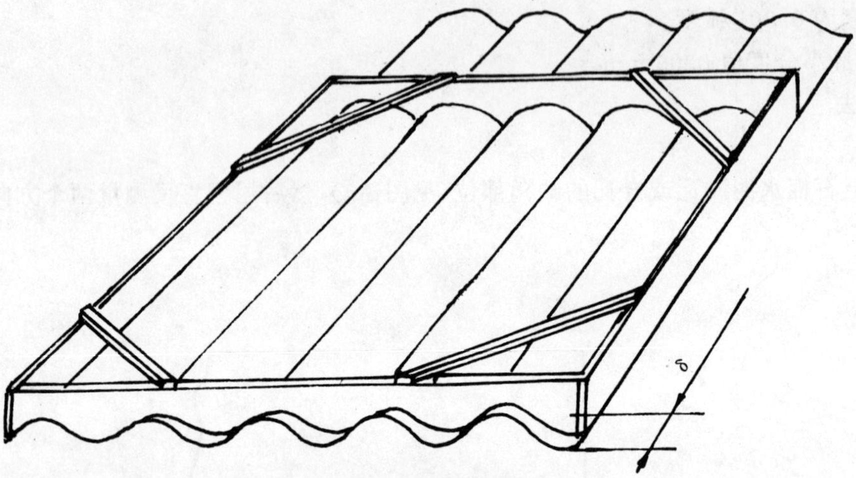


图 A6　波瓦边缘方正度的测量

**A2.2.5**　表面平整

目测瓦表面是否有凹凸不平、面层剥落及其他夹杂物，分类登记。

**A2.3**　测量精度

裂纹宽度修约至 0.1 mm，其他测量结果修约至 1 mm。

# 前 言

本标准是根据我国混凝土和钢筋混凝土排水管的生产和使用现状，非等效采用 ASTM C76：1995《钢筋混凝土下水道、雨水和污水管标准》对 GB 11836—1989《混凝土和钢筋混凝土排水管》进行修订的。

本标准与 GB 11836—1989 的主要差异如下：

增加了钢筋混凝土管的外压荷载级别，扩大了产品规格范围，补充了柔性接口的排水管品种，对产品分类、技术要求、试验方法、检验规则等章条作了较大改动。这样将有利于排水管行业的技术进步和参与国际市场竞争。

本标准自实施之日起，代替 GB 11836—1989。

本标准由国家建筑材料工业局提出。

本标准由全国水泥制品标准化技术委员会归口。

本标准负责起草单位：国家建筑材料工业局苏州混凝土水泥制品研究院。

本标准参加起草单位：北京市市政工程设计研究总院、北京市第三水泥管厂、上海水泥制管厂、武汉市水泥制品厂、杭州水泥制品二厂、烟台牟平兴达水利机具有限公司、上海闵行马建瓦筒厂、天津市宝坻县水泥构件厂、成都双流水泥制品厂、昆山市巴城混凝土预制二厂、秦皇岛市抚宁县水泥制管厂、西安市水泥制管厂、南京复合材料总厂水泥制品机械厂、武进市第二建材机械厂、江都市建材机械厂、江都市华光水泥机械制造有限公司。

本标准主要起草人：沈丽华、周正、王憬山、余科旺、居贤镛、张吟秋、卞继洲。

本标准于 1989 年 11 月首次发布，本标准 1999 年第一次修订。

本标准委托国家建筑材料工业局苏州混凝土水泥制品研究院负责解释。

中华人民共和国国家标准

GB/T 11836—1999

代替 GB 11836—1989

# 混凝土和钢筋混凝土排水管

# Concrete and reinforced concrete sewer pipes

## 1 范围

本标准规定了混凝土和钢筋混凝土排水管的产品分类、原材料、技术要求、试验方法、检验规则、标志、包装、运输和贮存。

本标准适用于离心、悬辊、振动及立式挤压成型的混凝土管和钢筋混凝土管。

本标准适用于雨水、污水、引水及农田排灌等重力流管道的管子。

注：生产其他用途的混凝土和钢筋混凝土排水管，可由供需双方协商，并参照本标准执行。

## 2 引用标准

下列标准所包含的条文，通过在本标准中引用而构成为本标准的条文。本标准出版时，所示版本均为有效。所有标准都会被修订，使用本标准的各方应探讨使用下列标准最新版本的可能性。

GB 175—1999 硅酸盐水泥、普通硅酸盐水泥

GB 199—1990 快硬硅酸盐水泥

GB/T 701—1997 低碳钢热轧圆盘条

GB 748—1996 抗硫酸盐硅酸盐水泥

GB 1344—1999 矿渣硅酸盐水泥、火山灰质硅酸盐水泥及粉煤灰硅酸盐水泥

GB 1499—1998 钢筋混凝土用热轧带肋钢筋

GB 1596—1991 用于水泥和混凝土中的粉煤灰

GB 8076—1997 混凝土外加剂

GB 13788—1992 冷轧带肋钢筋

GB/T 14684—1993 建筑用砂

GB/T 14685—1993 建筑用卵石、碎石

GB/T 16752—1997 混凝土和钢筋混凝土排水管试验方法

GB 50204—1992 混凝土结构工程施工及验收规范

GB J81—1985 普通混凝土力学性能试验方法

GB J107—1987 混凝土强度检验评定标准

JG J63—1989 混凝土拌合用水标准

JC 714—1996 快硬硫铝酸盐水泥

## 3 产品分类

3.1 产品按有无钢筋分为混凝土管(CP)和钢筋混凝土管(RCP)，以下简称管子，按外压荷载分级，其中混凝土管分为Ⅰ、Ⅱ两级，钢筋混凝土管分为Ⅰ、Ⅱ、Ⅲ三级。其规格、外压荷载级别和内水压力分别见表1、表2。

国家质量技术监督局 1999-07-30 批准　　2000-02-01 实施

表 1 混凝土管规格、外压荷载级别和内水压力

| 公称内径<br>$D_0$<br>mm | 有效长度<br>$L \geqslant$<br>mm | Ⅰ 级 管 | | | Ⅱ 级 管 | | |
|---|---|---|---|---|---|---|---|
| | | 壁厚<br>$t \geqslant$<br>mm | 破坏荷载<br>kN/m | 内水压力<br>MPa | 壁厚<br>$t \geqslant$<br>mm | 破坏荷载<br>kN/m | 内水压力<br>MPa |
| 100 | | 19 | 12 | | 25 | 19 | |
| 150 | | 19 | 8 | | 25 | 14 | |
| 200 | | 22 | 8 | | 27 | 12 | |
| 250 | | 25 | 9 | | 33 | 15 | |
| 300 | 1 000 | 30 | 10 | 0.02 | 40 | 18 | 0.04 |
| 350 | | 35 | 12 | | 45 | 19 | |
| 400 | | 40 | 14 | | 47 | 19 | |
| 450 | | 45 | 16 | | 50 | 19 | |
| 500 | | 50 | 17 | | 55 | 21 | |
| 600 | | 60 | 21 | | 65 | 24 | |

表 2 钢筋混凝土管规格、外压荷载级别和内水压力

| 公称内径<br>$D_0$<br>mm | 有效长度<br>$L \geqslant$<br>mm | Ⅰ级管 | | | | Ⅱ级管 | | | | Ⅲ级管 | | | |
|---|---|---|---|---|---|---|---|---|---|---|---|---|---|
| | | 壁厚<br>$t \geqslant$<br>mm | 裂缝荷载<br>kN/m | 破坏荷载<br>kN/m | 内水压力<br>MPa | 壁厚<br>$t \geqslant$<br>mm | 裂缝荷载<br>kN/m | 破坏荷载<br>kN/m | 内水压力<br>MPa | 壁厚<br>$t \geqslant$<br>mm | 裂缝荷载<br>kN/m | 破坏荷载<br>kN/m | 内水压力<br>MPa |
| 200 | | 30 | 12 | 18 | | 30 | 15 | 23 | | 30 | 19 | 29 | |
| 300 | | 30 | 15 | 23 | | 30 | 19 | 29 | | 30 | 29 | 44 | |
| 400 | | 35(40) | 17 | 26 | | 40 | 27 | 41 | | 40 | 39 | 59 | |
| 500 | | 42(50) | 21 | 32 | | 50 | 32 | 48 | | 50 | 49 | 74 | |
| 600 | | 50(55) | 25 | 38 | | 60 | 40 | 60 | | 60 | 60 | 90 | |
| 700 | | 55(60) | 28 | 42 | | 70 | 47 | 71 | | 70 | 67 | 100 | |
| 800 | | 65(70) | 33 | 50 | | 80 | 54 | 81 | | 80 | 77 | 115 | |
| 900 | | 70(75) | 37 | 56 | | 90 | 61 | 92 | | 90 | 87 | 130 | |
| 1 000 | | 75(85) | 40 | 60 | | 100 | 69 | 100 | | 100 | 94 | 141 | |
| 1 100 | | 85(95) | 44 | 66 | | 110 | 74 | 110 | | 110 | 108 | 162 | |
| 1 200 | 2 000 | 90(100) | 48 | 72 | 0.06 | 120 | 81 | 120 | 0.10 | 120 | 119 | 179 | 0.10 |
| 1 350 | | 105(115) | 55 | 83 | | 135 | 90 | 140 | | 135 | 134 | 201 | |
| 1 500 | | 115(125) | 60 | 90 | | 150 | 99 | 150 | | 150 | 151 | 226 | |
| 1 650 | | 125(140) | 66 | 99 | | 165 | 110 | 170 | | 165 | 166 | 249 | |
| 1 800 | | 140(150) | 72 | 110 | | 180 | 120 | 180 | | 180 | 183 | 274 | |
| 2 000 | | 155(170) | 80 | 120 | | 200 | 134 | 200 | | 200 | 204 | 305 | |
| 2 200 | | 175(185) | 84 | 130 | | 220 | 145 | 220 | | 220 | 227 | 340 | |
| 2 400 | | 185(200) | 90 | 140 | | 230 | 152 | 230 | | 230 | 250 | 376 | |
| 2 600 | | 220 | 104 | 156 | | 235 | 172 | 260 | | 235 | 272 | 407 | |
| 2 800 | | 235 | 112 | 168 | | 255 | 185 | 280 | | 255 | 296 | 445 | |
| 3 000 | | 250 | 120 | 180 | | 275 | 198 | 300 | | 275 | 317 | 475 | |
| 注：括号内数值为推荐壁厚。 | | | | | | | | | | | | | |

3.2 管子按连接方式分为柔性接口管和刚性接口管。

3.2.1 柔性接口管按接口型式分为承插口管、企口管、钢承口管和双插口管。

3.2.1.1 柔性接口承插口管型式分为甲型、乙型、丙型，分别见图 1、图 2、图 3。

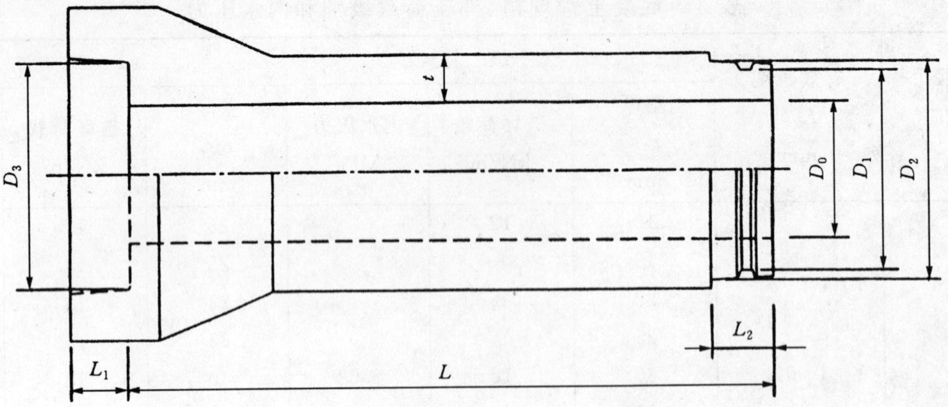


图 1　柔性接口甲型承插口管

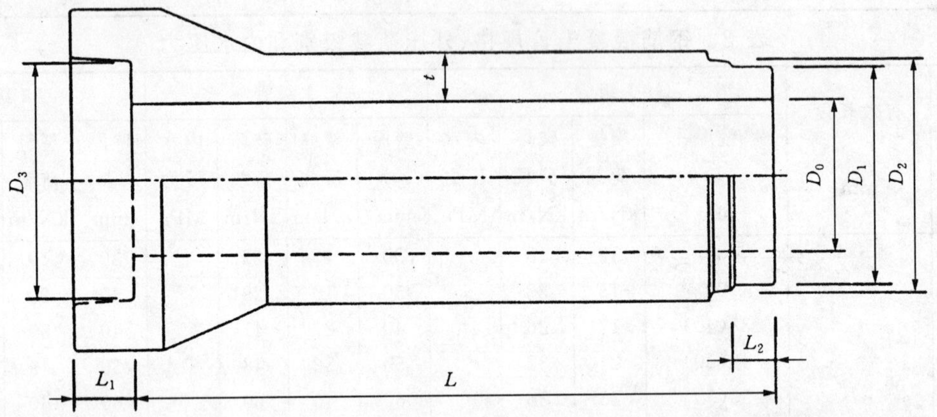


图 2　柔性接口乙型承插口管

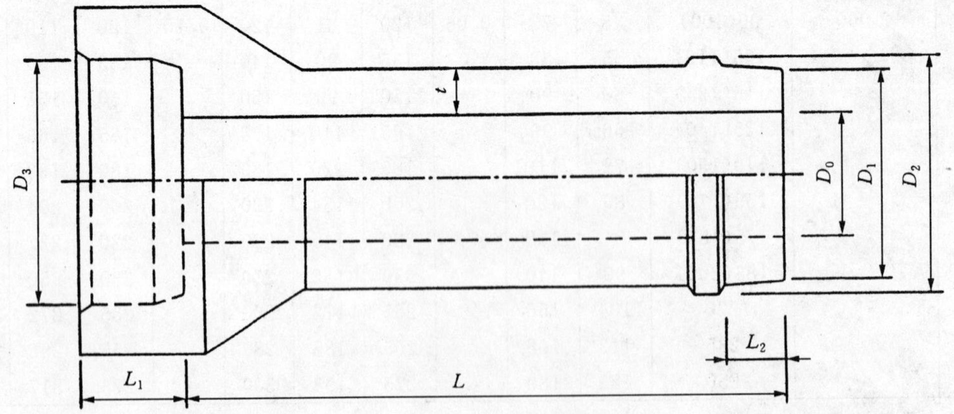


图 3　柔性接口丙型承插口管

3.2.1.2　柔性接口企口管型式见图 4。

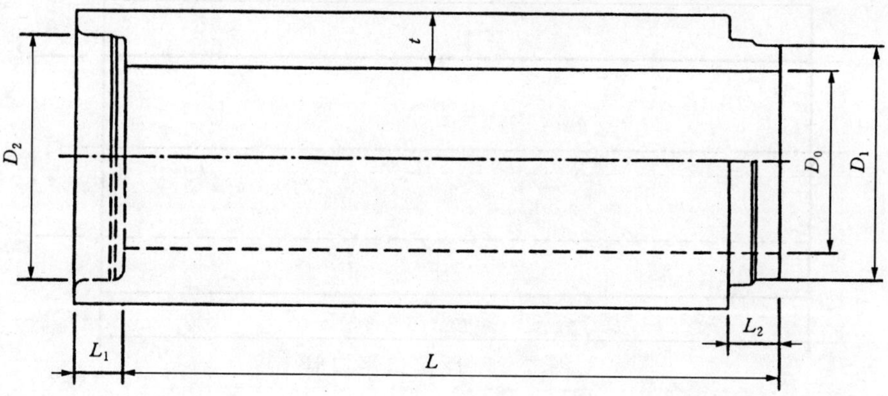


图 4　柔性接口企口管

3.2.1.3　柔性接口钢承口管型式见图 5。

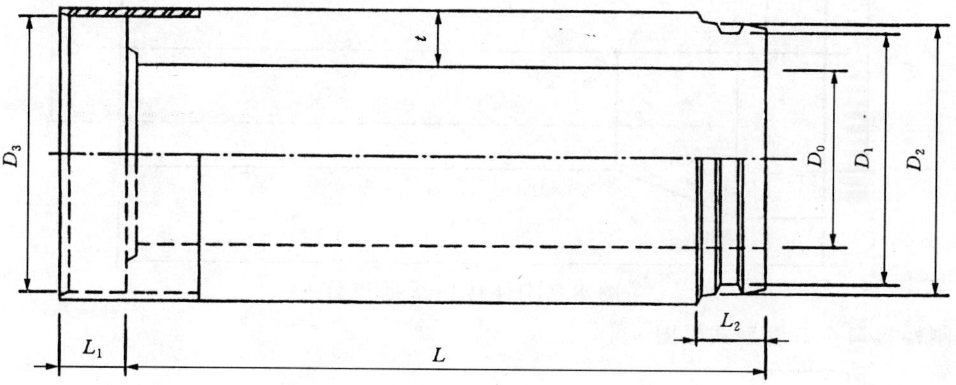


图 5　柔性接口钢承口管

3.2.1.4　柔性接口双插口管型式见图 6。

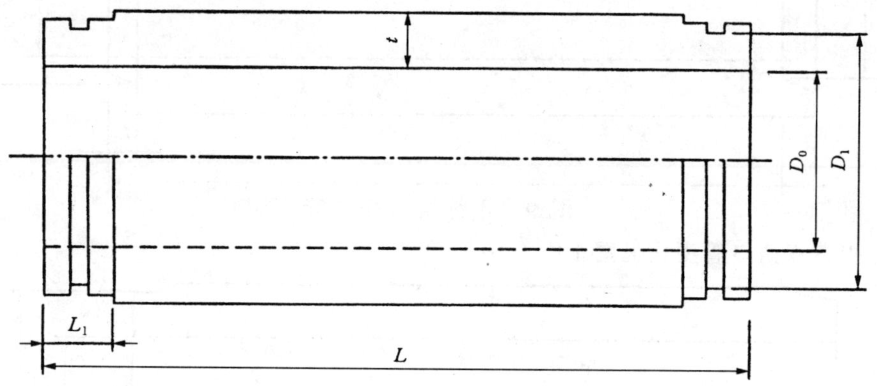


图 6　柔性接口双插口管

3.2.2　刚性接口管按接口型式分为平口管、承插口管、企口管和双插口管。

3.2.2.1　刚性接口平口管型式见图 7。

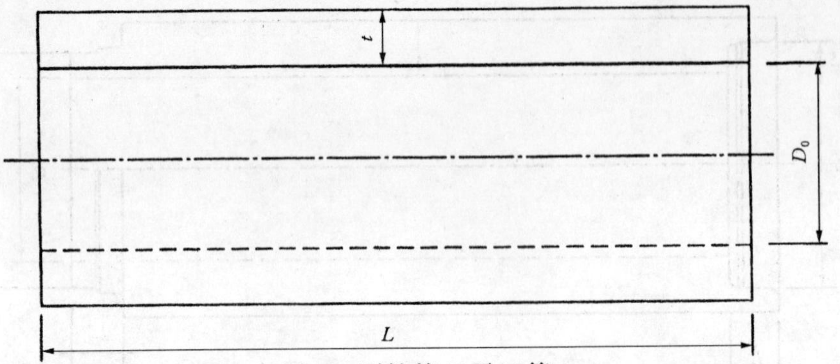


图 7　刚性接口平口管

3.2.2.2　刚性接口承插口管型式见图 8。

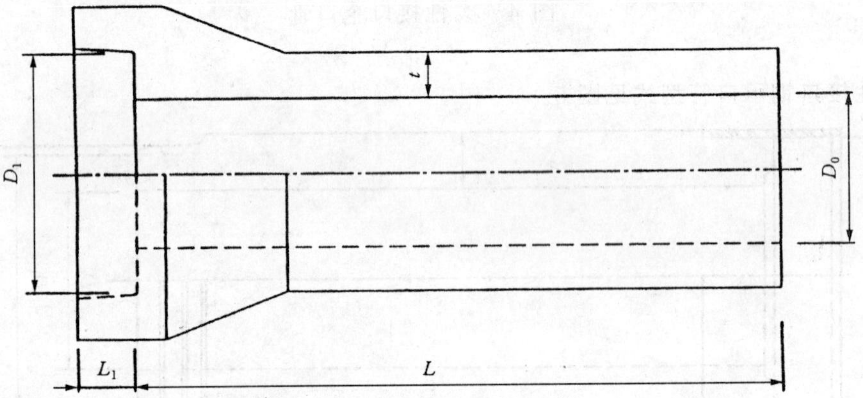


图 8　刚性接口承插口管

3.2.2.3　刚性接口企口管型式见图 9。

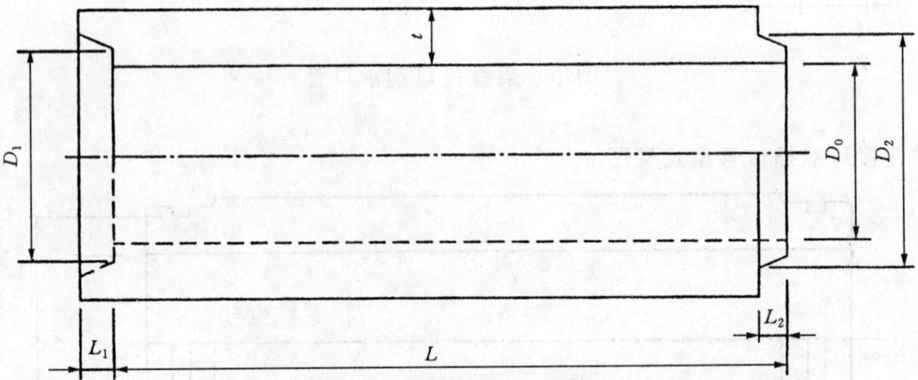


图 9　刚性接口企口管

3.2.2.4　刚性接口双插口管型式见图 10。

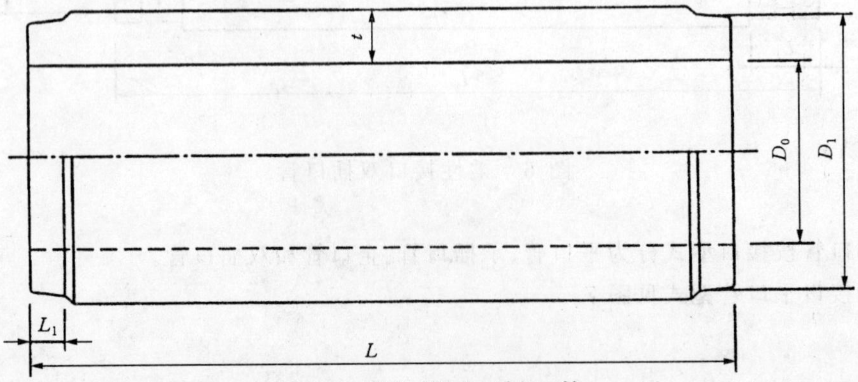


图 10　刚性接口双插口管

3.3 管子按质量等级分为优等品、一等品和合格品。

3.4 管子按名称、外压荷载级别、规格(公称内径×有效长度)和标准编号顺序进行标记。

3.5 标记示例:公称内径为600 mm、有效长度为1 000 mm的Ⅰ级混凝土管,其标记如下:

CP Ⅰ 600×1 000 GB 11836

公称内径为2 400 mm、有效长度为2 000 mm的Ⅱ级钢筋混凝土管,其标记如下:

RCP Ⅱ 2 400×2 000 GB 11836

## 4 原材料

4.1 原材料

4.1.1 水泥宜采用标号不低于425号的硅酸盐水泥、普通硅酸盐水泥或矿渣硅酸盐水泥,也可采用标号不低于425号的快硬硅酸盐水泥、抗硫酸盐硅酸盐水泥、快硬硫铝酸盐水泥。水泥性能应分别符合GB 175、GB 199、GB 748、GB 1344、JC 714的规定。

4.1.2 细骨料宜采用硬质中砂,细度模数 $Mx$ 为2.3~3.0。粗骨料最大粒径对混凝土管不得大于壁厚的1/2,对钢筋混凝土管不得大于壁厚的1/3,并不得大于环向钢筋净距的3/4。骨料性能应分别符合GB/T 14684、GB/T 14685的规定。

4.1.3 混凝土允许掺加外加剂及掺合料。当掺加外加剂时,应符合GB 8076的规定;当掺加粉煤灰掺合料时,应符合GB 1596的规定;当掺加其他掺合料时,应符合其他相应标准的规定。

4.1.4 混凝土拌合用水应符合JG J63的规定。

4.1.5 钢材宜采用冷轧带肋钢筋、钢筋混凝土用热轧带肋钢筋,也可采用冷拔低碳钢丝、低碳钢热轧圆盘条,钢材性能应分别符合GB 13788、GB 1499、GB 50204、GB/T 701的规定。

4.2 钢筋骨架

4.2.1 钢筋骨架宜采用滚焊成型。

4.2.2 环向钢筋的搭接处理,应符合GB 50204的规定。

4.2.3 钢筋骨架的环向钢筋间距不得大于150 mm,并不得大于管壁厚度的三倍。钢筋直径不得小于3.0 mm,骨架两端的环向钢筋应密缠1~2圈。

4.2.4 钢筋骨架的纵向钢筋直径不得小于3.0 mm,根数不得少于六根,手工绑扎骨架的纵向钢筋环向间距不得大于300 mm,滚焊骨架的纵向钢筋环向间距不宜大于400 mm。

4.2.5 公称内径小于等于1 000 mm的管子,宜采用单层配筋,配筋位置在距管内壁2/5处,公称内径大于1 000 mm的管子宜采用双层配筋。

## 5 技术要求

5.1 混凝土强度

制管用混凝土强度等级不得低于C30,用于制作顶管的混凝土强度等级不宜低于C40。

5.2 外观质量

5.2.1 管子内、外表面应平整,管子应无粘皮、麻面、蜂窝、塌落、露筋、空鼓。

5.2.2 混凝土管不允许有裂缝。钢筋混凝土管外表面不允许有裂缝,内表面裂缝宽度不得超过0.05 mm。表面龟裂和砂浆层的干缩裂缝不在此限。

5.2.3 合缝处不应漏浆。

5.2.4 在下列情况下,管子允许进行修补:

a) 外表面凹深不超过5 mm,粘皮、麻面、蜂窝深度不超过壁厚的1/5,其最大值不超过10 mm,且总面积不超过外表面积的1/20,每块面积不超过100 $cm^2$;

b) 内表面有局部塌落,但没有露出环向钢筋,且塌落面积不超过管子内表面积的1/20,每块面积不超过100 $cm^2$;

c）合缝漏浆深度不超过壁厚的1/4，长度不超过管长的1/4；

d）端面碰伤纵向长度不超过100 mm，环向长度限值不超过表3规定。

表3　端面碰伤环向长度限值　mm

| 公称内径 $D_0$ | 碰伤环向长度限值 |
|---|---|
| 100～200 | 45 |
| 300～500 | 60 |
| 600～900 | 80 |
| 1 000～1 500 | 105 |
| 1 650～2 400 | 120 |
| 2 600～3 000 | 135 |

5.3　尺寸允许偏差

5.3.1　柔性接口甲型、乙型和丙型承插口管尺寸允许偏差见表4。

5.3.2　柔性接口企口管尺寸允许偏差见表5。

5.3.3　柔性接口钢承口管尺寸允许偏差见表6。

5.3.4　柔性、钢性接口双插口管尺寸允许偏差见表7。

5.3.5　刚性接口平口管尺寸允许偏差见表8。

5.3.6　刚性接口承插口管尺寸允许偏差见表9。

5.3.7　刚性接口企口管尺寸允许偏差见表10。

5.3.8　管子端面倾斜的允许偏差为：公称内径小于1 000 mm时，允许偏差为小于或等于10 mm；公称内径大于或等于1 000 mm时，允许偏差为小于或等于公称内径的1%，并不得大于15 mm。

表4　柔性接口甲型、乙型和丙型承插口管尺寸允许偏差　mm

| 公称内径 $D_0$ | 产品等级 | 管子尺寸 | | | 接口尺寸 | | | | |
|---|---|---|---|---|---|---|---|---|---|
| | | $D_0$ | $t$ | $L$ | $D_3$ | $L_1$ | $D_2$ | $D_1$ | $L_2$ |
| 300～800 | 优等品 | +4<br>−6 | +6<br>−2 | +15<br>−10 | ±1 | ±3 | ±1 | ±1 | ±2 |
| | 一等品 | +4<br>−8 | +8<br>−2 | +18<br>−10 | ±2 | +4<br>−3 | ±2 | ±2 | ±3 |
| | 合格品 | +6<br>−8 | +8<br>−3 | +18<br>−12 | ±2 | +4<br>−3 | ±2 | ±2 | ±3 |
| 900～1 500 | 优等品 | +6<br>−8 | +8<br>−3 | +15<br>−10 | ±1 | ±3 | ±1 | ±1 | ±2 |
| | 一等品 | +6<br>−10 | +10<br>−3 | +18<br>−12 | ±2 | +4<br>−3 | ±2 | ±2 | ±3 |
| | 合格品 | +8<br>−10 | +10<br>−4 | +20<br>−14 | ±2 | +4<br>−3 | ±2 | ±2 | ±3 |

表5　柔性接口企口管尺寸允许偏差　mm

| 公称内径 $D_0$ | 产品等级 | 管子尺寸 | | | 接口尺寸 | | | |
|---|---|---|---|---|---|---|---|---|
| | | $D_0$ | $t$ | $L$ | $D_2$ | $L_1$ | $D_1$ | $L_2$ |
| 1 350～1 500 | 优等品 | +6<br>−8 | +8<br>−3 | +15<br>−10 | ±1 | ±3 | ±1 | ±2 |
| | 一等品 | +6<br>−10 | +10<br>−3 | +18<br>−12 | ±2 | +4<br>−3 | ±2 | ±3 |
| | 合格品 | +8<br>−10 | +10<br>−4 | +20<br>−14 | ±2 | +5<br>−3 | ±2 | ±4 |
| 1 650～1 800 | 优等品 | +6<br>−10 | +10<br>−3 | +15<br>−10 | ±1 | ±3 | ±1 | ±2 |
| | 一等品 | +8<br>−12 | +12<br>−4 | +18<br>−12 | ±2 | +4<br>−3 | ±2 | ±3 |
| | 合格品 | +10<br>−14 | +14<br>−5 | +20<br>−14 | ±2 | +5<br>−3 | ±2 | ±4 |

表 5(完)

mm

| 公称内径 $D_0$ | 产品等级 | 管子尺寸 | | | 接口尺寸 | | | |
|---|---|---|---|---|---|---|---|---|
| | | $D_0$ | $t$ | $L$ | $D_2$ | $L_1$ | $D_1$ | $L_2$ |
| 2 000～2 400 | 优等品 | +8<br>−10 | +10<br>−4 | +15<br>−10 | ±1 | ±3 | ±1 | ±2 |
| | 一等品 | +8<br>−12 | +12<br>−4 | +18<br>−12 | ±2 | +4<br>−3 | ±2 | ±3 |
| | 合格品 | +10<br>−14 | +14<br>−5 | +20<br>−14 | ±2 | +5<br>−3 | ±2 | ±4 |
| 2 600～3 000 | 优等品 | +8<br>−12 | +12<br>−4 | +15<br>−10 | ±1 | ±3 | ±1 | ±2 |
| | 一等品 | +10<br>−14 | +14<br>−5 | +18<br>−12 | ±2 | +4<br>−3 | ±2 | ±3 |
| | 合格品 | +12<br>−16 | +16<br>−6 | +20<br>−14 | ±2 | +5<br>−3 | ±2 | ±4 |

表 6　柔性接口钢承口管尺寸允许偏差

mm

| 公称内径 $D_0$ | 产品等级 | 管子尺寸 | | | 接口尺寸 | | | |
|---|---|---|---|---|---|---|---|---|
| | | $D_0$ | $t$ | $L$ | $D_2$ | $L_1$ | $D_1$ | $L_2$ |
| 2 000～2 400 | 优等品 | +8<br>−10 | +10<br>−4 | +15<br>−10 | ±1 | ±1 | ±1 | ±2 |
| | 一等品 | +8<br>−12 | +12<br>−4 | +18<br>−12 | ±2 | ±2 | ±2 | ±3 |
| | 合格品 | +10<br>−14 | +14<br>−5 | +20<br>−14 | ±2 | ±2 | ±2 | ±3 |
| 2 600～3 000 | 优等品 | +8<br>−12 | +12<br>−4 | +15<br>−10 | ±1 | ±1 | ±1 | ±2 |
| | 一等品 | +10<br>−14 | +14<br>−5 | +18<br>−12 | ±2 | ±2 | ±2 | ±3 |
| | 合格品 | +12<br>−16 | +16<br>−6 | +20<br>−14 | ±2 | ±2 | ±2 | ±3 |

表 7　柔性、刚性接口双插口管尺寸允许偏差

mm

| 公称内径 $D_0$ | 产品等级 | 管子尺寸 | | | 接口尺寸 | |
|---|---|---|---|---|---|---|
| | | $D_0$ | $t$ | $L$ | $D_1$ | $L_1$ |
| 600～800 | 优等品 | +4<br>−6 | +6<br>−2 | +15<br>−10 | ±1 | ±2 |
| | 一等品 | +4<br>−8 | +8<br>−2 | +18<br>−10 | ±2 | ±3 |
| | 合格品 | +6<br>−8 | +8<br>−3 | +18<br>−12 | ±2 | ±3 |
| 900～1 500 | 优等品 | +6<br>−8 | +8<br>−3 | +15<br>−10 | ±1 | ±2 |
| | 一等品 | +6<br>−10 | +10<br>−3 | +18<br>−12 | ±2 | ±3 |
| | 合格品 | +8<br>−10 | +10<br>−4 | +20<br>−14 | ±2 | ±3 |
| 1 650～1 800 | 优等品 | +6<br>−10 | +10<br>−3 | +15<br>−10 | ±1 | ±2 |
| | 一等品 | +8<br>−12 | +12<br>−4 | +18<br>−12 | ±2 | ±3 |
| | 合格品 | +10<br>−14 | +14<br>−5 | +20<br>−14 | ±2 | ±3 |

表 7(完) mm

| 公称内径 $D_0$ | 产品等级 | 管子尺寸 | | | 接口尺寸 | |
|---|---|---|---|---|---|---|
| | | $D_0$ | $t$ | $L$ | $D_1$ | $L_1$ |
| 2 000～2 400 | 优等品 | +8<br>−10 | +10<br>−4 | +15<br>−10 | ±1 | ±2 |
| | 一等品 | +8<br>−12 | +12<br>−4 | +18<br>−12 | ±2 | ±3 |
| | 合格品 | +10<br>−14 | +14<br>−5 | +20<br>−14 | ±2 | ±3 |
| 2 600～3 000 | 优等品 | +8<br>−12 | +12<br>−4 | +15<br>−10 | ±1 | ±2 |
| | 一等品 | +10<br>−14 | +14<br>−5 | +18<br>−12 | ±2 | ±3 |
| | 合格品 | +12<br>−16 | +16<br>−6 | +20<br>−14 | ±2 | ±3 |

表 8 刚性接口平口管尺寸允许偏差 mm

| 公称内径 $D_0$ | 产品等级 | 管子尺寸 | | |
|---|---|---|---|---|
| | | $D_0$ | $t$ | $L$ |
| 200～800 | 优等品 | +4<br>−6 | +6<br>−2 | +15<br>−10 |
| | 一等品 | +4<br>−8 | +8<br>−2 | +18<br>−10 |
| | 合格品 | +6<br>−8 | +8<br>−3 | +18<br>−12 |
| 900～1 500 | 优等品 | +6<br>−8 | +8<br>−3 | +15<br>−10 |
| | 一等品 | +6<br>−10 | +10<br>−3 | +18<br>−12 |
| | 合格品 | +8<br>−10 | +10<br>−4 | +20<br>−14 |
| 1 650～2 000 | 优等品 | +6<br>−10 | +10<br>−3 | +15<br>−10 |
| | 一等品 | +8<br>−12 | +12<br>−4 | +18<br>−12 |
| | 合格品 | +10<br>−14 | +14<br>−5 | +20<br>−14 |
| 2 000～2 400 | 优等品 | +8<br>−10 | +10<br>−4 | +15<br>−10 |
| | 一等品 | +8<br>−12 | +12<br>−4 | +18<br>−12 |
| | 合格品 | +10<br>−14 | +14<br>−5 | +20<br>−14 |

表 9 刚性接口承插口管尺寸允许偏差 mm

| 公称内径 $D_0$ | 产品等级 | 管子尺寸 | | | 接口尺寸 | |
|---|---|---|---|---|---|---|
| | | $D_0$ | $t$ | $L$ | $D_1$ | $L_1$ |
| 100～600 | 优等品 | +4<br>−6 | +6<br>−2 | +15<br>−10 | ±3 | ±5 |
| | 一等品 | +4<br>−8 | +8<br>−2 | +18<br>−10 | ±4 | ±6 |
| | 合格品 | +6<br>−8 | +8<br>−3 | +18<br>−12 | ±4 | ±7 |

5.3.9 管子弯曲度的允许偏差为小于或等于管子有效长度的 0.3%。

5.4 内水压力

管子在进行内水压力检验时，在规定的检验压力下允许有潮片，但潮片面积不得大于总外表面积的5%，且不得有水珠流淌。

5.5 外压荷载

管子外压检验荷载不得低于规定的荷载级别要求。

表 10 刚性接口企口管尺寸允许偏差 mm

| 公称内径 $D_0$ | 产品等级 | 管子尺寸 | | | 接口尺寸 | | | |
|---|---|---|---|---|---|---|---|---|
| | | $D_0$ | $t$ | $L$ | $D_1$ | $L_1$ | $D_2$ | $L_2$ |
| 1 100～1 500 | 优等品 | +6<br>−8 | +8<br>−3 | +15<br>−10 | ±2 | ±2 | ±2 | ±2 |
| | 一等品 | +6<br>−10 | +10<br>−3 | +18<br>−12 | ±3 | ±3 | ±3 | ±3 |
| | 合格品 | +8<br>−10 | +10<br>−4 | +20<br>−14 | ±4 | ±4 | ±4 | ±4 |
| 1 650～1 800 | 优等品 | +6<br>−10 | +10<br>−3 | +15<br>−10 | ±2 | ±3 | ±2 | ±3 |
| | 一等品 | +8<br>−12 | +12<br>−4 | +18<br>−12 | ±3 | ±4 | ±3 | ±4 |
| | 合格品 | +10<br>−14 | +14<br>−5 | +20<br>−14 | ±4 | ±5 | ±4 | ±5 |
| 2 000～2 400 | 优等品 | +8<br>−10 | +10<br>−4 | +15<br>−10 | ±2 | ±4 | ±2 | ±4 |
| | 一等品 | +8<br>−12 | +12<br>−4 | +18<br>−12 | ±3 | ±5 | ±3 | ±5 |
| | 合格品 | +10<br>−14 | +14<br>−5 | +20<br>−14 | ±4 | ±6 | ±4 | ±6 |
| 2 600～3 000 | 优等品 | +8<br>−12 | +12<br>−4 | +15<br>−10 | ±2 | ±5 | ±2 | ±5 |
| | 一等品 | +10<br>−14 | +14<br>−5 | +18<br>−12 | ±3 | ±6 | ±3 | ±6 |
| | 合格品 | +12<br>−16 | +16<br>−6 | +20<br>−14 | ±4 | ±7 | ±4 | ±7 |

5.6 保护层厚度

环筋的内、外混凝土保护层厚度：当壁厚小于或等于 40 mm 时，不应小于 8 mm；当壁厚大于 40 mm 且小于等于 100 mm 时，不应小于 12 mm；当壁厚大于 100 mm 时，不应小于 20 mm。

## 6 试验方法

6.1 试验设备

试验用主要仪器设备和量具应符合表 11 的规定。

表 11 试验用主要仪器设备和量具 mm

| 序号 | 名　　称 | 测量范围 | 精确度 | 分度值 | 标准代号 |
|---|---|---|---|---|---|
| 1 | 内压试验机：<br>由压力表、堵头和试验架等组成 | 按标准内水压检验压力配备 | 精密压力表 0.25 级 | 0.01 MPa | GB/T 1227 |
| 2 | 外压试验机可采用以下任何一种形式：<br>a）由传感器、荷载数显仪、油泵和试验架等组成 | 按标准破坏荷载配备 | 荷载数显仪±3%<br>传感器±1% | — | GB/T 13335 |
| | b）由压力表、千斤顶和试验架等组成 | | 压力表 1.5 级 | — | GB/T 1226 |
| 3 | 裂缝宽度测量可采用以下任何一种形式：<br>a）JC-10 读数显微镜 | 0～8 | ±0.01 | 0.01 | GB/T 3719 |
| | b）混凝土裂缝检验规 | | — | — | — |

表 11(完) mm

| 序号 | 名　　称 | 测量范围 | 精确度 | 分度值 | 标准代号 |
|---|---|---|---|---|---|
| 4 | 内径尺寸的测量可采用以下任何一种量具： | | | | |
| | a）内径千分尺 | 100～1 500<br>150～2 000<br>150～4 000 | — | 0.01<br>0.01<br>0.01 | GB/T 8177 |
| | b）内径专用检验量具 | 100～1 000<br>1 000～2 000<br>2 000～4 000 | ±0.2<br>±0.5<br>±0.5 | 0.1<br>0.5<br>0.5 | 计量检定合格 |
| 5 | 外径尺寸的测量可采用以下任何一种量具： | | | | |
| | a）游标卡尺 | 0～1 000<br>0～2 000<br>0～3 000 | ±0.10<br>±0.20<br>±0.20 | 0.05<br>0.05<br>0.05 | GB/T 1214 |
| | b）外径专用检验量具 | 100～1 000<br>1 000～2 000<br>2 000～4 000 | ±0.2<br>±0.5<br>±0.5 | 0.1<br>0.5<br>0.5 | 计量检定合格 |
| 6 | 钢卷尺 | 3 m<br>5 m | Ⅱ级<br>Ⅱ级 | 1<br>1 | — |
| 7 | 深度游标卡尺 | 0～200 | ±0.05 | 0.05 | GB/T 1214 |
| 8 | 钢直尺 | 0～150 | ±0.10 | 0.5 | GB/T 9056 |
| 9 | 宽座角尺 | 根据需要选择 | 2级 | — | GB/T 6092 |

6.2 试验项目

6.2.1 混凝土抗压强度

6.2.1.1 混凝土试件应在混凝土的浇筑地点随机取样制作，三个试件为一组。

6.2.1.2 每天拌制的同配合比的混凝土，取样不得少于一次，每次至少成型二组，与管子同条件养护，管子脱模后，试件再进行标准养护。

6.2.1.3 一组试件用于检验评定混凝土28天抗压强度，另一组备用。

6.2.1.4 混凝土抗压强度试验方法应符合GB J81的规定。

6.2.2 外观质量

包括露筋、裂缝、合缝漏浆、粘皮、麻面、蜂窝、空鼓、端部碰伤、外表面凹坑等，应按GB/T 16752—1997中5.2的规定检查。

6.2.3 尺寸

a）公称内径、有效长度、管壁厚度、接口细部尺寸和弯曲度，应按GB/T 16752—1997中5.3的规定检查。

b）端面倾斜：应按GB/T 16752—1997中5.3.2的规定，测量管子两对边的有效长度差。

6.2.4 内水压力

应按GB/T 16752—1997中5.5及附录B的规定试验。

6.2.5 外压荷载

应按GB/T 16752—1997中5.4及附录A的规定试验。裂缝荷载为按三点法外压试验时，产生0.2 mm裂缝宽度时的外压荷载，破坏荷载为管子失去承载能力时的外压荷载。

6.2.6 保护层厚度

环筋内、外保护层厚度，应按GB/T 16752—1997中5.6的规定检查。

## 7 检验规则

7.1 检验分类

检验分为出厂检验与型式检验两类。

7.2 出厂检验

7.2.1 检验项目

混凝土抗压强度、外观质量、尺寸、内水压力和外压荷载。

7.2.2 组批规则

由相同原材料、相同工艺生产的同一种规格、同一种外压荷载级别的管子组成一个受检批。不同管径批量数见表12。

表12 出厂检验批量

| 产品品种 | 公称内径 $D_0$<br>mm | 批　量<br>根 |
|---|---|---|
| 混凝土管 | 100～300 | ≤1 000 |
| | 350～600 | ≤900 |
| 钢筋混凝土管 | 200～600 | ≤800 |
| | 700～1 350 | ≤700 |
| | 1 500～2 200 | ≤600 |
| | 2 400～3 000 | ≤500 |

7.2.3 抽样、检验

7.2.3.1 混凝土抗压强度

混凝土抗压强度按GB J107检验评定。

7.2.3.2 外观质量、尺寸

从受检批中采用随机抽样的方法抽取10根管子，逐根进行外观质量和尺寸检验。

7.2.3.3 内水压力和外压荷载

从混凝土抗压强度、外观质量和尺寸检验合格的管子中抽取二根管子，混凝土管一根检验内水压力，另一根检验外压破坏荷载。钢筋混凝土管一根检验内水压力，另一根检验外压裂缝荷载。

7.2.4 复验规则

优等品、一等品的内水压力和外压荷载检验不得复验。如按合格品检验不合格，每项允许抽取二根管子进行复验。二根管子都合格判定该项合格。

7.2.5 判定规则

7.2.5.1 优等品

混凝土抗压强度符合标准要求，外观质量符合5.2.1、5.2.2、5.2.3的规定，八根或八根以上管子尺寸达到优等品要求，内水压力和外压荷载达到规定要求时，判该批产品为优等品。

7.2.5.2 一等品

混凝土抗压强度符合标准要求，外观质量符合5.2.1、5.2.2、5.2.3的规定，允许有二根管子修补，且在5.2.4规定的允许修补范围之内已修补，八根或八根以上管子尺寸达到一等品要求，内水压力和外压荷载达到规定要求时，判该批产品为一等品。

7.2.5.3 合格品

混凝土抗压强度符合标准要求，外观质量符合5.2.1、5.2.2、5.2.3的规定，允许有管子修补，且在5.2.4规定的允许修补范围之内已修补，八根或八根以上管子尺寸达到合格品要求，内水压力和外压荷载达到规定要求时，判该批产品为合格品。

7.3 型式检验

7.3.1 检验项目

混凝土抗压强度、外观质量、尺寸、内水压力、外压荷载和保护层厚度。

7.3.2 当有下列情况之一时,应进行型式检验:

a) 新产品或老产品转厂生产的试制定型鉴定;

b) 正式生产后如产品结构、原材料、生产工艺和管理有较大改变,可能影响产品性能时;

c) 产品长期停产后,恢复生产时;

d) 出厂检验结果与上一次型式检验有较大差异时;

e) 国家质量监督机构提出进行型式检验的要求时;

f) 当每种规格管子的生产量达到表 13 的规定时。

表 13 型式检验批量

| 产品品种 | 公称内径 $D_0$<br>mm | 批 量<br>根 |
|---|---|---|
| 混凝土管 | 100～300 | ≤10 000 |
| | 350～600 | ≤7 500 |
| 钢筋混凝土管 | 200～600 | ≤5 000 |
| | 700～1 350 | ≤3 500 |
| | 1 500～2 200 | ≤1 800 |
| | 2 400～3 000 | ≤1 500 |

7.3.3 抽样、检验

7.3.3.1 混凝土抗压强度

同 7.2.3.1。

7.3.3.2 外观质量、尺寸

同 7.2.3.2。

7.3.3.3 内水压力和外压荷载

从混凝土抗压强度、外观质量和尺寸检验合格的管子中,抽取六根管子,其中三根检验内水压力,另三根检验外压荷载。

7.3.3.4 保护层厚度

抽取一根检验外压荷载后的管子,检验保护层厚度。

7.3.4 复验规则

优等品、一等品的内水压力、外压荷载、保护层厚度检验不得复检。如按合格品检验,内水压力或外压荷载,三根中有一根不合格,允许抽取二根管子进行复验,二根管子都合格判该项合格。三根中有二根不合格,不得复验,判该项不合格。保护层厚度不合格,允许抽取二根管子进行复验,二根管子都合格判该项合格。

7.3.5 判定规则

7.3.5.1 优等品

混凝土抗压强度符合标准要求,外观质量符合 5.2.1、5.2.2、5.2.3 的规定,八根或八根以上管子尺寸达到优等品要求,内水压力、外压荷载和保护层厚度达到规定要求时,判该批管子为优等品。

7.3.5.2 一等品

混凝土抗压强度符合标准要求,外观质量符合 5.2.1、5.2.2、5.2.3 的规定,允许有二根管子修补,且在 5.2.4 规定的允许修补范围之内已修补,八根或八根以上管子尺寸达到一等品要求,内水压力、外压荷载和保护层厚度达到规定要求时,判该批管子为一等品。

7.3.5.3 合格品

混凝土抗压强度符合标准要求，外观质量符合5.2.1、5.2.2、5.2.3的规定，允许有管子修补，且在5.2.4规定的允许修补范围之内已修补，八根或八根以上管子尺寸达到合格品要求，内水压力、外压荷载和保护层厚度达到规定要求时，判该批管子为合格品。

## 8 标志

8.1 标志

每根管子出厂前，应在管子表面标明：企业名称、商标、产品标记、生产日期和严禁碰撞字样。

8.2 出厂证明书

管子出厂时，应随带企业统一编号的出厂证明书，其内容应包括：

a) 企业名称、生产日期；

b) 产品标记、质量等级及数量；

c) 检验结果；

d) 检验部门及检验人员签章。

## 9 包装、运输、贮存

9.1 包装

根据用户要求，为防止在运输过程中管子损坏，管子两端可用软质物品包扎。

9.2 运输

起吊管子应轻起轻落，装卸时不允许管子自由滚动和随意抛掷，运输途中严禁碰撞。

9.3 贮存

管子应按品种、规格、外压荷载级别、质量等级及生产日期分别堆放，堆放场地要平整、堆放层数不宜超过表14的规定。

表14 管子堆放层数

| 公称 $D_0$<br>mm | 100～200 | 250～400 | 450～600 | 700～900 | 1 000～1 350 | 1 500～1 800 | ≥2 000 |
|---|---|---|---|---|---|---|---|
| 层数 | 7 | 6 | 5 | 4 | 3 | 2 | 1 |

# 前　言

蒸压加气混凝土砌块是一种有发展前途的新型墙体材料，它具有体积密度小、保温性能好、不燃和可加工性等优点。

本标准1981年第一次制定JC 315—82部标准，1989年制定并首次发布为国家标准，1997年第一次修订。修订时，参照了国外先进标准，结合我国国情，保留了原标准中科学合理的部分，对部分内容和条款进行了修订。

本标准增加砌块的制作尺寸。

本标准对砌块外观质量提出更高的要求，规定了缺棱掉角个数和裂纹条数，同时不允许砌块表面有油污。

本标准增加按强度级别划分产品等级的规定。

本标准对绝热用砌块的导热系数提出要求，并规定必须进行包装。

本标准作为强制性国家标准执行。

本标准自生效之日起，同时代替GB 11968—89。

本标准由国家建筑材料工业局提出。

本标准负责起草单位：中国新型建筑材料公司常州建筑材料研究设计所、中国加气混凝土协会。

本标准参加起草单位：北京市现代建筑材料公司、上海大学建筑工程学院、南通第二硅酸盐制品厂、上海市建筑科学研究院、北京市建筑设计研究院、甘肃省建筑构件公司硅酸盐制品厂。

本标准主要起草人：姜炳年、沈琨、金孝杰、顾同曾、鲍俊海、吴九成、陈侠。

本标准1989年首次发布，1997年第一次修订。

本标准委托中国新型建筑材料公司常州建筑材料研究设计所解释。

中华人民共和国国家标准

GB/T 11968—1997

# 蒸压加气混凝土砌块

代替 GB 11968—89

**Autoclaved aerated concrete blocks**

## 1 范围

本标准规定了蒸压加气混凝土砌块的产品分类、技术要求、试验方法、检验规则和产品质量说明书、堆放和运输。

本标准适用于作民用与工业建筑物墙体和绝热使用的蒸压加气混凝土砌块(以下简称砌块)。

## 2 引用标准

下列标准包含的条文,通过在本标准中引用而构成为本标准的条文。本标准出版时,所示版本均为有效。所有标准都会被修订,使用本标准的各方面应探讨使用下列标准最新版本的可能性。

GB 9196—88 掺工业废渣建筑材料产品放射性物质控制标准

GB 10294—88 绝热材料稳态热阻及有关特性的测定 防护热板法

GB/T 11969—1997 加气混凝土性能试验方法总则

GB/T 11970—1997 加气混凝土体积密度、含水率和吸水率试验方法

GB/T 11971—1997 加气混凝土力学性能试验方法

GB/T 11972—1997 加气混凝土干燥收缩试验方法

GB/T 11973—1997 加气混凝土抗冻性试验方法

JC/T 790—85(96) 砖和砌块名词术语

## 3 产品分类

3.1 规格:

3.1.1 砌块的规格尺寸见表1。

3.1.2 购货单位需要其他规格,可与生产厂协商确定。

3.2 砌块按抗压强度和体积密度分级。

强度级别有:A1.0,A2.0,A2.5,A3.5,A5.0,A7.5,A10 七个级别。

体积密度级别有:B03,B04,B05,B06,B07,B08 六个级别。

3.3 砌块按尺寸偏差与外观质量、体积密度和抗压强度分为:优等品(A)、一等品(B)、合格品(C)三个等级。

3.4 砌块产品标记:

3.4.1 按产品名称(代号 ACB)、强度级别、体积密度级别、规格尺寸、产品等级和标准编号的顺序进行标记。

3.4.2 标记示例:

强度级别为A3.5、体积密度级别为B05、优等品、规格尺寸为600mm×200mm×250mm的蒸压加气混凝土砌块,其标记为:

ACB A3.5 B05 600×200×250A GB 11968

国家技术监督局1997-11-12批准　　1998-06-01实施

表 1　砌块的规格尺寸　　mm

| 砌块公称尺寸 | | | 砌块制作尺寸 | | |
|---|---|---|---|---|---|
| 长度 $L$ | 宽度 $B$ | 高度 $H$ | 长度 $L_1$ | 宽度 $B_1$ | 高度 $H_1$ |
| 600 | 100<br>125<br>150<br>200<br>250<br>300 | 200<br>250<br>300 | $L-10$ | $B$ | $H-10$ |
| | 120<br>180<br>240 | | | | |

## 4　技术要求

4.1　砌块的尺寸允许偏差和外观应符合表 2 的规定。

表 2　尺寸偏差和外观

| 项目 | | | | 指标 优等品(A) | 一等品(B) | 合格品(C) |
|---|---|---|---|---|---|---|
| 尺寸允许偏差，mm | | 长度 | $L_1$ | ±3 | ±4 | ±5 |
| | | 宽度 | $B_1$ | ±2 | ±3 | +3<br>−4 |
| | | 高度 | $H_1$ | ±2 | ±3 | +3<br>−4 |
| 缺棱掉角 | 个数，不多于(个) | | | 0 | 1 | 2 |
| | 最大尺寸不得大于，mm | | | 0 | 70 | 70 |
| | 最小尺寸不得大于，mm | | | 0 | 30 | 30 |
| 平面弯曲不得大于，mm | | | | 0 | 3 | 5 |
| 裂纹 | 条数，不多于(条) | | | 0 | 1 | 2 |
| | 任一面上的裂纹长度不得大于裂纹方向尺寸的 | | | 0 | 1/3 | 1/2 |
| | 贯穿一棱二面的裂纹长度不得大于裂纹所在面的裂纹方向尺寸总和的 | | | 0 | 1/3 | 1/3 |
| 爆裂、粘模和损坏深度不得大于，mm | | | | 10 | 20 | 30 |
| 表面疏松、层裂 | | | | 不允许 | | |
| 表面油污 | | | | 不允许 | | |

4.2　砌块的抗压强度应符合表 3 的规定。

表 3 砌块的抗压强度 MPa

| 强度级别 | 立方体抗压强度 | |
|---|---|---|
| | 平均值不小于 | 单块最小值不小于 |
| A1.0 | 1.0 | 0.8 |
| A2.0 | 2.0 | 1.6 |
| A2.5 | 2.5 | 2.0 |
| A3.5 | 3.5 | 2.8 |
| A5.0 | 5.0 | 4.0 |
| A7.5 | 7.5 | 6.0 |
| A10.0 | 10.0 | 8.0 |

4.3 砌块的强度级别应符合表 4 的规定。

表 4 砌块的强度级别

| 体积密度级别 | | B03 | B04 | B05 | B06 | B07 | B08 |
|---|---|---|---|---|---|---|---|
| 强度级别 | 优等品(A) | A1.0 | A2.0 | A3.5 | A5.0 | A7.5 | A10.0 |
| | 一等品(B) | | | A3.5 | A5.0 | A7.5 | A10.0 |
| | 合格品(C) | | | A2.5 | A3.5 | A5.0 | A7.5 |

4.4 砌块的干体积密度应符合表 5 的规定。

表 5 砌块的干体积密度 $kg/m^3$

| 体积密度级别 | | B03 | B04 | B05 | B06 | B07 | B08 |
|---|---|---|---|---|---|---|---|
| 体积密度 | 优等品(A) ≤ | 300 | 400 | 500 | 600 | 700 | 800 |
| | 一等品(B) ≤ | 330 | 430 | 530 | 630 | 730 | 830 |
| | 合格品(C) ≤ | 350 | 450 | 550 | 650 | 750 | 850 |

4.5 砌块的干燥收缩、抗冻性和导热系数(干态)应符合表 6 的规定。

表 6 干燥收缩、抗冻性和导热系数

| 体积密度级别 | | | B03 | B04 | B05 | B06 | B07 | B08 |
|---|---|---|---|---|---|---|---|---|
| 干燥收缩值 | 标准法 ≤ | mm/m | 0.50 | | | | | |
| | 快速法 ≤ | | 0.80 | | | | | |
| 抗冻性 | 质量损失,% ≤ | | 5.0 | | | | | |
| | 冻后强度,MPa ≥ | | 0.8 | 1.6 | 2.0 | 2.8 | 4.0 | 6.0 |
| 导热系数(干态),W/m·k ≤ | | | 0.10 | 0.12 | 0.14 | 0.16 | — | — |

注

1 规定采用标准法、快速法测定砌块干燥收缩值,若测定结果发生矛盾不能判定时,则以标准法测定的结果为准。

2 用于墙体的砌块,允许不测导热系数。

4.6 掺用工业废渣为原料时,所含放射性物质,应符合 GB 9196 的规定。

## 5 检验方法

### 5.1 尺寸、外观检测方法

5.1.1 量具：采用钢尺、钢卷尺，最小刻度为1mm。

5.1.2 尺寸测量：长度、高度、宽度分别在两个对应面的端部测量，各量二个尺寸（见图1）。

5.1.3 缺棱掉角：缺棱或掉角个数，目测；测量砌块破坏部分对砌块的长、高、宽三个方向的投影尺寸（见图2）。

5.1.4 平面弯曲：测量弯曲面的最大缝隙尺寸（见图3）。

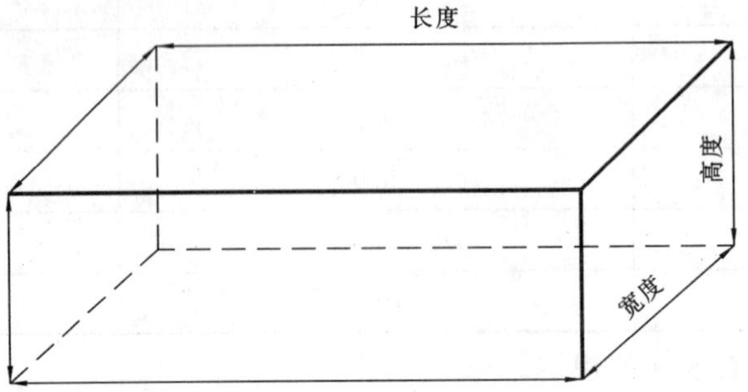


图1 尺寸测量示意图

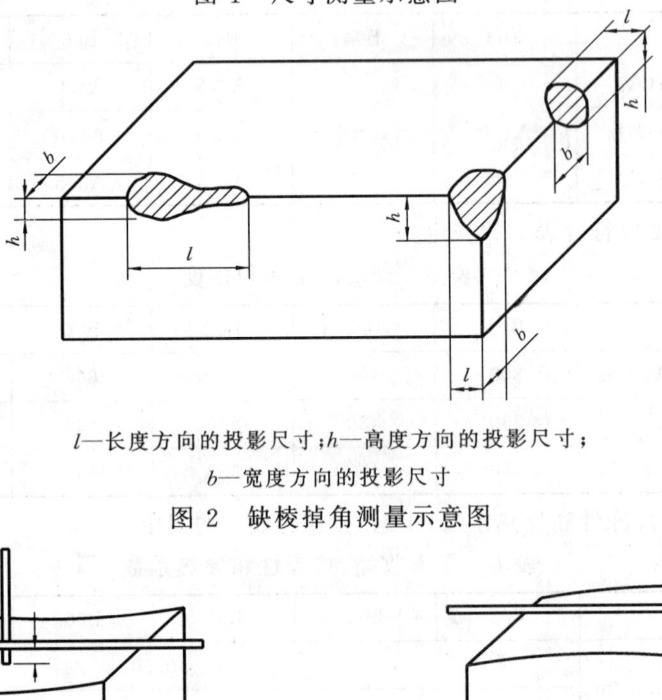


l—长度方向的投影尺寸；h—高度方向的投影尺寸；

b—宽度方向的投影尺寸

图2 缺棱掉角测量示意图

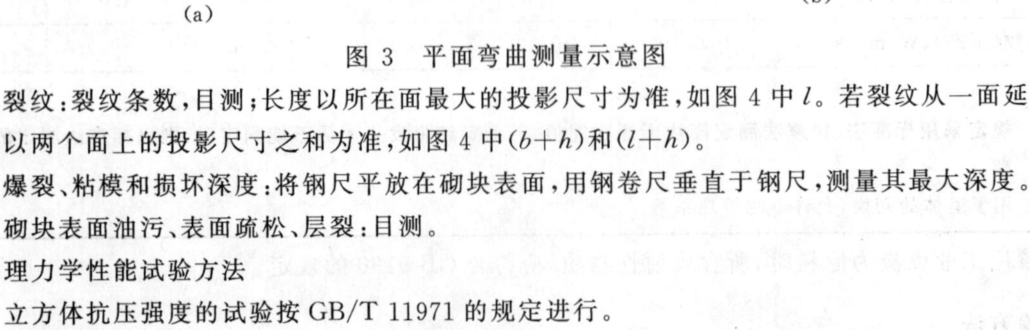


图3 平面弯曲测量示意图

5.1.5 裂纹：裂纹条数，目测；长度以所在面最大的投影尺寸为准，如图4中 $l$。若裂纹从一面延伸至另一面，则以两个面上的投影尺寸之和为准，如图4中 $(b+h)$ 和 $(l+h)$。

5.1.6 爆裂、粘模和损坏深度：将钢尺平放在砌块表面，用钢卷尺垂直于钢尺，测量其最大深度。

5.1.7 砌块表面油污、表面疏松、层裂：目测。

5.2 物理力学性能试验方法

5.2.1 立方体抗压强度的试验按GB/T 11971的规定进行。

5.2.2 干体积密度的试验按GB/T 11970的规定进行。

5.2.3 干燥收缩值的试验按GB/T 11972的规定进行。

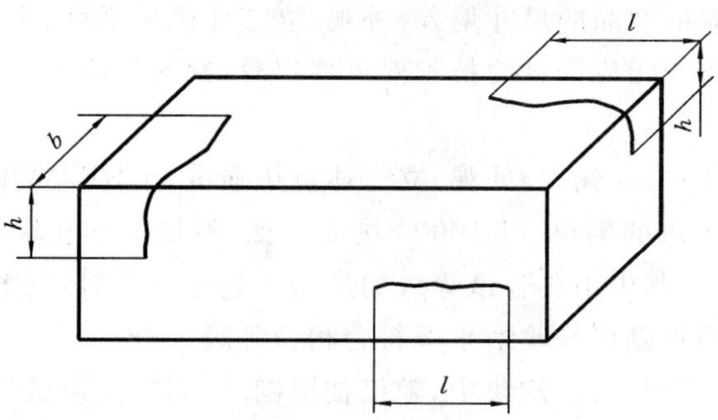


$l$—长度方向的投影尺寸；$h$—高度方向的投影尺寸；

$b$—宽度方向的投影尺寸

图 4　裂纹长度测量示意图

5.2.4　抗冻性的试验按 GB/T 11973 的规定进行。

5.2.5　导热系数的试验按 GB 10294 的规定进行。取样方法按 GB 11969 的规定进行。

## 6　检验规则

### 6.1　型式检验

6.1.1　有下列情况之一时，进行型式检验。

a）新厂生产试制定型鉴定。

b）正式生产后，原材料、工艺等有较大改变，可能影响产品性能时。

c）正常生产时，每年应进行一次检查。

d）产品停产三个月以上，恢复生产时。

e）出厂检验结果与上次型式检验有较大差异时。

f）国家质量监督机构提出进行型式检验的要求时。

6.1.2　型式检验项目包括：标准中全部技术要求。

6.1.3　抽样规则：

6.1.3.1　在受检验一批产品中，随机抽取 80 块砌块，进行尺寸偏差和外观检验。

6.1.3.2　从外观与尺寸偏差检验合格的砌块中，随机抽取 15 块砌块制作试件，进行如下项目检验：

a）体积密度　3 组 9 块；

b）强度级别　5 组 15 块；

c）干燥收缩　3 组 9 块；

d）抗冻性　　3 组 9 块；

e）导热系数　1 组 2 块。

6.1.4　判定规则：

6.1.4.1　若受检的 80 块砌块中，尺寸偏差和外观不符合表 2 规定的砌块数量不超过 7 块时，判该批砌块符合相应等级；若不符合表 2 规定的砌块数量超过 7 块时，判该批砌块不符合相应等级。

6.1.4.2　以 3 组干体积密度试件的测定结果平均值判定砌块的体积密度级别，符合表 5 规定时则判该批砌块合格。

6.1.4.3　以 5 组抗压强度试件测定结果平均值判定其强度级别。当强度和体积密度级别关系符合表 3 规定，同时，5 组试件中各个单组抗压强度平均值全部大于表 4 规定的此强度级别的最小值时，判该批砌块符合相应等级；若有 1 组或 1 组以上小于此强度级别的最小值时，判该批砌块不符合相应等级。

6.1.4.4　干燥收缩和抗冻性测定结果，全部符合表 6 规定时，判定此两项性能合格。若有 1 组或 1 组以上不符合表 6 规定时，判该批砌块不合格。

6.1.4.5　导热系数符合表 6 的规定，判定此项指标合格，否则判该批砌块不合格。

6.1.4.6 型式检验中受检验的产品的尺寸偏差、外观、立方体抗压强度、干体积密度、干燥收缩值、抗冻性、导热系数各项检验全部符合相应等级的技术要求规定时，判为相应等级。否则降等或判为不合格。

6.2 出厂检验

6.2.1 出厂检验的项目包括：尺寸偏差、外观、立方体抗压强度、干体积密度。

6.2.2 同品种、同规格、同等级的砌块，以10000块为一批，不足10000块亦为一批，随机抽取50块砌块，进行尺寸偏差、外观检验。其中不符合该等级的产品不超过5块时，判该批砌块尺寸偏差、外观检验结果符合相应等级。否则，该批砌块检验结果不符合相应等级。

6.2.3 从尺寸偏差与外观检验合格的砌块中，随机抽取砌块，制作3组试件进行立方体抗压强度检验，以3组平均值与其中1组最小平均值，按表4规定判定强度级别。制作3组试件做干体积密度检验，以3组平均值判定其体积密度级别，当强度与体积密度级别关系符合表3规定时，判该批砌块符合相应的等级。否则降等或判为不合格。

6.2.4 每批砌块根据定期型式检验的结果以及尺寸偏差与外观、干体积密度和抗压强度三项检验结果判定等级，其中有一项不符合技术要求，则降等或判为不合格。

6.3 砌块外观验收砌块外观验收在交货地点进行。

## 7 产品质量说明书、堆放和运输

7.1 出厂产品应有产品质量说明书。说明书应包括：生产厂名、商标、产品标记、本批产品主要技术性能和生产日期。

7.2 砌块应存放5天以上方可出厂。砌块贮存堆放应做到：场地平整，同品种、同规格、同等级做好标记，整齐稳妥，宜有防雨措施。

7.3 产品运输时，宜成垛绑扎或有其他包装。绝热用产品必须捆扎加塑料薄膜封包。运输装卸时，宜用专用机具，严禁摔、掷、翻斗车自翻卸货。

# 前　言

本标准是在原国家标准 GB 12987—91《农房用混凝土圆孔板》基础上进行修订的。主要根据 GB J 10—89《混凝土结构设计规范》和 GB J 321—90《预制混凝土构件质量检验评定标准》以及 GB/T 1.1—1993《标准化工作导则》等有关规定。本标准主要对以下内容进行了修订。

1. 将原“技术要求”中有关对生产工艺要求的内容，单独列为附录 A(标准的附录)；

2. 对产品等级增列了一等品和合格品，并提出了相应质量指标要求；

3. 将原技术要求中的力学性能指标，由原来的强度安全系数、挠度、抗裂安全系数以及裂缝宽度修订为：承载力、挠度、抗裂以及裂缝宽度；

4. 在综合判定中，明确了一个检验批符合一等品和合格品的条件。附加说明：

本标准自生效之日起，同时代替 GB 12987—91。

本标准附录 A 是标准的附录。

本标准由国家建筑材料工业局提出。

本标准由全国水泥制品标准化技术委员会归口。

本标准负责起草单位：国家建筑材料工业局苏州混凝土水泥制品研究院。

本标准参加起草单位：上海市建筑科学研究院、如皋市南方混凝土制品公司、大丰县水泥制品厂、河南温县建委质量监督站、邗江县杭集建筑安装公司预制厂、宿州市第一水利构件厂、如皋市东方水泥制管厂。

本标准主要起草人：庄启才、陆乃鼎、陈卫平、苏汉林、宗国荃、马虎臣、蔡庭礼、王作儒、傅永平。

本标准委托国家建筑材料工业局苏州混凝土水泥制品研究院负责解释。

本标准首次发布于 1991 年，第一次修订时间 1997 年。

UDC

中华人民共和国国家标准

GB 12987—1997

代替 GB 12987—91

# 农房用混凝土圆孔板

# Concrete hollow floor slab for rural houses

## 1 范围

本标准规定了农房用混凝土圆孔板(以下简称圆孔板)的分类、技术要求、试验方法、检验规则等。

本标准适用于农村和乡镇建造的住房、办公室、中小学教室等用作建筑楼面的圆孔板,也适用于作屋面、天棚等的圆孔板。

## 2 引用标准

下列标准包含的条文,通过在本标准中引用而构成为本标准的条文。本标准出版时,所示版本均为有效。所有标准都会被修订,使用本标准的各方应探讨使用下列标准最新版本的可能性。

GB 175—92　硅酸盐水泥、普通硅酸盐水泥

GB 1344—92　矿渣硅酸盐水泥、火山灰质硅酸盐水泥及粉煤灰硅酸盐水泥

GB 1499—91　钢筋混凝土用热轧带肋钢筋

GB 5223—1995　预应力混凝土用钢丝

GB 8076—1997　混凝土外加剂

GB 12958—91　复合硅酸盐水泥

GB 13013—91　钢筋混凝土用热轧光圆钢筋

GB 13788—92　冷轧带肋钢筋

GB/T 14684—93　建筑用砂

GB/T 14685—93　建筑用卵石、碎石

GB 50164—92　混凝土质量控制标准

GB 50204—92　混凝土结构工程施工及验收规范

GB J 10—89　混凝土结构设计规范

GB J 107—87　混凝土强度检验评定标准

JG J 63—89　混凝土拌合用水标准

JG J 95—95　冷轧带肋钢筋混凝土结构技术规程

JC/T 624—1996　农房混凝土构件质量检测方法

## 3 分类

### 3.1 品种

圆孔板分预应力混凝土圆孔板(以下简称预应力板)和钢筋混凝土圆孔板(以下简称非预应力板)两个品种。

### 3.2 级别

圆孔板按正常使用均布活荷载标准值划分为五个级别(表1)。

国家技术监督局1997-07-28批准　　　　1998-02-01实施

表 1 圆孔板级别

kN/m²

| 级　　别 | Ⅰ | Ⅱ | Ⅲ | Ⅳ | Ⅴ |
|---|---|---|---|---|---|
| 活荷载标准值 | 1.5 | 2.0 | 2.5 | 3.0 | 3.5 |

3.3 规格

3.3.1 外形

圆孔板外形见图 1 所示。

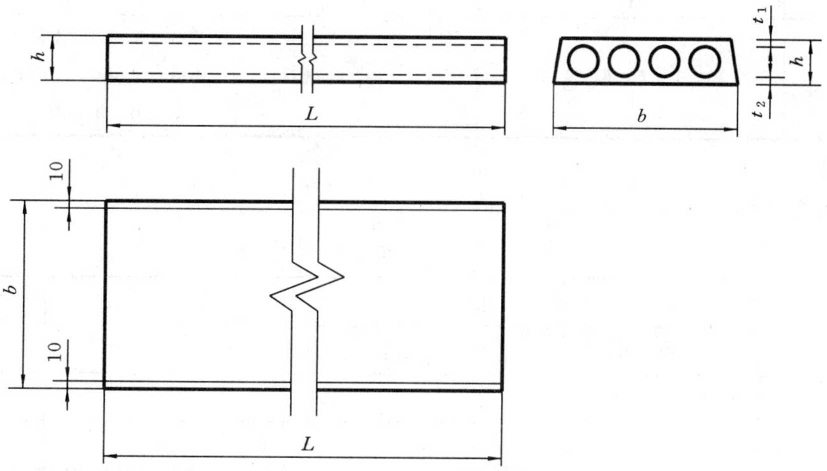


图 1 圆孔板外形

3.3.2 截面尺寸、公称长度

3.3.2.1 预应力板截面尺寸、公称长度应符合表 2 规定。

3.3.2.2 非预应力板截面尺寸、公称长度应符合表 3 规定。

表 2 预应力板截面尺寸及公称长度

mm

| 截面尺寸 $b\times h$ | 级　　别 | 公 称 长 度 |
|---|---|---|
| 490×110<br>590×110 | Ⅰ、Ⅱ、Ⅲ、Ⅳ、Ⅴ | 2 700　3 000　3 300<br>3 400　3 600　3 800<br>4 000　4 200 |
| 490×120<br>590×120 | Ⅰ、Ⅱ、Ⅲ、Ⅳ、Ⅴ | 3 000　3 300　3 400<br>3 600　3 800　4 000<br>4 200　4 300　4 500 |
| 490×130<br>590×130 | Ⅰ、Ⅱ、Ⅲ、Ⅳ、Ⅴ | 3 600　3 800　4 000<br>4 200　4 300　4 500<br>4 700　4 800　5 000 |

表 3 非预应力板截面尺寸及公称长度 mm

| 截面尺寸<br>$b \times h$ | 级 别 | 公 称 长 度 |
|---|---|---|
| 490×110<br>590×110 | Ⅰ、Ⅱ、Ⅲ、Ⅳ、Ⅴ | 2 700 3 000 3 300<br>3 400 3 600 |
| 490×130<br>590×130 | Ⅰ、Ⅱ、Ⅲ、Ⅳ、Ⅴ | 2 700 3 000 3 300<br>3 400 3 600 3 800 |
| 490×150<br>590×150 | Ⅰ、Ⅱ、Ⅲ、Ⅳ、Ⅴ | 2 700 3 000 3 300<br>3 400 3 600 3 800<br>4 000 4 200 |

3.3.3 结构尺寸

3.3.3.1 预应力板结构尺寸参见表 4。

表 4 预应力板结构尺寸 mm

| 截面尺寸<br>$b \times h$ | 圆 孔 | | $t_1$ | $t_2$ |
|---|---|---|---|---|
| | 孔 数 | 孔 径 | | |
| 490×110 | 5 | 70 | 20 | 20 |
| 590×110 | 6 | 70 | 20 | 20 |
| 490×120 | 5(4) | 76(80) | 22 | 22 |
| 590×120 | 6(5) | 76(80) | 22 | 22 |
| 490×130 | 5(4) | 76(80) | 25 | 29 |
| 590×130 | 6(5) | 76(80) | 25 | 29 |

3.3.3.2 非预应力板结构尺寸参见表 5。

表 5 非预应力板结构尺寸 mm

| 截面尺寸<br>$b \times h$ | 圆 孔 | | $t_1$ | $t_2$ |
|---|---|---|---|---|
| | 孔 数 | 孔 径 | | |
| 490×110 | 5 | 70 | 20 | 20 |
| 590×110 | 6 | 70 | 20 | 20 |
| 490×130 | 5 | 76 | 25 | 29 |
| 590×130 | 6 | 76 | 25 | 29 |
| 490×150 | 4 | 108 | 20 | 22 |
| 590×150 | 4 | 108 | 20 | 22 |

注

1 $t_1$为圆孔顶端至板上表面距离；$t_2$ 为圆孔底端至板下表面的距离。

2 经供需双方协议也可以生产其他规格尺寸的圆孔板。

3.4 等级

圆孔板按混凝土强度、外观质量、尺寸和力学性能分为一等品(B)和合格品(C)。

3.5 标记

3.5.1 预应力板标记如下：

NYKB 3 800× 500× 110 B Ⅱ GB 12987

- GB 12987——标准编号
- Ⅱ——荷载级别
- B——圆孔板等级
- 110——高度
- 500——公称宽度
- 3 800——公称长度
- NYKB——农房用预应力混凝土圆孔板

3.5.2 非预应力板标记如下：

NKB 3 000× 600× 110 B Ⅱ GB 12987

- GB 12987——标准编号
- Ⅱ——荷载级别
- B——圆孔板等级
- 110——高度
- 600——公称宽度
- 3 000——公称长度
- NKB——农房用钢筋混凝土圆孔板

## 4 原材料要求

4.1 生产预应力板和非预应力板宜分别采用 425 号和 325 号及其以上的硅酸盐水泥、普通硅酸盐水泥、矿渣硅酸盐水泥、火山灰质硅酸盐水泥及粉煤灰硅酸盐水泥，以及复合硅酸盐水泥。其性能应分别符合 GB 175、GB 1344 以及 GB 12958 的规定。

4.2 砂子应符合 GB/T 14684 的规定。

4.3 粗骨料采用碎石或卵石，其性能应符合 GB/T 14685 的规定，其中石子最大颗粒粒径不应超过两个相邻圆孔之间的净距离，也不应超过两根钢筋之间净距离的 3/4。

4.4 拌制和养护混凝土用水应符合 JG J 63 规定的要求。

4.5 掺用的外加剂应符合 GB 8076 的规定。对于预应力板，不得掺用加气剂，也不宜掺用引气型外加剂。

4.6 预应力板中的预应力筋宜采用 LL 650 或 LL 800 冷轧带肋钢筋，也可采用碳素钢丝及刻痕钢丝，非预应力板宜采用 LL 550 冷轧带肋钢筋或Ⅰ、Ⅱ级钢筋，其性能应分别符合 GB 13788、GB 5223、GB 1499及 GB 13013 中相应的规定。

## 5 技术要求

5.1 生产依据

圆孔板应按本标准规定和有证设计单位设计的图纸进行生产。

5.2 混凝土强度

5.2.1 混凝土设计强度等级：预应力板当采用冷轧带肋钢筋时不宜低于 C25，当采用碳素钢丝时，不宜低于 C 40；非预应力板不宜低于 C20。

5.2.2 放张预应力筋时，与构件同条件养护的混凝土抗压强度不得低于混凝土设计强度等级的75%。

5.2.3 标准养护条件下28d混凝土抗压强度检验评定应满足GB J 107的要求。

5.2.4 圆孔板出厂时与构件同条件养护的混凝土抗压强度不得低于设计强度等级的95%。

5.3 构造要求

5.3.1 圆孔板的受力钢筋(丝)混凝土保护层厚度不宜小于15 mm。

5.3.2 圆孔板主筋间净距不宜小于15 mm，当采用冷轧带肋钢筋配筋数量较多排列有困难时，也可采用两根并列。

5.3.3 板端主筋外伸长度应符合设计要求。

5.4 外观质量和尺寸偏差

外观质量及尺寸偏差应符合表6规定。

表6 外观质量和尺寸允许偏差 mm

| 类别 | 项次 | 项目 | | 允许偏差 | |
|---|---|---|---|---|---|
| | | | | 一等品(B) | 合格品(C) |
| 外观质量 | 1 | 露筋 | | 不允许 | 不允许 |
| | 2 | 裂缝 | | 不允许 | 不允许 |
| | 3 | 蜂窝、麻面 | | 不大于同一面面积的1% | 不大于同一面面积的1% |
| | 4 | 孔洞 | | 不允许 | 不允许 |
| | 5 | 缺角、掉边 | 数量 | 不允许 | 每件不超过1处 |
| | | | 长度 | | ≤40 |
| | | | 宽度 | | ≤20 |
| | 6 | 端部疏松 | 长度 | ≤30 | ≤50 |
| | | | 宽度 | ≤10 | ≤20 |
| | 7 | 活筋 | 数量 | 不允许 | 每件不超过一根 |
| | | | 长度 | | ≤50 |
| | 8 | 凸瘤 | 数量 | 每件不超过1个 | 每件不超过3个 |
| | | | 高度 | ≤5 | ≤5 |
| 尺寸 | 9 | 长度 | | ±5 | +10<br>−5 |
| | 10 | 宽度 | | ±3 | ±5 |
| | 11 | 高度 | | ±4 | ±5 |
| | 12 | 侧向弯曲 | | $L$/1 000 | $L$/750 |
| | 13 | 表面平整度 | | 2 m长度内≤5 | 2 m长度内≤5 |
| | 14 | 主筋保护层厚度 | | +5<br>−3 | +5<br>−3 |
| | 15 | 圆孔直径 | | ±3 | +3<br>−5 |
| | 16 | 对角线差 | | 8 | 10 |
| | 17 | 预应力筋中心位移 | | ±2 | ±3 |

5.5 力学性能

预应力板力学性能检验指标应包括承载力、挠度和抗裂检验；非预应力板力学性能检验指标应包括承载力、挠度和裂缝宽度。

5.5.1 承载力

要求按混凝土结构设计规范规定进行检验时，应符合式(1)要求：

$$\gamma_u^o \geqslant \gamma_o[\gamma_u] \qquad \cdots\cdots(1)$$

式中：$\gamma_u^o$——承载力检验系数实测值，即试验达到表7所列检验标志之一时的荷载实测值与承载力检验荷载设计值(均包括自重)的比值：承载力检验荷载设计值按JC/T 624规定计算。

$[\gamma_u]$——承载力检验系数允许值，按表7取用。

$\gamma_o$——结构构件的重要性系数，一般情况下取$\gamma_o=1$。

要求按实配钢筋的承载力进行检验时，应符合式(2)要求：

$$\gamma_u^o \geqslant \gamma_o\eta[\gamma_u] \qquad \cdots\cdots(2)$$

式中：$\eta$——承载力检验修正系数，即按实配钢筋面积确定的承载力计算值与内力组合设计值的比值(由设计部门给定)。

表7 承载力检验系数允许值$[\gamma_u]$

| 受力情况 | 达到承载力极限值的检验标志 | | $[\gamma_u]$ |
|---|---|---|---|
| 受弯 | 受拉主筋处的最大裂缝宽度达到1.5 mm或挠度达到跨度的1/50 | Ⅰ～Ⅱ级钢筋 | 1.20 |
| | | 钢丝、冷轧带肋钢筋 | 1.45 |
| | 受压区混凝土破坏，此时受拉主筋处的最大裂缝宽度小于1.5 mm且挠度小于跨度的1/50 | Ⅰ～Ⅱ级钢筋 | 1.25 |
| | | 钢丝、冷轧带肋钢筋 | 1.40 |
| | 受拉主筋拉断 | | 1.50 |
| 受弯时的受剪 | 腹部斜裂缝达到1.5 mm，或斜裂缝末端受压混凝土剪压破坏 | | 1.35 |
| | 沿斜截面混凝土斜压破坏，受拉主筋在端部滑脱或其他锚固破坏 | | 1.50 |

5.5.2 挠度

要求按混凝土结构设计规范规定挠度允许值检验时，应符合式(3)、(4)要求：

$$a_s^o \leqslant [a_f] \qquad \cdots\cdots(3)$$

$$[a_s] = \frac{M_s}{M_l(\theta-1)+M_s}[a_f] \qquad \cdots\cdots(4)$$

式中：$a_s^o$——在正常使用的短期检验荷载作用下，短期挠度实测值，mm按JC/T 624规定计算；

$[a_s]$——短期挠度允许值，mm；

$M_s$——按荷载的短期效应组合计算所得的弯矩值，kN·m；

$M_l$——按荷载的长期效应组合计算所得的弯矩值，kN·m；

$\theta$——考虑荷载长期效应组合对挠度增大的影响系数，一般取$\theta=2$；

$[a_f]$——挠度允许值，一般为其计算跨度的1/200，mm。

要求按实配钢筋确定的挠度计算值进行检验时，应符合式(5)要求：

$$a_s^o \leqslant 1.2a_s^c \qquad \cdots\cdots(5)$$

同时还应符合式(3)的要求。

式中：$a_s^c$——在正常使用短期荷载检验值下，按实配钢筋确定的短期挠度计算值，mm。

5.5.3 抗裂

抗裂检验应符合式(6)、(7)要求：

$$\gamma_{cr}^o \geqslant [\gamma_{cr}] \qquad \cdots\cdots(6)$$

$$[\gamma_{cr}] = 0.95\,\frac{\sigma_{pc} + \gamma f_{tk}}{\sigma_{sc}} \qquad \cdots\cdots(7)$$

当采用冷轧带肋钢筋配筋时，其抗裂检验系数允许值$[\gamma_{cr}]$按下列两种情况考虑：

a）当按 JG J95 规定进行检验时，$[\gamma_{cr}]$按式(8)计算：

$$[\gamma_{cr}] = 0.95\,\frac{\sigma_{pc} + \gamma f_{tk}}{\sigma_{pc} + \alpha_{ct,s}\gamma f_{tk}} \qquad \cdots\cdots(8)$$

b）当设计要求按实际的抗裂计算值进行检验时，则按式(7)计算。但当式(7)的计算结果小于式(8)的计算结果时，则应取式(8)的计算值。

式中：$\gamma^{o}_{cr}$——抗裂检验系数实测值，即试验时圆孔板第一次出现裂缝时的荷载实测值与正常使用的短期荷载检验值(包括自重)的比值；

$[\gamma_{cr}]$——抗裂检验系数允许值；

$\sigma_{sc}$——荷载的短期效应组合下的抗裂验算边缘的混凝土法向应力，N/mm²；

$\gamma$——受拉区混凝土塑性影响系数，一般取$\gamma=1.50$；

$\sigma_{pc}$——检验时在抗裂验算边缘的混凝土预压力计算值，N/mm²；

$f_{tk}$——检验时的混凝土抗拉强度标准值，N/mm²；

$\alpha_{ct,s}$——荷载短期效应组合下，混凝土拉应力限制系数，一般取$\alpha_{ct,s}=0.6$。

5.5.4　裂缝宽度

非预应力板的裂缝宽度检验应符合式(9)的要求；

$$\omega^{o}_{s,max} \leqslant [\omega_{max}] \qquad \cdots\cdots(9)$$

式中：$\omega^{o}_{s,max}$——在正常使用的短期检验荷载作用下，受拉主筋处最大裂缝宽度的实测值；

$[\omega_{max}]$——最大裂缝宽度允许值，对于圆孔板一般取$[\omega_{max}]=0.20$ mm。

5.6　工艺技术要求

生产工艺中的技术要求应符合本标准附录 A 的规定。

## 6　检验方法

6.1　混凝土抗压强度、外观质量和尺寸按 JC/T 624 规定进行。

6.2　力学性能按 JC/T 624 中板类构件进行。

## 7　检验规则

7.1　检验项目

7.1.1　出厂检验：包括混凝土强度、外观质量、尺寸偏差及力学性能(各项目按规定值检验)；

7.1.2　型式检验：包括混凝土强度、外观质量和尺寸偏差及力学性能(各项目同时按规定值和计算值检验)；

7.2　出厂检验

7.2.1　批量

按同一类型 1 000 块为一个批量，如出厂时不足 1 000 块仍作为一个检验批量。

注：“同一类型”是指生产圆孔板的钢筋级别，混凝土强度和生产工艺相同。

7.2.2　抽样方法

7.2.2.1　检验混凝土抗压强度的试块数量应符合下列规定：

a）检验混凝土设计强度等级用的试块，在同一原材料、配合比及相同工艺条件下，每周至少成型二组，但每批量不得少于 10 组。

b）检验放张预应力和出厂强度用的试块，每生产班至少成型二组。

7.2.2.2 外观质量检测,从同一批量中随机抽取 50 件;

7.2.2.3 尺寸偏差检测从同一批量中随机抽取 50 件;

7.2.2.4 力学性能按在同一批量中随机抽取生产数量最多或设计荷载最大的一件圆孔板进行检验。

7.3 型式检验

7.3.1 凡符合下列情况之一者,需进行型式检验:

a) 新产品投产时;

b) 正式生产后,如结构、材料、工艺有较大改变,可能影响产品性能时;

c) 在正常生产情况下,一年需进行一次型式检验;

d) 产品长期停产,恢复生产时;

e) 出厂检验结果与上一次型式检验有较大差异时;

f) 国家质量监督机构提出进行型式检验时。

7.3.2 型式检验的批量及抽样方法按 7.2.2 规定进行。

7.4 判定规则

7.4.1 混凝土抗压强度

在标准养护条件下 28 d 混凝土抗压强度检验评定应满足 GB J 107 的要求;

7.4.2 外观质量

每件圆孔板的外观质量中露筋、裂缝、孔洞应符合表 6 中相应等级的规定,其他项目中仅有一项不符合表 6 相应等级规定时,则该件判定为相应等级。

7.4.3 尺寸偏差

每件圆孔板如有二项不符合相应等级规定,但不超过该项允许偏差值的 1.5 倍(其中高度,侧向弯曲,主筋保护层厚度仅有一项超过规定),则该件判为相应等级。

7.4.4 力学性能

圆孔板的力学性能应满足本标准 5.5 规定的要求。如果当该件的承载力及抗裂检验系数仅达到规定允许值的 0.95 倍,挠度达到规定允许值 1.10 倍时,可再抽取两个试件检验。当再抽取的第一个试件能满足本标准 5.5 条规定要求,或二个试件都能达到承载力和抗裂检验系数规定允许值的 0.95 时,挠度达到规定允许值的 1.10 倍,均可评为合格。

7.5 综合判定

7.5.1 一个检验批圆孔板质量检验结果符合本标准 7.4 条中一等品的要求,则该批判为一等品(B);

7.5.2 一个检验批圆孔板的质量检验结果符合下列条件者判为合格品(C);

a) 混凝土强度符合本标准 5.2 条规定;

b) 外观质量不合格件数不超过 2 件;

c) 尺寸不合格件数不超过 3 件;

d) 力学性能检验合格。

7.5.3 一个检验批圆孔板的质量检验结果达不到 7.5.2 条要求者,则该批判定为不合格品。

## 8 产品质量证书

圆孔板质量证书包括下列内容:

a) 批量编号;

b) 标准编号;

c) 生产厂名称或商标,生产年、月;

d) 标记、数量;

e) 外观质量和尺寸偏差检验结果;

f) 混凝土放张强度、出厂强度和标准养护 28 d 强度;

g）力学性能检验结果；

h）质量检验部门签章。

## 9 标志、堆放与运输

9.1 标志

圆孔板表面应设有标志。标志内容包括生产厂名、商标、标记、生产日期和检验章。

9.2 堆放

9.2.1 圆孔板应按品种、规格、制作日期分别码垛堆放。

9.2.2 堆放场地应坚实、平整，码垛件数每垛不超过10件。

9.2.3 圆孔板码垛应将其正向平放在支垫物上，各层间用两个平整支垫物隔开，支垫物位置距圆孔板两端100 mm～250 mm处，各层支垫物应在同一垂直线上。

9.3 运输

9.3.1 圆孔板在运输过程中支垫要求同9.2.3条规定。

9.3.2 圆孔板在起吊、运输中应轻起、轻放、严禁碰撞。

# 附 录 A
(标准的附录)
## 工艺技术要求

### A1 混凝土质量的生产控制

圆孔板生产过程中的原材料计量、搅拌、成型和养护应符合 GB 50164 规定。

### A2 施加预应力要求

A2.1 预应力钢丝(筋)需要接长时,宜采用钢丝绑扎器并用 20～22 号铁丝密排绑扎。当采用 LL 650 冷轧带肋钢筋时,其绑扎长度不应小于 40 $d$($d$ 为钢丝直径);当采用 LL 800 冷轧带肋钢筋时,其绑扎长度不应小于 45 $d$。钢丝(筋)搭接长度应比钢丝绑扎长度大 10 $d$,严禁手工打结接头。

A2.2 施加预应力时的张拉控制应力、张拉程序及预应力钢丝检验规定值应符合 GB J 10 及 GB 50204 的有关规定。

A2.3 每一个生产班应在张拉程序完成后 1 h 至少检测一条生产线的全部钢丝实际建立的预应力平均值。该值与设计检验规定值偏差不应超过±5%。

# 前　　言

本标准根据我国先张法预应力混凝土管桩的生产和使用现状，非等效采用日本工业标准 JIS A 5337：1995《先张法预应力离心高强混凝土管桩》，对 GB 13476—1992《先张法预应力混凝土管桩》进行修订的。

本标准与 GB 13476—1992 的主要技术差异如下：

修订了管桩型号的分类方法、混凝土抗压强度试验方法、混凝土强度检验评定方法、管桩抗弯试验的加载程序、管桩抗裂荷载和极限荷载的确定方法，重新确定先张法预应力混凝土管桩用钢材品种，补充了混凝土用掺合料的有关规定，这样将有利于本标准在我国的推广实施。

本标准自实施之日起，代替 GB 13476—1992。

本标准由国家建筑材料工业局提出。

本标准由全国水泥制品标准化技术委员会归口。

本标准由国家建筑材料工业局苏州混凝土水泥制品研究院负责起草。

本标准参加起草单位：番禺市桥丰水泥制品有限公司、丰台桥梁工厂、广东建设实业集团公司、广州羊城管桩有限公司、上海三航第七工程公司、上海二十冶金混凝土构件有限公司、宁波浙东水泥制品有限公司、中山建华管桩有限公司、广东省建筑构件工程公司、顺德鸿业水泥制品有限公司、上海兴南混凝土有限公司、上海浦成建材制品有限公司、新会金星管桩有限公司、增城市新塘水泥管桩厂、广东省第七建筑工程公司管桩基础公司等。

本标准主要起草人：蒋元海、匡红杰、钱树青、严志隆、阮起楠、王离、程志文。

本标准于 1992 年 6 月首次发布，1999 年第一次修订。

本标准委托国家建筑材料工业局苏州混凝土水泥制品研究院负责解释。

# 中华人民共和国国家标准

GB 13476—1999

代替 GB 13476—1992

# 先张法预应力混凝土管桩

**Pretensioned spun concrete piles**

## 1 范围

本标准规定了先张法预应力混凝土管桩(以下简称管桩)的产品分类、技术要求、试验方法、检验规则、标志、产品合格证、贮存、运输等。

本标准适用于工业与民用建筑、铁路、公路、港口、水利等工程使用的离心成型先张法预应力混凝土管桩。

## 2 引用标准

下列标准所包含的条文,通过在本标准中引用而构成为本标准的条文。本标准出版时,所示版本均为有效。所有标准都会被修订,使用本标准的各方应探讨使用下列标准最新版本的可能性。

GB 175—1999 硅酸盐水泥、普通硅酸盐水泥

GB/T 700—1988 碳素结构钢

GB/T 701—1997 低碳钢热轧圆盘条

GB 1344—1999 矿渣硅酸盐水泥、火山灰质硅酸盐水泥及粉煤灰硅酸盐水泥

GB 1499—1998 钢筋混凝土用热轧带肋钢筋

GB/T 5223—1995 预应力混凝土用钢丝

GB 8076—1997 混凝土外加剂

GB/T 14684—1993 建筑用砂

GB/T 14685—1993 建筑用卵石、碎石

GB 50152—1992 混凝土结构试验方法标准

GB 50164—1992 混凝土质量控制标准

GB 50204—1992 混凝土结构工程施工及验收规范

GBJ 81—1985 普通混凝土力学性能试验方法

GBJ 107—1987 混凝土强度检验评定标准

JGJ 63—1989 混凝土拌合用水标准

YB/T 111—1997 预应力混凝土用钢棒

## 3 产品分类

### 3.1 产品品种和代号

管桩按混凝土强度等级分为预应力混凝土管桩和预应力高强混凝土管桩。预应力混凝土管桩代号为 PC,预应力高强混凝土管桩的代号为 PHC。

### 3.2 产品规格、型号

管桩按外径分为 300 mm、350 mm、400 mm、450 mm、500 mm、550 mm、600 mm、800 mm 和

国家质量技术监督局 1999-07-30 批准　　2000-02-01 实施

1 000 mm等规格，按管桩的抗弯性能或混凝土有效预压应力值分为A型、AB型、B型和C型。管桩的抗弯性能应符合5.5的规定；A型、AB型、B型和C型管桩的混凝土有效预压应力值分别为4.0 N/mm²、6.0 N/mm²、8.0 N/mm² 和 10.0 N/mm²，其计算值应在各自规定值的±5%范围内。

3.3 产品质量等级

管桩应符合5.1和5.5的规定，按外观质量和尺寸偏差分为优等品、一等品和合格品。

3.4 结构尺寸

3.4.1 管桩的结构形状和基本尺寸应符合图1和表1的规定。

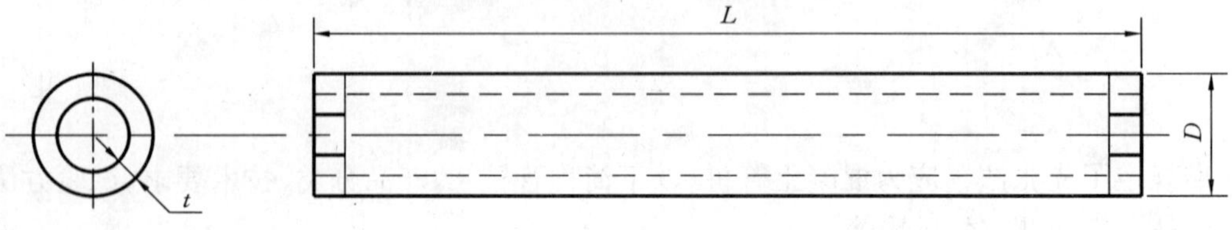


$t$—壁厚；$L$—长度；$D$—外径

图1 管桩的结构形状

表1 管桩的基本尺寸

| 外径 $D$ mm | 最小壁厚 $t_{min}$ mm | | 型号 | 长度 $L$ m | | | | | | | | |
|---|---|---|---|---|---|---|---|---|---|---|---|---|
| | PC | PHC | | 7 | 8 | 9 | 10 | 11 | 12 | 13 | 14 | 15 |
| 300 | 60 | 60 | A | ○ | ○ | ○ | ○ | ○ | — | — | — | — |
| | | | AB | ○ | ○ | ○ | ○ | ○ | — | — | — | — |
| | | | B | ○ | ○ | ○ | ○ | ○ | — | — | — | — |
| | | | C | ○ | ○ | ○ | ○ | ○ | — | — | — | — |
| 350 | 65 | 60 | A | ○ | ○ | ○ | ○ | ○ | — | — | — | — |
| | | | AB | ○ | ○ | ○ | ○ | ○ | — | — | — | — |
| | | | B | ○ | ○ | ○ | ○ | ○ | — | — | — | — |
| | | | C | ○ | ○ | ○ | ○ | ○ | — | — | — | — |
| 400 | 75 | 65 | A | ○ | ○ | ○ | ○ | ○ | ○ | — | — | — |
| | | | AB | ○ | ○ | ○ | ○ | ○ | ○ | — | — | — |
| | | | B | ○ | ○ | ○ | ○ | ○ | ○ | — | — | — |
| | | | C | ○ | ○ | ○ | ○ | ○ | ○ | — | — | — |
| 450 | 80 | 70 | A | ○ | ○ | ○ | ○ | ○ | ○ | — | — | — |
| | | | AB | ○ | ○ | ○ | ○ | ○ | ○ | — | — | — |
| | | | B | ○ | ○ | ○ | ○ | ○ | ○ | — | — | — |
| | | | C | ○ | ○ | ○ | ○ | ○ | ○ | — | — | — |
| 500 | 90 | 80 | A | ○ | ○ | ○ | ○ | ○ | ○ | ○ | ○ | ○ |
| | | | AB | ○ | ○ | ○ | ○ | ○ | ○ | ○ | ○ | ○ |
| | | | B | ○ | ○ | ○ | ○ | ○ | ○ | ○ | ○ | ○ |
| | | | C | ○ | ○ | ○ | ○ | ○ | ○ | ○ | ○ | ○ |
| 550 | 90 | 85 | A | ○ | ○ | ○ | ○ | ○ | ○ | ○ | ○ | ○ |
| | | | AB | ○ | ○ | ○ | ○ | ○ | ○ | ○ | ○ | ○ |
| | | | B | ○ | ○ | ○ | ○ | ○ | ○ | ○ | ○ | ○ |
| | | | C | ○ | ○ | ○ | ○ | ○ | ○ | ○ | ○ | ○ |

表 1(完)

| 外径 $D$ mm | 最小壁厚 $t_{min}$ mm | | 型号 | 长度 $L$ m | | | | | | | | |
|---|---|---|---|---|---|---|---|---|---|---|---|---|
| | PC | PHC | | 7 | 8 | 9 | 10 | 11 | 12 | 13 | 14 | 15 |
| 600 | 100 | 90 | A | ○ | ○ | ○ | ○ | ○ | ○ | ○ | ○ | ○ |
| | | | AB | ○ | ○ | ○ | ○ | ○ | ○ | ○ | ○ | ○ |
| | | | B | ○ | ○ | ○ | ○ | ○ | ○ | ○ | ○ | ○ |
| | | | C | ○ | ○ | ○ | ○ | ○ | ○ | ○ | ○ | ○ |
| 800 | 120 | 110 | A | ○ | ○ | ○ | ○ | ○ | ○ | ○ | ○ | ○ |
| | | | AB | ○ | ○ | ○ | ○ | ○ | ○ | ○ | ○ | ○ |
| | | | B | ○ | ○ | ○ | ○ | ○ | ○ | ○ | ○ | ○ |
| | | | C | ○ | ○ | ○ | ○ | ○ | ○ | ○ | ○ | ○ |
| 1 000 | 140 | 130 | A | ○ | ○ | ○ | ○ | ○ | ○ | ○ | ○ | ○ |
| | | | AB | ○ | ○ | ○ | ○ | ○ | ○ | ○ | ○ | ○ |
| | | | B | ○ | ○ | ○ | ○ | ○ | ○ | ○ | ○ | ○ |
| | | | C | ○ | ○ | ○ | ○ | ○ | ○ | ○ | ○ | ○ |
| 注：根据供需双方协议，也可生产其他规格、型号的管桩 | | | | | | | | | | | | |

3.4.2 管桩的长度应包括桩身和接头，不包括附加配件。

3.5 标记示例

外径 500 mm、壁厚 100 mm、长度 12 m 的 A 型预应力高强混凝土管桩的标记为：

PHC A500 100 12 GB 13476

## 4 原材料及构造要求

4.1 原材料

4.1.1 水泥

应采用标号不低于 525 的硅酸盐水泥、普通硅酸盐水泥、矿渣硅酸盐水泥、粉煤灰硅酸盐水泥，其质量应分别符合 GB 175、GB 1344 的规定。

4.1.2 骨料

4.1.2.1 细骨料宜采用洁净的天然硬质中粗砂，细度模数为 2.3～3.4，其质量应符合GB/T 14684的规定。

4.1.2.2 粗骨料应采用碎石，其最大粒径应不大于 25 mm，且应不超过钢筋净距的 3/4，其质量应符合 GB/T 14685 的规定。

4.1.3 钢材

4.1.3.1 预应力钢筋应采用预应力混凝土用钢棒、预应力混凝土用钢丝，其质量应分别符合 YB/T 111、GB/T 5223 的规定。

4.1.3.2 螺旋筋宜采用冷拔低碳钢丝、低碳钢热轧圆盘条，其质量应分别符合 GB 50204、GB/T 701 的规定。

4.1.3.3 端部锚固钢筋、架立圈宜采用低碳钢热轧圆盘条或钢筋混凝土用热轧带肋钢筋，其质量应分别符合 GB/T 701、GB 1499 的规定。

4.1.3.4 端板、桩套箍宜采用Q235，其质量应符合GB/T 700的规定。

4.1.4 水

混凝土拌合用水的质量应符合JGJ 63的规定。

4.1.5 外加剂

外加剂的质量应符合GB 8076的规定，严禁使用氯盐类外加剂。

4.1.6 掺合料

掺合料不得对管桩产生有害影响，使用前必须进行试验验证。

4.2 构造要求

4.2.1 预应力钢筋的加工

4.2.1.1 钢筋应清除油污，不应有局部弯曲，端面应平整，单根管桩同束钢筋中，下料长度的相对差值应不大于$L$/5 000。

4.2.1.2 钢筋和螺旋筋的焊接点的强度损失不得大于该材料标准强度的5%。

4.2.1.3 钢筋镦头强度不得低于该材料标准强度的90%。

4.2.2 钢筋骨架

4.2.2.1 预应力钢筋沿其分布圆周均匀配置，最小配筋率不低于0.4%，并不得少于六根。

4.2.2.2 螺旋筋的直径应根据管桩规格而确定，外径450 mm以下，螺旋筋的直径应不小于4 mm；外径500～600 mm，螺旋筋的直径不应小于5 mm；外径800～1 000 mm，螺旋筋直径不应小于6 mm。管桩螺距最大不超过110 mm。管桩两端螺旋筋的长度范围1 000～1 500 mm，螺距范围在40～60 mm。

4.2.2.3 端部锚固钢筋、架立圈应按设计图纸确定。

4.2.2.4 骨架成型后，各部分尺寸应符合如下要求：

a）预应力钢筋间距偏差不得超过±5 mm；

b）螺旋筋的螺距偏差不得超过±10 mm；

c）架立圈间距偏差不得超过±20 mm，垂直度偏差不得超过架立圈直径的1/40。

4.2.3 接头

4.2.3.1 管桩接头宜采用端板焊接。

4.2.3.2 管桩接头端板的宽度不得小于管桩的壁厚。

4.2.3.3 接头的端面必须与桩身的轴线垂直。

4.2.3.4 接头的焊接坡口尺寸应按设计图纸确定。

## 5 技术要求

5.1 混凝土

5.1.1 混凝土质量控制应符合GB 50164的规定。

5.1.2 预应力混凝土管桩用混凝土强度等级不得低于C50，预应力高强混凝土管桩用混凝土强度等级不得低于C80。

5.1.3 放张预应力筋时，预应力混凝土管桩的混凝土抗压强度不得低于35 MPa，预应力高强混凝土管桩的混凝土抗压强度不得低于40 MPa。

5.2 混凝土保护层

预应力筋的混凝土保护层厚度不得小于25 mm。

5.3 外观质量

外观质量应符合表2的规定。

表 2 管桩的外观质量

| 项 目 | | 产品质量等级 | | |
|---|---|---|---|---|
| | | 优等品 | 一等品 | 合格品 |
| 粘皮和麻面 | | 不允许 | 局部粘皮和麻面累计面积不大于桩总外表面积的 0.2%；每处粘皮和麻面的深度不大于 5 mm，且应修补 | 局部粘皮和麻面累计面积不大于桩总外表面的 0.5%；每处粘皮和麻面的深度不大于 10 mm，且应修补 |
| 桩身合缝漏浆 | | 不允许 | 漏浆深度不大于 5 mm，每处漏浆长度不大于 100 mm，累计长度不大于管桩长度的 5%，且应修补 | 漏浆深度不大于 10 mm，每处漏浆长度不大于 300 mm，累计长度不大于管桩长度的 10%，或对称漏浆的搭接长度不大于 100 mm，且应修补 |
| 局部磕损 | | 不允许 | 磕损深度不大于 5 mm，每处面积不大于 20 $cm^2$，且应修补 | 磕损深度不大于 10 mm，每处面积不大于 50 $cm^2$，且应修补 |
| 内外表面露筋 | | 不允许 | | |
| 表面裂缝 | | 不得出现环向和纵向裂缝，但龟裂、水纹和内壁浮浆层中的收缩裂纹不在此限 | | |
| 桩端面平整度 | | 管桩端面混凝土和预应力钢筋镦头不得高出端板平面 | | |
| 断筋、脱头 | | 不允许 | | |
| 桩套箍凹陷 | | 不允许 | 凹陷深度不大于 5 mm | 凹陷深度不大于 10 mm |
| 内表面混凝土塌落 | | 不允许 | | |
| 接头和桩套箍与桩身结合面 | 漏浆 | 不允许 | 漏浆深度不大于 5 mm，漏浆长度不大于周长的 1/8，且应修补 | 漏浆深度不大于 10 mm，漏浆长度不大于周长的 1/4，且应修补 |
| | 空洞和蜂窝 | 不允许 | | |

5.4 尺寸允许偏差

管桩各部位的尺寸允许偏差应符合表 3 的规定。

表 3 管桩的尺寸允许偏差

mm

| 项 目 | | 允许偏差 | | |
|---|---|---|---|---|
| | | 优等品 | 一等品 | 合格品 |
| $L$ | | $\pm 0.3\%L$ | $+0.5\%L$<br>$-0.4\%L$ | $+0.7\%L$<br>$-0.5\%L$ |
| 端部倾斜 | | $\leqslant 0.3\%D$ | $\leqslant 0.4\%D$ | $\leqslant 0.5\%D$ |
| $D$ | $\leqslant 600$ | $\pm 2$ | $+4$<br>$-2$ | $+5$<br>$-4$ |
| | $>600$ | $+3$<br>$-2$ | $+5$<br>$-2$ | $+7$<br>$-4$ |
| $t$ | | $+10$<br>$0$ | $+15$<br>$0$ | 正偏差不限<br>0 |
| 保护层厚度 | | $+5$<br>$0$ | $+7$<br>$-3$ | $+10$<br>$-5$ |
| 桩身弯曲度 | | $\leqslant L/1\,500$ | $\leqslant L/1\,200$ | $\leqslant L/1\,000$ |

表 3(完)

mm

| 项目 | | 允许偏差 | | |
|---|---|---|---|---|
| | | 优等品 | 一等品 | 合格品 |
| 桩端板 | 外侧平面度 | 0.2 | | |
| | 外径 | 0<br>−1 | | |
| | 内径 | 0<br>−2 | | |
| | 厚度 | 正偏差不限<br>0 | | |
| 注：表内尺寸以设计图纸为基准 | | | | |

5.5 抗弯性能

5.5.1 管桩应按 6.3 进行抗弯试验，当加载至表 4 中的抗裂弯矩时，管桩不得出现裂缝。

表 4 管桩的抗弯性能

| 外径<br>mm | 型号 | 抗裂弯矩<br>kN·m | 极限弯矩<br>kN·m |
|---|---|---|---|
| 300 | A | 23 | 34 |
| | AB | 28 | 45 |
| | B | 33 | 59 |
| | C | 38 | 76 |
| 350 | A | 35 | 52 |
| | AB | 42 | 70 |
| | B | 50 | 90 |
| | C | 58 | 116 |
| 400 | A | 52 | 77 |
| | AB | 63 | 104 |
| | B | 75 | 135 |
| | C | 87 | 174 |
| 450 | A | 72 | 107 |
| | AB | 88 | 145 |
| | B | 104 | 187 |
| | C | 120 | 240 |
| 500 | A | 99 | 148 |
| | AB | 121 | 200 |
| | B | 144 | 258 |
| | C | 166 | 332 |
| 550 | A | 125 | 188 |
| | AB | 154 | 254 |
| | B | 182 | 328 |
| | C | 211 | 422 |

表 4(完)

| 外径<br>mm | 型　号 | 抗裂弯矩<br>kN·m | 极限弯矩<br>kN·m |
|---|---|---|---|
| 600 | A | 164 | 246 |
| | AB | 201 | 332 |
| | B | 239 | 430 |
| | C | 276 | 552 |
| 800 | A | 367 | 550 |
| | AB | 451 | 743 |
| | B | 535 | 962 |
| | C | 619 | 1 238 |
| 1 000 | A | 689 | 1 030 |
| | AB | 845 | 1 394 |
| | B | 1 003 | 1 805 |
| | C | 1 161 | 2 322 |

5.5.2　当加载至表 4 中的极限弯矩时，管桩不得出现下列任何一种情况：

a）受拉区混凝土裂缝宽度达到 1.5 mm；

b）受拉钢筋被拉断；

c）受压区混凝土破坏。

5.5.3　管桩接头处极限弯矩不得低于管桩极限弯矩。

## 6　试验方法

6.1　混凝土抗压强度

混凝土拌合物应在搅拌站或喂料工序中随机抽取，制作标准尺寸试件，并与管桩同条件养护，混凝土抗压强度试验方法见 GBJ 81。

6.2　外观质量和尺寸的检查

外观质量和尺寸的检查工具与检查方法见表 5。

表 5　外观质量和尺寸的检查工具与检查方法

| 检查项目 | 检查工具与检查方法 | 测量工具分度值<br>mm |
|---|---|---|
| 长度 | 用钢卷尺测量，精确至 1 mm | 1 |
| 外径 | 用卡尺或钢直尺在同一断面测定相互垂直的两直径，取其平均值，精确至 1 mm | 1 |
| 壁厚 | 用钢直尺在同一断面相互垂直的两直径上测定四处壁厚，取其平均值，精确至 1 mm | 0.5 |
| 桩端部倾斜 | 将直角靠尺的一边紧靠桩身，另一边与端板紧靠，测其最大间隙处，精确至 1 mm | 0.5 |
| 桩身弯曲度 | 将拉线紧靠桩的两端部，用钢直尺测量其弯曲处的最大距，精确至 1 mm | 0.5 |
| 保护层厚度 | 用深度游标卡尺在管桩的中部同一圆周的二处不同部位，精确至 0.1 mm | 0.02 |
| 漏浆长度 | 用钢卷尺测量，精确至 1 mm | 1 |
| 漏浆深度 | 用深度游标卡尺测量，精确至 0.1 mm | 0.02 |
| 裂缝宽度 | 用 20 倍读数放大镜测量，精确至 0.01 mm | 0.01 |

6.3 抗弯试验

6.3.1 管桩的抗弯试验采用简支梁对称加载装置，如图2所示，其中，P的方向可垂直于地面，也可平行于地面(管桩的轴线均与地面平行)。

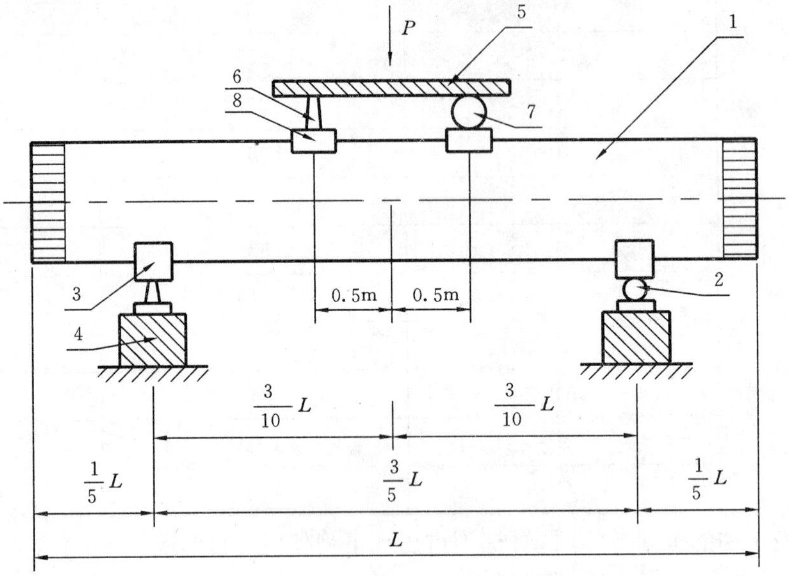


1—管桩；2—滚动铰支座；3—固定铰支座；4—支墩；5—分配梁；
6—分配梁固定铰支座；7—分配梁滚动铰支座；8—U型垫板

图2 管桩的抗弯试验示意图

6.3.2 管桩接头处抗弯试验方法与6.3.1相同，应使接头位于最大弯矩处。

6.3.3 加载程序

第一步：按抗裂弯矩的20%的级差由零加载至抗裂弯矩的80%，每级荷载的持续时间不少于3 min；然后按抗裂弯矩的10%的级差继续加载至抗裂弯矩的100%。每级荷载的持续时间不少于3 min，观察是否有裂缝出现，并测定和记录裂缝宽度。

第二步：如果在抗裂弯矩的100%时未出现裂缝，则按抗裂弯矩的5%的级差继续加载至裂缝出现。每级荷载的持续时间不少于3 min，测定和记录裂缝宽度。

第三步：按极限弯矩的5%的级差继续加载至出现5.5.2所列极限状态的检验标志之一为止。每级荷载的持续时间不少于3 min，观测并记录各项读数。

6.3.4 弯矩计算公式

实测弯矩按式(1)～式(3)计算：

a) 垂直向下加载时：

$$M=\frac{P}{4}(\frac{3}{5}L-1)+\frac{1}{40}WL \quad \cdots\cdots (1)$$

b) 垂直向上加载时：

$$M=\frac{P}{4}(\frac{3}{5}L-1)-\frac{1}{40}WL \quad \cdots\cdots (2)$$

c) 水平加载时：

$$M=\frac{P}{4}(\frac{3}{5}L-1) \quad \cdots\cdots (3)$$

式中：$M$——抗弯弯矩，kN·m；

$W$——管桩重量，kN；

$L$——管桩长度，m；

$P$——荷载(垂直加载时，应考虑加载设备的重量)，kN。

6.3.5 抗裂荷载和极限荷载的确定

6.3.5.1 当在加载过程中第一次出现裂缝时，应取前一级荷载值作为抗裂荷载实测值；当在规定的荷载持续时间内第一次出现裂缝时，应取本级荷载值与前一级荷载值的平均值作为抗裂荷载实测值；当在规定的荷载持续时间结束后第一次出现裂缝时，应取本级荷载值作为抗裂荷载实测值。

6.3.5.2 当在规定的荷载持续时间结束后出现 5.5.2 所列的情况之一时，应取此时的荷载值作为极限荷载实测值；当在加载过程中出现上述情况之一时，应取前一级荷载值作为极限荷载实测值；当在规定的荷载持续时间内出现上述情况之一时，应取本级荷载值与前一级荷载的平均值作为极限荷载实测值。

## 7 检验规则

7.1 混凝土强度检验评定

7.1.1 检验评定混凝土强度等级的龄期依据下列规定执行：

a）采用压蒸养护工艺时，混凝土强度等级的龄期为出釜后 1 d；

b）采用其他养护工艺时，混凝土强度等级的龄期为 28 d。

7.1.2 检验混凝土质量的试件的留置应符合下列规定：

a）当混凝土配合比调整或原材料发生变更时，应制作三组试件；

b）每拌制 100 盘或一个工作班拌制的同配合比混凝土不足 100 盘时，应制作三组试件。其中：一组试件检验预应力钢筋放张时混凝土抗压强度，一组试件检验 28 d 的混凝土抗压强度(采用压蒸养护工艺时，检验出釜后 1 d 的混凝土抗压强度)，另一组备用或检验管桩出厂时的混凝土抗压强度。

7.1.3 混凝土强度检验评定应按 GBJ 107 执行。

7.2 出厂检验

7.2.1 检验项目

包括混凝土抗压强度、外观质量、尺寸偏差(不包括保护层厚度)、抗裂性能的检验。

7.2.2 批量和抽样

7.2.2.1 外观质量与尺寸偏差：以同品种、同规格、同型号的管桩连续生产 30 000 m 为一批，但在四个月内生产总数不足 30 000 m 时仍作为一批，随机抽取 10 根进行检验。

7.2.2.2 抗裂性能：在外观质量和尺寸偏差检验合格的产品中随机抽取二根进行抗裂性能的检验。

7.2.3 判定规则

7.2.3.1 外观质量与尺寸偏差：若所抽 10 根中，不符合某一等级的管桩不超过二根，则判外观质量和尺寸偏差为相应等级。

7.2.3.2 抗裂性能：若所抽二根全部符合 5.5.1 规定时，则判抗裂性能合格；若有一根不符合 5.5.1 规定时，应从同批产品中抽取加倍数量进行复验，复验结果若仍有一根不合格，则判抗裂性能不合格。

7.2.3.3 总判定：在混凝土抗压强度、抗裂性能合格的基础上，外观质量和尺寸偏差全部符合某一等级规定时，则判该批产品为相应质量等级。

7.3 型式检验

7.3.1 检验条件

有下列情况之一时均应进行型式检验：

a）新产品投产或老产品转厂生产的试制定型鉴定；

b）当结构、材料、工艺有较大改变时；

c）当同一规格的管桩连续生产 100 000 m 或在六个月内生产总数不足 100 000 m 时；

d）停产半年以上恢复生产时；

e）出厂检验结果与上次型式检验有较大差异时；

f）合同规定时；

g）国家或地方质量监督机构提出进行型式检验要求时。

7.3.2 检验项目

包括混凝土抗压强度、外观质量、尺寸偏差、抗弯性能的检验，必要时由双方协商，还可增加试验项目。

注：管桩接头处抗弯试验如无特殊要求可以不检验。

7.3.3 抽样

在同品种、同规格、同型号产品中随机抽取10根进行外观质量和尺寸偏差检验。10根中随机抽取二根进行抗弯性能检验。抗弯试验完成后，在二根中抽取一根，在管桩中部同一圆周的二处不同部位测量保护层厚度。

7.3.4 判定规则

7.3.4.1 外观质量和尺寸偏差：若所抽10根中，不符合某一等级的管桩不超过二根，则判外观质量和尺寸偏差为相应等级。

7.3.4.2 抗弯性能：若所抽二根全部符合5.5规定时，则判抗弯性能合格。若有一根不符合5.5规定时，应从同批产品中抽取加倍数量进行复验，复验结果若仍有一根不合格，则判抗弯性能不合格。优等品和一等品不得复验。

7.3.4.3 保护层厚度：若所抽一根中的二个数值全部符合某一等级的指标要求，则判保护层厚度为相应等级。若有一个数值不符合合格品的规定，应从同批产品中抽取加倍数量进行复验，复验结果若仍有一根不符合合格品的规定，则判保护层厚度不合格。优等品和一等品不允许复验。

7.3.4.4 总判定：在混凝土抗压强度、抗弯性能合格的基础上，外观质量和尺寸偏差全部符合某一等级规定时，则判该批产品为相应质量等级。

## 8 标志、产品合格证

8.1 标志

8.1.1 永久标志应采用制造厂的厂名或产品注册商标，标在管桩表面距端头1 000～1 500 mm处。

8.1.2 临时标志为管桩标记(不包括标准编号)、制造日期或管桩编号，其位置略低于永久标志。

8.2 产品合格证

产品合格证应包括下列内容：

a) 合格证编号、产品等级；

b) 本标准编号；

c) 管桩品种、规格、型号、长度及壁厚；

d) 混凝土抗压强度；

e) 外观质量、尺寸偏差；

f) 抗弯性能；

g) 管桩编号；

h) 制造厂厂名、制造日期、出厂日期；

i) 检验员签名或盖章(可用检验员代号表示)。

## 9 贮存、运输

9.1 贮存

9.1.1 管桩堆放场地应坚实平整。

9.1.2 管桩堆放时，最下层宜按图3所示的两支点位置放在垫木上，垫木支承点应在同一水平面上。

注：若堆场地基经过特殊处理，也可采用着地平放。

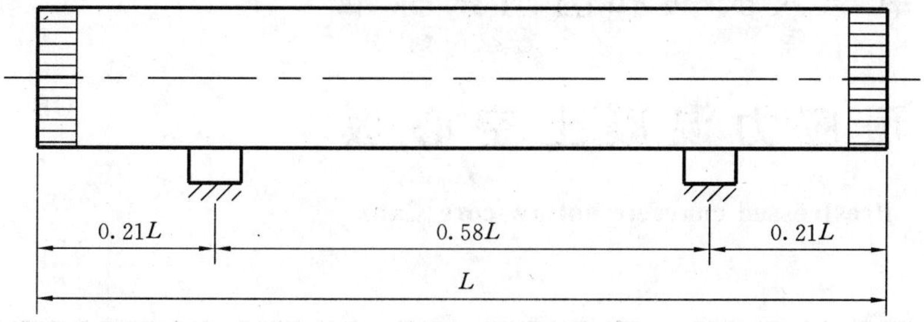


图 3　两支点法位置

9.1.3　管桩应按品种、规格、型号、长度分别堆放，堆放层数不宜超过表 6 规定。

9.2　运输

9.2.1　管桩吊装宜采用两支点法(见图 3)或两头勾吊法，装卸轻起轻放，严禁抛掷、碰撞、滚落。

表 6　管桩堆放层数

| 外径<br>mm | 300～350 | 400～450 | 500～600 | 800～1 000 |
|---|---|---|---|---|
| 堆放层数 | 9 | 8 | 7 | 5 |

9.2.2　管桩在运输过程中的支承要求应符合 9.1.2 规定，且应绑固。

中华人民共和国国家标准

# 预应力混凝土空心板

GB 14040—93

**Prestressed concrete hollow-core slabs**

## 1 主题内容与适用范围

本标准规定了预应力混凝土空心板(以下简称为板)的规格尺寸与型号编制方法、技术要求、试验方法、检验规则、标志、堆放与运输等。

本标准适用于一般工业与民用建筑的楼板和屋面板。

对处于受侵蚀环境、表面温度高于100℃或有生产热源且表面温度经常高于60℃以及受振动影响的板,尚应遵守有关的现行国家标准和规范。

## 2 引用标准

GB 175 硅酸盐水泥、普通硅酸盐水泥

GB 1344 矿渣硅酸盐水泥、火山灰质硅酸盐水泥、粉煤灰硅酸盐水泥

JGJ 53 普通混凝土用碎石和卵石质量标准及检验方法

JGJ 52 普通混凝土用砂质量标准及检验方法

JGJ 63 混凝土拌合用水标准

JGJ 56 混凝土减水剂质量标准和试验方法

GBJ 119 混凝土外加剂应用技术规范

GB 4463 预应力混凝土用热处理钢筋

GB 5223 预应力混凝土用钢丝

GB 701 普通低碳钢热轧圆盘条

GB 700 碳素结构钢

GBJ 81 普通混凝土力学性能试验方法

GBJ 107 混凝土强度检验评定标准

GBJ 10 混凝土结构设计规范

GBJ 204 混凝土结构工程施工及验收规范

JGJ 19 冷拔钢丝预应力混凝土构件设计与施工规程

GBJ 321 预制混凝土构件质量检验评定标准

## 3 规格尺寸与型号编制方法

3.1 板的主要规格尺寸应按表1采用。

国家技术监督局1993-01-06批准　　1993-10-01实施

表 1

| 高度 | 标志宽度 | 标志长度 | | | | | | | | | | | | | | | |
|---|---|---|---|---|---|---|---|---|---|---|---|---|---|---|---|---|---|
| mm | | m | | | | | | | | | | | | | | | |
| 120 | 500<br>600<br>900<br>1 200 | 2.1 | 2.4 | 2.7 | 3.0 | 3.3 | 3.6 | 3.9 | 4.2 | — | — | — | — | — | — | — | — |
| 180 | 600<br>900<br>1 200 | — | — | — | — | — | — | — | | 4.5 | 4.8 | 5.1 | 5.4 | 5.7 | 6.0 | 6.3 | 6.6 |

3.2 板的型号由名称、标志长度、标志宽度、荷载等级组成，其表示方式如下：

Y—KB × × ×—×

- 荷载等级
- 标志宽度
- 标志长度
- 预应力混凝土空心板

注：荷载等级所代表的具体数值由设计图纸给出。

3.3 型号示例

标志长度 4.2 m、标志宽度 600 mm、荷载等级为 2 级的预应力混凝土空心板型号为：

Y—KB 426—2

3.4 板的制作长度、宽度与标志长度、宽度的差值应符合设计图纸要求。

3.5 板的纵向侧边应设图 1、图 2 中所示的边槽或能保证板间在灌缝后形成整体的其他形式的边槽。

3.6 板截面各部位尺寸。应符合图 1 或图 2 以及表 2 的规定。

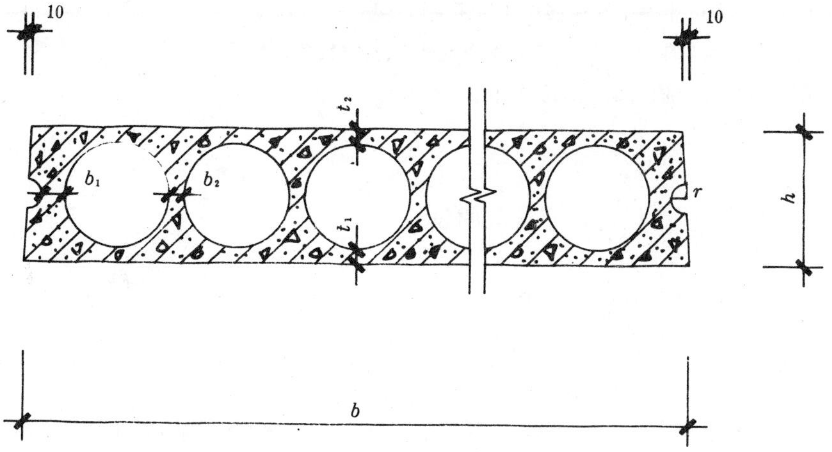


图 1

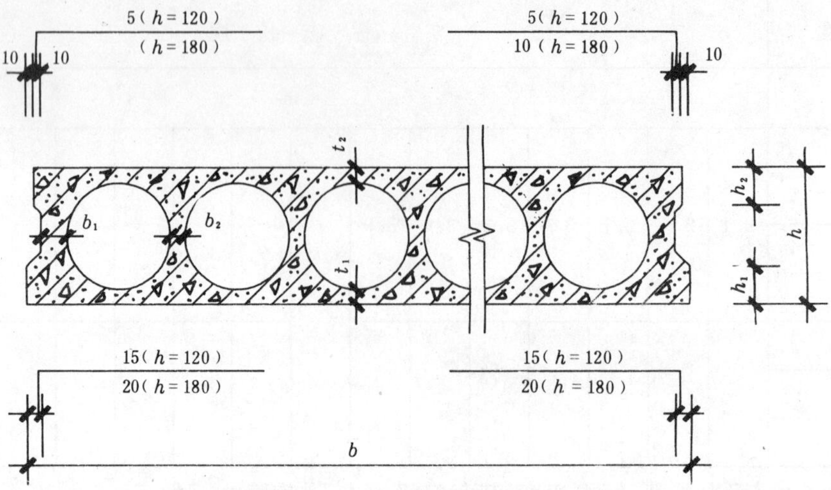


图 2

$b$—板宽；$b_1$—边肋宽度；$t_1$—板底厚度；$h$—板高；

$b_2$—中肋宽度； $t_2$—板面厚度； $h_1$—下齿高度；

$h_2$—上齿高度；$r$—边槽半径

表 2

mm

| $h$ | $b_1$ | $b_2$ | $h_1$ | $h_2$ | $t_1$ | $t_2$ | $r$ |
|---|---|---|---|---|---|---|---|
| 120 | ≥25 | ≥20 | | | | | ≥15 |
| 180 | | | | | | | |

3.7 圆孔总面积与板截面积之比的空心率应符合表 3 的规定。

表 3

| 板高，mm | 孔径，mm | 板空心率，% |
|---|---|---|
| 120 | 80 | ＞32 |
| 180 | 140 | ＞39 |

注：① 计算空心率时，板宽按上、下板宽的平均值计。

② 板宽 500 的空心率可比表中数值减少 1.0%。

③ 当必须使用其他尺寸的孔径时，其空心率不应小于表中数值。

3.8 板截面应同时符合 3.6 和 3.7 条的规定。

## 4 技术要求

4.1 板应按本标准的规定和经规定程序批准的设计图纸生产。

4.2 材料

4.2.1 混凝土的原材质量应分别符合 GB 175、GB 1344、JGJ 52、JGJ 53、JGJ 56、JGJ 63、GBJ 119 的规定。

4.2.2 钢材

4.2.2.1 预应力筋宜采用刻痕钢丝、热处理钢筋、冷拉Ⅱ、Ⅲ、Ⅳ级钢筋、冷拔低合金钢丝（也称冷拔中强钢丝）和甲级冷拔低碳钢丝及以符合国家标准的其他预应力钢筋、钢丝，其材质和性能应分别符合 GB 5223、GB 4463、GBJ 204 和 JGJ 19 的规定。

4.2.2.2 不同规格板的预应力筋种类宜参照表4选用。

表4

| 板厚,mm | 预应力筋种类 |
| --- | --- |
| 120 | 冷拔低合金钢丝,甲级冷拔低碳钢丝 |
| 180 | 冷拔低合金钢丝,冷拉Ⅱ、Ⅲ、Ⅳ级,热处理钢筋,刻痕钢丝 |

4.2.2.3 非预应力筋宜采用乙级冷拔低碳钢丝以及符合国家标准的其他钢筋、钢丝,其性能应符合JGJ 19的规定。

4.2.2.4 吊环应采用未经冷拉的Ⅰ级热轧钢筋制作,预埋钢板应采用3号钢制作,其材质应分别符合GB 701和GB 700的规定。

4.2.2.5 钢筋、钢丝和预埋件钢材应有出厂质量证明书和进厂试验报告单,并应严格按钢号、规格堆存,不得混淆,同时应防止锈蚀和污染。

4.3 混凝土强度

4.3.1 混凝土强度等级不宜低于C 30,当采用热处理钢筋作预应力筋时,混凝土强度等级不宜低于C 40。

4.3.2 放张预应力筋时的混凝土强度,必须符合设计要求;当设计无明确要求时,不得低于设计混凝土立方体抗压强度标准值的75%。

4.4 构造要求

4.4.1 预应力钢筋、钢丝的混凝土保护层应符合设计图纸要求,不应小于15 mm,且不应小于钢筋直径。

4.4.2 用冷拔低合金钢丝和甲级冷拔低碳钢丝作预应力筋时,其净距不宜小于15 mm,排列有困难时可采用2根并列。

4.4.3 板端主筋外伸长度应符合设计要求。

4.5 钢筋、钢丝接头的位置和数量应符合GBJ 204和JGJ 19的规定。

4.6 施加预应力的技术要求

4.6.1 预应力筋的张拉控制应力应符合设计要求。预应力筋实际建立的预应力总值与检验规定值偏差的百分率不应超过±5%。

4.6.2 预应力钢丝断裂或滑脱的数量严禁超过总根数的5%,且严禁相邻两根预应力钢丝断裂或滑脱,对在浇筑混凝土之前发生断裂或滑脱的钢丝必须予以更换。

4.7 板的制作过程均应符合GBJ 204和JGJ 19的有关规定。

4.7.1 钢筋、钢丝应按设计图纸正确设置,并应采取措施防止隔离剂沾污钢筋、钢丝。

4.8 板的外观质量应符合表5的规定。

表 5

| 项 号 | 项 目 | | 质量要求 |
|---|---|---|---|
| 1 | 露 筋 | 主 筋 | 不应有 |
| | | 副 筋 | 外露总长度不超过 500 mm |
| 2 | 孔 洞 | 任何部位 | 不应有 |
| 3 | 蜂 窝 | 主要受力部位 | 不应有 |
| | | 次要部位 | 总面积不超过所在板面面积的 1%，且每处不超过 0.01 $m^2$ |
| 4 | 裂 缝 | 纵向裂缝 | 总长不大于 $L/3$，缝宽不大于 0.15 mm |
| | | 板面横向裂缝 | 长度不超过板宽的 1/2，且不延伸到侧边，缝宽不大于 0.15 mm |
| | | 肋 裂 | 不应有 |
| | | 板底裂缝 | |
| 5 | 板端部缺陷 | 混凝土疏松或外伸主筋松动 | 不应有 |
| 6 | 外表缺陷 | 板底表面 | 不应有 |
| | | 板侧表面 | 不宜有 |
| 7 | 外形缺陷 | | 不宜有 |
| 8 | 外表沾污 | | 不应有 |

注：① 露筋指板内钢筋未被混凝土包裹而外露的缺陷。

② 孔洞指混凝土中深度和长度均超过保护层厚度的孔穴。

③ 蜂窝指板混凝土表面缺少水泥砂浆而形成石子外露的缺陷。

④ 裂缝指伸入混凝土内的缝隙。

⑤ 板端部缺陷指板端处混凝土疏松或受力筋松动等缺陷。

⑥ 外形缺陷指板端头不直、倾斜、缺棱掉角、正边和凸肋疤瘤。

⑦ 外表缺陷指板表面麻面、掉皮、起砂和漏抹。

⑧ 外表沾污指构件表面有油污或粘杂物。

4.9 对不超过表 5 规定的蜂窝和不影响结构性能及安装使用性能的缺陷，允许用高一强度等级的细石混凝土及时修补。

4.10 板的外形尺寸及有关要求的允许偏差应符合表 6 的规定。

表 6

| 项　号 | 项　　目 | | 允许偏差,mm |
|---|---|---|---|
| 1 | 长度 | | +10,-5 |
| 2 | 宽度 | | ±5 |
| 3 | 高度 | | |
| 4 | 侧向弯曲 | | L/750 |
| 5 | 表面平整 | | 5 |
| 6 | 预埋件 | 中心位置偏移 | 10 |
| | | 与混凝土面平整 | 5 |
| 7 | 主筋保护层厚度 | | +5,-3 |
| 8 | 对角线差 | | 10 |
| 9 | 翘曲 | | L/750 |
| 10 | 预留外伸钢筋长度 | | ±15 |
| 11 | 板自重 | | ±7% |
| 12 | 预应力筋在板宽方向的中心位置与规定位置偏差 | | <10 |

注:① 第 11 项仅用于型式试验。

② $L$ 为板长。

4.11　应对板的结构性能包括承载力、挠度、抗裂(或裂缝宽度)进行检验。其结果应符合设计图纸的要求和 GBJ 321 的规定。

## 5　试验方法

5.1　各种原材料的试验项目和试验方法应符合国家有关的现行标准。

5.2　混凝土强度的检验评定应符合 GBJ 107 的规定,试验方法应符合 GBJ 81 的规定;

5.3　结构性能的试验方法应符合 GBJ 321 附录二和设计图纸的规定。试验参数和检验指标由设计图纸根据 GBJ 321 附录一的规定给出。

5.4　预应力筋实际建立的预应力总值的检验方法,应用千斤顶或拉力测定仪在张拉后 1 h 量测检查。

5.5　外观质量检验方法应按表 7 的规定进行。

表 7

| 项　号 | 项　　目 | | 检 验 方 法 |
|---|---|---|---|
| 1 | 露筋 | 主筋 | 观察 |
| | | 副筋 | 观察、用尺量测量 |
| 2 | 孔洞 | 任何部位 | 观察 |

续表 7

<table>
<tr><th>项号</th><th colspan="2">项　目</th><th>检验方法</th></tr>
<tr><td rowspan="2">3</td><td rowspan="2">蜂窝</td><td>主要受力部位</td><td>观察</td></tr>
<tr><td>次要部位</td><td>观察或用百格网量测</td></tr>
<tr><td rowspan="4">4</td><td rowspan="4">裂缝</td><td>纵向裂缝</td><td rowspan="4">观察和用尺、刻度放大镜量测</td></tr>
<tr><td>板面横向裂缝</td></tr>
<tr><td>肋裂</td></tr>
<tr><td>板底裂缝</td></tr>
<tr><td>5</td><td>板端部缺陷</td><td>混凝土疏松或外伸主筋松动</td><td>观察、摇动</td></tr>
<tr><td rowspan="2">6</td><td rowspan="2">外表缺陷</td><td>板底表面</td><td rowspan="2">观察</td></tr>
<tr><td>板侧表面</td></tr>
<tr><td>7</td><td colspan="2">外形缺陷</td><td>观察</td></tr>
<tr><td>8</td><td colspan="2">外表沾污</td><td>观察</td></tr>
</table>

5.6 外形尺寸及有关要求的检测方法应按表 8 规定进行。

表 8

<table>
<tr><th>项号</th><th colspan="2">项　目</th><th>检测方法</th></tr>
<tr><td>1</td><td colspan="2">长度</td><td>用尺量测平行于板长度方向的任何部位</td></tr>
<tr><td>2</td><td colspan="2">宽度</td><td>用尺量测垂直于板长度方向底面的任何部位</td></tr>
<tr><td>3</td><td colspan="2">高度</td><td>用尺量测与长边竖向垂直的任何部位</td></tr>
<tr><td>4</td><td colspan="2">侧向弯曲</td><td>拉线用尺量测，侧向弯曲最大处</td></tr>
<tr><td>5</td><td colspan="2">表面平整</td><td>用 2 m 靠尺和楔形塞尺，量测靠尺与板面两点间的最大缝隙</td></tr>
<tr><td rowspan="2">6</td><td rowspan="2">预埋件</td><td>中心位置偏移</td><td>用长量测纵、横两个方向中心线，取其中较大值</td></tr>
<tr><td>与混凝土面平整</td><td>用平尺和钢板尺量测</td></tr>
<tr><td>7</td><td colspan="2">主筋保护层厚度</td><td>用尺或用钢筋保护层厚度测定仪量测</td></tr>
<tr><td>8</td><td colspan="2">对角线差</td><td>用尺量测板面两个对角线差</td></tr>
</table>

续表 8

| 项号 | 项　目 | 检测方法 |
| --- | --- | --- |
| 9 | 翘曲 | 用调平尺在板两端量测 |
| 10 | 预留外伸钢筋长度 | 用尺在板两端量测 |
| 11 | 板自重 | 用衡器测定 |
| 12 | 预应力筋在板宽度方向的中心位置与规定位置的偏差 | 用尺量测 |

## 6 检验规则

6.1 出厂检验

6.1.1 检验项目

主要包括钢筋、混凝土板的外观质量、外形尺寸和结构性能。

6.1.2 检验批量、抽样数量、检验与复验规则等。应符合 GBJ 321 的规定。

6.2 型式检验

6.2.1 检验条件

有下列情况之一时应进行型式检验。

a. 产品转厂生产或首次投入生产的试制定型鉴定时；

b. 产品停产半年以上再恢复生产时；

c. 设计、工艺和材料有较大变更，可能影响产品性能时；

d. 出厂检验结果与上次型式检验有较大差异时；

e. 正常生产时的周期性检验；

f. 上级质量监督检查机构提出检验要求时。

6.2.2 检验项目

按本标准的技术要求逐项检验。

6.2.3 根据检验条件的规定确定检验批量。按检验批量逐件或随机抽样 5%且不少于 3 件对外观质量和外形尺寸实测实量；按检验条件确定结构性能检验的数量。检验与复验规则按 GBJ 321 的规定进行。

6.3 结果评定

6.3.1 板由供方质量监督检验部门按本标准和有关标准对产品进行检验。

6.3.2 出厂检验评定应符合 GBJ 321 的规定。

6.3.3 型式检验结果符合本标准技术要求时为合格。

## 7 标志、堆放与运输

7.1 标志

板应设有永久性标志，其内容包括：

a. 制造厂名称或商标；

b. 型号；

c. 生产日期(年、月、日)；

d. 检验合格章。

7.2 堆放与运输

7.2.1 板应按型号、质量等级、品种和生产日期分别堆放。

7.2.2 板堆放时的支承位置应符合板的受力情况，应在两端设置垫木，垫木应上下对齐，垫平垫实，不得有一角脱空现象。

7.2.3 堆放场地应平整夯实，堆放层数不宜超过10层。

7.2.4 板装运时的支承位置和方法应符合板的受力状态，并固定牢靠。

7.2.5 板端预留外伸钢筋、钢丝不得任意弯折。

## 8 产品合格证

板出厂时应签发产品合格证，合格证应包括以下内容：

a. 合格证编号；

b. 生产许可证号；

c. 采用标准图和设计图纸编号；

d. 制造厂名称、商标和出厂年月；

e. 型号、规格及数量；

f. 混凝土、主筋力学性能的评定结果；

g. 外观质量和规格尺寸检验评定结果；

h. 结构性能检验评定结果；

i. 检验部门盖章。

---

**附加说明：**

本标准由中华人民共和国建设部提出。

本标准由建设部建筑结构构件标准技术归口单位中国建筑标准设计研究所归口。

本标准由中国建筑标准设计研究所、北京市第一建筑构件厂、铁道部专业设计院负责起草。

本标准主要起草人王文基、黄巧瑜、董勤、马国强。

本标准委托中国建筑标准设计研究所负责解释。

# 前　言

本标准在GB 15229—1994《轻集料混凝土小型空心砌块》的基础上修订而成。本次修订的主要内容如下：

根据新修订的相关标准，对引用标准、原材料等作了相应修改；同时，对产品质量等级作了调整。新增了砌块的最低密度等级和砌块的干缩率等指标；提高了对掺粉煤灰砌块抗冻性要求；对砌块的某些试验方法和检验规则也相应作了调整。

本标准自实施之日起，代替GB 15229—1994。

本标准由国家建筑材料工业局提出。

本标准负责起草单位：中国建筑科学研究院建筑工程材料及制品研究所、国家建筑材料工业局标准化研究所。

本标准参加起草单位：黑龙江省寒地建筑科学研究院、同济大学材料科学与工程学院、辽宁省建设科学研究院、陕西省建筑科学研究设计院、河南建筑材料研究设计院、北京格恩特新型建材公司、云南可保煤矿陶粒厂和大连亨通建材有限公司。

本标准主要起草人：丁威、龚洛书、周运灿、刘巽伯、沈玄、宋淑敏、陈烈芳、计亦奇、邓玉玲、尤志杰、申国权等。

本标准首次发布时间为1994年，第一次修订时间为2001年。

中华人民共和国国家标准

GB/T 15229—2002

# 轻集料混凝土小型空心砌块

代替 GB 15229—1994

**Lightweight aggregate concrete small hollow block**

## 1 范围

本标准规定了轻集料混凝土小型空心砌块的术语、分类、技术要求、试验方法、检验规则、堆放和运输等。

本标准适用于工业与民用建筑用的轻集料混凝土小型空心砌块。

## 2 引用标准

下列标准所包含的条文，通过在本标准中引用而构成为本标准的条文。本标准出版时，所示版本均为有效。所有标准都会被修订，使用本标准的各方应探讨使用下列标准最新版本的可能性。

GB 175—1999 硅酸盐水泥、普通硅酸盐水泥

GB 1344—1999 矿渣硅酸盐水泥、火山灰质硅酸盐水泥及粉煤灰硅酸盐水泥

GB/T 1596—1991 用于水泥和混凝土中的粉煤灰

GB/T 4111—1997 混凝土小型空心砌块试验方法

GB 6566—2000 建筑材料放射性核素限量

GB 8076—1997 混凝土外加剂

GB 12958—1999 复合硅酸盐水泥

GB/T 17431.1—1998 轻集料及其试验方法 第一部分：轻集料

GB/T 18046—2000 用于水泥和混凝土中的粒化高炉矿渣粉

JC/T 790—1985(1996) 砖和砌块名词术语

JC/T 209—1992(1996) 膨胀珍珠岩

JGJ 28—1986 粉煤灰在混凝土和砂浆中应用技术规程

JGJ 51—1990 轻集料混凝土技术规程

JGJ 52—1992 普通混凝土用砂质量标准及检验方法

## 3 术语

本标准所采用的术语见 JC/T 790 和 JGJ 51。

## 4 分类

### 4.1 类别

按砌块孔的排数分为五类：实心(0)、单排孔(1)、双排孔(2)、三排孔(3)和四排孔(4)。

### 4.2 等级

4.2.1 按砌块密度等级分为八级：500、600、700、800、900、1 000、1 200、1 400。

注：实心砌块的密度等级不应大于 800。

4.2.2 按砌块强度等级分为六级：1.5、2.5、3.5、5.0、7.5、10.0。

中华人民共和国国家质量监督检验检疫总局 2002-05-30 批准　　2002-12-01 实施

4.2.3 按砌块尺寸允许偏差和外观质量，分为两个等级：一等品(B)、合格品(C)。

4.3 标记

4.3.1 产品标记：轻集料混凝土小型空心砌块(LHB)按产品名称、类别、密度等级、强度等级、质量等级和标准编号的顺序进行标记。

4.3.2 标记示例：密度等级为600级、强度等级为1.5级、质量等级为一等品的轻集料混凝土三排孔小砌块。其标记为：

LHB(3)600 1.5B GB/T 15229。

## 5 原材料

5.1 水泥

符合GB 175、GB 1344、GB 12958的要求。

5.2 轻集料

5.2.1 最大粒径不宜大于10 mm。

5.2.2 粉煤灰陶粒、粘土陶粒、页岩陶粒，天然轻集料、超轻陶粒、自燃煤矸石轻集料和煤渣应符合GB/T 17431.1的要求；其中，煤渣的含碳量不大于10%；煤渣在陶粒混凝土中的掺量，不应大于轻粗集料总量的30%。

5.2.3 膨胀珍珠岩符合JC/T 209，但膨胀珍珠岩的堆积密度不宜低于80 kg/m$^3$。

5.2.4 非煅烧粉煤灰轻集料除符合GB/T 17431.1的要求外，$SO_3$含量应小于1%；烧失量小于15%。

5.3 普通砂

符合JGJ 52的要求。

5.4 掺合料

5.4.1 粉煤灰符合JGJ 28、GB/T 1596的要求。

5.4.2 磨细矿渣粉应符合GB/T 18046的要求。

5.5 外加剂

符合GB 8076的要求。

## 6 技术要求

6.1 规格尺寸

6.1.1 主规格尺寸为390 mm×190 mm×190 mm。其他规格尺寸可由供需双方商定。

6.1.2 尺寸允许偏差应符合表1要求。

表1 规格尺寸偏差 mm

| 项目名称 | 一等品 | 合格品 |
|---|---|---|
| 长度 | ±2 | ±3 |
| 宽度 | ±2 | ±3 |
| 高度 | ±2 | ±3 |
| 注<br>1. 承重砌块最小外壁厚不应小于30 mm，肋厚不应小于25 mm。<br>2. 保温砌块最小外壁厚和肋厚不宜小于20 mm。 | | |

6.2 外观质量

外观质量应符合表2要求。

表 2　外观质量

| 项目名称 | 一等品 | 合格品 |
|---|---|---|
| 缺棱掉角 | | |
| 个数 | | |
| 不多于 | 0 | 2 |
| 3 个方向投影的最小尺寸/mm | | |
| 不大于 | 0 | 30 |
| 裂缝延伸投影的累计尺寸/mm | | |
| 不大于 | 0 | 30 |

6.3　密度等级

密度等级应符合表 3 要求。

表 3　密度等级　kg/m³

| 密度等级 | 砌块干燥表观密度的范围 |
|---|---|
| 500 | ≤500 |
| 600 | 510～600 |
| 700 | 610～700 |
| 800 | 710～800 |
| 900 | 810～900 |
| 1 000 | 910～1 000 |
| 1 200 | 1 010～1 200 |
| 1 400 | 1 210～1 400 |

6.4　强度等级

强度等级符合表 4 要求者为一等品；密度等级范围不满足要求者为合格品。

表 4　强度等级　MPa

| 强度等级 | 砌块抗压强度 | | 密度等级范围 |
|---|---|---|---|
| | 平均值 | 最小值 | |
| 1.5 | ≥1.5 | 1.2 | ≤600 |
| 2.5 | ≥2.5 | 2.0 | ≤800 |
| 3.5 | ≥3.5 | 2.8 | ≤1 200 |
| 5.0 | ≥5.0 | 4.0 | |
| 7.5 | ≥7.5 | 6.0 | ≤1 400 |
| 10.0 | ≥10.0 | 8.0 | |

6.5　吸水率、相对含水率和干缩率

6.5.1　吸水率不应大于 20%。

6.5.2　干缩率和相对含水率应符合表 5 的要求。

表 5　干缩率和相对含水率

| 干缩率/% | 相对含水率/% | | |
|---|---|---|---|
| | 潮湿 | 中等 | 干燥 |
| <0.03 | 45 | 40 | 35 |
| 0.03～0.045 | 40 | 35 | 30 |
| >0.045～0.065 | 35 | 30 | 25 |

注

1. 相对含水率即砌块出厂含水率与吸水率之比。

$$W = \frac{\omega_1}{\omega_2} \times 100$$

式中 $W$——砌块的相对含水率/%；

$\omega_1$——砌块出厂时的含水率/%；

$\omega_2$——砌块的吸水率/%。

2. 使用地区的湿度条件：

潮湿——系指年平均相对湿度大于75%的地区；

中等——系指年平均相对湿度50%～75%的地区；

干燥——系指年平均相对湿度小于50%的地区。

6.6　碳化系数和软化系数

加入粉煤灰等火山灰质掺合料的小砌块，其碳化系数不应小于0.8；软化系数不应小于0.75。

6.7　抗冻性

应符合表6的要求。

6.8　放射性

掺工业废渣的砌块其放射性应符合GB 6566要求。

表 6　抗冻性

| 使用条件 | 抗冻标号 | 质量损失/% | 强度损失/% |
|---|---|---|---|
| 非采暖地区 | F15 | ≤5 | ≤25 |
| 采暖地区：<br>相对湿度≤60%<br>相对湿度>60% | <br>F25<br>F35 | | |
| 水位变化、干湿循环或粉煤灰掺量≥取代水泥量50%时 | ≥F50 | | |

注

1. 非采暖地区指最冷月份平均气温高于－5℃的地区；采暖地区系指最冷月份平均气温低于或等于－5℃的地区。

2. 抗冻性合格的砌块的外观质量也应符合6.2条的要求。

## 7　试验方法

砌块各项性能指标的试验，按GB/T 4111有关规定进行。其中，按第7章进行干燥收缩试验时，试件浸水时间应为48 h。

放射性试验按 GB 6566 进行。

## 8 检验规则

### 8.1 检验分类

8.1.1 出厂检验的检验项目为:尺寸偏差、外观质量、密度、强度、吸水率和相对含水率。

8.1.2 型式检验的检验项目除 8.1.1 条外,尚应进行干缩率、抗冻性、放射性、碳化系数和软化系数等项目。

有下列之一情况者,必须进行型式检验:

a) 所采用的轻集料品种或产地变化时;

b) 正常生产 3 个月时(抗冻性、放射性和干缩率检验每年一次);

c) 砌块用的轻集料混凝土的强度等级或密度等级改动时;

d) 砌块的生产工艺变化时;

e) 产品停产 3 个月以上恢复生产时;

f) 国家监督检验机构提出检验要求时。

### 8.2 组批规则

砌块按密度等级和强度等级分批验收。以同一品种轻集料配制成的相同密度等级、相同强度等级、质量等级和同一生产工艺制成的 10 000 块砌块为一批;每月生产的砌块数不足 10 000 块者亦以一批论。

### 8.3 抽样规则

抽检数量:每批随机抽取 32 块做尺寸偏差和外观质量检验;再从尺寸偏差和外观质量检验合格的砌块中,随机抽取如下数量进行其他项目的检验:

a) 强度:5 块;

b) 密度、含水率、吸水率和相对含水率:3 块;

c) 干缩率:3 块;

d) 抗冻性:10 块;

e) 放射性:按 GB 6566。

### 8.4 判定规则

8.4.1 判定所有检验结果均符合本标准第 6 章各项技术要求中某一等级指标时,则为该等级。

8.4.2 检验后,如有以下情况者可进行复检:

a) 按表 1、2 检验的尺寸偏差和外观质量各项指标,32 个砌块中有 7 块不合格者;

b) 除表 1、2 指标外的其他性能指标有一项不合格者;

c) 用户对生产厂家的出厂检验结果有异议时。

8.4.3 复检的抽检数量和检验项目应与前一次检验相同。

8.4.4 复检后,若符合相应等级指标要求时,则可判定为该等级;若不符合标准要求时,则判定该批产品为不合格。

## 9 产品合格证、堆放和运输

### 9.1 产品合格证

砌块出厂时,生产厂应提供产品质量合格证书,其内容包括:

a) 厂名与商标;

b) 合格证编号及出厂日期;

c) 产品标记;

d) 性能检验结果;

e）批量编号与砌块数量（块）；

f）检验部门与检验人员签字盖章。

9.2 产品堆放和运输

9.2.1 砌块应按密度等级和强度等级、质量等级分批堆放，不得混杂。

9.2.2 砌块装卸时，严禁碰撞、扔摔，应轻码轻放，不许用翻斗车倾卸。

9.2.3 砌块堆放和运输时应有防雨、防潮和排水措施。

# 中华人民共和国国家标准

GB 15230—94

# 农房混凝土配套构件

**Complete sets of rural-housing concrete elements**

## 1 主题内容与适用范围

本标准规定了农房混凝土配套构件的分类、质量等级、技术要求、试验方法及检验规则等。

本标准适用于农村和乡镇建造的住房、办公室、中小学教室等配套用的混凝土门、窗过梁(下称过梁)、阳台悬臂梁(下称阳台梁)及楼梯踏步板(下称踏步板)等。

## 2 引用标准

GB 175 硅酸盐水泥、普通硅酸盐水泥

GB 1344 矿渣硅酸盐水泥、火山灰质硅酸盐水泥及粉煤灰硅酸盐水泥

GB 1499 钢筋混凝土用热轧带肋钢筋

GB 8076 混凝土外加剂

GB/T 14684 建筑用砂

GB/T 14685 建筑用卵石、碎石

GB J 107 混凝土强度检验评定标准

GB J 204 钢筋混凝土工程施工及验收规范

ZB Q14 002.2 农房混凝土构件抗压强度检测方法

ZB Q14 002.3 农房混凝土构件外观质量及几何尺寸检测方法

ZB Q14 002.4 农房混凝土构件力学性能检测方法

JGJ 19 冷拔低碳钢丝预应力混凝土中小构件设计与施工规程

JGJ 63 混凝土拌合用水质量标准

## 3 分类

### 3.1 品种

#### 3.1.1 过梁

过梁分预应力混凝土过梁(下称预应力过梁)和钢筋混凝土过梁(下称混凝土过梁)两种。

#### 3.1.2 阳台梁

阳台梁为钢筋混凝土阳台梁(下称阳台梁)。

#### 3.1.3 踏步板

踏步板分预应力混凝土踏步板(下称预应力踏步板)和钢筋混凝土踏步板(下称混凝土踏步板)两种。

### 3.2 级别

阳台梁和踏步板分别按不同均布活荷载标准值划分为两个级别(见表 1),过梁按其上部承担的墙体自重及板面传给的均布荷载划分为 6 个级别(见表 2)。

国家技术监督局1994-09-24批准 1995-06-01实施

表 1　阳台梁及踏步板荷载级别　　kN/m²

| 构件种类 | 不同级别的均布活荷载标准值 | |
|---|---|---|
| | Ⅰ | Ⅱ |
| 阳台梁 | 2.5 | 3.5 |
| 踏步板 | 1.5 | 2.0 |

表 2　过梁荷载级别　　kN/m

| 组合荷载 | 墙重 | G+5 | G+10 | G+15 | G+20 | G+25 |
|---|---|---|---|---|---|---|
| 级别 | Ⅰ | Ⅱ | Ⅲ | Ⅳ | Ⅴ | Ⅵ |

注：表中 G 系指过梁上部 1/3 净跨高度的墙体自重，5～25 kN/m 指板面传给的均布荷载。

3.3　规格

3.3.1　外形

3.3.1.1　过梁：见图 1。

3.3.1.2　阳台梁：见图 2。

3.3.1.3　踏步板：见图 3 和图 4。

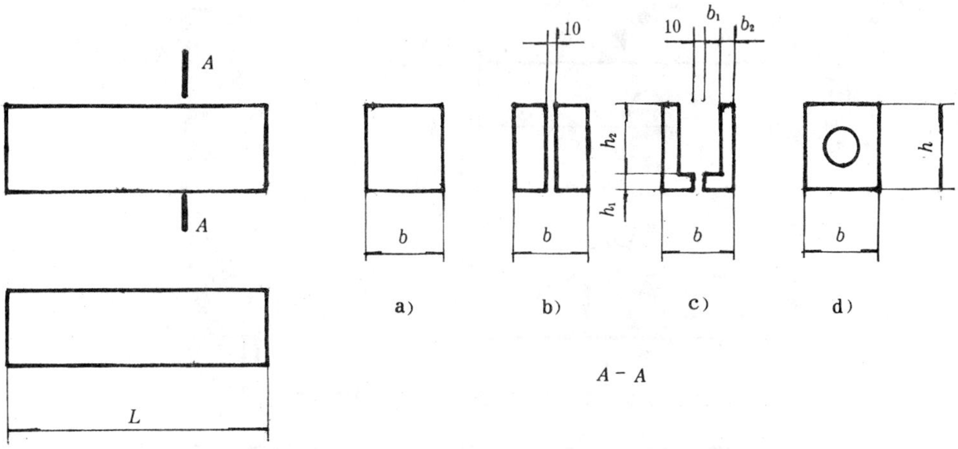


图 1　过梁

a）矩形截面　b）两个矩形组合截面　c）两个 L 形组合截面　d）抽孔的矩形截面

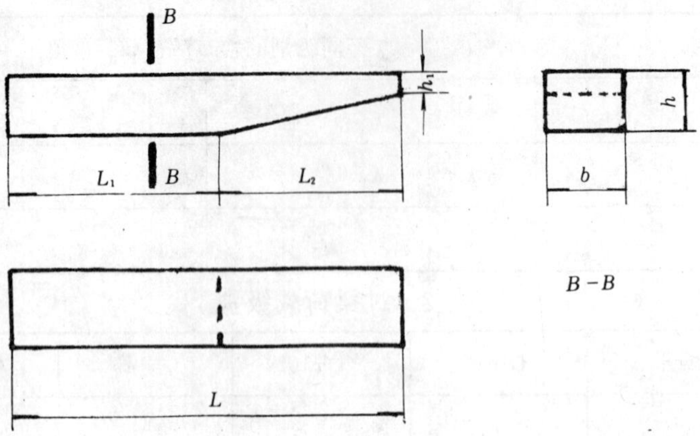


图 2　阳台梁

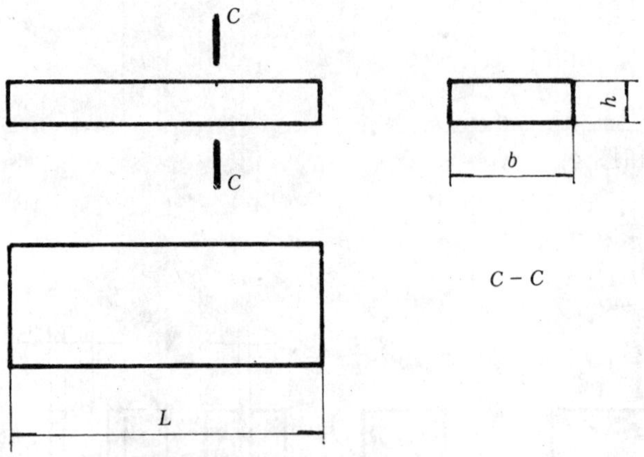


图 3　平板形踏步板

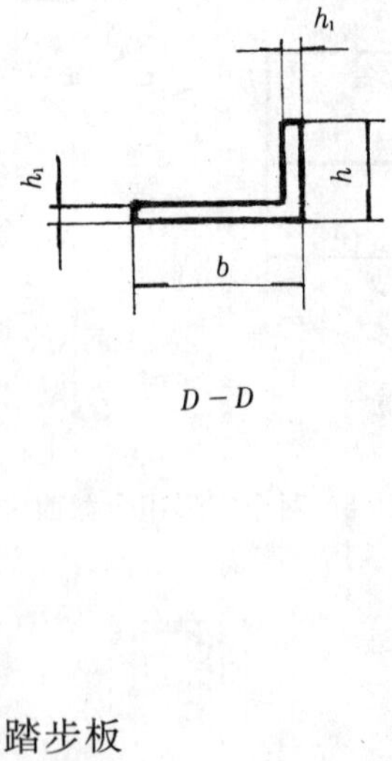


图 4　L 形踏步板

3.3.2　截面尺寸及长度

3.3.2.1　过梁的截面尺寸及长度应符合表 3 规定。

3.3.2.2　阳台梁的截面尺寸及长度应符合表 4 规定。

3.3.2.3　踏步板的截面尺寸及长度应符合表 5 规定。

表 3 过梁截面尺寸及长度 mm

| 截面 | | 荷载级别 | 长度 L |
|---|---|---|---|
| b×h | 形式 | | |
| 180×50<br>240×50<br>370×50 | 矩形 | Ⅰ | 1100、1200、1300、1400 |
| 180×60<br>240×60<br>370×60 | 矩形 | Ⅰ | 1100、1200、1300、1400、1500、1600、1700 |
| | | Ⅱ | 1100、1200 |
| | | Ⅲ | 1100 |
| 180×100<br>240×100<br>370×100 | 矩形 | Ⅰ～Ⅱ | 1200、1300、1400、1500、1700、1900 |
| | | Ⅲ～Ⅳ | 1200、1300、1400、1500、1700 |
| | | Ⅴ～Ⅵ | 1100、1200、1300、1400 |
| 180×120<br>240×120<br>370×120 | 矩形 | Ⅰ～Ⅱ | 1400、1500、1700、1900、2000、2300 |
| | | Ⅲ | 1300、1400、1500、1700、1900、2000 |
| | | Ⅳ | 1100、1200、1300、1400、1500、1700、1900 |
| | | Ⅴ | 1100、1200、1300、1400、1500、1700 |
| | | Ⅵ | 1100、1200、1300、1400、1500 |
| 180×180<br>240×180<br>370×180 | 矩形<br>2 个矩形<br>2 个 L 形 | Ⅰ | 2000、2300、2600、2900、3200、3500 |
| | | Ⅱ～Ⅲ | 1900、2000、2300、2600、2900 |
| | | Ⅳ～Ⅴ | 1700、1900、2000、2300、2600 |
| | | Ⅵ | 1700、1900、2000 |
| 180×240<br>240×240<br>370×240 | 矩形<br>2 个矩形<br>2 个 L 形 | Ⅱ～Ⅲ | 2600、2900、3200、3500 |
| | | Ⅳ | 2300、2600、2900、3200 |
| | | Ⅴ | 2300、2600、2900 |
| | | Ⅵ | 2300、2600 |
| 180×300<br>240×300<br>370×300 | 矩形<br>2 个矩形<br>2 个 L 形 | Ⅳ～Ⅵ | 2900、3200、3500 |

续表 3

mm

| 截面 | | 荷载级别 | 长度 $L$ |
|---|---|---|---|
| $b\times h$ | 形式 | | |
| 240×100 | 2个L形 | Ⅰ～Ⅳ | 1100、1200、1300、1400、1500、1700 |
| | | Ⅴ～Ⅵ | 1100、1200、1300、1400 |
| 240×150 | | Ⅰ～Ⅳ | 1500、1700、1900、2000、2100、2300 |
| | | Ⅴ～Ⅵ | 1500、1700 |
| 240×180<br>抽孔 $\phi$50～60 | 矩形 | Ⅰ～Ⅵ | 1700、1900、2000 |
| 240×100<br>($\phi$57) | 预应力矩形 | Ⅰ～Ⅳ | 1100、1200、1300、1400、1500、1700 |
| | | Ⅴ～Ⅵ | 1500、1700 |
| 240×160<br>($\phi$102) | | Ⅰ～Ⅳ | 1500、1700、1900、2000、2100、2300 |
| | | Ⅴ～Ⅵ | 1500、1700、1900 |

注：其他规格由设计部门设计确定。

表 4　阳台梁截面尺寸及长度

mm

| 种类 | 截面尺寸<br>$b\times h/h_1$ | 级别 | 长度 | | 阳台宽度<br>(开间尺寸) |
|---|---|---|---|---|---|
| | | | $L_1$ | $L$ | |
| 单阳台梁 | 240(220)×<br>240/120(150) | Ⅰ | 1000<br>1200 | 2100、2200、2300、2400、2500、2600、2700、2800、2900 | 3000～5000 |
| | | | 1400 | 2900、3000、3100、3200、3300、3400 | 3000～4700 |
| | | | 1500 | 3100、3200、3300、3400、3500 | 3000～4000 |
| | | Ⅱ | 1000<br>1200 | 2200、2300、2400、2500、2600、2700、2800、2900、3000、3100 | 3000～5000 |
| | | | 1400 | 2900、3000、3100、3200、3300、3400 | 3000～4000 |
| | | | 1500 | 3100、3200、3300、3400、3500 | 3000～3600 |
| | 240(220)×<br>300/150 | Ⅰ | 1400 | 3100、3200、3300、3400 | 5000 |
| | | | 1500 | 3200、3300、3400、3500、3600 | 4000～5000 |
| | | Ⅱ | 1400 | 3100、3200、3300、3400、3500 | 4200～5000 |
| | | | 1500 | 3200、3300、3400、3500、3600 | 3800～5000 |

续表 4

mm

| 种类 | 截面尺寸 $b \times h/h_1$ | 级别 | 长度 | | 阳台宽度（开间尺寸） |
|---|---|---|---|---|---|
| | | | $L_1$ | $L$ | |
| 中间阳台梁 | 240(220)×240/120(150) | Ⅰ | 1000 | 2400、2500、2600、2700、2800、2900、3000 | 3000～4000 |
| | | | 1200 | 2800、2900、3000、3100 | 3000 |
| | | Ⅱ | 1000 | 2500、2600、2700、2800、2900、3000、3100 | 3000～3400 |
| | 240(220)×300/150 | Ⅰ | 1000 | 2500、2600、2700、2800、2900、3000、3100 | 4200～5000 |
| | | | 1200 | 2800、2900、3000、3100、3200 | 3300～5000 |
| | | | 1400 | 3200、3300、3400、3500、3600、3700 | 3000～5000 |
| | | | 1500 | 3400、3500、3600、3700、3800、3900 | 3000～5000 |
| | | Ⅱ | 1000 | 2500、2600、2700、2800、2900、3000、3100、3200 | 3600～5000 |
| | | | 1200 | 2900、3000、3100、3200 | 3000～5000 |
| | | | 1400 | 3300、3400、3500、3600 | 3000～5000 |
| | | | 1500 | 3700、3800、3900、4000 | 3000～5000 |

注：① 括号内 220 是以非标准砖的截面宽度而定的。

② 其他规格需由设计部门设计确定。

表 5　踏步板截面尺寸及长度

mm

| 种类 | 级别 | 截面尺寸 | | | 长度 |
|---|---|---|---|---|---|
| | | $b$ | $h$ | $h_1$ | |
| 平板 | Ⅰ、Ⅱ | 250～350 | 40、50 | — | 1000～1400 |
| L 板 | Ⅰ、Ⅱ | 240～320 | 150～200 | 40 | 1000～1400 |
| 预应力 L 板 | Ⅰ、Ⅱ | 240～320 | 150～200 | 35 | 1000～1400 |

注：其他规格需由设计部门设计确定。

3.4　等级

过梁、阳台梁和踏步板分别按几何尺寸、外观质量分为一等品和合格品。

3.5　代号

3.5.1　过梁

3.5.1.1　预应力过梁代号如下所示：

YGL 1500 × 240 × 100 - Ⅱ GB 15230—94

标准编号

过梁级别

过梁高度,mm

过梁宽度,mm

过梁长度,mm

预应力过梁

3.5.1.2 混凝土过梁代号如下所示:

GL 2000 × 240 × 120 - I GB 15230—94

标准编号

过梁级别

过梁高度,mm

过梁宽度,mm

过梁长度,mm

混凝土过梁

3.5.2 阳台梁

阳台梁代号如下所示:

YTL 3400 × 240 × 240/150 - I GB 15230—94

标准编号

阳台梁级别

阳台梁高度/梢端高度,mm

阳台梁宽度,mm

阳台梁长度,mm

阳台梁

3.5.3 踏步板

3.5.3.1 混凝土平板型踏步板如下所示:

PTB 1200 × 350 × 50 - I GB 15230—94

- 标准编号
- 踏步板级别
- 踏步板高度,mm
- 踏步板宽度,mm
- 踏步板长度,mm
- 混凝土平板型踏步板

3.5.3.2 预应力 L 型踏步板如下所示:

YLTB 1000 × 320 × 150 × 35 - I GB 15230—94

- 标准编号
- 踏步板级别
- 踏步板厚度,mm
- 踏步板高度,mm
- 踏步板宽度,mm
- 踏步板长度,mm
- 预应力 L 型踏步板

3.5.3.3 混凝土 L 型踏步板如下所示:

LTB 1000 × 320 × 150 × 40 - I GB 15230—94

- 标准编号
- 踏步板级别
- 踏步板厚度,mm
- 踏步板高度,mm
- 踏步板宽度,mm
- 踏步板长度,mm
- 混凝土 L 型踏步板

## 4 技术要求

4.1 原材料

4.1.1 生产农房预应力混凝土配套构件宜采用标号不低于 425 号的硅酸盐水泥、普通硅酸盐水泥或矿渣硅酸盐水泥;生产农房钢筋混凝土配套构件宜采用标号不低于 325 号的普通硅酸盐水泥或矿渣硅酸盐水泥,其性能应分别符合 GB 175 和 GB 1344 的规定。

4.1.2 生产农房混凝土配套构件的砂子应符合 GB/T 14684 的规定。

4.1.3 生产农房混凝土配套构件的粗骨料可采用碎石或卵石，其性能应符合 GB/T 14685 规定，其最大颗粒粒径应符合 GB J 204 中的有关规定。

4.1.4 拌制和养护农房混凝土配套构件的水应符合 JGJ 63 规定的要求。

4.1.5 生产农房混凝土配套构件掺用的外加剂，其性能应符合 GB 8076 的规定。

4.1.6 生产农房混凝土配套构件采用的热轧钢筋或冷拔低碳钢丝，其性能应分别符合 GB 1499 或 JGJ 19的规定。

4.2 混凝土强度

4.2.1 农房预应力混凝土配套构件设计的混凝土强度等级不应低于 C30；农房钢筋混凝土配套构件设计的混凝土强度等级不宜低于 C20。

4.2.2 预应力筋放张时与构件同条件养护的混凝土抗压强度不得低于混凝土设计强度等级的 75%。

4.2.3 标准养护条件下 28 d 混凝土抗压强度应满足 GBJ 107 的要求。

4.2.4 配套构件出厂时，与构件同条件养护的混凝土抗压强度不得低于设计的混凝土强度等级。

4.3 构造要求

4.3.1 预应力踏步板和高度不大于 60 mm 的预应力过梁的主筋保护层厚度不应小于 15 mm，高度大于 60 mm 的过梁及阳台梁的主筋保护层厚度不应小于 20 mm，混凝土踏步板的主筋保护层厚度不应小于 10 mm。

4.3.2 钢筋的加工、焊接、绑扎和安装应符合 GBJ 204 的有关规定。

4.4 施加预应力要求

当采用冷拔低碳钢丝施加预应力时应符合 JGJ 19 中相应的规定。

4.5 外观质量和几何尺寸

配套构件的外观质量和几何尺寸允许偏差应符合表 6 规定。

表 6 外观质量和尺寸允许偏差 mm

| 类别 | 项次 | 项目 | | 允许偏差 | |
|---|---|---|---|---|---|
| | | | | 一等品 | 合格品 |
| 外观质量 | 1 | 露筋 | | 不允许 | 不允许 |
| | 2 | 裂缝 | | 不允许 | 不允许 |
| | 3 | 孔洞 | | 不允许 | 不允许 |
| | 4 | 缺角掉边 | 数量 | 不允许 | 每件不超过 1 处 |
| | | | 长度 | 不允许 | ≤40 |
| | | | 宽度 | 不允许 | ≤20 |
| | 5 | 蜂窝麻面 | | 不大于同一面面积的 3% | 不大于同一面面积的 3% |

续表 6

mm

| 类别 | 项次 | 项目 | | 允许偏差 | |
|---|---|---|---|---|---|
| | | | | 一等品 | 合格品 |
| 几何尺寸 | 6 | 长度 | | +8<br>−4 | +10<br>−5 |
| | 7 | 宽度 | | ±4 | ±5 |
| | 8 | 高度 | | ±4 | ±5 |
| | 9 | 主筋保护层厚度 | 梁 | +8<br>−4 | +10<br>−5 |
| | | | 板 | +4<br>−2 | +5<br>−3 |
| | 10 | 侧向弯曲 | | ≤L/1000 | ≤L/750 |
| | 11 | 表面平整度 | | 2 m 长度内不大于 5 | 2 m 长度内不大于 7 |
| | 12 | 对角线差 | | ≤10 | ≤12 |
| | 13 | 预留孔中心位移 | | ≤5 | ≤7 |

注：对角线差仅适用于踏步板。

## 4.6 力学性能

预应力混凝土配套构件的力学性能应包括承载力、挠度和抗裂检验；钢筋混凝土配套构件的力学性能应包括承载力、挠度和裂缝宽度检验。

### 4.6.1 承载力

承载力应符合式(1)要求：

$$\gamma_u^0 \geqslant \gamma_0[\gamma_u] \qquad \cdots\cdots (1)$$

式中：$\gamma_u^0$——构件的承载力检验系数实测值，即试验达到表 7 所列检验标志之一时的荷载实测值与荷载设计值(均包括自重)的比值。

$[\gamma_u]$——构件的承载力检验系数允许值，按表 7 取用。

$\gamma_0$——结构构件的重要性系数，对于配套构件取 $\gamma_0=1$。

表 7 构件承载力检验系数的允许值〔$\gamma_u$〕

| 受力情况 | 构件达到承载力极限值的检验标志 | | 〔$\gamma_u$〕 |
|---|---|---|---|
| 受弯 | 受拉主筋处的最大裂缝宽度达到 1.5 mm 或挠度达到跨度的 1/50 | Ⅰ～Ⅲ级钢筋 | 1.20 |
| | | 钢丝 | 1.45 |
| | 受压区混凝土破坏，此时受拉主筋处的最大裂缝宽度小于 1.5 mm 且挠度小于跨度的 1/50 | Ⅰ～Ⅲ级钢筋 | 1.25 |
| | | 钢丝 | 1.40 |
| | 受拉主筋拉断 | | 1.50 |
| 受弯构件的受剪 | 腹部斜裂缝达到 1.5 mm，或斜裂缝末端受压混凝土剪压破坏 | | 1.35 |
| | 沿斜截面混凝土斜压破坏、受拉主筋在端部滑脱或其他锚固破坏 | | 1.50 |

4.6.2 挠度

挠度应符合式(2)、(3)要求：

$$a_s^0 \leqslant [a_s] \qquad (2)$$

$$[a_s] = \frac{M_s}{M_{sL}(\theta - 1) + M_s}[a_f] \qquad (3)$$

式中：$a_s^0$——在正常使用的短期检验荷载作用下，构件的短期挠度实测值，mm，按附录 A 规定计算；

〔$a_s$〕——构件短期挠度允许值，mm；

$M_s$——按荷载的短期效应组合计算所得的弯矩值，kN · m；

$M_{sL}$——按荷载的长期效应组合计算所得的弯矩值，kN · m；

$\theta$——考虑荷载长期效应组合对挠度增大的影响系数，对于配套构件一般取 $\theta=2$；

〔$a_f$〕——构件的挠度允许值，对于过梁和踏步板取〔$a_f$〕为其计算跨度的 1/200；对于阳台梁取〔$a_f$〕为计算跨度 1/125。

4.6.3 抗裂

构件的抗裂检验应符合式(4)、(5)要求：

$$\gamma_{cr}^0 \leqslant [\gamma_{cr}] \qquad (4)$$

$$[\gamma_{cr}] = 0.95\,\frac{\sigma_{pc} + \gamma f_{tk}}{\sigma_{sc}} \qquad (5)$$

式中：$\gamma_{cr}^0$——构件的抗裂检验系数实测值，即试验时对构件第一次出现裂缝时的荷载实测值与正常使用的短期荷载检验值(包括自重)的比值；

〔$\gamma_{cr}$〕——构件的抗裂检验系数允许值；

$\sigma_{sc}$——荷载的短期效应组合下抗裂验算边缘的混凝土法向应力，$N/mm^2$；

$\gamma$——受拉区混凝土塑性影响系数，对于配套构件一般取 $\gamma=1.75$；

$\sigma_{pc}$——检验时在抗裂验算边缘的混凝土预压应力计算值，$N/mm^2$；

$f_{tk}$——检验构件时的混凝土抗拉强度标准值，$N/mm^2$。

4.6.4 裂缝宽度

构件的裂缝宽度检验应符合式(6)要求：

$$\omega_{s,\max}^{0} \leqslant [\omega_{\max}] \qquad \cdots\cdots (6)$$

式中：$\omega_{s,\max}^{0}$——在正常使用的短期检验荷载作用下，受拉主筋处最大裂缝宽度实测值，mm；

$[\omega_{\max}]$——构件的最大裂缝宽度允许值，对于过梁和踏步板一般取 $[\omega_{\max}]=0.20$；对于阳台梁一般取 $[\omega_{\max}]=0.15$ mm。

## 5 试验方法

### 5.1 混凝土抗压强度、外观质量和几何尺寸

分别按 ZB Q 14002.2 和 14002.3 规定进行。

### 5.2 力学性能

#### 5.2.1 过梁和踏步板

分别按 ZB Q 14002.4 中梁类和板类构件进行。

#### 5.2.2 阳台梁

##### 5.2.2.1 支承方式、荷载及仪表布置

试验时采用悬臂梁方法进行，支承方式、荷载及仪表布置见图 5。

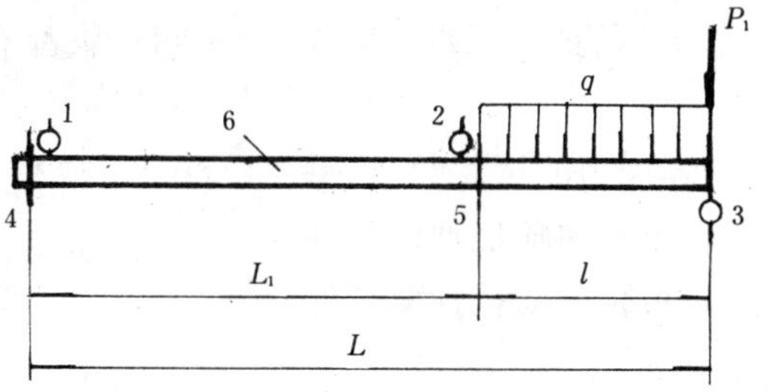


a 均布加荷

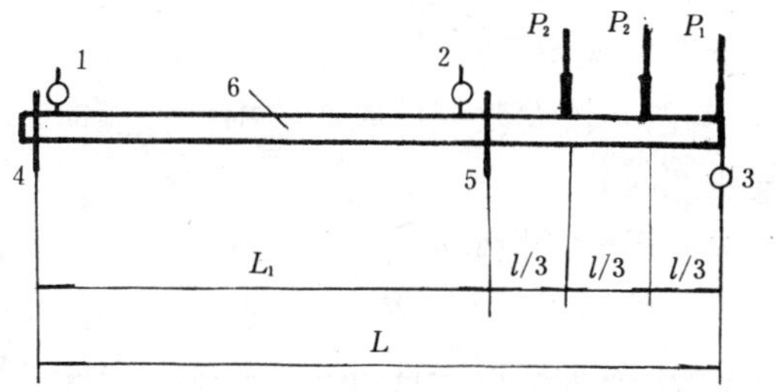


b 两个等效集中荷载三分点加荷

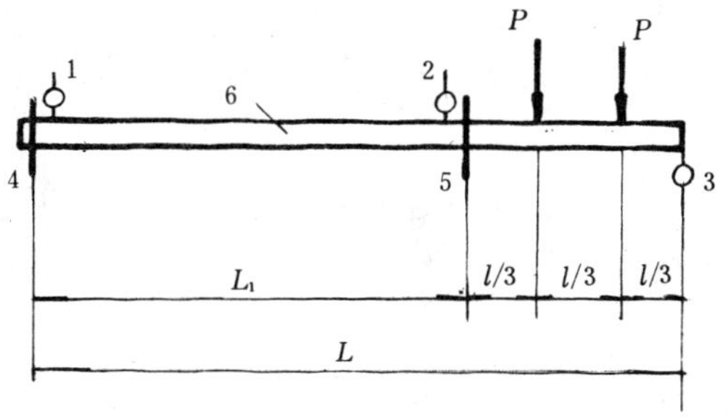


c 两个等效集中荷载三分点加荷(包括栏杆集中荷载)

图 5 阳台梁支承方式及荷载、仪表布置

1、2、3—百分表；4、5—锚固端；6—阳台梁；$q$—均布荷载；$P_1$—阳台栏杆自重；$P_2$—与均布荷载等效的集中荷载；$P$—包括 $P_1$ 在内的等效集中荷载；$L$—计算跨度

5.2.2.2 静力加荷方法

阳台梁的力学性能检验采用短期静力加荷试验方法，当采用均布荷载加荷时(图 5a)，$q$ 为阳台梁承受的永久荷载和可变荷载(N/m)，$P_1$ 为阳台栏杆自重(N)；当采用两个等效集中荷载代替均布荷载，而 $P_1$ 单独作为集中荷载加荷时(图 5b)，$p_2=\frac{q_1}{2}$，(N)；当采用两个等效集中荷载代替均布荷载和栏杆集中荷载时(图 5c)，$P=P_2+P_1$。

试验方法和步骤按 ZB Q 14002.4 规定进行。

## 6 检验规则

6.1 检验项目

6.1.1 出厂检验：包括混凝土强度、构件的外观质量和几何尺寸。

6.1.2 型式试验：包括混凝土强度、构件外观质量、几何尺寸和力学性能。

6.2 出厂检验

6.2.1 批量

按同一品种、类型的构件 100 件为一个批量，不足 100 件的也作为一个检验批量。

6.2.2 抽样方法

6.2.2.1 检验混凝土抗压强度的试件数量应符合下列规定：

**a.** 检验混凝土设计强度等级用的试块数量，应在同一原材料、配合比及相同工艺条件下，每季度不得少于 10 组；

**b.** 检验预应力放张和出厂强度用的试块数量，每生产班至少成型 2 组。

6.2.2.2 外观质量检测应从同一批量中随机抽取 5 件。

6.2.2.3 几何尺寸检测应从同一批量中随机抽取 5 件。

6.3 型式检验

6.3.1 有下列情况之一时，需进行型式检验

**a.** 新产品投产时；

**b.** 正常生产时每年进行一次型式检验；

**c.** 生产中，如结构、材料、工艺有较大改变可能影响构件性能时；

**d.** 长期停产后重新恢复生产时；

**e.** 质量监督机构提出要求进行型式检验时。

6.3.2 型式检验时的混凝土强度、外观质量及几何尺寸的批量及抽样方法按 6.2 条规定进行。

6.3.3 力学性能检测从同一批量中随机抽取一件进行检验。

6.4 判定规则

6.4.1 混凝土抗压强度

在标准养护条件下 28 d 抗压强度应满足 GBJ 107 的要求。

6.4.2 外观质量

每件构件的外观质量中露筋、裂缝、孔洞符合表 6 中相应等级的规定。而其他项目中仅有一项不符合表 6 中相应等级的规定，则该件判为相应等级。

6.4.3 几何尺寸

每件构件的几何尺寸中高度、侧向弯曲、主筋保护层厚度中仅一项不符合表 6 中相应等级的规定，而其他项目仅有二项不符合相应等级规定，则该件判为相应等级。

6.4.4 力学性能

构件的力学性能应满足本标准 4.6 规定的要求，但当该试件的承载力及抗裂检验系数仅达到规定允许值的 0.95；挠度达到规定允许值 1.10 倍时，可再抽取两个试件检验。当第一个试件能满足本标准

4.6 条规定要求，或 2 个试件都能达到承载力和抗裂检验系数规定允许值的 0.95 倍，挠度达到规定允许值的 1.10 倍时，均可评为合格。

6.4.5 综合判定

6.4.5.1 一个检验批构件的质量符合下列条件者判为一等品：

a. 混凝土强度合格；
b. 外观质量每件符合 6.4.2 相应等级中一等品要求；
c. 几何尺寸允许误差范围每件符合 6.4.3 条相应等级中一等品要求；
d. 力学性能检验合格。

6.4.5.2 一个检验批构件的质量符合下列条件者判为合格品：

a. 混凝土强度合格；
b. 外观质量不合格件数不超过 1 件；
c. 几何尺寸不合格件数不超过 1 件；
d. 按规定要求检验的力学性能合格。

## 7 产品合格证

配套构件产品合格证包括下列内容：

a. 批量编号；
b. 本标准编号；
c. 生产厂名称和商标、生产年、月；
d. 代号、数量；
e. 混凝土强度检验结果；
f. 外观质量和尺寸检验结果；
g. 力学性能检验结果；
h. 质量检验部门签章。

## 8 标志、堆放与运输

8.1 标志

出厂的配套构件表面应设有标志、永久标志包括生产厂名、商标、代号、生产日期和检验章。

8.2 堆放

8.2.1 生产的配套构件应按品种、规格、代号、制作日期分别堆放。

8.2.2 堆放场地应坚实、平整；码垛件数：踏步板每垛不超过 10 件，过梁和阳台梁每垛不超过 6 件。

8.2.3 构件码垛应将其正向放在支垫物上，各层间用两个平整支垫物隔开，各层支垫物应在同一垂直线上，支垫物距构件端部距离：踏步板为 100 mm，过梁为 200 mm，阳台梁（埋入段端头）为 250～300 mm（另一端搁置在变截面交点处）。

8.3 运输

8.3.1 配套构件在运输过程中的支垫要求同 8.2.3 规定。

8.3.2 配套构件在起吊、运输中应轻起、轻放，严禁碰撞。

## 附 录 A
## 构件实测挠度计算方法
（补充件）

### A1 过梁和踏步板

过梁和踏步板在各级试验荷载作用下跨中短期实测挠度值按式(A1)、(A2)计算：

$$a_t^0 = \upsilon_m^0 - \frac{1}{2}(\upsilon_l^0 + \upsilon_r^0) + a_g^c \quad \cdots\cdots(A1)$$

$$a_g^c = \frac{M_g}{M_b} \cdot a_b^0 \quad \cdots\cdots(A2)$$

式中：$a_t^0$——在各级全部试验荷载作用下跨中短期实测挠度值，mm；

$\upsilon_m^0$——外加试验荷载（试验荷载扣除自重和加荷设备重量）作用下构件跨中的位移实测值，mm；

$\upsilon_l^0$、$\upsilon_r^0$——外加试验荷载作用下构件左、右两端支座沉陷位移实测值，mm；

$a_g^c$——构件自重与加荷设备重量产生的跨中挠度值，mm；

$M_g$——构件自重与加荷设备重量产生的跨中弯矩值，kN·m；

$M_b$——构件出现裂缝前一级加外试验荷载产生的跨中弯矩值，kN·m；

$a_b^0$——与 $M_b$ 相对应的外加试验荷载所产生的跨中挠度值，mm。

### A2 阳台梁

阳台梁在各级试验荷载作用下悬臂端短期实测挠度值按式(A3)、(A4)计算：

$$a_t^0 = \upsilon_m^0 - (\upsilon_l^0 + \upsilon_r^0) \cdot \frac{L}{L_1} + \upsilon_l^0 + a_g^c \quad \cdots\cdots(A3)$$

$$a_g^c = \frac{M_g}{M_b} \cdot a_b^0 \quad \cdots\cdots(A4)$$

式中：$a_t^0$——全部试验荷载作用下阳台梁悬臂端部挠度实测值，mm。

当采用两个三分点等效集中荷载 $P_2$ 和阳台栏杆集中荷载 $P_1$ 加荷时，所得 $\alpha_t^0$ 需乘以修正系数 $K$，此时 $K=\frac{2P_2}{2P_2+P_1}\times1.125+\frac{P_1}{2P_2+P_1}$

当采用两个三分点等效集中荷载代替均布荷载和栏杆集中荷载加荷时，所得 $\alpha_t^0$ 需乘以修正系数 $K$，此时 $K=1.125$。

$\upsilon_m^0$——外加试验荷载（全部试验荷载扣除阳台梁悬臂段自重和加荷设备重量）作用下阳台梁悬臂端部位移实测值，mm；

$\upsilon_l^0$、$\upsilon_r^0$——外加试验荷载作用下阳台梁埋入段两个端部位移实测值，mm；

$L$——阳台梁长度，mm；

$L_1$——阳台梁埋入段长度，mm；

$a_g^c$——阳台梁悬臂段自重和加荷设备重量产生的悬臂端部挠度值，mm；

$M_g$——阳台梁悬臂段自重和加荷设备重量产生的悬臂端部弯矩值，kN·m；

$M_b$——阳台梁出现裂缝前一级加载值产生的悬臂端部弯矩值，kN·m；

$a_b^0$——与 $M_b$ 相对应的加载值产生的悬臂端部挠度值,mm。

---

**附加说明:**

本标准由国家建筑材料工业局提出。

本标准由国家建筑材料工业局苏州混凝土水泥制品研究院归口。

本标准由国家建筑材料工业局苏州混凝土水泥制品研究院、宜兴市建材工业公司、苏州市横塘预制构件厂、兴化市边城水泥制品厂负责起草。

本标准委托国家建筑材料工业局苏州混凝土水泥制品研究院负责解释。

本标准主要起草人庄启才、陆乃鼎、邹伯君、张宝根、曹银宝。

中华人民共和国国家标准

# 蒸压加气混凝土板

GB 15762—1995

**Autoclaved aerated concrete slabs**

## 1 主题内容与适用范围

本标准规定了蒸压加气混凝土板的产品分类，技术要求、试验方法、检验规则和标志、贮存、包装、运输、产品质量证明书等。

本标准适用于民用与工业建筑物中使用的蒸压加气混凝土屋面板和自承重配筋墙板（以下简称屋面板和墙板，两者统称时简称板）。

## 2 引用标准

GB 1499 钢筋混凝土用热轧带肋钢筋
GB 6763 建筑材料用工业废渣放射性物质限制标准
GB 9196 掺工业废渣建筑材料产品放射性物质控制标准
GB 11968 蒸压加气混凝土砌块
GB/T 11969 加气混凝土性能试验方法总则
GB/T 11970 加气混凝土容重、含水率和吸水率试验方法
GB/T 11971 加气混凝土力学性能试验方法
GB/T 11972 加气混凝土干燥收缩试验方法
GB/T 11973 加气混凝土抗冻性试验方法

## 3 产品分类

### 3.1 品种和规格

3.1.1 屋面板的规格见表 1，其外形见图 1。屋面板两侧应按设计要求，设置槽、预埋件等。槽的尺寸应符合表 1 规定。

表 1

mm

| 品种 | 代号 | 产品公称尺寸 | | | 产品制作尺寸 | | | | |
|---|---|---|---|---|---|---|---|---|---|
| | | 长度 $L$ | 宽度 $B$ | 厚度 $D$ | 长度 $L_1$ | 宽度 $B_1$ | 厚度 $D_1$ | 槽 高度 $h$ | 槽 宽度 $d$ |
| 屋面板 | JWB | 1 800～6 000 | 500<br>600 | 150 | $L-20$ | $B-2$ | $D$ | 40 | 15 |
| | | | | 170 | | | | | |
| | | | | 180 | | | | | |
| | | | | 200 | | | | | |
| | | | | 240 | | | | | |
| | | | | 250 | | | | | |

国家技术监督局 1995-11-30 批准　　1996-08-01 实施

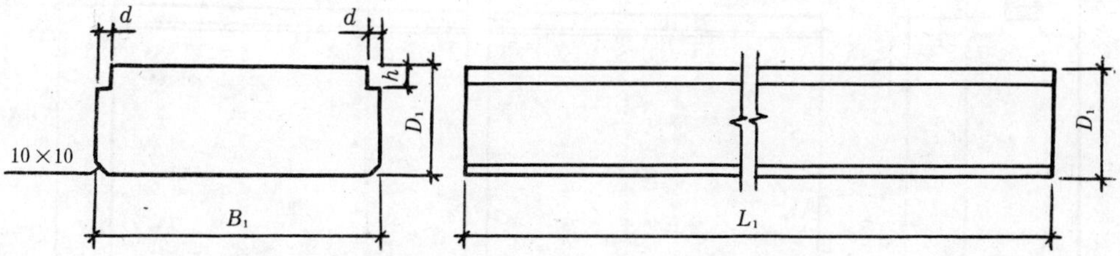


单位:mm

图 1　屋面板外形示意图

注：槽的形状和位置根据设计确定。

3.1.2　墙板的规格见表 2，其外形见图 2、图 3、图 4。

表 2　　　　mm

| 品种 | 代号 | 产品公称尺寸 | | | 产品制作尺寸 | | | | |
|---|---|---|---|---|---|---|---|---|---|
| | | 长度 $L$ | 宽度 $B$ | 厚度 $D$ | 长度 $L_1$ | 宽度 $B_1$ | 厚度 $D_1$ | 槽 高度 $h$ | 槽 宽度 $d$ |
| 外墙板 | JQB | 1 500～6 000 | 500<br>600 | 150 | 竖向:$L$<br>横向:$L-20$ | $B-2$ | $D$ | 30 | 30 |
| | | | | 170 | | | | | |
| | | | | 180 | | | | | |
| | | | | 200 | | | | | |
| | | | | 240 | | | | | |
| | | | | 250 | | | | | |
| 隔墙板 | JGB | 按设计要求 | 500<br>600 | 75 | 按设计要求 | $B-2$ | $D$ | — | — |
| | | | | 100 | | | | | |
| | | | | 120 | | | | | |

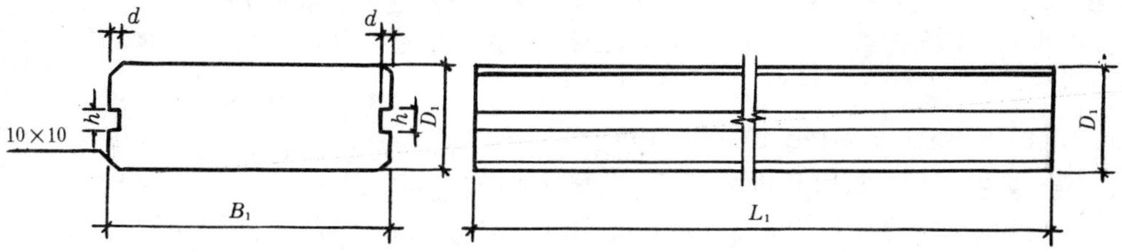


单位:mm

图 2　竖向外墙板外形示意图

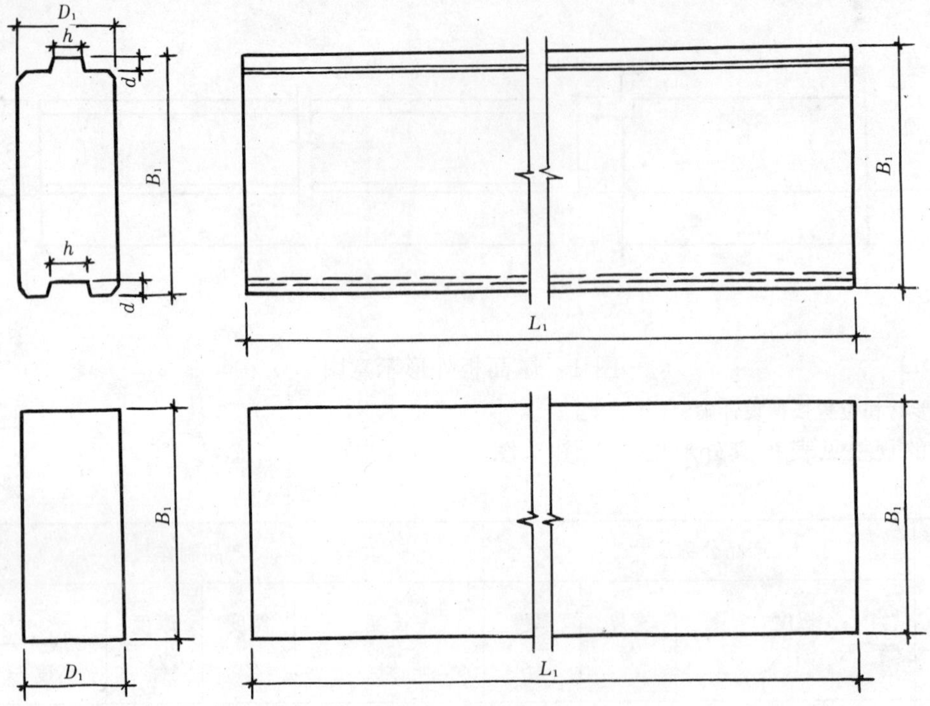


图 3　横向外墙板外形示意图

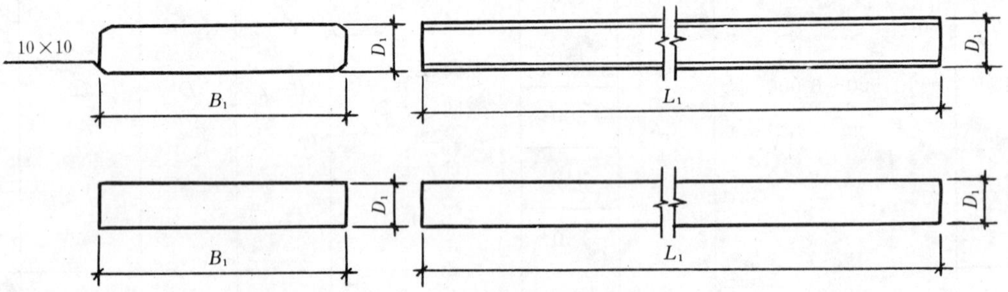


图 4　隔墙板外形示意图

3.1.3　订货单位如需其他规格，可与生产厂协商确定。

3.2　等级

3.2.1　板按加气混凝土干体积密度分 05、06、07、08 级。

3.2.2　板按尺寸允许偏差和外观分为：优等品(A)、一等品(B)和合格品(C)三个等级。

3.3　产品标记示例

屋面板按代号、级别、标准荷载、公称尺寸(长度×厚度)和等级顺序进行标记。

例如：级别为 06，标准荷载为 1 500 kN/m²，公称尺寸长度为 4 800 mm、厚度为 175 mm，优等品的屋面板：

JWB 06 1500 4800×175 A GB 15762—1995

墙板按代号、级别、公称尺寸(长度×厚度)和等级顺序进行标记。

例如：级别为 05，公称尺寸长度为 6 000 mm，厚度为 120 mm 优等品的隔墙板：

JGB 05 6000×120A GB 15762—1995

## 4　技术要求

4.1　材料的基本性能

4.1.1 利用工业废渣为原料时，应符合 GB 6763、GB 9196 的规定。

4.1.2 蒸压加气混凝土性能应符合 GB 11968 的规定。

4.1.3 钢筋应符合 GB 1499 Ⅰ级钢的规定。

4.1.4 钢筋涂层的防锈能力≥8 级。

4.1.5 05、06 级板，板内钢筋粘着力≥0.8 MPa（单筋粘着力最小值不得小于 0.5 MPa）。07、08 级板，板内钢筋粘着力≥1.0 MPa（单筋粘着力最小值不得小于 0.5 MPa）。

4.2 板的尺寸允许偏差和外观应符合表 3 的规定。

表 3 mm

| 项目 | | 基本尺寸 | 允许偏差 | | |
|---|---|---|---|---|---|
| | | | 优等品(A) | 一等品(B) | 合格品(C) |
| 尺寸 | 长度 $L$ | 按制作尺寸 | ±4 | ±5 | ±7 |
| | 宽度 $B$ | 按制作尺寸 | +2<br>−4 | +2<br>−5 | +2<br>−6 |
| | 厚度 $D$ | 按制作尺寸 | ±2 | ±3 | ±4 |
| | 槽 | 按制作尺寸 | −0<br>+5 | −0<br>+5 | −0<br>+5 |
| 外观 | 侧向弯曲 | | $L_1$/1 000 | $L_1$/1 000 | $L_1$/750 |
| | 对角线差 | | $L_1$/600 | $L_1$/600 | $L_1$/500 |
| | 表面平整 | | 5 | 5 | 5 |
| | 露筋、掉角、侧面损伤大面损伤、端部掉头 | | 不允许 | 不允许 | 不允许 |
| 钢筋保护层 | 主筋 | 20 | +5<br>−10 | +5<br>−10 | +5<br>−10 |
| | 端部 | 0～15 | — | — | — |

4.3 优等品和一等品的板不得有裂缝；合格品屋面板不得有贯穿裂缝和其他影响结构性能的裂缝，不得有长度≥600 mm、宽度≥0.2 mm 纵向裂缝，其他裂缝的数量不得多于 2 条；合格品墙板上不得有贯穿裂缝，其他的裂缝长度、宽度不做限定，数量不得多于 3 条。

4.4 板的钢筋保护层从钢筋外缘算起，应符合表 3 的规定，见图 6。

4.5 在符合下列情况时，板允许修补。对于 05、06 级板，修补料抗压强度≥5.0 MPa，对于 07、08 级板，修补料抗压强度≥8.0 MPa。修补完整后，板经检查合格，可作为合格品出厂。

**a.** 掉角：板宽方向的尺寸 $a$≤150 mm，板长方向的尺寸 $b$≤300 mm 处，见图 7；

**b.** 侧面损伤：总长度 $b$≤500 mm，深度 $a$ 不超过主筋保护层，见图 8；

**c.** 大面损伤：面积≤200 $cm^2$，深度 $a$≤10 mm，板长 $L$≤3 300 mm 的板有 1 处，$L$>3 300 mm 的板少于或等于 2 处，见图 9。

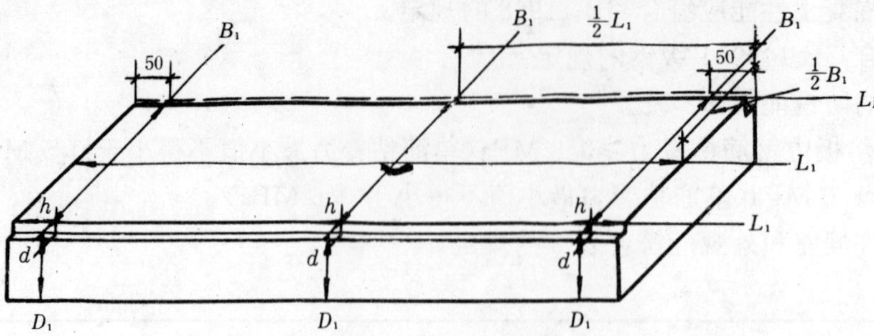


单位:mm

图 5　尺寸测量部位示意图

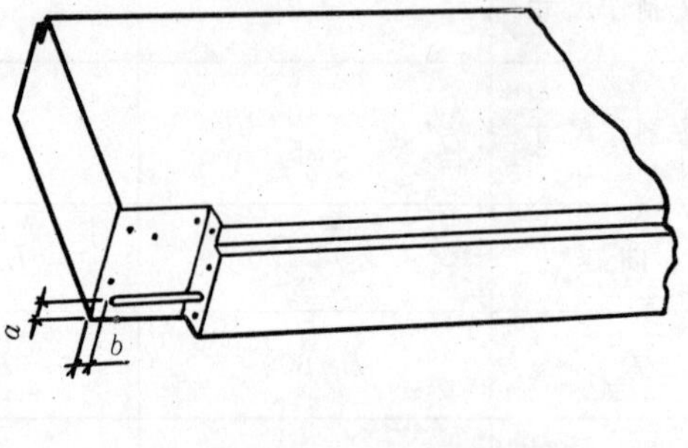


图 6　钢筋保护层示意图

a—主筋保护层;b—端部保护层

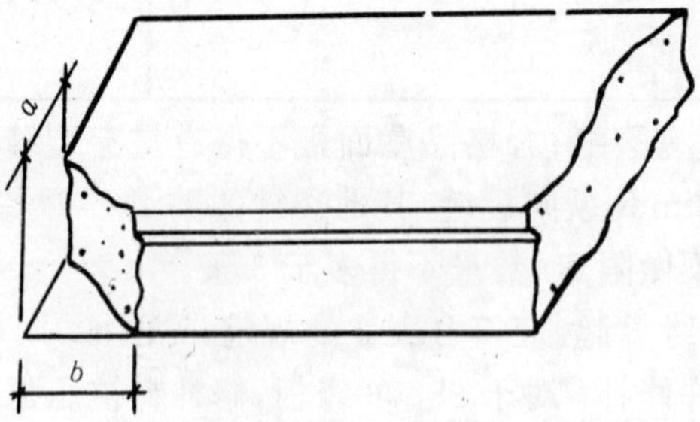


图 7　掉角示意图

a—板宽方向;b—板长方向

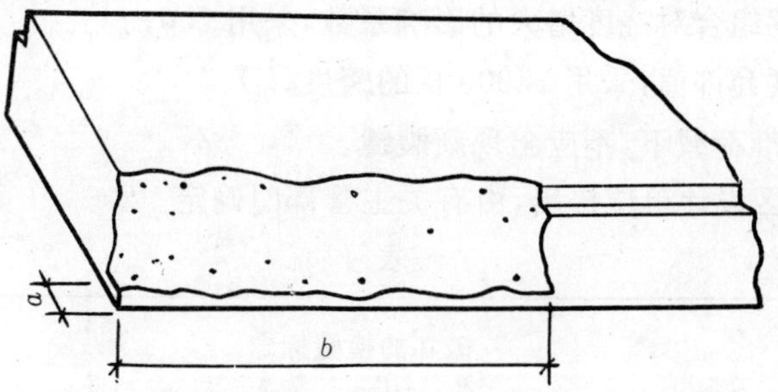


图 8 侧面损伤示意图

$a$—深度；$b$—长度

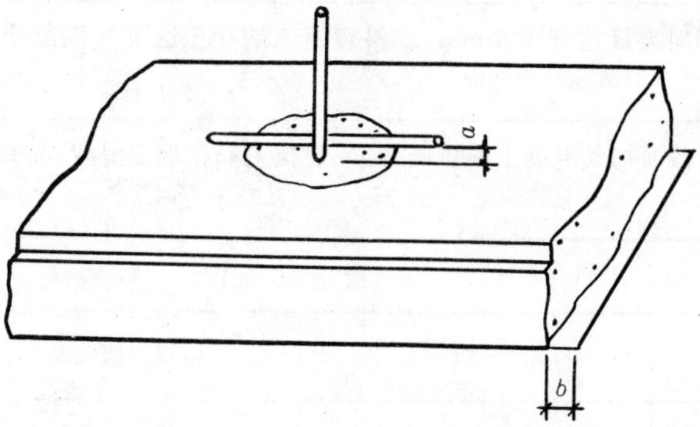


图 9 大面损伤及端部掉头示意图

$a$—大面损伤深度；$b$—端部掉头深度

**d.** 端部掉头(包括疏皮)：宽度 $b \leqslant 25$ mm，1 处，见图 9；

**e.** 发气不够高的板宽度尺寸不足：宽度≥585 mm，长度≤板长⅔；宽度<585 mm 时，符合侧面损伤的情况；

**f.** 板槽尺寸不符合规定。

4.6 屋面板的结构性能应满足以下要求：

**a.** 材料强度、构造要求应符合设计图纸规定。

**b.** 承载能力检验系数实测值：

$$\gamma_u^0 \geqslant \gamma_0 [\gamma_u] \frac{1}{\gamma_R} \quad \cdots\cdots\cdots\cdots (1)$$

式中：$\gamma_u^0$——屋面板承载力检验系数实测值，即试验达到表 4 所列破坏的检验标志之一时的荷载实测值与荷载设计值(均包括自重)的比值；

$\gamma_0$——重要性系数，根据结构安全等级，由表 5 选用；

$[\gamma_u]$——屋面板承载力检验系数允许值，按表 4 选用；

$\gamma_R$——屋面板抗力分项系数，采用 0.75。

注：荷载设计值指相应于承载能力极限状态效应组合下的荷载值。

**c.** 短期挠度实测值：

$$\alpha_s \leqslant \frac{M_s}{M_{sl}(\theta - 1) + M_s} [\alpha_f] \quad \cdots\cdots\cdots\cdots (2)$$

式中：$\alpha_s$——在荷载的短期组合值作用下，屋面板的短期挠度实测值；

$M_s$——按荷载的短期组合值计算所得的弯矩值；

$M_{sl}$——按荷载的长期组合计算所得的弯矩值；

$\theta$——考虑荷载长期组合对挠度增大的影响系数，采用 2.0；

〔$\alpha_f$〕——屋面板的挠度允许值，采用 1/200 板的跨度($l_0$)。

d. 在短期作用的标准荷载下，不应出现新裂缝。

e. 标准荷载由各地区设计单位提出，由有关主管部门确定。

表 4

| 结构设计受力情况 | 破坏的检验标志 | 〔$\gamma_0$〕 |
|---|---|---|
| 受　弯 | 在受拉主筋处的最大裂缝宽度达到 1.5 mm，或挠度达到跨度的1/50 | 1.20 |
| | 受压处加气混凝土破坏 | 1.25 |
| | 受拉主筋拉断 | 1.50 |
| 受弯构件的受剪 | 腹部斜裂缝达到 1.5 mm，或斜裂缝末端受压区加气混凝土剪压破坏 | 1.35 |
| | 沿斜截面加气混凝土斜压破坏，或受拉主筋在端部滑脱，或其他锚固破坏 | 1.50 |

表 5

| 结构安全等级 | 一级 | 二级 | 三级 |
|---|---|---|---|
| $\gamma_0$ | 1.1 | 1.0 | 0.9 |

## 5 试验方法

5.1 材料的基本性能

5.1.1 放射性测定，按 GB 6566、GB 6763、GB 9196 的规定进行。

5.1.2 蒸压加气混凝土性能试验按 GB/T 11969～11973 的规定进行。

5.1.3 钢筋涂层防锈能力试验按本标准附录 A(参考件)的规定进行。

5.1.4 板内钢筋粘着力试验按本标准附录 B(参考件)的规定进行。

5.2 规格尺寸和尺寸允许偏差板的尺寸检测采用钢尺及钢卷尺(最小刻度 1 mm)。长度、宽度、厚度及槽高度、槽宽度分别在板的两端及中部测量，各测 3 个尺寸(见图 5)，精确至 1 mm，以实测最大偏差者判定。

5.3 外观

5.3.1 量具：钢尺及钢卷尺(最小刻度 1 mm)、2 m 靠尺、楔形塞尺、读数放大镜(最小刻度 0.05 mm)。

5.3.2 侧向弯曲采用拉线和钢尺检查最大处，精确至 1 mm。

5.3.3 对角线差用钢卷尺量两个对角线求差，精确至 1 mm。

5.3.4 表面平整用 2 m 靠尺和楔形塞尺检查 2 处，精确至 1 mm，以较大值判定。

5.3.5 露筋、掉角、侧面损伤、大面损伤、端部掉头用目检与量具测量。

5.3.6 裂缝长度用钢尺测量，精确至 1 mm；裂缝宽度用读数放大镜测量，精确至 0.05 mm。

5.4 保护层　钢筋保护层厚度可用量具直接测量或用钢筋探测仪测量板两端及中部 3 处，精确至 1 mm，以最大值判定。

5.5 屋面板的结构性能　屋面板的结构性能检验按本标准的附录 C(参考件)的规定进行。

## 6 检验规则

6.1 型式检验

6.1.1 有下列情况之一时,进行型式检验

a. 新产品或老产品转厂生产的试制定型鉴定;

b. 正式生产后,产品的原材料、工艺等有较大改变,可能影响产品的性能时;

c. 正常生产时,至少每半年应进行一次检验;

d. 产品停产3个月时间,恢复生产时;

e. 出厂检验结果与上次型式检验有较大差异时;

f. 国家质量监督机构提出进行型式检验的要求时。

6.1.2 型式检验项目包括:加气混凝土的性能(立方体抗压强度、干体积密度、干燥收缩值、抗冻性)、钢筋涂层的防锈能力、钢筋粘着力、尺寸、外观、钢筋保护层、屋面板的结构性能。

6.1.3 在应受检验的产品中,随机抽取3块板,制作3组立方体抗压强度试件、3组干体积密度试件、3组干燥收缩试件、3组抗冻性试件,进行各项试验。每项3组试验结果都符合GB 11968规定时,判定该产品加气混凝土的性能合格;有1组不符合规定。判定该产品不合格。

6.1.4 在应受检验的产品中,随机抽取3块板(亦可采用6.1.3条的板),制作3组钢筋涂层防锈性能试件、3组钢筋粘着力试件,进行此两项试验。各项3组试验结果都符合4.1.4条、4.1.5条规定,判定该产品钢筋涂层防锈能力及钢筋粘着力合格;有1组不符合规定,判定该产品不合格。

6.1.5 在应受检验的产品中,随机抽取75块板,进行尺寸的检查,当只有4块或少于4块不符合表3相应等级规定时,判定该产品尺寸符合该等级;若有多于4块不符合规定时,判定该产品不符合该等级。

6.1.6 对以上75块板,进行外观检查,当露筋、掉头、侧面损伤、大面损伤、端部掉头及裂缝,全部符合表3及4.3条相应等级的规定,同时,只有4块和少于4块板不符合表3中关于侧向弯曲、对角线差和表面平整的规定时,判定该产品外观质量符合该等级,当有1块板露筋、掉头、侧面损伤、大面损伤、端部掉头及裂缝不符合规定或有多于4块板侧向弯曲、对角线差和表面平整不符合规定时,判定该产品不符合该等级。

6.1.7 在经尺寸及外观检查合格的板中,随机抽取5块,进行钢筋保护层和屋面板结构性能检查。全部符合4.6条和表3规定,判定该产品结构性能和钢筋保护层检查合格;有1块不符合规定,判定该产品不合格。

6.1.8 型式检验中,受检验产品的全部检验项目都符合相应等级规定时,则判受检验产品符合该等级。

6.2 出厂检验

6.2.1 产品出厂时,进行出厂检验。

6.2.2 出厂检验项目包括:加气混凝土的立方体抗压强度、干体积密度、尺寸、外观、钢筋保护层、屋面板结构性能。

6.2.3 同规格的板,以1 000块为一批,不足1 000块时亦做一批计。

6.2.4 由板上取样,或在与此批板同样条件下制得的砌块上取样,制作3组试件,进行加气混凝土立方体抗压强度和干体积密度检查。符合GB 11968规定时,判定该批板加气混凝土立方体抗压强度和干体积密度合格,否则判该批板不合格。

6.2.5 每批随机抽取50块板,进行尺寸检查,不符合表3优等品规定的板不超过4块时,判该批板尺寸为优等品;不符合表3一等品规定的板不超过4块时,判该批板尺寸为一等品;不符合表3合格品规定的板不超过4块时,判该批板尺寸为合格品;不符合表3合格品规定的板多于4块时,判该批产品不合格。

6.2.6 对以上50块板,进行侧向弯曲,对角线差和表面平整的检查,不符合表3优等品规定的板不超过4块时,判该批板为侧向弯曲、对角线差、表面平整优等品;不符合表3一等品规定的板不超过4块

时，判该批板为侧向弯曲、对角线差、表面平整一等品；不符合表3规定的板多于4块时，判该批板不合格。

6.2.7 板的露筋、掉角、侧面损伤、大面损伤、端部掉头和裂缝检查逐块进行，应全部符合表3和4.3的规定。

6.2.8 经尺寸及外观检查合格的每批板中，随机抽取3块，进行板的钢筋保护层和屋面板结构性能检查。全部符合规定，判定该批板钢筋保护层和屋面板结构性能合格；有1块1项不符合规定，判定该批板不合格。

6.2.9 出厂检验中，受检验产品的全部项目都符合相应等级的规定时，则判该批产品符合该等级。

6.2.10 购货单位对产品出厂检验结果有异议时，可会同生产厂委托产品质量监督检验机构进行复验，复验项目可以是本标准中所列全部项目，也可以是部分项目。

板的外观质量的检查应在交货地点进行。

## 7 标志、贮存、包装、运输

7.1 出厂产品应有产品质量证明书，在每块板的一个侧面应有商标（或厂名）、产品标记、板的使用方向、生产日期等标志。

7.2 板应在厂房内存放5天以上，方可出厂。

7.3 屋面板应按使用方向平放，堆放方式见图10。墙板宜侧立放置。堆放场地应坚实、平整、干燥，堆放时板不得直接接触地面。屋面板垛高（$H_1$）应在1.5 m以内，垛间需放垫条，厂内堆放总高度（$H_2$）不得大于6.5 m，露天贮存时应有防雨措施。

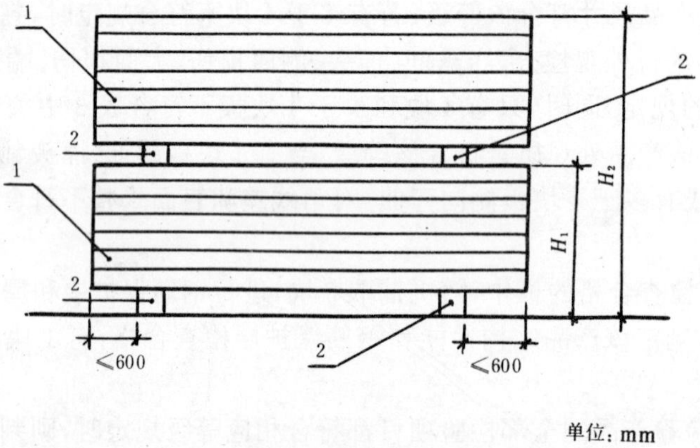


单位：mm

图10 屋面板堆放方式示意图

$H_1$—垛高；$H_2$—总高；1—板；2—100 mm×100 mm断面的方形垫条

7.4 板在运输装卸时需用专用工具，应绑扎或包装运输。

## 8 产品质量证明书

产品出厂必须提供产品质量证明书。其内容包括：

**a.** 产品名称；

**b.** 批量编号；

**c.** 产品标记；

**d.** 产品性能检验结果；

**e.** 生产厂名；

**f.** 产品商标；

**g.** 检验部门与检验人员签章；

**h.** 出厂日期。

## 附 录 A
## 蒸压加气混凝土钢筋涂层防锈性能试验方法 湿热快速试验方法
（参考件）

本方法适用于快速测定蒸压加气混凝土中钢筋防腐涂层的防锈蚀能力。

### A1 仪器设备

调温调湿箱、锤子、刮刀。

### A2 试件

A2.1 由蒸压加气混凝土板中纵向顺筋锯取中心带钢筋的试件。
A2.2 试件尺寸为 40 mm×40 mm×160 mm，每 3 块为一组。
A2.3 在试验前用环氧树脂或其他涂料涂刷试件端部，使试件中钢筋端头完全封闭，避免端头锈蚀。

### A3 试验步骤

A3.1 将一组 3 块试件置于调温调湿箱内，按表 A 所列制度变换。
A3.2 经过 28 d、112 次循环后，打开试件，刮去涂层检查钢筋表面锈蚀情况，与锈蚀等级图比较，确定涂层的防锈等级。

表 A

| 顺序 | 温度<br>℃ | 相对湿度<br>% | 持续时间<br>h |
|---|---|---|---|
| 1 | 25±5 | ≥95 | 2.5 |
| 2 | 由 25 升到 55 | ≥95 | 0.5 |
| 3 | 55±5 | ≥95 | 2.5 |
| 4 | 由 55 降到 25 | ≥95 | 0.5 |

### A4 结果评定

A4.1 将 3 个试件与钢筋锈蚀等级图比较，以等级最低者，作为此钢筋涂层的防锈等级。

钢筋锈蚀等级图见图 A1～A10（钢筋锈蚀定级标准是根据瑞典标准 SIS 185111 防腐涂料锈蚀等级图原件真实尺寸印制的、图样是对一种油性自干防腐涂料防腐性能拍摄的照片）。

A4.2 锈蚀程度：Re0～Re9、Re0 为完全无锈，Re9 为整个表面全部锈蚀。
A4.3 涂料防锈能力：①级为整个表面全部锈蚀，⑩级为完全无锈。

一级

图 A1 一级

二级

图 A2 二级

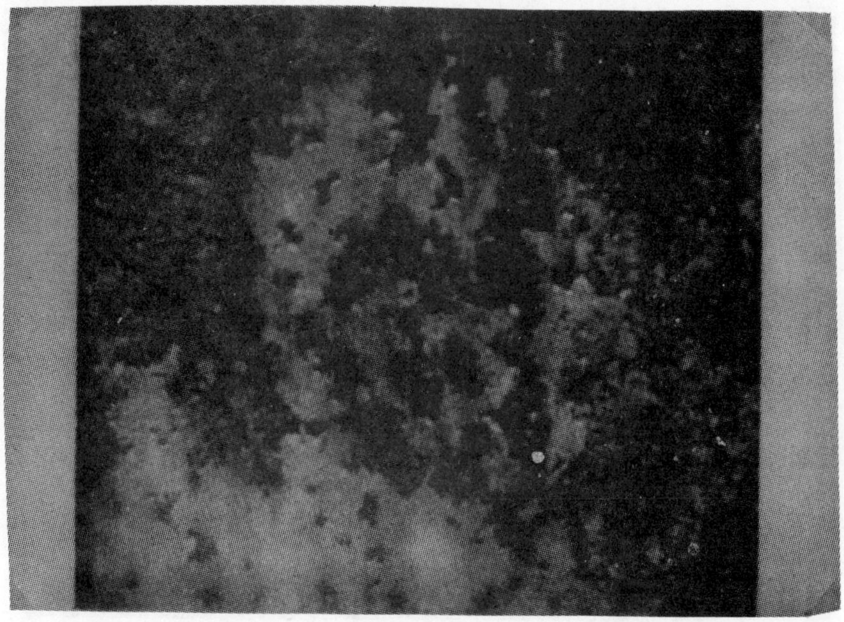

三级

图 A3 三级

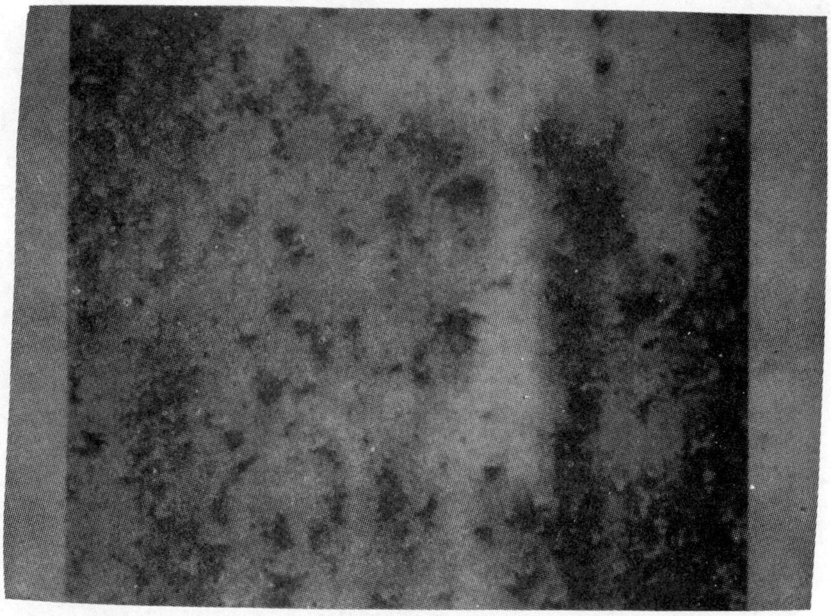

四级

图 A4 四级

五级

图 A5　五级

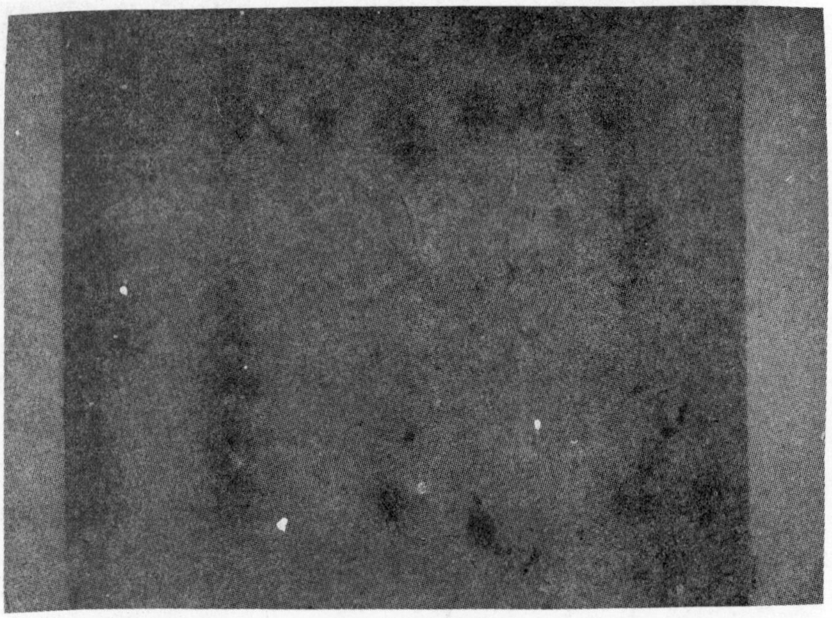

六级

图 A6　六级

七级

图 A7 七级

八级

图 A8 八级

九级

图 A9　九级

十级

图 A10　十级

## 附　录　B
## 蒸压加气混凝土中钢筋粘着力试验方法　顶出试验法
（参考件）

本方法适用于测定蒸压加气混凝土中带防腐涂层的钢筋与蒸压加气混凝土的粘着力。

## B1 仪器设备

**B1.1** 材料试验机：100 kN 以下。
**B1.2** 100 mm×100 mm 的带孔铁板：孔径 $d$=14～16 mm，铁板厚度为 3～5 mm。
**B1.3** 顶头：与所需测定钢筋同样直径的 10 mm 长的钢筋。

## B2 试件

由未破坏的蒸压加气混凝土板中无横向钢筋处沿发气方向锯取 600 mm×160 mm×80 mm 的带有钢筋的试件 1 块，每个试件中至少要有 3 根纵向钢筋，钢筋长度为 160 mm。共取 3 个试件。

## B3 试验步骤

**B3.1** 试验在材料试验机上进行。将试件按钢筋垂直方向立在带孔铁板上，将顶头压在试件中所试验之钢筋的上端，顶头、钢筋与带孔铁板上的小孔必须垂直对准。
**B3.2** 开动试验机以 100～150 N/s 的速度，逐步加载，至钢筋移动时，记下材料试验机上度盘的读数，即为极限荷载。
**B3.3** 按上述步骤，分别顶出在试件中的全部钢筋。

## B4 计算

按下式计算钢筋粘着力：

$$P = \frac{P'}{\pi \cdot d \cdot l}$$

式中：$P$——钢筋粘着力，MPa；
$P'$——极限荷载，N；
$d$——钢筋直径，mm；
$l$——钢筋长度，mm；
$\pi$——常数，取 3.141 6。

## B5 结果评定

**B5.1** 试件中出现有一根钢筋的钢筋粘着力<0.5 MPa 时，此组钢筋粘着力不予评定。
**B5.2** 试件中，所有钢筋的钢筋粘着力取算术平均值，至小数后 1 位，作为此试件的钢筋粘着力。

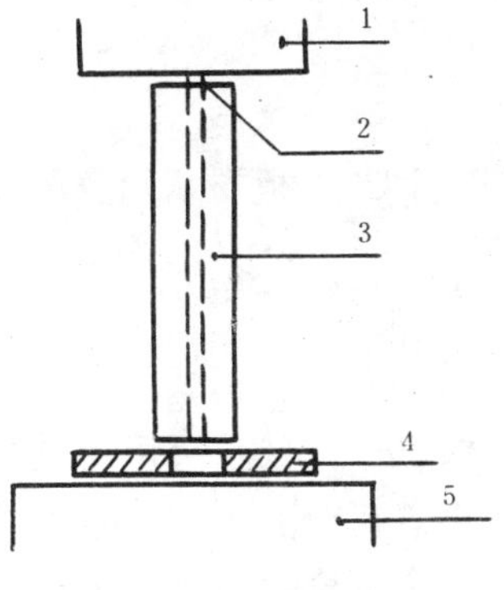


图 B1 试件放置示意图
1—试验机上压板；2—顶头；3—试件；
4—带孔铁板；5—试验机下压板

# 附 录 C
# 蒸压加气混凝土屋面板结构性能试验方法
（参考件）

本方法适用于蒸压加气混凝土屋面板结构性能的测定。

## C1 试验准备

C1.1 试验应在0℃以上的环境中进行。试验的板应在冷却至常温后方能进行试验。

C1.2 检查仪表及试验加荷设备，进行标定和校正。挠度可采用百分表等仪表测量，其测量精度应不小于计算挠度的5%。测量裂缝宽度可采用精度为0.05 mm的刻度放大镜等仪器。

C1.3 测量试验板的外形尺寸。仔细检查表面，将所有缺陷和裂缝在板上标出。侧面刷白灰浆。标出仪表位置。

C1.4 检查支座高度及承载能力，采取安全措施。

C1.5 安装板及测试仪表。

C1.6 计算总荷载及每级加载重量。

## C2 支承方式

板的支承方式为简支，一端采用铰支承，另一端采用滚动支承，见图。

为保证支承面紧密接触，钢垫板与板，钢垫板与支座间，铺砂浆或细砂垫平。

支承的中心线位置应符合设计图纸的规定或如图C1所示。

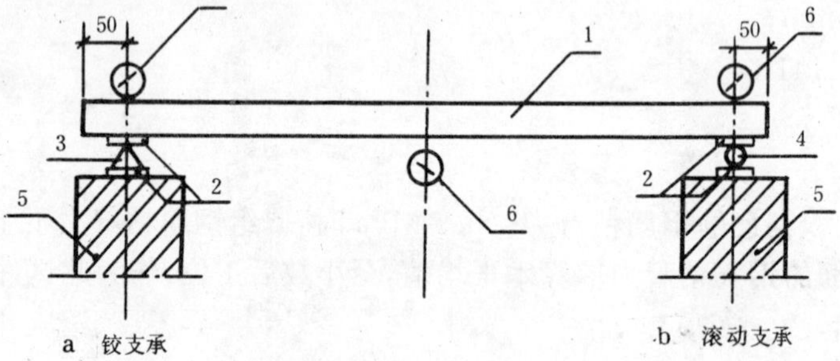


单位：mm

图C1 板支承示意图

1—板；2—钢垫板；3—三角形钢；4—圆钢；5—支墩；6—百分表

## C3 加载方式和试验步骤

C3.1 可采用均布加载或集中加载的方式进行试验，可用荷重块加载，千斤顶加载或杠杆吊篮加载。

C3.2 试验时应分级加载，当所加荷载小于荷载的短期组合值时，每级荷载取该荷载的20%，当所加荷载超过荷载的短期组合值时，每级荷载取该荷载的10%，当所加荷载接近承载力检验荷载时，每级荷载取设计荷载的5%。

作用在板上的试验设备及板自重应作为第一次加载的一部分，当其值超过第一次所加荷载值时，作为以后加载的一部分。

C3.3 每次加载后持续 15 min 读数。

C3.4 加至荷载短期组合值后，15 min 读数，再置 30 min，在此持续期间应仔细检查裂缝的出现和开展以及其他情况，持续时间结束时，再记下读数。

C3.5 将仪表卸下，继续分级加载至破坏。当板出现本标准表 4 所列情况之一时即为破坏。记下此时荷载作为达到承载力的荷载实测值。当在加荷过程中或在荷载持续时间内达到上述检验标志之一时，则取前一级荷载值作为达到承载力的荷载实测值。

C3.6 在试验过程中记下出现可见裂缝时的荷载数、裂缝长度和宽度等。

C3.7 测量试验板的加气混凝土的含水率。

## C4 计算

C4.1 检验力检验系数实测值 $\gamma_u^0$ 的计算：

$$\gamma_u^0 = \frac{P_p}{P_b} \qquad \cdots\cdots(C1)$$

式中：$P_p$——试验时板的承载力的荷载实测值(包括自重)；

$P_b$——板的荷载设计值(包括自重)。

C4.2 跨中短期挠度值 $a_s^0$ 的计算：

$$a_s^0 = U_m^c - \frac{U_s^l + U_s^r}{2} + a_g^c \qquad \cdots\cdots(C2)$$

$$a_g^c = \frac{M_g}{M_b} a_b^0 \qquad \cdots\cdots(C3)$$

式中：$U_m^c$——外加试验荷载作用下板跨中的挠度实测值；

$U_s^l$、$U_s^r$——外加试验荷载作用下，左、右两端支座的沉陷值；

$a_s^0$——板自重和加载设备产生的跨中挠度，若试验中未能测得，可按(C3)式近似计算；

$M_g$——板自重和加载设备产生的跨中弯矩；

$M_b$——从外荷载开始至裂缝出现的前一级荷载为止的加载值产生的跨中弯矩；

$a_b^0$——从外加荷载开始至裂缝出现的前一级荷载为止的加载值产生的跨中挠度。

注：如试验采用等效荷载，则其中的 $a_s^0$ 值应乘以修正系数 $\psi$。当设计为均布荷载而试验用两个对称集中荷载代替时，对四点加载 $\psi=0.9$；对三分点加载，$\psi=1.0$。

## C5 试验记录

试验记录见表 C。

表C　蒸压加气混凝土板结构性能检验记录表

编号

委托单位：　　板名称及代号：　　生产日期：　　试验日期

<table>
<tr><th rowspan="2">项目</th><th rowspan="2">外形尺寸<br>mm</th><th rowspan="2">保护层<br>厚度<br>mm</th><th rowspan="2">主筋数量<br>及规格</th><th rowspan="2">加气混凝<br>土强度<br>MPa</th><th rowspan="2">板重量<br>kg</th><th colspan="2">荷载,kN/m$^2$</th><th colspan="4">检　验　指　标</th></tr>
<tr><th>短期组<br>合值</th><th>设计值</th><th>承载力<br>检验系数</th><th>挠度<br>mm</th><th>裂缝宽度<br>mm</th><th>其他</th></tr>
<tr><td>设计</td><td></td><td></td><td></td><td></td><td></td><td></td><td></td><td></td><td></td><td></td><td></td></tr>
<tr><td>实测</td><td></td><td></td><td></td><td></td><td></td><td></td><td></td><td></td><td></td><td></td><td></td></tr>
<tr><td colspan="8">加载简图、仪表位置及编号</td><td colspan="4">裂缝情况及破坏特征</td></tr>
</table>

<table>
<tr><th colspan="2" rowspan="2">加载</th><th colspan="2" rowspan="2">荷载</th><th colspan="9">各测点位移,mm</th><th rowspan="3">实测<br>挠度<br>mm</th><th colspan="2" rowspan="2">最大裂缝<br>宽度<br>mm</th><th rowspan="3">加气混凝土<br>含水率<br>%</th><th rowspan="3">备　注</th></tr>
<tr><th colspan="3"></th><th colspan="3"></th><th colspan="3"></th></tr>
<tr><th>次数</th><th>时间</th><th>等级</th><th>累计</th><th>读数</th><th>差值</th><th>累计</th><th>读数</th><th>差值</th><th>累计</th><th>读数</th><th>差值</th><th>累计</th><th>侧</th><th>侧</th></tr>
<tr><td></td><td></td><td></td><td></td><td></td><td></td><td></td><td></td><td></td><td></td><td></td><td></td><td></td><td></td><td></td><td></td><td></td><td></td></tr>
<tr><td></td><td></td><td></td><td></td><td></td><td></td><td></td><td></td><td></td><td></td><td></td><td></td><td></td><td></td><td></td><td></td><td></td><td></td></tr>
<tr><td></td><td></td><td></td><td></td><td></td><td></td><td></td><td></td><td></td><td></td><td></td><td></td><td></td><td></td><td></td><td></td><td></td><td></td></tr>
<tr><td colspan="2">结论</td><td colspan="16"></td></tr>
</table>

负责人：　　校核：　　记录：

**附加说明：**

本标准由国家建筑材料工业局提出。

本标准由中国加气混凝土工业协会负责起草。

本标准主要起草人：沈琨、姜炳年、顾同曾、叶智和、周嘉祥。

本标准委托中国加气混凝土工业协会负责解释。

本标准实施之日起，国家建筑材业工业局部标准 JC 351—83《蒸压加气混凝土板》作废。

中华人民共和国国家标准

GB 16308—1996

# 钢丝网水泥板

**Ferrocement ribbed slab**

## 1 主题内容与适用范围

本标准规定了钢丝网水泥板的产品分类、技术要求、试验方法、检验规则、标志及堆放与运输。

本标准适用于工业和民用房屋建筑用钢丝网水泥屋面板、楼板。钢丝网水泥墙板亦可参照使用。

## 2 引用标准

GB 175 硅酸盐水泥、普通硅酸盐水泥

GB 1344 高渣矿渣硅酸盐水泥、火山灰质硅酸盐水泥及粉煤灰硅酸盐水泥

GB 1499 钢筋混凝土用热轧带肋钢筋

GB 7695 钢丝网水泥农船

GB 7897.3 钢丝网水泥用砂浆力学性能试验方法 抗压强度试验

GB 8076 混凝土外加剂

GB 13013 钢筋混凝土用热轧光圆钢筋

GB/T 14684 建筑用砂

GBJ 9 《建筑结构荷载规范》

GBJ 107 混凝土强度检验评定标准

GBJ 321 预制混凝土构件质量检验评定标准

JGJ 19 冷拔低碳钢丝预应力混凝土中小构件设计与施工规程

## 3 产品分类

3.1 分类

钢丝网水泥板按用途分为钢丝网水泥屋面板和钢丝网水泥楼板两类。

3.2 级别

3.2.1 钢丝网水泥屋面板按活载和恒载分为六个级别，见表1。

表1

N/m²

| 级别 | Ⅰ | Ⅱ | Ⅲ | Ⅳ | Ⅴ | Ⅵ |
|---|---|---|---|---|---|---|
| 活载 | 500 | 750 | 500 | 750 | 500 | 750 |
| 恒载 | 1 000 | 1 000 | 1 550 | 1 550 | 2 050 | 2 050 |

3.2.2 钢丝网水泥楼板按活载分为五个级别。见表2。

国家技术监督局1996-05-15批准

1996-12-01实施

表 2 N/m²

| 级别 | Ⅰ | Ⅱ | Ⅲ | Ⅳ | Ⅴ |
|---|---|---|---|---|---|
| 活载 | 1 500 | 2 000 | 2 500 | 3 000 | 3 500 |

3.3 等级

钢丝网水泥板按外观质量分为一等品(B)与合格品(C)。

3.4 规格

3.4.1 钢丝网水泥板外形见图 1。

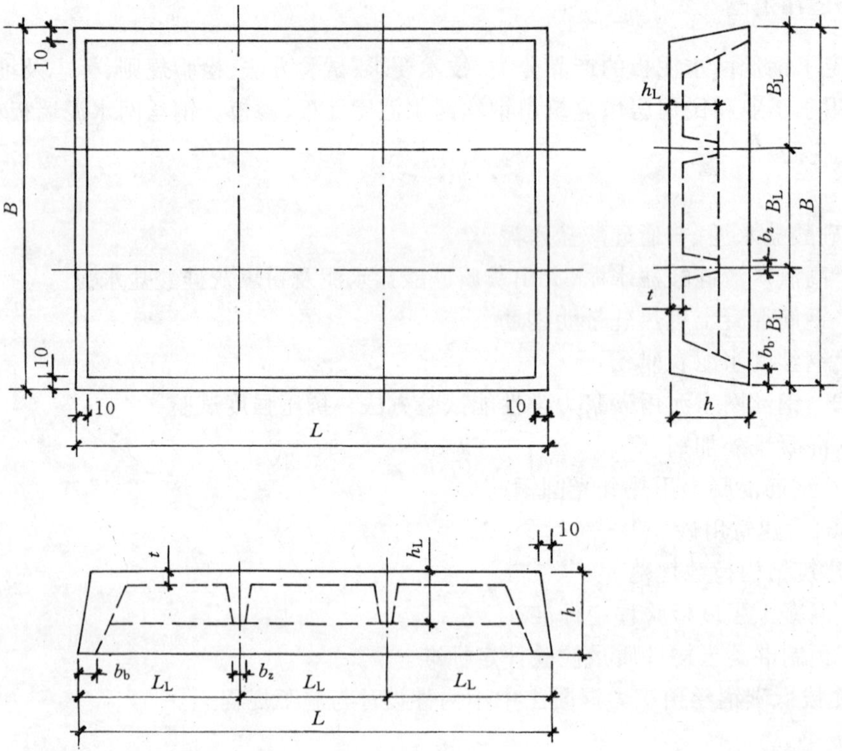


图 1

3.4.2 结构尺寸

3.4.2.1 钢丝网水泥屋面板结构尺寸见表 3。

表 3 mm

| 公称尺寸 | 长×宽<br>($L\times B$) | 高<br>($h$) | 中肋高<br>($h_L$) | 肋宽($b$) | | 板厚<br>($t$) |
|---|---|---|---|---|---|---|
| | | | | 边肋宽($b_b$) | 中肋宽($b_z$) | |
| 2 000×2 000 | 1 980×1 980 | 160、180 | 120、140 | 32～35 | 35～40 | 16、18 |
| 2 121×2 121 | 2 101×2 101 | 180、200 | 140、160 | 32～35 | 35～40 | 18、20 |
| 2 500×2 500 | 2 480×2 480 | 180、200 | 140、160 | 32～35 | 35～40 | 18、20 |
| 2 828×2 828 | 2 808×2 808 | 180、200 | 140、160 | 32～35 | 35～40 | 18、20 |
| 3 000×3 000 | 2 980×2 980 | 180、200 | 140、160 | 32～35 | 35～40 | 18、20 |
| 3 500×3 500 | 3 480×3 480 | 200、220 | 160、180 | 32～35 | 35～40 | 18、20 |
| 3 536×3 536 | 3 516×3 516 | 200、220 | 160、180 | 32～35 | 35～40 | 18、20 |
| 4 000×4 000 | 3 980×3 980 | 220、240 | 180、200 | 32～35 | 35～40 | 18、20 |

3.4.2.2 钢丝网水泥楼板尺寸见表 4。

表 4 mm

| 公称尺寸 | 长×宽 ($L \times B$) | 高 ($h$) | 中肋高 ($h_L$) | 肋宽($b$) | | 板厚 ($t$) |
|---|---|---|---|---|---|---|
| | | | | 边肋宽($b_b$) | 中肋宽($b_z$) | |
| 3 300×5 000 | 3 270×4 970 | 250、300 | 160、200 | 32～35 | 35～40 | 18、20、22 |
| 3 300×4 800 | 3 270×4 770 | 250、300 | 160、200 | 32～35 | 35～40 | 18、20、22 |
| 3 300×1 240 | 3 270×1 210 | 200、250 | 140、180 | 32～35 | 35～40 | 18、20、22 |
| 3 850×4 450 | 3 820×4 420 | 250、300 | 160、200 | 32～35 | 35～40 | 18、20、22 |

3.5 代号

3.5.1 钢丝网水泥屋面板代号示例如下：

GSWB 3000 ×3000 ×180 Ⅱ B GB 16308

- GB 16308 — 标准编号
- B — 屋面板等级
- Ⅱ — 屋面板级别(以 N/m² 计)
- ×180 — 屋面板高度(以 mm 计)
- ×3000 — 屋面板公称宽度(以 mm 计)
- 3000 — 屋面板公称长度(以 mm 计)
- GSWB — 钢丝网水泥屋面板

3.5.2 钢丝网水泥楼板代号示例如下。

GSLB 4800 ×3300 ×250 Ⅱ B GB 16308

- GB 16308 — 标准编号
- B — 楼板等级
- Ⅱ — 楼板级别(以 N/m² 计)
- ×250 — 楼板高度(以 mm 计)
- ×3300 — 楼板公称宽度(以 mm 计)
- 4800 — 楼板公称长度(以 mm 计)
- GSLB — 钢丝网水泥楼板

## 4 技术要求

4.1 原材料

4.1.1 水泥

应采用符合 GB 175 和 GB 1344 的不低于 425 号的普通硅酸盐水泥和矿渣硅酸盐水泥。

4.1.2 砂子

宜采用细度模数为2.0～3.5的天然砂，最大粒径应不超过4 mm。

砂子含泥量应不大于2%，云母含量应不大于0.5%，其他质量要求应符合GB/T 14684中有关规定。

4.1.3 拌和水

水泥砂浆拌和用水应采用可饮淡水。严禁使用脏河水、海水、生活或工业废水。

4.1.4 外加剂

宜采用低引气型高效减水剂，也可采用其他外加剂。外加剂技术条件应符合GB 8076中的有关规定，不得掺用氯盐作早强和防冻剂。

4.1.5 钢筋、钢丝、钢丝网

肋部钢筋宜采用符合GB 1499的Ⅱ级钢筋和构造筋应采用GB 13013的Ⅰ级钢筋。

冷拔低碳钢丝的技术条件应符合JGJ 19中的有关规定。

钢丝网一般宜采用直径为0.9～1.0 mm，网格尺寸为10 mm×10 mm的冷拔低碳钢丝编织网，也可采用其他规格的钢丝网，但网丝直径不得大于2 mm，网格尺寸不得大于50 mm×50 mm，钢丝的抗拉强度不得低于450 MPa。

4.2 砂浆强度

4.2.1 钢丝网水泥板用砂浆抗压强度标准值应符合设计要求，设计未提出要求时，应不低于40 MPa。

4.2.2 钢丝网水泥板起吊、出厂时的砂浆强度应不低于砂浆抗压强度标准值的75%。

4.3 构造要求

4.3.1 钢丝网水泥屋面板和楼板面层的砂浆保护层厚度不小于3 mm，肋部砂浆保护层厚度不小于5 mm。

4.3.2 钢丝网搭接长度光边不应少于50 mm，毛边应不少于80 mm。

4.3.3 钢丝网水泥板肋部受力钢筋布置不应超过两排钢筋。净距不应小于钢筋直径，且不小于10 mm。

4.3.4 钢丝网水泥屋面板和楼板的面板配筋直径和肋部的箍筋直径应不小于2.6 mm。间距应不大于200 mm。

4.4 外观质量

钢丝网水泥板的外观质量应符合表5规定。

表5

| 项次 | 项目 | 质量要求 | |
|---|---|---|---|
| | | 一等品 | 合格品 |
| 1 | 露筋露网 | 任何部位不应有 | (1) 主筋、板底部位不应有<br>(2) 其他部位整修后不应有 |
| 2 | 孔洞 | 不应有 | 有少量洞时必须修复好 |
| 3 | 蜂窝 | 不应有 | 总面积不超过所在面积的1%，且每处不大于100 $cm^2$ |
| 4 | 裂缝 | 任何部位均不应有宽度大于0.05 mm的裂缝 | (1) 板底、四角和肋部主筋部位不应有宽度大于0.05 mm的裂缝；<br>(2) 板面和肋部非主筋部位，不应有宽度大于0.1 mm的裂缝 |

续表 5

| 项　次 | 项　　目 | 质　量　要　求 | |
|---|---|---|---|
| | | 一等品 | 合格品 |
| 5 | 连接部位缺陷 | 不应有 | (1) 肋端疏松不应有；<br>(2) 其他缺陷经整修不应有 |
| 6 | 外形缺陷 | 不应有 | 整修后无缺棱掉角 |
| 7 | 外表缺陷 | 不应有 | 麻面总面积不超过所在面积的 5%，且每处不大于 300 $cm^2$ |
| 8 | 外表沾污 | 不应有 | 经处理后，表面无油污和杂物 |

4.5　尺寸偏差

钢丝网水泥板的尺寸允许偏差应符合表 6 规定。

表 6　　mm

| 项次 | 项　　目 | | 尺寸允许偏差 |
|---|---|---|---|
| 1 | 长 | | $^{+10}_{-5}$ |
| 2 | 宽 | | $^{+10}_{-5}$ |
| 3 | 高 | | $^{+5}_{-3}$ |
| 4 | 肋高、肋宽 | | $^{+5}_{-3}$ |
| 5 | 面板厚度 | | $^{+3}_{-2}$ |
| 6 | 侧向弯曲 | | $L/750$ |
| 7 | 板面平整 | | 5 |
| 8 | 主筋保护层厚度 | | $^{+4}_{-2}$ |
| 9 | 对角线差 | | 10 |
| 10 | 翘曲 | | $L/750$ |
| 11 | 预埋件 | 中心位置偏差 | 5 |
| | | 与砂浆面平整 | 5 |

4.6　力学性能

4.6.1　钢丝网水泥板承载力应符合公式(1)要求。

$$\gamma_u^0 \geqslant \gamma_0[\gamma_u] \quad \cdots\cdots(1)$$

式中：$\gamma_u^0$——钢丝网水泥板承载力检验系数实测值。即试件的承载力检验荷载实测值与承载力检验荷载设计值(均包括自重)的比值；

$\gamma_0$——结构重要性系数。设计未提出要求时取 $\gamma_0=1$；

$[\gamma_u]$——钢丝网水泥板检验系数允许值按表 7 取用。

4.6.2　钢丝网水泥板挠度应符合公式(2)要求。

$$a_s^0 \leqslant [a_s] \quad \cdots\cdots(2)$$

式中：$a_s^0$——在正常使用短期荷载检验值下，钢丝网水泥板跨中短期挠度实测值。mm；

$[a_s]$——短期挠度允许值。由设计的挠度允许值折算而得。设计未提出要求时，取$[a_s]=L/300$，$L$

为钢丝网水泥板的跨度。

4.6.3 钢丝网水泥板裂缝应符合公式(3)要求

$$W^0_{smax} \leqslant [W_{max}] \qquad \cdots\cdots (3)$$

式中：$W^0_{smax}$——在正常使用短期荷载检验值下，最大裂缝宽度实测值，mm；

$[W_{max}]$——钢丝网水泥板检验的最大裂缝宽度允许值。设计未提出要求时，取$[W_{max}]=0.05$ mm。

表 7

| 钢丝网水泥板达到承载力极限的检验标志 | $[\gamma_u]$ |
|---|---|
| 受拉主筋处的最大裂缝宽度达到 1.5 mm，或挠度达到跨度的 1/50 | 1.20 |
| 受压区砂浆破坏，此时受拉主筋处的最大裂缝宽度小于 1.5 mm 且挠度小于跨度的 1/50 | 1.25 |
| 受拉主筋拉断 | 1.50 |
| 腹部斜裂缝达到 1.5 mm，或斜裂缝末端受压砂浆剪压破坏 | 1.35 |
| 沿斜截面砂浆斜压破坏，受拉主筋在端部滑脱，或其他锚固破坏 | 1.50 |

## 5 试验方法

5.1 砂浆强度

砂浆强度试验按 GB 7897.3 规定进行。

5.2 外观质量

5.2.1 露筋、露网、孔洞和外形缺陷，采用肉眼观察、用量具测量。

5.2.2 蜂窝、外表缺陷、外表沾污，采用肉眼观察，用量具和百格网测量。

5.2.3 裂缝采用肉眼观察和用 20 倍读数显微镜测量。

5.3 尺寸偏差

按 GBJ 321 有关规定进行。

5.4 力学性能

按 GBJ 321 有关规定进行。

## 6 检验规则

6.1 检验分类

钢丝网水泥板的检验分为出厂检验和型式检验。

6.1.1 出厂检验包括砂浆强度、外观质量、尺寸偏差和力学性能检验，各项目按规定值检验。

6.1.2 型式检验包括砂浆强度、外观质量、尺寸偏差和力学性能检验。各项目按规定值检验外，当设计要求按钢丝网水泥板实际配筋确定的力学性能计算值检验时，力学性能尚须按计算值检验。

6.1.3 有下列情况之一者。需进行型式检验：

a. 新产品投产时；

b. 正式生产后。如结构、材料、工艺有较大改变，可能影响产品性能时；

c. 正常生产时，一年需进行一次周期性型式检验；

d. 产品长期停产后，恢复生产时；

e. 出厂检验结果与上次型式检验有较大差异时；

f. 国家质量监督机构提出进行型式检验要求时。

6.2 抽样与组批规则

6.2.1 批量

同一工艺、同一规格的产品 1 000 件作为一个批量，不足 1 000 件时，亦可作为一个批量。

6.2.2 抽样

从一个批量中随机抽取5%(不应少于10件)，试件进行外观质量和尺寸偏差检验。从上述检验合格的试件中抽取一件进行力学性能试验，每一批量至少成型3组砂浆试件，一组用于检验砂浆的设计强度；另两组用于检验脱模强度和出厂强度。

6.3 判定规则

6.3.1 砂浆强度

砂浆强度评定符合GBJ 107的规定。

6.3.2 外观质量和尺寸偏差

6.3.2.1 钢丝网水泥板外观质量和尺寸偏差分别按表5与表6判定。

6.3.2.2 外观质量和尺寸偏差合格点率分别按GBJ 321第6.07条和第6.08条规定进行。合格点率大于或等于70%时，判定该批产品外观质量和尺寸偏差为合格。

6.3.3 力学性能

钢丝网水泥板力学性能试验结果均符合4.6条要求时，该批产品力学性能判定为合格。

6.3.4 总判定

当钢丝网水泥板外观质量和几何尺寸、力学性能均为合格时，判定该批产品为"合格品"；在合格的基础上，产品的外观质量符合表5一等品质量要求时，达到该要求的产品为"一等品"。

## 7 标志、堆放、运输

7.1 标志

钢丝网水泥板必须标志厂名(厂标)、产品代号、生产日期(年、月、日)，生产班组和检验章。

7.2 产品合格证

凡经检验合格准许出厂的产品，应填写产品合格证。其内容包括：

a. 批量编号；

b. 厂名(厂标)及生产日期(年、月、日)；

c. 产品代号；

d. 产品数量；

e. 外观质量和尺寸偏差检验结果；

f. 砂浆强度；

g. 力学性能检验结果；

h. 质检部门签章。

7.3 堆放

7.3.1 钢丝网水泥板应按分类、规格、等级、生产日期分别垛放。

7.3.2 堆放场地应坚实、平整、堆垛高度应按钢丝网水泥板自重和强度、地面承载力、垫木强度及堆垛的稳定性确定。堆放的层数一般不宜超过六层。

7.3.3 码垛时，每块板之间必须用支垫物将四角平稳搁置，严禁扭曲，各层间每角的支垫物应在一条垂直线上。

7.4 运输

7.4.1 运输时钢丝网水泥板的支承位置和方法不应引起砂浆的超应力和板的损伤。

7.4.2 起吊、运输中应轻起、轻放、严禁碰撞。

**附加说明：**

本标准由国家建筑材料工业局提出。

本标准由全国水泥制品标准化技术委员会归口。

本标准由国家建筑材料工业局苏州混凝土水泥制品研究院负责起草。

本标准主要起草人王希哲、钱明。

本标准委托国家建筑材料工业局苏州混凝土水泥制品研究院负责解释。

# 前　言

矿物外加剂是生产高强高性能混凝土的组成材料之一，也是提高混凝土耐久性的重要措施。当前广泛使用的矿物外加剂有磨细矿渣、磨细粉煤灰、磨细天然沸石、硅灰及其复合物，前三种美国、日本、英国等都已经制定了相应的标准，磨细天然沸石尚未见到国外标准，但我国已经有行业标准。本标准在大量试验研究的基础上，参考国内外有关标准，结合我国矿物外加剂的生产和使用情况，按矿物外加剂的物化和胶砂性能将其分等级。活性指数检验采用我国与国际接轨的水泥胶砂强度检验方法(ISO)，其他检验采用我国现行的试验方法标准。

本标准的附录 A、附录 B、附录 C 为标准的附录。

本标准由国家建筑材料工业局(原)提出。

本标准由全国水泥制品标准化技术委员会归口。

本标准负责起草单位：中国建筑材料科学研究院水泥科学与新型建筑材料研究所。

本标准参加起草单位：南京水利科学研究院、同济大学混凝土材料国家重点实验室、江西同济丰宇环境股份有限公司、广东省第一建筑工程公司、江苏省建筑科学研究院、辽宁省建设科学研究院、中国建筑科学研究院、北京利立新技术开发公司、冶金部建筑研究总院、华能北京热电厂京环粉煤灰利用有限公司、元宝山发电厂粉煤灰综合利用开发公司、广东佛山瑞安建材科技有限公司、北京虹鼎机械公司、上海同济方舟特种建材有限公司。

本标准的主要起草人：田培、姚燕、李亚铃、林宝玉、王玲、李梁、张雄、缪昌文、王元、赵顺增、陆西教。

# 中华人民共和国国家标准

# 高强高性能混凝土用矿物外加剂

GB/T 18736—2002

**Mineral admixtures for high strength and high performance concrete**

## 1 范围

本标准规定了高强高性能混凝土用矿物外加剂的定义、技术要求、试验方法、检验规则、包装、标志、运输和贮存等。

本标准适用于高强高性能混凝土用磨细矿渣、磨细粉煤灰、磨细天然沸石和硅灰及其复合的矿物外加剂。

## 2 引用标准

下列标准所包含的条文,通过在本标准中引用而构成为本标准的条文。本标准出版时,所示版本均为有效。所有标准都会被修订,使用本标准的各方应探讨使用下列标准最新版本的可能性。

GB/T 176—1996 水泥化学分析方法(eqv ISO 680:1990)

GB/T 2419—1994 水泥胶砂流动度测定方法

GB/T 5483—1996 石膏和硬石膏

GB 8076—1997 混凝土外加剂

GB 9774—1996 水泥包装袋

GB 12573—1990 水泥取样方法

GB/T 17671—1999 水泥胶砂强度检验方法(ISO 法)(idt ISO 679:1989)

JC/T 420—1991 水泥原料中氯的化学分析方法

JC/T 667—1997 水泥粉磨用工艺外加剂

## 3 定义

本标准采用以下定义。

3.1 高强高性能混凝土用矿物外加剂

在混凝土搅拌过程中加入的、具有一定细度和活性的用于改善新拌和硬化混凝土性能(特别是混凝土耐久性)的某些矿物类的产品。

3.2 粒化高炉矿渣

炼铁高炉排出的熔渣,经水淬而成的粒状矿渣。

3.3 磨细矿渣

粒状高炉矿渣经干燥、粉磨等工艺达到规定细度的产品。粉磨时可添加适量的石膏和水泥粉磨用工艺外加剂。

3.4 硅灰

在冶炼硅铁合金或工业硅时,通过烟道排出的硅蒸气氧化后,经收尘器收集得到的以无定形二氧化硅为主要成分的产品。

中华人民共和国国家质量监督检验检疫总局 2002-05-30 批准　　2002-12-01 实施

3.5 粉煤灰

用燃煤炉发电的电厂排放出的烟道灰。

3.6 磨细粉煤灰

干燥的粉煤灰经粉磨达到规定细度的产品。粉磨时可添加适量的水泥粉磨用工艺外加剂。

3.7 天然沸石岩

指火山喷发形成的玻璃体在长期的碱溶液条件下二次成矿所形成的以沸石类矿物为主的岩石。

3.8 磨细天然沸石

以一定品位纯度的天然沸石为原料，经粉磨至规定细度的产品。粉磨时可添加适量的水泥粉磨用工艺外加剂。

3.9 复合矿物外加剂

由两种或两种以上矿物外加剂复合而成的产品。

3.10 基准胶砂

用基准水泥按规定方法配制的作为对比的胶砂。

3.11 受检胶砂

矿物外加剂以规定比例取代一定量的基准水泥后，按规定方法制备的检验用胶砂。

3.12 需水量比

受检胶砂的流动度达到基准胶砂相同流动度(即基准胶砂流动度±5 mm)时两者的用水量之比，以百分数表示。

3.13 活性指数

受检胶砂和基准胶砂试件在标准条件下养护至相同规定龄期的抗压强度之比，用百分数表示。

## 4 分类

4.1 分类

矿物外加剂按照其矿物组成分为四类：磨细矿渣、磨细粉煤灰、磨细天然沸石、硅灰。矿渣粉磨时可适量添加符合 GB/T 5483 质量要求的石膏；粉磨时加入的工艺外加剂应符合 JC/T 667 的要求。

复合矿物外加剂依其主要组份进行分类，参照该类产品指标进行检验。

4.2 等级

依据性能指标将磨细矿渣分为三级，磨细粉煤灰和磨细天然沸石分为两级。

4.3 代号

矿物外加剂用代号 MA 表示。

各类矿物外加剂用不同代号表示：磨细矿渣 S，磨细粉煤灰 F，磨细天然沸石 Z，硅灰 SF。

4.4 标记

矿物外加剂的标记依次为：矿物外加剂—分类—等级标准号

示例：Ⅱ级磨细矿渣，标记为“MAS Ⅱ GB/T ××××—2002”

## 5 技术要求

5.1 矿物外加剂的技术要求应符合表 1 的规定。

表 1 矿物外加剂的技术要求

| 试验项目 | | | | 指标 | | | | | | | |
|---|---|---|---|---|---|---|---|---|---|---|---|
| | | | | 磨细矿渣 | | | 磨细粉煤灰 | | 磨细天然沸石 | | 硅灰 |
| | | | | Ⅰ | Ⅱ | Ⅲ | Ⅰ | Ⅱ | Ⅰ | Ⅱ | |
| 化学性能 | MgO/% | | ≤ | 14 | | | — | — | — | — | — |
| | $SO_3$/% | | ≤ | 4 | | | 3 | | — | — | — |
| | 烧失量/% | | ≤ | 3 | | | 5 | 8 | — | — | 6 |
| | Cl/% | | ≤ | 0.02 | | | 0.02 | | 0.02 | | 0.02 |
| | $SiO_2$/% | | ≥ | — | — | — | — | — | — | — | 85 |
| | 吸铵值/mmol/100 g | | ≥ | — | — | — | — | — | 130 | 100 | — |
| 物理性能 | 比表面积/$m^2$/kg | | ≥ | 750 | 550 | 350 | 600 | 400 | 700 | 500 | 15 000 |
| | 含水率/% | | ≤ | 1.0 | | | 1.0 | | — | — | 3.0 |
| 胶砂性能 | 需水量比/% | | ≤ | 100 | | | 95 | 105 | 110 | 115 | 125 |
| | 活性指数 | 3 d/% | ≥ | 85 | 70 | 55 | — | — | — | — | — |
| | | 7 d/% | ≥ | 100 | 85 | 75 | 80 | 75 | — | — | — |
| | | 28 d/% | ≥ | 115 | 105 | 100 | 90 | 85 | 90 | 85 | 85 |

5.2 总碱量

各种矿物外加剂均应测定其总碱量。根据工程要求，由供需双方商定供货指标。

## 6 试验方法

6.1 氧化镁、三氧化硫、烧失量

按 GB/T 176 进行。

6.2 氯离子

按 JC/T 420 进行。

6.3 硅灰中二氧化硅分析

按附录 A(标准的附录)进行。

6.4 吸铵值

按附录 B(标准的附录)进行。

6.5 比表面积

硅灰的比表面积用 BET 氮吸附法测定，磨细矿渣、磨细粉煤灰、磨细天然沸石采用激光粒度分析仪测定其粒度分布，并按仪器说明书给定的方法计算出比表面积。

6.6 含水率

按 GB/T 176 进行。

6.7 需水量比及活性指数

按附录 C(标准的附录)进行。

6.8 总碱量

按 GB/T 176 进行。

## 7 检验规则

7.1 编号、取样和留样

7.1.1 矿物外加剂出厂前应按同类同等级进行编号和取样，每一编号为一个取样单位。

7.1.2 硅灰及其复合矿物外加剂以 30 t 为一个取样单位，其余矿物外加剂以 120 t 为一个取样单位，其数量不足者也以一个取样单位计。

7.1.3 取样和留样

7.1.3.1 取样

取样按 GB 12573 规定进行。取样应随机取样，要有代表性。可以连续取样。也可以在 20 个以上不同部位取等量样品。每样总质量至少 12 kg，硅灰取样量可以酌减，但总质量至少 4 kg。试样混匀后，按四分法缩减取比试验用量多 1 倍的试样。

7.1.3.2 留样

生产厂每一编号的矿物外加剂试样应分为两等份，一份供产品出厂检验用，另一份密封保存 6 个月，以备复验或仲裁时用。

7.2 检验

7.2.1 出厂检验

每一编号的矿物外加剂检验项目，根据其品种按表 1 中规定的物理和胶砂性能进行检验。

7.2.2 型式检验

各类矿物外加剂按第 5 章中规定的相应项目进行检测。有下列情况之一者，应进行型式检验：

a）新产品或老产品转厂生产的试制定型鉴定；

b）正式生产后，如材料、工艺有较大改变，可能影响产品性能时；

c）正常生产，一年至少进行一次检验；

d）产品长期停产，恢复生产时；

e）出厂检验结果与上次型式检验有较大差异时；

f）国家质量监督机构提出进行型式检验要求时。

7.3 判定

各类矿物外加剂性能符合表 1 中相应等级的规定，则判为相应等级；若其中有一项不符合规定指标，则降级或判为不合格品。

7.4 试验报告

根据用户要求，生产厂应在矿物外加剂发出后 10 日内提供质检报告(除 28 d 活性指数外)，28 d 活性指数应在发货后 32 d 内补报。矿物外加剂产品中加入其他组分的品种和数量应在试验报告中予以说明。试验报告的内容应包括第 5 章中相应矿物外加剂的性能指标。

## 8 复验

在产品贮存期内，用户对产品质量提出异议时，可进行复验。复验可以用同一编号封存样进行。如果使用方要求现场取样，应事先在供货合同中规定。生产厂应在接到用户通知 7 日内会同用户共同取样，送质量监督检验机构检验；生产厂在规定时间内不去现场，用户可会同质检机构取样检验，结果同等有效。

## 9 包装、标志、运输及贮存

9.1 包装

矿物外加剂可以袋装或散装。袋装每袋净质量不得少于标志质量的 98%，随机抽取 20 袋，其总质量不得少于标志质量的 20 倍。包装袋应符合 GB 9774 的规定。散装由供需双方商量确定，但有关散装质量的要求必须符合上述原则规定。

9.2 标志

所有包装容器均应在明显位置注明以下内容：执行的国家标准号、产品名称、等级、净质量或体积、生产厂名。生产日期及出厂编号应于产品合格证上予以注明。

9.3 运输

运输过程中应防止淋湿及包装破损，或混入其他产品。

9.4 贮存

在正常的运输、贮存条件下，矿物外加剂的储存期从产品生产之日起计算为半年。

矿物外加剂应分类、分等级贮存在专用仓库或储仓中，不得露天堆放，以易于识别、便于检查和提货为原则。

储存时间超过储存期的产品，应予复检，检验合格后才能出库使用。

## 附　录　A
（标准的附录）
## 二氧化硅含量分析方法

### A1　标准试剂

盐酸：36%～38%；
硫酸：95%～98%；
氢氟酸：40%；
无水碳酸钠；
动物胶：1%。

在分析中用体积比表示试剂稀释程度，例如：盐酸（1＋2）表示：1份体积的浓盐酸与2份体积的水相混合。

### A2　分析步骤

**A2.1**　将试样在105℃～110℃烘干。

**A2.2**　称取0.5 g试样于预先放入3 g～4 g无水碳酸钠的铂坩埚中，搅拌均匀，送入预热至800℃的高温炉中，升温至1 000℃熔融30 min（空白置于近炉门处，到温度后可先取出），坩埚取出后立即倾斜放置，冷却。将坩埚置于250 mL烧杯中，加入60 mL冷的盐酸（1＋2），待熔块脱离坩埚后，用水洗净坩埚，并用橡皮擦棒擦净，置于水浴上蒸发至湿盐状。在蒸发过程中，要经常搅拌溶液，使盐类成粉末状而不呈晶状析出，取下，冷却，加入6 mL～8 mL的1%动物胶溶液，空白加5 mL，充分搅匀，放置5 min以上，用水冲洗杯壁，加入20 mL热水，搅拌使盐类溶解，待沉淀沉降后趁热过滤，烧杯中沉淀全部转移入漏斗中，用2%温热盐酸洗涤至无铁离子，再用水洗涤两次。

**A2.3**　将沉淀连同滤纸放在铂坩埚中，低温灰化，在1 000℃灼烧30 min～50 min，干燥器中冷却，称重，再灼烧20 min～30 min，直至恒量。然后沉淀用水润湿，加4滴硫酸（1＋1）和5 mL氢氟酸蒸发至冒三氧化硫白烟，最后在小电炉上使白烟冒尽。坩埚及残渣在950℃灼烧20 min称量。用差减法计算结果。

## 附　录　B
（标准的附录）
## 吸铵值测定方法

### B1　标准试剂

**B1.1**　氯化铵溶液：1 mol/L；
**B1.2**　氯化钾溶液：1 mol/L；
**B1.3**　硝酸铵溶液：0.005 mol/L；
**B1.4**　硝酸银溶液：5%；
**B1.5**　NaOH标准溶液：0.1 mol/L；
**B1.6**　甲醛溶液：38%；
**B1.7**　酚酞酒精溶液：1%。

## B2 测定仪器

B2.1 干燥器：$\phi$30 cm～$\phi$ 40 cm；
B2.2 电炉：300 W～500 W；
B2.3 烧杯：150 mL；
B2.4 锥形瓶：250 mL～300 mL；
B2.5 漏斗：$\phi$ 10 cm～$\phi$ 20 cm，附中速定性滤纸；
B2.6 滴定管：50 mL，最小刻度 0.1 mL；
B2.7 分析天平：200 g，感量 0.1 mg。

## B3 测试步骤

B3.1 取通过 80 μm 方孔筛的磨细天然沸石风干样，放入干燥器中 24 h 后，称取 1 g，精确至 0.1 mg，置于 150 mL 的烧杯中，加入 100 mL 的 1 mol/L 的氯化铵溶液；
B3.2 将烧杯放在电热板或调温电炉上加热微沸 2 h(经常搅拌，可补充水，保持杯中溶液至少30 mL)；
B3.3 趁热用中速滤纸过滤，取煮沸并冷却的蒸馏水洗烧杯和滤纸沉淀，再用 0.005 mol/L 的硝酸铵淋洗至无氯离子(用黑色比色板滴两滴淋洗液，加入一滴硝酸银溶液，无白色沉淀产生，表明无氯离子)；
B3.4 移去滤液瓶，将沉淀移到普通漏斗中，用煮沸的 1 mol/L 氯化钾溶液每次约 30 mL 冲洗沉淀物。用一干净烧杯承接，分四次洗至 100 mL～120 mL 为止；
B3.5 在洗液中加入 10 mL 甲醛溶液，静置 20 min；
B3.6 在锥形洗液瓶中加入 2～8 滴酚酞指示剂，用氢氧化钠标准溶液滴定，直至微红色为终点(半分钟不褪色)，记下消耗的氢氧化钠标准溶液体积。

## B4 磨细天然沸石吸铵值计算

$$A = \frac{M \times V \times 100}{m}$$

式中：$A$——吸铵值，mmol/100 g；
$M$——NaOH 标准溶液的摩尔浓度，mol/L；
$V$——消耗的 NaOH 标准溶液的体积，mL；
$m$——磨细天然沸石风干样放入干燥器中 24 h 的质量，g。

## B5 测试结果处理

同一样品分别进行两次测试，所得测试结果之差不得大于 3%，取其平均值为试验结果。计算值取到小数后 1 位。当测试结果超过允许范围时，应查找原因，重新按上述试验方法进行测试。

# 附 录 C
(标准的附录)
# 矿物外加剂胶砂需水量比及活性指数的测试方法

## C1 适用范围

本附录规定了磨细矿渣、硅灰、粉煤灰、磨细天然沸石等及其复合的矿物外加剂胶砂需水量比及活性指数的测试方法。

## C2 试验用仪器

采用 GB/T 17671 水泥胶砂强度检验方法(ISO 法)中所规定的试验用仪器。

## C3 试验用材料

### C3.1 水泥

采用 GB 8076—1997 附录 C 中规定的基准水泥。在因故得不到基准水泥时,允许采用 $C_3A$ 含量 6%～8%,总碱量($Na_2O\% + 0.658K_2O\%$)不大于 1%的熟料和二水石膏、矿渣共同磨制的强度等级大于(含)42.5 的普通硅酸盐水泥,但仲裁仍需用基准水泥。

### C3.2 砂

符合 GB/T 17671 规定的标准砂。

### C3.3 水

采用自来水或蒸馏水。

### C3.4 矿物外加剂

受检的矿物外加剂。

## C4 试验条件及方法

### C4.1 试验条件

试验室应符合 GB/T 17671—1999 中 4.1 的规定。试验用各种材料和用具应预先放在试验室内,使其达到试验室相同的温度。

### C4.2 试验方法

#### C4.2.1 胶砂配比

见表 C1。

表 C1 胶砂配比 g

| 材料 | 基准胶砂 | 受检胶砂 | | | | 备注 |
|---|---|---|---|---|---|---|
| | | 磨细矿渣 | 磨细粉煤灰 | 磨细天然沸石 | 硅灰 | |
| 水泥 | 450±2 | 225±1 | 315±1 | 405±1 | 405±1 | 表 C1 所示为一次搅拌量 |
| 矿物外加剂 | — | 225±1 | 135±1 | 45±1 | 45±1 | |
| ISO 砂 | 1 350±5 | 1 350±5 | 1 350±5 | 1 350±5 | 1 350±5 | |
| 水 | 225±1 | 使受检胶砂流动度达基准胶砂流动度值±5 mm | | | | |

#### C4.2.2 搅拌

把水加入搅拌锅里,再加入预先混匀的水泥和矿物外加剂,把锅放置在固定架上,上升至固定位置。然后按 GB/T 17671—1999 中 6.3 进行搅拌,开动机器后,低速搅拌 30 s 后,在第二个 30 s 开始的同时均匀地将砂子加入。当各级砂是分装时,从最粗粒级开始,依次将所需的每级砂量加完。把机器转至高速再拌 30 s。停拌 90 s,在第一个 15 s 内用一个胶皮刮具将叶片和锅壁上的胶砂刮入锅中间。在高速下继续搅拌 60 s。各个搅拌阶段,时间误差应在±1 s 以内。水泥胶砂流动度测定参照 GB/T 2419 进行。

#### C4.2.3 试件的制备

按 GB/T 17671—1999 中第 7 章进行。

#### C4.2.4 试件的养护

C4.2.4.1 试件脱模前处理和养护、脱模、水中养护按 GB/T 17671—1999 中 8.1、8.2 和 8.3 进行。

C4.2.4.2 强度和试验龄期

试体龄期是从水泥加水搅拌开始试验时算起,不同龄期强度试验在下列时间里进行。

——72 h±45 min；

——7 d±2 h；

——>28 d±8 h。

## C5 结果与计算

### C5.1 需水量比

根据表 C1 配比，测得受检胶砂的需水量，按式 C1 计算相应矿物外加剂的需水量之比：

$$R_w = \frac{W_t}{225} \times 100 \quad \cdots\cdots\cdots\cdots (C1)$$

式中：$R_w$——受检胶砂的需水量比，%；

$W_t$——受检胶砂的用水量，g；

225——基准胶砂的用水量，g。

计算结果取为整数。

### C5.2 矿物外加剂活性指数计算

在测得相应龄期基准胶砂和试验胶砂抗压强度后，按式 C2 计算矿物外加剂的相应龄期的活性指数。

$$A = \frac{R_t}{R_0} \times 100 \quad \cdots\cdots\cdots\cdots (C2)$$

式中：$A$——矿物外加剂的活性指数；

$R_t$——受检胶砂相应龄期的强度，MPa；

$R_0$——基准胶砂相应龄期的强度，MPa。

计算结果取为整数。

# 前　言

本标准是对JC/T 407—1991修订而成的，主要对“发气率”指标、测定活性铝与发气率的“试样要求”、细度试验中的“称样方法”及产品“判定规则”等内容进行了修订。还增加了油剂型铝粉膏GLY-65级别和配制“10%氯化钠氢气饱和溶液”的试验步骤。

本标准的附录A是标准的附录。

本标准于实施之日起，同时代替JC/T 407—1991。

本标准负责起草单位：中国建筑材料科学研究院水泥科学与新型建筑材料研究所、中国加气混凝土协会。

本标准参加起草单位：山东省济南金属颜料总厂、河南省三门峡铝粉膏厂、甘肃省建筑构件工程公司硅酸盐制品厂、北京市现代建筑材料公司、武汉市硅酸盐制品厂、北京市柯曼斯公司、河南省沈丘县银粉厂、河北省雄县华兴银粉厂。

本标准主要起草人：王能关、谢尧生、左丽、齐子刚、宫国毅、高程、马璟春、杜军。

本标准委托中国建筑材料科学研究院水泥科学与新型建筑材料研究所负责解释。

本标准首次发布于1991年，本次为第一次修订。

中华人民共和国建材行业标准

JC/T 407—2000

代替 JC/T 407—1991

# 加气混凝土用铝粉膏

**Aluminium pastes for aerated concrete**

## 1 范围

本标准规定了湿法磨制铝粉膏(以下简称铝粉膏)的技术要求、试验方法、检验规则及包装、贮存与运输等。

本标准适用于作为加气混凝土发气剂的铝粉膏。

## 2 引用标准

下列标准所包含的条文,通过在本标准中引用而构成为本标准的条文。本标准出版时,所示版本均为有效。所有标准都会被修订,使用本标准的各方应探讨使用下列标准最新版本的可能性。

GB 6003—1985 试验筛

GB 12463—1990 危险货物运输包装通用技术条件

JT 3130—1988 汽车危险货物运输规则

## 3 分类

### 3.1 产品分类

铝粉膏按介质分为油剂型和水剂型两类;按固体分(固体含量)分为油剂型 75 级、65 级两级和水剂型 70 级、65 级两级。

### 3.2 产品标记

铝粉膏按介质、固体分和标准号的顺序进行标记。代号有 GLY—75、GLY—65 和 GLS—70、GLS—65。其中加气混凝土—G;铝粉膏—L;油剂型—Y;水剂型—S;固体分—65、70、75。

举例:介质为油剂型、固体分为 75 的铝粉膏标记为:GLY—75 JC/T 407—2000。

## 4 技术要求

加气混凝土用铝粉膏应符合表 1 规定的技术要求:

表 1 铝粉膏的技术要求

| 品 种 | 代 号 | 固体分,% ≥ | 固体分中活性铝,% ≥ | 细度:0.075 mm 筛筛余,% ≤ | 发气率,% | | | 水分散性 |
|---|---|---|---|---|---|---|---|---|
| | | | | | 4 min | 16 min | 30 min | |
| 油剂型铝粉膏 | GLY—75 | 75 | 90 | 3.0 | 50—80 | ≥90 | ≥99 | 无团粒 |
| | GLY—65 | 65 | | | | | | |
| 水剂型铝粉膏 | GLS—70 | 70 | 85 | | 40—60 | | | |
| | GLS—65 | 65 | | | | | | |

国家建筑材料工业局 2000-06-26 批准　　2000-10-01 实施

## 5 试验方法

### 5.1 固体分

5.1.1 仪器设备

a) 干燥箱:调温范围最高为250℃;

b) 分析天平:分度值0.1 mg;

c) 干燥器;

d) 表面皿:直径110 mm;

e) 玻璃棒。

5.1.2 试验步骤

将表面皿和玻璃棒在干燥箱中105℃±5℃下干燥,并称取质量为$G_1$。在表面皿中称取铝粉膏试样5 g($G_0$),然后与玻璃棒一起放在干燥箱中105℃±5℃下烘干1 h,用玻璃棒将试样捣碎,再继续干燥至恒量(间隔2 h,连续两次称量之差不大于0.004 g),取出放在干燥器内冷却至室温,将试样和表面皿与玻璃棒一起称量为$G_2$。

5.1.3 结果计算和评定

固体分按式(1)计算:

$$X_1=\frac{G_2-G_1}{G_0}\times 100 \quad\cdots\cdots(1)$$

式中:$X_1$——固体分,%;

$G_0$——试样质量,g;

$G_1$——表面皿和玻璃棒的质量,g;

$G_2$——烘干后试样、表面皿和玻璃棒的质量,g。

以两次试验结果的算术平均值为固体分含量的评定值,计算精确至1%。

### 5.2 活性铝

5.2.1 试剂和溶液

5.2.1.1 氢氧化钠:分析纯,配制成30%溶液;

5.2.1.2 盐酸:分析纯,1 mol/L溶液;

5.2.1.3 氯化钠:分析纯;

5.2.1.4 甲基橙:配制成0.05%溶液;

5.2.1.5 蒸馏水;

5.2.1.6 10%氯化钠氢气饱和溶液:称取40 g氯化钠溶于360 mL蒸馏水中,加1~2滴甲基橙溶液,滴加盐酸溶液至氯化钠溶液呈红色。将配制好的溶液倒入水准瓶,流入气量管内,用测定活性铝的方法,使气量管内充满氢气,并使气量管内气体放置24 h。

5.2.2 仪器设备

5.2.2.1 发气量测定装置,如图1所示。包括:

a) 水准瓶;

b) 气量管:120 mL;

c) 保温管:

d) 恒温水浴:501型超级恒温水浴;

e) 塑料小皿;

f) 发气瓶,200~250 mL广口瓶;

g) 温度计:50℃,分度值0.5℃;

h) 三通活塞。

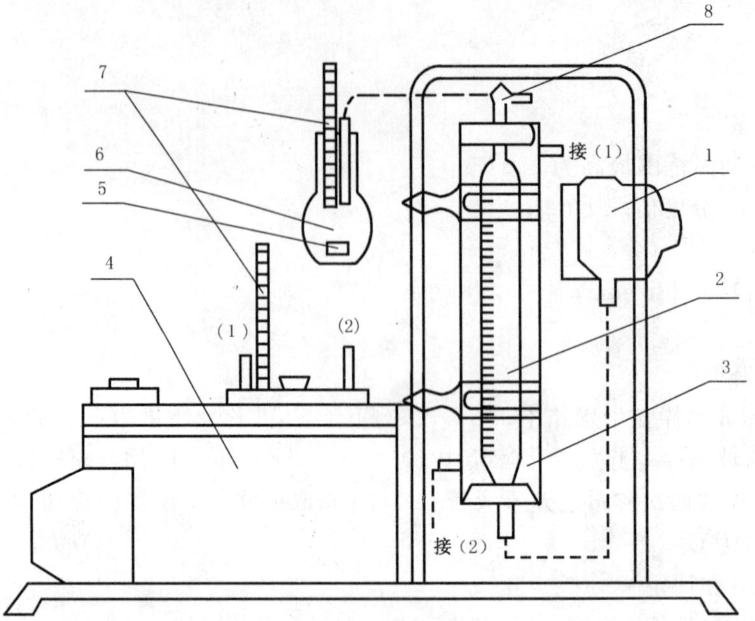


1—水准瓶；2—气量管；3—保温管；4—恒温水浴；5—塑料小皿；6—发气瓶；7—温度计；8—三通活塞

图 1 发气量测定装置图

5.2.2.2 分析天平：分度值 0.1 mg；

5.2.2.3 气压计：空盒气压表。

5.2.3 试验步骤

称取塑料小皿的质量，在塑料小皿中称取铝粉膏原状试样 0.070 0 g，精确至 0.000 1 g。将塑料小皿放入已加好 30 mL 氢氧化钠溶液的发气瓶中，盖严瓶塞。将发气瓶浸入恒温水浴内，调整发气瓶与气量管内的温度，使之相同。转动三通活塞，使发气瓶与气量管均通向大气，抬高水准瓶，使气量管内氯化钠氢气饱和溶液充至零点，再转动三通活塞至发气瓶与气量管相通，降低水准瓶至与发气瓶在同一水平线上，待气量管内氯化钠氢气饱和溶液面降至一定位置不再下降时，说明整个系统无漏气现象。此时摇动发气瓶，使发气瓶内塑料小皿的试样倾入氢氧化钠溶液中，使其反应。待反应完成后，再将发气瓶放入温度为 20℃±2℃ 的恒温水浴内，读取气量管内氢气的体积数 $V$、试验时大气压力 $P$、反应系统的温度 $t$ 及其饱和蒸气压 $P_1$。

5.2.4 结果计算和评定

活性铝含量按式(2)计算：

$$X_2=\frac{(P-P_1)\times V\times 2.16\times 10^{-6}}{(273+t)\times G}\times 100 \quad\cdots\cdots(2)$$

式中：$X_2$——活性铝含量，%；

$P$——试验时的大气压力，Pa；

$2.16\times 10^{-6}$——换算系数；

$V$——试样反应时产生的氢气体积，mL；

$t$——试验时反应系统的温度，℃；

$G$——折算成干试样质量（铝粉膏原状试样×固体分），g。

以两次试验结果的算术平均值为活性铝含量的评定值，计算精确至 1%。

5.3 细度

5.3.1 材料

a) 洁净的自来水；

b）酒精或10%的拉开粉溶液。

5.3.2 仪器设备

a）试验筛：筛框有效直径75mm，高45 mm，筛重量不超过80 g，筛网为方孔铜网，方孔边长0.075 mm，筛网技术要求按GB 6003的规定；

b）分析天平：最大称量200 g，分度值0.1 mg；

c）干燥箱：调温范围最高为250℃；

d）干燥器；

e）烧杯：1 000 mL；

f）培养皿：直径为$\phi$150 mm，高度为30 mm；

g）玻璃拐棒。

5.3.3 试验步骤

先称取干燥试验筛质量($G_1$)，再在试验筛中称取烘干至恒量的铝粉膏试样0.500 0 g($G_0$)左右，然后将试验筛底浸入有酒精溶液或10%拉开粉溶液的培养皿中，用玻璃拐棒搅动进行筛析，筛析时筛上的溶液不能溅出筛外，筛至培养皿中的溶液基本无铝粉颗粒，再放入装有1 000 mL水的烧杯中筛析，筛至烧杯中的水无铝粉颗粒为止。用自来水冲洗玻璃拐棒，并使筛上的铝粉颗粒集中于筛网中部，取出筛子，控干后放进干燥箱，在105℃±5℃下烘干至恒量(间隔2 h，连续两次称量之差不超过0.000 2 g)再移入干燥器内冷却，称重($G_2$)。

5.3.4 结果计算和评定

铝粉膏的细度按式(3)计算：

$$X_3=\frac{G_2-G_1}{G_0}\times 100 \qquad (3)$$

式中：$X_3$——细度，%；

$G_1$——试验筛质量，g；

$G_2$——试验筛和筛余物质量，g；

$G_0$——试样质量，g。

以两次试验结果的算术平均值为铝粉膏细度的评定值，计算精确至0.1%。

5.4 发气率

5.4.1 试剂

a）氢氧化钙：分析纯；

b）10%氯化钠氢气饱和溶液；

c）加热至45℃的蒸馏水。

5.4.2 仪器设备

同5.2.2.1、5.2.2.2；其中分析天平：分度值0.1 g。

5.4.3 试验步骤

将恒温水浴和气量管水温调至45℃，称取12 g氢氧化钙放入发气瓶，加入50 mL45℃的蒸馏水，使其混匀。

在塑料小皿中称取原状铝粉膏试样0.070 0 g左右，放入发气瓶的液面上，加上瓶塞塞紧，不得漏气。将发气瓶浸入恒温水浴内，使温度达到45℃，转动三通活塞，使发气瓶和气量管均通向大气，降低和抬高水准瓶数次，使气量管内氯化钠氢气饱和溶液的温度均匀一致，最后抬高水准瓶使液面充至零点。再转动三通活塞至发气瓶与气量管相通，降低水准瓶至与发气瓶在同一水平线上，待气量管内氯化钠氢气饱和溶液降至一定位置不再下降时，说明整个反应系统无漏气现象，将发气瓶从恒温水浴内拿出。

摇动发气瓶15 s，使铝粉膏混入氢氧化钙溶液中，并立即放入恒温水浴，4 min时将水准瓶对准气量管液面，记下第一次读数，以后8、12、16、20、24、28、30 min时对准一次气量管液面，直至最后两次读数恒定(间隔2 min，连续两次读数差不大于0.2 mL)为止，依次记下气量管液面读数，即发气量。

5.4.4 结果计算和评定

发气率按式(4)计算：

$$X_4^t=\frac{V_t}{V_z}\times 100 \quad\cdots\cdots(4)$$

式中：$X_4^t$——在$t$(min)时的发气率，%；

$t$——为4、8、12、16、20、24、28、30 min与最终发气时间；

$V_t$——时间$t$(min)时的发气量，mL；

$V_z$——最终发气量(间隔2 min，连续两次读数差不大于0.2 mL)，mL。

以两次试验结果的算术平均值为发气率的评定值，计算精确至1%。

5.5 水分散性

5.5.1 仪器设备

a) 烧杯：150 mL；

b) 分析天平：分度值0.1 g；

c) 秒表；

d) 玻璃棒：直径6～8 mm，长约200 mm。

5.5.2 试验步骤

称取1 g原状铝粉膏放入烧杯中，加入20 mL自来水，用玻璃棒以每秒2转的速度搅拌，连续搅拌40s时停止。

5.5.3 结果评定

将烧杯侧转30°～40°，观察悬浮液中铝粉，若是均匀地分散，无明显的团粒，为水分散性合格。水分散性以两次试验结果均合格为评定结果。

## 6 检验规则

6.1 检验项目

产品出厂前须进行固体分、固体分中活性铝、细度、发气率、水分散性试验，以检验各项技术要求是否符合标准的规定。

6.2 批量

同一型号的产品，以600 kg为一批，不足600 kg亦按一批计。

6.3 抽样方法

每一批铝粉膏随机抽取两桶进行检验。在每一桶的不同部位取样，每桶取样的总重量不得少于400 g。

将所取样品混匀，用四分法分取试样。

6.4 判定规则

按照本标准进行检验，各项技术要求均符合第4章规定时，则判该批产品为合格批。若有一项不合格，可对不合格项目再抽取双倍样品检验，若该项结果合格，则判该批产品为合格批，若仍不合格，则判该批产品为不合格。

## 7 包装、贮存与运输

7.1 产品合格证

每批产品中应附有产品合格证，内容包括：

a) 生产厂名；

b）产品名称和标记；

c）生产日期和生产批号；

d）产品检验报告单，其中应有检验人员签名和检验部门印章；

e）产品说明书。

7.2 包装

7.2.1 铝粉膏包装按照GB 12463规定进行，铝粉膏应装在金属桶内并密封好，铁路运输时金属桶装入坚固的木箱或条筐内。

7.2.2 每桶铝粉膏净重25 kg、50 kg。

7.2.3 金属桶的外面应油漆，并注明：

a）生产厂名与商标；

b）产品名称和标记；

c）生产日期和批号；

d）毛重和净重；

e）鲜明标出易燃、易爆、防潮字样或标记。

7.3 贮存与运输

a）产品应贮存在干燥通风阴凉的库房内。

b）应与水、酸、碱、腐蚀品、热源、火源隔离。

c）运输按GB 12463和JT 3130有关规定执行。

d）自生产之日起，在上述运输与贮存条件下，铝粉膏的贮存期限为一年。

## 附 录 A
（标准的附录）
## 不同温度下的饱和蒸气压

不同温度下的饱和蒸气压见表 A1。

表 A1 饱和蒸气压

| 温 度<br>℃ | 压 力<br>Pa | 温 度<br>℃ | 压 力<br>Pa | 温 度<br>℃ | 压 力<br>Pa |
|---|---|---|---|---|---|
| 0 | 610 | 12 | 1 405 | 24 | 2 984 |
| 1 | 657 | 13 | 1 497 | 25 | 3 168 |
| 2 | 705 | 14 | 1 598 | 26 | 3 361 |
| 3 | 757 | 15 | 1 705 | 27 | 3 565 |
| 4 | 813 | 16 | 1 817 | 28 | 3 780 |
| 5 | 872 | 17 | 1 937 | 29 | 4 005 |
| 6 | 934 | 18 | 2 064 | 30 | 4 242 |
| 7 | 1 001 | 19 | 2 197 | 31 | 4 493 |
| 8 | 1 072 | 20 | 2 337 | 32 | 4 754 |
| 9 | 1 148 | 21 | 2 486 | 33 | 5 030 |
| 10 | 1 228 | 22 | 2 644 | 34 | 5 320 |
| 11 | 1 312 | 23 | 2 809 | | |

# 中华人民共和国行业标准

JC 410—91

# 水 泥 花 砖

## 1 主题内容与适用范围

本标准规定了水泥花砖的产品分类、技术要求、试验方法、检验规则和标志、包装等。

本标准适用于以水泥、砂和颜料为主要原材料，经分层铺料、压制、养护等工序制成的，面层带有各色图案，主要用于建筑物楼面与地面装饰的水泥花砖。

## 2 引用标准

GB 175 硅酸盐水泥、普通硅酸盐水泥
GB 1344 矿渣硅酸盐水泥、火山灰质硅酸盐水泥及粉煤灰硅酸盐水泥
GB 1861 氧化铁黑
GB 1862 氧化铁黄
GB 1863 氧化铁红
GB 2015 白色硅酸盐水泥
GB 2828 逐批检查计数抽样程序及抽样表
GB 3763 酞青绿 G
JGJ 52 普通混凝土用砂质量标准及检验方法

## 3 术语

见附录 A（补充件）。

## 4 产品分类、规格、等级、标记

### 4.1 分类

水泥花砖按使用部位不同，分为地面花砖（F）和墙面花砖（W）。

4.1.1 用于建筑物楼面与地面的水泥花砖为地面花砖，简称地砖。

4.1.2 用于建筑物内墙面踢脚部位的水泥花砖，称为墙面花砖，简称墙砖。

### 4.2 规格

水泥花砖的规格尺寸见表 1。

表 1　　mm

| 品种 | 规格 | | |
|---|---|---|---|
| | 长 | 宽 | 厚 |
| 地砖（F） | 200 | 200 | 12～16 |
| | 200 | 150 | |
| | 150 | 150 | |

国家建筑材料工业局 1991-03-22 批准　　1991-12-01 实施

续表 1 mm

| 品种 | 规格 | | |
|---|---|---|---|
| | 长 | 宽 | 厚 |
| 墙砖(W) | 200 | 150 | 10～14 |
| | 150 | 150 | |

注：生产其他规格尺寸的花砖，由生产厂与用户协商确定。

### 4.3 等级

水泥花砖按其外观质量、尺寸偏差与物理力学性能分为一等品(B)和合格品(C)。

### 4.4 标记

水泥花砖按其产品名称、规格尺寸、质量等级和标准编号顺序进行标记。

标记示例：

规格为 200 mm×200 mm 的一等品地面花砖：

F 200×200 B JC 410

## 5 技术要求

### 5.1 外观质量

5.1.1 水泥花砖的缺棱、掉角、掉底、越线和图案偏差应符合表 2 规定。

表 2 mm

| 项目 | | 一等品 | 合格品 |
|---|---|---|---|
| 正面 | 缺棱 | 长×宽>10×2，不允许 | 长×宽>20×2，不允许 |
| | 掉角 | 长×宽>2×2，不允许 | 长×宽>4×4，不允许 |
| 掉底 | | 长×宽<20×20，深≤$\frac{1}{3}$砖厚允许 1 处 | 长×宽<30×30，深≤$\frac{1}{3}$砖厚允许 1 处 |
| 越线 | | 越线距离<1.0，长度<10.0 允许 1 处 | 越线距离<2.0，长度<20.0 允许 1 处 |
| 图案偏差 | | ≤1.0 | ≤3.0 |

5.1.2 水泥花砖不允许有裂纹，露底和起鼓。

5.1.3 水泥花砖不得有明显的色差、污迹和麻面。

### 5.2 尺寸偏差

5.2.1 尺寸允许偏差应符合表 3 的规定。

表 3 mm

| 品种 | 一等品 | | | 合格品 | | |
|---|---|---|---|---|---|---|
| | 长 | 宽 | 厚 | 长 | 宽 | 厚 |
| F<br>W | ±0.5 | | ±1.0 | ±1.0 | | ±1.5 |

5.2.2 平度、角度和厚度差不得大于表 4 的规定值。

表 4 mm

| 品种 | 平度 | | 角度 | | 厚度差 | |
|---|---|---|---|---|---|---|
| | 一等品 | 合格品 | 一等品 | 合格品 | 一等品 | 合格品 |
| F | 0.7 | 1.0 | 0.4 | 0.8 | 0.5 | 1.0 |
| W | 0.7 | 1.0 | 0.5 | 1.0 | | |

## 5.3 物理力学性能

5.3.1 抗折破坏荷载不得小于表5中的规定值。

表5

N

| 品种 | 规格 mm | 一等品 | | 合格品 | |
|---|---|---|---|---|---|
| | | 平均值 | 单块最小值 | 平均值 | 单块最小值 |
| F | 200×200 | 900 | 760 | 700 | 600 |
| W | | 600 | 500 | 500 | 420 |
| F | 200×150 | 680 | 580 | 520 | 440 |
| W | | 460 | 380 | 380 | 320 |
| F | 150×150 | 1 080 | 920 | 840 | 720 |
| W | | 720 | 610 | 600 | 500 |

5.3.2 耐磨性能不得大于表6的规定值。

表6

g

| 品种 | 一等品 | | 合格品 | |
|---|---|---|---|---|
| | 平均磨耗量 | 最大磨耗量 | 平均磨耗量 | 最大磨耗量 |
| F | 5.0 | 6.0 | 7.5 | 9.0 |

注：墙砖(W)不要求耐磨指标。

5.3.3 吸水率不得大于14%。

## 5.4 结构性能

5.4.1 地面花砖面层厚度的最小值，一等品应不低于1.6 mm，合格品应不低于1.3 mm。墙面花砖的面层厚度的最小值不低于0.5 mm。

5.4.2 水泥花砖的一等品不允许有分层现象，合格品只允许有不明显的分层现象。

# 6 试验方法

## 6.1 量具和仪器

a. 钢直尺：精度为0.5 mm，量程为300 mm。

b. 游标卡尺：精度为0.1 mm，量程为300 mm。

c. 塞尺：精度为2级。

d. 钢制平角尺：精度为2级，内短边大于200 mm。

e. 天平：称量范围0～2 kg，分度值1 g。

f. 工业天平：称量范围0～5 kg，分度值0.01 g。

g. 电热恒温鼓风干燥箱：调温范围50～300℃。

h. 万能材料试验机、压力机或其他抗折试验机：示值精度2%，度盘最小分度值20 N。

i. 无砂钢球式耐磨试验机：

磨头与磨盘的相对速比为35：1；

磨盘的转速为17～18 r/min；

磨头与磨盘偏心距为40 mm；

钢球5个，直径18 mm；

钢球的滚道直径为33 mm。

## 6.2 外观质量检查

6.2.1 用钢直尺测量水泥花砖缺棱掉角部分对水泥花砖的长、宽，两个方向的投影尺寸，测量方法如图

1 所示，精确至 1 mm。

6.2.2 用钢直尺测量水泥花砖掉底部分对水泥花砖的长、宽、厚三个方向的投影尺寸，精确至 1 mm。

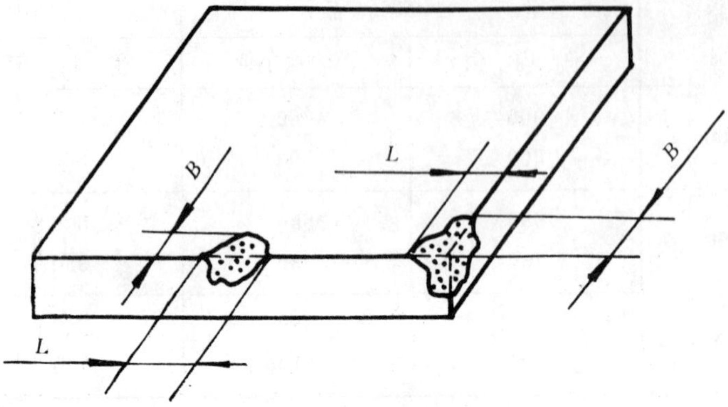


图 1 缺棱掉角测量方法示意图

$L$—长度；$B$—宽度

6.2.3 将水泥花砖放在光线充足的地方，距水泥花砖 0.5 m 处用肉眼检查自然风干的水泥花砖表面是否有可见裂纹。

6.2.4 在光线充足的地方，距水泥花砖 1.5 m 处，用肉眼检查水泥花砖表面的露底、麻面、色差、污迹、越线和图案偏差，若有越线和图案偏差，用钢直尺测量其越线距离和图案偏差值，精确至 0.5mm。

### 6.3 尺寸偏差检验

6.3.1 外形尺寸

用游标卡尺测量水泥花砖的四个边长和四边中点处厚度，以两对应边的值分别表示长和宽，以四边中点的厚度值表示厚度，精确至 0.1 mm。

6.3.2 角度

将钢制平角尺的短边紧贴水泥花砖的一个侧面，使其长边接触相邻的另一侧面，用塞尺测量它们之间的间隙，以四边实测的最大值作为它的角度偏差，精确至 0.1 mm，测量方法如图 2 所示。

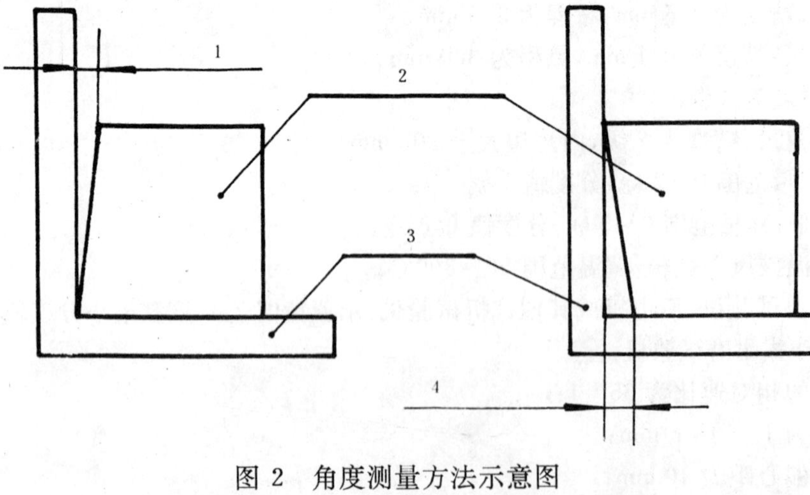


图 2 角度测量方法示意图

1—最大缝隙；2—水泥花砖；3—平角尺；4—最大缝隙

6.3.3 平度

6.3.3.1 先后将钢直尺垂直放在水泥花砖砖面二条对角线上，用塞尺测量它们之间的最大间隙，精确至 0.1 mm。

6.3.3.2 当水泥花砖砖面中部上凸时，从每条对角线的一个端点起，把尺紧贴砖面，测量对角线另一端点与尺的间隙，以实测的最大值的二分之一作为平度偏差。

6.3.3.3 当水泥花砖砖面上凸部位不在花砖中心时，应从每条对角线的两个端点按 6.6.3.2 的方法测量，取测量值之和中大的一组的四分之一为平度偏差。

6.3.3.4 当水泥花砖砖面下凹时，按 6.6.3.1 的方法测得的最大值为平度偏差。

**6.4 物理力学性能试验**

6.4.1 抗折破坏荷载

6.4.1.1 用自然含水状态，龄期为 28 天的整块花砖进行试验，每组 5 块。

6.4.1.2 调整试验机的量程，使试件的预期破坏荷载不小于全量程的 20%，也不大于全量程的 80%。

6.4.1.3 抗折试验架的支承圆柱和荷重压头的圆弧半径为 15 mm，长度应大于试件宽度，对于长、宽尺寸为 200 mm 或长 200 mm 宽 150 mm 的试件，支承圆柱中心距 $L$ 为 160 mm；对于长、宽尺寸为 150 mm 的试件，支承圆柱中心距 $L$ 为 100 mm。

6.4.1.4 用游标卡尺或钢直尺测量试件的宽度，精确至 0.5 mm，将试件面层向上，简支于试验架的两个支承圆柱上，试件与支承圆柱、荷重压头之间垫厚为 3 mm 的邵氏 A 型橡胶板，加荷方式如图 3 所示。

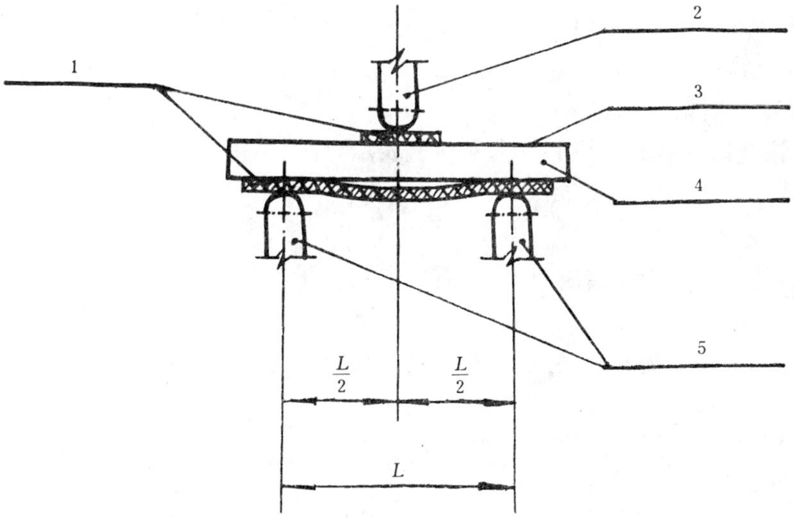


图 3 抗折试验加荷方式示意图

1—橡胶板；2—荷重压头；3—花砖面层；4—水泥花砖；5—支承圆柱

6.4.1.5 开动试验机，使试件缓慢受力，以 30～50 N/s 的速度均匀而连续地加荷，直至试件折断，记录其破坏荷载。

6.4.1.6 抗折破坏荷载用该组试件结果的算术平均值和单块最小值表示，计算结果精确至 10 N。

6.4.2 耐磨性能

6.4.2.1 用自然含水状态，龄期 28 天的整块花砖进行试验，每组 5 块。

6.4.2.2 调整耐磨试验机的磨头荷重为 20 kg，磨头一侧附着一个吸尘器。用以磨损花砖面层的新钢球必须在试件上磨 10 min 后才能正式使用，钢球和花砖受磨面不得有油污。

6.4.2.3 用工业天平称每块花砖磨前重 $G_1$，精确至 0.1 g，将已称重的花砖放在耐磨试验机的磨台上，装入钢球并使钢球与磨头及花砖面紧密接触，将吸尘器吸嘴靠近花砖表面，开动试验机，每块干磨 8 min。

6.4.2.4 取下已磨过的花砖，清除表面残留的浮灰，在工业天平上称其质量 $G_2$，精确至 0.1 g。

6.4.2.5 磨耗量按式(1)计算：

$$T = G_1 - G_2 \quad \cdots\cdots (1)$$

式中：$T$ ——试件磨耗量，g；

$G_1$ ——试件磨前质量，g；

$G_2$ ——试件磨后质量，g。

6.4.2.6　耐磨性能用该组试件磨耗量的算术平均值和单块最大值表示，计算结果精确至 0.1 g。

6.4.3　吸水率

6.4.3.1　用抗折试验后的 5 块水泥花砖进行试验。

6.4.3.2　把水泥花砖直立浸入装有洁净水的容器中，使其彼此间隔不小于 20 mm，保持水面高于试件上部 30 mm，浸水 24 h 后，立即从水中取出，用湿布抹掉表面水分。称其质量 $G_s$，精确至 1 g。

6.4.3.3　再将试件放入电热鼓风干燥箱，在 105±5℃温度下烘 24 h，冷却至室温后立即称其质量 $G_0$，精确至 1 g。

6.4.3.4　吸水率按式(2)计算：

$$W = \frac{G_s - G_0}{G_0} \times 100 \quad \cdots\cdots (2)$$

式中：$W$ ——吸水率，%；

$G_0$ ——试件烘干后质量，g；

$G_s$ ——试件吸水后质量，g。

6.4.3.5　吸水率用该组试件试验结果的算术平均值表示，计算结果取二位有效数字。

### 6.5　构造检查

6.5.1　面层厚度

在做过抗折试验的 5 块水泥花砖断面上，用游标卡尺测量其最小面层厚度，精确至 0.1 mm。

6.5.2　分层

用做过抗折试验的 5 块水泥花砖，检查其断面处各层之间是否有分离现象。

## 7　检验规则

### 7.1　检验分类

产品检验分出厂检验和型式检验。

7.1.1　出厂检验

出厂检验的项目：外观质量、尺寸偏差、抗折破坏荷载和结构性能。

7.1.2　型式检验：对本标准中规定的产品的技术要求全部进行检验。

有下列情况之一时，应进行型式检验：

a.　新产品试制定型鉴定时；

b.　正式生产后，如材料、设备、工艺有较大改变，可能影响产品的性能时；

c.　正常生产时，每 6 个月进行一次周期性检验；

d.　产品长期停产恢复生产时；

e.　出厂检验结果与上次型式检验结果有较大差异时；

f.　国家质量监督机构提出进行型式检验要求时。

### 7.2　批的构成

7.2.1　出厂检验

由同一规格的水泥花砖构成，批量可与销售批相同或不同。

7.2.2　型式检验

提交检验的批应由同一规格的水泥花砖构成。

**7.3 抽样方案**

7.3.1 出厂检验和型式检验所需样本在水泥花砖成品库随机抽取。当批量为 3 000～10 000 块时，各项检验按表 7 规定的样品量抽取。

表 7 块

| 检验类型 / 检验分类 | 出厂检验 | 型式检验 |
|---|---|---|
| 外观质量 | 80 | 80 |
| 尺寸偏差 | 32 | 32 |
| 物理力学性能和结构性能 | 10 | 15 |

批量不在 3 000～10 000 块范围内，按附录 C 确定抽样方案。

7.3.2 外观质量检查的样品从整批样品中抽取，尺寸偏差检验的样本从外观质量检查合格的样本中抽取，物理力学性能和结构性能检验的样本从外观和尺寸偏差检验合格的样本中抽取。

**7.4 判定规则**

出厂检验和型式检验均按以下有关规则判定。

7.4.1 外观质量判定

在 80 块样品中，根据一次检查的不合格样品数 $K_1$ 和加严一次检查的不合格样品数 $K_2$ 进行判定。

一次检查时若 $K_1 \leqslant 10$，可接收；若 $K_1 = 11$，允许加严一次检查；若 $K_1 > 11$，拒绝接收。

加严一次检查时重新从整批样品中随机抽取 80 块进行检查。若 $K_2 \leqslant 8$，可接收；若 $K_2 \geqslant 9$，拒绝接收。

7.4.2 尺寸偏差判定

在 32 块样品中，根据一次检查的不合格样品数 $K_1$ 和加严一次检查的不合格样品数 $K_2$ 进行判定。

一次检查时若 $K_1 \leqslant 3$，可接收；若 $K_1 = 4$，允许加严一次检查；$K_1 > 4$，拒绝接收。

加严一次检查时将 32 块样品放回原处，从 80 块外观质量检查合格的样品中重新抽取 32 块进行检验和判定，若 $K_2 \leqslant 2$，可接收，$K_2 \geqslant 3$，拒绝接收。

7.4.3 物理力学性能判定

任一项检验中有 1 块样品的试验结果不合格时都允许加严一次检查，样品从剩余的外观和尺寸偏差检验合格的样本中抽取，若加严一次检查的每块样品全部合格，则该项性能判为合格；若复检的样品中仍有 1 块不合格，则该项性能不合格，该批水泥花砖判为拒收。

**7.5 复验**

7.5.1 如订货单位对产品质量提出异议时，可会同生产厂委托质量监督检验单位复验，作为最后判定质量的依据，抽样方案由双方议定，外观质量的复验只能在生产厂内进行。

7.5.2 复验结果合格时，试验费由提出复验要求的一方支付；不合格时由生产厂负担。

## 8 标志、包装、运输和贮存

**8.1 标志**

8.1.1 水泥花砖底面应有生产厂的标志。

8.1.2 包装后的水泥花砖应有标签，标明产品的规格和生产厂厂名。

8.1.3 产品质量合格证

产品质量合格证包括下列内容：

a. 合格证编号；

b. 水泥花砖标记；

c. 生产厂厂名或商标；

d. 制造日期或生产批号；

e. 生产厂质量检验部门签章。

**8.2 包装**

8.2.1 根据运距和道路情况一般分为箱装、草绳密扎和草绳散扎三类包装。

8.2.2 箱装时，将水泥花砖放置在包装箱的中部，花砖与箱体之间用柔软防震材料填充。

8.2.3 草绳密扎时，将水泥花砖光面相对用直径不小于 10 mm 的草绳沿长、宽方向缠绕，不使其外露，捆扎牢固，每捆水泥花砖数量不超过 25 块。

8.2.4 草绳散扎时，将水泥花砖光面相对，用直径不小于 10 mm 的草绳按“井”字形捆扎，每个捆扎点处不应少于 2 道，每捆水泥花砖数量不超过 10 块。

**8.3 运输**

8.3.1 装卸时应轻拿、轻放，严禁抛摔碰撞。

8.3.2 运途中花砖要保持平稳，防止相互撞击。

**8.4 贮存**

8.4.1 水泥花砖应在室内贮存，如室外贮存应予以遮盖。

8.4.2 水泥花砖直立码放时，倾斜度不应大于 15°，垛高不超过 1.6 m，层与层之间，可用无污染的弹性材料支垫。水泥花砖平放时，地面应平整，堆放高度不得高于 0.8 m。

## 附 录 A
## 名 词 术 语
（补充件）

**A1 裂纹**

主要指水泥花砖表面那些肉眼可见的细小裂纹和龟裂。

**A2 露底**

主要指基层水泥浆直接暴露，或隐约可见的现象。

**A3 麻面**

主要指水泥花砖表面局部存在的针状气孔、凹坑。

**A4 色差**

主要指相同色调的颜色，在不同的水泥花砖表面上，或同一块水泥花砖表面的不同部位上所出现的浓淡差别。

**A5 污迹**

污迹又称杂色，是在图案规定的颜色区域中出现其他颜色的现象，呈点块状或云状。

**A6 越线**

在两种或两种以上颜色的交界处，一种颜色超出图案规定的线条侵入相邻颜色区的现象。

**A7 图案偏差**

指由两块或两块以上的花砖组成图案时，每块砖之间线条不相吻合，即线条彼此偏离的程度，包括边角部分某种颜色料浆不足造成的缺浆现象。

**A8 分层**

就是在水泥花砖断面上，面层与基底、或者基层之间出现的明显的结构分离现象。

**A9 起鼓**

在水泥花砖面层上出现的小面积圆形鼓起，形似泡状。

## 附 录 B
## 原材料技术要求
（补充件）

**B1** 用于水泥花砖面层的水泥应符合 GB 2015 或 GB 175 的规定；用于底层的水泥应符合 GB 175 或 GB 1344中矿渣硅酸盐水泥的规定。

**B2** 砂应符合 JGJ 52 的规定。

**B3** 着色材料不得损害花砖的力学强度及耐久性，而且不溶于水，分散性好及耐光性优良，应符合下列标准和技术条件的规定：

GB 1861、GB 1862、GB 1863、GB 3763 等。

**B4** 拌合水应用自来水、洁净水。

## 附 录 C
## 水泥花砖抽样用的有关参数
（参考件）

**C1** 水泥花砖抽样按照 GB 2828 规定进行。

**C2** 检查水平

检查水平是用来决定批量与样本大小之间关系的等级。

外观质量检查采用一般检查水平 I。

尺寸偏差检验采用特殊检查水平 S-4。

物理力学性能和面层厚度检验采用特殊检查水平 S-1。

**C3** 合格质量水平

合格质量水平（AQL）是在连续检查过程中，认为可以接收的检查批的平均不合格率。本标准规定：

外观质量检查的合格质量水平为 6.5。

尺寸偏差检验的合格质量水平为 4.0。

物理力学性能和面层厚度检验的合格质量水平为 2.5。

---

**附加说明：**

本标准由国家建筑材料工业局苏州混凝土水泥制品研究院提出并归口。

本标准由国家建筑材料工业局苏州混凝土水泥制品研究院负责起草。

本标准主要起草人赵玉屏、薛万银。

本标准委托国家建筑材料工业局苏州混凝土水泥制品研究院负责解释。

中华人民共和国行业标准

JC 411—91

# 水 泥 木 屑 板

本标准参照采用国际标准ISO 8335—1987《水泥木屑板》。

## 1 主题内容与适用范围

本标准规定了水泥木屑板的产品分类、技术要求、试验方法、检验规则、标志、包装、运输、贮存等。

本标准适用于以普通硅酸盐水泥和矿渣硅酸盐水泥为胶凝材料,木屑为主要填料,木丝或木刨花为加筋材料,加入水和外加剂,平压成型、保压养护、调湿处理等,制成的建筑板材。水泥木屑板主要用作天棚板,非承重内、外墙板和地面板等。经着色、磨光、粘贴或喷涂等其他饰面加工处理的水泥木屑板亦可参照使用。

用于暴露在大气或潮湿环境的水泥木屑板,其有关性能应符合我国相应标准的规定。

本标准不适用于全部和部分使用镁质胶凝材料胶结的制品。

## 2 引用标准

GB 100 沉头木螺钉
GB 8625 建筑材料难燃性试验方法
GB 8626 建筑材料可燃性试验方法
GB 8627 建筑材料燃烧或分解的烟密度试验方法

## 3 术语

3.1 平直度:在切割过程中,切割的边缘偏离切割线的程度。

3.2 不平整度:在成型或调湿过程中,板材厚度不均匀或水分散失不均匀而造成的板面不平整的程度(不平整度包括厚度差和翘曲度)。

3.3 翘曲度:板面翘曲变形的程度。

3.4 方正度:矩形板的角偏离直角的程度。

## 4 产品规格与等级

### 4.1 规格

水泥木屑板通常为矩形。

4.1.1 长度

水泥木屑板的长度($l$)为:1 800～3 600 mm。

4.1.2 宽度

水泥木屑板的宽度($b$)为:600～1 200 mm。

4.1.3 厚度

水泥木屑板的厚度($e$)为:4,6,8,10,12,16,20,24,28,32,36和40 mm。

注:允许供需双方协商,生产所需规格的产品。

### 4.2 等级

国家建筑材料工业局1991-03-22批准　　　　1991-12-01实施

水泥木屑板按外观质量、尺寸偏差和物理力学性能分为优等品(A),一等品(B)和合格品(C)。

**4.3 产品标记**

4.3.1 标记方法

标记顺序:产品名称(CEB)、几何尺寸、等级和标准号。

4.3.2 标记示例

长度(*l*)×宽度(*b*)×厚度(*e*):3 000 mm×900 mm×12 mm 的水泥木屑板,一等品:

CEB 3 000×900×12 B JC 411。

## 5 技术要求

**5.1 外观质量**

5.1.1 外观缺陷

水泥木屑板外观缺陷应符合表 1 的规定。

表 1 mm

<table>
<tr><th>项 目</th><th>优等品</th><th>一等品</th><th>合格品</th></tr>
<tr><td>掉角</td><td rowspan="7">不允许</td><td rowspan="2">不允许</td><td>影响板面的破坏尺寸,不得同时超过 10</td></tr>
<tr><td>非贯穿裂纹</td><td>长度不得超过 30</td></tr>
<tr><td rowspan="2">坑包、麻面</td><td colspan="2">两个方向不得同时超过</td></tr>
<tr><td>10</td><td>20</td></tr>
<tr><td rowspan="2">污染面积</td><td colspan="2">两个方向不得同时超过</td></tr>
<tr><td>50</td><td>100</td></tr>
</table>

5.1.2 平直度

长度和宽度的平直度不得超过±1 mm/m。

5.1.3 方正度

方正度不得超过±2 mm/m。

5.1.4 不平整度

不平整度不得超过表 2 的规定。

表 2 mm/m

| 等 级 | 优等品 | 一等品 | 合格品 |
|---|---|---|---|
| 不平整度 | ±4 | ±6 | |

**5.2 尺寸允许偏差**

5.2.1 长度(*l*)和宽度(*b*)的允许偏差为±5 mm。

5.2.2 厚度(*e*)的允许偏差应符合表 3 的规定。

表 3 mm

| 公称厚度 | | 4~8 | 10~20 | 24~40 |
|---|---|---|---|---|
| 厚度允许偏差 | 优等品 | ±0.5 | ±0.7 | ±1.2 |
| | 一等品 | ±0.7 | ±1.0 | ±1.5 |
| | 合格品 | | | |

**5.3 物理力学性能**

水泥木屑板的物理力学性能应符合表 4 的规定。

表 4

| 项　　目 | | 优等品 | 一等品 | 合格品 |
|---|---|---|---|---|
| 密度，$kg/m^3$ | 不大于 | 1 250 | | 1 300 |
| 含水率，% | 不大于 | 12 | | |
| 浸水 24 h 厚度膨胀，% | 不大于 | 1.5 | | 2.0 |
| 抗冻性 | | 冻后强度损失不大于 20% | | |
| 自然含湿状态下抗折强度，MPa | 不小于 | 11.0 | 9.0 | 8.0 |
| 浸水 24 h 抗折强度，MPa | 不小于 | 6.5 | 5.5 | 5.0 |
| 垂直平面抗拉强度，MPa | 不小于 | 0.5 | 0.4 | 0.3 |
| 抗折弹性模量，MPa | 不小于 | 3 000 | | |

**5.4　抗冲击性能与握螺钉力**

其需要与否和指标根据工程性质与用户需要确定。

**5.5　防火性能**

防火性能应符合国家规定的防火难燃烧建筑材料的要求。

## 6　试验方法

**6.1　试样**

6.1.1　所有试样(除测定含水率试样外)在试验前，应在温度为 23±5 ℃，空气相对湿度为(60±10)%的条件下调湿至恒重。每隔 24 h 称量一次，相邻两次重量相差不大于 0.5%时，可认为是恒重。

6.1.2　试样应在距板材边缘 100 mm 以内裁取。

6.1.3　表 5 所列项目的试样尺寸按规定裁取，试样数量均为 5 块。

表 5　　mm

| 项　　目 | | 试 件 尺 寸 |
|---|---|---|
| 密度、含水率、浸水 24 h 厚度膨胀 | | 100×100×$e$ |
| 自然含湿状态 | 抗折强度 | (16 $e$+50)×100×$e$<br>各取横向与纵向 |
| 浸水 24 h | 抗折强度 | |
| 抗冻性、抗折弹性模量 | | (16 $e$+50)×100×$e$<br>按横向裁取 |
| 垂直平面抗拉强度 | | 50×50×(10～15) |

注：抗折强度试样长度不得小于 250 mm。

**6.2　外观质量与几何尺寸**

6.2.1　外观缺陷

在光照明亮的条件下或在 40 W 日光灯下，视力 0.7 以上的检测人员，在距被检试样 0.5 m 处，进行外观检查。

6.2.2　几何尺寸

6.2.2.1　长度和宽度

在被检测试样的表面上，用精度为 1 mm 的钢卷尺，在长度和宽度的两边缘上测量，各取其平均值作为测量结果，精确至 1 mm。

6.2.2.2 厚度

在被检测试样的表面上，用精度为 0 级的千分尺，在板的宽度方向上取三点进行测量，如图 1 所示，取其平均值，作为测定结果，精确至 0.05 mm。

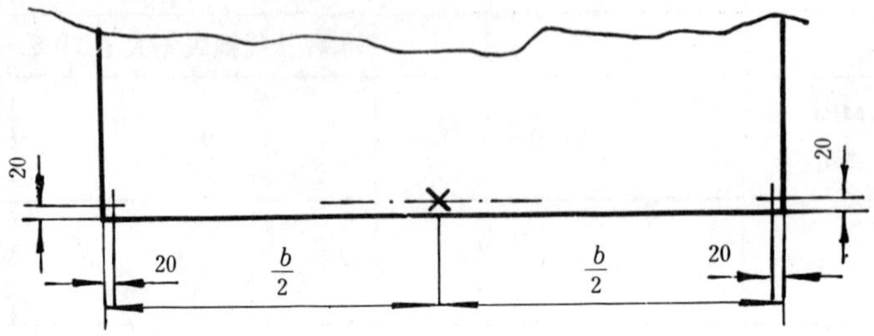


图 1 厚度的测量位置

6.2.3 平直度

用 1 m 长的不锈钢直尺紧靠被测试样的被测边，如图 2 所示，用精度为 0.02 mm 的卡尺测量板边与尺边的最大偏差值，精确至 0.05 mm。

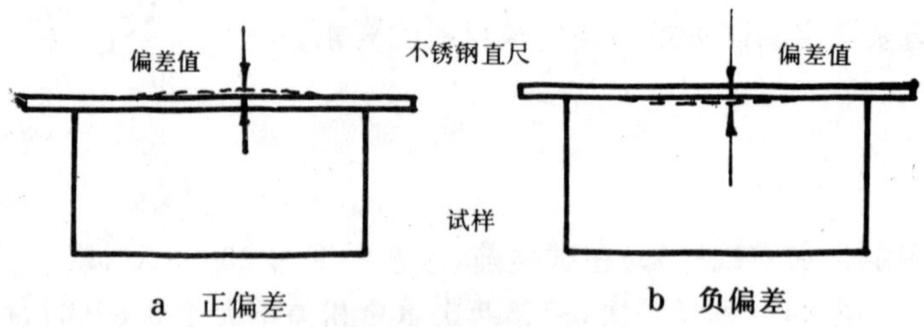


图 2 平直度测量示意图

6.2.4 方正度

用精度为 1 mm 的钢卷尺测量试样的两条对角线，其差值除以对角线长度即为测定结果，精确至 1 mm/m。

6.2.5 不平整度

用 1 m 长的不锈钢直尺横立在被测试样的正表面，如图 3 所示，用精度为 0.01 mm 的塞尺填塞直尺与被测试样最大间距处，作为不平整度的测定结果，精确至 0.05 mm。

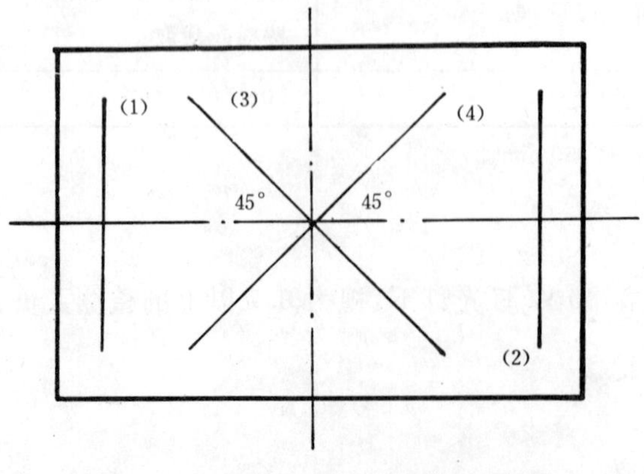


图 3 板面不平整度的测量位置

## 6.3 物理力学性能

6.3.1 密度

6.3.1.1 试验仪器及设备

a. 天平：最大称量 1 000 g；精度 6～9 级；

b. 电热干燥箱：控温器灵敏度±1 ℃；

c. 干燥器。

6.3.1.2 试样

试样按表 5 的规定裁取。

6.3.1.3 试验步骤

将试样放在 105±2 ℃的干燥箱中干燥至恒重。每隔 6 h 取出，放入干燥器中冷却后称重，若相邻两次称重差不大于 0.1%时，可认为试件达恒重。称重，精确至 0.1 g。

用游标卡尺在试样的边部测量试样的边长，取其平均值作为试样的边长，精确至 0.1 mm。按图 4 所示位置，用千分尺测量厚度，取其平均值作为试样的厚度，精确至 0.1 mm。然后计算试样的体积精确至 0.1 $mm^3$。

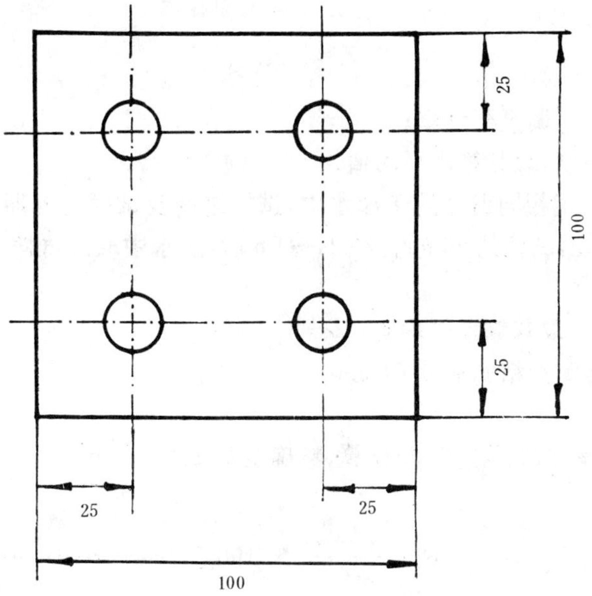


图 4 密度测定时的厚度测量

6.3.1.4 结果计算

密度 $r$($kg/m^3$)按式(1)计算：

$$r = \frac{m}{V} \times 10^6 \quad \cdots\cdots(1)$$

式中：$m$——试样量，g；

$V$——试样体积，$mm^3$。

试验结果取 5 块试样算术平均值，精确至 10 $kg/m^3$。

6.3.2 含水率

6.3.2.1 试验仪器及设备

试验仪器及设备见 6.3.1.1。

6.3.2.2 试样

试样按表 5 的规定裁取。

6.3.2.3 试验步骤

将试样称重后，放在 105±2 ℃的干燥箱中干燥至恒重。每隔 6 h 将试样取出，放入干燥器中冷却，若相邻两次称重差不大于 0.1%时，可认为试样达恒重。称重，精确至 0.1 g。

6.3.2.4 结果计算

试样含水率 $W$(%)按式(2)计算，精确至 0.1%：

$$W = \frac{m_0 - m_1}{m_1} \times 100 \qquad \cdots\cdots(2)$$

式中：$m_0$——试样取样时质量，g；

$m_1$——试样干燥至恒重时质量，g。

试验结果取 5 块试样的算术平均值。

6.3.3 浸水 24 h 厚度膨胀的测定

6.3.3.1 试样

试样按表 5 的规定裁取。

6.3.3.2 试验步骤

a. 将试样按 6.1.1 的规定调湿至恒重；

b. 按图 4 测定试样的厚度，取其算术平均值；

c. 将试样垂直放入与环境相同温度的干净水中，试样之间及试样与容器的底和壁之间至少相距 10 mm，向容器内加水，水面高出试样约 20 mm。经 24±1 h 后，从水中取出试样，用拧干的湿毛巾擦掉试样表面附着水；

d. 按图 4 再测试样厚度，取其算术平均值；

e. 试样浸水前后的厚度测量精确至 0.01 mm。

6.3.3.3 结果计算

试样浸水 24 h 厚度膨胀率 $S$(%)按式(3)计算，精确至 0.1%：

$$S = \frac{e_1 - e_0}{e_0} \times 100 \qquad \cdots\cdots(3)$$

式中：$e_0$——试样浸水前平均厚度，mm；

$e_1$——试样浸水 24 h 平均厚度，mm。

试验结果取 5 块试样的算术平均值。

6.3.4 抗折强度

6.3.4.1 试验仪器及设备

万能试验机：极限负荷 10 kN，精度 1%。

6.3.4.2 试样

试样按表 5 的规定裁取，裁取方式如图 5 所示。

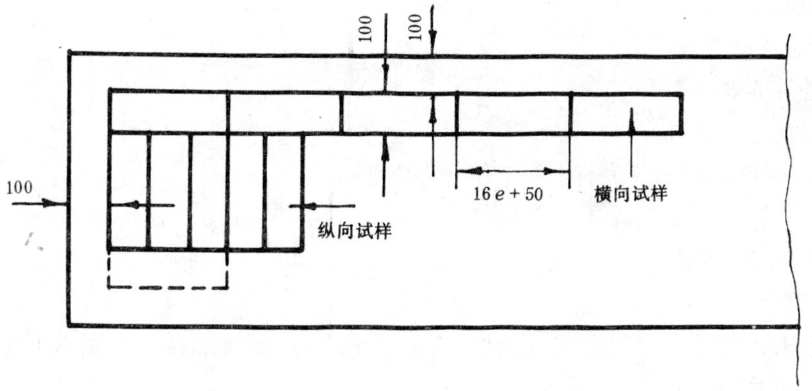


图 5　抗折强度试样的裁取方式

注：如横向取样数量不够，可按虚线部位取。

6.3.4.3　试验步骤

a.　试样按 6.1.1 调湿至恒重；

b.　将试样简支在两个半径为 10～20 mm 的平行金属圆棒上。两圆棒的中心距为 16 *e*，但不小于 215 mm，测量精度为 1 mm，荷载通过半径为 10～20 mm 的金属圆棒垂直施于试样的中心线，加荷金属棒要超过试样的宽度，如图 6 所示；

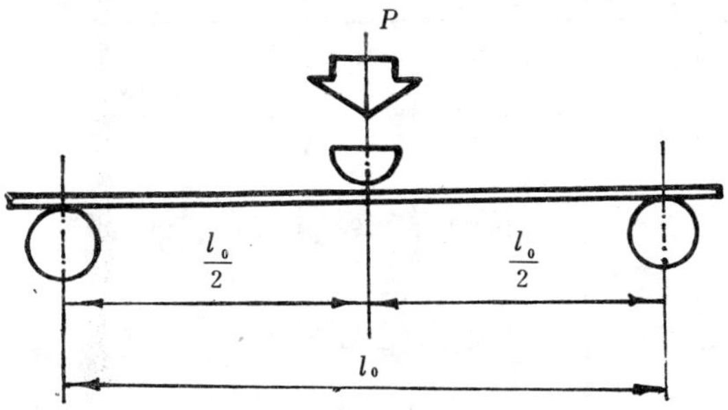


图 6　测定抗折强度和抗折弹性模量测定装置

c.　匀速加荷，从加荷到试样破坏时间为 30～60 s；

d.　测量断裂线附近两点的厚度取其算术平均值，作为试样的厚度。

6.3.4.4　结果计算

抗折强度 *R*(MPa) 按式(4)计算，精确至 0.1 MPa：

$$R = \frac{3Pl_0}{2be^2} \qquad (4)$$

式中：$P$——试样断裂荷载，N；

$l_0$——两支座中心距离，mm；

$b$——试样宽度，mm；

$e$——试样厚度，mm。

试验结果取10块试样的算术平均值，若有与平均值相差20%以上的数据应剔除，再取其算术平均值。

6.3.5 抗折弹性模量

6.3.5.1 试验仪器及设备

a. 试验设备见6.3.4.1；

b. 试验装置见6.3.4.3；

c. 测量荷载-变形曲线的仪表，测量变形量的精度为1 μm。

6.3.5.2 试样

试样按表5的规定裁取。

6.3.5.3 试验步骤

在不大于试样的三分之一断裂荷载范围内，在试样的中点，逐级加荷至少测定8级荷载及其对应的变形值，得到荷载-变形曲线，如图7所示。

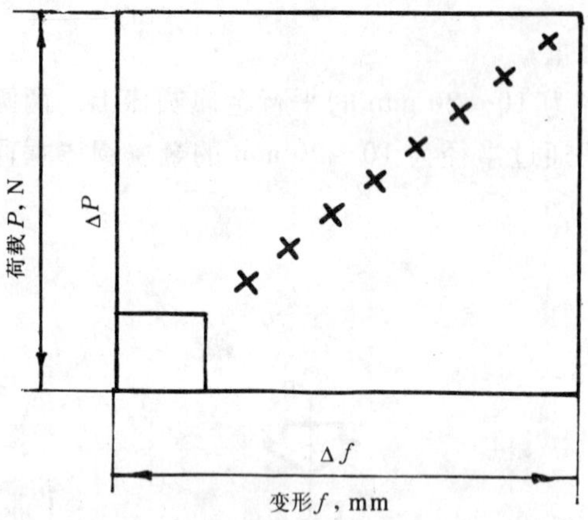


图7 测定抗折弹性模量荷载-变形曲线

6.3.5.4 结果计算

抗折弹性模量 $E$(MPa)按式(5)计算，精确至10 MPa：

$$E = \frac{\Delta P l_0^3}{4be^3\Delta f} \qquad (5)$$

式中：$\Delta P$——荷载增量，荷载-变形曲线中的直线部分，N；

$l_0$——两支座的中心距离，mm；

$b$——试样的宽度，mm；

$e$——试样断裂线附近两点厚度平均值，mm；

$\Delta f$——与$\Delta P$对应的变形增量，mm。

试验结果取5块试样的算术平均值。

6.3.6 垂直平面抗拉强度

6.3.6.1 试验仪器及设备

a. 万能试验机：极限负荷5 kN，精度1%；

b. 模具与夹具：如图8所示。

6.3.6.2 试样

试样按表 5 的规定裁取。

6.3.6.3 试验步骤

用卡尺测量试样的边长，精确至 0.1 mm。然后用适量的聚乙酸乙烯加水泥调成粘结剂，将试样粘在模具上，如图 8 所示。待粘结剂固化后，将模具插入夹具中进行试验。

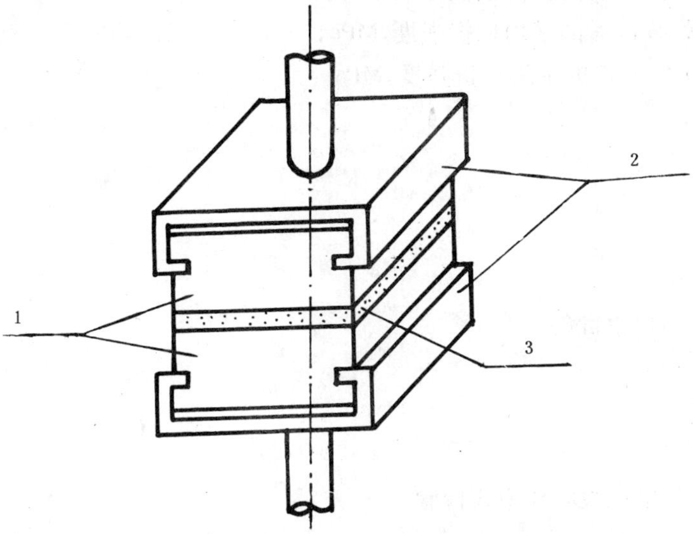


图 8 测定垂直平面抗拉强度的装置

1—模具；2—夹具；3—试样

加荷至试样破坏时间为 30～60 s，若粘结面被拉坏，数据无效，应重做试验。

6.3.6.4 结果计算

垂直平面抗拉强度 $R_L$(MPa)按式(6)计算，精确至 0.01 MPa：

$$R_L = \frac{P_L}{A} \qquad \cdots\cdots(6)$$

式中：$P_L$——试样受拉破坏荷载，N；

$A$——试样面积，$mm^2$。

试验结果取 5 块试样的算术平均值。

6.3.7 抗冻性

6.3.7.1 试验设备及仪器

a. 冷冻箱：温度可降至－30 ℃；

b. 万能试验机：见 6.3.4。

6.3.7.2 试样

试样按表 5 的规定裁取。

6.3.7.3 试验步骤

将试样放入与环境同温度的水中浸泡 48 h，取出后用拧干的湿毛巾擦去表面附着水，将试样横立放入预先降温至－15～－20 ℃的冷冻箱内。试样之间，试样与冷冻箱壁之间的距离不应少于 20 mm。待冷冻箱温度重新降到－15 ℃时，记录时间，经 2 h 取出试样，再放入室温水中，融 2 h，如此为一个循环。共冻融 15 次循环。

15 次循环后，取出试样擦去表面水，然后，按 6.3.4 测定其冻融后抗折强度。

6.3.7.4 结果计算

抗冻性按式(7)计算，计算结果精确至 1%：

$$M_{15} = \frac{R_0 - R_{15}}{R_0} \times 100 \quad \cdots\cdots(7)$$

式中：$M_{15}$——试样冻融 15 次后的抗折强度损失率，%；

$R_{15}$——试样冻融 15 次后的平均抗折强度，MPa；

$R_0$——试样浸水 24 h 后的平均抗折强度，MPa。

6.3.8 抗冲击性能

见附录 A(补充件)。

6.3.9 握螺钉力

见附录 B(补充件)。

6.3.10 防火性能

按 GB 8625～8627 的规定进行。

## 7 检验规则

### 7.1 检验分类

水泥木屑板的检验分出厂检验和型式检验。

7.1.1 出厂检验

产品出厂必须进行出厂检验，其检验项目包括：

a. 外观缺陷；

b. 平直度；

c. 方正度；

d. 不平整度；

e. 尺寸偏差；

f. 密度；

g. 含水率；

h. 浸水 24 h 厚度膨胀；

i. 自然含湿状态抗折强度。

7.1.2 型式检验

7.1.2.1 型式检验的项目除出厂检验所包括的项目外，还包括：

a. 垂直平面抗拉强度；

b. 抗冻性；

c. 浸水 24 h 抗折强度；

d. 抗折弹性模量；

e. 防火性能；

f. 抗冲击性能；

g. 握螺钉力。

7.1.2.2 有下列情况之一时，应进行型式检验：

a. 新产品投产或生产工艺、原材料有较大改变时；

b. 设备大修或长期停产后，恢复生产时；

c. 出厂检验结果与上次型式检验有较大差异时；

d. 在正常生产情况下，每年进行一次；

e. 国家质量监督机构提出进行型式检验的要求时。

注：抗冻性和防火性能根据工程性质与用户需要进行。

## 7.2 抽样方案

7.2.1 所有尺寸的产品，其最大批量为1 000块。不足1 000块时，仍按一批对待。每批各项检验按表6规定的样品量抽取。

表6　　块

| 检验项目 | 外观质量 | 物理力学性能 |
|---|---|---|
| 试样抽取量 | 32 | 按6.1.3规定 |

7.2.2 出厂检验和型式检验所需样品在每批产品中随机抽取。物理力学性能检验试样从尺寸偏差和外观质量检验合格的试样中抽取。力学性能检验以28天龄期为准。

## 7.3 判定规则

7.3.1 外观质量的判定

在32块试样中，根据第一次检验不合格数 $K_1$ 和加严一次检验的不合格试样数 $K_2$ 进行判定。

第一次检验时若 $K_1<5$，可接收；若 $K_1=6$，允许加严一次检验；若 $K_1>6$，拒绝接收。

加严一次检验时，重新从整批样品中随机抽取32块进行检验，若 $K_2\leqslant3$，可接收；若 $K_2\geqslant4$，拒绝接收。

7.3.2 物理力学性能的判定

任一项检验中，有1块试样的试验结果不合格时，都允许加严一次检验。试样从外观检验合格的样品中抽取。若加严一次检验的试样仍有1块不合格，则该项性能不合格，该批水泥木屑板判为拒收。

7.3.3 总判定

所有检验项目的检验结果符合该等级规定时，判相应等级：有一项不符合合格品规定时，判为不合格品。

7.3.4 复验

若买方对产品质量提出异议时，可会同生产厂（卖方）委托质量监督部门进行复验。其抽样方案按7.2条规定。尺寸偏差和外观质量的复验在生产厂内进行。复验结果作为最后判定产品质量的依据。复验结果为合格时，费用由买方负担；不合格时，由生产厂（卖方）负担。

# 8 标志、包装、运输、贮存

## 8.1 标志

每批产品应有厂名（厂标或注册商标）、产品标记、批号、等级、检验员代号等标志。

## 8.2 包装

8.2.1 根据具体情况，产品可包装或散装。

8.2.2 产品包装要牢固，可靠并方便搬运；散装产品要保证底部平坦、稳固。

## 8.3 运输

使用的各种运输工具应保持底部平整，必须设法使产品固定好。在装、卸及运输过程中应防止碰撞、雨淋。人工搬运、装、卸单张板时，必须侧立搬运，严禁抛掷。

## 8.4 贮存

8.4.1 水泥木屑板应放在干燥、通风良好的环境中。贮存场地必须坚实、平坦。露天贮存时应有防雨遮盖，堆垛下部应有防潮措施。

8.4.2 不同规格、等级的产品应分别存放。

8.4.3 堆垛高度不宜超过1.8 m。

## 附 录 A
## 抗冲击性能试验
（补充件）

### A1 仪器及设备

A1.1 抗冲击架：如图 A1 所示。

A1.2 冲击锤：如图 A2 所示。重量为 1 000±10 g。

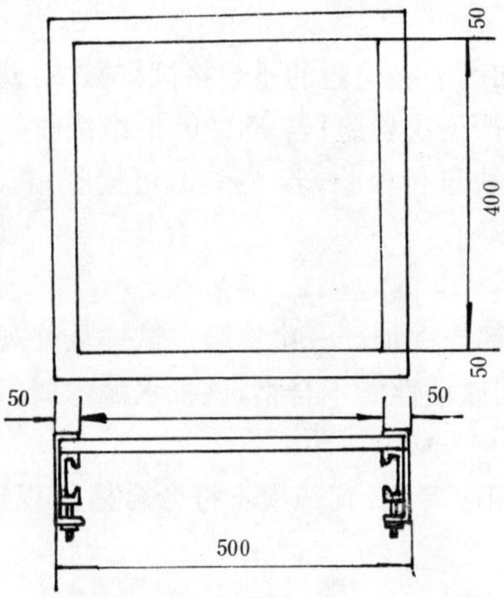


图 A1 抗冲击试验装置

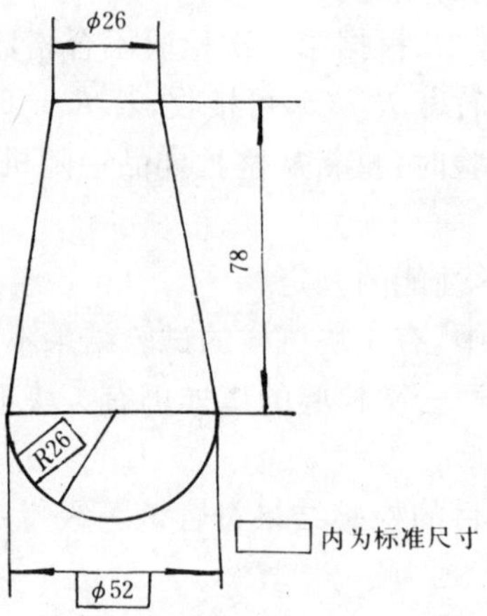


图 A2 冲击锤尺寸

### A2 试样

A2.1 试样尺寸为 500 mm×400 mm×*e*mm。

A2.2 试样数量为 5 块。

### A3 试验步骤

A3.1 将试样固定在冲击架上。

A3.2 冲击锤从某一高度自由下落。

A3.3 观察试样受冲击部位及背面是否有贯穿裂纹（允许冲击部位有锤击凹印），试样未出现贯穿裂纹时的极限高度即为抗冲击值(mm)。

### A4 结果处理

测定结果应包括：试样厚度、抗冲击高度及受冲击表面凹坑的直径。

## 附 录 B
## 握螺钉力的测定
（补充件）

### B1 仪器及设备

B1.1 万能试验机：极限负荷 5 kN，精度 1%。

B1.2 试验钉：符合开槽沉头木螺钉 3.3×25GB 100 的规定。

B1.3 夹具如图 B1 所示。

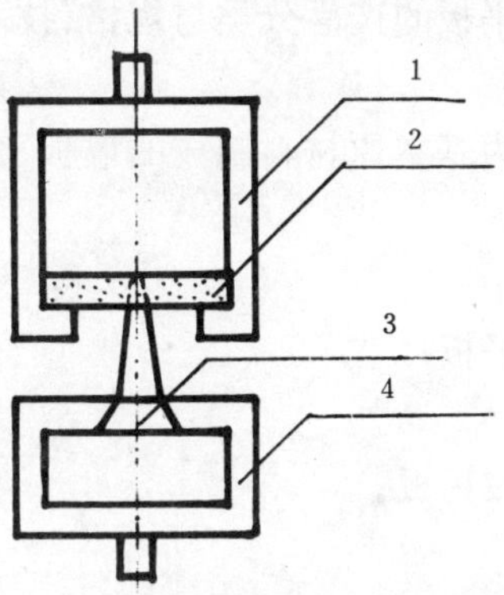


图 B1 测定握螺钉力装置

1、4—夹具；2—试样；3—木螺钉

### B2 试样

B2.1 试样尺寸为 50 mm×50 mm×*e*mm。

B2.2 试样数量为 5 块。

### B3 试验步骤

B3.1 在试样对角线交点预先钻直径约为木螺钉直径 0.8 倍的孔，孔深为试件厚度的 0.8～0.9 倍；木螺钉应垂直拧入，深度为 10±1 mm，不得用锤钉。

B3.2 以 50 N/s 匀速荷载，拔出木螺钉，记录极限荷载值。即为握螺钉力。

### B4 结果评定

试验结果评定，取 5 块试样的结果算术平均值作为握螺钉力，精确至 10 N。测定结果应注明：

a. 预先钻孔的直径，深度(mm)；

b. 木螺钉的拧入深度(mm)。

---

附加说明：

本标准由国家建筑材料工业局苏州混凝土水泥制品研究院提出并归口。

本标准由辽宁省建筑材料科学研究所负责起草。

本标准主要起草人由世宽、刘孟兴。

本标准委托辽宁省建筑材料科学研究所负责解释。

# 中华人民共和国行业标准

JC 412—91

# 建筑用石棉水泥平板

本标准参照采用国际标准 ISO 396/1—80《纤维增强水泥制品——第 1 部分：石棉水泥平板》中的有关条款。

## 1 主题内容与适用范围

本标准规定了建筑用石棉水泥平板的产品分类与规格、技术要求、检验方法、检验规则、标志、保管、包装与运输等。

本标准适用于以温石棉和水泥为基本原材料制成的墙板、建筑装修材料及建筑构、配件等用的加压与非加压的石棉水泥平板。

本标准不适用于下列产品：

a. 玻璃纤维增强低碱度水泥平板；

b. 石棉砂质水泥平板；

c. 纤维素石棉水泥平板与硅酸钙板。

## 2 引用标准

GB 175 硅酸盐水泥、普通硅酸盐水泥

GB 7019 石棉水泥制品吸水率、容重与孔隙率测定方法

GB 8040 石棉水泥波瓦、平板抗折试验方法

GB 8041 石棉水泥波瓦、平板不透水性试验方法

GB 8042 石棉水泥波瓦、平板抗冻性试验方法

GB 8071 温石棉

GB 9773 石棉水泥波瓦、平板抗冲击性试验方法

## 3 产品分类、等级与规格

3.1 分类、等级

建筑用石棉水泥平板按物理力学性能分为一类板、二类板和三类板。按尺寸偏差分为优等品、一等品和合格品。

3.2 规格

规格尺寸及其允许偏差应符合表 1 规定。

表 1

| 规格 | 公称尺寸 | 允许偏差 | | |
|---|---|---|---|---|
| | | 优等品 | 一等品 | 合格品 |
| 长度，mm | 1 000 1 200 1 800<br>2 400 2 800 3 000 | ±2 | ±5 | ±8 |

国家建筑材料工业局 1991-03-22 批准　　1991-12-01 实施

续表 1

| 规格 | 公称尺寸 | 允许偏差 | | |
|---|---|---|---|---|
| | | 优等品 | 一等品 | 合格品 |
| 宽度,mm | 800 900 1 000 1 200 | ±2 | ±5 | ±8 |
| 厚度,mm | 4,5,6 | ±0.2 | ±0.5 | ±0.6 |
| | 8,10,12,15,20,25 | ±0.5 | ±0.1*e* | ±0.1*e* |
| 厚度不均匀度,% | 对上面所有厚度 | <8 | <10 | <12 |

注:① 经供需双方协议可生产其他规格尺寸的平板,未经加工的板材。长宽尺寸可适当放大。

② 厚度不均匀度是指同块板厚度最大值与最小值之差除以公称厚度。

③ 表 1 中 *e* 表示平板公称厚度。

## 4 技术要求

### 4.1 原材料

4.1.1 石棉纤维:应符合 GB 8071 规定的五级和五级以上的温石棉纤维。亦可掺加适量耐久性好、对制品性能不起有害作用的其他纤维。但代用纤维含量不得超过纤维总用量的 30%。

4.1.2 水泥:采用 GB 175 中不低于 425 号的水泥。

注:不得使用掺有煤、炭粉作助磨剂及页岩、煤矸石作混合材的普通硅酸盐水泥。

4.1.3 水:应采用淡水或循环系统的水。淡水中不应含有油、盐、酸类或有机物。

### 4.2 外观质量

4.2.1 板的正面应平整光滑、边缘整齐、不得有裂纹、分层、缺角等缺陷。

4.2.2 经加工的板的边缘平直度、长或宽的偏差不应大于 2 mm/m。

4.2.3 经加工的板的边缘垂直度的偏差不应大于 3 mm/m。

4.2.4 厚度≤20 mm 板的平整度不应超过 4 mm;厚度在 20 mm 以上到 25 mm 的板不应超过 3 mm。

### 4.3 物理力学性能

各类板的物理力学性能指标应符合表 2 的规定。

表 2

| 项目 \ 指标 \ 类别 | | | 1 类板(加压板) | 2 类板(加压板) | 3 类板(非加压板) |
|---|---|---|---|---|---|
| 抗折强度,MPa | 横向 | ≥ | 28 | 22 | 16 |
| | 纵向 | ≥ | 20 | 17 | 13 |
| 抗冲击强度,kJ/m² | | ≥ | 2.5 | 2.0 | 2.0 |
| 密度,g/cm³ | | ≥ | 1.7 | 1.6 | 1.5 |
| 吸水率,% | | ≤ | 20 | 24 | 28 |
| 不透水性 | | | 经 24 h 底面无水滴出现 | | |
| 抗冻性 | | | 经 25 次循环冻融不得有分层等破坏现象 | | |

注:密度作为参考指标,若产品密度需低于表 2 中的规定值时,由供需双方商定。

## 5 检验方法

### 5.1 规格尺寸及尺寸偏差

5.1.1 检验工具

5.1.1.1 检查平台,台面应光滑平整,足以支承板材。

5.1.1.2 长度、宽度用精度为1 mm的钢卷尺测量。

5.1.1.3 厚度用精度为0.02 mm的游标卡尺测量。

5.1.1.4 钢直尺,长1 000 mm,精度为1.0 mm。

5.1.1.5 宽座直角尺,长臂不小于1 000 mm、短臂不小于700 mm,直角度至少精确到0.1%(每米长度的法向偏差小于1 mm)或0.001弧度。

5.1.2 测量

5.1.2.1 长度、宽度的测量:每种尺寸在离板边100 mm的两处各测量一次,取其平均值,精确至1 mm。

5.1.2.2 厚度的测量:用卡尺在有标志的板宽度的一端测量三点,测点如图1所示,取其平均值,精确至0.1 mm。

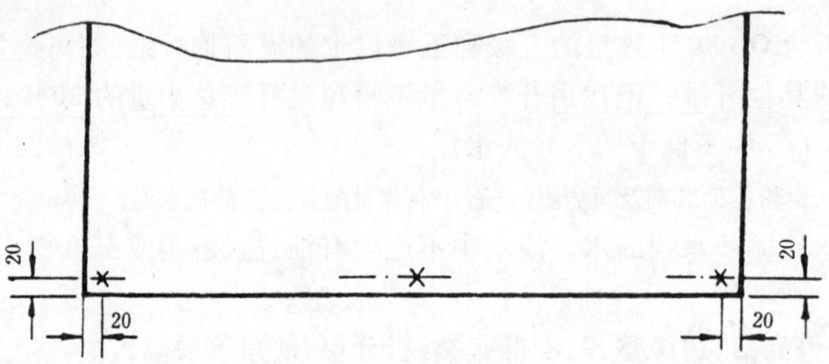


图1 板厚度测量位置

5.1.2.3 边缘平直度的测量:将钢直尺的侧面贴在平板的边上,然后测量直尺侧面与平板边缘之间的最大间隙,精确到0.5 mm。平直度$d/L$以mm/m计,如图2所示。

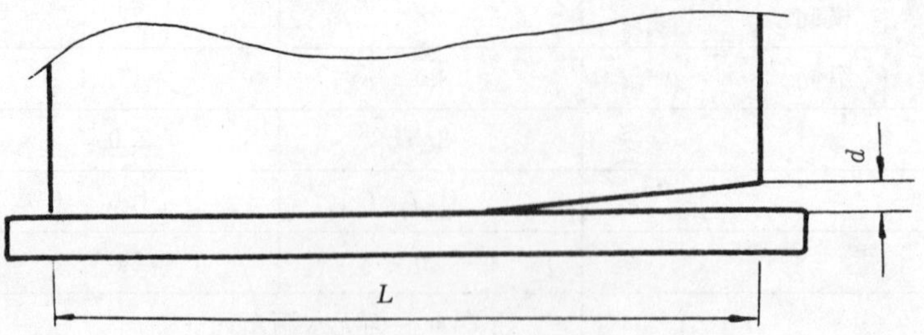


图2 边缘平直度的测量

5.1.2.4 边缘垂直度的测量:依次将宽座直角尺贴至平板的4个角上,角尺的长臂紧贴平板的边缘、测量平板角的顶点离直角尺短臂的间距或直角尺短臂端部离板边的间距$d$,精确至0.5 mm。垂直度$d/L$以mm/m计,如图3所示。

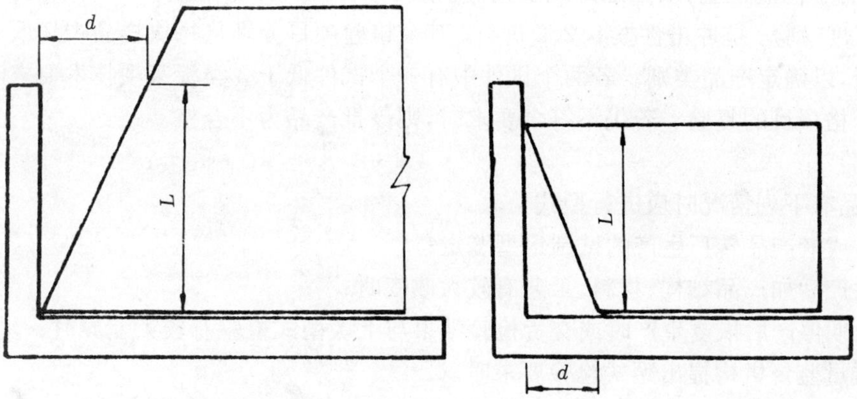


图 3 边缘垂直度的测量

5.1.2.5 平整度的测量：平板置于平整的水平平台上，将钢直尺侧面贴在平板表面上。然后用塞尺测量直尺侧面与平板正面之间的最大间隙。

5.1.2.6 其余外观质量用目测检验。

## 5.2 物理力学性能试验

5.2.1 抗折强度试验：试件厚度小于等于 15 mm 的平板，选用最大量程 5～6 kN 的试验机；厚度大于 15 mm 的平板，选用最大量程 30 kN 的试验机。然后按照 GB 8040 规定进行试验。

5.2.2 抗冲击性试验：取两个方向抗冲击试件各 5 块。然后按照 GB 9773 规定进行试验。结果以平均值表示。

5.2.3 吸水率、密度试验：按照 GB 7019 规定进行试验。

5.2.4 不透水性试验：按照 GB 8041 规定进行试验。

5.2.5 抗冻性试验：按照 GB 8042 规定进行试验。

# 6 检验规则

## 6.1 检验项目

6.1.1 交收检验

a. 正常生产检验：平板的外观质量、规格尺寸、抗折强度、抗冲击强度和吸水率。

b. 出厂检验：平板的外观质量、规格尺寸、抗折强度、抗冲击强度、吸水率和密度。

6.1.2 型式检验：包括出厂检验的全部检验项目和平板的不透水性、抗冻性试验。必要时由供需双方协议还可增加试验项目。

## 6.2 抽样与判定

6.2.1 正常生产检验

每班产品为一批量，按 4.2.1 的要求逐张检查。其他外观质量项目按 1%数量抽查。从检查合格的产品中抽出 1 张作抗折强度、抗冲击强度和吸水率试验。若有一项性能不符合技术要求时，而该产品由生产日起不超过 45 天，允许再取加倍数量作不合格项目的试验。若仍有 1 张不合格时，则该批产品为不合格品。

6.2.2 出厂检验

6.2.2.1 每批平板应为同一类别、同一等级、同一规格的产品，一般以 1 000 张为一批量（或二个班的产量）。如不足一批，则在 200 张以上仍按一批考核。验收地点应在生产厂内进行。

6.2.2.2 外观质量与规格尺寸检验：从同类产品中每批在不同堆垛里抽取 3 张板进行外观质量和规格尺寸检查，以确定产品等级。若其中 1 张有一项指标不合格，则要对这个指标重新检验。由同一批量再抽取双倍数量进行复验，若该项指标仍不符合要求时，则该产品需调级或逐张检查另行处理。

6.2.2.3 物理力学性能检验：从上述外观质量、规格尺寸合格的样品中抽取2张作抗折强度、吸水率、密度和抗冲击强度检验。抗冲击性按5.2.2进行。其余检验项目分别从每块样品中切取一个试件，共切取2个试件进行，以确定产品类别。若两个试件中有一个试件低于3类板某项技术要求时，再取双倍数量样品进行不合格项目的复验。若仍不符合要求时，则该批产品为不合格。

6.2.3 型式检验

6.2.3.1 当产品有下列情况时应进行型式检验：

a. 新产品或老产品转厂生产的试制定型鉴定；

b. 正式生产后如产品结构、材料、工艺有较大改变时；

c. 产品长期停产后恢复生产时或交货检验结果与上次型式检验有较大差异时；

d. 国家质量监督机构提出型式检验要求时。

6.2.3.2 外观质量与规格尺寸检验：从每一受检批中抽取样品。抽样数量列于表3第2栏。

外观质量与规格尺寸检验按5.1.2进行。验收规则按品质检验程序进行（表3第3～6栏），即不合格品数未超过表3第3、5栏时，则该受检批量应予验收；若不合格品数等于或大于表3第4、6栏时，则该批量可予拒收；若第一次样品中的不合格品数超过 $A_{c_1}$ 但小于 $R_{e_1}$，则应抽取并检验与第一次样品相同数量的第二次样品，批量拒收后可进行逐张检查处理。

表3

| 1 | 2 | 3 | 4 | 5 | 6 | 7 | 8 |
|---|---|---|---|---|---|---|---|
| 生产期间已试验产品每受检批次的数量 | 抽样数量 | 第一次样品 | | 第一＋第二次样品 | | 用变量法检查可接收系数 $K$ | 备注 |
| | | 合格判定数 $A_{c_1}$ | 不合格判定数 $R_{e_1}$ | 合格判定数 $A_{c_2}$ | 不合格判定数 $R_{e_2}$ | | |
| <200 | 3 | 0 | 2 | 1 | 2 | 0.29 | $AL=L+KR$<br>式中：$AL$——可验收极限（N）；<br>$L$——标准低限（N）；<br>$K$——可接收系数；<br>$R$——样品中最大值与最小值之差（N） |
| 200～400 | 4 | 0 | 2 | 1 | 2 | 0.34 | |
| 401～800 | 5 | 0 | 2 | 1 | 2 | 0.37 | |
| 801～1 500 | 7 | 0 | 2 | 1 | 2 | 0.40 | |
| 1 501～3 000 | 10 | 0 | 2 | 2 | 3 | 0.50 | |

6.2.3.3 按变量检验程序（表3第7、8栏）对抗折强度和抗冲击强度试验进行验收。若样品的平均值（$\overline{X}$）大于或等于可验收极限。即 $\overline{X} \geqslant AL$，则该批量是可以验收的。若 $\overline{X} < AL$，则该批量拒收。

6.2.3.4 平板的吸水率、密度、抗冻性和不透水性试验，应在同一批量中任意抽取2张试样（也可从同样的抽样单位中切取），试验结果如有不合格品时，再取加倍数量进行复试。复试后仍有一张不合格，则该批产品不得验收。

**6.3 试验费用**

用户要求复验时。复验不合格费用由厂方支付，并负责产品调换；复验合格时费用由用户负担。

## 7 标志与产品合格证

**7.1 标志**

在每张平板正表面上应用不掉色的颜色标明生产厂名称、生产日期、班次等。出厂的包装垛上应有该产品的类别、等级的标志。

7.2 **产品合格证**

发货时必须将产品合格证随同发货单寄给用户。其中应载明：

a. 生产厂名称及厂址；

b. 产品名称、类别、规格、编号与生产日期；

c. 产品性能检验结果；

d. 生产厂检验部门及检验人员签名盖章。

## 8 保管、包装和运输

8.1 保管：堆放板材应按不同规格、类别、等级分别堆放。堆放场地必须平坦、坚实，并采取防止雨淋措施等。堆放高度一垛不得超过 1.5 m。

8.2 包装：产品可采用集装箱或捆扎包装，并方便搬运。

8.3 运输：搬运和装卸板材时，不得互相撞击和抛掷，运输工具底面必须平整并设法使产品固定好。在运输过程中要减少震动、防止碰撞。

---

**附加说明：**

本标准由国家建材局苏州混凝土水泥制品研究院归口。

本标准由国家建材局苏州混凝土水泥制品研究院、吴江新型建材厂、上海石棉水泥制品厂、成都青华新型建材厂、沈阳新型建材总厂和加兴石棉水泥制品厂起草。

本标准主要起草人叶启汉、张明勇、陈桂琴、徐祥源。

本标准委托国家建材局苏州混凝土水泥制品研究院负责解释。

中华人民共和国建材行业标准

JC 422—91

# 非烧结普通粘土砖

## 1 主题内容与适用范围

本标准规定了非烧结普通粘土砖(简称免烧砖)的规格、等级、技术要求、试验方法、检验规则、堆放和运输等。

本标准适用于以粘土为主要原料,掺入少量胶凝材料,经粉碎、搅拌、压制成型、自然养护而成的一种非烧结普通粘土砖。

免烧砖作为一般房屋建筑墙体的材料。

## 2 产品规格、等级和标记

### 2.1 规格

免烧砖的外形为矩形体,长 240 mm,宽 115 mm,厚 53 mm。

### 2.2 等级

产品按尺寸偏差、外观质量和强度,分为一等品(B)和合格品(C)。按强度分为三个级别:7.5 级、10 级和 15 级。

### 2.3 标记

免烧砖按产品名称、产品等级、强度级别、标准编号顺序进行标记,如:强度级别为 10 级的一等品产品标记为 UFB B 10 JC 422。

## 3 技术要求

### 3.1 尺寸偏差与外观质量

一等品和合格品的尺寸允许偏差与外观质量应符合表 1 的规定。

表 1

mm

| 项目 | | | 指标 | |
|---|---|---|---|---|
| | | | 一等品(B) | 合格品(C) |
| 尺寸允许偏差 | 长度<br>宽度<br>厚度 | | ±2 | ±3 |
| 外观质量 | 两个条面的厚度相差 | 不大于 | 2 | 3 |
| | 缺棱掉角的三个破坏尺寸不得同时大于 | | 20 | 30 |
| | 裂纹长度 | 不大于 | 50 | 90 |
| | 完整面 | 不少于 | 一条面和一顶面 | 一条面或一顶面 |
| 强度 | 强度级别 | 不低于 | 10 级 | 7.5 级 |

注:完整面:要求缺棱掉角在条、顶面上造成的破坏面不得同时大于 10 mm×20 mm,或裂缝最大宽度不超过 1 mm。

国家建筑材料工业局1991-08-14批准 1992-07-01实施

3.2 **抗压和抗折强度**

各级别砖的抗压和抗折强度应符合表2的规定。

表2 MPa

| 级别 | 抗压强度 | | 抗折强度 | |
|---|---|---|---|---|
| | 平均值不小于 | 单块最小值不小于 | 平均值不小于 | 单块最小值不小于 |
| 15 | 15.0 | 10.0 | 2.5 | 1.5 |
| 10 | 10.0 | 6.0 | 2.0 | 1.2 |
| 7.5 | 7.5 | 4.5 | 1.5 | 0.9 |

3.3 **抗冻性**

砖样经抗冻试验后需符合下列要求：

a. 抗压强度损失率不超过25%；

b. 条面上的破坏面积大于2 500 $mm^2$ 或顶面上的破坏面积大于2 000 $mm^2$ 的砖样不得多于1块。

注：抗冻性试验需要与否根据气候条件和工程性质由当地主管部门决定。

3.4 **耐水性**

耐水性由饱水强度来确定，各级别砖的饱水强度不得低于表3的规定。

3.5 **吸水率**

吸水率不大于20%。

表3 MPa

| 强度级别 | 饱水强度 |
|---|---|
| 15 | 10 |
| 10 | 6.5 |
| 7.5 | 5.0 |

## 4 检验方法

### 4.1 尺寸与外观质量

4.1.1 量具

钢尺精度为1 mm；

直角尺最小测量刻度为1 mm。

4.1.2 尺寸量法

长度、宽度在两个大面上的中间处测量，厚度在两个条面和顶面的中间处测量（如图1），精确至1 mm，不足1 mm者按1 mm计算。

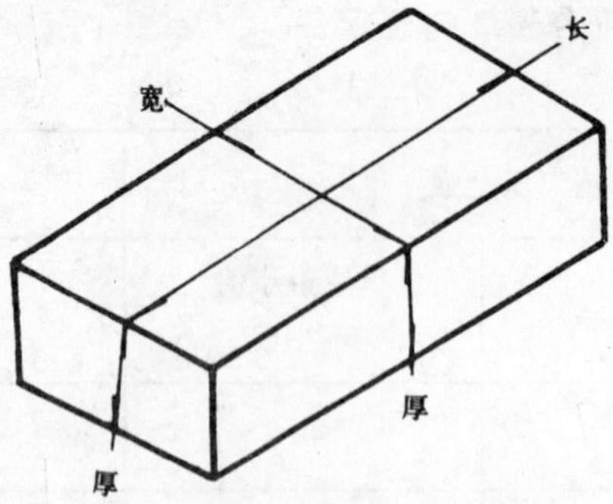


图 1　尺寸量法示意图

4.1.3　缺棱掉角检查

用直角尺贴靠棱边，测量缺损部分对砖的长、宽、厚三个棱边的投影尺寸（见图 2），精确至 1 mm，不足 1 mm 者按 1 mm 计算。

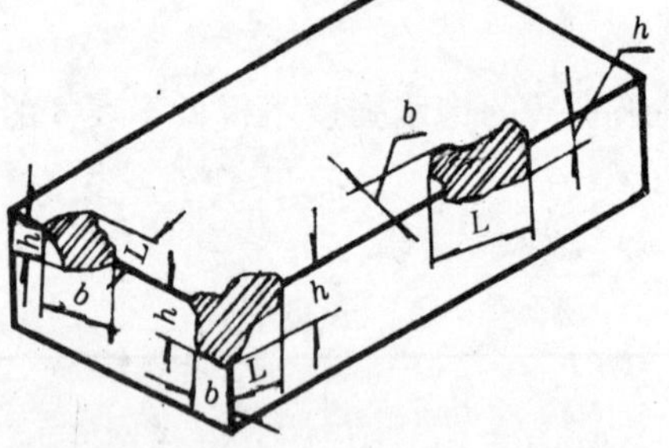


图 2　缺棱掉角量法示意图

*L*—长度方向的投影量；*b*—宽度方向的投影量；*h*—厚度方向的投影量

4.1.4　裂纹检查

用钢尺或直角尺测量裂纹两端间的最大距离，如果裂纹从一个面延伸到其他面上时，则累计其延伸的长度（见图 3），精确至 1 mm，不足 1 mm 者按 1 mm 计算。

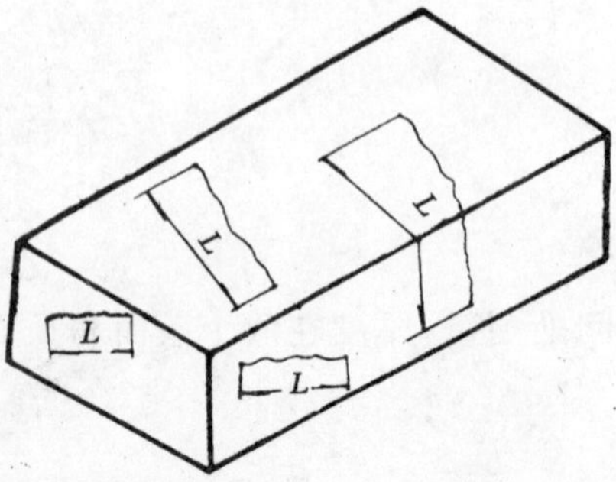


图 3　裂纹长度量法示意图

## 4.2　抗折强度

4.2.1　试验设备

材料试验机：精度为3%；

钢尺：精度为1 mm。

4.2.2 试件数量

试验用砖样5块。

4.2.3 试验步骤

4.2.3.1 测量每块砖样的宽度 $b$ 和厚度 $h$ 各两个，精确至1 mm，取其平均值。

4.2.3.2 将砖样大面平放在材料试验机抗折活动支架上，上压辊和下支辊的曲率半径为15 mm，下支辊应有一个为绞接固定两支辊的中心距离 $L$ 为200 mm，加压点应放在1/2 $L$ 处。

4.2.3.3 以每秒0.05 MPa的速度均匀加荷，直至砖样折断。记录最大破坏荷重 $P$。

4.2.4 结果计算

抗折强度按式(1)计算：

$$R_{折} = \frac{3PL}{2bh^2} \quad \cdots\cdots(1)$$

式中：$R_{折}$——抗折强度，MPa；

$P$——最大破坏荷重，N；

$L$——跨距(支点间的距离为200 mm)，mm；

$b$——试件宽度，mm；

$h$——试件厚度，mm。

抗折强度以砖样试验结果的算术平均值和单块试件的最小强度值表示，计算精确至0.1 MPa。

4.3 **抗压强度**

4.3.1 试验设备

材料试验机：精度为3%；

钢尺：精度为1 mm。

4.3.2 试件要求及数量

通常取抗折试验后的砖样(半砖)，半砖完整部分边长大于100 mm(见图4)，不足时应另取砖样补足10块，两半砖相叠为一个试件。

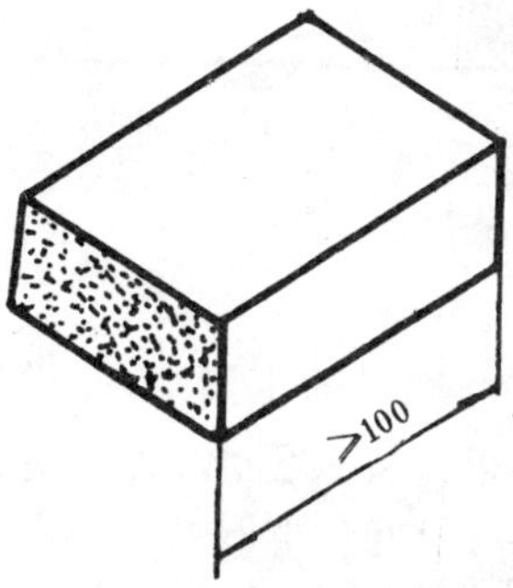


图4 半砖试件

4.3.3 试验步骤

4.3.3.1 将两半砖按断口方向相反叠放，叠合部分不小于100 mm(见图5)。

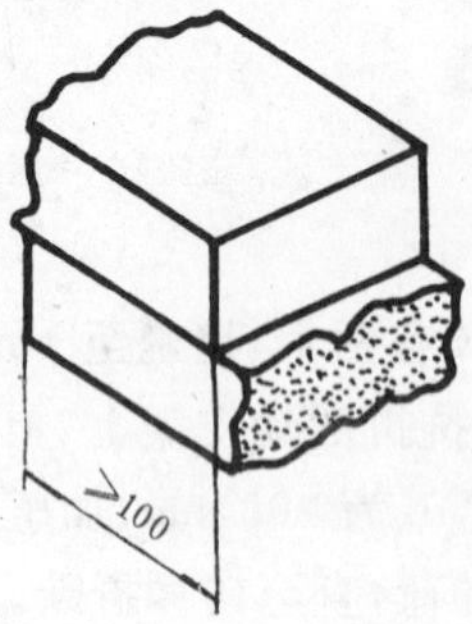


图 5　两半砖相叠示意图

4.3.3.2　测量每个试件叠合面的长度和宽度各两个，精确至 1 mm，取其平均值，计算砖样的受压面积 $F$。

4.3.3.3　将相叠的砖样放在材料试验机加压板的中央，以每秒 0.5 MPa 的速度均匀加荷，直到试件破坏，记录最大破坏荷重 $P$。

4.3.4　结果计算

抗压强度按式(2)计算：

$$R_{压} = \frac{P}{F} \qquad \cdots\cdots(2)$$

式中：$R_{压}$——抗压强度，MPa；

$P$——最大破坏荷重，N；

$F$——受压面积，$mm^2$。

抗压强度以砖样试验结果的算术平均值和单块砖样的最小强度值表示，计算精确至 0.1 MPa。

**4.4　抗冻性**

4.4.1　试验设备

低温冰箱：可控制温度在－20℃以下；

恒温水槽；

电热烘箱：可控制温度在 20～40℃；

材料试验机：精度为 3%。

4.4.2　试件数量

试验用砖样 5 块，另取 5 块作对比试件。

4.4.3　试验步骤

4.4.3.1　将砖样编号并浸入水温为 10～20℃的水槽中，砖样间距不小于 20 mm，水面高出砖样20 mm。

4.4.3.2　浸泡 24 h 后取出砖样，用湿布抹去表面水，放入预先降至－15℃以下的冰箱中，砖样间距不得小于 20 mm。当冰箱温度重新降至－15℃时，开始计时。

4.4.3.3　在－15℃下放置 5 h 后，取出砖样，放入 10～20℃的水槽中融化不少于 2 h，这样一个周期称为一次冻融循环，如此交替进行 15 次冻融循环，为一次抗冻试验。

4.4.3.4　每 5 次冻融循环后，检查一次砖样的破坏情况。如冻裂、缺棱、掉角、剥落等。

4.4.3.5　15 次冻融循环后，测量并记录砖样冻裂长度以及缺棱、掉角、剥落等情况。

4.4.3.6　将 15 次冻融后的试件与按 4.4.3.2 节规定浸水 24 h 的对比试件一起放入 20～40℃的烘箱内，24 h 后取出，按 4.3 条进行抗压强度试验。

4.4.4 结果计算

抗压强度损失率按式(3)计算：

$$R_{损} = \frac{R_1 - R_2}{R_1} \times 100 \quad \cdots\cdots(3)$$

式中：$R_{损}$——抗压强度损失率，%；

$R_1$——未经冻融的对比砖样抗压强度平均值，MPa；

$R_2$——经15次冻融后砖样抗压强度平均值，MPa。

抗压强度均以砖样试验结果的算术平均值表示，抗压强度损失率计算精确至1%。

**4.5 吸水率**

4.5.1 试验设备

电热烘干箱：可控制温度在105～110℃；

台秤：称量5 kg，感量1 g。

4.5.2 试件数量

试验用砖样5块。

4.5.3 试验步骤

4.5.3.1 将砖样放在105～110℃烘箱内烘至恒重(间隔2 h，前后两次称量之差不大于6 g)。后一次的重量即为干重量。

4.5.3.2 将烘干后的砖样浸入水槽中，砖样间隔不小于20 mm，水面高出砖样20 mm。

4.5.3.3 浸泡24 h后取出砖样，用湿布抹去表面水，立即称重，即为湿重量。

4.5.4 结果计算

吸水率按式(4)计算：

$$W = \frac{G_2 - G_1}{G_1} \times 100 \quad \cdots\cdots(4)$$

式中：$W$——吸水率，%；

$G_1$——砖样的干重量，g；

$G_2$——砖样的湿重量，g。

吸水率以砖样试验结果的算术平均值表示，计算精确至1%。

**4.6 耐水性**

4.6.1 试验设备

材料试验机：精度为3%。

4.6.2 试件数量

试验用砖样5块。

4.6.3 试验步骤

4.6.3.1 将5块砖样浸入水槽中，砖样间距不小于20 mm，水面高出砖样20 mm。

4.6.3.2 浸泡24 h后取出砖样，用湿布抹去表面水。

4.6.3.3 将饱水后的砖样按4.3条进行抗压强度试验。

## 5 检验规则

**5.1 检验项目**

5.1.1　出厂检验项目为：尺寸偏差、外观质量、抗折强度和抗压强度。

5.1.2　型式检验项目为：尺寸偏差、外观质量、抗折强度、抗压强度、抗冻性、耐水性、吸水率。

**5.2　出厂检验**

5.2.1　批量构成

提交检验的产品批量应由同一规格型号以及由同一原材料在同一工艺条件下生产的免烧砖构成，批量大小规定为30 000～50 000块，不足30 000块的按一个批量计算。

5.2.2　抽样方法和方案

5.2.2.1　产品样本应从提交的检验批中按机械抽样法随机抽取。抽样前应预先确定好抽样方案，如每隔几垛，在垛上哪一部位，某部位取几块等，使抽取的样本均匀分布于该检验批中。抽样可在批的形成过程中进行，也可在批组成以后进行。

5.2.2.2　从整个检验批中随机抽取砖样200块进行外观质量检验。从外观检验合格的样本中随机抽取80块进行尺寸偏差检验。从尺寸偏差检验合格的样本中随机抽取10块(5块备用)进行抗折和抗压强度检验。

5.2.3　检验判定

5.2.3.1　根据检验结果，外观质量的不合格品数小于或等于15块，尺寸偏差的不合格品数小于或等于6块，抗折和抗压强度符合表2的规定，则判定该批中的某检验项目合格。

5.2.3.2　检验项目全部合格时，判定检验批符合该产品等级，检验项目中有一项不合格时，判定检验批不符合该产品等级。

**5.3　型式检验**

5.3.1　检验条件

有下列情况之一时，一般应进行型式检验：

a.　在原料、配合比及生产工艺发生变化时；

b.　产品长期停产后，恢复生产时；

c.　出厂检验结果与上次型式检验有较大差异时；

d.　国家质量监督机构提出进行型式检验的要求时；

e.　在正常生产情况下，一年需进行一次型式检验。

5.3.2　抽样方法和方案

5.3.2.1　抽样方法同5.2.2.1。

5.3.2.2　外观质量、尺寸偏差和抗折、抗压强度检验的样本抽取同5.2.2.2，抗冻性检验、耐水性和吸水率检验样本亦从尺寸偏差检验合格的样本中随机抽取共30块(包括备用)。

5.3.3　检验判定

型式检验结果判定按5.2.3进行。

## 6　质量合格证

产品出厂时，应提供质量合格证，内容包括：

a.　生产厂名；

b.　产品名称；

c.　产品等级和级别；

d.　检验结果；

e.　检验报告编号；

f.　发证日期；

g.　标准编号；

h.　检验部门及检验人员签章。

## 7 贮存与运输

### 7.1 贮存

7.1.1 堆场应干净平整、堆垛时应轻拿轻放。

7.1.2 砖应按等级和级别分别堆放，并注明生产日期。

7.1.3 产品成型后，在厂内存放时间不得少于14天。

### 7.2 运输

7.2.1 运输装卸时严禁抛掷，避免碰撞摔打，不许用翻斗车倾卸。

7.2.2 采取有效措施，保证运输过程中堆垛的稳定性，保证砖在装、卸、运的过程中不受机械损伤。

---

**附加说明：**

本标准由国家建筑材料工业局苏州混凝土水泥制品研究院、云南省建筑材料研究设计院、浙江工学院、湖南省建筑材料研究设计院和江西省建筑材料研究设计院负责起草。

本标准主要起草人俞立勋、袁宁、杨淳、唐仁美、黄存瑞、林传英。

本标准委托国家建筑材料工业局苏州混凝土水泥制品研究院负责解释。

## 中华人民共和国行业标准

JC 434—91

# 电工用石棉水泥压力板

## 1 主题内容与适用范围

本标准规定了电工用石棉水泥压力板的产品分类与规格、技术要求、检验方法、检验规则、标志、保管、包装与运输等。

本标准适用于以温石棉和水泥为基本原材料经加工压制成的石棉水泥压力板，主要用作受高温电弧作用的电机、电器零件的隔板。该板经过干燥与浸渍后，可用它制造开关底板、开关屏及电器底板等电气绝缘材料。

## 2 引用标准

GB 175 硅酸盐水泥普通硅酸盐水泥

GB 1304 电气绝缘层压板试验方法

GB 7019 石棉水泥制品吸水率、容重与孔隙率测定方法

GB 8040 石棉水泥波瓦、平板抗折试验方法

GB 8042 石棉水泥波瓦、平板抗冻性试验方法

GB 8071 温石棉

GB 9773 石棉水泥波瓦、平板抗冲击性试验方法

## 3 产品分类、等级与规格

3.1 产品分类等级：电工用石棉水泥压力板按抗折强度分为：一类板、二类板、三类板和四类板。按尺寸偏差分为一等品和合格品。

3.2 规格：规格尺寸及允许偏差应符合表1规定。

表 1

| 长度，mm | | 宽度，mm | | 厚度，mm | | | 厚度不均匀度 % | 经加工的压力板平整度，mm | |
|---|---|---|---|---|---|---|---|---|---|
| 公称尺寸 | 允许偏差 | 公称尺寸 | 允许偏差 | 公称尺寸 | 允许偏差 一等品 | 允许偏差 合格品 | | 一等品 | 合格品 |
| 1 200 | ±5 | 800 | ±5 | 6,8,10 | ±0.5 | ±0.7 | <10 | ≤4 | ≤5 |
| | | | | 12,15,20 | ±1.0 | ±1.3 | | | |
| | | | | 25,30,35,40 | ±1.5 | ±2.0 | <7 | ≤3 | ≤4 |
| 1 800<br>2 400 | ±10 | 900<br>1 200 | ±5 | 6,8,10 | ±0.5 | ±0.7 | <10 | ≤4 | ≤5 |
| | | | | 12,15,20 | ±1.0 | ±1.3 | | | |
| | | | | 25,30,35,40 | ±1.5 | ±2.0 | <7 | ≤3 | ≤4 |

注：① 经供需双方协议可生产其他规格尺寸的压力板。

② 厚度不均匀度是指同块压力板厚度最大值与最小值之差除以公称厚度。

国家建筑材料工业局1991-05-24批准　　　　1992-01-01实施

## 4 技术要求

### 4.1 原材料

4.1.1 石棉纤维:应符合 GB 8071 规定的五级或五级以上的温石棉纤维。

4.1.2 水泥:应采用 GB 175 中不低于 425 号的水泥。

注:不得使用掺有煤、炭粉作助磨剂及页岩、煤矸石作混合材的普通硅酸盐水泥。

4.1.3 水:应采用淡水或循环系统的水,淡水中不应含有油、盐、酸类或有机物。

### 4.2 外观质量

4.2.1 板的正表面应平整光滑、边缘整齐,不得有裂纹、分层、伤痕、缺角等缺陷。

4.2.2 经加工的压力板的边缘平直度、长或宽的偏差不应大于 2 mm/m。

4.2.3 经加工的压力板的边缘垂直度的偏差不应大于 3 mm/m。

4.2.4 经加工的压力板的平整度要求见表 1。

### 4.3 物理力学性能

压力板的物理力学性能指标应符合表 2 的规定。

表 2

| 项目 | 压力板厚度<br>mm | 压力板类别 | | | |
|---|---|---|---|---|---|
| | | 一类板 | 二类板 | 三类板 | 四类板 |
| 抗折强度,MPa | 对于所有厚度 | 50 | 40 | 30 | 25 |
| 抗冲击强度<br>kJ/m² | 6,8,10 | 3.5 | 2.5 | | |
| | 12,15,20 | 6.0 | 5.0 | | |
| | 25～40 | 6.0 | 6.0 | | |
| 吸水率,% | 对于所有厚度 | 12～23 | | | |
| 抗冻性 | 对于所有厚度 | 经 25 次冻融循环后不得有分层等破坏现象 | | | |
| 电击穿强度<br>kV/mm | 6,8,10 | 2.0 | | | |
| | >12 | 1.5 | | | |

注:石棉水泥压力板的抗折强度、抗冲击强度是采用气干的试样。

## 5 试验方法

### 5.1 规格尺寸及尺寸偏差

5.1.1 检验工具

a. 检验平台台面应光滑平整,足以支承板材;

b. 长度、宽度用精度为 1 mm 的钢卷尺测量;

c. 厚度用精度为 0.02 mm 的游标卡尺测量;

d. 钢直尺长 1 000 mm、精度为 1.0 mm;

e. 宽座直角尺长臂不小于 1 000 mm,短臂不小于 700 mm,直角度至少精确到 0.1%(每米长度的法向偏差小于 1 mm)或 0.001 弧度。

5.1.2 测量

5.1.2.1 长度、宽度的测量:每种尺寸在距两侧边缘 50 mm 处各测量一次,取其平均值,精确到 1 mm。

5.1.2.2 厚度的测量：用卡尺在压力板的四边中间各测一点，取其平均值。精确到 0.1 mm，如图 1。

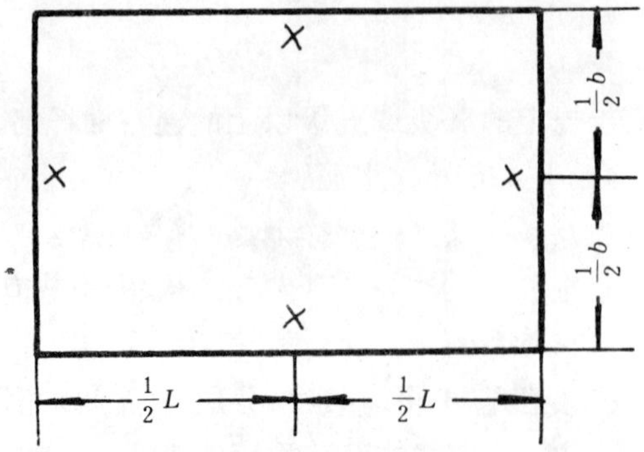


图 1 厚度的测量

5.1.2.3 边缘平直度的测量：将钢直尺的侧面贴在压力板边上，然后测量直尺侧面与压力板边缘之间的最大间隙，精确到 0.5 mm。平直度 $d/L$ 以 mm/m 计，如图 2。

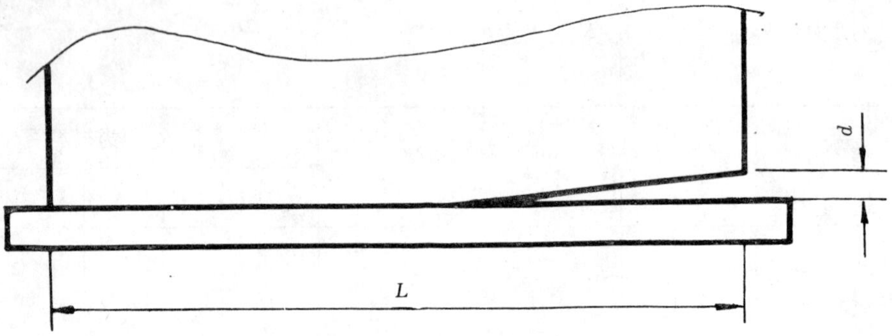


图 2 平直度的测量

5.1.2.4 边缘垂直度的测量：依次将宽座直角尺贴至压力板的 4 个角上，角尺的长臂紧贴在压力板的边缘，测量压力板的顶点距离直角尺短臂的间距或直角尺短臂端部离板边的间距 $d$，精确至 0.5 mm。垂直度 $d/L$ 以 mm/m 计，如图 3。

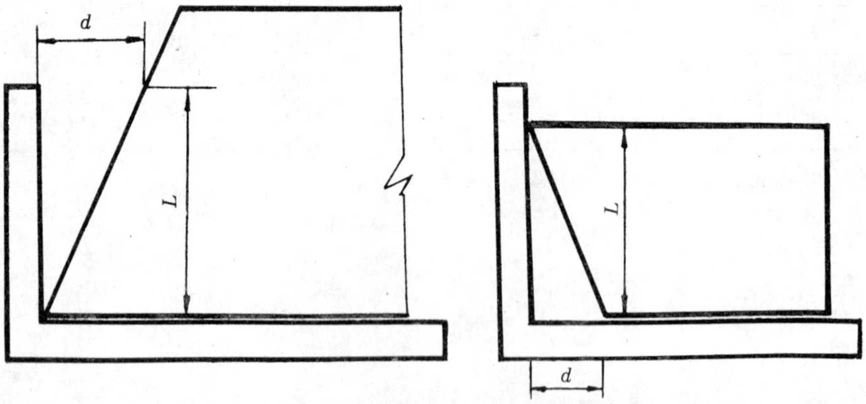


图 3 边缘垂直度的测量

5.1.2.5 平整度的测量：将压力板置于平整的水平平台上，将钢直尺侧面贴在压力板的表面上，然后用塞尺测量直尺侧面与压力板正面之间的最大间隙。

5.1.2.6 其余外观质量用目测检验。

**5.2 物理力学性能试验**

5.2.1 抗折强度试验：试件厚度小于等于 15 mm 的压力板，选用最大量程 5～6 kN 的试验机；厚度大于 15 mm 的压力板选用最大量程 30 kN 的试验机。然后按照 GB 8040 规定进行。

5.2.2 抗冲击强度试验:按 GB 9773 规定进行。

5.2.3 吸水率试验:按照 GB 7019 规定进行。

5.2.4 抗冻性试验:按照 GB 8042 规定进行。

5.2.5 电击穿强度试验:按照 GB 1304 规定进行。

## 6 检验规则

### 6.1 检验项目

6.1.1 交收检验

a. 正常生产检验:压力板的外观质量、规格尺寸、抗折强度、抗冲击强度和吸水率。

b. 出厂检验:压力板的外观质量、规格尺寸、抗折强度、抗冲击强度、吸水率和抗冻性。

6.1.2 型式检验:包括出厂检验的全部项目和压力板的电击穿强度试验。必要时由双方协商可增加试验项目。

### 6.2 抽样与判定

6.2.1 正常生产检验:每班产品为一批量,按 4.2.1 要求逐张检查,其他外观质量项目按 1%数量抽查。从抽查合格的产品中抽出一张作抗折强度、抗冲击强度和吸水率试验。若有一项性能不符合技术要求时,而该产品由生产日起不超过 45 天,允许再取加倍数量作不合格项目的试验。若仍有一张不合格时,则该批产品为不合格品。

6.2.2 出厂检验

6.2.2.1 每批压力板应为同一类别、同一等级、同一规格的产品。一般以 1 000 张为一批量,如不足一批,则在 200 张以上仍按一批计算。验收地点应在生产厂内进行。

6.2.2.2 外观质量与规格尺寸检验:从同类产品中每批在不同堆垛里抽取 3 张进行外观质量和规格尺寸检查,以确定产品等级。若其中 1 张有一项指标不合格,则要对这个指标重新检验。由同一批量中再抽取双倍数量进行复检。若该项指标不符合要求时,则该批产品需调级或逐张检查,另行处理。

6.2.2.3 物理力学性能检验:从上述外观质量、规格尺寸合格的样品中抽取 2 张做抗折强度、抗冲击强度、吸水率检验。抗冲击强度按 5.2.2 进行,其余检验项目分别从每块样品中切取 1 块试件共切取 2 块试件进行检验。以确定产品类别。若两个试件中有一试件低于第四类压力板某项技术要求时,再取加倍数量进行不合格项目的复检。若仍不符合要求时,则该批产品为不合格。

6.2.3 型式检验

6.2.3.1 当产品有下列情况时应进行型式检验:

a. 新产品或老产品转厂生产的试制定型鉴定;

b. 正式生产后如产品结构、材料、工艺有较大改变时;

c. 产品长期停产后恢复生产时或交货检验结果与上次型式检验有较大差异时;

d. 国家质量监督机构提出进行型式检验要求时。

6.2.3.2 外观质量与规格尺寸检验:从每一受检批量中抽取样品。抽样数量列于表 3 第 2 栏中。

表 3

| 1 | 2 | 3 | 4 | 5 | 6 | 7 | 8 |
|---|---|---|---|---|---|---|---|
| 生产期间已试验产品每受检批次的数量 | 抽样数量 | 第一次样品 | | 第一＋第二次 | | 用变量法检查可接收系数 $K$ | 备　注 |
| | | 合格判定数 $A_{c1}$ | 不合格判定数 $R_{e1}$ | 合格判定数 $A_{c2}$ | 不合格判定数 $R_{e2}$ | | |
| ＜200 | 3 | 0 | 2 | 1 | 2 | 0.29 | $AL=L+KR$<br>式中：$AL$—可验收极限（$N$）；<br>$L$—标准低限（$N$）；<br>$K$—可接收系数；<br>$R$—样品中最大值与最小值之差（$N$） |
| 201～400 | 4 | 0 | 2 | 1 | 2 | 0.34 | |
| 401～800 | 5 | 0 | 2 | 1 | 2 | 0.37 | |
| 801～1 500 | 7 | 0 | 2 | 1 | 2 | 0.40 | |
| 1 501～3 000 | 10 | 0 | 2 | 2 | 3 | 0.50 | |

外观质量与规格尺寸检验按5.1.2进行。验收规则按品质检验程序进行（表3第3～6栏），即不合格品数不超过表3第3、5栏时，则该受检批量应予以验收；若不合格品数大于或等于表3第4、6栏时，则该批产品可拒收。若第一次样品中的不合格品数超过 $A_{c1}$，但小于 $R_{e1}$，则应抽取并检验与第一次样品相同数量的第二次样品。批量拒收后可进行逐张检验处理。

6.2.3.3　按变量验收程序（表3第7、8栏）对抗折强度和抗冲击强度试验进行验收时。若样品的平均值（$\overline{X}$）大于或等于可验收极限，即 $\overline{X}\geqslant AL$，则该批量是可以验收的；若 $\overline{X}<AL$，则该批量拒收。

6.2.3.4　压力板的吸水率、抗冻性和电击穿强度试验。应在每一批量中任意抽取2张样品（也可从同样的抽样样品中割取）。试验结果如有不合格时，再取加倍数量进行复验。复验后仍有一张不合格，则该批产品不得验收。

### 6.3　试验费用

用户要求复验时，复验不合格的费用由厂方支付。并负责产品调换，复验合格时，费用由用户负担。

## 7　产品合格证

### 7.1　标志

在每张板的正表面须用不掉色的颜色标明生产厂名称、生产日期、班别等。出厂的包装垛上应有该产品的类别、等级的标志。

### 7.2　产品合格证

发货时必须将产品合格证随同发货单寄给用户，其中应载明：

a.　生产厂名称及厂址；

b.　产品名称、标号、规格、编号和生产日期；

c.　产品性能检验结果；

d.　生产厂检验部门及检验人员签名、盖章。

## 8　保管、包装与运输

### 8.1　保管

存放压力板场地必须坚实平坦、干燥。不同类别、不同等级、不同规格的石棉水泥压力板应分别堆放，垛高不超过1.5 m。

**8.2 包装**

产品根据需要散装或包装，包装可采用集装箱或用铁条捆扎，并便于运输和搬运。

**8.3 运输**

用各种工具运输时，底部应保持平坦。在运输过程中防止互相碰撞，装卸时严禁抛掷。

---

**附加说明：**

本标准由国家建筑材料工业局苏州混凝土水泥制品研究院归口。

本标准由国家建筑材料工业局苏州混凝土水泥制品研究院负责起草。

本标准主要起草人叶启汉、陈桂琴、张明勇、徐祥源等。

本标准委托国家建筑材料工业局苏州混凝土水泥制品研究院负责解释。

自本标准实施之日起，原建筑工程部标准25—61《电工用石棉水泥压力板》作废。

# 前　言

本标准的5.3、5.4为强制性的，其余为推荐性的。

本标准是在JC/T 446—1991(1996)《混凝土路面砖》的基础上，总结近10年来我国混凝土路面砖生产与使用的实践经验，参考美、英、德、法、俄、日等发达国家的标准，经过调查、研究与试验验证后修订的。

本标准对产品的使用范围、外观质量、尺寸偏差、抗压和抗折强度、耐磨性、吸水率、抗冻性等指标进行了修订，提高了标准的水平，并将GB/T 16925—1997《混凝土及其制品耐磨性试验方法(滚珠轴承法)》列入了标准。

本标准附录A、附录B为标准的附录。

本标准由全国水泥制品标准化技术委员会归口。

本标准负责起草单位：辽宁省建筑材料科学研究所、国家建筑材料工业局标准化研究所、国家建筑材料工业局墙体屋面材料质量监测中心。

本标准参加起草单位：上海伟盟建筑材料有限公司、深圳珠江均安水泥制品有限公司、泉州市群峰机械制造有限公司、成都市新宿墙体材料应用发展公司、北京美路达新型建筑材料有限责任公司、沈阳文泰粉煤灰开发应用公司、杭州萧都新型建筑材料有限公司、广州金盘岭水泥制品厂、广东省番禺市美路广场砖厂、泉州市鲤城南方建材设备公司、上海佰岁建材实业有限公司、上海友威水泥制品有限公司等。

本标准委托辽宁省建筑材料科学研究所负责解释。

本标准主要起草人：由世宽、杨斌、路晓斌、李怀志、周炫、徐金山、陈澹然、蒋宝群、陈顺治、曹德三、郭裕超、黄之柯。

本标准首次发布时间：1991年。

中华人民共和国建材行业标准

JC/T 446—2000

代替 JC/T 446—1991(1996)

# 混凝土路面砖

**Precast concrete paving units**

## 1 范围

本标准规定了混凝土路面砖的分类、一般规定、技术要求、试验方法、检验规则、标志、使用说明书、包装、运输及贮存等。

本标准适用于以水泥和集料为主要原材料，经加压、振动加压或其他成型工艺制成的，用于铺设人行道、车行道、广场、仓库等的混凝土路面及地面工程的块、板等(以下统称路面砖)。其表面可以是有面层(料)的或无面层(料)的，本色的或彩色的。

## 2 引用标准

下列标准所包含的条文，通过在本标准中引用而构成为本标准的条文。本标准出版时，所示版本均为有效。所有标准都会被修订，使用本标准的各方应探讨使用下列标准最新版本的可能性。

GB 175—1999 硅酸盐水泥、普通硅酸盐水泥

GB 1344—1999 矿渣硅酸盐水泥、火山灰质硅酸盐水泥及粉煤灰硅酸盐水泥

GB/T 1596—1991 用于水泥和混凝土中的粉煤灰

GB/T 2015—1993 白色硅酸盐水泥

GB 8076—1997 混凝土外加剂

GB 12958—1999 复合硅酸盐水泥

GB/T 12988—1991 无机地面材料耐磨性试验方法

GB/T 14684—1993 建筑用砂

GB/T 14685—1993 建筑用卵石、碎石

GB/T 16925—1997 混凝土及其制品耐磨性试验方法(滚珠轴承法)

GB J63—1989 混凝土拌合用水标准

JC/T 539—1994 混凝土和砂浆用颜料及其试验方法

## 3 分类

### 3.1 品种

按路面砖形状分为普通型路面砖和联锁型路面砖。

### 3.2 代号

a) 普通型路面砖代号为 N。

b) 联锁型路面砖代号为 S。

### 3.3 规格

路面砖的规格尺寸见表 1。路面砖的规格尺寸也可根据用户的要求确定。

国家建筑材料工业局2000-09-13批准　　2001-01-01实施

表 1　规格尺寸　mm

| | |
|---|---|
| 边　长 | 100,150,200,250,300,400,500 |
| 厚　度 | 50,60,80,100,120 |

3.4　等级

3.4.1　抗压强度等级分为 Cc30、Cc35、Cc40、Cc50、Cc60。

3.4.2　抗折强度等级分为 $C_f$3.5、$C_f$4.0、$C_f$5.0、$C_f$6.0。

3.4.3　质量等级：符合规定强度等级的路面砖，根据外观质量、尺寸偏差和物理性能分为优等品(A)、一等品(B)和合格品(C)。

3.5　标记

按产品代号、规格尺寸、强度、质量等级和本标准编号顺序进行标记。

普通型路面砖规格为 250 mm×250 mm×60 mm，抗压强度等级 Cc40，合格品的标记示例：

N 250×250×60　Cc40　C　JC/T 446—2000

## 4　一般规定

4.1　原材料

4.1.1　水泥应符合 GB 175、GB/T 2015、GB 12958 的规定及 GB 1344 中规定的矿渣硅酸盐水泥。

4.1.2　细集料应符合 GB 14684 的规定。

4.1.3　粗集料应符合 GB 14685 的规定。

4.1.4　硬质工业废渣骨料、石粉、石屑应符合下列要求：

a) 烧失量不大于 8%；

b) 不含有影响混凝土性能的有害成分及其他夹杂物。

4.1.5　粉煤灰应符合 GB/T 1596 的规定。

4.1.6　外加剂应符合 GB 8076 的规定。

4.1.7　颜料应符合 JC/T 539 的规定。

4.1.8　水应符合 GB J63 的规定。

4.2　路面砖表面应有必要的防滑功能，以保障行人及车辆的安全。

4.3　路面砖的外露表面应平整，宜有倒角。

4.4　路面砖饰面层的厚度不应小于 5 mm；表面花纹图案的沟槽深度不得超过面层(料)的厚度。

## 5　技术要求

5.1　外观质量

路面砖的外观质量应符合表 2 的规定。

表 2　外观质量　mm

| 项　目 | | 优等品 | 一等品 | 合格品 |
|---|---|---|---|---|
| 正面粘皮及缺损的最大投影尺寸　≤ | | 0 | 5 | 10 |
| 缺棱掉角的最大投影尺寸　≤ | | 0 | 10 | 20 |
| 裂　纹 | 非贯穿裂纹长度最大投影尺寸　≤ | 0 | 10 | 20 |
| | 贯穿裂纹 | 不允许 | | |
| 分　层 | | 不允许 | | |
| 色差、杂色 | | 不明显 | | |

5.2　尺寸偏差

路面砖的尺寸允许偏差应符合表 3 的规定。

表 3　尺寸允许偏差

mm

| 项　目 | 优等品 | 一等品 | 合格品 |
|---|---|---|---|
| 长度、宽度 | ±2.0 | ±2.0 | ±2.0 |
| 厚　度 | ±2.0 | ±3.0 | ±4.0 |
| 厚度差 | ≤2.0 | ≤3.0 | ≤3.0 |
| 平整度 | ≤1.0 | ≤2.0 | ≤2.0 |
| 垂直度 | ≤1.0 | ≤2.0 | ≤2.0 |

5.3　力学性能

根据路面砖边长与厚度比值，选择做抗压强度或抗折强度试验，其力学性能须符合表 4 的规定。

表 4　力学性能

MPa

| 边长/厚度 | <5 | | ≥5 | | |
|---|---|---|---|---|---|
| 抗压强度等级 | 平均值≥ | 单块最小值≥ | 抗折强度等级 | 平均值≥ | 单块最小值≥ |
| Cc30 | 30.0 | 25.0 | $C_f$3.5 | 3.50 | 3.00 |
| Cc35 | 35.0 | 30.0 | $C_f$4.0 | 4.00 | 3.20 |
| Cc40 | 40.0 | 35.0 | $C_f$5.0 | 5.00 | 4.20 |
| Cc50 | 50.0 | 42.0 | $C_f$6.0 | 6.00 | 5.00 |
| Cc60 | 60.0 | 50.0 | — | — | — |

5.4　物理性能

路面砖物理性能须符合表 5 的规定。

表 5　物理性能

| 质量等级 | 耐磨性 | | 吸水率，%<br>≤ | 抗冻性 |
|---|---|---|---|---|
| | 磨坑长度，mm<br>≤ | 耐磨度<br>≥ | | |
| 优等品 | 28.0 | 1.9 | 5.0 | 冻融循环试验后，外观质量须符合表 2 的规定；强度损失不得大于 20.0% |
| 一等品 | 32.0 | 1.5 | 6.5 | |
| 合格品 | 35.0 | 1.2 | 8.0 | |
| 注：磨坑长度与耐磨度二项试验只做一项即可 | | | | |

## 6　试验方法

6.1　外观质量

6.1.1　量具

砖用卡尺(如图 1)或精度不低于 0.5 mm 其他量具。

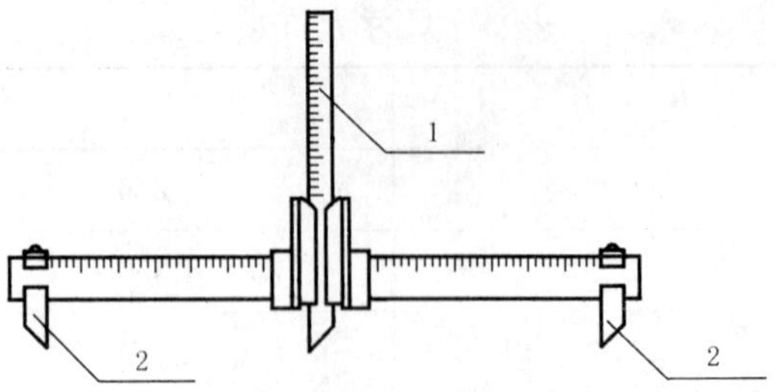


1—垂直尺；2—支脚

图 1　砖用卡尺

6.1.2　测量方法

6.1.2.1　正面粘皮及缺损

测量正面粘皮及缺损处对应路面砖边的长、宽两个投影尺寸，精确至 0.5 mm(如图 2)。

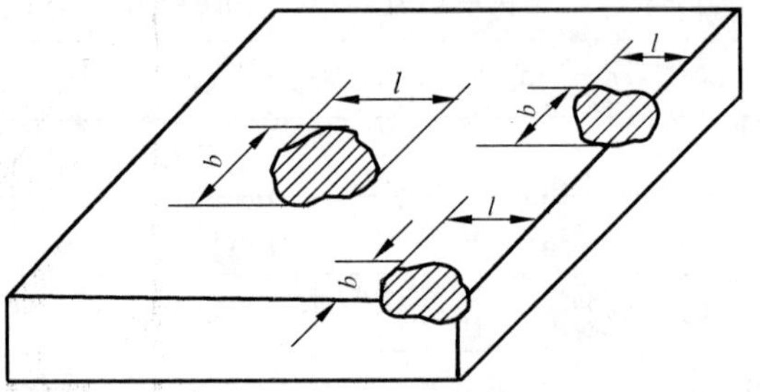


*l*—长度方向投影尺寸；*b*—宽度方向投影尺寸

图 2　正面粘皮及缺损测量方法

6.1.2.2　缺棱掉角

测量缺棱、掉角处对应路面砖棱边的长、宽、厚三个投影尺寸，精确至 0.5 mm(如图 3)。

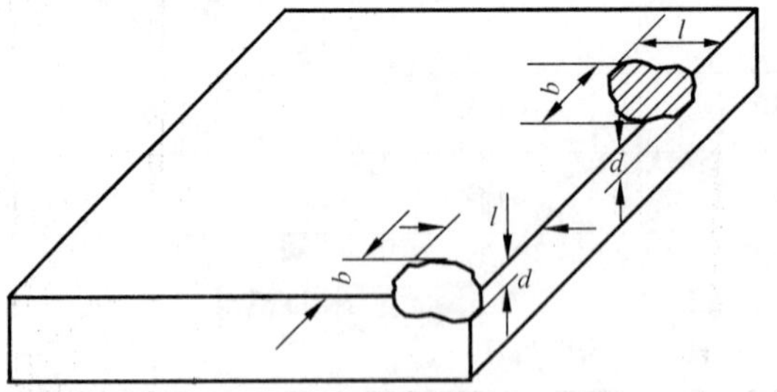


*l*—长度方向投影尺寸；*b*—宽度方向投影尺寸；*d*—厚度方向的投影尺寸

图 3　缺棱、掉角尺寸的测量

6.1.2.3 裂纹

测量裂纹所在面上的最大投影长度；若裂纹由一个面延伸至其他面时，测量其延伸的投影长度之和，精确至0.5 mm(如图4)。

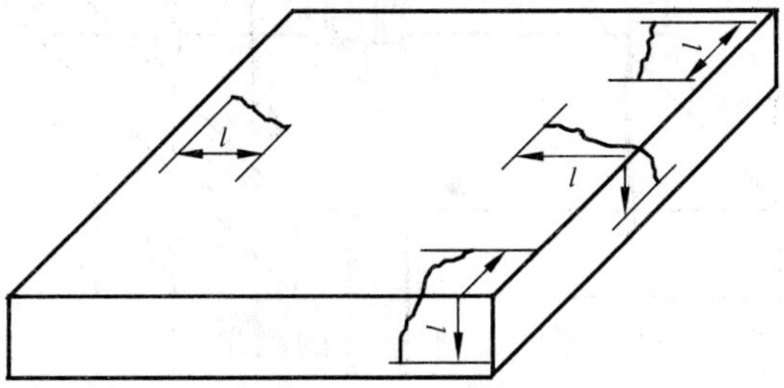


*l*—裂纹投影尺寸

图4 裂纹长度的测量

6.1.2.4 分层

对路面砖的侧面进行目测检验。

6.1.2.5 色差、杂色

在平坦地面上，将路面砖铺成不小于1 $m^2$ 的正方形，在自然光照或功率不低于40 W日光灯下，距1.5 m处用肉眼观察检验。

6.2 规格尺寸

6.2.1 量具

用6.1.1规定的量具。

6.2.2 测量方法

6.2.2.1 长度、宽度、厚度和厚度差

测量矩形路面砖长度和宽度时，分别测量路面砖正面离角部10 mm处对应平行侧面(如图5)，分别测量两个长度值和宽度值；联锁型路面砖测量由供货方提供路面砖标识尺寸的长度、宽度。厚度分别测量路面砖宽度中间距边缘10 mm处。两厚度测量值之差为厚度差(如图5)。测量值分别精确至0.5 mm。

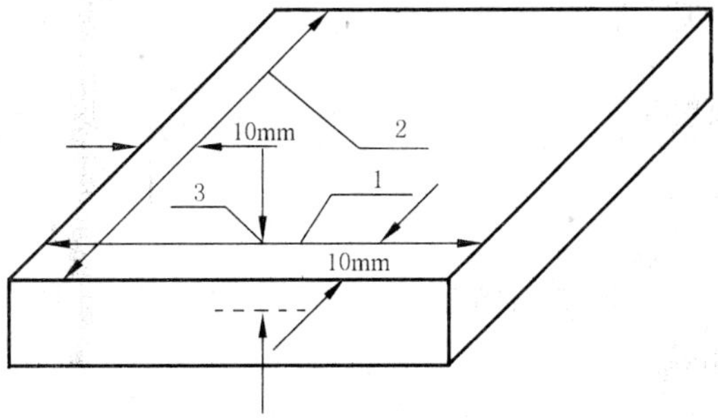


1—长度；2—宽度；3—厚度

图5 长度、宽度、厚度的测量

6.2.2.2 平整度

砖用卡尺支角任意放置在路面砖正面四周边缘部位，滑动砖用卡尺中间测量尺，测量路面砖表面上最大凸凹处。精确至0.5 mm(如图6)。

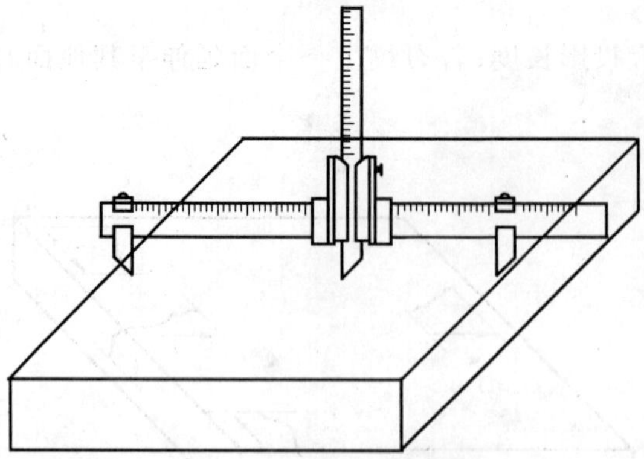

图 6　平整度的测量

6.2.2.3　垂直度

使砖用卡尺尺身紧贴路面砖的正面，一个支角顶住砖底的棱边，从尺身上读出路面砖正面对应棱边的偏离数值作为垂直度偏差，每一棱边测量两次，记录最大值，精确至 0.5 mm(如图 7)。

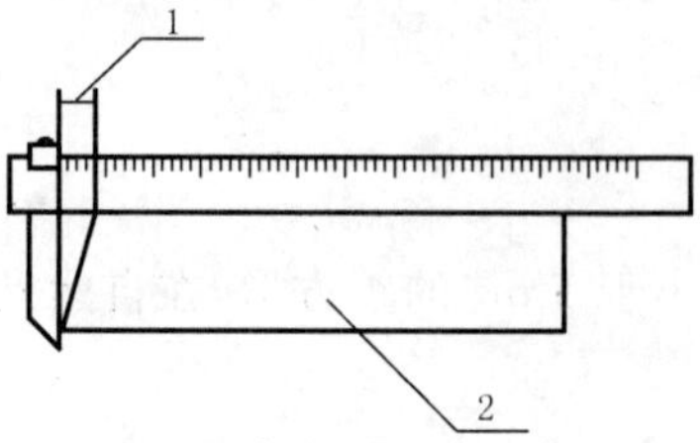


1—垂直度；2—路面砖

图 7　垂直度的测量

6.3　力学性能

抗压强度试验按本标准附录 A 规定进行。抗折强度试验按本标准附录 B 规定进行。

6.4　物理性能

6.4.1　耐磨性

磨坑长度试验按 GB/T 12988 的规定进行。耐磨度试验按 GB/T 16925 的规定进行。

6.4.2　吸水率

6.4.2.1　试验设备

a）天平：称量 10 kg，感量 5 g；

b）烘箱：能使温度控制在 105℃±5℃。

6.4.2.2　试件

试件数量为 5 块，取整块路面砖。当质量大于 5 kg 时，可从整块路面砖上切取(4.5±0.5) kg 的部分路面砖。

6.4.2.3　试验步骤

将试件置于温度为 105℃±5℃的烘箱内烘干，每间隔 4 h 将试件取出分别称量一次，直至两次称量差小于 0.1%时，视为试件干燥质量($m_0$)。

将试件冷却至室温后侧向直立在水槽中，注入温度为 20℃±10℃的洁净水，将试件浸没水中，使水面高出试件约 20 mm。

浸水 $24^{+0.25}_{0}$ h，将试件从水中取出，用拧干的湿毛巾擦去表面附着水，分别称量一次，直至前后两次称量差小于 0.1%时，为试件吸水 24 h 质量($m_1$)。

6.4.2.4　结果计算与评定

吸水率按式(1)计算：

$$w=\frac{m_1-m_0}{m_0}\times 100 \quad \cdots\cdots (1)$$

式中：$w$——吸水率，%；

$m_1$——试件吸水 24h 的质量，g；

$m_0$——试件干燥的质量，g。

结果以 5 块试件的平均值表示，计算精确至 0.1%。

6.4.3 抗冻性

6.4.3.1 试验设备

a）冷冻箱（室）：装有试件后能使冷冻箱（室）内温度保持在 $-15_{-5}^{0}$℃范围以内；

b）水槽：装有试件后能使水温度保持 20℃±10℃范围以内。

6.4.3.2 试件

试件数量为 10 块，其中 5 块进行冻融试验；5 块用作对比试件。

6.4.3.3 试验步骤

试件应进行外观检查，将缺损、裂纹处作标记，并记录其缺陷情况。随后放入温度为 20℃±10℃的水中浸泡 24 h。浸泡时水面应高出试件约 20 mm。

从水中取出试件，用拧干的湿毛巾擦去表面附着水，即可放入预先降温至 $-15_{-5}^{0}$℃的冷冻箱（室）内，试件间隔不小于 20 mm。待温度重新达到 −15℃时计算冻结时间，每次从装完试件到温度达到 −15℃所需时间不应大于 2 h。在 −15℃下的冻结时间按试件厚度而定：厚度小于 60 mm 的试件为不少于 3 h；厚度大于或等于 60 mm 的试件为不少于 4 h。然后，取出试件立即放入 20℃±10℃水中融解 2 h。该过程为一次冻融循环。依此法进行 25 次冻融循环。

完成 25 次冻融循环后，从水中取出试件，用拧干的湿毛巾擦去表面附着水，检查并记录试件表面剥落、分层、裂纹及裂纹延长的情况。然后按本标准附录 A 或附录 B 进行强度试验。

6.4.3.4 结果计算

冻融试验后强度损失率按式(2)计算：

$$\Delta R=\frac{R-R_D}{R}\times 100 \qquad (2)$$

式中：$\Delta R$——冻融循环后的强度损失率，%；

$R$——按照 6.3 冻融试验前，试件强度试验结果的平均值，MPa；

$R_D$——按照 6.3 冻融试验后，试件强度试验结果的平均值，MPa。

试验结果计算精确至 0.1%。

## 7 检验规则

7.1 检验分类

7.1.1 出厂检验项目：外观质量、尺寸偏差、强度、吸水率。

7.1.2 型式检验项目：对本标准中规定的产品技术要求进行全部检验。

有下列情况之一时，应进行型式检验：

a）新产品或老产品转厂生产的试制定型鉴定；

b）生产中如品种、原材料、混凝土配合比、工艺有较大改变，设备大修时；

c）正常生产时，每半年进行一次；

d）出厂检验结果与上次型式检验结果有较大差异时；

e）产品长期停产后，恢复生产时；

f）国家质量监督机构提出进行型式检验的要求时。

7.2 批量

每批路面砖应为同一类别、同一规格、同一等级，每 20 000 块为一批；不足 20 000 块，亦按一批计；超过 20 000 块，批量由供需双方商定。

7.3 抽样

7.3.1 外观质量检验的试件,抽样前预先确定好抽样方法,按随机抽样法从每批产品中抽取50块路面砖,使所抽取的试件具有代表性。

7.3.2 规格尺寸检验的试件,从外观质量检验合格的试件中按随机抽样法抽取10块路面砖。

7.3.3 物理、力学性能检验的试件,按随机抽样法从外观质量及尺寸检验合格的试件中抽取30块路面砖(其中5块备用)。

物理、力学性能试验试件的龄期为不少于28 d。

7.4 判定规则

7.4.1 外观质量

在50块试件中,根据不合格试件的总数($K_1$)及二次抽样检验中不合格(包括第一次检验不合格试件)的总数($K_2$)进行判定。

若$K_1 \leqslant 3$,可验收;若$K_1 \geqslant 7$,拒绝验收;若$4 \leqslant K_1 \leqslant 6$,则允许按7.3.1规定进行第二次抽样检验。

若$K_2 \leqslant 8$可验收;若$K_2 \geqslant 9$拒绝验收。

7.4.2 尺寸偏差

在10块试件中,根据不合格试件的总数($K_1$)及二次抽样检验中不合格(包括第一次检验不合格试件)的总数($K_2$)进行判定。

若$K_1 \leqslant 1$,可验收;$K_1 \geqslant 3$,拒绝验收;$K_1 = 2$,则允许按7.3.2规定进行第二次抽样检验。

若$K_2 = 2$,可验收;$K_2 \geqslant 3$,拒绝验收。

7.4.3 物理、力学性能

经检验,各项物理、力学性能符合某一等级规定时,判该项为相应等级。

若两种耐磨性结果有争议,以GB/T 12988试验结果为最终结果。

7.4.4 总判定

所有项目的检验结果都符合某一等级规定时,判为相应等级;有一项不符合合格品等级规定时,判为不合格品。

## 8 标志、使用说明书

8.1 标志

出厂产品中,至少有0.5%的路面砖应有明显的标志。

产品出厂时,必须提供产品质量合格证。产品合格证主要包括生产企业名称、产品标记、商标、批量编号、证书编号,并由检验员或承检单位签章。

8.2 使用说明书

为方便使用,供方应提供路面砖的使用说明书,说明现场施工方法和要求及参考使用数量。

## 9 包装、运输及贮存

9.1 包装

用吊装托架装运时,应捆扎牢固。亦可不用吊装托架散装。

9.2 运输

产品装、卸时应轻拿轻放,严禁抛、掷。运输时应避免碰撞。

9.3 贮存

路面砖贮存场地应平整、坚实。应按品种、规格、质量等级分别堆放。散装堆垛高度不得超过1.5 m。

# 附　录　A
（标准的附录）
## 抗压强度试验方法

### A1　试验设备

**A1.1**　试验机

试验机可采用压力试验机或万能试验机。试验机的示值相对误差应不大于±1%。试件的预期破坏荷载值不小于试验机全量程的20%，也不大于全量程的80%。

**A1.2**　垫压板

采用厚度不小于30 mm、硬度应大于HB200、平整光滑的钢质垫压板，垫压板的长度和宽度根据路面砖公称厚度按表A1选取。

表A1　垫压板尺寸　　mm

| 试件公称厚度 | 垫压板 | |
|---|---|---|
| | 长度 | 宽度 |
| ≤60 | 120 | 60 |
| 80 | 160 | 80 |
| 100 | 200 | 100 |
| ≥120 | 240 | 120 |

试件厚度不小于0.9倍有效使用面边长时，可以不用垫压板；试件厚度大于等于100 mm，使用200 mm×100 mm垫压板大于试件受压面时，可选择160 mm×80 mm垫压板。

### A2　试件

**A2.1**　试件数量为5块。

**A2.2**　试件的两个受压面应平行、平整。否则应对受压面磨平或用水泥净浆抹面找平处理，找平层厚度小于等于5 mm。

### A3　试验步骤

**A3.1**　清除试件表面的粘渣，毛刺，放入室温水中浸泡24h。

**A3.2**　将试件从水中取出用拧干的湿毛巾擦去表面附着水，放置在试验机下压板的中心位置，然后将垫压板放在试件的上表面中心对称位置（如图A1所示）。

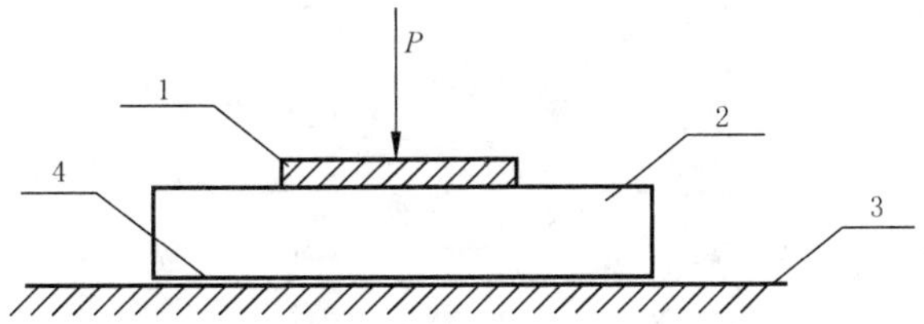


1—垫压板；2—试件；3—试验机下压板；4—抹面找平层

图A1　试件位置

**A3.3** 启动试验机，匀速连续地加荷，加荷速度为 0.4～0.6 MPa/s，直至试件破坏，记录破坏荷载（$P$）

**A4 结果计算与评定**

抗压强度按式（A1）计算：

$$R_c=\frac{P}{A} \quad \cdots\cdots\cdots\cdots (A1)$$

式中：$R_c$——抗压强度，MPa；

$P$——破坏荷载，N；

$A$——试件上垫压板面积，或试件受压面积 $mm^2$。

结果以 5 块试件抗压强度的平均值和单块最小值表示，计算精确至 0.1 MPa。

# 附　录　B

（标准的附录）

## 抗折强度试验方法

### B1　试验设备

**B1.1**　试验机

试验机可采用抗折试验机、万能试验机或带有抗折试验架的压力试验机。试验机的示值相对误差和量程要求同本标准附录 A1.1。

**B1.2**　支座及加压棒

支座的两个支承棒和加压棒的直径为 40 mm，材料为钢质，其中一个支承棒应能滚动并可自由调整水平。

### B2　试件

试件数量为 5 块。

### B3　试验步骤

**B3.1**　清除试件表面粘渣、毛刺，放入室温水中浸泡 24 h。

**B3.2**　将试件从水中取出用拧干的湿毛巾擦去表面附着水，顺着长度方向外露表面朝上置于支座上（如图 B1 所示）。抗折支距为试件厚度的 4 倍。在支座及加压棒与试件接触面之间应垫有 3～5 mm 厚的胶合板垫层。

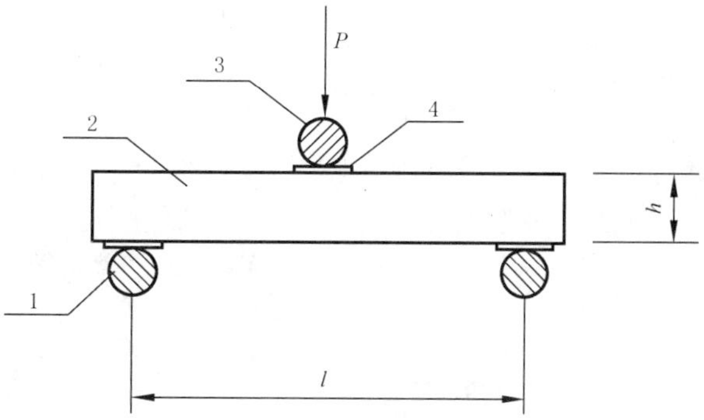


1—支座；2—试件；3—加压棒；4—胶合板垫层

图 B1　试件位置

**B3.3**　启动试验机，连续均匀地加荷，加荷速度为 0.04～0.06 MPa/s，直至试件破坏。记录破坏荷载（$P$）。

**B3.4**　结果计算与评定

抗折强度按式(B1)计算：

$$R_f = \frac{3Pl}{2bh^2} \qquad \text{(B1)}$$

式中：$R_f$——抗折强度，MPa；

$P$——破坏荷载，N；

$l$——两支座间的中心距离，mm；

$b$——试件宽度，mm；

$h$——试件厚度，mm。

结果以 5 块试样抗折强度的平均值和单块最小值表示，计算精确至 0.01 MPa。

中华人民共和国建材行业标准

JC 447—91

# 钢丝网石棉水泥中波瓦

## 1 主题内容与适用范围

本标准规定了钢丝网石棉水泥中波瓦的等级、规格、技术要求、试验方法、检验规则、标志、贮存及运输等。

本标准适用于以温石棉和水泥为基本原料，经制坯、夹一层钢丝网、加压等工艺制成的钢丝网石棉水泥中波瓦。

钢丝网石棉水泥中波瓦主要用于房屋建筑的屋盖，内、外墙及轻型复合屋盖的承重板。

## 2 引用标准

GB 175 硅酸盐水泥、普通硅酸盐水泥

GB 343 一般用途低碳钢丝

GB 1344 矿渣硅酸盐水泥、火山灰质硅酸盐水泥及粉煤灰硅酸盐水泥

GB 7019 石棉水泥制品吸水率、容重与孔隙率测定方法

GB 8040 石棉水泥波瓦、平板抗折试验方法

GB 8041 石棉水泥波瓦、平板不透水性试验方法

GB 8042 石棉水泥波瓦、平板抗冻性试验方法

GB 8071 温石棉

GB 9772 石棉水泥波瓦及其脊瓦

## 3 等级与规格

### 3.1 等级

产品按其抗折力、吸水率分成二级：A 级与 B 级。

每一级按其外观质量分为三等：优等品、一等品与合格品。

### 3.2 规格

产品的横断面形状如图 1 所示。其规格尺寸及允许公差应符合表 1 的规定。

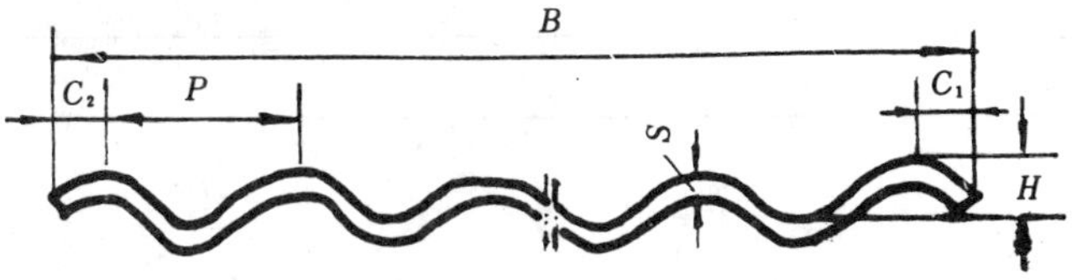


图 1 钢丝网石棉水泥中波瓦

国家建筑材料工业局1991-11-11批准 1992-08-01实施

表 1

mm

| 规格尺寸及允许公差 | | | | | | | 参考重量 $W$<br>kg |
|---|---|---|---|---|---|---|---|
| 长 $L$ | 宽 $B$ | 厚 $S$ | 波距 $P$ | 波高 $H$ | 波数 $n$<br>个 | 边距 $C_1$ $C_2$ | |
| 1800±10 | 745±10 | 8.5±0.5<br>7.5±0.5 | 131±3 | ≥31 | 5.7 | 45±5 | 24<br>22 |

注：经供需双方协议，可生产其他规格的产品。

## 4 技术要求

### 4.1 原材料

4.1.1 石棉纤维：应采用符合 GB 8071 规定的五级与五级以上温石棉纤维。石棉含量不得低于原材料总量的 12%，亦可掺入少量耐久性好、对制品无害的其他纤维。

4.1.2 水泥：应采用符合 GB 175 规定的不低于 425 号的硅酸盐水泥与普通硅酸盐水泥。也可采用符合 GB 1344 规定的不低于 425 号的矿渣硅酸盐水泥。

水泥中不得使用掺有炭粉作助磨剂及页岩、煤矸石作混合材的普通硅酸盐水泥及矿渣硅酸盐水泥。

4.1.3 钢丝网：应采用不涂防锈油的冷拔低碳钢丝编织的梯形网，也可采用方格网。冷拔低碳钢丝的质量应符合 GB 343 的规定。钢丝网必须平整，能满足成型要求。

4.1.4 水：应采用淡水或循环水。水中不应有影响制品性能的有害物质。

### 4.2 外观质量

4.2.1 产品应表面平整、边缘整齐，不得有断裂、表面露网、伸出边缘的钢丝、分层与夹杂物等疵病。

4.2.2 优等品应无掉角、掉边、裂纹，四边方正。

4.2.3 一等品、合格品的外观质量应符合表 2 的规定。

表 2

mm

| 检验项目 | 一等品 | 合格品 |
|---|---|---|
| 掉角 | 沿瓦长度方向不得超过 50<br>沿瓦宽度方向不得超过 35 | 沿瓦长度方向不得超过 100<br>沿瓦宽度方向不得超过 45 |
| | 一张瓦不得多于 1 个 | |
| 掉边 | 宽度不得超过 10 | 宽度不得超过 15 |
| 裂纹 | 因成型而造成的表面裂纹不得超过下列之一 | |
| | 正表面：度宽 1.0<br>长度 75<br>背面：宽度 1.5<br>长度 150 | 正表面：宽度 1.5<br>长度 100<br>背面：宽度 2.0<br>长度 300 |
| 方正度 | ≤6 | ≤7 |

### 4.3 物理力学性能

各级产品的物理力学性能应符合表 3 的规定。

表 3

| 检验项目 | | A 级 | B 级 |
|---|---|---|---|
| 抗折力 | 横向,N/m ≥ | 2 700 | 2 000 |
| | 纵向,N ≥ | 450 | 370 |
| 吸水率,% ≤ | | 25 | 26 |
| 抗冻性 | | 经 25 次冻融循环后,试样不得有起层等破坏现象 | |
| 不透水性 | | 试验后,试样背面允许有湿斑,但不得出现水滴 | |

注:表 3 中 1 500 mm 中心距的横向抗折力相当于中心距 850 mm 的抗折力:B 级为 3 700 N/m。

## 5 试验方法

### 5.1 规格尺寸与外观质量检验

5.1.1 长度、宽度、厚度、波高、波距与掉角、掉边、方正度等检验,按 GB 9772 中附录 A 进行。

断裂、表面露网、伸出边缘的钢丝、分层与夹杂物的检验用肉眼观察。

5.1.2 边距

瓦反面朝上,平放在平台上,将符合 GB 9772 附录 A 规定的金属弧谷定位轴放置离瓦纵向端部 150～300 mm 的边波波谷处,宽座直角尺紧靠瓦边,如图 2 所示。采用分度值为 0.5 mm 的钢直尺测量锥顶至直角尺测量面的垂直距离,每边测量二次,取其平均值为该边边距。读数精确至 0.5 mm。

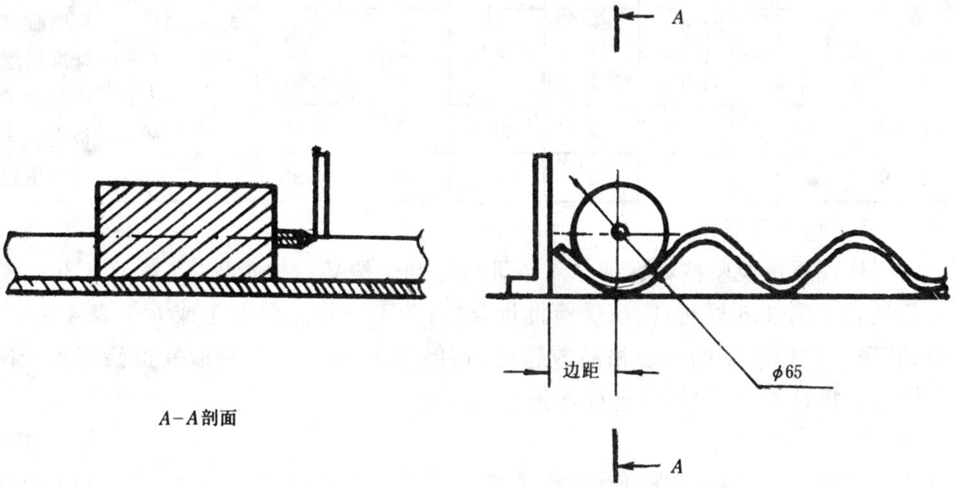


图 2 边距测量示意图

5.1.3 裂纹

成型表面裂纹的宽度用二级精度的塞尺进行测量。

### 5.2 物理力学性能

5.2.1 抗折力试验,按 GB 8040 进行。其中横向抗折试验中心距为 1 500 mm。

5.2.2 吸水率测定,按 GB 7019 进行。

5.2.3 抗冻性试验,按 GB 8042 进行。

5.2.4 不透水试验,按 GB 8041 进行,其试验室环境温度 23±5℃,相对湿度 60±10%。

## 6 检验规则

### 6.1 检验项目

6.1.1 出厂检验

产品的外观质量、规格尺寸、横向抗折力、吸水率和抗冻性。

6.1.2 型式检验

包括交收检验的全部检验项目与纵向抗折力、不透水性。必要时由双方协议还可增加检验项目。

## 6.2 检验分类

6.2.1 出厂检验

6.2.1.1 批量

每批由同一等级、同一规格的产品组成。每批量最多 3 000 张，最少 200 张。验收应在生产厂内进行。

6.2.1.2 抽样与样品数量

从每一受检批次中随机抽取(每垛瓦最上面 5 张与底面 5 张除外)样品进行检验。样品数量见表 4。

表 4

| 1 | 2 | 3 | 4 | 5 | 6 | 7 | 8 |
|---|---|---|---|---|---|---|---|
| 每受检批次的数量<br>张 | 抽样<br>数量<br>张 | 第一次样品 | | 第一次＋第<br>二次样品 | | 用变量<br>法检查 | 备　注 |
| | | 合格<br>判定数<br>$A_{c_1}$ | 不合格<br>判定数<br>$R_{e_1}$ | 合格<br>判定数<br>$A_{c_2}$ | 不合格<br>判定数<br>$R_{e_2}$ | 可接收<br>系数 $K$ | |
| ＜200 | 3 | 0 | 2 | 1 | 2 | 0.29 | $AL = L + KR$<br>式中：$AL$ —— 可验收极限(N,N/m)；<br>$L$ —— 标准低限(N,N/m)；<br>$K$ —— 可接收系数；<br>$R$ —— 极差，样品中最大值与最小值之差(N,N/m) |
| 200～400 | 4 | 0 | 2 | 1 | 2 | 0.34 | |
| 401～800 | 5 | 0 | 2 | 1 | 2 | 0.37 | |
| 801～1 500 | 7 | 0 | 2 | 1 | 2 | 0.40 | |
| 1 501～3 000 | 10 | 0 | 2 | 2 | 3 | 0.50 | |

6.2.1.3 规格尺寸与外观质量

规格尺寸与外观质量检验按本标准 5.1 条进行。判定按品质检验程序(表 4 第 3～6 栏)进行，即不合格品数未超过表 4 第 3、5 栏时，则该受检批量合格；若不合格品数等于或大于表 4 第 4、6 栏时，则该批量不合格；若第一次样品中的不合格品数超过 $A_{c_1}$ 但小于 $R_{e_1}$，则应抽取并检验与第一次样品相同数量的第二次样品。批量不合格时，可进行逐张检查处理。

6.2.1.4 抗折力

按变量检验程序(表 4 第 7、8 栏)对抗折力进行判定。若样品的平均值($\overline{X}$)大于或等于可验收极限，即 $\overline{X} \geqslant AL$，则该批量合格；若 $\overline{X} < AL$，则该批量不合格。

6.2.1.5 吸水率、抗冻性、不透水性

吸水率、抗冻性及不透水性应在同一批量中各抽取 2 张样品(也可从同样的抽样单位中取样)。检验结果若有一张不合格时，允许抽取加倍数量样品再次检验。检验后若仍有一张不合格，则该批产品为不合格。

本条款检验项目中，仅有一项性能检验不合格时，允许再次检验。当有一项以上性能不合格时，不予再次检验。

6.2.1.6 判定

若规格尺寸、外观质量、物理力学性能检验结果符合本标准相应等级要求时，则判为该等级；若有一项性能不符合合格品要求时，则判为不合格品。

注：在生产稳定，用户同意时，正常生产检验结果可代替出厂检验结果。

6.2.2 型式检验

6.2.2.1 当产品有下列情况之一时，应进行型式检验：

a. 新产品或老产品转厂生产的试制定型鉴定；

b. 原材料和生产工艺有重大改变时；

c. 出厂检验结果与上次型式检验结果有较大差别时；

d. 正常生产时，每半年进行一次；

e. 国家质量监督机构提出要求时。

6.2.2.2 型式检验项目，抽样、检验与判定按6.2.1.2～6.2.1.6规定进行。

**6.3 复验**

用户对检验结果发生怀疑时，可以提出复验。抽样、检验与判定按6.2.1.2～6.2.1.6进行。复验不符合出厂等级，费用由厂方支付；符合出厂等级，费用由用户负担。

## 7 标志与出厂质量证明书

7.1 标志

在每张瓦的正面第二个或第三个波上须用不掉色的颜色标明生产厂名称（或商标）、生产日期、班别等。

7.2 出厂质量证明书

发货时，必须将出厂质量证明书连同发货单寄给用户，出厂质量证明书内容包括：

a. 批量编号；

b. 生产厂名称及厂址；

c. 产品名称、商标、等级、规格、数量与生产日期；

d. 标准编号；

e. 产品性能检验结果；

f 生产厂检验部门及检验人员签名盖章。

## 8 贮存、包装、运输

**8.1 贮存**

存放场地必须坚实平坦，不同等级、不同规格的产品，应两张花弧或“#”字分别堆垛存放，垛高不应超过1.8 m。

**8.2 包装**

产品可根据需要采用包装和散装。包装时可采用集装箱或捆扎，并应方便搬运；散装时要保证瓦垛底部平坦稳固。

**8.3 运输**

用各种运输工具运输时，底部应保持平坦，必须设法使产品固定好。在运输过程中，减少震动，防止碰撞，装卸、搬运时严禁抛掷。

---

**附加说明：**

本标准由国家建筑材料工业局苏州混凝土水泥制品研究院提出并归口。

本标准由国家建筑材料工业局苏州混凝土水泥制品研究院等负责起草。

本标准主要起草人冯文娴、冯立平。

本标准委托国家建筑材料工业局苏州混凝土水泥制品研究院负责解释。

# 中华人民共和国建材行业标准

JC 448—91

# 钢筋混凝土井管

## 1 主题内容与适用范围

本标准规定了钢筋混凝土井管的产品分类，技术要求，试验方法，检验规则，标志、堆放和运输等。

本标准适用于工农业及民用供水和排水管井用的离心与悬辊成型的钢筋混凝土井管(以下简称井管)。

管井所处的水文地质环境和应用环境对钢筋混凝土井管应无腐蚀作用，当工作环境对钢筋混凝土井管有腐蚀性时，应采取防护措施，方可使用。

## 2 引用标准

GB 175 硅酸盐水泥、普通硅酸盐水泥

GB 700 普通碳素结构钢技术条件

GB 1344 矿渣硅酸盐水泥、火山灰质硅酸盐水泥及粉煤灰硅酸盐水泥

GB 1499 钢筋混凝土用钢筋

GB J 81 普通混凝土力学性能试验方法

JG J 18 钢筋焊接及验收规程

JG J 52 普通混凝土用砂质量标准及检验方法

JG J 53 普通混凝土用碎石或卵石质量标准及检验方法

## 3 产品分类

### 3.1 品种、类型与规格

3.1.1 品种

井管按其用途分为井壁管和过滤管。

3.1.2 类型

井管按下管方式和设计井深范围分为7种类型(见表1)。

表1 m

| 下管方式 | 悬吊法 | | | | 托盘法 | | |
|---|---|---|---|---|---|---|---|
| 井管类型 | 1D | 2D | 3D | 4D | 1T | 2T | 3T |
| 设计成井深度 | 100 | 200 | 300 | 400 | 100 | 150 | 200 |

注：① 适于一次下管。

② 不采用其他辅助施工工艺。

3.1.3 规格

3.1.3.1 悬吊法下管的井管结构见图1和图2(滤孔形状主要有条形和圆形两种，图2用条孔表示)。

3.1.3.2 托盘法下管的井管结构见图3和图4(滤孔形状主要有条形和圆形两种，图4用条孔表示)。

3.1.3.3 井管的规格和结构尺寸见表2。

国家建筑材料工业局1991-11-11批准 1992-08-01实施

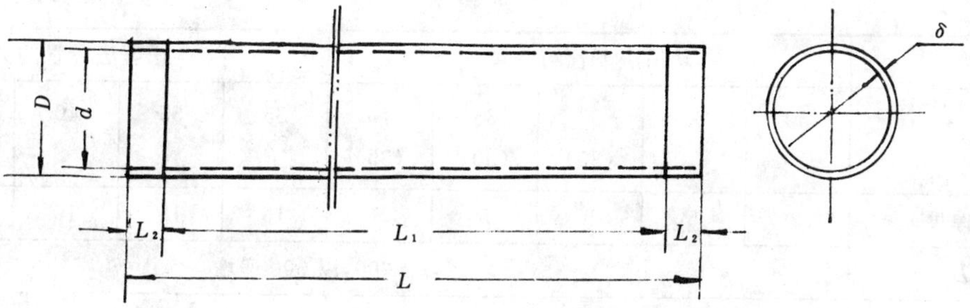


图 1　悬吊法下管的井壁管结构图

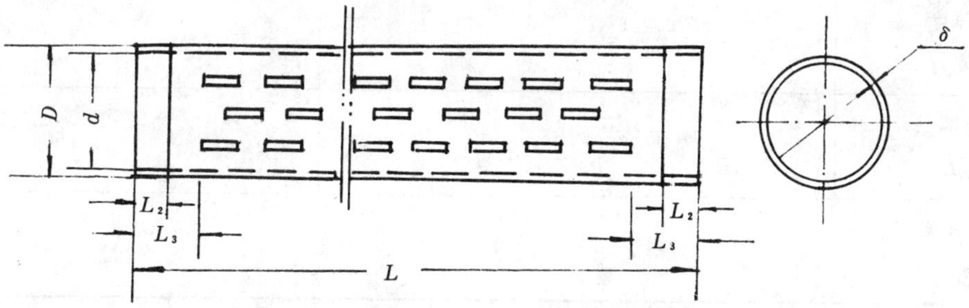


图 2　悬吊法下管的过滤管结构图

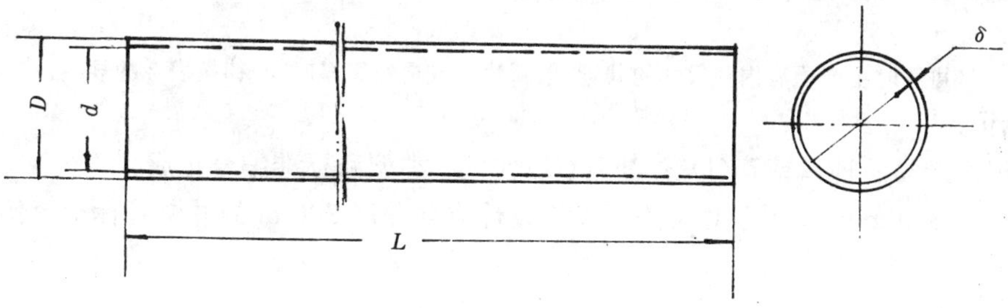


图 3　托盘法下管的井壁管结构图

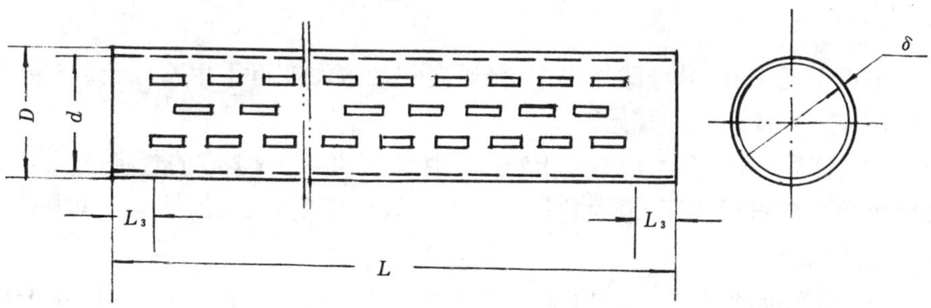


图 4　托盘法下管的过滤管结构图

表 2

mm

| 规　格 | 悬吊法下管的井管 | | | | | 托盘法下管的井管 | | | | |
|---|---|---|---|---|---|---|---|---|---|---|
| 公称内径 $d$ | 200 | 250 | 300<br>(300) | 350<br>(350) | 400<br>(400) | 250 | 300 | 350 | 400 | 450 |
| 外径 $D$ | 260 | 310 | 360<br>(360) | 420<br>(410) | 480<br>(470) | 320 | 370 | 430 | 480 | 540 |

续表 2

mm

| 规　格 | 悬吊法下管的井管 | | | | | 托盘法下管的井管 | | | | |
|---|---|---|---|---|---|---|---|---|---|---|
| 壁厚 $\delta$ | 30 | 30 | 30<br>(30) | 35<br>(30) | 40<br>(35) | 35 | 35 | 40 | 40 | 45 |
| 主筋保护层厚度 $c \geqslant$ | 5 | 5 | 5 | 5 | 5 | 10 | 10 | 10 | 10 | 10 |
| 管长 $L$ | ⩾2 000，以 500 递增 | | | | | | | | | |
| 钢箍宽度 $L_2$<br>⩾ | 50 | | | | | — | | | | |
| 钢箍厚度<br>⩾ | 5 | | | | | — | | | | |
| 过滤管端壁<br>长度 $L_3$ | 250～300 | | | | | 150 | | | | |
| 过滤管开孔率，%<br>⩾ | 15 | | | | | | | | | |

注：① 括号内值为悬辊成型的井管规格尺寸。

② 经供需双方协议，也可生产其他用途及规格尺寸或成井深度的井管，检验时必须参照本标准并按认可的设计图纸进行。

③ 生产厂可暂时生产原有内径尺寸的井管，但新建厂或更新管模时，一律按表 2 的规定。

### 3.2 产品标记

产品标记由产品品种井壁管(J)、过滤管(G)、内径、类型和标准编号组成。

公称内径为 300 mm，适用于悬吊法下管和设计成井深度 300 m 的井壁管标记示例如下：

J$\phi$300-3D JC 448

## 4 技术要求

### 4.1 原材料

4.1.1 水泥应采用不低于325号硅酸盐水泥、普通硅酸盐水泥亦可采用不低于325号矿渣硅酸盐水泥，其性能应符合 GB 175，GB 1344的规定。

4.1.2 细骨料宜用硬质中砂，含泥量不大于2%，其性能应符合 JG J 52的规定。

4.1.3 粗骨料可采用碎石或卵石，最大粒径不得超过管壁厚度的1/3和钢筋之间最小净距的3/4，其性能应符合 JG J 53的规定。

4.1.4 井管采用Ⅰ级钢筋或冷拉Ⅰ级钢筋和冷拔低碳钢丝，其性能应符合 GB 1499，GB 700的规定。

4.1.5 混凝土拌和用水和掺用的外加剂，不得降低产品质量和供水质量。

4.1.6 缠丝必须无毒、耐腐蚀，宜采用抗拉强度大、膨胀系数小的材料。

### 4.2 混凝土强度

管壁28d 龄期的混凝土强度不得低于30 MPa，脱模强度不得低于28d 强度的45%，出厂强度不得低于28d 强度的80%。

### 4.3 构造质量

4.3.1 缠丝过滤管必须有纵向垫筋，其间距以保证缠丝距管外壁2～4 mm 为准，垫筋两端应有挡箍。

4.3.2 填砾的缠丝过滤管的缠丝间距或不缠丝过滤管的条孔宽度(圆孔直径)$t$，一般按下式确定：

$$t = D_{10}$$

式中：$D_{10}$ ——填砾的有效粒径(即为填砾颗粒过筛质量累计百分比为10%时的颗粒粒径)，mm。

4.3.3 井管配筋率应符合计算要求，纵、环向筋应均匀配置，其间距偏差不得大于5 mm。

4.3.4 主筋与钢板圈的焊接要求应符合 JGJ 18中3.4.9的规定。

## 4.4 尺寸允许偏差

管体尺寸允许偏差不得超过表3的规定。

表 3

| 项目 \ 尺寸允许偏差 | 离心成型 | | 悬辊成型 | |
|---|---|---|---|---|
| | 一等品 | 合格品 | 一等品 | 合格品 |
| 内径 $d$，mm | ±3 | ±4 | +3<br>−5 | +4<br>−6 |
| 外径 $D$，mm | +2<br>−1(±3) | ±3(±5) | +2<br>−1 | ±3 |
| 壁厚 $\delta$，mm | ±2(±3) | ±3(±4) | +3<br>−2 | +4<br>−2 |
| 保护层厚度 $c$，mm | +1 | +2 | +1 | +2 |
| 管长 $L$，mm | +1<br>−2 | +2<br>−5 | +1<br>−2 | ±3 |
| 钢箍失圆，mm ＜ | 2 | 3 | 2 | 3 |
| 弯曲度，mm/m ＜ | 1/1 000 | | | |
| 接口端面倾斜，mm ≤ | 2 | 3 | 2 | 3 |
| 过滤管开孔率的百分数 | ±6 | ±10 | ±6 | ±10 |

注：① 钢箍失圆适用于悬吊法下管的井管。

② 括号内值适用于整模离心成型的井管。

## 4.5 外观质量

4.5.1 管体外壁要求光洁平整。

4.5.2 管体内壁要圆整，不允许浮渣和浮浆存在。

4.5.3 管体内外壁不得有蜂窝、孔洞和露筋，不得出现环向裂缝、纵向裂缝和明显裂纹。

4.5.4 管模合缝处不应漏浆。

4.5.5 管端面混凝土不得有蜂窝、麻面及裂缝。

4.5.6 钢箍内壁混凝土不得超出钢箍端面，也不得低于钢箍端面2 mm。

4.5.7 钢箍与管体的连接颈部不应漏浆。

4.5.8 过滤管的孔壁要光滑。

4.5.9 有下列情况的管子，允许修补：

4.5.9.1 在主筋不裸露的情况下，管外壁每米长度内局部麻面和粘皮的面积不超过同长度面积10%。

4.5.9.2 合缝漏浆深度与宽度均不超过3 mm，长度不超过管长的5%，且累计长度不超过管长的10%。

4.5.9.3 钢箍与管体的连接颈部的漏浆深度不超过3 mm，环向漏浆长度不大于周长的1/4。

4.5.9.4 过滤管孔壁的损伤深度不大于10 mm。

## 4.6 轴向抗拉强度

4.6.1 悬吊法下管的井壁管的标准抗拉荷载见表4。加荷至标准抗拉荷载的100%时，井壁管裂缝宽度不得超过0.2 mm。

表 4 kN

| 类 型 | 井管内径，mm | | | | |
| --- | --- | --- | --- | --- | --- |
| | 200 | 250 | 300 | 350 | 400 |
| 1D | 45 | 53 | 63 | 86 | 112 |
| 2D | 89 | 107 | 126 | 170 | 224 |
| 3D | 134 | 160 | 189 | 257 | — |
| 4D | 178 | 214 | 252 | — | — |

注：不采用其他辅助施工工艺。

4.6.2 悬吊法下管的过滤管的标准抗拉荷载见表5。加荷至标准抗拉荷载的100%时，过滤管裂缝宽度不得超过0.2 mm。

表 5 kN

| 类 型 | 井管内径，mm | | | | |
| --- | --- | --- | --- | --- | --- |
| | 200 | 250 | 300 | 350 | 400 |
| 1D | 32 | 37 | 44 | 60 | 78 |
| 2D | 62 | 75 | 88 | 120 | 157 |
| 3D | 94 | 112 | 132 | 180 | — |
| 4D | 125 | 150 | 177 | — | — |

注：当分层取水，荷载超标及作其他特殊用途时，应另行设计制作。

## 4.7 轴向抗压强度

托盘法下管的井管的轴向抗压承载力必须满足表6的规定。

表 6 kN

| 类 型 | 井管内径，mm | | | | |
| --- | --- | --- | --- | --- | --- |
| | 250 | 300 | 350 | 400 | 450 |
| 1T | 170 | 200 | 265 | 300 | 378 |
| 2T | 254 | 300 | 397 | 450 | 567 |
| 3T | 340 | 400 | 530 | 600 | 757 |

## 4.8 抗渗性能

井壁管在0.06 MPa 内水压力下，不得有水珠流淌，外表面允许有潮片出现，但潮片面积应小于总外表面积2%。

# 5 试验方法

## 5.1 尺寸和外观质量检查

5.1.1 井管内外径(包括钢箍)用精度为0.5 mm 的量具，长度用精度为1.0 mm 钢卷尺测量。测量是在井管端部垂直对称位置测两个尺寸(对有合缝的井管，垂直对称位置离合缝约45°处)，取其平均值。井管内径亦可用长度不小于1/4管长、外径符合井管内径允许偏差的金属圆筒检查。

5.1.2 将井管外壁中部和离两端400 mm 处凿洞，测定钢筋保护层厚度，厚度用精度为0.1 mm 的游标卡尺测量。保护层厚度测量也可在每次轴向抗拉或轴向抗压试验后进行。

5.1.3 弯曲度是在井管两侧用长度大于井管长度的弦线和精度为0.5 mm 钢直尺测量，取其最大值。

5.1.4 井管端面倾斜用特制的直角尺测量，每端测2次，以最大值为端面倾斜值。

5.1.5 用目测和精度为0.5 mm 的钢卷尺或专用深度卡尺测量井管内外表面的麻面、粘皮面积和合缝漏浆的深宽度。

5.1.6 裂缝宽度用不小于20倍读数放大镜测量。

5.1.7 过滤管缠丝间距用专用塞规测量，缠丝至管外壁的距离用精度为0.5 mm 钢直尺测量。

5.1.8 用精度为0.5 mm 钢直尺或专用深度卡尺测量滤孔损伤深度和钢箍与管体的连接颈部的漏浆深度。

5.1.9 用精度为0.1 mm 的游标卡尺测量滤孔尺寸。

5.1.10 长度测量精确至1 mm；钢筋保护层厚度与滤孔尺寸精确至0.1 mm；其余精确至0.5 mm。

**5.2 混凝土强度试验**

脱模强度，28 d 龄期强度和出厂强度用与产品同养护条件的振动试块，按照 GB J 81的规定进行试验。

**5.3 轴向抗拉强度试验**

5.3.1 以整根井管在拉力试验机上进行试验。由零按标准抗拉荷载20%为级差加荷至标准抗拉荷载的80%，每次静停时间不少于3 min，然后按标准抗拉荷载10%为级差加荷至标准抗拉荷载的100%，每次静停时间不少于5 min，观察是否有裂缝并测定裂缝宽度。

5.3.2 由标准抗拉荷载的100%卸荷至零，御荷后静停时间不少于5 min。

5.3.3 由零按标准抗拉荷载20%为级差加荷至标准抗拉荷载的100%，测其裂缝宽度。

**5.4 轴向抗压强度试验**

取整根井管在专用压力机上试验，每平方厘米应以不大于20～30 N/s 的加荷速度，连续均匀地加压到井管出现裂缝为止。

**5.5 抗渗性能试验**

取整根井壁管在水压试验机上进行抗渗性能试验，在1 min 内将水压升至规定压力，稳压3 min 后，检查井壁管表面有无水珠流淌和裂缝。

## 6 检验规则

**6.1 检验分类**

产品检验分为出厂检验和型式检验两类。

**6.2 检验项目**

6.2.1 出厂检验

包括外观质量、尺寸偏差检查和混凝土强度、轴向抗拉或轴向抗压试验。

6.2.2 型式检验

包括外观质量、尺寸偏差检查和混凝土强度、轴向抗拉或轴向抗压及抗渗试验。

**6.3 出厂检验**

6.3.1 批量

出厂产品以同一品种、同一类型、同一规格、同一工艺的井管100根为一批量。不足100根时，也可作为一批。

6.3.2 抽样

每批产品采用随机抽样方法抽取。

6.3.2.1 每批井管尺寸检验项目及抽检数量见表7。

表 7

| 序号 | 检验项目 | 抽检数量,根 |
|---|---|---|
| 1 | 内径 | 10 |
| 2 | 外径 | 10 |
| 3 | 端面倾斜 | 10 |
| 4 | 钢箍失圆 | 5 |
| 5 | 弯曲度 | 5 |
| 6 | 保护层厚度 | 5 |
| 7 | 过滤管开孔率 | 5 |
| 8 | 缠丝离管外壁距离 | 5 |
| 9 | 其余尺寸 | 3 |

6.3.2.2 逐根检验外观质量

6.3.2.3 当混凝土配合比,所用原材料变更时,或连续生产1周,应作三组与产品同养护条件的试块进行强度试验,一组作脱模强度试验,一组作28 d强度试验,另一组作出厂强度试验。

6.3.2.4 每批井管抽取3根,按下管方式作轴向抗拉或轴向抗压试验。

**6.4 型式检验**

6.4.1 检验条件

有下列情况之一时,一般应进行型式检验:

a. 新产品或老产品转厂生产的试制定型鉴定;

b. 正式生产后,如结构、材料、工艺有较大改变,可能影响产品性能时;

c. 正常生产时,定期或积累一定产量后,应周期性进行一次检验;

d. 产品长期停产后,恢复生产时;

e. 出厂检验结果与上次型式检验有较大差异时;

f. 国家质量监督机构提出进行型式检验的要求时。

6.4.2 批量

同一规格、同一类型、用同一工艺生产的井管以1 000根为一批,连续生产3个月不足1 000根时,亦可作为一批。

6.4.3 抽样

按照6.3.2规定,但外观质量至少应抽取10根;且应抽取3根管子进行抗渗性能试验。

**6.5 复检**

6.5.1 对碰伤或外观有缺陷的井管,在允许修补范围内,经修复后,进行外观质量复检。

6.5.2 轴向抗拉或轴向抗压试验结果如有1根不合格,允许再抽取3根进行复检。如仍有1根不合格,则该批井管判为不合格。

**6.6 判定规则**

6.6.1 一等品过滤管

凡符合本标准4.3.1、4.3.2和4.5.1～4.5.8规定,或在允许修补范围内缺陷不超过6处;混凝土强度、轴向抗拉或轴向抗压(对托盘法下管的过滤管)试验合格;尺寸偏差达到一等品指标的批量过滤管。

6.6.2 合格品过滤管

凡符合本标准4.3.1、4.3.2和4.5.1～4.5.8规定,或在允许修补范围内缺陷在6处以上;混凝土强度、轴向抗拉或轴向抗压(对托盘法下管的过滤管)试验合格;尺寸偏差达到合格品指标的批量过滤管。

6.6.3 一等品井壁管

凡符合本标准4.3.1、4.3.2和4.5.1～4.5.7规定，或在允许修补范围内缺陷不超过4处；混凝土强度、轴向抗拉或轴向抗压(对托盘法下管的井壁管)试验合格；尺寸偏差达到一等品指标的批量井壁管。

6.6.4 合格品井壁管

凡符合本标准4.3.1、4.3.2和4.5.1～4.5.7规定，或在允许修补范围内缺陷在4处以上；混凝土强度、轴向抗拉或轴向抗压(对托盘法下管的井壁管)试验合格；尺寸偏差达到合格品指标的批量井壁管。

## 7 标志、包装、运输和贮存

### 7.1 标志与产品质量合格证

7.1.1 标志

在产品外表面用打凹印或涂上防水油漆的方法，注明品种、规格和类型，生产年、月、日及生产厂名称，标志示例：

$$\text{生产厂名称}\frac{\text{品种、规格、类型}}{\text{生产年、月、日}}\text{(严禁碰撞)}$$

7.1.2 产品质量合格证

凡经检验合格准许出厂的产品，应填写产品质量合格证。其内容包括：

a. 合格证编号；

b. 生产厂名称及出厂年、月、日；

c. 本标准编号；

d. 产品规格及数量；

e. 外观及尺寸检验结果；

f. 混凝土强度检验结果；

g. 力学性能和抗渗性能检验结果；

h. 生产厂检验部门及检验人员签章。

### 7.2 贮存

产品按其品种、规格、类型及生产顺序分批堆放，堆放场地应平整，井管纵向支承呈线接触，底层井管的两端必须设置垫木。堆放层数一般不超过表8的规定。

表 8

| 井管内径，mm | 200 | 250 | 300 | 350 | 400 | 450 |
|---|---|---|---|---|---|---|
| 堆放层数 | 8 | 8 | 6 | 5 | 5 | 3 |

### 7.3 包装

在井管两端可用草绳或软织物包扎。对于缠丝过滤管，管体应用草绳或草袋包装，防止缠丝损伤。

### 7.4 运输

7.4.1 产品在装卸及搬运中，必须轻装轻放，严禁抛掷和碰撞。

7.4.2 产品在运输中的支承应符合7.2条的规定。装车堆放层数对直径小于300 mm 的井管，不超过4层；对直径300～450 mm 的井管，不超过3层，并防止滚动。管身超出车厢长度不超过管长的1/5。

---

**附加说明：**

本标准由国家建筑材料工业局苏州混凝土水泥制品研究院、江苏省机械施工公司水泥制管厂、江苏省东台市水泥制品厂、四川省丹棱水泥制品厂和河南省漯河水泥制品厂负责起草。

本标准主要起草人吴英月、陆法根、胡恒、武扬。

本标准委托国家建筑材料工业局苏州混凝土水泥制品研究院负责解释。

# 前　言

本标准非等效采用日本工业标准 JIS A6905—1993《镁氧水泥(菱镁土水泥)》,在总结贯彻实施 JC/T 449—1991《建筑材料用菱苦土》标准经验基础上结合我国国情修订的。

非等效采用 JIS A6905—1993 时,保留和补充以下内容:

——保留了轻烧氧化镁及其配制的胶凝材料的技术要求。

——补充了工业氯化镁的质量要求、试验方法、包装要求。

与 JC/T 449—1991 相比,修订了如下内容:

——将轻烧氧化镁的试验方法由酸溶性试验改为测定氧化镁总量的碱熔性试验。同时相应提高了轻烧氧化镁按氧化镁含量分等级的指标。

——将工业氯化镁的质量要求列入标准正文,并增列其试验方法、检验、包装要求。

本标准自实施之日起,同时代替 JC/T 449—1991。

本标准负责起草单位:国家建筑材料工业局合肥水泥研究设计院。

本标准参加起草单位:上海邦达新型建材有限公司、辽宁海城镁矿亨通轻烧镁厂、北京国铁泛绿建材有限公司。

本标准主要起草人:余学飞、陈传诗、张志明、陈永华、蔡坤瑜、杜建忠、张忠明、包建国、刘文清、舒玲。

本标准委托国家建筑材料工业局合肥水泥研究设计院负责解释。

本标准首次发布于 1991 年 12 月,本标准 2000 年第一次修订。

中华人民共和国建材行业标准

JC/T 449—2000

代替 JC/T 449—1991

# 镁质胶凝材料用原料

**Raw materials for magnesia cement**

## 1 范围

本标准规定了镁质胶凝材料所用的原料轻烧氧化镁、工业氯化镁的分级、技术要求、试验方法、检验规则、产品质量证明书及包装、运输与贮存。

本标准适用于镁质胶凝材料所用的由菱镁矿($MgCO_3$)经轻烧、粉磨而成的轻烧氧化镁以及由盐卤液经干燥处理制得的工业氯化镁。

## 2 引用标准

下列标准所包含的条文,通过在本标准中引用而构成为本标准的条文。本标准出版时,所示版本均为有效。所有标准都会被修订,使用本标准的各方应探讨使用下列标准最新版本的可能性。

GB/T 176—1996 水泥化学分析方法

GB/T 177—1985 水泥胶砂强度检验方法

GB 178—1977 水泥强度试验用标准砂

GB/T 1345—1991 水泥细度检验方法(80 μm 筛析法)

GB/T 1346—1989 水泥标准稠度用水量、凝结时间、安全性检验方法

GB/T 2419—1994 水泥胶砂流动度测定方法

GB 8453—1987 工业氯化镁

GB 12573—1990 水泥取样方法

JC/T 726—1996 水泥胶砂试模

JC/T 728—1982(1996) 水泥物理检验仪器 标准筛

## 3 技术要求

### 3.1 轻烧氧化镁

#### 3.1.1 等级

按轻烧氧化镁化学成分及其配制的镁质胶凝材料的物理性能将产品分为优等品(A)、一等品(B)和合格品(C),见表1。

#### 3.1.2 外观质量

在同一编号的轻烧氧化镁中,应具有一样的颜色,不允许有杂质和结块的现象。

#### 3.1.3 化学成分、细度、凝结时间、安定性和强度

应符合表1的要求。

国家建筑材料工业局2000-06-26批准 2000-10-01实施

表 1 轻烧氧化镁的技术要求

| 级别 | | | 优等品(A) | 一等品(B) | 合格品(C) |
|---|---|---|---|---|---|
| 氧化镁(MgO),% | | ≥ | 90 | 80 | 70 |
| 游离氧化钙(*f*CaO),% | | ≤ | 1.5 | 2.0 | 2.0 |
| 烧失量,% | | ≤ | 6 | 10 | 12 |
| 细度(80μm 筛析法)筛余,% | | ≤ | 15 | 15 | 15 |
| 凝结时间 | 初凝,min | ≥ | 40 | 40 | 40 |
| | 终凝,h | ≤ | 7 | 7 | 7 |
| 安定性 | | | 合格 | 合格 | 合格 |
| 抗折强度,MPa ≥ | 1 d | | 5.0 | 4.0 | 3.0 |
| | 3 d | | 7.0 | 6.0 | 5.0 |
| 抗压强度,MPa ≥ | 1 d | | 25.0 | 20.0 | 15.0 |
| | 3 d | | 30.0 | 25.0 | 20.0 |

3.2 工业氯化镁

3.2.1 外观质量

工业氯化镁为浅黄色至浅棕色固体。同一批量应具有一样的颜色,并且没有潮解。

3.2.2 化学组成

化学成分必须满足表 2 的要求。

表 2 工业氯化镁化学成分

| 项目 | | 指标 |
|---|---|---|
| 氯化镁($MgCl_2$),% | ≥ | 43 |
| 钙离子($Ca^{2+}$),% | ≤ | 0.7 |
| 碱金属氯化物(以 $Cl^-$ 计),% | ≤ | 1.2 |

## 4 试验方法

4.1 工业氯化镁

4.1.1 外观质量

目测法观测颜色和潮解情况。

4.1.2 钙离子

按 GB 8453—1987 中 2.2 进行。

4.1.3 氯化镁($MgCl_2$)

按 GB 8453—1987 中 2.4 进行。

4.1.4 碱金属氯化物(以 Cl 计)

按 GB 8453—1987 中 2.5 进行。

4.2 轻烧氧化镁

4.2.1 外观质量

目测法观测颜色和结块情况。

4.2.2 氧化镁

按 GB/T 176—1996 中第 22 章进行。

4.2.3 游离氧化钙

按 GB/T 176—1996 中 28.2 进行。

4.2.4 烧失量

按 GB/T 176—1996 中第 7 章进行。

4.2.5 细度

按 GB/T 1345 进行。

4.2.6 胶砂强度

4.2.6.1 材料

轻烧氧化镁试样应充分拌匀。

标准砂应符合 GB 178 的质量要求。

氯化镁溶液:必须用洁净的淡水将工业氯化镁配制成密度为 1.2 kg/L 的溶液。

4.2.6.2 胶砂流动度

胶砂流动度测定是为了确定镁质胶凝材料中氯化镁溶液和轻烧氧化镁的比值 $N$。

4.2.6.2.1 胶砂制备

一次试验称取的材料及数量如下:

轻烧氧化镁:280 g

标准砂:840g

氯化镁溶液:按估计量加入。

4.2.6.2.2 流动度的测定

按 GB/T 2419 进行。当胶砂底部扩散直径达 120～135 mm 时,胶砂中氯化镁溶液和轻烧氧化镁的质量比即为 $N$。

4.2.6.3 试体的制备

4.2.6.3.1 配比

每成型三条试体需称量的材料及用量如下:

轻烧氧化镁:480 g

标准砂:1 440 g

氯化镁溶液:480×$N$(g)

4.2.6.3.2 试体成型

按 GB/T 177—1985 中第 4 章进行,成型 40 mm×40 mm×160 mm 试体 2 组。

4.2.6.3.3 试体养护

在温度 20℃±3℃,相对湿度 70%±5%的条件下养护 1 d 后脱模。并在此条件下继续养护。

4.2.6.4 强度试验

按 GB/T 177—1985 中第 6 章进行 1 d、3 d 抗折、抗压强度的测定。

4.2.7 凝结时间和安定性

4.2.7.1 材料

见 4.2.6.1。

4.2.7.2 配比

轻烧氧化镁:500 g

氯化镁溶液:500×$N$(g)

4.2.7.3 养护

同 4.2.6.3.3。

4.2.7.4 疑结时间的测定

按 GB/T 1346—1989 中第 7 章进行。

4.2.7.5 安定性的测定

按 GB/T 1346—1989 中第 8 章试饼法进行试饼成型。养护 24 h±2 h 脱模，继续养护 3 d 后用肉眼观察无裂纹，用直尺检测无弯曲，则安定性合格。

## 5 检验规则

### 5.1 检验分类

#### 5.1.1 出厂检验

轻烧氧化镁：外观质量、氧化镁、*f*CaO、烧失量、细度、凝结时间、安定性、强度。

工业氯化镁：外观质量、氯化镁、钙离子、碱金属氯化物。

#### 5.1.2 型式检验

5.1.2.1 型式检验的规定

当有下列情况之一时，应进行型式检验：

a）新矿区投产及生产工艺有重大的改变时；

b）停产半年以上，恢复生产时；

c）出厂检验结果与上次型式检验有较大差异；

d）正常生产情况下，每年进行一次；

e）国家质量监督机构提出要求时。

5.1.2.2 型式检验项目

按 5.1.1 进行。

### 5.2 编号

同一等级的产品以 100 t 为一编号，不足 100 t 而超过 40 t 时，也作为一个编号。

### 5.3 取样、留样和制样

轻烧氧化镁：每一编号为一取样单位。按 GB 12573 进行取样和留样，每一编号共取样 10 kg。将样品充分混合，分成两等份，一份由生产厂按第 4 章规定的方法进行检验，另一份则密封保存 3 个月。进行化学成分检验的试样按 GB/T 176—1996 中第 6 章进行制备。

工业氯化镁：按 GB 8453—1987 中 3.3 进行。

### 5.4 判定

试验结果符合第 3 章相应等级时，判定为该等级。

若一项及一项以上技术指标不合格时，加倍取样进行试验，若仍有一项技术指标不合格，则该编号产品判为该等级不合格。

### 5.5 复验

产品出厂后 3 个月内，如购货单位对产品质量提出疑问或使用过程中出现与产品质量有关的问题需要质量监督检验机构复验、仲裁时，用生产厂同一编号的封存样进行。

若用户对产品质量有异议要求现场取样复验时，在正常运输贮存条件下，应在到货 10 d 内提出，生产厂在接到用户要求 7 d 内应会同用户共同取样，送质量监督检验机构检验，生产厂在规定时间内不去现场，用户可单独取样送检，结果同等有效。仲裁检验由国家指定的省级以上质量监督检验机构进行。

## 6 产品质量证明书与包装

### 6.1 产品质量证明书

产品出厂时应向用户提供产品质量证明书，其内容如下：

a）产品名称；

b）标准编号；

c）出厂编号；

d）等级；

e）数量；

f）试验结果；

g）注册商标；

h）生产厂名；

i）出厂日期。

6.2 包装与标志

6.2.1 包装

轻烧氧化镁用内层塑料袋和外层编织袋的双层包装或用涂塑编织袋包装，以防止轻烧氧化镁受潮。每包净重 40 kg±0.8 kg 或 50 kg±1 kg，20 包总重量不得少于 800 kg 或 1 000 kg。

工业氯化镁内层用塑料袋，外层用塑料编织袋或麻袋进行包装。每袋净重 50 kg±1 kg，20 袋总重量不得少于 1 000kg。袋应结实，封口要牢固。

6.2.2 标志

轻烧氧化镁包装袋上必须标明：产品名称、编号、产品等级、重量、包装年月日、生产厂名。

工业氯化镁包装袋上必须标明：产品名称、编号、重量、包装年月日、生产厂名。

## 7 运输与贮存

运输中应采取防潮、防雨措施，不同等级产品应分别贮运，不得相互混杂，搬运中不应抛扔。

贮存场地必须具备防潮、防雨、干燥的条件。

# 前　言

本标准是在JC 473—1992的基础上修订的。本次修订主要对基准混凝土的配合比，受检混凝土的初始坍落度值以及坍落度保留值、常压泌水率比、压力泌水率比、抗压强度比等内容进行了修订，增加了总碱含量的测定，增加了钢筋锈蚀试验项目，取消了相对耐久性的检测项目。

本标准自实施之日起，同时代替JC 473—1992。

本标准由全国水泥制品标准化技术委员会归口。

本标准负责起草单位：中国建筑材料科学研究院。

本标准参加起草单位：清华大学、冶金建筑研究总院、中国建筑科学研究院、同济大学、哈尔滨建筑大学、北京工业大学、北京建筑工程研究院、北京城建研究院、苏州混凝土与水泥制品研究院、北京高星伟业科技发展有限公司、珠海森瑞化学建材有限公司、安徽庐江特种建材厂、中国建筑工程一局第五建筑公司。

本标准主要起草人：王栋民、金欣、赵若鹏、仲晓林、何丹。

本标准委托中国建筑材料科学研究院解释。

本标准首次发布时间为1992年。

中华人民共和国建材行业标准

JC 473—2001

代替 JC 473—1992

# 混凝土泵送剂

# Pumping aid for concrete

## 1 范围

本标准规定了混凝土泵送剂的定义、技术要求、试验方法、检验规则、包装、出厂、贮存与退货等。

本标准适用于水泥混凝土中掺用的固体或液体泵送剂(以下简称泵送剂)。

## 2 引用标准

下列标准所包含的条文,通过在本标准中引用而构成为本标准的条文。本标准出版时,所示版本均为有效。所有标准都会被修订,使用本标准的各方应探讨使用下列标准最新版本的可能性。

GB/T 176—1996 水泥化学分析方法(eqv ISO 680:1990)

GB/T 8075—1987 混凝土外加剂分类、命名与定义

GB 8076—1997 混凝土外加剂

GB/T 8077—2000 混凝土外加剂匀质性试验方法

GBJ 80—1985 普通混凝土拌合物性能试验方法

JGJ/T 55—1996 普通混凝土配合比设计规程

## 3 定义

本标准采用下列定义。

3.1 泵送剂

泵送剂的定义见 GB/T 8075。

3.2 基准混凝土

按照本标准试验条件规定配制的不掺泵送剂的混凝土。

3.3 受检混凝土

按照本标准试验条件规定配制的掺泵送剂的混凝土。

## 4 技术要求

4.1 泵送剂的匀质性

泵送剂的匀质性应符合表 1 的要求。

国家建筑材料工业局2001-02-20批准　　　　2001-10-01实施

表 1 匀质性指标

| 试验项目 | 指　　标 |
|---|---|
| 含固量 | 液体泵送剂:应在生产厂控制值相对量的6%之内 |
| 含水量 | 固体泵送剂:应在生产厂控制值相对量的10%之内 |
| 密度 | 液体泵送剂:应在生产厂控制值的±0.02 g/cm³ 之内 |
| 细度 | 固体泵送剂:0.315 mm筛筛余应小于15% |
| 氯离子含量 | 应在生产厂控制值相对量的5%之内 |
| 总碱量($Na_2O$+0.658 $K_2O$) | 应在生产厂控制值的相对量的5%之内 |
| 水泥净浆流动度 | 应不小于生产控制值的95% |

4.2 受检混凝土的性能指标

受检混凝土的性能应符合表2的要求。

表 2 受检混凝土的性能指标

| 试　验　项　目 | | 性　能　指　标 | |
|---|---|---|---|
| | | 一 等 品 | 合 格 品 |
| 坍落度增加值,mm　≥ | | 100 | 80 |
| 常压泌水率比,%　≤ | | 90 | 100 |
| 压力泌水率比,%　≤ | | 90 | 95 |
| 含气量,%　≤ | | 4.5 | 5.5 |
| 坍落度保留值,mm　≥ | 30 min | 150 | 120 |
| | 60 min | 120 | 100 |
| 抗压强度比,%　≥ | 3 d | 90 | 85 |
| | 7 d | 90 | 85 |
| | 28 d | 90 | 85 |
| 收缩率比,%　≤ | 28 d | 135 | 135 |
| 对钢筋的锈蚀作用 | | 应说明对钢筋有无锈蚀作用 | |

4.3 其他

当用户对泵送剂有特殊要求时,需要进行的补充试验项目、试验方法及指标由供需双方协商决定。

## 5 试验方法

5.1 泵送剂的匀质性

匀质性试验按照GB/T 8077规定进行。碱含量按照GB 8076附录D规定进行。

5.2 受检混凝土的性能

5.2.1 材料

混凝土所用材料应符合GB 8076—1997中5.1的规定。但砂为二区中砂,细度模数为2.4~2.8,含水率小于2%。

5.2.2 配合比

基准混凝土配合比按JGJ/T 55进行设计,受检混凝土与基准混凝土的水泥、砂、石用量相同。

5.2.2.1 水泥用量:采用卵石时,(380±5)kg/m³;采用碎石时,(390±5)kg/m³。

5.2.2.2 砂率:44%。

5.2.2.3　泵送剂掺量:按生产单位推荐的掺量。

5.2.2.4　用水量:应使基准混凝土坍落度为(100±10) mm,受检混凝土坍落度为(210±10) mm。

5.2.3　搅拌

应符合 GB 8076—1997 中 5.3 的规定。

5.2.4　成型与养护条件

各种混凝土材料至少应提前 24 h 移入试验室。材料及试验环境温度均应保持在(20±3)℃,并在此温度下静停(24±2)h 脱模。如果是缓凝型产品,可适当延长脱模时间。然后在(20±3)℃、相对湿度大于 90%的条件下养护至规定龄期。

5.2.5　试验项目及数量

试验项目及数量见表 3。

表 3　试验项目及数量

<table>
<tr><th>项　目</th><th>试验类别</th><th>混凝土拌合批数</th><th>每批取样数目</th><th>受检混凝土<br>总取样数</th><th>基准混凝土<br>总取样数</th></tr>
<tr><td>坍落度增加值</td><td>新拌混凝土</td><td>3</td><td>1 次</td><td>3 次</td><td>3 次</td></tr>
<tr><td>常压泌水率比</td><td>新拌混凝土</td><td rowspan="6">3</td><td rowspan="4">1 块</td><td rowspan="4">3 块</td><td rowspan="4">3 块</td></tr>
<tr><td>压力泌水率比</td><td>新拌混凝土</td></tr>
<tr><td>含气量</td><td>新拌混凝土</td></tr>
<tr><td>坍落度保留值</td><td>新拌混凝土</td></tr>
<tr><td>抗压强度比</td><td>硬化混凝土</td><td>9 块</td><td>27 块</td><td>27 块</td></tr>
<tr><td>收缩率比</td><td>硬化混凝土</td><td>1 块</td><td>3 块</td><td>3 块</td></tr>
<tr><td>钢筋锈蚀</td><td>新拌或硬化砂浆</td><td colspan="4">1 块</td></tr>
</table>

5.2.6　混凝土拌合物性能

5.2.6.1　坍落度增加值

坍落度按照 GBJ 80 进行试验,但在试验受检混凝土坍落度时,分两层装入坍落度筒内,每层插捣 15 次。结果以 3 次试验的平均值表示,精确至 1 mm。坍落度增加值以水灰比相同时受检混凝土与基准混凝土坍落度之差表示,精确至 1 mm。

5.2.6.2　常压泌水率比

按照 GB 8076—1997 中 5.5.2 进行试验。

5.2.6.3　压力泌水率比

5.2.6.3.1　仪器

压力泌水仪,主要由压力表、活节螺栓、筛网等部件构成,如图 1 所示。其工作活塞压强为 3.0 MPa,工作活塞公称直径为125 mm,混凝土容积为 1.66L,筛网孔径为 0.335 mm。

5.2.6.3.2　试验步骤

将混凝土拌合物装入试料筒内,用捣棒由外围向中心均匀插捣 25 次,将仪器按规定安装完毕。尽快给混凝土加压至 3.0 MPa,立即打开泌水管阀门,同时开始计时,并保持恒压,泌出的水接入量筒内。加压 10 s 后读取泌水量 $V_{10}$,加压 140 s 后读取泌水量 $V_{140}$。

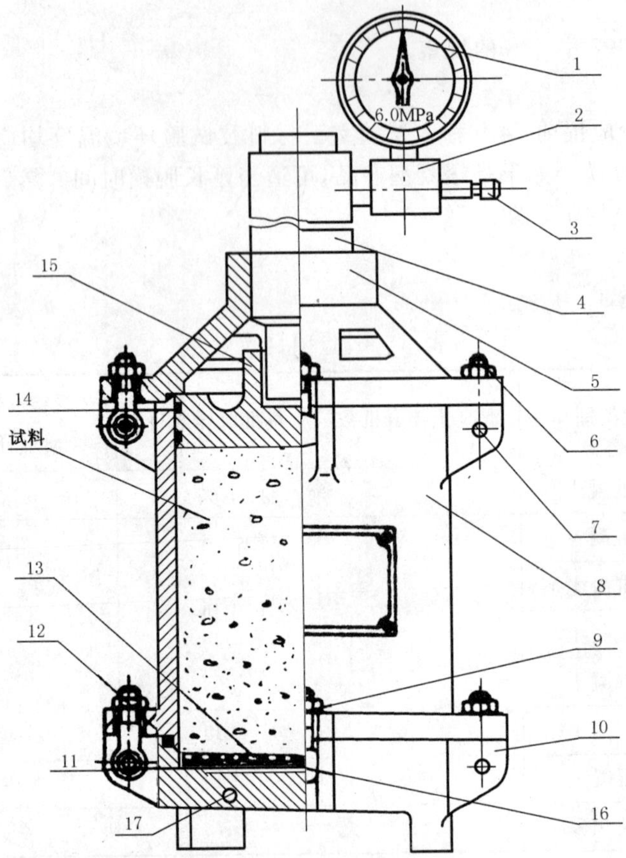


1—压力表；2—三通；3—(接手动油泵)输油管接头；4—油缸；5—上盖；
6—活节螺栓；7—螺栓销钉；8—缸体；9—活节螺栓；10—底座；11—筛板；
12—O型密封圈；13—筛板；14—活塞密封圈；15—活塞；16—孔径为0.335 mm的筛网；
17—泌水管阀门(M10×1t水阀孔，接DP—5型放水阀)

图1 混凝土压力泌水仪

5.2.6.3.3 结果计算与评定

a) 压力泌水率按式(1)计算：

$$B_P = \frac{V_{10}}{V_{140}} \times 100 \quad \cdots\cdots (1)$$

式中：$B_P$——压力泌水率，%；

$V_{10}$——加压10 s时的泌水量，mL；

$V_{140}$——加压140 s时的泌水量，mL。

结果以三次试验的平均值表示，精确至0.1%。

b) 压力泌水率比按式(2)计算，精确至1%：

$$R_b = \frac{B_{PA}}{B_{PO}} \times 100 \quad \cdots\cdots (2)$$

式中：$R_b$——压力泌水率比，%；

$B_{PO}$——基准混凝土压力泌水率，%；

$B_{PA}$——受检混凝土压力泌水率，%。

5.2.6.4 含气量

按照 GB 8076—1997 中 5.5.3 进行试验。

5.2.6.5 坍落度保留值

出盘的混凝土拌合物按 GBJ 80 进行坍落度试验后得坍落度值 $H_0$；立即将全部物料装入铁桶或塑料桶内，用盖子或塑料布密封。存放 30 min 后将桶内物料倒在拌料板上，用铁锨翻拌两次，进行坍落度试验得出 30 min 坍落度保留值 $H_{30}$；再将全部物料装入桶内，密封再存放 30 min，用上法再测定一次，得出 60 min 坍落度保留值 $H_{60}$。坍落度按照 GBJ 80 进行试验。

5.2.7 硬化混凝土性能

5.2.7.1 抗压强度比按照 GB 8076—1997 中 5.6.1 进行试验。

5.2.7.2 收缩率比按照 GB 8076—1997 中 5.6.2 进行试验。

5.2.7.3 钢筋锈蚀采用钢筋在新拌或硬化砂浆中阳极极化电位曲线来表示，测定方法按 GB 8076 附录 B、附录 C 规定进行。

## 6 检验规则

6.1 取样及编号

6.1.1 试样分点样和混合样。点样是在一次生产的产品中所得的试样，混合样是三个或更多的点样等量均匀混合而取得的试样。

6.1.2 生产厂应根据产量和生产设备条件，将产品分批编号，年产不小于 500 t，每一批号为 50 t；年产 500 t 以下，每一批号 30 t，每批不足 50 t 或 30 t 的也按一个批量计，同一批号的产品必须混合均匀。

6.1.3 每一批号取样量不少于 0.2 t 水泥所需用的外加剂。

6.2 试样及留样

每批号取得的试样应充分混匀，分为两等份，一份进行出厂检验。另一份要密封保存至有效期结束，以备有疑问时提交国家指定的检验机构进行复验或仲裁。

6.3 检验分类

6.3.1 出厂检验：每批号泵送剂检验项目按表 4 规定进行检验。

表 4 出厂泵送剂检验项目

| 固体泵送剂检验项目 | 液体泵送剂检验项目 |
| --- | --- |
| 含水量 | 含固量 |
| 细　度 | 密　度 |
| 水泥净浆流动度 | 水泥净浆流动度 |
| 注：含硫酸钠的泵送剂应按 GB/T 8077 进行硫酸钠含量试验。 | |

6.3.2 型式检验

包括匀质性指标和混凝土性能指标。有下列情况之一者，应进行型式检验：

a）新产品或老产品转厂生产的试制定型鉴定；

b）正式生产后，如材料、工艺有较大改变，可能影响产品性能时；

c）正常生产时，一年至少进行一次检验；

d）产品长期停产后，恢复生产时；

e）出厂检验结果和上次型式检验结果有较大差异时；

f）国家质量监督机构提出进行型式检验要求时。

6.4 判定规则

产品经检验各项性能均符合本标准技术要求，则判定该批号泵送剂为相应等级的产品。如不符合上述要求时，则判定该批号泵送剂为不合格品。

6.5 复验

复验以封存样进行。如果使用单位要求现场取样，应在生产和使用单位人员在场的情况下于现场抽取三个以上等量试样混合得到平均样，复验按照型式检验项目检验。

## 7 包装、出厂、贮存及退货

7.1 包装

粉状泵送剂应采用有塑料衬里的编织袋，袋重 20 kg～50 kg，液体泵送剂应采用塑料桶、金属桶包装或用槽车运输。

所有包装的容器上均应在明显位置注明以下内容：产品名称、型号、净质量或体积(包括含量或浓度)、生产厂名、执行标准。生产日期、有效期限及出厂批号应在产品合格证中予以说明。

7.2 产品出厂

凡有下列情况之一者，不得出厂：技术文件(产品说明书、合格证、检验报告)不全、包装不符、质量不足、产品受潮变质以及超过有效期限。

生产厂随货提供说明书的内容应包括：产品名称及型号、主要特性及成分、适用范围及推荐掺量、泵送剂总碱量、氯离子含量、有无毒性、易燃状况、贮存条件及有效期、使用方法及注意事项。

7.3 贮存

泵送剂应存放在专用仓库或固定的场所并妥善保管，以易于识别和便于检查、提货为原则。

7.4 退货

7.4.1 使用单位在规定的存放条件和有效期限内，经复验发现泵送剂性能与本标准不符时，则应予退回或更换。

7.4.2 实际的质量、体积与规定的质量体积(按固形物计)有 2%以上的差异时，可以要求退货或补足。粉状的可取 50 袋，液体的可取 30 桶(其他包装形式由双方协商)，称量取平均值计算。

7.4.3 凡出厂技术文件不全，以及发现实物质量与出厂技术文件不符合，可退货。

# 前　言

本标准是在JC 474—92的基础上修订的。本次修订主要对混凝土的坍落度、抗压强度比、收缩率比、匀质性检验、凝结时间差、吸水量试验、砂浆收缩率试验的试件尺寸中的部分内容进行了修订，取消了抗冻性试验内容和指标。

本标准自实施之日起，同时代替JC 474—92。

本标准由全国水泥制品标准化技术委员会归口。

本标准负责起草单位：中国建筑材料科学研究院水泥科学与新型建筑材料研究所。

本标准参加起草单位：上海市建筑材料科学研究院、冶金部建筑研究总院、北京市建材质量监督检验站、南京水利科学研究院、北京城建研究院、天津建筑科学研究院、交通部一航局四公司、镇江特密斯混凝土外加剂总厂、北京利力新技术开发公司、湛江外加剂厂、广州建筑宝外加剂有限公司。

本标准主要起草人：姚燕、田培、张利俊。

本标准委托中国建筑材料科学研究院水泥科学与新型建筑材料研究所解释。

本标准首次发布时间1992年，第一次修订时间1998年。

中华人民共和国建材行业标准

JC 474—1999

# 砂浆、混凝土防水剂

代替 JC 474—92

**Water—repellent admixture for mortar and concrete**

## 1 范围

本标准规定了砂浆、混凝土防水剂的定义、技术要求、试验方法、检验规则、包装、出厂、贮存与退货。

本标准适用于砂浆和混凝土防水剂。

## 2 引用标准

下列标准所包含的条文,通过在本标准中引用而构成为本标准的条文。本标准出版时,所示版本均为有效。所有标准都会被修订,使用本标准的各方应探讨使用下列标准最新版本的可能性。

GB/T 176—1996 水泥化学分析方法

GB 178—1977 水泥强度试验用标准砂

GB 1346—1989 水泥标准稠度用水量、凝结时间、安全性检验方法

GB 2419—1994 水泥胶砂流动度测定方法

GB 8076—1997 混凝土外加剂

GB 8077—1987 混凝土外加剂匀质性试验方法

GBJ 82—1985 普通混凝土长期性能及耐久性试验方法

GBJ 70—1990 建筑砂浆基本性能试验方法

## 3 定义

本标准采用下列定义:

3.1 砂浆、混凝土防水剂

能降低砂浆、混凝土在静水压力下的透水性的外加剂。

3.2 基准混凝土(砂浆)

按照本标准规定的试验方法配制的不掺防水剂的混凝土(砂浆)。

3.3 受检混凝土(砂浆)

按照本标准规定的试验方法配制的掺防水剂的混凝土(砂浆)。

## 4 技术要求

4.1 匀质性指标

匀质性指标应符合表 1 的规定。

国家建筑材料工业局1999-06-15批准　　　　2000-01-01实施

表 1 匀质性指标

| 试验项目 | 指　　标 |
|---|---|
| 含固量 | 液体防水剂：应在生产厂控制值相对量的 3%之内 |
| 含水量 | 粉状防水剂：应在生产厂控制值相对量的 5%之内 |
| 总碱量($Na_2O+0.658K_2O$) | 应在生产厂控制值相对量的 5% |
| 密度 | 液体防水剂：应在生产厂控制值的±0.02 $g/cm^3$ 之内 |
| 氯离子含量 | 应在生产厂控制值相对量的 5%之内 |
| 细度(0.315 mm 筛) | 筛余小于 15% |
| 注：含固量和密度可任选一项检验。 | |

4.2 受检砂浆的性能指标

受检砂浆的性能应符合表 2 的规定。

表 2 受检砂浆的性能指标

| 试验项目 | | | 性能指标 一等品 | 性能指标 合格品 |
|---|---|---|---|---|
| 净浆安定性 | | | 合格 | 合格 |
| 凝结时间 | 初凝，min | ≤ | 45 | 45 |
| | 终凝，h | ≤ | 10 | 10 |
| 抗压强度比，% ≥ | | 7 d | 100 | 85 |
| | | 28 d | 90 | 80 |
| 透水压力比，% | | ≥ | 300 | 200 |
| 48 h 吸水量比，% | | ≤ | 65 | 75 |
| 28 d 收缩率比，% | | ≤ | 125 | 135 |
| 对钢筋的锈蚀作用 | | | 应说明对钢筋有无锈蚀作用 | |
| 注：除凝结时间、安定性为受检净浆的试验结果外，表中所列数据均为受检砂浆与基准砂浆的比值。 | | | | |

4.3 受检混凝土的性能指标

受检混凝土的性能应符合表 3 的规定。

表 3 受检混凝土的性能指标

| 试验项目 | | 性能指标 一等品 | 性能指标 合格品 |
|---|---|---|---|
| 净浆安定性 | | 合格 | 合格 |
| 泌水率比，% ≤ | | 50 | 70 |
| 凝结时间差，min ≥ | 初凝 | −90 | |
| | 终凝 | — | |
| 抗压强度比，% ≥ | 3 d | 100 | 90 |
| | 7 d | 110 | 100 |
| | 28 d | 100 | 90 |

表 3(完)

| 试验项目 | | 性能指标 | |
|---|---|---|---|
| | | 一等品 | 合格品 |
| 渗透高度比,% | ≤ | 30 | 40 |
| 48 h 吸水量比,% | ≤ | 65 | 75 |
| 28 d 收缩率比,% | ≤ | 125 | 135 |
| 对钢筋的锈蚀作用 | | 应说明对钢筋有无锈蚀作用 | |
| 注:1. 除净浆安定性为净浆的试验结果外,表中所列数据均为受检混凝土与基准混凝土差值或比值。<br>2. "—"表示提前。 | | | |

## 5 试验方法

5.1 匀质性

匀质性试验按照 GB 8077 规定进行。碱含量按 GB 8076—1997 附录 D 规定进行,其中矿物膨胀型防水剂按 GB/T 176 规定进行。

5.2 受检砂浆性能

5.2.1 试验用原材料

水泥、拌和水应符合 GB 8076 的规定,砂应为符合 GB 178 规定的标准砂。

5.2.2 配合比

5.2.2.1 水泥与标准砂的质量比为 1∶3。

5.2.2.2 用水量根据各项试验要求确定。

5.2.2.3 防水剂掺量采用生产厂推荐的最佳掺量。

5.2.3 搅拌

采用机械或人工搅拌。粉状防水剂掺入水泥中,液体或膏状防水剂掺入拌和水中。先将干物料干拌至基本均匀,再加入拌和水拌至均匀。

5.2.4 成型及养护条件

成型温度为(20±3)℃,并在此温度下静停(24±2)h 脱模,如果是缓凝型产品,可适当延长脱模时间。然后在(20±3)℃、相对湿度大于 90%的条件下养护至龄期。

捣实采用振动频率为(50±3)Hz,空载时振幅约为 0.5 mm 的混凝土振动台,振动时间为 15 s。

5.2.5 试验项目及数量

试验项目及数量见表 4。

表 4 试验项目及数量

<table>
<tr><th rowspan="2">试验项目</th><th rowspan="2">试验类别</th><th colspan="4">试验所需试件数量</th></tr>
<tr><th>砂浆(净浆)拌和次数</th><th>每次取样数</th><th>基准砂浆取样数</th><th>受检砂浆取样数</th></tr>
<tr><td>安定性</td><td>净浆</td><td rowspan="7">3</td><td rowspan="2">1 次</td><td rowspan="2">3 次</td><td rowspan="2">3 次</td></tr>
<tr><td>凝结时间</td><td>净浆</td></tr>
<tr><td>抗压强度比</td><td>硬化砂浆</td><td>6 块</td><td>18 块</td><td>18 块</td></tr>
<tr><td>透水压力比</td><td>硬化砂浆</td><td>2 块</td><td>6 块</td><td>6 块</td></tr>
<tr><td>吸水量比</td><td>硬化砂浆</td><td rowspan="3">1 块</td><td rowspan="2">3 块</td><td rowspan="3">3 块</td></tr>
<tr><td>收缩率比</td><td>硬化砂浆</td></tr>
<tr><td>钢筋锈蚀</td><td>硬化砂浆</td><td>—</td></tr>
</table>

5.2.6 凝结时间,安定性

按照 GB 1346 规定进行试验。

5.2.7 抗压强度比

5.2.7.1 试验步骤

按照 GB 2419 确定基准砂浆和受检砂浆的用水量,但水泥与砂的比例为 1∶3,将两者流动度均控制在(140±5)mm。

试验共进行 3 次,每次用有底试模成型 70.7 mm×70.7 mm×70.7 mm 的基准和受检试件各 2 组,每组 3 块,2 组的试件分别养护至 7 d,28 d,测定抗压强度。

5.2.7.2 结果计算

砂浆试件的抗压强度按式(1)计算:

$$R_d=\frac{P}{A} \quad \cdots\cdots(1)$$

式中:$R_d$——砂浆试件的抗压强度,MPa;

$P$——破坏荷载,N;

$A$——试件的受压面积,$mm^2$。

每组取 3 块试验结果的算术平均值(精确至 0.1 MPa)作为该组砂浆的抗压强度值,3 个测值中的最大值或最小值中如有一个与中间值的差值超过中间值的 15%,则把最大及最小值一并舍去,取中间值作为该组试件的抗压强度值;如果两个测值与中间值相差均超过 15%,则此组试验结果无效。

抗压强度比按式(2)计算:

$$R_r=\frac{R_t}{R_c}\times100 \quad \cdots\cdots(2)$$

式中:$R_r$——抗压强度比,%;

$R_t$——受检砂浆的抗压强度,MPa;

$R_c$——基准砂浆的抗压强度,MPa。

以 3 次试验的平均值作为抗压强度比值,计算精确至 1%。

5.2.8 透水压力比

5.2.8.1 试验步骤

参照 GB 2419 确定基准砂浆和受检砂浆的用水量,两者保持相同的流动度,并以基准砂浆在 0.3 MPa～0.4 MPa 压力下透水为准,确定水灰比。

用上口直径 70 mm,下口直径 80 mm,高 30 mm 的截头圆锥带底金属试模成型基准和受检试件,成型后用塑料布将试件盖好静停。脱模后放入(20±2)℃的水中养护至 7 d,取出待表面干燥后,用密封材料密封装入渗透仪中进行透水试验。

水压从 0.2 MPa 开始,恒压 2 h,增至 0.3 MPa,以后每隔 1 h 增加水压 0.1 MPa。当 6 个试件中有 3 个试件端面呈现渗水现象时,即可停止试验,记下当时水压。若加压至 1.5 MPa,恒压 1 h 还未透水,应停止升压。砂浆透水压力为每组 6 个试件中 4 个未出现渗水时的最大水压力。

5.2.8.2 结果计算

透水压力比按式(3)计算,精确至 1%:

$$P_r=\frac{P_t}{P_c}\times100 \quad \cdots\cdots(3)$$

式中:$P_r$——透水压力比,%;

$P_t$——受检砂浆的透水压力,MPa;

$P_c$——基准砂浆的透水压力,MPa。

5.2.9 吸水量比

5.2.9.1 试验仪器

采用感量 1 g,最大称量范围为 1 000 g 的天平。

5.2.9.2 试验步骤

按抗压强度试件的成型和养护方法,成型基准和受检试件,养护 28 d 后取出在 75℃～80℃温度下烘干(48±0.5)h,称量后将试件放入水槽。放时试件的成型面朝下,下部用两根 Φ10 mm 的钢筋垫起,试件浸入水中的高度为 35 mm。要经常加水,并在水槽上要求的水面高度处开溢水孔,以保持水面恒定。水槽应加盖,放入温度为(20±3)℃,相对湿度 80%以上恒温室中,但注意试件表面不得有结露或水滴。然后在(48±0.5)h 取出,用挤干的湿布擦去表面的水,称量并记录。

5.2.9.3 结果计算

吸水量按式(4)计算:

$$W = M_1 - M_0 \qquad (4)$$

式中:$W$——吸水量,g;

$M_1$——吸水后试件质量,g;

$M_0$——干燥试件质量,g。

结果以 3 块试件平均值表示,精确至 1 g。

吸水量比按式(5)计算,精确至 1%:

$$W_r = \frac{W_t}{W_c} \times 100 \qquad (5)$$

式中:$W_r$——吸水量比,%;

$W_t$——受检砂浆的吸水量,g;

$W_c$——基准砂浆的吸水量,g。

5.2.10 收缩率比

5.2.10.1 试验步骤

按照 5.2.7.1 确定的配比、GBJ 70 试验方法测定基准和受检砂浆试件的收缩值,但测定龄期为 28 d。

5.2.10.2 结果计算

收缩率比按式(6)计算,精确至 1%:

$$S_r = \frac{\varepsilon_t}{\varepsilon_c} \times 100 \qquad (6)$$

式中:$S_r$——收缩率之比,%;

$\varepsilon_t$——受检砂浆的收缩率,%;

$\varepsilon_c$——基准砂浆的收缩率,%。

5.2.11 钢筋锈蚀

钢筋锈蚀测定方法按 GB 8076—1997 附录 C 规定进行。

5.3 受检混凝土的性能

5.3.1 试验用原材料

应符合 GB 8076 规定。

5.3.2 试验项目及数量见表 5。

表5 试验项目及数量

<table>
<tr><th rowspan="2">试验项目</th><th rowspan="2">试验类别</th><th colspan="4">试验所需试件数量</th></tr>
<tr><th>混凝土拌合次数</th><th>每次取样数目</th><th>受检混凝土取样总数目</th><th>基准混凝土取样总数目</th></tr>
<tr><td>安定性</td><td>净浆</td><td rowspan="8">3</td><td rowspan="3">1次</td><td rowspan="3">3次</td><td rowspan="3">3次</td></tr>
<tr><td>泌水率比</td><td>新拌混凝土</td></tr>
<tr><td>凝结时间差</td><td>新拌混凝土</td></tr>
<tr><td>抗压强度比</td><td>硬化混凝土</td><td>6块</td><td>18块</td><td>18块</td></tr>
<tr><td>渗透高度比</td><td>硬化混凝土</td><td>2块</td><td>6块</td><td>6块</td></tr>
<tr><td>吸水量比</td><td>硬化混凝土</td><td rowspan="3">1块</td><td rowspan="3">3块</td><td>3块</td></tr>
<tr><td>收缩率比</td><td>硬化混凝土</td><td rowspan="2">—</td></tr>
<tr><td>钢筋锈蚀</td><td>硬化砂浆</td></tr>
</table>

5.3.3 配合比、搅拌

基准混凝土与受检混凝土的配合比设计、搅拌、防水剂掺量应符合 GB 8076 规定，但混凝土坍落度可以选择(80±10) mm或(180±10) mm，当采用(180±10) mm坍落度的混凝土时，砂率宜为38%～42%。

5.3.4 体积安定性

按照 GB 1346 规定进行试验。

5.3.5 泌水率比、凝结时间、收缩率比和抗压强度比

按照 GB 8076 规定进行试验。

5.3.6 渗透高度比

5.3.6.1 试验步骤

渗透高度比试验的混凝土一律采用坍落度为(180±10)mm的配合比。

参照 GBJ 82 规定的抗渗透性能试验方法，但初始压力为0.4 MPa。若基准混凝土在1.2 MPa以下的某个压力透水，则受检混凝土也加到这个压力，并保持相同时间，然后劈开，在底边均匀取10点，测定平均渗透高度。若基准混凝土与受检混凝土在1.2 MPa时都未透水，则停止升压，劈开，如上所述测定平均渗透高度。

5.3.6.2 结果计算

渗透高度比按式(7)计算，精确至1%：

$$H_r=\frac{H_t}{H_c}\times 100 \quad\cdots\cdots\cdots (7)$$

式中：$H_r$——渗透高度比，%；

$H_t$——受检混凝土的渗透高度，mm；

$H_c$——基准混凝土的渗透高度，mm。

5.3.7 吸水量比

5.3.7.1 试验仪器

采用感量1 g，称量范围为5 kg的天平。

5.3.7.2 试验步骤

按照成型抗压强度试件的方法成型试件，养护28 d。试件取出后放在75℃～80℃烘箱中，烘(48±0.5) h后称重。然后将试件成型面朝下放入水槽中，下部用两根Φ10 mm的钢筋垫起，试件浸入水中的高度为50 mm。要经常加水，并在水槽上要求的水面高度处开溢水孔，以保持水面恒定。水槽应加盖，并置于温度(20±3)℃、相对湿度80%以上的恒温室中，试件表面不得有水滴或结露。在(48±

0.5)h 时将试件取出，用挤干的湿布擦去表面的水，称量并记录。

5.3.7.3 结果计算

见 5.2.9.3。

5.4 钢筋锈蚀

钢筋锈蚀测定方法按照 GB 8076—1997 附录 C 规定进行。

## 6 检验规则

6.1 取样及编号

6.1.1 试样分点样和混合样。点样是在一次生产的产品中所得的试样，混合样是 3 个或更多的点样等量均匀混合而取得的试样。

6.1.2 生产厂应根据产量和生产设备条件，将产品分批编号，年产不小于 500 t，每一批号为 50 t；年产 500 t 以下，每一批号为 30 t，每批不足 50 t 或 30 t 的也按一个批量计，同一批号的产品必须混合均匀。

6.1.3 每一批号取样量不少于 0.2 t 水泥所需用的外加剂量。

6.2 试样及留样

每批号取得的试样应充分混匀，分为两等份，一份按本标准表 1 规定的方法与项目进行试验。另一份要密封保存半年，以备有疑问时提交国家指定的检验机构进行复验或仲裁。

6.3 检验分类

6.3.1 出厂检验：每批号防水剂检验项目，按表 1 规定进行检验。

6.3.2 型式检验：型式检验项目包括匀质性、砂浆及混凝土性能指标。有下列情况之一者，应进行型式检验：

a) 新产品或老产品转厂生产的试制定型鉴定；

b) 正式生产后，如材料、工艺有较大改变，可能影响产品性能时；

c) 正常生产时，一年至少进行一次检验；

d) 产品长期停产后，恢复生产时；

e) 出厂检验结果与上次型式检验有较大差异时；

f) 国家质量监督机构提出进行型式检验要求时。

6.4 判定规则

产品经检验，各项性能均符合本标准技术要求，则判定该批号防水剂为相应等级的产品。如不符合上述要求时，则判该批号防水剂不合格。

6.5 复验

复验以封存样进行。如果使用单位要求现场取样，应事先在供货合同中规定，并在生产和使用单位人员在场的情况下于现场随机抽取 3 个以上等量试样混合得到平均样，复验按照型式检验项目检验。

## 7 包装、出厂、贮存及退货

7.1 包装

粉状防水剂应采用有塑料袋衬里的编织袋，袋重 20 kg～50 kg。液体防水剂应采用塑料桶、金属桶包装或用槽车运输。

所有包装的容器上均应在明显位置注明以下内容：产品名称、型号、净质量或体积(包括含量或浓度)、生产厂名。生产日期、有效期限及出厂批号应在产品合格证中予以说明。

7.2 产品出厂

凡有下列情况之一者，不得出厂：技术文件(产品说明书、合格证、检验报告)不全、包装不符、质量不足、产品受潮变质，以及超过有效期限。

生产厂随货提供说明书的内容应包括：产品名称及型号、主要特性及成分、适用范围及推荐掺量、防水剂总碱量、氯离子含量、有无毒性、易燃状况、贮存条件及有效期、使用方法及注意事项。

7.3 贮存

防水剂应存放在专用仓库或固定的场所妥善保管，以易于识别和便于检查、提货为原则。

7.4 退货

7.4.1 使用单位在规定的存放条件和有效期限内，经复验发现防水剂性能与本标准不符时，则应予退回或更换。

7.4.2 实际的质量、体积与规定的质量、体积（按固形物计）有2%以上的差异时，可以要求退货或补足。粉状的可取50袋，液体的可取30桶（其他包装形式由双方协商），称量取平均值计算。

7.4.3 凡出厂技术文件不全，以及发现实物质量与出厂技术文件不符合，可退货。

中华人民共和国建材行业标准

JC 475—92

# 混 凝 土 防 冻 剂

## 1 主题内容与适用范围

本标准规定了混凝土防冻剂的定义、分类、技术要求、试验方法、检验规则、包装、标志、贮存。

本标准适用于规定温度为－5 ℃、－10 ℃、－15 ℃的水泥混凝土防冻剂。

## 2 引用标准

GB 8076 混凝土外加剂

GB 8077 混凝土外加剂匀质性试验方法

GBJ 80 普通混凝土拌合物性能试验方法

GBJ 81 普通混凝土力学性能试验方法

GBJ 82 普通混凝土长期性能及耐久性试验方法

## 3 术语

3.1 防冻剂

能使混凝土在负温下硬化,并在规定养护条件下达到预期性能的外加剂。

3.2 基准混凝土(C)

按照本标准规定的试验条件配制不掺外加剂的标准养护混凝土。

3.3 受检标养混凝土(CA)

按照本标准规定的试验条件配制掺防冻剂的标准养护混凝土。

3.4 受检负温混凝土(AT)

按照本标准规定的试验条件配制掺防冻剂并按规定条件养护的混凝土。

3.5 规定温度

受检混凝土在负温养护时的温度,该温度允许波动范围为±2 ℃。本标准的规定温度为－5℃、－10 ℃、－15 ℃。

## 4 产品分类

防冻剂按其成分可分为氯盐类、氯盐阻锈类、无氯盐类。

## 5 技术要求

5.1 掺防冻剂混凝土性能

掺防冻剂混凝土性能应符合表 1 的要求。

国家建筑材料工业局1992-07-06批准　　　　1993-02-01实施

表 1

<table>
<tr><td colspan="2" rowspan="2">试验项目</td><td colspan="6">性 能 指 标</td></tr>
<tr><td colspan="3">一等品</td><td colspan="3">合格品</td></tr>
<tr><td>减水率,%</td><td>不小于</td><td colspan="3">8</td><td colspan="3">—</td></tr>
<tr><td>泌水率比,%</td><td>不大于</td><td colspan="3">100</td><td colspan="3">100</td></tr>
<tr><td>含气量,%</td><td>不小于</td><td colspan="3">2.5</td><td colspan="3">2.0</td></tr>
<tr><td rowspan="2">凝结时间差,min</td><td>初凝</td><td colspan="3" rowspan="2">−120～+120</td><td colspan="3" rowspan="2">−150～+150</td></tr>
<tr><td>终凝</td></tr>
<tr><td rowspan="4">抗压强度比,%<br>不小于</td><td>规定温度,℃</td><td>−5</td><td>−10</td><td>−15</td><td>−5</td><td>−10</td><td>−15</td></tr>
<tr><td>$R_{28}$</td><td colspan="2">95</td><td>90</td><td colspan="2">90</td><td>85</td></tr>
<tr><td>$R_{-7+28}$</td><td>95</td><td>90</td><td>85</td><td>90</td><td>85</td><td>80</td></tr>
<tr><td>$R_{-7+56}$</td><td colspan="3">100</td><td colspan="3">100</td></tr>
<tr><td>90d 收缩率比,%</td><td>不大于</td><td colspan="6">120</td></tr>
<tr><td colspan="2">抗渗压力(或高度)比,%</td><td colspan="6">不小于 100(或不大于 100)</td></tr>
<tr><td colspan="2">50 次冻融强度损失率比,%不大于</td><td colspan="6">100</td></tr>
<tr><td colspan="2">对钢筋锈蚀作用</td><td colspan="6">应说明对钢筋有无锈蚀作用</td></tr>
</table>

### 5.2 匀质性

防冻剂匀质性应符合表 2 的要求。

表 2

| 试验项目 | 指 标 |
|---|---|
| 含固量 | 液体防冻剂:应在生产厂控制值的相对量的 3%之内 |
| 含水量 | 粉状防冻剂:应在生产厂控制值的相对量的 5%之内 |
| 密 度 | 液体防冻剂:应在生产厂控制值的±0.02 之内 |
| 氯离子含量 | 应在生产厂控制值相对量的 5%之内 |
| 水泥净浆流动度 | 应不小于生产厂控制值的 95% |
| 细度 | 粉状防冻剂细度应在生产厂控制值的+2%之内 |

## 6 试验方法

### 6.1 材料、配合比及搅拌

按 GB 8076 的 3.1,3.2 和 3.3 条规定。但混凝土坍落度为 3±1cm。

### 6.2 试验项目及试件数量

掺防冻剂混凝土的试验项目及试件数量按表 3 规定。

表 3

| 试验项目 | 试验类别 | 试验所需试件数量 | | | |
|---|---|---|---|---|---|
| | | 混凝土拌合物批数 | 每批取样数目 | 掺防冻剂混凝土取样总数目 | 基准混凝土取样总数目 |
| 减水率 | 混凝土拌合物 | 3 | 1 次 | 3 次 | 3 次 |
| 泌水率 | 混凝土拌合物 | | | | |
| 含气量 | 混凝土拌合物 | | | | |
| 凝结时间差 | 混凝土拌合物 | | | | |
| 抗压强度比 | 硬化混凝土 | | 9 块 | 27 块 | 9 块 |
| 收缩率比 | 硬化混凝土 | | 1 块 | 3 块 | 3 块 |
| 抗掺压力比 | 硬化混凝土 | | 2 块 | 6 块 | 6 块 |
| 冻融强度损失率比 | 硬化混凝土 | 1 | 6 块 | 6 块 | 6 块 |
| 钢筋锈蚀 | 新拌或硬化砂浆 | 3 | 1 块 | 3 块 | — |

### 6.3 混凝土拌合物性能

减水率、泌水率比、含气量和凝结时间差按照 GB 8076 进行测定和计算。

### 6.4 硬化混凝土性能

#### 6.4.1 试件制作

混凝土试件制作及养护参照 GBJ 80 进行，但掺与不掺防冻剂混凝土坍落度为 3±1 cm，试件制作采用振台振实，振动时间为 15～20 s，环境及预养温度为 20±3℃。掺防冻剂受检混凝土预养 4h〔或按 $M=\Sigma(T+10)\Delta t=120$℃h 控制(式中：$M$ 为度时积；$T$ 为温度；$t$ 为温度 $T$ 的持续时间。)〕后，移入冰箱(或冰室)内并用塑料布覆盖试件，其环境温度应于 3～4 h 内均匀地降至规定温度，养护 7 d 后脱模，转标养到达规定龄期进行试验。

#### 6.4.2 抗压强度比

以受检标养混凝土、受检负温混凝土与基准混凝土抗压强度之比表示：

$$R_{28}=\frac{R_{CA}}{R_{C}}\times 100 \qquad \cdots\cdots(1)$$

$$R_{-7+28}=\frac{R_{AT}}{R_{C}}\times 100 \qquad \cdots\cdots(2)$$

$$R_{-7+56}=\frac{R_{AT}}{R_{C}}\times 100 \qquad \cdots\cdots(3)$$

式中：$R$——不同条件下的混凝土抗压强度比，%；

$R_{AT}$——不同龄期(−7+28 d 或 −7+56 d)的受检负温混凝土抗压强度，MPa；

$R_{CA}$——标养 28 d 受检混凝土的抗压强度，MPa；

$R_{C}$——标养 28 d 基准混凝土抗压强度，MPa。

每批一组,3块试件数据取值原则同GBJ 81规定。

以三组试验结果强度的平均值计算抗压强度比,精确到1%。

### 6.4.3 收缩率比

收缩率参照GBJ 82,基准混凝土试件应在3 d龄期(从搅拌混凝土加水时算起)从标养室取出移入恒温恒湿室内3~4 h测定初始长度,经90 d后再测量其长度。受检负温混凝土,在规定条件养护7 d,拆模后标养3 d,从标养室取出后移入恒温恒湿室内3~4 h测定初始长度,经90 d后,再测量其长度。

以3个试件测值的算术平均值作为该混凝土的收缩率,收缩率比按式(4)计算:

$$S_r = \frac{\varepsilon_{AT}}{\varepsilon_C} \times 100 \quad \cdots\cdots(4)$$

式中:$S_r$——收缩率之比,%;

$\varepsilon_{AT}$——受检负温混凝土的收缩率;

$\varepsilon_C$——基准混凝土的收缩率。

计算精确到1%。

### 6.4.4 抗渗压力(或高度)比

参照GBJ 82进行,基准混凝土到28d,受检负温混凝土到−7+56d进行抗渗试验。但按0.2,0.4,0.6,0.8,1.0MPa加压,每级恒压8h,加压到1.0MPa为止,若试件透水,则按式(5)计算透水压力比,计算精确到1%。若试件未透水则将其劈开,测定试件10个等分点透水高度平均值,以一组6个试件测值的平均值作为试验结果,按式(6)计算透水高度之比,精确至1%。

$$P_r = \frac{P_{AT}}{P_C} \times 100 \quad \cdots\cdots(5)$$

式中:$P_r$——透水压力比,%;

$P_{AT}$——受检负温混凝土(−7+56d)的透水压力,MPa;

$P_C$——标养28 d基准混凝土的透水压力,MPa。

$$H_r = \frac{H_{AT}}{H_C} \times 100 \quad \cdots\cdots(6)$$

式中:$H_r$——透水高度之比,%;

$H_{AT}$——受检负温混凝土6个试件测值的平均值,mm;

$H_C$——基准混凝土6个试件测值的平均值,mm。

### 6.4.5 冻融强度损失率比

参照GBJ 82进行试验和计算强度损失率,基准混凝土试验龄期为28 d,受检负温混凝土龄期为−7+28 d。根据计算出的强度损失率再按式(7)计算受检负混凝土与基准混凝土强度损失率之比,计算精确到1%:

$$\Delta f_r = \frac{f_{AT}}{f_c} \times 100 \quad \cdots\cdots(7)$$

式中:$\Delta f_r$——50次冻融强度损失率比,%;

$f_{AT}$——受检负温混凝土50次冻融强度损失率,%;

$f_c$——基准混凝土50次冻融强度损失率,%。

### 6.4.6 钢筋锈蚀

试验采用钢筋在新拌和硬化砂浆中阳极极化曲线来测试,测试方法见附录A和B(补充件)。

6.5 **防冻剂匀质性**

按表2规定的项目，生产厂根据不同产品按照GB 8077规定的方法测定匀质性试验项目。

## 7 检验规则

### 7.1 检验分类

7.1.1 出厂检验

检验项目包括匀质性的试验项目。

7.1.2 型式检验

检验项目包括匀质性试验和掺防冻剂混凝土性能试验。

有下列情况之一者，应进行型式检验：

a. 新产品或老产品转厂生产的试制定型鉴定；

b. 正式生产后，如成分、材料、工艺有较大改变，可能影响产品性能时；

c. 正常生产时，每半年检验一次；

d. 产品长期停产，恢复生产时；

e. 出厂检验结果与上次型式检验有较大差异时；

f. 国家质量监督机构提出进行型式检验要求时。

### 7.2 批量

同一品种的防冻剂，每50 t为一批，不足50 t也可为一批。

### 7.3 抽样及留样

每批取样量应不少于0.15 t水泥所需的防冻剂(以其最大掺量计)。

每一批取得样品应充分拌匀，分为二等份，一等份样品按本标准项目进行试验；另一份封存半年，以备有疑问时交国家指定的检验机构复验或仲裁。

### 7.4 判定规则

产品经检验新拌混土的含气量和硬化混凝土性能应全部符合本标准技术要求，即可判定相应等级的产品，其余项目作参考指标。

### 7.5 复验

复验以封存样进行。如使用单位要求用现场样并事先在供货合同中规定，可在生产和使用单位人员在场的情况下于现场取平均样，复验按照型式检验项目检验。

## 8 包装、贮存

### 8.1 产品说明书

产品出厂均应由生产厂随货提供产品说明书。产品说明书包括：产品名称及型号，出厂日期，产品检验合格证，主要成分及碱含量($Na_2O+0.658K_2O$)，适用规定温度及适宜掺量，贮存条件及有效期，使用方法及注意事项。

### 8.2 包装

粉状外加剂采用有塑料编织袋衬里的编织袋包装，每袋重不超过50 kg，液体外加剂应采用塑料桶或有塑料袋内衬的金属桶包装。

所有包装的容器必须在明显位置上标明：生产厂名，产品名称，生产日期或生产批号。必要时还可按实际情况标明：商标，产品的主要参数，质量等级标志，有无毒性，有效期限等。

### 8.3 贮存

防冻剂一般应存放在专用仓库或固定地场所妥善保管，有毒性的产品必须存放在专用仓库，以防人、畜误食，有强氧化性的产品应避免和有机物混存。

# 附 录 A
## 钢筋锈蚀快速试验方法(新拌砂浆法)
(补充件)

**A 1 仪器设备**

a. 恒电位仪(输出电流 0～2 000μA,可连续变化电位 0～2V,精度≤1%);
b. 甘汞电极;
c. 定时钟;
d. 电线:铜芯塑料线;
e. 绝缘涂料(石蜡:松香=9:1);
f. 试模:塑料有底活动模(尺寸 40 mm×100 mm×150 mm)。

**A 2 试验步骤**

**A 2.1 制作钢筋电极**

将Ⅰ级建筑钢筋加工,制成直径 7 mm,长度为 100 mm,表面粗糙度为$\overset{6}{\bigtriangledown}$的试件,用汽油、乙醇、丙酮依次浸擦除去油脂,并在一端焊上长 130～150 mm 的导线,再用乙醇仔细擦去焊油,钢筋两端浸涂热熔石蜡松香绝缘涂料,使钢筋中间暴露长度为 80 mm,计算其表面积。经过处理后的钢筋放入干燥器内备用,每组试件三根。

**A 2.2 拌制新鲜砂浆**

在无特定要求时,采用水灰比 0.5,灰砂比 1:2.5 配制砂浆,水为蒸馏水,砂为标准砂,水泥为硅酸盐水泥(或按试验要求的配合比配制)。干拌 1 min,湿拌 3 min。检验外加剂时,外加剂按比例随拌和水加入。

**A 2.3 砂浆及电极入模**

把拌制好的砂浆浇入试模中,先浇一半(厚 2 cm 左右)。将两根处理好经检查无锈痕的钢筋电极平行放在砂浆表面,间距 4 cm,拉出导线,然后灌满砂浆抹平,并轻敲几下侧板,使其密实。

**A 2.4 连接试验仪器**

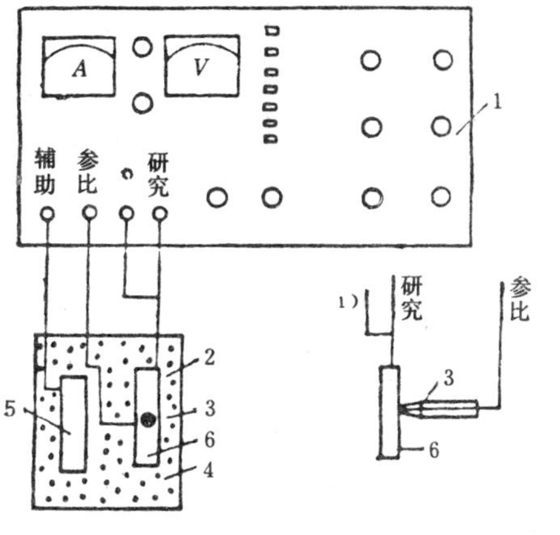


图 A 1 新鲜砂浆极化电位测试装置图

1—恒电位仪;2—硬塑料模;3—甘汞电极;4—新拌砂浆;5—钢筋阴极;6—钢筋阳极

按图 A 1 连接试验装置。以一根钢筋作为阳极接仪器的(研究)与注 1)接线孔,另一根钢筋为阳极

(即辅助电极)接仪器的(辅助)接线孔,再将甘汞电极的下端与钢筋阳极的正中位置对准,与新鲜砂浆表面接触,并垂直于砂浆表面。甘汞电极的导线接仪器的(参比)接线孔。

**A 2.5 测试**

**a.** 未通外加电流前,先读出阳极钢筋的自然电位 $V$(即钢筋阳极与甘汞电极之间的电位差值)。

**b.** 接通外加电流,并按电流密度 $50\times10^{-2}$ A/m²(即 50 μA/cm²)调整微安表至需要值。同时,开始计算时间,依次按 2,4,6,8,10,15,20,25,30 min,分别记录阳极极化电位值。

## A 3 试验结果处理

A 3.1 以 3 个试验电极测量结果的平均值,作为钢筋阳极极化电位的测定值,以时间为横坐标,阳极极化电位为纵坐标,绘制电位-时间曲线(如图 A2)。

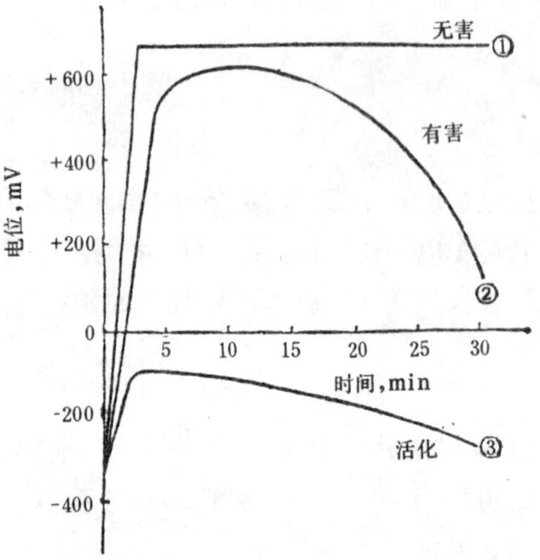


图 A2 恒电流、电位-时间曲线分析图

A 3.2 根据电位-时间曲线判断砂浆中的水泥、外加剂等对钢筋锈蚀的影响。

**a.** 电极通电后,阳极钢筋电位迅速向正方向上升,并在 1~5 分钟内达到析氧电位值,经 30 min 测试,电位值无明显降低,如图 A2 中的曲线①,则属钝化曲线,表明阳极钢筋表面钝化膜完好无损,所测外加剂对钢筋是无害的。

**b.** 通电后,阳极钢筋电位先向正方向上升,随即又逐渐下降,如图 A2 中的曲线②,说明钢筋表面钝化膜已部分受损。而图 A2 中的曲线③属活化曲线,说明钢筋表面钝化膜破坏严重。这两种情况均表明钢筋钝化膜已遭破坏。但这时对试验砂浆中所含的水泥、外加剂对钢筋锈蚀的影响仍不能作出明确的判断,还必须再作硬化砂浆阳极极化电位的测量,以进一步判别外加剂对钢筋有无锈蚀危害。

## 附 录 B
## 钢筋锈蚀快速试验方法(硬化砂浆法)
(补充件)

### B 1 仪器设备

a. 恒电位仪(输出电流 0～2 000 μA,可连续变化电位 0～2 V,精度≤1 %);

b. 不锈钢片电极;

c. 甘汞电极;

d. 定时钟;

e. 电线:铜芯塑料线;

f. 绝缘涂料(石蜡∶松香=9∶1);

g. 搅拌锅、搅拌铲;

h. 试模:长 95 mm,宽和高均为 30 mm 的棱柱体,模板两端中心带有固定钢筋的凹孔,其直径为 7.5 mm,深 2～3 mm,半通孔。试模用 8 mm 厚硬 PVC 塑料板制成。

### B 2 试验步骤

#### B 2.1 制备埋有钢筋的砂浆电极

a. 制备钢筋

采用 I 级建筑钢筋经加工成直径 7 mm,长度 100 mm,表面粗糙度$\overset{6}{\bigtriangledown}$的试件,使用汽油、乙醇、丙酮依次浸、擦除去油脂,经检查无锈痕后放入干燥器中备用,每组 3 根。

b. 成型砂浆电极

将钢筋插入试模两端的预留凹孔中,位于正中。按配比拌制砂浆,灰砂比为 1∶2.5,采用硅酸盐水泥,标准砂,蒸馏水(用水量按砂浆稠度 5～7 cm 时的加水量而定),外加剂采用推荐掺量。将称好的材料放入搅拌锅内干拌 1 min,湿拌 3 min。将拌匀的砂浆灌入预先安放好钢筋的试模内,置砂浆振动台上振 5～10 s,然后抹平。

c. 砂浆电极的养护及处理

试件成型后盖上玻璃板,移入标准养护室养护,24 h 后脱模,用水泥净浆将外露的钢筋两头覆盖,继续标准养护两天。取出试件,除去端部的封闭净浆,仔细擦净外露钢筋头的锈斑。在钢筋的一端焊上长 130～150 mm 的导线,用乙醇擦去焊油,并在试件两端浸涂热熔石蜡松香绝缘,使试件中间暴露长度为80 mm,如图 B1 所示。

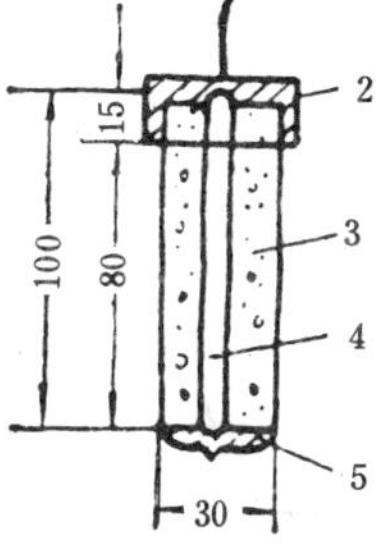


图 B1 钢筋砂浆电极

1—导线;2、5—石蜡;3—砂浆;4—钢筋(mm)

**B 2.2 测试**

**a.** 将处理好的硬化砂浆电极置于饱和氢氧化钙溶液中，浸泡 2h 左右（浸泡时间以浸透试件所需时间为准，并注意不同类型或不同掺量外加剂的试件不得放置同一容器内浸泡，以防互相干扰）。

**b.** 把一个浸泡后的砂浆电极移入盛有饱和氢氧化钙溶液的玻璃缸内，使电极浸入溶液的深度为 8 cm，以它作为阳极，以不锈钢片作为阴极（即辅助电极），以甘汞电极作为参比。按图 B2 要求接好试验线路。

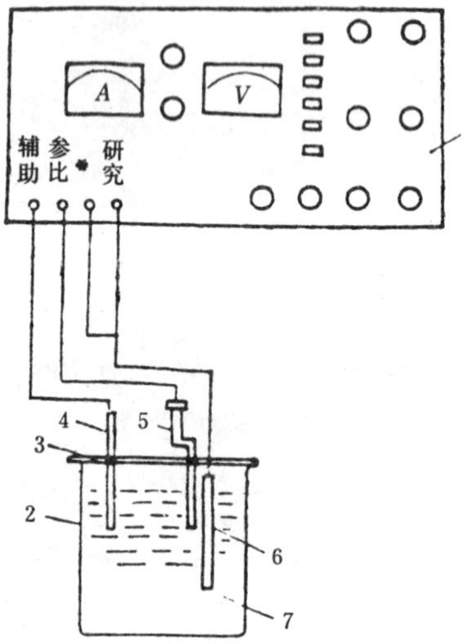


图 B2 硬化砂浆极化电位测试装置图

1—恒电位仪；2—烧杯 1 000 mL；3—有机玻璃盖；4—不锈钢片；5—甘汞电极；
6—硬化砂浆电极（阳极）；7—饱和氢氧化钙溶液

**c.** 未通外加电流前，先读出阳极（埋有钢筋的砂浆电极）的自然电位 $V_0$。

**d.** 接通外加电流，并按电流密度为 $50\times10^{-2}A/m^2$（即 50 $\mu A/cm^2$）调整 $\mu$A 表到需要值。同时开始计算时间，依次按 2，4，6，8，10，15，20，25，30 min，分别记录埋有钢筋的砂浆电极阳极极化电位值。

**B 3 试验结果处理**

**B 3.1** 取一组 3 个埋有钢筋的硬化砂浆电极极化电位的测量结果的平均值作为测定值，以极化电位为纵坐标，时间为横坐标，绘制阳极极化电位-时间曲线。

**B 3.2** 根据电位-时间曲线判断砂浆中的水泥、外加剂等对钢筋锈蚀的影响。

**a.** 电极通电后，阳极钢筋电位迅速向正方向上升，并在 1～5 min 钟内达到析氧电值，经 30 min 测试，电位值无明显降低。如图 A2 中的曲线①，则属钝化曲线。表明阳极钢筋表面钝化膜完好无损，所测外加剂对钢筋是无害的。

**b.** 通电后，阳极钢筋电位先向正方向上升，随即又逐渐下降，如图 A2 中的曲线②，说明钢筋表面钝化膜已部分受损，而图 A2 中的曲线③属活化曲线，说明钢筋钝化膜破坏严重。这两种情况均表明钢筋钝化膜已遭破坏，所测外加剂对钢筋是有锈蚀危害的。

**附加说明：**

本标准由中国建筑材料科学研究院提出。

本标准由中国建筑材料科学研究院、房建材料与混凝土研究所、黑龙江省低温建筑科学研究所、新疆维吾尔自治区建筑科学研究院、中国建筑科学研究院、冶金部建筑研究总院、煤炭部科学研究院、辽宁省建筑科学研究所、吉林省第一建筑公司、吉林省建材工业设计研究院、哈尔滨建筑工程学院、铁道部科学研究院、吉林省德惠混凝土外加剂厂负责起草。

本标准主要起草人田培、杨于绩、项翥行、姚燕、袁凤娟。

本标准委托中国建筑材料科学研究院负责解释。

# 前　言

本标准是在JC 476—1998《混凝土膨胀剂》的基础上进行修订的。修订内容为混凝土膨胀剂限制膨胀率龄期、试验方法、仪器设备，取消了原标准中的复合型混凝土膨胀剂。

本标准自实施之日起，同时代替JC 476—1998。

本标准的附录A为本标准的附录。

本标准由全国水泥制品标准化技术委员会归口。

本标准负责起草单位：中国建筑材料科学研究院水泥科学与新型建筑材料研究所。

本标准参加起草单位：北京中岩特种工程材料公司、天津豹鸣股份有限公司、北京利力新技术开发公司、重庆市江北特种建材厂。

本标准主要起草人：赵顺增、刘立、吴万春、游宝坤、李乃珍、雷秀英、包科祥、潘先文。

本标准委托中国建筑材料科学研究院水泥科学与新型建筑材料研究所负责解释。

本标准首次发布于1992年，1998年为第一次修订，本次为第二次修订。

中华人民共和国建材行业标准

JC 476—2001

# 混凝土膨胀剂

代替 JC 476—1998

**Expansive agents for concrete**

## 1 范围

本标准规定了混凝土膨胀剂的定义、技术要求、试验方法、检验规则及包装、标志、运输和贮存。

本标准适用于硫铝酸钙类、硫铝酸钙-氧化钙类与氧化钙类粉状混凝土膨胀剂。

## 2 引用标准

下列标准所包含的条文,通过在本标准中引用而构成为本标准的条文。本标准出版时,所示版本均为有效。所有标准都会被修订,使用本标准的各方应探讨使用下列标准最新版本的可能性。

GB 175—1999 硅酸盐水泥、普通硅酸盐水泥

GB/T 176—1996 水泥化学分析方法(eqv ISO 680:1990)

GB/T 1345—1991 水泥细度检验方法(80 μm 筛筛析法)

GB/T 1346—1989 水泥标准稠度用水量、凝结时间、安定性检验方法(neq ISO/DIS 9597)

GB 4357—1989 碳素弹簧钢丝

GB/T 8074—1987 水泥比表面积测定方法(勃氏法)

GB 8076—1997 混凝土外加剂

GB/T 12573—1990 水泥取样方法

GB/T 17671—1999 水泥胶砂强度检验方法(ISO 法)

JC/T 420—1991 水泥原料中氯的化学分析方法

JC 477—1992(1996) 喷射混凝土用速凝剂

JGJ 63—1989 混凝土拌和用水标准

## 3 定义

混凝土膨胀剂是指与水泥、水拌和后经水化反应生成钙矾石、钙矾石和氢氧化钙或氢氧化钙,使混凝土产生膨胀的外加剂。

## 4 分类

混凝土膨胀剂分为三类。

4.1 硫铝酸钙类混凝土膨胀剂

是指与水泥、水拌和后经水化反应生成钙矾石的混凝土膨胀剂。

4.2 硫铝酸钙-氧化钙类混凝土膨胀剂

是指与水泥、水拌和后经水化反应生成钙矾石和氢氧化钙的混凝土膨胀剂。

4.3 氧化钙类混凝土膨胀剂

是指与水泥、水拌和后经水化反应生成氢氧化钙的混凝土膨胀剂。

国家建筑材料工业局2001-02-20批准　　2001-10-01实施

## 5 技术要求

混凝土膨胀剂性能指标应符合表1规定。

表1 混凝土膨胀剂性能指标

| 项目 | | | | | 指标值 |
|---|---|---|---|---|---|
| 化学成分 | 氧化镁,% | | | ≤ | 5.0 |
| | 含水率,% | | | ≤ | 3.0 |
| | 总碱量,% | | | ≤ | 0.75 |
| | 氯离子,% | | | ≤ | 0.05 |
| 物理性能 | 细度 | 比表面积,$m^2/kg$ | | ≥ | 250 |
| | | 0.08 mm筛筛余,% | | ≤ | 12 |
| | | 1.25 mm筛筛余,% | | ≤ | 0.5 |
| | 凝结时间 | 初凝,min | | ≥ | 45 |
| | | 终凝,h | | ≤ | 10 |
| | 限制膨胀率,% | 水中 | 7 d | ≥ | 0.025 |
| | | | 28 d | ≤ | 0.10 |
| | | 空气中 | 21 d | ≥ | −0.020 |
| | 抗压强度,MPa | A法 | 7 d | ≥ | 25 |
| | | | 28 d | ≥ | 45 |
| | | B法 | 7 d | ≥ | 20 |
| | | | 28 d | ≥ | 40 |
| | 抗折强度,MPa | A法 | 7 d | ≥ | 4.5 |
| | | | 28 d | ≥ | 6.5 |
| | | B法 | 7 d | ≥ | 3.5 |
| | | | 28 d | ≥ | 5.5 |

注:

1. 细度用比表面积和1.25 mm筛筛余或0.8 mm筛筛余和1.25 mm筛筛余表示,仲裁检验用比表面积和1.25 mm筛筛余。
2. 检验时A、B两法均可使用,仲裁检验采用A法。

## 6 试验方法

### 6.1 化学成分

#### 6.1.1 氧化镁、总碱量

按GB/T 176进行。

#### 6.1.2 含水率

按JC 477进行。

#### 6.1.3 氯离子

按JC/T 420进行。

### 6.2 物理性能

6.2.1 试验材料

6.2.1.1 水泥

A 法采用 GB 8076 规定的基准水泥。B 法采用符合 GB 175 强度等级为 42.5 MPa 的普通硅酸盐水泥，且熟料中 $C_3A$ 含量 6%～8%，总碱量($Na_2O$+0.658$K_2O$)不大于 1.0%。

6.2.1.2 标准砂

符合 GB/T 17671 要求。

6.2.1.3 水

符合 JGJ 63 要求。

6.2.2 细度

比表面积测定按 GB/T 8074 的规定进行。0.08 mm 筛筛余测定按 GB/T 1345 的规定进行。1.25 mm筛筛余测定参照 GB/T 1345 中干筛法进行。

6.2.3 凝结时间

按 GB/T 1346 进行，膨胀剂掺量同限制膨胀率和强度。

6.2.4 限制膨胀率

按本标准附录 A 进行。

6.2.5 抗压强度与抗折强度

按 GB/T 17671 进行。

每成型三条试体需称量的材料及用量如表 2。

表 2 抗压强度与抗折强度材料用量

| 材　　料 | 代　　号 | 用　　量 |
|---|---|---|
| 水泥,g | C | 396 |
| 膨胀剂,g | E | 54 |
| 标准砂,g | S | 1 350 |
| 拌和水,g | W | 225 |

注：1. $\frac{E}{C+E}=0.12$　$\frac{S}{C+E}=3.0$　$\frac{W}{C+E}=0.50$

2. 混凝土膨胀剂检验时的最大掺量为 12%，但允许小于 12%。生产厂在产品说明书中，应对检验限制膨胀率、抗压强度和抗折强度规定统一的掺量。

## 7 检验规则

7.1 编号及取样

膨胀剂出厂前按同品种编号和取样。袋装和散装膨胀剂应分别进行编号、取样。每一编号为一取样单位，膨胀剂出厂编号按生产能力规定：

日产量超过 200 t 时，以不超过 200 t 为一编号，不足 200 t 时，应以不超过日产量为一编号。

每一编号为一取样单位，取样方法按 GB/T 12573 进行。取样应具有代表性，可连续取，也可从 20 个以上不同部位取等量样品，总量不小于 10 kg。

7.2 试样及留样

每一编号取得的试样应充分混匀，分为两等份：一份由生产厂按本标准第六章规定的方法进行出厂检验，一份从产品出厂之日起密封保存 3 个月，供作仲裁检验时使用。

7.3 检验分类

7.3.1 出厂检验

每一编号混凝土膨胀剂，应检验下列项目：细度、凝结时间、水中 7 d 的限制膨胀率、抗压强度和抗折强度。

7.3.2 型式检验

型式检验项目包括表1性能指标。有下列情况之一者，应进行型式检验：

a）正常生产时，每半年至少进行一次检验；

b）新产品或老产品转厂生产的试制定型鉴定；

c）正式生产后，如材料、工艺有较大改变，可能影响产品性能时；

d）产品长期停产后，恢复生产时；

e）出厂检验结果与上次型式检验有较大差异时；

f）国家质量监督机构提出进行型式检验要求时。

7.4 判定规则

经检验，产品各项性能均符合表1规定指标，判为合格品；若有一项指标不符合本标准要求时，则判为不合格品，不合格品不得出厂。

7.5 试验报告

试验报告内容应包括本标准出厂检验与型式检验项目。

生产厂应在产品发出之日起12 d内寄发出厂检验报告和型式检验报告；28 d强度数值，应在产品发出之日起32 d内补报。

7.6 仲裁检验

若用户对产品质量提出疑问，用生产厂同一编号的封存样交由国家指定的省级以上质量监督检验机构进行仲裁检验。如用户要求现场取样，由用户和生产单位人员协商于现场共同取样。

## 8 包装、标志、运输和贮存

8.1 包装

产品可以袋装或散装。袋装时须用防潮的包装袋。袋装产品每袋净含量50 kg，且不得少于标志含量的98%。随机抽取20袋，产品总净含量不得少于1 000 kg。其他包装形式由供需双方协商确定。

8.2 标志

包装袋上应清楚标明：产品名称、执行标准、类别、编号、生产日期、净含量、生产厂名及严防受潮等字样。

散装时应提交与袋装标志相同内容的卡片。

8.3 运输和贮存

产品在运输与贮存时，不得受潮和混入杂物，不同种类的产品应分别贮存，不得混杂。

产品自生产日期起计算，在符合标准的包装、运输、贮存的条件下贮存期为6个月，过期应重新进行物理性能检验。

## 附　录　A
（标准的附录）
## 混凝土膨胀剂的限制膨胀率试验方法

### A1　仪器

A1.1　搅拌机、振动台、试模及下料漏斗按 GB/T 17671 规定。

A1.2　测量仪

测量仪由千分表和支架组成(图 A1)，千分表刻度值最小为 0.001 mm。

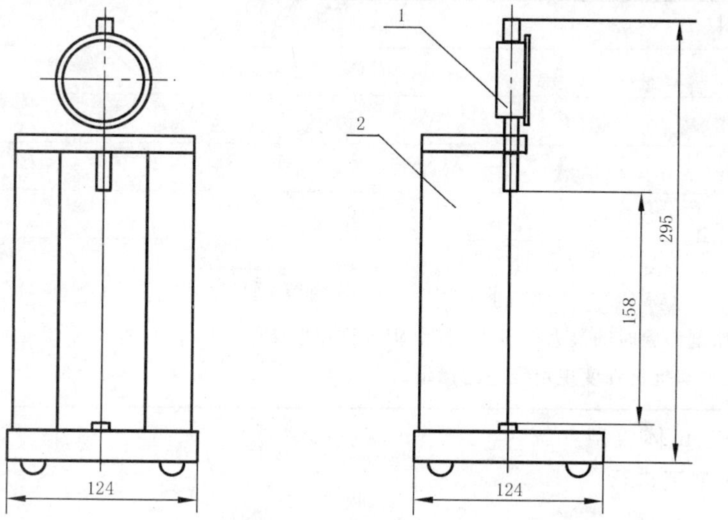


1—电子数量千分表量程 10 mm 千分表；2—支架

图 A1　测量仪

A1.3　纵向限制器

A1.3.1　纵向限制器由纵向钢丝与钢板焊接制成(图 A2)。

A1.3.2　钢丝采用 GB 4357 规定的 D 级弹簧钢丝，铜焊处拉脱强度不低于 785 MPa。

A1.3.3　纵向限制器不应变形，生产检验使用次数不应超过 5 次，仲裁检验不应超过 1 次。

### A2　试验室温度、湿度

A2.1　试验室、养护箱、养护水的温度、湿度应符合 GB/T 17671 的规定。

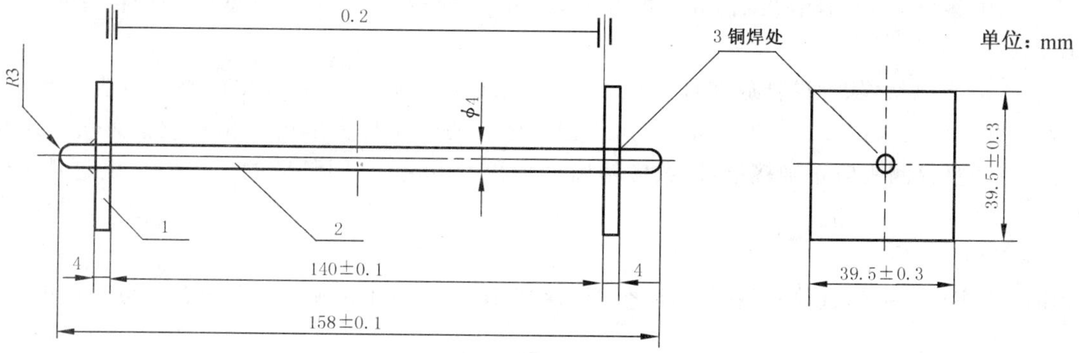


1—钢板；2—钢丝；3—铜焊处

图 A2　纵向限制器

A2.2 恒温恒湿(箱)室温度为20℃±2℃,湿度为(60±5)%。

A2.3 每日应检查并记录温度、湿度变化情况。

## A3 试体制作

试体全长158 mm,其中胶砂部分尺寸为40 mm×40 mm×140 mm。

A3.1 试验材料

见本标准6.2.1。

A3.2 水泥胶砂配合比

每成型三条试体需称量的材料和用量如表A1。

表A1 限制膨胀率材料用量

| 材料 | 代号 | 用量 |
|---|---|---|
| 水泥,g | C | 457.6 |
| 膨胀剂,g | E | 62.4 |
| 标准砂,g | S | 1 040 |
| 拌和水,g | W | 208 |

注:1. $\frac{E}{C+E}=0.12$ $\frac{S}{C+E}=2.0$ $\frac{W}{C+E}=0.40$

2. 混凝土膨胀剂检验时的最大掺量为12%,但允许小于12%。生产厂在产品说明书中,应对检验限制膨胀率、抗压强度和抗折强度规定统一的掺量。

A3.3 水泥胶砂搅拌、试体成型

按GB/T 17671规定进行。

A3.4 试体脱模

脱模时间以A3.2规定配比试体的抗压强度(10±2)MPa确定。

## A4 试体测长和养护

A4.1 试体测长

试体脱模后在1 h内测量初始长度。

测量完初始长度的试体立即放入水中养护,测量水中第7 d的长度($L_1$)变化,即水中7 d的限制膨胀率。

测量完初始长度的试体立即放入水中养护,测量水中第28 d的长度($L_1$)变化,即水中28 d的限制膨胀率。

测量完水中养护7 d试体长度后,放入恒温恒湿(箱)室养护21 d,测量长度($L_1$)变化,即为空气中21 d的限制膨胀率。

测量前3 h,将测量仪、标准杆放在标准试验室内,用标准杆校正测量仪并调整千分表零点。测量前,将试体及测量仪测头擦净。每次测量时,试体记有标志的一面与测量仪的相对位置必须一致,纵向限制器测头与测量仪测头应正确接触,读数应精确至0.001 mm。不同龄期的试体应在规定时间±1 h内测量。

A4.2 试体养护

养护时,应注意不损伤试体测头。试体之间应保持15 mm以上间隔,试体支点距限制钢板两端约30 mm。

**A5 结果计算**

限制膨胀率按式(A1)计算：

$$\varepsilon=\frac{L_1-L}{L_0}\times 100 \qquad \text{(A1)}$$

式中：ε——限制膨胀率，%；

$L_1$——所测龄期的限制试体长度，mm；

$L$——限制试体初始长度，mm；

$L_0$——限制试体的基长，140 mm。

取相近的2条试体测量值的平均值作为限制膨胀率测量结果，计算应精确至小数点后第3位。

# 中华人民共和国建材行业标准

JC 477—92

# 喷射混凝土用速凝剂

## 1 主题内容与适用范围

本标准规定了喷射混凝土用粉末状速凝剂(以下简称速凝剂)的技术要求、试验方法、检验规则、包装、运输、贮存等。

本标准适用于水泥混凝土采用喷射法施工时掺加的无机盐系速凝剂。

## 2 引用标准

GB 178 水泥强度试验用标准砂

GB 1345 水泥细度检验方法(80 μm 筛筛析法)

GB 8076 混凝土外加剂

GB 8077 混凝土外加剂匀质性试验方法

## 3 技术要求

速凝剂,掺速凝剂拌合物及其硬化砂浆的性能应符合表1的要求。

表 1

| 试验项目 / 产品等级 | 净浆凝结时间 min,不迟于 | | 1 d 抗压强度 MPa 不小于 | 28 d 抗压强度比 % 不小于 | 细度(筛余) % 不大于 | 含水率,% 小于 |
|---|---|---|---|---|---|---|
| | 初凝 | 终凝 | | | | |
| 一等品 | 3 | 10 | 8 | 75 | 15 | 2 |
| 合格品 | 5 | 10 | 7 | 70 | 15 | 2 |

注:28 d 抗压强度比为掺速凝剂与不掺者的抗压强度比。

## 4 试验方法

### 4.1 材料

4.1.1 水泥:符合 GB 8076 中 3.1.1 的规定。

4.1.2 砂:符合 GB 178 的规定。

4.1.3 水:饮用水。

4.1.4 速凝剂。

### 4.2 凝结时间

4.2.1 仪器

a. 称量 2 000 g,分度值 2 g 的架盘天平;

b. 水泥净浆标准稠度与凝结时间测定仪一套;

国家建筑材料工业局1992-07-06批准 1993-02-01实施

c. 直径 400 mm，高 100 mm 的拌合锅，直径 100 mm 的拌合铲；

d. 秒表；

e. 温度计；

f. 200mL 量筒。

4.2.2 试验步骤

在室温和材料温度 20±3 ℃的条件下，称取基准水泥 400 g，放入拌合锅内。速凝剂按下限掺量加入水泥中，干拌均匀(颜色一致)后，加入 160 mL 水，迅速搅拌 25～30 s，立即装入圆模，人工振动数次，削去多余的水泥浆，并用洁净的刀修平表面。

将装满水泥浆的试模放在水泥净浆标准稠度与凝结时间测定仪下，使针尖与水泥浆表面接触。

迅速放松水泥净浆标准稠度与凝结时间测定仪杆上的固定螺丝，针即自由插入水泥浆中，观察指针读数，每隔 10 s 测定一次，直至终凝为止。

由加水时起，至试针沉入净浆中距底板 0.5～1.0 mm 时所需时间为初凝时间，至沉入净浆中不超过 1.0 mm 时所需时间为终凝时间。

每一试样，应进行两次试验。

4.2.3 结果评定

试验结果以两次试验结果的算术平均值表示。如两次试验结果的差值大于 30 s 时，本次试验无效，应重新进行试验。

## 4.3 细度

按照 GB 1345 中的干筛法进行。

## 4.4 含水率

4.4.1 仪器

a. 分析天平：称量 200 g 分度值 0.1 mg；

b. 鼓风电热恒温干燥箱：0～200 ℃；

c. 带盖称量瓶：$\phi$25 mm×65 mm；

d. 干燥器：内盛变色硅胶。

4.4.2 试验步骤

4.4.2.1 将洁净带盖的称量瓶放入烘箱内，于 105～110 ℃烘 30 min。取出置于干燥器内，冷却 30 min 后称量，重复上述步骤至恒量，称其质量 $m_0$。

4.4.2.2 称取速凝剂试样 10±0.2 g，装入已烘至恒量的称量瓶内，盖上盖，称出试样及称量瓶总质量 $m_1$。

4.4.2.3 将盛有试样的称量瓶放入烘箱内，开启瓶盖升温至 105～110 ℃，恒温 2 h，取出盖上盖，置于干燥器内，冷却 30 min 后称量，重复上述步骤至恒量，称其质量 $m_2$。

4.4.3 结果计算与评定

含水率按式(1)计算：

$$W = \frac{m_1 - m_2}{m_1 - m_0} \times 100 \quad \cdots\cdots(1)$$

式中：$W$——含水率，%；

$m_0$——称量瓶质量，g；

$m_1$——称量瓶加干燥前试样质量，g；

$m_2$——称量瓶加干燥后试样质量，g。

含水率试验结果以三个试样试验结果的算术平均值表示，精确至 0.1 %。

4.5 **强度**

4.5.1 仪器设备

a. 300kN 压力试验机；

b. 胶砂振动台；

c. 称量 5 kg，分度值 5 g 的台秤；

d. 40 mm×40 mm×160 mm 试模；

e. 称量 500 g，分度值 0.5 g 的架盘天平。

4.5.2 配合比

水泥与砂的质量比为 1∶1.5，水压比为 0.5。

4.5.3 试验步骤

在室温为 20±3 ℃的条件下，称取基准水泥 1 600g，标准砂 2 400 g，速凝剂按生产厂推荐的下限掺量加入，干拌均匀。加入 800 g 水；迅速搅拌 40～50 s，然后装入 40 mm×40 mm×160 mm 的试模中，立即在胶砂振动台上振动 30 s 刮去多余部分，抹平。每次成型二组，每组三块。

同时成型掺速凝剂的试块二组，不掺者一组，在温度为 20± 3℃的室内放置 24±1 h，脱模后立即测掺速凝剂试块的 1 d 强度。其余试块置于温度为 20±3 ℃，湿度 90%以上的标准养护室养护，测其 28 d 强度，并求出强度比。

4.5.4 结果计算与评定

4.5.4.1 抗压强度按式(2)计算：

$$R = \frac{P}{S} \qquad \cdots\cdots(2)$$

式中：$R$——抗压强度，MPa；

$P$——试体受压破坏荷载，kN；

$S$——试体受压面积，$mm^2$。

4.5.4.2 抗压强度比按式(3)计算：

$$N = \frac{R_B}{R_A} \times 100 \qquad \cdots\cdots(3)$$

式中：$N$——抗压强度比，%；

$R_A$——不掺速凝剂砂浆抗压强度，MPa；

$R_B$——掺速凝剂砂浆抗压强度，MPa。

4.5.4.3 结果处理

每个龄期由三块试块组成，抗压强度可分别得出六个强度值，其中与平均值相差±10%的数值应当剔除，将剩下的数值平均，其中剩余的数值少于三个时，试验必须重做。

## 5 检验规则

### 5.1 检验项目

5.1.1 出厂检验项目包括凝结时间、细度、含水率。

5.1.2 型式检验项目包括凝结时间、细度、含水率、1 d 抗压强度和 28 d 抗压强度比。

### 5.2 出厂检验

5.2.1 批量

每 20 t 为一批，不足 20 t 也可作为一批。

5.2.2 抽样

每一批应于 16 个不同点取样，每个点取样 250 g，共取 4 000 g。将试样充分混合均匀，分为两等份，其中一份用作试验；另一份密封保存半年，以备有疑问时，交国家规定的检验机构进行复验或仲裁。

5.2.3 **判定**

所有项目都符合本标准规定的某一等级要求，则判为相应等级。

5.3 **型式检验**

5.3.1 有下列情况之一时，应进行型式检验：

a. 新产品或老产品转厂生产的试制定型鉴定；

b. 当原材料、工艺变化，可能影响产品性能时；

c. 正常生产时，一个月进行一次检验；

d. 产品连续停产三个月以上(含三个月)，恢复生产时；

e. 出厂检验结果与上次型式检验结果有较大差异时；

f. 国家质量监督机构提出进行型式检验的要求时。

5.3.2 型式检验的抽样和判定同 5.2.2 和 5.2.3。

## 6 包装、运输、贮存

6.1 产品出厂时应提供产品说明书、产品说明书应包括生产厂名称、产品名称及型号、出厂日期、产品质量等级、推荐掺量和有效期。

6.2 速凝剂应采用有塑料袋衬里的编织袋包装，每袋重 25±0.5 kg。也可根据用户要求进行包装。所有包装的容器上均应在明显位置注明，产品名称、型号、净重、生产厂家、生产日期和出厂编号。

6.3 搬运时应轻拿轻放，防止破损，运输时避免雨雪淋袋。

6.4 速凝剂在包装无破损的条件下，贮存在干燥通风的库房中，距地面 100 mm 以上。贮存期从产品包装之日起，贮存有效期为五个月。

**附加说明：**

本标准由中国建筑材料科学研究院提出。

本标准由中国建筑材料科学研究院、房建材料与混凝土研究所、煤炭科学研究总院、长沙矿山研究院、铁道部洛阳隧道工程局施工处、上海建筑科学研究所、鸡西水泥速凝剂厂、山东省寿光县速凝剂厂负责起草。

本标准主要起草人白瑞峰、田培、陈文豹。

本标准委托中国建筑材料科学研究院负责解释。

中华人民共和国建材行业标准

JC 506—92

# 无声破碎剂

## 1 主题内容与适用范围

本标准规定了无声破碎剂（又称静态破碎剂）的定义、型号、技术要求、试验方法、检验规则和包装、标志、运输、贮存等。

本标准适用于用作混凝土构筑物、岩石等脆性材料、窑炉衬里、沉井工程等其他特殊工程的安全破碎与拆除，以及花岗石、大理石、玉石等石材的开采和切割的无声破碎剂。

## 2 引用标准

GB 177 水泥胶砂强度检验方法

GB 1346 水泥标准稠度用水量、凝结时间、安定性检验方法

GB 2419 水泥胶砂流动度测定方法

GB 3350.6 水泥物理检验仪器 净浆标准稠度与凝结时间测定仪

## 3 定义

凡经高温煅烧以氧化钙为主体的无机化合物，掺入适量外加剂共同粉磨制成的具有高膨胀性能的非爆破性破碎用粉状材料，称为无声破碎剂（又称静态破碎剂）。

## 4 型号与等级

4.1 产品根据使用温度分为三个型号，见表1。

表1

| 型　　号 | 使用温度范围，℃ |
|---|---|
| SCA-Ⅰ | 25～40 |
| SCA-Ⅱ | 10～30 |
| SCA-Ⅲ | －5～15 |

4.2 产品根据膨胀压值分为优等品与合格品。

## 5 技术要求

### 5.1 凝结时间

初凝不得早于10 min，终凝不得迟于150 min。

### 5.2 膨胀压

各龄期膨胀压不得低于表2数值。

国家建筑材料工业局1992-12-21批准　　　　1993-10-01实施

表 2

<table>
<tr><th rowspan="2">型　　号</th><th rowspan="2">试验温度<br>℃</th><th rowspan="2">等　级</th><th colspan="3">膨　胀　压<br>MPa</th></tr>
<tr><th>8 h</th><th>24 h</th><th>48 h</th></tr>
<tr><td rowspan="2">SCA-Ⅰ</td><td rowspan="2">35±1</td><td>优等品</td><td>30</td><td>55</td><td rowspan="2">—</td></tr>
<tr><td>合格品</td><td>23</td><td>48</td></tr>
<tr><td rowspan="2">SCA-Ⅱ</td><td rowspan="2">25±1</td><td>优等品</td><td>20</td><td>45</td><td rowspan="2">—</td></tr>
<tr><td>合格品</td><td>16</td><td>38</td></tr>
<tr><td rowspan="2">SCA-Ⅲ</td><td rowspan="2">10±1</td><td>优等品</td><td>—</td><td>25</td><td>35</td></tr>
<tr><td>合格品</td><td>—</td><td>15</td><td>25</td></tr>
</table>

## 6　试验方法

凝结时间与膨胀压按本标准附录 A(补充件)进行。

## 7　检验规则

### 7.1　组批与取样

产品出厂前,相同型号、相同等级的产品以不超过 50 t 为一批进行取样,取样应有代表性,可连续取,亦可从 20 个以上不同部位取等量样品,总数至少 10 kg。

### 7.2　检验与留样

取得的样品应充分混匀,分为两等份。一份由生产厂按本标准第 5 章技术要求进行检验;一份密封保管二个月,以备有疑问时提交国家水泥质量监督检验中心进行复验或仲裁检验。

### 7.3　判定规则

7.3.1　凡检验结果全部符合本标准第 5 章技术要求,分别按其等级判为合格品、优等品。

7.3.2　凡凝结时间不符合本标准规定或各龄期膨胀压中有一项低于合格品规定的指标时判为废品。

### 7.4　试验报告

生产厂应在无声破碎剂产品发出日同时寄发试验报告。试验报告中应包括本标准第 5 章所列的各项试验结果,并应附有该等级无声破碎剂的技术要求。

## 8　包装、标志、运输与贮存

### 8.1　包装

产品应用聚氯乙烯塑料袋密封包装,每袋净重 5±0.1 kg,每四袋装入一个大塑料袋内,然后再装入一纸箱内。如用户需要,包装容器和重量可以经协商改变。

### 8.2　标志

纸箱上应清楚标明制造单位名称,产品名称、型号、等级、批号,包装日期及严防受潮,非易燃、易爆品等字样。

### 8.3　运输与贮存

8.3.1　产品的运输和贮存应防止受潮,不同型号、不同等级的产品应分别贮存,不得混杂。

8.3.2　无声破碎剂贮存有效期为一年半。逾期产品应按本标准的试验方法重新检验,以确定能否使用。

## 附 录 A
## 无声破碎剂凝结时间与膨胀压的试验方法
（补充件）

### A1 仪器

A1.1 净浆标准稠度与凝结时间测定仪

符合 GB 3350.6 的规定。

A1.2 跳桌及附件

符合 GB 2419 第 2 章的规定。

A1.3 电阻应变仪

采用应变测量范围 0±15 000 $\mu_\varepsilon$ 的静态电阻应变仪。

A1.4 钢管

采用普通碳素钢 A3 型冷加工钢管，内径 40 mm，壁厚 4 mm，长 500 mm，钢管一端用 4 mm 厚钢板焊接封闭。

A1.5 测试水槽

采用有温控装置的钢质测试水槽，规格尺寸 $l\times b\times h$ 为 500 mm×500 mm×620 mm；SCA-Ⅲ型膨胀压的测试可在冰箱内进行，测试水槽为铁质水箱，规格尺寸 $l\times b\times h$ 为 300 mm×400 mm×600 mm。

A1.6 游标卡尺

量程 300 mm，分度值不大于 0.02 mm。

### A2 材料

A2.1 无声破碎剂试样应充分拌匀，通过 0.9 mm 方孔筛。

A2.2 电阻应变片规格 3 mm×5 mm，电阻值 120.0±0.2 Ω。

A2.3 试验用水必须是洁净的淡水。

### A3 温湿度

A3.1 试验室温度为 17～23 ℃，相对湿度大于 50%。试样、拌和水及试模等温度应与室温相同。

A3.2 试验室养护箱温度应符合 GB 177 的规定。

A3.3 测试水槽控制温度为：SCA-Ⅰ型 35±1 ℃；SCA-Ⅱ型 25±1 ℃；SCA-Ⅲ型 10±1 ℃。

### A4 稠度用水量的测定

称取 400 g 试样倒入搅拌锅内，将锅放在搅拌机锅座上，放下搅拌翅，开动机器 3 s 后，徐徐加入拌合水，自开机时算起搅拌 1 min 停机。刮下粘在叶片上的净浆，立即将净浆一次装入置于跳桌上的圆模内，用小刀插捣密实，刮去多余浆体，立即向上提起圆模，连续振动十次，在对角方向用卡尺测量浆体的扩散尺寸，测量浆体的扩散尺寸取其平均值。试样浆体的扩散度为 170～190 mm 的需水量为稠度用水量。

### A5 凝结时间的测定

把按稠度用水量拌制的试样浆体装入圆模内，然后按 GB 1346 规定的方法测定凝结时间。试针沉入浆体的测定次数，改为临近初凝和终凝时为 1 min 测定一次。

## A6 膨胀压的测定

**A6.1** 贴电阻片

用 502 胶水将电阻应变片贴在钢管上相应部位，贴片位置见图 A1。

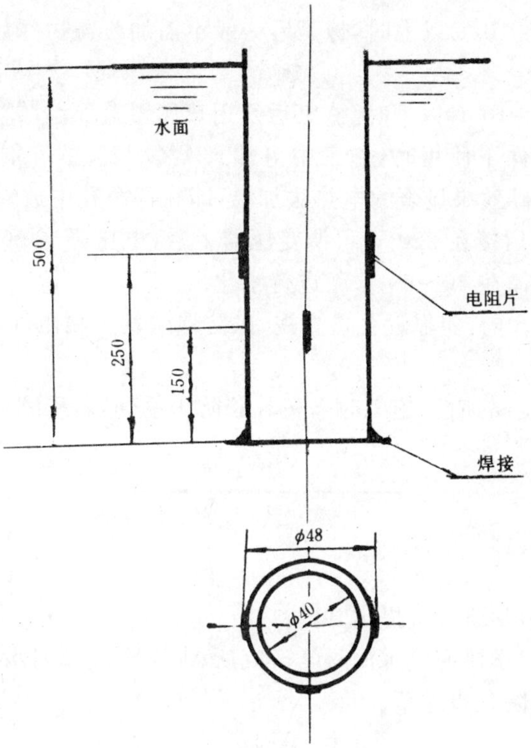


图 A1

**A6.2** 接线

将电阻应变片的引出端，通过双股导线与应变仪器连接起来。

**A6.3** 成型

将已贴片的钢管装入 $\phi$150×600 mm 塑料袋(要求不漏水)中然后放入水槽中，校正电阻应变仪。准确称取 1 000 g 试样，加入稠度用水量，立即置于搅拌机内拌合 1 min，然后灌入钢管中，用钢棍插捣密实。

**A6.4** 测量与计算

**A6.4.1** 测量龄期按不同型号的龄期要求进行。

**A6.4.2** 计算

膨胀压按式(A1)计算：

$$P = E_s(K^2 - 1)[\varepsilon_\theta/(2 - v)] \qquad \cdots\cdots(A1)$$

式中：$P$——膨胀压，MPa；

$E_s$——钢管的弹性系数(2.060×$10^5$MPa)；

$K$——钢管的外径与内径之比值；

$\varepsilon_\theta$——钢管的圆周方向应变量，$\mu_\varepsilon$；

$v$——泊桑比，0.3。

## 附 录 B
## 无声破碎剂使用注意事项
（参考件）

**B1** 无声破碎剂的使用温度在10 ℃以上时，施工后一般不需加覆盖物（雨天除外）。若产生裂纹可用水浇缝，以加快其膨胀作用。

**B2** 无声破碎剂的使用温度在10 ℃以下时，施工后须用草席覆盖保温，或通入蒸汽进行养护。

**B3** 当无声破碎剂在负温条件下使用时，施工中可加入1%～2%抗冻剂，或用40～60℃热水进行搅拌。亦可采用一种耗电少、破碎效果显著的电热法加温，即在每个孔中放置一根0.5 mm电热丝和一根塑料电线，将它们串联或并联后接在220 V可调变压器上，将电压降至50～100 V，利用低压大电流不断加热，以保持无声破碎剂浆体在40～50 ℃下进行水化。

**B4** 无声破碎剂填充后2～3 h内，勿靠近孔口直视，以防偶尔发生喷出现象时伤害眼睛。施工时需戴防护眼镜。

**B5** 无声破碎剂对皮肤有轻度腐蚀性，施工时需戴乳胶防护手套，若溅到皮肤上应立即用水冲洗干净。

---

附加说明：

本标准由中国建筑材料科学研究院提出并归口。

本标准由中国建筑材料科学研究院水泥科学研究所、北京市琉璃河水泥厂特种水泥试验厂、苏州吴县水泥厂、冶金部建筑研究总院负责起草。

本标准主要起草人张桂清、马魁宏、郑喜生、吴国英、张耀凯。

本标准委托中国建筑材料科学研究院水泥科学研究所负责解释。

中华人民共和国建材行业标准

JC 507—93

# 建筑水磨石制品

代替 ZBQ 2100—85

## 1 主题内容与适用范围

本标准规定了建筑水磨石制品(以下简称水磨石)的产品分类、技术要求、试验方法、检验规则、标志、包装、运输和贮存等。

本标准适用于以水泥、石碴和砂为主要原材料,经搅拌、振动或压制成型、养护、研磨等工序制作而成的建筑水磨石板材。

## 2 引用标准

GB 175 硅酸盐水泥、普通硅酸盐水泥

GB 343 一般用途低碳钢丝

GB 701 普通低碳钢热轧圆盘条

GB 1344 矿渣硅酸盐水泥、火山灰质硅酸盐水泥及粉煤灰硅酸盐水泥

GB 2015 白色硅酸盐水泥

GB/T 13891 建筑饰面材料镜向光泽度测定方法

JG J63 混凝土拌合用水

## 3 术语

本标准使用的术语见附录 A(补充件)。

## 4 产品分类

### 4.1 类别

4.1.1 按制品在建筑物中的使用部位分为:

a. 墙面和柱面用水磨石(Q);

b. 地面和楼面用水磨石(D);

c. 踢脚板、立板和三角板类水磨石(T);

d. 隔断板、窗台板和台面板类水磨石(G)。

4.1.2 按制品表面加工程度分为:

a. 磨面水磨石(M);

b. 抛光水磨石(P)。

### 4.2 规格尺寸

水磨石的常用规格尺寸为 300 mm×300 mm、305 mm×305 mm、400 mm×400 mm、500 mm×500 mm。其他规格尺寸由设计、使用部门与生产厂共同议定。

### 4.3 等级

水磨石按其外观质量、尺寸偏差和物理力学性能分为优等品(A)、一等品(B)和合格品(C)。

### 4.4 标记

国家建筑材料工业局1993-02-19批准　　1993-10-01实施

产品标记由牌号(商标)、类别、等级、规格和标准号组成。

规格为 400 mm×400 mm×25 mm 钻石牌一等品地面用抛光水磨石，标记示例如下：

钻石牌水磨石 DPB　400×400×25　JC 507

## 5　技术要求

5.1　原材料的技术要求见附录 B(参考件)。

5.2　外观质量：

5.2.1　水磨石面层的外观缺陷规定见表 1。

表 1　　mm

| 缺陷名称 | 优等品 | 一等品 | 合格品 |
|---|---|---|---|
| 返浆、杂质 | 不允许 | | 长×宽≤10×10 不超过 2 处 |
| 色差、划痕、杂石、漏砂、气孔 | 不允许 | 不明显 | |
| 缺口 | 不允许 | | 长×宽>5×3 的缺口不应有<br>长×宽≤5×3 的缺口周边上不超过 4 处，但同一条棱上不得超过 2 处 |

注：一个缺角应计为相邻两棱边各有缺口 1 处。

5.2.2　水磨石磨光面有图案时，其越线和图案偏差应符合表 2 规定。

表 2　　mm

| 缺陷名称 | 优等品 | 一等品 | 合格品 |
|---|---|---|---|
| 图案偏差 | ≤2 | ≤3 | ≤4 |
| 越线 | 不允许 | 越线距离≤2<br>长度≤10<br>允许 2 处 | 越线距离≤3<br>长度≤20<br>允许 2 处 |

5.2.3　同批水磨石磨光面上的石碴级配和颜色应基本一致。

5.3　尺寸偏差：

5.3.1　水磨石的规格尺寸允许偏差、平面度、角度允许极限公差应符合表 3 的规定。

表 3　　mm

| 类别 | 项目 / 等级 | 长度、宽度 | 厚度 | 平面度 | 角度 |
|---|---|---|---|---|---|
| Q | 优等品 | 0<br>−1 | ±1 | 0.6 | 0.6 |
| | 一等品 | 0<br>−1 | +1<br>−2 | 0.8 | 0.8 |
| | 合格品 | 0<br>−2 | +1<br>−3 | 1.0 | 1.0 |

续表 3

mm

| 类别 | 等级 \ 项目 | 长度、宽度 | 厚度 | 平面度 | 角度 |
|---|---|---|---|---|---|
| D | 优等品 | 0<br>−1 | +1<br>−2 | 0.6 | 0.6 |
| | 一等品 | 0<br>−1 | ±2 | 0.8 | 0.8 |
| | 合格品 | 0<br>−2 | ±3 | 1.0 | 1.0 |
| T | 优等品 | ±1 | +1<br>−2 | 1.0 | 0.8 |
| | 一等品 | ±2 | ±2 | 1.5 | 1.0 |
| | 合格品 | ±3 | ±3 | 2.0 | 1.5 |
| G | 优等品 | ±2 | +1<br>−2 | 1.5 | 1.0 |
| | 一等品 | ±3 | ±2 | 2.0 | 1.5 |
| | 合格品 | ±4 | ±3 | 3.0 | 2.0 |

5.3.2 厚度小于或等于 15 mm 的单面磨光水磨石，同块水磨石的厚度极差不得大于 1 mm；厚度大于 15 mm 的单面磨光水磨石，同块水磨石上的厚度极差不得大于 2 mm。

5.3.3 侧面不磨光的拼缝水磨石，正面与侧面的夹角不得大于 90°。

5.4 出石率：

磨光面的石碴分布应均匀。石碴粒径大于或等于 3 mm 的水磨石，出石率应不小于 55%。

5.5 物理力学性能：

5.5.1 抛光水磨石的光泽度，优等品不得低于 45.0 光泽单位；一等品不得低于 35.0 光泽单位；合格品不得低于 25.0 光泽单位。

5.5.2 水磨石的吸水率不得大于 8.0%。

5.5.3 水磨石的抗折强度平均值不得低于 5.0 MPa，且单块最小值不得低于 4.0 MPa。

## 6 试验方法

### 6.1 量具和仪器

a. 钢直尺：刻度值为 0.5 mm。

b. 游标卡尺：读数值为 0.1 mm。

c. 钢平尺：直线度偏差为 0.1 mm。

d. 90°钢制角尺：内角边长为 450 mm×400 mm，内角垂直度公差为 0.13 mm。

e. 塞尺：精度为 2 级。

f. 托盘天平：称量范围 0～2 kg，分度值 1 g。

g. 电热恒温鼓风干燥箱：调温范围 50～300℃。

h. 万能试验机、压力机或其他抗折试验机：示值精度 2%，度盘最小分度值不得大于 50 N。

i. 光泽计：入射角为 60°，光束孔径 $\phi$30 mm，分度值为 0.1 光泽单位。

### 6.2 外观质量

6.2.1　将水磨石平放在地面上，在自然光下目测水磨石面层的外观缺陷：人距水磨石 1.5 m 处明显可见的缺陷视为有缺陷；人距水磨石 1.5 m 处不明显，但在 1.0 m 处可见的缺陷视为不明显；人距水磨石 1.0 m 看不见的缺陷视为无缺陷。

6.2.2　用钢直尺测量水磨石缺口的长度和宽度，测量方法如图 1 所示。读数准确到 0.2 mm。

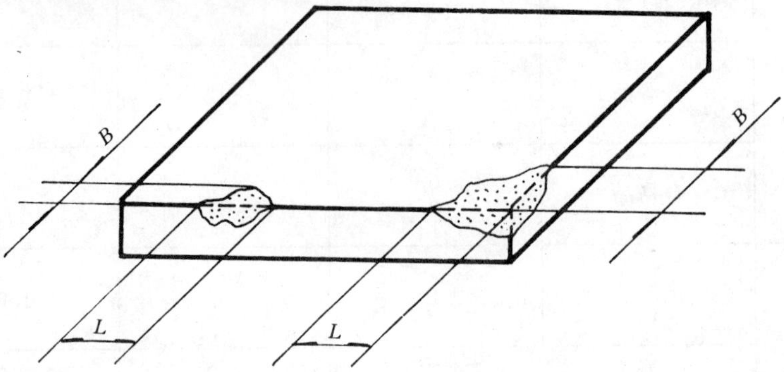


图 1　缺口测量方法示意图

$L$—缺口长度；$B$—缺口宽度

6.2.3　用钢直尺测量图案偏差值和越线距离与长度，读数准确到 0.2 mm。

6.2.4　在自然光下，人距水磨石 1.5 m 处目视检验批量水磨石磨光面上的石碴级配和颜色。

### 6.3　尺寸偏差

6.3.1　外形尺寸

用钢直尺测量水磨石的长度和宽度，各测三条直线，测量部位如图 2 所示。用游标卡尺测量水磨石各边中点的厚度。分别用偏差的最大值和最小值表示长度、宽度、厚度的尺寸偏差。用同块水磨石上厚度偏差的最大值和最小值之间的差值表示同块水磨石上的厚度极差。读数准确至 0.2 mm。

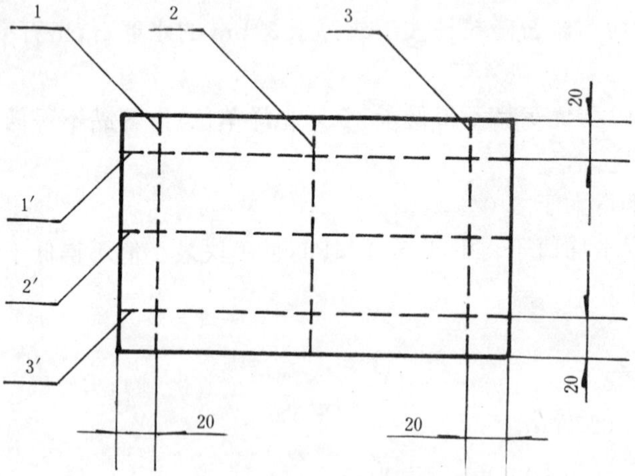


图 2　长度和宽度测量示意图

1、2、3—宽度测量线；1′、2′、3′—长度测量线

6.3.2　平面度

将钢平尺贴放在被检平面的两条对角线上，用塞尺测量尺面与水磨石被检平面之间的空隙。当被检面对角线长度大于 1 000 mm 时，用长度为 1 000 mm 的钢平尺沿对角线分段检验，如图 3 所示。以最大空隙的塞尺片读数表示水磨石的平面度极限公差，读数准确到 0.1 mm。

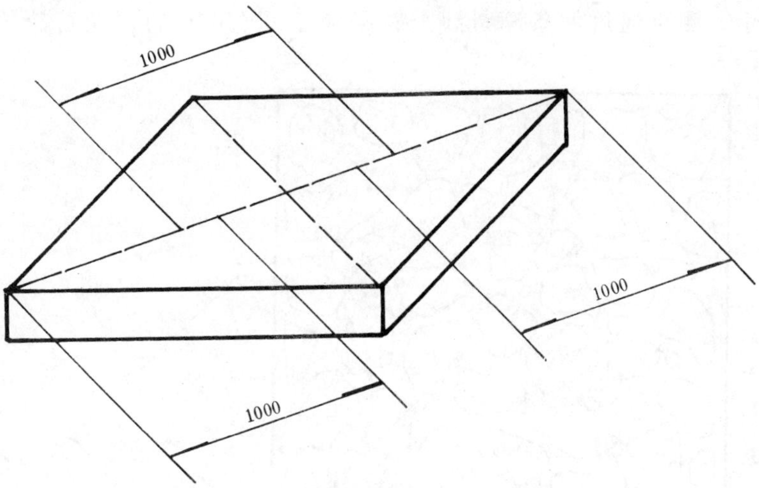


图 3 平面度测量方法示意图

6.3.3 角度

将 90°钢制角尺长边紧贴板材的长边，短边紧靠板材短边，用塞尺测量板材与角尺短边之间的间隙。当被检角大于 90°时，测量点在角尺根部；当被检角小于 90°时测量点在距根部 400 mm 处。

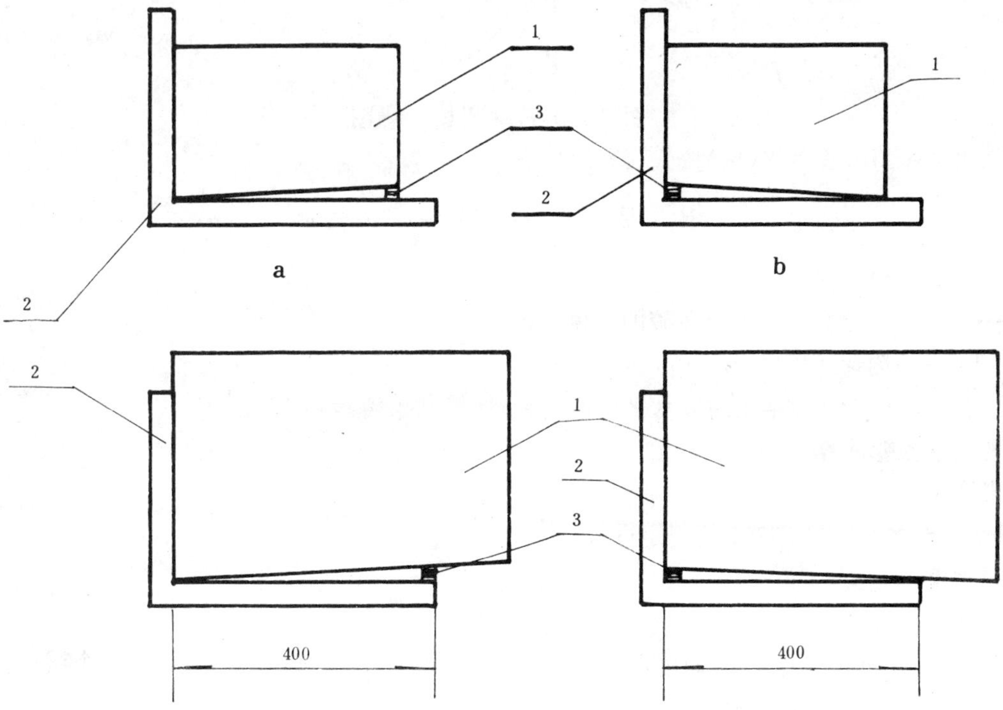


图 4 角度测量方法示意图

1—水磨石；2—角尺；3—塞尺

当角尺的长边大于板面的长边时，用图 4 中 a、b 方法测量板面的两对角；当角尺的长边小于板面的长边时，用图 4 中 c、d 方法测量板面的四个角，以最大间隙的塞尺片读数表示水磨石的角度极限公差，读数准确到 0.05 mm。

## 6.4 出石率试验

6.4.1 进行出石率检验的试样规格与受检产品规格相同。每组 5 块。

6.4.2 磨光面的石碴最大粒径大于或等于 3 mm 时，在试样磨光面的两条对角线上各画一条 400 mm 的测量线，如图 5 示。测量通过两条测量线上粒径大于 0.5 mm 的每粒石碴的长度，读数准确到 0.5 mm。

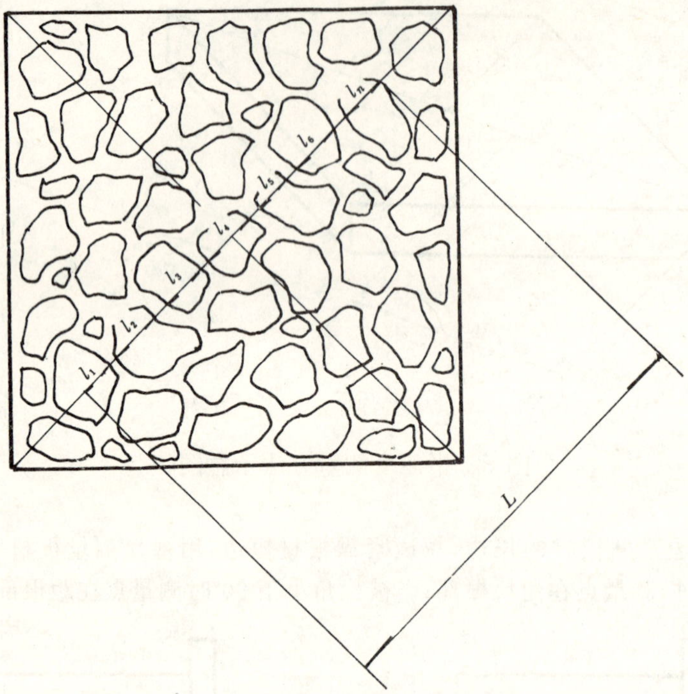


图 5 出石率测量示意图

6.4.3 每块试样的出石率 $X$(%)按式(1)计算：

$$X = \frac{l_1 + l_2 + l_3 + \cdots\cdots l_n}{2L} \times 100 \qquad \cdots\cdots(1)$$

式中： $X$——出石率，%；

$l_1$、$l_2$、$l_3$……$l_n$——在测量线上每粒石碴的长度，mm；

$L$——测量线长度，$L$=400 mm。

6.4.4 出石率以每组试验结果的算术平均值表示，计算结果精确到 1%。

## 6.5 物理力学性能试验

### 6.5.1 光泽度

光泽度测定按 GB/T 13891 的规定进行。

### 6.5.2 吸水率

6.5.2.1 试件制备

用切割成 150 mm×100 mm 的试件进行试验，每组试件 5 块，每块样品只能取一个试件。

6.5.2.2 试验步骤

将试件放进电热恒温鼓风干燥箱内，在 105±5℃下恒温 24±0.5 h，然后在室内空气中冷却 2～4 h，使水磨石试件的温度降到室温，称其干重 $G_0$ 精确至 0.5 g。

将称干重后的试件平放在水箱中，水箱与试件间用玻璃棒隔开，保持水面高于试件上表面 50±10 mm，浸水 24 h 后立即从水中取出，用湿布抹去试件表面的水迹，称其湿重 $G_s$，读数准确到 0.5 g。

6.5.2.3 结果计算

吸水率 $W$(%)按式(2)计算：

$$W = \frac{G_s - G_0}{G_0} \times 100 \qquad \cdots\cdots(2)$$

式中：$W$——吸水率，%；

$G_0$——试件的干重，g；

$G_s$——试件的湿重，g。

吸水率用该组试验结果单块最大值表示，计算结果精确到 0.1%。

**6.5.3 抗折强度**

6.5.3.1 试件制备

用切割成 150 mm×100 mm 的试件进行试验，试件受力方向不得含有钢筋，试件长度允许偏差 ±5 mm，宽度允许偏差 ±1 mm，每块样品只能取一个试件，每组五个。

6.5.3.2 试验步骤

将试件按 6.5.2.2 中浸水方式浸泡 24 h 后，用游标卡尺测量试件中部的厚度和宽度，读数准确到 0.1 mm。

调整试验机的量程，使试件的预期破坏荷载不小于全量程的 20%，也不大于全量程的 80%，抗折试验架的支承圆柱中心距 $L$ 为 100 mm，支承圆柱和荷载压头的圆弧半径为 10 mm 或 15 mm。

将试件磨光面向上简支于试验架的两个支承圆柱上，开动试验机，使试件缓慢受力，以 30～50 N/s 的速度均匀而连续地加荷，直至试件折断，记录其破坏荷载，加压方式如图 6 所示。

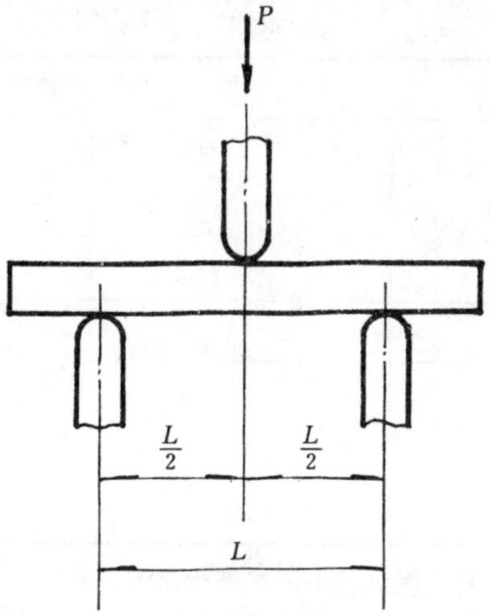


图 6 抗折试验加荷方式示意图

6.5.3.3 结果计算

抗折强度 $R_f$(MPa) 按式(3)计算：

$$R_f = \frac{3PL}{2bh^2} \quad \cdots\cdots(3)$$

式中：$R_f$——水磨石的抗折强度，MPa；

$P$——折断时的破坏荷载，N；

$L$——支承圆柱的中心距，$L$=100 mm；

$b$——试件宽度，mm；

$h$——试件厚度，mm。

抗折强度用该组试件算术平均值和单块最小值表示，计算结果精确到 0.1 MPa。

## 7 检验规则

### 7.1 检验分类

产品检验分出厂检验（或交收检验）和型式检验（或例行检验）。

7.1.1 出厂检验项目：外观质量、尺寸偏差、光泽度。

7.1.2 型式检验项目:外观质量、尺寸偏差、出石率、物理力学性能。

有下列情况之一时,应进行型式检验:

a. 新产品试制定型鉴定时;

b. 正式生产后,如材料、设备、工艺有较大改变,可能影响产品的性能时;

c. 正常生产时,每个月进行一次;

d. 产品长期停产后,重新恢复生产时;

e. 出厂检验结果与上次型式检验结果有较大差异时;

f. 国家质量监督检验机构提出进行型式检验要求时。

## 7.2 批的组成

7.2.1 出厂检验的批由一次订货的同一品种、规格和相同质量等级的水磨石构成,一个验收批最多不超过一万块。

7.2.2 型式检验的批由同一类别、规格和相同质量等级的水磨石构成,一个检验批为500~3 000块。

## 7.3 抽样方案

7.3.1 出厂检验和型式检验所需样品应在成品库随机抽取。抽取的样品数量见表4。对特殊要求的水磨石产品出厂检验时可逐块检验。

表4　　块

| 批量范围 | 抽样数量 | | | |
|---|---|---|---|---|
| | 外观质量 | 尺寸偏差 | 光泽度<br>出石率<br>吸水率 | 抗折强度 |
| 20~500 | 20 | 13 | 5 | 5 |
| 501~1 200 | 32 | 20 | | |
| 1 201~3 200 | 50 | 32 | | |
| 3 201~10 000 | 80 | 32 | | |

注:光泽度、出石率、吸水率的检验在同一组试件上依次进行。

7.3.2 检验外观质量的样品从整个批量中抽取,检验尺寸偏差的样品从检验外观质量合格的样品中抽取,检验光泽度、出石率、吸水率和抗折强度的样品从检验尺寸偏差合格的样品中抽取。

## 7.4 判定规则

### 7.4.1 出厂检验

7.4.1.1 外观质量和尺寸偏差按表5判定。

表5　　块

| 栏　号 | 1 | 2 | 3 | 4 |
|---|---|---|---|---|
| 检验项目 | 试件数量 | $H_e$ | $B_u$ | $H'_e$ |
| 外观质量 | 20<br>32<br>50<br>80 | 3<br>5<br>7<br>10 | 4<br>6<br>8<br>11 | 2<br>3<br>5<br>8 |
| 尺寸偏差 | 13<br>20<br>32 | 1<br>2<br>3 | 2<br>3<br>4 | 1<br>1<br>2 |

当达不到指定质量等级的试件数小于或等于 $H_e$ 时，判定该批产品符合指定等级；大于 $B_u$ 时，判定该批产品不符合指定等级；等于 $B_u$ 时，允许重新抽样。

重新抽样后，当达不到指定质量等级的样品数小于或等于 $H'_e$ 时，判定该批产品符合指定等级；大于 $H'_e$ 时，判定该批产品不符合指定等级。

7.4.1.2 光泽度的判定：光泽度的试验结果达到 5.5.1 中规定质量等级的光泽度值时，判定该批产品符合该质量等级。

7.4.1.3 总判定：外观质量、尺寸偏差、物理力学性能符合技术要求中相应等级时，判为该等级。

**7.4.2 型式检验**

7.4.2.1 外观质量和尺寸偏差按表 5 中第 2 栏进行判定。

当达不到指定质量等级的样品数小于或等于 $H_e$ 时，判定该批产品符合指定质量等级；大于 $H'_e$ 时，则判定该批产品不符合指定质量等级。

7.4.2.2 光泽度的判定同出厂检验；出石率、吸水率和抗折强度的判定按 5.4、5.5.2 与 5.5.3 条进行。

## 8 标志、包装、贮存和运输

**8.1 标志**

8.1.1 水磨石边长超过 500 mm 时，背面应有生产厂名称或商标，边长等于或小于 500 mm 时，包装后应有产品标记。

8.1.2 出厂的水磨石应有产品质量合格证，其内容如下：

a. 合格证编号；

b. 产品标记；

c. 生产厂的厂名或商标；

d. 出厂日期或批号；

e. 生产厂质量检验部门签章。

**8.2 包装**

根据运距和道路情况水磨石包装时应光面相对，其包装方法分为绳包装、箱包装和托盘包装。

8.2.1 绳包装

a. 包装绳应具有足够强度，包装时必须扎紧并保护好棱角。

b. 产品除大型产品允许单块捆扎外，其他产品均采取双数包装。

c. 简易包装不少于 3 个捆扎点，每个捆扎点的绳应不少于五道，密封包装时，产品不得外露。

8.2.2 箱包装

a. 包装箱可用木材或性能相近的代用板材制作，包装箱的规格由双方商定。

b. 产品装入箱内时，其周围空隙必须用柔软填料挤实。

8.2.3 托盘包装

a. 托盘规格应符合运输工具许可的尺寸，并与产品模数相适应。

b. 托盘与产品相互捆扎牢固，在运输过程中不应松散。

**8.3 运输**

8.3.1 不论用何种运输工具水磨石制品均应直立放置，每行倾斜不大于 15°。水磨石包装件与运输工具接触部分必须支垫使之受力均匀。

8.3.2 运输时要平稳、严禁冲击。远途运输时必须采取防雨措施，搬运过程中应轻拿轻放、严禁抛掷。

**8.4 贮存**

8.4.1 产品在搬运时必须轻拿轻放。

8.4.2 产品宜在室内贮存，室外贮存时应予遮盖。

8.4.3 贮存期间，产品码放应采用直立与平放两种方法。

a. 直立码垛时应光面相对，倾斜角不大于 15°，垛高不超过 1.6 m，最底层必须用木条支垫，层间用木条相隔，各层支承点必须平衡。

b. 平放码垛时应光面相对，地面要求平整，垛高不超过 1.4 m。

## 附　录　A
## 水磨石术语
（补充件）

A1　**磨面水磨石**

经研磨加工使表面平整光滑的水磨石制品。

A2　**抛光水磨石**

指对研磨加工后的面进行抛光具有镜向光泽的水磨石制品。

A3　**返浆**

在水磨石磨光面上出现底层砂浆的现象。

A4　**杂质**

面层中混有木屑、铁屑等类物质。

A5　**色差**

主要指同一块水磨石的磨光面上不同部位及同一批水磨石磨光面上同种颜色的浓淡差别。

A6　**杂石**

与水磨石磨光面基本色调不协调，花色显著不同影响面层装饰效果的石碴。

A7　**漏砂**

表面灰浆中掉进了底层灰砂。

A8　**气孔**

水磨石磨光面上存在的直径小于 2 mm、具有一定深度的孔洞。

A9　**缺口**

在水磨石磨光面的棱和角上存在的局部破损，其沿棱边的长度小于 4 mm，在磨光面上的宽度小于 2 mm。

A10　**石碴级配**

主要指水磨石磨光面上不同颜色和不同粒径石碴的比例。

A11　**越线**

在两种或两种以上颜色的交界处，一种颜色超出图案规定的线条侵入相邻颜色区的现象。

A12　**图案偏差**

指两块或两块以上的水磨石组成图案时，每块水磨石之间线条不相吻合，即线条彼此偏离的程度。

## 附 录 B
## 原材料的技术要求
（参考件）

**B1** 水泥应符合 GB 2015、GB 175 和 GB 1344 的规定，但不得使用火山灰质硅酸盐水泥。

**B2** 装饰石碴应由未风化的天然岩石破碎加工而成。

**B3** 着色颜料不得损害水磨石的物理力学性能，而且不溶于水，分散性好，具有优良的耐碱性和耐光性，技术性能应符合有关标准的规定。

**B4** 砂子应符合建筑用砂的规定。

**B5** 搅拌用水应符合 JGJ 63 的规定。

**B6** 钢筋应符合 GB 343 或 GB 701 的规定。

**附加说明：**

本标准由国家建筑材料工业局苏州混凝土水泥制品研究院、国家建筑材料工业局标准化研究所、国家建筑材料工业局人工晶体研究所、北京市建材水磨石厂起草。

本标准主要起草人赵玉屏、曹正庚、何晓虹，曲光宇、薛万银。

本标准委托国家建筑材料工业局苏州混凝土水泥制品研究院负责解释。

# 中华人民共和国建材行业标准

JC 537—94

# 石棉水泥电缆管及其接头

## 1 主题内容与适用范围

本标准规定了石棉水泥电缆管及接头的产品分类与规格、技术要求,试验方法、检验规则、包装、标志和运输等。

本标准适用于电力系统和通讯系统铺设电缆用的石棉水泥管(以下简称管子)及其接头。

## 2 引用标准

GB 175 硅酸盐水泥、普通硅酸盐水泥

GB 748 抗硫酸盐硅酸盐水泥

GB 7019 石棉水泥制品吸水率、容重及孔隙率测定方法

GB 8071 温石棉

## 3 产品分类、等级与规格

### 3.1 分类

管子按使用条件分为 A 类和 B 类两类,A 类适用于铺设后在管外现浇混凝土的情况;B 类适用于直埋铺设或外露的情况。

### 3.2 等级

管子按抗折荷载分为一等品和合格品两个等级。

### 3.3 规格

管子的形状和规格见图 1 和表 1。

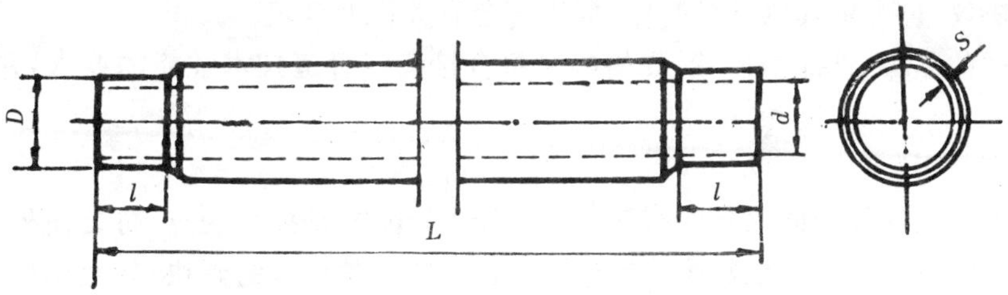


图 1

$d$—内径;$D$—车削端外径;$S$—车削端壁厚;$l$—车削长度;$L$—管子标准长度

国家建筑材料工业局1994-02-17批准　　1994-11-01实施

表1 管子的规格尺寸

| 公称直径 mm | 内径 d mm | 标准长度 L m | A类 车削端 厚度 S mm | A类 车削端 外径 D mm | B类 车削端 厚度 S mm | B类 车削端 外径 D mm |
|---|---|---|---|---|---|---|
| 100 | 100 | 2,3,4 | 8 | 116 | 10 | 120 |
| 125 | 125 | 2,3,4 | 9 | 143 | 11.5 | 148 |
| 150 | 150 | 2,3,4,5 | 10 | 170 | 12 | 174 |
| 200 | 200 | 3,4,5 | 11 | 222 | 15 | 230 |

注：① 经供需双方协议可生产其他规格尺寸的管子。

② 管子未车削外径比车削外径约大 2 mm，车削端长度 $l$ 由生产厂自定。

### 3.4 接头型式与规格

应选用柔性接头，具备安装方便，密封性能好，确保使用安全。

但接头具体型式、套管或管子承口的规格尺寸与尺寸允许偏差，以及套管外观质量、尺寸允许偏差的检验规定，由厂方自行确定，并通知用户。

## 4 技术要求

### 4.1 原材料

4.1.1 石棉：应采用符合 GB 8071 规定的 5 级和 5 级以上的温石棉。也可掺用适量对制品性能无害的其他纤维。

4.1.2 水泥：应采用 GB 175 标准中不低于 425 号的水泥，但不得使用掺有煤、炭粉作助磨剂及页岩、煤矸石、粉煤灰作混合材的普通硅酸盐水泥。

若管子在有中等腐蚀性水或硫酸盐含量高的土壤中使用，应采用 GB 748 规定的不低于 425 号的抗硫酸盐硅酸盐水泥。

4.1.3 水：应采用淡水或循环系统的水。淡水中不应含有油、盐、酸类等杂物。

4.1.4 连接管子用的石棉水泥套管与接头配件所用的材料应符合本标准 4.1.1～4.1.3 规定的要求，除非供需双方有协议，也可用其他材料制作，但应符合有关标准规定。

选用的橡胶圈的品种、性能与形状、规格等应符合接头与管道技术性能的要求，并且还要符合有关标准的规定。

### 4.2 外观质量

在每根管子未加工的外表面上允许有深度不大于 2 mm 的伤痕和脱皮，每处面积不得大于 10 cm$^2$，其总面积不大于 50 cm$^2$，管子内表面要光滑不得粘有影响电缆穿入的硬块；如经车削，车削部位的外表面不允许有伤痕、脱皮和起鳞。

### 4.3 尺寸允许偏差

4.3.1 管子长度的允许正偏差不限制，负偏差不大于标准长度的 2%。

每批中短管数量允许不超过 10%，这种短管长度应不小于标准长度 300 mm，但所供应的管子总长以实数计算宜不小于用户订货单上所规定的数量。管子内径与车削端外径允许偏差不得大于表 2 的规定。

表 2　　　　mm

| 公称直径 | 允许偏差 | |
|---|---|---|
| | 内径 $d$ | 车削端外径 $D$ |
| 100<br>125 | ±1 | ±1 |
| 150<br>200 | ±2 | |

4.3.2　管子应圆直，同一端内径的最大与最小值相差不得大于表 3 的规定。管子两端面必须切削成与中心轴线相垂直，不应有毛刺和起层。

表 3　　　　mm

| 公称直径 | 100 | 125 | 150 | 200 |
|---|---|---|---|---|
| 允许值 | 1.0 | 1.2 | 1.5 | 2.0 |

4.3.3　允许弯曲度：标准长度为 2 m 和 3 m 者弯曲度不大于 10 mm；标准长度为 4 m 和 5 m 者弯曲度不大于 14 mm。

**4.4　物理力学性能**

4.4.1　抗渗性：A 类管子在 0.1 MPa，B 类管子在 0.2 MPa 的试验水压下试验时，管子外表面不得有洇湿。

4.4.2　抗折荷载：不同级别、不同规格的管子应能承受表 4 中规定的最小的抗折荷载，而不发生破坏。

表 4

| 公称直径<br>mm | 支距<br>mm | A 类 | | B 类 | |
|---|---|---|---|---|---|
| | | 一等品<br>N | 合格品<br>N | 一等品<br>N | 合格品<br>N |
| 100 | 800 | 4 500 | 4 000 | 6 000 | 5 000 |
| 125 | 1 200 | 5 000 | 4 500 | 7 000 | 6 000 |
| 150 | 1 370 | 6 000 | 5 500 | 10 000 | 9 000 |
| 200 | 1 870 | 7 500 | 6 500 | 12 000 | 10 000 |

4.4.3　外压荷载与外压强度：

4.4.3.1　管子外压荷载应能承受表 5 中规定的最小外压荷载而不发生破坏。

4.4.3.2　套管的外压强度不应低于 25 MPa。

表 5

| 公称直径<br>mm | A 类<br>试验荷载<br>N | B 类<br>试验荷载<br>N |
|---|---|---|
| 100 | 2 500 | 5 400 |
| 125 | | 4 400 |
| 150 | | 3 600 |
| 200 | | 3 600 |

4.4.4　管子与套管的管壁吸水率不应大于 23%。

4.4.5　B 类管子与套管应能承受反复交替冻融 25 次其外观不出现龟裂、起层现象。

## 5 试验方法

### 5.1 外观质量检查

用目测与精确度为 0.5 mm 的钢板尺测量管子与套管内、外表面伤痕和脱皮。

### 5.2 规格尺寸检验

5.2.1 管子与套管长度用最小刻度为 1 mm 的卷尺测量，管子壁厚用精度为 0.1 mm 的游标卡尺测量，以管子两端垂直对称位置各测定四处，测量结果的算术平均值作为管壁厚度。

5.2.2 管子与套管的内、外径分别用内、外卡钳及精度为 0.5 mm 的钢板尺测量，以管子两端垂直对称位置各测量四次，测量结果的算术平均值作为管子的内、外径尺寸。用同样的方法测量同一管端的最大与最小的内径值。

5.2.3 管子的弯曲度用长度不小于管子长度的金属尺或木尺作靠尺，用精度为 1 mm 的钢板尺测量，管子外表面与靠尺之间的最大间隙作为管子的弯曲度。

### 5.3 物理力学性能试验

5.3.1 抗渗性试验

5.3.1.1 管子抗渗性试验

以整根经车削加工后的管子作试验，采用管端密封后管子轴向不受压力的水压试验设备，压力表最小刻度至少 0.05 MPa，在不少于 1 min 的时间内，使管内水压逐渐升高到规定的水压试验值，恒压 60 s，以检查管子外表面渗透状况。

5.3.1.2 接头密封性能试验

组装好的接头应能承受 A 类 0.1 MPa、B 类 0.2 MPa 水压试验，按本标准 5.3.1.1 规定进行试验。

5.3.2 抗折荷载试验

采用一点加荷试验方法测定管子抗折荷载，如图 2 所示，在管段中部及两侧支点放上 120° V 型钢制托架，管段与托架之间应垫有厚度约 10 mm 的橡胶板。

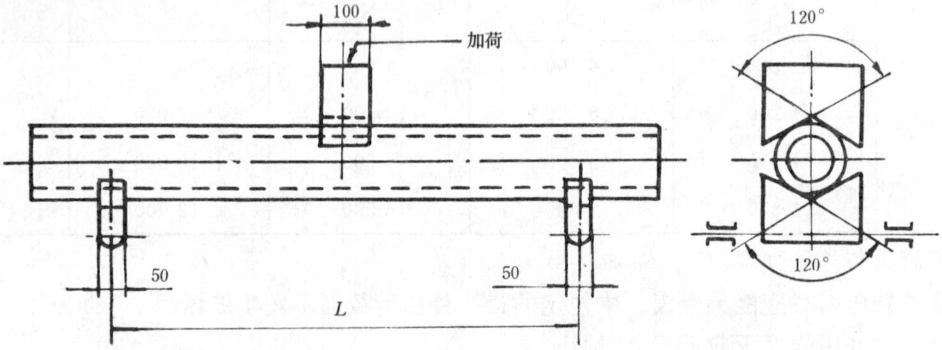


图 2

试样长度不应小于支距长度另加 200 mm 的总长。需将试样先在温度为 20±5℃的水中浸泡 48 h，在材料试验机上按图 2 装置好后开始试验（支距按本标准表 4 所规定值），以每秒 400～600 N 匀速加荷至表 4 中规定的最小抗折荷载试验值时，管子不应发生折断。

5.3.3 外压试验

5.3.3.1 管子外压荷载试验

用 300 mm 长的管段作试验，试样需先在温度为 20±5℃的水中浸泡 48 h 后取出擦干，按图 3 所示放在材料试验机上进行试验。

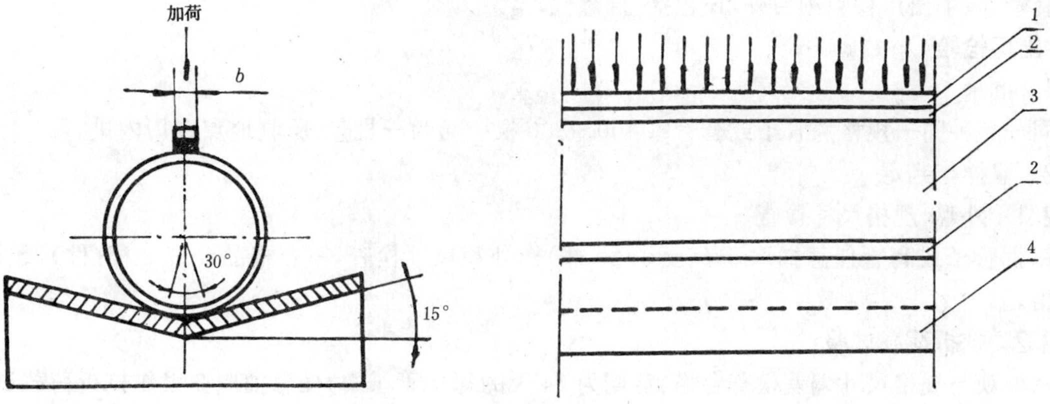


图 3

1—压块;2—橡胶垫;3—石棉水泥管;4—托架

试样底部垫以形状为 150° V 型托架,压块(宽度 $b$ 值为 35 mm),托架和压块与试样之间需分别垫入厚度为 15 mm,硬度为邵氏 60±5 度的橡胶垫,托架与压块用同样材料的金属或硬木制成。

按图 3 装置好后开始试验,以每秒 400～600 N 加荷至表 5 中规定的最小外压荷载试验值时,管子不应发生破坏。

5.3.3.2 套管外压强度试验

用加工好的套管,采用 5.3.3.1 方法进行试验,施加荷载以每秒 400～600 N 匀速上升,直至套管开裂,按下式计算套管外压强度:

$$R_c = n \times \frac{P_c(3d + 5S)}{L \cdot S^2}$$

式中:$R_c$ ——外压强度,MPa;

$P_c$ ——破坏荷载,N;

$d$ ——管段实际内径,mm;

$S$ ——破坏处实际厚度,mm;

$L$ ——试样长度,mm;

$n$ ——系数,取 0.3。

5.3.4 吸水率试验

管子与套管的吸水率试验方法按照 GB 7019 规定进行。

5.3.5 抗冻性试验

从管子两端切割长 100 mm 管环试样各一块,先浸入 20±5℃的清水中 24 h,然后取出放入－17～－22℃的冷冻箱内,冷冻 2 h,取出,浸入 20±5℃的清水中,融化 2 h 将试样再放入冷冻箱内冷冻 2 h,如此反复冻融 25 次,每次浸水后放入冷冻箱以前,均需擦干,检查试样表面有无起层和龟裂。

## 6 检验规则

### 6.1 检验分类

6.1.1 出厂检验项目

管子:外观质量、尺寸允许偏差、抗折荷载、外压荷载、吸水率。

套管:外观质量、尺寸允许偏差、外压强度、吸水率。

6.1.2 型式检验项目

管子:除了出厂检验项目外,还包括:同一端最大与最小内径差、弯曲度、抗折荷载(200 mm 口径、长度 4 m 以下)抗渗性。B 类管还须检验抗冻性。

套管:除了出厂检验项目外,还包括:抗渗性。

## 6.2 出厂检验

### 6.2.1 批量

同一品种同一规格的管子或套管每 400～800 根(个)为一批量,验收地点在厂内进行。

### 6.2.2 取样与判定

#### 6.2.2.1 外观、规格尺寸检查

每批管子或套管任意抽取 5%(至少 20 件)作外观尺寸检查,不合格品允许 2 根(件),超过时判为不合格。

#### 6.2.2.2 抗折荷载试验

从外观与规格尺寸偏差检查合格、龄期为 14 天的每批管子中,任意抽取 2 根作抗折荷载试验。如其中有 1 根不合格,龄期延长至 28 天,再取加倍数量进行复试,若仍有 1 根管子不合格时,则全批管子降等或判为不合格。

#### 6.2.2.3 外压荷载与外压强度试验

从外观与规格尺寸偏差检查合格,龄期为 14 天的每批管子或套管中,任意抽取 2 根(件)管子作外压荷载试验,套管作外压强度试验,如其中有 1 根(件)不合格,龄期延长至 28 天,再取加倍数量进行复试,若仍有 1 根(件)不合格则全批管子或套管判为不合格。

#### 6.2.2.4 吸水率试验

从外观与规格尺寸偏差检查合格,龄期为 14 天的每批管子或套管中任意抽取 2 根(件)作吸水率试验,如其中有 1 根(件)不合格,龄期延长至 28 天,再取加倍数量进行复试,若仍有 1 根(件)不合格则全批管子或套管判为不合格。

## 6.3 型式检验

6.3.1 当产品有下列情况时应进行型式检验:

a. 新产品或老产品转厂生产的试制定型鉴定;

b. 当产品结构、材料、工艺有较大改变时;

c. 正式生产时,每年进行一次;

d. 产品长期停产后恢复生产时或交货检验结果与上次型式检验有较大差异时;

e. 国家质量监督机构提出进行型式检验时。

6.3.2 型式检验项目、同一端最大与最小内径差、弯曲度、抗渗性、抗冻性按下述规定取样与判定,其他项目按 6.2.2 规定进行。

#### 6.3.2.1 同一端最大与最小内径差、弯曲度检查

取样数与外观、规格尺寸检查相同,并同时进行。不合格品允许 2 根(件),超过时,全批产品判为不合格。

#### 6.3.2.2 抗渗性试验

从外观与规格尺寸偏差检查合格,龄期为 14 天的每批管子或套管中,任意抽取 2 根(件)作抗渗性试验。如其中 1 根(件)不合格,龄期延长至 28 天,再取加倍数量进行复试,若仍有 1 根(件)不合格,则全批管子或套管判为不合格。

#### 6.3.2.3 抗冻性试验

从外观与规格尺寸偏差检查合格,龄期为 14 天的每批管子或套管中,任意抽取 2 根(件)作抗冻试验,如其中有 1 根(件)不合格,龄期延长至 28 天,再取加倍数量进行复试,若仍有 1 根(件)不合格,则全批管子或套管判为不合格。

## 7 标志与产品合格证

### 7.1 标志

管子与套管的外表面必须用不掉色的颜料注明标志，内容应包括：生产厂名、产品名称、类别、等级、规格、生产日期、生产编号以及小心轻放、严禁抛掷等内容。标志形式由生产厂自定。

### 7.2 产品合格证

发货时必须将产品合格证随同发货单寄给用户，其中注明：

a. 生产厂名称及厂址；

b. 标准编号、产品名称、类别、等级、规格与生产日期；

c. 产品性能检验结果；

d. 生产厂检验部门与检验人员签名盖章。

## 8 包装、运输与保管

### 8.1 包装

管子与套管出厂前必须妥善捆扎，但不要遮住标志，每根管子捆扎不应少于三个部位，管子两端应严加保护。也可采用集装箱方式。

### 8.2 运输

用各种运输工具运管子和套管时，必须设法使管子和套管固定。在运输过程中减少震动，防止碰撞，装卸时严禁抛掷。

### 8.3 保管

管子或套管的堆放场地必须坚实平坦，不同类别。不同规格的管子或套管应分别堆放，堆放时最下一层的管子应固定好以防塌落，堆放高度不应超过 1.5 m。

---

**附加说明：**

本标准由国家建筑材料工业局苏州混凝土水泥制品研究院负责起草。由吴桥县石棉水泥管厂、青岛第二石棉制品厂、华新水泥厂、陕西省石棉水泥管厂参加起草。

本标准主要起草人叶启汉、张明勇、陈桂琴。

本标准委托国家建筑材料工业局苏州混凝土水泥制品研究院负责解释。

中华人民共和国建材行业标准

JC 538—94

# 石棉水泥落水管、排污管及其接头

## 1 主题内容与适用范围

本标准规定了石棉水泥落水管、排污管及其接头的产品分等、规格、技术要求、试验方法、检验规则、标志、包装和运输等。

本标准适用于房屋建筑屋外的落水和屋内外的排污水用的石棉水泥管(以下简称管子)及其接头。

## 2 引用标准

GB 175 硅酸盐水泥、普通硅酸盐水泥

GB 748 抗硫酸盐硅酸盐水泥

GB 7019 石棉水泥制品吸水率、容重及孔隙率测定方法

GB 8071 温石棉

## 3 产品等级与规格

### 3.1 等级

石棉水泥落水管按抗折荷载分为一等品和合格品两个等级。

石棉水泥排污管按抗折荷载与试验水压分为一等品和合格品两个等级。

### 3.2 规格

管子的形状和规格见图1和表1。

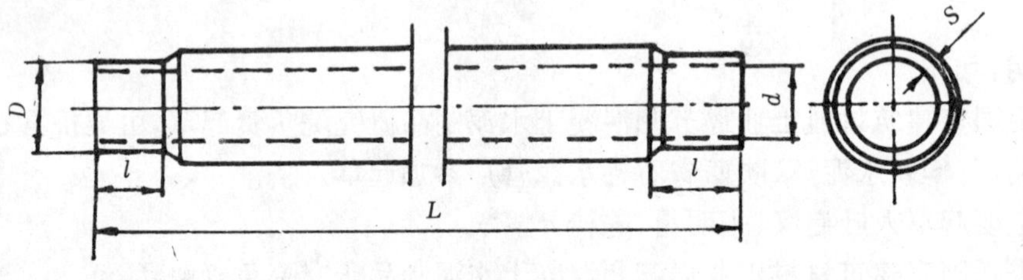


图 1

$d$—内径;$D$—车削端外径;$S$—车削端壁厚;$l$—车削长度;$L$—管子标准长度

表 1 管子的规格尺寸

| 公称直径 mm | 内径 $d$ mm | 标准长度 $L$ m | 落水管 车削端 厚度 $S$ mm | 落水管 车削端 外径 $D$ mm | 排污管 车削端 厚度 $S$ mm | 排污管 车削端 外径 $D$ mm |
|---|---|---|---|---|---|---|
| 75 | 75 | 2,3 | 8 | 91 | 9 | 93 |
| 100 | 100 | 2,3,4 | 8 | 116 | 10 | 120 |

国家建筑材料工业局1994-02-17批准 1994-11-01实施

续表 1

| 公称直径 mm | 内径 d mm | 标准长度 L m | 落水管 | | 排污管 | |
|---|---|---|---|---|---|---|
| | | | 车削端 | | 车削端 | |
| | | | 厚度 S mm | 外径 D mm | 厚度 S mm | 外径 D mm |
| 125 | 125 | 2,3,4 | 10 | 145 | 11 | 147 |
| 150 | 150 | 2,3,4,5 | 10 | 170 | 12 | 174 |
| 200 | 200 | 3,4,5 | — | — | 15 | 230 |
| 250 | 250 | 3,4,5 | — | — | 16 | 282 |

注：① 经供需双方协议可生产其他规格尺寸的管子。

② 管子未车削外径比车削外径约大 2 mm。车削端长度 l 由生产厂自定，落水管也可不车削。

### 3.3 接头型式与规格

应选用柔性接头，具备安装方便，密封性能好，确保使用安全。

但接头具体型式、套管或管子承口的规格尺寸与允许偏差以及套管外观质量、尺寸允许偏差的验收规定，由厂方自行确定，并通知用户。

## 4 技术要求

### 4.1 原材料

4.1.1 石棉：应采用符合 GB 8071 规定的五级和五级以上的温石棉。也可掺用适量对制品性能无害的其他纤维。

4.1.2 水泥：应采用 GB 175 标准中不低于 425 号的水泥。但不得使用掺有煤、炭粉作助磨剂及页岩、煤矸石、粉煤灰作混合材的普通硅酸盐水泥。

若管子在有中等腐蚀性水或硫酸盐含量高的土壤中使用，应采用 GB 748 规定的不低于 425 号的抗硫酸盐硅酸盐水泥。

4.1.3 水：应采用淡水或循环系统的水，淡水中不应含有油、盐、酸类等杂物。

4.1.4 连接管子用的石棉水泥套管与接头配件所用的材料应符合本标准 4.1.1～4.1.3 规定的要求，除非供需双方有协议，也可用其他材料制作，但应符合有关标准规定。

选用的橡胶圈的品种、性能与形状规格等应符合接头型式与管道技术性能的要求。并且还要符合有关标准的规定。

### 4.2 外观质量

在每根管子未加工的外表面上允许有深度不大于 2 mm 的伤痕和脱皮，每处面积不得大于 10 $cm^2$，其总面积不大于 50 $cm^2$。管子内表面上允许有深度不大于 2 mm 的脱皮，其总面积不大于 25 $cm^2$，如经车削，车削部位的外表面上不允许有伤痕、脱皮和起鳞。

### 4.3 尺寸允许偏差

4.3.1 管子长度的允许正偏差不限制，负偏差不大于标准长度的 2%。每批中短管数量允许不超过 10%，这种短管长度应不小于标准长度 300 mm，但所供应的管子总长以实数计算，宜不小于用户订货单上所规定的数量，管子内径与车削端外径允许偏差不得大于表 2 的规定。

表 2　　　　mm

| 公称直径 | 允　许　偏　差 | |
|---|---|---|
| | 内　径　*d* | 车削端外径 *D* |
| 75<br>100<br>125 | ±1 | ±1 |
| 150<br>200<br>250 | ±2 | |

4.3.2　管子应圆直，同一端内径的最大与最小值相差不得大于表3的规定，管子两端必须切削成与中心轴线相垂直，不应有毛刺和起层。

表 3　　　　mm

| 公称直径 | 75 | 100 | 125 | 150 | 200 | 250 |
|---|---|---|---|---|---|---|
| 允许值 | 0.7 | 1.0 | 1.2 | 1.5 | 2.0 | 2.5 |

4.3.3　允许弯曲度：标准长度为2 m和3 m者弯曲度不大于10 mm；标准长度为4 m和5 m者弯曲度不大于14 mm。

**4.4　物理力学性能**

4.4.1　抗渗性：落水管在0.2 MPa，排污管的一等品与合格品分别在0.6与0.4 MPa的试验水压下保持60 s，管子外表面不得有洇湿。

4.4.2　抗折荷载：不同级别、不同规格的管子应承受表4中规定的最小抗折荷载，而不发生破坏。

表 4

| 公称直径 mm | 支距 mm | 落水管，N | | 排污管，N | |
|---|---|---|---|---|---|
| | | 一等品 | 合格品 | 一等品 | 合格品 |
| 75 | 800 | 3 800 | 2 700 | 4 000 | 3 000 |
| 100 | 800 | 5 700 | 4 500 | 6 000 | 5 000 |
| 125 | 1 200 | 6 700 | 4 900 | 7 000 | 6 000 |
| 150 | 1 370 | 8 900 | 5 800 | 10 000 | 9 000 |
| 200 | 1 870 | — | — | 12 000 | 10 000 |
| 250 | 2 000 | — | — | 13 000 | 11 000 |

4.4.3　外压荷载与外压强度

4.4.3.1　管子的外压荷载应承受表5中规定的最小外压荷载，而不发生破坏。

4.4.3.2　套管的外压强度不应低于33 MPa。

表 5

| 公称直径 mm | 落水管 | 排污管 |
|---|---|---|
| | 外压试验荷载，N | 外压试验荷载，N |
| 75 | 2 500 | 5 500 |
| 100 | | 5 400 |
| 125 | | 4 400 |
| 150 | | 4 000 |
| 200 | | 3 600 |
| 250 | | 3 600 |

4.4.4 管子与套管的管壁吸水率不应大于20%。

4.4.5 管子与套管应能经受反复交替冻融25次(落水管为35次)其外观不出现龟裂、起层现象。

## 5 试验方法

### 5.1 外观质量检查

用目测与精确度为0.5 mm的钢板尺测量管子与套管的内、外表面伤痕和脱皮。

### 5.2 规格尺寸检验

5.2.1 管子与套管长度用最小刻度为1 mm的卷尺测量,管子壁厚用精度为0.1 mm的游标卡尺测量,以管子两端垂直对称位置各测四处,测量结果的算术平均值作为管壁厚度。

5.2.2 管子与套管的内、外径分别用内、外卡钳及精度为0.5 mm的板尺测量,以管子两端垂直对称位置各测量四次,测量结果的算术平均值作为管子与套管的内、外径尺寸。用同样的方法测量同一管端的最大与最小的内径值。

5.2.3 管子的弯曲度用长度不小于管子长度的金属尺或木尺作靠尺,用精确度为1 mm的钢板尺测量,管子外表面与靠尺之间的最大间隙作为管子的弯曲度。

### 5.3 物理力学性能试验

5.3.1 抗渗性试验

5.3.1.1 管子抗渗性试验

以整根管子作试验,采用管端密封后管子轴向不受压力的水压试验设备,在不少于1 min的时间内,使管内水压逐渐上升至本标准4.4.1所规定的试验水压值。恒压60 s检查管子外表面渗透状况。

5.3.1.2 接头密封性能试验

组装好的接头应承受本标准4.4.1所规定的水压试验值。按本标准5.3.1规定进行试验。

5.3.2 抗折荷载试验

采用一点加荷试验方法测定管子抗折荷载,如图2所示。在管段中部及两侧支点放上120° V型钢制托架,管段与托架之间应垫有厚度约10 mm的橡胶板。

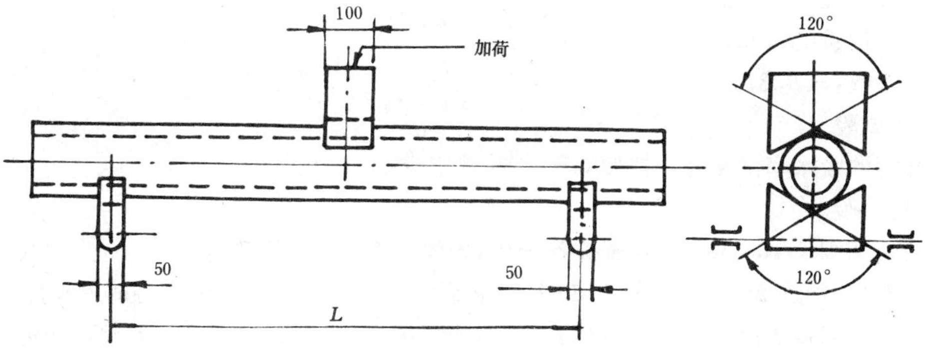


图 2

试样长度不应小于支距长度另加200 mm的总长。需将试样先在温度为20±5℃的水中浸泡48 h,在材料试验机上按图2装置好后开始试验(支距L按本标准表4所规定值),以每秒400~600 N匀速加荷至表5中规定的最小抗折荷载试验值时,管子不应发生折断。

5.3.3 外压试验

5.3.3.1 管子外压荷载试验

用300 mm长的管段作试验,试样需先在温度为20±5℃的水中浸泡48 h后取出擦干,按图3所示放在材料试验机上进行试验。试样底部垫以形状为150° V型托架,压块(宽度$b$值为35 mm)、托架和压块与试样之间需分别垫入厚度为15 mm,硬度为邵氏60±5度的橡胶垫,托架与压块用同样材料的金属或硬木制成。

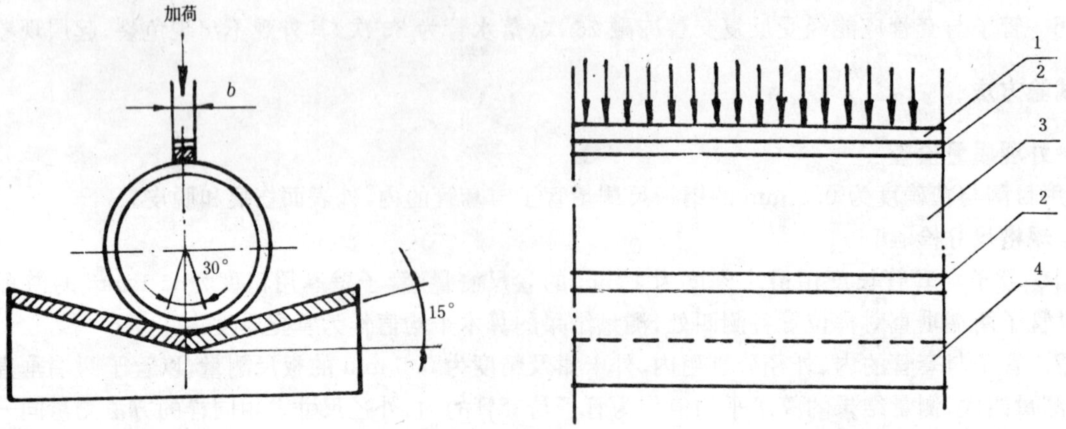


图 3

1—压块；2—橡胶垫；3—石棉水泥管；4—托架

按图 3 装置好后开始试验，以每秒 400～600 N 匀速加荷至表 5 中规定的最小外压试验荷载值时，管子不应发生破坏。

5.3.3.2　套管外压强度试验

用加工好的套管，采用 5.3.3.1 方法进行试验，施加荷载以每秒 400～600 N 匀速上升，直至套管开裂，按下式计算套管外压强度：

$$R_c = n \times \frac{P_c(3d + 5S)}{L \cdot S^2}$$

式中：$R_c$——外压强度，MPa；

$P_c$——破坏荷载，N；

$d$——管段实际内径，mm；

$S$——破坏处实际厚度，mm；

$L$——试样长度，mm；

$n$——系数，取 0.3。

5.3.4　吸水率试验

管子与套管的吸水率试验方法按照 GB 7019 规定进行。

5.3.5　抗冻性试验

从管子两端切割长 100 mm 管环试样各一块，先浸入 20±5℃的清水中 24 h，然后取出放入－17～－22℃的冷冻箱内，冷冻 2 h，取出，浸入 20±5℃的清水中，融化 2 h，将试样再放入冷冻箱内冷冻 2 h，如此反复冻融 25 次，每次浸水后放入冷冻箱以前，均需擦干，检查试样表面有无起层和龟裂。

## 6　检验规则

### 6.1　检验分类

6.1.1　出厂检验项目

管子：外观质量、尺寸允许偏差、抗折荷载、外压荷载、吸水率、排污管的抗渗性。

套管：外观质量、尺寸允许偏差、外压强度、吸水率、排污管用的接头的抗渗性。

6.1.2　型式检验项目

管子：除了出厂检验项目外，还包括：同一端最大与最小内径差、弯曲度、抗折荷载（200 mm 口径、长度 4 m）抗冻性。落水管的抗渗性。

套管：除了出厂检验项目外，还包括抗冻性。

6.2 **出厂检验**

6.2.1 批量

同一品种、同一规格的管子或套管每400～800根(个)为一批量,验收地点在厂内进行。

6.2.2 取样与判定

6.2.2.1 外观规格尺寸检验

每批管子或套管任意抽取5%(至少20根(件))作外观尺寸检查,不合格品允许2根(件),超过时判为不合格。

6.2.2.2 抗渗性试验

从外观与规格尺寸偏差检查合格、龄期为14天的每批管子或套管中任意抽取2根(件)作水压抗渗性试验,如其中1根(件)不合格,龄期延长至28天,再取加倍数量进行复试,若仍有1根(件)不合格则全批量管子或套管降等或判为不合格。

6.2.2.3 抗折荷载试验

从外观与规格尺寸偏差检查合格,龄期为14天的每批管子中,任意抽取2根(件)作抗折荷载试验,如其中有1根(件)不合格,龄期延长至28天,再取加倍数量进行复试,若仍有1根(件)管子不合格时,则全批管子降等或判为不合格。

6.2.2.4 外压荷载与外压强度试验

从外观与规格尺寸偏差检查合格,龄期为14天的每批管子或套管中,任意抽取2根(件)管子作外压荷载试验,套管作外压强度试验,如其中有1根(件)不合格,龄期延长至28天,再取加倍数量进行复试,若仍有1根(件)不合格则全批量管子或套管判为不合格。

6.2.2.5 吸水率试验

从外观与规格尺寸偏差检查合格、龄期为14天的每批管子或套管中,任意抽取2根(件)作吸水率试验,如其中有1根(件)不合格,龄期延长至28天,再取加倍数量进行复试,若仍有1根(件)不合格则全批管子或套管判为不合格。

6.3 **型式检验**

6.3.1 当产品有下列情况时应进行型式检验:

**a.** 新产品或老产品转厂生产的试制定型鉴定;

**b.** 当产品结构、材料、工艺有较大改变时;

**c.** 正式生产时,每年进行一次;

**d.** 产品长期停产后恢复生产时或交货检验结果与上次型式检验有较大差异时;

**e.** 国家质量监督机构提出进行型式检验时。

6.3.2 型式检验项目、同一端最大与最小内径差、弯曲度、抗冻性按下述规定取样与判定,其他项目按6.2.2规定进行。

6.3.2.1 同一端最大与最小内径差、弯曲度检查

取样数与外观、规格尺寸检查相同,并同时进行。不合格品允许2根(件),超过全批产品判为不合格。

6.3.2.2 抗冻性试验

从外观与规格尺寸偏差检查合格,龄期为14天的每批管子或套管中,任意抽2根(件)作抗冻试验,如其中1根(件)不合格,龄期延长至28天,再取加倍数量进行复试,若仍有1根(件)不合格,则全批管子或套管判为不合格。

## 7 标志与产品合格证

### 7.1 标志

管子与套管的外表面必须用不掉色的颜料注明标志,内容应包括:生产厂名、产品名称、类别、等级、

规格、生产日期、生产编号、小心轻放、严禁抛掷等内容。标志形式由生产厂自定。

**7.2 产品合格证**

发货时必须将产品合格证随同发货单寄给用户、其中载明：

a. 生产厂名称及厂址；

b. 标准编号、产品名称、等级、规格与生产日期；

c. 产品性能检验结果；

d. 生产厂检验部门与检验人员签名盖章。

## 8 包装、运输与保管

**8.1 包装**

管子与套管出厂前必须妥善捆扎，但不要遮住标志、每根管子捆扎不应少于三个部位，管子两端应严加保护。也可采用集装箱方式。

**8.2 运输**

用各种运输工具运管子和套管时，必须设法使管子和套管固定，在运输过程中，减少震动、防止碰撞，装卸时严禁抛掷。

**8.3 保管**

管子或套管的堆放场地必须坚实平坦，不同级别、不同规格的管子或套管应分级别堆放，堆放时最下一层的管子应固定好以防塌落，堆放高度不应超过 1.5 m。

---

**附加说明：**

本标准由国家建筑材料工业局苏州混凝土水泥制品研究院负责起草。由华新水泥厂、青岛第二石棉制品厂、吴桥县石棉水泥管厂、成都石棉水泥管厂参加起草。

本标准主要起草人叶启汉、张明勇、江锦秀。

本标准委托国家建筑材料工业局苏州混凝土水泥制品研究院负责解释。

# 前　言

本标准非等效采用 ISO 1896:1991《纤维增强水泥制品—绝热和防火用的不燃性纤维增强硅酸钙板或水泥板》中的有关条款。

本标准是在 JC/T 564—1994《纤维增强硅酸钙板》基础上修订的，本次修订不再按增强材料类型分类；只按密度分为 D0.8、D1.0 和 D1.3 三类；删去船用板方面的内容；按板的厚度范围档次重新划定板的抗折强度指标；取消产品级别；按 ISO 390《纤维水泥制品的抽样和检验》最新版本修订型式检验规则。

本标准自实施之日起，同时代替 JC/T 564—1994。

本标准由全国水泥制品标准化技术委员会提出并归口。

本标准负责起草单位：国家建筑材料工业局苏州混凝土水泥制品研究院。

本标准参加起草单位：福建三明新型建材总厂、山东肥城鲁泰新型建材总厂、江苏爱富希新型建材有限公司、无锡市新中亚装饰板材有限责任公司。

本标准主要起草人：罗晓真、方冬林、张明勇、章建阳、赵德存、史志强、吴伟。

本标准委托国家建筑材料工业局苏州混凝土水泥制品研究院负责解释。

本标准 1994 年首次发布，2000 年第一次修订。

中华人民共和国建材行业标准

JC/T 564—2000

# 纤维增强硅酸钙板

代替 JC/T 564—1994

**Fiber reinforced calcium silicate sheet**

## 1 范围

本标准规定了纤维增强硅酸钙板的分类、技术要求、试验方法、检验规则及标志、包装、运输与贮存等。

本标准适用于以钙质材料、硅质材料及增强纤维(含石棉纤维或非石棉纤维)等为主要原料,经成型、蒸压养护而成的纤维增强硅酸钙板(下称硅酸钙板)。主要用作建筑物的隔墙板、吊顶板和其他工程的防火隔热材料等。

本标准不适用于硅酸钙绝热制品和饰面硅酸钙板。

## 2 引用标准

下列标准所包含的条文,通过在本标准中引用而构成为本标准的条文。本标准出版时,所示版本均为有效。所有标准都会被修订,使用本标准的各方应探讨使用下列标准最新版本的可能性。

GB/T 5464—1999 建筑材料不燃性试验方法

GB/T 7019—1997 纤维水泥制品试验方法

GB 8624—1997 建筑材料燃烧性能分级方法

GB/T 10294—1988 绝热材料稳态热阻及有关特性的测定 防护热板法

## 3 产品分类、规格与标记

3.1 分类:硅酸钙板按密度分为 D0.8、D1.0 和 D1.3 三类。

3.2 规格:硅酸钙板的公称尺寸应符合表1规定。

表1 尺寸及尺寸允许偏差 mm

| 项目 | 公称尺寸 | 允许尺寸偏差 |
|---|---|---|
| 长度 | 1 800 2 400 2 440 3 000 | ±5 |
| 宽度 | 800 900 1 000 1 200 1 220 | ±4 |
| 厚度<br>(*e*) | 5 6 8 | ±0.3 |
| | 10 12 15 | ±0.5 |
| | 20 25 30 35 | ±0.6 |
| 注:经供需双方协商可生产其他规格尺寸的板材 | | |

3.3 产品标记

3.3.1 代号:以 A 代表石棉增强纤维,N 代表非石棉增强纤维。

3.3.2 标记:按增强纤维类型、密度、规格尺寸和本标准编号顺序列出。

3.3.3 标记示例:如非石棉型,密度为 D0.8,长度 2 400 mm,宽度 1 200 mm,厚度 10 mm 的硅酸钙板

国家建筑材料工业局2000-06-26批准 2000-10-01实施

标记为:N D0.8  2 440×1 220×10  JC/T 564—2000。

## 4 技术要求

### 4.1 外观质量

4.1.1 硅酸钙板的正表面应平整,边缘整齐,不得有裂纹、缺角等缺陷;但允许有少量不影响使用的鼓泡和凹陷。

4.1.2 尺寸允许偏差应符合表1的规定。

4.1.3 形状偏差应符合表2的规定。

表2 形状偏差

| 项目 | | 允许范围 |
|---|---|---|
| 平板边缘平直度,mm/m | ≤ | 2 |
| 平板边缘垂直度,mm/m | ≤ | 3 |
| 平板表面平面度,mm/m | ≤ | 3 |
| 厚度不均匀度,% | ≤ | 8 |
| 注:厚度不均匀度系指同块板厚度的极差除以公称厚度 | | |

### 4.2 物理力学性能

硅酸钙板的物理力学性能应符合表3的规定。

表3 物理力学性能

| 项目 | | | 类别 | | |
|---|---|---|---|---|---|
| | | | D0.8 | D1.0 | D1.3 |
| 密度 $D$ g/cm$^3$ | | | $0.75<D\leqslant0.90$ | $0.90<D\leqslant1.20$ | $1.20<D\leqslant1.40$ |
| 抗折强度 MPa ≥ | $e$=5 6 8 | | 8 | 9 | 12 |
| | $e$=10 12 15 | | 6 | 7 | 9 |
| | $e\geqslant20$ | | 5 | 6 | 8 |
| 螺钉拔出力,N/mm | | ≥ | 60 | 70 | 80 |
| 导热系数,W/(m·K) | | ≤ | 0.25 | 0.29 | 0.30 |
| 含水率,% | | ≤ | 10 | | |
| 湿胀率,% | | ≤ | 0.25 | | |
| 不燃性 | | | 符合 GB 8624A 级 | | |

## 5 试验方法

5.1 外观质量:按 GB/T 7019 规定进行。

### 5.2 物理力学性能

5.2.1 试件的制备

按表4所示的规格、数量从外观质量、规格尺寸合格的产品中抽出一张整板切取试件。

表 4 试件制备

| 测定项目 | 试件数,块 | 试件尺寸,mm | 备 注 |
|---|---|---|---|
| 密 度 | 2 | 80×80 | 按 GB/T 7019 |
| 含水率 | 2 | 80×80 | 按 GB/T 7019 |
| 抗折强度<br>$e \leqslant 12$ mm<br>$e > 12$ mm | <br>2<br>横向 2,纵向 2 | <br>250×250(支距 215)<br>$(10e+40)\times 3e$(支距 $10e$) | 在距试板边缘 200 mm 内切取,在 100～105℃下烘干至恒重 |
| 螺钉拔出力 | 3 | 100×80 | 100～105℃烘干至恒重 |
| 湿胀率 | 2 | 260×260 | 在距试板边缘 200 mm 内切取 |
| 导热系数 | 2 | $\phi$200 | 按 GB/T 10294 |
| 不燃性 | 按 GB/T 5464 | | |

5.2.2 密度、含水率和抗折强度的测定,按 GB/T 7019 规定进行。

5.2.3 螺钉拔出力的测定

采用长度约 40 mm 的 $\phi$4 mm 木螺钉旋入略小于螺纹直径的试件导入孔中,螺钉穿透板的全部厚度,并露出背面 5 mm 或深达约 20 mm 处,然后通过附有适当夹具的万能材料试验机,以约 50 N/s 速率施加拉力,直至螺钉拔出,按公式(1)计算螺钉拔出力:

$$R=\frac{P}{h} \qquad (1)$$

式中:$R$——螺钉拔出力,N/mm;

$P$——荷载,N;

$h$——板厚或螺钉旋入深度,mm。

5.2.4 湿胀率的测定:按 GB/T 7019 规定进行。

5.2.5 导热系数的测定:按 GB/T 10294 规定进行。

5.2.6 不燃性试验:按 GB/T 5464 规定进行。

## 6 检验规则

6.1 检验项目

6.1.1 出厂检验项目:外观、规格尺寸、含水率、密度、抗折强度和螺钉拔出力。

6.1.2 型式检验项目:本标准第 4 章规定的所有项目。

6.2 抽样与判定

6.2.1 出厂检验

6.2.1.1 连续生产同一类别、同一规格的产品以 3 000 张为一批量,如不足 3 000 张,则在 200 张以上仍按一批考核,验收地点应在生产厂内进行。

6.2.1.2 外观质量检验:从一批产品中不同堆垛里抽取 3 张板进行外观缺陷、尺寸允许偏差和形状偏差检验,若其中 1 张板有一项指标不合格,则要对此指标重新检验。由同一批量再抽取双倍数量进行复检,若该项指标仍有 1 张板不符合要求时,则该产品判为不合格品。批量不合格时可进行逐张检验处理。

6.2.1.3 物理力学性能检验:从上述外观质量检验合格的样品中抽取 2 张板作密度、含水率、抗折强度和螺钉拔出力检验。按 5.2 规定切取试件并试验,若其中一项的性能不符合标准要求,再取双倍数量的板进行不合格项目的复验,若仍不符合要求,则判该批产品为不合格。

6.2.2 型式检验

6.2.2.1　当产品有下列情况之一时，应进行型式检验：

a）新产品或老产品转厂生产的试制定型鉴定；

b）正式生产后，结构、材料、工艺有较大改变，影响产品性能时；

c）正常生产时，每年进行一次检验；

d）产品停产半年后恢复生产时；

e）出厂检验结果与上次型式检验有较大差异时；

f）国家质量监督机构提出进行型式检验的要求时。

6.2.2.2　外观质量与规格尺寸：从每一受检批中抽取样品，样品数量列于表5第2栏中。

表5　抽取样品数量

| 1 | 2 | 3 | 4 | 5 | 6 | 7 | 8 | 9 |
|---|---|---|---|---|---|---|---|---|
| 批量数量 | 品质检验——二次抽样 | | | | | 变量检验——单一抽样 | | |
| | 样品数量 $n$ | 第一次样品 | | 第一次+第二次样品 | | 样品数量 $n$ | 可接收系数 $K$ | 备注 |
| | | 合格判定数 $Ac1$ | 不合格判定数 $Re1$ | 合格判定数 $Ac2$ | 不合格判定数 $Re2$ | | | |
| ≤150 | 3 | 0 | 1 | 不适用 | 不适用 | 3 | 0.502 | $AL=L+K\cdot R$<br>式中：<br>$AL$——可验收极限<br>$L$——标准低限<br>$K$——可接收系数<br>$R$——样品中最大值与最小值之差 |
| 151～200 | 8 | 0 | 2 | 1 | 2 | 3 | 0.502 | |
| 201～500 | 8 | 0 | 2 | 1 | 2 | 4 | 0.450 | |
| 501～1 200 | 8 | 0 | 2 | 1 | 2 | 5 | 0.431 | |
| 1 201～3 200 | 8 | 0 | 2 | 1 | 2 | 7 | 0.405 | |

外观质量与规格尺寸检验按5.1进行。验收规则按品质检验程序进行(表5第3～6栏)。即第一次样品中的不合格品数未超过表5中 $Ac1$ 时，该受检批量应予验收；若不合格品数等于或大于表5中 $Re1$ 时，则该检验批量不合格；若第一次样品中的不合格品数介于 $Ac1$ 和 $Re1$ 之间时，则应抽取并检验与第一次样品相同数量的第二次样品。两次样品中的不合格品总数等于或小于表5中 $Ac2$，则该检验批量合格；若不合格品总数等于或大于表5中 $Re2$，则该检验批量不合格。批量不合格时可进行逐张检验处理。

6.2.2.3　物理力学性能检验：按变量检验程序(表5第7、8、9栏)对抗折强度、螺钉拔出力试验进行判定，若样品的平均值 $\overline{X}$ 大于或等于可验收极限，即 $\overline{X}\geq AL$，则该批量合格；若 $\overline{X}<AL$，则该批量不合格。

板的密度、含水率和湿胀率试验，应在该受检批中任意抽取2张板按5.2规定试验。试验结果如有一项不合格时，再取加倍数量对该项进行复验，若仍不合格，则该批产品判定为不合格。

导热系数和不燃性试验按GB/T 10294、GB/T 5464检验，然后按本标准4.2验收。

## 7　标志、包装、运输与贮存

### 7.1　标志与产品合格证

7.1.1　标志：在每张板表面上应用不褪色的颜色标明：生产厂名称或者商标、生产日期、班次等，出厂的包装垛上应有该产品的标记与代号。

7.1.2　产品合格证：发货时必须将产品合格证随同发货单寄给用户，其中应载明：

a）产品名称、产品标记、批号与生产日期；

b）生产厂名称、商标及厂址；

c）产品性能检验结果；

d) 生产厂检验部门及检验人员签名盖章。

7.2 包装

产品可采用硬质包装箱。若采用其他包装方式，应保证板材不致弯曲、板边不致碰撞损坏。包装高度不应超过 1.2 m。

7.3 运输

搬运和装卸板材时，应沿板材长度方向为受力边，不得互相撞击和自任何高度进行抛掷，运输工具底面必须平整并设法使产品固定好，在运输过程中要减少震动，防止磁撞和雨淋。

7.4 贮存

堆放板材应按不同规格、类别分别堆放、堆放高度不超过 3.6 m；堆放场地必须平坦、坚实，露天堆放，应有遮盖措施。如用方木支垫，应保证产品不致变形。

# 中华人民共和国建材行业标准

JC 565—94

# 电力电缆用承插式混凝土预制导管

## 1 主题内容与适用范围

1.1 本标准规定了电力电缆用承插式混凝土预制导管(以下简称预制导管)的分类、技术要求、试验方法、检验规则、标志、保管和运输等。

1.2 本标准适用于工厂制造、现场安装的电力电缆用、橡胶圈柔性密封、连杆连接的预制导管。

通讯或其他电缆的保护管亦可参照本标准。

## 2 引用标准

GB 700 碳素结构钢

GB J 107 混凝土强度检验评定标准

GB J 204 混凝土和钢筋混凝土结构施工验收规范

## 3 产品分类

3.1 分类

3.1.1 预制导管按孔数分为2孔、4孔、6孔三类。预制导管按孔径分为125 mm、150 mm两种规格。

3.1.2 预制导管按水密性能分为Ⅰ、Ⅱ级。

3.2 等级

预制导管按外观质量、尺寸偏差分为优等品(A)、一等品(B)、合格品(C)。

3.3 标记

3.3.1 产品标记的顺序按孔径×公称长度、孔数、水密性等级、产品等级及标准编号。

3.3.2 标记示例：

孔径为150 mm、公称长度为1 000mm、孔数为4孔、水密性等级为Ⅰ级的优质品预制导管：

150×1 000 4 Ⅰ A JC 565

## 4 规格尺寸

4.1 预制导管的规格尺寸应符合图1和表1的规定。

国家建筑材料工业局1994-09-14批准 1995-05-01实施

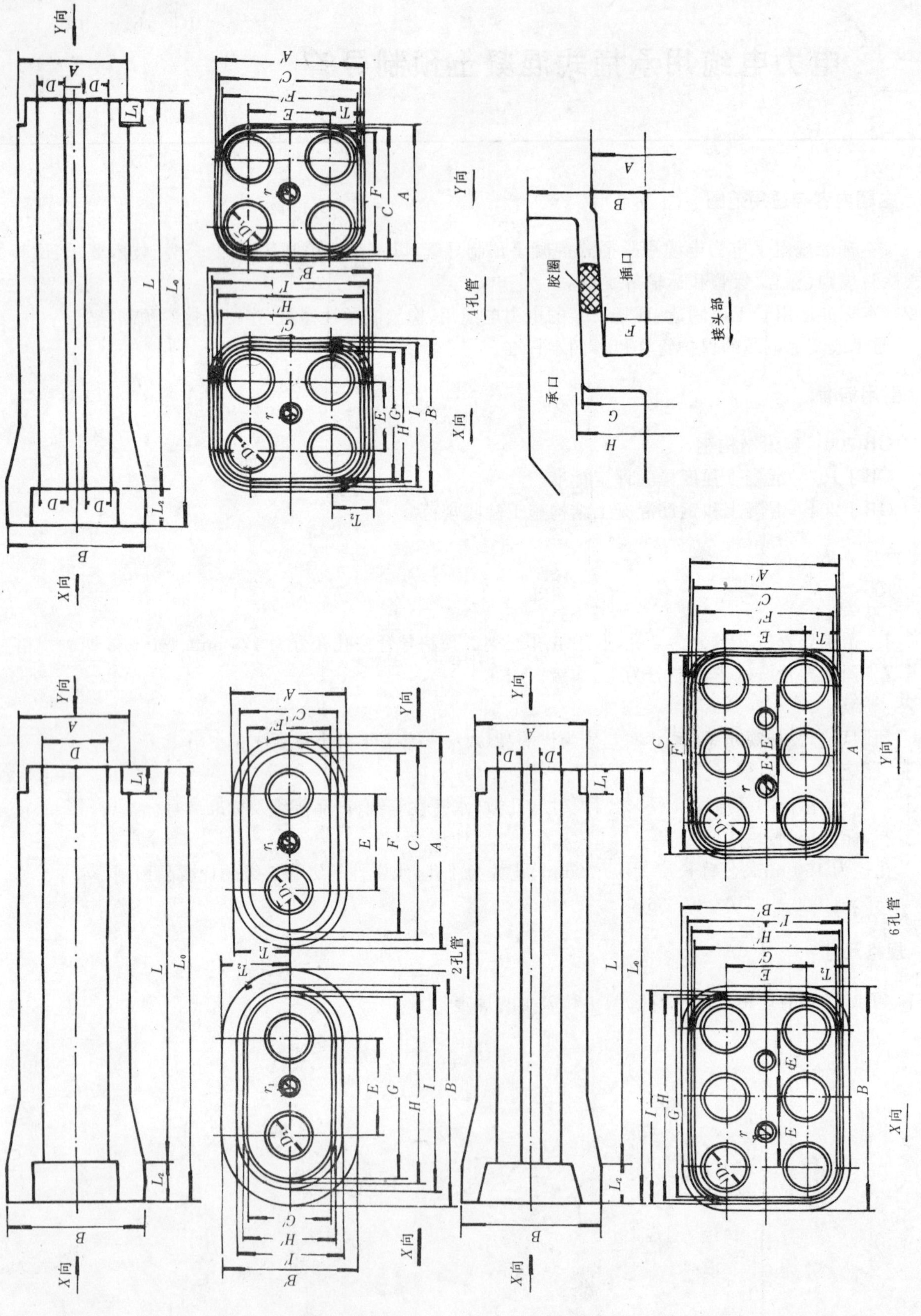


图 1

表 1

mm

| 类别 | | 2孔管 | | 4孔管 | | 6孔管 | |
|---|---|---|---|---|---|---|---|
| 孔径 | | 125 | 150 | 125 | 150 | 125 | 150 |
| $L$ | | 997/447 | | | | | |
| $L_0$ | | 1 049/549 | | | | | |
| $J$ | | 18 | | | | | |
| $L_1$ | | 37 | | | | | |
| $L_2$ | | 52 | | | | | |
| 插口部 | $D_1$ | 125 | 150 | 125 | 150 | 125 | 150 |
| | $E$ | 176 | 200 | 150 | 176 | 150 | 176 |
| | $T_1$ | 90 | 102 | 90 | 102 | 90 | 102 |
| | $A$ | 356 | 404 | 330 | 380 | 480 | 556 |
| | $A'$ | 180 | 204 | 330 | 380 | 330 | 380 |
| | $C$ | 344 | 392 | 318 | 368 | 468 | 544 |
| | $C'$ | 168 | 192 | 318 | 368 | 318 | 368 |
| | $F$ | 338 | 386 | 312 | 362 | 462 | 538 |
| | $F'$ | 162 | 186 | 312 | 362 | 312 | 362 |
| 承口部 | $D_2$ | 125 | 150 | 125 | 150 | 125 | 150 |
| | $E$ | 176 | 200 | 150 | 176 | 150 | 176 |
| | $T_2$ | 124 | 136 | 124 | 136 | 124 | 136 |
| | $B$ | 424 | 472 | 398 | 448 | 548 | 624 |
| | $B'_1$ | 248 | 272 | 398 | 448 | 398 | 448 |
| | $G$ | 356 | 404 | 330 | 380 | 480 | 556 |
| | $G'$ | 180 | 204 | 330 | 380 | 330 | 380 |
| | $H$ | 362 | 410 | 336 | 386 | 486 | 562 |
| | $H'$ | 186 | 210 | 336 | 386 | 336 | 386 |
| | $I$ | 368 | 416 | 342 | 392 | 492 | 568 |
| | $I'$ | 192 | 216 | 342 | 392 | 342 | 392 |

注：$L$ 与 $L_0$ 栏中分母为公称长度 1 000 mm 管尺寸，分子为公称长度 500 mm 管尺寸。

## 5 技术要求

5.1 混凝土强度

5.1.1 预制导管用混凝土的28天抗压强度应不低于40 MPa。

5.1.2 预制导管脱模时混凝土的抗压强度应不低于16 MPa。出厂时混凝土的抗压强度应不低于28 MPa。

5.2 外观

表 2

| 检查项目 | 优质品 | 一等品 | 合格品 |
| --- | --- | --- | --- |
| 起皮、粘皮、麻面 | 孔内壁表面和预制导管外表面应光滑平整,不得有起皮、粘皮与麻面。孔内壁表面不得有凸出或凸起物 | 孔内壁表面局部起皮深度不超过2 mm,孔累计面积不超过内表面面积的1/200,预制导管外表面局部粘皮与麻面的深度不超过3 mm,累计面积不超过外表面积的1/50,可以修补。修补后的孔内壁表面和预制导管外表面应光滑平整。孔内壁表面不得有凸出或凸起物 | 孔内壁表面局部起皮深度不超过4 mm,各孔累计面积不超过内表面积的1/100,预制导管外表面局部粘皮与麻面的深度不超过5 mm,累计面积不超过外表面积的1/20,可以修补。修补后的孔内壁表面和预制导管外表面应光滑平整。孔内壁表面不得有凸出或凸起物 |
| 承插口凹槽、麻面与插口合缝错缝 | 承插口工作面应光滑平整。插口合缝处不得形成错缝 | 插口合缝处不得形成错缝。承插口工作面局部凹槽与麻面的深度不超过3 mm,宽度不超过5 mm,单根长度不超过20 mm,可以修补。修补后工作面应光滑平整 | 承插口工作面局部凹槽与麻面的深度不超过3 mm。宽度不超过10 mm。单根长度不超过50 mm。插口合缝处的错缝长度不超过50 mm,可以修补。修补后工作面应光滑平整 |
| 端部局部磕损 | 无 | 局部磕损沿管轴长度不超过10 mm,面积不超过20 $cm^2$,可以修补。修补后的尺寸和外观应达到标准要求 | 局部磕损沿管轴长度未达到承插口工作面,面积不超过50 $mm^2$,可以修补。修补后尺寸和外观应达到标准要求 |
| 蜂窝 | 无 | 无 | 无 |

5.3 尺寸偏差

预制导管的尺寸偏差应符合表3规定。

表 3

mm

| | 优等品 | 一等品 | 合格品 |
|---|---|---|---|
| $L_0$ | ±4 | ±6 | ±8 |
| $L_1$ | ±1 | ±1 | ±2 |
| $L_2$ | ±1 | ±1 | ±2 |
| $D_1$、$D_2$ | ±2 | ±2 | ±3 |
| $E$ | ±1 | ±1 | ±2 |
| $C$、$C'$ | $^{+1}_{0}$ | $^{+1}_{0}$ | $^{+1}_{0}$ |
| $F$、$F'$ | $^{+2}_{0}$ | $^{+2}_{0}$ | $^{+2}_{0}$ |
| $G$、$G'$ | $^{+1}_{0}$ | $^{+1}_{0}$ | $^{+1}_{0}$ |
| $H$、$H'$ | $^{0}_{-1}$ | $^{0}_{-1}$ | $^{0}_{-1}$ |
| 承插口端与管轴的垂直度 | ±1 | ±2 | ±3 |

5.4 力学性能

预制导管的力学性能应符合表 4 中的规定。

表 4

| 序号 | 技术指标 | | 2 孔导管 | 4 孔导管 | 6 孔导管 |
|---|---|---|---|---|---|
| 1 | 管体破坏弯矩,kN·m | 大于 | 8.0 | 10.0 | 18.0 |
| 2 | 管体支压破坏荷载,kN | 大于 | 100 | 150 | 200 |
| 3 | 接头部剪切破坏荷载,kN | 大于 | 15 | 30 | 40 |

注:公称长度 500 mm 预制导管的力学性能用同批、同品种公称长度 1 000 mm 预制导管测得的数据,孔径 125 mm 与孔径 150 mm 预制导管的力学性能要求相同。

5.5 水密性能

预制导管的水密性能应符合表 5 中的规定。

表 5

| 级别 | Ⅰ | | Ⅱ | |
|---|---|---|---|---|
| 接头转角(°) | 0 | 1.50 | 0 | 1.50 |
| 接头处外水压,MPa 大于 | 0.1 | 0.06 | 0.05 | 0.03 |

预制导管按 6.6 条规定进行水密性试验时,管接头处应不漏水、不滴水、不开裂。

5.6 密封用胶圈技术性能

预制导管密封用胶圈的技术性能应符合附录 A 的要求。

5.7 连杆技术性能

预制导管用连杆的技术性能应符合附录B的要求。

## 6 试验方法

### 6.1 混凝土抗压强度

6.1.1 立方体试件抗压强度试验

**a.** 按GB J 204规定取样和制作试件，试件的养护条件应与采用该批混凝土成型的预制导管相同。

**b.** 标准试件的尺寸为150 mm×150 mm×150 mm，如采用100 mm×100 mm×100 mm试件时，应乘以换算系数0.95。

**c.** 试件龄期为脱模、出厂和28天三个。每个龄期的试件数量应不少于3块。

**d.** 混凝土强度的评定应符合GB J107规定。

### 6.2 外观检查与尺寸检查

6.2.1 起皮、粘皮、麻面的面积用面积仪测量；凹槽的宽度和长度、合缝处错缝、局部磕损用精确度为1 mm的钢板直尺测量；深度用精确度为1 mm的测深仪测量。

6.2.2 预制导管的管长和承插口工作面的宽度与长度用精确度为1 mm的钢板直尺测量。

6.2.3 预制导管的孔径用内卡钳和精确度为0.5 mm的钢板直尺测量，以预制导管两端垂直对称位置各测两处，取两次测量值的算术平均值。

6.2.4 预制导管承插口端面与管轴的垂直度用直角尺与精确度为1 mm的钢板直尺测量，测量位置在承插口端面的中部，沿与管轴垂直的两个方向各测一次。取两次测量值的算术平均值。

6.2.5 孔间相对位置用精确度为1 mm的专用量具测量，沿与管轴垂直的两个方向各测一次。取两次测量值的算术平均值。

### 6.3 管体破坏弯矩

6.3.1 预制导管的抗弯试验采用简支法，支座的长度应大于管体最大宽度，试验装置见图2。

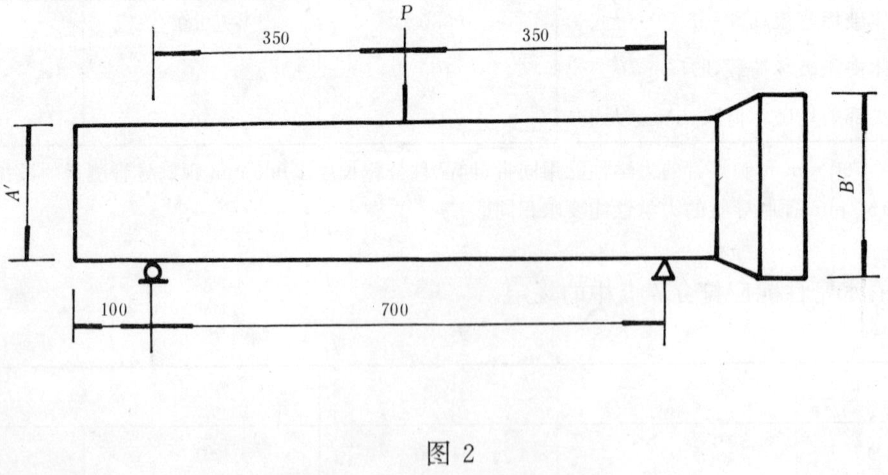


图2

6.3.2 试验时以20 kN/min的加荷速度均匀加荷至管体破坏。

6.3.3 管体破坏弯矩按公式(1)进行计算：

$$M=\frac{(P+9.8\times W)\times L}{4} \qquad \cdots\cdots(1)$$

式中：$M$——破坏弯矩，kN·m；

$P$——破坏荷载,kN;

$W$——预制导管自重,t;

$L$——支座间距,0.70 m。

6.4 管体支压破坏荷载

6.4.1 管体支压破坏试验装置见图3,试验时,管身上下各放置一块厚约30 mm的硬质木板,木板与管身之间各垫一块厚约3 mm的毛毡或纸板,毛毡或纸板的各边边长应比木板长5~10 mm,木板尺寸见表6。

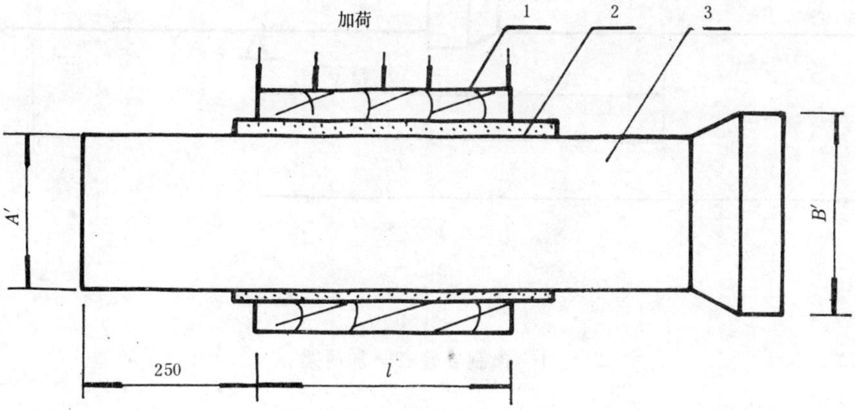


图 3

1—木板;2—毛毡或纸板;3—预制导管

表 6 mm

| 孔径 | 2孔管 | | 4孔管 | | 6孔管 | |
|---|---|---|---|---|---|---|
| | $l$ | $l'$ | $l$ | $l'$ | $l$ | $l'$ |
| 125 | 230 | >175 | 270 | >150 | 270 | >300 |
| 150 | 300 | >200 | 340 | >176 | 340 | >352 |

6.4.2 试验时,以20 kN/min的加荷速度均匀加荷直至管体破坏。

6.5 接头部剪切破坏荷载

6.5.1 接头部剪切破坏试验装置见图4。试验前接头内橡胶圈应到位,并用连杆将预制导管拉紧到位。

6.5.2 试验时,加荷点应位于两根预制导管接头部的正上方,以2 kN/min的加荷速度匀速加荷,直至接头部破坏。

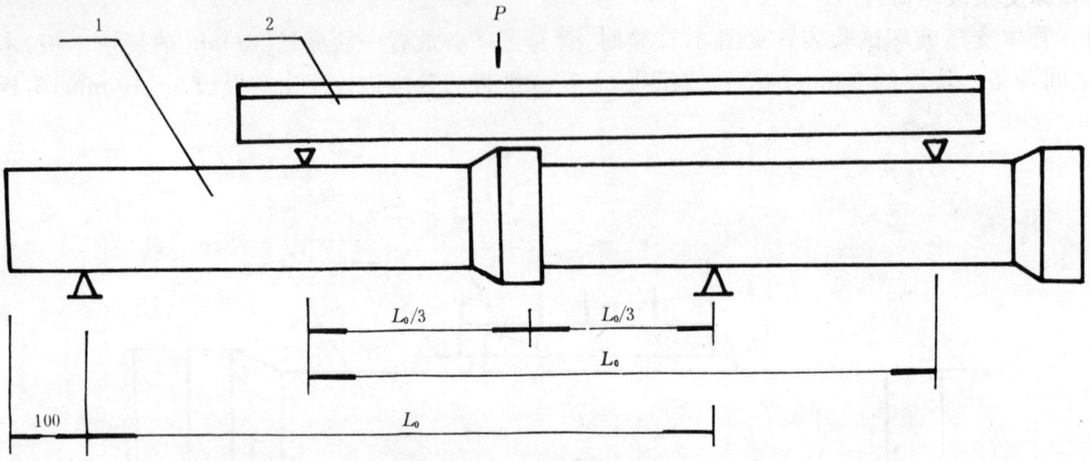


图 4

1—预制导管；2—加荷梁

6.6 水密试验

将两根预制导管对准连接，试验前，接头部橡胶圈应到位，并用连杆将预制导管拉紧到位。按第 5.4 条规定的预制导管级别，先进行转角为 0°时的水密试验，试验时在接头处加外水压至要求水压，恒压 10 min，如孔内无渗漏水现象和水斑，将外水压降至 0，再将接头部转向 1.5°，仍在接头部加外水压至要求水压，恒压 10 min，观察孔内有无渗漏水现象及水斑，如无则为合格。

## 7 检验规则

7.1 预制导管的检验分出厂检验与型式检验两种。

7.2 出厂检验

7.2.1 出厂检验项目

混凝土抗压强度、外观质量、尺寸偏差、水密试验。

7.2.2 批量

出厂产品以相同规格、相同原材料、相同工艺的预制导管为一个批量，每批产品的数量不得超过 150 根，但当 1 周内生产总数不足 150 根时，也可作为一个批量检验。

7.2.3 抽样方式

随机抽样。

7.2.4 混凝土抗压强度

产品出厂时，该批产品所用混凝土的各期强度均应不低于第 5.1 条的规定。

7.2.5 外观质量

从每批产品中随机抽取 5 根，按所定等级进行外观检测，如有 1 根不符合表 2 中相应等级的规定，则从同批产品中加倍抽样复检。复检样品应全部符合表 2 中相应等级的规定，否则，该批产品应降等或判为不合格品。

7.2.6 尺寸偏差

从每批通过外观检测的产品中随机抽取 3 根，按表 3 规定项目进行尺寸偏差的检测，如有 1 根不符合表 3 中相应等级的规定，则从同批产品中加倍抽样复检，复检产品应全部符合表 3 中相应等级的规定。否则，该批产品应降等或判为不合格品。

7.2.7 水密试验

从每批通过外观检测的产品中随机抽取 2 根，按第 6.6 条进行水密试验。如试验时预制导管孔内有渗、漏水或水斑，则从同批产品中加倍抽样复检，复检样品应全部合格，否则，该批产品为不合格品。

7.3 型式检验

7.3.1 型式检验项目为：混凝土抗压强度、外观质量、尺寸偏差、水密试验、管体抗弯试验、管体支压试验、接头部剪切破坏试验。

7.3.2 在下列情况下，须进行型式试验：

a. 新产品(或老产品转产)生产定型鉴定时；

b. 正常生产时，材料、工艺有较大改变，可能影响产品性能时；

c. 正常生产时每年进行一次；

d. 产品连续停产三个月，恢复生产时；

e. 出厂检验结果与上一次型式试验结果有较大差异时；

f. 国家质量监督机构提出进行型式检验要求时。

7.3.3 型式检验中混凝土抗压强度、外观质量、尺寸偏差和水密试验的检验要求同出厂检验。

7.3.4 接头部剪切破坏试验：从尺寸偏差检验的样品中抽取 2 根，按第 6.5 条规定进行试验。

7.3.5 管体抗弯试验：从尺寸偏差检验或水密试验、接头部剪切破坏试验的样品中抽取 1 根，按第 6.3 条规定进行试验。

7.3.6 管体支压试验

从尺寸偏差检验或水密试验、接头部剪切破坏试验的样品中抽取 1 根，按第 6.4 条规定进行试验。

7.3.7 接头部剪切破坏试验、管体抗弯试验和管体支压试验三项试验中，如有一项试验结果不符合表 4规定时，应从同批产品中随机抽取 2 根样品对该项试验进行复检。复检时，样品应全部符合表 4 中该项试验的规定，经复检的该批产品不能定为优质品或一等品。

7.4 判定规则

外观质量、尺寸偏差、水密性及力学性能符合技术要求中相应等级时，则判为该等级。

## 8 标志与出厂证明书

8.1 标志

除另有规定外，预制导管上应有如下标志，标志应清晰明显地印在预制导管管身外表面相邻的两个面的中部：

a. 红色电的标志“ϟ”，应印在管身外表面四个面的中部；

b. “下有电缆”的字样；

c. 预制导管的产品标记；

d. 预制导管的制造厂厂名或商标；

e. 制造日期。

8.2 出厂证明书

出厂证明书应包括下列内容：

a. 批量编号；

b. 产品标记；

c. 制造厂厂名及制造日期；

d. 产品数量；

e. 出厂抽检结果(外观、尺寸、水密试验)；

f. 混凝土抗压强度检验结果；

g. 制造厂质量检查部门签章。

## 9 保管、包装及运输

### 9.1 保管

9.1.1 产品应按类型、规格、等级及生产顺序分别堆放。

9.1.2 产品的堆放场地应平整，可采用立式或卧式堆放。立式堆放时，堆放层数为1层。产品下应垫以草垫或厚度不小于5 mm的砂层，卧式堆放时，堆放层数应不超过表7规定。产品层与层之间应用垫木隔开，每层垫木的支承点应在同一平面，各层垫木位置应在同一垂直线上。

表 7

| 孔数 | 2孔 | 4孔 | 6孔 |
| --- | --- | --- | --- |
| 堆放层数 | 4 | 3 | 3 |

注：2孔或6孔预制导管卧式堆放时，其横截面中的长边应与地面平行。

### 9.2 包装

产品的承插口处应用草绳、草片、草包等包装，以防碰撞损坏。

### 9.3 运输

9.3.1 产品起吊及装卸时，应轻起轻放，严禁抛掷、碰撞、滚落。

9.3.2 产品运输时，应固定牢靠，可采用立式或卧式堆放。立式堆放时，堆放层数为1层。产品下应垫以草垫，产品间应用草包等隔离；卧式堆放时，堆放层数应不超过表7规定，层间应垫以草包。

## 附 录 A
## 密封用O型实心胶圈技术要求
(补充件)

本附录适用于混凝土预制导管用密封胶圈。

### A1 胶圈形状

密封用O型实心胶圈(下称胶圈)的截面应呈圆形。表面应光滑、无凹痕、砂眼、气孔和其他缺陷。

### A2 胶圈材料

胶圈用橡胶配方中天然橡胶的含量应不少于总体积的60%,其余部分为粉状填料,但不应是橡胶代用品、再生橡胶及有害物质。

### A3 胶圈性能

a. 硬度(邵氏) 45～55度
b. 拉断强度 大于16 MPa
c. 拉断伸长率 大于500%
d. 拉伸永久变形 小于20%
e. 截面直径 12 mm

### A4 胶圈公差

a. 环径 ±3 mm
b. 截面直径 ±0.5 mm

## 附 录 B
## 连接用连杆技术要求
(补充件)

本附录适用于混凝土预制导管连接用连杆,包括螺杆、螺母和垫圈。

### B1 材料

连接用螺杆、螺母和垫圈用A3圆钢加工时,应符合GB 700中有关规定。

### B2 尺寸与公差

a. 连接螺杆

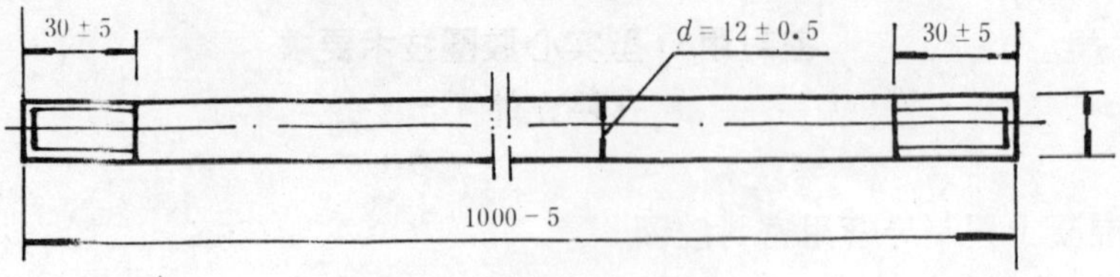


图 B1

b. 连接螺母

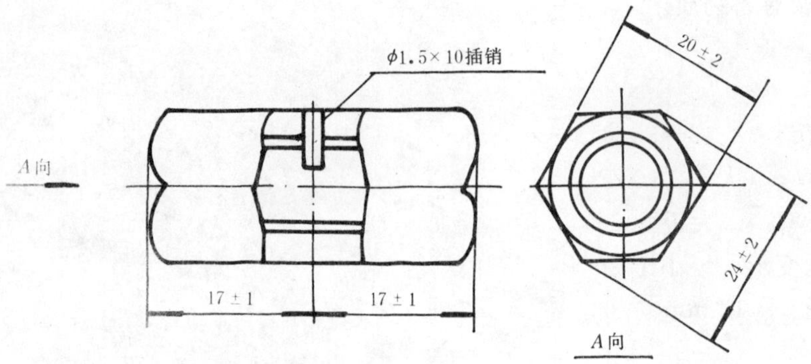


图 B2

## B3 技术性能

连接螺杆与连接螺母的连接拉力不得小于 1 500kN。

---

附加说明：

本标准由国家建筑材料工业局苏州混凝土水泥制品研究院归口。

本标准由国家建筑材料工业局苏州混凝土水泥制品研究院、上海市电力工业局设计研究所等单位负责起草。

本标准主要起草人李世龙、黄益荪、余经谷、李强、吴福兴。

中华人民共和国建材行业标准

JC/T 566—94

# 吸声用穿孔纤维水泥板

## 1 主题内容与适用范围

本标准规定了吸声用穿孔纤维水泥板的规格、等级、技术要求、试验方法、检验规则、标志、包装、储存和运输等。

本标准适用于以纤维增强的水泥平板为基板，经切割、穿孔等工艺制成的板，主要用于控制室内混响时间、降低环境噪音的结构材料和装饰材料。

本标准不适用于：

a. 穿孔硅酸钙板；

b. 穿孔纤维增强低碱度水泥板；

c. 穿孔砂质石棉水泥板。

## 2 引用标准

GB 8040 石棉水泥波瓦、平板抗折性试验方法

GBJ 47 混响室法吸声系数测量规范

JC 412 建筑用石棉水泥平板

## 3 等级与规格

3.1 等级

产品按其尺寸允许偏差与外观质量分为优等品(A)、一等品(B)和合格品(C)。

3.2 规格及代号

3.2.1 长度、宽度

产品的长度、宽度尺寸见表1。

表 1 mm

| | | | | | |
|---|---|---|---|---|---|
| 长×宽 | 500×500 | 600×600 | 985×985 | 1 000×1 000 | 1 200×600 |

3.2.2 厚度

厚度规格为4 mm，5 mm和6 mm。

3.2.3 孔尺寸、孔径、边距与穿孔率

孔(圆孔，长孔)的公称尺寸、孔距、边距与穿孔率见表2。

国家建筑材料工业局1994-09-14批准 1995-05-01实施

表 2

| 孔尺寸<br>($d$、$l \times b$)mm | 孔距<br>($a$)mm | 边距<br>($c_1$,$c_2$)mm | 穿孔率,% |
|---|---|---|---|
| 5 | 15 | 14～30 | 8.7 |
| | 20 | | 4.9 |
| | 30 | | 2.2 |
| 8 | 15 | | 22.3 |
| | 20 | | 12.6 |
| | 30 | | 5.6 |
| 10 | 20 | | 19.6 |
| 45×4 | $a_1$ 20<br>$a_2$ 75 | | 12.3 |

注：① 其他规格的产品可由供需双方商定，但其质量应符合本标准的要求。

② $d$ 孔径、$l$ 孔长、$b$ 孔宽。

③ 穿孔率按正方形排列时孔洞的实际面积与整板的实际面积计算的，仅作为参考指标。

④ 对应边距应相等。

3.2.4 圆孔、长孔的布置与尺寸

圆孔、长孔的布置与尺寸如图 1。

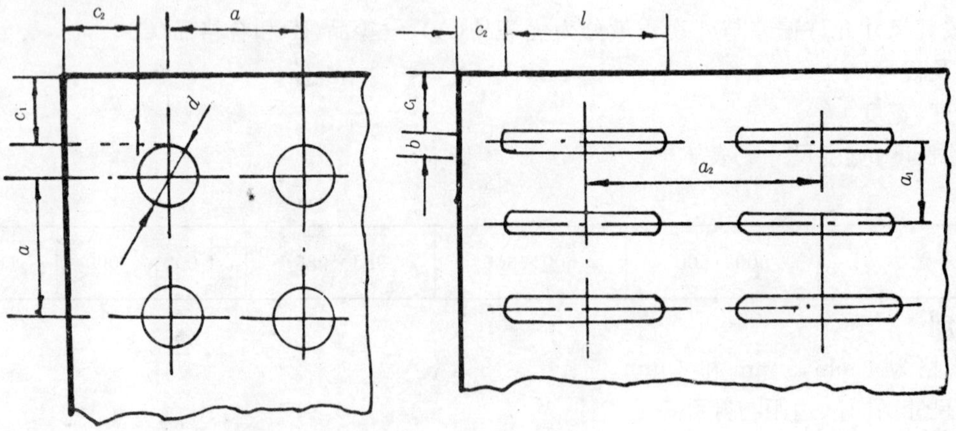


图 1

3.2.5 产品代号、标记

3.2.5.1 代号

吸声用穿孔纤维水泥板的代号为 PFC。

3.2.5.2 标记

**a.** 标记方法

标记顺序：代号、长度、宽度、厚度、孔尺寸、孔距、等级及标准号。

**b.** 标记示例

吸声用穿孔纤维水泥板，长度 1 200 mm，宽度 600 mm，厚度 5 mm，孔径 10 mm，孔距 20 mm(或长孔 45 mm×4 mm)，一等品可标记为：

PFC 1 200×600×5 10 20(或 45×4)B JC ××××

## 4 技术要求

### 4.1 尺寸允许偏差

产品尺寸允许偏差应不大于表 3 规定。

表 3

mm

| 项目 | | 尺寸允许偏差 | | |
|---|---|---|---|---|
| | | 优等品 | 一等品 | 合格品 |
| 长度 | | 0<br>−2 | 0<br>−3 | 0<br>−4 |
| 宽度 | | | | |
| 厚度 | | ±0.2 | ±0.4 | ±0.4 |
| 孔径 | | ±0.3 | ±0.4 | ±0.5 |
| 长孔 | 宽度 | | | |
| | 长度 | ±0.3 | ±0.6 | ±1.0 |
| 孔距 | | | | |

### 4.2 外观质量

4.2.1 产品正面应平整光滑，边缘整齐，不得有破损、裂纹、分层、剥落等缺陷。

4.2.2 各等级穿孔板的外观质量指标的允许偏差应不大于表 4 的规定。

表 4

| 项目 | 允许偏差 | | |
|---|---|---|---|
| | 优等品 | 一等品 | 合格品 |
| 厚度不均匀度，% | 8 | 10 | 12 |
| 边缘平直度，mm/m | 1.0 | 2.0 | |
| 边缘垂直度，mm/m | 2.0 | 3.0 | |

### 4.3 含水率

出厂含水率不得大于 13%。

### 4.4 断裂荷载

断裂荷载不小于表 5 的规定。

表 5

| 厚度<br>mm | 断裂荷载,N | | | 单位面积质量<br>kg/m² |
|---|---|---|---|---|
| | φ5-30,<br>φ5-20,<br>φ8-30 | φ5-15,<br>φ8-20<br>45×4 | φ8-15,<br>φ10-20 | |
| 4 | 110 | 95 | 80 | 5.3～6.7 |
| 5 | 160 | 140 | 120 | 6.6～8.3 |
| 6 | 210 | 180 | 160 | 7.9～10.0 |

注：① 单位面积质量仅为参考指标。

② 表 5 中 φ5 表示孔径,30 为孔距尺寸。45×4 中 45 表示长孔长度,4 为宽度尺寸。

## 5 检验方法

5.1 量具

5.1.1 钢卷尺:量程 2 000mm,分度值 1 mm。

5.1.2 钢直尺:量程 1 000mm,分度值 1 mm。

5.1.3 游标卡尺:量程 125 mm,分度值 0.02 mm。

5.1.4 宽座角尺:量程长边 1 000 mm,短边 630 mm,1 级精度。

5.1.5 干燥箱:控温器灵敏度±2℃。

5.1.6 天平:称量为 200～1 000 g 的 7～9 级工业天平。

5.2 规格尺寸与外观质量检查

5.2.1 长度、宽度

长度、宽度用钢直尺或钢卷尺测量,读数精确至 1 mm。测点位置见图 2。取两处测量值的平均值为测量结果。计算精确至 1 mm。

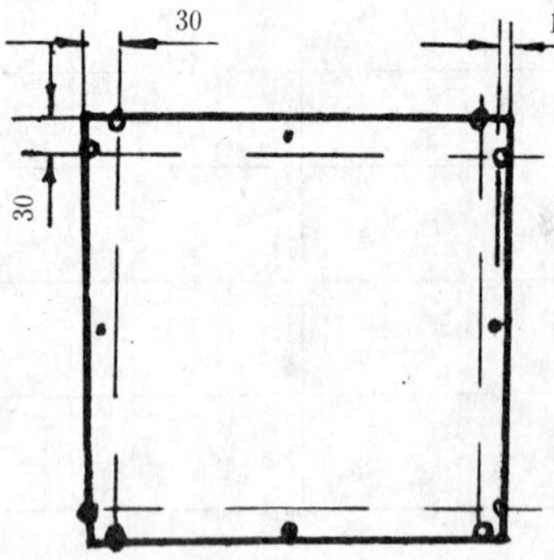


图 2

○—长、宽测量部位;·—厚度测量部位

5.2.2 厚度

厚度用游标卡尺测量。读数精确至 0.02 mm。测点位置见图 2。取 4 处测量结果的平均值为测量结果。计算结果精确至 0.1 mm。

5.2.3 孔径与孔距

用游标卡尺测量板正面的孔径与孔距。在试样上随机选取 10 个孔径、10 个孔距进行测量。读数精确至 0.1 mm。分别取最大与最小值，计算其尺寸允许偏差。

5.2.4　厚度不均匀度的计算，边缘平直度、边缘垂直度的测量按 JC 412 进行。

5.2.5　其余外观质量用目测检验。

5.3　含水率

5.3.1　试样制备

每块板在板边穿孔率最大区域内(周边除外)切割二块 80 mm×80 mm 试样。

5.3.2　试验步骤

按 GB 7019 分别称取每块试样的质量($m_1$)，然后将试样置于干燥箱内，在 100～105℃下干燥至恒重(间隔不小于 2 h 测定一次，直至前后两次称量差小于 0.1%)或干燥 24 h。取出置于干燥器中冷却至室温，称其质量($m_2$)，每次称量均精确至 0.1 g。

5.3.3　结果计算

含水率的计算公式如下：

$$W = \frac{m_1 - m_2}{m_2} \times 100 \qquad \cdots\cdots(1)$$

式中：$W$——试样的含水率，%；

$m_1$——自然状态试样的质量，g；

$m_2$——干燥试样的质量，g。

每张板的试验结果取两块试样的平均值为试验结果。精确至 0.1%。

5.4　断裂荷载试验

断裂荷载按 GB 8040 中平板抗折试验方法进行试验。但在板穿孔率最大区域内(周边除外)割取试样一块。每张板试验结果取一块试样两个方向断裂荷载的较低值。

5.5　吸声系数的测定

对由穿孔纤维水泥板等材料组合构成的吸声结构按 GBJ 47 中规定的方法进行测试，记录 125，250，500，1 000，2 000，4 000Hz 六个倍频带中心频率的吸声系数值或 100、125、160、200、250、315、400、500、630、800、1 000、1 250、1 600、2 000、2 500、3 150、4 000、5 000Hz 十八个三分之一倍频带中心频率的吸声系数值。

## 6　检验规则

6.1　出厂检验与型式检验

产品出厂检验项目包括尺寸偏差、外观质量、出厂含水率和断裂荷载。

型式检验项目与出厂检验项目相同。

6.2　批量与组批规则

每批产品由同一规格、同一等级的产品组成。每批量为 1 000 $m^2$。不足 1 000 $m^2$ 数量时，亦按一批计。

6.3　抽样规则

从每一受检批中随机抽取 7 张板进行尺寸偏差与外观质量检验。从尺寸偏差、外观质量检验合格的产品中抽取 3 张板进行断裂荷载、出厂含水率检验。

如需进行吸声系数的测定，则从该批产品中随机抽取 10 $m^2$ 试样。

6.4　判定规则

6.4.1　尺寸偏差与外观质量判定

尺寸偏差与外观质量进行检验时，若有一张板以上检验不合格，则判为不合格；若有一张板检验不合格，再抽取7张板进行检验，若全部合格，则判为合格；若仍有一张或一张以上板不合格，则判为不合格。该项不合格时，可逐张进行处理。

6.4.2 断裂荷载判定

按变量检验对断裂荷载进行判定，若试样的平均值($X$)大于或等于可验收极限，即 $X \geqslant AL$，则判为合格，若 $X < AL$，则判为不合格。$AL$ 计算公式如下：

$$AL = L + KR \qquad \cdots\cdots(2)$$

式中：$AL$——可验收极限，N；

$L$——标准低限，N；

$K$——可接收系数，取0.29；

$R$——极差，试样中最大值与最小值之差。

6.4.3 含水率判定

出厂含水率检验若每张板均合格，该项判为合格；若有一张板不合格时，允许再抽取3张板进行检验，若每张板合格，则该项判为合格；若仍有一张板不合格，则该项判为不合格。

6.4.4 总判定

若试样所有的检验结果均符合本标准相应等级规定时，则判该批产品为该等级。若有一项性能不符合该等级时，则判该批产品降等或判为不合格品。

## 7 包装、标志、储存及运输

7.1 包装

产品可采用木箱或木架包装，并有防雨措施，包装上须印有防潮和小心轻放等字样。

7.2 标志

包装箱上应注明产品标记、制造厂和生产日期等。

7.3 产品质量合格证

交货时，应提供产品质量合格证，内容包括：

7.3.1 生产厂名称、商标。

7.3.2 产品名称、规格、生产日期或批号。

7.3.3 产品检验结果和质量等级。

7.3.4 标准编号。

7.3.5 检验部门、人员签名盖章。

7.4 储存

7.4.1 产品应按规格、等级分别堆放，垛高不得超过1.5 m。

7.4.2 堆放场地应平整、坚固，防止雨淋。

7.5 运输

7.5.1 运输工具底面应平整。产品须固定好。

7.5.2 运输过程中应减少震动，防止撞坏。

## 附 录 A
## 穿孔纤维水泥板吸声结构的吸声特性
（参考件）

**A1** 以频率为横坐标，吸声系数为纵坐标，可以用一条曲线来表示材料或结构的吸声频率特性。当入射声波的频率与穿孔板吸声结构的固有频率一致时，将发生共振。在共振频率附近吸声系数最大。

**A2** 吸声用穿孔纤维水泥吸声板吸声结构的吸声特性与材料的厚度、容重、穿孔的孔径、孔距和孔的排列方式(即穿孔率)、背后空气层的厚度，以及板后设置的吸声材料等多种因素有关。

穿孔率的大小主要与吸声频率特性有关，穿孔率小，吸声曲线上吸收峰较明显，穿孔率大，吸收峰较平坦。

穿孔水泥板的背后应设置空气层，其厚度与产生吸收峰的频率有关，增加空气层厚度，吸收峰向低频方向移动；反之，吸收峰向高峰方向移动，在同一空气层厚度下，增加穿孔率，吸收峰向高频方向移动。

吸声用穿孔纤维水泥板板后，若覆上一层具有透气性好的衬里材料或多孔吸声材料如岩棉、矿棉、玻璃棉等，与没有上述材料的情况相比，其吸声效果改善程度与穿孔率的大小有关。穿孔率小时，可展宽吸声频带；而中、高频吸声系数随穿孔板穿孔率的增大而提高。当穿孔率大于 20%时，一般认为穿孔板不会影响板面的多孔吸声材料的吸声系数。这时穿孔纤维水泥板主要对多孔吸声材料起护面板的作用。

## 附 录 B
## 吸声频率特性图表示例
（参考件）

穿孔纤维水泥板，密度 1.6～1.7 g/cm$^3$

厚度：5 mm；穿孔规格：$\phi$10-20；穿孔率：19.6%

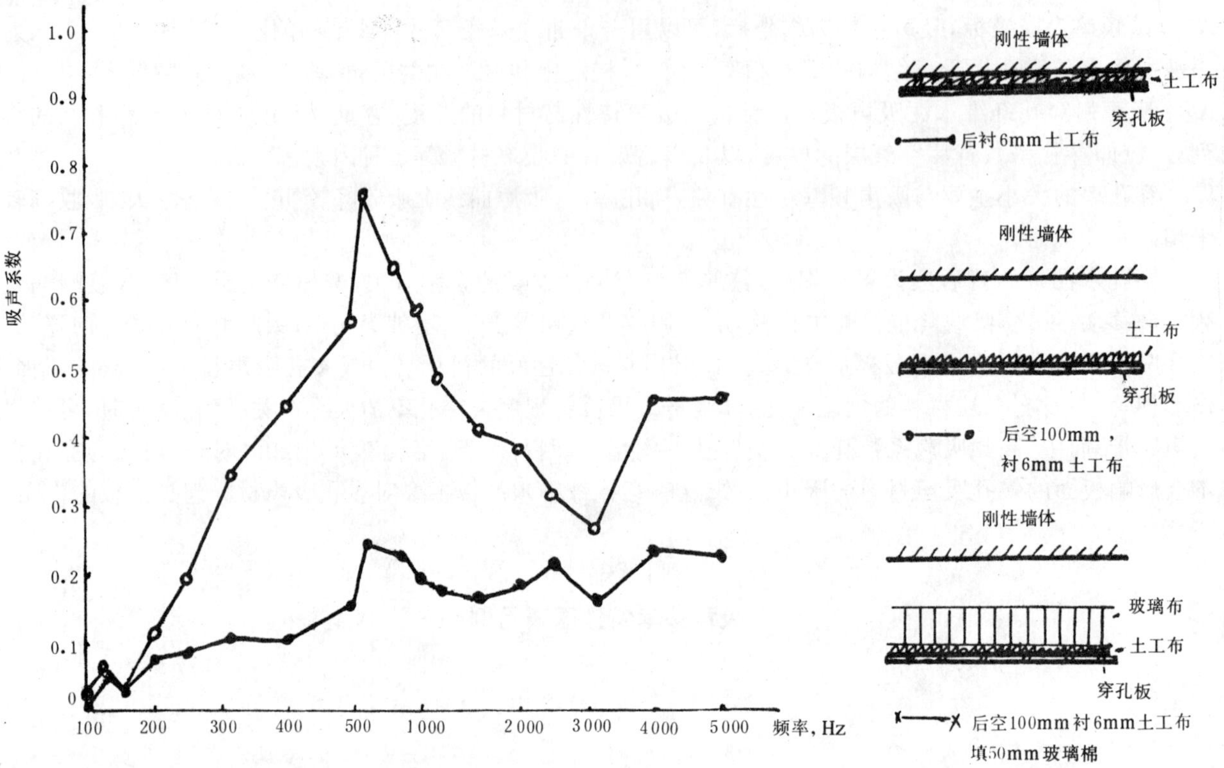


图 B1 吸声频谱

表 B1 吸声系数值

| 频率，Hz / 后腔结构 | 100 | 125 | 160 | 200 | 250 | 315 | 400 | 500 | 630 | 800 | 1 000 | 1 250 | 1 600 | 2 000 | 2 500 | 3 150 | 4 000 | 5 000 |
|---|---|---|---|---|---|---|---|---|---|---|---|---|---|---|---|---|---|---|
| 后空 100 mm | 0.01 | 0.05 | 0.03 | 0.08 | 0.09 | 0.11 | 0.11 | 0.16 | 0.25 | 0.23 | 0.20 | 0.18 | 0.17 | 0.19 | 0.22 | 0.17 | 0.24 | 0.23 |
| 后空 100 mm＋一层玻璃布 | 0.03 | 0.07 | 0.03 | 0.12 | 0.20 | 0.35 | 0.45 | 0.57 | 0.76 | 0.65 | 0.59 | 0.49 | 0.42 | 0.39 | 0.32 | 0.27 | 0.46 | 0.46 |

穿孔纤维水泥板，密度 1.6～1.7 g/cm$^3$；岩棉单位面积质量 5.2 kg/m$^2$

板厚度：5 mm；穿孔规格：$\phi$10-20；穿孔率：19.6％

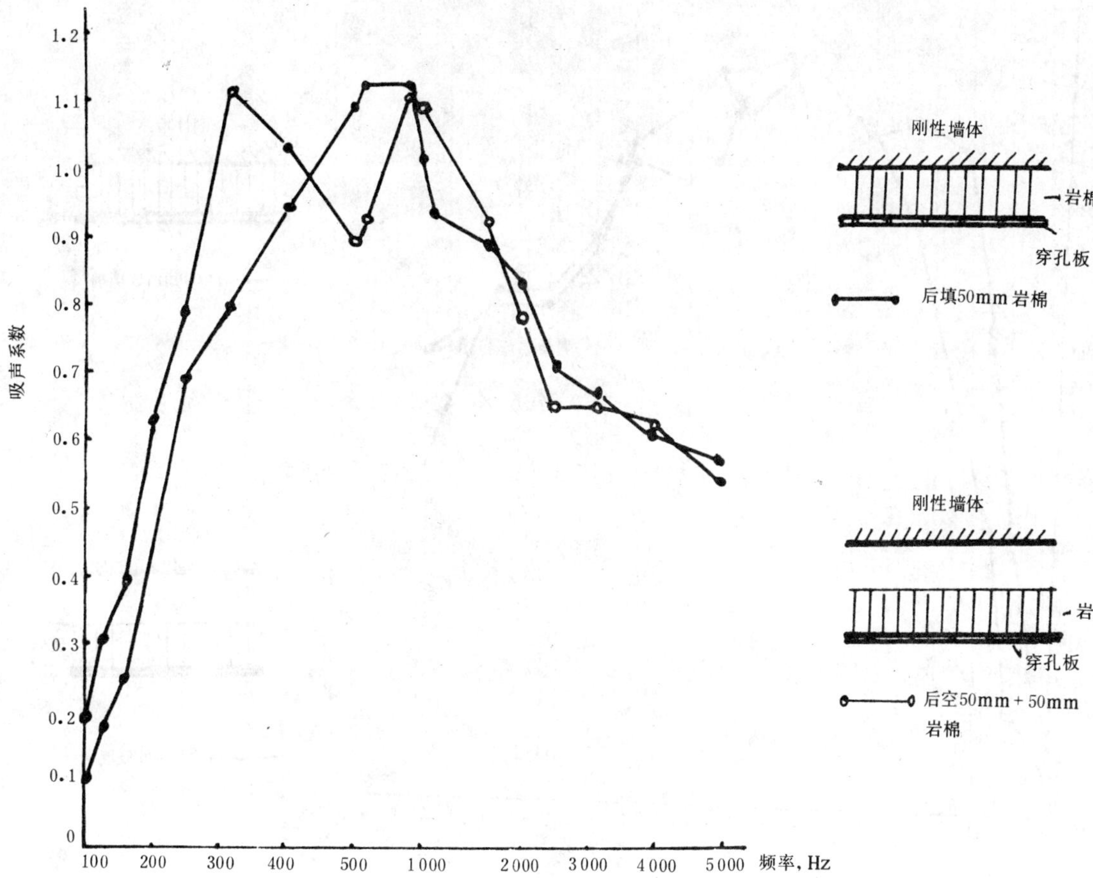


图 B2　吸声频谱

表 B2　吸声系数值

| 后腔结构 \ 频率，Hz | 100 | 125 | 160 | 200 | 250 | 315 | 400 | 500 | 630 | 800 | 1 000 | 1 250 | 1 600 | 2 000 | 2 500 | 3 150 | 4 000 | 5 000 |
|---|---|---|---|---|---|---|---|---|---|---|---|---|---|---|---|---|---|---|
| 后覆 50 mm 岩棉 | 0.10 | 0.18 | 0.25 | 0.44 | 0.69 | 0.80 | 0.94 | 1.09 | 1.12 | 1.12 | 1.01 | 0.93 | 0.89 | 0.83 | 0.71 | 0.67 | 0.61 | 0.57 |
| 后空 500 mm＋50 mm 岩棉 | 0.19 | 0.31 | 0.39 | 0.63 | 0.79 | 1.11 | 1.03 | 0.89 | 0.92 | 1.10 | 1.09 | 0.93 | 0.92 | 0.78 | 0.65 | 0.65 | 0.62 | 0.54 |

穿孔纤维水泥板，密度 1.6～1.7 g/cm³；玻璃棉单位面积质量 2.45 kg/m²

板厚度：5 mm；穿孔规格：$\phi$10-20；穿孔率：19.6%

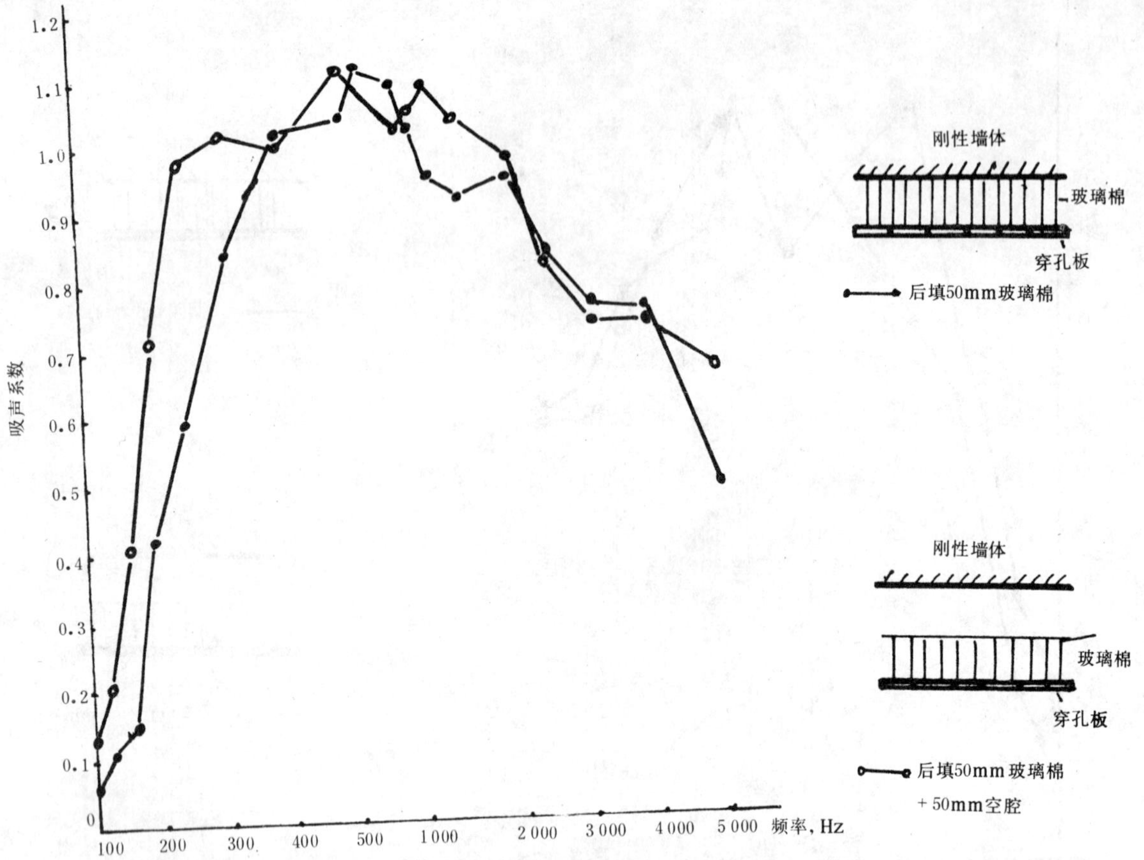


图 B3 吸声频谱

表 B3 吸声系数值

| 后腔结构 \ 频率，Hz | 100 | 125 | 160 | 200 | 250 | 315 | 400 | 500 | 630 | 800 | 1 000 | 1 250 | 1 600 | 2 000 | 2 500 | 3 150 | 4 000 | 5 000 |
|---|---|---|---|---|---|---|---|---|---|---|---|---|---|---|---|---|---|---|
| 后填 50 mm 玻璃棉 | 0.06 | 0.11 | 0.15 | 0.42 | 0.59 | 0.84 | 1.02 | 1.04 | 1.11 | 1.09 | 1.02 | 0.95 | 0.92 | 0.95 | 0.84 | 0.76 | 0.75 | 0.49 |
| 后填 50 mm 玻璃棉＋50 mm 空腔 | 0.13 | 0.21 | 0.41 | 0.71 | 0.98 | 1.02 | 1.01 | 1.01 | 1.11 | 1.02 | 1.05 | 1.09 | 1.04 | 0.98 | 0.82 | 0.73 | 0.73 | 0.66 |

穿孔纤维水泥板

板厚度:4 mm;穿孔规格:$\phi$5-14;穿孔率:8.7%

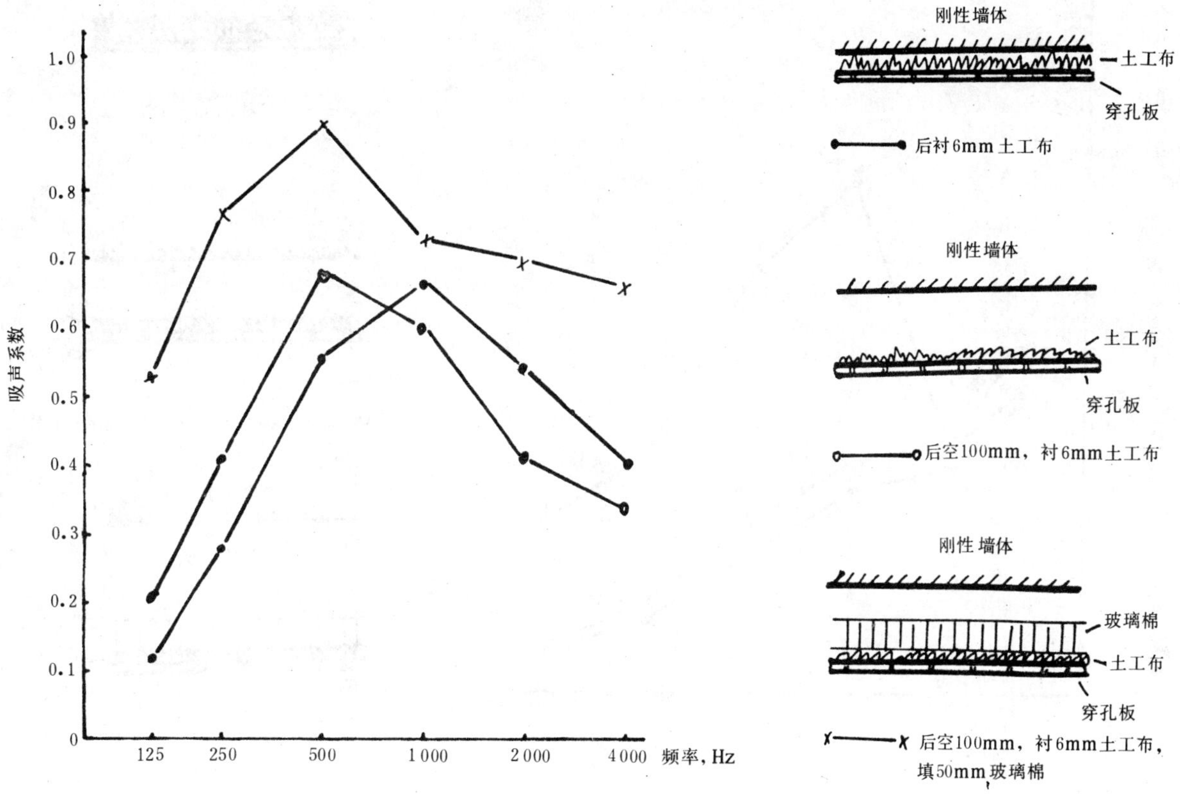


图 B4 吸声频谱

表 B4 吸声系数值

| 频率,Hz / 后腔结构 | 125 | 250 | 500 | 1 000 | 2 000 | 4 000 |
|---|---|---|---|---|---|---|
| 板后衬 6 mm 厚针刺土工布 | 0.12 | 0.28 | 0.56 | 0.67 | 0.54 | 0.41 |
| 板后衬 6 mm 厚针刺土工布,后空 100 mm | 0.21 | 0.41 | 0.68 | 0.60 | 0.41 | 0.34 |
| 板后衬 6 mm 厚针刺土工布,空腔内填 5 mm 玻璃棉 | 0.53 | 0.77 | 0.90 | 0.73 | 0.70 | 0.66 |

穿孔纤维水泥板

板厚度:4 mm;穿孔规格:$\phi$8-30;穿孔率:4.5%

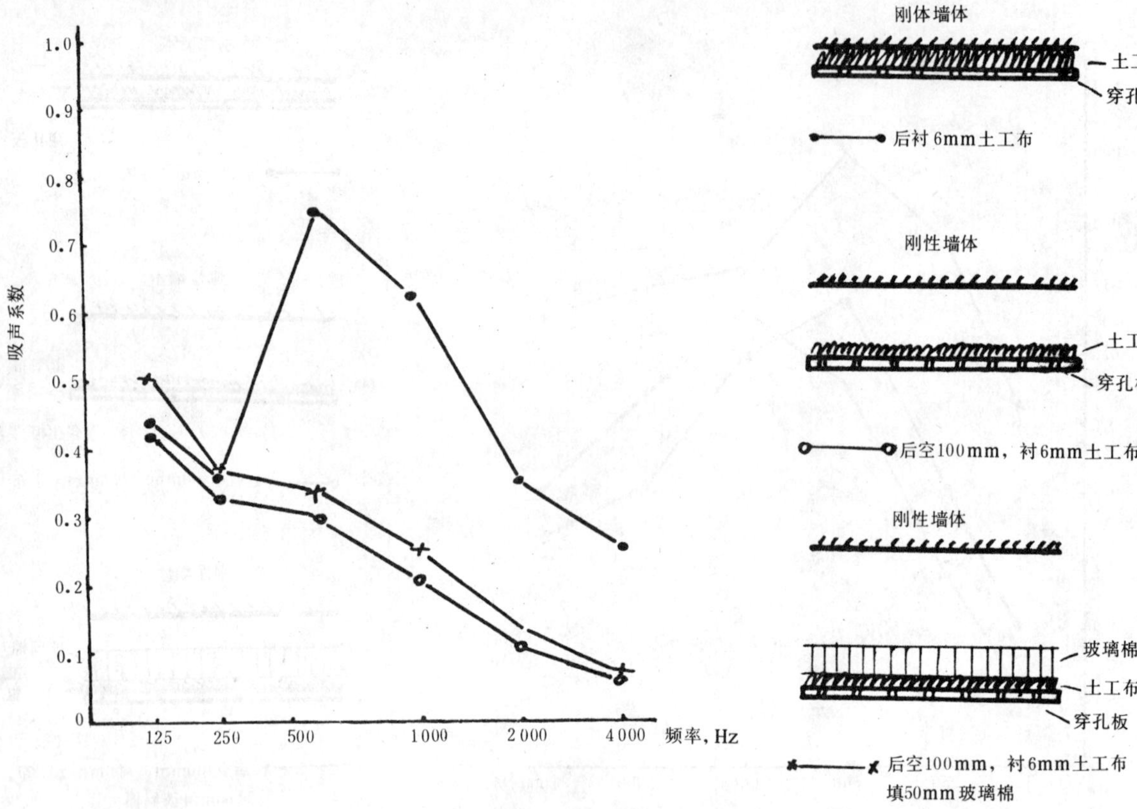


图 B5 吸声频谱

表 B5 吸声系数值

| 频率,Hz / 后腔结构 | 125 | 250 | 500 | 1 000 | 2 000 | 4 000 |
|---|---|---|---|---|---|---|
| 板后衬 6 mm 厚针刺土工布 | 0.44 | 0.36 | 0.75 | 0.62 | 0.35 | 0.26 |
| 板后衬 6 mm 厚针刺土工布,后空 100 mm | 0.42 | 0.33 | 0.30 | 0.21 | 0.11 | 0.06 |
| 板后衬 6 mm 厚针刺土工布,空腔内填 50 mm 玻璃棉 | 0.50 | 0.37 | 0.34 | 0.25 | 0.14 | 0.07 |

**附加说明：**

本标准由国家建筑材料工业局苏州混凝土水泥制品研究院归口。
本标准由国家建筑材料工业局苏州混凝土水泥制品研究院负责起草。
本标准主要起草人冯文娴、冯立平。
本标准委托国家建筑材料工业局苏州混凝土水泥制品研究院负责解释。

# 中华人民共和国建材行业标准

JC/T 567—94

# 玻璃纤维增强水泥波瓦及其脊瓦

## 1 主题内容与适用范围

本标准规定了玻璃纤维增强水泥波瓦及其脊瓦的品种、规格、等级、技术要求、试验方法、检验规则、标志、贮存及运输等。

本标准适用于以耐碱玻璃纤维和低碱度水泥为基本原料制成的玻璃纤维增强水泥中波瓦、半波瓦及覆盖屋脊用"人"字形脊瓦。

玻璃纤维增强水泥中波瓦和半波瓦主要用于房屋建筑的屋面、内外墙及轻型复合屋顶的承重板。

## 2 引用标准

GB 7019 石棉水泥制品吸水率、容重及孔隙率测定方法

GB 8040 石棉水泥波瓦、平板抗折性试验方法

GB 8041 石棉水泥波瓦、平板不透水性试验方法

GB 8042 石棉水泥波瓦、平板抗冻性试验方法

GB 9772 石棉水泥波瓦及其脊瓦

GB 9773 石棉水泥波瓦、平板抗冲击性试验方法

ZB Q11 003 Ⅰ型低碱度硫铝酸盐水泥

ZB Q11 005 快硬硫铝酸盐水泥

## 3 分类

### 3.1 等级

玻璃纤维增强水泥波瓦按其抗折力、吸水率与外观质量分为优等品、一等品和合格品。

### 3.2 规格

3.2.1 玻璃纤维增强水泥中波瓦、半波瓦的横断面形状分别见图1、图2、规格尺寸及允许偏差应符合表1的规定。

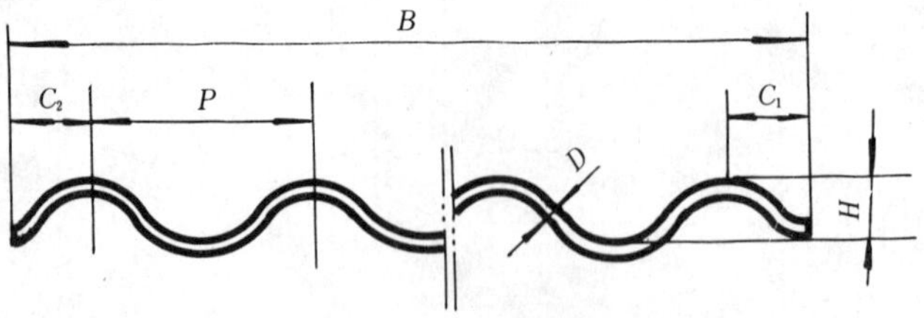


图1 玻璃纤维增强水泥中波瓦

国家建筑材料工业局1994-09-14批准 1995-05-01实施

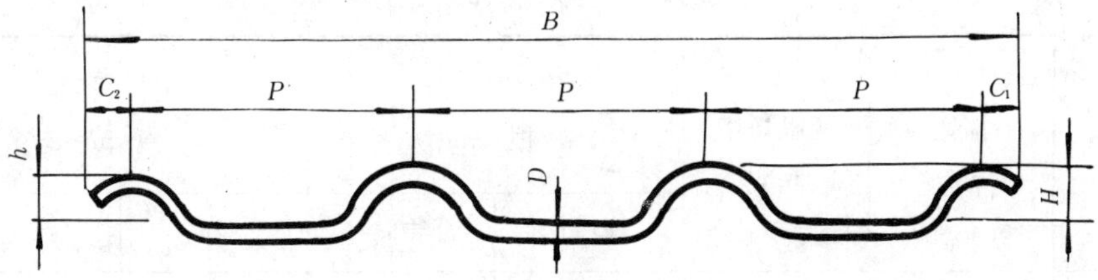


图 2　玻璃纤维增强水泥半波瓦

表 1

mm

| 品种 | | 规格尺寸及允许偏差 | | | | | | | | 参考质量 kg |
|---|---|---|---|---|---|---|---|---|---|---|
| | | 长 $L$ | 宽 $B$ | 厚 $D$ | 波距 $P$ | 波高 $H$ | 弧高 $h$ | 边距 $C_1$ | 边距 $C_2$ | |
| 中波瓦 | | 2 400±10<br>1 800±10 | 745±10 | $7^{+1.5}_{-1.0}$ | 131±3 | $33^{+1}_{-2}$ | — | 45±5 | 45±5 | 28<br>21 |
| 半波瓦 | A 型 | 2 800±10 | 965±10 | $7^{+1.5}_{-1.0}$ | 300±3 | 40±2 | 30±2 | 35±5 | 30±5 | 43 |
| | B 型 | >2 800±10 | 1 000±10 | $7^{+1.5}_{-1.0}$ | 310±3 | 50±2 | 38.5±2 | 40±5 | 30±5 | — |

注：A 型半波瓦可以采用石棉水泥半波瓦的瓦模，B 型半波瓦的长度(L)由生产厂与用户商定。

3.2.2　玻璃纤维增强水泥脊瓦的形状见图 3，规格尺寸及允许偏差应符合表 2 的规定。

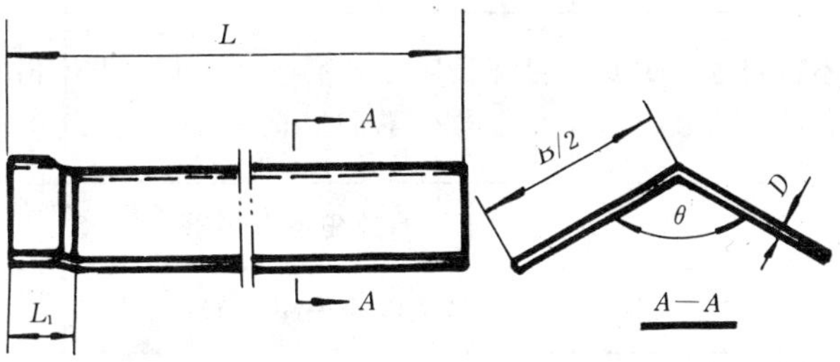


图 3　"人"字形玻璃纤维增强水泥脊瓦

表 2

| 名称 | 规格 | 长度，mm 搭接长 | 长度，mm 总长 | 宽度 mm | 厚度 mm | 角度 ° | 参考质量 kg |
|---|---|---|---|---|---|---|---|
| 脊瓦 | 符　　号 | $L_1$ | $L$ | $B$ | $D$ | $\theta$ | $W$ |
| | 尺　　寸 | 70 | 850 | 230×2 | 7 | 125 | 5.6 |
| | 允许偏差 | ±10 | ±10 | ±10 | +1.5<br>−1.0 | ±5 | — |

注：其他规格的玻璃纤维增强水泥脊瓦，可由供需双方协议生产。

## 4　技术要求

### 4.1　原材料

4.1.1　玻璃纤维：应采用符合 ZBQ

规定的耐碱玻璃纤维无捻粗纱，也可采用耐碱玻璃纤维网眼织物，其规格与性能可参照表 3 的规定。

表 3

| 品名 \ 规格与性能 | 幅宽<br>mm | 网眼规格<br>mm | 织物密度<br>根/cm | | 抗拉强度<br>N/cm | | 每平方米质量<br>$g/m^2$ |
|---|---|---|---|---|---|---|---|
| | | | 经向 | 纬向 | 经向 | 纬向 | |
| 耐碱玻璃纤维网眼织物 | 850 | 5×5 | 4 | 2 | 300 | 150 | 130 |

4.1.2 水泥:应采用符合 ZB Q11 003 规定的比面积为 520±30 $m^2$/kg 的Ⅰ型低碱度硫铝酸盐水泥或符合 ZB Q11 005 规定的快硬硫铝酸盐水泥。

4.1.3 砂:应采用粒径不大于 2 mm 的建筑用砂,其中粘土、淤泥和细屑的总含量必须小于 3%。

4.1.4 水:应采用淡水。水中不应含有影响制品性能的有害物质。

4.2 外观质量

4.2.1 产品应表面平整,边缘整齐,不得有断裂、起层、贯穿厚度的孔洞与夹杂物等疵病。

4.2.2 优等品应四边方正,无掉角、掉边、表面裂纹及玻璃纤维裸露表面。

4.2.3 一等品、合格品的外观质量应符合表 4 的规定。

表 4 mm

| 外观缺陷 | 允许范围 | | |
|---|---|---|---|
| | 中波瓦 | 半波瓦 | 脊瓦 |
| 掉角 | 沿瓦长度方向不得超过 100,宽度方向不得超过 45 | 沿瓦长度方向不得超过 150,宽度方向不得超过 25 | 沿瓦长度方向不得超过 20,宽度方向不得超过 20 |
| | 一张瓦的掉角不得多于 1 个 | | |
| 掉边 | 宽度不得超过 15 | 宽度不得超过 15 | 不允许 |
| 裂纹 | 不得有因成型造成的下列之一的裂纹和贯通厚度的裂纹:<br>正表面:a 宽度超过 1.2 的;<br>b 长度超过 75 的;<br>背 面:c 宽度超过 1.5 的;<br>d 长度超过 150 的 | | |
| 方正度 | ≤7 | | — |

4.3 物理力学性能

4.3.1 各等级玻璃纤维增强水泥波瓦的物理力学性能应符合表 5 的规定。

表 5

| 物理力学性能项目 \ 指标 \ 产品类别与级别 | | | 中波瓦 | | | 半波瓦 | | | | | |
|---|---|---|---|---|---|---|---|---|---|---|---|
| | | | 优等品 | 一等品 | 合格品 | 优等品 | | 一等品 | | 合格品 | |
| | | | | | | 正面 | 反面 | 正面 | 反面 | 正面 | 反面 |
| 抗折力 | 横向 | N/m | ≥4 400 | ≥3 800 | ≥3 250 | ≥3 800 | ≥2 400 | ≥3 300 | ≥2 000 | ≥2 900 | ≥1 700 |
| | 纵向 | N | ≥420 | ≥400 | ≥380 | ≥790 | | ≥760 | | ≥730 | |

续表 5

| 指标 / 产品类别与级别 / 物理力学性能项目 | 中波瓦 | | | 半波瓦 | | |
|---|---|---|---|---|---|---|
| | 优等品 | 一等品 | 合格品 | 优等品 | 一等品 | 合格品 |
| 吸水率,% | ≤10 | ≤11 | ≤12 | ≤10 | ≤11 | ≤12 |
| 抗冻性 | 25 次循环冻融后,试样不得有起层等破坏现象 | | | | | |
| 不透水性 | 连续试验 24 h 后,瓦体背面允许出现洇斑,但不允许出现水滴 | | | | | |
| 抗冲击性 | 在相距 60 cm 处进行观察时,被击处不得出现龟裂、剥落、贯通孔及裂纹 | | | | | |

4.3.2 玻璃纤维增强水泥脊瓦,其破坏荷重应不低于 590 N,经过 25 次循环冻融试验后不得有起层等破坏形象。

## 5 试验方法

5.1 规格尺寸与外观质量检验

5.1.1 长度、宽度、厚度、波高、波距、边距、掉角、掉边、方正度和表面平整度的检验,按照 GB 9772 附录 A(补充件)的规定进行。

5.1.2 表面裂纹的宽度,用二级精度的塞尺进行测量。

5.1.3 用肉眼观察玻璃纤维是否裸露制品表面。

5.2 物理力学性能试验方法

5.2.1 玻璃纤维增强水泥中波瓦的抗折力、半波瓦的横向抗折力和脊瓦的破坏荷重,分别按照 GB 8040 中石棉水泥中波瓦、半波板和脊瓦的抗折试验方法进行试验。玻璃纤维增强水泥半波瓦纵向抗折试验的试样在作完横向抗折试验的试样上离断口 50 mm 处割取,长度为全瓦宽,宽度为 700 mm,加荷方式与支距见图 4。

5.2.2 玻璃纤维增强水泥波瓦吸水率测定,按照 GB 7019 进行,但试件应在 70～75℃恒定温度下干燥至恒量。

5.2.3 玻璃纤维增强水泥波瓦及其脊瓦抗冻性试验,按照 GB 8042 进行。

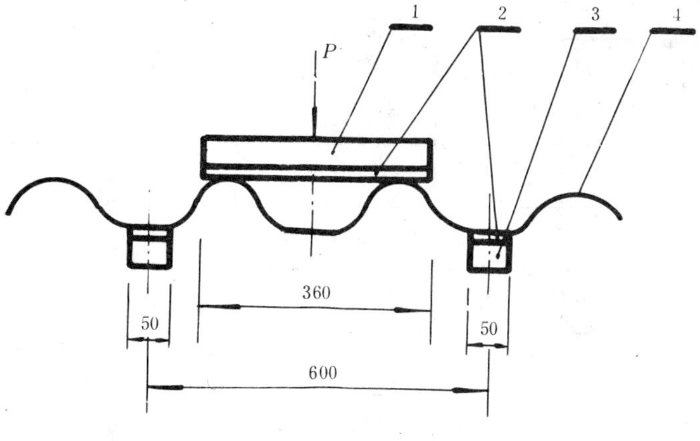


图 4 半波瓦纵向抗折加荷方式与支距

1—刚性平板;2—毛布(厚 10);3—支座;4—半波瓦试样

5.2.4 玻璃纤维增强水泥波瓦不透水性试验,按照 GB 8041 进行。

5.2.5 玻璃纤维增强水泥波瓦抗冲击性试验，按照 GB 9773 进行。

## 6 检验规则

### 6.1 检验项目

6.1.1 出厂检验

波瓦包括外观质量、规格尺寸、抗折力、吸水率和抗冻性，脊瓦包括外观质量、规格尺寸与破坏荷重。

6.1.2 型式检验

包括出厂检验的全部检验项目和波瓦的不透水性、抗冲击性、脊瓦的抗冻性，必要时由双方协议还可增加试验项目。

### 6.2 批量、抽样与判定

6.2.1 出厂检验

6.2.1.1 每批玻璃纤维增强水泥波瓦或脊瓦应为同一品种、同一等级、同一规格的产品。每批量最多和最少的数量按表 6 的规定。验收地点应在生产厂内。

表 6

| 品种 | 批量数量范围，张 |
|---|---|
| 波瓦 | 3 000～200 |
| 脊瓦 | 400～100 |

6.2.1.2 用户可从每一受检批次中随机抽取样品（每垛瓦最上 5 张与底部 5 张除外），样品数量列于表 7。

6.2.1.3 规格尺寸与外观质量验收规则按品质检验程序进行（表 7 第 3～6 栏），即不合格品数未超过表 7 第 3、5 栏时。则该受检批量应予验收，若不合格品数等于或大于表 7 第 4、6 栏时，则该批量可予拒收，若第一次样品中的不合格品数超过 $A_{c1}$ 但小于 $R_{e1}$。则应抽取并检验与第一次样品相同数量的第二次样品。批量不合格时可进行逐张检查处理。

表 7

| 1 | 2 | 3 | 4 | 5 | 6 | 7 | 8 |
|---|---|---|---|---|---|---|---|
| 生产期间已试验产品每受检批次的数量 | 抽样数量 | 第一次样品 | | 第一次＋第二次样品 | | 用变量法检查可接收系数 $K$ | 备 注 |
| | | 合格判定数 $A_{c1}$ | 不合格判定数 $R_{e1}$ | 合格判定数 $A_{c2}$ | 不合格判定数 $R_{e2}$ | | |
| ＜200 | 3 | 0 | 2 | 1 | 2 | 0.29 | $AL=L+KR$<br>式中：$AL$——可验收极限，N；<br>$L$——标准低限，N；<br>$K$——可接收系数；<br>$R$——样品中最大值与最小值之差，N |
| 200～400 | 4 | 0 | 2 | 1 | 2 | 0.34 | |
| 401～800 | 5 | 0 | 2 | 1 | 2 | 0.37 | |
| 801～1 500 | 7 | 0 | 2 | 1 | 2 | 0.40 | |
| 1 501～3 000 | 10 | 0 | 2 | 2 | 3 | 0.50 | |

6.2.1.4 按变量检验程序（表 7 第 7、8 栏）对抗折力进行判定。若样品的平均值（$\overline{X}$）大于或等于可验收极限，即 $\overline{X} \geqslant AL$，则该批量合格。若 $\overline{X} < AL$，则该批量不合格。

6.2.1.5 瓦的吸水率、抗冻性、不透水性和抗冲击性试验，脊瓦的抗冻性试验，应在同一批量中抽取 2

张试件(也可从同样的抽样单位中取样)。试验结果仅有一项性能不合格时,允许抽取加倍数量样品再次检验,检验后仍有一张不合格,则该批产品为不合格。

6.2.1.6 若规格尺寸、外观质量、物理力学性能检验结果全部符合本标准某一等级要求时,则判为该等级。如有一项指标不符合合格品要求时,则为不合格品。

6.2.2 型式检验

6.2.2.1 当产品有下列情况之一时,应进行型式检验。

a. 新产品或老产品转厂生产的试制定型鉴定;

b. 原材料和生产工艺有重大改变时;

c. 产品长期停产后恢复生产或出厂检验结果与上次型式检验有较大差异时;

d. 正常生产时,每六个月进行一次;

e. 国家质量监督机构提出要求时。

6.2.2.2 型式检验项目,抽样与判定按 6.2.2.2~6.2.2.6 条规定进行。

6.3 复验

用户对检验结果发生怀疑时,可以提出复验,复验抽样与判定按 6.2.1.2~6.2.1.6 条进行。

## 7 标志与产品合格证

7.1 标志

在每张瓦的正面第 2 个或第 3 个波上(脊瓦在外表面上)须用不掉色的颜料标明生产厂名称(或商标)、生产日期、班别等级等。

7.2 产品合格证

发货时,必须将产品合格证随同发货单寄给用户,其内容包括:

a. 批量编号;

b. 生产厂名称及厂址;

c. 产品名称、商标、等级、规格与生产日期;

d. 产品性能检验结果;

e. 本标准编号;

f. 生产厂检验部门及检验人员签名盖章。

## 8 贮存、包装、运输

8.1 贮存

存放场地必须坚实平坦,不同品种、不同等级、不同规格的产品应两张花弧或"井"字分别堆垛存放,垛高不应超过 1.8 m。脊瓦可侧立或平垛堆放。

8.2 包装

产品根据需要可散装或包装、包装时可采用集装箱或捆扎包装,并应方便搬运;散装时要保证瓦垛底平坦稳固。

8.3 运输

用各种运输工具运输玻璃纤维增强水泥波瓦及脊瓦时,垛底应保持平坦,必须设法使产品固定好。在运输过程中,要减少震动,防止碰撞,装卸、搬运时严禁抛掷。

**附加说明：**

本标准由国家建筑材料工业局苏州混凝土水泥制品研究院归口。

本标准由中国建筑材料科学研究院房建材料与混凝土研究所负责起草。

本标准主要起草人阎忠灿。

本标准委托中国建筑材料科学研究院房建材料与混凝土研究所负责解释。

中华人民共和国建材行业标准

JC/T 568—94

# 氯 氧 镁 水 泥 板 块

## 1 主题内容与适用范围

本标准规定了氯氧镁水泥板块的产品分类、技术要求、试验方法、检验规则和标志、包装、运输、贮存。

本标准适用于以氯氧镁水泥、粗、细集料和(或)增强纤维为主要材料,掺加适量的改性材料,经搅拌、浇注成型或其他方法加工、养护制成的天棚板、内隔墙板、墙地板块(室内)。其使用表面可以是本色的、着色的,或经各种饰面处理的。

## 2 引用标准

GB 1216 外径千分尺

GB/T 12988 无机地面材料耐磨性试验方法

GB/T 13891 建筑饰面材料镜向光泽度测定方法

JC/T 449 建筑材料用菱苦土

## 3 产品分类

### 3.1 品种

按产品的使用部位分为天棚板、内隔墙板、墙地板块。

### 3.2 规格

氯氧镁水泥板块规格见表 1。

表 1

mm

| 分类 | | 长度 | 宽度 | 厚度 |
|---|---|---|---|---|
| 天棚板 | 浮雕板,半孔板 | 500、600 | 500、600 | 10 |
| | 平板 | 1 200、1 800 | 840 | 4 |
| 内隔墙板 | | 1 200 | 840 | 6 |
| | | 1 800 | 840 | 6 |
| 墙地板块 | | 200 | 200 | 10 |
| | | 250 | 250 | 12 |
| | | 300 | 300 | 18 |

其他形状和规格的板、块,由供需双方商定。

### 3.3 等级

氯氧镁水泥板块按其外观质量、尺寸偏差与物理力学性能分为一等品(B)和合格品(C)。

国家建筑材料工业局1994-09-14批准　　　　1995-05-01实施

3.4 代号

各类氯氧镁水泥板块的代号见表 2。

表 2

| 分类 | | 代号 |
|---|---|---|
| 氯氧镁水泥天棚板 | 浮雕板 | MCD |
| | 半孔板 | MCK |
| | 平板 | MCP |
| 氯氧镁水泥内隔墙板 | | MW |
| 氯氧镁水泥墙地板块 | | MT |

3.5 标记

3.5.1 标记方法

标记应按产品名称(代号)、规格尺寸、等级和标准编号顺序编写。

3.5.2 标记示例

尺寸为 500 mm×500 mm×10 mm 的氯氧镁水泥浮雕天棚板。一等品的标记是:

MCD 500×500×10 B JC/T 568

## 4 技术要求

4.1 主要原材料

4.1.1 轻烧镁

轻烧镁应符合 JC/T 449 的规定。

4.1.2 氯化镁

氯化镁应符合 JC/T 449 附录 A 的规定。

4.2 外观质量

氯氧镁水泥板块应表面平整、洁净、色泽一致、花纹图案清晰、边角齐全、完整。不应有影响质量和装饰效果的裂纹、麻面、孔洞、污痕、返卤、泛霜等缺陷。

4.3 尺寸允许偏差

4.3.1 长度、宽度、厚度的允许偏差

应符合表 3 的规定。

4.3.2 不平度

氯氧镁水泥天棚平板、墙地板块的不平度,一等品不大于 2 mm,合格品不大于 3 mm。

4.3.3 直角偏离度

表 3

mm

| 产品分类 | | 允许偏差 | | | | | |
|---|---|---|---|---|---|---|---|
| | | 长度 | | 宽度 | | 厚度 | |
| | | 一等品 | 合格品 | 一等品 | 合格品 | 一等品 | 合格品 |
| 天棚板 | 浮雕板<br>半孔板 | 0<br>−2 | 0<br>−2 | 0<br>−2 | 0<br>−2 | ±1 | ±1.5 |
| | 平板 | 0<br>−3 | 0<br>−5 | 0<br>−3 | 0<br>−5 | ±0.5 | ±1.0 |
| 内隔墙板 | | 0<br>−3 | 0<br>−5 | 0<br>−3 | 0<br>−5 | ±0.5 | ±0.5 |
| 墙地板块 | | ±1 | ±2 | ±1 | ±2 | ±1 | ±2 |

氯氧镁水泥天棚板、内隔墙板板面的直角偏离度，一等品不大于 2 mm，合格品不大于 3 mm。

4.4 物理力学性能

氯氧镁水泥板块的物理力学等性能应符合表 4 规定。

表 4

| 性能项目 | | 天棚板 | | 内隔墙板 | | 墙地板块 | |
|---|---|---|---|---|---|---|---|
| | | 一等品 | 合格品 | 一等品 | 合格品 | 一等品 | 合格品 |
| 单位面积质量，$kg/m^2$ 不大于 | 平均值 | 10.0 | 12.0 | 11.0 | 12.0 | — | — |
| | 最大值 | 11.0 | 13.0 | 12.0 | 13.0 | — | — |
| 出厂含水率，% 不大于 | 平均值 | 8.0 | 10.0 | 5.0 | 5.0 | — | — |
| | 最大值 | 10.0 | 12.0 | 7.0 | 7.0 | — | — |
| 吸水率，kg 不大于 | 平均值 | 15.0 | 17.0 | 8.0 | 10.0 | 7.0 | 9.0 |
| | 最大值 | 17.0 | 20.0 | 10.0 | 12.0 | 9.0 | 11.0 |
| 断裂荷载，N 不小于 | 平均值 | 180 | 150 | — | — | — | — |
| | 最大值 | 150 | 120 | — | — | — | — |
| 浸水 24 h 抗折强度，MPa 不小于 | 平均值 | — | — | 20.0 | 15.0 | 7.5 | 6.0 |
| | 最大值 | — | — | 17.0 | 12.0 | 6.5 | 5.0 |
| 受潮挠度，mm 不大于 | 平均值 | 3.0 | 5.0 | — | — | — | — |
| | 最大值 | 5.0 | 7.0 | — | — | — | — |

续表 4

| 性能项目 | | 天棚板 | | 内隔墙板 | | 墙地板块 | |
|---|---|---|---|---|---|---|---|
| | | 一等品 | 合格品 | 一等品 | 合格品 | 一等品 | 合格品 |
| 受潮变形,mm 不大于 | 平均值 | — | — | — | — | 1.0 | 2.0 |
| | 最大值 | — | — | — | — | 1.5 | 3.0 |
| 浸水 24 h 线膨胀,mm/m 不大于 | 平均值 | — | — | 0.5 | 0.9 | — | — |
| | 最大值 | — | — | 0.7 | 1.0 | — | — |
| 泛霜试验 | — | 无 | 轻度 | 无 | 轻度 | 无 | 轻度 |
| 耐磨性,磨痕长度,mm 不大于 | 平均值 | — | — | — | — | 25 | 30 |
| 光泽度,光泽单位 不小于 | 平均值 | — | — | 50 | 30 | 40 | 20 |

## 5 试验方法

### 5.1 量具、仪器及设备

**a.** 钢直尺:量程为 300 mm、600 mm、1 000 mm,分度值均为 1 mm;

**b.** 钢卷尺:量程 3 m,分度值 1 mm;

**c.** 游标卡尺:量程 300 mm,分度值 0.02 mm;

**d.** 外径千分尺:量程 150～175 mm,应符合 GB 1216 规定;

**e.** 干燥箱:控温器灵敏度±2℃;

**f.** 天平:称量 5 kg,感量 5 g;称量 1 kg,感量 0.1 g;

**g.** 抗折试验机:荷载示值误差不大于±1%,量程 0～2 000 N。最小分度值 5 N;量程 0～5 000 N,最小分度值 20 N;

**h.** 受潮挠度测定装置:温度波动范围±2℃,湿度波动范围±10%;

**m.** 钢轮式耐磨试验机:应符合 GB/T 12988 规定;

**n.** 光泽度测定仪:应符合 GB/T 13891 的规定;

**o.** 塞尺。

### 5.2 试件

#### 5.2.1 试件尺寸和数量

各项试验的试件尺寸见表 5。试件数量均为 5 块。

表 5 mm

| 试验项目 | 天棚板 | 内隔墙板 | 墙地板块 |
|---|---|---|---|
| 单位面积质量 | 500×500×$d$ | 100×100×$d$ | — |
| 出厂含水率 | 500×500×$d$ | 100×100×$d$ | — |
| 吸水率 | 500×500×$d$ | 100×100×$d$ | 整块 |
| 断裂荷载 | 500×500×$d$ | — | — |

续表 5

mm

| 试验项目 | 天棚板 | 内隔墙板 | 墙地板块 |
| --- | --- | --- | --- |
| 浸水 24 h 抗折强度 | 500×500×$d$ | 250×250×$d$ | 块 |
| 受潮挠度 | 500×250×$d$ | — | — |
| 受潮变形 | — | — | 整块 |
| 浸水 24 h 线膨胀 | — | 150×75×$d$ | — |
| 泛霜 | 250×250×$d$ | 250×250×$d$ | 整块 |
| 耐磨性 | — | — | 整块 |
| 光泽度 | — | 250×250×$d$ | 整块 |

注:$d$ 为试件板厚。

5.2.2 试件的恒量

将试件放入 105±5℃的干燥箱中烘干至恒量。每隔 6 h 取出,并在不吸湿的条件下冷却至室温后称量,若相邻两次称量差不大于 0.1%时,可认为试件达恒量。

5.2.3 试件的龄期

各项物理力学性能试验的试件,龄期以 28 d 为准。

5.3 外观质量检查

在光照明亮的条件下,距试件 0.5 m 处,对试件正面逐个进行目测检查,记录影响产品质量和装饰效果的裂纹、缺角、麻面、孔洞、污痕、色泽不均和图案不清晰完整等缺陷。

检查着色的天棚板、墙地板块的色泽一致性时,应将试件铺敷约 1 $m^2$,视力正常的检查人员距试件 1.5 m 处,肉眼观察。

5.4 尺寸测量

尺寸的测量用整块板为试件。尺寸偏差、不平度、直角偏离度用同一试件测量。

5.4.1 长度、宽度

用钢直尺或钢卷尺逐个测量试件。在互相垂直的方向上各测长度与宽度三个值。其中两个值在对称的边,距所测板边 20 mm 以内处;一个值在对称轴上测定,测点位置见图 1。分别计算每个试件长度与宽度各三个值的算术平均值,作为该试件的长度、宽度值。精确至 1 mm。实测值减去标准的规格尺寸值即为试件的长度、宽度的尺寸偏差。

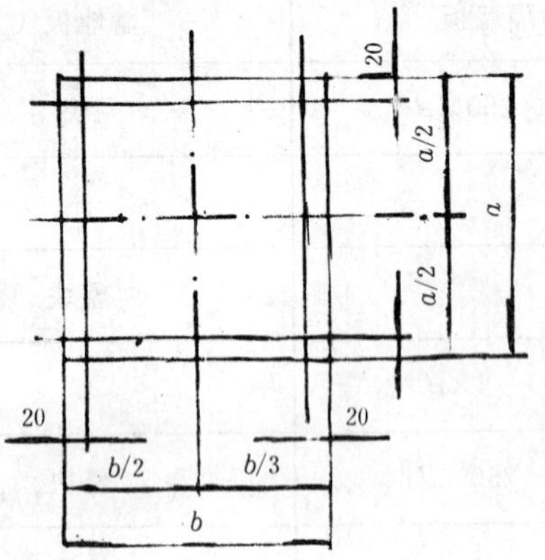


图 1

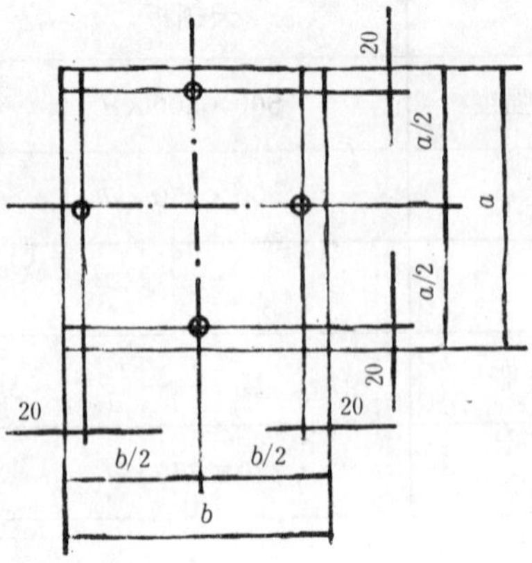


图 2

5.4.2 厚度

用游标卡尺逐个测量，测点位置见图 2。计算每块试件 4 个测量值的算术平均值，作为该试件的厚度值，精确至 0.1 mm。带有凸凹图案的板块，其厚度以板基厚度为准。实测值减去标准的厚度值即为厚度的尺寸偏差。

5.4.3 不平度

将钢板尺侧立在试件正面两对角线上，用塞尺测量板面与钢板尺之间隙的最大值作为试件的不平度，精确至 0.1 mm。

5.4.4 直角偏离度

用钢板尺或钢卷尺测量试件两对角线的长度，取其差值，作为该试件的直角偏离度，精确至 1 mm。

5.5 物理力学性能

5.5.1 单位面积质量

5.5.1.1 试验步骤

将试件按 5.2.2 处理至恒量，分别称量，精确至 1 g。

测定试件的面积。用钢板尺按 5.4.1 测量试件的长度和宽度。求其面积($A$)，精确至 0.001 m$^2$。

5.5.1.2 结果计算

试件的单位面积质量($Q$)按式(1)计算：

$$Q = \frac{G_n}{A} \times 10 \qquad \cdots\cdots(1)$$

式中：$Q$——单位面积质量，kg/m$^2$；

$G_n$——试件质量，g；

$A$——试件的面积，cm$^2$。

试验结果取 5 块试件的算术平均值，精确至 0.1 kg/m$^2$。

5.5.2 出厂含水率

5.5.2.1 试验步骤

分别称取每块试件的质量($G_1$)。然后按 5.2.2 将试件处理至恒量，称量其质量($G_2$)，精确至 1 g。

5.5.2.2 结果计算

含水率按式(2)计算：

$$W_n = \frac{G_1 - G_2}{G_2} \times 100 \qquad \cdots\cdots(2)$$

式中：$W_n$——试件含水率，%；

$G_1$——试件烘干前质量，g；

$G_2$——试件烘干后质量，g。

试验结果取 5 个试件算术平均值，精确至 0.1%。

5.5.3 吸水率

5.5.3.1 试验步骤

将试件浸入 20±5℃水中，水面应高出试件约 30 mm，试件不互相紧贴。24 h 后立即取出试件，用拧干的湿毛巾抹掉表面水分，称量($G_w$)，再按 5.2.2 处理至恒量，分别称量($G_s$)，精确至 1 g。

5.5.3.2 结果计算

吸水率按式(3)计算：

$$W = \frac{G_w - G_s}{G_s} \times 100 \qquad \cdots\cdots(3)$$

式中：$W$——吸水率，%；

$G_s$——试件烘干至恒量时质量，g；

$G_w$——试件浸水后质量，g。

试验结果取 5 块试件的算术平均值。精确至 1%。

5.5.4 断裂荷载

5.5.4.1 试验步骤

试验机的支承辊与加压辊为圆弧半径 15 mm 的金属棒。其长度应超过试件的宽度。调节两支承辊中心距为试件长度减去 50 mm。将自然含水状态下的试件正面朝下简支在支承辊上，在支距中央，通过平行于支承辊的加载辊，均匀施加荷载(见图 3)。加荷速度为 10 N/s，直至试件断裂，记录试件断裂时荷载(N)。

5.5.4.2 结果计算

试验结果取 5 块试件的算术平均值。精确至 5 N。

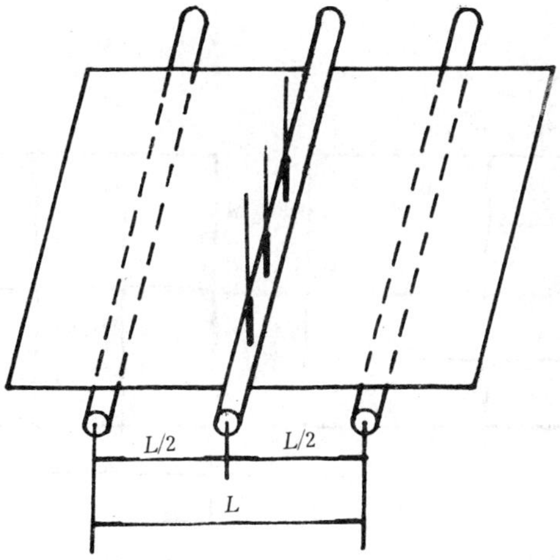


图 3

5.5.5 浸水 24 h 抗折强度

5.5.5.1 试验步骤

将试件浸入水中，水温 20±5℃，水面应高出试件约 30 mm，试件不互相紧贴。24±2 h 后取出试件，用拧干的湿毛巾抹掉表面水分。随即在 1 h 内，进行抗折强度试验。

抗折试验的金属支承辊与加载辊的圆弧半径为 15 mm，其长度应超过试件的宽度，支承辊中心距为 200 mm。对于 300 mm×300 mm 地面板块，支承辊中心距为 250 mm，对于小于 250 mm×250 mm 以及正六角形、梯形等墙地板块试件支承辊中心距应不小于 15 $d$。

用游标卡尺测量试件的宽度，精确至 0.1 mm。将试件正面向上，简支于两个支承辊上。试件与支承辊、加载辊之间应垫于厚度为 3～5 mm，宽度约 30 mm，长度大于试件宽度的胶合板。加荷方式如图 4 所示。

以 30～50 N/s 的速度，均匀而连续地加荷，直至试件破坏，记录其破坏荷载，精确至最小分度值。测定试件断裂处二点厚度精确至 0.1 mm。〔见图 5(a)〕。

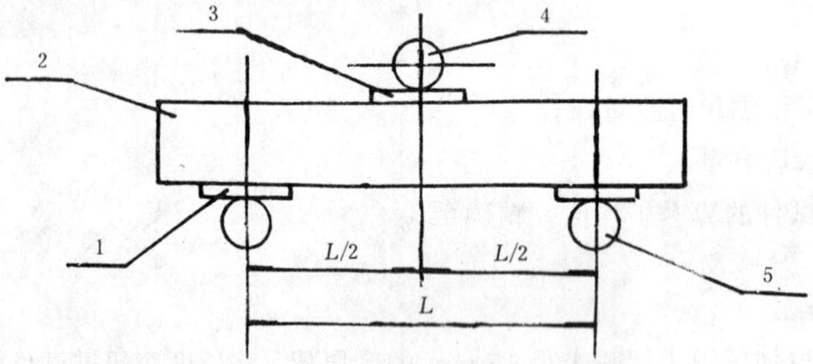


图 4

1—胶合板；2—试件；3—胶合板；4—加载辊；5—支承辊

试验内隔墙板时，将作完第一次加荷断裂后试件，再进行重新拼合，在与第一次加荷部位成垂直的方向，作第二次抗折试验，测定新断裂的宽度与二点厚度，见图 5(b)。以 2 次抗折强度试验算术平均值，作为该单块试件的抗折强度。

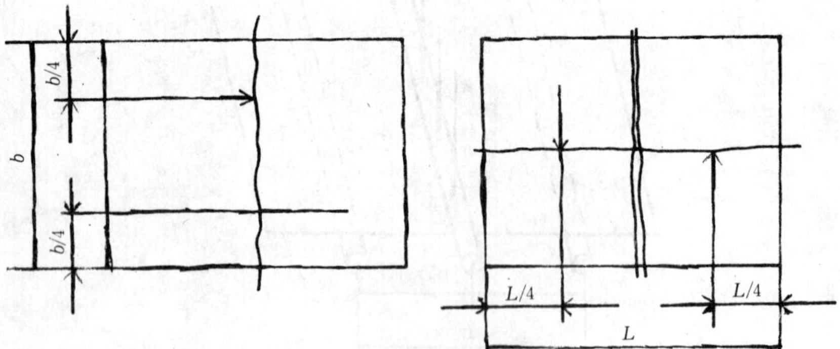


图 5

注：图中箭头指向为测厚点。

5.5.5.2　结果计算

抗折强度按式(4)计算：

$$R=\frac{3PL}{2bd^2} \qquad \cdots\cdots(4)$$

式中：$R$——抗折强度，MPa；

$P$——试件断裂荷载，N；

$L$——两支承辊中心距，mm；

$b$——试件宽度，mm；

$d$——试件厚度，mm。

试验结果取 5 块试件的算术平均值，精确至 0.1 MPa。

5.5.6 受潮挠度

5.5.6.1 试验步骤

试件在 60±5℃的烘干箱内烘 6 h，并在不吸湿的条件下冷却至室温备用。

在试件背面画上纵横轴线。将试件正面朝下简支在受潮挠度测定装置内的试验支座上。支座为圆弧半径为 15 mm 的金属棒。其长度应超过试件宽度。支座中心距为试件长度减去 50 mm。

将试件放在受潮挠度测定装置的支座上，在试件纵轴线上侧立长度 60 cm 钢直尺，用塞尺在试件纵横轴线交叉处测量板面与钢直尺之间间隙($h_1$)，精确至 0.02 mm。见图 6。

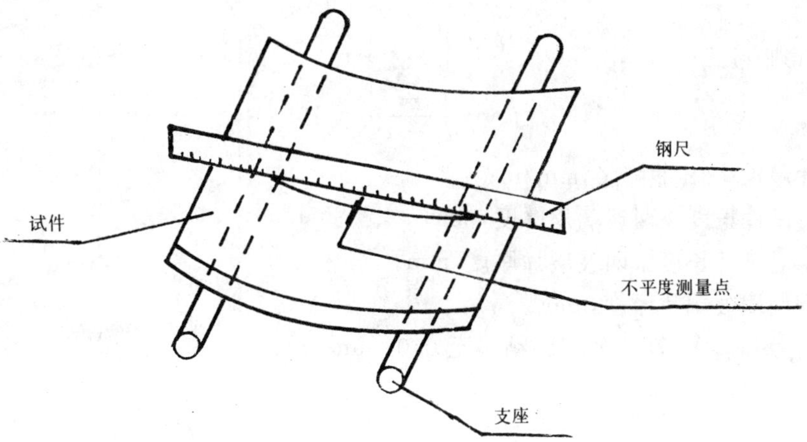


图 6

控制受潮挠度测定装置内温度为 32±2℃，空气相对湿度为 85%±5%。试件在此条件下 48 h，测其间隙($h_2$)。

5.5.6.2 受潮挠度按式(5)计算。

$$f_{挠} = h_2 - h_1 \qquad \cdots\cdots(5)$$

式中：$f_{挠}$——受潮挠度，mm；

$h_1$——试验前试件板面与钢直尺之间间隙，mm；

$h_2$——试件受潮后板面与钢直尺之间间隙，mm。

试验结果取 5 块试件的算术平均值。

5.5.7 受潮变形

5.5.7.1 试验步骤

将试件在 60±5℃烘箱中烘 48 h，取出冷却后按 5.4.3 测量其不平度，作为试件受潮变形的初读数($I_1$)，精确至 0.1 mm。

在镀锌铁盘内铺上 20～30 mm 厚的细砂，注入洁净的水，水面与砂面相平。将试件正面朝上铺敷砂面上，使试件厚度 1/2 嵌入在砂和水中。每隔 4 h 取出，按 5.4.3 测量试件的不平度。连续观测 48 h，以出现最大不平度值($I_2$)为计算依据。

5.5.7.2 结果计算

受潮变形按式(6)计算：

$$f_{变} = I_2 - I_1 \qquad \cdots\cdots(6)$$

式中：$f_{变}$——受潮变形，mm；

$I_1$——试验前试件不平度，mm；

$I_2$——受潮后试件最大的不平度，mm。

试验结果取5块试件的算术平均值，精确至0.1 mm。

5.5.8 浸水48 h线膨胀

5.5.8.1 试验步骤

试件的长度沿产品长度方向进深30 mm处截取，规格见表5。在60±5℃烘干至恒量。用防水粘结剂在试件两顶端各粘结75 mm×30 mm×3～5 mm的玻璃片，并与试件平面成直角。待粘结剂固化后，在试件纵轴线处用外径千分尺测量恒量试件长度加两端玻璃片厚度($l_1$)，精确至0.001 mm。

将试件平放在温度为20±5℃水中，水面应高出试件约3 cm。48 h后取出试件，用拧干的湿毛巾轻轻擦掉表面水分，在相同测点位置测量试件浸水后的长度($l_2$)。

5.5.8.2 结果计算

浸水48 h线膨胀按式(7)计算：

$$f_w = \frac{l_2 - l_1}{l_1 - d_8} \times 10^3 \qquad \cdots\cdots(7)$$

式中：$f_w$——试件浸水48 h线膨胀，mm/m；

$l_1$——恒量试件长度＋两玻璃片厚度，mm；

$l_2$——浸水后试件长度＋两玻璃片厚度，mm；

$d_8$——试件两端玻璃片厚度，mm。

试验结果取5块试件的算术平均值，精确至0.01 mm/m。

5.5.9 泛霜试验

5.5.9.1 试验步骤

将试件背面置于浸水的砂面上，方法同5.5.7.1。经72 h后取出试件，自然风干。

在光照充足的条件下，距试件0.5 m观察试件正面有无白色盐析现象。

5.5.9.2 结果评定

若用肉眼观察表面无明显白色盐析现象，而用手指抹擦试件表面，有白色析出物时，视为轻度泛霜；若明显可见有白色析出物时，视为泛霜试验不合格。

5.5.10 耐磨性

耐磨性试验按GB/T 12988规定进行。

5.5.11 光泽度

按GB/T 13891规定进行，入射角为60°，光束孔径为18 mm。

## 6 检验规则

6.1 检验分类

产品检验分出厂检验和型式检验。

6.1.1 出厂检验

氯氧镁水泥板块出厂检验项目见表6。

表 6

| 产品分类 | 天棚板 | 内隔墙板 | 墙地板块 |
| --- | --- | --- | --- |
| 检验项目 | 外观；<br>尺寸偏差；<br>不平度；<br>直角偏离度；<br>出厂含水率；<br>单位面积重量；<br>断裂荷载；<br>吸水率；<br>受潮挠度；<br>泛霜试验 | 外观；<br>尺寸偏差；<br>直角偏离度；<br>出厂含水率；<br>单位面积质量；<br>浸水 24 h 抗折强度；<br>泛霜试验；<br>吸水率；<br>浸水 24 h 线膨胀；<br>光泽度 | 外观；<br>尺寸偏差；<br>不平度；<br>浸水 24 h 抗折<br>强度；<br>受潮变形；<br>泛霜试验；<br>吸水率；<br>光泽度；<br>耐磨性 |

6.1.2 型式检验

6.1.2.1 氯氧镁水泥板块型式检验项目应包括出厂检验项目加表 7 所列项目。

表 7

| 产品分类 | 天棚板 | 内隔墙板 | 墙地板块 |
| --- | --- | --- | --- |
| 检验项目 | 吸水率；<br>受潮挠度；<br>泛霜试验 | 吸水率；<br>浸水 24 h 线膨胀；<br>光泽度 | 吸水率；<br>光泽度；<br>耐磨性 |

6.1.2.2 有下列情况之一时，应进行型式检验：

a. 新产品试制定型鉴定时；

b. 正常生产时，每 6 个月进行一次；

c. 原材料或工艺有较大改变，可能影响产品的性能时；

d. 产品长期停产恢复生产时；

e. 出厂检验结果与上次型式检验结果有较大差异时；

f. 质量监督机构提出进行型式检验要求时。

6.2 批量

各类产品检验的批量见表 8。不足一批按一批计算。

表 8

| 产品分类 | 天棚板 | 内隔墙板 | 墙地板块 |
| --- | --- | --- | --- |
| 批量块 | 1 000 | 1 000 | 3 000 |

6.3 抽样

出厂检验和型式检验所需样本在产品成品库中按机械抽样法随机抽取表 9 规定的数量。抽样前应预先确定好抽样方法。所取的试件应具有代表性。

外观质量检查的试件从整批产品中抽取；尺寸检验的试件从外观质量检验合格的试件中抽取。物理力学性能检验的试件从外观和尺寸检验合格的试件中抽取。

表 9 块

| 检验项目 | 产品分类 | 试件数量 |
| --- | --- | --- |
| 外观质量 | 天棚板 | 32 |
| | 内隔墙板 | 32 |
| | 墙地板块 | 50 |
| 尺寸偏差 | 天棚板 | 20 |
| | 内隔墙板 | 20 |
| | 墙地板块 | 32 |
| 物理力学性能 | 天棚板 | 各项均为 5 |
| | 内隔墙板 | 各项均为 5 |
| | 墙地板地 | 各项均为 5 |

6.4 判定规则

6.4.1 外观质量判定

根据第一次检验不合格数 $K_1$ 和加严一次检验的不合格数 $K_2$ 进行判定。

天棚板、内隔墙板产品第一次检验时若 $K_1<3$，可接受；若 $K_1=4$，允许加严一次检验；若 $K_1>4$，拒收。

天棚板、内隔墙板产品加严一次检验时重新从整批产品中随机抽取表 9 规定样本进行检验。若 $K_2\leqslant 2$，可接受，若 $K_2\geqslant 3$，拒收。

墙地板块产品第一次检验时，若 $K_1<5$，可接受；若 $K_1=6$，允许加严一次检验；若 $K_1>6$，拒收。

墙地板块产品加严一次检验时。重新从整批产品中随机抽取表 9 规定样本进行检验。若 $K_2\leqslant 3$，可接受；若 $K_2\geqslant 4$，拒收。

6.4.2 尺寸判定

按 6.4.1 的规定进行。

6.4.3 物理力学性能判定

经检验，各项物理力学性能都符合某一等级规定时，判为相应等级。

6.4.4 总判定

所有规定应检验项目的检验结果都符合某一等级规定时，判为相应等级。

## 7 标志、包装、运输及贮存

7.1 标志

天棚板、内隔墙板的背面，须用不掉色的颜色标明生产厂名称或商标、生产日期及标记，墙地板块至少应有 1%，在其底面有相同内容的标志。

7.2 产品质量合格证

交货时，应提供产品质量合格证，内容包括：

**a.** 生产厂名称；

**b.** 批量编号；

**c.** 出厂日期；

**d.** 本标准编号；

e. 外观质量、尺寸偏差、物理力学性能检验结果和质量等级；

f. 检验单位、人员签章。

7.3 包装

7.3.1 天棚板采用纸箱包装或草绳散扎包装，包装箱上应有防潮和小心轻放等标志，草绳散扎包装应有相同内容的标志。草绳散扎时，以若干块为一捆，将产品正面相向，用直径不小于 10 mm 的草绳按“井”字形捆扎，每个捆扎点不少于 4 道。

7.3.2 内隔墙板包装时可采用集装箱吊装托架捆扎包装。包装时产品正面相向。包装上应有防潮和小心轻放等标志。

7.3.3 墙地板块用草绳散扎包装，将产品正面相向，以若干块为一捆，用直径不小于 10 mm 草绳按“井”字形捆扎，每个捆扎点处不应少于 4 道。每捆包装应有防潮和小心轻放的标志。

7.4 运输

氯氧镁水泥板块用各种运输工具运输时，底部应保持平坦，必须设法使产品固定好，并应有遮盖措施，防止产品受潮。运输中、天棚板、墙地板块必须立放，靠紧挤实，防止窜动和碰撞。装卸、搬运时严禁抛掷。不准乱堆乱放。

7.5 贮存

7.5.1 氯氧镁水泥板块应在室内存放，室外堆放应有遮盖。

7.5.2 堆放场地必须坚实平坦。不同品种、不同规格、不同等级的产品应分别堆放，产品堆放时应正面相向，天棚板、墙地板块应立放、贴紧，倾斜度不应大于 15°，垛高不超过 1.8 m。内隔墙板平放堆垛，底部应有托架垫托，垛高不超过 1.8 m。

---

**附加说明：**

本标准由辽宁省建筑材料科学研究所、中国菱镁行业协会和国家建材局标准化研究所负责起草。

本标准主要起草人孙秀萍、刘孟兴、杨祥坤、金星夫。

# 前　言

钢丝网架水泥聚苯乙烯夹芯板是由生产企业制造钢丝网架聚苯乙烯芯板，运至建筑工程现场由施工单位安装、并在两面喷抹水泥砂浆后形成的。因此，本标准制定的各项规定，相应地均有两个部分组成，即钢丝网架聚苯乙烯芯板和钢丝网架水泥聚苯乙烯夹芯板。这些规定都用来保证产品的最终质量。生产企业除了必须按本标准组织钢丝网架聚苯乙烯芯板的生产外，还必须重视芯板的安装和砂浆的抹面，并有责任向施工部门介绍和提供产品标准与安装施工要点，让施工单位按标准的要求确保安装、施工质量。

制定《钢丝网架水泥聚苯乙烯夹芯板》建材行业标准在我国属于首次，国际上至今尚无正式标准。

本标准从1996年7月1日起实施，1996年7月1日起所有在建筑中采用的钢丝网架水泥聚苯乙烯夹芯板均应符合本标准的规定。

本标准的附录A、附录B都是标准的附录。

本标准的附录C是提示的附录。

本标准由全国水泥制品标准化技术委员会提出并归口。

本标准负责起草单位：国家建筑材料工业局苏州混凝土水泥制品研究院。

本标准参加起草单位：北京亿利达轻体房屋有限公司、华南建材(蛇口)有限公司、宜兴市江南轻型建材厂、南京麒麟轻体建材厂、江苏华润集团张家港市新型墙体材料厂、天津大成五金厂一分厂、北京舒乐舍板有限公司、佳木斯新型节能建筑材料厂、河北省天源集团轻型墙体厂、江阴航空机电设备制造公司、海宁轻型建筑材料厂、云南三山新型建材开发公司、安徽省青阳新型建筑材料总厂。

本标准主要起草人：屠仲元、励慧恒、陈景仪、赵承萱、俞立勋、刘建华、吴国生、周冠民、孙东来、耿作华、孙逸文、何森荣、袁长山。

中华人民共和国建材行业标准

JC 623—1996

# 钢丝网架水泥聚苯乙烯夹芯板

## 1 范围

本标准规定了钢丝网架水泥聚苯乙烯夹芯板和钢丝网架聚苯乙烯芯板的定义、分类与规格、技术要求、试验方法、检验规则及芯板的标志、包装、运输与贮存。

本标准适用于以钢丝网架水泥作表层，阻燃型聚苯乙烯泡沫塑料作内芯，用于房屋建筑的轻质板材。

注：其他网架轻质夹芯板（如钢板网架水泥夹芯板）性能指标达到标准要求的，也可参照执行。

## 2 引用标准

下列标准所包含的条文，通过在本标准中引用而构成为本标准的条文。本标准出版时，所示版本均为有效。所有标准都会被修订，使用本标准的各方应探讨使用下列标准最新版本的可能性。

GB 175—92 硅酸盐水泥、普通硅酸盐水泥

GB 343—82 一般用途低碳钢丝

GB 9972—88 一般用途电镀锌低碳钢丝

GB 9978—89 建筑构件耐火试验方法

GB 10801—89 隔热用聚苯乙烯泡沫塑料

GB 12108—89 镀锌电焊网

GB/T 13475—92 建筑构件稳态热传递性质的测定——标定和防护热箱法

GB/T 14684—93 建筑用砂

GB/T 14685—93 建筑用卵石、碎石

GB 50204—92 混凝土结构工程施工及验收规范

GBJ 75—84 建筑隔声测量规范

GBJ 82—85 普通混凝土长期性能和耐久性能试验方法

GBJ 203—83 砖石工程施工及验收规范

GBJ 301—88 建筑工程质量检验评定标准

GBJ 321—90 预制混凝土构件质量检验评定标准

JGJ 63—89 混凝土拌合用水标准

JGJ 73—91 建筑装饰工程施工及验收规范

## 3 定义

本标准采用下列定义。

3.1 钢丝网架聚苯乙烯芯板（简称 GJ 板）由三维空间焊接钢丝网架和内填阻燃型聚苯乙烯泡沫塑料板条（或整板）构成的网架芯板。

3.2 钢丝网架水泥聚苯乙烯夹芯板（简称 GSJ 板）在 GJ 板两面分别喷抹水泥砂浆后形成的构件。即该板材外壁由壁厚不小于 25mm 的三维空间焊接钢丝网架水泥砂浆作支承体，内填氧指数不小于 30 的聚

国家建筑材料工业局 1996-02-29 批准　　　1996-07-01 实施

苯乙烯泡沫塑料，周边有不小于 25mm 厚的水泥砂浆包边的板材，其具体构造见图 1。

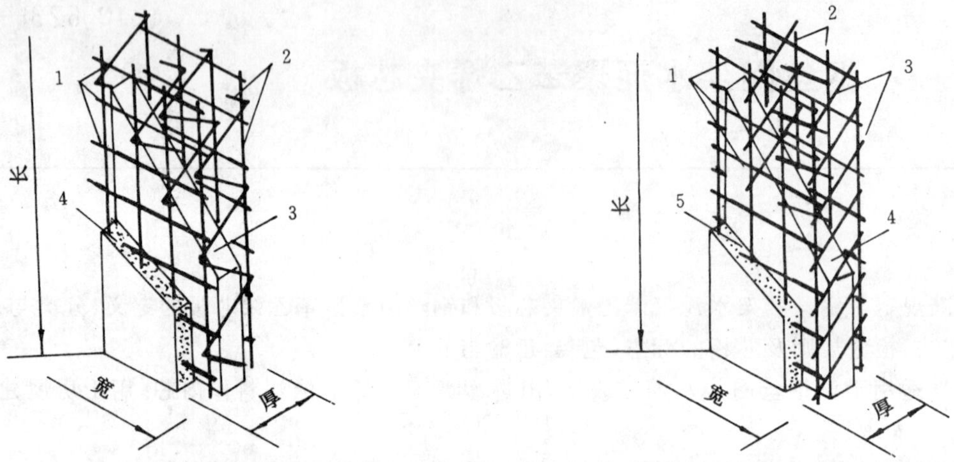


a) T、TZ 类板

1—横丝；2—之字条；3—聚苯乙烯泡沫塑料；4—水泥砂浆

b) S 类板

1—横丝；2—竖丝；3—斜丝；4—聚苯乙烯泡沫塑料；5—水泥砂浆

图 1　GSJ 板构造

## 4　产品分类

### 4.1　分类

4.1.1　GJ 板的分类见表 1。

表 1　GJ 板的分类

| 序号 | 代号 | 阻燃型聚苯乙烯泡沫塑料内芯型式 | 连接两侧网片的腹丝型式 |
|---|---|---|---|
| 1 | T | 板条并接 | 之字条 |
| 2 | TZ | 整　板 | 之字条 |
| 3 | S | 整　板 | 相邻两排腹丝为反向斜插或之字形斜插(直插)短钢丝 |
| 注：钢板网架聚苯乙烯夹芯板可参照区分 | | | |

4.1.2　GSJ 板的分类由 GJ 板的类别而定，采用代号与之相同。

### 4.2　规格

4.2.1　GJ 板的规格见表 2。

表 2　GJ 板的规格

| 名称 | 公称长度 m | 实　际　尺　寸 | | | | | | 聚苯乙烯泡沫塑料内芯厚 mm |
|---|---|---|---|---|---|---|---|---|
| | | 长 | | 宽 | | 厚 | | |
| | | T、TZ | S | T、TZ | S | T、TZ | S | |
| 短　板 | 2.2 | 2140 | 2150 | 1220 | 1200 | 76 | 70 | 50 |
| 标准板 | 2.5 | 2440 | 2450 | 1220 | 1200 | 76 | 70 | 50 |
| 长　板 | 2.8 | 2750 | 2750 | 1220 | 1200 | 76 | 70 | 50 |
| 加长板 | 3.0 | 2950 | 2950 | 1220 | 1200 | 76 | 70 | 50 |
| 注：其他规格可根据用户要求协商确定 | | | | | | | | |

4.2.2　GSJ 板的规格见表 3。

表 3 GSJ 板的规格

| 板 厚,mm | 两表面喷抹层做法 | 芯板构造 |
|---|---|---|
| 100 | 两面各有 25mm 厚水泥砂浆 | 各类 GJ 板 |
| 110 | 两面各有 30mm 厚水泥砂浆 | |
| 130 | 两面各有 25mm 厚水泥砂浆加两面各有 15mm 厚石膏涂层或轻质砂浆 | |

4.3 产品型号

4.3.1 GJ 板型号

GJ l1 T JC623

- JC623——标准号
- T——类别代号
- l1——公称长度

标记示例:内芯为聚苯乙烯泡沫塑料板条并接,腹丝用之字条,公称长度 2.5m 的 GJ 板,标记为:

GJ 2.5 T JC 623

4.3.2 GSJ 板的型号

GSJ l2(l3) T JC 623

- JC 623——标准号
- T——类别代号
- (l3)——聚苯乙烯泡沫内芯厚度(mm)
- l2——GSJ 板厚度(mm)

标记示例:110mm 厚的 GSJ 板,内芯为 50mm 厚的聚苯乙烯泡沫塑料整板,腹丝采用斜插短钢丝,该板标记为:

GSJ 110(50) S JC 623

## 5 原材料质量要求

5.1 钢丝

5.1.1 镀锌低碳钢丝的性能指标见表 4。

表 4 镀锌低碳钢丝的性能指标

| 直 径<br>mm | 抗拉强度,$N/mm^2$ | | 冷弯试验反复弯曲 180°,次 | 镀锌层质量,$g/m^2$ |
|---|---|---|---|---|
| | A 级 | B 级 | | |
| 2.03±0.05 | 590～740 | 590～850 | ≥6 | ≥20 |
| 注:其余性能应符合 GB 9972 的要求 | | | | |

5.1.2 低碳钢丝的性能指标见表 5。

表 5　低碳钢丝的性能指标

| 直　径,mm | 抗拉强度,N/mm² | 冷弯试验反复弯曲 180°,次 | 用　　途 |
|---|---|---|---|
| 2.0±0.05 | ≥550 | ≥6 | 用于网片 |
| 2.2±0.05 | ≥550 | ≥6 | 用于腹丝 |
| 注:其余性能应符合 GB 343 的要求 | | | |

5.2　聚苯乙烯泡沫塑料

表观密度 $15kg/m^3 \pm 1kg/m^3$;阻燃型(ZR 型),氧指数≥30,其余应符合 GB 10801 的规定。

5.3　硅酸盐水泥

应符合 GB 175 的规定。

5.4　集料

应符合 GB/T 14684～14685 的规定。砂子采用中砂,细度模数不应低于 2.3。

5.5　水

应符合 JGJ 63 的规定。

5.6　水泥砂浆

应符合 GBJ 203 的有关规定,用于内墙不应低于 M10,用于外墙和屋面不应低于 M20(宜用 C20 小豆石混凝土)。

## 6　技术要求

6.1　GJ 板

6.1.1　GJ 板每平方米面积的重量应不大于 4kg。

注:钢板网架夹芯板除外。

6.1.2　GJ 板的表面和外观质量应符合表 6 的规定。

表 6　GJ 板的表面和外观质量

| 项次 | 项　目 | 质　量　要　求 |
|---|---|---|
| 1 | 外观 | 表面清洁,不应有明显油污 |
| 2 | 钢丝锈点 | 焊点区以外不允许 |
| 3 | 焊点强度 | 抗拉力≥330N,无过烧现象 |
| 4 | 焊点质量 | 之字条、腹丝与网片钢丝不允许漏焊、脱焊;网片漏焊、脱焊点不超过焊点数的 8‰,且不应集中在一处,连续脱焊不应多于 2 点,板端 200mm 区段内的焊点不允许脱焊、虚焊 |
| 5 | 钢丝挑头 | 板边挑头允许长度≤6mm,插丝挑头≤5mm;不得有 5 个以上漏剪、翘伸的钢丝挑头 |
| 6 | 横向钢丝排列 | 网片横向钢丝最大间距为 60mm,超过 60mm 处应加焊钢丝,纵横向钢丝应互相垂直 |
| 7 | 泡沫内芯板条局部自由松动 | 不得多于 3 处;<br>单条自由松动不得超过 1/2 板长 |
| 8 | 泡沫内芯板条对接 | 泡沫板条全长对接不得超过 3 根,短于 150mm 板条不得使用 |

6.1.3　GJ 板的规格尺寸允许偏差见表 7。

表 7 GJ 板的规格尺寸允许偏差 mm

| 项次 | 项　目 | 允许偏差 | 项次 | 项　目 | 允许偏差 |
|---|---|---|---|---|---|
| 1 | 长 | ±10 | 8 | 泡沫内芯中心面位移 | ≤3 |
| 2 | 宽 | ±5 | 9 | 泡沫板条对接缝隙 | ≤2 |
| 3 | 厚 | ±2 | 10 | 两之字条距离或纵丝间距 | ±2 |
| 4 | 两对角线差 | ≤10 | 11 | 钢丝之字条波幅、波长或腹丝间距 | ±2 |
| 5 | 侧向弯曲 | ≤$L$/650 | 12 | 钢丝网片局部翘曲 | ≤5 |
| 6 | 泡沫板条宽度 | ±0.5 | 13 | 两钢丝网片中心面距离 | ±2 |
| 7 | 泡沫板条(或整板)的厚度 | ±2 | | | |
| 注：$L$ 为 GJ 板的长度 | | | | | |

6.2 GSJ 板

6.2.1 GJ 板应符合 6.1 的要求。

6.2.2 GJ 板两面的水泥砂浆厚均为 25mm～30mm，用 1：3 水泥砂浆喷抹而成。

6.2.3 GSJ 板每平方米面积的重量见表 8。

表 8 GSJ 板每平方米面积的重量

| 板厚，mm | 构　造 | 每平方米面积的重量，kg |
|---|---|---|
| 100 | 板两面各有 25mm 厚水泥砂浆 | ≤104 |
| 110 | 板两面各有 30mm 厚水泥砂浆 | ≤124 |
| 130 | 板两面各有 25mm 厚水泥砂浆加两面各有 15mm 厚石膏涂层或轻质砂浆 | ≤140 |

6.2.4 GSJ 板的建筑物理性能指标见表 9。

表 9　GSJ 板的建筑物理性能指标

| 项次 | 项　目 | 指标值 | 备　注 |
|---|---|---|---|
| 1 | 热阻，$m^2 \cdot K/W$ | ≥0.65 | 厚 100mm 板 |
| 2 | 隔声指数，dB | ≥40<br>≥45 | 厚 100mm，110mm 板<br>厚 130mm 板 |
| 3 | 抗冻性，次 | 25 | 试验后试体不得有剥落、开裂、起层等破坏现象 |
| 注：GSJ 板的聚苯乙烯泡沫塑料内芯厚 50mm，砂浆表面未作饰面处理 | | | |

6.2.5　GSJ 板的建筑结构性能应符合以下规定：

a）轴向荷载允许值见表 10。

表 10　GSJ 板的轴向荷载允许值

| 墙板高度（GJ 板的公称长度），m | 2.5 | 3.6 |
|---|---|---|
| 两面各有 25mm 厚水泥砂浆层全截面负重时，kN/m<br>外墙外侧砂浆层伸出楼面 9.5mm 时，kN/m | ≥74.4<br>≥46.1 | ≥62.5<br>≥40.2 |
| 注：水泥砂浆强度等级不低于 M10 | | |

b）横向荷载允许值见表 11。

表 11　GSJ 板的横向荷载允许值

| GSJ 板的实际长度（GJ 板的公称长度），m | 横向荷载允许值 $kN/m^2$，不小于 | GSJ 板的实际长度（GJ 板的公称长度），m | 横向荷载允许值 $kN/m^2$，不小于 |
|---|---|---|---|
| 1.3 | 4.34 | 2.5 | 1.95 |
| 1.6 | 3.86 | 3.0 | 1.22 |
| 1.9 | 2.73 | 3.6 | 0.78 |
| 2.2 | 2.54 | | |
| 注：两面各有 25mm 厚水泥砂浆，强度等级不低于 M20 | | | |

c）抗冲击性能：标准板（2.5m）承受 10kg 砂袋自落高度 1.0m 的冲击大于 100 次不断裂。

6.2.6　GSJ 板的防火性能应符合以下规定：

a）燃烧性能：按本标准施工的 GSJ 板的耐火性能应高于难燃烧材料。

b）耐火极限

不低于 1h：两面各有 25mm 厚或 30mm 厚水泥砂浆层；

不低于 2h：两面各有 25mm 厚或 30mm 厚水泥砂浆层加两面各有 15mm 厚石膏涂层或轻质砂浆层。

## 7　试验方法

### 7.1　GJ 板

7.1.1　试样

取 GJ 板 3 块称重取平均值。

7.1.2　GJ 板的表面和外观质量检验

a）外观和钢丝锈点用肉眼观察，钢丝挑头、横向钢丝排列、泡沫内芯板条局部自由松动、泡沫内芯板条对接用肉眼观察和用精度0.5mm钢直尺测量。

b）焊点强度检验按 GB 12108 的 5.5 进行。

c）焊点质量检验：用手抓或拉动钢丝使之变形，力度以能使钢丝网恢复原形为限，在抓或拉中开脱的焊点为脱焊或虚焊，计数统计。

7.1.3 规格尺寸测量

a）长度偏差用精度 1mm 钢卷尺测量板的两端面最外边钢丝的中距，以测得的最大和最小值作为判定指标。

b）宽度偏差用精度 1mm 钢卷尺测量板的一端和中部截面宽度方向两侧最外边钢丝的中距，以测得的最大和最小值作为判定指标。

c）厚度偏差，对 T、TZ 类板用精度 0.5mm 钢直尺测量板端面之字条的波幅，对 S 类板测量两钢丝网片的中距，均以测得的最大和最小值作为判定指标。

d）两对角线差用精度 1mm 钢卷尺测量两对角线的长度，取其差值为检测结果。

e）侧向弯曲用拉线和精度 0.5mm 钢直尺测量侧向弯曲最大值。

f）泡沫内芯中心面位移、泡沫板条对接缝隙、钢丝网片局部翘曲用目测选取最大偏差处，用精度 0.5mm钢直尺测量。

g）其余各项目以目测选取最大和最小偏差处，用精度 0.5mm 钢直尺测量，以测得的最大和最小值作为判定指标。

7.2 GSJ 板

7.2.1 GJ 板检验

按 7.1 进行。

7.2.2 水泥砂浆的检验

a）检查水泥砂浆组成材料的质量和用量，每一工作班不应少于一次。

b）GSJ 板用于屋面时砂浆强度的控制、检验与评定，每一工作班制作一组砂浆试块，测定其 28 天龄期强度。

c）用精度 0.5mm 钢直尺测量砂浆标筋厚度和砂浆层厚度。

7.2.3 试样

取 GSJ 试验板 3 块称重取平均值。

7.2.4 GSJ 板的建筑物理性能

a）热工性能：按 GB/T 13475 测定热阻值或传热系数。

b）隔声性能：按 GBJ 75 测定隔声指数。

c）抗冻性：按 GBJ 82 进行。

7.2.5 GSJ 板的建筑结构性能

a）轴向荷载测定

1）加载和测量仪器：2000～5000kN 长柱试验机或液压稳压加载系统及其配套千斤顶(1000kN)；百分表、挠度计、放大镜、刻度放大镜(精度 0.05mm)。

2）试样制备：在标准板两面涂抹砂浆，顶部和底部各浇捣一个钢筋混凝土小梁，小梁高 150mm，小梁厚度和长度与试验板的厚度和宽度相同，如图 2 所示。

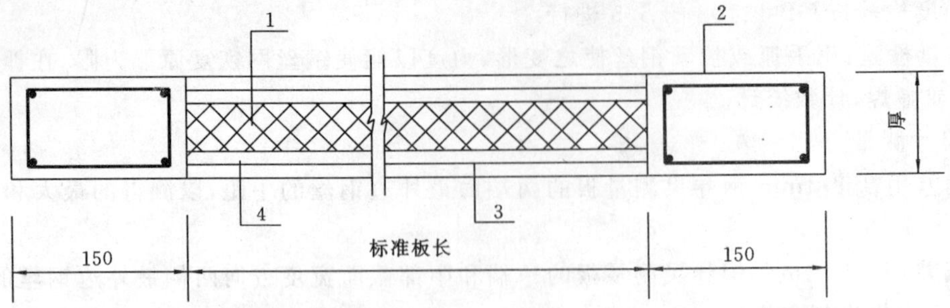


1—聚苯乙烯泡沫塑料条(或板);2—小梁;3—水泥砂浆;4—钢丝网架

图2 轴向荷载测定的试样

3)试验步骤:按 GBJ 321 进行。

b)横向荷载的测定

1)试样制备:在标准板(公称长度 2.5m)两面涂抹水泥砂浆,等砂浆达到要求强度后进行试验。

2)加载和试验步骤:按 GBJ 321 的有关规定进行。

c)抗冲击性能测定

1)工具:10kg 砂袋一个。

2)试样制备:同 7.2.5 中 b)项。

3)试验步骤:GSJ 板水平搁置,支点距离 2.4m,砂袋悬挂在板跨中部上方距试验板面 1m,而后将 10kg 砂袋自由下落,撞击板面 100 次。

7.2.6 GSJ 板的耐火极限

按 GB 9978 进行。

## 8 检验规则

8.1 检验分类

分出厂检验和型式检验两类。

8.1.1 出厂检验项目为 GJ 板的外观和尺寸偏差。

8.1.2 型式检验包括 GJ 板和 GSJ 板的技术要求的所有项目。

在下列情况之一时进行:

——新产品定型时;

——正常生产时每三年进行一次;耐火极限、隔声每四年进行一次;

——国家质量监督部门要求进行时。

8.2 出厂检验

8.2.1 抽样方法

a)外观质量:对每一构件用肉眼观察检查,当发现有缺陷时应进行测量。

b)规格尺寸检查:应以同一类产品 100 块为一批,不足 100 块亦为一批,在每一批中抽取 5%进行检验,并不得少于 3 块。

8.2.2 判定规则

产品的外观和规格尺寸允许偏差应符合表 6、表 7 的要求,当有 2 块不符合要求时,则应对该批产品进行第二次抽样检验,当第 2 次样品中仍有 2 块不合格时,则该批产品不予验收,生产企业需逐块检验合格后才能再次发货。

8.3 型式检验

8.3.1 抽样方法

在出厂检验合格的产品中抽取试样,每个试验内容不得少于 3 块,由生产企业委托国家和地方认可的检测单位进行。

8.3.2 判定规则

每项检测结果应符合本标准要求，若某项试验结果不符合本标准规定的指标，允许对该项目进行复验，若复验结果符合要求，则该型式检验合格，若复验结果仍不符合要求，则判该型式检验为不合格。

## 9 GJ板的标志、包装、贮存及运输

9.1 标志

9.1.1 在每块板的侧面泡沫塑料板上应印有标志。内容包括商标、产品型号、生产日期和检验章。

9.1.2 出厂的每批产品应随带产品合格证，内容包括产品型号、规格、数量、制造厂名称、商标、生产日期、质量检验签章。

9.2 包装

一般单块裸装，也可应用户要求将2～16块捆扎成一件。

9.3 贮存

贮存时应按规格型号分别立放，严禁接近烟火，不宜长期露天暴晒和雨淋。

9.4 运输

在装卸、起吊和运输过程中应轻起轻放，严禁抛掷、碰撞和重压，吊装时应预防板边损坏。

# 附 录 A
（标准的附录）
## GJ 板的安装要求

### A1 GJ 板的技术要求

GJ 板必须符合 6.1 的规定，由于运输、堆放造成的变形，必须予以矫正，脱焊必须补焊或用铁丝扎紧。

### A2 GJ 板的安装

A2.1 墙体 GJ 板的安装

A2.1.1 GJ 板与其他墙体、楼面、顶棚、门、窗的连接型式；所用配件的规格、数量和技术条件必须符合设计要求，可参考本标准有关资料(见附录 C)。

A2.1.2 连接用膨胀螺栓、钢筋码、U 码等配件表面严禁有氧化铁皮和油污等。

A2.1.3 外墙 GJ 板拼缝有缝隙时应用泡沫条填塞。

A2.1.4 GJ 板的所有拼缝，墙的阳角和阴角、门窗口等均应按附录 C 提供的节点构造采用相应的网片覆盖加强，并用箍码箍紧或用铁丝手工绑扎牢固，芯板边钢丝与覆网相交点全部扎牢，其余部分相交点可相隔交错扎牢，不得有变形、脱焊。

A2.1.5 GJ 板就位安装质量应符合设计要求和表 A1 的规定。

表 A1 墙体 GJ 板安装尺寸允许偏差

| 项次 | 项目 | | 允许偏差,mm |
|---|---|---|---|
| 1 | 墙轴线位置 | | 8 |
| 2 | 垂直度 | 层间高度 $h\leqslant 3.2$m | 5 |
| | | $3.2<h\leqslant 5$m | 8 |
| | | $h>5$m | 15 |
| 3 | 表面平整(用 2m 靠尺检查) | | 5 |
| 4 | 门、窗洞口(门、窗框后塞) | 宽度 | $^{+5}_{-3}$ |
| | | 门口高度 | $^{+10}_{-5}$ |
| 5 | 外墙上下窗口位置 | | 20 |
| 6 | 预埋件中心线位置 | | 10 |
| 7 | U 码、钢筋码间距 | | ±50 |
| 8 | 芯板板缝 | | <3 |

A2.2 屋面 GJ 板的安装

A2.2.1　屋面GJ板的规格、尺寸和板底附加钢筋的规格、形状、尺寸、数量必须经设计，并应符合屋面结构布置图的要求。附加钢筋直径应不大于8mm，宜用6mm。板底、板面附加钢筋应与钢丝网架绑扎牢固。不允许采用搭接接头。

A2.2.2　安装时，应在位于板底的屋面梁顶面铺抹1：2.5水泥砂浆，厚35mm，使砂浆能全部接触芯材，当砂浆未达到一定强度前禁止上人踩动。

A2.2.3　GJ板缝间，屋面与女儿墙转角处，挑檐与外墙面交接处等均应符合A2.1.4的要求。

A2.3　屋面GSJ板的预制和安装

A2.3.1　必须根据设计确定的屋面结构布置图裁剪GJ板，其规格尺寸、板底附加钢筋和吊环等应符合设计和A2.2.1的要求。

A2.3.2　预制时应符合GB 50204的有关要求。并在该屋面GJ板顶面周边预留150mm宽的无混凝土(砂浆)层带。当采用蒸汽养护时，养护温度不应超过60℃。

A2.3.3　预制GSJ屋面板的尺寸允许偏差见表A2。

表A2　预制GSJ屋面板允许偏差

| 项　次 | 项　　　目 | 允许偏差，mm |
|---|---|---|
| 1 | 长 | +10<br>−5 |
| 2 | 宽 | ±5 |
| 3 | 厚 | +5<br>−3 |
| 4 | 混凝土(砂浆)层厚度 | ±3 |
| 5 | 对角线差 | 10 |
| 6 | 表面平整(用2m靠尺检查) | 4 |
| 7 | 翘曲小于 | $L/800$ |
| 注：$L$为板长度 | | |

A2.3.4　预制GSJ屋面板的混凝土(或砂浆)强度达到设计标号的80%以上时才可以起吊，安装时按屋面结构布置吊装就位，板端支座处铺抹10mm厚1：2.5水泥砂浆座浆，板缝间宜填充高效保温材料(或聚苯乙烯泡沫塑料)，并应按设计铺放钢筋和网片，满足A2.1.4的要求。

A2.3.5　预制GSJ屋面板安装的尺寸允许偏差见表A3。

表A3　预制GSJ屋面板安装的尺寸允许偏差　mm

| 项次 | 项　目 | | 允许偏差 |
|---|---|---|---|
| 1 | 相邻板底面高差 | 吊顶 | 5 |
| | | 不吊顶 | 3 |
| 2 | 板搁置长度 | | ±5 |

## A3　GJ板的安装检验

A3.1　GJ板的安装质量评定需在班(组)自检、互检基础上由安装负责人会同工程专职检查人员共同进行,提出分项工程质量检验评定表,经施工单位检验合格后方可移交下一工序施工。

A3.2　GJ板的安装质量检验按A1、A2。

A3.3　安装质量检验方法:位置偏移用经纬仪或拉线和尺测量,垂直度用水准仪或2m托线板检查,平整度用2m靠尺检查。

A3.4　抽样方法:室内按有代表性的自然间抽查10%,但不少于3间,过道每10延长米抽查1处(每处查3延长米),不少于3处。

# 附　录　B
(标准的附录)
# GSJ板的抹灰要求

## B1　抹灰前的准备

B1.1　GJ板的安装需经施工单位检验合格后方可进行抹灰。

B1.2　抹灰前,GJ板的钢丝网架和聚苯乙烯泡沫塑料表面的灰尘、污垢和油渍等应清除干净,用与抹灰层相同的砂浆设置标筋。

## B2　GSJ板的抹灰要求

B2.1　墙体GSJ板的抹灰要求

B2.1.1　抹灰时应先将墙体与楼、地面连接处即在GSJ板的周边25mm～30mm缝隙内填实,电气开关、U码以及各种预埋件的连接处,应按附录C的做法,局部除去聚苯乙烯泡沫,清理干净后用1∶3水泥砂浆填塞密实。

B2.1.2　墙体抹灰分三层:底层、中层和罩面层,每层厚度:底层12mm～15mm;中层8mm～10mm;罩面层3mm～5mm,总厚不小于25mm。底层和中层用同一配比砂浆,要求符合5.3～5.6的规定,当罩面层掺用其他材料时应经过试验后方可使用。

B2.1.3　人工抹面时,以自下而上抹灰为宜,底层要用木抹子反复揉搓,使砂浆密实,墙面应粗糙,中层则要在底层上洒水润湿,抹灰后要用刮板找平,表面挫毛,罩面层时,除按中层相同方法抹灰外,并要在收水后用铁抹子两遍压光。

B2.1.4　吊顶内墙体必须抹灰,厚度不应小于25mm,抹灰的质量要求与墙体相同。

B2.1.5　室内墙面阳角和门洞口的阳角,宜用1∶2水泥砂浆做护角,高度不应低于2m,每侧宽度不小于50mm。

B2.1.6　室外墙面抹灰应在砂浆中加入适量的防水添加剂。

B2.1.7 每层抹灰的间隔时间视气温而定，正常气温下间隔二天以上，气温较低时，应适当延长间隔时间。

B2.1.8 每堵墙，两面的抹灰间隔时间不小于 24h。

B2.1.9 每层水泥砂浆终凝后均应洒水养护。

B2.1.10 在水泥砂浆表面可做饰面：建筑涂料、墙纸、面砖、马赛克、瓷砖等等，做法应符合 JGJ 73 的有关规定。

B2.2 屋面 GSJ 板的抹灰要求

B2.2.1 屋面抹灰前，应在 GJ 板底进行支顶，其间距不宜大于 800mm，支承板与 GJ 板贴紧，并可略向上拱起，支顶应牢固。

B2.2.2 运送物料的小车应在事前搭成的木板上行走。不允许在 GJ 板面集中堆放物料和多人密集操作。

B2.2.3 屋面面层如用小豆石混凝土，其成型方法与预制屋面板的成型方法相同，如用砂浆时应分两层抹完。

B2.2.4 不允许在 GJ 板缝处和与女儿墙的交接处留施工缝。

B2.2.5 每层抹完后应及时覆盖塑料薄膜养护，终凝后浇水养护。

B2.2.6 板面混凝土(砂浆)强度达到 $10N/mm^2$ 以上时，才可以撤除支顶。之后抹板底砂浆，分三层抹成，每层厚度、要求与墙体抹灰相同。

B2.2.7 预制屋面板预留带的抹灰、养护等均与屋面 GSJ 板的抹灰相同，混凝土(或砂浆)强度不应低于 C20(或 M20)，并应掺加适量水泥膨胀剂。

## B3 抹灰层的质量要求

B3.1 GSJ 板的表面外观质量标准见表 B1。

表 B1 GSJ 板的表面外观质量标准

| 项次 | 项目 | | 质量要求 |
|---|---|---|---|
| 1 | 脱层、起鼓、爆灰 | | 不允许 |
| 2 | 裂缝 | 门窗洞口角裂 | 不允许 |
| | | 面裂 | 不宜有 |
| 3 | 外观 | | 表面光滑、洁净不应有污染痕迹 |
| 4 | 接槎平整、线角顺直清晰 | | 不应有毛面纹路不均匀 |
| 5 | 与墙连接边、门窗洞口边、槽盒周边与后面等缝隙 | | 均应用砂浆填塞密实 |

B3.2 GSJ 板的规格尺寸允许偏差见表 B2。

表 B2 GSJ 板的尺寸允许偏差

| 项次 | 项目 | 允许偏差，mm |
|---|---|---|
| 1 | 表面平整(用 2m 靠尺检查) | 4 |
| 2 | 阴、阳角垂直 | 4 |
| 3 | 立面垂直 | 5 |
| 4 | 阴、阳角方正 | 4 |

**B4 抹灰层的检测方法**

**B4.1** 表面和外观质量用目测和精度 0.5mm 钢尺测量。

**B4.2** 表面平整度用 2m 靠尺和塞尺检验。

**B4.3** 垂直度用水准仪或 2m 托线板检验。

**B5 抹灰质量评定**

按 GBJ 301 进行。

## 附 录 C
（提示的附录）
**节点构造图**

**C1 隔墙构造图**

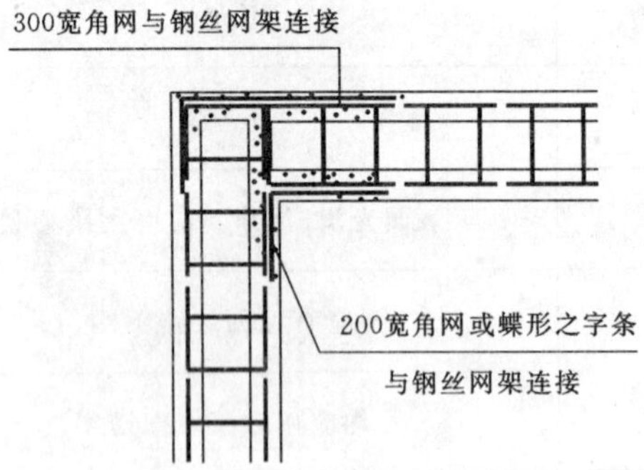


图 C1 转角连接

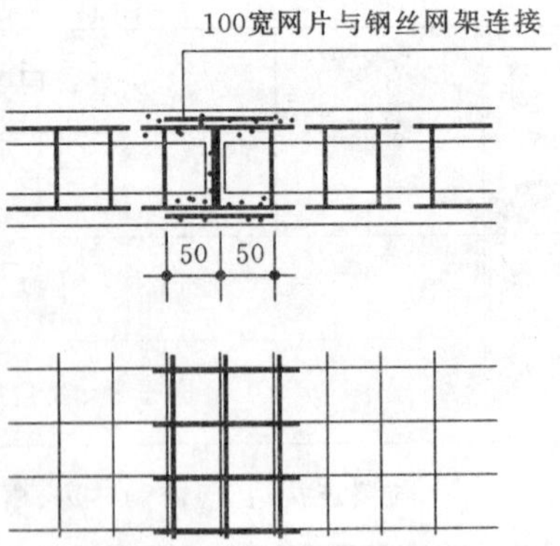


图 C2 内墙板缝拼接(1)

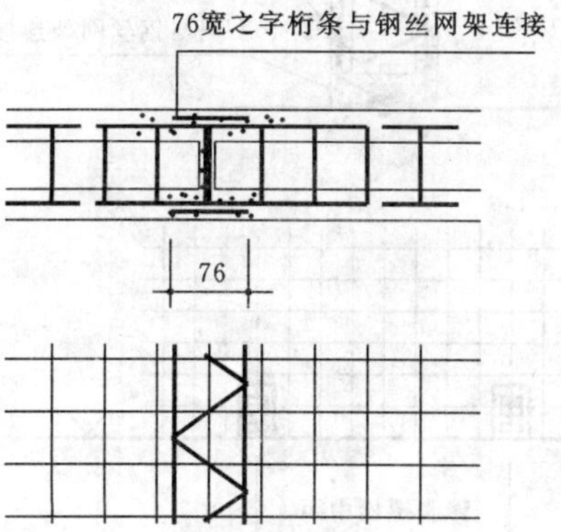


图 C3　内墙板缝拼接(2)

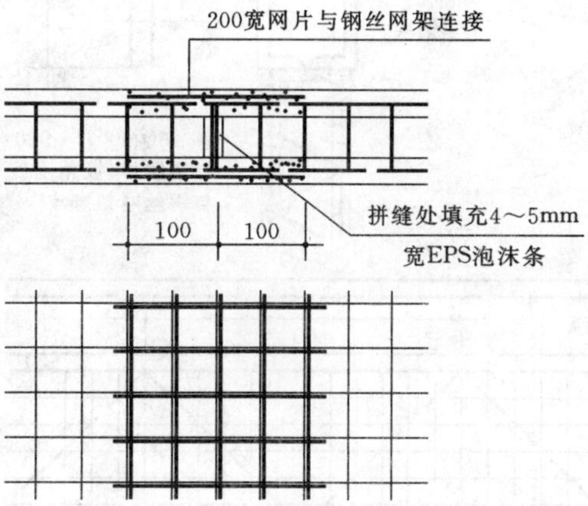


图 C4　外墙板缝拼接

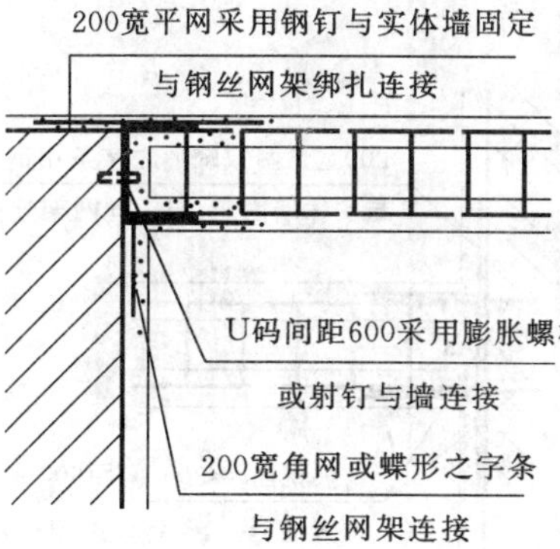


图 C5　墙板与实体墙连接(转角墙)

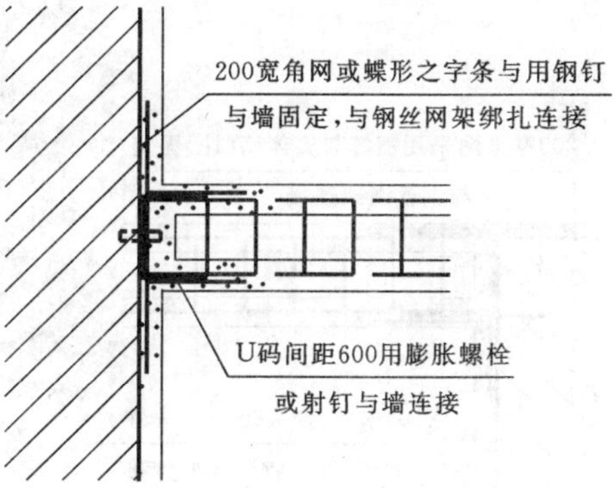


图 C6　丁字内隔墙连接

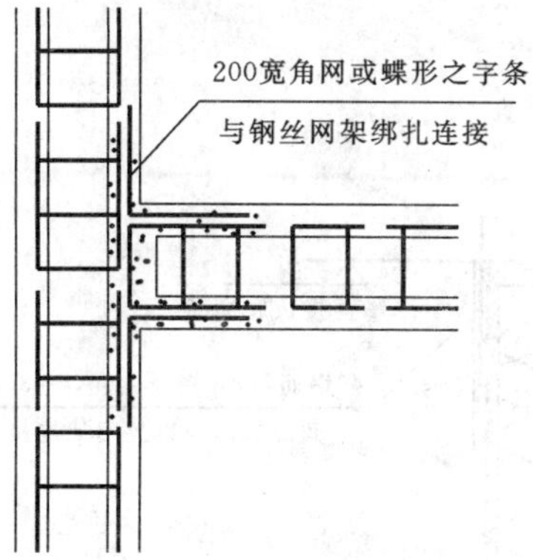


图 C7　丁字墙连接

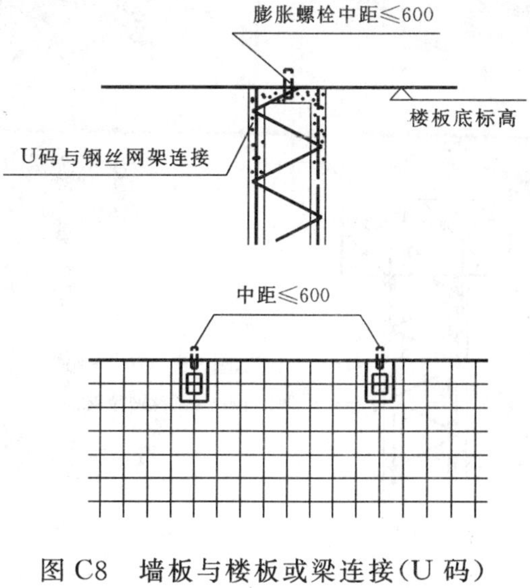


图 C8　墙板与楼板或梁连接(U 码)

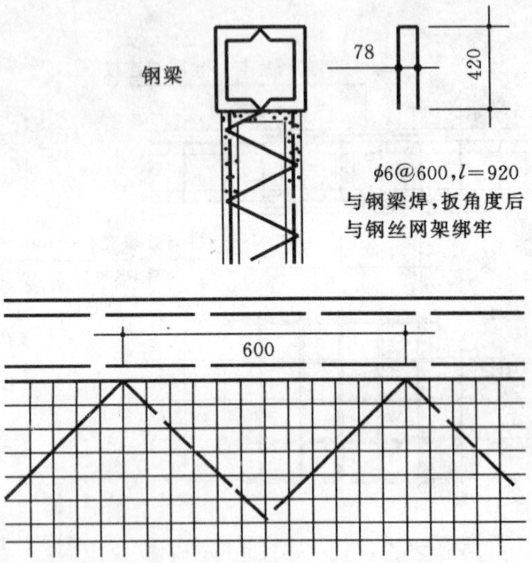


图 C9　墙板与钢梁连接

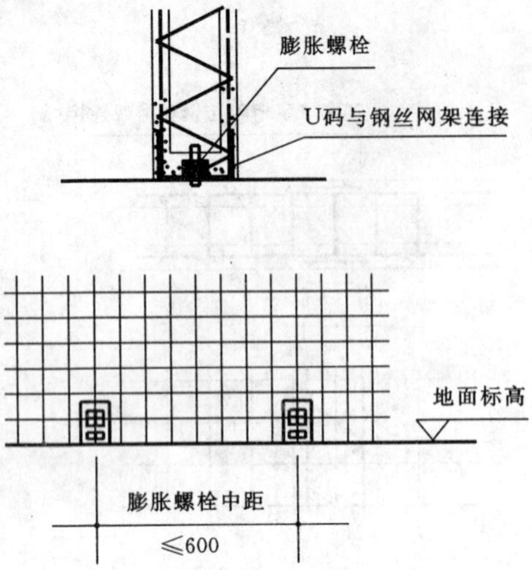


图 C10　墙板与地板连接(U 码)

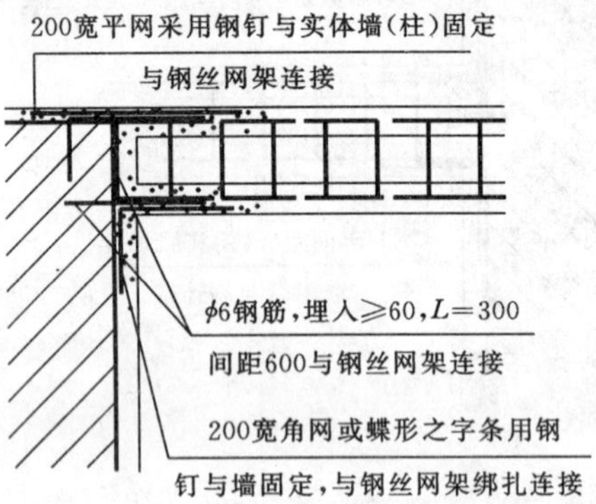


图 C11　转角墙钢筋码连接

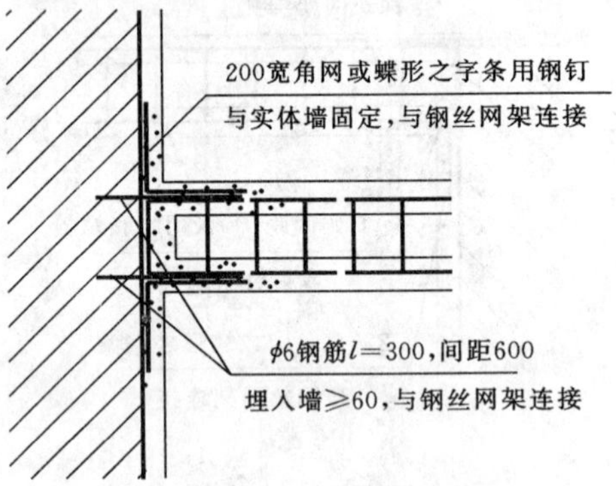


图 C12　丁字墙钢筋码连接

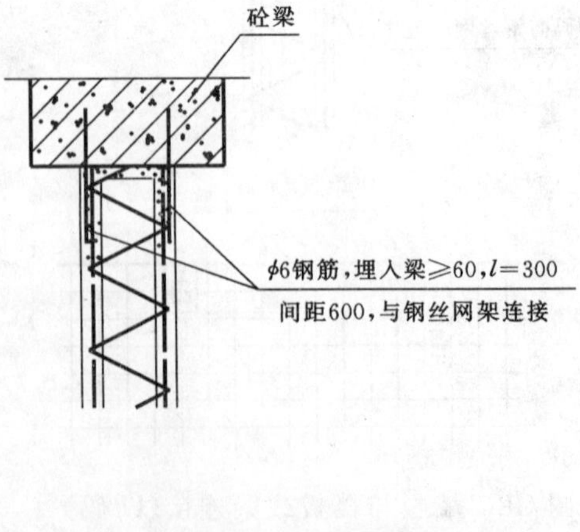


图 C13　梁与墙板钢筋码连接

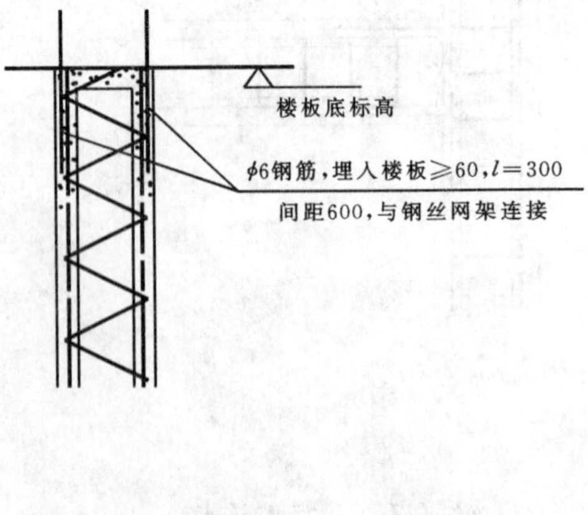


图 C14　楼板与墙板钢筋码连接

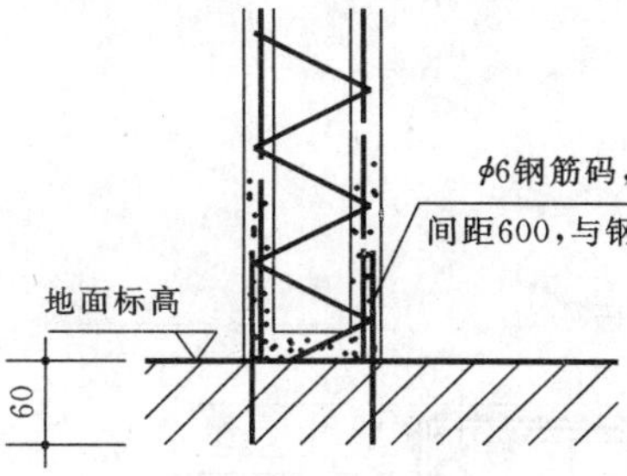


图 C15　墙板与地面连接

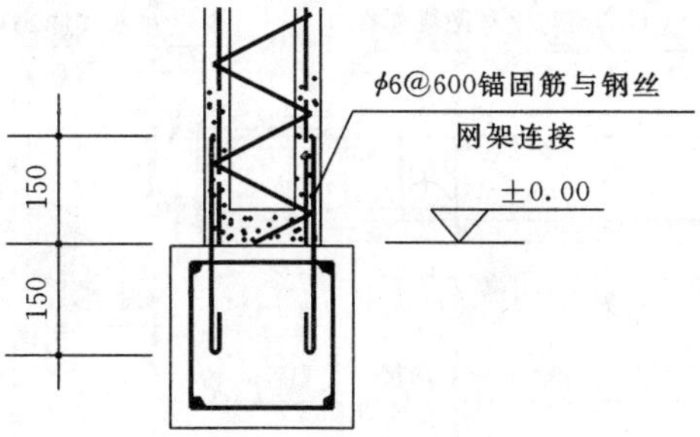


图 C16　基础构造(预埋钢筋)

## C2　门窗节点图

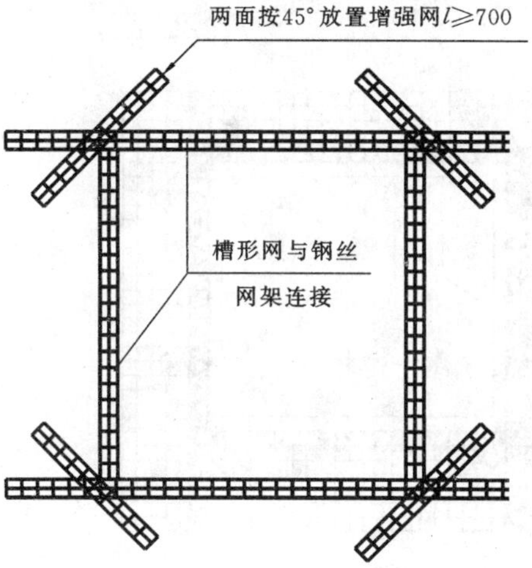


槽形网伸出洞口部分仅有两侧边

图 C17　窗洞口做法示意

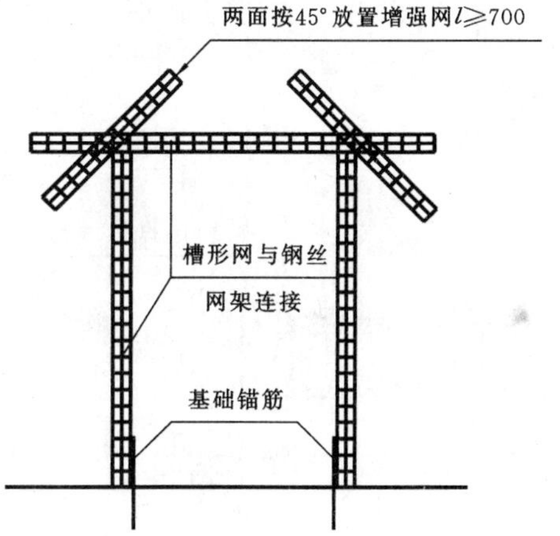


图 C18　门洞口做法示意

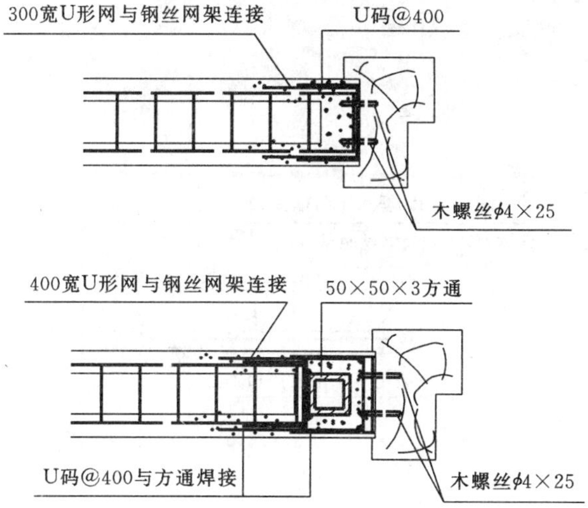


图 C19　木门、木窗

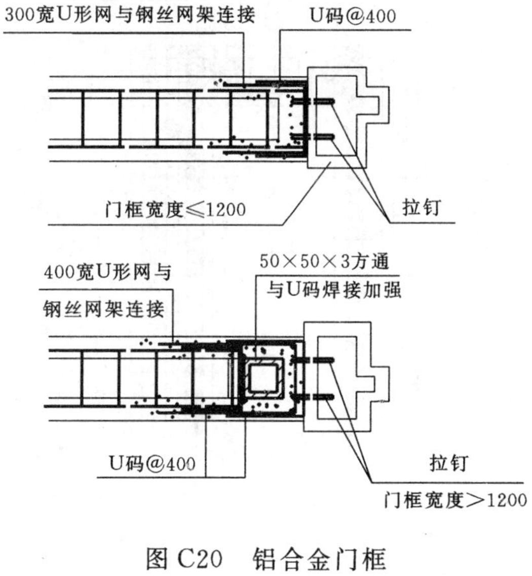


图 C20　铝合金门框

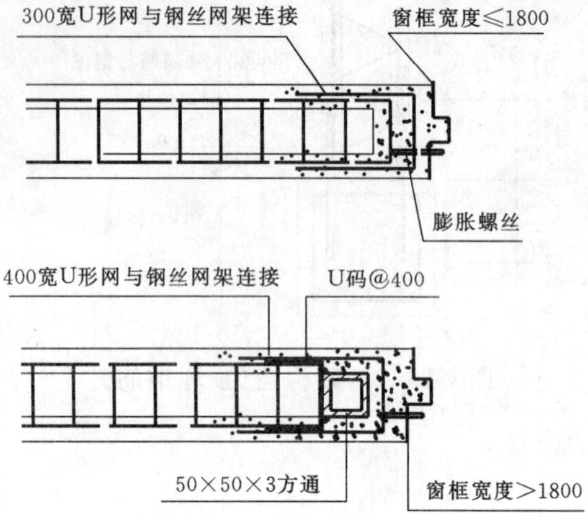


图 C21　铝合金窗框

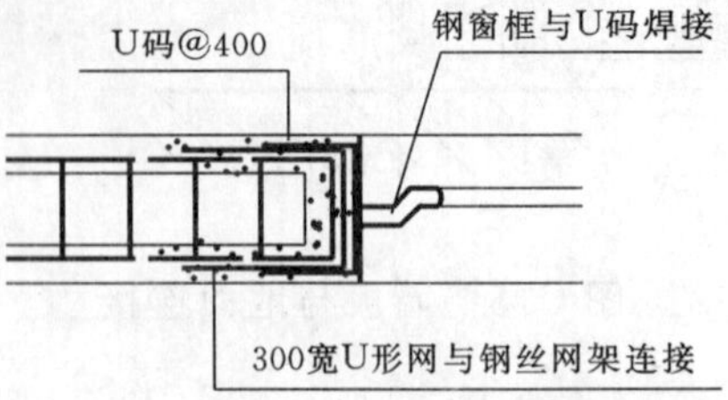


图 C22　钢窗框

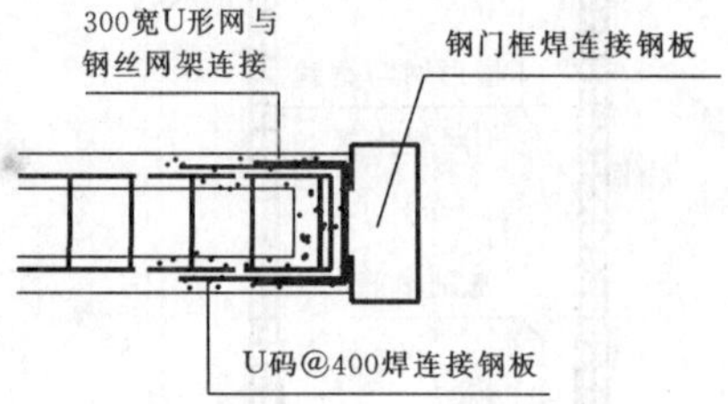


图 C23　钢门框

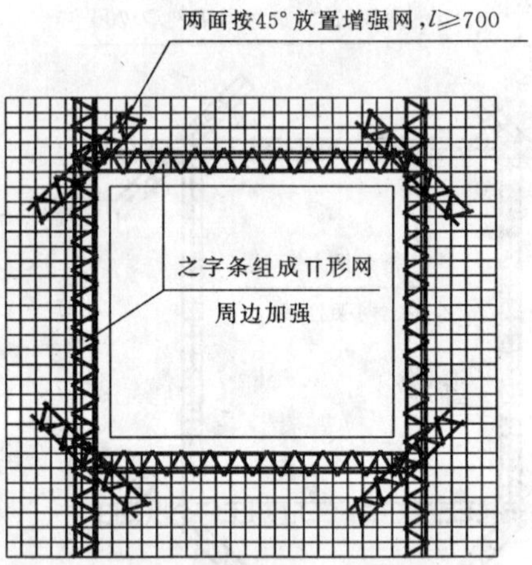


图 C24　窗洞口做法

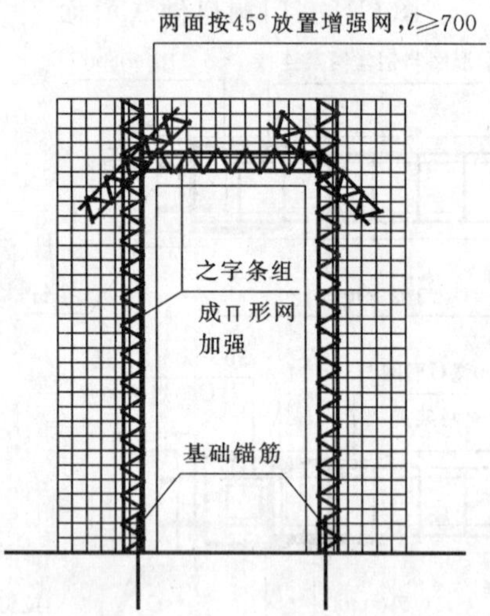


图 C25　门洞口做法

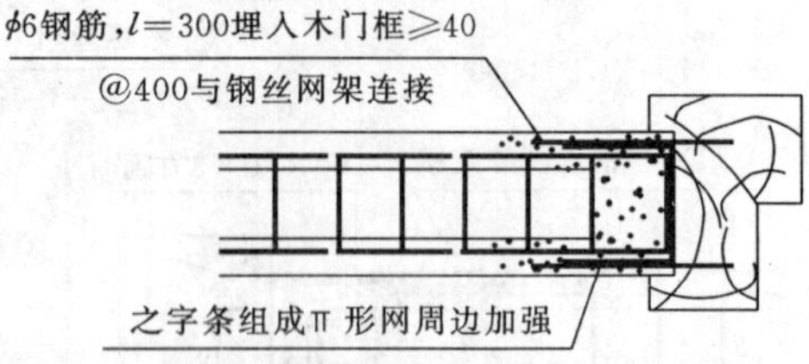


图 C26　木门窗(1)

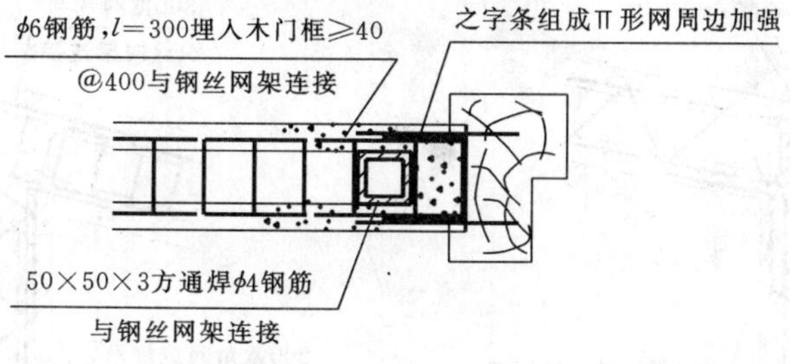


图 C27　木门窗(2)

## C3　加层屋面构造图

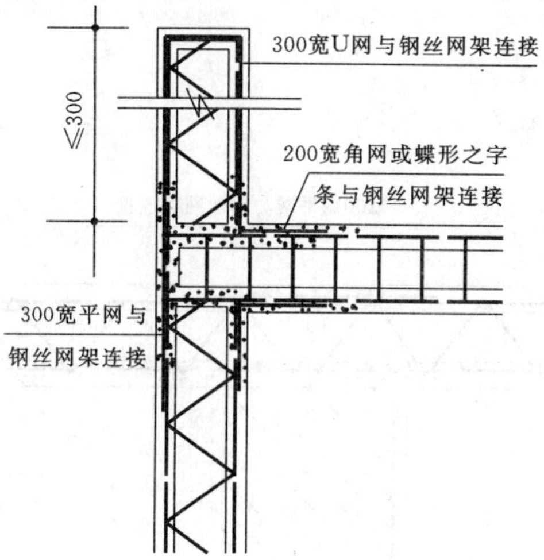


图 C28　女儿墙

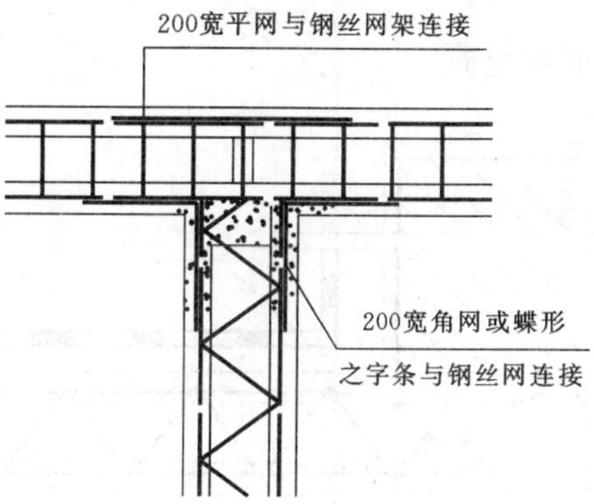


图 C29　屋面板或楼板拼接

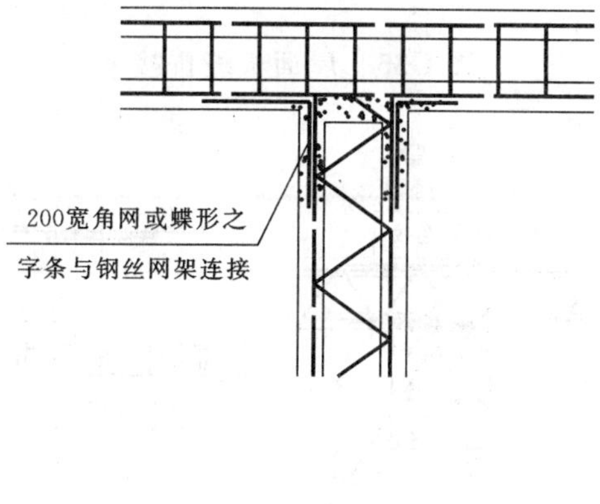


图 C30　平屋面与墙体

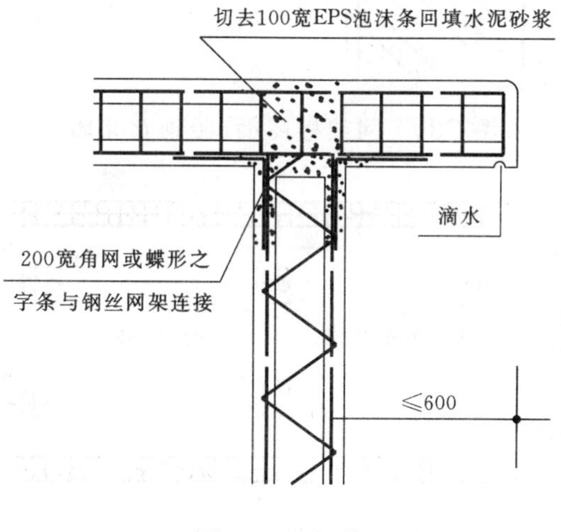


图 C31　挑檐

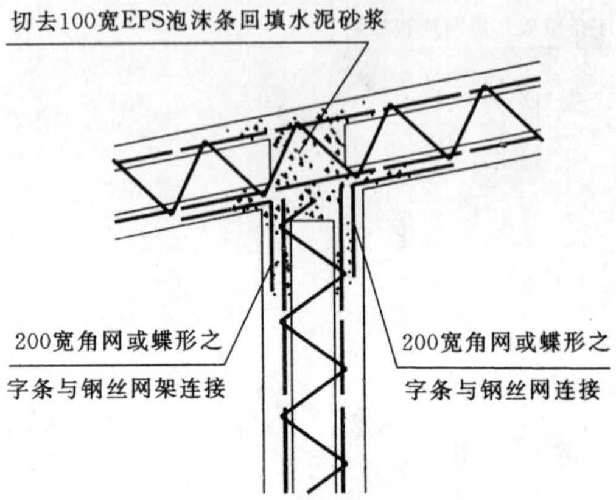


图 C32　斜屋面与墙

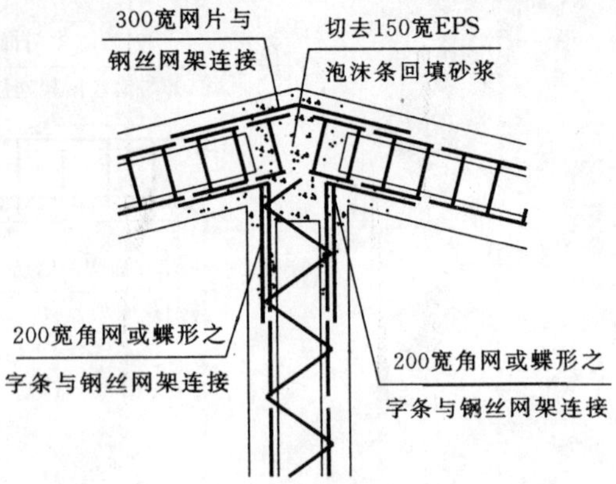


图 C33　屋脊

## C4　预制板屋面

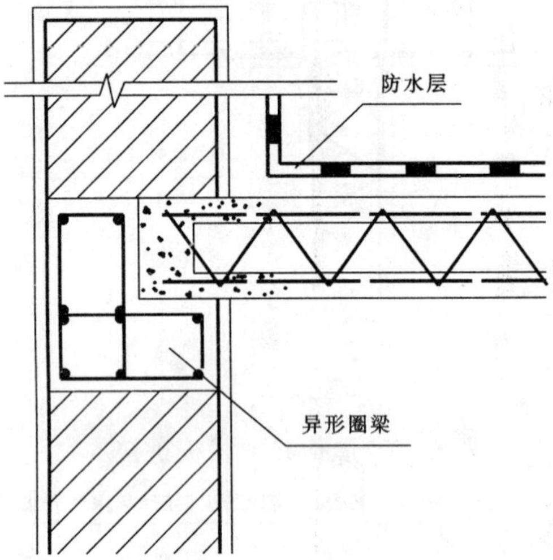


图 C34　网架板屋面、砖砌女儿墙

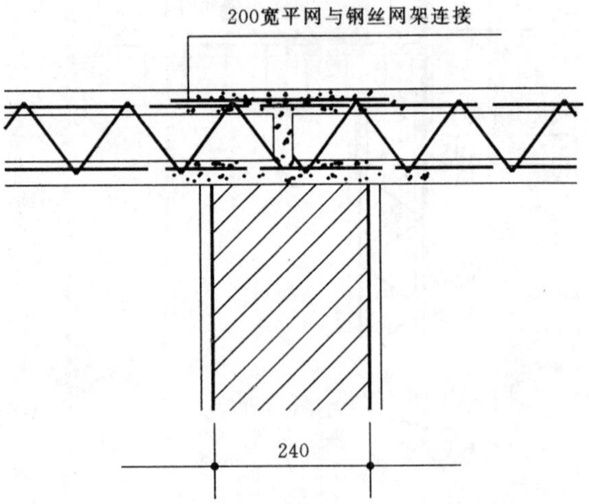


图 C35　屋面板缝拼接

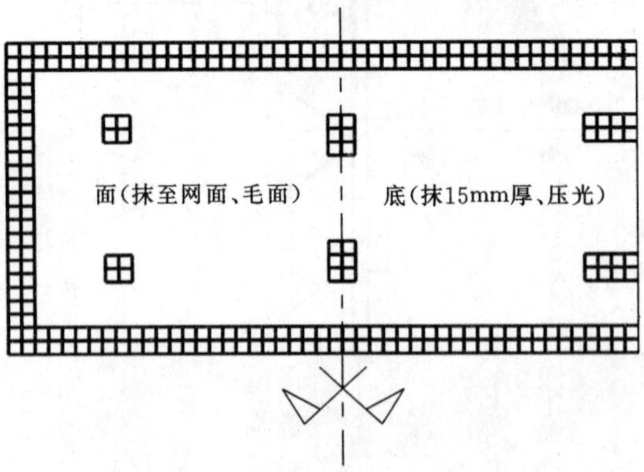


图 C36　预制板制作

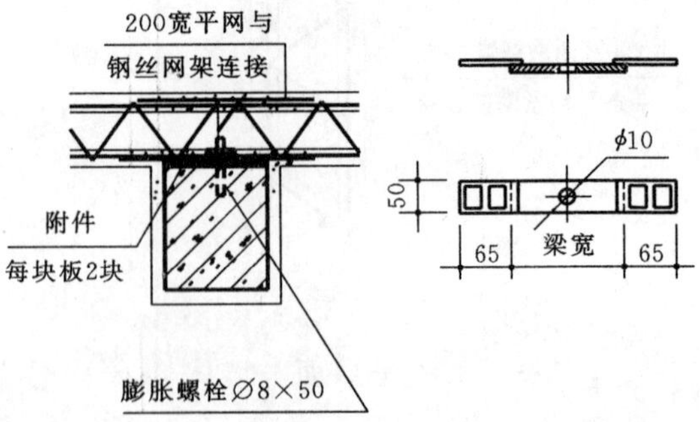


图 C37　预制板制作及梁上搁置(有拼缝)、附件

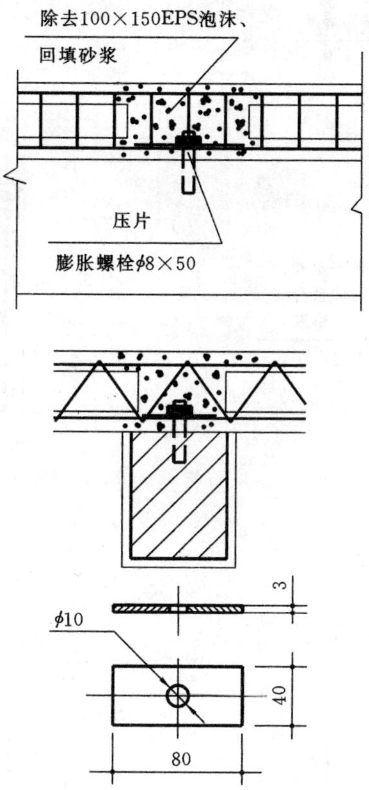


图 C38　预制板梁上搁置(无拼缝)、压片

## C5　窗帘盒安装、L型固定件

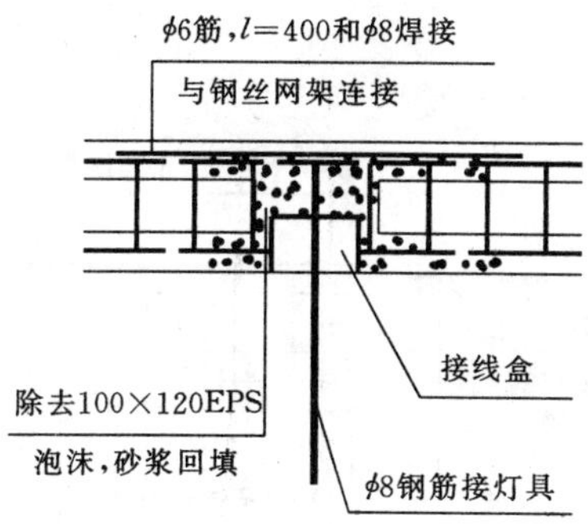


图 C39　灯具安装

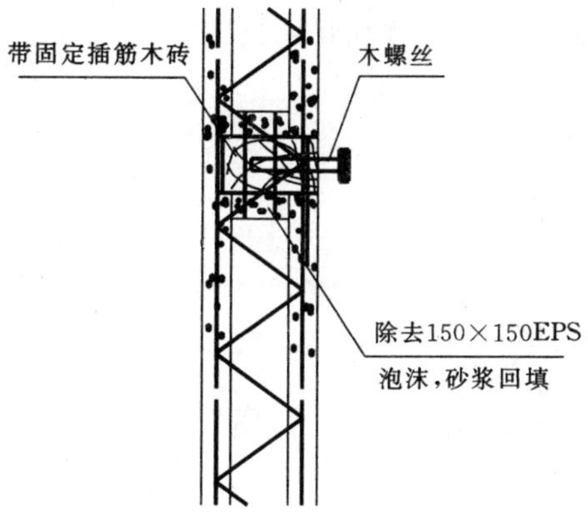


图 C40　预埋木砖

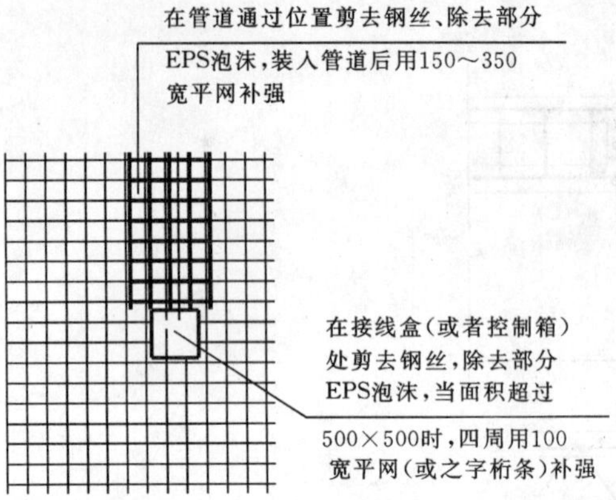


图 C41 预埋管线做法

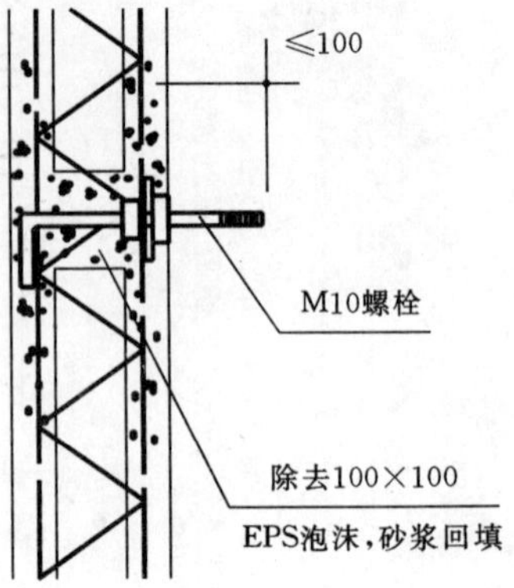


图 C42 预埋螺栓

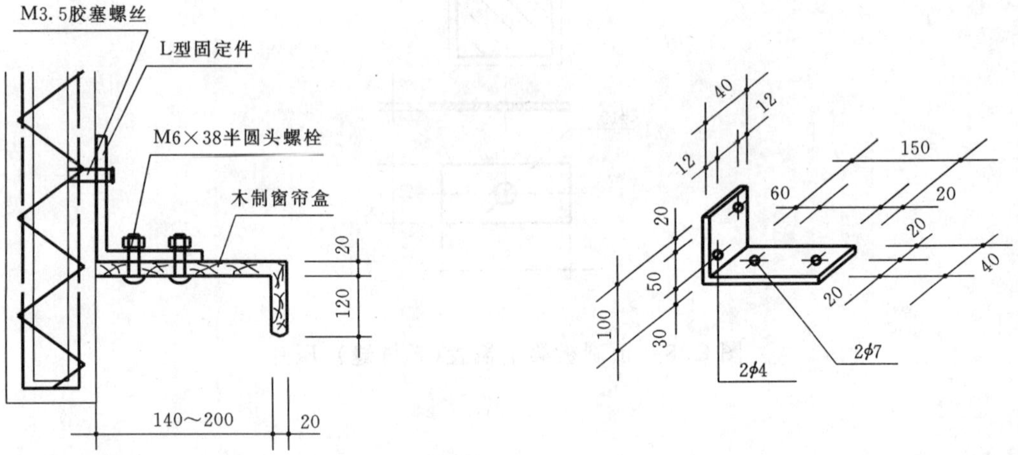


图 C43 窗帘盒安装、L 型固定件

## C6 设施及构造柱加强构造图

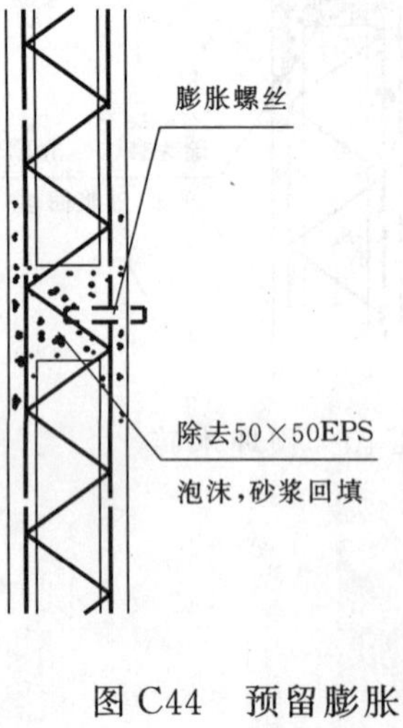


图 C44 预留膨胀螺丝

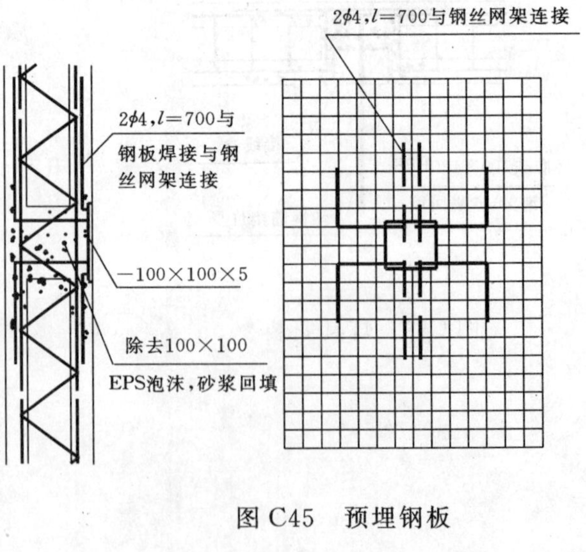


图 C45 预埋钢板

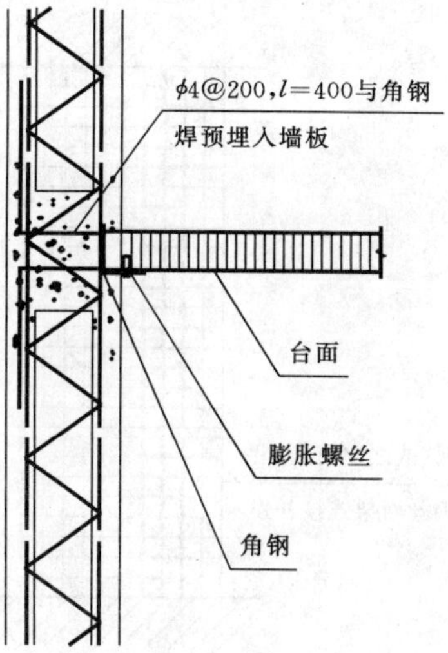


图 C46　预埋搁置构架

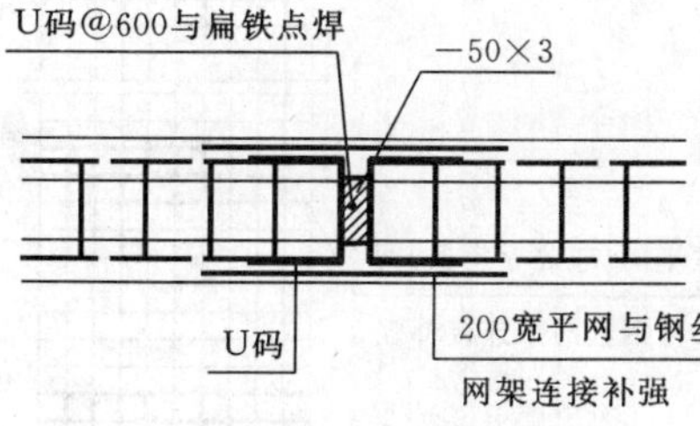


图 C47　扁铁与墙板连接

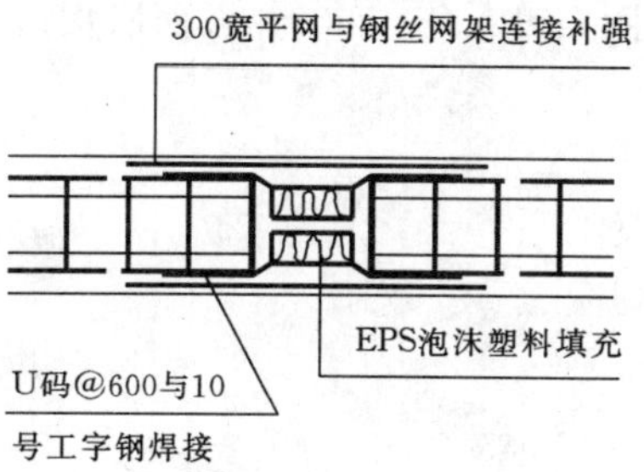


图 C48　工字钢与墙板连接

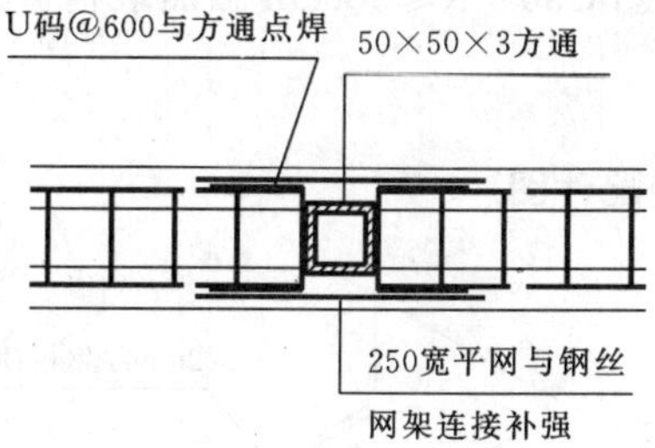


图 C49　方通与墙板连接

**C7　曲面墙构造图**

C7.1　按所需圆弧曲率半径对照表 C1 进行分裁，即按一定间距将墙板一面横向钢丝剪断，同时划开泡沫塑料。

表 C1　　cm

| 曲率半径 | 50～100 | 100～300 | 300～500 | 500～1000 | 1000～1500 | 1500～2000 | 2000～2500 | >2500 |
|---|---|---|---|---|---|---|---|---|
| 分裁宽度 | 15 | 20 | 40 | 50 | 70 | 90 | 100 | 120 |

C7.2　按既定曲率进行弯曲，而后对分裁部分钢丝进行补强。

C7.3　当间距≤40cm 时，沿板横向用 100mm 宽平网(或之字桁条)补强；当间距>40cm 时，沿板纵向剪开处用 100mm 宽平网(或之字桁条)补强。

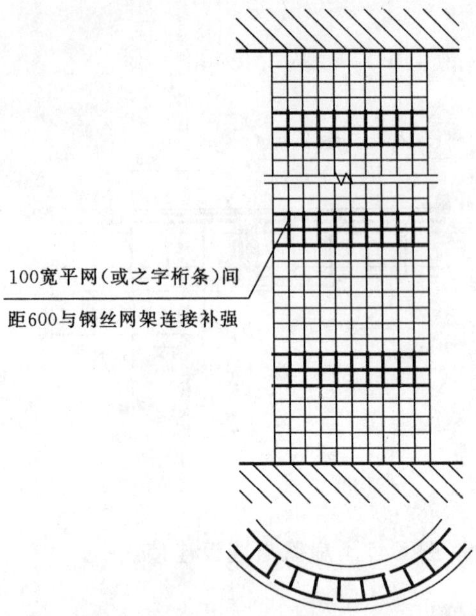


图 C50　$R\leqslant500$cm 弧面墙构造

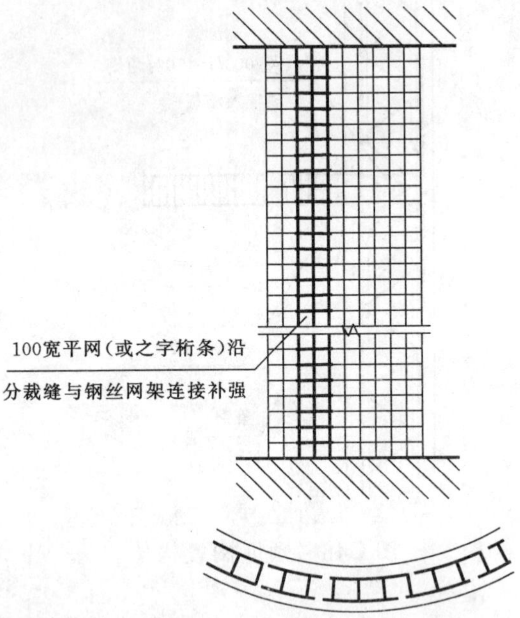


图 C51　$R>500$cm 弧面墙构造

**C8　安装配件图**

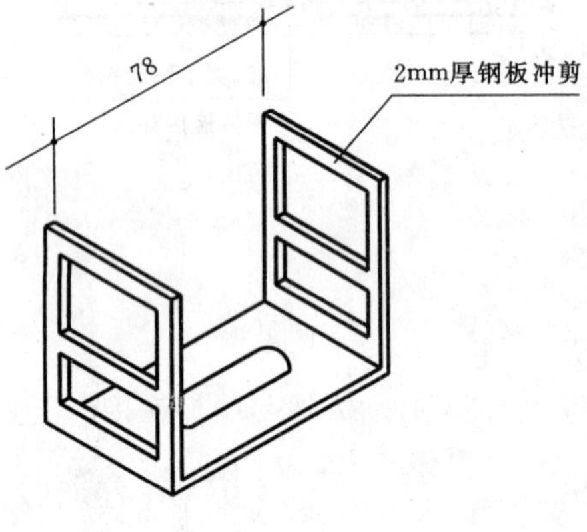


图 C52　U 码

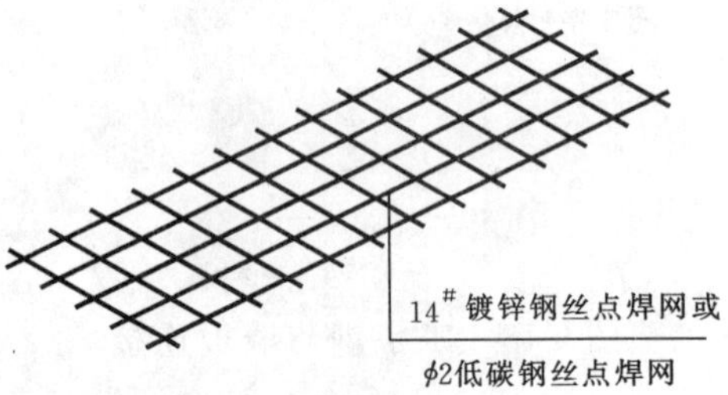


图 C53　平联结网(平网)加强

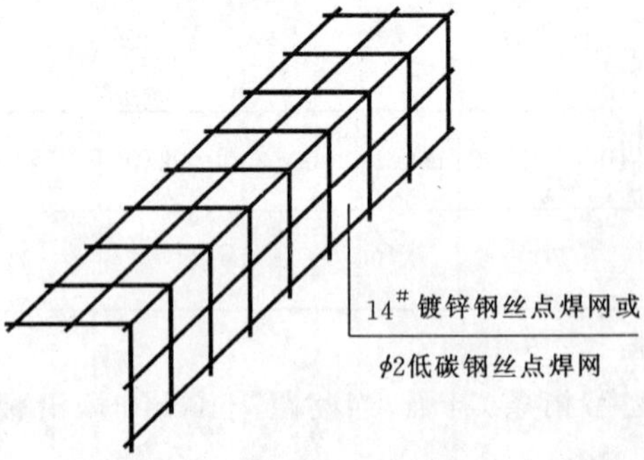


图 C54　角网加强

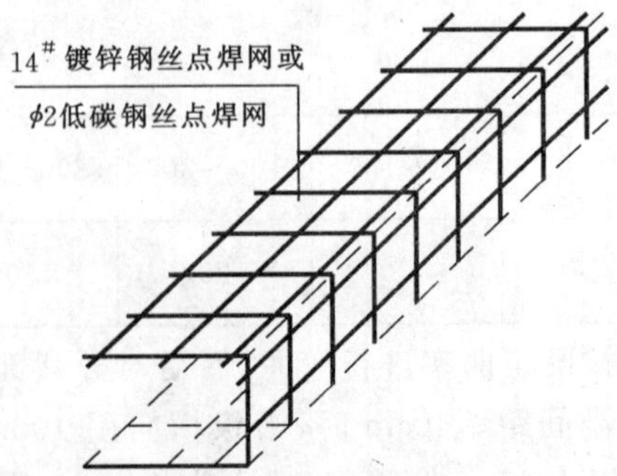


图 C55　U 槽形网包边加强

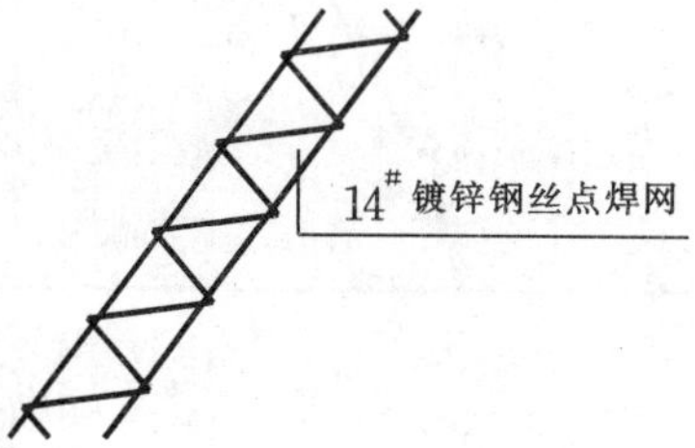


图 C56　之字桁条加强

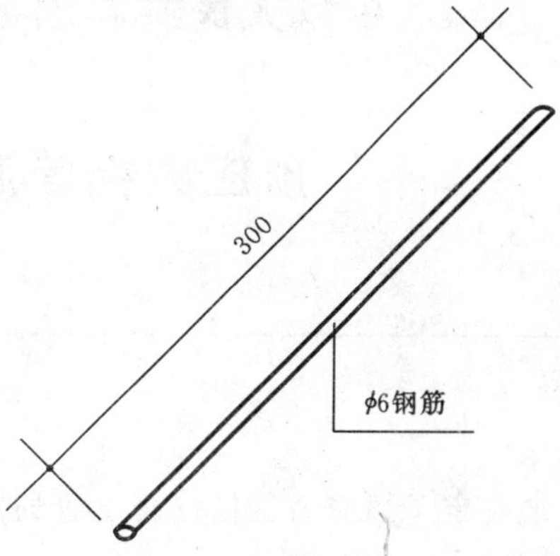


图 C57　$\phi 6$ 钢筋码

中华人民共和国建材行业标准

JC 625—1996

# 预应力钢筒混凝土管

## 1 范围

本标准规定了预应力钢筒混凝土管的产品分类、技术要求、试验方法、检验规则、标志、包装、运输、贮存和出厂证明书等内容。

本标准适用于公称内径600～3000mm，静水压力为0.4～2.0MPa的用于地下铺设的对管体混凝土和接头密封圈无腐蚀、磨损作用的预应力钢筒混凝土管。

本标准不适用于具有腐蚀作用的水和土壤环境中使用的预应力钢筒混凝土管。

## 2 引用标准

GB 175　硅酸盐水泥、普通硅酸盐水泥

GB 700　碳素结构钢

GB 748　抗硫酸盐硅酸盐水泥

GB 912　碳素结构钢和低合金结构钢　热轧薄钢板及钢带

GB 1344　矿渣硅酸盐水泥、火山灰硅酸盐水泥及粉煤灰硅酸盐水泥

GB 5223　预应力混凝土用钢丝

GB 8076　混凝土外加剂

GB 11837　混凝土管用混凝土抗压强度试验方法

GB/T 14684　建筑用沙

GB/T 14685　建筑用卵石、碎石

GB/T 15345　预应力混凝土输水管检验方法

GBJ 107　混凝土强度检验评定标准

JGJ 63　混凝土拌合用水标准

JC/T 747　预应力与自应力钢筋混凝土管用橡胶密封圈

JC/T 748　预应力与自应力钢筋混凝土管用橡胶密封圈试验方法

## 3 术语

3.1　预应力钢筒混凝土管　指在带钢筒的混凝土管芯上缠绕环向预应力钢丝并制作水泥砂浆保护层而制成的管子。

3.2　内衬式预应力钢筒混凝土管　指在钢筒内壁成型混凝土层后在钢筒外表面上缠绕环向预应力钢丝并制作水泥砂浆保护层而制成的管子。

3.3　埋置式预应力钢筒混凝土管　指在钢筒内、外侧成型混凝土层后，在管芯混凝土外表面缠绕环向预应力钢丝并制作水泥砂浆保护层而制成的管子。

## 4 产品分类

4.1　分类

国家建筑材料工业局1996-03-21批准　　　　1996-08-01实施

4.1.1 产品型号

预应力钢筒混凝土管(英文缩写为PCCP)按其结构分为内衬式和埋置式,本标准以代号PCCPL和PCCPE表示。

4.1.2 管子压力级别

根据管道的使用条件,管子压力级别以静水压力将产品分为九级如表1。

表1 管子压力级别 MPa

| 压力级别 | Ⅰ | Ⅱ | Ⅲ | Ⅳ | Ⅴ | Ⅵ | Ⅶ | Ⅷ | Ⅸ |
|---|---|---|---|---|---|---|---|---|---|
| 静水压力 | 0.4 | 0.6 | 0.8 | 1.0 | 1.2 | 1.4 | 1.6 | 1.8 | 2.0 |

4.1.3 产品标记

产品标记以管子代号、公称内径、压力等级、标准号组成。

公称内径1 000mm、压力级别为Ⅲ级的内衬式预应力钢筒混凝土管,标记示例如下:

PCCPL 1000Ⅲ JC 625

公称内径2 000mm、压力等级为Ⅴ级的埋置式预应力钢筒混凝土管,标记示例如下:

PCCPE 2000Ⅴ JC 625

4.2 规格和尺寸

预应力钢筒混凝土管的外形和尺寸应分别符合图1、表2和图2、表3的规定。接头钢环形状及尺寸如图3、表4所示。

注:经供需双方协商,可生产其他规格及尺寸的产品

表2 PCCPL管基本尺寸 mm

| 公称内径 $D_0$ | 管芯厚度 $t_c$ | 保护层厚 $t_g$ | 钢筒厚度 $t_y$ | 钢筒外径 $D_1$ | 承口深度 $C$ | 插口长度 $E$ | 橡胶圈直径 $d$ | 接头内间隙 $J$ | 接头外间隙 $K$ | 有效长度 $L_0$ | 管子总长 $L$ | 参考质量 t/m |
|---|---|---|---|---|---|---|---|---|---|---|---|---|
| 600 | 40 | ≥25(净厚≥20) | ≥1.5 | 680 | 93 | 93 | 20 | 15 | 15 | 5 000 | 5 078 | 0.33 |
| 700 | 45 | | | 790 | | | | | | | | 0.42 |
| 800 | 50 | | | 900 | | | | | | | | 0.51 |
| 900 | 55 | | | 1 010 | | | | | | | | 0.63 |
| 1 000 | 60 | | | 1 120 | | | | | | | | 0.73 |
| 1 200 | 70 | | | 1 340 | | | | | | | | 0.99 |

注:管芯厚度包括钢筒厚度在内,钢筒厚度均取1.5mm;当承、插口环焊接于钢筒里面时,$D_1$比表列数据大13mm。

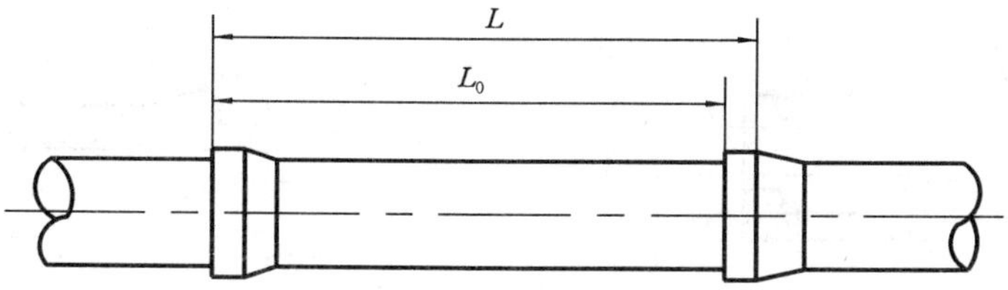


(a) 管子外型

图1 PCCPL管

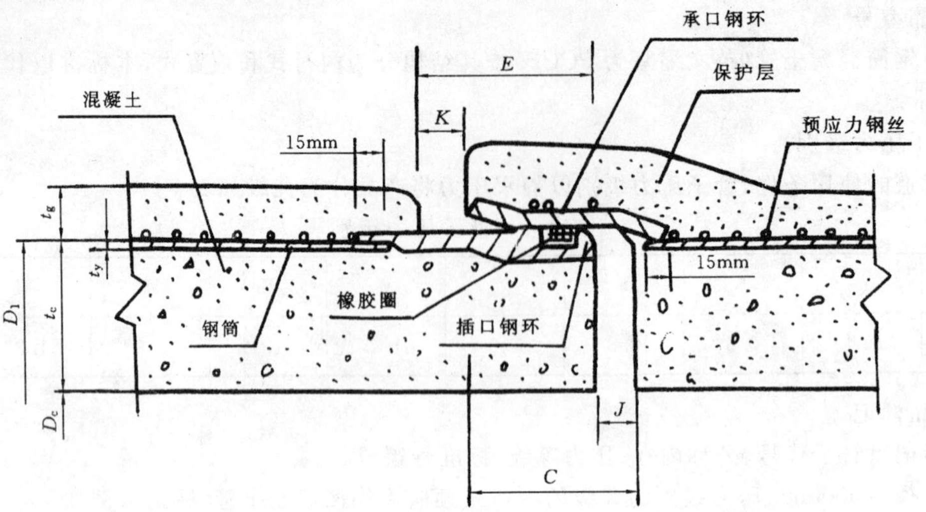


（b） 管子接头

续图 1

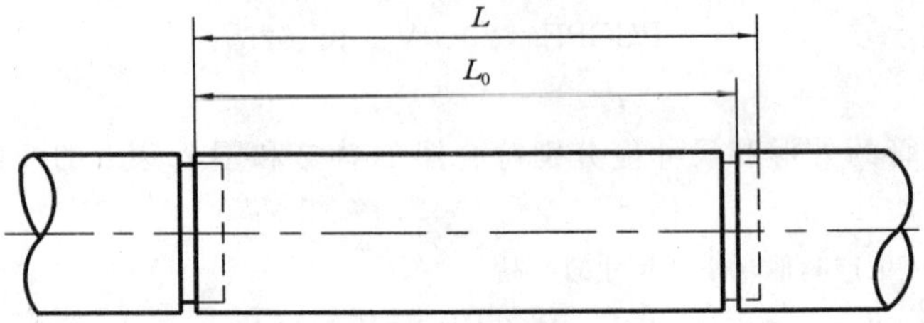


（a） 管子外型

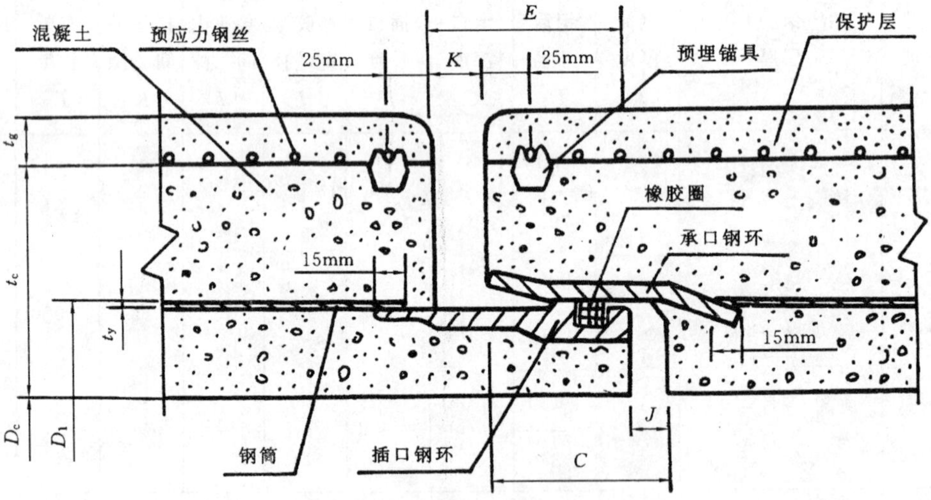


（b） 管子接头

图 2 PCCPE 管

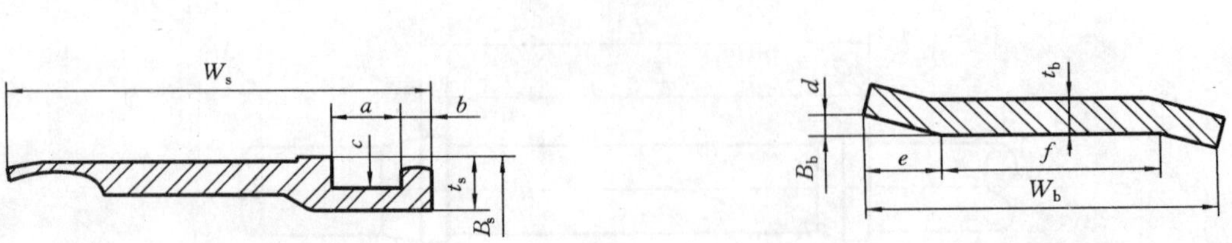


（a） 插口钢环　　　　（b） 承口钢环

图 3 接头钢环详图

表 3　PCCPE 管基本尺寸

mm

| 公称内径 $D_0$ | 管芯厚度 $t_c$ | 保护层厚 $t_g$ | 钢筒厚度 $t_y$ | 钢筒外径 $D_1$ | 承口深度 $C$ | 插口长度 $E$ | 橡胶圈直径 $d$ | 接头内间隙 $J$ | 接头外间隙 $K$ | 有效长度 $L_0$ | 管子总长 $L$ | 参考质量 t/m |
|---|---|---|---|---|---|---|---|---|---|---|---|---|
| 1 400 | 100 | | | 1 483 | | | | | | | | 2.00 |
| 1 600 | 110 | | | 1 683 | | | | | | | | 2.44 |
| 1 800 | 120 | | | 1 893 | | | | | | | | 2.88 |
| 2 000 | 130 | | | 2 093 | | | | | | | | 3.46 |
| 2 200 | 155 | ≥25（净厚≥20） | ≥1.5 | 2 313 | 108 | 108 | 20 | 25 | 25 | 5 000 | 5 083 | 3.97 |
| 2 400 | 155 | | | 2 513 | | | | | | | | 4.64 |
| 2 600 | 165 | | | 2 713 | | | | | | | | 5.35 |
| 2 800 | 175 | | | 2 923 | | | | | | | | 5.99 |
| 3 000 | 190 | | | 3 133 | | | | | | | | 6.93 |

注：管芯厚度包括钢筒厚度在内，钢筒厚度均取 1.5mm。

表 4　接头钢环基本尺寸

mm

| 管型 | 公称内径 | 插口环 | | | | | | 承口环 | | | | | |
|---|---|---|---|---|---|---|---|---|---|---|---|---|---|
| | | $B_s$ | $t_s$ | $W_s$ | $a$ | $b$ | $c$ | $B_b$ | $t_b$ | $W_b$ | $d$ | $e$ | $f$ |
| 内衬式 | 600 | 693 | | | | | | 693 | | | | | |
| | 700 | 803 | | | | | | 803 | | | | | |
| | 800 | 913 | | | | | | 913 | | | | | |
| | 900 | 1 023 | 16.0 | 140 | 22.0 | 9.5 | 11.0 | 1 023 | 6.0～8.0 | 165 | 6.5 | 25.4 | 76.2 |
| | 1 000 | 1 133 | | | | | | 1 133 | | | | | |
| | 1 200 | 1 353 | | | | | | 1 353 | | | | | |
| 埋置式 | 1 400 | 1 483 | | | | | | 1 483 | | | | | |
| | 1 600 | 1 683 | | | | | | 1 683 | | | | | |
| | 1 800 | 1 893 | | | | | | 1 893 | | | | | |
| | 2 000 | 2 093 | | | | | | 2 093 | | | | | |
| | 2 200 | 2 313 | 16.0 | 140 | 22.0 | 9.5 | 11.0 | 2 313 | 6.0～10.0 | 165 | 6.5 | 25.4 | 76.2 |
| | 2 400 | 2 513 | | | | | | 2 513 | | | | | |
| | 2 600 | 2 713 | | | | | | 2 713 | | | | | |
| | 2 800 | 2 923 | | | | | | 2 923 | | | | | |
| | 3 000 | 3 133 | | | | | | 3 133 | | | | | |

## 5　技术要求

### 5.1　原材料

5.1.1　水泥：制管应采用硅酸盐水泥、普通硅酸盐水泥、抗硫酸盐硅酸盐水泥和矿渣硅酸盐水泥，其品质应分别符合 GB 175、GB 748、GB 1344 的要求，其标号不低于 425 号。

5.1.2 砂子:管芯混凝土及水泥砂浆用砂子应符合 GB/T 14684 的规定,管芯混凝土应采用中砂,保护层砂浆宜采用细砂。

5.1.3 石子:管芯混凝土用碎石、卵石或碎卵石应符合 GB/T 14685 的规定,石子最大粒径不应超过 25mm,同时应不大于管芯最小混凝土层厚度的 2/5。

5.1.4 水:管芯混凝土、水泥砂浆及养护用水应符合 JGJ 63 的要求。

5.1.5 外加剂:若使用外加剂时,外加剂不得对管子或水质产生有害影响,其品质应符合 GB 8076 的要求。

5.1.6 预应力钢丝:预应力钢丝应符合 GB 5223 及有关标准规定。

5.1.7 钢筒及接头钢环所使用的钢板应分别符合 GB 700,GB 912 的规定,也可采用机械性能相当或高于上述标准要求的钢板。

5.1.8 橡胶圈:管子接头用橡胶圈的性能和质量要求及试验方法应分别符合 JC/T 747 和 JC/T 748 的规定。

5.2 制造

5.2.1 钢筒

5.2.1.1 钢筒由符合规定的钢板卷制焊接成圆筒体后,再将已制作好并符合要求的承、插口钢环焊接于圆筒体两端而制成。

5.2.1.2 制作钢筒时,可以采用拼焊和搭接焊。焊缝可为纵向缝、横向缝或螺旋缝,但不得出现十字形焊缝。对内衬式管钢筒焊缝应平整,焊缝凸起高度不应大于 1.5mm。

5.2.1.3 制作好的钢筒,根据其规格应按式(1)计算所得的检验压力进行静水压试验,在达到检验压力后恒压 3min,及时检验钢筒的所有焊缝。如发现焊缝有渗漏水时应及时作好标记,待卸压后重新补焊,并再次进行水压检验直至钢筒的所有焊缝无渗漏为止。

$$P_g=\frac{2\sigma \cdot t_y}{D_1-2t_y} \qquad (1)$$

式中:$P_g$——钢筒检验压力,MPa;

$\sigma$——钢板承受的拉应力,卧式水压时为 140MPa,立式水压底部的应力为 175 MPa;

$D_1$——钢筒外径,mm;

$t_y$——钢筒厚度,mm。

5.2.2 承、插口钢环

承、插口钢环由符合要求的钢板以一块或多块焊接而成圆环,并应用扩张机以超过钢板弹性极限强度张拉整圆至所需尺寸。

5.2.3 管芯混凝土

5.2.3.1. 管芯混凝土设计强度等级应符合 GBJ 107,不得低于 C40 级。管芯的脱模强度不得低于 28MPa(PCCPL 管)和 20MPa(PCCPE 管),管芯的缠丝强度不得低于 28MPa。

5.2.3.2 从拌合的混凝土混合物中,每天或每 35m³ 制作三组尺寸为 150mm×150mm×150mm 的立方体试块,试块养护与管子相同。以测定管芯混凝土的 28 天强度、脱模强度和缠丝强度。

5.2.4 管芯成型及养护

5.2.4.1 PCCPL 管管芯混凝土一般采用离心法成型;PCCPE 管管芯混凝土一般采用立式振动法成型。

5.2.4.2 管芯成型时钢筒应准确地固定在模具内,避免在成型过程中产生松动和位移。

5.2.4.3 管芯混凝土的养护,应采用能够满足质量要求的蒸汽养护法。

5.2.5 缠丝

5.2.5.1 管芯混凝土强度达到缠丝强度方可缠丝,同时缠丝产生于混凝土中的初始压应力应不超缠丝时混凝土抗压强度的 55%。

5.2.5.2 缠丝时，预应力钢丝在张拉控制应力下按设计的螺距呈螺旋形缠绕在管芯上，钢丝的起始端应牢固固定；钢丝净距应不小于 5mm，且不大于 35mm。对 PCCPL 管，当钢丝直径不小于 6mm 时，螺距不应大于 25mm。

5.2.5.3 双层缠丝时，内层钢丝应以水泥砂浆覆盖并进行蒸汽养护，覆盖层的净厚度不应小于缠绕钢丝的直径，养护后水泥砂浆的抗压强度不应低于 28MPa。

5.2.6 保护层制作及养护

5.2.6.1 保护层水泥砂浆的设计强度等级应不低于 C30 级，对 PCCPE 管制作保护层的水泥品种应与管芯相同。

5.2.6.2 缠丝前，管芯表面应喷涂一层水泥净浆，制作水泥砂浆保护层后，宜再喷涂一层水泥净浆。

5.2.6.3 保护层养护可采用蒸汽养护法或其他养护法，但必须能满足保护层的质量要求。

5.3 成品质量

5.3.1 外观质量

5.3.1.1 管子端面应与管轴线垂直。

5.3.1.2 管子承、插口端部不得有缺棱、掉角、孔洞等缺陷，管子内表面应平整，不应出现浮渣、露石和不密实现象。

5.3.1.3 管子内表面出现的纵向裂缝宽度不得大于 0.1mm，裂缝长度不得大于 150mm；螺旋状和环状裂缝宽度不得大于 0.25mm；距管端 300mm 以内的环向裂缝宽度不得大于 0.4mm。

5.3.1.4 承、插口钢环工作面应光洁，不得粘有混凝土、水泥浆及其他脏物。

5.3.1.5 保护层不得出现空鼓、裂缝及剥落。

5.3.2 尺寸允许偏差

管子基本尺寸允许偏差应不超过表 5 的规定。

表 5 管子基本尺寸允许偏差 mm

<table>
<tr><th rowspan="3">公称内径</th><th rowspan="3">内径<br>$D_0$</th><th rowspan="3">管芯厚度<br>$t_c$</th><th rowspan="3">保护层厚<br>$t_g$</th><th rowspan="3">管子总长<br>$L$</th><th colspan="2">承口</th><th colspan="4">插口</th><th rowspan="3">接头钢环椭圆度<br>%</th><th rowspan="3">端面倾斜度</th></tr>
<tr><th>内径</th><th>深度</th><th>外径</th><th>长度</th><th>胶圈沟深</th><th>胶圈沟宽</th></tr>
<tr><th>$B_b$</th><th>$C$</th><th>$B_s$</th><th>$E$</th><th>$c$</th><th>$a$</th></tr>
<tr><td>600～1 200</td><td>±5</td><td>±4</td><td rowspan="2">−2</td><td rowspan="2">±6</td><td rowspan="2">+1.0<br>+0.2</td><td>±2</td><td rowspan="2">−0.2<br>−1.0</td><td>±2</td><td rowspan="2">±0.5</td><td rowspan="2">±1.0</td><td rowspan="2">0.5</td><td>6</td></tr>
<tr><td>1 400～3 000</td><td>±8</td><td>±6</td><td>±3</td><td>±3</td><td>9</td></tr>
</table>

5.3.3 内压强度与保护层渗透性

5.3.3.1 成品管在表 6 所示检验内压（$P_t$）下，恒压 5min，管体不得出现爆破、局部凸起及渗漏。

表 6 管子检验压力（$P_t$ 值）

| 检验压力 MPa / 静水压力 MPa / 内径,mm | 0.4 | 0.6 | 0.8 | 1.0 | 1.2 | 1.4 | 1.6 | 1.8 | 2.0 |
|---|---|---|---|---|---|---|---|---|---|
| 600 | 0.96 | 1.00 | 1.20 | 1.38 | 1.57 | 1.77 | 1.98 | 2.15 | 2.35 |
| 700 | 0.96 | 1.00 | 1.20 | 1.38 | 1.59 | 1.78 | 1.99 | 2.20 | 2.45 |
| 800 | 0.96 | 1.00 | 1.20 | 1.39 | 1.59 | 1.80 | 2.06 | 2.31 | 2.54 |
| 900 | 0.96 | 1.00 | 1.20 | 1.42 | 1.65 | 1.86 | 2.13 | 2.34 | 2.56 |
| 1 000 | 0.96 | 1.03 | 1.22 | 1.47 | 1.70 | 1.93 | 2.20 | 2.41 | 2.69 |
| 1 200 | 0.96 | 1.11 | 1.33 | 1.50 | 1.72 | 1.95 | 2.20 | 2.47 | 2.78 |
| 1 400 | 0.96 | 1.15 | 1.35 | 1.52 | 1.72 | 1.95 | 2.20 | 2.48 | 2.78 |

续表 6

| 检验压力 MPa / 静水压力 MPa / 内径,mm | 0.4 | 0.6 | 0.8 | 1.0 | 1.2 | 1.4 | 1.6 | 1.8 | 2.0 |
|---|---|---|---|---|---|---|---|---|---|
| 1 600 | 0.98 | 1.16 | 1.35 | 1.54 | 1.80 | 2.08 | 2.30 | 2.52 | 2.79 |
| 1 800 | 1.00 | 1.19 | 1.37 | 1.61 | 1.90 | 2.10 | 2.38 | 2.62 | 2.89 |
| 2 000 | 1.04 | 1.23 | 1.44 | 1.71 | 1.97 | 2.25 | 2.55 | 2.80 | 3.02 |
| 2 200 | 1.11 | 1.28 | 1.52 | 1.78 | 2.02 | 2.27 | 2.55 | 2.80 | 3.06 |
| 2 400 | 1.13 | 1.31 | 1.56 | 1.79 | 2.07 | 2.36 | 2.58 | 2.89 | 3.08 |
| 2 600 | 1.15 | 1.34 | 1.59 | 1.87 | 2.12 | 2.36 | 2.63 | 2.89 | 3.23 |
| 2 800 | 1.19 | 1.39 | 1.65 | 1.92 | 2.20 | 2.42 | 2.73 | 2.93 | 3.31 |
| 3 000 | 1.22 | 1.41 | 1.70 | 1.92 | 2.20 | 2.45 | 2.75 | 3.03 | 3.31 |

注：适用条件：管顶覆土深度 0.8～2m，土弧基础(90°)；活荷载：两辆 20t 汽车并列。

5.3.3.2 保护层砂浆应有足够的抗渗性，吸水面积为 3 000mm² 时，在 30min 内平均吸水高度不应超过 35mm。

5.3.4 管子允许相对转角

管子允许相对转角列于表 7。管子转角试验在表 1 所示压力下进行，恒压时间为 5min，在允许转角范围内接头不得出现渗漏水现象。

表 7 允许相对转角

| 公称直径<br>mm | 有效长度<br>mm | 允许相对转角<br>(°) |
|---|---|---|
| 600～1 000 | 5 000 | 1.5 |
| 1 200～2 000 | 5 000 | 1.0 |
| 2 200～3 000 | 5 000 | 0.5 |

5.3.5 钢环处理

成品管子运至堆场后，接头钢环外露部分应以认可的防腐材料覆盖，以防止钢环发生锈蚀。

5.4 管子的修补

5.4.1 管子的混凝土层或保护层砂浆因加工、碰撞等原因造成缺陷，应经修补后方能出厂。

5.4.2 管子内表面出现的纵向裂缝宽度在 0.1～0.5mm 范围内时，允许修补；但当纵向裂缝宽度大于 0.5mm 时，该管应报废。管子内表面出现的环状、螺旋状裂缝宽度大于 0.25mm 时和插口端 300mm 以内出现的环状裂缝宽度大于 0.4mm 时，允许修补。

5.4.3 修补前应清除有缺陷的混凝土或砂浆，修补用的混凝土、砂浆或无毒树脂水泥砂浆所用的水泥品种应与管芯混凝土和保护层砂浆的相同，裂缝应采用灌浆修补或环氧树脂修补。

5.4.4 修补的部位应根据修补材料品种采取相应的措施，以利于修补材料的粘结与固化，确保修补质量。

5.4.5 修补的部位必须采用相应的有效的方法进行养护。

## 6 试验方法

6.1 用专用量具"π尺"检测承、插口环内、外径尺寸(承口工作面内径＝承口外径－2 倍的钢板厚度)。

6.2 用卡尺或其他量测仪器测量管子承、插口椭圆度和端面倾斜度。

6.3 采用边长为150mm的立方体试块，按GB 11837规定的具体方法进行混凝土强度检验。

6.4 钢筒水压试验及管子成品内压强度，按GB/T 15345检验，宜使用不低于1.5级的压力表测定压力。试验时，升压速度应控制在每分钟0.1～0.5MPa。

6.5 管子的转角试验可在成品水压机上按GB/T 15345规定进行。

6.6 保护层厚度测定、保护层砂浆吸水性检验、保护层强度测定和管子裂缝测定按GB/T 15345规定进行。

## 7 检验规则

### 7.1 出厂检验

#### 7.1.1 检验项目

包括外观质量、尺寸偏差、内压强度、混凝土及砂浆强度和保护层砂浆吸水性。

#### 7.1.2 批量

同一型号、同一级别、同工艺、同材料的管子按200根为一批，不足200根也作为一批。

#### 7.1.3 抽样

出厂检验的数量见表8。

表8 出厂检验的抽样数量

| 序号 | 检验项目 | | 数量，根 | 备注 |
|---|---|---|---|---|
| 1 | 外观质量 | 承口工作面 | 逐根 | — |
| 2 | | 插口工作面 | 逐根 | |
| 3 | | 管体外壁 | 逐根 | |
| 4 | | 管体内壁 | 逐根 | |
| 5 | | 修补质量及漏修情况 | 逐根 | |
| 6 | 主要尺寸指标 | 管内径 $D_0$ | 10 | — |
| 7 | | 管芯厚度 $h_1$ | 10 | |
| 8 | | 承口内径 $B_b$ | 10 | |
| | | 承口深度 $C$ | 10 | |
| | | 承口外径 $B_s$ | 10 | |
| 9 | | 插口长度 $E$ | 10 | |
| 10 | | 承口椭圆度，% | 10 | |
| 11 | | 保护层厚度 $t_g$ | 2 | |
| 12 | | 管体裂缝 | 10 | |
| 13 | 强度指标 | 管体内压强度 | 1 | 在外观尺寸合格品中抽取 |
| 14 | | 混凝土强度 | 检查生产记录 | |
| 15 | | 砂浆强度 | | |

#### 7.1.4 判定

凡符合5.2.3及5.3规定的管子为合格品，否则为不合格品。

### 7.2 型式检验

#### 7.2.1 检验条件

有下列情况之一时，一般应进行型式检验：

a）新产品或老产品转厂生产的试制定型鉴定；

b）正式生产后，如结构、材料、工艺有较大改变可能影响产品性能时；

c）产品长期停产后恢复生产时；

d）国家质量监督机构提出进行型式检验要求时。

7.2.2 检验项目

包括外观质量、尺寸偏差、内压强度、混凝土及砂浆强度、保护层砂浆吸水性和管子转角。

7.2.3 批量

型式检验的批量，同出厂检验。

7.2.4 抽样

型式检验的抽样数量见表9。

7.2.5 判定

符合5.2.3及5.3规定的管子为合格品，否则为不合格品。

表9 型式检验的抽样数量

| 序号 | 检验项目 | | 数量，根 | 备注 |
|---|---|---|---|---|
| 1 | 外观质量 | 承口圈工作面 | 10 | |
| 2 | | 插口圈工作面 | 10 | |
| 3 | | 管体外壁 | 10 | |
| 4 | | 管体内壁 | 10 | |
| 5 | | 修补质量及漏修情况 | 10 | |
| 6 | 主要尺寸指标 | 管子内壁 | 10 | 从10根中随机抽取 |
| 7 | | 承口内径 $B_b$ | 10 | |
| 8 | | 承口深度 $C$ | 10 | |
| 9 | | 插口外径 $B_s$ | 10 | |
| 10 | | 插口长度 $E$ | 10 | |
| 11 | | 承口椭圆度，% | 10 | |
| 12 | | 插口椭圆度，% | 10 | |
| 13 | | 端面倾斜度 | 10 | |
| 14 | | 保护层厚度 $t_g$ | 2 | |
| 15 | | 管体裂缝 | 10 | |
| 16 | 物理力学性能 | 管子内压强度 $P_t$ | 2 | 从10根中随机抽取 |
| 17 | | 转角接头密封性能 | 2 | 从10根中随机抽取 |
| 18 | | 砂浆保护层吸水性 | 10 | |
| 19 | | 混凝土强度 | 5组 | 检查记录 |
| 20 | | 砂浆强度 | 5组 | 检查记录 |

## 8 标志、运输和保管

8.1 每根管子出厂前，应在管上标明：生产厂厂名，商标、产品标记、生产日期和“严禁碰撞”字样。

8.2 长途运输时，管子的承、插口端应妥善包扎，以防管子滚动碰伤。

8.3 吊装时，严禁用钢丝绳穿心吊。

8.4 管子应按不同型号、规格分别堆放。

8.5 管子允许的堆放层数列于表10。

表 10　管子允许的堆放层数

| 公称内径，mm | 堆放层数 |
| --- | --- |
| 600～900 | 3 |
| 1 000～1 200 | 2 |
| ≥1 400 | 1 或立放 |

8.6　堆放时，上、下层垫木应对齐，垫木的厚度以不接触承、插口为准，垫木支点距管端距离不超过管长的 1/5。

8.7　在干燥气候条件下，应加强管子的后期养护工作。

## 9　出厂证明书

出厂证明书应包括以下内容：

a）型号、规格、压力等级、数量、编号及执行标准；

b）外观检查结果，产品结构尺寸及承、插口图示；

c）水压检验结果；

d）混凝土设计强度等级；

e）钢材标准强度，延伸率；

f）钢丝标准强度、直径及缠丝螺距；

g）橡胶圈检验合格证；

h）生产日期和管子出厂日期；

i）生产厂厂名及商标；

j）生产厂质量检验员及检验部门签章。

---

**附加说明：**

本标准由全国水泥制品标准化技术委员会提出并归口。

本标准由国家建筑材料工业局苏州混凝土水泥制品研究院、山东电力管道工程公司、吉林电力管道工程公司等单位负责起草。

本标准主要起草人：魏峰、李启德、陆传荪、余洪方。

本标准委托国家建筑材料工业局苏州混凝土水泥制品研究院负责解释。

中华人民共和国建材行业标准

JC/T 626—1996

# 纤维增强低碱度水泥建筑平板

本标准技术要求等效采用ISO 8336:1993《纤维水泥平板》、检验规则等同采用ISO 390:1993《纤维增强水泥制品—抽样和检验》中的相关内容。

## 1 范围

本标准规定了纤维增强低碱度水泥建筑平板的分类、技术要求、试验方法、检验规则、包装、运输与贮存等。

本标准适用于以温石棉、短切中碱玻璃纤维或以抗碱玻璃纤维等为增强材料、以I字型低碱度硫铝酸盐水泥为胶结材料制成的建筑平板。

纤维增强低碱度水泥建筑平板(以下简称"平板")主要用于室内的非承重内隔墙和吊顶平板等。

## 2 引用标准

GB 7019 石棉水泥制品吸水率、容重及孔隙率测定方法

GB 8084 石棉水泥波瓦、平板抗折试验方法

GB 8071 温石棉

GB 9773 石棉水泥波瓦、平板抗冲击性试验方法

JC 412 建筑用石棉水泥平板

JGJ 63 混凝土拌合用水标准

## 3 分类、等级、规格与标记

3.1 分类

按石棉掺入量分为:掺石棉与无石棉纤维增强低碱度水泥建筑平板。

3.2 等级

按尺寸偏差和物理力学性能分为:优等品(A)、一等品(B)、合格品(C)。

3.3 规格

平板的规格尺寸见表1。

表1

mm

| 规格 | 公称尺寸 |
|---|---|
| 长度 | 1 200, 1 800, 2 400, 2 800 |
| 宽度 | 800, 900, 1 200 |
| 厚度 | 4, 5, 6 |
| 注:如需其他规格或边缘未经切割的板材,可由供需双方协商确定。 | |

3.4 标记

3.4.1 代号

国家建筑材料工业局1996-03-21发布　　　　1996-08-01实施

掺石棉纤维增强低碱度水泥建筑平板代号为TK；

无石棉纤维增强低碱度水泥建筑平板代号为NTK。

3.4.2 标记

标记由分类、规格、等级和标准编号组成。如规格为1 800mm×900mm×6mm掺石棉纤维增强低碱度水泥建筑平板，优等品的标记示例如下：

TK 1 800×900×6A JC/T 626

## 4 原材料要求

4.1 石棉：应符合GB 8071规定的五级和五级以上的温石棉。

4.2 水泥：应采用符合标准要求，标号不低于425号的Ⅰ型低碱度硫铝酸盐水泥。

4.3 玻璃纤维：宜选用直径为15μm左右、长度为15～25mm的短切中碱玻璃纤维或抗碱玻璃纤维。NTK板必须采用抗碱玻璃纤维。

4.4 水：应采用淡水或循环系统的水。淡水应符合JGJ 63的技术要求。

## 5 技术要求

5.1 外观质量与尺寸允许偏差

5.1.1 外观质量

a) 板的正面应平整、光滑、边缘整齐、不应有裂缝、孔洞；

b) 板的缺角(长×宽)不能大于30mm×20mm，且一张板缺角不能多于一个；

c) 经加工的板的边缘平直度、长或宽的偏差不应大于2mm/m；

d) 经加工的板的边缘垂直度的偏差不应大于3mm/m；

e) 板的平整度不应超过5mm。

5.1.2 尺寸允许偏差

平板的尺寸允许偏差应符合表2规定。

表2

| 规格 | | 尺寸允许偏差 | | |
|---|---|---|---|---|
| | | 优等品 | 一等品 | 合格品 |
| 长度，mm<br>宽度，mm | | ±2 | ±5 | ±8 |
| 厚度，mm | | ±0.2 | ±0.5 | ±0.6 |
| 厚度不均匀度，% | ≤ | 8 | 10 | 12 |
| 注：厚度不均匀度系指同块板厚度的极差除以公称厚度。 | | | | |

5.2 物理力学性能

平板的物理力学性能应符合表3规定。

表3

| 项目　指标　类别 | | TK板 | | | NTK板 | |
|---|---|---|---|---|---|---|
| | | 优等品 | 一等品 | 合格品 | 一等品 | 合格品 |
| 抗折强度，MPa | ≥ | 18 | 13 | 7 | 13.5 | 7.0 |
| 抗冲击强度，$kJ/m^2$ | ≥ | 2.8 | 2.4 | 1.9 | 1.9 | 1.5 |
| 吸水率，% | ≤ | 25 | 28 | 32 | 30 | 32 |
| 密度，$g/cm^3$ | < | 1.8 | 1.8 | 1.6 | 1.8 | 1.6 |

## 6 试验方法

6.1 规格尺寸与外观质量

按 JC 412 规定进行。

6.2 物理力学性能试验

6.2.1 抗折强度试验按 GB 8040 规定进行。

6.2.2 抗冲击强度试验按 GB 9773 规定进行,结果以平均值表示。

6.2.3 吸水率、密度试验按 GB 7019 规定进行。

## 7 检验规则

7.1 检验项目

7.1.1 出厂检验:包括规格尺寸、外观质量(5.1.1 中 a、b 项)、抗折强度、吸水率。

7.1.2 型式检验:包括出厂检验的全部项目、密度、外观质量(5.1.1 中 c~e 项)和抗冲击强度。

7.2 抽样与判定

7.2.1 出厂检验

7.2.1.1 批量:每批平板应以同一等级、同一规格的产品,以 1 000 张为一个批量,不足此数而在 200 张以上时,亦可作为一个批量考核。验收地点应在生产厂内进行。

7.2.1.2 外观质量与规格尺寸检验:每批量应在不同堆垛里共抽取三张板进行外观质量和规格尺寸检验,若其中一张有 1 项指标不符合标准要求时,则应由同一批量中抽取双倍数量进行复验,若该项指标仍不符合要求时,则该批产品判为不符合相应等级。

7.2.1.3 物理力学性能检验:从上述外观质量、尺寸偏差合格的样品中抽取一张作抗折强度、吸水率检验,若有 1 项指标不符合标准要求时,则应取双倍数量样品进行不合格项目的复验。若仍不符合要求时,则该批产品判为不符合相应等级。

7.2.2 型式检验

7.2.2.1 有下列情况之一时,应进行型式检验:

a) 新产品试制定型鉴定时;

b) 原材料、生产工艺有较大改变时;

c) 连续生产半年以上时;

d) 产品长期停产后恢复生产或交收检验与上次型式检验有较大差别时;

e) 国家质量监督机构提出型式检验要求时。

7.2.2.2 外观质量与规格尺寸检验:从每一受检批中抽取样品,抽样数量列于表 3 第 2 栏。

外观质量与规格尺寸检验按 6.1 进行。判定规则按表 4 第 3~6 栏程序进行,即不合格品数未超过表 4 第 3、5 栏时,则该受检批量应予验收;若不合格品数等于表 4 第 4、6 栏时,则该批量可予拒收;若第一次样品中的不合格品数超过 $Ac_1$,但小于 $Re_1$,则应抽取并检验与第一次样品相同数量的第二次样品,当等于 $Ac_2$予以验收,当大于或等于 $Re_2$时判为拒收。

表 4

| 批量数 | 外观质量及规格尺寸检验 | | | | | 物理力学性能检验 | |
|---|---|---|---|---|---|---|---|
| | 抽样数量<br>张 | 第一次样品 | | 第一次与第二次样品之和 | | 抽样<br>数量<br>张 | 可接收<br>系数<br>$K$ |
| | | 合格判定数<br>$Ac_1$ | 不合格判定数<br>$Re_1$ | 合格判定数<br>$Ac_2$ | 不合格判定数<br>$Re_2$ | | |
| 1 | 2 | 3 | 4 | 5 | 6 | 7 | 8 |
| 151~280 | 8 | 0 | 2 | 1 | 2 | 3 | 0.502 |

表 4(完)

| 批量数 | 外观质量及规格尺寸检验 | | | | | 物理力学性能检验 | |
|---|---|---|---|---|---|---|---|
| | 抽样数量<br>张 | 第一次样品 | | 第一次与第二次样品之和 | | 抽样<br>数量<br>张 | 可接收<br>系数<br>$K$ |
| | | 合格判定数<br>$Ac_1$ | 不合格判定数<br>$Re_1$ | 合格判定数<br>$Ac_2$ | 不合格判定数<br>$Re_2$ | | |
| 281～500 | 8 | 0 | 2 | 1 | 2 | 4 | 0.450 |
| 501～1 200 | 8 | 0 | 2 | 1 | 2 | 5 | 0.431 |

7.2.2.3 抗折强度和抗冲击强度的验收应符合表 4 第 7、8 栏的规定。若样品的平均值 $\overline{X}$ 大于或等于可验收极限。即 $\overline{X} \geqslant AL$。则该批量可以验收;若 $\overline{X} \leqslant AL$,则该批量拒收。

注:$AL=L+KR$

式中:$AL$——可验收极限;

$L$——标准低限;

$K$——可接收系数;

$R$——样品中试验结果最大值与最小值的极差。

7.2.2.4 平板的吸水率、密度验收:应在同一批量中任意抽取二张试样(也可从抗折强度试样中切取),试验结果如有不合格品时,再取双倍数量进行复验。试验后仍有一张不合格,则判该批产品为不合格品。

## 8 贮存、包装、运输与产品合格证

8.1 贮存:板材应按不同等级、规格分别堆放,堆放场地必须平坦、坚实,并防止雨淋。堆放高度一般不得超过 1.5m。

8.2 包装:每张产品的正面应用不褪色的颜料标明生产厂名称、生产日期与产品规格。产品可用集装箱或捆扎包装,包装应保证产品安全,方便搬运。包装上应注上标记和批号。

8.3 运输:运输与装卸产品时,产品应固定,不得抛掷与互相碰撞,运输工具底面应平整,并有防雨措施。

8.4 产品合格证:发货时,生产厂应出具产品合格证,随货提供给用户,其中应注明:

a) 生产厂名称、地址、商标;

b) 产品批号与产品标记;

c) 产品检验结果;

d) 检验部门与检验人员签章。

**附加说明:**

本标准由国家建筑材料工业局标准化研究所、上海市新型建筑材料工业总公司等单位负责起草。

本标准主要起草人:杨　斌、陈海伦、钱雪娟。

中华人民共和国建材行业标准

JC/T 627—1996

# 非对称截面石棉水泥半波板

## 1 范围

本标准规定了非对称截面石棉水泥半波板的等级、规格、技术要求、试验方法、检验规则、标志、包装、贮存和运输等。

本标准适用于温石棉和水泥为基本原材料制成的主要用作装敷外墙和覆盖屋面的非对称截面石棉水泥半波板(以下简称"半波板")。

## 2 引用标准

GB 175 硅酸盐水泥、普通硅酸盐水泥
GB 7019 石棉水泥制品吸水率、容重与孔隙率测定方法
GB 8041 石棉水泥波瓦、平板不透水性试验方法
GB 8042 石棉水泥波瓦、平板抗冻性试验方法
GB 8071 温石棉
GB 9772 石棉水泥波瓦及其脊瓦
GB 9773 石棉水泥波瓦、平板抗冲击性试验方法

## 3 产品分类、等级与规格

### 3.1 分类

按波高 $h$ 分为 3 类,见表 1。

表 1 mm

| 类别 | 波高 $h$ |
|---|---|
| 小半波板(S) | ≤25 |
| 中半波板(M) | 26～45 |
| 大半波板(D) | 46～60 |

### 3.2 等级

产品按其外观质量、规格尺寸偏差分为优等品(A)、一等品(B)和合格品(C)。

### 3.3 规格

半波板至少带 3 个波距,如图 1 所示。规格尺寸应符合表 2 的规定。

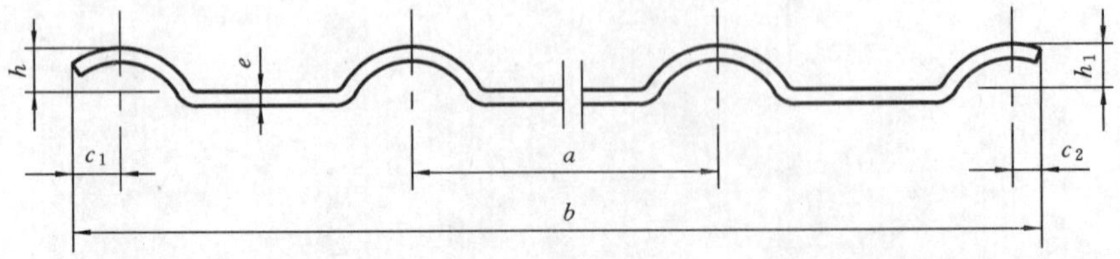


图 1

国家建筑材料工业局1996-03-21批准　　1996-08-01实施

表 2

mm

| 长度 $L$ | 宽度 $b$ | 厚度 $e$ | 波距 $a$ | 波高 $h$ | 边距(参考尺寸) | |
|---|---|---|---|---|---|---|
| | | | | | $c_1$ | $c_2$ |
| 1 800,2 000,2 100,<br>2 400,2 800,3 000 | 965,1 200,1 260 | 5,6,6.5 | 199,266,300 | 25,37,40,<br>45,50,60 | 35<br>60 | 30<br>60 |

注:① $h_1$ 的尺寸小于 $h$,其尺寸由企业确定。

② 经供需双方协商可生产其他规格尺寸的半波板。

3.4 产品标记

3.4.1 产品代号

半波板的代号为 HCS。

3.4.2 标记方法

标记顺序为产品代号、分类代号、等级、长度、宽度、厚度及标准号。

3.4.3 标记示例

大半波板、一等品、长度 2 800mm、宽度 1 200mm、厚度 6mm 可标记为:

HCSD B 2 800×1 200×6 JC/T 627

## 4 技术要求

4.1 原材料

4.1.1 石棉纤维:应采用符合 GB 8071 规定的五级与五级以上温石棉纤维。亦可掺加适量耐久性好、对制品性能不起有害作用的其他纤维。

4.1.2 水泥:应采用符合 GB 175 规定的不低于 425 号的硅酸盐水泥或普通硅酸盐水泥。水泥中不得使用掺有炭粉作助磨剂及页岩、煤矸石作混合材的普通硅酸盐水泥。

4.1.3 水:不应含有影响制品性能的有害物质。

4.2 规格尺寸的允许偏差

应符合表 3 的规定。

表 3 尺寸允许偏差

mm

| 项 目 | | 优等品(A) | 一等品(B) | 合格品(C) |
|---|---|---|---|---|
| 长度 $L$ | | ±5 | ±5 | ±10 |
| 宽度 $b$ | | ±5 | ±5 | +10<br>−5 |
| 厚度 $e$ | | +0.5<br>−0.3 | +0.5<br>−0.3 | ±0.1$e$ |
| 波距 $a$ | S | ±1.5 | ±1.5 | ±2.0 |
| | M | ±2.0 | ±2.0 | ±2.5 |
| | D | ±2.0 | ±2.0 | ±2.5 |
| 波高 $h$ | S | ±2.0 | ±2.0 | ±2.5 |
| | M | ±2.0 | ±2.0 | ±2.5 |
| | D | ±3.0 | ±3.0 | ±3.5 |

4.3 外观质量

4.3.1 优等品

产品正面应平整光滑、边缘整齐、四边方正、不应有裂纹、分层、掉角(用户要求带斜接角者除外)等缺陷。

4.3.2 一等品和合格品

产品外观质量应符合表 4 的规定。

表 4

mm

| 项目 | 允许范围 | |
|---|---|---|
| | 一等品(B) | 合格品(C) |
| 掉角 | 长度方向≤50<br>宽度方向≤35 | 长度方向≤100<br>宽度方向≤45 |
| | 一张板掉角不得多于 1 个 | 一张板掉角不得多于 2 个 |
| 掉边 | ≤10 | ≤15 |
| 裂纹 | 正表面:宽度≤1.2<br>长度≤75<br>背面:宽度≤1.5<br>长度≤150 | 正表面:宽度≤1.5<br>长度≤100<br>背面:宽度≤2.0<br>长度≤300 |
| 方正度 | ≤6 | ≤8 |

4.4 半波板的物理力学性能

应符合表 5 的规定。

表 5

| 项目 | 大半波板 | | | 中半波板 | | | 小半波板 | | |
|---|---|---|---|---|---|---|---|---|---|
| | 优等品 | 一等品 | 合格品 | 优等品 | 一等品 | 合格品 | 优等品 | 一等品 | 合格品 |
| 吸水率,% ≤ | 26 | 28 | | 26 | 28 | | 26 | 28 | |
| 横向抗折力,N/m ≥ | 3 000 | | | 2 500 | | | 1 250 | | |
| 抗冲击性 | 在相距 60cm 处观察,冲击一次后被击处不得出现龟裂、剥落、贯通孔及裂纹 | | | | | | | | |
| 抗冻性 | 25 次冻融循环后不得有起层等破坏现象 | | | | | | | | |
| 不透水性 | 浸水后半波板背后允许出现洇斑,但不允许出现水滴 | | | | | | | | |

## 5 试验方法

5.1 量器具

5.1.1 检查平台,台面应光滑平整,足以支承板材。

5.1.2 钢卷尺,量程 3 000mm,分度值 1mm。

5.1.3 钢直尺,量程 1 000mm 和 300mm 各一把,分度值 1mm。

5.1.4 游标卡尺,量程 125mm,分度值 0.02mm。

5.1.5 深度游标卡尺,量程 125mm,分度值 0.02mm。

5.1.6 矩形框架,应符合 GB 9772 附录 A2.1.4 要求。

5.1.7 钢滚筒,直径为肋半径的 2 倍,其余应符合 GB 9772 附录 A 要求。

5.1.8 塞尺,型号 75B14。

5.2 尺寸与外观质量

5.2.1 波距、波高、掉角、掉边、方正度和外观质量的检验:按 GB 9772 中附录 A 进行。

5.2.2 裂纹:用塞尺测量。

5.2.3 长度和宽度:在半波板中间及距板边(端)50mm 处测量长度与宽度各 3 次,取 3 次测量的算术平均值。

5.2.4　厚度：在半波板的一端取 6 点（见图 2）测量，取 6 次测量结果的算术平均值。

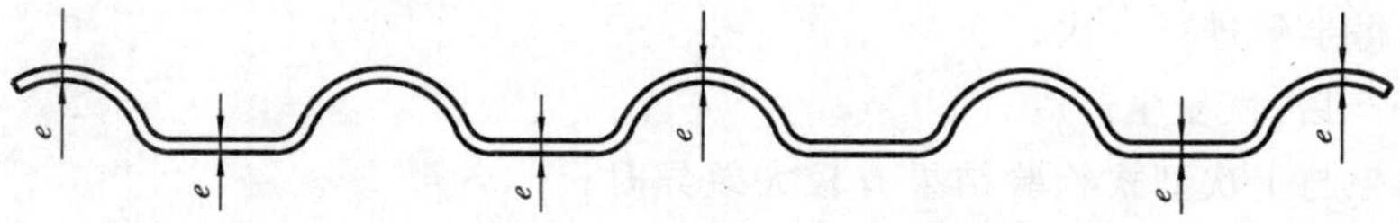

图 2

5.2.5　边距：把半波板的波顶靠检查平台放置，将钢滚筒放置在边波波谷内，用钢板尺测出滚筒顶端至边线的距离，每边取 2 个测量值的算术平均值作为试样的边距。

5.2.6　测量误差：厚度、裂纹、波高和波距的测量误差不得超过 0.1mm，读数至小数点后 2 位；其余项目的测量误差不得超过 1mm。

5.3　吸水率

按 GB 7019 进行。

5.4　抗冻性

试件长度 300mm，宽度 200mm，其余按 GB 8042 进行。

5.5　不透水性

按 GB 8041 中大波瓦的规定进行。

5.6　横向抗折力

试件长度不小于 1.2m，宽度不小于 0.8m。试验前试件应在环境温度不低于 5℃的条件下浸水 24h。试验前用湿毛巾揩干后应立即进行试验。把试件波顶朝上放在两平行支座上，支座宽 50mm，净支距为 1 100mm。通过一根宽 230mm 的压杆，以约 100N/s 的速度将荷载加到试件中部，直至断裂。读取破坏时荷载，精确至 10N，然后折算为每米板宽的荷载值即为该试件的横向抗折力。

5.7　抗冲击性

按 GB 9773 的规定进行，但茄形锤落下的高度为 1 000mm。

## 6　检验规则

6.1　检验项目

6.1.1　出厂检验

产品出厂检验项目包括规格尺寸、外观质量、抗折力、吸水率和抗冻性。

6.1.2　型式检验

包括 4.2～4.4 全部检验项目。

6.2　抽检与判定

6.2.1　出厂检验

6.2.1.1　批量：每批半波板应为同一类别、同一等级、同一规格的产品，800 张为一批量。如不足一批，则在 200 张以上仍按一批考核，验收地点应在生产厂内进行。

6.2.1.2　外观质量和规格尺寸检验：从每批不同堆垛中抽取三张板进行外观质量和规格尺寸检验，若其中一张 1 项指标不合格，也要对这项指标重新检验。由同一批量再抽取双倍数量试样进行复验，若该项指标仍不符合要求时，则该批产品需逐张检查验收。

6.2.1.3　物理力学性能检验：从上述外观质量、规格尺寸合格的样品中抽取二张作横向抗折力、吸水率和抗冻性检验，每个检验项目分别从每张样品中切取一个试件，共切取二个试件进行检验。全部项目均合格时，则可认为该产品合格，若其中有一张 1 项不符合要求时，再取双倍数量样品进行不合格项目的复验，若仍不符合要求时，则该批产品为不合格品。

6.2.2　型式检验

6.2.2.1　当产品有下列情况之一时应进行型式检验：

a）新产品或老产品转厂生产的试制定型鉴定；

b）产品结构、材料和生产工艺有较大改变，可能影响产品性能时；

c）正常生产时每半年进行一次；

d）产品长期停产后，恢复生产时；

e）出厂检验结果与上次型式检验结果有较大差异时；

f）国家质量监督机构提出进行型式检验的要求时。

6.2.2.2 规格尺寸与外观质量检验：从每一受检批次中随机抽取样品（每垛板最上面五张与底面五张除外）进行检验。样品数量见表6。

表 6

| 1 | 2 | 3 | 4 | 5 | 6 | 7 | 8 |
|---|---|---|---|---|---|---|---|
| 每受检批次的数量<br>张 | 抽样数量<br>张 | 第一次样品 | | 第一次与第二次样品之和 | | 用变量法检查可接收系数<br>$K$ | 备注 |
| | | 合格判定数<br>$Ac_1$ | 不合格判定数<br>$Re_1$ | 合格判定数<br>$Ac_2$ | 不合格判定数<br>$Re_2$ | | |
| ＜200 | 3 | 0 | 2 | 1 | 2 | 0.29 | $AL=L+KR$<br>式中：$AL$——可验收极限，N/m；<br>$L$——标准低限，N/m；<br>$K$——可接收系数；<br>$R$——极差，样品中最大值与最小值之差，N/m |
| 200～400 | 4 | 0 | 2 | 1 | 2 | 0.34 | |
| 401～800 | 5 | 0 | 2 | 1 | 2 | 0.37 | |
| 801～1 500 | 7 | 0 | 2 | 1 | 2 | 0.40 | |
| 1 501～3 000 | 10 | 0 | 2 | 2 | 3 | 0.50 | |

检验按5.2进行。判定按品质检验程序（表6第3～6栏）进行，即不合格品数未超过表6第3、5栏时，则该受检批量合格；若不合格品数等于或大于第4、6栏时，则该批量不合格；若第一次样品中不合格数超过$Ac_1$但小于$Re_1$，则应抽取并检验与第一次样品相同数量的第二次样品。批量不合格时，可进行逐张检查处理。

6.2.2.3 横向抗折力检验：按变量检验程序（表6第7、8栏）对横向抗折力检验结果进行判定。若样品的平均值大于或等于可验收极限，即$\overline{X}\geqslant AL$，则该批量合格；若$\overline{X}<AL$，则该批量不合格。

6.2.2.4 吸水率、抗冲击性、抗冻性和不透水性检验：应在同一批量中任意抽取二张试样（也可以在同样的抽样单位中切取），试验结果如有不合格品时，再取加倍数量样品进行复验，复验后仍有一张不合格时，则该批产品判为不合格。

## 7 标志、包装、运输与贮存

### 7.1 标志

在每张半波板正表面上应用不褪色的颜色标明生产厂名称、生产日期、班别、产品标记等。

### 7.2 产品合格证

发货时必须将产品合格证随同发货单寄给用户，其中应注明：

a）产品名称、类别、级别和数量；

b）生产厂名称、商标、厂址；

c）批量编号、生产日期；

d）产品检验结果；

e）标准编号；

f）生产厂检验部门及检验人员签名盖章。

7.3 包装

产品可采用包装箱或捆扎包装，并方便搬运。

7.4 运输

搬运和装卸半波板，不得互相撞击、不允许抛掷。运输工具底面必须平整并设法固定好，在运输过程中要减少震动、防止碰撞。

7.5 贮存

半波板应按不同规格、类别、等级堆放，堆放场地必须平坦、坚实，堆放高度一般不超过 1.5m。

**附加说明：**

本标准由全国水泥制品标准化技术委员会归口。

本标准由国家建筑材料工业局苏州混凝土水泥制品研究院、南京纤维水泥制品厂、成都青华新型建筑材料厂和沈阳新型建筑材料总厂负责起草。

本标准委托国家建筑材料工业局苏州混凝土水泥制品研究院负责解释。

本标准主要起草人：张明勇、罗明、曾子如、徐祥源。

中华人民共和国建材行业标准

JC/T 628—1996

# 石棉水泥井管

## 1 范围

本标准规定了石棉水泥井管的产品分类、技术要求、试验方法、检验规则、标志、包装、运输与贮存。

本标准适用于钻杆托盘法成井用的石棉水泥井壁管(以下简称井管)。

## 2 引用标准

GB 175 硅酸盐水泥、普通硅酸盐水泥

GB 7019 石棉水泥制品吸水率、容重及孔隙率测定方法

GB 8071 温石棉

## 3 产品分类

### 3.1 分类

根据成井深度,井管分成表1中所列3种类型。

表1　　m

| 井管类型 | 设计成井深度 |
|---|---|
| Ⅰ | 400～500 |
| Ⅱ | 150～<400 |
| Ⅲ | <150 |

### 3.2 分等

根据井管的外观质量、尺寸偏差分为一等品(B)和合格品(C)。

### 3.3 规格

井管的形状和规格见图1和表2。

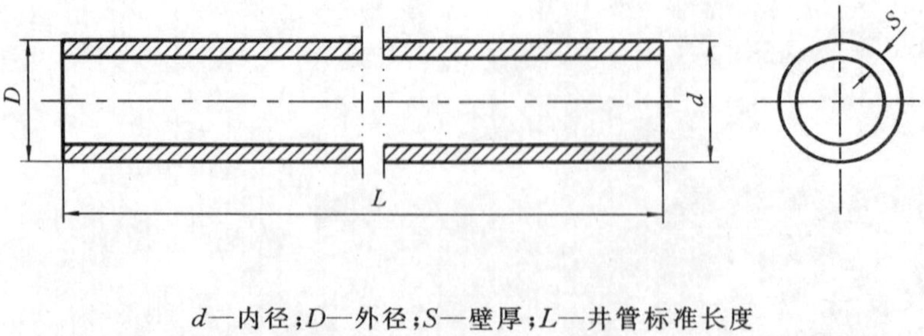


$d$—内径;$D$—外径;$S$—壁厚;$L$—井管标准长度

图1

国家建筑材料工业局1996-03-21批准　　1996-08-01实施

表 2

| 公称直径 | 内　径<br>d | 标准长度<br>L<br>m | 管　　端 | | 参考质量<br>W<br>kg/m |
|---|---|---|---|---|---|
| | | | 厚度 s | 外径 D | |
| mm | | | mm | | |
| 200 | 200 | 3,4,5 | 16 | 232 | 20.1 |
| 250 | 250 | | 20 | 290 | 31.4 |
| 300 | 300 | | 24 | 348 | 45.2 |
| 350 | 350 | | 28 | 406 | 61.5 |

注：经供需双方协议可生产其他规格尺寸的井管。

3.4　产品标记

产品标记由井管(J)、公称直径、类型、级别和标准编号组成。

公称直径 300mm，井管类型为Ⅱ类，一等品井管的标记如下：

J 300-Ⅱ B　JC/T 628

## 4　技术要求

4.1　原材料

4.1.1　石棉：应采用符合 GB 8071 规定的五级或五级以上的温石棉，也可掺用适量对制品性能与水质无害的其他纤维。

4.1.2　水泥：应采用符合 GB 175 规定的不低于 425 号的硅酸盐水泥、普通硅酸盐水泥，但不得使用掺有煤、炭粉作助磨剂及页岩、煤矸石作混合材的普通硅酸盐水泥。

4.1.3　水：应采用淡水或循环系统的水。淡水中不应含有油、酸类或有机物等影响制品性能的有害物质。

4.2　外观质量

各种等级的井管外观质量应符合表 3 的规定。

表 3

| 外观质量项目 | 允　许　范　围 | |
|---|---|---|
| | 一　等　品 | 合　格　品 |
| 外表面 | 深度不大于 2mm 的伤痕和脱皮，每处面积不大于 $10cm^2$，其总面积不大于 $30cm^2$ | 深度不大于 2mm 的伤痕和脱皮，每处面积不大于 $10cm^2$，其总面积不大于 $50cm^2$ |
| 内表面 | 深度不大于 2mm 的脱皮，每处面积不大于 $10cm^2$，其总面积不大于 $20cm^2$ | 深度不大于 2mm 的脱皮，每处面积不大于 $10cm^2$，其总面积不大于 $30cm^2$ |

4.3　尺寸允许偏差

4.3.1　井管长度的正偏差不限制，负偏差不大于标准长度的 2%。井管同一端壁厚和内、外径的允许偏差应符合表 4 的规定。

表 4 mm

| 公称直径 | 尺寸允许偏差 | | | | |
|---|---|---|---|---|---|
| | 壁厚 | 内径 | | 外径 | |
| | | 一等品 | 合格品 | 一等品 | 合格品 |
| 200<br>250 | +1.0<br>−0.5 | ±1.8 | ±2 | ±1 | ±2 |
| 300<br>350 | +1.5<br>−1.0 | | | | |

4.3.2 井管同一端内径的最大值与最小值相差不得大于表 5 的规定，井管两端面必须切削成与中心轴线垂直，不应有毛刺和起层。

表 5 mm

| 公称直径 | 200 | | 250 | | 300 | | 350 | |
|---|---|---|---|---|---|---|---|---|
| | 一等品 | 合格品 | 一等品 | 合格品 | 一等品 | 合格品 | 一等品 | 合格品 |
| 允许值 | 1.8 | 2.0 | 2.3 | 2.5 | 2.7 | 3.0 | 3.2 | 3.5 |

4.3.3 允许弯曲度：标准长度为 3m 者不大于 9mm；标准长度为 4m、5m 者不大于 12mm。

4.3.4 每批中短管数量不允许超过 10%，这种短管长度比标准长度不得短 300mm。但所供应的井管总长度以实数计算，宜不少于用户订货单上提出的数量。

4.4 物理力学性能

4.4.1 各类井管应承受表 6 所规定的试验水压，在此水压下保持 30s，井管外表面不应有洇水现象。

表 6

| 试验水压 MPa / 公称直径 mm / 井管类型 | 200 | 250 | 300 | 350 |
|---|---|---|---|---|
| Ⅰ | 0.8 | 0.8 | 0.7 | 0.6 |
| Ⅱ | 0.6 | 0.6 | 0.5 | 0.4 |
| Ⅲ | 0.3 | 0.3 | 0.2 | 0.2 |

4.4.2 管材的轴向坑压强度不应低于表 7 的规定。

表 7

| 轴向抗压强度 MPa / 公称直径 mm / 井管类型 | 200 | 250 | 300 | 350 |
|---|---|---|---|---|
| Ⅰ | 62 | 53 | 49 | 49 |
| Ⅱ | 49 | 42 | 39 | 39 |
| Ⅲ | 30 | 30 | 30 | 30 |

4.4.3 井管的管壁吸水率不应大于 20%。

## 5 试验方法

### 5.1 外观质量检验

用目测与刻度值为0.5mm的钢板尺测量井管内、外表面伤痕和脱皮。

5.2 尺寸检验

5.2.1 井管长度用刻度值为1.0mm的卷尺测量。井管壁厚用刻度值为0.02mm的游标卡尺测量，以井管两端垂直对称位置各测量四次，测量结果的算术平均值作为管壁厚度。

5.2.2 井管的内、外径分别用内、外卡钳及刻度值为0.5mm的钢板尺测量，以井管两端垂直对称位置各测四次，测量结果的算术平均值作为井管的内、外径尺寸，用同样方法测定同一管端的最大与最小的内径值。

5.2.3 井管的弯曲度用长度不小于井管长度的金属尺或木尺作靠尺，用刻度值为1mm的钢板尺测量井管外表面与靠尺之间的最大间隙，作为井管的弯曲度。

5.3 物理力学试验

5.3.1 水压抗渗试验

以整根井管作试验，采用管端密封后管子轴向不受压力的水压试验设备，在不少于1min的时间内使管内水压逐渐上升至表6所规定的试验水压值，恒压30s，检查管子外表面状况。

5.3.2 轴向抗压强度试验

从井管两端切取规格为$2S\times2S\times S$（见图2）的试样各二块，试样两端断面必须加工成互相平行并与轴向垂直的平面。

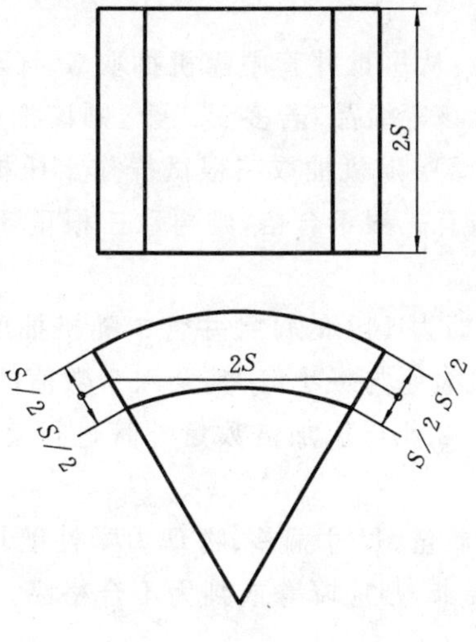


S—管壁厚度

图2

试样应在20℃±5℃水中浸泡48h后，放在材料试验机上试验。施加荷载应通过试样的中心，并以400～600N/s的速度均匀加荷，直至试样压坏，井管轴向抗压强度按下式计算：

$$R=\frac{P}{F}$$

式中：$R$——轴向抗压强度，MPa；

$P$——破坏荷载，N；

$F$——试样断面$S\times2S$中的实际最小面积，$mm^2$。

5.3.3 吸水率试验

井管的吸水率试验方法按照GB 7019规定进行。

## 6 检验规则

6.1 检验分类

分为出厂检验和型式检验。

6.2 出厂检验

6.2.1 检验项目

外观质量、尺寸偏差、轴向抗压强度和水压抗渗试验。

6.2.2 批量

每批井管应为同一规格、同一等级产品，每批的数量应符合表8的规定，不足一批量者亦可作为一个批量，验收地点应在生产厂内进行。

表8

| 公称直径<br>mm | 批量范围<br>根 |
|---|---|
| 200～250 | 100～400 |
| 300～350 | 100～200 |

6.2.3 检验与判定规则

6.2.3.1 外观质量与尺寸偏差检验：从每批井管中随机抽取5%（至少20根）进行检验，若不合格试样少于或等于二个，则判该批产品符合该等级品；若多于二个，则该批产品应降等或判为不合格品。

6.2.3.2 水压抗渗试验：从每批产品中随机抽取三根试样作水压抗渗试验，检验结果全部符合技术要求中相应类别，则判为该批合格。若有一根不合格，则再取三根重新复验，若仍有一根不合格，则该批产品应降等或判为不合格品。

6.2.3.3 轴向抗压强度试验：从龄期为14d的每批井管中随机抽取二根作轴向抗压强度试验，在总共八个试样的试验数据中，剔除其中最大值与最小值，其余六个数值的平均值作为试验结果。若不符合表7中某一类型井管要求，龄期延长至28d再取加倍数量井管进行复验，若仍不符合要求，则该批产品降等或判为不合格品。

6.2.3.4 判定规则：当试样的外观质量、尺寸偏差、物理力学性能均符合技术要求中相应等级要求，则判为该等级合格；若有一项不符合要求，则应降等或判为不合格品。

6.3 型式检验

6.3.1 有下列情况之一时，产品应进行型式检验：

a）新产品或老产品转厂生产的试制定型鉴定；

b）正式生产后如产品结构、材料、工艺有较大改变，可能影响产品性能时；

c）正式生产时，至少每年进行一次检验；

d）产品长期停产后恢复生产时；

e）出厂检验结果与上次型式检验有较大差异时；

f）国家质量监督机构提出进行型式检验要求时。

6.3.2 检验项目：包括技术要求中4.2～4.4的全部项目。

6.3.3 批量抽样与检验：外观质量、尺寸偏差、水压抗渗试验、轴向抗压强度试验的批量抽样与检验同出厂检验，吸水率试验是从龄期14天的批量中随机抽取二根，试验结果若合格，则判该批量为合格；若有一根不合格，则试验龄期延长至28天，加倍抽取试样重新复验，若仍有一根不合格，则该批产品判为不合格品。

6.3.4 判定规则：当试样的所有检验结果均符合技术要求中相应等级要求时，则判为该等级合格；若有一项不符合要求，则应降等或判为不合格品。

## 7 标志、包装、运输与贮存

### 7.1 标志与出厂证明书

#### 7.1.1 标志

井管的外表面必须用不褪色的颜料注明标志，其内容与格式如下：

注册商标、生产厂名称＝$\frac{\text{标　　记}}{\text{生产日期、班、生产编号}}$ 小心轻放 严禁抛掷

#### 7.1.2 出厂证明书

发货时必须将出厂证明书随同发货单提供用户，其内容包括：

a）产品名称、类型、等级、数量；

b）生产厂名称、商标、厂址；

c）批量编号、生产日期；

d）产品检验结果；

e）标准编号；

f）生产厂检验部门及检验人员签字盖章。

### 7.2 包装

每根井管在出厂前必须妥善捆扎，每根井管捆扎不应少于三个部位，井管两端须严加保护。

### 7.3 运输

必须使井管固定在各种运输工具上，在运输过程中减少震动，装卸时严禁抛掷，防止碰撞。

### 7.4 贮存

堆放场地必须坚实平坦，不同的等级，不同规格的井管应分别堆放，堆放时最下一层井管应固定好，以防塌落，井管堆垛高度如表 9 规定。

表 9　　　　mm

| 公称直径 | 堆垛高度 |
|---|---|
| 200～250 | ≤1 500 |
| 300～350 | ≤2 000 |

---

**附加说明：**

本标准由全国水泥制品标准化技术委员会提出并归口。

本标准由国家建筑材料工业局苏州混凝土水泥制品研究院、华新纤维水泥制品厂、吴桥县石棉水泥管厂等单位负责起草。

本标准主要起草人：张明勇、叶启汉、陈桂琴。

本标准委托国家建筑材料工业局苏州混凝土水泥制品研究院负责解释。

自本标准实施之日起，原国家标准 GB 3041—1982《石棉水泥井管》作废。

中华人民共和国建材行业标准

JC/T 629—1996

# 农房用预应力混凝土矩形檩条

## 1 范围

本标准规定了预应力混凝土矩形檩条的分类、技术要求、试验方法及检验规则等。

本标准主要适用于农村和乡镇房屋建筑用的预应力混凝土矩形檩条(以下简称檩条)。

## 2 引用标准

GB 175 硅酸盐水泥、普通硅酸盐水泥

GB 1344 矿渣硅酸盐水泥、火山灰质硅酸盐水泥及粉煤灰硅酸盐水泥

GB 5223 预应力混凝土用钢丝

GB 8076 混凝土外加剂

GB 12958 复合硅酸盐水泥

GB 13788 冷轧带肋钢筋

GB/T 14684 建筑用砂

GB/T 14685 建筑用卵石、碎石

GB 50204 混凝土结构工程施工及验收规范

GBJ 10 混凝土结构设计规范

GBJ 107 混凝土强度检验评定标准

JC/T 624 农房混凝土构件质量检测方法

JGJ 19 冷拔钢丝预应力混凝土构件设计及施工规程

JGJ 63 混凝土拌合用水质量标准

## 3 分类

### 3.1 级别

檩条按常用屋面习惯做法分为三个荷载级别见表1。

表1 不同屋面做法的荷载级别 $N/m^2$

| 荷载级别 | Ⅰ | Ⅱ | Ⅲ |
|---|---|---|---|
| 相应的最大永久荷载 | 700～1 000 | 1 100～1 500 | 1 600～1 900 |

注:① 相应的最大永久荷载不包括檩条自重。

② 所谓常用屋面三种习惯做法:指冷摊机平瓦或机平瓦卧草泥(Ⅰ级),小青瓦卧草泥或其中再加望砖(Ⅱ级)以及其他组合做法(Ⅲ级)。

### 3.2 规格

#### 3.2.1 外形

檩条外形见图1。

国家建筑材料工业局1996-03-21批准 1996-08-01实施

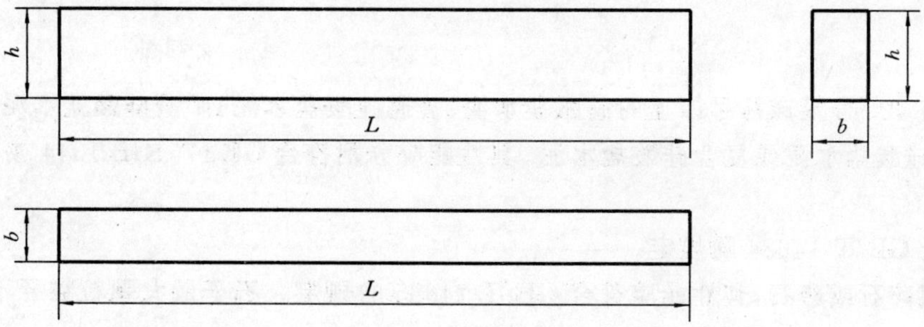


图 1 檩条外形

3.2.2 截面尺寸、公称长度

檩条截面尺寸及其相应的公称长度 $L$（檩条的实际长度 $L$ 加上 20mm）应符合表 2 规定。

表 2 檩条截面尺寸、公称长度

mm

| 截面 $b\times h$ | 级别 | 公称长度 $L$ |
|---|---|---|
| 60×120 | Ⅰ | 3000,3300,3400 |
| 60×140 | Ⅰ | 3000,3300,3400,3600,3800 |
| | Ⅱ | 3000,3300 |
| 60×160 | Ⅰ | 3000,3300,3400,3600,3800,4000,4200,4500 |
| | Ⅱ | 3000,3300,3400,3600,3800,4000,4200 |
| 70×180 | Ⅰ，Ⅱ | 3000,3300,3400,3600,3800,4000,4200,4500,4700,4800,5000 |
| | Ⅲ | 3000,3300,3400,3600,3800 |
| 80×200 | Ⅰ，Ⅱ | 3400,3600,3800,4000,4200,4500,4700,4800,5000,6000 |
| | Ⅲ | 3400,3600,3800,4000,4200,4500 |
| 80×250 | Ⅰ，Ⅱ，Ⅲ | 3600,3800,4000,4200,4500,4700,4800,5000,6000 |
| 100×300 | Ⅰ，Ⅱ，Ⅲ | 4200,4500,4700,4800,5000,6000 |

3.3 等级

檩条按混凝土强度、尺寸偏差、外观质量和力学性能分为一等品(B)和合格品(C)。

3.4 标记

檩条标记如下：

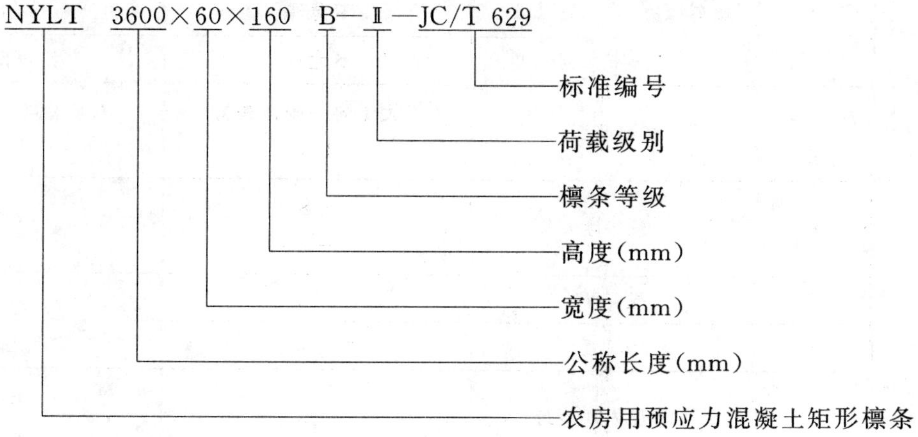

## 4 原材料要求

4.1 水泥宜采用425号及该标号以上的硅酸盐水泥、普通硅酸盐水泥、矿渣硅酸盐水泥、火山灰质硅酸盐水泥及粉煤灰硅酸盐水泥或复合硅酸盐水泥。其性能应分别符合GB 175、GB 1344或GB 12958的规定。

4.2 砂子应符合GB/T 14684的规定。

4.3 粗骨料采用碎石或卵石，其性能应符合GB/T 14685的规定。石子最大颗粒粒径不应超过钢筋最小净距离的3/4。

4.4 拌制和养护混凝土用水应符合JGJ 63规定的要求。

4.5 掺用的外加剂应符合GB 8076的规定。不得掺用加气剂和引气型外加剂。

4.6 檩条中的预应力筋应采用甲级冷拔低碳钢丝或冷拔低合金钢丝以及冷轧带肋钢筋，也可用碳素钢丝和刻痕钢丝；非预应力筋宜采用乙级冷拔低碳钢丝。其性能应分别符合JGJ 19或GB 13788以及GB 5223中相应的规定。

## 5 技术要求

5.1 混凝土强度

5.1.1 混凝土设计强度等级不得低于C30。

5.1.2 标准养护条件下28d混凝土抗压强度应满足GBJ 107的要求。

5.1.3 预应力筋放张时与构件同条件养护的混凝土抗压强度不得低于混凝土设计强度等级的75%。

5.1.4 檩条出厂时，与构件同条件养护的混凝土抗压强度不得低于混凝土设计强度等级。

5.2 外观质量和尺寸允许偏差

檩条的外观质量和尺寸允许偏差应符合表3规定。

表3 外观质量和尺寸允许偏差 mm

| 类别 | 项次 | 项目 | | 尺寸允许偏差 一等品 B | 尺寸允许偏差 合格品 C |
|---|---|---|---|---|---|
| 外观质量 | 1 | 露筋 | | 不允许 | 不允许 |
| | 2 | 裂缝 | | 不允许 | 不允许 |
| | 3 | 孔洞 | | 不允许 | 不允许 |
| | 4 | 缺角掉边 | 数量 | 每件不超过1处 | 每件不超过1处 |
| | | | 长度 | 不允许 | ≤40 |
| | | | 宽度 | 不允许 | ≤20 |
| | 5 | 蜂窝麻面 | | 不大于同一面面积的1% | 不大于同一面面积的2% |
| 尺寸 | 6 | 长度 | | +8<br>−4 | +10<br>−5 |
| | 7 | 宽度 | | ±4 | ±5 |
| | 8 | 高度 | | ±4 | ±5 |
| | 9 | 主筋保护层厚度 | | ±5 | +10<br>−5 |

表 3(完)

| 类别 | 项次 | 项目 | 尺寸允许偏差 | |
|---|---|---|---|---|
| | | | 一等品<br>B | 合格品<br>C |
| 尺寸 | 10 | 侧向弯曲 | $\leqslant L/1000$ | $\leqslant L/750$ |
| | 11 | 表面平整度 | 2m 长度内不大于 5 | 2m 长度内不大于 7 |
| | 12 | 预应力筋中心位移 | ±2 | ±3 |
| | 13 | 预留孔中心位移 | ≤5 | ≤7 |
| | 14 | 端部垂直倾斜值 | ±5 | ±8 |

5.3 力学性能

檩条的力学性能应包括承载力、挠度和抗裂检验。

5.3.1 承载力

要求按混凝土结构设计规范规定进行检验时，应符合式(1)要求：

$$\gamma_u^o \geqslant \gamma_o[\gamma_u] \quad\cdots\cdots(1)$$

式中：$\gamma_u^o$——承载力检验系数实测值，即试验达到表 4 所列检验标志之一时的荷载实测值与承载力检验荷载设计值(均包括自重)的比值；承载力检验荷载设计值按 JC/T 624 规定计算；

$[\gamma_u]$——承载力检验系数允许值，按表 4 取用；

$\gamma_o$——结构构件的重要性系数，一般情况下取 $\gamma_o=1$。

要求按实配钢筋的承载力进行检验时，应符合式(2)要求：

$$\gamma_u^o \geqslant \gamma_o \cdot \eta[\gamma_u] \quad\cdots\cdots(2)$$

式中：$\eta$——承载力检验修正系数，即按檩条实配钢筋面积 A 确定的承载力计算值与内力组合设计值的比值(由设计部门给定)。

表 4 承载力检验系数允许值$[\gamma_u]$

| 受力情况 | 达到承载力极限值的检验标志 | $[\gamma_u]$ |
|---|---|---|
| 受弯 | 受拉主筋处的最大裂缝宽度达到 1.5mm 或挠度达到跨度的 1/50 | 1.45 |
| | 受压区混凝土破坏，此时受拉主筋处的最大裂缝宽度小于 1.5mm 且挠度小于跨度的 1/50 | 1.40 |
| | 受拉主筋拉断 | 1.50 |
| 受弯构件的受剪 | 腹部斜裂缝达到 1.5mm，或斜裂缝末端受压混凝土剪压破坏 | 1.35 |
| | 沿斜截面混凝土斜压，受拉主筋在端部滑脱或其他锚固破坏 | 1.50 |

5.3.2 挠度

要求按混凝土结构设计规范规定挠度允许值检验时，应符合式(3)、式(4)要求：

$$a_s^o \leqslant [a_s] \quad\cdots\cdots(3)$$

$$[a_s]=\frac{M_s}{M_L(\theta-1)+M_s}\times[a_f] \quad\cdots\cdots(4)$$

式中：$a_s^o$——在正常使用的短期检验荷载作用下，檩条的短期挠度实测值，mm，按 JC/T 624 规定计算；

$[a_s]$——短期挠度允许值，mm；

$M_s$——按荷载的短期效应组合计算所得的弯距值，kN·m；

$M_L$——按荷载的长期效应组合计算所得的弯距值，kN·m；

$\theta$——考虑荷载的长期效应组合对挠度增大的影响系数，对于檩条一般取 $\theta=2$；

$[a_f]$——挠度允许值，对于檩条取 $[a_f]$，为其计算跨度的1/200。

要求按实配钢筋确定的挠度计算值进行检验时，应符合式(5)要求：

$$a_s^o \leqslant 1.2 a_s^c \quad \cdots\cdots (5)$$

同时还符合式(3)的要求。

式中：$a_s^c$——在正常使用短期荷载检验值下，按实配钢筋确定的短期挠度计算值，mm。

5.3.3 抗裂

檩条的抗裂检验应符合式(6)、式(7)要求：

$$\gamma_{cr}^o \geqslant [\gamma_{cr}] \quad \cdots\cdots (6)$$

$$[\gamma_{cr}] = 0.95 \times \frac{\sigma_{pc} + \gamma \cdot f_{tk}}{\sigma_{sc}} \quad \cdots\cdots (7)$$

当檩条采用冷拔钢丝或冷轧带肋钢筋配筋时，其抗裂检验系数允许值 $[\gamma_{cr}]$ 按下列两种情况考虑：

a）当按 JGJ 19 规定 $a_{ct,s}$ 值进行检验时，$[\gamma_{cr}]$ 按式(8)计算：

$$[\gamma_{cr}] = \frac{\sigma_{pc} + \gamma \cdot f_{tk}}{\sigma_{pc} + a_{ct,s} \cdot \gamma \cdot f_{tk}} \quad \cdots\cdots (8)$$

b）当设计要求按檩条实际的抗裂计算值进行检验时，则按式(7)计算。但当式(7)的计算结果小于式(8)的计算结果时，则应取式(8)的计算值。

式中：$\gamma_{cr}^o$——抗裂检验系数实测值，即试验时檩条第一次出现裂缝时的荷载实测值与正常使用的短期荷载检验值(包括自重)的比值；

$[\gamma_{cr}]$——抗裂检验系数允许值；

$\sigma_{sc}$——荷载的短期效应组合下的抗裂验算边缘的混凝土法向应力，$N/mm^2$；

$\gamma$——受拉区混凝土塑性影响系数，对于檩条一般取 $\gamma=1.75$；

$\sigma_{pc}$——检验时在抗裂验算边缘的混凝土预压应力计算值，$N/mm^2$；

$f_{tk}$——检验时的混凝土抗压强度标准值，$N/mm^2$；

$a_{ct,s}$——荷载短期效应组合下，混凝土拉应力限制系数，一般取0.6。

5.4 生产工艺中的技术要求

生产工艺中的技术要求应符合附录A(标准的附录)的规定。

## 6 检验方法

6.1 混凝土抗压强度、外观质量和尺寸

按 JC/T 624 规定进行。

6.2 力学性能

按 JC/T 624 中梁类构件进行，也可采用分配板对并列的两根檩条，按 JC/T 624 中板类构件进行均布加荷试验。

## 7 检验规则

7.1 检验项目

7.1.1 出厂检验：包括混凝土强度、檩条的外观质量、尺寸和力学性能(各检验项目按规定值检验)。

7.1.2 型式检验：包括混凝土强度、檩条外观质量、尺寸和力学性能(承载力、挠度和抗裂同时按规定值和计算值检验)。

7.2 出厂检验

7.2.1 批量

按同一类型的檩条500件为一个批量，不足500件的也作为一个检验批量。

注:"同一类型"是指生产檩条的铜丝组别、级别、混凝土设计强度等级和生产工艺相同。

7.2.2 抽样

7.2.2.1 检验混凝土抗压强度的试件数量应符合下列规定:

a)检验混凝土设计强度等级用的试块数量,应在同一原材料,配合比以及相同工艺条件下,每周至少成型二组,但每批量不得少于10组。

b)检验预应力放张和出厂强度用的试块数量,每生产班至少成型二组。

7.2.2.2 外观质量检测应从同一批量中随机抽取25件,不足500件的按5%抽样,但不得少于三件。

7.2.2.3 尺寸检验应从同一批量中随机抽取25件,不足500件的按5%抽样,但不得少于三件。

7.2.2.4 力学性能检测从同一批量中随机抽取一件进行检验。

7.3 型式检验

7.3.1 有下列情况之一时,需进行型式检验:

a)新产品投产时;

b)正常生产时每年进行一次型式检验;

c)生产中,如结构、材料、工艺有较大改变可能影响构件性能时;

d)长期停产重新恢复生产时;

e)质量监督机构提出要求进行型式检验时。

7.3.2 型式检验时的混凝土强度、外观质量和尺寸的批量及抽样方法按6.2规定进行。

7.3.3 力学性能检测从同一批量中随机抽取一件进行检验。

7.4 判定规则

7.4.1 混凝土抗压强度

在标准养护条件下28d,抗压强度应符合GBJ 107的要求。

7.4.2 外观质量

每件檩条的外观质量中露筋、裂缝、孔洞符合表3中相应等级的规定,而其他项目中仅有一项不符合表3中相应等级的规定,则该件判为相应等级。

7.4.3 尺寸

每件檩条的高度、侧向弯曲、主筋保护层厚度的尺寸偏差应符合表3中相应等级的规定,而其他项目仅有1项不符合表3中相应等级的规定,则该件判为相应等级。

7.4.4 力学性能

檩条的力学性能应满足4.6规定的要求,但当该试件的承载力及抗裂检验系数仅达到规定允许值的0.95;挠度达到规定允许值1.10倍时,可再抽取两个试件检验。当第一个试件能满足4.6规定要求,或二个试件都能达到承载力和抗裂检验系数规定允许值的0.95倍,挠度达到规定允许值的1.10倍时,均可评为合格。

7.4.5 综合判定

一个检验批檩条的所有项目检验结果符合某等级要求时判为相应等级,若不符合,则判该批产品降等或判为不合格品。

## 8 产品合格证

檩条的产品合格证包括下列内容:

a)批量编号;

b)本标准编号;

c)生产厂名称或商标、生产年、月;

d)标记、数量;

e)混凝土强度检验结果;

f）外观质量和尺寸检验结果；

g）力学性能检验结果；

h）质量检验部门签章。

## 9 标志、堆放与运输

9.1 标志

出厂的檩条表面应设有标志，其内容包括生产厂名、商标、标记、生产日期和检验章。

9.2 堆放

9.2.1 生产的檩条应按品种、规格、标记、生产日期分别码垛堆放。

9.2.2 堆放场地应坚实、平整；码垛件数：当檩条截面高度大于200mm时，每垛不超过六件；当截面高度小于200mm时，每垛不得超过八件。

9.2.3 檩条码垛应将其正向放在支垫物上，各层间用两个平整支垫物隔开，各层支垫物应在同一垂直线上，支垫距檩条端部距离为0.1$L$（$L$为檩条长度）。

9.3 运输

9.3.1 檩条在运输过程中的支垫要求符合9.2.3规定。

9.3.2 檩条在起吊、运输中应轻起、轻放、严禁碰撞。

## 附 录 A
（标准的附录）
## 生产工艺技术要求

### A1 构造要求

A1.1 檩条中受力钢丝的混凝土保护层厚度不应小于 20mm。

A1.2 主筋间净距离不宜小于 15mm，当采用冷拔钢丝排列有困难时可以减少到 10mm，其配筋数量较多时，也可采用两根并列。

A1.3 截面大于 60mm×160mm 的檩条，应在其长度方向的两端各设置 2～3 个封闭式箍筋。

### A2 施加预应力要求

A2.1 预应力钢丝需要接长时，宜采用钢丝绑扎器并用 20～22 号铁丝密排绑扎。当采用冷拔低碳钢丝时，其绑扎长度不应小于 40d（d 为钢丝直径）；当采用冷轧带肋钢筋时，其绑扎长度不应小于 40～45d；当采用冷拔低合金钢丝时，其绑扎长度不应小于 50d。钢丝（筋）搭接长度应比钢丝绑扎长度大 10d。严禁手工打结接头。

A2.2 施加预应力时的张拉控制应力、张拉程序及预应力钢丝检验规定值应符合 GBJ 10 及 GB 50204 的有关规定。

A2.3 钢丝实际建立的预应力总值与检验规定值偏差百分率不应超过±5％。

---

附加说明：

本标准由全国水泥制品标准化技术委员会归口。

本标准由国家建筑材料工业局苏州混凝土水泥制品研究院、河南温县建筑工程质量监督站、泰兴市水泥制品厂、张家港市塘桥水泥制品厂、如皋市东方水泥制管厂、安徽宿州市水泥构件厂、泰兴市水泥构件厂等单位负责起草。

本标准委托国家建筑材料工业局苏州混凝土水泥制品研究院负责解释。

本标准主要起草人：庄启才、陆乃鼎、马虎臣、田爱丽、丁玉春、张立新、韩照根、汪 剑、傅永平、王作儒、田福寿。

本标准自实施之日起，原国家标准 GB 7696—87《农房用预应力混凝土矩形檩条》作废。

中华人民共和国建材行业标准

JC/T 640—1996

# 顶进施工法用钢筋混凝土排水管

## 1 范围

本标准规定了顶进施工法用钢筋混凝土排水管(以下简称管子)的产品分类、技术要求、检验方法、检验规则、标志、包装、运输和贮存。

本标准适用于公称内径 600～3 000mm 顶进施工法排水管道用钢筋混凝土管及顶进施工保护套管用钢筋混凝土管。

本标准适用于雨水、污水、引水及农田排灌等重力流管道的管子。凡有内压或耐腐蚀要求用的排水管，由供需双方参考本标准另行商定。

## 2 引用标准

GB 175 硅酸盐水泥、普通硅酸盐水泥
GB 199 快硬硅酸盐水泥
GB 343 一般用途低碳钢丝
GB 701 普通低碳钢热轧圆盘条
GB 748 抗硫酸盐硅酸盐水泥
GB 1344 矿渣硅酸盐水泥、火山灰质硅酸盐水泥及粉煤灰硅酸盐水泥
GB 1596 用于水泥和混凝土中的粉煤灰
GB 8076 混凝土外加剂
GB 11836 混凝土和钢筋混凝土排水管
GB 11837 混凝土管用混凝土抗压强度试验方法
GB 50204 混凝土工程施工及验收规范
GB/T 14684 建筑用砂
GB/T 14685 建筑用卵石和碎石
GBJ 119 混凝土外加剂应用技术规范
JGJ 28 粉煤灰在混凝土和砂浆中应用技术规程
JGJ 63 混凝土拌合用水标准
JC/T 540 混凝土制品用冷拔冷轧低碳螺纹钢丝

## 3 产品分类

3.1 产品按管子接口型式分为:平口式(P)、企口式(Q)、双插口式(S)、钢承口式(G)四种。

3.1.1 顶进施工法用钢筋混凝土平口管规格尺寸见图 1、表 1。

国家建筑材料工业局1996-07-10批准　　　　1997-01-01实施

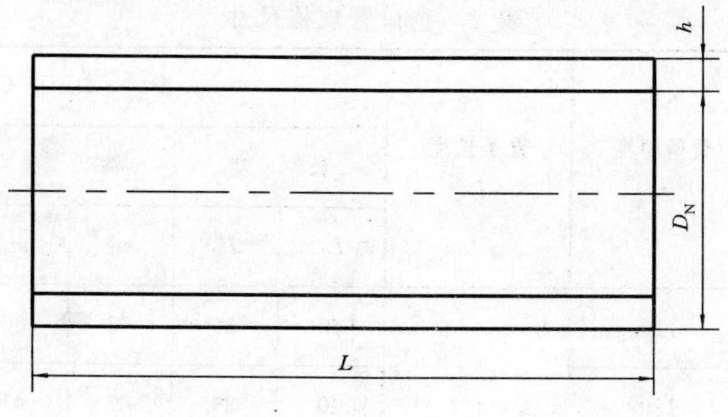


图 1

表 1　平口管规格尺寸　　mm

| 公称内径 $D_N$ | 管子长度 $L$ | 管壁厚度 $h$ | 公称内径 $D_N$ | 管子长度 $L$ | 管壁厚度 $h$ |
|---|---|---|---|---|---|
| 800 | 2 000 | 80 | 1 800 | 2000 | 180 |
| 900 | | 90 | 2 000 | | 200 |
| 1 000 | | 100 | 2 200 | | 220 |
| 1 100 | | 110 | 2 400 | | 240 |
| 1 200 | | 120 | 2 600 | | 260 |
| 1 350 | | 135 | 2 800 | | 280 |
| 1 500 | | 150 | 3 000 | | 300 |
| 1 650 | | 165 | | | |

注：经供需双方协议，也可生产其他规格尺寸的钢筋混凝土管。

3.1.2　顶进施工法用钢筋混凝土企口管规格尺寸见图 2、表 2。

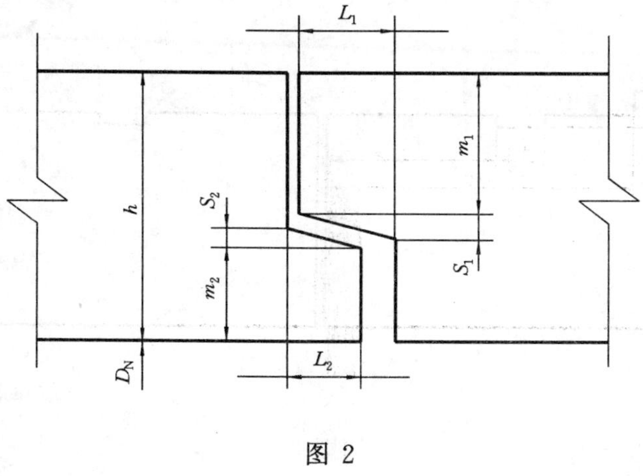


图 2

表 2 企口管规格尺寸 mm

| 管子公称内径 $D_N$ | 管壁厚度 $h$ | 管子长度 $L$ | 企口尺寸 | | | | | |
|---|---|---|---|---|---|---|---|---|
| | | | 长度 | | 深度 | | 斜坡投影尺寸 | |
| | | | $L_1$ | $L_2$ | $m_1$ | $m_2$ | $S_1$ | $S_2$ |
| 1 100 | 110 | 2 000 | 40 | 30 | 62 | 36 | 10 | 7 |
| 1 200 | 120 | | 40 | 30 | 67 | 41 | 10 | 7 |
| 1 350 | 135 | | 40 | 30 | 75 | 48 | 10 | 7 |
| 1 500 | 150 | | 45 | 35 | 85 | 50 | 15 | 10 |
| 1 650 | 165 | | 45 | 35 | 93 | 57 | 15 | 10 |
| 1 800 | 180 | | 45 | 35 | 100 | 65 | 15 | 10 |
| 2 000 | 200 | | 50 | 40 | 112 | 68 | 20 | 15 |
| 2 200 | 220 | | 50 | 40 | 122 | 78 | 20 | 15 |
| 2 400 | 240 | | 50 | 40 | 132 | 88 | 20 | 15 |
| 2 600 | 260 | | 55 | 45 | 142 | 93 | 25 | 20 |
| 2 800 | 280 | | 55 | 45 | 152 | 103 | 25 | 20 |
| 3 000 | 300 | | 60 | 50 | 162 | 113 | 25 | 20 |

注：经供需双方协议，也可生产其他规格尺寸的钢筋混凝土管。

3.1.3 顶进施工法用钢筋混凝土双插口管规格尺寸见图 3、表 3。

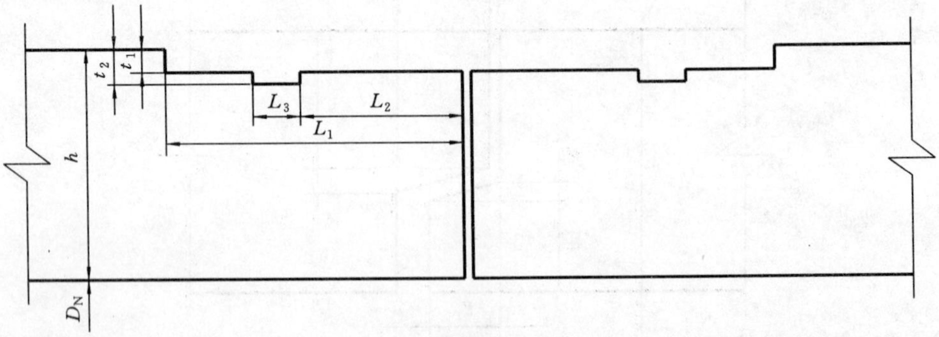


图 3

表 3　双插口管规格尺寸　　mm

<table>
<tr><th rowspan="3">公称内径<br>$D_N$</th><th rowspan="3">管壁厚度<br>$h$</th><th rowspan="3">管子长度<br>$L$</th><th colspan="5">接　口　尺　寸</th></tr>
<tr><th colspan="3">长　度</th><th colspan="2">深　度</th></tr>
<tr><th>$L_1$</th><th>$L_2$</th><th>$L_3$</th><th>$t_1$</th><th>$t_2$</th></tr>
<tr><td>600</td><td>60</td><td rowspan="17">2 000</td><td rowspan="6">155</td><td rowspan="17">87</td><td rowspan="6">26</td><td rowspan="6">9</td><td rowspan="6">15</td></tr>
<tr><td>700</td><td>70</td></tr>
<tr><td>800</td><td>80</td></tr>
<tr><td>900</td><td>90</td></tr>
<tr><td>1 000</td><td>100</td></tr>
<tr><td>1 100</td><td>110</td></tr>
<tr><td>1 200</td><td>120</td><td rowspan="11">160</td><td rowspan="11">40</td><td rowspan="8">12</td><td rowspan="8">18</td></tr>
<tr><td>1 350</td><td>135</td></tr>
<tr><td>1 500</td><td>150</td></tr>
<tr><td>1 650</td><td>165</td></tr>
<tr><td>1 800</td><td>180</td></tr>
<tr><td>2 000</td><td>200</td></tr>
<tr><td>2 200</td><td>220</td></tr>
<tr><td>2 400</td><td>240</td></tr>
<tr><td>2 600</td><td>260</td><td rowspan="3">16</td><td rowspan="3">24</td></tr>
<tr><td>2 800</td><td>280</td></tr>
<tr><td>3 000</td><td>300</td></tr>
</table>

注：经供需双方协议，也可生产其他规格尺寸的钢筋混凝土管。

3.1.4　顶进施工法用钢筋混凝土钢承口管规格尺寸见图 4、表 4。

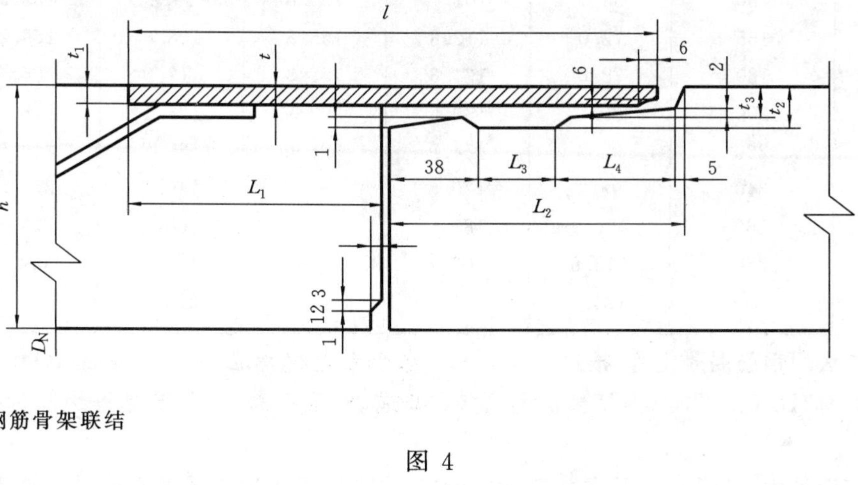


注：钢圈和钢筋骨架联结

图 4

表 4 钢承口管规格尺寸 mm

| 公称内径 $D_N$ | 管壁厚度 $h$ | 管子长度 $L$ | 接口尺寸 | | | | | | | 钢圈尺寸 | |
|---|---|---|---|---|---|---|---|---|---|---|---|
| | | | 长度 | | | | 深度 | | | 长度 | 厚度 |
| | | | $L_1$ | $L_2$ | $L_3$ | $L_4$ | $t_1$ | $t_2$ | $t_3$ | $l$ | $t$ |
| 2 000 | 200 | 2 000 | 127 | 137 | 42 | 52 | 11 | 24 | 17 | 260 | 10 |
| 2 200 | 220 | | | | | | | | | | |
| 2 400 | 240 | | | | | | | | | | |
| 2 600 | 260 | | | | | | | | | | |
| 2 800 | 280 | | | | | | | | | | |
| 3 000 | 300 | | | | | | | | | | |

注

1 经供需双方协议，也可生产其他规格尺寸的钢筋混凝土管。

2 钢圈须采取防腐措施，在有腐蚀性介质的条件下，应适当加大钢圈厚度。

3.2 顶进施工法用钢筋混凝土管，按其外压荷载分为Ⅰ级、Ⅱ级和Ⅲ级，各级外压荷载见表 5。

表 5 外压荷载

| 公称公径 $D_N$ mm | 管壁厚度 $h$ mm | 外压荷载，kN/m | | | | | |
|---|---|---|---|---|---|---|---|
| | | 裂缝荷载 | | | 破坏荷载 | | |
| | | Ⅰ级 | Ⅱ级 | Ⅲ级 | Ⅰ级 | Ⅱ级 | Ⅲ级 |
| 600 | 60 | 29.5 | 43.5 | 59.6 | 36.9 | 54.4 | 74.5 |
| 700 | 70 | 34.7 | 50.4 | 67.3 | 43.4 | 63.0 | 84.1 |
| 800 | 80 | 39.4 | 57.9 | 77.4 | 49.3 | 72.4 | 96.8 |
| 900 | 90 | 44.3 | 65.5 | 87.2 | 55.4 | 81.9 | 109.0 |
| 1 000 | 100 | 49.3 | 70.3 | 94.3 | 61.6 | 87.9 | 117.9 |
| 1 100 | 110 | 49.6 | 72.7 | 108.3 | 74.4 | 109.1 | 162.5 |
| 1 200 | 120 | 53.9 | 78.2 | 119.2 | 80.9 | 117.3 | 178.8 |
| 1 350 | 135 | 60.0 | 90.8 | 134.3 | 90.0 | 136.2 | 201.5 |
| 1 500 | 150 | 66.1 | 101.7 | 150.8 | 99.2 | 152.6 | 226.5 |
| 1 650 | 165 | 72.0 | 112.8 | 165.8 | 108.0 | 169.2 | 250.1 |
| 1 800 | 180 | 78.0 | 124.3 | 182.9 | 117.0 | 186.5 | 279.3 |
| 2 000 | 200 | 85.4 | 139.5 | 203.5 | 128.1 | 218.1 | 327.3 |
| 2 200 | 220 | 92.8 | 154.9 | 226.6 | 139.2 | 249.5 | 368.5 |
| 2 400 | 240 | 99.9 | 170.8 | — | 149.9 | 279.3 | — |
| 2 600 | 260 | 106.9 | 187.0 | — | 160.4 | 324.4 | — |
| 2 800 | 280 | 113.6 | 203.7 | — | 171.2 | 357.4 | — |
| 3 000 | 300 | 124.1 | — | — | 205.1 | — | — |

3.3 顶进施工法用钢筋混凝土管，按尺寸偏差和内水压分为优等品(A)、一等品(B)和合格品(C)。

3.4 产品按名称(DRC)、尺寸(内径×长度)、接口型式、外压荷载级别、产品等级和标准编号顺序进行标记。

示例：公称内径为 1 200mm、长度为 2 000mm 的顶进施工法用Ⅰ级优等品钢筋混凝土双插口管，其标记如下：

DRC 1 200×2 000 S I A JC/T 640

公称内径为 1 800mm、长度为 2 000mm 的顶进施工法用Ⅱ级一等品钢筋混凝土企口管，其标记如下：

DRC 1 800×2 000 Q Ⅱ B JC/T 640

公称内径为 1 100mm、长度为 2 000mm 的顶进施工法用Ⅱ级合格品钢筋混凝土平口管,其标记如下:

DRC 1 100×2 000 P Ⅲ C JC/T 640

公称内径为 2 200mm、长度为 2 000mm 的顶进施工法用Ⅲ级优等品钢筋混凝土钢承口管,其标记如下:

DRC 2 200×2 000 G Ⅲ A JC/T 640

## 4 技术要求

### 4.1 原材料

4.1.1 水泥应采用标号不低于 425 的硅酸盐水泥、普通硅酸盐水泥或矿渣硅酸盐水泥。亦可采用标号不低于 425 的快硬硅酸盐水泥、抗硫酸盐硅酸盐水泥。水泥性能应符合 GB 175、GB 199、GB 748、GB 1344的规定。

4.1.2 集料应符合 GB/T 14684、GB/T 14685 和 GB 50204 的规定。石子最大粒径不得大于管壁厚度的 1/3,并且不得大于环向钢筋净距的 3/4。细集料宜采用硬质中砂,细度模数 $M_K$ 为 2.3～3.0。

4.1.3 混凝土允许掺加掺合料及外加剂。当掺用粉煤灰掺合料时,应符合 GB 1596、JGJ 28 的规定;当掺用外加剂时,应符合 GB 8076、GB J119 的规定;当掺用其他掺合料时,应符合其他相应标准的规定。

4.1.4 混凝土拌和用水应符合 JGJ 63 的规定。

4.1.5 钢材应采用一般用途低碳钢丝、普通低碳热轧圆盘条、冷拔冷轧低碳螺纹钢丝,其性能应符合 GB 343、GB 701 或 JC/T 540 的规定。

### 4.2 构造要求

4.2.1 混凝土强度

制管用混凝土的设计强度不宜低于 40MPa。产品出厂时的混凝土强度不应低于设计强度的 90%。

4.2.2 钢筋骨架

4.2.2.1 环向钢筋的混凝土净保护层最小厚度:当管壁厚小于 100mm 时,应不小于 15mm;当管壁厚度等于或大于 100mm 时,应不小于 20mm。

4.2.2.2 钢筋骨架直径,在满足保护层要求的前提下,其尺寸误差为±5mm。

4.2.2.3 环向钢筋的接头处理,必须符合 GB 50204 的规定。

4.2.2.4 钢筋骨架的环向钢筋间距不得大于 150mm,并不得大于管壁厚的 3 倍。钢筋直径不得小于 4mm,管子两端的环向钢筋应密缠 1～2 圈。

4.2.2.5 钢筋骨架的纵向钢筋直径不得小于 4mm,根数不得少于 6 根,手绑骨架的纵向钢筋间距不得大于 300mm,焊接骨架的纵向钢筋间距不得大于 400mm。环向钢筋端面保护层应为 20mm±5mm。

### 4.3 外观质量

4.3.1 管子内、外表面应无裂纹、蜂窝、塌落、露筋、空鼓(表面龟裂和砂浆层的干缩裂缝不在此限)。

4.3.2 管子不得有有害伤痕,其端面、表面、双插口及钢承口管插口外表面必须平整。

4.3.3 在下列情况下,管子允许进行修补:

a) 管子内表面凹深不超过 5mm,粘皮深度最大值不超过 10mm,粘皮、蜂窝、麻面的总面积不超过外表面的 1/20,每块面积不超过 $100cm^2$;

b) 管子内表面有局部塌落但无露筋现象,塌落面积不超过管子内表面积的 1/20,每块面积不超过 $100cm^2$;

c) 合口缝漏浆深度不超过管壁厚度的 1/3,长度不超过管长的 1/3;

d) 端面碰伤纵向深度不超过 100mm,环向长度限值不得超过表 6 规定。

表 6 端面碰伤长度限值 mm

| 公称内径 $D_N$ | 碰伤长度限值 |
|---|---|
| 600～900 | 65～80 |
| 1 000～1 500 | 85～105 |
| 1 650～2 400 | 110～120 |
| 2 600～3 000 | 125～135 |

4.4 尺寸允许偏差

4.4.1 平口管尺寸允许偏差见表 7。

表 7 平口管尺寸允许偏差 mm

| 公称内径 $D_N$ | 产品等级 | 管子尺寸 | | |
|---|---|---|---|---|
| | | 内径 $D_0$ | 厚度 $h$ | 长度 $L$ |
| 800～900 | 优等品 | ±4 | +4<br>−2 | +15<br>−10 |
| | 一等品 | ±5 | +5<br>−3 | +18<br>−12 |
| | 合格品 | ±6 | +6<br>−3 | +20<br>−14 |
| 1 000～1 500 | 优等品 | ±6 | +6<br>−3 | +15<br>−10 |
| | 一等品 | ±7 | +7<br>−4 | +18<br>−12 |
| | 合格品 | ±8 | +8<br>−5 | +20<br>−14 |
| 1 650～1 800 | 优等品 | ±6 | +6<br>−3 | +15<br>−10 |
| | 一等品 | ±8 | +8<br>−4 | +18<br>−12 |
| | 合格品 | ±10 | +10<br>−5 | +20<br>−14 |
| 2 000～2 400 | 优等品 | ±6 | +6<br>−3 | +15<br>−10 |
| | 一等品 | ±8 | +8<br>−4 | +18<br>−12 |
| | 合格品 | ±10 | +10<br>−5 | +20<br>−14 |
| 2 600～3 000 | 优等品 | ±8 | +8<br>−4 | +15<br>−10 |
| | 一等品 | ±10 | +10<br>−5 | +18<br>−12 |
| | 合格品 | ±12 | +12<br>−6 | +20<br>−14 |

4.4.2 企口管尺寸允许偏差见表8。

表8 企口管尺寸允许偏差

mm

| 公称内径 $D_N$ | 产品等级 | 管子尺寸 | | | 企口尺寸 | | | |
|---|---|---|---|---|---|---|---|---|
| | | 内径 | 厚度 | 长度 | 长度 | | 深度 | |
| | | $D_0$ | $h$ | $L$ | $L_1$ | $L_2$ | $m+s$ | $m+s$ |
| 1 100～1 500 | 优等品 | ±6 | +6<br>−3 | +15<br>−10 | ±2 | ±2 | ±2 | ±2 |
| | 一等品 | ±7 | +7<br>−4 | +18<br>−12 | ±3 | ±3 | ±3 | ±3 |
| | 合格品 | ±8 | +8<br>−5 | +20<br>−14 | ±4 | ±4 | ±4 | ±4 |
| 1 650～1 800 | 优等品 | ±6 | +6<br>−3 | +15<br>−10 | ±3 | ±3 | ±2 | ±2 |
| | 一等品 | ±7 | +8<br>−4 | +18<br>−12 | ±4 | ±4 | ±3 | ±3 |
| | 合格品 | ±8 | +10<br>−5 | +20<br>−14 | ±5 | ±5 | ±4 | ±4 |
| 2 000～2 400 | 优等品 | ±6 | +6<br>−3 | +15<br>−10 | ±4 | ±4 | ±2 | ±2 |
| | 一等品 | ±8 | +8<br>−4 | +18<br>−12 | ±5 | ±5 | ±3 | ±3 |
| | 合格品 | ±10 | +10<br>−5 | +20<br>−14 | ±6 | ±6 | ±4 | ±4 |
| 2 600～3 000 | 优等品 | ±8 | +8<br>−4 | +15<br>−10 | ±5 | ±5 | ±2 | ±2 |
| | 一等品 | ±10 | +10<br>−5 | +18<br>−12 | ±6 | ±6 | ±3 | ±3 |
| | 合格品 | ±12 | +12<br>−6 | +20<br>−14 | ±7 | ±7 | ±4 | ±4 |

4.4.3 双插口管尺寸允许偏差见表9。

表9 双插口管尺寸允许偏差

mm

| 公称内径 $D_N$ | 产品等级 | 管子尺寸 | | | 接口尺寸 | |
|---|---|---|---|---|---|---|
| | | 内径 | 厚度 | 长度 | 长度 | 深度 |
| | | $D_0$ | $h$ | $L$ | $L_1$ | $t_2$ |
| 600～900 | 优等品 | ±4 | +4<br>−2 | +15<br>−10 | ±2 | ±1 |
| | 一等品 | ±5 | +5<br>−3 | +18<br>−12 | ±3 | |
| | 合格品 | ±6 | +6<br>−3 | +20<br>−14 | ±3 | |
| 1 000～1 500 | 优等品 | ±6 | +6<br>−3 | +15<br>−10 | ±2 | ±1 |
| | 一等品 | ±7 | +7<br>−4 | +18<br>−12 | ±3 | |
| | 合格品 | ±8 | +8<br>−5 | +20<br>−14 | ±3 | |

表 9(完) mm

| 公称内径 $D_N$ | 产品等级 | 管子尺寸 内径 $D_0$ | 管子尺寸 厚度 $h$ | 管子尺寸 长度 $L$ | 接口尺寸 长度 $L_1$ | 接口尺寸 深度 $t_2$ |
|---|---|---|---|---|---|---|
| 1 650～1 800 | 优等品 | ±6 | +6<br>−3 | +15<br>−10 | ±2 | ±1 |
| | 一等品 | ±8 | +8<br>−4 | +18<br>−12 | ±3 | |
| | 合格品 | ±10 | +10<br>−5 | +20<br>−14 | ±3 | |
| 2 000～2 400 | 优等品 | ±6 | +6<br>−3 | +15<br>−10 | ±2 | ±1 |
| | 一等品 | ±8 | +8<br>−4 | +18<br>−12 | ±3 | |
| | 合格品 | ±10 | +10<br>−5 | +20<br>−14 | ±3 | |
| 2 600～3 000 | 优等品 | ±8 | +8<br>−4 | +15<br>−10 | ±2 | ±1 |
| | 一等品 | ±10 | +10<br>−5 | +18<br>−12 | ±3 | |
| | 合格品 | ±12 | +12<br>−6 | +20<br>−14 | ±3 | |

4.4.4 钢承口管尺寸允许偏差见表 10。

表 10 钢承口管尺寸允许偏差 mm

| 公称内径 $D_N$ | 产品等级 | 管子尺寸 内径 $D_0$ | 管子尺寸 厚度 $h$ | 管子尺寸 长度 $L$ | 接口尺寸 长度 $L_2$ | 接口尺寸 深度 $t_1$ | 接口尺寸 深度 $t_2$ |
|---|---|---|---|---|---|---|---|
| 2 000～2 400 | 优等品 | ±6 | +6<br>−3 | +15<br>−10 | ±2 | ±1 | ±1 |
| | 一等品 | ±8 | +8<br>−4 | +18<br>−12 | ±3 | | |
| | 合格品 | ±10 | +10<br>−5 | +20<br>−14 | ±3 | | |
| 2 600～3 000 | 优等品 | ±8 | +8<br>−4 | +15<br>−10 | ±2 | ±1 | ±1 |
| | 一等品 | ±10 | +10<br>−5 | +18<br>−12 | ±3 | | |
| | 合格品 | ±12 | +12<br>−6 | +20<br>−14 | ±3 | | |

4.4.5 管子端面倾斜度的允许偏差为管外径的 1%，并不得超过 15mm；管子弯曲度的允许偏差为管子长度的 0.3%。

4.5 管子物理力学性能

4.5.1 外压荷载

外压载荷应不低于表5的规定。

4.5.2 内水压

管子在规定的内水压力下允许有潮片，但不得流淌，其要求见表11。

表11 内水压检验指标

| 内水压检验压力 MPa | 检验要求 | | |
|---|---|---|---|
| | 优等品 | 一等品 | 合格品 |
| 0.1 | 完好，无潮片 | 潮片面积小于总表面积的2% | 潮片面积小于总表面积的5% |

## 5 检验方法

5.1 管子各部位尺寸及外观质量的测量

5.1.1 用精度为0.05mm的游标卡尺或其他量具测量管端周围四等分处的壁厚，取其平均值。

5.1.2 用精度为0.5mm的量具测量管子长度，取最小值为管子长度。

5.1.3 用专用测量工具或其他量具测量管内径及企口管承口工作面内径，测两个垂直位置的尺寸，管内径取最大值，承口工作面内径取最小值。

5.1.4 用量规测量企口管插口端相互垂直方位的插口工作面尺寸及双插口管及钢承口管管端相互垂直方位的工作面尺寸，取最大值。

5.1.5 用直角尺或特制量具测量最大倾斜管端面的倾斜度。

5.1.6 用缝隙深度测定仪测量合缝漏浆缝隙深度。

5.1.7 用专门的直度偏差测量仪或用拉线与直尺测量管子最大弯曲度。

5.1.8 用肉眼目测检查外观质量。

5.2 物理力学性能的测定

5.2.1 混凝土抗压强度

混凝土抗压强度按照GB 11837进行。

5.2.2 外压荷载

管子外压荷载按照GB 11836，用三点法进行外压载荷试验，外压荷载值应达到表5规定。

当裂缝宽度达0.2mm时的荷载值为裂缝荷载；外压荷载试验时的最大荷载值为破坏荷载。

5.2.3 内水压

按GB 11836的规定进行内水压试验，内水压检验压力为0.10MPa。检验时，升压至0.06MPa，恒压5min，继续升压至0.10MPa，恒压10min，观察管子表面渗漏情况。

## 6 检验规则

6.1 检验项目

产品检验分出厂检验及型式检验两类。出厂检验包括外观质量、尺寸及偏差、混凝土强度、外压裂缝荷载及内水压试验。型式检验包括外观质量、尺寸及偏差。混凝土强度、外压裂缝荷载与破坏荷载和内水压检验。

6.2 出厂检验

6.2.1 批量

产品以同一种规格、同一等级、相同原材料、相同工艺成型的管子为一批量并采用随机抽样方法取样。不同管径批量数按表12划分。管子数量不足一批时也作为一个批量。

表 12　出厂检验产品批量总数

| 公称内径 $D_N$<br>mm | 产品批量总数<br>根 |
|---|---|
| 600～1 350 | 700 |
| 1 500～2 400 | 650 |
| 2 600～3 000 | 500 |

6.2.2　抽样

6.2.2.1　外观质量

逐根检验管子外观质量。

6.2.2.2　尺寸

从每批产品中抽样十根进行检验。符合某一等级的管子达七根，则视该批产品达到该等级标准；不符合这一等级的管子超过三根，则视该批产品未达该等级标准；当不符合合格品等级的管子超过三根时，应逐根检验后使用，不符合要求者为不合格。

6.2.2.3　混凝土强度

混凝土强度检验每周不少于三次。每次三组与产品相同养护条件的试件进行强度检验，其中一组进行脱模强度检验，一组进行设计强度检验；另一组进行出厂强度检验。

当混凝土配合比、材料变更时，也应按上述规定作强度检验。

6.2.2.4　外压裂缝荷载及内水压检验

从外观质量、尺寸及偏差、混凝土强度合格的管子中抽取二根，其中一根进行外压裂缝荷载检验；另一根进行内水压检验。如某一项检验不合格，则允许再抽取二根进行复检；如其中仍有一根不合格，则判定该批产品不合格。

6.3　型式检验

6.3.1　有下列情况之一时，应进行型式检验：

a）新产品生产定型鉴定；

b）结构、材料、工艺有较大改变时；

c）产品停产半年后恢复生产时；

d）国家质量监督机构提出型式检验要求时；

e）每种规格产品连续生产半年或生产总数达到表 13 规定时；

f）产品进行仲载检验时。

表 13　型式检验产品批量总数

| 公称内径 $D_N$<br>mm | 产品批量总数<br>根 |
|---|---|
| 600～1 350 | 4 000 |
| 1 500～2 400 | 3 000 |
| 2 600～3 000 | 2 000 |

6.3.2　外观、尺寸及偏差检验：在产品中抽取十根，如其中有七根符合要求，该批产品为合格品；如不符合要求的管子超过三根，该批产品为不合格品。

6.3.3　在外观、尺寸及偏差检验合格的管子中抽取六根，其中三根作外压裂缝荷载及破坏荷载检验，另三根作内水压检验。

6.3.4　从管体中钻取芯样进行混凝土抗压强度检验。

6.4 判定规则

6.4.1 优等品

符合4.3.1、4.3.2规定无缺陷的产品，混凝土抗压强度符合设计要求，尺寸及允许偏差、内水压检验符合优等品指标，外压荷载达到规定要求时，按优等品验收。

6.4.2 一等品

符合4.3.1、4.3.2规定无缺陷的产品，混凝土抗压强度符合设计要求，尺寸及允许偏差、内水压检验项目中符合一等品指标者，外压荷载达到要求时，按一等品验收。

6.4.3 合格品

外观质量有缺陷，但在4.3.3规定的允许修补范围之内的产品，混凝土抗压强度符合设计要求，尺寸及允许偏差，内水压检验项目中符合合格品指标者，外压荷载达到规定等级要求时，按合格品验收。

## 7 标志、包装、运输与贮存

7.1 标志与出厂证明书

7.1.1 标志

在管子外表面用打凹印或涂上防水油漆的方法注明标志，标志示例：

$$\text{生产厂名称}\frac{\text{标记}}{\text{生产　年　月　日}}\text{(严禁碰撞)}$$

7.1.2 出厂证明书

凡经检验合格的产品，应按规定填写出厂证明书，其内容为：

a）证明书编号；

b）管子标记；

c）产品规格及数量；

d）外观及尺寸检验报告；

e）混凝土抗压强度检验报告；

f）物理力学性能检验报告；

g）生产厂检验部门负责人及检验人员签章。

7.2 包装

根据用户要求，可用草绳或软织物包扎管子两端，以防止碰撞损坏管子。

7.3 运输

管子在装卸、起吊、运输过程中，应轻起轻落，严禁碰撞。

7.4 贮存

管子按接口型式、规格及生产顺序分批堆放，堆放场地应平整，堆放层数一般应不超过表14的规定。

表14 产品堆放层数

| 公称内径 $D_N$<br>mm | 600～900 | 1 000～1 350 | 1 500～1 800 | 2 000～3 000 |
|---|---|---|---|---|
| 层数 | 4 | 3 | 2 | 1 |

**附加说明：**

本标准由全国水泥制品标准化技术委员会提出并归口。

本标准由北京市市政工程研究院、北京市市政设计研究院、北京市第三水泥管厂负责起草。

本标准主要起草人：温颂申、许广存、王憬山、盛奕节、余科旺、杨长顺。

本标准委托北京市市政工程研究院解释。

中华人民共和国建材行业标准

JC/T 641—1996

# 装饰混凝土砌块

## 1 范围

本标准规定了装饰混凝土砌块的产品分类、等级与标记、材料、技术要求、试验方法、检验规则及标志、堆放、运输等。

本标准主要适用于建筑和市政等工程用的水泥混凝土装饰砌块(以下简称装饰砌块),如劈离、凿毛、条纹、磨光、坍陷、雕塑和露集料等预先经过饰面加工的装饰砌块。不适用于表面涂敷着色的装饰砌块。

## 2 引用标准

GB 175 硅酸盐水泥、普通硅酸盐水泥

GB 411 混凝土小型空心砌块检验方法

GB 1344 矿渣硅酸盐水泥、火山灰质硅酸盐水泥及粉煤灰硅酸盐水泥

GB 1596 用于水泥和混凝土中的粉煤灰

GB 2015 白色硅酸盐水泥

GB 8076 混凝土外加剂

GB 8239 混凝土小型空心砌块

GB 12958 复合硅酸盐水泥

GB/T 14684 建筑用砂

GB/T 14685 建筑用卵石和碎石

GB 15229 轻集料混凝土小型空心砌块

## 3 术语

### 3.1 劈离砌块

具有一定强度的砌块,用劈离机沿特定的面劈开为两部分,劈开的表面带有纹理并呈凹凸形貌的砌块。

### 3.2 凿毛砌块

用高速喷砂或机械冲击砌块的表面,使水泥砂浆脱落成露出一个个小坑的砌块。类似天然石火焰烧毛的装饰效果。

### 3.3 条纹砌块

具有一定强度的砌块,用机械在表面铣出横的、竖的、交叉的细纹的砌块。其装饰效果类似剁斧石。

### 3.4 磨光砌块

用研磨机将砌块的表层砂浆磨掉,呈光滑的表面,并露出集料。装饰效果类似磨光的花岗石和水磨石。

### 3.5 坍陷砌块

刚成型好的砌块,在适当垂直压力下稍被压塌成鼓胀状的砌块,又称鼓形砌块。

国家建筑材料工业局1996-07-10批准　　1997-01-01实施

3.6 雕塑砌块

用带沟、槽、肋、块、弧形和角形等特制模箱制成的砌块。这些砌块及其组合将构成不同的图案和外形。

3.7 露集料砌块

表面裸露集料的砌块。

## 4 分类、等级和标记

4.1 分类

装饰砌块分为砌体装饰砌块(包括实心装饰砌块、代号 $S_q$ 和空心装饰砌块,代号 $K_q$)和贴面装饰砌块(代号 $T_q$)。对不同装饰面,应在代号前面冠以饰面名称。

4.2 等级

4.2.1 砌体装饰砌块按抗压强度分为 1.5,2.5,3.5,5.0,7.5,10.0,15.0,20.0,25.0,30.0 等十个等级。

4.2.2 装饰砌块按抗渗性和相对含水率分为普通型(P)和防水型(F)。

4.2.3 装饰砌块按外观质量分为优等品(A)、一等品(B)和合格品(C)。

4.3 规格尺寸

4.3.1 装饰砌块长度、高度和宽度的基本尺寸列于表 1。也可按建筑墙体模数以及与用户协商的尺寸确定。

表 1 基本尺寸 mm

| | | |
|---|---|---|
| 长　度 | | 590 490 390 290 190 |
| 高　度 | | 290 240 190 140 90 |
| 宽　度 | 砌体装饰砌块 $S_q$、$K_q$ | 240 190 |
| | 贴面装饰砌块 $T_q$ | 70～30 |

4.3.2 空心装饰砌块($K_q$)最小外壁厚应不小于 30mm,最小肋厚应不小于 25mm。

4.4 标记

按产品代号、规格尺寸、强度等级、型别、质量等级和本标准编号顺序进行标记。

示例:

a) 尺寸 390mm×190mm,抗压强度 7.5 级,要求抗渗,相对含水率≤45%(防水型),外观质量优等品,劈离空心装饰砌块的标记为:

劈离 $K_q$ 390×190 7.5 F(≤45%) A JC/T 641

b) 尺寸 490mm×240mm,抗折强度 4.0MPa,无抗渗和相对含水率要求(普通型),外观质量合格品,劈离贴面装饰砌块的标记为:

劈离 $T_q$ 490×240 4.0 P C JC/T 641

c) 尺寸 590mm×290mm,抗压强度 25.0 级,无抗渗和相对含水率要求(普通型),外观质量一等品,凿毛实心装饰砌块的标记为:

凿毛 $S_q$ 590×290 25.0 P B JC/T 641

## 5 材料

5.1 水泥

应符合 GB 175,GB 1344,GB 2015,GB 12958 的规定。

5.2 集料

5.2.1 细集料

应符合 GB/T 14684 的规定。

5.2.2 粗集料

应符合 GB/T 14685 的规定。

5.2.3 轻集料

应符合 GB 15229 有关轻集料的规定。

5.2.4 色质集料

为提高装饰效果,可采用经加工的天然色质集料以及尾矿渣等副产色质集料,所用色质集料不得影响装饰砌块的物理力学性能和耐久性。

5.3 外掺料

外加剂应符合 GB 8076 的规定;粉煤灰应符合 GB 1596 的规定。

5.4 颜料

对装饰砌块用混凝土着色时,应使用耐碱、耐气候性好的颜料。

5.5 水

清洁水。

## 6 技术要求

6.1 外观质量

外观质量应符合表 2 的规定。

表 2 外观质量

| 项目 | | | 优等品(A) | 一等品(B) | 合格品(C) |
|---|---|---|---|---|---|
| 弯曲,% ≤ | | | 0.50 | 0.77 | 1.00 |
| 裂纹 | 饰面 | | 无 | 无 | 无 |
| 裂纹 | 其他面裂纹延伸的投影长度累计不超过长度尺寸的百分数,% ≤ | | 3.8 | 5.0 | 7.7 |
| 缺棱掉角 | 饰面 | 棱个数,个 | 无 | 1 | 2 |
| 缺棱掉角 | 饰面 | 长度不超过边长的百分数,% | — | 1.5 | 2.5 |
| 缺棱掉角 | 饰面 | 角个数,个 | 无 | 1 | 2 |
| 缺棱掉角 | 饰面 | 相邻两边长度不超过边长百分数,% | — | 0.77 | 1.28 |
| 缺棱掉角 | 底面 | 棱角个数,个 | 2 | 2 | 2 |
| 缺棱掉角 | 底面 | 长度不超过边长的百分数,% | 4.0 | 5.0 | 6.0 |
| 饰面色泽、花纹与订货样板比较 | | | 基本相似 | 不大显著的区别 | 不大显著的区别 |

注:饰面层厚度不得小于 10mm。

6.2 尺寸允许偏差

尺寸允许偏差应符合表 3 的规定。

表 3 尺寸允许偏差 mm

| 项目 | | 允许偏差 |
|---|---|---|
| 长度 | | 590±4 490±4 390±3 290±3 190±2 |
| 高度 | | 290±3 240±3 190±2 |
| 宽度 | 砌体装饰砌块 $S_q$、$K_q$ | 240±3 190±2 |
| 宽度 | 贴面装饰砌块 $T_q$ | 70±1～30±1 |

6.3 强度

6.3.1 砌体装饰砌块的抗压强度应符合表4的规定。

表4 抗压强度 MPa

| 等级 | 五块平均值 ≥ | 单块最小值 ≥ |
|---|---|---|
| 空心装饰砌块 | | |
| 1.5 | 1.5 | 1.2 |
| 2.5 | 2.5 | 2.0 |
| 3.5 | 3.5 | 2.8 |
| 5.0 | 5.0 | 4.0 |
| 7.5 | 7.5 | 6.0 |
| 10.0 | 10.0 | 8.0 |
| 15.0 | 15.0 | 11.0 |
| 20.0 | 20.0 | 16.0 |
| 实心装饰砌块 | | |
| 10.0 | 10.0 | 8.0 |
| 15.0 | 15.0 | 11.0 |
| 20.0 | 20.0 | 16.0 |
| 25.0 | 25.0 | 20.0 |
| 30.0 | 30.0 | 24.0 |

6.3.2 贴面装饰砌块的强度以抗折强度确定，五块平均值应不小于4.0MPa，单块最小值应不小于3.2MPa。

6.4 相对含水率

相对含水率应符合表5的规定。

表5 相对含水率

| 类型 | 使用地区的年平均湿度 | | |
|---|---|---|---|
| | >75% | 50%～75% | <50% |
| F | ≤45% | ≤40% | ≤35% |
| P | — | — | — |

6.5 抗渗性

抗渗性应符合表6的规定。

表6 抗渗性

| 类型 | 水面下降高度 mm |
|---|---|
| F | ≤10 |
| P | — |

6.6 抗冻性

对非采暖地区不作规定，对采暖地区抗冻标号为D25。质量损失率不超过5%，强度损失率不超过25%。

## 7 试验方法

7.1 外观

7.1.1 弯曲、裂纹、缺棱掉角

按 GB 411 规定进行。

7.1.2 饰面色泽、花纹

用订货时商定样板与产品垂直并列放置,室外自然光线下距 1.5m 处目测。

7.2 尺寸偏差

7.2.1 长度和高度

按 GB 411 规定进行。

7.2.2 宽度

饰面为平面时,按 GB 411 测量;饰面为毛面时,测量饰面凹处至背面的距离。

7.3 抗压强度

按 GB 411 的规定进行。

7.4 抗折强度

7.4.1 试件

7.4.1.1 试件数量为五个贴面装饰砌块。

7.4.1.2 饰面处理

对凹凸不平的饰面,须在宽度方向加荷的中间处切磨出一条宽度大于 30mm 的平面,切磨后的宽度为试件规定的宽度。对装饰面为平面的不作处理。

7.4.2 试验

将试件放置在试验机的支承座上。两支承点至端部的距离:试件长度尺寸不小于 490mm 为 50mm;试件长度尺寸不大于 490mm 为 30mm。以 300N/s 的速度加荷至试件折断(见图 1),记录破坏荷重。

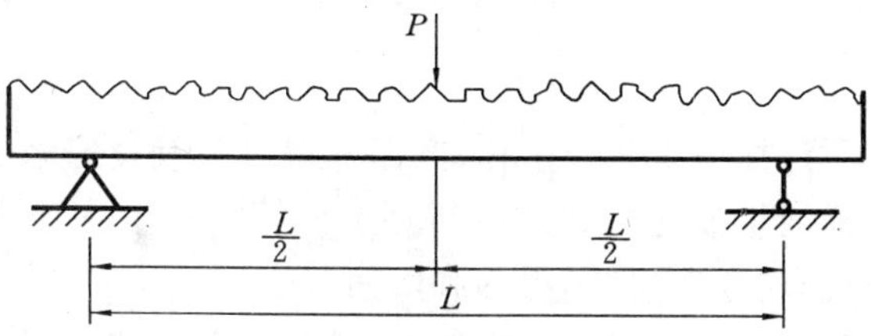


图 1

7.4.3 结果计算与评定

按下式计算抗折强度 $R_{折}$(MPa),精确至 0.1MPa。

$$R_{折}=\frac{3PL}{2ab^2}$$

式中:$P$——破坏荷重,N;

$L$——两支承点间的距离,mm;

$a$——试件高度,mm;

$b$——试件宽度,mm。

抗折强度以五个试件抗折强度的算术平均值表示,并列出单块试件的最小值。

7.5 相对含水率

按 GB 8239 的规定进行。

7.6 抗渗性

按 GB 411 的规定进行。

7.7 抗冻性

试件五块，按 GB 411 的规定进行。

## 8 检验规则

8.1 批量

同一花色品种、强度、质量等级和尺寸的装饰砌块，以 5 000 块为一批，班产不足 5 000 块时，亦按一批计。

8.2 抽样方法

8.2.1 外观及尺寸偏差检验的试件，从一批装饰砌块中随机抽取 50 块。

8.2.2 物理力学性能检验的试件，从外观及尺寸偏差检验合格的试件中随机抽取 16 块，试验龄期为 28d。蒸养试件龄期为出窑后 1 天。

8.3 判定规则

8.3.1 外观

按照表 2 等级规定，抽验的 50 块试件中，不符合某一等级规定的要求不超过七块时，判该批为相应等级，否则判为不合格。

8.3.2 尺寸及偏差

按 6.2 规定；抽验的 50 块试件中不符合规定的要求不超过七块时，判该批为合格，否则为不合格。

8.3.3 抗压强度

符合表 3 中某一抗压强度值时，判该批为相应的强度等级。

8.3.4 抗折强度、相对含水率、抗渗性及抗冻性

分别符合 6.3.2，6.4，6.5，6.6 的规定时，判该批为合格，否则为不合格。

8.3.5 综合判定

各项性能全部符合某一等级时，判为相应等级。

## 9 标志、堆放和运输

9.1 出厂产品应附有合格证书，标明生产厂名称、产品标记以及批量编号、生产日期。

9.2 产品提前出厂，必须达到规定强度的 80%。

9.3 应按产品标记分别堆放。堆放期间，不得弄脏饰面。

9.4 装运时要靠紧挤实。用吊车托架运输时，应捆扎牢固，避免碰撞、擦伤饰面。卸货时，严禁抛掷。

---

**附加说明：**

本标准由中国建筑材料科学研究院房建材料与混凝土研究所、上海银泰置业股份有限公司、国营四川绵竹机械厂、北京混凝土制品二厂负责起草。

本标准主要起草人：谢尧生、沈淇周、王武祥、夏桂清、吴志远、马志久。

本标准委托中国建筑材料科学研究院房建材料与混凝土研究所负责解释。

# 前　　言

本标准是总结我国多年来玻璃纤维氯氧镁水泥通风管、道生产、应用的实践经验，吸取科研及技术革新的成果，在调查研究、试验验证的基础上制订的。

制订《玻璃纤维氯氧镁水泥通风管道》行业标准，在我国属首次。国际标准化组织至今尚无此产品标准。

本标准作为强制性行业标准实施。

本标准的附录 A、附录 B、附录 C、附录 D、附录 E 都是标准的附录；附录 F 是提示的附录。

本标准自 1997 年 3 月 1 日起实施，1997 年 3 月 1 日起所有在建筑中采用的玻璃纤维氯氧镁水泥通风管、道均应符合本标准的规定。

本标准由全国水泥制品标准化技术委员会提出。

本标准由全国水泥制品标准化技术委员会归口。

本标准负责起草单位：辽宁省建筑材料科学研究所、国家建筑材料工业局标准化研究所。

本标准参加起草单位：浙江省嵊州市防火材料厂、浙江省建筑科学设计研究院、沈阳市人防新型材料厂、江苏省常州市玻璃钢厂、山东省武城华能玻璃钢制品有限公司、杭州东新通风设备厂、沈阳市惠星阻燃材料厂、成都市新木通风净化设备厂、成都红光空调净化设备制造公司、安徽省泾县玻璃钢工业公司。

本标准主要起草人：刘孟兴、支洋波、杨祥坤、吕筱曼、李怀志、邹永国、丁钦翔、冯中原、吴立庆、王玉芝、黄先政、李延西、范　民、朱小生、丁　渊。

本标准首次发布。

## 中华人民共和国建材行业标准

JC 646—1996

# 玻璃纤维氯氧镁水泥通风管道

## 1 范围

本标准规定了玻璃纤维氯氧镁水泥通风管、道的产品分类、规格、技术要求、试验方法、检验规则和标志、运输、贮存。

本标准适用于以改性氯氧镁水泥为胶结材料，以中碱或无碱玻璃纤维布为增强材料，而制成的通风与空调管道、防、排烟管。

## 2 引用标准

下列标准所包含的条文，通过在本标准中引用而构成为本标准的条文。本标准出版时，所示版本均为有效。所有标准都会被修订，使用本标准的各方应探讨使用下列标准最新版本的可能性。

GB 5464—1985 建筑材料不燃性试验方法

GB 8624—1988 建筑材料燃烧性能分级方法

GBJ 243—1982 通风与空调工程施工及验收规范

JC/T 281—1994 无碱玻璃纤维无捻粗纱布

JC/T 449—1991 建筑材料用菱苦土

JC 561—1994 玻璃纤维网布

JC/T 576—1994 中碱玻璃纤维无捻粗纱布

## 3 产品分类

### 3.1 分类

玻璃纤维氯氧镁水泥通风管、道按用途分为P类和D类。

P类主要应用于公用建筑、人防工程以及一般需要安装通风及空调设施的工业厂房和矿井等的通风管、防、排烟管。

D类主要应用于住宅建筑的通风、排油烟风道。

### 3.2 分级

玻璃纤维氯氧镁水泥通风管、道根据其物理力学性能与外观质量分为两个等级：一等品(B)和合格品(C)。

### 3.3 规格

3.3.1 通风管、道制作尺寸应符合GBJ 243—1982中2.1.1～2.1.4的规定。风管型式分矩形风管和圆形风管。风管各管段的连接应采用可拆卸的形式。管段长度宜为2～3m；圆形风管直径或矩形风管大边长大于1.5m时，管段长度可适当缩短。

3.3.2 P类风管规格尺寸应符合表1规定。异径管、异形管、弯头、三通、四通等通风管件的规格尺寸，应符合按照规定程序批准的设计图纸与文件的规定。

国家建筑材料工业局1996-12-29批准　　　　1997-03-01实施

表 1　P 类通风管规格尺寸　　mm

<table>
<tr><th rowspan="2">圆形风管直径<br>或矩形风管<br>大边长</th><th rowspan="2">风　管<br>壁　厚</th><th rowspan="2">风管长度<br>允许偏差</th><th rowspan="2">圆形风管直径<br>或矩形风管的<br>边长允许偏差</th><th colspan="2">法兰尺寸</th></tr>
<tr><th>宽　度</th><th>厚　度</th></tr>
<tr><td rowspan="2"><300</td><td rowspan="2">$3^{+0.5}_{0}$</td><td rowspan="7">±10</td><td rowspan="3">±3</td><td>≥30</td><td>≥5</td></tr>
<tr><td rowspan="2">≥40</td><td rowspan="2">≥6</td></tr>
<tr><td>320～500</td><td>4±0.5</td></tr>
<tr><td>530～1 000</td><td>5±0.5</td><td rowspan="2">±4</td><td>≥50</td><td>≥8</td></tr>
<tr><td>1 060～1 500</td><td>6±0.5</td><td>≥55</td><td>≥10</td></tr>
<tr><td>1 600～1 900</td><td>7±0.5</td><td rowspan="2">±5</td><td>≥60</td><td>≥15</td></tr>
<tr><td>≥200</td><td>8±0.5</td><td>≥60</td><td>≥20</td></tr>
<tr><td colspan="6">注：其他规格，由供需双方商定</td></tr>
</table>

3.3.3　D 类通风道有 DⅡ型(双风道)和 DⅢ(三风道)两种结构。其风口方向依据设计图纸而定。基本尺寸见表 2。

表 2　D 类通风道规格尺寸　　mm

| 尺寸名称 | 基本尺寸 | 允许偏差 |
|---|---|---|
| 长度($L$) | 2 700～3 000 | −14 |
| 宽度($b$) | 250～450 | ±3 |
| 高度($H$) | 150～300 | ±2 |
| 壁厚($c$) | 9 | +2<br>−1 |
| 注：其他规格，由供需双方商定 | | |

3.4　代号

各类玻璃纤维氯氧镁水泥通风管道的代号见表 3。

表 3　通风管、道代号　　mm

<table>
<tr><th colspan="3">产　品　名　称</th><th>代　号</th></tr>
<tr><td colspan="3">玻璃纤维氯氧镁水泥通风管道</td><td>GMVD</td></tr>
<tr><td rowspan="3">分　类</td><td colspan="2">P 类通风管</td><td>GMVD—P</td></tr>
<tr><td rowspan="2">D 类通风道</td><td>DⅡ型</td><td>GMVD—DⅡ</td></tr>
<tr><td>DⅢ型</td><td>GMVD—DⅢ</td></tr>
</table>

3.5　标记

3.5.1　标记方法：标记顺序为产品分类(代号)、规格尺寸、等级和标准编号。

3.5.2　标记示例：玻璃纤维氯氧镁水泥通风管，截面尺寸 500mm×320mm，管段长度 2 000mm，一等品：

GMVD P 500×320×2 000 B　JC 646。

## 4　一般要求

4.1　玻璃纤维氯氧镁水泥通风管、道必须按照经规定程序批准的设计图纸和技术文件制作。颜色可为本色或根据用户需要制作。

4.2 法兰与风管应成一整体，并且与风管轴线成直角。管体和法兰结合平整自然。法兰平面的不平度允许偏差不应大于 3mm。

4.3 玻璃纤维氯氧镁水泥通风管、道内表面应平整光滑，外表面应整齐美观、厚度均匀、不得有返卤、严重泛霜现象；法兰应边角齐全完整，边缘无毛刺、无起层疏松现象。

4.4 玻璃纤维布的含量与规格应符合设计要求，或参照本标准附录 F(提示的附录)铺置。玻璃纤维布应保持清洁，铺置接缝应错开。

4.5 风管的开口表面应平整，与设计尺寸的允许偏差不应大于 2mm。矩形的开口两对角线之差不应大于 3mm，圆形开口任意正交两直径的允许偏差不应大于 2mm。

4.6 保温玻璃纤维氯氧镁水泥通风管可将管壁制成夹层。夹层中保温材料厚度应根据设计要求而定；燃烧性能应符合建筑设计防火规范的规定。

4.7 主要原材料应符合下列要求：

4.7.1 菱苦土：应符合 JC/T 449 规定的一等品以上的菱苦土。

4.7.2 氧化镁：应符合 JC/T 449 附录 A 的规定。

4.7.3 玻璃纤维布：应符合 JC/T 281、JC 561、JC/T 576 的规定。不得使用高碱玻璃纤维布。

## 5 技术要求

### 5.1 外观质量

5.1.1 P 类玻璃纤维氯氧镁水泥通风管的外观质量应符合表 4 和表 5 规定。

表 4 P 类通风管外观质量要求

<table>
<tr><th colspan="2" rowspan="2">圆形风管直径或矩形风管大边长</th><th colspan="2">不平度</th><th colspan="2">风管管口对角线</th><th colspan="2">矩形风管对称面对角线差</th><th colspan="2">矩形风管垂直偏离</th></tr>
<tr><th>一等品</th><th>合格品</th><th>一等品</th><th>合格品</th><th>一等品</th><th>合格品</th><th>一等品</th><th>合格品</th></tr>
<tr><td><300</td><td rowspan="6">制作尺寸允许偏差不大于</td><td>3</td><td>4</td><td>3</td><td>7</td><td rowspan="6">9</td><td>11</td><td rowspan="6">3</td><td rowspan="6">5</td></tr>
<tr><td>320～500</td><td>3</td><td>5</td><td>4</td><td>7</td><td>11</td></tr>
<tr><td>530～1 000</td><td>4</td><td>6</td><td>5</td><td>10</td><td>12</td></tr>
<tr><td>1 060～1 500</td><td>4</td><td>7</td><td>7</td><td>12</td><td>13</td></tr>
<tr><td>1 600～1 900</td><td>5</td><td>8</td><td>8</td><td>13</td><td>14</td></tr>
<tr><td>≥2 000</td><td>6</td><td>9</td><td>9</td><td>14</td><td>15</td></tr>
</table>

表 5 P 类通风管外观质量要求

| 外观质量项目 | 产品等级 | 允许范围 |
|---|---|---|
| 管面密集气孔或漏浆或表面缺棱尺寸 | 一等品 | 不允许 |
| | 合格品 | ≤10×10 允许两处 |
| 矩形风管管体缺棱 | 一等品 | ≤10×10 允许一处 |
| | 合格品 | ≤20×20 允许两处 |
| 法兰的缺棱掉角 | 一等品 | ≤10×10 允许一处 |
| | 合格品 | ≤15×15 允许一处 |
| 非贯穿性裂纹 | 一等品 | 不允许 |
| | 合格品 | 裂纹长度≤40 |

表 5(完)

| 外观质量项目 | 产品等级 | 允许范围 |
|---|---|---|
| 贯穿管壁厚度的裂纹 | 一等品 | 不允许 |
| | 合格品 | |
| 玻璃纤维裸露 | 一等品 | 不允许 |
| | 合格品 | |

5.1.2 D类玻璃纤维氯氧镁水泥通风道的外观质量应符合表6规定。

表 6 D类通风道外观质量

mm

| 外观质量项目 | 产品等级 | 允许范围 |
|---|---|---|
| 风道外表面不平度 | 一等品 | 2 |
| | 合格品 | 4 |
| 对称面的对角线之差 | 一等品 | 3 |
| | 合格品 | 5 |
| 风道管口对角线之差 | 一等品 | 3 |
| | 合格品 | 5 |
| 管型垂直偏离度 | 一等品 | 3 |
| | 合格品 | 5 |
| 蜂窝或漏浆面积或表面缺损尺寸 不大于 | 一等品 | 25×25 |
| | 合格品 | 50×50 |
| 非贯穿性裂纹长度 不大于 | 一等品 | 20 |
| | 合格品 | 40 |
| 贯穿性裂纹 | 一等品 | 允许 |
| | 合格品 | |

5.1.3 泛霜:产品一等品不允许泛霜;合格品允许轻度泛霜。

5.1.4 返卤:产品不允许有返卤现象。

5.2 尺寸允许偏差

玻璃纤维氯氧镁通风管、道尺寸偏差应符合表1、表2的规定。

5.3 物理力学性能

5.3.1 P类玻璃纤维氯氧镁水泥通风管物理力学性能应符合表7规定。

表 7 P类通风管物理力学性能

| 检验项目 | 一等品 | 合格品 |
|---|---|---|
| 表观密度,$g/cm^3$ 不大于 | 2.10 | |
| 吸水率,% 不大于 | 8 | 12 |
| 抗弯强度,MPa 不小于 | 80 | 65 |
| 软化系数,MPa 不小于 | 0.80 | 0.70 |

表 7(完)

| 检验项目 | | 一等品 | 合格品 |
|---|---|---|---|
| 抗冲击性 | 管体抗柔性冲击 | 20kg 砂袋 1m 高,自由落下冲击 15 次不变形、不破坏 | |
| | 法兰抗冲击强度 kJ/m² 不小于 | 25 | 20 |
| 燃烧性能 | | 不燃材料 A 级 | |
| 出厂含水率,% 不大于 | | 5 | 7 |

5.3.2 D 类玻璃纤维氯氧镁水泥通风道物理力学性应符合表 8 规定。

表 8 D 类通风道物理力学性能

| 检验项目 | 一等品 | 合格品 |
|---|---|---|
| 垂直承载,kN 不小于 | 130 | 110 |
| 抗弯强度,MPa 不小于 | 15.0 | 12.0 |
| 软化系数,MPa 不小于 | 0.70 | 0.70 |
| 抗柔性冲击 | 20kg 砂袋,500mm 自由落下,冲击 15 次,不变形,不破坏 | |
| 耐热性 | 200℃烘箱中烘 1h,试样表面无裂纹剥落等外观变化 | |
| 出厂含水率,% 不大于 | 5 | 7 |

## 6 试验方法

6.1 一般规定

6.1.1 试件的龄期应大于 14 天。

6.1.2 试件的含水率应小于 5%。

6.1.3 规格尺寸的测量:圆形风管、风道以内径为准,矩形风管以内边长为准。

6.1.4 规格尺寸与外观质量的检验,应在生产厂内或制作现场光照充足的条件下进行。

6.1.5 物理力学性能试验的试件,除出厂含水率试验项目外,应在室内常温下通风处放置 3 天后进行。

6.1.6 矩形风管或风道物理力学性能试验的试件,应从距边角大于 30mm 的范围切取。如图 1 所示。

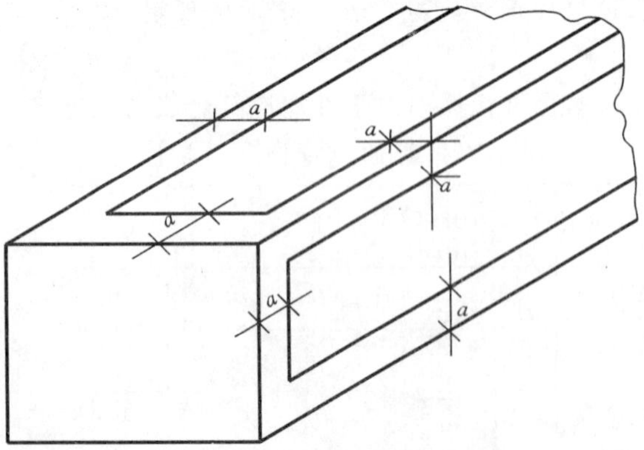


$a>30$mm

图 1 试件取样部位示意

6.2　尺寸和外观质量

按照本标准附录 A(标准的附录)规定进行。

6.3　物理力学性能

6.3.1　出厂含水率试验,表观密度试验及吸水率试验

按照附录 B(标准的附录)的规定进行。

6.3.2　抗弯强度试验

按照附录 C(标准的附录)的规定进行。

6.3.3　软化系数试验

6.3.3.1　取与抗弯强度试验相同的试件三块,浸水 48h 后取出,拭去表面附着水,按照附录 C 的规定,测定试件浸水后抗弯强度($R_W$)。

6.3.3.2　按照附录 C 的规定,测定试件自然风干后抗弯强度($R$)

6.3.3.3　软化系数按下式计算:

$$K=\frac{R_W}{R}$$

式中:$K$——软化系数;

$R_W$——三个浸水 48h 试件抗弯强度平均值,MPa;

$R$——三个自然风干试件抗弯强度平均值,MPa。

计算结果精确至小数点后两位。

6.3.4　抗柔性冲击

6.3.4.1　以一整根产品为试件。试件规格:对于 P 类风管取圆形风管的直径或矩形风管的最大边长不小于 400mm;对于 D 类风道,规格不限。

6.3.4.2　将矩形试件大面水平支承于支距为 1.8m 的两条木楞上,木楞高宽尺寸为 50mm×50mm,长度大于试件的大边长,圆形风管应支承在相应的圆弧支座上。用 20kg 标准砂袋在试件中部上方,按本标准规定的冲击高度和冲击次数,自由落下冲击同一部位。标准砂袋是将 20kg 干燥的标准砂,装入缝制的 370mm×320mm 的布袋中,冲击高度从砂袋下缘至试件被冲击接触面计算。检查试件有无破坏、变形现象。

6.3.5　抗冲击强度

按照附录 D(标准的附录)的规定进行。

6.3.6　耐热性

从产品中切取三块 200mm×100mm,厚度为产品厚度的试件。置于 200℃±5℃的烘箱中烘 1h。取出冷却后观察试件表面有无裂纹、剥落现象。

6.3.7　垂直承载

按照附录 E(标准的附录)规定进行。

6.3.8　燃烧性能

按照 GB 5465 规定进行。

## 7　检验规则

7.1　检验分类

产品检验分出厂检验和型式检验

7.1.1　产品出厂检验项目见表 9。

表 9

| 产品分类 | P类风管 | D类风道 |
|---|---|---|
| 检验项目 | 规格尺寸<br>外观质量<br>表观密度<br>吸水率<br>抗弯强度<br>软化系数<br>出厂含水率 | 规格尺寸<br>外观质量<br>抗弯强度<br>软化系数<br>出厂含水率 |

7.1.2 型式检验

7.1.2.1 产品型式检验项目应包括出厂检验项目及表 10 所列项目。

表 10

| 产品分类 | P类风管 | D类风道 |
|---|---|---|
| 检验项目 | 燃烧性能<br>管体抗柔性冲击<br>法兰抗冲击强度 | 耐热性<br>抗冲击性<br>垂直承载 |

7.1.2.2 有下列情况之一时，应进行型式检验：

a）新产品试制鉴定时；

b）正常生产时，每年进行一次，其中燃烧性能试验，每两年进行一次；

c）原材料或工艺有较大改变，可能影响产品的性能时；

d）产品停产半年以上恢复生产时；

e）出厂检验结果与上次型式检验有较大差异时；

f）质量监督机构提出进行型式检验要求时。

7.2 批量

产品以 50t 为一批。不足 50t 按一批计算。

7.3 抽样

出厂检验和型式检验所需样本在产品堆场中按机械抽样法随机抽取 13 根。抽样前预先确定好抽样方法。所取的试件应具有代表性。对风管进行检验所需样本，应从该批产品用于既定工程中所占比例较大的主要规格中抽取。

将抽取的样本作外观质量检验；尺寸检验的试件从外观质量检验合格的试件中抽取八根；物理力学性能检验的试件从外观和尺寸检验合格的试件中抽取。

7.4 判定规则

7.4.1 外观质量和尺寸判定

根据检验不合格数 $R_e$ 进行判定。

7.4.1.1 外观质量判定

产品的外观质量检验，若 $R_e \leqslant 1$，可接受；若 $R_e \leqslant 2$，拒收。

7.4.1.2 尺寸判定

产品的尺寸检验，若 $R_e \leqslant 1$，可接受；若 $R_e \geqslant 2$，拒收。

7.4.2 物理力学性能判定

经检验，各项物理力学性能都符合某一等级规定时，判为相应等级。

7.4.3 总判定

所有规定应检验项目的检验结果都符合某一等级规定时，判为相应等级。

## 8 标志、包装、运输、贮存

8.1 标志

至少应有1%的产品，须用不褪色的颜色，在管口内壁距管端约200mm处，标明生产厂名或商标、生产日期及标记。

8.2 产品质量证明书

交货时，应提供产品质量证明书，内容包括：

a）生产厂名称；

b）批量编号；

c）出厂日期；

d）标准编号；

e）外观质量、尺寸偏差、物理力学性能检验结果和质量等级；

f）检验单位、人员签章。

8.3 包装

供需双方商定可进行包装。包装上须有防雨淋和小心轻放的标志。

8.4 运输

产品用各种运输工具运输时，底部应保持平坦，产品应靠紧、靠实、扎牢、防止窜动和碰撞。并应有遮盖措施，防止雨淋日晒。装卸、搬运时应小心轻放，严禁抛掷。

8.5 贮存

8.5.1 产品应在通风干燥的室内存放，室外堆放应有遮盖，产品不得压重物。

8.5.2 堆放场地必须坚实平坦，地面不得积水或潮湿。不同规格、不同等级的产品应分别整齐堆放。

## 附 录 A
（标准的附录）
## 玻璃纤维氯氧镁水泥通风管、道规格尺寸与外观质量检验方法

本附录规定了玻璃纤维氯氧镁水泥通风管、道规格尺寸与外观质量的检验方法。

### A1 规格尺寸

A1.1 测量量具

a）镀铬游标卡尺：量程 125mm，分度值 0.02mm；

b）金属刻度尺：量程 300mm、1 000mm，分度值 1mm；

c）钢卷尺：量程 3 000mm，分度值 1mm；

d）外径千分尺：75～100mm，精度 0.001mm。

A1.2 测量方法

A1.2.1 长度

矩形风管的长度、风道的长度在相对应的两个宽面的中部测量；圆形风管的长度在直径两端点处测量，取两次测量结果的算术平均值。

A1.2.2 矩形风管的大、小边长或圆形风管直径

矩形风管的大、小边长分别在管段两端各测量两次，取其四次测量的算术平均值分别为试件的大、小边长。圆形风管的直径，分别测量管口两端任意正交的两直径，取四个测量结果的算术平均值。

A1.2.3 通风道的宽度、高度

风道的宽度、高度分别在风道两端距风道口约 100mm 处和中部测量，各取三处测量结果的算术平均值，分别为试样的宽度和高度。

A1.2.4 壁厚

风管和风道的壁厚，分别在管口两端，相应的相邻两面中部，距管口约 50mm 处测量，取四个测量结果的平均值，如图 A1 所示。圆形风管壁厚分别在管口两端，距管口约 50mm 相对应的两点处测量，取四个测量结果的算术平均值。

A1.2.5 法兰宽度和厚度

矩形风管法兰宽度和厚度，在每边法兰的中部测量，各取四个测量结果的算术平均值分别为试件的宽度和厚度。圆形风管法兰宽度和厚度，在任意正交的直径上测量，各取四个测量结果的算术平均值分别为试件的宽度和厚度。

A1.2.6 风管的开口尺寸

矩形开口的尺寸，测量互相对应的两个边长，各取两个测量结果的算术平均值，分别为开口的长度和宽度。圆形开口的直径，测量任意正交两直径，取两个测量结果的算术平均值。

A1.2.7 测量取值

壁厚与法兰厚度的测量计算结果修约至小数点后一位；其他规格测量计算结果修约至 1mm。

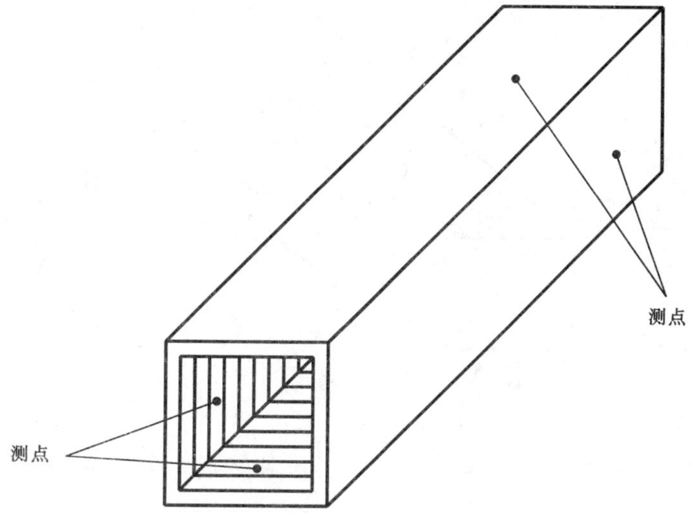


图 A1　通风管、道壁厚测量点示意

## A2　外观质量

A2.1　测量量具

a）宽座直角尺：量程 315mm×200mm，精度一级；

b）金属刻度尺：量程 300mm，分度值 1mm；

c）钢卷尺：量程 3 000mm，分度值 1mm。

d）靠尺：2 000mm×50mm×15mm 量程 1～15mm，精度误差±0.2mm；

f）JZC-2 型多功能检测尺，精度 1mm；

g）对角线检测尺（伸缩尺），精度 1mm。

A2.2　测量方法

A2.2.1　不平度

矩形风管、风道不平度的测量，是将 2m 长靠尺或展开的 JZC-2 型多功能检验尺分别侧立在管外表大面的两对角线上，用塞尺测量管外表面与尺之间间隙的最大值，作为试件的不平度。圆形风管不平度的测量，在管直径的两外表面，将检测尺或靠尺顺着管长方向紧靠管外表面，用上述方法测量。

法兰不平度的测量：当矩形风管大边长或圆形风管直径小于 1 000mm 时用刚性平板覆盖在管口法兰平面上，用塞尺测量法兰平面与刚性平板之间间隙的最大值；矩形风管大边长或圆形风管直径大于 1 000mm时，将 JZC-2 型检测尺或靠尺分别沿管口对角线横跨在法兰平面上，用金属刻度尺测量尺或靠尺与法兰平面之间间隙的最大值。

A2.2.2　管口对角线之差

矩形风管、风道管口对角线之差，用钢卷尺或对角检测尺（伸缩尺），分别在管段两端口测量、计算两组对角线差，取其最大差值为试件管口的对角线之差。圆形风管管口对角线之差分别测量两端管口任意正交的直径之差，用上述方法取值。

A2.2.3　矩形风管、风道对称面对角线差

用钢卷尺或对角检验尺（伸缩尺），分别在风管、风道相对应的大面上，测量对角线长度，算出两组对角线差，取其最大差值。

A2.2.4　垂直偏离度

将宽度直角尺之宽座部分（直角尺短边）贴紧管体大面中部表面，并使直角尺的长边与侧面的管面靠紧，用金属刻度尺测量管面与直角尺长边之间的最大间隙，见图 A2，以相对应部位的两个测量结果的最大值为试件的垂直偏离度。

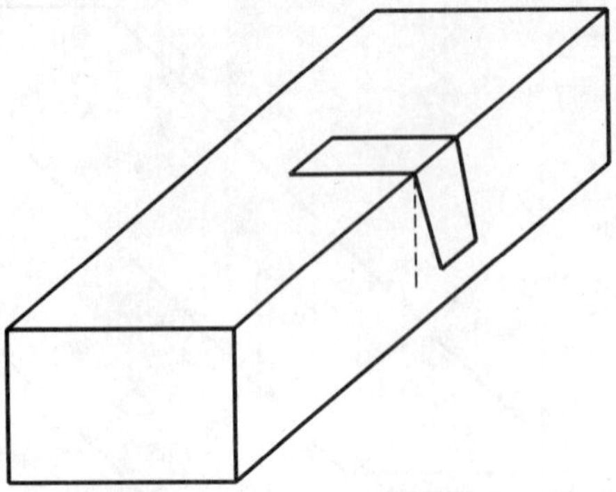

图 A2 垂直偏离度测量示意

A2.2.5 表面缺损尺寸

测量缺损面正交两个方向的最大长度与宽度，即为表面缺损尺寸，如图 A3 所示。

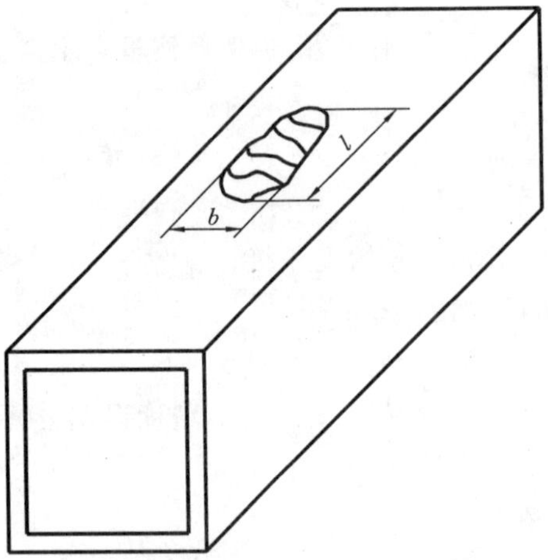


$l$—最大缺损长度；$b$—最大缺损宽度

图 A3 表面缺损尺寸测量

A2.2.6 管体缺棱尺寸

分别测量管体棱角处相邻两面缺损面正交两个方向的最大长度和宽度。以其最大长度为管体缺棱的长度；以其两邻面缺损的宽度尺寸相加，为管体缺棱的宽度尺寸。如图 A4 所示。

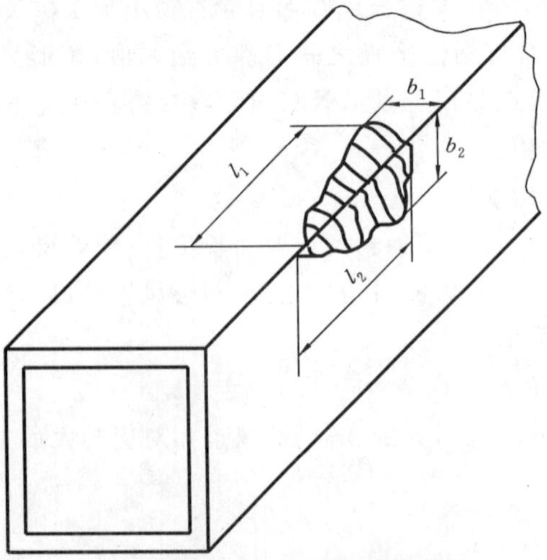


$l_1$、$l_2$—缺棱长度；$b_1$、$b_2$—缺棱宽度

图 A4 缺棱尺寸测量

A2.2.7 法兰缺棱掉角尺寸

测量法兰上缺棱掉角处最大的破损长度和宽度，如图A5所示。

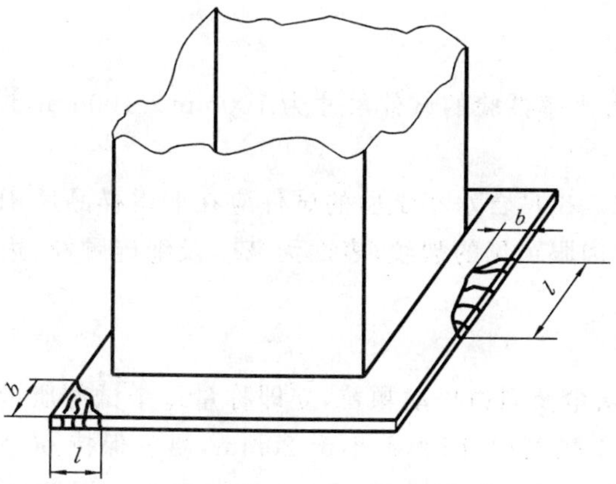


l—掉角长度；b—掉角宽度

图 A5 法兰缺棱掉角测量

**A2.2.8** 裂纹长度

测量裂纹投影的直线长度。当裂纹跨棱时，以投影长度之和表示。

**A2.2.9** 泛霜、返卤

用肉眼观察和用手指抹试管表面均没有白色盐析现象，即为不泛霜；用肉眼观察表面无明显白色盐析现象，而用手指抹试有少量白色析出物时，视为轻度泛霜；若用肉眼观察，明显可见有白色析出物时，视为严重泛霜。

用肉眼观察产品表面，若出现水珠或潮湿现象，为返卤。

**A2.2.10** 玻璃纤维裸露

用肉眼观察管壁内、外表面，有无裸露的玻璃纤维布。

**A2.2.11** 测量精度

外观质量测量结果修约至1mm。

## 附 录 B

（标准的附录）

## 玻璃纤维氯氧镁水泥通风管、道表观密度、吸水率、出厂含水率试验方法

本附录规定了玻璃纤维氯氧镁水泥通风管、道表观密度、吸水率、出厂含水率试验方法。

### B1 仪器设备、量具

**B1.1** 仪器设备

a）电热恒温干燥箱：控温器灵敏度±2℃；

b）天平：称量为500g以上的7～9级工业天平；

c）干燥器；

d）盛水容器；

e）手提式电动无齿锯。

**B1.2** 量具

a）镀铬游标卡尺：量程125mm，分度值0.02mm；

b）千分尺：量程0～25mm，精度0.001mm。

## B2 试件

B2.1 试件尺寸与数量

表观密度、吸水率、出厂含水率试验的试件尺寸为100mm×100mm，试件数量为三块。

B2.2 试件制备

B2.2.1 取样：按6.1.6切取。出厂含水率试验的试件应在取得样品后4h内切取。

B2.2.2 试件要求：试件应无肉眼可见的裂纹，表面无灰尘及细碎颗粒，边缘平整。

## B3 试验步骤

B3.1 切取试件后刷去表面灰尘及周边松动颗粒，立即称量每个试件质量 $m_1$，精确至0.1g。

B3.2 将试件放入电热恒温干燥箱中，间距不小于20mm，温度保持60～70℃，干燥至恒量(间隔不小于2h测定一次，直至前后两次称量误差小于0.1%)。取出置于干燥器中冷却室温，称量每个试件的质量 $m_2$，精确至0.1g。

B3.3 用卡尺分别测量每个试件相对应的两个长度和两个宽度，各取两次测量结果的算术平均值，精确至0.02mm。

B3.4 用千分尺在试件周边中部边缘10mm处测量厚度，取四个测量结果的算术平均值。精确至0.01mm。

B3.5 将干燥试件放入20℃±5℃的水中48h，水面应高出试件20mm。

B3.6 从水中取出试件，用拧干的湿毛巾小心地拭去试件表面附着水后，立即称量 $m_3$，精确至0.1g。

## B4 试验结果计算

B4.1 出厂含水率按式(B1)计算，表观密度按式(B2)计算，吸水率按式(B3)计算：

$$W_n=\frac{m_1-m_2}{m_2}\times100 \qquad \text{(B1)}$$

$$\gamma_0=\frac{m_2}{1\times b\times e} \qquad \text{(B2)}$$

$$W=\frac{m_3-m_2}{m_2}\times100 \qquad \text{(B3)}$$

式中：$W_n$——出厂含水率，%；

$\gamma_0$——试件的表观密度，g/cm$^3$；

$W$——吸水率，%；

$m_1$——烘干前试件的质量，g；

$m_2$——干燥后试件的质量，g；

$m_3$——饱水试件的质量，g；

$l$——干燥试件的长度，cm；

$b$——干燥试件的宽度，cm；

$e$——干燥试件的厚度，cm。

B4.2 试验结果取三个试件的算术平均值。表观密度精确至0.01；出厂含水率、吸水率精确至0.1%。

# 附 录 C
（标准的附录）
## 玻璃纤维氯氧镁水泥通风管、道抗弯强度试验方法

本附录规定了玻璃纤维氯氧镁水泥通风管、道抗弯强度的试验方法。

## C1 仪器设备

C1.1 仪器

a）金属刻度尺：量程 300 mm，分度值 1 mm；

b）千分尺：量程 0～25 mm 精度 0.001 mm。

C1.2 设备

C1.2.1 试验机要求

a）荷载示值误差不大于±1%；

b）量程 0～5 000 M，最小分度值 20 N；

量程 0～10 000 N，最小分度值 50 N；

c）试验机应有调速装置，可匀速加载。

C1.2.2 加荷装置

抗弯试验加荷装置见图 C1。

C1.2.3 加荷杆应平行支座。加荷杆和支座长度应大于试件的宽度。加荷杆作用于试件的力应与试件平面相垂直。

## C2 试件

C2.1 试件尺寸和数量

对于矩形风管、风道，切取试件尺寸为 250 mm×250 mm；数量为三块。对于圆形风管应按相同配方和相同玻璃纤维布层数、制成相同厚度的平板切取试件。

C2.2 试件的含湿状态及龄期

试件应为自然风干状态，且龄期和含水率应符合 6.1.1 和 6.1.2 的规定。

## C3 加荷方式与支距

加荷方式如图 C1 所示。支距($l$)215 mm。

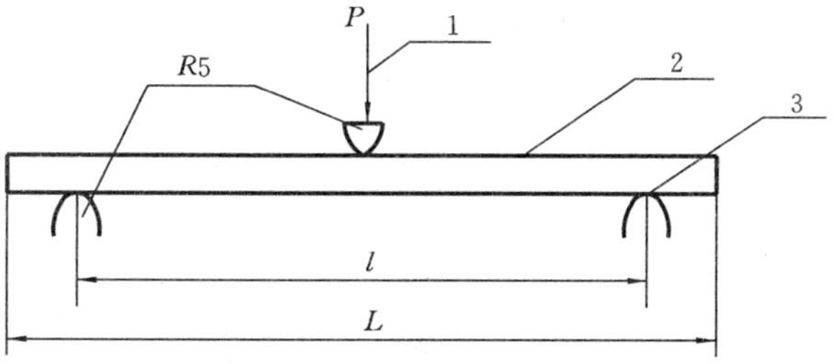


1—压杆；2—试件；3—支座；$L$—试件尺寸；$l$—支距

图 C1

## C4 试验步骤

C4.1 在试件长度中心线上测量的试件的宽度与二点厚度(如图 C2a)。

C4.2 将试件平放在支座上,使平板中心线与加荷中心线重合,见图 C1 所示。加荷时,使试件在 15 s～30 s 内破坏。读取破坏时荷载,精确至最小分度值。

C4.3 将试件重新拼合,在与第一次加荷部位垂直的方向作第二次抗弯试验。先测量此时试件的宽度与二点厚度(如图 C2b),再以与第一次加荷相同的速度加荷,读取第二次试验的破坏荷载,精确至最小分度值。

C4.4 以两次试验结果的算术平均值作为该单块试件的抗弯强度值。

## C5 结果计算

C5.1 抗弯强度按下式计算:

$$R=\frac{3Pl}{2be^2}$$

式中:$R$——抗弯强度,MPa;

$P$——破坏荷载,N;

$l$——支距,mm;

$b$——试件宽度,mm;

$e$——试件厚度,mm。

C5.2 试验结果以三块试件抗弯强度的平均值表示,精确至 1 MPa。

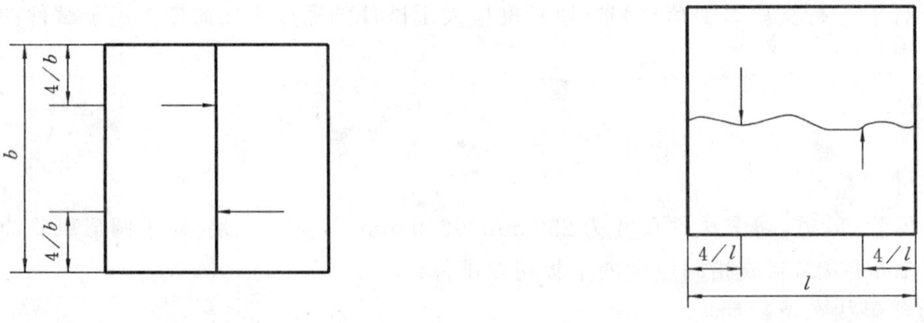


(a) (b)

图 C2

注:图中箭头指向测厚点。

## 附 录 D

(标准的附录)

## 玻璃纤维氯氧镁水泥通风管、道法兰抗冲击强度试验方法

本附录规定了玻璃纤维氯氧镁水泥通风管、道法兰抗冲击强度的试验方法。

## D1 仪器设备

D1.1 仪器

a) 金属刻度尺:量程 0～300 mm,分度值 1 mm;

b）千分尺：量程 0～25 mm，精度 0.001 mm。

D1.2 设备

a）摆锤冲击试验机：摆锤能量为 0.5J、1J、2J、4J、5J 五档；冲击功示值误差不大于 1%；

b）手提式无齿切割机。

## D2 试件

D2.1 试件尺寸与数量

长度为 120 mm±2 mm，宽度为 15 mm±0.5 mm，厚度为产品厚度，试件数量为五块。

D2.2 试件要求

试件从风管法兰上切取，应符合 6.1.1、6.1.2、6.1.5 要求。同时，表面应平整，不得有起层、裂纹和夹杂物等缺陷，断面要光滑平整。

## D3 试验步骤

D3.1 在试件长度的中部的正面与背面分别测量试件的宽度($b$)，在其中部两边对应部位测量两点厚度($e$)。

D3.2 将试件置于摆锤冲击机的托板上，其正面对着摆锤，试件背面应与支承刀刃靠紧，根据试件的冲击韧性选用适当的摆锤，当 10 mm$\leqslant e \leqslant$15 mm 时，选用 4J 档；当 15 mm$\leqslant e \leqslant$25 mm 时，选用 5J 档。

D3.3 试验时，将摆锤扬起，转柄向右，固定摆锤，然后转柄向左放开摆锤，冲断试件。根据摆锤冲断试件后的反向扬起高度，读取刻度盘上冲击功的数值，精确至最小分度值。

## D4 结果计算与评定

抗冲击强度按下式计算：

$$\sigma_K = \frac{A}{b \cdot e}$$

式中：$\sigma_K$——抗冲击极限强度，kJ/m²；

$A$——试件冲断时耗用的功，kJ；

$b$——试件的宽度(取两个测量结果的算术平均值)，m；

$e$——试件的厚度(取两个测量结果的算术平均值)，m。

抗冲击强度以五个试件试验结果的算术平均值表示，精确至 1 kJ/m²。

# 附　录　E

(标准的附录)

# 玻璃纤维氯氧镁水泥通风道垂直承载试验方法

本附录规定了玻璃纤维氯氧镁水泥通风道垂直承载试验方法。

## E1 仪器、设备、量具

a）JZC-2 型多功能检测尺，精度 1 mm；

b）压力试验机，量程 500 kN 以上，行程 1.5 m 以上，精度 2%；

c）金属刻度尺，量程 1 000 mm，精度 1 mm；

d）千分尺，量程 0～25 mm，精度 0.001 mm。

## E2 试件

切取管段长度为1.2 m的试件三根。试件两对应边的长度差不大于2 mm；两端切口应平整且互相平行；试件长度应垂直于两端切口平面。

## E3 试验步骤

E3.1 将试件直立于压力机下压板上。试件上下两端面应垫厚度3～5 mm，面积大于试件口径的胶合板。用JZC-2型多功能检测尺检测试件的垂直度不应大于1 mm/m。否则应用木片或硬质薄片垫平。

E3.2 进行加荷时，使试件在30～60 s内破坏，读取试件破坏时最大显示数值，即为该试件垂直承载值。精确至最小分度值。

## E4 结果表示

以三个试件试验结果的算术平均值表示。精确至1 kN。

# 附 录 F
（标准的附录）
# 玻璃纤维氯氧镁水泥风管与法兰选用玻璃纤维布厚度及铺设层数

F1 玻璃纤维布的厚度一般应用0.3 mm和0.4 mm两种。

F2 玻璃纤维氯氧镁水泥风管管体与法兰铺设玻璃纤维布的层数见表F1。

表F1

| 圆形风管直径或矩形风管大边长 mm | 铺设玻璃纤维布的层数　层 | | | |
|---|---|---|---|---|
| | 风管管体 | | 法兰 | |
| | 玻璃纤维布厚度，mm | | | |
| | 0.3 | 0.4 | 0.3 | 0.4 |
| ＜300 | 5～6 | 4～5 | 8～9 | 7～8 |
| 320～500 | 7～8 | 5～6 | 10～12 | 8～9 |
| 530～1 000 | 8～9 | 6～7 | 13～14 | 9～10 |
| 1 060～1 500 | 9～10 | 7～8 | 14～16 | 10～11 |
| 1 600～2 000 | 12～13 | 8～9 | 16～18 | 14～15 |
| ＞2 000 | 14～15 | 9～10 | 20～22 | 16～18 |

# 前　言

玻璃纤维增强水泥轻质多孔隔墙条板自80年代末研制成功到现在已有很大发展，但目前国内尚无统一标准，各工厂均自订企业标准，为保证产品质量，特制订行业标准。国外无同类产品标准可等同或等效采用，标准是在总结我国玻璃纤维增强水泥轻质多孔隔墙条板多年来生产使用实践的经验，吸取科学研究的成果基础上制订的。在制订本标准时，根据玻璃纤维增强水泥轻质多孔隔墙条板的特点及实际情况，对物理力学性能规定了抗弯破坏荷载、含水率、气干面密度、抗冲击性、干燥收缩值、空气声计权隔声量、耐火极限、燃烧性能、吊挂力、抗折强度保留率。

本标准的附录A是标准的附录。

本标准作为强制性标准执行。

本标准由全国水泥制品标准化技术委员会归口。

本标准于1997年11月1日实施。

本标准负责起草单位：中国建筑材料科学研究院房建材料与混凝土研究所、苏州混凝土水泥制品研究院。

本标准参加起草单位：上海汇丽墙体材料厂、大连联翔建筑材料公司、北京市建筑材料科学研究院、大连仁达新型墙体建材厂、北京华孚商建材有限公司、江苏宜兴市轻型墙体材料厂、张家港市常阴沙新型墙体材料厂、唐山科利特种水泥有限公司、湖南冷水滩特种水泥厂、河北玉田玻璃纤维联营厂、广州东莞达成建材有限公司、四川广汉市轻质墙材厂。

本标准主要起草人：陈鹤云、徐亚萍、刘光华、刘成昌、崔玉忠、王志新、翁跃进、王吉霖、李运北。

本标准由中国建筑材料科学研究院房建材料与混凝土研究所负责解释。

本标准为首次发布。

中华人民共和国建材行业标准

# 玻璃纤维增强水泥轻质多孔隔墙条板

JC 666—1997

**Glassfiber reinforced cement lightweight hollow panel for partition**

## 1 范围

本标准规定了玻璃纤维增强水泥(简称GRC)轻质多孔隔墙条板产品的分类及分级、原材料、技术要求、试验方法、检验规则和产品标志、运输、贮存。

本标准适用于以耐碱玻璃纤维与低碱度水泥为主要原料的预制非承重轻质多孔内隔墙条板。

## 2 引用标准

下列标准所包含的条文,通过在本标准中引用而构成为本标准的条文。本标准出版时,所示版本均为有效。所有标准都会被修订,使用本标准的各方应探讨使用下列标准最新版本的可能性。

GB 178—1977 水泥强度试验用标准砂

GB 2828—1987 逐批检查计数抽样程序及抽样表(适用于连续批的检查)

GB 5464—1985 建筑材料不燃性试验方法

GB 9978—1988 建筑构件耐火试验方法

GBJ 75—1984 建筑隔声测量规范

GB/T 15231—1994 玻璃纤维增强水泥性能试验方法

JC 714—1996 快硬硫铝酸盐水泥

JC/T 659—1997 低碱度硫铝酸盐水泥

JGJ 63—1989 混凝土拌合用水

## 3 产品分类与分级

### 3.1 产品分类

GRC轻质多孔隔墙条板的型号按板的厚度分为60型、90型、120型,按板型分为普通板、门框板、窗框板、过梁板。板型类别和代号见表1。

表1 产品板型类别和代号

| 板型类别 | 代 号 |
|---|---|
| 普通板 | PB |
| 门框板 | MB |
| 窗框板 | CB |
| 过梁板 | LB |

### 3.2 产品规格

GRC轻质多孔隔墙条板可采用不同企口和开孔形式,但均应符合表2的规定。图1和图2所示为一种企口与开孔形式的外形和断面示意图。

国家建筑材料工业局1997-05-08批准 1997-11-01实施

表 2 产品型号及规格尺寸 mm

| 型号 | $L$ | $B$ | $T$ | $a$ | $b$ |
|---|---|---|---|---|---|
| 60 | 2 500～2 800 | 600 | 60 | 2～3 | 20～30 |
| 90 | 2 500～3 000 | 600 | 90 | 2～3 | 20～30 |
| 120 | 2 500～3 500 | 600 | 120 | 2～3 | 20～30 |
| 注：其他规格尺寸可由供需双方协商解决。 | | | | | |

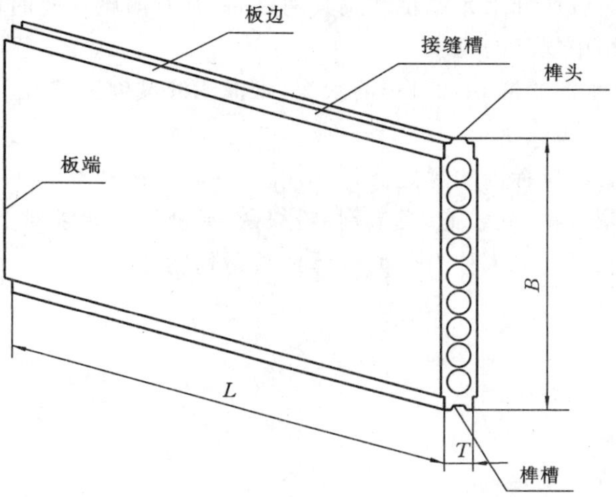


图 1 GRC 轻质多孔隔墙条板外形示意图

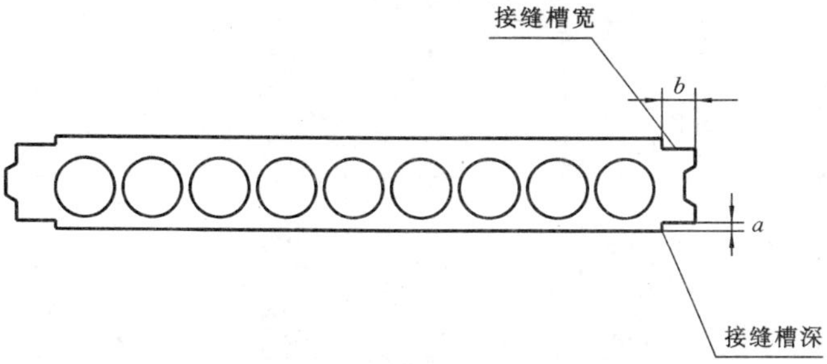


图 2 GRC 轻质多孔隔墙条板断面示意图

3.3 分级

GRC 轻质多孔隔墙条板按其物理力学性能、尺寸偏差及外观质量分为一等品(B)、合格品(C)。

3.4 产品型号标记

标记方法:GRC 轻质多孔隔墙条板产品按图 3 所示方法标记。

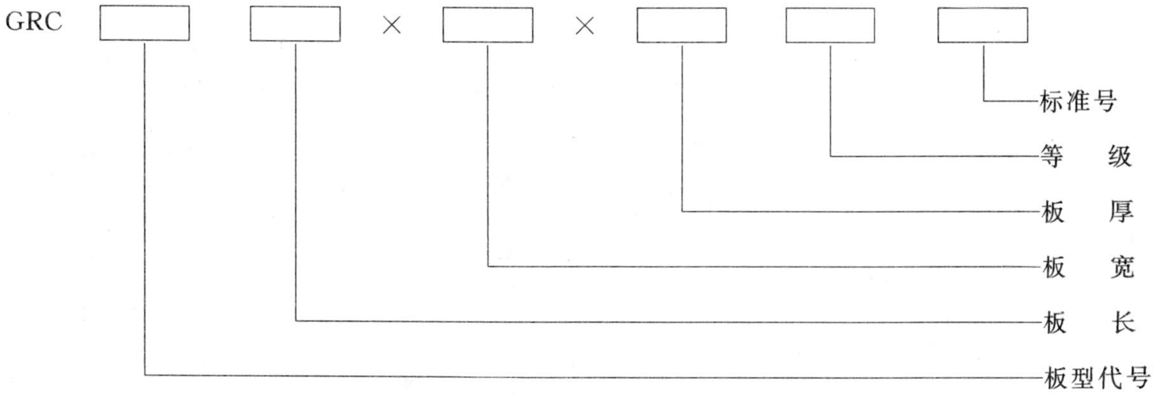


图 3 产品标记

产品代号为产品主材料的简称 GRC 与板型类别代号(见表 1)组成。

示例:

板长为 2 650 mm,宽为 600 mm,厚为 60 mm 的一等品门框板标记为:

GRC MB 2 650×600×60 B　JC 666

## 4 原材料

生产所采用的原材料必须符合相应国家(或行业)标准的要求。

4.1 玻璃纤维:应采用耐碱玻璃纤维无捻粗纱及其网格布、具有耐碱性能的玻璃纤维网格布,其耐碱性应符合附录 A(标准的附录)中规定的要求。

4.2 水泥:应采用低碱度(水泥滤液 pH≤11)的水泥,水泥滤液碱度测试按 JC/T 659—1997 附录 A 的要求进行。

4.3 轻集料:其质量应符合相应标准的规定。

4.4 外掺料:包括水分散聚合物、减水剂、发泡剂、粉煤灰、矿渣等。要求对上述三种主要原材料无有害反应,不影响板材质量;不会释放对人体有害的气体或放射性物质。

4.5 水:应符合 JGJ 63 的规定。

## 5 技术要求

5.1 外观质量

产品外观质量应符合表 3 规定。

表 3　外观质量

<table>
<tr><th colspan="3">项目 / 允许范围 / 等级</th><th>一等品</th><th>合格品</th></tr>
<tr><td rowspan="3">缺棱掉角</td><td colspan="2">长度 ≤ mm</td><td>20</td><td>50</td></tr>
<tr><td colspan="2">宽度 ≤ mm</td><td>20</td><td>50</td></tr>
<tr><td colspan="2">数量 ≤</td><td>2 处</td><td>3 处</td></tr>
<tr><td rowspan="4">板面裂缝</td><td colspan="2">贯穿裂缝与非贯穿性横向裂缝</td><td rowspan="4">不允许</td><td>不允许</td></tr>
<tr><td rowspan="3">纵向</td><td>长度 mm</td><td>≤ 50</td></tr>
<tr><td>宽度 mm</td><td>≤ 1</td></tr>
<tr><td>数量</td><td>≤ 2 处</td></tr>
<tr><td rowspan="3">蜂窝气孔</td><td colspan="2">长径 ≤ mm</td><td>10</td><td>30</td></tr>
<tr><td colspan="2">宽度 ≤ mm</td><td>4</td><td>5</td></tr>
<tr><td colspan="2">数量 ≤</td><td>1 处</td><td>3 处</td></tr>
<tr><td colspan="3">飞边毛刺</td><td colspan="2">不允许</td></tr>
</table>

## 5.2 尺寸偏差

尺寸偏差应符合表 4 规定。

表 4 尺寸偏差允许值 mm

| 项目<br>允许值 | 长度 | 宽度 | 厚度 | 板面平整度 | 对角线差 | 接缝槽宽 | 接缝槽深 |
|---|---|---|---|---|---|---|---|
| 一等品 | ±3 | ±1 | ±1 | ≤2 | ≤10 | +2 | ±0.5 |
| 合格品 | ±5 | ±2 | ±2 | ≤3 | ≤10 | +2 | ±0.5 |

## 5.3 物理力学性能

物理力学性能应符合表 5 规定。

表 5 物理力学性能

| 项目 | | 一等品 | 合格品 |
|---|---|---|---|
| 含水率，% ≤ | | 10 | |
| 气干面密度<br>kg/m² | 60 型 ≤ | 38 | |
| | 90 型 ≤ | 48 | |
| | 120 型 ≤ | 72 | |
| 抗折破坏荷载<br>N | 60 型 ≥ | 1 400 | 1 200 |
| | 90 型 ≥ | 2 200 | 2 000 |
| | 120 型 ≥ | 3 000 | 2 800 |
| 干燥收缩值<br>mm/m ≤ | | 0.8 | |
| 抗冲击性<br>次 ≥ | | 5 | |
| 吊挂力<br>N ≥ | | 800 | |
| 空气声计权隔声量<br>dB | 60 型 ≥ | 28 | |
| | 90 型 ≥ | 35 | |
| | 120 型 ≥ | 40 | |
| 耐火极限<br>h | 60 型 ≥ | 1.5 | |
| | 90 型 ≥ | 2.5 | |
| | 120 型 ≥ | 3.0 | |
| 燃烧性能 | | 不燃 | |
| 抗折强度保留率(耐久性)<br>% ≥ | | 80 | 70 |

# 6 试验方法

## 6.1 外观质量

6.1.1 量具：钢板直尺，量程 0～300 mm，精度 1 mm。

6.1.2 测量方法：距板 0.5 m 左右，目测板面的缺棱掉角、贯通裂纹、蜂窝气孔、飞边毛刺等，用钢板直尺测量，记录具体数值及数量。

6.2 尺寸偏差

6.2.1 量具

卷尺：量程 0～4 000 mm，精度 1 mm；游标卡尺 0～150 mm；精度 0.02 mm。

钢板直尺：同 6.1.1；内外卡钳；塞尺：0～10 mm；靠尺：2 m。

6.2.2 测量方法

a）长度：距板两边 100 mm，平行于板边，测二处，板纵向中心线，测一处，用钢卷尺拉测，取三个测量值的算术平均值为检测数值，精确至 1 mm。

b）宽度：各距板端 100 mm，平行于板端测两处；板横向中心线测一处，用钢板直尺测量，取三个测量值的算术平均值为检测数值，精确至 1 mm。

c）厚度：距板两端、两边各 100 mm 交会处各测一处（四处）；距板两边 100 mm 与横向中心线交会点各测一处（二处）；共六处，用外卡钳与游标卡尺配合测量，取六个测量值的算术平均值为检测数值，精确至 0.1 mm。

实测值与规定尺寸之差即为尺寸偏差。

d）表面平整度：用靠尺和塞尺沿板的两条对角线测量，共二处，记录靠尺与板面最大间隙的数值，取其算术平均值为检测数值，精确至 1 mm。

e）对角线差：用钢卷尺测两条对角线长度，取其差值为检测数值，精确至 1 mm。

f）接缝槽：用内外卡钳与钢板直尺测接缝槽宽度与深度、分别取各项目的两个测量数据的算术平均值为该项目的检测数值，精确至 0.1 mm。

6.3 物理力学性能

6.3.1 含水率

6.3.1.1 仪器：

电热鼓风干燥箱：室温～200℃，准确至 1℃；

精密工业天平：最大量程 5 kg，精度 0.5 g。

6.3.1.2 从条板上横向截取 60 mm×$T$mm×$B$mm 试件三块。

6.3.1.3 称取试件质量（$m_1$），精确至 1 g。

6.3.1.4 将试件放入电热鼓风干燥箱中，温度为 50℃±2℃，烘到二次称量之差小于 5 g，为恒量（$m_2$）。

6.3.1.5 试件含水率按式（1）计算：

$$W=\frac{m_1-m_2}{m_1}\times 100 \qquad (1)$$

式中：$W$——含水率，%；

$m_1$——试件烘干前质量，g；

$m_2$——试件烘干后质量，g。

取三块试件的算术平均值为检测数值，精确至 0.1%。

6.3.2 气干面密度测试

6.3.2.1 仪器：台秤：量程 0～500 kg，精度 0.5 kg。

6.3.2.2 取整块板作试验，当板的含水率不大于 10%时用台秤称量板重，按式（2）计算板的气干面密度，精确至 0.1 kg/m²。当板的含水率大于 10%时，则放置一段时间，使其含水率达到标准要求时，再进行测定。

$$\rho=\frac{G}{L\cdot B} \qquad (2)$$

式中：$\rho$——气干面密度，kg/m²；

$G$——板重量，kg；

*L*——板长度,m;

*B*——板宽度,m。

取三块板的算术平均值为检测数值,精确至 0.1 kg/m²。

6.3.3 抗折破坏荷载

6.3.3.1 仪器:

抗折试验机:荷载示值误差不大于±1%。

量程:0～1 500 N,最小分度值 5 N。

量程:0～6 000 N,最小分度值 20 N。

试验机应有调速装置,可匀速加荷。

6.3.3.2 抗折破坏荷载的加荷装置如图 4 所示。

加荷的加荷杆应平行支座。长度等于或大于试样的宽度,加荷杆作用于试样的力应与试样平面相垂直。

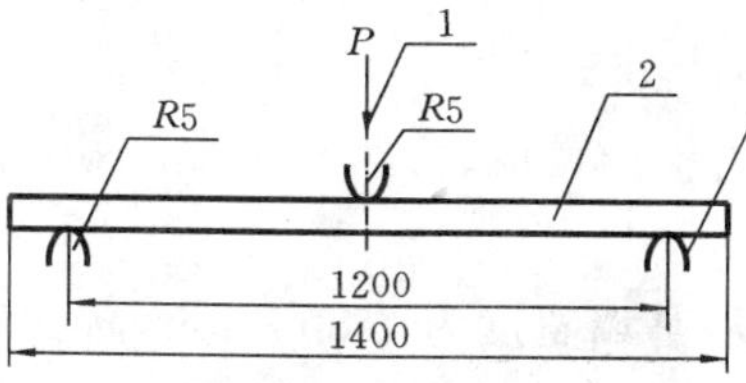


1—压杆;2—试样;3—支座

图 4　抗折破坏荷载的加荷装置

6.3.3.3 将试样横向截取 1 400 mm,试件三块。

6.3.3.4 将试样平置于两个平行支座上,使板中心线与加荷杆中心线重合,两支座间跨距为 1 200 mm,如图 4 所示,均匀加荷,控制试样在 15 s～45 s 内断裂,读取板材断裂最大破坏荷载,精确至最小分度值,取三块板的算术平均值为检测数值,修约至整数。

6.3.4 干燥收缩值

6.3.4.1 仪器:

外径千分尺:量程 275～300 mm,精度 0.01 mm。

测量头:采用黄铜或不锈钢制成,如图 5 所示。

调温调湿箱:调温范围室温 10～70℃;

调湿范围室温升 10℃时为 95%;

调湿范围室温升 70℃时为 50%～95%.

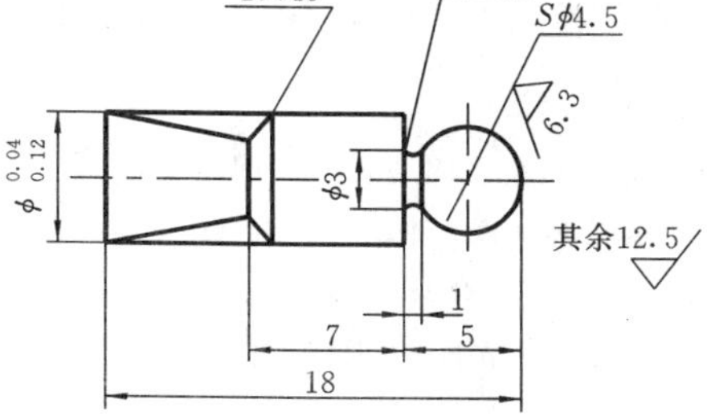


图 5　测量头

6.3.4.2 横向截取 60 mm×*T*mm×265 mm～270 mm(60 型为四个完整孔,90 型为三个完整孔)的试样三块为一组,在试件两头的两平面中心各钻一个直径 6～10 mm 的孔洞,在孔洞内灌入粘结剂,然后埋置测量头,测量头中心线应与试件中心线重合。

6.3.4.3 试件放置1天后，浸没在水中72 h，水温保持在20℃±2℃。

6.3.4.4 将试件从水中取出，用湿布抹去表面水分，并将测量头擦干净。

6.3.4.5 用标准杆调整外径千分尺的零点，然后将试件轻放在经水平仪调整的工作台上，调整测量轴线与试件中心线重合。立即测定试件初始长度。

6.3.4.6 将试件放在温度20℃±3℃，相对湿度为43%±2%的调温调湿箱内。

6.3.4.7 每隔4 d从箱内取出试件在20℃±2℃的房间内测定一次，直至长度变化小于0.01 mm为止，测量前需核正零点，要求每组试件在10 min内测完。

6.3.4.8 干燥收缩值按式(3)计算：

$$S=\frac{L_1-L_2}{L_1-L}\times 1\,000 \qquad (3)$$

式中：$S$——干燥收缩值，mm/m；

$L_1$——试件初始长度，mm；

$L_2$——试件干燥后长度，mm；

$L$——两个测量头长度之和，mm；

以三块试件测试值的算术平均值为检测数值，修约至0.1 mm/m。

6.3.5 抗冲击性

如图6所示，组装并固定轻质条板，整墙宽度为1 800 mm，高2 500 mm，板缝用粘结剂粘结，板与板之间挤紧。24 h后将装有30 kg标准砂的砂袋（如图7所示）用绳子固定在板面顶框架中部的钢钩或钢环上，绳长1 200 mm，以绳子为半径沿圆弧将砂袋在与板面垂直的平面内拉开，使其重心提高500 mm（标尺测量），然后自由摆动下落冲击设定位置。目测板背面有无裂缝，记录板背面出现贯通裂缝时的冲击次数，作为检测结果。

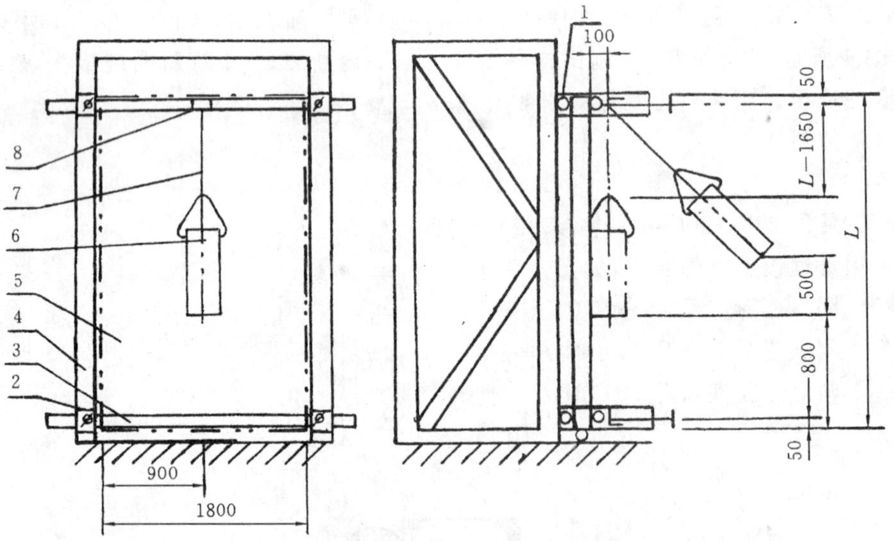


1—钢管（$\phi$50 mm）；2—横梁紧固装置；3—固定横梁（10[#]热轧等边角钢）；4—固定架；5—拼装的隔墙试件；6—标准砂袋，如图7所示；7—吊绳（$\phi$15 mm）；8—吊环（内径520 mm）；9—试件

图6 抗冲击强度的试验装置

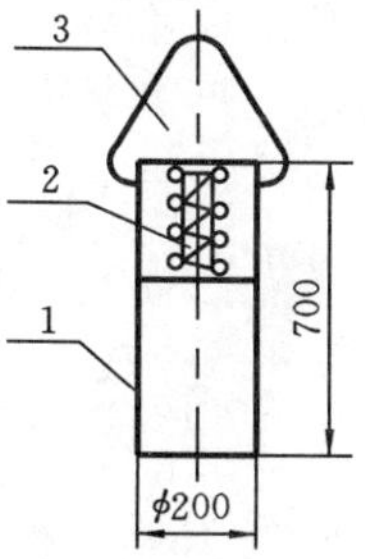


1—帆布;2—注砂口;3—皮革(厚 6 mm,宽 40 mm,长 70 mm)

图 7　标准砂袋

6.3.6　吊挂力

6.3.6.1　在板中心线,高 2 000 mm 处,凿一个 40 mm×90 mm,深 50 mm 的孔洞,扫除浮灰后,用粘结剂粘结如图 8 所示的钢吊挂件,吊挂件孔与板面距离 100 mm,24 h 后检查吊挂件,必须粘结牢固,否则重装。

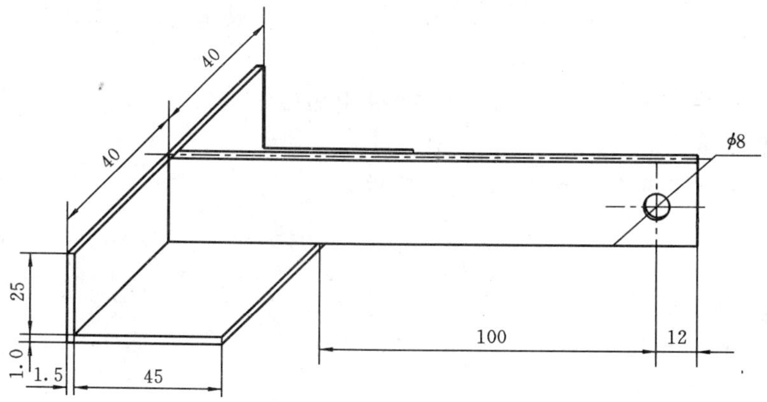


图 8　钢板吊挂件

6.3.6.2　将装好吊挂件的板安装于抗冲试验的框架上,如图 9 所示。

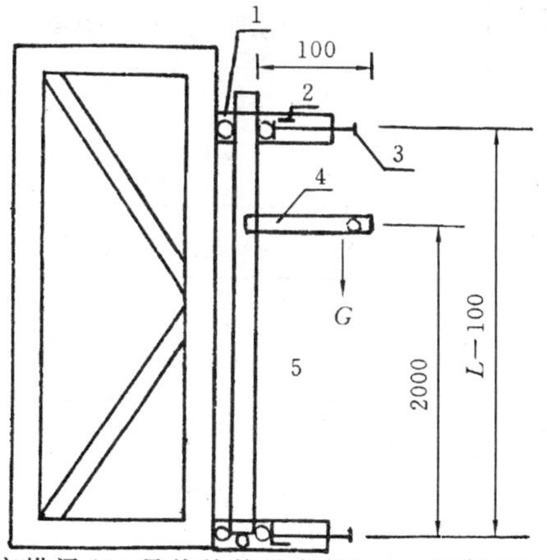


1—钢管(ϕ50 mm);2—固定横梁(10 号热轧等边角钢);3—紧固螺栓;4—钢板吊挂件;5—试件

图 9　吊挂力的测试装置

6.3.6.3　在钢吊挂件的圆孔上,穿一绳圈,将荷载挂在绳圈上,分两级加载,第一级加 400 N 静置 2 min,再加 400 N 静置 24 h,观察板面吊挂点周围有无裂缝与破坏,记录检测结果。

6.3.7　空气声计权隔声量

按 GBJ 75 的规定进行。

6.3.8 耐火极限

按 GB 9978 的规定进行。

6.3.9 燃烧性能

按 GB 5464 的规定进行。

6.3.10 抗折强度保留率(耐久性)

6.3.10.1 仪器设备包括:

万能材料试验机:0～50 000 N

快速养护箱:温度范围　室温～100℃

干燥箱:温度范围　室温～200℃

卡尺:0～150 mm;精度 0.02 mm。

6.3.10.2 采用测试抗折破坏荷载合格的条板剩余部分,沿板长方向截取长 250 mm,宽 50 mm,厚 10 mm试件磨平,纤维距板面 2～3 mm 板状试件,12 块。

6.3.10.3 截取 12 块试件,其中六块作为对比试件,在 27 天时将对比试件放入室温水中浸泡 24 h;另六块作为耐久性试件放于 80℃±2℃热水中浸泡 28 天,然后与对比试件一起放入 50℃±2℃烘箱中烘 8 h。

6.3.10.4 将试件受压时纤维在下面按 GB 15231.3 中的规定进行测试,分别计算耐久性试件($R_1$)和对比试件($R_0$)的抗折强度。

6.3.10.5 抗折强度保留率按式(4)计算,修约至整数。

$$\sigma=\frac{R_1}{R_0}\times 100 \qquad (4)$$

式中:$\sigma$——抗折强度保留率,%;

$R_1$——耐久性试件抗折强度,MPa;

$R_0$——对比试件抗折强度,MPa。

## 7 检验规则

7.1 出厂检验

产品出厂必须进行出厂检验。出厂检验项目为 5.1 和 5.2 中全部规定以及抗折破坏荷载、气干面密度和含水率。产品经出厂检验合格后方可出厂。

7.2 型式检验

产品型式检验条件和检验项目如表 6。

表 6　型式检验条件和项目

| 检验条件 | 检验项目 |
|---|---|
| (1) 试制的新产品进行投产鉴定时 | 5.1、5.2 和 5.3 中全部规定 |
| (2) 产品的材料、配方、工艺有重大改变,可能影响产品性能时 | 5.1、5.2 和 5.3 中全部规定 |
| (3) 连续生产的产品,每年或生产 35 000 件时 | 5.1、5.2 和 5.3 中全部规定 |
| (4)产品停产半年以上再恢复生产时 | 5.1、5.2 和 5.3 中全部规定 |
| (5) 出厂检验结果与上次型式检验结果有较大差异时 | 5.1、5.2 和 5.3 中全部规定 |
| (6) 用户有特殊要求时 | 5.1、5.2 和 5.3 中部分或全部规定 |
| (7) 国家质量监督检验机构提出进行型式检验时 | 5.1、5.2 和 5.3 中全部规定 |

7.3 出厂检验及型式检验抽样方法

7.3.1 出厂检验抽样

产品出厂检验外观和尺寸偏差按 GB 2828 中正常二次抽样方案如表 7 进行，抗折破坏荷载、气干面密度和含水率在以上项目检验合格的产品中抽取四块进行检验。

表 7 产品二次抽样方案

| 批量范围 N | 样本 | 样本大小 | | 合格判定数 | | 不合格判定数 | |
|---|---|---|---|---|---|---|---|
| | | $n_1$ | $n_2$ | $A_1$ | $A_2$ | $R_1$ | $R_2$ |
| 151～280 | 1 | 8 | — | 0 | — | 2 | — |
| | 2 | — | 8 | — | 1 | — | 2 |
| 281～500 | 1 | 13 | — | 0 | — | 3 | — |
| | 2 | — | 13 | — | 3 | — | 4 |
| 501～1 200 | 1 | 20 | — | 1 | — | 3 | — |
| | 2 | — | 20 | — | 4 | — | 5 |
| 1 201～3 200 | 1 | 32 | — | 2 | — | 5 | — |
| | 2 | — | 32 | — | 6 | — | 7 |
| 3 201～10 000 | 1 | 50 | — | 3 | — | 6 | — |
| | 2 | — | 50 | — | 9 | — | 10 |
| 10 001～35 000 | 1 | 80 | — | 5 | — | 9 | — |
| | 2 | — | 80 | — | 12 | — | 13 |

表 8 型式检验物理力学性能抽样表

| 项　目 | 第一样本，块 | 第二样本，块 |
|---|---|---|
| 气干面密度<br>含水率<br>干燥收缩值<br>抗折破坏荷载<br>抗折强度保留率<br>燃烧性能 | 4 | 4 |
| 抗冲击强度<br>吊挂力 | 3 | 3 |
| 空气声计权隔声量 | 7 | 7 |
| 耐火极限 | 5 | 5 |

7.3.2 型式检验抽样

产品进行型式检验时，外观质量和尺寸偏差按 GB 2828 进行抽样，从外观质量和尺寸偏差项目检验合格的产品中按表 8 抽取样本对物理力学性能项目进行检验。

7.4 判定规则

7.4.1 外观质量与尺寸偏差

7.4.1.1 根据试验结果，若受检板外观质量、尺寸偏差均符合 5.1、5.2 中相应规定时，则判该板是合格板。若受检板外观质量、尺寸偏差、有1项或多于1项不符合5.1、5.2中相应规定时，则判该板是不合格板。

7.4.1.2 根据样本检验结果，若在第一样本($n_1$)中发现不合格板数($\mu_1$)小于或等于表7中第一合格判定数($A_1$)，则判该批是合格批。若在第一样本($n_1$)中发现的不合格板数($\mu_1$)大于或等于表7中第一不合格判定数($R_1$)，则判该批是不合格批。

若在第一样本($n_1$)中发现的不合格板数($\mu_1$)大于第一合格判定数($A_1$)，同时又小于第一不合格判定数($R_1$)，则抽第二样本($n_2$)进行检查。若在第一和第二样本中发现的不合格板数总和($\mu_1+\mu_2$)小于或等于第二合格判定数($A_2$)，则判该批是合格批。若在第一和第二样本中发现的不合格板数总和($\mu_1+\mu_2$)大于或等于第二不合格判定数($R_2$)，则判该批是不合格批。判定结果如表9。

表9 判定结果

| | |
|---|---|
| $\mu_1 \leqslant A_1$ | 合格批 |
| $\mu_1 \geqslant R_1$ | 不合格批 |
| $A_1 < \mu_1 < R_1$ | 抽第二样本进行检验 |
| $(\mu_1+\mu_2) \leqslant A_2$ | 合格批 |
| $(\mu_1+\mu_2) \geqslant R_2$ | 不合格批 |

7.4.2 物理力学性能

7.4.2.1 出厂检验

根据试验结果，若受检板抗折破坏荷载、气干面密度、含水率符合5.3中相应规定时，则判该板是合格板。若受检板的抗折破坏荷载、气干面密度、含水率有1项或多于1项不符合5.3中相应规定时，则判该板性能不合格。

7.4.2.2 型式检验

根据样本检验结果，若在第一样本中发现的不合格项目数为0，则判该型式检验合格，若在第一样本中发现的不合格项目数大于或等于2，则判该型式检验不合格。

若在第一样本中发现的不合格项目数为1，则抽第二样本对该不合格项目进行检验。第二样本检验，若无任一结果不合格，则判该型式检验合格。若仍有一个结果不合格，则判该型式检验不合格。

7.4.3 综合判定规则

根据检验结果，若外观质量、尺寸偏差和物理力学性能全部合格，则判为合格，若有1项或多于1项不合格则判为不合格。

## 8 标志、运输、贮存

8.1 标志

8.1.1 出厂产品应有质量合格证书，合格证书应包括下列内容：

a) 产品名称、标记；

b) 生产厂名、地址；

c) 生产日期、生产批号、出厂日期或编号；

d) 产品检验报告单，其中应有检验人员代号、检验部门印章；

e) 产品说明书和出厂合格证。

8.1.2 出厂产品应有产品标记并写明侧立搬运、防止受潮等字样。

8.2 运输

产品应侧立搬运，禁止平抬，运输过程中应侧立贴实，用绳索绞紧，支撑合理，防止撞击，避免破损和变形。应有防雨措施。

8.3 贮存

8.3.1 产品存放场地应坚实平整、干燥通风，防止侵蚀介质和雨水侵害。

8.3.2 产品应按型号、规格、等级分类贮存。贮存时应采用侧立式，板面与铅垂面夹角不应大于 15°；堆长不超过 4m；堆层二层。

## 附　录　A
（标准的附录）
**玻璃纤维耐碱性测试及判定**

### A1　原理

将玻璃纤维与水泥制成 GRC 制品，用测定 GRC 制品在一定温度的水中侵蚀后的抗折强度保留率来表示玻璃纤维的耐碱性。

### A2　试验仪器

A2.1　快速养护箱，温度范围：室温～100℃。
A2.2　万能材料试验机，0～50 000N。
A2.3　电热鼓风干燥箱，温度范围：室温～200℃。
A2.4　卡尺：0～150mm；精度：0.02mm。

### A3　材料

A3.1　水泥：525 号快硬硫铝酸盐水泥，其性能应符合 JC 714 的要求，且水泥滤液 pH≤11，水泥滤液碱度测试按 JC/T 659 附录 A 的要求进行。
A3.2　砂子：标准砂，其性能及粒径应符合 GB 178 的要求。

### A4　试件制作

A4.1　试件尺寸：250mm×50mm×10mm。
A4.2　模具：三块试件为一组，见图 10。

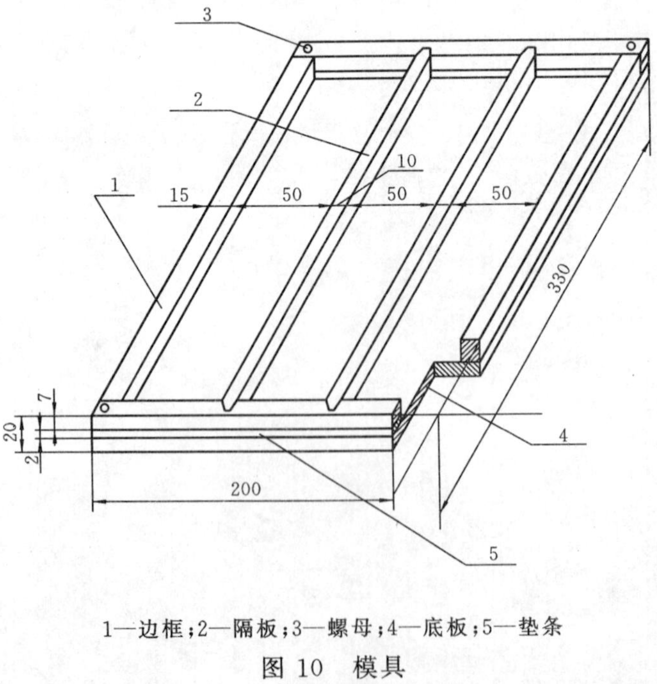


1—边框；2—隔板；3—螺母；4—底板；5—垫条

图 10　模具

A4.3　水泥砂浆配合比：水泥：砂子：水＝1.00：0.50：0.35。
A4.4　玻璃纤维：

A4.4.1 网格布:剪取经向长 320mm,纬向长 50mm 包含五束经向丝,为一块试件。

A4.4.2 无捻粗纱:单束丝切取 320mm 长,五束丝为一块试件。

A4.5 试件成型:

A4.5.1 先将玻璃纤维在模具中放好,经向(或单束)丝从模具两边框的伸出槽中伸出并拉直绷紧,然后将水泥、砂子和水按配合比称好后搅拌 5min,均匀放入模具中,在振动台上振动 15s,抹平表面,静置 24h 后脱模,试件在标准养护室养护 7 天。

A4.5.2 六块试件为一组,一种玻璃纤维成型两组。

一组为侵蚀试件,另一组为未侵蚀对比试件。

## A5 试验步骤

A5.1 将对比试件在 13 天时放入室温水中浸泡 24h,侵蚀试件在 7 天时放于 80℃±2℃热水中 7 天,然后二组试件一起放入 50℃±2℃电热鼓风干燥箱中烘 8h。

A5.2 试件抗折强度测试与计算同 6.3.3。

A5.3 抗折强度保留率计算同 6.3.10.5。

## A6 结果判定

根据抗折强度保留率,若其值不小于 80%时,则判定该玻璃纤维具有耐碱性,若小于 80%则判该玻璃纤维不具有耐碱性。

# 前　言

本标准非等效采用ISO 8336:1993《纤维水泥平板》中的有关条款。

本标准是在总结生产、使用维纶纤维增强水泥平板实践经验与企业标准的基础上，参照ISO 8336:1993《纤维水泥平板》制定的。

本标准自1997年11月1日实施。

本标准由全国水泥制品标准化技术委员会归口。

本标准委托中国建筑材料科学研究院房建材料与混凝土研究所负责解释。

本标准由中国建筑材料科学研究院房建材料与混凝土研究所、江苏爱富希新型建筑材料厂等负责起草。

本标准主要起草人：崔琪、崔玉忠、沈荣熹、盛祖念、史志强、陈立。

本标准为首次发布。

中华人民共和国建材行业标准

# 维纶纤维增强水泥平板

JC/T 671—1997

**Vinylon fiber reinforced cement flat sheet**

## 1 范围

本标准规定了维纶纤维增强水泥平板的分类，技术要求，试验方法，检验规则及产品标志、包装、运输和贮存等。

本标准适用于以改性维纶纤维和(或)高弹模维纶纤维为主要增强材料，以水泥或水泥和轻骨料为基材并允许掺入少量辅助材料制成的不含石棉的纤维水泥平板。

## 2 引用标准

下列标准所包含的条文，通过在本标准中引用而构成为本标准的条文。本标准出版时，所示版本均为有效。所有标准都会被修订，使用本标准的各方应探讨使用下列标准最新版本的可能性。

GB 175—92　硅酸盐水泥、普通硅酸盐水泥

GB 5464—85　建筑材料不燃性试验方法

GB/T 7019—1997　纤维水泥制品试验方法

JC 412—91(1996)　建筑用石棉水泥平板

JGJ 63—89　混凝土拌和用水质量标准

## 3 分类、规格与标记

### 3.1 分类

按密度分为：维纶纤维增强水泥板(A 型板)与维纶纤维增强水泥轻板(B 型板)。A 型板主要用于非承重墙体、吊顶、通风道等，B 型板主要用于非承重内隔墙、吊顶等。

### 3.2 规格

平板的规格尺寸与尺寸允许偏差应符合表 1 的规定。

表 1　规格尺寸与尺寸允许偏差

| 项　目 | 公称尺寸 | 尺寸允许偏差 |
|---|---|---|
| 长度，mm | 1800，2400，3000 | ±5 |
| 宽度，mm | 900，1200 | ±5 |
| 厚度，mm | 4，5，6 | ±0.5 |
| | 8，10，12，15，20，25 | ±0.1*e* |
| 厚度不均匀度，% | | <10 |

注

1　厚度不均匀度系指同块板厚度的极差除以公称厚度；

2　*e* 表示平板公称厚度；

3　经供需双方协商可生产其他规格尺寸平板。

国家建筑材料工业局 1997-05-08 批准　　　　1997-11-01 实施

3.3 标记

产品标记由代号、规格和标准号组成。其中代号以“维纶”拼音第1个大写字母(W)和产品类别(A、B)组成。

示例:规格为2400mm×1200mm×5mm的A型板的标记为:

WA 2400×1200×5 JC/T 671

## 4 技术要求

4.1 原材料

4.1.1 水泥:应采用GB 175规定中不低于425号水泥,不得使用掺有煤、炭粉作助磨剂及页岩、煤矸石作混合材的普通硅酸盐水泥。

4.1.2 维纶纤维:改性维纶纤维的抗拉强度不小于800MPa,弹性模量不小于12GPa。高弹模维纶纤维的抗拉强度不小于1100MPa,弹性模量不小于25GPa。

4.1.3 辅助材料:掺入适量非石棉且具有一定吸附水泥粒子能力的纤维质材料。

4.1.4 轻骨料:在生产B型板时,掺入适量轻质骨料,如小颗粒的珍珠岩等。

4.1.5 水:用水应符合JGJ 63规定。

4.2 外观质量

4.2.1 板的正表面应平整,边缘整齐,不得有裂纹、缺角等缺陷。

4.2.2 经加工的板的边缘平直度,长或宽的偏差不应大于2mm/m。

4.2.3 经加工的板的边缘垂直度的偏差不应大于3mm/m。

4.2.4 厚度不大于20mm的表面平整度不应超过4mm,厚度在20mm以上到25mm的板不应超过3mm。

4.3 板的尺寸偏差应符合表1的规定。

4.4 物理力学性能

板的物理力学性能指标应符合表2的规定。

表2 物理力学性能

| 项目 \ 类别 | | A型板 | B型板 |
|---|---|---|---|
| 密度,g/cm³ | | 1.6～1.9 | 0.9～1.2 |
| 抗折强度,MPa | ≥ | 13.0 | 8.0 |
| 抗冲击强度,kJ/m² | ≥ | 2.5 | 2.7 |
| 吸水率,% | ≥ | 20.0 | — |
| 出厂含水率,% | ≤ | — | 12 |
| 不透水性 | | 经24h底面无水滴出现 | — |
| 抗冻性 | | 经25次循环冻融不得有分层等破坏现象 | — |
| 干缩率,% | ≤ | — | 0.25 |
| 不燃性 | | 不燃 | 不燃 |

注

1 试验龄期不小于7d;

2 测定B型板的抗折强度、抗冲击强度时采用气干的试件。

## 5 试验方法

5.1 规格尺寸及外观质量检测按 JC 412 规定进行。

5.2 物理力学性能检验：

5.2.1 抗折强度试验按 GB/T 7019 规定进行，强度取值为纵、横向抗折强度的平均值。

5.2.2 抗冲击试验按 GB/T 7019 规定进行，强度取值为纵、横向抗冲击强度的平均值。

5.2.3 密度、吸水率试验按 GB/T 7019 规定进行。

5.2.4 含水率试验：称取试件气干状态下（试件放于通风良好的室内 7d 以上的状态）的质量，然后按 GB/T 7019 规定的方法测定干燥试件的质量，按式(1)计算试件含水率：

$$A=\frac{m_0-m_1}{m_1}\times 100 \qquad (1)$$

式中：$A$——试件含水率，%；

$m_0$——气干状态试件的质量，g；

$m_1$——干燥试件的质量，g。

5.2.5 抗冻性试验按 GB/T 7019 规定进行。

5.2.6 不透水性试验按 GB/T 7019 规定进行。

5.2.7 不燃性试验按 GB 5464 规定进行。

5.2.8 干缩率试验：在距离板边缘 200mm 以内的中间部位，切取两块 260mm×260mm 的试样，在室内自然通风条件下，放置 7d 以上，用 250～275mm 的外径千分卡测量 4 个边长（精确至 0.01mm），在烘箱里保持 60℃±5℃烘干 24h 时后，在干燥器中冷却至室温，再测量一次 4 个边长，按式(2)求出干缩率，以百分比表示。

$$\varepsilon=\frac{l_1-l_2}{l_1}\times 100 \qquad (2)$$

式中：$\varepsilon$——干缩率，%；

$l_1$——自然条件下试样长度，mm；

$l_2$——烘干条件下试样长度，mm；

干缩率为二块试样数据的平均值。

## 6 检验规则

6.1 检验项目

6.1.1 出厂检验：规格尺寸、外观质量、抗折强度、抗冲击强度、吸水率、出厂含水率、密度。

6.1.2 型式检验：技术要求 4.2～4.4 中的全部项目。

6.2 抽样与判定

6.2.1 出厂检验

6.2.1.1 批量：从同一类型同一规格产品中，以 1000 张为一批，如不足一批时，则在 200 张以上亦按一批计算。

6.2.1.2 判定规则

外观质量与尺寸偏差：在受检批中随机抽取十张检验，如不符合技术要求张数不大于一张，则判该批产品外观质量与尺寸偏差合格；若有二张不符合技术要求，则取加倍数量复验，当不合格数不大于一张时，则判该批产品合格。若仍有二张不符合技术要求时，则判该批产品不合格。

物理力学性能：从上述外观质量、尺寸偏差合格的产品中抽取一张做物理力学性能项目试验，若其中 1 项指标不符合技术要求，则取双倍数量试样进行不合格项目的复验，若仍不符合要求，则判该批产品为不合格。

若检验的外观质量、尺寸偏差与物理力学性能均符合标准规定，则判该批出厂产品合格。

6.2.2 型式检验

6.2.2.1 当产品有下列情况之一时，应进行型式检验：

a）产品结构、原材料、生产工艺有较大改变时；

b）产品停产后恢复生产时或出厂检验结果与上次型式检验有较大差异时；

c）正常生产时，每 2 年进行 1 次型式检验；

d）国家质量监督机构提出型式检验要求时。

6.2.2.2 批量与抽样

外观质量与规格尺寸：从经出厂检验合格的批产品中抽取样品，抽样数量列于表 3 第 2 栏中。

6.2.2.3 判定规则

外观质量与规格尺寸检验按 5.1 进行。判定按表 3 第 3～6 栏程序进行，即不合格品数未超过表 3 第 3、5 栏时，则该受检批量应判合格；若不合格数等于或大于表 3 第 4、6 栏时，则该批量应判为不合格；若第一次样品中的不合格数超过 $Ac_1$，但小于 $Re_1$，则应抽取并检验与第一次样品相同数量的第二次样品，当等于 $Ac_2$ 时予以验收，当大于或等于 $Re_2$ 时判为拒收。

抗折强度与抗冲击强度按变量检验程序（表 3 第 7、8 栏）进行判定。若样品的平均值（$X$）大于或等于可验收极限，即 $X \geqslant AL$，则该批量应判合格；若 $X < AL$，则判该批量不合格。

表 3 型式检验抽样与判定

| 批量数量 $N$ | 品质检验一二次抽样 | | | | | 变量检验一单一抽样 | | |
|---|---|---|---|---|---|---|---|---|
| | 样品数量 $n$ | 第一次样品 | | 第一次＋第二次样品 | | 样品数量 $n$ | 可接收系数 $K$ | 备注 |
| | | 合格判定数 $Ac_1$ | 不合格判定数 $Re_1$ | 合格判定数 $Ac_2$ | 不合格判定数 $Re_2$ | | | |
| 1 | 2 | 3 | 4 | 5 | 6 | 7 | 8 | 9 |
| ≤150 | 3 | 0 | 1 | 不适用 | 不适用 | 3 | 0.502 | $AL=L+K\cdot R$<br>式中：<br>$AL$——可接收极限；<br>$L$——标准低限；<br>$K$——可接收系数；<br>$R$——样品中最大值与最小值之差 |
| 151～280 | 8 | 0 | 2 | 1 | 2 | 3 | 0.502 | |
| 281～500 | 8 | 0 | 2 | 1 | 2 | 4 | 0.450 | |
| 501～1 200 | 8 | 0 | 2 | 1 | 2 | 5 | 0.431 | |
| 1 201～3 200 | 8 | 0 | 2 | 1 | 2 | 7 | 0.405 | |

平板的密度、吸水率、抗冻性、不透水性、干缩率、不燃性应在同一批量中任意抽取二张试样，试验结果如有不合格时，再取加倍数量进行试验，复验后仍有一张不合格，则判该批产品不合格。

若检验的外观质量、尺寸偏差与物理力学性能全部符合标准要求时，则判型式检验合格。

## 7 标志、包装、运输与贮存

7.1 标志与产品合格证

7.1.1 标志：在每张板的正表面角上用不褪色的颜料标明生产厂名称，生产日期与产品标记。

7.1.2 产品合格证：随货发寄给用户，并载明：

a）生产厂名称、地址、商标；

b）生产批号与产品标记；

c）产品检验结果；

d）检验部门与检验人员签名、盖章。

7.2 包装：产品可采用木架或木箱包装，应采取防潮措施。

7.3 运输：人力搬运板材时应两人将板侧立搬运，整垛板应用叉车搬运。长途运输时，运输工具底面必须平整，应尽量堆放同样高度并使之固定好。在运输过程中要减少震动，防止撞击和雨淋。吊装时应用专用吊具，避免损坏。

7.4 贮存：板材应按不同板型规格分别堆放，堆放场地必须平坦，坚实并防止雨淋。A型板的堆放高度一般不得超过1.5m，B型板的堆放高度一般不得超过1.0m。

# 前　言

硅镁加气混凝土空心轻质隔墙板是我国目前在民用建筑中广泛采用的内隔墙轻质条板之一。由中华人民共和国建设部发布的 JG 3029—95《住宅内隔墙轻质条板》行业标准已于 1996 年 7 月 1 日颁布实施。因此本标准尽可能与该标准接近。在制订过程中,参照了韩国标准 KSF 4914—92《蒸压加气混凝土板》。

本标准作为强制性行业标准颁布。

本标准从 1998 年 1 月 1 日起实施。

本标准由全国水泥制品标准化技术委员会归口。

本标准负责起草单位:中国建筑材料科学研究院房建材料与混凝土研究所。

本标准主要起草人:翁端衡。

本标准由中国建筑材料科学研究院房建材料与混凝土研究所负责解释。

本标准首次发布。

中华人民共和国建材行业标准

# 硅镁加气混凝土空心轻质隔墙板

JC 680—1997

**Hollow light partition of aerated concrete with silica and magnesium**

## 1 范围

本标准规定了硅镁加气混凝土空心轻质隔墙板的产品分类，技术要求，试验方法，检验规则和产品标志、运输与贮存。

本标准适用于工业与民用建筑的非承重内墙的硅镁加气混凝土空心轻质隔墙板(简称轻质隔墙板)。

## 2 引用标准

下列标准包含的条文，通过在本标准中引用而构成为本标准的条文。本标准出版时，所示版本均为有效。所有标准都会被修订，使用本标准的各方应探讨使用下列标准最新版本的可能性。

GB 1216—1985 外径千分尺

GB 2828—1987 逐批检查计数抽样程序及抽样表(适用于连续批的检查)

GB 5464—1985 建筑材料不燃性试验方法

GB 9978—1988 建筑构件耐火试验方法

GB/T 7019—1997 纤维水泥制品试验方法

GBJ 75—1984 建筑隔声测量规范

JC/T 449—1991 建筑材料用菱苦土

## 3 产品分类

3.1 轻质隔墙板的产品分类

3.1.1 轻质隔墙板按板型分为普通板、门框板、窗框板、过梁板。其代号见表1。

表1 产品类型和代号

| 产品类型 | 代号 |
|---|---|
| 普通板 | PB |
| 门框板 | MB |
| 窗框板 | CB |
| 过梁板 | GB |

3.1.2 轻质隔墙板的外形见图1。

国家建筑材料工业局1997-08-29批准　　1998-01-01实施

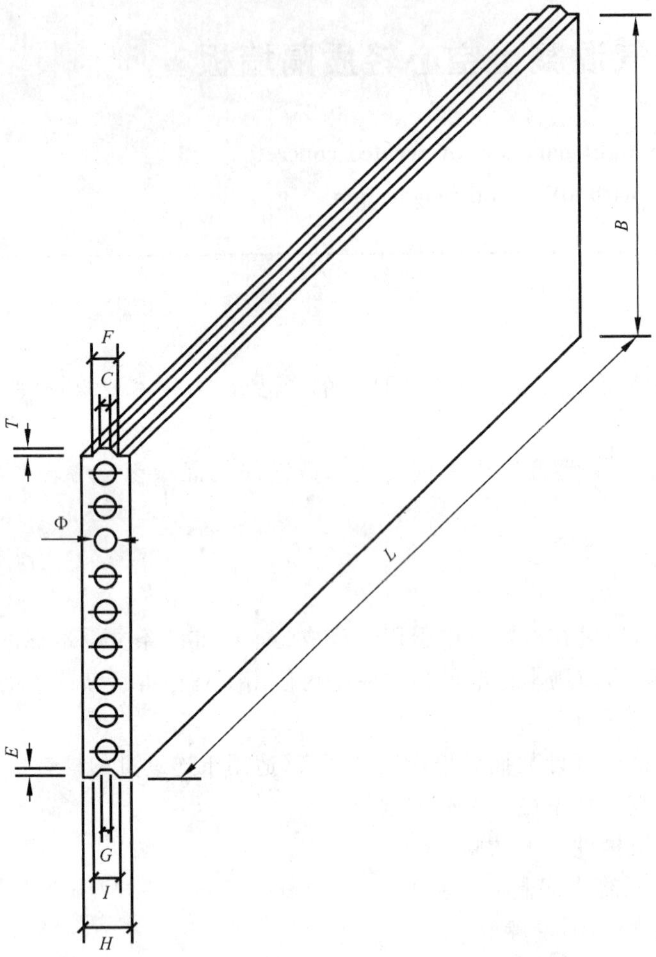


图 1　轻质隔墙板外形示意图

3.2　产品标记

3.2.1　标记方法

轻质隔墙板按以下图示方法标记：

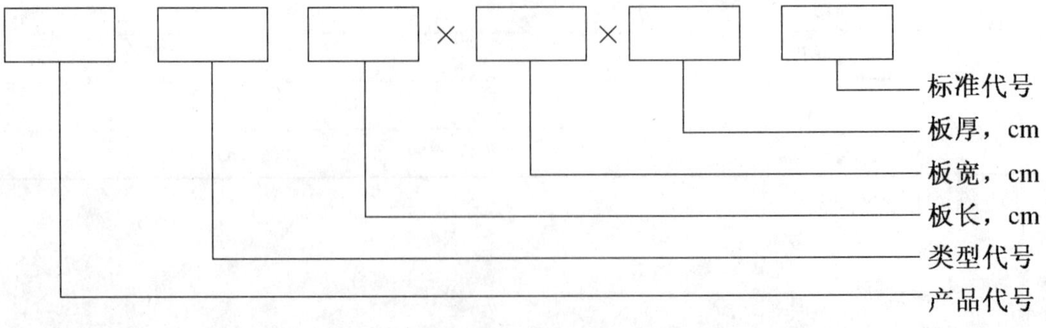


产品代号由主要原材料和类型代号组成，本产品代号为 GM(代表硅镁)。

3.2.2　标记示例

板长 2 540 mm，宽 600 mm，厚 60 mm 的轻质隔墙板门框板标记为：GM　MB 254×60×6 JC 680

3.3　规格尺寸

轻质隔墙板按板厚分为 60 mm 和 90 mm(简称 60 板、90 板)两种。

轻质隔墙板的规格尺寸应符合表 2 的规定。

表 2　轻质隔墙板的规格尺寸

mm

| 类　别 | 规　格　尺　寸 | | | | | | | | | |
|---|---|---|---|---|---|---|---|---|---|---|
| | *L* | *B* | *H* | *Φ* | *T* | *E* | *C* | *F* | *G* | *I* |
| 60 板 | ≤3 000 | 600 | 60 | 38 | 10 | 12 | 18 | 28 | 20 | 30 |
| 90 板 | ≤3 600 | 600 | 90 | 60 | 12 | 14 | 28 | 38 | 30 | 40 |
| 注：其他规格尺寸的轻质隔墙板，由供需双方协商组织生产。 | | | | | | | | | | |

## 4　技术要求

4.1　主要原材料

4.1.1　轻烧镁

轻烧镁应符合 JC/T 449 优等品的规定，细度(0.08 mm)方孔筛筛余不大于 10%。

4.1.2　氯化镁

氯化镁应符合 JC/T 449 附录 A 的规定。

4.2　外观质量

轻质隔墙板的外观质量应符合表 3 规定。

表 3　外观质量

| 项　　目 | | 指　　标 |
|---|---|---|
| 外露纤维，飞边毛刺，贯通裂纹 | | 无 |
| 板面裂纹，mm | 长度 10～30，宽度 0～1 | 4 处 |
| 蜂窝气孔，mm | 长径 5～30，深度 2～5 | 3 处 |
| 缺棱掉角，mm | 深度×宽度×长度 5×10×25～10×20×30 | 2 处 |

4.3　尺寸允许偏差

轻质条板的尺寸偏差应符合表 4 规定。

表 4　尺寸允许偏差

mm

| 项　　目 | 允许偏差 |
|---|---|
| 长　　度 | ±5 |
| 宽　　度 | ±2 |
| 厚　　度 | ±1 |
| 板面平整度 | 2 |
| 对角线差 | 10 |
| 侧向弯曲 | *L*/1 000 |

4.4　物理力学性能

物理力学性能应符合表 5 规定。

表5 物理力学性能

| 序号 | 项　　目 | 规　格 | 指　　标 |
|---|---|---|---|
| 1 | 面密度,kg/m² | 60板 | ≤35 |
| | | 90板 | ≤50 |
| 2 | 干缩值,mm/m | 60板 | ≤0.8 |
| | | 90板 | |
| 3 | 隔声量,dB | 60板 | ≥30 |
| | | 90板 | ≥35 |
| 4 | 耐火极限,h | 60板 | ≥1 |
| | | 90板 | |
| 5 | 燃烧性能 | 60板 | 不燃 |
| | | 90板 | |
| 6 | 抗折力,N | 60板 | ≥1 000 |
| | | 90板 | ≥2 000 |
| 7 | 抗冲击性,3次 | 60板 | 无贯穿裂缝 |
| | | 90板 | |
| 8 | 单点吊挂力,N | 60板 | ≥800 |
| | | 90板 | |

## 5 试验方法

### 5.1 试验环境和试件状态调整

在进行试验前,试件应在23℃±5℃,相对湿度60%±30%的环境条件下静置48 h。

### 5.2 外观质量与尺寸偏差

#### 5.2.1 外观质量

目测并采用精度为1 mm的量具检查。

#### 5.2.2 尺寸偏差

5.2.2.1 长度

量测3处:

各距两板边100 mm,平行于该板边;过两板端中点,如图2所示。

用最小分度值为1 mm的钢卷尺测量,取其算术平均值为测量结果,修约至1 mm。

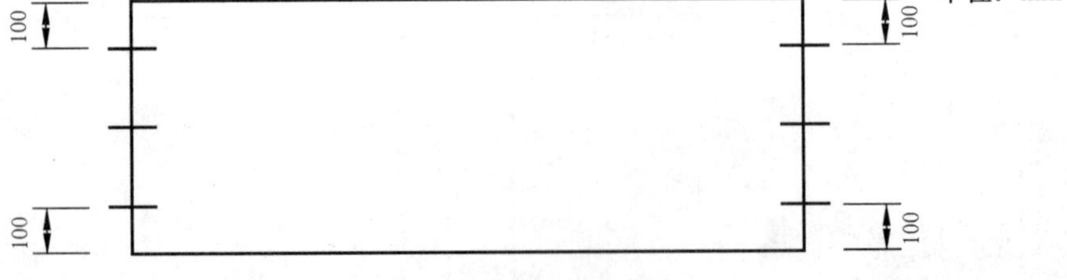


图2 长度测量位置

5.2.2.2 宽度

量测3处:

板端宽度:各距两板端100 mm,平行于该板端;板中宽度:过两板边中点。如图3所示。

用最小分度值为 1 mm 的钢卷尺测量，取其算术平均值为测量结果，修约至 1 mm。

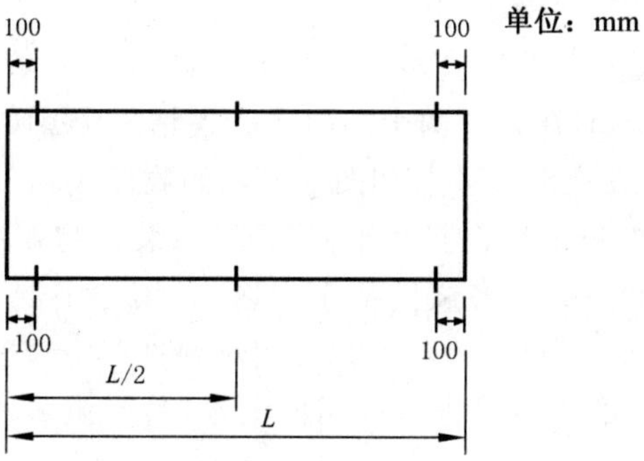


图 3　宽度测量位置

5.2.2.3　厚度

量测 6 处。在各距板两端 100 mm，两边 100 mm 处布置测点，如图 4 所示。用最小分度值为 0.5 mm的钢直尺，或用外卡钳和游标卡尺配合测量，取其算术平均值为测量结果，修约至 1 mm。

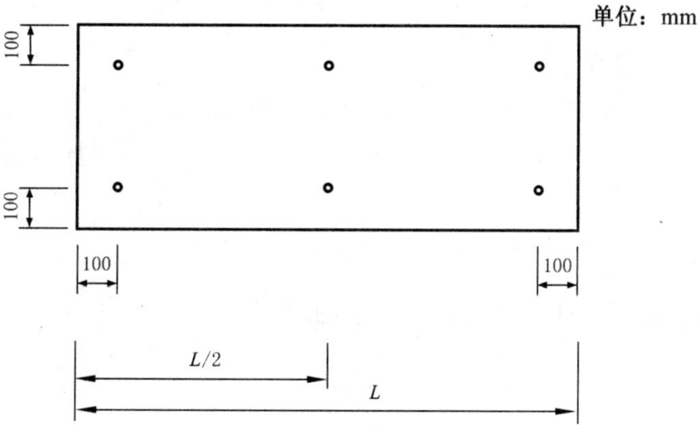


图 4　厚度测量位置

5.2.2.4　表面平整度

量测 3 处，用 2m 靠尺和楔形塞尺测量。第 1 处：使靠尺中点位于板中心处；另 2 处靠尺位置应与第 1 处靠尺位置在一条线上，且使靠尺的一端位于板长向板端上。取该 3 处靠尺与板面最大间隙为测量结果，修约至 1 mm。

5.2.2.5　对角线差

用最小分度值为 1 mm 的钢卷尺量测两条对角线的长度，取其差值为测量结果，修约至 1 mm。

5.2.2.6　侧向弯曲

通过板边端点沿板面拉直测量用线，用最小分度值为 0.5 mm 的钢直尺量测板侧向弯曲处，取其最大值为测量结果，读数精确至 0.5 mm。

5.3　物理力学性能

5.3.1　面密度的测定

取轻质隔墙板 3 块，用称量不小于 100kg，精度高于 0.5kg 的台秤称量板的质量，用式(1)计算面密度，取 3 块平均值为检测结果，计算精确至 1kg/m$^2$。

$$\sigma=\frac{m}{\frac{L}{1\ 000}\times\frac{B}{1\ 000}} \quad \cdots\cdots (1)$$

式中：$\sigma$——轻质条板的面密度，kg/m$^2$；

$m$——轻质条板的质量，kg；

$L$——轻质条板的长度尺寸，mm；

$B$——轻质条板的宽度尺寸,mm。

5.3.2 干缩值的测定

取轻质隔墙板1块,沿板宽方向截取宽度为100 mm的试件5条,然后再切去试件两端凹凸的榫槽,使试件长度为520 mm±10mm,在试件两个端面中心各钻1个$\phi$10 mm×13 mm的孔洞,在孔洞内灌入水玻璃调合的水泥浆,然后在孔洞内埋置如图5所示的收缩头,收缩头的中心线与试件的中心线重合。试件制备好放置1d后,检查测头是否安装牢固,否则重装。将制备好的试件浸没在20℃±2℃的水中,水面高出试件20 mm,浸泡72 h,将试件从水中取出,用拧干湿布抹去表面水分,并将测头擦干净,立刻测定初始长度$l_1$,然后放入温度20℃±2℃,相对湿度(55±5)%的标准干燥空气室内,采用测长600~700 mm,符合GB 1216的千分尺进行收缩值测量,每天测量1次,直至达到干缩平衡,即连续3d内任意2d的测长读数波动值小于0.001 mm,量出试件干燥后的长度$l_2$。其干缩值见公式(2):

$$S=\frac{l_1-l_2}{l_1-l} \times 1\,000 \quad \cdots\cdots (2)$$

式中:$S$——干缩值,mm/m;

$l_1$——试件初始长度,mm;

$l_2$——试件干燥后长度,mm;

$l$——两个收缩头长度之和,mm。

以五块试件试验值的算术平均值评定,计算精确至0.01mm/m。

单位:mm

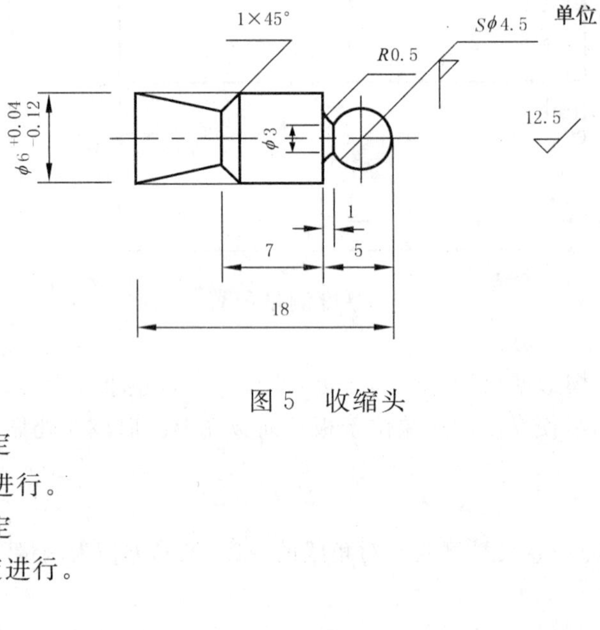


图5 收缩头

5.3.3 空气隔声量测定

按GBJ 75的规定进行。

5.3.4 耐火极限的测定

按GB 9978的规定进行。

5.3.5 不燃性试验

按GB 5464规定进行。

5.3.6 抗折力的测定

取轻质隔墙板2块,制备成1 400 mm×600 mm的试件4块,将试件浸没在水槽中,水槽中水温为20℃±3℃,浸泡时间24h,试件取出后将试件表面水用湿毛巾擦干,即刻按照GB/T 7019进行抗折力试验,支架跨距1.2m。取4块试件的断裂抗折力的算术平均值为检测数值,计算精确至1N。

5.3.7 抗冲击性的测定

取轻质隔墙板3块,按图6所示组装并固定,上下钢管中心间距为板长减100 mm,板缝用水泥水玻璃砂浆粘结,板与板之间挤紧,接缝处用玻璃纤维布搭接,并用水泥水玻璃砂浆刮平。1 d后将如图7所示装有30 kg、粒径2 mm以下细砂的标准砂袋用直径15 mm的绳子固定在其中心距板面100 mm的钢环上,绳长为板长减1 650 mm。以绳长为半径沿圆弧将砂袋在与板面垂直的平面内拉开,使重心提高500 mm(标尺测量),然后自由摆动下落冲击设定位置,反复3次,目测板背面有无贯通裂纹,记录检测结果。

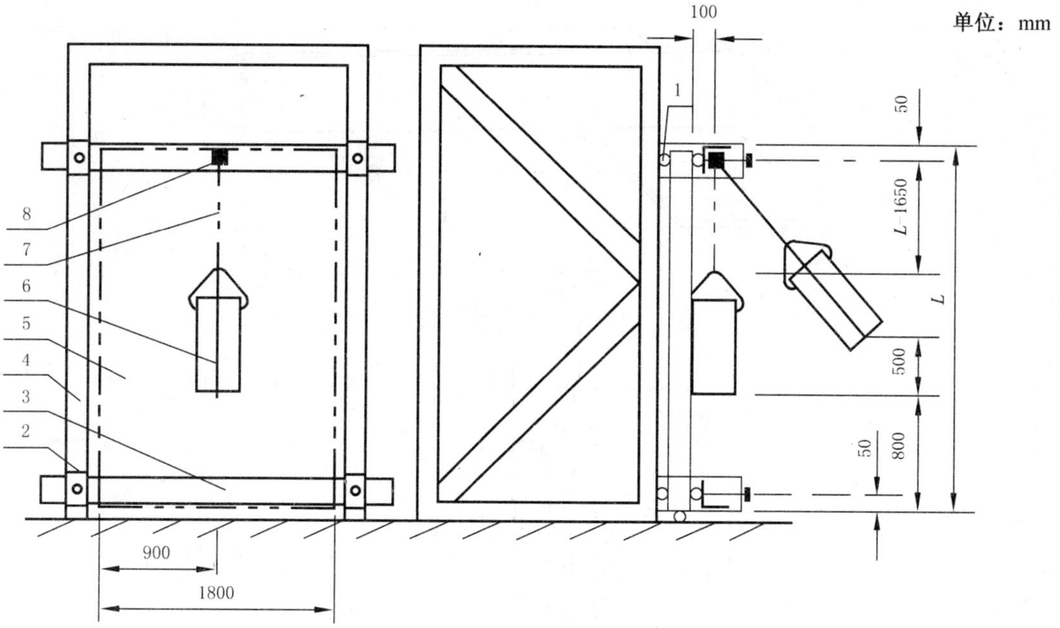


1—钢管($\phi$50)；2—横梁紧固装置；3—固定横梁(10[#] 热轧等边角钢)；
4—固定台(上端加荷时，水平挠度小于 3 mm)；5—轻质隔墙板拼装的隔墙试件；
6—标准砂袋，细部如图 7 所示；7—吊绳(直径 15 mm)；8—吊环(内径 52 mm)。

图 6　抗冲击性试验装置

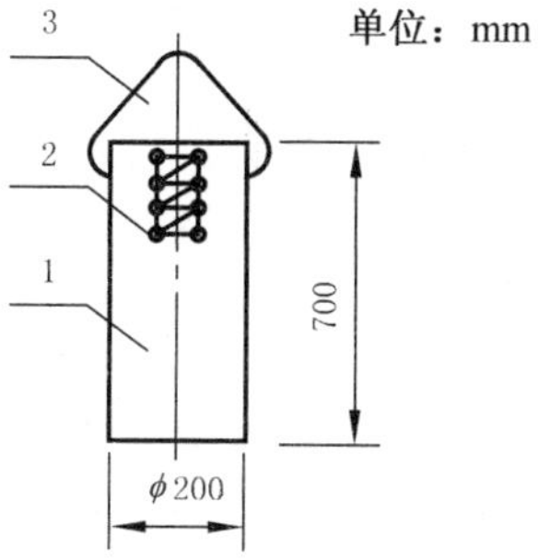


1—帆布；2—注砂口；3—皮革(厚 6 mm，宽 40 mm，长 70 mm)

图 7　标准砂袋

5.3.8　单点吊挂力的测定

a) 取轻质隔墙板 1 块，在板中高 2 000 mm 处，凿深×长×宽为 50 mm×40 mm×90 mm 的孔洞，扫清残灰后，用水泥水玻璃浆(或其他粘结剂)粘结如图 8 所示的钢板吊挂件。吊挂件孔与板面间距 100 mm，2h 后，检查吊挂件安装是否牢固，否则重装。

b) 将条板如图 9 所示固定，上下管间距($L-100$)mm。

c) 通过钢板吊挂件的圆孔，分两级加载，第一级加载 400N，静置 2 min，再加载 400N，静置 24h，观察板面有无贯通裂纹，吊挂区周围有无破损。记录检测结果。

单位：mm

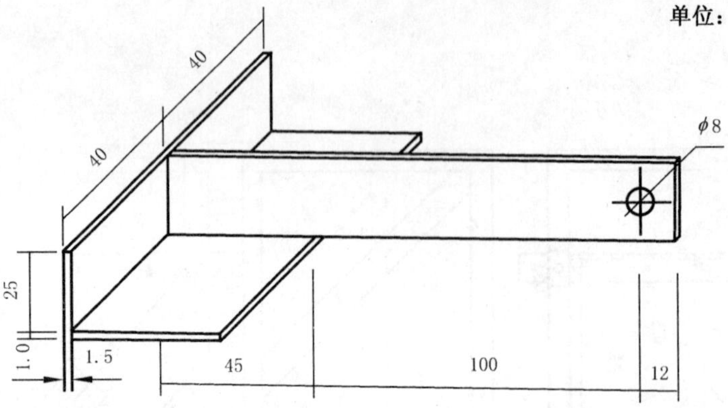


图 8　钢板吊挂件

单位：mm

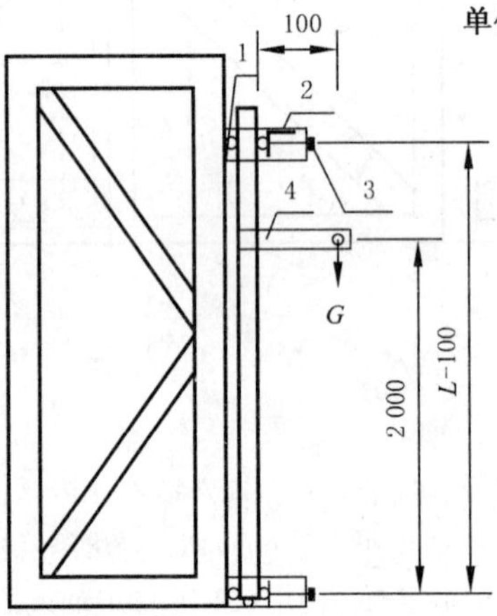


1—钢管(ϕ50 mm)；2—固定横梁(10# 热轧等边角钢)；3—紧固螺栓；4—钢板吊挂件。

图 9　吊挂力测试装置

## 6　检验规则

### 6.1　出厂检验

产品出厂必须进行出厂检验，出厂检验项目为 4.2、4.3 的规定与抗折力。产品经出厂检验合格后方可出厂。

### 6.2　型式检验

产品型式检验条件和检验项目见表 6。

表 6　型式检验条件和检验项目

| 序号 | 检　验　条　件 | 检　验　项　目 |
|---|---|---|
| 1 | 试制的新产品进行投产鉴定时 | 4.2、4.3、4.4 中全部规定 |
| 2 | 产品的材料、配方工艺有重大改变，可能影响产品性能时 | 4.2、4.3、4.4 中全部规定 |
| 3 | 连续生产的产品，累计生产 35000 件时 | 4.2、4.3、4.4 中除隔声量、耐火极限不做的其他规定 |
| 4 | 产品停产半年以上再恢复生产时 | 4.2、4.3、4.4 中除隔声量、耐火极限不做的其他规定 |
| 5 | 出厂检验结果与上次型式检验结果有较大差异时 | 4.2、4.3、4.4 中全部规定 |
| 6 | 用户有特殊要求时 | 4.2、4.3、4.4 中部分或全部规定 |
| 7 | 国家质量监督检验机构提出进行型式检验时 | 4.2、4.3、4.4 中全部规定 |

6.3 出厂检验及型式检验抽样方法

6.3.1 出厂检验抽样

产品出厂检验外观质量与尺寸偏差按 GB 2828 中正常检查二次抽样方案，如表 7。

表 7 正常检查二次抽样方案

个

| 批量范围 | 样本 | 样本大小 | | 合格判定数 | | 不合格判定数 | |
|---|---|---|---|---|---|---|---|
| | | $n_1$ | $n_2$ | $A_1$ | $A_2$ | $R_1$ | $R_2$ |
| 151～280 | 1 | 8 | | 0 | | 2 | |
| | 2 | | 8 | | 1 | 2 | |
| 281～500 | 1 | 13 | | 0 | | 3 | |
| | 2 | | 13 | | 3 | | 4 |
| 501～1 200 | 1 | 20 | | 1 | | 3 | |
| | 2 | | 20 | | 4 | | 5 |
| 1 201～3 200 | 1 | 32 | | 2 | | 5 | |
| | 2 | | 32 | | 6 | | 7 |
| 3 201～10 000 | 1 | 50 | | 3 | | 6 | |
| | 2 | | 50 | | 9 | | 10 |
| 10 001～35 000 | 1 | 80 | | 5 | | 9 | |
| | 2 | | 80 | | 12 | | 13 |

抗折力试验从外观质量与尺寸偏差检查合格的样品中任取 2 块进行。

6.3.2 型式检验抽样

外观质量、尺寸偏差抽样按表 7，物理力学性能应从经外观质量和尺寸偏差项目检验合格的产品中随机抽取样本进行试验，面密度、干缩值、隔声量、耐火极限、燃烧性能、抗折力、抗冲击性和单点吊挂力抽样数量分别根据 5.3.1～5.3.8 各项试验方法的规定进行。

6.4 判定规则

6.4.1 出厂检验判定规则

6.4.1.1 外观质量与尺寸偏差

a）根据样本单位检验结果，若发现受测板外观质量及尺寸偏差中无任何一项不符合 4.2 和 4.3 中相应规定，则判该板是合格板。若发现受测板外观质量及尺寸偏差中有 1 项或多于 1 项不符合 4.2 和 4.3 中相应规定，则判该板是不合格板。

b）根据样本检验结果，若在第一样本（$n_1$）中发现不合格板数（$u_1$）小于或等于表 7 中第一合格判定数（$A_1$），则判该批是合格批。若在第一批样本（$n_1$）中发现的不合格板数（$u_1$）大于或等于表 7 中第一不合格判定数（$R_1$），则判该批是不合格批。

若在第一样本（$n_1$）中发现的不合格板数（$u_1$）大于第一合格判定数（$A_1$），同时又小于第一不合格判定数（$R_1$），则抽第二样本（$n_2$）进行检查。若在第一样本和第二样本中发现的不合格板数总和（$u_l+u_2$）小于或等于第二合格判定数（$A_2$），则判该批是合格批。若在第一样本和第二样本中发现的不合格板数总和（$u_1+u_2$）大于或等于第二不合格判定数（$R_2$），则判该批是不合格批。判定结果如表 8。

表8 外观质量与尺寸偏差判定结果

| | |
|---|---|
| $u_1 \leqslant A_1$ | 合格批 |
| $u_1 \geqslant R_1$ | 不合格批 |
| $A < u_1 < R_1$ | 抽第二样本进行检验 |
| $(u+u_2) \leqslant A_2$ | 合格批 |
| $(u_1+u_2) \geqslant R_2$ | 不合格批 |

6.4.1.2 抗折力

批量为2 000块抽检1次。在外观质量与尺寸偏差合格的板中随机抽样2块,按5.3.6进行检测。

试样经检测后,全部符合标准为该批量合格,全部不符合标准该批量为不合格。有1块不符合标准,重新随机抽样,全部符合标准为合格,否则为不合格。

6.4.1.3 综合判定

外观质量、尺寸偏差与抗折力均符合标准要求时,则判该批产品合格。

6.4.2 型式检验判定规则

外观质量、尺寸偏差按6.4.1.1,物理力学性能根据样本检验结果,若在第一样本中发现的不合格项目数为0,则判该型式检验合格,若在第一样本中发现的不合格项目数大于或等于2,则判该型式检验不合格。

若在第一样本中发现的不合格项目数为1,则抽第二样本对该不合格项目进行检验。第二样本检验,若无任一项结果不合格,则判该型式检验合格。若仍有一项结果不合格,则判为不合格。

外观质量、尺寸偏差与物理力学性能符合4.2、4.3、4.4要求时,则判型式检验合格。

## 7 标志、运输与贮存

7.1 标志

每块出厂产品应附有质量合格标志,每批产品出厂应附有合格证。合格证上应有以下内容:

a) 产品名称、标记;

b) 生产厂名、地址;

c) 生产日期、生产批号;

d) 检验人员、质检机构签章。

7.2 运输

产品应侧立搬运,禁止平抬。运输过程中应侧立打捆,用绳索捆紧,支撑合理,防止撞击,避免破损和变形。室外存放应有遮盖,防止雨淋。

7.3 贮存

7.3.1 产品存放场地应坚实平整,干燥通风,防止侵蚀介质和雨水浸害。

7.3.2 产品应按类型、规格分类贮存。贮存应采用侧立式,码放要求整齐,堆码不超过3层。

# 前　言

本标准是总结我国多年来生产与使用玻镁平板的实践经验,并在调查研究、科学试验及验证的基础上制订的。

制订《玻镁平板》行业标准,防火性能依据 GA 160—1997《不燃无机复合板应用技术条件》并参照采用了 ISO 1182—90《建筑材料不燃性试验》;产品物理性能,参照采用了 DIN 272—1986《索瑞尔水泥地板》、JIS A6905—1993《索瑞尔水泥》和 ISO 396—1990《纤维增强水泥制品》等标准。

本标准附录 A 是标准的附录。

本标准自 1998 年 11 月 1 日起实施。

本标准由全国水泥制品标准化技术委员会提出并归口。

本标准负责起草单位:国家建筑材料工业局合肥水泥研究设计院、安徽省消防科学研究所。

本标准参加起草单位:广东番禺市兆辉建材有限公司、淮南发电总厂防火板材厂、福建龙泰新型建材有限公司、国家建筑材料工业局合肥水泥研究设计院中亚防火板件厂。

本标准主要起草人:余学飞、屈　励、包建国、林辉勇、魏江平、倪望堂、黄汉波。

本标准委托国家建筑材料工业局合肥水泥研究设计院负责解释。

本标准为首次发布。

中华人民共和国建材行业标准

# 玻镁平板

JC 688—1998

Glass fibre & magnesium cement board

## 1 范围

本标准规定了玻镁平板的分类、原材料要求、技术要求、试验方法、检验规则、包装、运输、标志和贮存。

本标准适用于以氧化镁(MgO)、氯化镁($MgCl_2$)和水($H_2O$)三元体系,经配制和改性剂改性而制成的、性能稳定的镁质胶凝材料,以中碱或无碱玻纤网布为增强材料,以轻质材料为填料复合而制成的玻镁平板。

玻镁平板主要用于室内非承重内隔墙和吊顶板,以及用于各类装饰板的基板。

## 2 引用标准

下列标准所包含的条文,通过在本标准中引用而构成为本标准的条文,在本标准出版时,所示版本均为有效。所有标准都会被修订,使用本标准的各方应探讨使用下列标准最新版本的可能性。

GB/T 7019—1997 纤维水泥制品试验方法

JC/T 449—1991 建筑材料用菱苦土

JC 561—1994 玻璃纤维网布

JC/T 626—1996 纤维增强低碱度水泥建筑平板

GA 160—1997 不燃无机复合板通用技术条件

## 3 分类

### 3.1 分类

产品按加工程度分为基板和深加工板。

### 3.2 分级

按尺寸偏差和物理力学性能分为:一等品(B)和合格品(C)。

### 3.3 规格

玻镁平板的产品规格见表1,其他异型规格由供需双方商定。

表1 规格

mm

| 项　　目 | 长 | 宽 | 厚 |
|---|---|---|---|
| 基本尺寸 | ～2 500 | ～1 250 | 2～10 |

### 3.4 标记

#### 3.4.1 代号

基板的代号为FM,深加工板代号为RFM。

国家建筑材料工业局1998-05-14批准　　1998-11-01实施

3.4.2 标记示例

标记由分类、规格、等级和标准编号组成。例如：规格为 2 440 mm×1 220 mm×3 mm、一等品基板的标记示例如下：

FM 2 440×1 220×3 B JC 688

## 4 原材料要求

4.1 氧化镁应为 JC/T 449 规定的一等品以上的要求。

4.2 氯化镁应符合 JC/T 449 附录 A 的规定。

4.3 玻璃纤维布应符合 JC 561 规定，不得使用高碱或粘土坩埚拉丝生产的玻纤布。

4.4 填料应符合国家有关环境保护要求。

## 5 技术要求

5.1 外观质量与尺寸偏差

5.1.1 外观质量

a) 玻镁平板外观应表面平整、厚薄均匀、边角整齐、色泽一致，不应有裂纹、分层、孔洞、鼓泡、毛边等缺陷；

b) 深加工的装饰板材其表面质量由供需双方商定。

5.1.2 尺寸允许偏差

玻镁平板的尺寸允许偏差应符合表 2 规定。

表 2 尺寸允许偏差

| 项目 \ 等级 | 尺寸允许偏差 | |
|---|---|---|
| | 一等品 | 合格品 |
| 长度，mm | ±4 | ±6 |
| 宽度，mm | | |
| 厚度，% | ±6 | ±10 |
| 厚度不均匀度，% ≤ | 8 | 10 |
| 直角偏离度，% ≤ | 0.2 | 0.4 |

注：1. 厚度不均匀度系指同块板厚度的极差除以公称厚度；
2. 直角偏离度系指同块两对角线值差的绝对值除以其平均值。

5.2 物理力学性能

玻镁平板物理力学性能应符合表 3 规定。

表 3 物理力学性能

| 项目 | 一等品 | 合格品 |
|---|---|---|
| 抗折强度，MPa ≥ | 20 | 14 |
| 抗拉强度，MPa ≥ | 7 | 5 |
| 吸水率，% ≤ | 25 | 28 |
| 表观密度，$t/m^3$ ≤ | 1.2 | 1.5 |
| 抗返卤性 | 无水珠、无返潮 | 无水珠、无返潮 |
| 抗冲击强度，$kJ/m^2$ | 2.4 | 1.9 |

5.3 防火性能

玻镁平板的防火性能应满足 GA 160—1997 中 4.4、4.5 的规定要求。

## 6 试验方法

6.1 量具、仪器和仪表：

a) 钢卷尺：量程 5 000 mm，分度值 1 mm；

b) 钢直尺：量程 1 000 mm，分度值 1 mm；

c) 工业天平：称量 1 kg，感量 0.2 g；

d) 游标卡尺：量程 150 mm，精度 0.1 mm；

e) 万能试验机：量程 50 000 N，最小刻度值 20 N；

f) 薄板抗折机：量程 6 000 N，最小刻度值 5 N；

g) 恒温恒湿箱：可调范围：温度 15～40℃；湿度 50%～95%。

6.2 试样

6.2.1 试样养护龄期应不少于 20d。

6.2.2 试样以 3 块为一组，用于检测外观质量，规格尺寸，然后在每块上取样测定物理力学性能。

6.2.3 试样应置于室温 25℃±3℃，相对湿度小于或等于 90%的环境下 2d 以上，但无须泡水。

6.3 试验步骤

6.3.1 规格尺寸与外观质量按 JC/T 626 规定进行。

6.3.2 直角偏离度：用外观及规格尺寸检测后的玻镁平板 3 块，用钢卷尺测量每块板的两条对角线值，精确至 1 mm，取 2 个对角线值之差的绝对值作为该板的直角偏离度值。3 块中直角偏离度值最大的 1 块作为该组的直角偏离度值，而直角偏离度值除以该板的对角线公称尺寸则为该板的直角偏离度，以百分数表示。

6.3.3 抗折强度、吸水率、表观密度及抗冲击强度试验按 GB/T 7019 规定进行。

6.3.4 抗拉强度参照附录 A 进行。

6.3.5 抗返卤性：在一组试样的 3 块板上各任意切下 150 mm×150 mm 板，放入相对湿度大于等于 90%，温度 30～40℃的恒温恒湿箱中，12h 后取出观察，有无水珠或变潮。

6.3.6 防火性能试验按 GA 160 规定进行。

## 7 检验规则

7.1 检验项目

7.1.1 出厂检验：包括规格尺寸、外观质量、抗折强度和抗返卤性。

7.1.2 型式检验：技术要求中的全部项目。

7.2 抽样与判定

7.2.1 出厂检验

7.2.1.1 批量

每批玻镁平板应以同一等级，同一规格的产品 2 000 张为一批量，不足此数而在 500 张以上时，亦可作为一个批量考核。验收地点应在生产厂内进行。

7.2.1.2 抽样与判定

a) 外观质量与规格尺寸检验：每批应在不同堆垛里抽取 3 张板进行外观质量和规格尺寸检验。若其中 1 张有 1 项不符合标准要求时，则应由同一批量中抽取双倍数量进行复验，若该项指标仍不符合要求时，该批产品判为不符合相应的等级；

b) 物理力学性能检验：用上述外观、尺寸偏差合格的 3 张试样，做抗折强度、抗拉强度、抗返卤性，若有 1 项指标不符合本标准要求时，则应取双倍数量的样品进行复验，若复验该项指标仍不符合要求时，则该批量产品判为不符合相应的等级。

c）判定：出厂检验的各项指标均符合本标准中相应等级时，判定该批产品符合该等级。

7.2.2 型式检验

7.2.2.1 有下列情况之一时，应进行型式检验：

a）新产品试制定型鉴定时；

b）正常生产时，每半年进行1次，其中防火性能试验，每两年进行1次；

c）原材料和生产工艺有较大改变时；

d）产品生产停产半年以上恢复生产时；

e）出厂检验结果与上次型式检验有较大差异时；

f）质量监督机构提出进行型式检验要求时。

7.2.2.2 抽样与判定

a）外观质量与规格尺寸检验：从每一抽检批量中抽取样品，抽样数量列于表4第二栏。外观质量与规格尺寸检验按6.1和6.2进行。判定规则按表4第3～6栏程序进行。即不合格数未超过表4第3和5栏时，则该受检批量应予验收，若不合格品数等于表4第4和6栏时，则该批量拒收。

表4

| 批量数 | 外观质量及规格尺寸检验 | | | | | 物理力学性能检验 | |
|---|---|---|---|---|---|---|---|
| | 抽样数量 | 第一次样品 | | 第一次与第二次样品之和 | | 抽样数量 | 可接收系数 |
| | | 合格判定数 | 不合格判定 | 合格判定数 | 不合格判定数 | | |
| $N$ | 张 | $Ac_1$ | $Re_1$ | $Ac_2$ | $Re_2$ | 张 | $K$ |
| 1 | 2 | 3 | 4 | 5 | 6 | 7 | 8 |
| 101～280 | 8 | 0 | 2 | 1 | 2 | 3 | 0.502 |
| 281～500 | 8 | 0 | 2 | 1 | 2 | 4 | 0.450 |
| ≥501 | 8 | 0 | 2 | 1 | 2 | 5 | 0.431 |

若第一次样品中的不合格品数超过$Ac_1$，但小于$Re_1$，则应抽取并检验与第一次样品相同数量的第二次样品，当等于$Ac_2$时予以验收，当大于或等于$Re_2$时判为拒收。

b）抗折强度和抗拉强度的验收应符合表4中7栏和8栏的规定。若样品的平均值$X$大于或等于可验收极限，即$X \geqslant AL$，则该批量可以验收，若$X \leqslant AL$，则该批量拒收。

$$AL = L + KR$$

式中：$AL$——可验收极限；

$L$——标准低限；

$K$——可接收系数；

$R$——样品中试验结果最大值与最小值的极差。

c）玻镁平板的吸水率、表观密度、抗返卤性、防火性能的验收，应在同一批量中任意切取1块试样，试验结果如有1块不符合要求时，再取双倍数量进行复验。复验后仍有1块不符合要求时，则判定该批产品为不合格产品。

d）判定：型式检验的各项指标均符合标准中相应等级时，判定该批产品为该等级。

## 8 标志、包装、运输和贮存

### 8.1 标志

发货时，生产厂应出具产品合格证，随货供给用户，其中应注明：

a）生产厂名称、地址、商标；

b）产品批量编号与产品标记；

c）产品检验结果；

d）检验部门与检验人员签章。

8.2 包装

每张玻镁平板的正面应用不褪色的颜料标明生产厂名称、生产日期与产品规格。产品可用集装箱或捆扎包装，包装应保证产品安全，方便搬运。包装上应注标记和批号。

8.3 运输

运输与装卸产品时，产品应固定，不得抛掷与互相碰撞，运输工具底面应平整，并有防雨措施。

8.4 贮存

玻镁平板应按不同等级、规格堆放。堆放场地必须平坦、坚实、防雨。堆放高度一般不宜超过1.5 m。

## 附 录 A

（标准的附录）

## 玻镁平板抗拉强度试验方法

本附录规定了玻镁平板抗拉强度的试验方法。

### A1 仪器设备

A1.1 仪器

a）金属刻度尺：量程 300 mm，分度值 1 mm；

b）游标卡尺：量程 125 mm，精度 0.1 mm。

A1.2 设备

万能试验机：量程 50 000N，最小刻度值 20N。

### A2 试件

试件的尺寸和数量：在外观检验合格的试样上，每块切取 1 块 50mm×250mm 试样共 3 块。

### A3 试验步骤

A3.1 夹持方法见图 A1（两端必须加木质垫片）。

A3.2 测量每块试样距两端 50mm 处宽度 $B_1$、$B_2$ 值的平均值为该试样宽度 $B$，见图 A2。

$$B=\frac{B_1+B_2}{2};\qquad C=\frac{C_1+C_2}{2}$$

A3.3 在测宽度处中心，测试样厚度 $C_1$ 和 $C_2$，取平均值为试样的厚度 $C$，见图 A2。

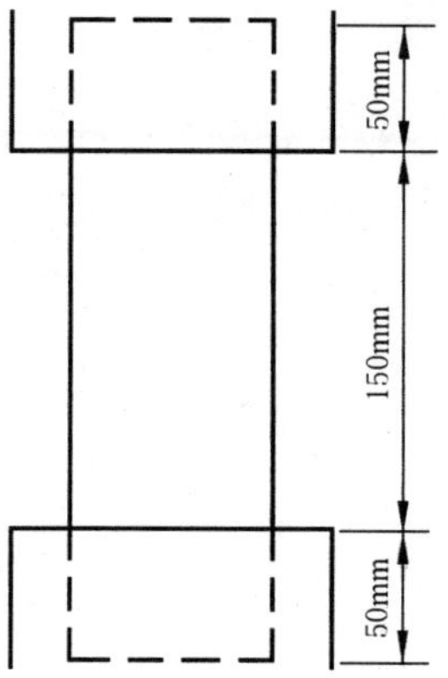


图 A1

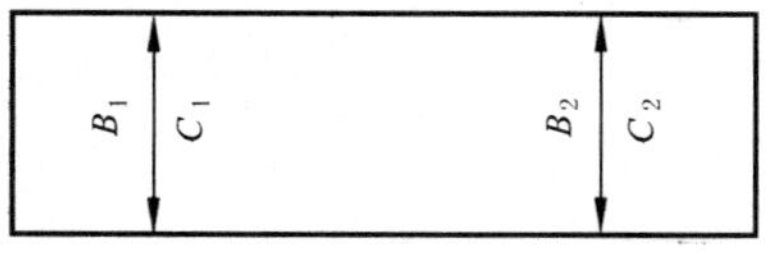


图 A2

**A3.4** 用万能试验机按图 A1 夹住试样，加荷时，试件在 15 s 至 30 s 内断裂，读取破坏时的荷载 $P$，精确至最小分度值。

**A4 结果计算**

**A4.1** 抗拉强度按式(A1)计算：

$$R_{拉}=\frac{P}{BC} \qquad \cdots\cdots (A1)$$

式中：$R_{拉}$——抗拉强度，MPa；

$P$——破坏荷载，N；

$B$——试样宽度，mm；

$C$——试样厚度，mm。

**A4.2** 试验以 3 块试样的抗拉强度的平均值表示，精确至 0.1MPa。

中华人民共和国国家标准

UDC 691.328
.5－46

GB 3040－82

# 石棉水泥输煤气管

# Asbestos－cement pressure pipe for gas transmission

## 1 适用范围

本标准适用于铺设在地下和振动较小的地方、输送工作压力为1公斤力/厘米$^2$及1公斤力/厘米$^2$以下的湿煤气（或沼气）管道用的石棉水泥管。

## 2 规格

石棉水泥输煤气管的形状和规格如图1和表1。

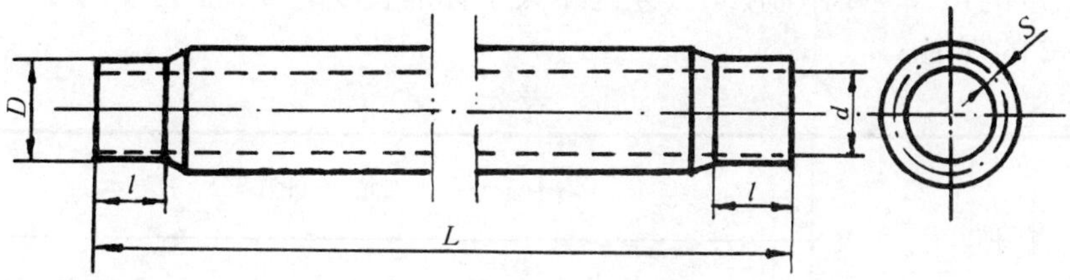


图1

$d$—内径；$D$—车削端外径；$S$—车削端壁厚；

$l$—车削长度；$L$—管子标准长度

表1

| 公称直径 | 内径 $d$ | 标准长度 $L$ | 车削端 | | 参考重量 $W$ |
|---|---|---|---|---|---|
| | | | 厚度 $S$ | 外径 $D$ | |
| 毫米 | | 米 | 毫米 | | 公斤/米 |
| 100 | 100 | 3，4 | 12 | 124 | 7.8 |
| 150 | 150 | 4，5 | 16 | 182 | 15.4 |
| 200 | 200 | 4，5 | 21 | 242 | 27.0 |
| 250 | 250 | 4，5 | 23 | 296 | 36.5 |
| 300 | 300 | 4，5 | 26 | 352 | 49.3 |

注：① 经供需双方协议可生产其他规格尺寸的管子。

国家标准总局1982－04－17发布　　1982－12－01实施

② 生产厂可暂时采用原有内径尺寸生产：147(141)，195(189)，243(236)，291(279) 毫米的管子。但新建的厂或更新管芯时，一律按表 1 的规定。

③ 管子未车削外径比车削外径约大 2 毫米。

## 3 技术要求

### 3.1 原材料

**3.1.1** 石棉：应采用符合建标54—61《温石棉质量标准》规定的五级和五级以上的温石棉。

**3.1.2** 水泥*：应采用不低于425号並符合GB 175—77《硅酸盐水泥与普通硅酸盐水泥》的规定。

* 水泥也可选用砂质水泥，但需采用压蒸养护。

### 3.2 外观质量

在每根管子未加工的外表面上允许有深度不大于2毫米的伤痕和脱皮，每处面积不得大于10厘米$^2$，其总面积不大于40厘米$^2$。管子内表面上允许有深度不大于 2 毫米的脱皮，其总面积不大于20厘米$^2$。如经车削，车削部位的外表面上不许有伤痕、脱皮和起鳞。

### 3.3 尺寸公差

**3.3.1** 管子长度的正公差不限制，负公差为不大于标准长度的 2 %。管子内径与车削端外径的允许公差不得大于表 2 的规定。

表 2　　毫米

<table>
<tr><th rowspan="2">公称直径</th><th colspan="2">允许公差</th></tr>
<tr><th>内径</th><th>车削端外径</th></tr>
<tr><td>100</td><td>±1</td><td>±1</td></tr>
<tr><td>150</td><td rowspan="4">±2</td><td rowspan="4">±1</td></tr>
<tr><td>200</td></tr>
<tr><td>250</td></tr>
<tr><td>300</td></tr>
</table>

**3.3.2** 管子应圆直，同一端内径的最大与最小值相差不得大于表 3 的规定。管子两端面必须切削成与中心轴线相垂直，不应有毛刺和起层。

表 3　　毫米

| 公称直径 | 100 | 150 | 200 | 250 | 300 |
|---|---|---|---|---|---|
| 允许值 | 1.0 | 1.5 | 2.0 | 2.5 | 3.0 |

**3.3.3** 允许弯曲度：标准长度为 3 米者不大于10毫米；标准长度为4、5米者不大于14毫米。

### 3.4 物理力学性能

**3.4.1** 管子应承受15公斤力/厘米$^2$的试验水压，在此压力下，保持30秒，管子外表面不应有洇水现象。

**3.4.2** 管子的抗张强度应不低于160公斤力/厘米$^2$，其破坏水压值不应低于表4的规定。

表 4

| 公称直径<br>毫米 | 管子破坏水压 | |
|---|---|---|
| | 公斤力/厘米$^2$ | (兆帕) |
| 100 | 34 | (3.33) |
| 150 | 31 | (3.04) |
| 200 | 30 | (2.94) |
| 250 | 27 | (2.65) |
| 300 | 26 | (2.55) |

**3.4.3** 管子的抗折强度不应低于250公斤力/厘米$^2$。

**3.4.4** 管子在735毫米汞柱的气压下作气密性试验，4小时压降值不得超过表5的规定。

表 5

| 公称直径，毫米 | 4小时许可压降值，毫米汞柱 |
|---|---|
| 100 | 12.0 |
| 150 | 8.0 |
| 200 | 6.0 |
| 250 | 4.8 |
| 300 | 4.0 |

**3.4.5** 管子的管壁吸水率不应大于16%。

## 4 试验方法

### 4.1 外观质量检查

用目测与精确度为0.5毫米的钢板尺测量管子内外表面伤痕和脱皮。

### 4.2 尺寸检验

**4.2.1** 管子长度用精确度为1.0毫米的卷尺测量。管子壁厚用精确度为0.1毫米的游标卡尺测量，以管子两端垂直对称位置各测四处，测量结果的算术平均值作为管壁厚度。

**4.2.2** 管子的内、外径分别用内、外卡钳及精确度为0.5毫米的钢板尺测量，以管子两端垂直对称位置各测四处，测量结果的算术平均值作为管子的内、外径尺寸。用同样方法测定同一管端的最大与最小的内径值。

**4.2.3** 管子的弯曲度用长度不小于管子长度的金属尺或木尺作靠尺，用精确度为1毫米的钢板尺测量，管子外表面与靠尺之间的最大间隙作为管子的弯曲度。

### 4.3 物理力学试验方法

**4.3.1 水压抗渗试验**

以整根经车削加工后的管子作试验。采用管端密封后管子轴向不受压力的水压试验设备。在不少于1分钟的时间内，使管内水压逐渐上升至本标准所规定的15公斤力/厘米$^2$试验水压值，恒压30秒，检查管子外表面状况。

**4.3.2 破坏水压试验**

用1米长的管段作试验。管段先在温度为20±5℃的水中浸泡48小时后，在水压试验机上进行试验(该设备要求同第4.3.1款的规定)。升压应平稳，速度为每秒1～2公斤力/厘米²。直至管段破裂，管子抗张强度按公式(1)计算：

$$R_t = \frac{P_t\ (d+S)}{2S} \quad \cdots\cdots\cdots (1)$$

式中：$R_t$ ——抗张强度，公斤力/厘米²；

$P_t$ ——破坏水压，公斤力/厘米²；

$d$——管段实际内径，厘米；

$S$——破裂处管壁实际厚度，厘米。

**4.3.3 抗折强度试验**

采用一点加荷试验方法测定管子抗折强度。如图2所示，在管段中部及两侧支点放上120°V型钢制托架，管段与托架之间应垫有厚度约10毫米的橡胶板。

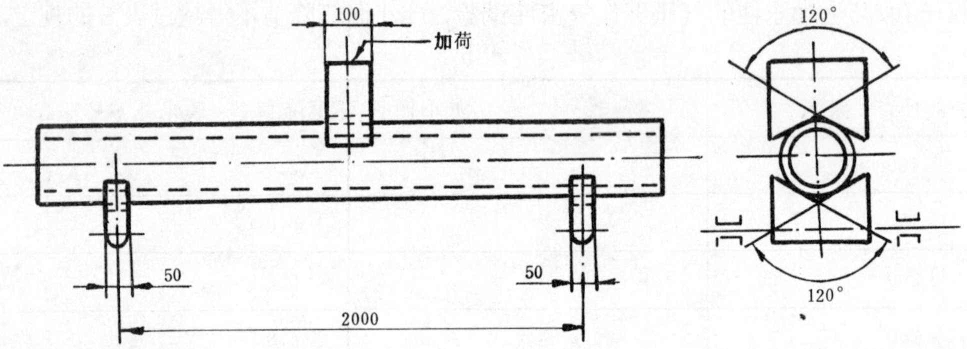


图2

试样需先在温度为20±5℃的水中浸泡48小时。试样长度和支承托架中心距离应符合表6的规定。

表6　　毫米

| 公称直径 | 试样长度 $L$ | 支距 $L'$ |
|---|---|---|
| 100～150 | 1200 | 1000 |

在材料试验机上，按图2装置好后开始试验，施加荷载以每秒40～60公斤力均速上升，直至管段折断。管子抗折强度按公式(2)计算：

$$R_f = \frac{8L'}{\pi} \times \frac{P_f\ (d+2S)}{(d+2S)^4 - d^4} \quad \cdots\cdots\cdots (2)$$

式中：$R_f$ ——抗折强度，公斤力/厘米²；

$P_f$ ——破坏荷载，公斤力；

$L'$ ——支距，厘米；

$d$ ——管段实际内径，厘米；

$S$ ——折断处管壁厚度，厘米。

**4.3.4 气密性试验**

水养护后的整根管子，继续在相对湿度为80±5%的环境中存放14天后作试验。试验必须在常温的室内进行，其透气试验装置如图3所示，用U型水银压力计测量压降值和用精确度为0.5℃的温度计测量管内温度。

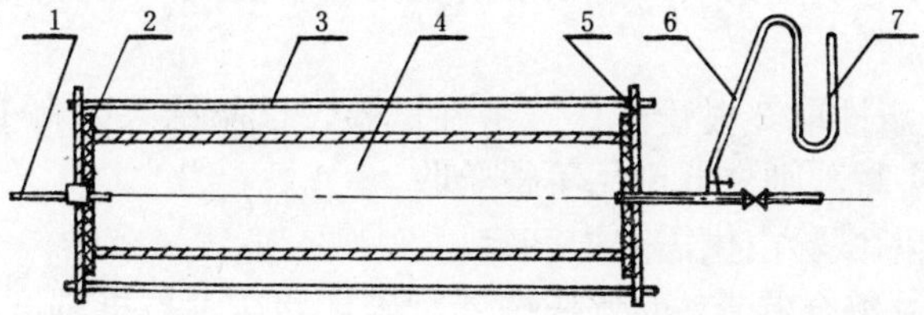


图3

1—温度计；2—橡胶板；3—丝杆；4—石棉水泥管；

5—盖堵板；6—橡皮管；7—U型水银压力计

在保证严密情况下，由空气压缩机向管内充气，在1分钟内达到规定的试验压力，保持5分钟开始记录，试验时间不少于4小时，实际压降值按公式(3)计算：

$$\Delta P = P_1 - P_2\left(\frac{273+t_1}{273+t_2}\right) \cdots\cdots (3)$$

式中：$\Delta P$——实际压降值，毫米汞柱；

$P_1$、$P_2$——试验开始和结束时管内气体压力，毫米汞柱；

$t_1$、$t_2$——试验开始和结束时管内气体温度，℃。

**4.3.5 吸水率试验**

从管子两端切取轴向为30毫米，环向为50毫米的试样各2块，将试样表面擦拭干净，并在温度为105±5℃烘箱内干燥24小时，取出试样，放在干燥器内冷却，用感量为0.01克的工业天平称其重量$G_1$，然后将试样放入常温水中浸泡24小时，取出用湿毛巾迅速擦去表面水分称其吸水后重量$G_2$。管壁吸水率按公式(4)计算：

$$\omega = \frac{G_2 - G_1}{G_1} \times 100 \cdots\cdots (4)$$

式中：$\omega$——管壁吸水率，%；

$G_1$——干燥后试样重量，克；

$G_2$——吸水后试样重量，克。

## 5 检验规则

### 5.1 检验项目

**5.1.1** 必测项目：管子外观质量、尺寸公差、气密性试验、水压抗渗试验、破坏水压试验和抗折强度试验。

**5.1.2** 选测项目：管子管壁吸水率试验。

### 5.2 检验规定

**5.2.1** 以同一规格、同一班的管子每300根为一批，不足300根者也以一批计。验收地点应在生产厂内进行。

**5.2.2** 每批管子任意抽取20根作外观与尺寸检查，其不合格品允许为2根，超过2根，不予验收，逐根检查处理。

**5.2.3** 全部产品应逐根进行水压抗渗试验，用户验收时，从每批管子中任意抽取3根作水压抗渗检验。如有1根不合格，重取3根试验，如其中仍有1根不合格时，则全批管子不予验收。

**5.2.4** 从令期为14天的每批管子中任意抽取2根作破坏水压试验，管子的破坏水压不应低于表4的规定数值，如不合格时，令期延长至28天，再取加倍数量管子进行复试，若仍有不合格时，则该批产品不得验收。

**5.2.5** 在令期为14天，公称直径为150及150毫米以下的每批管子中，任意抽取2根作抗折强度试验，试验结果如不合格时，令期延长至28天，再取加倍数量进行复试，在复试中如仍有1根不合格时，则全批产品不得验收。

**5.2.6** 在每批管子中任意抽取2根管子作气密性试验，试验结果如有1根不合格时，取加倍数量进行复试，若仍有1根不合格时，则全批产品不得验收。

**5.2.7** 管子的管壁吸水率试验由供需双方商定。

**5.2.8** 如管子外观、尺寸符合要求，而水压抗渗、破坏水压、抗折强度和气密性，其中有一项不合要求时，根据订货单位与生产厂的协议，可降级交货。

**5.2.9** 由于代运制度或订货单位不进行验收时，生产厂需将该批产品在正常生产时的检验结果，随同发货单一起寄给用户。

## 6 标志与出厂证明书

### 6.1 标志

管子的外表面必须用不掉色的颜料注明标志，其内容与格式如下：

$$\text{生产厂名称}\frac{\text{石棉水泥输煤气管、公称直径}}{\text{年、月、日、班、生产编号}}\quad\begin{matrix}\text{小心轻放}\\\text{严禁抛掷}\end{matrix}$$

### 6.2 出厂证明书

发货时，必须将出厂证明书随同发货单寄给用户，其中应载明：

a. 证明书编号；

b. 生产厂名称及厂址；

c. 产品名称、规格、数量与生产日期；

d. 产品性能检验结果；

e. 生产厂检验部门及检验人员签名盖章。

## 7 包装、运输与保管

### 7.1 包装

每根管子在出厂前必须妥善捆扎，但不要遮住标志。每根管子捆扎不应少于三个部位，管子两端必须严加保护。

### 7.2 运输

用各种运输工具运管子时，必须设法使管子固定。在运输过程中，减少震动，防止碰撞，装卸时严禁抛掷。

### 7.3 保管

管子的堆放场地必须坚实平坦，不同规格的管子，应分别堆放。堆放时最下一层的管子应固定好，以防塌落。堆垛高度如表7的规定。

表7　　毫米

| 公称直径 | 堆垛高度 |
|---|---|
| 100～150 | <1500 |
| 200～300 | <2000 |

注：随同证明书应发给管子运输、保管与使用方法的简要说明书。

**附加说明：**

本标准由中华人民共和国建筑材料工业部提出，由建筑材料工业部苏州水泥制品研究所归口。

本标准由建材部苏州水泥制品研究所负责起草。

本标准主要起草人叶启汉。

本标准委托建材部苏州水泥制品研究所负责解释。

自本标准实施之日起，JC 168—68《输煤气用石棉水泥管（中、低压）》部标准作废。

中华人民共和国国家标准

UDC 691.328.5
-46
GB 4126—84

# 石棉水泥输盐卤管

# Asbestos-cement pressure pipe for bittern transmission

## 1 适用范围

本标准适用于铺设海盐生产用的输海水、盐卤管道的石棉水泥压力管。

## 2 分级与规格

### 2.1 分级

根据工作压力，石棉水泥输盐卤管分成表1中所列的二种级别。

表 1

| 管子级别 | 工作压力<br>公斤力/厘米$^2$（兆帕） |
| --- | --- |
| 盐卤$_5$ | 5.0(0.49) |
| 盐卤$_{7.5}$ | 7.5(0.74) |

### 2.2 规格

石棉水泥输盐卤管的形状和规格，有管端车削与不车削两种如图1和表2。

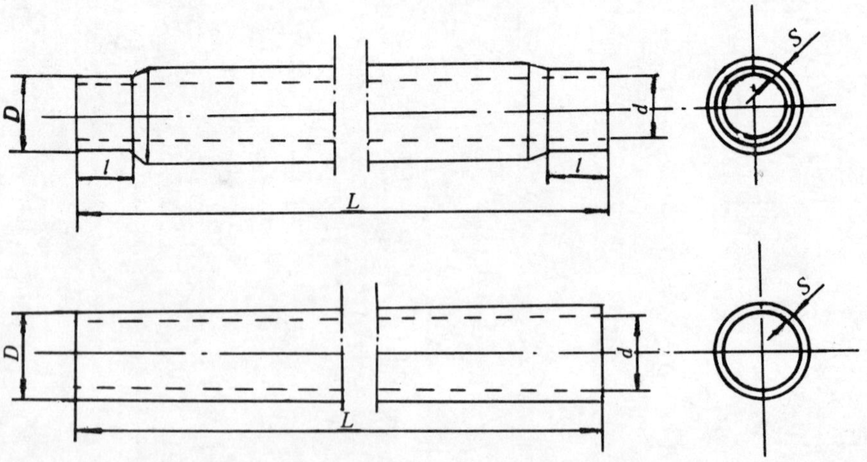


图 1

$d$ —内径；$D$—管端外径（车削或不车削）；$S$ —管端壁厚（车削或不车削）；

$l$ —车削长度；$L$ —管子标准长度

国家标准局1984-01-03发布　　　　1984-12-01实施

表 2

| 公称直径 | 内径 d | 标准长度 L | 盐卤₅ 管端(车削或不车削) 壁厚 S | 外径 D | 参考重量 W | 盐卤₇.₅ 管端(车削或不车削) 壁厚 S | 外径 D | 参考重量 W |
|---|---|---|---|---|---|---|---|---|
| 毫米 | | 米 | 毫米 | | 公斤/米 | 毫米 | | 公斤/米 |
| 100 | 100 | 3，4 | 10 | 120 | 7.8 | 11 | 122 | 8.5 |
| 150 | 150 | 3，4，5 | 11 | 172 | 12.3 | 14 | 178 | 15.4 |
| 200 | 200 | 4，5 | 12 | 224 | 17.4 | 16 | 232 | 22.8 |
| 250 | 250 | 4，5 | 15 | 280 | 26.4 | 19 | 288 | 33.1 |
| 300 | 300 | 4，5 | 17 | 334 | 35.2 | 23 | 346 | 47.2 |

注：① 经供需双方协议可生产其他规格尺寸的管子。

② 生产厂可暂时采用原有内径尺寸生产：147（141），195（189），243（236），291（279）毫米的管子。但新建的厂或更新管芯时，一律按表 2 的规定。

## 3 技术要求

### 3.1 原材料

**3.1.1** 石棉：应采用符合建标54—61《温石棉质量标准》规定的五级和五级以上的温石棉。

**3.1.2** 水泥：应采用不低于425号并符合GB 748—83《抗硫酸盐硅酸盐水泥》或GB 200—80《硅酸盐大坝水泥、普通硅酸盐大坝水泥、矿渣大坝水泥》的水泥。

注：如选用砂质水泥，需采用压蒸养护。

### 3.2 外观质量

在每根管子未加工的外表面上允许有深度不大于2毫米的伤痕和脱皮，每处面积不得大于10厘米$^2$，其总面积不大于40厘米$^2$。管子内表面上允许有深度不大于 2 毫米的脱皮。其总面积不大于20厘米$^2$。如经车削，车削部位的外表面上不许有伤痕、脱皮和起鳞。

### 3.3 尺寸公差

**3.3.1** 管子长度的正公差不限制，负公差为不大于标准长度的 2 %。管子内径与车削端外径的允许公差不得大于表 3 的规定。

表 3　　毫米

| 公称直径 | 允许公差 内径 | 允许公差 车削端外径 |
|---|---|---|
| 100 | ± 1 | ± 1 |
| 150<br>200<br>250<br>300 | ± 2 | ± 1 |

**3.3.2** 管子应圆直，同一端内径的最大与最小值相差不得大于表 4 的规定。管子两端面必须切削成与中心轴线相垂直，不应有毛刺和起层。

表 4　　毫米

| 公称直径 | 100 | 150 | 200 | 250 | 300 |
|---|---|---|---|---|---|
| 允许值 | 1.0 | 1.5 | 2.0 | 2.5 | 3.0 |

**3.3.3** 允许弯曲度：标准长度为 3 米者不大于10毫米；标准长度为 4，5 米者不大于14毫米。

**3.4 物理力学性能**

**3.4.1** 各种级别的管子应承受表 5 中所规定的试验水压，在此压力下，保持30秒，管子外表面不应有洇水现象。

表 5　　公斤力/厘米$^2$(兆帕)

| 管子级别 | 试验水压 |
|---|---|
| 盐卤$_5$ | 10 (0.98) |
| 盐卤$_{7.5}$ | 15 (1.47) |

**3.4.2** 管子的抗张强度应不低于160公斤力/厘米$^2$，其破坏水压值不应低于表 6 的规定。

表 6

| 公称直径<br>毫米 | 管子破坏水压，公斤力/厘米$^2$(兆帕) | |
|---|---|---|
| | 盐卤$_5$ | 盐卤$_{7.5}$ |
| 100 | 27(2.64) | 32(3.14) |
| 150 | 22(2.16) | 27(2.64) |
| 200 | 18(1.76) | 24(2.35) |
| 250 | 18(1.76) | 23(2.25) |
| 300 | 17(1.67) | 23(2.25) |

**3.4.3** 管子的抗折强度不应低于250公斤力/厘米$^2$。

**3.4.4** 管子的管壁吸水率不应大于18%。

## 4 试验方法

**4.1 外观质量**

外观质量检查，用目测与精确度为0.5毫米的钢板尺测量管子内、外表面伤痕和脱皮。

**4.2 尺寸检验**

**4.2.1** 管子长度用精确度为1.0毫米的卷尺测量。管子壁厚用精确度为0.1毫米的游标卡尺测量，以管子两端垂直对称位置各测四处，测量结果的算术平均值作为管壁厚度。

**4.2.2** 管子的内、外径分别用内、外卡钳及精确度为0.5毫米的钢板尺测量，以管子两端垂直对称位置各测四处，测量结果的算术平均值作为管子的内、外径尺寸。用同样方法测定同一管端的最大与最小的内径值。

**4.2.3** 管子的弯曲度用长度不小于管子长度的金属尺或木尺作靠尺，用精确度为1毫米的钢板尺测量，管子外表面与靠尺之间的最大间隙作为管子的弯曲度。

**4.3 物理力学性能试验方法**

**4.3.1 水压抗渗试验**

以整根管子作试验，采用管端密封后管子轴向不受压力的水压试验设备。在不少于1分钟的时间内，使管内水压逐渐上升至本标准表5所规定的试验水压值，恒压30秒检查管子外表面渗透状况。

**4.3.2 破坏水压试验**

用1米长的管段作试验。管段先在温度为20±5℃的水中浸泡48小时后，在水压试验机上进行试验（该设备要求同4.3.1的规定）。升压应平稳，速度为每秒1～2公斤力/厘米$^2$。直至管段破裂，按式（1）计算管子抗张强度：

$$R_t = \frac{P_t (d + S)}{2S} \quad \cdots\cdots (1)$$

式中：$R_t$ —— 抗张强度，公斤力/厘米$^2$；

$P_t$ —— 破坏水压，公斤力/厘米$^2$；

$d$ —— 管段实际内径，厘米；

$S$ —— 破裂处管壁实际厚度，厘米。

**4.3.3 抗折强度试验**

采用一点加荷试验方法测定管子抗折强度。如图2所示。在管段中部及两侧支点放上120° V型钢制托架，管段与托架之间应垫有厚度约10毫米的橡胶板。

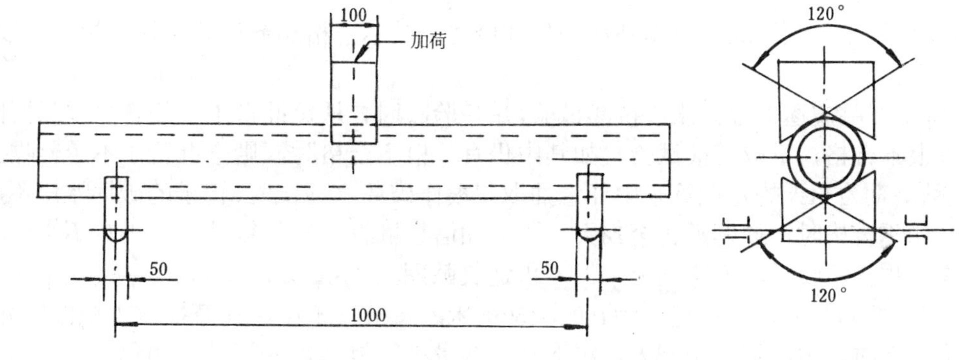


图 2

试样需先在温度为20±5℃的水中浸泡48小时。试样长度和支承托架中心距离应符合表7规定。

表 7　　毫米

| 公称直径 | 试样长度 $L$ | 支距 $L'$ |
|---|---|---|
| 100～150 | 1200 | 1000 |

在材料试验机上，按图2装置好后开始试验，施加荷载以每秒40～60公斤力均速上升，直至管段折断。按式（2）计算管子抗折强度：

$$R_f=\frac{8L'}{\pi}\times\frac{P_f(d+2S)}{(d+2S)^4-d^4} \quad \cdots\cdots (2)$$

式中：$R_f$——抗折强度，公斤力/厘米$^2$；

$P_f$——破坏荷载，公斤力；

$L'$——支距，厘米；

$d$——管段实际内径，厘米；

$S$——折断处管壁厚度，厘米。

**4.3.4** 吸水率试验

从管子两端切取轴向为30毫米，环向为50毫米的试样各2块，将试样表面擦拭干净，并在温度为105±5℃烘箱内干燥24小时，取出试样，放在干燥器内冷却，用感量为0.01克的工业天平称其重量$G_1$，然后将试样放入常温水中浸泡24小时，取出用湿毛巾迅速擦去表面水分，称其吸水后重量$G_2$。按式（3）计算管壁吸水率：

$$W=\frac{G_2-G_1}{G_1}\times 100 \quad \cdots\cdots (3)$$

式中：$W$——管壁吸水率，%；

$G_1$——干燥试样重量，克；

$G_2$——吸水后试样重量，克。

## 5 检验规则

**5.1** 检验项目

**5.1.1** 必测项目：管子外观质量、尺寸公差、水压抗渗试验、破坏水压试验和抗折强度试验。

**5.1.2** 选测项目：管子管壁吸水率试验。

**5.2** 检验规定

**5.2.1** 以同一规格、同一级别的管子每300根为一批，不足300根者也以一批计。验收地点应在生产厂内进行。

**5.2.2** 每批管子任意抽取20根作外观与尺寸检查，其不合格品允许为2根，超过2根，不予验收，逐根检查处理。

**5.2.3** 全部产品应逐根进行水压抗渗试验，用户验收时，从每批管子中任意抽取三根作水压抗渗试验。如有一根不合格，重取三根试验，如其中仍有一根不合格时，则全批管子不予验收。

**5.2.4** 从龄期为14天的每批管子中任意抽取二根作破坏水压试验，管子的破坏水压不应低于表6的规定数值，如不合格时，龄期延长至28天，再取加倍数量管子进行复试，若仍有不合格时，则该批产品不得验收。用户验收时，方法同上，但不再延长龄期。

**5.2.5** 在龄期为14天，公称直径为100及150毫米的每批管子中，任意抽取2根作抗折强度试验，试验结果如不合格时，龄期延长至28天，再取加倍数量进行复试，在复试中如仍有1根不合格时，则全批产品不得验收。

**5.2.6** 管子的管壁吸水率试验由供需双方商定。

注：① 如管子外观、尺寸符合要求，而水压抗渗、破坏水压、抗折强度，其中有一项不合要求时，根据订货单位与生产厂的协议，可降级交货。

② 由于代运制度或订货单位不进行验收时，生产厂需将该批产品在正常生产时的检验结果，随同发货单一起寄给用户。

**5.2.7** 用户对产品耐蚀性有异议时，由国家指定的质量检验机构或生产与使用双方同意的科研单位进行仲裁。

## 6 标志与出厂证明书

6.1 标志

管子的外表面必须用不掉色的颜料注明标志，其内容如下：

石棉水泥输盐卤管、公称直径、级别

生产厂名称 ______________________ 小心轻放 严禁抛掷

年、月、日、班、生产编号

6.2 出厂证明书

发货时，必须将出厂证明书随同发货单寄给用户，其中应载明：

a. 证明书编号；

b. 生产厂名称及厂址；

c. 产品名称、规格、数量与生产日期；

d. 使用水泥品种；

e. 产品性能检验结果；

f. 生产厂检验部门及检验人员签名盖章。

## 7 包装、运输与保管

7.1 每根管子在出厂前必须妥善捆扎，但不要遮住标志。每根管子捆扎不应少于三个部位，管子两端必须严加保护。

7.2 用各种运输工具运管时，必须设法使管子固定。在运输过程中，减少震动，防止碰撞，装卸时严禁抛掷。

7.3 管子的堆放场地必须坚实平坦，不同规格的管子，应分别堆放。堆放时最下一层的管子应固定好，以防塌落。堆垛高度如表8的规定。

表 8　　毫米

| 公称直径 | 堆垛高度 |
|---|---|
| 100～150 | ＜1500 |
| 200～300 | ＜2000 |

注：随同证明书应发给管子运输、保管与使用方法的简要说明书。

---

附加说明：

本标准由国家建筑材料工业局提出。

本标准由国家建筑材料工业局苏州水泥制品研究所等单位负责起草。

本标准主要起草人叶启汉、陈桂琴。

本标准委托国家建筑材料工业局苏州水泥制品研究所负责解释。

# 前　　言

近十年来，我国混凝土瓦的生产有了很大发展，引进了多个国家的生产线，其中，多数引自欧洲共同体国家。如今我国混凝土瓦的生产水平、质量水平及其使用寿命都得到了大幅度提高。本标准是在总结我国混凝土瓦发展的实践经验和科学研究成果的基础上，根据我国现行的技术经济政策，主要内容等效采用欧洲标准（德文版）DIN EN490：1994《混凝土屋面瓦和配件瓦产品要求》和 DIN EN491：1994《混凝土屋面瓦和配件瓦产品试验方法》，同时参考其他国外先进标准，对 JC/T 746—1987（96）（GB/T 8001—1987）进行了全面修订。

本标准的附录 A、附录 B、附录 C、附录 D、附录 E 是标准的附录。

本标准于 1999 年 8 月 1 日实施。本标准自实施之日起，JC 1746—1987(96)（GB/T 8001—1987）废止。

本标准由全国水泥制品标准化技术委员会归口。

本标准负责起草单位：辽宁省建筑材料科学研究所。

本标准参加起草单位：绍兴英红建材有限公司、荆州市建筑材料总厂、镇江京威彩瓦有限公司、大连建材厂、上海美迪彩瓦有限公司、上海大中玛哈攀建材有限公司、北京市西六建材工贸公司、南宁正大建材有限公司、华美制瓦集团常州华美建筑材料有限公司、英标建材（台州）有限公司、泉州群峰机械制造有限公司、泉州市南方建材设备公司。

本标准主要起草人：罗兴国、刘孟兴、刘新明、蔡智祥、杨　明、张成明、杨维新、邵　今、李　坚、陶国军、林雪征。

本标准 1987 年首次发布，1998 年第一次修订。

本标准委托辽宁省建筑材料科学研究所负责解释。

中华人民共和国建材行业标准

JC 746—1999

代替 JC/T 746—1987(96)

# 混　凝　土　瓦

**Concrete tiles**

## 1　范围

本标准主要规定了混凝土瓦的分类、技术要求、试验方法、检验规则、标志、包装、贮存和使用。

本标准适用于由水泥、集料和水等为主要原材料经拌和、挤压成型或其他成型方法制成的用于坡屋面的屋面瓦及与其配合使用的配件瓦。混凝土瓦可以是本色的、着色的或表面经过处理的。

## 2　引用标准

下列标准所包含的条文，通过在本标准中引用而构成为本标准的条文。本标准出版时，所示版本均为有效。所有标准都会被修订，使用本标准的各方应探讨使用下列标准最新版本的可能性。

GB/T 175—1992　硅酸盐水泥、普通硅酸盐水泥

GB/T 1344—1992　矿渣硅酸盐水泥、粉煤灰硅酸盐水泥、火山灰质硅酸盐水泥

GB/T 1596—1991　用于水泥和混凝土中的粉煤灰

GB/T 2015—1991　白色硅酸盐水泥

GB 8076—1997　混凝土外加剂

GB 12958—1991　复合硅酸盐水泥

GB/T 14684—1993　建筑用砂

JC/T 539—1994　混凝土和砂浆用颜料及其试验方法

JGJ 63—1989　混凝土拌和用水标准

## 3　定义、符号和缩略语

3.1　定义

本标准采用下列定义：

混凝土瓦——由混凝土制成的屋面瓦和配件瓦的统称。

混凝土屋面瓦——由混凝土制成的，铺设于屋顶坡面完成瓦屋面功能的建筑构件。

有筋槽屋面瓦——瓦的正面和背面搭接的侧边带有嵌合边筋和凹槽；可以有，也可以没有顶部的嵌合搭接。

无筋槽屋面瓦——一般是平的，横向或纵向成拱型的屋面瓦，带有规则或不规则的前沿。

混凝土配件瓦——由混凝土制成的，铺设于屋顶特定部位，满足屋顶瓦特殊功能的，配合屋面瓦完成瓦屋面功能的建筑构件。包括脊瓦、封头瓦、排水沟瓦、檐口瓦和弯角瓦、三向脊顶瓦、四向脊顶瓦等。

3.2　混凝土瓦各部位名称

3.2.1　混凝土屋面瓦各部位名称(见图1)。

国家建筑材料工业局1999-04-09批准　　　　1999-08-01实施

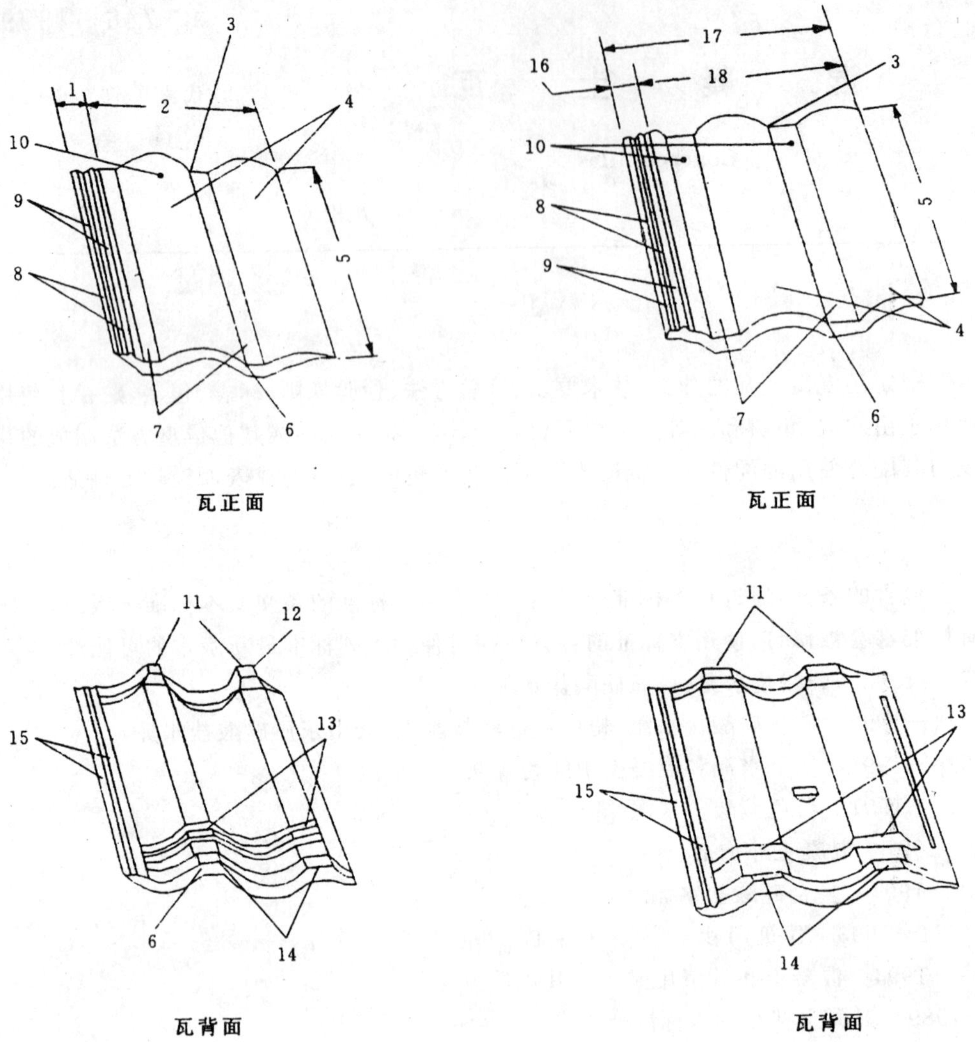


1—侧面搭接部分；2—遮盖部分；3—后端；4—瓦脊；5—总长度 $l$；6—前端(沿)；7—瓦槽；8—边筋；9—外槽；10—固定孔；11—吊挂瓦爪(后爪)；12—后端；13—防风檐；14—支撑瓦爪(前爪)；15—内槽；16—搭接宽度 $b_2$；17—总宽度 $b$；18—遮盖宽度 $b_1$

图 1　混凝土屋面瓦各部位名称

3.2.2　混凝土配件瓦名称(见图 2)。

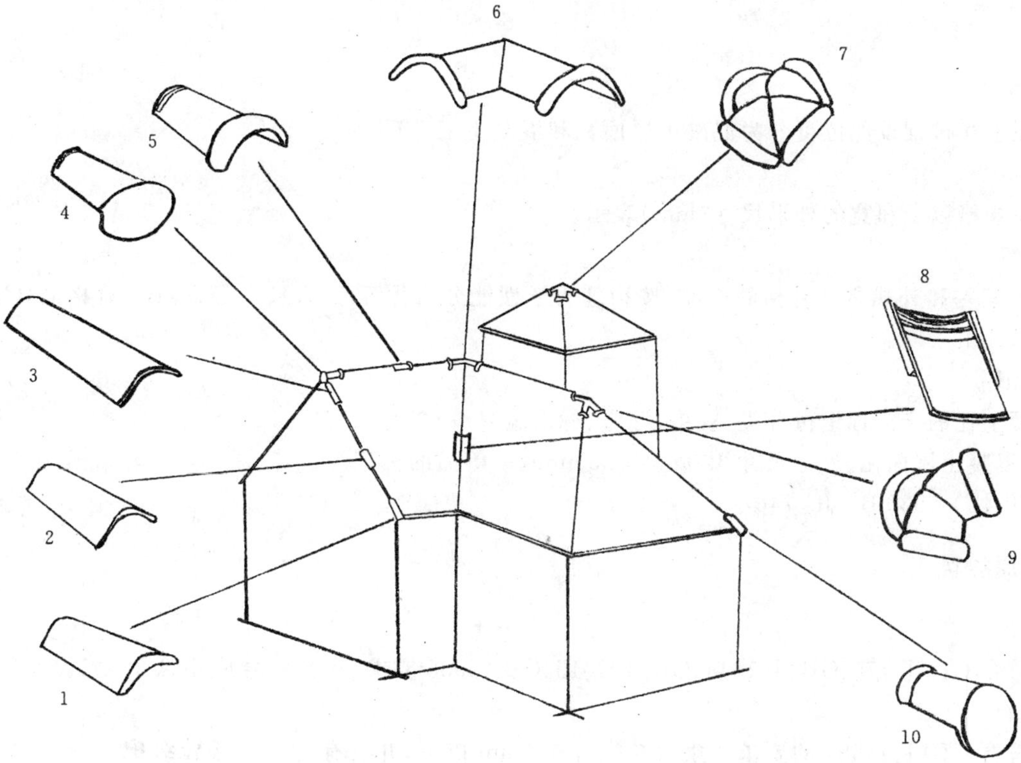


1—檐口封；2—檐口瓦；3—檐口顶瓦；4—圆脊封头；5—圆脊瓦；6—双向脊顶瓦；7—四向脊顶瓦；8—排水沟瓦；9—三向脊顶瓦；10—斜脊封头

注：此为部分混凝土配件瓦的示意图及其名称。配件瓦应与各生产厂家不同特殊瓦型相配套。

图 2 混凝土配件瓦名称

## 3.3 符号和缩略语

CT——混凝土瓦

CRT——混凝土屋面瓦

CFT——混凝土配件瓦

$l$——瓦的总长度

$l_1$——屋面瓦的吊挂长度，$l_1=\frac{l_2+l_3}{2}$

$l_2$、$l_3$——屋面瓦的侧边吊挂长度

$b$——瓦的总宽度 $b=b_1+b_2$

$b_1$——屋面瓦的遮盖宽度

$b_2$——屋面瓦的搭接宽度

$b_{1c}$——紧缩状态下 10 块瓦的遮盖宽度

$b_{1d}$——展开状态下 10 块瓦的遮盖宽度

$d$——屋面瓦的瓦脊高度

$F_{ok}$——承载力可验收值

$F_c$——承载力标准值

$\overline{F}$——承载力实测平均值

$F_i$——第 $i$ 块屋面瓦的承载力实测值

$\sigma$——承载力标准差

## 4 分类

### 4.1 类别

混凝土瓦按铺设部位可分为混凝土屋面瓦和混凝土配件瓦。

### 4.2 规格

产品规格以长和宽的外形尺寸(mm)表示。

### 4.3 等级

尺寸偏差和外观质量合格的产品,按物理力学性能分为优等品(A)、一等品(B)、合格品(C)三个等级。

### 4.4 标记

混凝土瓦的产品标记按分类、规格、等级、标准编号编写。

例:混凝土屋面瓦、外形尺寸 420mm×330mm、一等品的标记为:

CRT 420×330 B JC 746

## 5 主要原材料

### 5.1 水泥

应符合 GB/T 175、GB/T 1344、GB/T 2015、GB 12958 要求,水泥标号应不低于 425。

### 5.2 集料

应符合 GB/T 14684 的要求。集料粒径应在 5mm 以下,并具有适当的颗粒级配。

### 5.3 水

应符合 JGJ 63 的要求。

### 5.4 颜料

应符合 JC/T 539 的要求。

### 5.5 掺合料

制品掺加的如粉煤灰等细粉状物质,不应对产品产生有害影响,也不应使产品所接触的金属生锈。其使用量和使用方法须经试验确定。粉煤灰应符合 GB/T 1596 的要求。

### 5.6 外加剂

应符合 GB 8076 的要求。

### 5.7 表面材料

用于混凝土瓦表面的材料,在使用中不应使从屋面流下的雨水产生任何对人体及环境有危害的物质。如使用白水泥应符合 GB/T 2015 的要求,标号不低于 425。

## 6 技术要求

### 6.1 尺寸偏差

#### 6.1.1 长度

屋面瓦和脊瓦的长度允许偏差±4mm。

#### 6.1.2 宽度

屋面瓦的宽度允许偏差±3mm。

#### 6.1.3 遮盖宽度

##### 6.1.3.1 一般要求

一块屋面瓦的遮盖宽度 $b_1$ 以及遮盖宽度的正、负允许偏差值,应在生产厂家的技术资料中给予说明。

注:当屋面瓦有意设计成不同的遮盖宽度时,无此项要求。

6.1.3.2 有筋槽屋面瓦

当生产厂家给出瓦片遮盖宽度的允许偏差值时，其遮盖宽度要满足下列要求：

$b_{1d}/10 \leqslant b_1$＋所给的遮盖宽度允许偏差值

$b_{1c}/10 \geqslant b_1$－所给的遮盖宽度允许偏差值

当生产厂家没有给出遮盖宽度的允许偏差值，平均遮盖宽度应与生产厂家所给定的遮盖宽度值偏差不超过±5mm。

6.1.3.3 无筋槽屋面瓦

屋面瓦的平均遮盖宽度应与厂家所给定的遮盖宽度值偏差不超过±3mm。

注：其他配件瓦的尺寸偏差由供需双方协定。

6.1.4 屋面瓦吊挂瓦爪(后爪)的有效高度应不小于 10mm。

6.1.5 对于有筋槽的瓦，其边筋高度应不低于 3mm。

6.1.6 若瓦有固定孔，其布置要确保屋面瓦或配件瓦与挂瓦条的连接安全可靠。固定孔的布置和结构应保证不影响混凝土瓦其他正常的使用功能和不造成缺陷。

6.2 外观质量

6.2.1 一般要求

屋面瓦和配件瓦应瓦型清楚，瓦面平整，边角整齐。屋面瓦应瓦爪齐全。彩色混凝土瓦应无明显的色泽差别。

注：彩色混凝土瓦的色泽要求由供需双方协商。

6.2.2 方正度

按 A2.2.1 要求检验时，$l_2$ 与 $l_3$ 之间的差值应小于 4mm。

注：当瓦片设计成不规则前沿时，无此项要求。

6.2.3 平面性

屋面瓦任何预定的接触点与平参考面的间隙不应大于 3mm 或 $b_1/100$(精确至 mm，取其大者为准)。

注：对于一些瓦型，无此项要求。例如：

a) 当瓦片与平参考面的设定接触点少于 4 个；

b) 当瓦片的形状设计成不规则时。

6.2.4 外观缺陷

混凝土瓦不允许有裂缝、裂纹(包括龟裂)、孔洞、表面夹杂物；瓦的正表面不允许有高于 5mm 的突出料渣；瓦的外观缺陷不得超过表 1 的规定。

表 1 混凝土瓦外形缺陷允许范围

| 项目 | 指标 |
|---|---|
| (a) 掉角在瓦面上造成的破坏尺寸不得同时大于 | 10mm |
| (b) 瓦爪残缺 | 允许一爪有缺，但不大于爪高的 1/3 |
| (c) 边筋残缺：边筋坍塌或外槽外缘边筋断裂 | 不允许 |
| (d) 擦边长度不得超过(在瓦面上造成的破坏宽度小于 5mm 者不计) | 30mm |

6.3 物理力学性能

6.3.1 质量偏差

6.3.1.1 质量不超过 2kg 的瓦，质量偏差应在生产厂家给定值的±0.2kg 以内。

6.3.1.2 质量超过 2kg 的瓦，一等品和合格品的质量偏差应在生产厂家给定值的±10%以内；优等品应在生产厂家给定值的±5%以内。

6.3.2 承载力

6.3.2.1 屋面瓦的承载力实测平均值不得小于承载力可验收值($F_{ok}$)。承载力可验收值按下式计算：

$$F_{ok} \geqslant F_c + 1.64\sigma$$

6.3.2.2 屋面瓦的承载力标准值 $F_c$ 应符合表 2 的规定。

表 2 混凝土屋面瓦的承载力标准值

| 项目 | | 有筋槽屋面瓦 | | | | | | 无筋槽屋面瓦 |
|---|---|---|---|---|---|---|---|---|
| | | 波型屋面瓦 | | | | 平屋面瓦 | | |
| 瓦脊高度 $d$,mm | | $d>20$ | | $20\geqslant d\geqslant 5$ | | $d<5$ | | — |
| 遮盖宽度 $b_1$,mm | | ≥300 | ≤200 | ≥300 | ≤200 | ≥300 | ≤200 | — |
| 承载力标准值 $F_c$,N | 优等品 | 2 000 | 1 400 | 1 400 | 1 000 | 1 200 | 800 | 550 |
| | 一等品 | 1 800 | 1 200 | 1 200 | 900 | | | |
| | 合格品 | 1 500 | 1 000 | 1 000 | 800 | | | |

注：对遮盖宽度在 200～300mm 之间的有筋槽屋面瓦，其承载力标准值应按表中所列的值用线性内插法确定。

6.3.3 吸水率

单块混凝土瓦的吸水率应符合表 3 规定。

表 3 混凝土瓦的吸水率

| | 优等品 | 一等品 | 合格品 |
|---|---|---|---|
| 吸水率,% | ≤10 | | ≤12 |

6.3.4 抗渗性能

屋面瓦、脊瓦、排水沟瓦经抗渗性能检验，每块瓦的背面不得出现水滴现象。

6.3.5 抗冻性

屋面瓦经抗冻性检验后，应满足承载力(见 6.3.2)和抗渗性能(见 6.3.4)的要求。同时，外观质量应符合本标准要求，且表面涂层不得出现剥落现象。

## 7 试验方法

7.1 尺寸偏差和外观质量

见附录 A。

7.2 物理力学性能试验方法

7.2.1 质量

7.2.1.1 量具：最大称量 10kg 的电子台秤或天平，灵敏度 5g。

7.2.1.2 步骤：将屋面瓦置于温度为 15～30℃，空气相对湿度不低于 40%，通风良好的条件下，存放至少 24h。然后，每隔 24h 称量一次每块屋面瓦的质量，精确至 5g，至前后两次每块称量误差小于 25g。求出被测屋面瓦质量，并计算算术平均值，修约至 10g。

7.2.2 承载力

见附录 B。

7.2.3 吸水率

见附录 C。

7.2.4 抗渗性能

见附录 D。

7.2.5 抗冻性

见附录 E。

## 8 检验规则

8.1 检验分类

产品检验分出厂检验和型式检验。

8.2 出厂检验

8.2.1 每批出厂产品都应进行出厂检验。

8.2.2 出厂检验项目包括尺寸偏差、外观质量、承载力、吸水率和抗渗性能。

8.3 型式检验

8.3.1 有下列情况之一者，应进行型式检验：

a) 新产品生产的试制鉴定；

b) 正式生产后，原材料、工艺等发生较大的改变，可能影响产品性能时；

c) 正常生产时，每年进行一次；

d) 产品停产半年以上，又恢复生产时；

e) 出厂检验结果与上次型式检验有较大差异时；

f) 国家质量监督机构提出进行型式检验的要求时；

g) 用户有特殊要求时。

8.3.2 型式检验项目包括本标准技术要求的全部项目。

8.4 抽样

8.4.1 试样应随机抽取。尺寸偏差和外观质量检验的试样在产品成品堆场抽取。承载力检验与抗冻性检验的试样龄期应不少于 28d。

8.4.2 试样数量符合表 4 规定。非破坏性试验项目的试样，可用于其他项目的检验。

表 4 试样抽取数量表

| 检验项目 | 型式检验 | 出厂检验批量,块 | | | |
|---|---|---|---|---|---|
| | | 2 000 至 50 000 | 50 001 至 100 000 | 100 001 至 150 000 | >150 000 |
| | 试样数量 | | | | |
| 长度 | 3 | 3 | 5 | 8 | 10 |
| 密度 | 3 | 3 | 5 | 8 | 10 |
| 遮盖宽度 | 11 | 11 | 11 | 11 | 11 |
| 方正度 | 3 | 3 | 5 | 8 | 10 |
| 平面性 | 3 | 3 | 5 | 8 | 10 |
| 外观缺陷 | 10 | 10 | 20 | 25 | 30 |
| 质量偏差 | 3 | — | — | — | — |
| 承载力 | 7 | 7 | 7 | 7 | 10 |
| 吸水率 | 3 | 3 | 5 | 8 | 10 |
| 抗渗性能 | 3 | 3 | 5 | 8 | 10 |
| 抗冻性 | 3 | — | — | — | — |

注：划“—”者为不需要检验。

8.5 判定规则

当所抽取的样品都满足本标准相应的等级要求时，判定其为相应的等级。

8.6 复验

在所抽取的试样中，尺寸偏差和外观质量检验不合格试件的总数不超过3块，或物理力学性能检验不合格试件的总数不超过1块时，允许进行复验。复验只针对不合格项目进行。复验只允许一次。

注：承载力或抗冻性不合格时，不进行复验。

复验时从同一批次中抽取与前次该项目检验相同数量的样品进行第二次检验。若复验后检验结果达到要求，则判该批次产品为相应等级；若仍有不合格试样，则判该批次产品为不合格。

## 9 标志、包装、运输和贮存

9.1 标志

9.1.1 产品应在其背面永久性标注商标或生产厂家名称(或简称)，图案应清晰、牢固。

9.1.2 产品出厂时，应提供产品质量合格证。产品质量合格证主要包括生产厂名、产品标记、商标、批量编号、证书编号、生产日期等，并由检验员或承检单位签章。

9.2 包装

9.2.1 产品根据需要可散装或包装。产品宜按品种、规格尺寸、质量等级、色别分别包装。

9.2.2 产品可使用捆扎、木托架或其他材料包装。包装应捆紧牢固，并方便搬运。

9.2.3 特殊产品可按用户要求包装。

9.3 运输

产品运输过程中，应采取措施减轻震荡，防止碰撞，保护产品安全。人工装卸时，要轻拿轻放，严禁抛掷。

9.4 贮存

产品应按品种、规格、等级、色别分别整齐、紧密地堆放在平整、坚实的地基上。

## 10 使用

为方便正确使用，供方应提供其产品的使用安装说明书。

## 附 录 A
（标准的附录）
## 尺寸偏差与外观质量的试验方法

### A1 量具

钢直尺，最小分度值为 1mm。

### A2 测量方法及结果判定

A2.1 尺寸偏差

A2.1.1 在瓦的两侧边测量瓦的长度，取二者的算术平均值；在瓦的两端测量瓦的宽度，取二者的算术平均值。

A2.1.2 测量结果以每件试样测量的长度的算术平均值、宽度的算术平均值与其规格长度、宽度的偏差表示。

A2.1.3 遮盖宽度

A2.1.3.1 有筋槽屋面瓦

将预先确定遮盖宽度相同的 11 块屋面瓦，按生产厂家规定的方式使屋面瓦相互之间搭接嵌合挂好或铺好。

展开状态下这些屋面瓦要尽可能展开，边筋内外槽相互之间的嵌合要可靠，展开状态的遮盖宽度 $b_{1d}$ 要测量 10 块屋面瓦（见图 A1a），取整至 mm。紧缩状态下这些屋面瓦要尽可能挤紧靠牢，边筋内外槽相互之间的嵌合要可靠，紧缩状态下的遮盖宽度 $b_{1c}$ 要测量 10 块屋面瓦（见图 A1b），取整至 mm。计算：

a）展开状态下的算术平均值（$b_{1d}/10$）和紧缩状态下的算术平均值（$b_{1c}/10$），或

b）平均遮盖宽度（$b_{1d}+b_{1c}$）/20。

计算结果修约至 1mm。

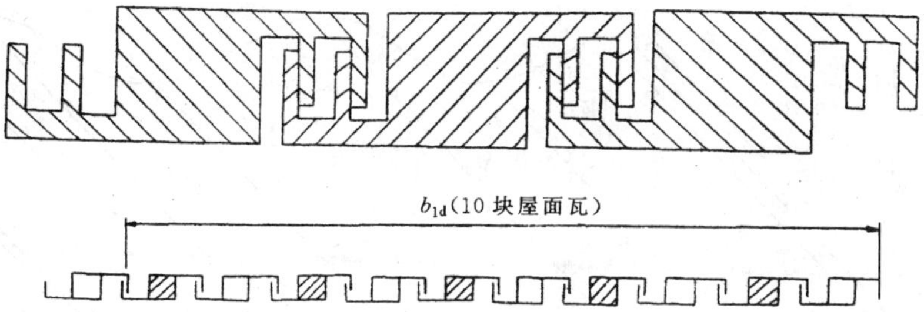


a 展开状态下的遮盖宽度 $b_{1d}$

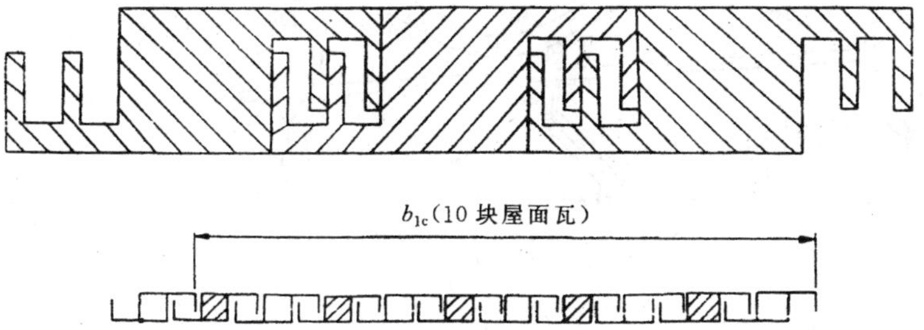


b 紧缩状态下的遮盖宽度 $b_{1c}$

图 A1 遮盖宽度测量

A2.1.3.2　无筋槽屋面瓦

将预先确定遮盖宽度相同的10块屋面瓦，按厂家所给的方式挂在一根挂瓦条上。将屋面瓦挤紧靠牢，测出10块屋面瓦的宽度，并计算其算术平均值。修约至1mm。

A2.2　外观质量

外观缺陷用肉眼直观检察，外形缺陷用钢直尺测量。

A2.2.1　方正度与吊挂长度

将屋面瓦以20°～70°之间的角度挂在挂瓦条上(见图A2a)。接着测量屋面瓦两侧边挂瓦条上棱和屋面瓦前沿之间的长度$l_2$、$l_3$(见图A2b)，以二者的差作为检验结果，修约至1mm。同时求出屋面瓦的吊挂长度$l_1$，以$l_2$、$l_3$的算术平均值表示，修约至1mm。

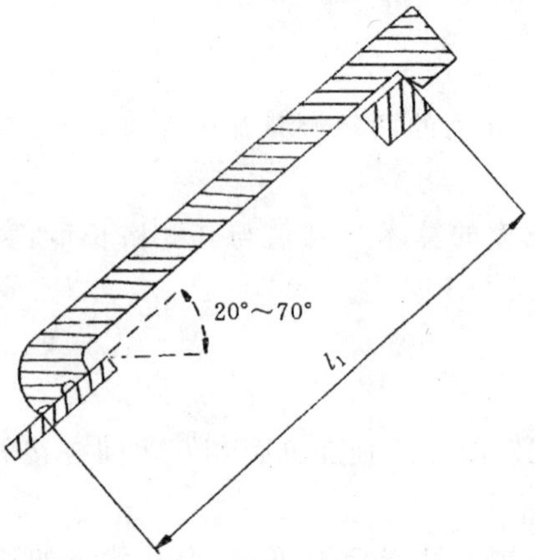


a

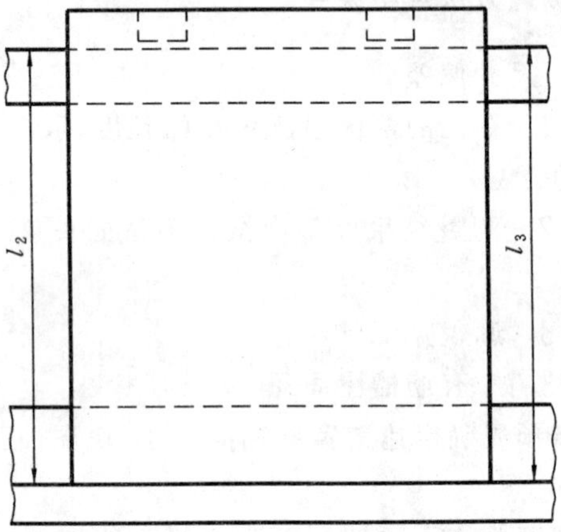


b

图A2　吊挂长度的测量

A2.2.2　平面性

将屋面瓦正面朝上放在一个平参考面上，使其处于稳定状态，用一根直径为3mm或$b_1/100$(取整至mm)的金属棒——以较大者为准，测量屋面瓦的某个设定接触点与平参考面之间是否存在比允许值大的间隙，应给出所有检验结果。(见图A3)

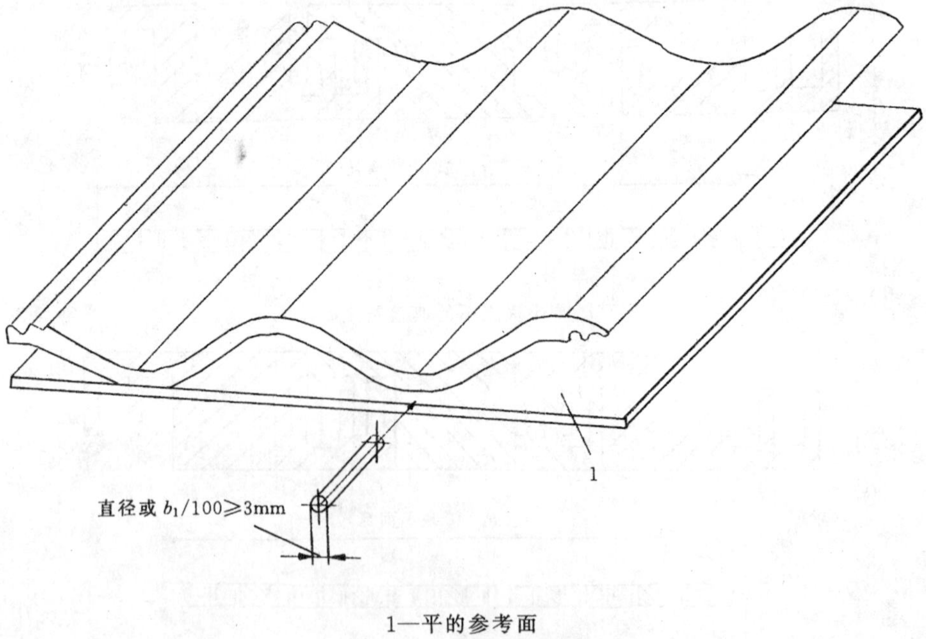


1—平的参考面

图A3　平面性的测量

A2.2.3　色差

在光线充足条件下，正常视力，距试样 3m，目测面积约 $1m^2$ 的试样。

A2.2.4 外观缺陷

A2.2.4.1 贯穿裂纹是指从瓦正面裂透至背面的裂纹。惊纹（震纹）按贯穿裂纹论处。

A2.2.4.2 掉角测量其在瓦正面上造成破坏面的长度方向和宽度方向的二个投影尺寸。擦边测量在瓦面上造成的破坏宽度及其破坏的边长。

## 附 录 B

（标准的附录）

## 承载力的试验方法

### B1 仪器设备

B1.1 抗折试验机

抗折试验机量程 0～10kN，最小分度值 20N，加荷压头行程大于 500mm，可以无级调速，测量示值误差不大于±1%。

B1.2 量具

钢直尺，最小分度值 1mm；游标卡尺，精度 0.02mm。

B1.3 水槽

### B2 屋面瓦调湿

将屋面瓦浸没在温度为 10～25℃的清水中不小于 24h，水面应高出试样 20mm，于试验前拭干表面水分备用。

### B3 试验步骤

B3.1 瓦脊高度的测量

如果生产厂家所给的瓦脊高度 $d$（见图 B2）不小于 20mm，就要测量试样量的每块屋面瓦的瓦脊高度。

B3.2 支承方式

采用三点弯曲方式。两个相同高度的支座采用金属制成，其上表面呈半径为 10mm 的圆弧形，其上可垫一宽度为 20mm，厚度为 20～30mm，长度大于屋面瓦的总宽度的硬质木条，木条的下表面应与支座的上表面相配合。在屋面瓦与支座（或木条）之间应有弹性垫层。两支座应相互平行且相对屋面瓦纵向轴的垂直面必须是可自由调节平衡的。支座中心距为 $2/3l_1$ 取整数（mm）。

注：$l_1$ 以屋面瓦实测值的算术平均值（mm）计。

B3.3 试验时试样放置

屋面瓦正面朝上置于支座上（见图 B1）。此时如屋面瓦还不平衡，例如这时屋面瓦背面的拱肋在支座上，则要将屋面瓦向吊挂瓦爪方向移动一些，以确保其平稳。调整试件至水平。

B3.4 加荷方式

用于加荷的加荷杆与支座要求材质、尺寸相同，其下表面是呈半径 10mm 的圆弧形。加荷杆应平行于支座，且相对屋面瓦纵向轴的垂直面可自由调节平衡。加荷杆位于跨距中央。弯曲加荷杆与支座之间的角度不允许大于 10°。为了达到这个目的，必要时，在加荷杆与瓦面之间，填垫一块平衡物（见图 B3），平衡物不要宽于加荷杆圆弧的直径。

如果是平的屋面瓦要在加荷杆和屋顶瓦之间放一弹性垫层（见图 B1）。

如果是波型的屋面瓦，要在加荷杆和屋面瓦之间放置与瓦上表形状相吻合的平衡物（见图 B3）。平衡物由木块、金属或石膏或快硬水泥砂浆制成，宽度约为20mm。平衡物由硬木或金属制成时，要在平衡物与屋面瓦之间垫以弹性垫层。

注：也可以将加荷杆加工成与平衡物相同形状的加荷杆，其与瓦表面的接触面应是圆弧形的。

弹性垫层长度至少要与屋面瓦的遮盖宽度一样，其宽度不小于20mm，厚度10mm±5mm，硬度要为肖氏硬度(50±10)。

屋面瓦放置时，搭接部分的边筋外槽部位(如果有的话)应不受荷载，荷载应只作用于遮盖宽度的中央(见图B3)。

**B3.5** 加荷

通过弯曲加荷杆加荷，其作用力应垂直于屋面瓦平面，最高加荷速度为6500N/min，直至试件断裂破坏。

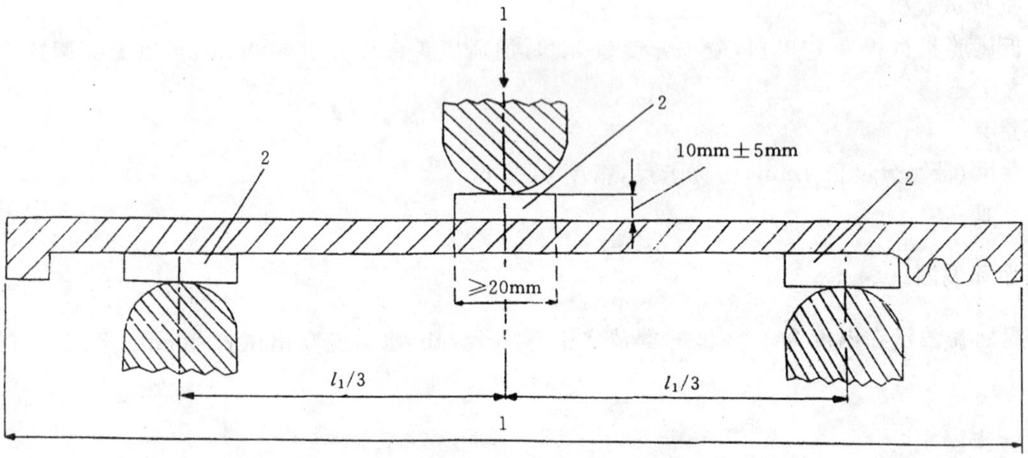


1—荷载；2—弹性垫层

图 B1 加荷支承方式

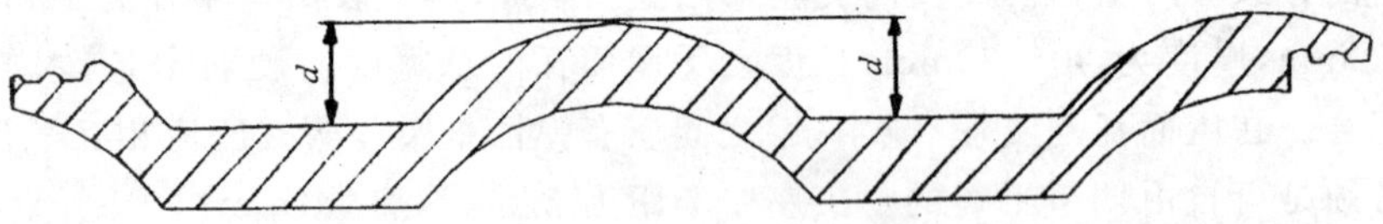


图 B2 瓦脊高度的测量

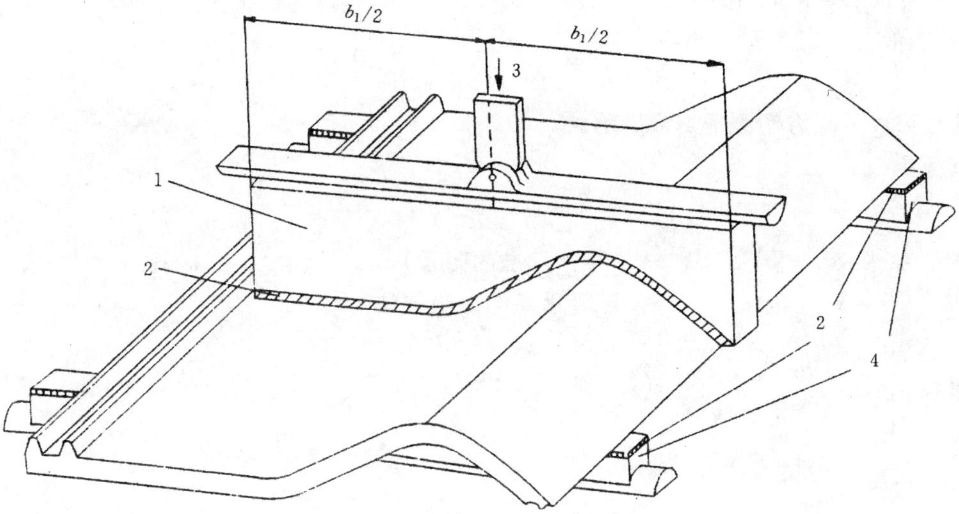


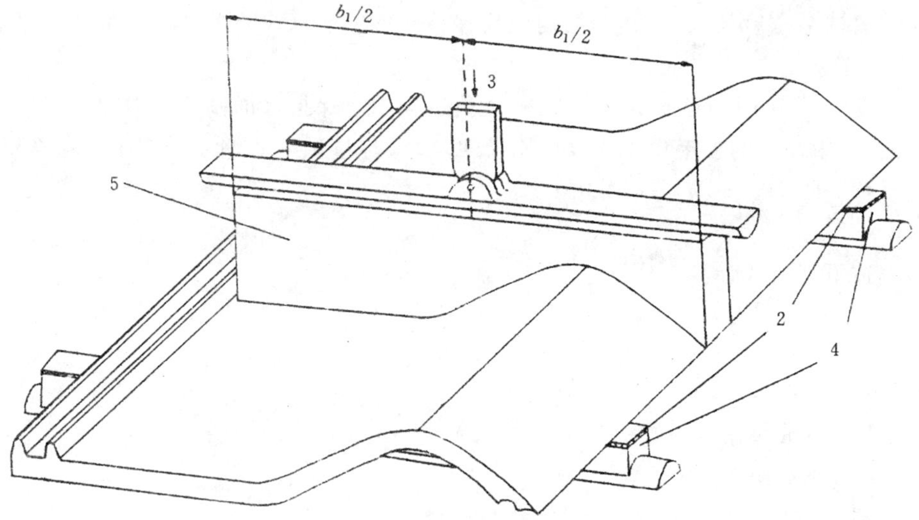


1—硬木或制接触面与瓦上表面形状相吻合的平衡物；2—弹性垫层；3—荷载；

4—宽度约为 20mm，厚度为 20～30mm，长度大于屋面瓦总宽度的硬质木条；

5—石膏或快硬水泥砂浆制接触面与瓦上表面形状相吻合的平衡物

图 B3 加荷装置示意

**B4 试验结果的记录**

屋面瓦承载力的试验结果精确至 10N。如果屋面瓦上面用于平衡的物质的力大于 5N 的话，在计算总承载力时应将其包括进去。

**B5 试验结果的计算与评定**

**B5.1** 承载力实测平均值按下式计算，单位：N，修约至 10N。

$$\overline{F}=\frac{F_1+F_2+F_3\cdots F_n}{n}$$

式中：$n$——试样数量。

**B5.2** 承载力标准差按下式计算：

$$\sigma=\sqrt{\frac{\Sigma(F_i-\overline{F})^2}{n-1}}$$

**B5.3** 试验结果以承载力实测平均值表示。

## 附 录 C

（标准的附录）

## 吸水率的试验方法

### C1 仪器设备

C1.1 干燥箱。

C1.2 天平，灵敏度 5g。

C1.3 水槽。

### C2 试验步骤

C2.1 将试样擦拭干净后放入干燥箱，箱内温度保持 105℃±5℃，干燥 24h。取出冷却至室温后，称量其干燥质量 $m_0$，精确至 10g。

C2.2 将试样浸没于 10～25℃的清水中 24h，试验过程中应保持水面高出试样 20～30mm。

C2.3 取出试样，用拧干的湿毛巾拭去表面附着水，立即称量试样的饱水质量 $m_1$，精确至 10g。

### C3 试验结果计算

C3.1 吸水率按下列公式计算：

$$W=\frac{m_1-m_0}{m_0}\times 100$$

式中：$W$——吸水率，%；

$m_0$——干燥质量，g；

$m_1$——饱水质量，g。

C3.2 试验结果以三块试样中最大的吸水率表示，修约至 0.1%。

## 附 录 D

（标准的附录）

## 抗渗性能的试验方法

### D1 仪器设备

与被检验样品规格相适应的不透水的围框。

### D2 样品的调湿

将试样在温度为 15～30℃，空气相对湿度不小于 40%，通风良好的条件下，存放不少于 24h。

### D3 试验步骤

将试样正面向上放置于合适的围框内。使用不透水的密封材料将试样密封好（见图 D1）。密封时注意，边筋外槽搭接部分等于或大于 30mm 的屋面瓦，封闭盖住的部分不允许大于搭接宽度的一半；功能孔(例如固定用孔)在试验之前应用不渗水的材料封闭。

试样平面与水平面的偏差角应不大于 10°。将水注入以试样为底并用围框密封的试验容器中，水面要高出瓦脊 10～15mm，或者从瓦槽的上表面量起 50mm，这两种方法以深度大者为准。并保持这一高度。

将此被检验的试样在 15～30℃，空气相对湿度不小于 40%的条件下，存放 24h±5min。

**D4 试验结果与评定**

观察每个被检样品的背面无水滴形成现象，即认为抗渗性能合格。

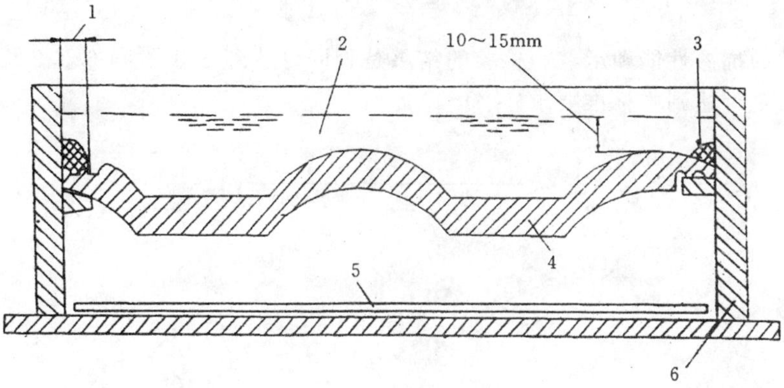


1—密封材料；2—水；3—密封；4—瓦；5—反光镜；6—不透水的框

图 D1 抗渗试验装置示意

## 附 录 E
(标准的附录)
**抗冻性的试验方法**

**E1 仪器设备**

E1.1 低温箱或冷冻室

低温箱或冷冻室放入试样后箱(室)内的温度可降至并保持在－15～－25℃。箱(室)内的空气温度宜在 2h±30min 内降至－20℃±5℃。

E1.2 水槽。

E1.3 试样架

试样架应使试样之间的间隔不小于 20mm。试样与低温箱或冷冻室内壁之间的距离不小于 40mm。

E1.4 抗折试验机。

E1.5 用于抗渗性能检验的围水框。

**E2 试样**

将屋面瓦在温度为 20℃±5℃的清水中浸泡 48h，试验前取出并自然滴落屋面瓦表面上附着水。

**E3 试验步骤**

将经过浸水饱和的屋面瓦摆放在试样架上，随即放入预先降温至－20℃±5℃的低温箱或冷冻室内。

待箱(室)内温度再次降至－20℃±5℃时，开始计时。在此温度下保持 3h。然后，取出试件立即放入 15～25℃的水中融化 1h。如此为一个冻融循环。

冻融循环的间断只能在融化阶段，直到试验继续时瓦要浸泡在水中，中断时间不要大于 96h，中断 24h 以上的要给予说明。

如此进行 25 次冻融循环后，要将试样在空气温度 15～30℃，空气相对湿度不小于 40％的条件下放置 7d。接着按附录 D 进行抗渗性能检验。

在抗渗性能检验后，接着将屋面瓦按附录 C 进行承载力检验。

**E4　结果评定**

以冻融后试件的抗渗性能和承载力检验的结果是否同时达到 6.3.4 和 6.3.2 相应的要求表示。并同时检查外观质量是否达到本标准要求。

# 前　　言

本标准是在总结我国四十多年来玻纤增强镁质胶凝材料波瓦及其脊瓦的生产和使用实践，在调查研究与试验验证的基础上，参照 GB/T 9772—1996《石棉水泥波瓦及其脊瓦》，对 JC/T 747—1988(1996)进行了修订。

修订时，在产品类别中增加了彩色及复合波瓦，并在技术要求中增列了抗返卤、抗冲击性能及相应的试验方法。

本标准自 2002 年 12 月 1 日起实施。

本标准从实施之日起，同时代替 JC/T 747—1988(1996)。

本标准负责起草单位：安徽合肥水泥研究设计院、安徽富煌轻型建材集团。

本标准参加起草单位：四川省绵阳红玉轻型建材厂、国家建筑材料工业局镁质胶凝材料产品质量监督检验测试中心。

本标准主要起草人：余学飞、陈永华、杨俊斌、钟贵森、刘文清、包建国、郭昌奎。

本标准委托安徽合肥水泥研究设计院负责解释。

本标准首次发布于 1988 年，本次为第一次修订。

中华人民共和国建材行业标准

# 玻纤镁质胶凝材料波瓦及脊瓦

JC/T 747—2002

代替 JC/T 747—1988(1996)

**Glass fibre reinforced magnesium cement corrugated sheet and ridge tile**

## 1 范围

本标准规定了玻纤镁质胶凝材料波瓦及脊瓦的分级、分类与规格、技术要求、试验方法、检验规则及标志、保管、包装与运输等。

本标准适用于以氧化镁(MgO)、氯化镁($MgCl_2$)和水($H_2O$)三元体系，经配制和改性而成的、性能稳定的镁质胶凝材料并以中碱或无碱玻纤开刀丝或网布为增强材料复合而制成的波瓦及脊瓦。适用于作覆盖的屋面和墙面材料。

## 2 引用标准

下列文件中的条款通过本标准的引用而成为本标准的条款，凡是注日期的引用文件，其随后所有的修改单(不包括勘误的内容)或修订版均不适用于本标准，然而，鼓励根据本标准达成协议的各方研究是否可使用这些文件的最新版本。凡是不注日期的引用文件，其最新版本适用于本标准。

GB/T 7019—1997 纤维水泥制品试验方法

GB/T 9772—1996 石棉水泥波瓦及其脊瓦

JC/T 278—1994 中碱无捻玻璃纤维纱

JC/T 572—1994 耐碱玻璃纤维无捻粗纱

JC/T 446—2000 混凝土路面砖

JC/T 449—2000 镁质胶凝材料用原材料

JC 688—1998 玻镁平板

JGJ 63—1996 混凝土拌合用水标准

## 3 分类、分级与规格

3.1 分类

玻纤镁质胶凝材料波瓦按波型分为中波瓦(m)、小波瓦(s)；按颜色分为本色瓦(n)、加入颜料(相应颜色的首写字母)和复合处理的瓦(c)。

3.2 分级

玻纤镁质胶凝材料中、小波瓦根据其物理力学性能和外观质量分为：一等品(B)和合格品(C)。

3.3 规格

3.3.1 玻纤镁质胶凝材料中、小波瓦的横断面形状分别见图1、图2，规格尺寸及允许偏差应符合表1规定。

3.3.2 玻纤镁质胶凝材料脊瓦的形状见图3，规格尺寸及允许偏差应符合表2规定。

3.3.3 表1、表2以外的其他规格玻纤镁质胶凝材料波瓦及脊瓦可由供需双方协商解决。

3.4 标记

国家经济贸易委员会2002-06-19批准 2002-12-01实施

3.4.1 标记方法:标记顺序为产品的波形、复合、颜色、长度、宽度、厚度、等级和标准号。

3.4.2 标记示例:玻纤镁质胶凝材料小波瓦,一等品,长度 1 800 mm,宽度 720 mm,厚度 5.5 mm,复合黄色瓦标记为:scy 1 800×720×5.5 B JC/T 747—2002

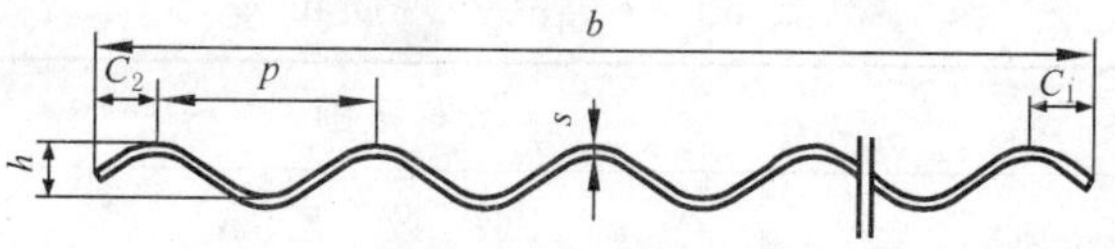


图 1 玻纤镁质胶凝材料中波瓦

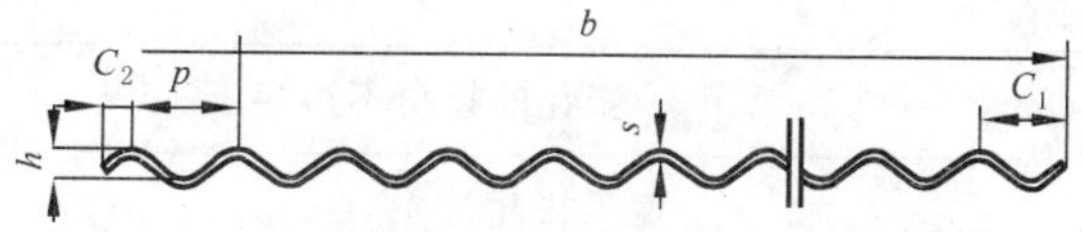


图 2 玻纤镁质胶凝材料小波瓦

表 1 瓦的规格尺寸及允许偏差

单位为毫米

| 品 种 | 规格尺寸及允许偏差 | | | | | | | | |
|---|---|---|---|---|---|---|---|---|---|
| | 长 $l$ | 宽 $b$ | 厚 $s$ | 波距 $p$ | 波高 $h$ | 波数 $n$ 个 | 边距 | | 参考质量 kg |
| | | | | | | | $C_1$ | $C_2$ | |
| 中波瓦 | 1800±10 | 745±10 | 6.0±0.5 | 131±3 | ≥31 | 5.7 | 45±5 | 45±5 | 16 |
| 小波瓦 | 1800±10 | 720±5 | 5.0±0.5 | 63.5±2 | ≥16 | 11.5 | 58±3 | 27±3 | 15 |

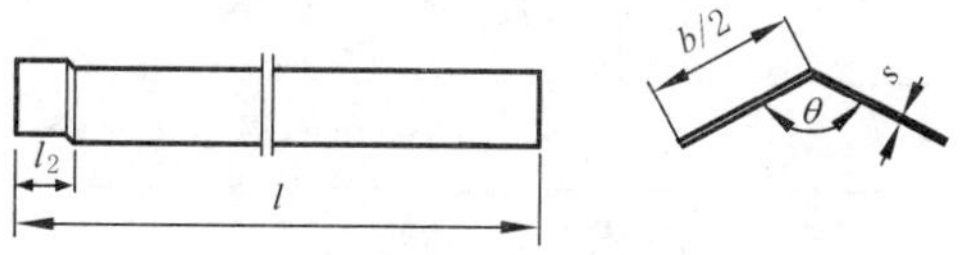


图 3 玻纤镁质胶凝材料脊瓦

表 2 脊瓦的规格尺寸及允许偏差

单位为毫米

| 规格尺寸及允许偏差 | | | | | 参考质量 kg |
|---|---|---|---|---|---|
| 长 度 | | 宽度 $b$ | 厚度 $s$ | 角度 $\theta$ (°) | |
| 搭接长 $l_1$ | 总长 $l$ | | | | |
| 70±10 | 850±10 | (230×2)±10 | 6.0±0.5 | 125±5 | 4 |
| | | (180×2)±10 | | | 3 |

## 4 原材料

4.1 玻璃纤维:应符合 JC/T 278、JC/T 572 及相关标准的规定,不得使用陶土坩生产的高、中碱丝或布。

4.2 氧化镁、氯化镁:应符合 JC/T 449 规定。

4.3 颜料:应对产品性能不产生有害作用,不对人体健康和环境造成危害。

4.4 水和颜料:用水应符合 JGJ 63 规定的拌合用水;填料应无泥沙、无污染且性能稳定。

## 5 技术要求

5.1 外观质量

玻纤镁质胶凝材料波瓦及脊瓦的外观应板面平整、四边方正、瓦波圆滑、无裂缝、无贯穿性针状孔和肉眼可见裂纹、边缘整齐、无露丝、无气泡等。

色差、杂色：不明显。

一等品外观缺陷允许范围应符合表3规定；合格品应符合表4规定。

表3　一等品外观质量　　单位为毫米

| 项目 | 允许范围 | | |
|---|---|---|---|
| | 中波瓦 | 小波瓦 | 脊瓦 |
| 掉角 | 沿瓦边长不得超过40，宽度方向不得超过20 | 沿瓦边长不得超过30，宽度方向不得超过15 | 沿瓦边长和宽度方向均不得超过20 |
| | 一张瓦的掉角不得多于1个 | | |
| 掉边 | 宽不得超过10 | 宽不得超过10 | 不允许 |
| 方正度 | ≤6 | | — |
| 端部厚度 | 不得超过实测瓦厚的25% | | — |

表4　合格品外观质量　　单位为毫米

| 项目 | 允许范围 | | |
|---|---|---|---|
| | 中波瓦 | 小波瓦 | 脊瓦 |
| 掉角 | 沿瓦边长不得超过50，宽度方向不得超过25 | 沿瓦边长不得超过50，宽度方向不得超过20 | 沿瓦边长和宽度方向均不得超过20 |
| | 一张瓦的掉角不得多于2个 | | |
| 掉边 | 宽不得超过15 | 宽不得超过15 | 不允许 |

5.2　规格尺寸与允许偏差

产品的规格尺寸与允许偏差应符合表1和表2的要求。

5.3　物理力学性能

5.3.1　玻纤镁质胶凝材料波瓦物理力学性能应符合表5的规定。

表5　物理力学性能

| 检验项目 | | 中波瓦 | | 小波瓦 | |
|---|---|---|---|---|---|
| | | 一等品 | 合格品 | 一等品 | 合格品 |
| 抗折力 | 横向，N/m | 3 400 | 3 000 | 2 700 | 2 400 |
| | 纵向，N | 310 | 300 | 340 | 290 |
| 吸水率，% ≤ | | 14 | 15 | 14 | 15 |
| 抗冻性 | | 25次冻融循环后不得有起层、剥落等破坏现象，复合瓦不得出现复合层起层、鼓泡、剥落等破坏现象 | | | |
| 不透水性 | | 浸水后瓦体背面允许出现洇斑，但不允许出现水滴，复合瓦不得有水洇斑 | | | |
| 抗冲击性 | | 在相距60cm处进行观察，冲击一次后的被击处背面不得出现龟裂、剥落、贯通孔及裂纹 | | | |
| 抗返卤性 | | 经返卤试验后无水珠、无返潮 | | | |
| 注：复合瓦试验时复合层要求朝上。 | | | | | |

5.3.2 玻纤镁质胶凝材料中、小脊瓦的破坏荷载不得低于600N;抗冻性经25次冻融循环后不得有起层等破坏现象;抗返卤性合格。

## 6 试验方法

6.1 试验条件

应符合GB/T 9772要求。

6.2 试样要求

6.2.1 试样养护龄期不少于20d。

6.2.2 试样应置于试验室温度、湿度环境下2d。

6.2.3 试样先检测外观质量、规格尺寸,然后再泡水做物理力学性能。

6.3 外观质量

6.3.1 外观质量按GB/T 7019进行。

6.3.2 色差、杂色试验:取同一批产品3块平置一起,按JC/T 446规定观察。

6.4 规格尺寸及允许偏差

按GB/T 7019进行。

6.5 物理力学性能

6.5.1 抗折力试验、抗冲击性试验,按GB/T 7019进行。

6.5.2 抗冻性试验,按GB/T 7019进行。

6.5.3 不透水性试验,按GB/T 7019进行。

6.5.4 吸水率测定,按GB/T 7019进行。

6.5.5 抗返卤性试验,按JC 688进行。

## 7 检验规则

7.1 检验项目

7.1.1 出厂检验:波瓦的外观质量、规格尺寸、抗折力、色差、杂色、吸水率和不透水性、抗返卤性、抗冲击性;脊瓦的外观质量、规格尺寸、色差、杂色、抗返卤性和破坏荷载。

7.1.2 型式检验:包括出厂检验的全部检验项目和波瓦的抗冻性;脊瓦的抗冻性。

7.2 抽样与判定

7.2.1 出厂检验

7.2.1.1 每批波瓦或脊瓦应为同一品种、同一等级、同一规格的产品,每批量最多和最少的数量按表6的规定。验收地点应在生产厂内进行。

表6　　单位:张

| 品种 | 批量数量范围 |
|---|---|
| 波瓦 | 501～3 200 |
| 脊瓦 | 151～500 |

7.2.1.2 用户可从每一受检批次中抽取样品,样品数量列于表7第2栏和第7栏。

表 7

| 批量数量 $N$ | 品质检验—二次抽样 | | | | | 变量检验—单一抽样 | | |
|---|---|---|---|---|---|---|---|---|
| | 样品数量 $n$ | 第一次样品 | | 第一次样品＋第二次样品 | | 样品数量 $n$ | 可接收系数 $K$ | 备　注 |
| | | 合格判定数 $Ac_1$ | 不合格判定数 $Re_1$ | 合格判定数 $Ac_2$ | 不合格判定数 $Re_2$ | | | |
| 1 | 2 | 3 | 4 | 5 | 6 | 7 | 8 | 9 |
| ≤150 | 3 | 0 | 1 | | | 3 | 0.502 | $AL=L+K\times R$<br>式中：<br>$AL$：可验收极限<br>$L$：标准低限<br>$K$：可接受系数<br>$R$：样品中最大值与最小值之差 |
| 151～280 | 8 | 0 | 2 | 1 | 2 | 3 | 0.502 | |
| 281～500 | 8 | 0 | 2 | 1 | 2 | 4 | 0.450 | |
| 501～1 200 | 8 | 0 | 2 | 1 | 2 | 5 | 0.431 | |
| 1 201～3 200 | 8 | 0 | 2 | 1 | 2 | 7 | 0.405 | |

注：第二次样品数量与第一次样品数量相同。

7.2.1.3　外观质量与规格尺寸验收规则按品质检验程序进行（表 7 第 2～6 栏），即不合格品数未超过表 7 第 3、5 栏时，则该受检批量应予接收；若不合格品数等于或大于表 7 第 4、6 栏时。则该批量可予拒收；若第一次样品中的不合格品数超过 $Ac_1$ 但小于 $Re_1$，则应抽取并检验与第一次样品相同数量的第二次样品。批量拒收后可进行逐张检查处理。

7.2.1.4　按变量法检验程序（表 7 第 7～9 栏）对抗折力试验进行验收。若样品平均值（$\overline{X}$）大于或等于可验收极限，即 $\overline{X}\geqslant AL$，则该批量可以接收；若 $\overline{X}<AL$，则该批量拒收。

7.2.1.5　瓦的吸水率、抗冻性、不透水性和抗冲击性试验，脊瓦的抗冻性试验应在同一批量中任意抽取 2 张试样（也可从同样的抽样单位中切取），试验结果若不符合标准要求，应取加倍数量进行复验。复验后仍有 1 张不符合标准时，则该批产品判为不合格。

7.2.2　型式检验

7.2.2.1　有下列情况之一时，应进行型式检验：

a）新产品或老产品转厂生产的试制定型鉴定；

b）正式生产后如产品结构、材料、工艺有较大改变时；

c）产品停产后恢复生产时或交货检验结果与上次型式检验有较大差异时；

d）正常生产达半年时；

e）国家质量监督机构提出进行型式检验时。

7.2.2.2　型式检验项目、抽样与验收按 7.2.1 进行

## 8　标志与出厂检验单

### 8.1　标志

在每张瓦的迎水面第 2 个或第 3 个波上（脊瓦在外表面上）须用不掉色的颜色标明生产厂名称、生产日期、班别、等级等。

### 8.2　出厂检验单

发货时，必须将出厂检验单随同发货单寄给用户。其内容应标明：

a）检验单编号；

b）生产厂名称、商标及厂址；

c）产品标记、数量与生产日期等；

d）产品性能检验结果、使用说明等；

e）生产厂检验部门及检验人员签章。

## 9 包装、运输与贮存

### 9.1 包装

产品根据需要可散装或包装。包装时可采用集装箱、夹具或捆扎包装，并方便搬运；散装时要保证瓦的底部平坦稳定。

### 9.2 运输

用各种运输工具运输时，底部保持平坦，必须设法使产品固定好。在运输过程中，减少震动，防止碰撞，装卸、搬运时严禁抛掷。

### 9.3 贮存

存放场地必须坚实平坦、不潮湿。不同品种、不同等级、不同规格的波瓦应花弧或“井”字分别堆垛存放，垛高不应超过1.8m。脊瓦可侧立或平垛堆放。

# 前　　言

本标准是在总结钢丝网石棉水泥小波瓦生产、使用实践经验基础上制定的，其中抽样及判定方法等效采用ISO 390—1993《纤维增强水泥制品—抽样和检验》。

本标准自2000年1月1日实施。

本标准由全国水泥制品标准化技术委员会提出并归口。

本标准由国家建筑材料工业局苏州混凝土水泥制品研究院负责起草；浙江海龙新型建筑材料厂、吴江新型建筑材料厂参加起草。

本标准主要起草人：冯立平、田华、陈英玲。

本标准委托国家建筑材料工业局苏州混凝土水泥制品研究院负责解释。

本标准为首次发布。

中华人民共和国建材行业标准

# 钢丝网石棉水泥小波瓦

JC/T 851—1999

**Wire mesh asbestos-cement small corrugated sheet**

## 1 范围

本标准规定了钢丝网石棉水泥小波瓦的产品规格、等级、技术要求、试验方法、检验规则和标志、包装、运输、贮存等要求。

本标准适用于以温石棉、水泥和钢丝网为主要原材料制成的钢丝网石棉水泥小波瓦。

## 2 引用标准

下列标准所包含的条文,通过在本标准中引用而构成为本标准的条文。本标准出版时,所示版本均为有效。所有标准都会被修订,使用本标准的各方应探讨使用下列标准最新版本的可能性。

GB 175—1992 硅酸盐水泥、普通硅酸盐水泥

GB 343—1994 一般用途低碳钢丝

GB 1250—1989 极限数值的表示方法和判定方法

GB/T 7019—1997 纤维水泥制品试验方法

GB/T 8071—1987 温石棉

JGJ 63—1989 混凝土拌和用水标准

## 3 规格与等级

### 3.1 规格

钢丝网石棉水泥小波瓦产品的横断面形状如图1所示,其规格尺寸见表1。

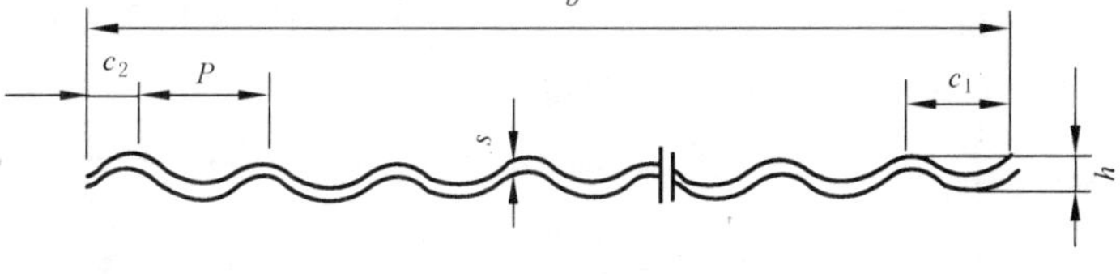


图1 钢丝网石棉水泥小波瓦

表1 规格尺寸

| 长 $l$ mm | 宽 $b$ mm | 厚 $s$ mm | 波距 $P$ mm | 波高 $h$ mm | 波数 $n$ 个 | 边距,mm $C_1$ | 边距,mm $C_2$ | 参考重量 kg |
|---|---|---|---|---|---|---|---|---|
| 1 800 | 720 | 6.0 | 63.5 | 16 | 11.5 | 58 | 27 | 27 |
| | | 7.0 | | | | | | 20 |
| | | 8.5 | | | | | | 24 |

国家建筑材料工业局1999-06-15批准　　2000-01-01实施

3.2 等级

产品按抗折力分为3个等级GW330、GW280、GW250。

按外观质量分为:一等品(B)、合格品(C)。

3.3 代号

钢丝网石棉水泥小波瓦的代号为GSBW。

3.4 标记

3.4.1 标记方法

按产品代号、规格尺寸、等级和标准代号顺序标记:

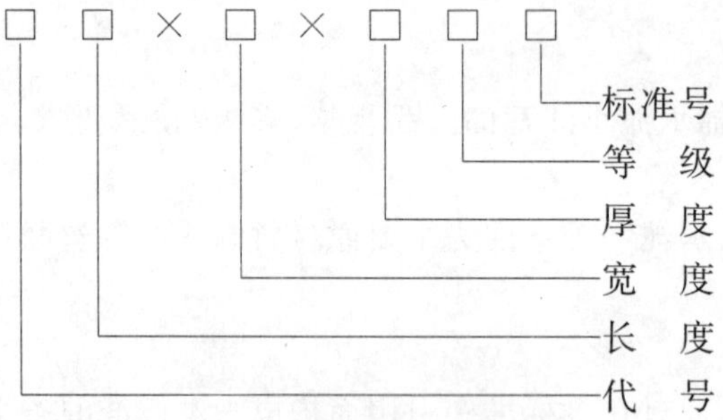


3.4.2 标记示例

钢丝网石棉水泥小波瓦长度1 800 mm、宽度720 mm、厚度6.0 mm、GW250级、一等品:

GSBW 1 800×720×6.0 GW250 B JC/T 851—1999

## 4 原材料

4.1 纤维

应使用符合GB 8071规定的五级与五级以上的温石棉纤维。亦可掺入适量耐久性好,对制品性能不起有害作用的其他纤维,但代用纤维含量不大于纤维总量的30%。

4.2 水泥

应采用符合GB 175规定的不低于425号的硅酸盐水泥或普通硅酸盐水泥。不得使用掺有煤、碳粉作助磨剂及页岩、煤矸石作混合材的普通硅酸盐水泥。

4.3 钢丝网

采用不涂防锈油的低碳钢丝编织的梯形网,经丝直径不宜小于0.9mm,纬丝直径,不宜小于0.6mm,低碳钢丝的质量应符合GB 343的有关规定。

4.4 水

应符合JGJ 63的规定。

## 5 技术要求

5.1 各等级产品均应表面平整、边缘整齐,不得有断裂、表面露网、露丝、分层与夹杂物等,同时还应符合表2规定。

表2 外观质量

mm

| 项 目 | 一 等 品 | 合 格 品 |
|---|---|---|
| 掉角 | 沿瓦长度方向不大于100,沿瓦宽度方向不大于35 | 沿瓦长度方向不大于100,沿瓦宽度方向不大于45 |
| | 一张瓦的掉角不多于1个 | |
| 掉边 | 宽度不大于10 | 宽度不大于15 |

续表 2

| 项　　目 | 一　等　品 | 合　格　品 |
|---|---|---|
| 裂纹 | 因成型造成的下列之一裂纹 | |
| | 正表面:宽度不大于 0.2;<br>单根长度不大于 75;<br>背　面:宽度不大于 0.25;<br>单根长度不大于 150 | 正表面:宽度不大于 0.25;<br>单根长度不大于 75;<br>背　面:宽度不大于 0.25;<br>单根长度不大于 150 |
| 方正度 | 不大于 6 | / |

5.2　尺寸偏差

尺寸允许偏差应符合表 3 规定。

表 3　尺寸偏差

mm

| 长度 | 宽度 | 厚度 | | | 波高 | 波距 | 边距 |
|---|---|---|---|---|---|---|---|
| | | 6.0 | 7.0 | 8.5 | | | |
| ±10 | ±5 | +0.5<br>−0.2 | +0.5<br>−0.3 | +0.5<br>−0.5 | ≥16 | ±2 | ±3 |

5.3　物理力学性能

物理力学性能应符合表 4 规定。

表 4　物理力学性能

| 等　　级 | | GW330 | GW280 | GW250 |
|---|---|---|---|---|
| 抗折力　L | 横向　N/m | 3 300 | 2 800 | 2 500 |
| | 纵向　N | 330 | 320 | 310 |
| 吸水率% | ≤ | 25 | | |
| 抗冻性 | | 经 25 次冻融循环不得有起层、剥落 | | |
| 不透水性 | | 瓦背面允许出现潮斑,但不得出现水滴 | | |
| 抗冲击性 | | 冲击二次后,被击处正、反两面均无龟裂、剥落及贯通孔 | | |
| 注:(L)为变量检验程序中的标准低限。 | | | | |

## 6　试验方法

6.1　外观质量及尺寸偏差

长度、宽度、厚度、波高、波距、边距、掉角、掉边、裂纹、方正度按 GB/T 7019 规定进行测量,断裂、表面露网、露丝、分层与夹杂物目测。

6.2　物理力学性能

物理力学性能按 GB/T 7019 规定进行试验。

## 7　检验规则

7.1　检验分类

产品检验分为出厂检验和型式检验。

7.2　检验项目

7.2.1　出厂检验:外观质量、尺寸偏差、抗折力、吸水率和抗冻性。

7.2.2　型式检验:外观质量、尺寸偏差、抗折力、吸水率、抗冻性、不透水性和抗冲击性。

有下列情况之一时,应进行型式检验:

a) 新产品或老产品转厂生产的试制定型鉴定;

b) 如产品结构、材料和工艺有较大改变可能影响产品性能时;

c) 正常生产时,应每季度进行一次检验;

d) 产品长期停产后,恢复生产时;

e) 出厂检验结果与上次型式检验结果有较大差别时;

f) 国家质量监督机构提出进行型式检验的要求时。

7.3 组批与抽样

7.3.1 组批

由同一品种、同一规格、同一等级的产品组成检验批。批量按表5规定,每批量最多3 200张,最少200张。

表5 外观质量与尺寸偏差抽样方案

| 检验批数量 $N$ | 品质检验—二次抽样 | | | | | 变量检验—单一抽样 | | |
|---|---|---|---|---|---|---|---|---|
| | 第一次样本 | | | 第一次+第二次① 样本 | | 样品数量 $n$ | 可接收系数 $k$ | 备注 |
| | 样品数量 $n$ | 合格判定数 $Ac_1$ | 不合格判定数 $Rc_1$ | 合格判定数 $Ac_2$ | 不合格判定数 $Rc_2$ | | | |
| 1 | 2 | 3 | 4 | 5 | 6 | 7 | 8 | 9 |
| 200~280 | 8 | 0 | 2 | 1 | 2 | 3 | 0.502 | $AL=L+k\cdot R$ |
| 281~500 | 8 | 0 | 2 | 1 | 2 | 4 | 0.450 | 式中:$AL$—可验收极限 |
| 501~1 200 | 8 | 0 | 2 | 1 | 2 | 5 | 0.431 | $L$—标准低限<br>$k$—可接收系数 |
| 1 201~3 200 | 8 | 0 | 2 | 1 | 2 | 7 | 0.405 | $R$—样品中最大值与最小值之差 |
| 注①:第二次样本的样品数量与第一次样本的样品数量相同。 | | | | | | | | |

7.3.2 抽样

7.3.2.1 采用简单随机抽样方法抽样。

7.3.2.2 外观质量及尺寸偏差项目采用二次抽样方案,样本大小按表5的规定。

7.3.2.3 抗折力项目采用单一抽样方案,样品从外观质量尺寸偏差检验后的试样中抽取,样本大小按表5规定。

7.3.2.4 吸水率、抗冻性项目在同一检验批中随机抽取2个样品(也可从完成抗折力检验的样品中切取)。

7.3.2.5 不透水性、抗冲击性项目在同一检验批中随机各抽取2个样品。

7.4 判定规则

7.4.1 判定检验数据是否符合标准要求,采用GB 1250规定的修约值比较法进行判定。

7.4.2 外观质量及尺寸偏差

7.4.2.1 项目的判定:外观质量符合本标准5.1,尺寸偏差符合本标准5.2相应项目的规定,则判定该项目符合相应等级,否则判定该项目不合格。

7.4.2.2 样品的判定:每个样品不合格项目不大于2项时,则判定该样品符合相应等级,否则判定该样品为不合格样品。但样品的"断裂"项目不合格时,必判定该样品为不合格样品。

7.4.2.3 检验批的判定:按品质检验程序进行。即不合格品数不大于 $Ac_1$ 时,判定该检验批合格;若不合格品数等于或大于 $Rc_1$ 时判定该检验批不合格;若第一次检验不合格品数超过 $Ac_1$ 但小于 $Rc_1$ 时,应在同一检验批中抽取并检验与第一样本相同样品数的第二样本,二次检验后的不合格样品总数不大

于 $Ac_2$ 时，判定该检验批合格；若第二次检验的不合格样品总数等于或大于 $Rc_2$ 时，判定该检验批不合格。

7.4.3 抗折力

按表5变量检验程序进行判定。若样品的平均值($\overline{X}$)大于或等于可验收极限($AL$)即 $\overline{X} \geqslant AL$，则判该检验批抗折力合格；若 $\overline{X} < AL$，则该检验批抗折力不合格。

7.4.4 吸水率、抗冻性、不透水性及抗冲击性

每个试验项目的2个样品均合格时，判定该项目合格，否则判定该项目不合格。

7.4.5 综合判定

检验批外观质量及尺寸偏差、物理力学性能均达到本标准某一等级规定时，判定该检验批产品为该等级。

7.5 检验时，遇有下列情况应采取下述相应处理措施：

7.5.1 当样品的外观质量出现"断裂"项目不合格时，该样品不应作为抗折力、抗冲击性必检样品。可在同一检验批中另抽取相同数量样品予以补充。

7.5.2 抗折力不得复验。

7.5.3 吸水率、抗冻性、不透水性、抗冲击性项目中只有1项不合格时，允许从同一检验批中抽取加倍数量即4个样品进行该项目的复验。若复验仍出现不合格样品时，则判该项目为不合格。

## 8 标志、包装、运输及贮存

8.1 标志

在每张瓦的正面第2个或第3个波上，用不掉色的颜色标明生产厂名称(或商标)、产品代号、等级、生产日期、班别等。

8.2 包装

产品根据需要可散装或包装。包装时可采用集装箱或捆扎包装，并应方便运输；散装时要保证瓦底部平坦稳固。

8.3 运输

运输时，必须固定好产品。运输过程中，减少震动，防止碰撞。装卸、搬运时严禁抛掷。

8.4 贮存

存放场地必须坚实平坦，采用2张花弧或"#"字堆垛，垛高不超过1.8m。不同品种、不同等级、不同规格的产品不得混堆。

## 9 出厂证明书

证明书须包括下列内容：

a) 证明书编号；

b) 生产厂名称、商标及厂址；

c) 产品标记、数量；

d) 生产和出厂日期；

e) 产品标准编号；

f) 外观质量尺寸偏差和物理力学性能检验结果；

g) 生产厂质量检验部门签章。

# 前 言

玻璃纤维增强水泥(GRC)是一种轻质、高强、防火、耐水、适宜于制做薄壁构件的无机复合材料，用此种材料制造的通风管道具有整体密闭性好、安装施工快捷、可减轻建筑物自重等特点。近几年国内许多厂家都在生产玻璃纤维增强水泥通风管道，并且得到了广泛的应用，但是目前尚无可供采用的统一标准对此种新型产品进行质量控制和监督，国外也无同类产品标准可等同或等效采用，因此特制定本标准。

本标准于2000年1月1日实施。

本标准由全国水泥制品标准化技术委员会归口。

本标准负责起草单位：中国建筑材料科学研究院水泥科学与新型建筑材料研究所。

本标准参加起草单位：大连经济技术开发区新型建材制品厂、青岛青通排油烟管道厂、北京万正化学建材制品有限公司、成都市高翔新型建筑材料厂。

本标准主要起草人：崔玉忠、崔琪、刘玉兰、王瑾、焦明江、李圣勇、吕锋、曲维善、戴家军。

本标准委托中国建筑材料科学研究院水泥科学与新型建筑材料研究所负责解释。

本标准为首次发布。

中华人民共和国建材行业标准

# 玻璃纤维增强水泥通风管道

JC 854—1999

**Glassfiber reinforced cement duct for ventilation**

## 1 范围

本标准规定了玻璃纤维增强水泥(英文名称缩写为GRC)通风管道产品的分类、原材料、技术要求、试验方法、检验规则和标志、运输、贮存。

本标准适用于以耐碱玻璃纤维为增强材料,低碱度水泥为胶凝材料,砂子或其他种类的颗粒状材料为骨料预制而成的,用于建筑物厨房和卫生间排烟与排气的通风管道以及燃气热水器的废气排放管道和厨房与卫生间的立管管道井。本标准不适用于工业用通风管道和空调工程中的通风管道。

## 2 引用标准

下列标准所包含的条文,通过在本标准中引用而构成为本标准的条文。本标准出版时,所示版本均为有效。所有标准都会被修订,使用本标准的各方应探讨使用下列标准最新版本的可能性。

GB 2828—1987 逐批检查计数抽样程序及抽样表

GB 5464—1985 建筑材料不燃性试验方法

GB/T 14684—1993 建筑用砂

GB/T 15231—1994 玻璃纤维增强水泥性能试验方法

JC/T 572—1994 耐碱玻璃纤维无捻粗纱

JC/T 659—1997 低碱度硫铝酸盐水泥

JC 714—1996 快硬硫铝酸盐水泥

JC/T 841—1999 耐碱玻璃纤维网格布

JGJ 63—1989 混凝土拌和用水

JG/T 3028—1995 住宅厨房排烟道

## 3 分类

### 3.1 类型

玻璃纤维增强水泥通风管道的截面型式为矩形。按风道数量分为单风道、一主一支型双风道、一主两支型三风道和两主一支型三风道4种构造类型。玻璃纤维增强水泥通风管道为整根制做,进气口位置按照设计要求预留。4种构造类型的基本截面型式如图1。产品类型和代号见表1。

表1 产品类型和代号

| 产品类型 | 代 号 |
|---|---|
| 单风道 | FDⅠ |
| 一主一支型双风道 | FDⅡ |
| 一主两支型三风道 | FDⅢ.1 |
| 两主一支型三风道 | FDⅢ.2 |

国家建筑材料工业局1999-06-15批准 2000-01-01实施

3.2 分级：

玻璃纤维增强水泥通风管道根据其外观质量、尺寸允许偏差和物理力学性能分为2个等级：一等品(B)和合格品(C)。

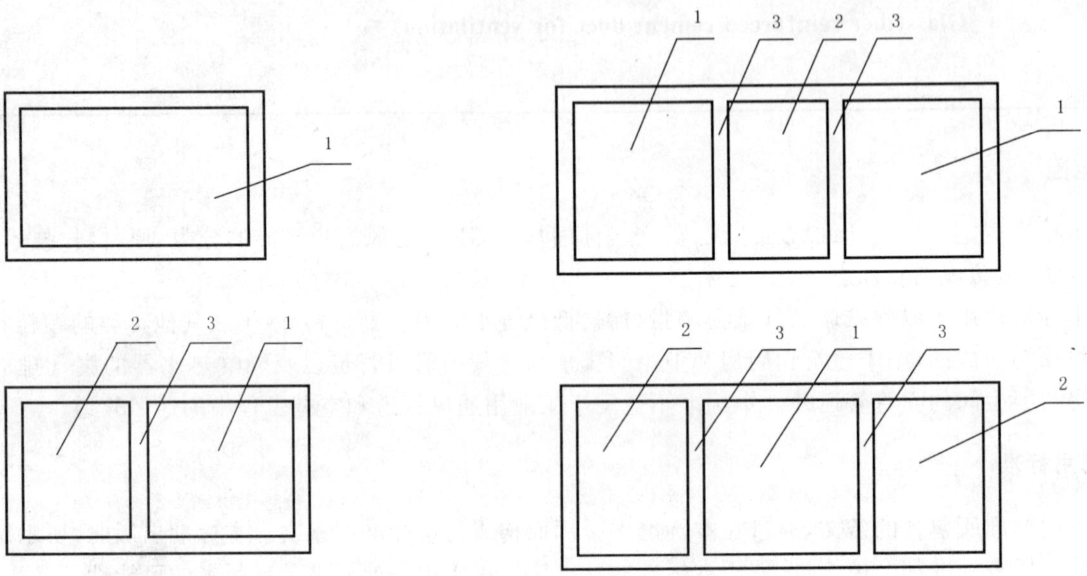


1—主风道；2—支风道；3—主支隔板

图1 风道基本截面型式示意图

3.3 规格

通风管道的制作尺寸首先应符合有关建筑设计要求，一般规格标称尺寸见表2。图2为其中2种类型通风管道的外形示意图。

表2 规格尺寸

mm

| 类　型 | 长度<br>$L$ | 壁　厚<br>$e$ | 横截面长边长度<br>$a$ | 横截面短边长度<br>$b$ | 支风道净边长<br>$c$ |
|---|---|---|---|---|---|
| FDⅠ | 2 700～3 000 | 12～25 | ≤500 | ≤300 | ≥110 |
| FDⅡ | | | ≤500 | ≤300 | ≥110 |
| FDⅢ | | | ≤800 | ≤500 | ≥110 |

注：1. 长度实际尺寸为楼层高度减去10mm。

2. 其他规格尺寸可由供需双方协商决定。

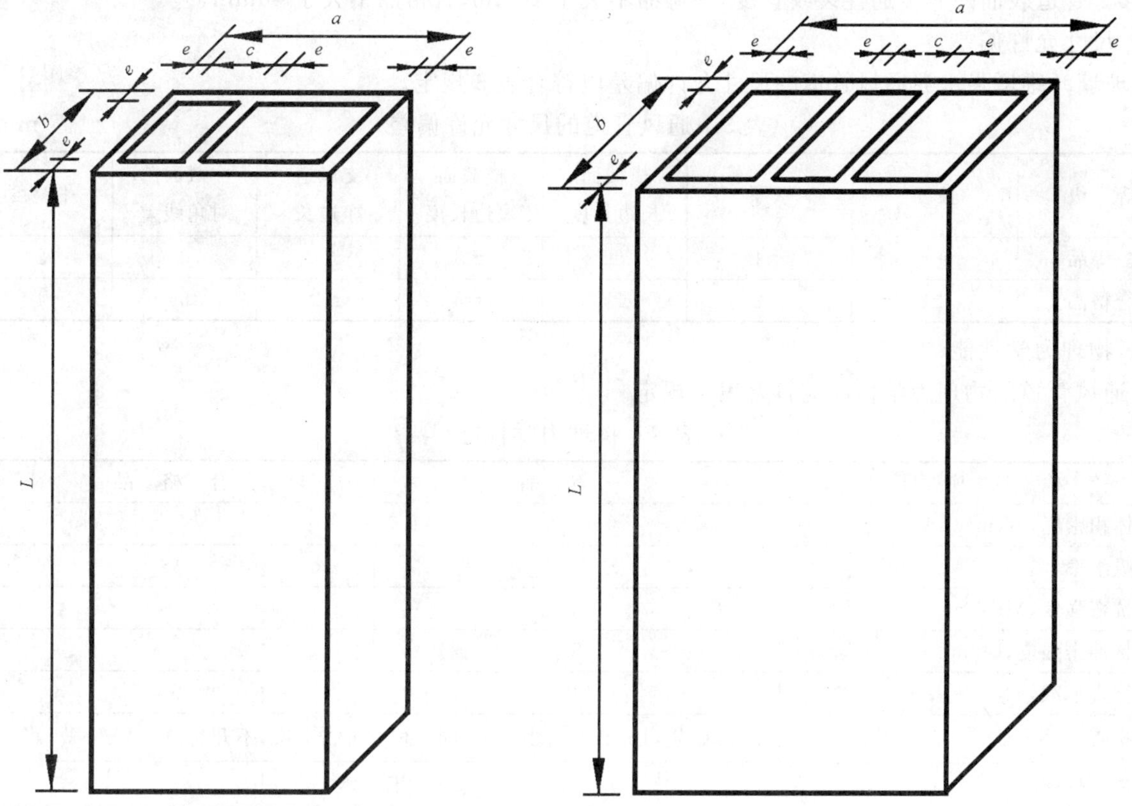


图 2　玻璃纤维增强水泥通风管道外形示意图

3.4　标记

产品标记顺序为规格尺寸、类型(代号)、等级和标准编号。

示例:玻璃纤维增强水泥通风管道,长度 2 800 mm,截面尺寸 600 mm×300 mm,一主两支型三风道,一等品,标记为:

GRC　2 800×600×300　FDⅢ.1　B　JC 854—1999

## 4　原材料

生产所采用的原材料必须符合下列标准。

4.1　玻璃纤维:采用符合 JC/T 572 规定的耐碱玻璃纤维无捻粗纱或符合 JC/T 841 的耐碱玻璃纤维网格布。

4.2　水泥:采用符合 JC/T 659 或 JC 714 规定的硫铝酸盐水泥。

4.3　骨料:砂子应符合 GB/T 14684 规定;其他骨料应符合相应的标准要求。

4.4　水:采用符合 JGJ 63 规定的水。

## 5　技术要求

5.1　外观质量

5.1.1　通风管道的内、外表面不应有裸露纤维、塌陷等现象。内表面应光滑平整。

5.1.2　通风管道流通截面为矩形,其内拐角应做成圆弧倒角。管道内的预留导风口应通畅。

5.1.3　管道两端破损,宽不应超过边长的 1/20,高不应超过 50mm。

5.1.4　主支隔板不应有破损现象,主支隔板应垂直于横截面边板。

5.1.5　管道表面不允许有贯通性裂纹。

5.1.6 管道表面的非贯通性裂纹长度，一等品不大于20mm，合格品不大于40mm。

5.2 尺寸允许偏差

玻璃纤维增强水泥通风管道的尺寸允许偏差应符合表3规定。

表3 通风管道的尺寸允许偏差

mm

| 等级 | 长度 | 壁厚 | 横截面长边长度 | 横截面短边长度 | 支风道净边长 | 截面对角线差 | 平整度 |
|---|---|---|---|---|---|---|---|
| 一等品 | ±5 | ±1 | ±3 | ±3 | ±1 | 3 | 2 |
| 合格品 | ±8 | ±2 | ±5 | ±5 | ±2 | 5 | 4 |

5.3 物理力学性能

通风管道的物理力学性能应符合表4规定。

表4 物理力学性能

| 检验项目 | | 一等品 | 合格品 |
|---|---|---|---|
| 体积密度，$g/cm^3$ | | 1.7～2.1 | |
| 吸水率，% | ≤ | 12 | 18 |
| 抗弯强度，MPa | ≥ | 13 | 10 |
| 抗冲击强度，$kJ/m^2$ | ≥ | 8 | 6 |
| 垂直承载，kN | ≥ | 110 | 90 |
| 抗柔性冲击性 | | 10kg砂袋，1m高度自由落下，同一位置冲击5次，不开裂。 | |
| 燃烧性能 | | 不燃 | |

## 6 试验方法

试件试验时的龄期应大于14d。

6.1 外观质量

6.1.1 量具：

直尺：量程0mm～300mm，最小分度值1mm；直角尺。

6.1.2 方法

距试件0.5m左右，目测其内外表面是否有裸露纤维、塌陷等现象以及内表面是否光滑平整，预留导风口是否通畅。

6.1.3 用直尺测量管道两端破损尺寸和非贯通性裂纹长度。

6.1.4 用直角尺测量主支隔板的垂直度。

6.2 尺寸允许偏差

6.2.1 量具

卷尺：量程0mm～4 000mm，最小分度值1mm；游标卡尺：量程0mm～150mm，最小分度值0.02mm；直尺：量程0mm～300mm，最小分度值1mm；楔形塞尺：量程0mm～10mm；2m靠尺。

6.2.2 测量方法

a）长度：用卷尺在任意一对对称面的中心线上测量，取两个测量值的算术平均值为检测数值，精确至1mm。

b）横截面长边长度、横截面短边长度及支风道净边长：用卷尺分别测量任意一端两个对称面的边长，取两个测量值的算术平均值为检测数值，精确至1mm。

c）壁厚：用游标卡尺测量管壁厚度，在每个侧面中间部位各测量1次，取其算术平均值为检测数值，精确至1mm。

d）截面对角线差：用卷尺测量两个端面的对角线差，取其算术平均值为检测数值，精确至1mm。

e）平整度：用2m靠尺和塞尺测量沿通风管道长度方向的四个表面的间隙，取最大间隙值为平整度检测结果。

6.3　物理力学性能

6.3.1　体积密度、吸水率

6.3.1.1　仪器、量具

电热鼓风干燥箱：最高温度200℃，灵敏度±1.5℃；架盘药物天平：最大称量2 000g，感量1g。游标卡尺：同6.2.1。

6.3.1.2　试件尺寸与数量

从成品上截取3个试件，尺寸为100mm×100mm×厚度。

6.3.1.3　试验步骤

测量试件的边长$L_1$、$L_2$和厚度$e$，每个尺寸测量2个点，分别取其算术平均值，精确至0.1mm。

将试件放入电热鼓风干燥箱中，恒温(105±2)℃，烘到连续两次称量之差小于0.5g时为恒量，记录试件的干燥质量$m_1$；然后将试件放入室温水中24h，从水中取出试件，用拧干的湿毛巾擦去表面附着水，称量并记录试件的饱水质量$m_2$。

6.3.1.4　结果计算

体积密度按式(1)计算：

$$P=\frac{m_1}{L_1\times L_2\times e}\times 10^3 \qquad (1)$$

吸水率按式(2)计算：

$$W=\frac{m_2-m_1}{m_1}\times 100 \qquad (2)$$

式中：$m_1$——干燥试件质量，g；

$m_2$——饱水试件质量，g；

$P$——体积密度，g/cm$^3$；

$W$——吸水率，%；

$L_1$——试件边长，mm；

$L_2$——试件边长，mm；

$e$——试件厚度，mm。

取3个试件检测结果的算术平均值为检测数值，体积密度精确至0.1g/cm$^3$，吸水率精确至0.1%。

6.3.2　抗弯强度

在成品上沿通风管道的长度方向截取试件，试验方法按GB/T 15231规定进行。

6.3.3　抗冲击强度

在成品上沿通风管道的长度方向截取试件，试验方法按GB/T 15231规定进行。

6.3.4　垂直承载

6.3.4.1　仪器设备、量具

压力试验机：荷载500kN以上，上下压板间有效间距1.5m以上，精度2%；卷尺、直角尺：同6.2.1。

6.3.4.2　试件尺寸与数量

按制作整根风道的要求取3根长度为1.0m的试件，试件两对应边的长度差不大于2mm，两端口应平整且互相平行；试件的长度面应垂直于两端切口平面。

6.3.4.3　试验步骤

将试件直立于压力机上，试件上下两端面应垫厚度3mm～5mm、面积大于试件口径的胶合板，垂直度不应大于2mm/m。否则应用木片或硬质薄片垫平。

以恒定加荷速度加载，使试样在30s～60s内破坏，记录试件破坏时的荷载值，即为该试件的垂直承载值，精确至 1kN。

以 3 个试件试验结果的算术平均值为检测结果，精确至 1kN。

6.3.5 抗柔性冲击性

以整根通风管道为测试试件。将试件大面水平支承于支距为 1.8m 的两条木棱上，木棱高宽尺寸为 50mm×50mm，长度大于试件的横截面长边。用 10kg 标准砂袋在试样中部上方，按本标准规定的冲击高度和冲击次数，自由落下冲击同一部位。标准砂袋是将 10kg 干燥的标准砂，装入缝制的底部直径为 200mm，高度为 300mm 的帆布袋中，冲击高度为从砂袋底部至试样被冲击面之间的距离。冲击 5 次后，检查试件是否开裂。

6.3.6 燃烧性能

按 GB 5464 规定进行。

## 7 检验规则

7.1 检验分类

产品检验分为出厂检验和型式检验两类。

7.1.1 出厂检验

产品出厂检验项目包括 5.1 和 5.2 中的全部规定以及体积密度、吸水率和抗柔性冲击性。

7.1.2 型式检验

产品型式检验项目为第 5 章中的全部内容。型式检验的条件为：

a）试制的新产品进行投产鉴定时；

b）产品的材料、配方、工艺有重大改变，可能影响产品性能时；

c）连续生产的产品每两年或生产 30 000 根时；

d）产品停产半年以上，恢复生产后；

e）出厂检验结果与上次型式检验结果有较大差异时；

f）用户有特殊要求时；

g）质量监督检验机构提出进行型式检验时。

7.2 抽样方法

7.2.1 出厂检验抽样

产品出厂检验时外观质量和尺寸允许偏差按 GB 2828 中正常二次抽样方案进行抽样，如表 5。体积密度、吸水率、抗柔性冲击性在外观质量和尺寸允许偏差全部合格的产品中抽取 2 根进行检验。

表 5 产品二次抽样方案

| 批量范围 $N$ | 样本 | 样本大小 | | 合格判定数 | | 不合格判定数 | |
|---|---|---|---|---|---|---|---|
| | | $n_1$ | $n_2$ | $Ac_1$ | $Ac_2$ | $Re_1$ | $Re_2$ |
| 151～280 | 1 | 8 | | 0 | | 2 | |
| | 2 | | 8 | | 1 | | 2 |
| 281～500 | 1 | 13 | | 0 | | 3 | |
| | 2 | | 13 | | 3 | | 4 |
| 501～1 200 | 1 | 20 | | 1 | | 3 | |
| | 2 | | 20 | | 4 | | 5 |
| 1 201～3 200 | 1 | 32 | | 2 | | 5 | |
| | 2 | | 32 | | 6 | | 7 |
| 3 201～10 000 | 1 | 50 | | 3 | | 6 | |
| | 2 | | 50 | | 9 | | 10 |

7.2.2　型式检验抽样

产品进行型式检验时，外观质量和尺寸允许偏差按 GB 2828 中正常二次抽样方案进行抽样，物理力学性能的检验从外观质量和尺寸允许偏差全部合格的产品中抽取 4 根进行。

7.3　判定规则

7.3.1　外观质量和尺寸偏差

7.3.1.1　根据单个样品的检验结果，若受检样品的外观质量和尺寸偏差均符合 5.1、5.2 中相应规定时，则判该样品合格。若受检样品的外观质量和尺寸偏差有 1 项或多于 1 项不符合 5.1、5.2 中相应规定时，则判该样品不合格。

7.3.1.2　根据样本检验结果，若在第一样本($n_1$)中不合格样品数($\mu_1$)小于或等于表 6 中第一合格判定数($Ac_1$)，则判该批产品合格；若在第一样本($n_1$)中不合格样品数($\mu_1$)大于或等于表 6 中第一不合格判定数($Re_1$)，则判该批产品不合格。

若在第一样本($n_1$)中，不合格样品数($\mu_1$)大于第一合格判定数($Ac_1$)而小于第一不合格判定数($Re_1$)，则抽第二样本($n_2$)进行检验。若在第一和第二样本中的不合格样品总和($\mu_1+\mu_2$)小于或等于第二合格判定数($Ac_2$)，则判该批产品合格；若在第一和第二样本中的不合格样品总和($\mu_1+\mu_2$)大于或等于第二不合格判定数($Re_2$)，则判该批产品不合格。判定条件与判定结果如表 6。

表 6　判定条件与判定结果

| 判定条件 | 判定结果 |
|---|---|
| $\mu_1 \leqslant Ac_1$ | 合格产品 |
| $\mu_1 \geqslant Re_1$ | 不合格产品 |
| $Ac_1 < \mu_1 < Re_1$ | 抽第二样本进行检验 |
| $\mu_1+\mu_2 \leqslant Ac_2$ | 合格产品 |
| $\mu_1+\mu_2 \geqslant Re_2$ | 不合格产品 |

7.3.2　物理力学性能

若受检样品的物理力学性能均符合 5.3 中相应规定时，则判该批产品符合相应等级；若有 2 项或 2 项以上不符合 5.3 中相应规定时，则判该批产品不符合相应等级。若有 1 项不符合 5.3 中相应规定时，在原样本中抽取双倍样品对不合格项目进行复验，若全部合格则判该批产品符合该等级，若仍不合格者则判该批产品不符合该等级。

## 8 标志与出厂合格证

8.1 标志

在每个产品的一端用不掉色的颜色标明生产厂名称、生产日期及产品规格等。

8.2 出厂合格证

凡经检验合格的产品，应填写出厂合格证。发货时，须将出厂合格证随同发货单交给用户，其中应包括：

a）合格证编号；

b）生产厂名称；

c）产品标记、数量与生产日期等；

d）出厂检验结果；

e）生产厂检验部门及检验人员签名盖章。

## 9 运输与贮存

9.1 运输

装卸过程应轻起轻放，严禁抛掷。运输过程中应采取措施，以减缓振动，防止碰撞。

9.2 贮存

堆放场地必须坚实平坦，不同规格的产品应分别堆放，堆放高度不应超过 2m。

# 前　　言

混凝土小型空心砌块砌筑砂浆是砌块建筑专用的砂浆。与使用传统的砌筑砂浆相比，专用砂浆砌筑，可使砌体砌缝饱满、粘结性能好，减少墙体开裂和渗漏，提高砌块建筑质量。

本标准系根据我国砌块建筑设计和施工实践经验及科研成果，并参考JGJ/T 98—1996《砌筑砂浆配合比设计规程》及美国ASTM C270—1991《砌筑用砂浆标准》制定的。

本标准附录A是提示的附录。

本标准负责起草单位：中国建筑砌块协会。

本标准参加起草单位：中国建筑材料科学研究院水泥科学与新型建筑材料所、上海市建筑科学研究院、中国建筑东北设计研究院、天津舒布洛克水泥砌块有限公司、北京荣建建材有限公司。

本标准主要起草人：严理宽、谢尧生、刘国亮、苑振芳、陈铎、刘炜、刘艳军。

中华人民共和国建材行业标准

# 混凝土小型空心砌块砌筑砂浆

JC 860—2000

**Mortar for concrete small hollow block**

## 1 范围

本标准规定了混凝土小型空心砌块砌筑砂浆(以下简称砂浆)的术语、原材料、技术要求、标记及等级、配合比设计与确定、砂浆的制备、试验方法及检验规则。

本标准适用于现场拌制的砌筑砂浆以及干拌砂浆。

## 2 引用标准

下列标准所包含的条文,通过在本标准中引用而构成为本标准的条文。本标准出版时,所示版本均为有效。所有标准都会被修订,使用本标准的各方应探讨使用下列标准最新版本的可能性。

GB 175—1999 硅酸盐水泥、普通硅酸盐水泥

GB 1344—1999 矿渣硅酸盐水泥 火山灰质硅酸盐水泥 粉煤灰硅酸盐水泥

GB/T 1596—1991 用于水泥和混凝土中的粉煤灰

GB 50203—1998 砌体工程施工及验收规范

GBJ 119—1988 混凝土外加剂应用技术规程

JC/T 481—1992 建筑消石灰粉

JGJ/T 98—1996 砌筑砂浆配合比设计规程

JGJ 52—1992 普通混凝土用砂质量标准及检验方法

JGJ 70—1990 建筑砂浆基本性能试验方法

JGJ 63—1989 混凝土拌合用水标准

## 3 术语

3.1 砌筑砂浆:由水泥、砂、水以及根据需要掺入的掺合料和外加剂等组分,按一定比例,采用机械拌和制成,用于砌筑混凝土小型空心砌块的砂浆。

3.2 干拌砂浆:由水泥、钙质消石灰粉、砂、掺合料以及外加剂按一定比例干混合制成的混合物称为干拌砂浆。干拌砂浆在施工现场加水经机械拌合后即成为砌筑砂浆。

## 4 标记及等级

混凝土小型空心砌块砌筑砂浆用 Mb 标记,强度分为 Mb5.0、Mb7.5、Mb10.0、Mb15.0、Mb20.0、Mb25.0 和 Mb30.0 等 7 个等级。

## 5 原材料

### 5.1 水泥

应根据砂浆强度等级选择水泥。一般宜采用普通硅酸盐水泥或矿渣硅酸盐水泥。所用水泥必须有质量合格证书并应符合 GB 175、GB 1344 的规定。

国家建筑材料工业局2000-06-26批准 2000-10-01实施

5.2 砂

应符合 JGJ 52 的规定，宜采用中砂。

5.3 消石灰

采用消石灰粉应为符合 JC/T 481 规定的钙质消石灰粉。采用生石灰熟化的石灰膏时，要用孔径不大于 3mm×3mm 的网过滤，熟化时间不少于 7d。沉淀池中贮存的石灰膏，应采取防止干燥、冻结和污染措施，严禁使用脱水硬化的石灰膏。

5.4 掺合料

粉煤灰应符合 GB/T 1596 的规定。采用其他的掺合料，在使用前需进行试验验证，能满足砂浆和砌体性能时方可使用。

5.5 外加剂

外加剂包括减水剂、早强剂、促凝剂、缓凝剂、防冻剂、颜料等。外加剂的应用应符合 GBJ 119 以及有关标准的规定。

5.6 水

砂浆拌合用水应符合 JGJ 63 的规定。

## 6 技术要求

6.1 抗压强度 划分为 Mb5.0、Mb7.5、Mb10.0、Mb15.0、Mb20.0、Mb25.0 和 Mb30.0 等 7 个等级，其抗压强度指标相应于 M5.0、M7.5、M10.0、M15.0、M20.0、M25.0 和 M30.0 等级的一般砌筑砂浆抗压强度指标。

6.2 密度：水泥砂浆不应小于 1 900kg/$m^3$，水泥混合砂浆不应小于 1 800kg/$m^3$。

6.3 稠度：50～80mm。

6.4 分层度：10～30mm。

6.5 抗冻性：设计有抗冻性要求的砌筑砂浆，经冻融试验，质量损失不应大于 5%，强度损失不应大于 25%。

## 7 配合比设计与确定

7.1 砌筑砂浆配合比设计与确定应参照 JGJ/T 98 中的有关规定进行。

7.2 各强度等级的砂浆强度标准差($\sigma$)按表 1 选用。

表 1 砌筑砂浆强度标准差 $\sigma$ 选用值 MPa

| 施工水平 | 砂浆强度等级 | | | | | | |
|---|---|---|---|---|---|---|---|
| | Mb5.0 | Mb7.5 | Mb10.0 | Mb15.0 | Mb20.0 | Mb25.0 | Mb30.0 |
| 优良 | 1.00 | 1.50 | 2.00 | 3.00 | 4.00 | 5.00 | 6.00 |
| 一般 | 1.25 | 1.88 | 2.50 | 3.75 | 5.00 | 6.25 | 7.50 |
| 较差 | 1.50 | 2.25 | 3.00 | 4.50 | 6.00 | 7.50 | 8.00 |

7.3 参考配合比

附录 A(提示的附录)列出了三种砂浆(水泥砂浆和两种混合砂浆)的参考配合比，供参考用。

## 8 制备

8.1 原材料

所有原材料应按不同品种分开贮存，不得混杂，防止其质量变化。

8.2 计量

8.2.1 计量设备应具有法定计量部门签发的有效合格证。

8.2.2 所有原材料按质量计量，允许偏差不得超过表2规定范围。

表2 砂浆原材料计量允许偏差

| 原材料品种 | 水泥 | 砂 | 水 | 外加剂 | 掺合料 |
|---|---|---|---|---|---|
| 允许偏差，% | ±2 | ±3 | ±2 | ±2 | ±2 |

8.3 搅拌

8.3.1 砂浆必须采用机械搅拌。

8.3.2 搅拌加料顺序和搅拌时间：先加细集料、掺合料和水泥干拌1min，再加水湿拌。总的搅拌时间不得少于4min。若加外加剂，则在湿拌1min后加入。

8.3.3 冬期施工 采用热水搅拌时，热水温度不超过80℃。

## 9 试验方法

抗压强度、密度、稠度、分层度、抗冻性试验应按JGJ 70进行。

## 10 检验规则

10.1 砌筑砂浆

10.1.1 实验室检验

砂浆配合比确定后，在使用前应进行实验室检验，检验项目包括抗压强度、密度、稠度和分层度，有抗冻性要求的同时进行抗冻性试验，各项指标符合技术要求后方可正式使用。

10.1.2 施工现场检验

10.1.2.1 取样与组批：取样应在施工现场进行，每砌筑一层楼或250$m^3$砌体用的砂浆为1批。

10.1.2.2 检验项目与判定：检验项目为抗压强度，试验结果满足GB 50203的规定时判定为合格。

10.2 干拌砂浆

10.2.1 批号与取样

按同强度等级、同批号取样。每一批号为一取样单位，每400t或不足400t为一批号。

取样应有代表性，从20个以上不同部位取等量样品，总质量不少于15kg。

10.2.2 出厂检验及留样

每一批号取得的样品经充分搅拌均匀，分为两等份。一份按本标准规定的方法进行检验，一份密封保管3个月，供作仲裁检验用。

10.2.3 试验报告

内容包括批号、砂浆的稠度、分层度、28d抗压强度。试验报告应在干拌砂浆出厂日起38d内补报，有抗冻性要求的同时提供抗冻性试验报告。

## 11 干拌砂浆的包装、标志、运输与贮存

11.1 包装

采用国家标准规定的水泥包装袋包装。每袋净重(50±1)kg，随机抽取20袋，总重量不得少于(1 000±10)kg。其他包装形式可由供需双方协商确定。

11.2 标志

包装袋上应清楚标明：生产单位名称、批号、强度等级、生产日期。

11.3 运输及贮存

运输及贮存时不得受潮和混入杂物。不同强度等级的干拌砂浆应分别贮存，不得混杂。袋装砂浆码放高度不超过8袋。

砂浆自生产日期起贮存超过3个月，应重新取样确定强度等级。

## 附 录 A
（提示的附录）
### 混凝土小型空心砌块砌筑砂浆参考配合比

| 强度等级 | 水泥砂浆 | | | | | 混合砂浆（Ⅰ） | | | | | 混合砂浆（Ⅱ） | | | | | |
|---|---|---|---|---|---|---|---|---|---|---|---|---|---|---|---|---|
| | 水泥 | 粉煤灰 | 砂 | 外加剂 | 水 | 水泥 | 消石灰粉 | 砂 | 外加剂 | 水 | 水泥 | 石灰膏 | 粉煤灰 | 砂 | 水 | 外加剂 |
| Mb5.0 | | | | | | 1 | 0.9 | 5.8 | √ | 1.36 | 1 | 0.66 | 0.66 | 8.0 | 1.20 | √ |
| Mb7.5 | | | | | | 1 | 0.7 | 4.6 | √ | 1.02 | 1 | 0.42 | 0.15 | 6.6 | 1.00 | √ |
| Mb10.0 | 1 | 0.32 | 4.41 | √ | 0.79 | 1 | 0.5 | 3.6 | √ | 0.81 | 1 | 0.20 | 0.20 | 5.4 | 0.80 | √ |
| Mb15.0 | 1 | 0.32 | 3.76 | √ | 0.74 | 1 | 0.3 | 3.0 | √ | 0.74 | 1 | 0.9 | — | 4.5 | 0.75 | √ |
| Mb20.0 | 1 | 0.23 | 2.96 | √ | 0.55 | 1 | 0.3 | 2.6 | √ | 0.53 | 1 | 0.45 | — | 4.0 | 0.54 | √ |
| Mb25.0 | 1 | 0.23 | 2.53 | √ | 0.54 | | | | | | | | | | | |
| Mb30.0 | 1 | | 2.00 | √ | 0.52 | | | | | | | | | | | |
| 注：Mb5.0～Mb20.0 用 32.5 号普通水泥或矿渣水泥；Mb25.0～Mb30.0 用 42.5 号普通水泥或矿渣水泥 | | | | | | | | | | | | | | | | |

# 前　言

混凝土小型空心砌块灌孔混凝土是砌块建筑灌注芯柱、孔洞的专用混凝土，是保证砌块建筑整体工作性能、抗震性能、承受局部荷载的施工配套材料。

国内尚无统一的标准。本标准根据我国砌块建筑设计和施工实践经验及科研成果，参考JGJ/T 14—1995《普通混凝土配合比设计规程》及ASTM C476—1995《砌体灌注料标准》制定的。

本标准附录A是提示的附录。

本标准负责起草单位：中国建筑砌块协会。

本标准参加起草单位：中国建筑材料科学研究院水泥科学与新型建筑材料所、上海市建筑科学研究院、中国建筑东北设计研究院、天津舒布洛克水泥砌块有限公司、北京荣建建材有限公司。

本标准主要起草人：严理宽、谢尧生、刘国亮、苑振芳、陈铎、刘炜、刘艳军。

中华人民共和国建材行业标准

# 混凝土小型空心砌块灌孔混凝土

JC 861—2000

Grout for concrete small hollow block

## 1 范围

本标准规定了混凝土小型空心砌块灌孔混凝土的有关术语、标记及等级、原材料、技术要求、配合比设计与确定、制备、试验方法及检验规则。

本标准适用于混凝土小型空心砌块芯柱或其他需要填实部位孔洞的混凝土。

## 2 引用标准

下列标准所包含的条文，通过在本标准中引用而构成为本标准的条文。本标准出版时，所示版本均为有效。所有标准都会被修订，使用本标准的各方应探讨使用下列标准最新版本的可能性。

GB 175—1999 硅酸盐水泥、普通硅酸盐水泥

GB 1344—1999 矿渣硅酸盐水泥、火山灰质硅酸盐水泥、粉煤灰硅酸盐水泥

GB/T 1596—1991 用于水泥和混凝土中的粉煤灰

GB/T 17431.1～17431.2—1998 轻集料及其试验方法

GBJ 119—1988 混凝土外加剂应用技术规程

GBJ 80—1985 普通混凝土拌合物性能试验方法

GBJ 81—1985 普通混凝土力学性能试验方法

GBJ 82—1985 普通混凝土长期性能和耐久性能试验方法

JGJ 55—1996 普通混凝土配合比设计规程

JGJ 52—1992 普通混凝土用砂质量标准及检验方法

JGJ 53—1992 普通混凝土用碎石或卵石质量标准及检验方法

JGJ 63—1989 混凝土拌合用水标准

## 3 术语

灌孔混凝土：由水泥、集料、水以及根据需要掺入的掺合料和外加剂等组分，按一定的比例，采用机械搅拌后，用于浇注混凝土小型空心砌块砌体芯柱或其他需要填实部位孔洞的混凝土。

## 4 标记及等级

混凝土小型空心砌块灌孔混凝土用 Cb 标记，强度分为 Cb20、Cb25、Cb30、Cb35、Cb40 5 个等级。

## 5 原材料

### 5.1 水泥

5.1.1 应采用硅酸盐水泥，普通硅酸盐水泥或矿渣硅酸盐水泥，并须符合 GB 175、GB 1344 的规定。

5.1.2 水泥进场时必须有质量证明书，并应按批检验其强度和安定性，合格后方可使用。

### 5.2 集料

国家建筑材料工业局2000-06-26批准 2000-10-01实施

5.2.1 粗集料的最大粒径不大于16mm,其性能应符合JGJ 53和GB/T 17431的规定。

5.2.2 细集料:砂宜采用中砂,其性能应符合JGJ 52的规定。

5.3 掺合料

5.3.1 粉煤灰应符合GB/T 1596的规定。进场的粉煤灰应具有质量证明书,其掺量应通过试验确定。

5.3.2 采用其他品种掺合料时,必须符合有关标准的规定,并应在使用前进行试验验证。

5.4 拌合用水

应符合JGJ 63的规定。

5.5 外加剂

外加剂包括减水剂、早强剂、促凝剂、缓凝剂、膨胀剂等,外加剂的应用应符合GBJ 119以及有关标准的规定。

## 6 技术要求

6.1 抗压强度

划分为Cb20、Cb25、Cb30、Cb35、Cb40 5个等级,相应于C20、C25、C30、C35、C40混凝土的抗压强度指标。

6.2 坍落度

灌孔混凝土的坍落度不宜小于180mm。

6.3 均匀性

混凝土拌合物应均匀、颜色一致、不离析、不泌水。

6.4 抗冻性

设计有抗冻性要求的灌孔混凝土,按设计要求经冻融试验,质量损失不应大于5%,强度损失不应大于25%。

## 7 灌孔混凝土配合比设计与确定

7.1 配合比的计算和试配

灌孔混凝土的配合比设计和确定应参照JGJ/T 55的有关规定进行。

7.2 参考配合比

附录A(提示的附录)列出了5个强度等级的灌孔混凝土的配合比,供参考用。

## 8 灌孔混凝土的制备

8.1 原材料的贮存

8.1.1 水泥的贮存应按品种和标号分开,防止受潮、结块。

8.1.2 集料的贮存不得使大小颗粒分离,保证其均匀性。

8.1.3 外加剂的贮存应按不同品种分开,避免混入杂物,防止其质量变化。

8.1.4 掺合料的贮存应有明显标志,不得与其他材料混杂。

8.2 计量

8.2.1 计量设备应有法定计量部门检定的有效合格证。

8.2.2 灌孔混凝土的原材料应按质量计量,允许偏差不得超过表1规定的范围。

表1 灌孔混凝土原材料计量允许偏差 %

| 原材料品种 | 水泥 | 集料 | 水 | 外加剂 | 掺合料 |
| --- | --- | --- | --- | --- | --- |
| 允许偏差 | ±2 | ±3 | ±2 | ±2 | ±2 |

8.3 搅拌

8.3.1 搅拌机应优先采用强制式搅拌机，当采用自落式搅拌机时应适当延长其搅拌时间。

8.3.2 搅拌加料顺序和搅拌时间：先加粗细集料、掺合料、水泥干拌 1min，再加水湿拌 1min，最后加外加剂搅拌，总的搅拌时间不宜少于 5min。

## 9 试验方法

9.1 抗压强度

抗压强度试验应按 GBJ 81 的有关规定进行。

9.2 坍落度

坍落度试验应按 GBJ 80 的有关规定进行。

9.3 均匀性

目测。

9.4 抗冻性

抗冻性试验应按 GBJ 82 的有关规定进行。

## 10 检验规则

10.1 实验室检验

灌孔混凝土的配合比确定后，使用前应先进行实验室检验，检验项目包括抗压强度、坍落度和均匀性，有抗冻性要求的同时进行抗冻性检验，各项指标符合要求后方可正式使用。

10.2 施工现场检验

10.2.1 取样与组批

取样应在浇注灌孔混凝土的现场进行，每浇注一层楼高度或每浇注 $20m^3$～$25m^3$ 灌孔混凝土为一批，取样作性能试验。

10.2.2 检验项目与判定

检验坍落度和抗压强度。坍落度检验应符合 6.2 要求，强度检验结果满足 6.1 规定为合格。

## 附 录 A
（提示的附录）
## 混凝土小型空心砌块灌孔混凝土参考配合比

混凝土小型空心砌块灌孔混凝土参考配合比见表 A1。

表 A1

| 强度等级 | 水泥强度等级<br>MPa | 配合比 | | | | | |
|---|---|---|---|---|---|---|---|
| | | 水泥 | 粉煤灰 | 砂 | 碎石 | 外加剂 | 水灰比 |
| Cb20 | 32.5 | 1 | 0.18 | 2.63 | 3.63 | √ | 0.48 |
| Cb25 | 32.5 | 1 | 0.18 | 2.08 | 3.00 | √ | 0.45 |
| Cb30 | 32.5 | 1 | 0.18 | 1.66 | 2.49 | √ | 0.42 |
| Cb35 | 42.5 | 1 | 0.19 | 1.59 | 2.35 | √ | 0.47 |
| Cb40 | 42.5 | 1 | 0.19 | 1.16 | 1.68 | √ | 0.45 |

# 前　　言

本标准是根据粉煤灰小型空心砌块的生产、使用实际情况，为积极推广粉煤灰的综合利用，经研究、调查、验证并结合我国混凝土小型空心砌块的标准制定的。

国外尚无同类标准。国内的相关标准有两项：GB 8239—1997《普通混凝土小型空心砌块》和GB 15229—1994《轻集料混凝土小型空心砌块》。本标准中试验方法采用GB/T 4111—1997《混凝土小型空心砌块试验方法》。

本标准负责起草单位：中国建筑材料科学研究院水泥科学与新型建筑材料所、国家建筑材料工业局标准化研究所。

本标准参加起草单位：北京京华贝尔机电技术工程有限公司、四川绵竹机械厂、江苏扬州机械厂、天津渤海石油新型建材厂。

本标准主要起草人：谢尧生、方德瑞、杜谦、廖洪清、陈生明、王武祥、马永华。

本标准为首次发布。

中华人民共和国建材行业标准

# 粉煤灰小型空心砌块

JC 862—2000

Fly ash small hollow block

## 1 范围

本标准规定了粉煤灰小型空心砌块的术语、分类、等级与标志、技术要求、试验方法、检验规则和运输堆放等。

本标准适用于建筑工程用的粉煤灰小型空心砌块。

## 2 引用标准

下列标准所包含的条文，通过在本标准中引用而构成为本标准的条文。本标准出版时，所示版本均为有效。所有标准都会被修订，使用本标准的各方应探讨使用下列标准最新版本的可能性。

GB 175—1999 硅酸盐水泥、普通硅酸盐水泥

GB 1344—1999 矿渣硅酸盐水泥、火山灰质硅酸盐水泥及粉煤灰硅酸盐水泥

GB/T 1596—1991 用于水泥和混凝土中的粉煤灰

GB/T 17431.1—1998 轻集料及其试验方法 第1部分：轻集料

GB/T 4111—1997 混凝土小型空心砌块检验方法

GB 8076—1997 混凝土外加剂

GB 9196—1988 掺工业废渣建筑材料产品放射性物质控制标准

GB/T 14684—1993 建筑用砂

GB/T 14685—1993 建筑用卵石、碎石

JC/T 209—1992(1996) 膨胀珍珠岩

JGJ 63—1989 混凝土拌合用水标准

YBJ 20584—1984 混凝土用高炉重矿渣碎石技术条件

## 3 术语

粉煤灰小型空心砌块：指以粉煤灰、水泥、各种轻重集料、水为主要组分（也可加入外加剂等）拌合制成的小型空心砌块，其中粉煤灰用量不应低于原材料重量的20%，水泥用量不应低于原材料重量10%。

## 4 分类、等级与标志

### 4.1 分类

按孔的排数分为：单排孔(1)、双排孔(2)、三排孔(3)和四排孔(4)4类。

### 4.2 等级

4.2.1 按强度等级分为：MU2.5、MU3.5、MU5.0、MU7.5、MU10.0、MU15.0 6个等级。

4.2.2 按尺寸偏差、外观质量、碳化系数分为：优等品(A)、一等品(B)和合格品(C)3个等级。

### 4.3 标志

4.3.1 产品标志

国家建筑材料工业局2000-06-26批准 2000-10-01实施

粉煤灰小型空心砌块(FB)按产品名称、分类、强度等级、质量等级和本标准编号的顺序进行标志。

4.3.2 标志示例

强度等级为7.5级、质量等级为优等品的粉煤灰双排孔小型空心砌块,其标志为:

FB2 7.5A JC 862—2000

## 5 原材料

5.1 水泥:符合GB 175、GB 1344的水泥。火山灰质硅酸盐水泥及粉煤灰硅酸盐水泥不宜采用。

5.2 粉煤灰:其技术要求应符合GB/T 1596的规定,但对含水率不规定。45μm筛筛余不大于60%。

5.3 集料:各种集料的最大粒径不大于10mm。

5.3.1 轻集料:符合GB/T 17431.1的要求。

5.3.2 膨胀珍珠岩:符合JC/T 209的要求。

5.3.3 炉底渣、灰渣混排时0.16筛筛上部分:烧失量应不大于15%。

5.3.4 普通集料:

5.3.4.1 砂:符合GB/T 14684的要求。

5.3.4.2 卵石和碎石:符合GB/T 14685的要求。

5.3.5 重矿渣集料:符合YBJ 20584的要求。

5.4 外加剂:

5.4.1 外加剂:符合GB 8076的要求。

5.4.2 采用生石灰激发粉煤灰活性时:其掺量不大于总重量的1%。

5.5 拌合用水:符合JGJ 63的要求。

## 6 技术要求

6.1 规格

6.1.1 规格尺寸

主规格尺寸为390mm×190mm×190mm,其他规格尺寸可由供需双方商定。

6.1.2 尺寸允许偏差:应符合表1要求。

6.2 外观质量:应符合表2要求。

6.3 强度等级:应符合表3要求。

6.4 碳化系数:优等品应不小于0.80,一等品应不小于0.75,合格品应不小于0.70。

6.5 干燥收缩率:应不大于0.060%。

6.6 抗冻性:应符合表4的要求。

表1 尺寸偏差

mm

| 项目名称 | 优等品 | 一等品 | 合格品 |
|---|---|---|---|
| 长度 | ±2 | ±3 | ±3 |
| 宽度 | ±2 | ±3 | ±3 |
| 高度 | ±2 | ±3 | +3/−4 |
| 注:最小外壁厚不应小于25mm,肋厚不应小于20mm。 | | | |

表2 外观质量

| 项目名称 | | 优等品 | 一等品 | 合格品 |
|---|---|---|---|---|
| 缺棱掉角: | | | | |
| 个数,个 | ≤ | 0 | 2 | 2 |
| 3个方向投影的最小值,mm | ≤ | 0 | 20 | 30 |
| 裂缝延伸投影的累计尺寸,mm | ≤ | 0 | 20 | 30 |
| 弯曲,mm | ≤ | 2 | 3 | 4 |

表 3 强度等级 MPa

| 强度等级 | 抗压强度 | |
|---|---|---|
| | 平均值≥ | 最小值≥ |
| 2.5 | 2.5 | 2.0 |
| 3.5 | 3.5 | 2.8 |
| 5.0 | 5.0 | 4.0 |
| 7.5 | 7.5 | 6.0 |
| 10.0 | 10.0 | 8.0 |
| 15.0 | 15.0 | 12.0 |

表 4 抗冻性

| 使用环境条件 | 抗冻标号 | 指标 |
|---|---|---|
| 非采暖地区 | 不规定 | — |
| 采暖地区：<br>一般环境<br>干湿交替环境 | <br>$D_{15}$<br>$D_{25}$ | 均应满足：<br>强度损失≤25%<br>质量损失≤5% |
| 注：非采暖地区指最冷月份平均气温高于－5℃的地区；<br>采暖地区指最冷月份平均气温低于或等于－5℃的地区。 | | |

6.7 软化系数：软化系数应不小于 0.75。

6.8 放射性：应符合 GB 9196 的要求。

## 7 试验方法

粉煤灰小型空心砌块的各项性能指标试验，按 GB/T 4111 有关规定执行。其中碳化系数试验，5 个对比试件的平均抗压强度 $R$，是取样时立即检测的强度，而不是等到碳化试件全部碳化后同时检测的强度。

## 8 检验规则

8.1 检验分类

8.1.1 出厂检验：检验项目为：尺寸偏差、外观质量、抗压强度、碳化系数。

8.1.2 型式检验：检验项目为第 6 章中的所有项目。有下列情况之一时，必须进行型式检验：

a）投产后定型鉴定；

b）产品类别、强度等级、原材料或工艺有较大改变；

c）正常生产 1 年时；

d）停产半年以上恢复生产时；

e）国家质量监督机构提出型式检验要求时。

8.2 组批规则

8.2.1 砌块按外观质量等级和强度等级分批验收。它以用同一种粉煤灰、同一种集料与水泥、同一生产工艺生产的相同强度等级、质量等级的10 000块粉煤灰小型空心砌块为1批，每月生产的砌块数不足10 000块者亦以1批计。

8.2.2 碳化系数每半年检验1次并按质量等级验收。

8.3 抽样规则

8.3.1 出厂检验时，每批随机抽取32块进行尺寸偏差和外观质量检验。然后再从其合格砌块中，随机抽取12块，5块进行抗压强度检验，7块进行碳化系数检验。

8.3.2 型式检验时，每批随机抽取64块。其中32块进行尺寸偏差、外观质量、强度等级与碳化系数试验，其余试块根据GB/T 4111进行干燥收缩率、抗冻性、软化系数试验，放射性根据GB 9196测定。

8.4 判定规则

8.4.1 若受检砌块的尺寸偏差、外观质量均符合表1和表2的相应指标时，则判该砌块符合相应等级。

8.4.2 若受检的32块砌块中，尺寸偏差和外观质量的不合格数不超过7块，则判该批砌块符合相应等级。

8.4.3 当所有项目的检验结果均符合本标准中第6章各项技术要求的等级时，则判该批产品为相应等级。

## 9 产品合格证、堆放和运输

9.1 砌块出厂时，生产厂应提供产品质量合格证书，其内容包括：

a）厂名与商标，实行准用证的地区应注明准用证号；

b）合格证编号及出厂日期；

c）产品标志；

d）性能检验结果；

e）批量编号与砌块数量（块）；

f）检验部门与检验人员签字盖章。

9.2 砌块应按强度等级、质量等级分别堆放，不得混杂。

9.3 砌块堆放、运输及砌筑时要有防雨措施。

9.4 砌块装卸时，严禁碰撞，扔摔，应轻码轻放，不许翻斗倾卸。

# 前　言

本标准第6.1.2条、第6.1.3条、第6.5条为强制性的，其余为推荐性的。

本标准非等效采用日本工业标准JISA 5337:1995《先张法预应力离心高强混凝土管桩》。

本标准由中国建筑材料工业协会提出。

本标准由全国水泥制品标准化技术委员会归口。

本标准负责起草单位：苏州混凝土水泥制品研究院。

本标准参加起草单位：宁波浙东水泥制品有限公司、杭州高翔管桩有限公司、连云港市建筑设计研究院、苏州市永固管桩制造有限公司、宁波建筑安装集团公司构件公司、浙江省建筑构配件公司、杭州东冠通信集团水泥制品有限公司、杭州江南管桩有限公司、宁波迈克水泥制品有限公司、苏州银龙管桩有限公司、上海二十冶混凝土构件有限公司、杭州钱宏水泥制品有限公司、杭州天恒管桩有限公司、宁波经济技术开发区二十冶水泥制品有限公司、杭州坚塔管桩有限公司、浙江宝业住宅产业化有限公司、温州市华山管桩制造有限公司、萧山市宏图实业有限公司、苏州建筑建材设计院、台州市椒江万友实业公司、富阳金鑫管桩有限公司、上虞中富管桩有限公司等。

本标准委托苏州混凝土水泥制品研究院负责解释。

本标准主要起草人：蒋元海、金舜、匡红杰、夏策昭、汪家尉、李世歌、王庆来、章耀、王叔平。

本标准为首次发布。

# 引　言

先张法预应力混凝土薄壁管桩是国内开发成功的一种新型建筑工程基础用桩，具有经济合理、混凝土强度高、桩身竖向承载力较高、抗弯性能适中、接头性能好、沉柱质量可靠、监测方便、施工工期短等优点，近年来得到大力的推广应用。本标准根据我国先张法预应力混凝土薄壁管桩的生产和工程使用的实际情况制定。

中华人民共和国建材行业标准

# 先张法预应力混凝土薄壁管桩

JC 888—2001

**Pretensioned spun concrete thin wall piles**

## 1 范围

本标准规定了先张法预应力混凝土薄壁管桩(以下简称薄壁管桩)的定义及代号、产品分类、原材料及构造要求、技术要求、试验方法、检验规则、标志、产品合格证、贮存和运输等。

本标准适用于工业与民用建筑工程使用的离心成型先张法预应力混凝土薄壁管桩。

注1：薄壁管桩主要适用于工业与民用建筑物的低承台桩基础。

注2：薄壁管桩适用于抗震设防烈度不大于7度的地区，对大于7度的地区应进行专门验算。

注3：薄壁管桩主要考虑承受竖向荷载。

## 2 规范性引用文件

下列文件中的条款通过本标准的引用而成为本标准的条款。凡是注日期的引用文件，其随后所有的修改单(不包括勘误的内容)或修订版均不适用于本部分，然而，鼓励根据本部分达成协议的各方研究是否可使用这些文件的最新版本。凡是不注日期的引用文件，其最新版本适用于本部分。

GB 175 硅酸盐水泥、普通硅酸盐水泥

GB/T 700 碳素结构钢

GB/T 701 低碳钢热轧圆盘条

GB 1344 矿渣硅酸盐水泥、火山灰质硅酸盐水泥及粉煤灰硅酸盐水泥

GB 1499 钢筋混凝土用热轧带肋钢筋

GB 8076 混凝土外加剂

GB 13476 先张法预应力混凝土管桩

GB/T 14684 建筑用砂

GB/T 14685 建筑用卵石、碎石

GB 50164 混凝土质量控制标准

GB 50204 混凝土结构工程施工及验收规范

GBJ 81 普通混凝土力学性能试验方法

GBJ 107 混凝土强度检验评定标准

JGJ 63 混凝土拌合用水标准

YB/T 111 预应力混凝土用钢棒

## 3 定义及代号

下列定义适用于本标准。

凡小于 GB 13476 规定最小壁厚的先张法预应力混凝土管桩称为预应力混凝土薄壁管桩，代号 PTC。

国家经济贸易委员会 2001-12-29批准　　2002-06-01实施

## 4 产品分类

### 4.1 产品规格

薄壁管桩按外径分为300mm、350mm、400mm、450mm、500mm、550mm、600mm、700mm和800mm等规格。

### 4.2 产品质量等级

薄壁管桩应符合6.1和6.5的规定，按外观质量和尺寸偏差分为优等品(A)、一等品(B)和合格品(C)。

### 4.3 结构尺寸

4.3.1 薄壁管桩的结构形状和基本尺寸应符合图1和表1的规定。

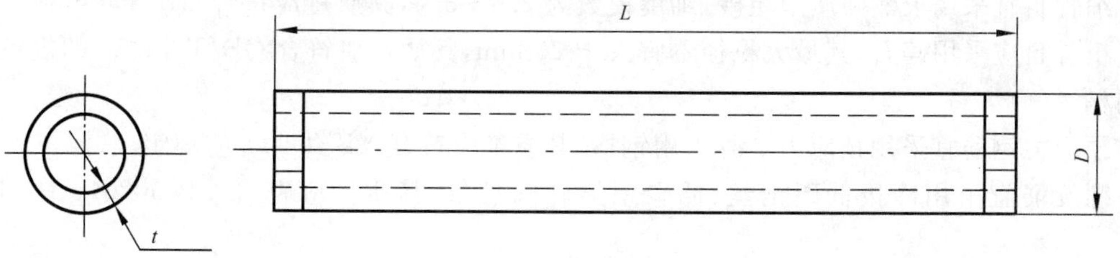


$t$—壁厚；$L$—长度；$D$—外径

图1 薄壁管桩的结构形状

表1 薄壁管桩的基本尺寸

| 外径 $D$<br>mm | 最小壁厚 $t_{min}$<br>mm | 长度 $L$<br>m | | | | | | | | |
|---|---|---|---|---|---|---|---|---|---|---|
| | | 7 | 8 | 9 | 10 | 11 | 12 | 13 | 14 | 15 |
| 300 | 50 | ○ | ○ | ○ | — | — | — | — | — | — |
| 350 | 50 | ○ | ○ | ○ | ○ | — | — | — | — | — |
| 400 | 55 | ○ | ○ | ○ | ○ | ○ | — | — | — | — |
| 450 | 60 | ○ | ○ | ○ | ○ | ○ | — | — | — | — |
| 500 | 60 | ○ | ○ | ○ | ○ | ○ | ○ | — | — | — |
| 550 | 70 | ○ | ○ | ○ | ○ | ○ | ○ | ○ | — | — |
| 600 | 70 | ○ | ○ | ○ | ○ | ○ | ○ | ○ | — | — |
| 700 | 80 | ○ | ○ | ○ | ○ | ○ | ○ | ○ | ○ | — |
| 800 | 80 | ○ | ○ | ○ | ○ | ○ | ○ | ○ | ○ | ○ |

注：

1 表中桩长度按二头勾吊法验算。

2 根据供需双方协议，也可生产其他规格、长度的薄壁管桩。

4.3.2 薄壁管桩的长度应包括桩身和接头，不包括附加配件。

4.4 标记示例

外径 600mm、壁厚 70mm、长度 12m 的一等品先张法预应力混凝土薄壁管桩的标记为：

PTC 600 70 12B JC 888—2001

## 5 原材料及构造

5.1 原材料

5.1.1 水泥

应采用强度等级不低于 42.5 的硅酸盐水泥、普通硅酸盐水泥、矿渣硅酸盐水泥、粉煤灰硅酸盐水泥，其质量应分别符合 GB 175、GB 1344 的规定。

5.1.2 骨料

5.1.2.1 细骨料宜采用天然硬质中粗砂，细度模数为 2.3～3.4，其质量应符合 GB/T 14684 的规定。

5.1.2.2 粗骨料应采用碎石，其最大粒径不宜大于 20 mm，其质量应符合 GB/T 14685 的规定。

5.1.3 钢材

5.1.3.1 预应力钢筋宜采用预应力混凝土用钢棒，其质量应符合 YB/T 111 的规定。

5.1.3.2 螺旋筋宜采用冷拔低碳钢丝、低碳钢热轧圆盘条，其质量应符合 GB 50204、GB/T 701 的规定。

5.1.3.3 端板、桩套箍的材质性能应符合 GB/T 700 中 Q235 的规定。

5.1.4 水

混凝土拌合用水的质量应符合 JGJ 63 的规定。

5.1.5 外加剂

外加剂的质量应符合 GB 8076 的规定，严禁使用氯盐类外加剂。

5.1.6 掺合料

掺合料不得对管桩产生有害影响，使用前必须进行试验验证。

5.2 构造要求

5.2.1 预应力钢筋的加工

5.2.1.1 钢筋应清除油污，不应有局部弯曲，端面应平整，单根管桩同束钢筋中，下料长度的相对差值不应大于 $L/5\,000$。

5.2.1.2 钢筋和螺旋筋的焊接点的强度损失不得大于钢筋标准强度的 5%。

5.2.1.3 钢筋镦头强度不得低于该材料标准强度的 90%。

5.2.2 钢筋骨架

5.2.2.1 预应力钢筋沿其分布圆周均匀配置，最小配筋率不得低于 0.4%，并不得少于 6 根。

5.2.2.2 薄壁管桩外径 450 mm 及以下，螺旋筋的直径不应小于 4 mm；外径 500 mm～600 mm，螺旋筋的直径不应小于 5 mm；外径 700 mm～800 mm，螺旋筋的直径不应小于 6 mm。钢筋骨架螺距最大不超过 110 mm；距桩两端 1 000 mm～1 500 mm 长度范围内，螺距为 40 mm～60 mm。

5.2.2.3 端部锚固钢筋应按设计图纸确定。

注：采用端部锚固钢筋时，宜采用低碳钢热轧圆盘条或钢筋混凝土用热轧带肋钢筋，其质量应分别符合 GB/T 701、GB 1499 的规定。

5.2.2.4 骨架成型后，各部分尺寸应符合如下要求：

a) 预应力钢筋间距偏差不得超过±5 mm；

b) 螺旋筋的螺距偏差不得超过±10 mm。

5.2.3 接头

5.2.3.1 薄壁管桩接头宜采用端板焊接。

5.2.3.2 接头端板的宽度不得小于桩的壁厚。

5.2.3.3 接头的端面必须与桩身的轴线垂直。

5.2.3.4 接头的焊接坡口尺寸应按设计图纸确定。

## 6 技术要求

### 6.1 混凝土

6.1.1 混凝土质量控制应符合 GB 50164 的规定。

6.1.2 薄壁管桩用的混凝土强度等级不得低于 C60。

6.1.3 放张预应力筋时，混凝土抗压强度不得低于 40 MPa。

### 6.2 混凝土保护层

预应力筋的混凝土保护层厚度不得小于 20 mm。

### 6.3 外观质量

外观质量应符合表 2 的规定。

表 2 薄壁管桩的外观质量

<table>
<tr><th colspan="2" rowspan="2">项　目</th><th colspan="3">产品质量等级</th></tr>
<tr><th>优等品</th><th>一等品</th><th>合格品</th></tr>
<tr><td colspan="2">粘皮和麻面</td><td>不允许</td><td>局部粘皮和麻面累计面积不大于桩总外表面积的 0.2%；每处粘皮和麻面的深度不大于 3 mm，且应修补</td><td>局部粘皮和麻面累计面积不大于桩总外表面积的 0.5%；每处粘皮和麻面的深度不大于 6 mm，且应修补</td></tr>
<tr><td colspan="2">桩身合缝漏浆</td><td>不允许</td><td>漏浆深度不大于 3 mm，每处漏浆长度不大于 100 mm，累计长度不大于管桩长度的 5%，且应修补</td><td>漏浆深度不大于 6 mm，每处漏浆长度不大于 300 mm，累计长度不大于管桩长度的 10%，或对称漏浆的搭接长度不大于 100 mm，且应修补</td></tr>
<tr><td colspan="2">局部磕损</td><td>不允许</td><td>局部磕损深度不大于 3 mm，每处面积不得大于 9 cm²</td><td>局部磕损深度不大于 6 mm，每处面积不得大于 16 cm²</td></tr>
<tr><td colspan="2">内外表面露筋</td><td colspan="3">不允许</td></tr>
<tr><td colspan="2">表面裂缝</td><td colspan="3">不得出现环向和纵向裂缝，但龟裂、水纹和内壁浮浆层中的收缩裂纹不在此限</td></tr>
<tr><td colspan="2">桩端面平整度</td><td colspan="3">管桩端面混凝土和预应力钢筋镦头不得高出端板平面</td></tr>
<tr><td colspan="2">断筋、脱头</td><td colspan="3">不允许</td></tr>
<tr><td colspan="2">桩套箍凹陷</td><td>不允许</td><td>凹陷深度不大于 3 mm，面积不得大于 9 cm²</td><td>凹陷深度不大于 6 mm，面积不得大于 16 cm²</td></tr>
<tr><td colspan="2">内表面混凝土塌落</td><td colspan="3">不允许</td></tr>
<tr><td rowspan="2">接头和桩套箍与桩身结合面</td><td>漏　浆</td><td>不允许</td><td>漏浆深度不大于 3 mm，漏浆长度不大于周长的 1/8，且应修补</td><td>漏浆深度不大于 6 mm，漏浆长度不大于周长的 1/4，且应修补</td></tr>
<tr><td>空洞和蜂窝</td><td colspan="3">不允许</td></tr>
</table>

### 6.4 尺寸允许偏差

薄壁管桩各部位的尺寸允许偏差应符合表 3 的规定。

表 3　薄壁管桩的尺寸允许偏差　　　　单位为毫米

<table>
<tr><td colspan="2" rowspan="2">项　目</td><td colspan="3">允　许　偏　差</td></tr>
<tr><td>优等品</td><td>一等品</td><td>合格品</td></tr>
<tr><td colspan="2">长度 L</td><td>±0.3%L</td><td>+0.5%L<br>−0.4%L</td><td>+0.7%L<br>−0.5%L</td></tr>
<tr><td colspan="2">端部倾斜</td><td>≤0.3%D</td><td>≤0.4%D</td><td>≤0.5%D</td></tr>
<tr><td rowspan="2">外径 D</td><td>≤600</td><td>±2</td><td>+4<br>−2</td><td>+5<br>−4</td></tr>
<tr><td>>600</td><td>+3<br>−2</td><td>+5<br>−2</td><td>+7<br>−4</td></tr>
<tr><td colspan="2">壁厚 t</td><td>+10<br>0</td><td>+15<br>0</td><td>+20<br>0</td></tr>
<tr><td colspan="2">保护层厚度</td><td>+5<br>0</td><td>+7<br>0</td><td>+10<br>0</td></tr>
<tr><td colspan="2">桩身弯曲度</td><td>≤L/1 500</td><td>≤L/1 200</td><td>≤L/1 000</td></tr>
<tr><td rowspan="4">桩端板</td><td>外侧平面度</td><td colspan="3">0.2</td></tr>
<tr><td>外　径</td><td colspan="3">0<br>−1</td></tr>
<tr><td>内　径</td><td colspan="3">0<br>−2</td></tr>
<tr><td>厚　度</td><td colspan="3">正偏差不限<br>0</td></tr>
<tr><td colspan="5">注：表内尺寸以设计图纸为基准。</td></tr>
</table>

6.5　抗弯性能

6.5.1　薄壁管桩应按 7.3 进行抗弯试验，当加载至表 4 中的抗裂弯矩时，桩身不得出现裂缝。

表 4　薄壁管桩的抗弯性能

| 外　径<br>mm | 抗　裂　弯　矩<br>kN·m | 极　限　弯　矩<br>kN·m |
|---|---|---|
| 300 | 19 | 26 |
| 350 | 27 | 38 |
| 400 | 39 | 55 |
| 450 | 55 | 77 |
| 500 | 71 | 99 |
| 550 | 97 | 136 |
| 600 | 119 | 167 |
| 700 | 186 | 260 |
| 800 | 254 | 356 |

6.5.2　当加载至表 4 中的极限弯矩时，薄壁管桩不得出现下列任何一种情况：

a）受拉区混凝土裂缝宽度达到 1.5 mm；

b）受拉钢筋被拉断；

c）受压区混凝土破坏。

6.5.3 薄壁管桩接头处极限弯矩不得低于桩身极限弯矩。

## 7 试验方法

### 7.1 混凝土抗压强度

混凝土拌合物应在搅拌站或喂料工序中随机抽取，制作标准尺寸试件，并与薄壁管桩同条件养护，混凝土抗压强度试验方法见 GBJ 81。

### 7.2 外观质量和尺寸的检查

外观质量和尺寸的检查工具与检查方法见表 5。

表 5 外观质量和尺寸的检查工具与检查方法　　单位为毫米

| 检查项目 | 检查工具与检查方法 | 测量工具分度值 |
|---|---|---|
| 长　度 | 用钢卷尺测量，精确至 1 | 1 |
| 外　　径 | 用卡尺或钢直尺在同一断面测定相互垂直的两直径，取其平均值，精确至 1 | 1 |
| 壁厚 | 用钢直尺在同一断面相互垂直的两直径上测定四处壁厚，取其平均值，精确至 1 | 0.5 |
| 桩端部倾斜 | 将直角靠尺的一边紧靠桩身，另一边与端板紧靠，测其最大间隙处，精确至 1 | 0.5 |
| 桩身弯曲度 | 将拉线紧靠桩的两端部，用钢直尺测量其弯曲处的最大距离，精确至 1 | 0.5 |
| 保护层厚度 | 至深度游标卡尺在管桩的中部同一圆周的二处不同部位测量，精确至 0.1 | 0.02 |
| 漏浆长度 | 用钢卷尺测量，精确至 1 | 1 |
| 漏浆深度 | 用深度游标卡尺测量，精确至 0.1 | 0.02 |
| 裂缝宽度 | 用 20 倍读数放大镜测量，精确至 0.01 | 0.01 |

### 7.3 抗弯试验

7.3.1 薄壁管桩的抗弯试验采用简支梁对称加载装置，如图 2 所示，其中，$P$ 的方向可垂直于地面，也可平行于地面（薄壁管桩的轴线均与地面平行）。

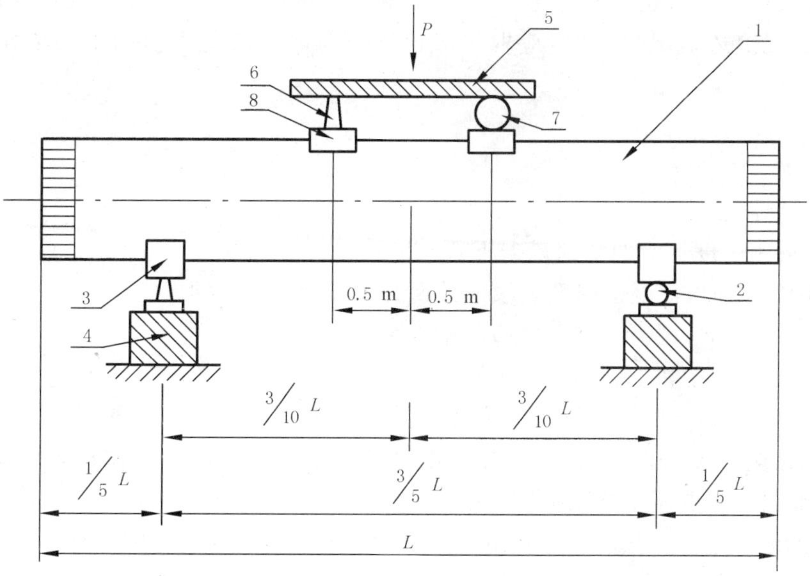


1—薄壁管桩；2—滚动铰支座；3—固定铰支座；4—支墩；5—分配梁；
6—分配梁固定铰支座；7—分配梁滚动铰支座；8—U 型垫板

图 2 薄壁管桩的抗弯试验示意图

7.3.2 薄壁管桩接头处抗弯试验方法与 7.3.1 相同，应使接头位于最大弯矩处。

7.3.3 加载程序

第一步:按抗裂弯矩的 20%的级差由零加载至抗裂弯矩的 80%,每级荷载的持续时间不少于 3 min;然后按抗裂弯矩的 10%的级差继续加载至抗裂弯矩的 100%。每级荷载的持续时间不少于 3 min,观察是否有裂缝出现,测定并记录裂缝宽度。

第二步:如果在抗裂弯矩的 100%时未出现裂缝,则按抗裂弯矩的 5%的级差继续加载至裂缝出现。每级荷载的持续时间不少于 3 min,测定并记录裂缝宽度。

第三步:按极限弯矩的 5%的级差继续加载至出现 6.5.2 所列极限状态的检验标志之一为止。每级荷载的持续时间不少于 3 min,观测并记录各项读数。

7.3.4 弯矩计算公式

实测弯矩按式(1)~式(3)计算:

a) 垂直向下加载时:

$$M=\frac{P}{4}(\frac{3}{5}L-1)+\frac{1}{40}WL \quad \cdots\cdots (1)$$

b) 垂直向上加载时:

$$M=\frac{P}{4}(\frac{3}{5}L-1)-\frac{1}{40}WL \quad \cdots\cdots (2)$$

c) 水平加载时:

$$M=\frac{P}{4}(\frac{3}{5}L-1) \quad \cdots\cdots (3)$$

式中:$M$——抗弯弯矩,kN·m;

$W$——薄壁管桩重量,kN;

$L$——薄壁管桩长度,m;

$P$——荷载(垂直加载时,应考虑加载设备的重量),kN。

7.3.5 抗裂荷载和极限荷载的确定

7.3.5.1 当在加载过程中第一次出现裂缝时,应取前一级荷载值作为抗裂荷载实测值;当在规定的荷载持续时间内第一次出现裂缝时,应取本级荷载值与前一级荷载值的平均值作为抗裂荷载实测值;当在规定的荷载持续时间结束后第一次出现裂缝时,应取本级荷载值作为抗裂荷载实测值。

7.3.5.2 当在规定的荷载持续时间结束后出现 6.5.2 所列的情况之一时,应取此时的荷载值作为极限荷载实测值;当在加载过程中出现上述情况之一时,应取前一级荷载值作为极限荷载实测值;当在规定的荷载持续时间内出现上述情况之一时,应取本级荷载值与前一级荷载值的平均值作为极限荷载实测值。

## 8 检验规则

8.1 混凝土强度检验评定

8.1.1 检验评定混凝土强度等级的龄期依据下列规定执行:

a) 采用压蒸养护工艺时,混凝土强度等级的龄期为出釜后 1 d;

b) 采用其他养护工艺时,混凝土强度等级的龄期为 28 d。

8.1.2 检验混凝土质量的试件的留置应符合下列规定:

a) 当混凝土配合比调整或原材料发生变更时,应制作 3 组试件;

b) 每拌制 100 盘或 1 个工作班拌制的同配合比混凝土不足 100 盘时,应制作 3 组试件。其中:1 组试件检验预应力钢筋放张时混凝土抗压强度,1 组试件检验 28d 的混凝土抗压强度(采用压蒸养护工艺时,检验出釜后 1d 的混凝土抗压强度),另 1 组备用或检验薄壁管桩出厂时的混凝土抗压强度。

8.1.3 混凝土强度检验评定应按 GBJ 107 执行。

8.2 出厂检验

8.2.1 检验项目

包括混凝土抗压强度、外观质量、尺寸偏差(不包括保护层厚度)、抗弯性能的检验。

8.2.2 批量和抽样

8.2.2.1 外观质量:逐根检验。

8.2.2.2 尺寸偏差:同规格、同壁厚的薄壁管桩连续生产 30 000 m 为 1 批,但在 4 个月内生产总数不足 30 000 m 时仍作为 1 批,在成品中随机抽取 10 根进行检验。

8.2.2.3 抗弯性能:在外观质量和尺寸偏差检验合格的产品中随机抽取 2 根进行抗弯性能的检验。

8.2.3 判定规则

8.2.3.1 尺寸偏差:若所抽 10 根中不符合某一等级的薄壁管桩不超过 2 根,则判尺寸偏差为相应等级。

8.2.3.2 抗弯性能:若所抽 2 根全部符合 6.5.1 规定时,则判抗弯性能合格;若有 1 根不符合 6.5.1 规定时,应从同批产品中抽取加倍数量进行复验,复验结果若均符合 6.5.1 规定时,则判抗弯性能合格;若仍有 1 根不符合标准,则判抗裂性能不合格。

8.2.3.3 总判定:在混凝土抗压强度、保护层厚度与抗弯性能合格的基础上,外观质量和尺寸偏差全部符合某一等级规定时,则判该批产品为相应质量等级。

8.3 型式检验

8.3.1 检验条件

有下列情况之一时均应进行型式检验:

a) 新产品投产或老产品转厂生产的试制定型鉴定;

b) 当结构、材料、工艺有较大改变时;

c) 当同一规格的薄壁管桩连续生产 100 000 m 或在 6 个月内生产总数不足 100 000 m 时;

d) 停产半年以上恢复生产时;

e) 出厂检验结果与上次型式检验有较大差异时;

f) 合同规定时;

g) 国家或地方质量监督机构提出进行型式检验要求时。

8.3.2 检验项目

包括混凝土抗压强度、外观质量、尺寸偏差、保护层厚度与抗弯性能的检验,必要时由双方协商,还可增加试验项目。

注:薄壁管桩接头处抗弯试验如无特殊要求可以不检验。

8.3.3 抽样

在同规格、同壁厚的成品中随机抽取 10 根进行外观质量和尺寸偏差检验。10 根中随机抽取 2 根进行抗弯性能检验。抗弯试验完成后,在 2 根中抽取 1 根,在管桩中部同一圆周的 2 处不同部位测量保护层厚度。

8.3.4 判定规则

8.3.4.1 外观质量与尺寸偏差:若所抽 10 根中,不符合某一等级的管桩不超过 2 根,则判外观质量和尺寸偏差为相应等级。

8.3.4.2 抗弯性能:若所抽 2 根全部符合 6.5 规定时,则判抗弯性能合格。若有 1 根不符合 6.5 规定时,应从同批产品中抽取加倍数量进行复验,若复验结果均符合 6.5 规定时,则判为合格;若仍有 1 根不合格,则判抗弯性能不合格。优等品和一等品不得复验。

8.3.4.3 保护层厚度:若所抽 1 根中的 2 个数值全部符合某一等级的指标要求,则判保护层厚度为相应等级。若有 1 个数值不符合标准的规定,应从同批产品中抽取加倍数量进行复验,若复验结果均符合标准规定时,则判为合格;若仍有 1 根不符合标准的规定时,则判保护层厚度不合格。优等品和一等品不允许复验。

8.3.4.4 总判定:在混凝土抗压强度、保护层厚度与抗弯性能合格的基础上,外观质量与尺寸偏差全部符合某一等级规定时,则判该批产品为相应质量等级。

## 9 标志、产品合格证

9.1 标志

9.1.1 永久标志应采用制造厂的厂名或产品注册商标，标在薄壁管桩表面距端头1000mm～1 500 mm处。

9.1.2 临时标志为薄壁管桩标记（不包括标准编号）、制造日期或薄壁管桩编号，其位置略低于永久标志。

9.2 产品合格证

产品合格证应包括下列内容：

a）合格证编号；

b）本标准编号；

c）薄壁管桩规格、长度及壁厚；

d）混凝土强度等级；

e）外观检测结果；

f）抗弯性能；

g）薄壁管桩编号；

h）制造厂厂名、制造日期、出厂日期；

i）检验员签名或盖章（可用检验员代号表示）。

## 10 贮存和运输

10.1 贮存

10.1.1 薄壁管桩堆放场地应坚实平整。

10.1.2 薄壁管桩堆放时，最下层宜按图3所示的两支点位置放在垫木上，垫木支承点应在同一水平面上。

注：若堆场地基经过特殊处理，也可采用着地平放。

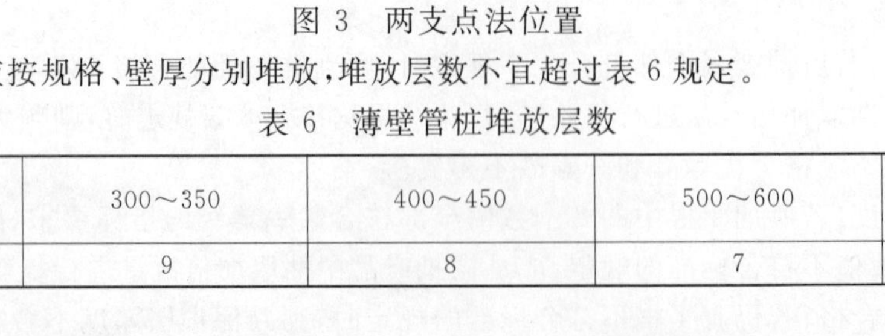


图3 两支点法位置

10.1.3 薄壁管桩应按规格、壁厚分别堆放，堆放层数不宜超过表6规定。

表6 薄壁管桩堆放层数

| 外径<br>mm | 300～350 | 400～450 | 500～600 | 700～800 |
|---|---|---|---|---|
| 堆放层数 | 9 | 8 | 7 | 5 |

10.2 运输

10.2.1 薄壁管桩吊装宜采用两支点法（见图3）或两头勾吊法，装卸应轻起轻放，严禁抛掷、碰撞、滚落。

10.2.2 薄壁管桩在运输过程中的支承要求应符合10.1.2规定，且应绑固。

# 前　言

本标准第6.3条和9.1.1条为强制性的，其余为推荐性的。

为适应城市建设发展需要，同时考虑检查井盖制作方便、符合环保要求、降低成本、确保使用安全等因素，在总结我国近几年来钢纤维混凝土检查井盖的科研、生产和应用的实践经验，比照铸铁检查井盖的功效，制定了钢纤维混凝土检查井盖行业标准。为了方便应用，本标准所用钢纤维混凝土检查井盖的几何尺寸可以与铸铁检查井盖的支座相配套。本标准无国外同类产品标准可等效或等同采用。

本标准的附录A为标准的附录。

本标准为首次发布，自2002年6月1日起实施。

本标准由中国建筑材料工业协会提出。

本标准由全国水泥制品标准化技术委员会归口。

本标准负责起草单位：苏州混凝土水泥制品研究院。

本标准参加起草单位：苏州建筑建材设计院、江苏省句容市科达技术开发有限公司、厦门市路桥建材设备公司、泉州市鲤城南方建材设备公司、昆山巴城水泥制品有限公司、丹阳市邮电通讯器材厂、上海市政水泥制品股份有限公司。

本标准主要起草人：禹琦、陈方、李志伟、蔡晓川、常金祥、傅金发、周仁法、楼海军、张兆生、汤关祚。

本标准委托苏州混凝土水泥制品研究院负责解释。

中华人民共和国建材行业标准

# 钢纤维混凝土检查井盖

JC 889—2001

**Steel fiber reinforced concrete checking well cover**

## 1 范围

本标准规定了钢纤维混凝土检查井盖的定义、产品分类、技术要求、试验方法、检验规则和标志。

本标准适用于城市道路、公路、生活小区等机动车辆行驶或停放场地检查井上的井盖,也适用于安装在绿化带等禁止机动车辆行驶或停放的通道、场地检查井上的井盖。

## 2 引用标准

下列标准所包含的条文,通过在本标准中引用而构成为本标准的条文。本标准出版时,所示版本均为有效。所有标准都会被修订,使用本标准的各方应探讨使用下列标准最新版本的可能性。

GB 175—1999 硅酸盐水泥、普通硅酸盐水泥

GB/T 700—1988 碳素结构钢

GB 1348—1998 球墨铸件

GB 1499—1998 钢筋混凝土用热轧带肋钢筋

GB 8076—1997 混凝土外加剂

GB 9439—1998 灰铸铁件

GB/T 14684—2001 建筑用砂

GB/T 14685—2001 建筑用卵石、碎石

GB 50204—1992 混凝土结构工程施工及验收规范

GBJ 10—1989 混凝土结构设计规范(含 1996 年局部修订)

GBJ 82—1985 普通混凝土长期性能和耐久性能试验方法

GBJ 321—1990 预制混凝土构件质量检验评定标准

JG/T 3064—1999 钢纤维混凝土

JGJ 63—1989 混凝土拌合用水标准

## 3 定义

### 3.1 检查井

在地下管线位置上每隔一定距离修建的竖井。主要供检修管道,清除污泥及用于连接不同方向、不同高度的管线使用。

### 3.2 支座

固定于检查井井口的部分,用于安装井盖。

### 3.3 井盖

位于检查井井口顶部未固定部分,分圆形和正方形。井盖表面应设有防滑花纹。底面是平面的称板式井盖,底面加肋的称带肋井盖。其功能是封闭检查井口,需要时能够开启。井盖与支座如图 1、图 2 所示。

国家经济贸易委员会 2001-12-29批准 2002-06-01实施

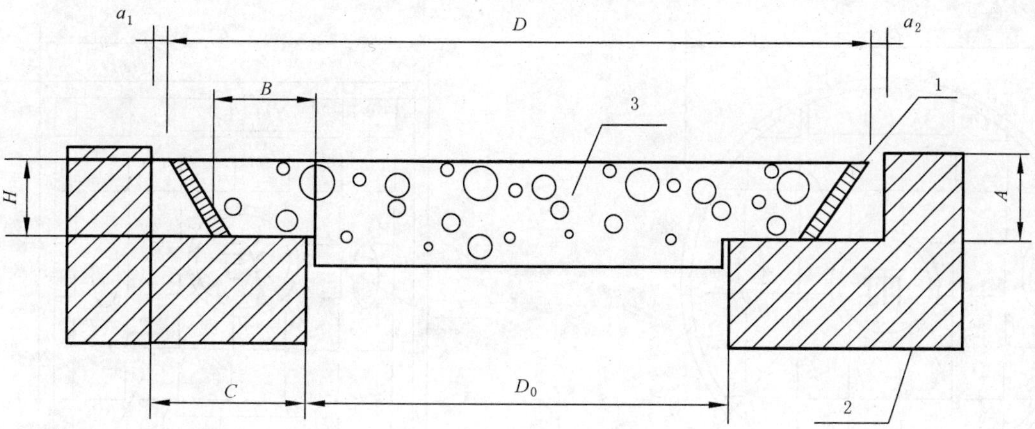


板式井盖与支座示意图

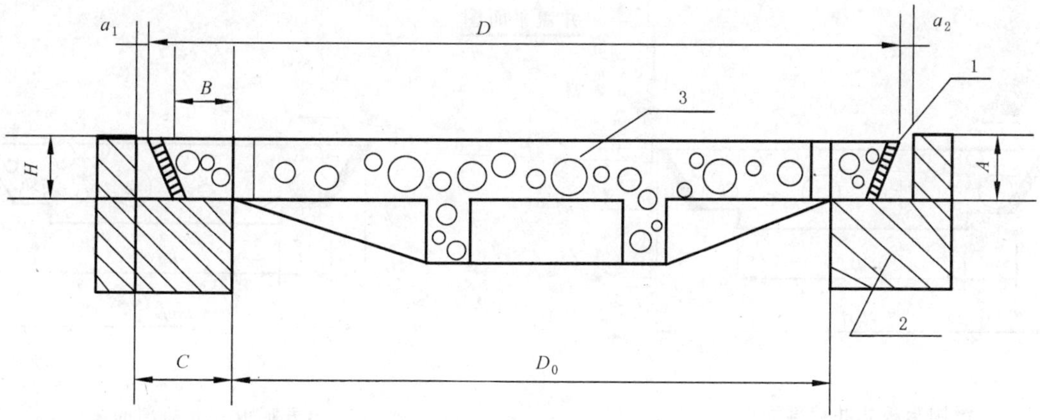


带肋井盖与支座示意图

1—钢箍;2—支座;3—井盖

图 1　井盖与支座示意图

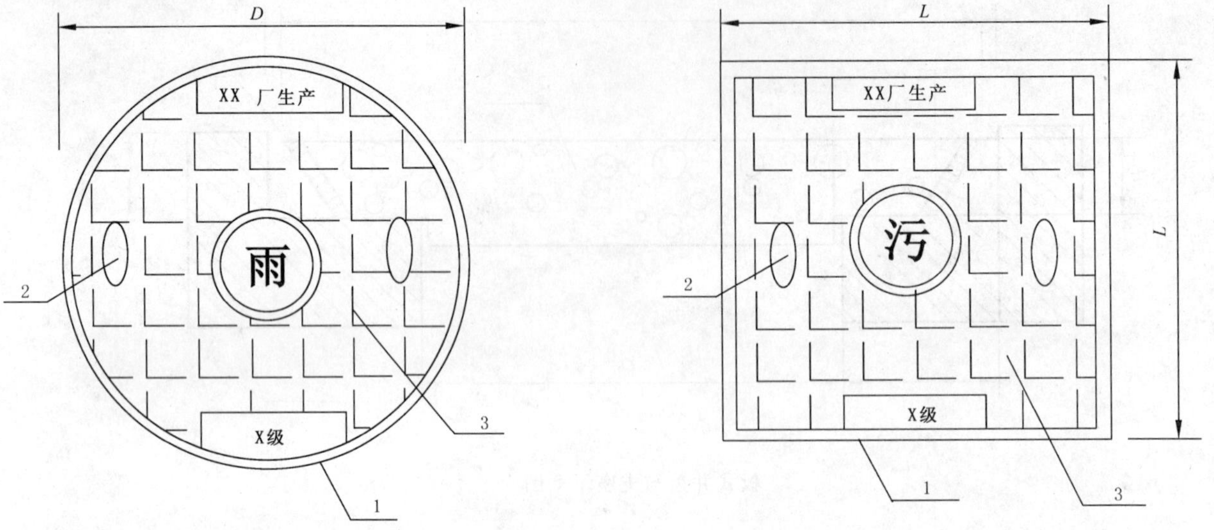


圆形井盖平面图　　　　方形井盖平面图

井盖平面图

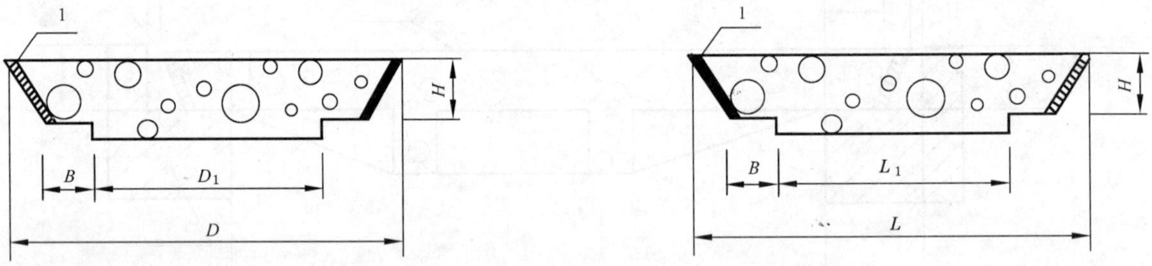


圆形板式井盖剖面图　　　　方形板式井盖剖面图

板式井盖剖面图

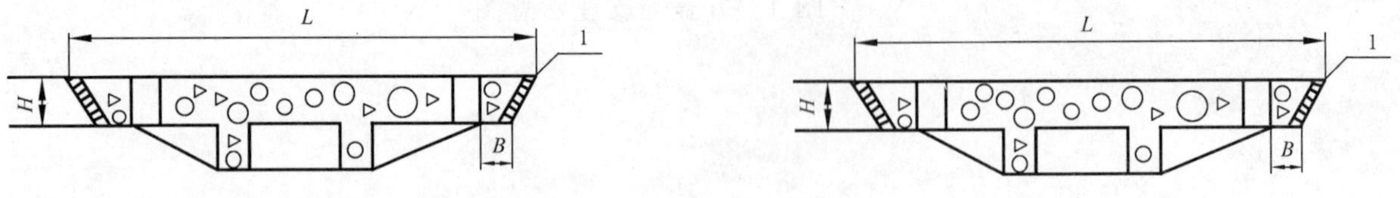


圆形带肋井盖剖面图　　　　方形带肋井盖剖面图

带肋井盖剖面图

1—钢箍；2—安装孔；3—防滑花纹

图 2　井盖示意图

3.4　嵌入深度

支座支承面至支座顶面的高度。如图 1 中所示 A 值。

3.5　缝宽

支座与井盖之间的间隙如图 1 中所示 $a_1$、$a_2$ 值。缝宽为 $a$，$a=a_1+a_2$。

3.6　井盖搁置面宽

井盖搁置在支座上的部位，如图 1 中所示的 $B$ 值。

3.7　支座支承面宽

支承井盖的支座平面。如图 1 中所示的 $C$ 值。

3.8　检查井盖的净宽

支座孔口的最大孔径，即井口尺寸，俗称清扫口尺寸。如图 1 中所示 $D_0$ 值。

3.9　井盖搁置高度

井盖搁置面 B 部位的高度，如图 1 中所示 $H$ 值。

3.10　钢箍

井盖钢箍可用钢板制作，也可用铸件。垂直高度等于井盖搁置高度 $H$，外包井盖四周，其锥度宜为 1∶10，其外形为圆台或棱台形，如图 1、图 2 所示。

3.11　柔性和钢性接触

当井盖搁置面上有橡胶避震圈，通过它搁置在支座支承面上的称柔性接触；当井盖搁置面上无橡胶避震圈，直接搁置在支座支承面上的称刚性接触。

## 4　产品分类

4.1　钢纤维混凝土检查井盖按承载力分为 A、B、C、D 四级。

4.1.1　A 级钢纤维混凝土检查井盖用于机场或可供直升飞机起降的高速公路等特种道路和场地。

4.1.2　B 级钢纤维混凝土检查井盖用于机动车行驶、停放的城市道路、公路和停车场。

4.1.3　C 级钢纤维混凝土检查井盖用于慢车道、居民住宅小区内通道和人行道。

4.1.4　D 级钢纤维混凝土检查井盖用于绿化带及机动车辆不能行驶、停放的小巷和场地。

4.2　按几何形状检查井盖可分为圆形和方形。主要几何尺寸见表 1。

表 1　钢纤维混凝土井盖几何尺寸及允许偏差　　　单位为毫米

| 等级 | 井口尺寸（$D_0$） | | 井盖外径或边长（$D$ 或 $L$） | | 井盖搁置高度（$H$） | | | 井盖搁置面宽（$B$） | |
|---|---|---|---|---|---|---|---|---|---|
| | 标称值 | 允许偏差 | 标称值≥ | 允许偏差 | 标称值≥ | | 允许偏差 | 标称值≥ | 允许偏差 |
| A | 600 | ±20 | 660 | ±3 | 板式 | 60 | +2<br>−3 | 35 | ±3 |
| | | | | | 带肋 | 50 | | | |
| | 650 | | 740<br>(760) | | 板式 | 65 | | | |
| | | | | | 带肋 | 55 | | | |
| | 700 | | 800 | | 板式 | 70 | | | |
| | | | | | 带肋 | 60 | | | |
| B | 600 | ±20 | 660 | ±3 | 板式 | 55 | +2<br>−3 | 30 | ±3 |
| | | | | | 带肋 | 45 | | | |
| | 650 | | 740<br>(760) | | 板式 | 60 | | | |
| | | | | | 带肋 | 50 | | | |
| | 700 | | 800 | | 板式 | 65 | | | |
| | | | | | 带肋 | 55 | | | |

续表 1 单位为毫米

<table>
<tr><th rowspan="2">等级</th><th colspan="2">井口尺寸($D_0$)</th><th colspan="2">井盖外径或边长($D$或$L$)</th><th colspan="3">井盖搁置高度($H$)</th><th colspan="2">井盖搁置面宽($B$)</th></tr>
<tr><th>标称值</th><th>允许偏差</th><th>标称值≥</th><th>允许偏差</th><th colspan="2">标称值≥</th><th>允许偏差</th><th>标称值≥</th><th>允许偏差</th></tr>
<tr><td rowspan="6">C</td><td rowspan="2">600</td><td rowspan="6">±20</td><td rowspan="2">660</td><td rowspan="6">±3</td><td>板式</td><td>45</td><td rowspan="6">$^{+2}_{-3}$</td><td rowspan="6">30</td><td rowspan="6">±3</td></tr>
<tr><td>带肋</td><td>35</td></tr>
<tr><td rowspan="2">650</td><td rowspan="2">720</td><td>板式</td><td>50</td></tr>
<tr><td>带肋</td><td>40</td></tr>
<tr><td rowspan="2">700</td><td rowspan="2">780</td><td>板式</td><td>60</td></tr>
<tr><td>带肋</td><td>45</td></tr>
<tr><td rowspan="3">D</td><td>600</td><td rowspan="3">±20</td><td>660</td><td rowspan="3">±3</td><td colspan="2">35</td><td rowspan="3">$^{+2}_{-3}$</td><td rowspan="3">30</td><td rowspan="3">±3</td></tr>
<tr><td>650</td><td>710</td><td colspan="2">40</td></tr>
<tr><td>700</td><td>770</td><td colspan="2">45</td></tr>
<tr><td colspan="10">注:<br>1. 表中带括号值适用于邮电系统有双层盖的检查井盖;<br>2. 根据供需双方协议,也可生产其他规格尺寸的井盖。</td></tr>
</table>

## 5 原材料及构造要求

5.1 原材料

5.1.1 钢纤维应符合 JG/T 3064 的规定。

5.1.2 水泥应符合 GB 175 的规定。

5.1.3 钢筋宜采用 HRB 335 热轧带肋钢筋,其质量应符合 GB 1499 的规定。

5.1.4 用钢板制作的钢箍宜采用 Q 235 板材,其质量应符合 GB/T 700 的规定。

5.1.5 用铸件做钢箍,其铸件质量应符合 GB 9439 和 GB 1348 的规定。

5.1.6 其他材料如砂、石子、外加剂和水应符合现行有关混凝土用材料标准的规定,即 GB/T 14684、GB/T 14685、GB 8076、JGJ 63。

5.2 构造要求

5.2.1 钢筋断料长度的尺寸允许偏差为$^{+2}_{-5}$mm。

5.2.2 钢箍直径、边长尺寸允许偏差为±1.5 mm,垂直高度允许偏差为±1.0 mm。

5.2.3 钢筋间距的允许偏差为±5 mm。

5.2.4 钢箍的焊缝、钢筋焊点、钢箍与钢筋骨架的焊接应完整牢固,平整不翘曲。

5.2.5 井盖与支座可采用刚性或柔性接触,当采用柔性接触时,橡胶避震圈与井盖底部应连接牢固平整。

5.2.6 混凝土保护层厚度不得小于 12 mm。

## 6 技术要求

6.1 外观质量

产品表面必须光洁、平整,无破损,无裂缝,防滑花纹和标记应清晰。

6.2 尺寸偏差

6.2.1 钢纤维混凝土检查井盖的尺寸允许偏差应符合表1的规定。

6.2.2 井盖与支座间的缝宽 $a=(a_1+a_2)\leqslant(8\pm2)$ mm。

6.3 承载能力

6.3.1 钢纤维混凝土检查井盖用钢纤维混凝土应按 JG/T 3064 的规定配制和成型。对 A、B、C 级井盖其立方体抗压强度不应低于 50 MPa。D 级井盖其立方体抗压强度不应低于 40 MPa。

6.3.2 钢纤维混凝土检查井盖的承载能力应符合表 2 的规定。

6.4 寒冷地区应进行抗冻性试验,并应符合有关规范的规定。

表 2 钢纤维混凝土检查井盖的承载能力 单位为千牛顿

| 检查井盖等级 | 裂缝荷载 | 破坏荷载 |
|---|---|---|
| A | 180 | 360 |
| B | 105 | 210 |
| C | 50 | 100 |
| D | 10 | 20 |
| 注:裂缝荷载系指对钢纤维混凝土检查井盖加载时表面裂缝宽度达 0.2 mm 时的试验荷载值。 | | |

## 7 试验方法

7.1 试验用仪器设备和量具见表 3。

表 3 试验用仪器设备和量具

| 序号 | 名　　称 | 量程范围 | 精确度 | 最小分度值 | 标准代号 |
|---|---|---|---|---|---|
| 1 | 钢卷尺 | 0 m～1 m | Ⅱ级 | 1 mm | GB 10633 |
| | 钢直尺 | 0 mm～300 mm | ±0.01 | 1 mm | GB 9056 |
| | 直角尺 | 0 mm～150 mm | Ⅱ级 | 1 mm | GB 9056 |
| | JC-10 读数显微镜 | 0 mm～8 mm | ±0.01 | 0.1 mm | GB/T 3719 |
| 2 | 承载能力试验装置用测力仪 | 0 kN～500 kN | 2% | 1 kN | — |
| | 塞尺 | 0.01 mm～5 mm | ±0.03 | — | |

7.2 外观检验

用目测检查钢纤维混凝土检查井盖的表面有无破损和裂纹,是否光洁、平整;防滑花纹和标记是否清晰。

7.3 尺寸测量

7.3.1 外径 $D$ $D_1$

在井盖同一平面上测量通过圆心且互相垂直的 2 个外径值,精确至 1 mm。

7.3.2 边长

用钢卷尺测量方形井盖的每个边长。精确至 1 mm。

7.3.3 井盖搁置高度 $H$

在井盖周边约四等分处,测量四个搁置高度值,精确至 1 mm。

7.3.4 搁置面宽度 $B$

目测井盖搁置面宽度范围内是否均匀、平正,用直尺在宽度最大和最小处测量两个搁置面宽度值,精确至 1 mm。

上述测量值与标称值之差即为产品的尺寸偏差,取其最大值为测量结果。

7.4 承载能力试验

7.4.1 钢纤维混凝土检查井盖应按成套产品进行承载能力试验。

7.4.2 钢纤维混凝土检查井盖承载能力的试验装置和试验方法见附录A。

7.5 抗冻性试验按GBJ 82进行。

## 8 检验规则

8.1 检验分类

检验分为出厂检验和型式检验。

8.1.1 产品出厂前应进行出厂检验。

8.1.2 有下列情况之一时,应进行型式检验:

a) 正常生产一年时;

b) 当产品结构、原材料、生产工艺有较大改变时;

c) 停产半年以上恢复生产时;

d) 出厂检验结果与上一次型式检验有较大差别时;

e) 国家或地方质量监督机构提出进行型式检验要求时。

8.2 检验项目

8.2.1 出厂检验

包括钢纤维混凝土抗压强度、井盖的外观质量、尺寸偏差和裂缝荷载检验。

8.2.2 型式检验

包括钢纤维混凝土抗压强度、井盖的外观质量、尺寸偏差和承载能力检验。需要时经双方协商,可增加检验项目。

8.3 批量和抽样

8.3.1 出厂检验

以同种类、同规格、同材料与配合比生产的500只检查井盖(或500套井盖)为1批,但在3个月内生产不足500只(套)时仍作为1批,随机抽取10只(套)进行检验。

8.3.2 型式检验

在不少于100个同种类、同规格产品中随机抽取10只(套)进行外观质量和尺寸偏差检验。

8.4 承载能力检验

在外观质量和尺寸偏差检验合格的产品中随机抽取2只(套)进行承载能力检验。

8.5 判定规则

8.5.1 钢纤维混凝土抗压强度按6.3.1判定。

8.5.2 外观质量与尺寸偏差

若所抽10只(套)样品中,不符合标准要求的样品不超过2只(套),则判该批产品外观质量和尺寸偏差为合格。

8.5.3 承载能力

若所抽2只(套)样品全部符合6.3.2规定时,则判该批产品承载能力合格:若有1只(套)不符合6.3.2规定时,应以同批产品中再抽取2只(套)进行复验,复验结果均符合6.3.2规定时,则判该批产品合格;若仍有1只(套)样品不符合6.3.2规定时则判该批产品不合格。

8.6 总判定

当产品外观质量、尺寸偏差、钢纤维混凝土抗压强度和承载能力均符合标准要求时,则判该批产品合格。

当钢纤维混凝土抗压强度、承载能力有一项不合格时,则判定该批产品不合格。当只有外观质量与尺寸偏差为不合格时,则允许修补,并对该批产品逐个检查,合格者为合格产品。

## 9 标志、产品合格证

### 9.1 标志

9.1.1 井盖表面的永久性标志内容

a）井盖的专用符号标志“污”、“雨”、“电信”等；

b）制造厂名称或商标；

c）井盖等级“A”、“B”、“C”、“D”。

9.1.2 井盖底面标志内容

生产年份。

### 9.2 产品合格证

产品合格证应包括下列内容：

a）产品合格证编号、产品分类等级；

b）制造厂名、出厂日期；

c）钢纤维混凝土抗压强度值；

d）产品承载能力试验结果；

e）检验人员签章(可用检查员代号代表)。

## 10 贮存和运输

### 10.1 贮存

钢纤维混凝土井盖应按产品分类与不同等级分别堆放。

### 10.2 运输

在产品装卸及搬运过程中,严禁抛掷。

# 附　录　A
（标准的附录）
## 钢纤维混凝土检查井盖承载能力的试验装置和试验方法

A1　钢纤维混凝土检查井盖的承载能力试验在专用的承载能力试验装置上进行。

A2　试验装置由机架、橡胶垫片、刚性垫块、加压装置、测力仪组成，如图 A1。

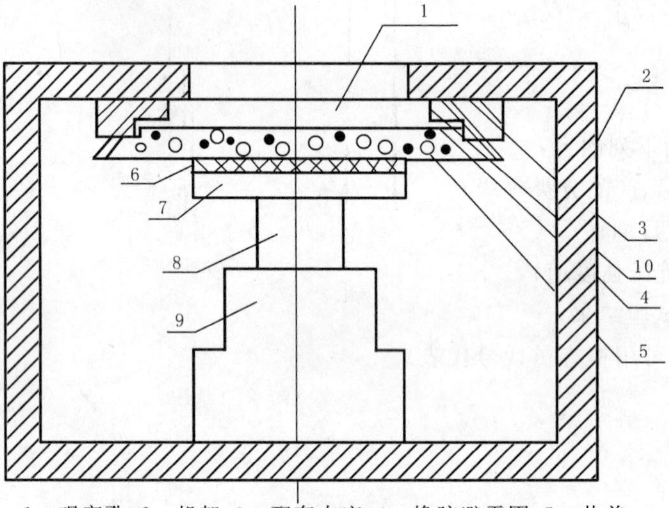


1—观察孔；2—机架；3—配套支座；4—橡胶避震圈；5—井盖；
6—橡胶垫块；7—刚性垫块；8—传感器；9—千斤顶；10—钢箍

图 A1　试验装置机结构原理图

A2.1　配套支座支承面应与井盖接触面匹配，且平整。

A2.2　橡胶垫片在刚性垫块与井盖之间，其平面尺寸应与刚性垫块相同，厚度为 6 mm～10 mm，且具有一定的弹性。

A2.3　刚性垫块为直径 356 mm，厚度等于或大于 40 mm，上、下表面平整的圆形钢板。

A2.4　承载能力试验装置是由对井盖施加荷载的机架和加压泵等组成，能施加的荷载不小于 500 kN，其工作面尺寸必须大于检查井盖配套支座最大外缘尺寸。

A2.5　传感器的测力范围应使试验荷载在其量程的 30%～80%之间。

A3　试验荷载应符合表 2 的规定。

A4　试验程序

A4.1　每批试件抽检 2 块。

A4.2　按图 A1 将试件安置在试验装置上，调整刚性垫块的位置，使其中心与井盖的几何中心重合。

A4.3　裂缝荷载试验

以 1 kN/s～3 kN/s 的速度加载，按裂缝荷载值分级加荷，每级加荷量为裂缝荷载的 20%，恒压 1 min，逐级加荷至裂缝出现或表 2 规定的裂缝荷载，然后以裂缝荷载的 5%的级差继续加载，同时用塞尺或读数显微镜测量裂缝宽度，当裂缝宽度达到 0.2 mm 时，读取的荷载值即为裂缝荷载值。

A4.4　破坏荷载检验

读取裂缝荷载值后继续按表 2 规定的破坏荷载分级加荷，每级加荷量为破坏荷载的 20%，恒压 1 min，逐级加荷至表 2 规定的破坏荷载值，再继续按破坏荷载值的 5%的级差加载至破坏，读取检查井盖的破坏荷载值。

# 前　言

本标准与技术要求为强制性的，其余为推荐性的。

蒸压加气混凝土需要专门砌筑砂浆与抹面砂浆进行施工，本标准是根据蒸压加气混凝土用砌筑砂浆与抹面砂浆的功能要求制定的。因此产品仅在蒸压加气混凝土方面应用，对砂浆密度、强度与粘结性能作出了规定。

本标准由中国建筑材料工业协会提出。

本标准负责起草单位：中国加气混凝土协会、中国建筑材料科学研究院水泥科学与新型建材研究所、中国建筑东北设计研究院。

本标准参加起草单位：北京市加气混凝土厂、上海伊通有限公司、上海爱斯得瑞有限公司、大连丽美顺涂料树脂有限公司、甘肃省建筑构件有限公司硅酸盐制品厂、新疆加气混凝土厂、北京市建筑材料质量监督检验站。

本标准主要起草人：王能关、高连玉、齐子刚、左丽、苏宇峰、侯文瑞、杜军、张怀珠。

本标准委托中国建筑材料科学研究院水泥科学与新型建材研究所负责解释。

中华人民共和国建材行业标准

# 蒸压加气混凝土用砌筑砂浆与抹面砂浆

JC 890—2001

**Special masonry mortar and plaster mortar for autoclaved aerated concrete**

## 1 范围

本标准规定了蒸压加气混凝土用砌筑砂浆与抹面砂浆(以下简称砌筑砂浆与抹面砂浆)的术语、原材料、技术要求、试验方法、检验规则、包装、标志、运输及贮存等。

本标准适用于蒸压加气混凝土砌筑砂浆与抹面砂浆。

## 2 引用标准

下列标准所包含的条文,通过在本标准中引用而构成为本标准的条文。本标准出版时,所示版本均为有效。所有标准都会被修订,使用本标准的各方应探讨使用下列标准最新版本的可能性。

GB 175—1999 硅酸盐水泥、普通硅酸盐水泥

GB 1344—1999 矿渣硅酸盐水泥、火山灰质硅酸盐水泥及粉煤灰硅酸盐水泥

GB 1596—1991 用于水泥和混凝土中的粉煤灰

GB 8076—1997 混凝土外加剂

GB 10294—1988 绝热材料稳态热阻及有关特性的测定 防护热板法

GB/T 14684—2001 建筑用砂

JC/T 480—1992 建筑生石灰

JC/T 517—1993 粉刷石膏

JC/T 547—1994 陶瓷墙地砖胶粘剂

JC/T 603—1995 水泥胶砂干缩试验方法

JGJ 70—1990 建筑砂浆基本性能试验方法

JGJ 98—2000 砌筑砂浆配合比设计规程

## 3 术语

砌筑砂浆:由水泥、砂、掺合料和外加剂制成的用于蒸压加气混凝土的砌筑材料。

抹面砂浆:由水泥或石膏、外加剂和砂制成的用于蒸压加气混凝土的抹面材料。

## 4 原材料

### 4.1 水泥

宜采用符合 GB 175、GB 1344 规定,强度等级为 32.5 的普通硅酸盐水泥或矿渣硅酸盐水泥。

### 4.2 石膏

石膏应符合 JC/T 517 规定。

### 4.3 砂

应符合 GB/T 14684 规定,山砂及细砂经试配能满足本标准技术要求时,亦可使用。

国家经济贸易委员会 2001-12-29批准 2002-06-01实施

4.4 掺合料

为了调节和改善砂浆性能，可掺入粉煤灰、石灰粉等，并应符合 GB 1596、JC/T 480 规定。采用其他掺合料，在使用前进行试验验证，符合砂浆和砌体性能要求方可使用。

4.5 外加剂

砌筑砂浆与抹面砂浆所采用的外加剂应符合 GB 8076 和 JC/T 547 的规定。

## 5 技术要求

砌筑砂浆与抹面砂浆性能应符合表 1 规定。

表 1

| 项　目 | 砌　筑　砂　浆 | 抹　面　砂　浆 |
|---|---|---|
| 干密度，$kg/m^3$ | ≤1 800 | 水泥砂浆≤1 800<br>石膏砂浆≤1 500 |
| 分层度，mm | ≤20 | 水泥砂浆≤20 |
| 凝结时间，h | 贯入阻力达到 0.5 MPa 时，3～5 | 水泥砂浆：贯入阻力达到 0.5 MPa 时，3～5<br>石膏砂浆：初凝≥1　终凝≤8 |
| 导热系数，W/m·K | ≤1.1 | 石膏砂浆：≤1.0 |
| 抗折强度，MPa | — | 石膏砂浆：≥2.0 |
| 抗压强度，MPa | 2.5、5.0 | 水泥砂浆：2.5、5.0<br>石膏砂浆：≥4.0 |
| 粘结强度，MPa | ≥0.20 | 水泥砂浆：≥0.15<br>石膏砂浆：≥0.30 |
| 抗冻性 25 次，% | 质量损失≤5<br>强度损失≤20 | 水泥砂浆：质量损失≤5<br>强度损失≤20 |
| 收缩性能 | 收缩值≤1.1 mm/m | 水泥砂浆：收缩值≤1.1 mm/m<br>石膏砂浆：收缩率≤0.06% |
| 注：有抗冻性能和保温性能要求的地区，砂浆性能还应符合抗冻性和导热性能的规定。 | | |

## 6 试验方法

6.1 水泥砂浆干密度、分层度、凝结时间、抗压强度、抗冻性、收缩值试验按 JGJ 70 规定进行。石膏砂浆干密度、凝结时间、抗折强度、抗压强度试验按 JC/T 517 规定进行，导热系数试验按 GB 10294 规定进行。砂浆配合比按 JGJ 98 规定进行。

6.2 粘结强度

6.2.1 仪器设备

压力试验机，最大量程 100 kN，误差不得超过±1.0%。

6.2.2 试件制作

用无齿锯锯取 100 mm×100 mm×50 mm（含水率≤15%）的 05 级蒸压加气混凝土试件 10 块，试件表面要求平整，去除残渣。在每块试件上距边 20 mm 处划一道与该边平行的线。将制备好的砂浆（水泥砂浆按 JGJ 70—1990 第 3 章稠度试验进行，稠度为 120 mm。石膏砂浆按 JC/T 517—1993 中 6.4.2.1条进行，均匀涂抹在蒸压加气混凝土试件划线范围内，要求抹灰饱满，砂浆厚度 10 mm～12 mm。然后将另一蒸压加气混凝土试件与已涂抹砂浆的试件相互平行地沿划线错开 20 mm 压实，刮平挤出的砂浆，如果灰缝不饱满，要求将其补满，最后将试件横放，制成 1 个试件组。

6.2.3 养护

水泥砂浆试件在温度为(20±5)℃、湿度为(60±5)%的干空气中放置28 d。

石膏砂浆试件放置24 h,然后在(40±1℃)烘箱中烘至恒重(24 h失水量不超过0.5 g视为恒重)。烘干后的试件在试验室条件下冷却至室温。

6.2.4 粘结强度试验

养护后,用钢板尺测量试件实际受剪面积,将试件放在装有剪切架的压力机上,压力机加荷速度应控制在(50±5)N/s的范围内,直至试件剪切破坏,测定粘结强度。

6.2.5 结果计算

粘结强度按式(1)计算:

$$R=\frac{P}{A} \quad \cdots\cdots(1)$$

式中:$R$——粘结强度,MPa;

$P$——试件破坏荷载,N;

$A$——受剪面积,$mm^2$。

取5个试件的算术平均值,精确至0.01 MPa。

6.3 石膏砂浆收缩率

6.3.1 仪器设备

收缩模具、钉头及捣棒:按JC/T 603规定。

测长仪,分度值:0.001 mm。

6.3.2 试件制作

从密封容器中称取1 000 g试样,精确至5 g,按JC/T 517—1993第6章中6.4.2.1制备石膏砂浆,将制备好的石膏砂浆分两层装入两端已装有钉头、内壁已涂有脱模剂的收缩试模内。第一层砂浆装至试模高度的2/3处,先用小刀来回划实砂浆,钉头两侧应多划几次,然后用23 mm×23 mm捣棒由钉头内侧开始,即在两钉头尾部之间,从一端向另一端顺序捣压10次,往返共捣压20次,再用缺口捣棒在钉头两侧各捣压2次,然后装入第二层砂浆,砂浆装满试模后,用小刀划匀,刀划深度应透过第一层砂浆表面,再用捣棒在试件上顺序捣压12次,往返共捣压24次。每次捣压时,先将捣棒接触砂浆表面再用力捣压。捣压必须均匀稳定,不得打击,捣压完毕,将剩余砂浆添满试模并用刮刀刮平。试件成型(24±2) h脱模,脱模后用测长仪测量并记录两个钉头之间的距离($L_0$),然后将收缩试件放入(40±1)℃电热鼓风干燥箱中烘干至恒重(24 h质量减少不大于1 g即为恒重)。烘干后的试件在试验室条件下冷却至室温,然后用测长仪测量并记录两个钉头间距离($L_1$)。

6.3.3 结果计算

收缩率按式(2)计算:

$$S_t=[(L_1-L_0)/250]\times 100 \quad \cdots\cdots(2)$$

式中:$S_t$——试件收缩率,%;

$L_0$——试件初始测量读数,mm;

$L_1$——烘干后试件测量读数,mm;

250——试件长度,mm。

取3个试件算术平均值,精确至0.01%。若3个值与平均值的差不大于10%,则平均值即为该试件的收缩率。若有1个值与平均值之差大于10%,将此值舍去,以其余的值计算平均值。如果有2个值与平均值之差大于10%,应重新试验。

## 7 检验规则

7.1 出厂检验

每一批产品出厂前必须进行出厂检验。检验项目包括:水泥类为干密度、分层度、凝结时间及抗压强度。石膏类为凝结时间、抗折强度及抗压强度。

7.2 型式检验

产品的型式检验，正常生产条件下，每3个月进行一次。型式检验包括本标准技术要求规定的全部项目。

生产中如果原材料发生变化、生产工艺进行调整、设备进行维修、停产后恢复生产或成品存放期超过3个月时应进行型式检验。

7.3 批量与抽样

7.3.1 批量：以连续生产400 t产品为一批，不足400 t产品时也以一批计。

7.3.2 抽样：从一批产品中随机抽取5袋(桶)，每袋(桶)抽取约3 kg，总计不少于15 kg。

7.4 判定及复验规则

将抽取的试样按第6章进行检验，检验结果符合第5章相应的技术要求时，即判为合格。若有一项以上指标不符合要求，即判该批产品不合格。如果只有一项不合格，则重新抽取两份试样对不合格项目进行重验。重验结果，如果两个试样均合格，则该批产品判为合格，如仍有一个试样不合格，则该批产品判为不合格。

用户对产品质量有异议时，可进行复验，复验应在产品贮存期内进行。

## 8 包装、标志、运输和贮存

8.1 用带有塑料内衬的纸袋或塑料袋(桶)包装。每袋(桶)重宜(25±0.5) kg。

8.2 包装袋(桶)上应清楚标明制造厂名、商标、批量编号、标记、简要说明、产品标准号、产品重量、生产日期和防潮标记。

8.3 产品在运输和贮存时不得受潮和混入杂物，不同型号的产品应分别贮运，不得混杂。

8.4 产品自生产之日起，贮存期为3个月，3个月后应重新进行质量检验。

# 前　言

本标准是在总结我国生产与使用玻璃纤维增强水泥(GRC)外墙内保温板实践经验基础上，经过调查研究、试验验证而制定的。

根据建筑工程使用上的要求，在标准中规定了板材的外观质量、尺寸允许偏差和物理力学性能，试验方法力求规范并具有良好的可操作性，以保证试验结果的准确性、科学性和可比性。

本标准于 2002 年 6 月 1 日实施。

本标准由全国水泥制品标准化技术委员会归口。

本标准负责起草单位：中国建筑材料工业协会玻璃纤维增强水泥(GRC)分会、国家建筑材料工业局标准化研究所。

本标准参加起草单位：河南玛纳建筑模板有限公司、大连经济技术开发区新型建材制品厂、河北滦县筑方特种水泥有限公司、山东胜利油田天辅工贸公司新型建材厂、呼和浩特市北郊新型构件厂、河北沧县曙光建材厂、湖北襄樊玻纤制品有限责任公司、郑州安达化工有限公司、山东淄博金湖高水材料有限责任公司、山西阳泉特种水泥有限公司、北京雷诺轻板有限责任公司、吉林省松源市金鸽建筑通风道厂。

本标准主要起草人：崔琪、崔玉忠、曹永康、杨斌、宋冶、鲍威、王瑾。

本标准委托中国建筑材料工业协会玻璃纤维增强水泥(GRC)分会负责解释。

本标准为首次发布。

中华人民共和国建材行业标准

# 玻璃纤维增强水泥(GRC)外墙内保温板

JC/T 893—2001

**Glassfiber reinforced cement inside insulation panel for the exterior wall**

## 1 范围

本标准规定了玻璃纤维增强水泥(GRC)外墙内保温板的分类、原材料、技术要求、检验规则及标志、运输和贮存等。

本标准适用于以玻璃纤维增强水泥砂浆或玻璃纤维增强水泥膨胀珍珠岩砂浆为面板，以聚苯乙烯泡沫塑料板为芯材或以其他绝热材料为芯材复合而成的外墙内保温板；以其他纤维水泥板为面板与绝热材料复合而成的外墙内保温板可参照使用。

## 2 引用标准

下列标准所包含的条文，通过在本标准中引用而构成为本标准的条文。本标准出版时，所示版本均为有效。所有标准都会被修订，使用本标准的各方应探讨使用下列标准最新版本的可能性。

GB 2828—1987 逐批检查计数抽样程序及抽样表

GB 10294—1988 绝热材料稳态热阻及有关特性的测定——防护热板法

GB 10801—1989 隔热用聚苯乙烯泡沫塑料

GB/T 14684—2001 建筑用砂

JC/T 209—1992(1996) 膨胀珍珠岩

JC/T 572—1994 耐碱玻璃纤维无捻粗纱

JC/T 659—1997 低碱度硫铝酸盐水泥

JC 714—1996 快硬硫铝酸盐水泥

JC/T 841—1999 耐碱玻璃纤维网格布

JGJ 63—1989 混凝土拌合用水

## 3 分类

### 3.1 类型

玻璃纤维增强水泥外墙内保温板按板的类型分为普通板、门口板和窗口板，其代号见表1。

表1 类型及其代号

| 类型 | 代号 |
|---|---|
| 普通板 | PB |
| 门口板 | MB |
| 窗口板 | CB |

国家经济贸易委员会 2001-12-29批准　　2002-06-01实施

3.2 规格

玻璃纤维增强水泥外墙内保温板的普通板为条板型式，规格尺寸见表2，其外形及断面示意图分别见图1、图2。

表2 规格尺寸

单位为毫米

| 类型 | 公称尺寸 | | |
|---|---|---|---|
| | 长度<br>L | 宽度<br>B | 厚度<br>T |
| 普通板 | 2 500～3 000 | 600 | 60、70、80、90 |
| 注：其他规格由供需双方商定。 | | | |

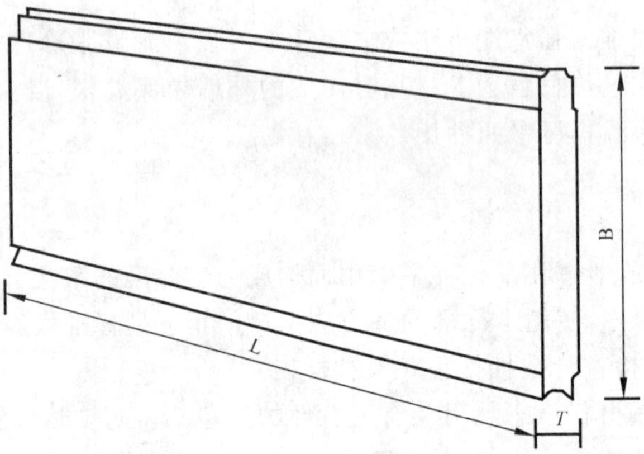


图1 玻璃纤维增强水泥外墙内保温板外形示意图

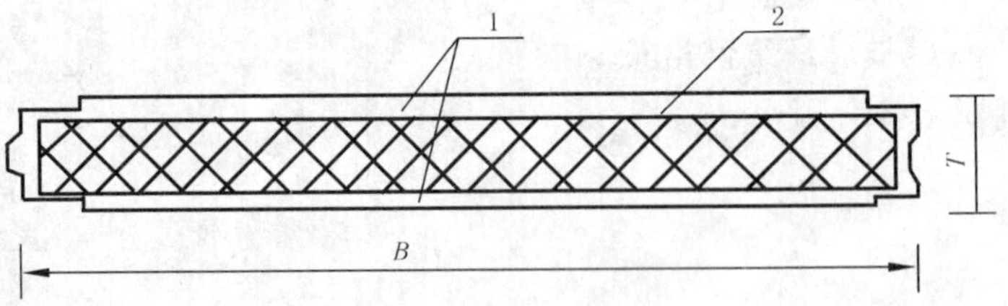


1—面板；2—芯层绝热材料

图2 玻璃纤维增强水泥外墙内保温板断面示意图

3.3 产品标记

标记方法：标记顺序为规格尺寸、类型(代号)和标准编号。

示例：玻璃纤维增强水泥外墙内保温板，长度2 800 mm，宽度600 mm，厚度60 mm，普通板，标记为：

GRC 2 800×600×60 PB JC/T 893—2001

## 4 原材料

4.1 水泥:应采用符合 JC/T 659 或 JC 714 规定的硫铝酸盐水泥。
4.2 玻璃纤维:应采用符合 JC/T 572 规定的耐碱玻璃纤维无捻粗纱或符合 JC/T 841 规定的耐碱玻璃纤维网格布。
4.3 集料:宜采用符合 GB/T 14684 规定的砂或符合 JC/T 209 规定的膨胀珍珠岩。
4.4 绝热材料:采用阻燃型(ZR)聚苯乙烯泡沫塑料板,应符合 GB 10801 的规定,体积密度不小于 15 $kg/m^3$;其他绝热材料应符合相应标准的规定。
4.5 水:宜采用符合 JGJ 63 规定用水。

## 5 技术要求

5.1 外观质量

外墙内保温板的外观质量应符合表 3 的规定。

表 3 外观质量

| 项　　目 | 允 许 缺 陷 |
|---|---|
| 板面外露纤维,贯通裂纹 | 无 |
| 板面裂纹 | 长度≤30mm,不多于 2 处 |
| 蜂窝气孔 | 长径≤5mm,深度≤2mm,不多于 10 处 |
| 缺棱掉角 | 深度≤10mm,宽度≤20mm,长度≤30mm,不多于 2 处 |

5.2 尺寸允许偏差

外墙内保温板的尺寸允许偏差应符合表 4 的规定。

表 4 尺寸允许偏差　　单位为毫米

| 项目 | 长度 | 宽度 | 厚度 | 板面平整度 | 对角线差 |
|---|---|---|---|---|---|
| 允许偏差 | ±5 | ±2 | ±1.5 | ≤2 | ≤10 |

5.3 物理力学性能

外墙内保温板的物理力学性能应符合表 5 的规定。

表 5 物理力学性能

| 检 验 项 目 | | | 技术指标 |
|---|---|---|---|
| 气干面密度,$kg/m^2$ | ≤ | | 50 |
| 抗折荷载,N | ≥ | | 1 400 |
| 抗冲击性 | | | 冲击 3 次,无开裂等破坏现象 |
| 主断面热阻,$(m^2 \cdot K)/W$ | ≥ | $T$=60 mm | 0.90 |
| | | $T$=70 mm | 1.10 |
| | | $T$=80 mm | 1.35 |
| | | $T$=90 mm | 1.35 |
| 面板干缩率,% | ≤ | | 0.08 |
| 热桥面积率,% | ≤ | | 8 |

## 6 试验方法

样品试验时的龄期应大于 14 d。试验用仪器设备及量具见表 6。

表 6 仪器设备及量具

| 序号 | 名 称 | 测量范围 | 分度值或精度 |
|---|---|---|---|
| 1 | 钢直尺 | 0 mm～300 mm | 1 mm |
| 2 | 游标卡尺 | 0 mm～200 mm | 精度 0.02 mm |
| 3 | 卷尺 | 0 mm～5 000 mm | 1 mm |
| 4 | 塞尺 | 0.01 mm～10 mm | 精度 0.03 mm |
| 5 | 台秤 | 0 kg～500 kg | 0.5 kg |
| 6 | 抗折试验机 | 0N～6 000 N | 10 N |
| 7 | 外径千分尺 | 175 mm～200 mm | 精度 0.01 mm |

6.1 外观质量

6.1.1 量具：钢直尺，游标卡尺。

6.1.2 测定方法

目测板的外观是否有外露纤维、贯通裂纹、表面裂纹、蜂窝气孔和缺棱掉角等；用钢直尺和游标卡尺测量。

6.2 尺寸偏差

6.2.1 量具：卷尺，钢直尺，游标卡尺，塞尺，2 m 靠尺。

6.2.2 测定方法

a）长度：用卷尺测量，距板两边 100 mm 平行于板边各测 1 值，取 2 个测量值中与规格尺寸中公称长度相差较大的数值为检测数值，该数值与公称长度之差为长度偏差，精确至 1 mm。

b）宽度：用卷尺测量，距板两端 100 mm 平行于板端各测 1 值，取 2 个测量值中与规格尺寸中公称宽度相差较大的数值为检测数值，该数值与公称宽度之差为宽度偏差，精确至 1 mm。

c）厚度：用游标卡尺测量，距板两边、两端各 50 mm 交会点各测 1 个值（4 个值），距板两端 50 mm 与纵向中心线交会点各测 1 值（2 个值），取 6 个测量值中与规格尺寸中公称厚度相差最大的数值为检测数值，该数值与公称厚度之差为厚度偏差，精确至 0.1 mm。

d）表面平整度：用 2 m 靠尺和塞尺沿板的两条对角线分别测量，记录靠尺与板面最大间隙的数值，取 2 个测量值中的较大值为检测数值，精确至 0.1 mm。

e）对角线差：用卷尺测量两条对角线长度，取其差值为检测数值，精确至 1 mm。

6.3 物理力学性能

6.3.1 气干面密度

6.3.1.1 仪器：台秤。

6.3.1.2 测定方法

取整块板试验，将板在通风干燥的室内放置 3 d，用台秤称量板的质量，按式（1）计算板的气干面密度，取 3 块板的算术平均值为检测数值，精确至 1 kg/m²。

$$P=G/(L\cdot B) \qquad (1)$$

式中：$P$——气干面密度，kg/m²；

$G$——板质量，kg；

$L$——板长度，m；

$B$——板宽度，m。

6.3.2 抗折荷载

6.3.2.1 仪器设备

抗折试验机：试验机具有调速装置，可匀速加载。加载装置如图 3，加载杆应平行于支座，加载杆与支座的长度应大于板的宽度。

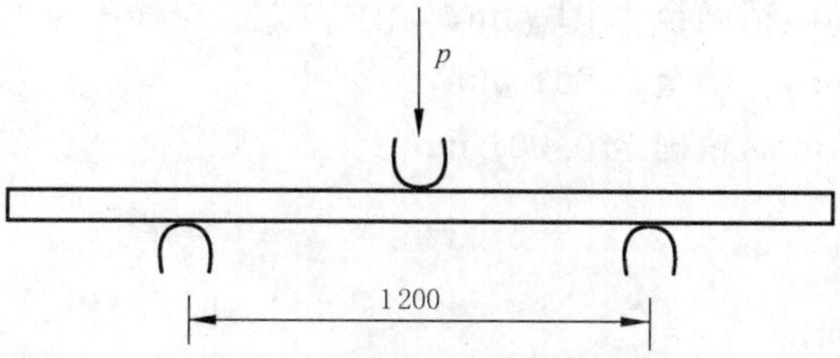


图 3　抗折荷载加荷装置

6.3.2.2　用进行完气干面密度试验的 3 块整板作为抗折试验的试件。

6.3.2.3　测定方法

将板平置于 2 个平行支座上，使板中心线与加载杆中心线重合，两支座间跨距为 1 200 mm，加载杆作用于板面的力应垂直于板的侧边。均匀加载，控制试件在 15s～45s 内断裂，记录板断裂时的最大荷载（表盘读数减去板自重），精确至 10N，取 3 块板的算术平均值为检测数值。

6.3.3　抗冲击性

6.3.3.1　取 1 块整板作为抗冲击试验的试件。

6.3.3.2　测定方法

将板水平支承于支距为 1 800 mm 的 2 条木棱上，木棱截面尺寸为 50 mm×50 mm，长度大于板的宽度。用砂袋在板中部上方、垂直高度 500 mm 处自由落下冲击 3 次，检查板是否有开裂等破坏现象。垂直高度为从砂袋底部至板被冲击面之间的距离。砂袋的底部直径为 200 mm，高度为 400 mm，装入洁净的砂子，砂子与砂袋的总质量为(10±0.05)kg。

6.3.4　主断面热阻

按 GB 10294 方法测定保温板的主断面热阻。

6.3.5　面板干缩率

6.3.5.1　仪器：外径千分尺。

6.3.5.2　从保温板上切取面板作为试件，试件尺寸为 180 mm×180 mm，取 3 个试件。在试件的任意对边距板边 20 mm 处划出测量标线，粘贴厚度为 3 mm～5 mm，直径为 8 mm 的铜测头或不锈钢测头，如图 4。

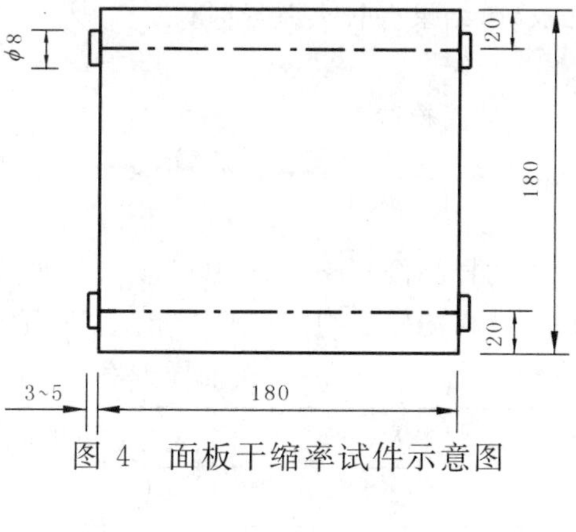


图 4　面板干缩率试件示意图

6.3.5.3　测定方法

将试件在温度为(20±3)℃的水中浸泡 24 h，取出，用湿毛巾擦干表面水分，分别测量 2 对测头之间的长度，记为 $L_1$；然后将试件置于温度为(20±2)℃，相对湿度(55±5)%标准空气干燥试验室内，分别测量两对测头之间的长度，记为 $L_2$；每隔 24 h 测量 1 次，直至连续 2 d 的测长读数波动值小于 0.01 mm，按式(2)计算干缩率 ε，结果以 3 个试件共 6 个数据的算术平均值表示，精确至小数点后 3 位。

$$\varepsilon=(L_1-L_2)/(L_1-L)\times 100 \quad \cdots\cdots (2)$$

式中：$\varepsilon$——干缩率，%，精确至小数点后 3 位；

$L$——两个测头之和，mm，精确至 0.01 mm；

$L_1$——试件初始长度，mm，精确至 0.001 mm；

$L_2$——试件干燥后长度，mm，精确至 0.001 mm。

6.3.6 热桥面积率

6.3.6.1 量具：游标卡尺。

6.3.6.2 测定方法

从抗折试件破坏后的横断面上分别测量保温板的边肋 $b_1$ 和中部肋的宽度 $b_2$，肋的总宽度占板宽度的百分比即为保温板的热桥面积，按式(3)计算，结果以 3 个试件的算术平均值表示，精确至小数点后一位。

$$\xi=[(b_1+b_2)/B]\times 100 \qquad (3)$$

式中：$\xi$——热桥面积率，%，精确至小数点后一位；

$b_1$——边肋宽度，mm，精确至 0.1 mm；

$b_2$——中部肋宽度，mm，精确至 0.1 mm；

$B$——板宽度，mm，精确至 1 mm。

## 7 检验规则

7.1 检验分类

产品检验分为出厂检验和型式检验两类。

7.1.1 出厂检验

产品出厂检验项目包括 5.1 和 5.2 中的全部规定以及气干面密度、抗冲击性。

7.1.2 型式检验

产品型式检验项目为第 5 章的全部内容，型式检验的条件为：

a) 试制的新产品进行投产鉴定时；

b) 产品的材料、配方、工艺有重大改变，可能影响产品性能时；

c) 连续生产的产品每一年或生产 10 万 $m^2$ 时；

d) 产品停产半年以上，恢复生产后；

e) 出厂检验结果与上次型式检验结果有较大差异时；

f) 用户有特殊要求时；

g) 质量监督检验机构提出进行型式检验时。

7.2 抽样方法

7.2.1 出厂检验抽样

检验外观质量和尺寸允许偏差的样品按 GB 2828 中正常二次抽样方案抽取，如表 7。检验气干面密度和抗冲击性的试件从外观质量合格的样品中按试验要求随机抽取。

表 7 产品二次抽样方案

| 批量范围 $N$ | 样本 | 样本大小 | | 合格判定数 | | 不合格判定数 | |
|---|---|---|---|---|---|---|---|
| | | $n_1$ | $n_2$ | $A_1$ | $A_2$ | $R_1$ | $R_2$ |
| 151～280 | 1 | 8 | | 0 | | 2 | |
| | 2 | | 8 | | 1 | | 2 |
| 281～500 | 1 | 13 | | 0 | | 3 | |
| | 2 | | 13 | | 3 | | 4 |

续表 7

| 批量范围 N | 样本 | 样本大小 | | 合格判定数 | | 不合格判定数 | |
|---|---|---|---|---|---|---|---|
| | | $n_1$ | $n_2$ | $A_1$ | $A_2$ | $R_1$ | $R_2$ |
| 501～1 200 | 1 | 20 | | 1 | | 3 | |
| | 2 | | 20 | | 4 | | 5 |
| 1 201～3 200 | 1 | 32 | | 2 | | 5 | |
| | 2 | | 32 | | 6 | | 7 |
| 3 201～10 000 | 1 | 50 | | 3 | | 6 | |
| | 2 | | 50 | | 9 | | 10 |

7.2.2 型式检验抽样

检验外观质量和尺寸允许偏差的样品按 GB 2828 中正常二次抽样方案抽取，如表 7；检验物理力学性能的试件从外观质量合格的样品中按试验要求随机抽取 4 件样品作为检验样，同时随机抽取 6 件样品作为复验样。

7.3 判定规则

7.3.1 外观质量和尺寸允许偏差

7.3.1.1 根据单个样品的检验结果，若受检样品的外观质量和尺寸允许偏差均符合 5.1、5.2 中相应规定时，则判该样品合格。若受检样品的外观质量和尺寸允许偏差有 1 项或多于 1 项不符合 5.1、5.2 中相应规定时，则判该样品不合格。

7.3.1.2 根据样本检验结果，若在第一样本（$n_1$）中不合格样品数小于或等于表 7 中第一合格判定数（$A_1$），则判该批产品合格。若在第一样本（$n_1$）中不合格样品数大于或等于表 7 中第一不合格判定数（$R_1$），则判该批产品不合格。若在第一样本（$n_1$）中，不合格样品数大于第一合格判定数（$A_1$）而小于第一不合格判定数（$R_1$），则抽第二样本（$n_2$）进行检验；若在第一和第二样本中的不合格样品数总和小于或等于第二合格判定数（$A_2$），则判该批产品合格；若在第一和第二样本中的不合格样品数总和大于或等于第二不合格判定数（$R_2$），则判该批产品不合格。

7.3.2 物理力学性能

7.3.2.1 出厂检验

若受检样品的物理力学性能符合 5.3 中气干面密度和抗冲击性规定时，则判该批产品合格；若 2 项均不合格，则判该批产品不合格；若有 1 项不合格，再从原批量中加倍抽取不合格项目的样品进行复验，若符合 5.3 中相应规定则判该批产品合格，若仍不符合 5.3 中相应规定则判该批产品不合格。

7.3.2.2 型式检验

若受检样品的物理力学性能均符合 5.3 中相应规定时，则该批产品合格；若有 2 项或 2 项以上不合格，则判该批产品不合格；若有一项不合格，再采用复验样品对不合格项目进行加倍复验，若复验合格，则判该批产品合格。抗折荷载不得复验。

## 8 标志、出厂合格证

8.1 标志

在每个产品的一端用不掉色的颜色标明生产厂名称、生产日期、产品标记等。

8.2 出厂合格证

凡经检验合格的产品，应填写出厂合格证。发货时，须将出厂合格证随同发货单提供给用户，其中应包括：

a) 合格证编号；

b）生产厂名称及厂址；

c）产品标记、数量与生产日期等；

d）产品性能检验结果；

e）生产厂检验部门及检验人员签名盖章。

## 9 运输与贮存

### 9.1 运输

产品应侧立搬运，禁止平抬。运输过程中应使其侧立固定，以减少碰撞，避免破坏或变形，雨天运输应遮盖，防止淋湿。

### 9.2 贮存

堆放场地应坚实平坦，干燥通风，防止侵蚀介质和雨水侵害。不同规格的产品应分别堆放，板下设10 mm×10 mm 方木 2～3 道，应采用侧立方式，板面与铅垂面的夹角不应大于 15°，堆长按单块板的长度，堆放高度不应超过两层。

# 前　言

本标准的6.3、6.4为强制性的，其余为推荐性的。

本标准的附录A、附录B、附录C、附录D、附录E为规范性附录；附录F为资料性附录。

本标准由中国建筑材料工业协会提出。

本标准由全国水泥制品标准化技术委员会归口。

本标准由辽宁省建筑材料科学研究所、泉州市群峰机械制造有限公司、合肥香馨建设有限公司负责起草。

本标准由广州金磐岭水泥制品厂、成都市新宿墙体材料应用发展公司、烟台华德新型建筑材料有限公司、西宁润海水泥制品有限公司、海南路达新型建筑材料有限公司、乌鲁木齐市市政综合材料处、辽宁丰源路用材料有限公司、芜湖市克勒特种工程材料有限公司、镇江京威彩瓦有限公司参加起草。

本标准委托辽宁省建筑材料科学研究所负责解释。

本标准主要起草人：周志宏、徐金山、刘孟兴、刘志辉、由世宽、郭裕超、陈顺治、王学尧、康喜芹、聂里、齐广和、韩伟、芮志平、汪群。

本标准为首次发布。

# 引　言

本标准是在总结我国混凝土路缘石科研成果和生产与使用的实践经验的基础上结合我国国情而制定的。主要技术指标参照采用德国 DIN 483—1981《混凝土路缘石》、欧洲 CEN prEN 1340:1993《混凝土路缘石》和法国 NF P98—302:1982《预制混凝土路缘石和排水沟》标准，抗折及抗盐冻性试验方法等要求等效采用 DIN 483—1981 及 CEN prEN 1340:1993 标准。

本标准尺寸允许偏差负值一律定为－3 mm，正值按等级分为 3 mm、4 mm、5 mm，使尺寸偏差达国际领先水平。截面形状部分直接采用 DIN 483—1981 和 NF P98—302:1982 标准。强度等级在 DIN 483—1981及 CEN prEN 1340:1993 标准等级 $C_f$6.0、$C_f$5.0、$C_f$4.0 基础上增加 $C_f$3.0 级别。吸水率指标按 CEN prEN 1340:1993 标准最高不超过 6%，作为我国优等品指标。

本标准汲取英、(前)苏联、日等国家现行混凝土路缘石标准的相关内容，以适应我国幅员辽阔状况，使标准技术要求及检测方法更加科学、先进和合理。

中华人民共和国建材行业标准

# 混凝土路缘石

JC 899—2002

Concrete curbs

## 1 范围

本标准规定了混凝土路缘石(以下简称缘石)的定义、符号和缩略语、等级与标记、一般规定、要求、抽样、试验方法、检验规则、标志、产品质量合格证、使用说明书及包装、运输和贮存。

本标准适用于以水泥和密实集料为主要原料,经振动法、压缩法或以其他能达到同等效能之方法预制的铺设在路面边缘、路面界限及导水用缘石。其可视面可以是有面层(料)或无面层(料)的、本色或彩色及凿毛加工的。

## 2 规范性引用文件

下列文件中的条款通过本标准的引用而成为本标准的条款。凡是注日期的引用文件,其随后所有的修改单(不包括勘误的内容)或修订版不适用于本标准,然而,鼓励根据本标准达成协议的各方研究是否可使用这些文件的最新版本。凡是不注日期的引用文件,其最新版本适用于本标准。

GB 175 硅酸盐水泥、普通硅酸盐水泥

GB 1344 矿渣硅酸盐水泥、火山灰质硅酸盐水泥及粉煤灰硅酸盐水泥

GB 1596 用于水泥和混凝土中的粉煤灰

GB/T 2015 白色硅酸盐水泥

GB 8076 混凝土外加剂

GB 12958 复合硅酸盐水泥

GB/T 14684 建筑用砂

GB/T 14685 建筑用卵石、碎石

GBJ 82 普通混凝土长期性能和耐久性试验方法

GBJ 146—1990 粉煤灰混凝土应用技术规范

JC/T 539 混凝土和砂浆用颜料及其试验方法

JGJ 63 混凝土拌合用水标准

## 3 定义、符号和缩略语

### 3.1 定义

3.1.1 混凝土路缘石 concrete curb

铺设在路面边缘或标定路面界限的预制混凝土的界石。

3.1.2 混凝土平缘石 concrete flush curb

顶面与路面平齐的混凝土路缘石。有标定路面范围、整齐路容、保护路面边缘的作用。

3.1.3 混凝土立缘石 concrete vertical curb

顶面高出路面的混凝土路缘石。有标定车行道范围以及引导排除路面水的作用。

3.1.4 混凝土平面石 concrete gutter apron curb

国家经济贸易委员会 2002-06-19批准 2002-12-01实施

铺砌在路面与立缘石之间的混凝土平缘石。

3.2 结构形状及其各部位名称 the shape and name described the parts of concrete curb

缘石按其结构形状分为直线形缘石和曲线形缘石。其各部位名称见图1、图2、图3。

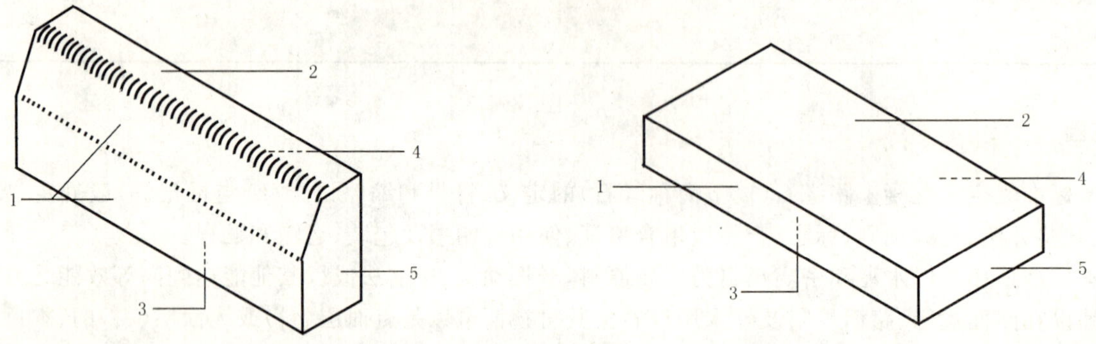


立缘石　　　平面石

图1 直线形缘石

1—— 侧面；

2—— 顶面；

3—— 底面；

4—— 背面；

5—— 端面；

6—— 下顶面；

7—— 底侧面。

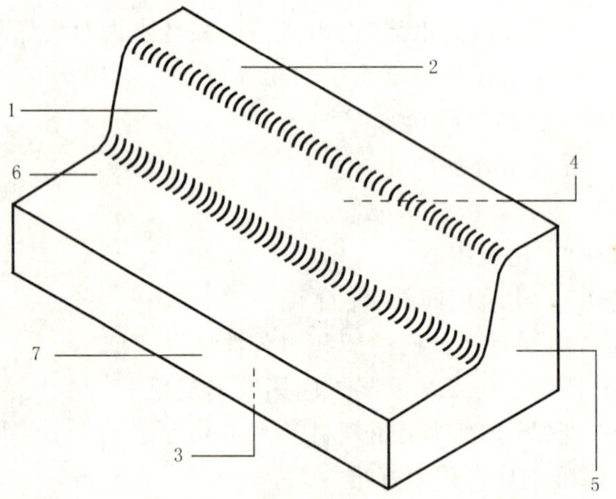


图2 直线形、截面L状缘石

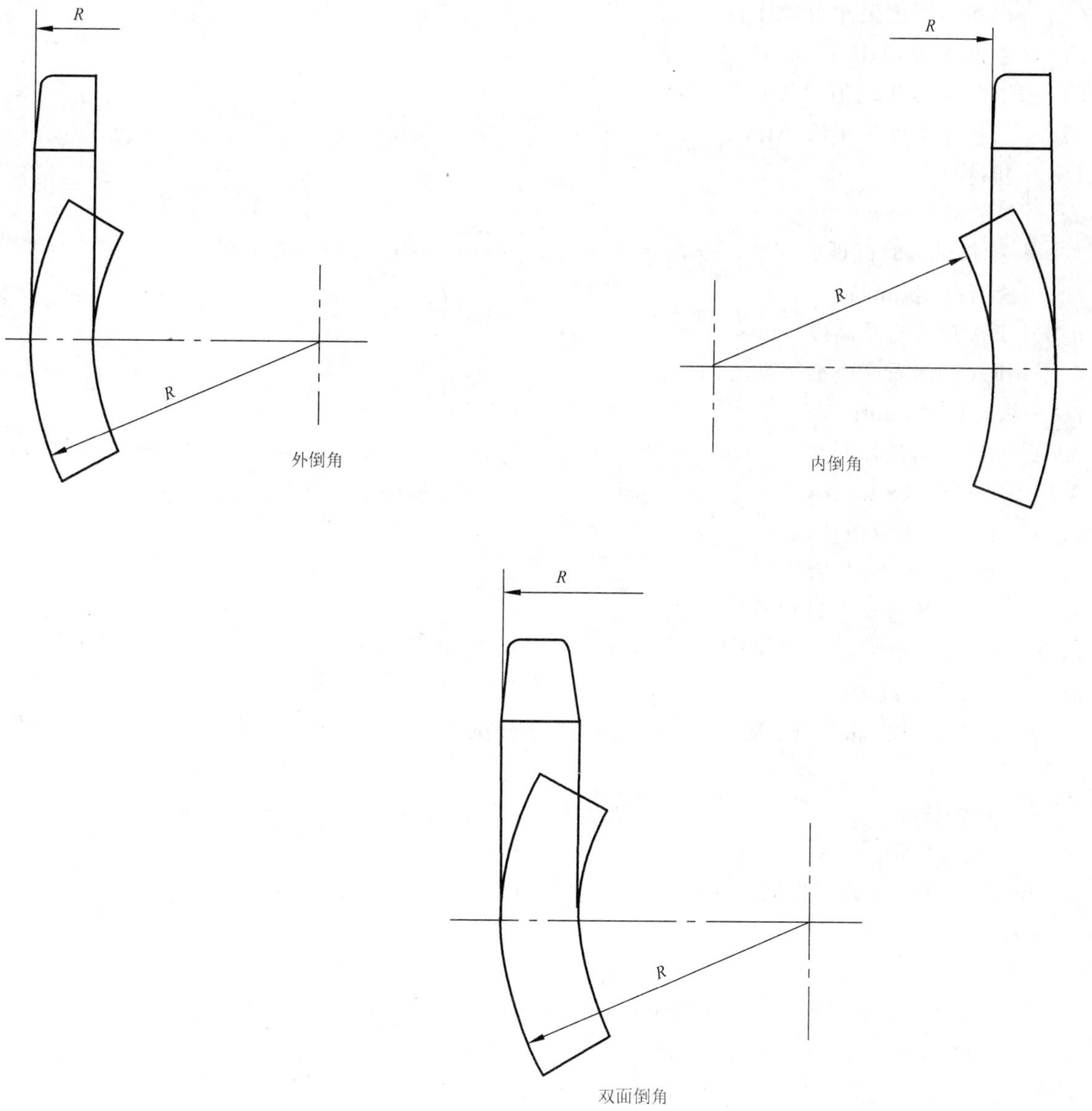


图 3　曲线形缘石

3.3　缘石型号、规格尺寸　type. shape and dimensions of concrete curb

直线形缘石按其截面分为 H 型、T 型、R 型、F 型、P 型、RA 型。其首选截面、规格参见附录 F(资料性附录)。根据供需双方协商,亦可生产其他型号及其规格的缘石。

3.4　符号

$A$——试块承压面积,$mm^2$;

$A_{ND}$——抗盐冻性试块受试面积,$mm^2$;

$b_0$——抗折试验时试件的宽度,mm,$b_0=h$;

$b$——缘石宽度,mm;

$b_1$——RA 型截面缘石总宽度,mm;

$b_2$——RA 型缘石顶面宽度,mm;

$C_c$——抗压强度,MPa;

$\overline{C}_c$——抗压强度平均值,MPa;

$C_{cmin}$——抗压强度最小值，MPa；

$C_f$——抗折强度，MPa；

$\bar{C}_f$——抗折强度平均值，MPa；

$C_{fmin}$——抗折强度最小值，MPa；

$D$——抗冻性；

$d$——试验龄期，d；

$h_0$——抗折试验时试件的高度，mm，$h_0=b$；

$h$——缘石高度，mm；

$h_1$——RA 型缘石总高度，mm；

$h_2$——RA 型缘石底座最小高度，mm；

$l$——缘石长度，mm；

$l_S$——抗折试件跨距长度，mm，$l_S=l-2\times 50$ mm；

$MB$——弯距，N·mm，$MB=P\max\cdot ls/4$；

$m_0$——试块烘干后质量，g；

$m_1$——试块吸水 24 h 后质量，g；

$m_{ND}$——抗盐冻性试验试块质量损失，mg；

$ND$——抗盐冻性；

$P_{max}$——最大荷载，N；

$R_e$——不合格试件总数（$R_1$ 某一项目第一次不合格试件总数；$R_2$ 某一项目第二次不合格试件总数）；

$W$——吸水率，%；

$W_{ft}$——截面模量，$cm^3$；

$\Delta Wn$——抗盐冻性质量损失，$kg/m^2$。

3.5 缩略语

各种形状缘石英文缩略语为：

BCC——直线形混凝土路缘石（beeline concrete curb）

CC——混凝土路缘石（concrete curb）

CCC——曲线形混凝土路缘石（curve concrete curb）

CFC——混凝土平缘石（concrete flush curb）

CGA——混凝土平面石（concrete gutter apron curb）

CVC——混凝土立缘石（concrete vertical curb）

RACC——直线形、截面 L 状混凝土路缘石（right angle concrete curb）

## 4 等级与标记

### 4.1 等级

4.1.1 直线形缘石抗折强度等级分为 $C_f$6.0、$C_f$5.0、$C_f$4.0、$C_f$3.0。

4.1.2 曲线形及直线形、截面 L 状缘石抗压强度等级分为 $C_c$40、$C_c$35、$C_c$30、$C_c$25。

4.1.3 质量等级：符合某个强度等级的缘石，根据其外观质量、尺寸偏差和物理性能分为优等品（A）、一等品（B）、合格品（C）。

### 4.2 标记

缘石按产品代号，规格尺寸，强度、质量等级和本标准编号顺序进行标记。

示例：H 型的立缘石，规格尺寸 240 mm×300 mm×1 000 mm，抗折强度等级为 $C_f$4.0，一等品的标记为：CVC H 240×300×1 000（$C_f$4.0） （B） JC 899—2002

## 5 一般规定

### 5.1 原材料

5.1.1 水泥应符合 GB 175、GB/T 2015、GB 12958 的规定及 GB 1344 中矿渣硅酸盐水泥的规定。

5.1.2 细集料应符合 GB/T 14684 的规定。

5.1.3 粗集料应符合 GB/T 14685 的规定。

5.1.4 采用硬质密实的工业废渣取代粗、细集料时，不得对缘石的品质产生有害的影响；有关相应的技术要求应符合 5.1.2、5.1.3 的规定；烧失量不大于 8%。

5.1.5 粉煤灰应符合 GB 1596 及 GBJ 146—1990 的规定。

5.1.6 外加剂应符合 GB 8076 的规定。

5.1.7 水应符合 JGJ 63 的规定。

5.1.8 颜料应符合 JC/T 539 的规定。

### 5.2 外形

5.2.1 缘石应边角齐全、外形完好、表面平整，可视面宜有倒角。除斜面、圆弧面、边削角面构成的角之外，其他所有角宜为直角。

5.2.2 缘石面层(料)厚度，包括倒角的表面任何一部位的厚度，应不小于 4 mm。

## 6 要求

### 6.1 外观质量

缘石外观质量应符合表 1 的规定。

表 1 外观质量

| 项　　目 | | 单位 | 优等品(A) | 一等品(B) | 合格品(C) |
|---|---|---|---|---|---|
| 缺棱掉角影响顶面或正侧面的破坏最大投影尺寸 | ≤ | mm | 10 | 15 | 30 |
| 面层非贯穿裂纹最大投影尺寸 | ≤ | mm | 0 | 10 | 20 |
| 可视面粘皮(脱皮)及表面缺损最大面积 | ≤ | $mm^2$ | 20 | 30 | 40 |
| 贯穿裂纹 | | 不允许 | | | |
| 分层 | | 不允许 | | | |
| 色差、杂色 | | 不明显 | | | |

### 6.2 尺寸偏差

缘石尺寸允许偏差应符合表 2 的规定。

表 2 尺寸允许偏差　　单位：mm

| 项　　目 | | 优等品(A) | 一等品(B) | 合格品(C) |
|---|---|---|---|---|
| 长度，$l$ | | ±3 | $^{+4}_{-3}$ | $^{+5}_{-3}$ |
| 宽度，$b$ | | ±3 | $^{+4}_{-3}$ | $^{+5}_{-3}$ |
| 高度，$h$ | | ±3 | $^{+4}_{-3}$ | $^{+5}_{-3}$ |
| 平整度 | ≤ | 2 | 3 | 4 |
| 垂直度 | ≤ | 2 | 3 | 4 |

6.3 力学性能

6.3.1 直线形缘石抗折强度应符合表3的规定。

表3 抗折强度

单位:MPa

| 等　级 | $C_f6.0$ | $C_f5.0$ | $C_f4.0$ | $C_f3.0$ |
|---|---|---|---|---|
| 平均值,$\overline{C}_f$ ≥ | 6.00 | 5.00 | 4.00 | 3.00 |
| 单块最小值,$C_{fmin}$ ≥ | 4.80 | 4.00 | 3.20 | 2.40 |

6.3.2 曲线形缘石,直线形、截面L状缘石抗压强度应符合表4的规定。

表4 抗压强度

单位:MPa

| 等　级 | $C_c40$ | $C_c35$ | $C_c30$ | $C_c25$ |
|---|---|---|---|---|
| 平均值,$\overline{C}_c$ ≥ | 40.0 | 35.0 | 30.0 | 25.0 |
| 单块最小值,$C_{cmin}$ ≥ | 32.0 | 28.0 | 24.0 | 20.0 |

6.4 物理性能

6.4.1 吸水率

缘石吸水率应符合表5的规定。

表5 吸水率

| 项　目 | 优等品(A) | 一等品(B) | 合格品(C) |
|---|---|---|---|
| 吸水率,% ≤ | 6.0 | 7.0 | 8.0 |

6.4.2 抗冻及抗盐冻性

需做抗盐冻性试验时,可不做抗冻性试验。

6.4.2.1 抗冻性

寒冷地区、严寒地区缘石应进行抗冻性试验。缘石经D50次冻融试验的质量损失率应不大于3.0%。

6.4.2.2 抗盐冻性

寒冷地区、严寒地区冬季道路使用除冰盐除雪时及盐碱地区应进行抗盐冻性试验。缘石经ND 25次抗盐冻性试验的质量损失应不大于0.50 kg/$m^2$。

## 7 抽样

7.1 批量

每批缘石应为同一类别、同一型号、同一规格、同一等级,每20 000件为1批;不足20 000件,亦按1批计;超过20 000件,批量由供需双方商定。塑性工艺生产的缘石每5 000件为1批,不足5 000件,亦按1批计。

7.2 抽样

应随机抽样。抽样前应预先确定抽样方法,使所抽取的试件具有代表性。抽取龄期不小于28d的试件。

7.2.1 外观质量和尺寸偏差

外观质量和尺寸偏差试验的试件,按随机抽样法从成品堆场中每批产品抽取13块。

7.2.2 物理性能和力学性能

物理性能与力学性能试验的试件(块),按随机抽样法从外观质量和尺寸偏差检验合格的试件中抽取。每项物理性能与力学性能中的抗压强度试块应分别从3个不同的缘石上各切取1块符合试验要求的试块;抗折强度直接抽取3个试件。

## 8 试验方法

8.1 外观质量和尺寸偏差

外观质量和尺寸偏差试验按本标准附录A规定进行。

8.2 力学性能

抗折强度按本标准附录B规定进行。

抗压强度按本标准附录C规定进行。

8.3 物理性能

吸水率按本标准附录D规定进行。

抗冻性试验按GBJ 82的抗冻性试验方法进行。试块制备，从缘石中切割出带有面层(料)和基层(料)的100 mm×100 mm×100 mm的试块。

抗盐冻性按本标准附录E规定进行。

## 9 检验规则

9.1 检验分类

产品检验分出厂检验和型式检验。

9.2 出厂检验

9.2.1 每批出厂产品都应进行出厂检验。

9.2.2 出厂检验项目：外观质量、尺寸偏差、力学性能(抗折强度或抗压强度)。

9.3 型式检验

型式检验内容包括本标准要求的外观质量、尺寸偏差、力学性能、吸水率、抗冻性、抗盐冻性，有下列情况之一者，应进行型式检验。

a) 新产品或老产品转厂生产的试制定型鉴定；

b) 生产中如品种、原材料、混凝土配合比、工艺有较大改变或设备大修，有可能影响产品性能时；

c) 正常生产时，每年进行1次；

d) 产品停产半年以上，又恢复生产时；

e) 出厂检验与上次型式检验结果有较大差异时；

f) 国家质量监督机构提出进行型式检验的要求时；

g) 用户有特殊要求时。

9.4 判定规则

9.4.1 外观质量及尺寸允许偏差

经检验外观质量及尺寸偏差的所有项目都符合某一等级规定时，判定该项为相应质量等级。

根据某一项目不合格试件的总数 $R_1$ 及二次抽样检验中不合格(包括第一次检验不合格试件)的总数 $R_2$ 进行判定。

若 $R_1 \leqslant 1$，合格；若 $R_1 \geqslant 3$，不合格；若 $R_1 = 2$ 时，则允许按7.2.1规定进行第2次抽样检验。若 $R_2 \leqslant 4$ 时，合格；若 $R_2 \geqslant 5$，不合格。

若该批产品二次抽样检验达不到标准规定的要求而不合格时，可进行逐件检验处理，重新组成外观质量和尺寸偏差合格的批。

9.4.2 物理、力学性能

9.4.2.1 物理性能

经检验，各项物理性能3块试验结果的算术平均值符合某一等级规定时，判定该项为相应质量等级。

9.4.2.2 力学性能

经检验，力学性能3件(块)试验结果的算术平均值及单件(块)最小值都符合某一等级规定时，判定该项为相应强度等级。

9.4.3 总判定

所有检验项目的结果都符合某一等级规定时，判为相应等级；有一项不符合合格品等级规定时，判为不合格品。

## 10 标志、产品质量合格证和使用说明书

10.1 标志

出厂产品中，至少应有2%的产品在其背面或底面有明显的标志。

10.2 产品质量合格证

产品出厂交货，必须提供至少应包括如下内容的产品质量合格证。

a) 企业名称和商标；

b) 批量编号；

c) 生产日期；

d) 检验结果；

e) 合格证书编号；

f) 标记；

g) 检验单位、检验员签章。

10.3 使用说明书

为方便使用，供方应提供缘石的使用说明书，说明现场施工方法和要求及参考使用数量等。

## 11 包装、运输和贮存

11.1 包装

用吊装托架装运时，应捆扎牢固。

11.2 运输

装运时，缘石应正侧面相向，排放稳实靠紧。应采取有效措施保护可视面；运输时应避免碰撞；装卸时严禁抛、掷；汽车散装运输时，严禁倾倒卸车。

11.3 贮存

缘石贮存堆场应平坦、坚实和清洁。应按种类、型号、规格、等级分别堆放。堆垛应整齐，高度不宜超过1.5 m。

# 附 录 A
（规范性附录）
## 外观质量和尺寸偏差试验方法

### A1 外观质量

**A1.1** 量具

分度值为 1 mm 的钢板尺、卡尺。

**A1.2** 测量方法

**A1.2.1** 面层（料）厚度

将缘石断开，在其截面测量面层（料）厚度尺寸（可用抗折试件的断口处测量），精确至 1 mm。

**A1.2.2** 缺棱掉角

测量顶面和正侧面缺棱掉角处损坏、掉角的长度和宽度（或高度）投影尺寸，精确至 1 mm。

**A1.2.3** 表面裂纹

测量裂纹所在面上的投影长度；若裂纹由一个面延伸至相邻面时，测量其延伸长度之和，精确至 1 mm。

**A1.2.4** 粘皮（脱皮）

测量顶面和正侧面上粘皮（脱皮）及表面缺损或伤痕处互相垂直的两个最大尺寸，精确至 1 mm；计算其面积，精确至 1 $mm^2$。

**A1.2.5** 分层、色差和杂色

在自然光照或不低于 40 W 日光灯下，距缘石 1.5m 处，对缘石的端面、背面（或底面）肉眼检验分层；对表面风干的缘石肉眼检验色差及杂色。

### A2 尺寸偏差

**A2.1** 量具

分度值为 1 mm，量程为 300 mm 和 1 000 mm 的钢板尺、卡尺、塞尺、直角尺或丁字尺。

**A2.2** 测量方法

**A2.2.1** 长度

分别在缘石顶面中部，正侧面及背面距底面 10 mm 处测量长度，取三个测量值的算术平均值为该试件的长度值，精确至 1 mm。

**A2.2.2** 宽度

分别在缘石底面的两端，距端面 10 mm 处及底面中部测量宽度，取其三个测量值的算术平均值为该试件的宽度值，精确至 1 mm。

**A2.2.3** 高度

分别在缘石背面两端，距端面 10 mm 处及背面中部测量高度，取其三个测量值的算术平均值为该试件的高度值，精确至 1 mm。

**A2.2.4** 平整度

用 1 000 mm 长的钢板尺分别侧立在缘石顶面和正侧面的中部，另用塞尺测量缘石表面与侧立钢板尺之间的最大间隙，取其最大值，精确至 1 mm。

**A2.2.5** 垂直度

用直角尺或丁字尺的一边紧靠缘石的顶面，另用小量程钢板尺或卡尺测量直角尺（或丁字尺）另一边与其端面所垂直面之间的最大间隙，记录其最大值，精确至 1 mm。

# 附 录 B

（规范性附录）

## 抗折强度试验方法

### B1 试件

直线形缘石应做抗折强度试验。

### B2 试验设备、量具、材料

**B2.1** 试验机

试验机可采用压力试验机或经国家计量部门检定合格的满足缘石抗折试验的设备。试验机的示值相对误差应不大于 1%。试件的预期破坏荷载值不小于试验机全量程的 20%，也不大于全量程的 80%。

**B2.2** 加载压块

采用厚度大于 20 mm，直径为 50 mm，硬度大于 HB 200，表面平整光滑的圆形钢块。

**B2.3** 抗折试验支承装置要求

抗折试验支承装置应可自由调节试件处于水平，同时可调节支座间距，精确至 1 mm。支承装置两端支座上的支杆直径为 30mm，一为滚动支杆，一为铰支杆；支杆长度应大于试件的宽度 $b_0$，且应互相平行。

**B2.4** 量具

分度值为 1 mm，量程为 1 000 mm、300 mm 的钢板尺。

**B2.5** 找平垫板

垫板厚度为 3 mm，直径大于 50 mm 的胶合板或硬纸板。

### B3 试件的制备

在试件的正侧面标定出试验跨距，以跨中试件宽度($b_0$)1/2 处为施加荷载的部位，如试件正侧面为斜面、切削角面、圆弧面，则试验时加载压块不能与试件完全水平吻合接触，应用 1：2 的水泥砂浆将加载压块所处部位抹平使之试验时可均匀受力，抹平处理后试件，养护 3 d 后方可试验。如图 B1 所示。

### B4 试件的含湿状态

将制备好的试件在水中浸没 24 h，水温度为(20±3)℃。

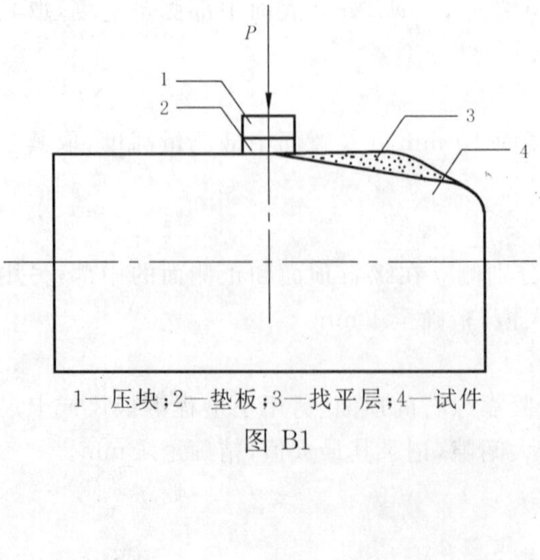


1—压块；2—垫板；3—找平层；4—试件

图 B1

## B5 试验步骤

B5.1 使抗折试验支承装置处于可进行试验状态。调整试验跨距 $l_s=l-2\times 50$ mm,精确至 1 mm。

B5.2 将试件从水中取出擦去表面附着水,正侧面朝上置于试验支座上,试件的长度方向与支杆垂直,使试件加载中心与试验机压头同心。将加载压块置于试件加载位置,并在其与试件之间垫上找平垫板。如图 B2。

单位:mm

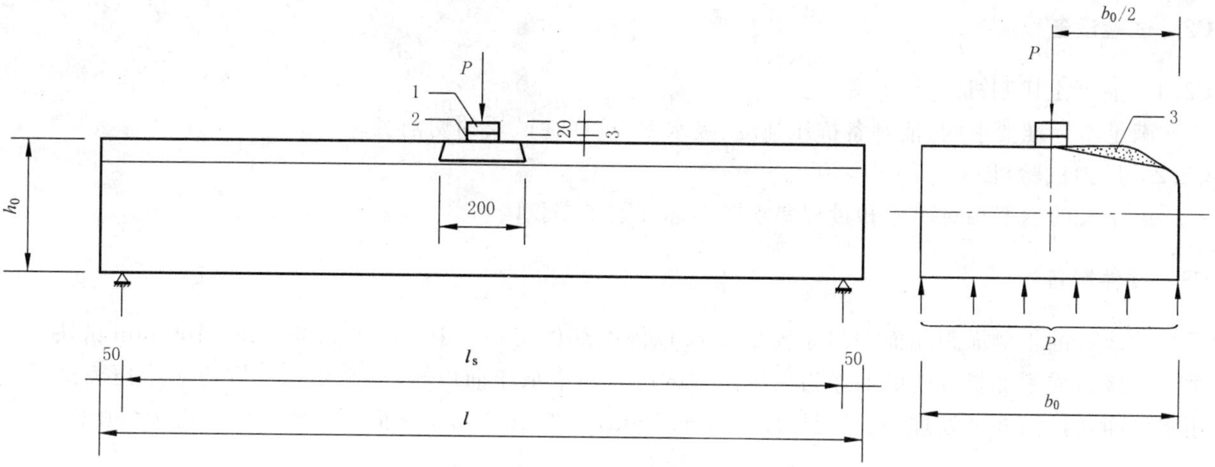


1—$\phi$50 mm 压块;2—垫板;3—找平层

图 B2

B5.3 检查支距、加荷点无误后,起动试验机,调节加荷速度 0.04 MPa/s～0.06 MPa/s 匀速连续地加荷,直至试件断裂,记录最大荷载 $P_{max}$。

## B6 试验结果计算

抗折强度按式(B1)计算:

$$C_f=\frac{MB}{1\,000\times W_{ft}} \qquad \text{(B1)}$$

$$MB=P_{max}\cdot ls/4 \qquad \text{(B2)}$$

式中:$C_f$——抗折强度,MPa;

$MB$——弯距,N·mm;

$P_{max}$——最大荷载,N;

$W_{ft}$——截面模量,$cm^3$;

$l$s——试件跨距,mm。

# 附　录　C
（规范性附录）
抗压强度试验方法

## C1　试件

曲线形缘石，直线形、截面L状缘石及不适合作抗折强度的缘石应做抗压强度试验。

## C2　试验设备

C2.1　混凝土切割机

满足本标准要求的，能制备抗压强度、吸水率、抗冻性试块的切割机。

C2.2　压力试验机

试验机的示值相对误差和量程要求同本标准附录B2.1。

## C3　试件制备

从缘石的正侧面距端面和顶面各20 mm以内的部位切割出100 mm×100 mm×100 mm试块。以垂直于缘石成型加料方向的面作为承压面。试块的两个承压面应平行、平整。否则应对承压面磨平或用水泥净浆抹面找平处理，找平层厚度不大于5mm，养护3d。与承压面相邻的面应垂直于承压面。

## C4　试件的含湿状态

制备好的试块，清除其表面的粘渣、毛刺，放入(20±3)℃的清水中浸泡24h。

## C5　试验步骤

C5.1　用卡尺或钢板尺测量承压面互相垂直的两个边长，分别取其平均值，精确至1mm，计算承压面积$A$，精确至$1mm^2$。将试块从水中取出用拧干的湿毛巾擦去表面附着水，承压面应面向上、下压板，并置于试验机下压板的中心位置上。

C5.2　启动试验机，加荷速度调整在0.3 MPa/s～0.5 MPa/s，匀速连续地加荷，直至试块破坏，记录最大荷载$P_{max}$。

## C6　试验结果计算

抗压强度按式(C1)计算。

$$C_c=\frac{P_{max}}{A} \qquad (C1)$$

式中：$C_c$——抗压强度，MPa；

$P_{max}$——最大荷载，N；

$A$——试块承压面积，$mm^2$。

# 附　录　D
## （规范性附录）
## 吸水率试验方法

**D1　试验仪器、设备**

**D1.1**　天平：称量 5kg，感量 5g。

**D1.2**　干燥箱：鼓风干燥箱自动控制温度（105±2）℃；具有鼓风排湿功能。

**D1.3**　水槽：能浸试样的，深度约为 300 mm 的水箱或水槽。

**D1.4**　混凝土切割机同 C2.1。

**D2　试块**

从缘石截取约为 100 mm×100 mm×100 mm 带有可视面的立方体的块体为试块。

**D3　试验步骤**

将试块截取后，用硬毛刷将试块表面及周边松动的渣粒清除干净，放入温度为（105±2）℃的干燥箱内烘干。试块之间、试块与干燥箱内壁之间距离不得小于 20 mm。每间隔 4 h 将试块取出分别称量 1 次，直至两次称量差小于 0.1%时，视为试块干燥质量 $m_0$，精确至 5g。

将试块放入水槽中，注入温度为（20±3）℃的洁净水，使试块浸没水中（24±0.5）h，水面应高出试块 20 mm～30 mm。

取出试块，用拧干的湿毛巾擦去表面附着水，立即分别称量试块浸水后的质量 $m_1$，精确至 5g。

**D4　试验结果计算：**

吸水率按式（D1）计算：

$$W=\frac{m_1-m_0}{m_0}\times 100 \qquad \text{(D1)}$$

式中：$W$——吸水率，%；

$m_1$——试块吸水 24h 后的质量，g；

$m_0$——试块烘干后质量，g。

# 附　录　E

（规范性附录）

## 抗盐冻性试验方法

### E1　试验设备

**E1.1**　冷冻室(箱):冷冻温度可达－20℃以下。

**E1.2**　干燥箱:能自动控制温度(105±2)℃。

**E1.3**　天平:精度为1mg。

**E1.4**　混凝土切割机同C2.1。

### E2　试验材料、用量

**E2.1**　粘结剂:应具备防水、防冻的功能,能将橡胶片(或聚乙烯薄片等)和混凝土表面粘结牢固。

**E2.2**　橡胶片(或聚乙烯薄片)等:做试件周边围框的薄片,厚度不小于0.5mm。

**E2.3**　密封材料:用30%～40%松香与60%～70%石腊熬化混合而成,或其他如硅胶等密封材料。

**E2.4**　冷冻介质:用饮用水配制成4%NaCl溶液。

**E2.5**　绝热材料:厚约30 mm～50 mm硬质泡沫塑料或其他绝热板材。

**E2.6**　覆盖材料:聚乙烯薄膜。

**E2.7**　容器:瓷盘。

**E2.8**　刷子:硬毛刷。

### E3　试块

从缘石中切取面积应不小于100 mm×200 mm试块,每个试块的受试面为缘石的可视面(顶面或使用时裸露在外的正侧面)。

### E4　试件制备

**E4.1**　从缘石的一端可视面选取20 000 $mm^2$矩形试验面,沿此面四边垂直方向截取厚度大于100 mm的立方体试块。试块的周边应平整,并应清除松动的渣粒,以便粘结密封。如图E1所示。

**E4.2**　将试块置于温度不高于80℃干燥箱中烘至表面干燥,取出试块,试块中具有可视面的表面为受试面。其受试面周边用粘结剂将橡胶片或其他防水性薄片与试件粘牢,其粘结幅度不小于30 mm。橡胶片或防水性薄片应高出受试面约20 mm～30 mm,以形成不渗透的贮盛冷冻介质的围框。

**E4.3**　除受试面以外的各表面用密封材料封闭,并与绝热材料粘结,其间缝隙应以密封材料填满。如图E2所示。

**E4.4**　在制备成受试面为底的围框与试块结合的周边用密封材料封闭。然后注入冷冻介质,液面的高度为10 mm,在其上盖聚乙烯薄膜,以避免溶液蒸发。存放48h以检验其密封性。

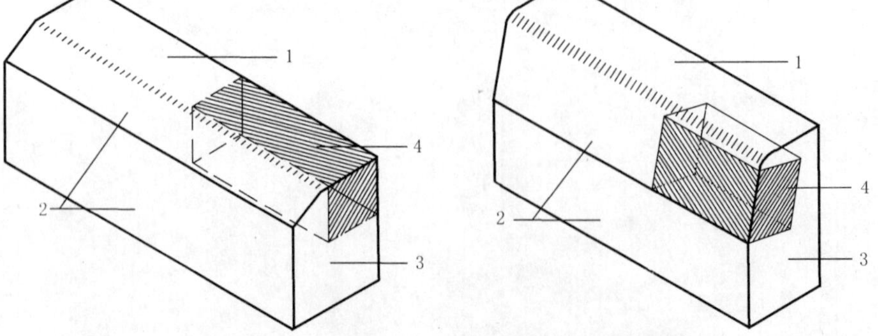


1—顶面;2—正侧面;3—端面;4—做抗盐冻性试块

图E1

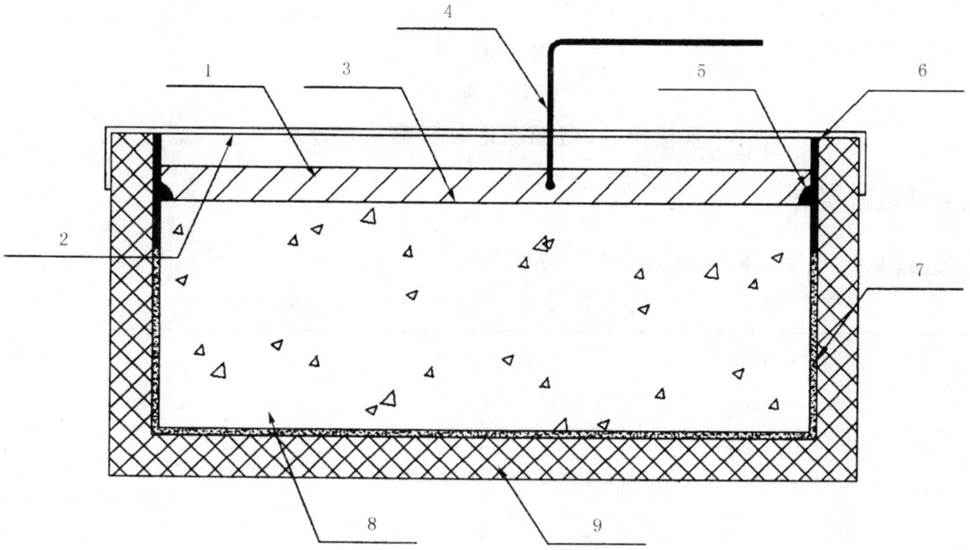


1——冷冻介质；2—聚乙烯薄膜；3—试验面；4—温度计；5—密封材料；
6—橡胶片；7—松香蜡密封；8—试块；9—热绝缘材料

图 E2

## E5 试验步骤

**E5.1** 测量试件边长，精确至 1mm。

**E5.2** 将冷冻箱(室)预先降温至－20℃～－25℃，放入制备好的试块。在试块放入之前，冷冻介质的液面应高出试块受试面 5mm～8mm，在其上盖聚乙烯薄膜，以避免溶液蒸发。

**E5.3** 冷冻时间的计算从冷冻箱(室)温度重新降至－20℃时开始计算，冷冻 6h；然后取出试块，置于室温为(20±10)℃空气中融化 4 h，如此为一次冻融循环。共进行 25 次。在冻融循环过程中，应在融冻时检查冷冻介质的液面，如有必要应补充冷冻介质，确保液面高度及冷冻介质的浓度。

**E5.4** 25 次冻融循环结束后，将试块围框中的溶液及剥落的渣粒倒入容器盘中，再加清水用硬毛刷洗刷试块受试面剥落的残留渣粒，于同一容器盘中，记录受试面的破损状况。

**E5.5** 缓缓地倒出容器盘中的冷冻介质，使试块剥落的渣粒物质存留盘中。再加入饮用水 1L～2L，浸泡 2h，倒出浸泡的水。在整个收集剥落渣粒和清洗过程中，应注意避免渣粒物质丢失。

**E5.6** 将容量盘连同盘中收集的渣粒物质置于(105±2)℃的干燥箱中烘干至恒量。测定收集的渣粒物质的质量 $m_{ND}$，精确至 1mg。

## E6 试验结果计算

抗盐冻性按式(E1)计算：

$$\Delta W_n = \frac{m_{ND}}{A_{ND}} \qquad (E1)$$

式中：$\Delta W_n$——抗盐冻性质量损失，$kg/m^2$；

$m_{ND}$——抗盐冻性试验试块质量损失，mg；

$A_{ND}$——抗盐冻性试块受试面积，$mm^2$。

# 附 录 F
（资料性附录）
## 规格尺寸、截面图形和截面模量计算

### F1 规格尺寸及截面模量

缘石型号、规格尺寸及截面模量见表F1、表F2。

表F1 H、T、R、F及P型缘石规格尺寸、截面模量

| 型号 | 宽度 $b$<br>mm | 高度 $h$<br>mm | 长度 $l$<br>mm | 截面模量 $W_{ft}$<br>$cm^3$ |
|---|---|---|---|---|
| $H_1$ | 250 | 350 | 1 000<br>750<br>500 | 3 450 |
| $H_2$ | 240 | 300 | | 2 715 |
| $H_3$ | 200 | 300 | | 1 871 |
| $H_4$ | 180 | 300 | | 1 510 |
| $H_5$ | 180 | 250 | | 1 238 |
| $H_6$ | 170 | 280 | | 1 245 |
| $H_7$ | 150 | 300 | | 1 037 |
| $H_8$ | 150 | 250 | | 850 |
| $H_9$ | 150 | 420 | | 1 490 |
| $T_1$ | 150 | 350 | 1 000<br>750<br>500<br>150 | 1 311 |
| $T_2$ | 100 | 300 | | 499 |
| $T_3$ | 120 | 300 | | 719 |
| $T_4$ | 100 | 250 | | 415 |
| $T_5$ | 80 | 250 | | 265 |
| $R_1$ | 180 | 220 | 1 000<br>750<br>500 | 1 146 |
| $R_2$ | 150 | 220 | | 792 |
| $R_3$ | 150 | 350 | | 1 178 |
| $F_1$ | 200 | 200 | 1 000<br>500<br>350 | 1 222 |
| $F_2$ | 200 | 250 | | 1 581 |
| $F_3$ | 150 | 220 | | 783 |
| $F_4$ | 120 | 350 | | 816 |
| $P_1$ | 150 | 120 | 1 000<br>750<br>500 | 360 |
| $P_2$ | 300 | 120 | | 720 |
| $P_3$ | 500 | 150 | | 1 875 |

表 F2　RA 型缘石规格尺寸　　单位:mm

| 型　号 | 总宽度 $b_1$ | 顶面宽度 $b_2$ | 总高度 $h_1$ | 底座最小高度 $h_2$ | 长 度 $l$ |
|---|---|---|---|---|---|
| $RA_1$ | 450 | 110 | 300～400 | 185 | 500 |
| $RA_2$ | 740 | 150 | 350～400 | 150～200 | 500 |
| $RA_3$ | 250 | 120 | 350 | 120 | 250<br>500<br>750 |
| $RA_4$ | 250 | 120 | 300 | 120 | 250<br>500<br>750 |
| $RA_5$ | 250 | 100 | 250 | 100 | 250<br>500<br>750 |

**F2　截面图形**

缘石截面图形见图 F1、图 F2、图 F3、图 F4、图 F5、图 F6，图中黑线条表示可视面。图中所示尺寸单位为毫米。

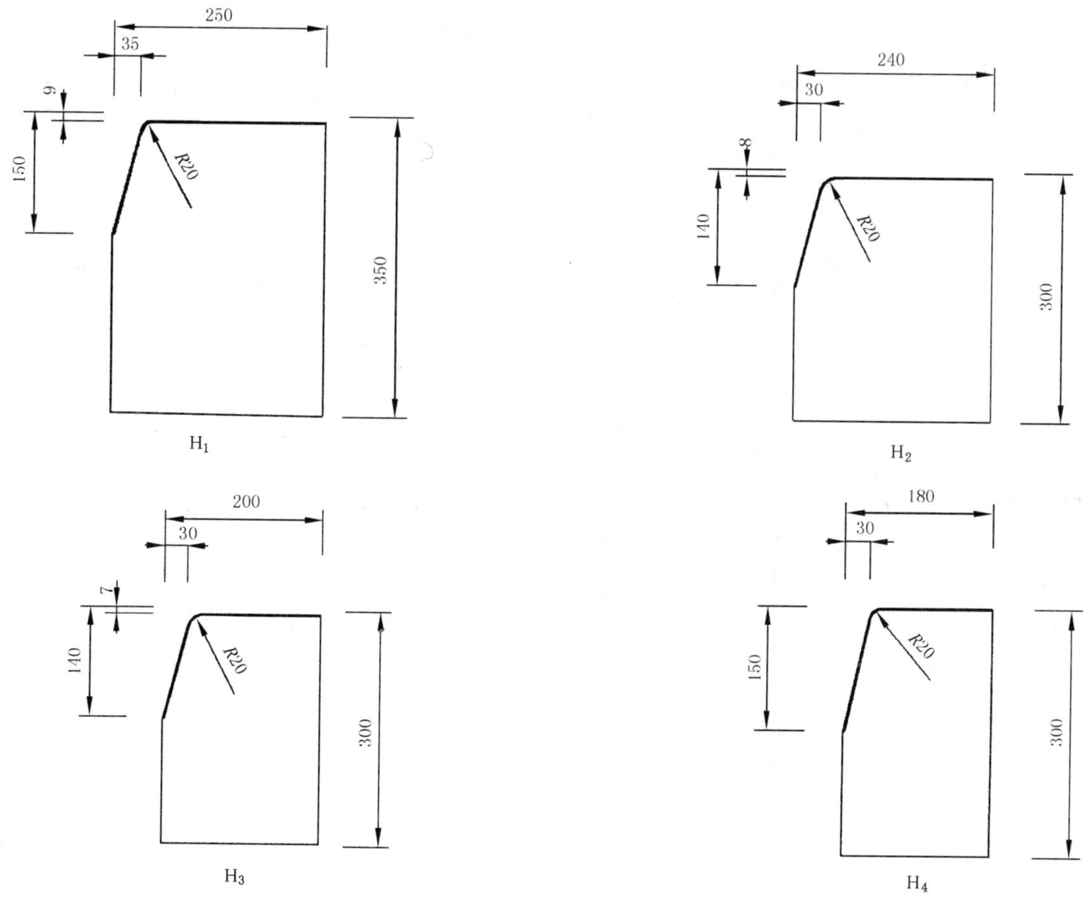


图 F1

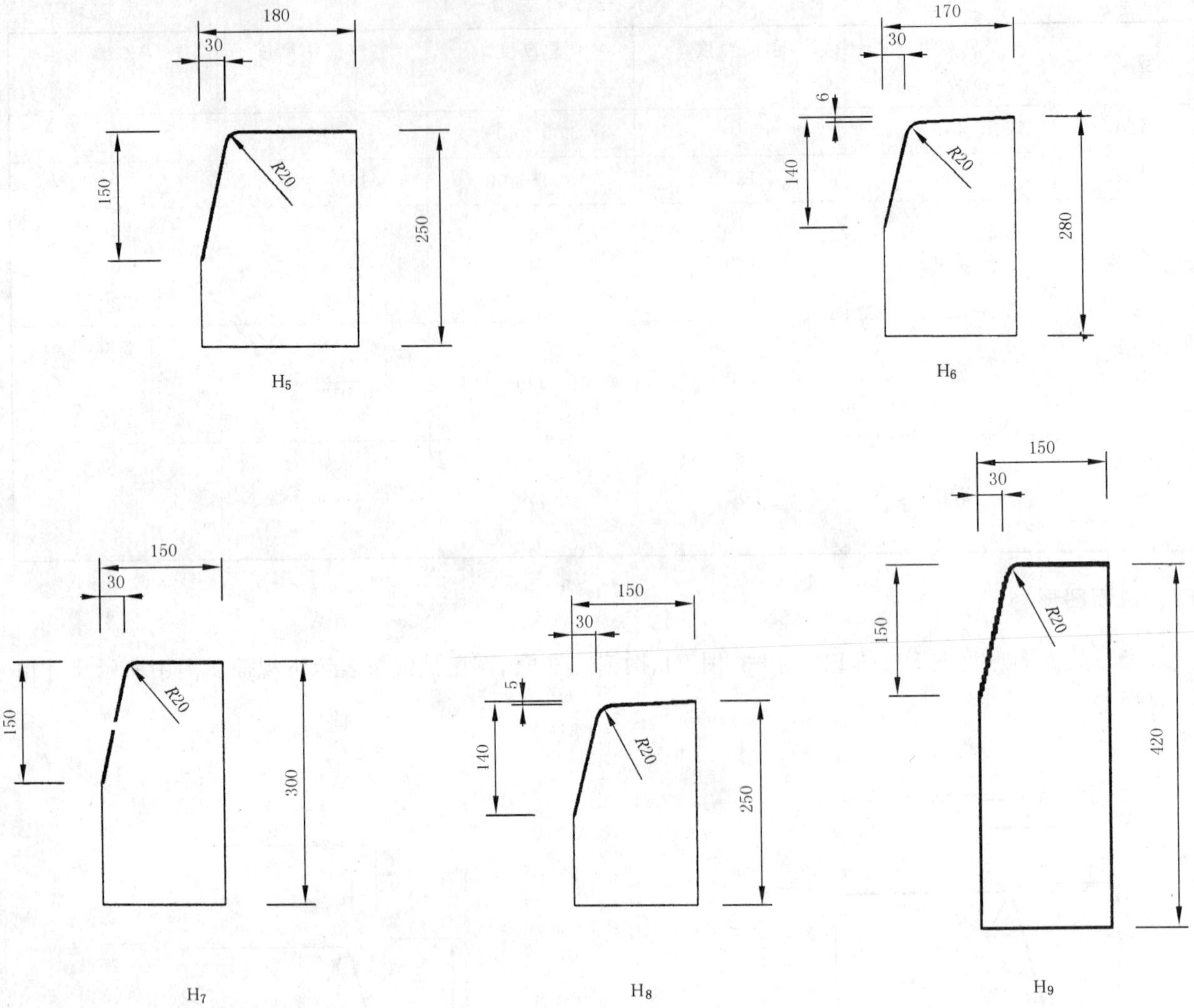
180
30
R20
150
250
H5
170
30
6
R20
140
280
H6
150
30
R20
150
300
H7
150
30
5
R20
140
250
H8
150
30
R20
150
420
H9

续图 F1

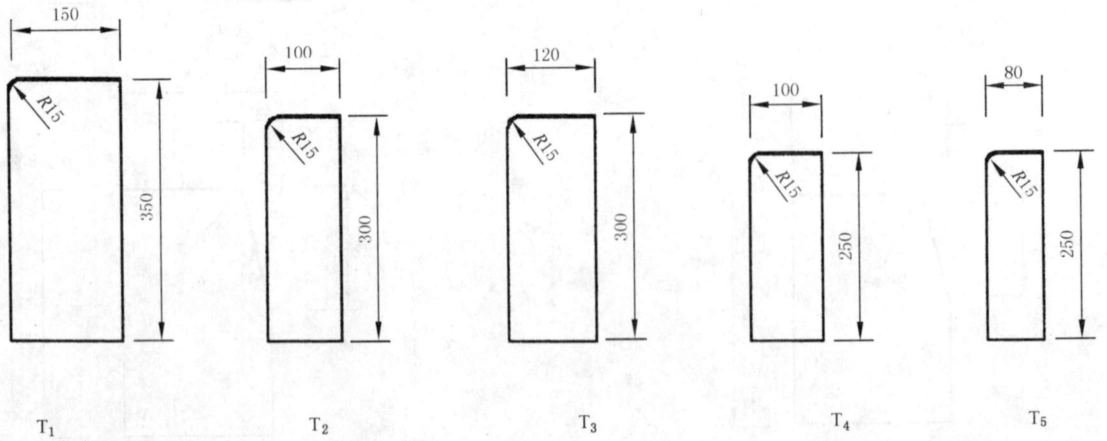
150
R15
350
T1
100
R15
300
T2
120
R15
300
T3
100
R15
250
T4
80
R15
250
T5

图 F2

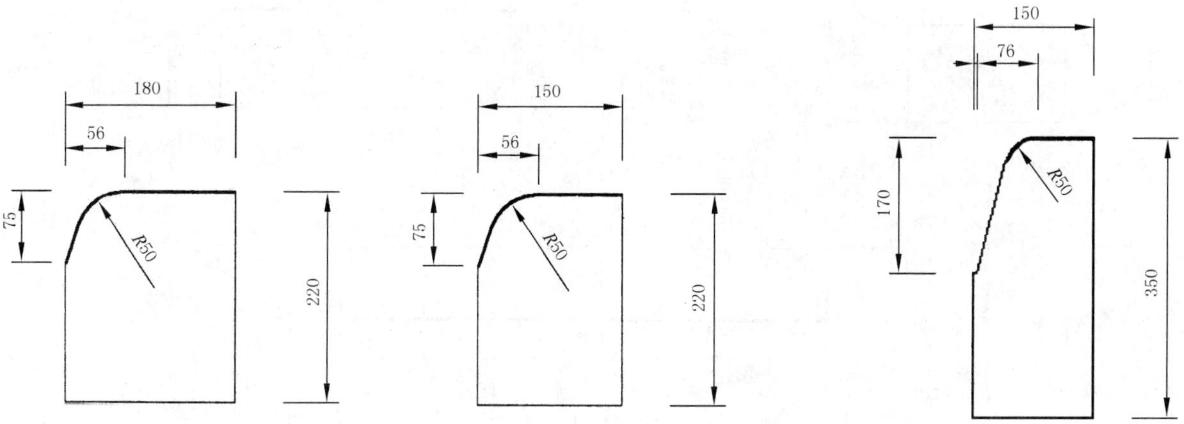


R$_1$ R$_2$ R$_3$

图 F3

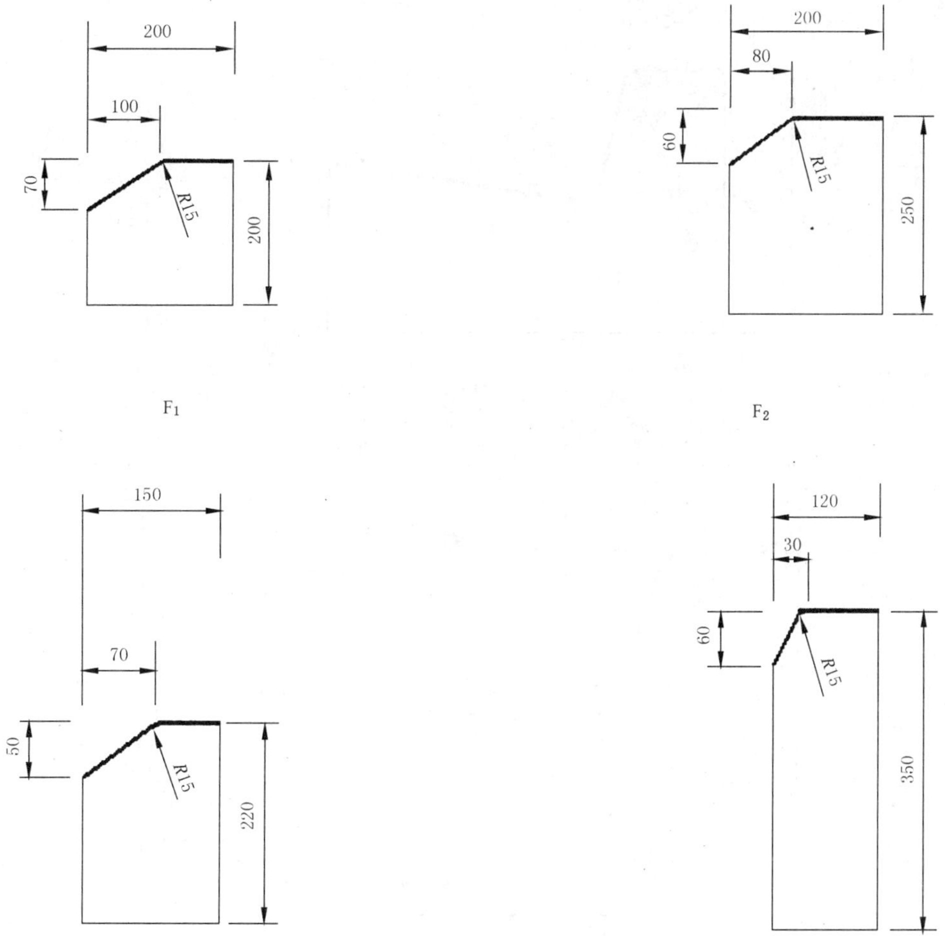


F$_3$ F$_4$

图 F4

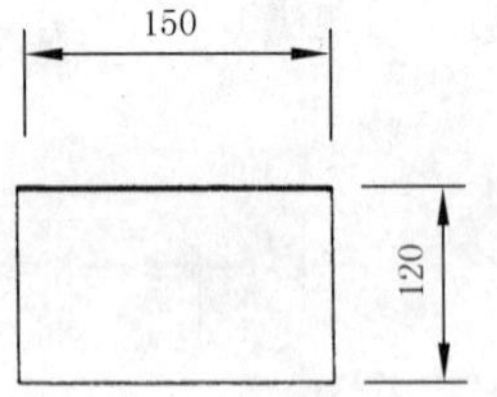


$P_1$

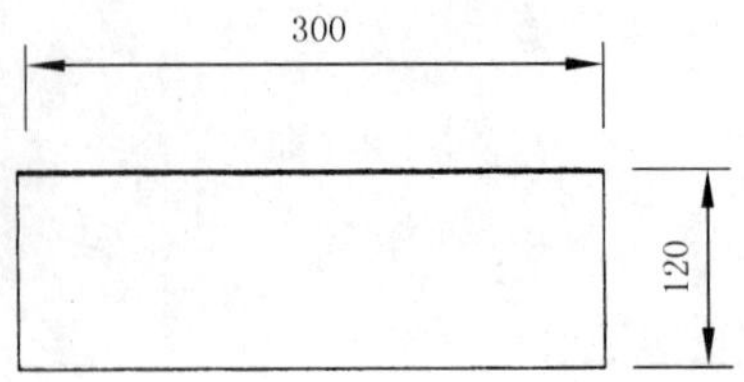


$P_2$

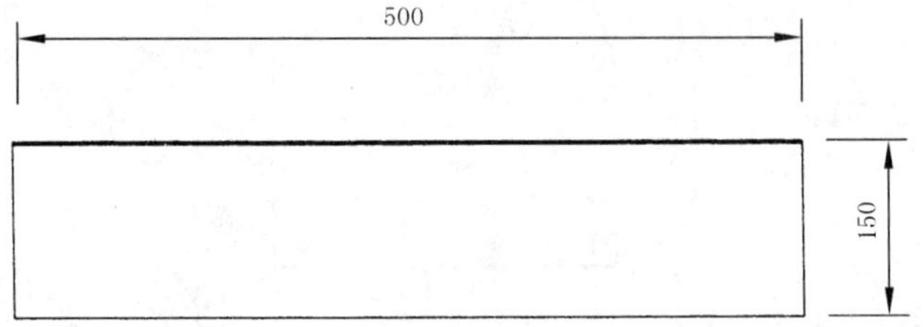


$P_3$

图 F5

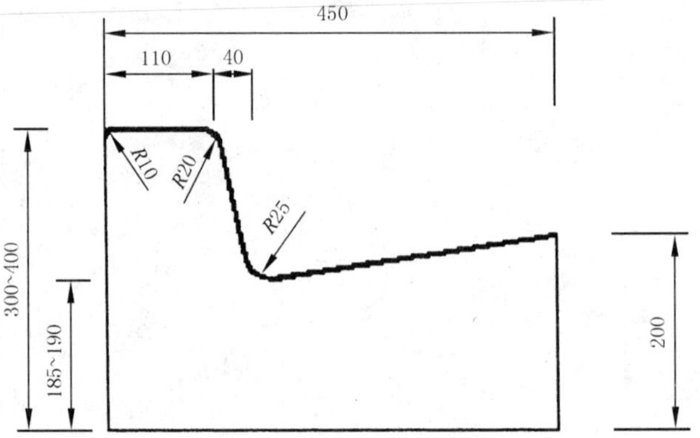


$RA_1$

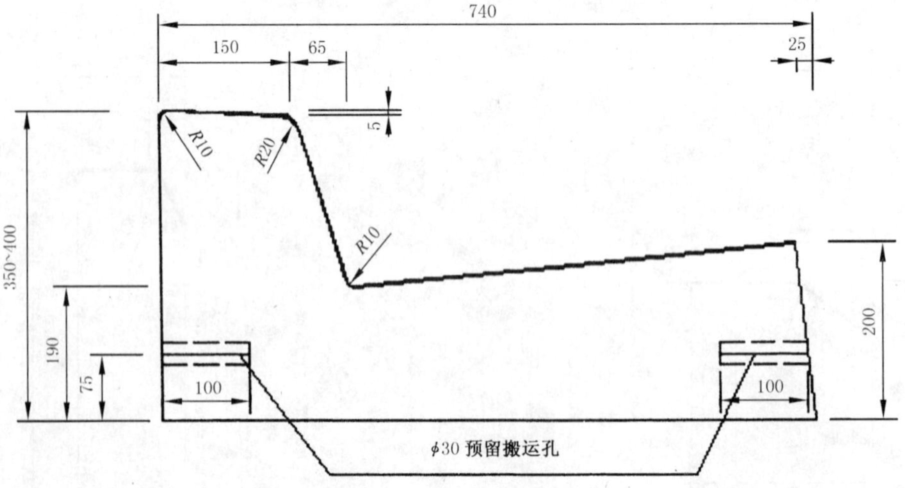


$RA_2$

图 F6

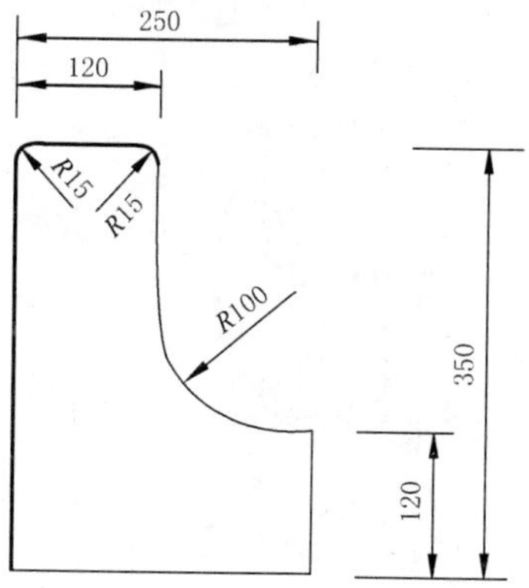


RA$_3$

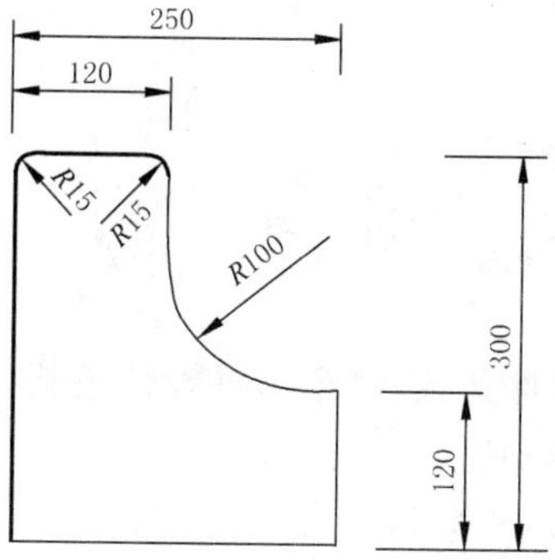


RA$_4$

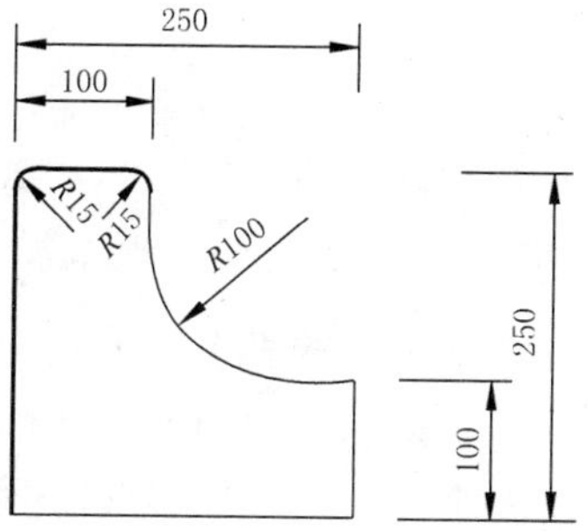


RA$_5$

续图 F6

## F3 截面模量计算

表 F1 给出所列规格尺寸的缘石截面模量。其他型号、规格尺寸的缘石截面模量可按下列公式计算，图例见图 F7。$C$ 为整块图形的形心，①、②、③、④为计算方便将整块图形分为四块。

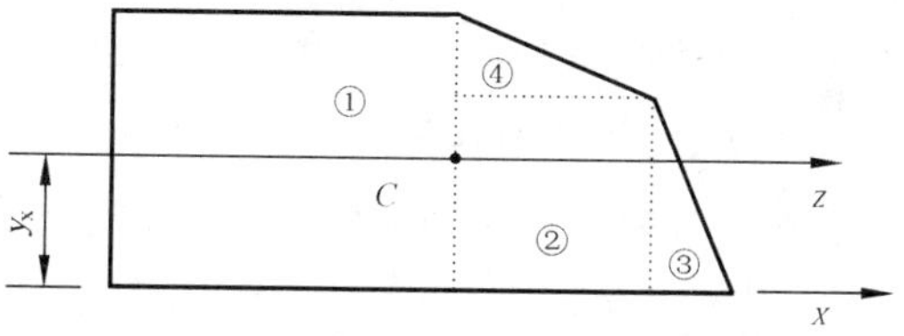


图 F7

$$y_x=\frac{\sum A_i y_i}{\sum A_i} \quad \cdots\cdots (\text{F1})$$

$$I_z=\sum[I_i+A_i(y_x-y_i)^2] \quad \cdots\cdots (\text{F2})$$

$$W_{ft}=\frac{I_z}{y_x} \quad \cdots\cdots (\text{F3})$$

式中：$y_x$——整块图形的形心坐标；

$A_i$——分块图形面积；

$y_i$——分块图形的形心坐标；

$I_z$——整块图形低位惯性矩；

$I_i$——分块图形对自身形心轴的惯性矩；

$W_{ft}$——截面模量。

注：矩形截面模量——$W_{ft}=\frac{bh^2}{6}$；

矩形惯性矩——$I=\frac{bh^3}{12}$；

三角形惯性矩——$I=\frac{bh^3}{36}$；

半圆形惯性矩——$I\approx 0.11r^4$；

矩形形心位置——$e=\frac{1}{2}h$；

三角形形心位置——$e=\frac{1}{3}h$；

圆形形心位置——$e=r$；

半圆形形心位置——$e\approx 0.424r$。

# 前　言

本标准的表1中1～5项为强制性条款，其余为推荐性条款。

本标准由中国建筑材料工业协会提出。

本标准由全国水泥标准化技术委员会归口。

本标准负责起草单位：苏州非金属矿工业设计研究院、中国建筑材料科学研究院。

本标准参加起草单位：北京市建筑材料质量监督检验站、北京市霍尼防水科技集团、北京金汤建筑防水技术开发有限责任公司、北京市海淀区东海防腐防水技术开发工程公司、山东淄博松山新技术开发有限公司、中美合资贵池尤匹埃防水材料有限公司、北京中核北研科技发展有限公司、山西建华化工厂、特艺建材科技工业（苏州）有限公司、浙江力顿特种水泥公司堵漏五分厂、辽宁大连细杨防水工程有限公司、北京市住宅建设设备物资公司振兴防水堵漏分公司、广东顺德市桂洲镇科顺精细化工有限公司、池州恒生科技有限责任公司、山东青岛铁路红宇防水材料中心。

本标准主要起草人：沈春林、赵宇平、岳晓红、杨永起、刘立、朱炳光、高德财、王仁连、汪良美、张延安、王衡、林益民、方兴中、张伯华、樊细杨、陈伟忠、张秀贤。

本标准委托苏州非金属矿工业设计研究院负责解释。

本标准为首次发布。

# 引　　言

无机防水堵漏材料是近十年来发展迅速，应用量较大的无机防水材料，为了检验产品质量，保证防水工程质量，特制定本标准。

因国外无同类产品标准可参照采用，因此本标准所规定的要求主要参考了国内同类产品企业标准和有关技术资料，根据工程实际应用要求，在试验验证的基础上制定的。抗渗试验方法采用 JC 474—1999《砂浆、混凝土防水剂》，其他试验项目主要采用 GB/T 17671—1999《水泥胶砂强度检验方法(ISO法)》、GB/T 1346—2001《水泥标准稠度用水量、凝结时间、安定性检验方法》。

## 中华人民共和国建材行业标准

# 无机防水堵漏材料

JC 900—2002

**Inorganic waterproof and leakage-preventing materials**

## 1 范围

本标准规定了无机防水堵漏材料的定义、分类、要求、试验方法、检验规则及标志、包装、运输与贮存等。

本标准适用于以水泥及添加剂组成的粉状无机防水堵漏材料，但不适用于快速堵漏材料。

## 2 规范性引用文件

下列文件中的条款通过本标准的引用而成为本标准的条款，凡是注日期的引用文件，其随后所有的修改单(不包括勘误的内容)或修订版均不适用于本标准，然而，鼓励根据本标准达成协议的各方研究是否可使用这些文件的最新版本。凡是不注日期的引用文件，其最新版本适用于本标准。

GB 175 硅酸盐水泥、普通硅酸盐水泥

GB/T 1346 水泥标准稠度用水量、凝结时间、安定性检验方法(eqv ISO 9597:1989)

GB/T 14436 工业产品保证文件 总则

GB/T 16777 建筑防水涂料试验方法

GB/T 17671—1999 水泥胶砂强度检验方法(ISO法)(idt ISO 679:1989)

GBJ 82 普通混凝土长期性能和耐久性能试验方法

JC 474—1999 砂浆、混凝土防水剂

## 3 定义

3.1 无机防水堵漏材料

是以水泥及添加剂经一定工艺加工而成的粉状防水堵漏材料。

3.2 快速堵漏材料

本标准所指的快速堵漏材料是初凝时间小于 2 min 的粉状防水堵漏材料。

## 4 分类

4.1 类别

产品根据凝结时间和用途分为缓凝型(Ⅰ型)和速凝型(Ⅱ型)。

4.1.1 缓凝型主要用于潮湿和微渗基层上做防水抗渗工程。

4.1.2 速凝型主要用于渗漏或涌水基体上做防水堵漏工程。

4.2 产品标记

4.2.1 标记方法

产品按下列顺序标记:名称、类别、标准号。

4.2.2 标记示例:缓凝型无机防水堵漏材料标记为:

FD Ⅰ JC 900—2002

国家经济贸易委员会2002-06-19批准　　2002-12-01实施

## 5 要求

### 5.1 外观

产品外观为均匀、无杂质、无结块的粉末。

### 5.2 物理力学性能

产品物理力学性能应符合表1的要求。

表1 物理力学性能

| 序号 | 项目 | | 缓凝型 | 速凝型 |
|---|---|---|---|---|
| | | | Ⅰ型 | Ⅱ型 |
| 1 | 凝结时间，min | 初凝 | ≥10 | ≥2～<10 |
| | | 终凝 ≤ | 360 | 15 |
| 2 | 抗压强度，MPa | 1h ≥ | — | 4.5 |
| | | 3d ≥ | 13.0 | 15.0 |
| 3 | 抗折强度，MPa | 1h ≥ | — | 1.5 |
| | | 3d ≥ | 3.0 | 4.0 |
| 4 | 抗渗压力差值 7d，MPa ≥ | 涂层 | 0.4 | — |
| | 抗渗压力 7d，MPa ≥ | 试件 | 1.5 | 1.5 |
| 5 | 粘结强度 7d，MPa ≥ | | 1.4 | 1.2 |
| 6 | 耐热性(100℃，5h) | | 无开裂、起皮、脱落 | |
| 7 | 冻融循环(−15℃～+20℃，20次) | | 无开裂、起皮、脱落 | |

## 6 试验方法

### 6.1 标准试验条件：

试验室试验条件为温度(20±2)℃，相对湿度不小于50%。

养护室养护条件为温度(20±3)℃，相对湿度不小于90%。

### 6.2 试样试验前样品及所用器具

应在标准试验条件下放置24h。

### 6.3 外观

用目测法检查。

### 6.4 凝结时间

按GB/T 1346进行，本标准试样采用被检验的无机防水堵漏材料取代该标准中检验的水泥，同时采用生产厂推荐的加水量，速凝型材料搅拌时间为20s，缓凝型材料搅拌时间为3 min。

### 6.5 抗压与抗折强度

按GB/T 17671规定的方法成型，养护并测定相应龄期的抗折与抗压强度。缓凝型产品成型时称取样品2 000 g，按生产厂推荐的加水量加水，每次成型40 mm×40 mm×160 mm一组试件3条。速凝型产品每次称取样品1 000 g，按生产厂推荐的加水量加水，每次成型40 mm×40 mm×160 mm二组试件共6条。脱模时间Ⅰ型成型后24 h脱模，Ⅱ型成型后脱模时间不大于1 h。试验结果评定按照GB/T 17671进行。

### 6.6 抗渗压力

按JC 474—1999中5.2.8进行。

#### 6.6.1 涂层抗渗压力差值

6.6.1.1 基准砂浆试件的制备

用符合 GB 175 的 32.5 级普通硅酸盐水泥和标准砂，按质量比为水泥：砂：水＝1：4：1 配料，即称取水泥 350 g、标准砂 1 400 g 搅匀后加入水 350mL，将上述物料在水泥砂浆搅拌机中搅拌 3 min 后装入上口直径为 70 mm，下口径为 80 mm，高为 30 mm 截头圆锥抗渗试模中，在振动台上振动 20s，5 min 后用刮刀刮去多余的料浆并抹平。其成型试件数量为 12 块。在标准养护室中养护 24h 后脱模，然后置养护室水中养护至规定龄期。

6.6.1.2 基准砂浆试件的抗渗

按 6.6.1.1 制备的试件养护至龄期 7d 取出 6 块，在砂浆抗渗仪上进行抗渗试验，水压从 0.1 MPa 开始，每隔 1h 增加 0.1MPa。当 6 个试件中有 3 个试件端面呈现渗水时，即可停止试验，记下当时水压。透水压力 $P_0$ 为 6 个试件中 4 个未出现渗水的最大压力值。

6.6.1.3 涂层＋基准砂浆试件制备

取按 6.6.1.1 制备的另 6 块基准砂浆试件(成型时采用加垫层或刮平的方法在相应的迎水面或背水面使试件厚度减少 2 mm 左右)，在水中浸泡至充分湿润。然后称取样品 1 000 g，按生产厂推荐的加水量加水，用净浆搅拌机搅拌 3 min，用刮板分别在 3 块试件的迎水面和 3 块试件的背水面上，分两层刮压料浆，刮压每层料的操作时间不应超过 5 min。刮料时要稍用劲并来回几次使其密实，同时注意搭接，第二层须待第一层硬化后(手指轻压不留指纹)再涂刮，第二层涂刮前涂层要保持湿润，涂层总厚度约 2mm，在养护室中保湿养护 24h，转入养护室水中(20±3)℃养护至规定龄期。

6.6.1.4 涂层＋基准砂浆试件抗渗

待 6.6.1.3 制备的试件养护至龄期 7 d，取出，将涂层冲洗干净，风干表面，按 6.6.1.2 的方法做抗渗试验。测得的值即为涂层＋基准试体的抗渗压力，为 $P_1$。

如果水压增至 1.5MPa，试件仍未透水，则不再升压，停止试验，此时 $P_1$ 值以大于 1.5MPa 计。

6.6.1.5 涂层抗渗压力差值计算

涂层抗渗压力差值按式(1)计算，计算结果精确至 0.1MPa。

$$P = P_1 - P_0 \quad \cdots\cdots (1)$$

式中：$P$——涂层抗渗压力差值，MPa；

$P_0$——基准砂浆试件的抗渗压力，MPa；

$P_1$——涂层加砂浆试件的抗渗压力，MPa。

6.6.2 试件抗渗压力

6.6.2.1 试件制备

试件成型的配料及搅拌与 6.5 相同，拌匀后一次装满抗渗试模，在振动台上振动成型，缓凝型振动 2 min，速凝型振动 20 s，刮掉多余的砂浆，抹平。制备试件 6 块。在养护室中保湿养护 24 h 后脱模，转入养护室水中(20±3)℃养护至规定龄期。

6.6.2.2 试验步骤

试件养护至龄期 7d，以每组 6 个试件中 4 个未出现渗水的最大压力值为试件抗渗压力。

6.7 粘结强度

“8”字模基准砂浆试件的制备及粘结强度的试验根据 GB/T 16777 进行。

6.7.1 粘结强度基准砂浆试件制备

在“8”字模中部最窄处，插入 1 块 0.5 mm 厚，面积为 500 mm$^2$ 的档板将“8”字模分为两部分。用符合 GB 175 的 42.5 级普通硅酸盐水泥和标准砂，按质量比为水泥：砂：水＝1：2：0.4 配料，搅拌 3 min 后，装入上述“8”字模中成型，每组试件 5 块。在养护室中养护 24h 后脱模，脱模后在养护室中养护 7 d 取出，将半个“8”字基准砂浆试件放回“8”字模中。称取样品 1 000 g，按厂家推荐的加水量加水，用净浆搅拌机搅拌均匀，缓凝型搅拌 3 min，速凝型搅拌 20s，然后将配好的物料倒入未放基准砂浆试件的另一半“8”字模中，缓凝型振动 2 min，速凝型振动 20 s，压实，抹平。在养护室中养护 24h 后脱模，转入养护室水中养护至规定龄期。

6.7.2 试验步骤

试件养护至龄期 7d，从水中取出，用布擦干表面后，在试验机上进行抗拉试验，记录试件的破坏载荷。

6.7.3 粘结强度按式(2)计算：

$$P=F/S \quad \cdots\cdots (2)$$

式中：$P$——粘结强度，MPa；

$F$——粘结力，N；

$S$——粘结面积，500 $mm^2$。

删除 5 个数值中的最大值和最小值，取余下 3 个计算结果的平均值作为粘结强度。计算结果精确至 0.1MPa。

6.8 耐热性

6.8.1 试件制备

用符合 GB 175 的 42.5 级普通硅酸盐水泥和标准砂，按质量比为水泥：砂：水＝1：2：0.4 配料，搅拌 3 min 后装入 40mm×160 mm×10 mm 试模中成型试件 3 块，在养护室中养护 24h 后脱模，置养护室水中养护至龄期 7d。将养护至龄期 7d 的试件取出。称取样品 1 000 g，按厂家推荐的加水量加水，用净浆搅拌机搅拌，缓凝型搅拌 3 min，速凝型搅拌 20s。用刮板分两层将料浆刮压在试件基面上，刮料时要稍用劲来回几次使其密实，同时注意搭接，第二层涂刮时第一层要保持湿润，涂层总厚度约 2mm，在养护室中保湿养护 24h，转入养护室水中养护。

6.8.2 试验步骤

将 6.8.1 制备的试件养护至龄期 7d，取出 3 块，置沸水箱中煮 5h，取出试件，观察 3 块试件涂层有无开裂、起皮、脱落等现象。

6.9 冻融循环性能

将 6.8.1 制备的试件养护至龄期 7d，取出 3 块。按 GBJ 82 规定的方法进行试验。

## 7 检验规则

7.1 检验分类

产品检验分出厂检验和型式检验。

7.1.1 出厂检验项目包括：外观、凝结时间、抗渗压力、粘结强度。

7.1.2 型式检验项目包括：本标准第 5 章中规定的全部项目。

有下列情况之一时，需进行型式检验：

a) 正常生产时，每年检验 1 次；

b) 新产品的试制定型鉴定；

c) 停产半年以上恢复生产时；

d) 配方、生产工艺或原材料有较大改变；

e) 出厂检验与上次型式检验有较大差异时；

f) 国家质量监督机构提出要求时。

7.2 组批

对同一类别产品，以每 10t 按 1 批计，不足 10t 也按 1 批计。

7.3 抽样

在每批产品中随机抽取，采用 25kg 袋(桶)装或 5kg 袋(桶)装的样品 3 袋(桶)，每袋(桶)中取 2 kg；如采用 1 kg 包装的随机抽取 6 袋(桶)，样品总质量 6 kg。外观检验合格后，将所取样品充分混合均匀，进行物理力学性能检验。

7.4 判定规则

7.4.1 外观检查

分袋(桶)进行检查,全部样品符合外观要求,判为外观合格。其中有1个样品不符合外观要求,允许重新抽取同样数目的样品重复进行外观检验1次,若全部符合外观要求则判该批产品外观合格。复验若仍不合格,则判该批产品不合格。

7.4.2 物理力学性能检验

在外观检验合格的基础上,进行物理力学性能试验,若所有试验结果均符合本标准第5章要求,则判该批产品合格。有1项试验结果不符合标准,允许重新取样对该项目复验,若试验结果符合标准,则判定该批为合格品。复验若仍不符合标准,则判定该批产品为不合格品。

## 8 标志

8.1 包装塑料袋上应有标志,表明产品名称、标记、商标、净质量、生产日期、生产单位及地址。

8.2 包装箱的立面应有标志标明:

a) 产品名称、标记、商标、型号;

b) 生产日期或生产批号;

c) 生产单位及地址;

d) 防潮标记;

e) 贮存期。

## 9 包装、运输与贮存

9.1 包装

产品用塑料桶或塑料袋包装,若采用塑料袋包装则每袋净质量为(1±0.02)kg;若用塑料袋(桶)装,每袋(桶)净质量为(5±0.1)kg、(25±0.5)kg。每个包装中应附产品合格证和使用说明书。产品合格证的编写应符合GB/T 14436的规定。产品使用说明书应写明配比、推荐用水量、施工注意事项等内容。

9.2 运输与贮存

9.2.1 产品按一般运输方式运输,运输途中要防止雨淋、包装损坏。贮存时严格防潮。

9.2.2 在正常贮存、运输条件下,产品贮存期自生产之日起6个月。

ICS 91.100.30
Q 13

JC

# 中华人民共和国建材行业标准

JC 901—2002

# 水泥混凝土养护剂

## Curing compounds for cement concrete

2002-12-09 发布　　2003-03-01 实施

中华人民共和国国家经济贸易委员会　发布

# 前　　言

**本标准第5章为强制性条款,其余为推荐性条款。**

本标准是在总结我国水泥混凝土养护剂的科研成果和生产使用实践的基础上制定的。本标准制定时,参考了美国试验材料协会ASTM C 309—1998《混凝土养护用液体成膜剂》与英国BS 7542—1992《混凝土养护剂的试验方法》。

本标准在制定水泥混凝土养护剂保水率指标时主要参照了英国标准,以测定混凝土的水分损失量来计算其保水率。本标准根据我国实际情况,增补了混凝土抗压强度比、磨耗量、固含量、成膜后浸水溶解性、成膜耐热性等技术指标。

本标准的附录A、附录B为规范性附录。

本标准由中国建筑材料工业协会提出。

本标准由全国水泥制品标准化技术委员会归口。

本标准起草单位:中国建筑材料科学研究院水泥科学与新型建筑材料研究所、交通部公路科学研究所。

本标准主要起草人:付智、王显斌、牛开民、刘云、夏玲玲、隋同波。

本标准为首次发布。

# 水泥混凝土养护剂

## 1 范围

本标准规定了水泥混凝土养护剂的术语、一般要求、要求、试验方法、检验规则及包装、标志、运输与贮存等。

本标准适用于表面成膜型养护剂。

## 2 规范性引用文件

下列文件中的条款通过本标准的引用而成为本标准的条款。凡是注日期的引用文件，其随后所有的修改单(不包括勘误的内容)或修订版均不适用于本标准，然而，鼓励根据本标准达成协议的各方研究是否可使用这些文件的最新版本。凡是不注日期的引用文件，其最新版本适用于本标准。

GB 8076—1997 混凝土外加剂

GB/T 8077 混凝土外加剂匀质性试验方法

GBJ/T 80 普通混凝土拌和物性能试验方法

GBJ/T 81 普通混凝土力学性能试验方法

JC/T 421 水泥胶砂耐磨性方法

JTJ 053 公路工程水泥混凝土试验规程

## 3 术语

### 3.1 水泥混凝土养护剂

水泥混凝土养护剂是一种喷洒或涂刷于混凝土表面，能在混凝土表面形成一层连续的不透水的密闭养护薄膜的乳液或高分子溶液。

### 3.2 基准混凝土

按本标准试验条件规定配制的不喷涂养护剂的混凝土。

## 4 一般要求

4.1 外观：均匀、无明显色差、不含其他杂质。

4.2 稠度：应满足在4℃以上易于喷涂(或按需要涂刷或辊刷)，能形成均匀涂层。

4.3 有害反应：不应对混凝土表面及混凝土性能造成有害影响。

4.4 毒性：不应含有任何对人体、生物与环境有害的化学成分。

4.5 稳定性：在贮存期内，不得出现分层、结块和絮凝现象。

## 5 要求

水泥混凝土养护剂产品性能应符合表1的要求。

表1 水泥混凝土养护剂技术要求

| 检验项目 | | 一级品 | 合格品 |
|---|---|---|---|
| 有效保水率/%≥ | | 90 | 75 |
| 抗压强度比，%≥ | 7d | 95 | 90 |
| | 28d | 95 | 90 |

表 1(续)

| 检 验 项 目 | | 一 级 品 | 合 格 品 |
|---|---|---|---|
| 磨耗量[a], kg/m² | ≤ | 3.0 | 3.5 |
| 固含量,% | ≥ | 20 | |
| 干燥时间,h | ≤ | 4 | |
| 成膜后浸水溶解性 | | 应注明溶或不溶 | |
| 成膜耐热性 | | 合格 | |
| 注:“a”在对表面耐磨性能有要求的表面上使用混凝土养护剂时为必检指标。 | | | |

## 6 试验方法

### 6.1 材料及混凝土配合比

试验所用水泥、砂、石、水等材料及混凝土配合比应符合 GB 8076 要求。

水泥混凝土养护剂用量:产品质量检验时原液的用量宜为 0.2 kg/m²,可采用生产厂家推荐的最低原液用量。推荐的原液用量必须在 0.2 kg/m²～0.25 kg/m² 范围内。

### 6.2 有效保水率

按本标准附录 A 进行。

### 6.3 抗压强度比

按本标准附录 B 进行。

### 6.4 磨耗量

基准试体按照 JTJ 053 试验,喷涂试体按附录 B 成型。

### 6.5 干燥时间

将养护剂按试验用量涂于泌水结束的符合 JC/T 421 要求的新拌水泥砂浆表面,试验室温度为(20±2)℃,相对湿度为(50±10)%。试验时从喷涂养护剂时开始计时,用手指以适度压力触压表面,无水分粘手上的触干时间定为干燥时间。

### 6.6 固含量

按 GB 8077 测定。

### 6.7 成膜后浸水溶解性

将水泥混凝土养护剂按试验用量一次涂于 150 mm×300 mm 的塑料板上,待完全干燥后,浸入水中,水温为(20±3)℃,浸水时间为 1h;观察膜是否溶解。

### 6.8 成膜耐热性

将水泥混凝土养护剂按试验用量涂于玻璃板上,待完全干燥后,置于(65±2)℃的烘箱内,恒温 10 min后观察是否出现熔化、变色现象。

## 7 检验规则

### 7.1 取样及编号

7.1.1 试样应由买方选择在交货前或交货时在工厂或仓库取样。

7.1.2 生产厂应将产品分批编号,每 20t 为一批量编号,不足 20t 时按一个批量计。每一编号取 1 个样,取样量不少于 10 kg。

7.1.3 如果养护剂在混合罐或槽中,则刚开始灌装时,从罐中取样约三分之一,灌装至一半时,取样约三分之一,另外三分之一在灌装结束时取样。如果养护剂已装入容器中,取样的容器数量是整批容器数的立方根后取较大的整数。

7.2 试样及留样

每一编号取得的试样应充分混匀，分为两等份，一份按表1项目进行试验，另一份密封半年，以备有疑问时提交国家指定的检验机构进行复验或仲裁。取样容器应及时密封，严禁泄漏、替换或稀释。

7.3 检验分类

7.3.1 产品检验分出厂检验和型式检验。

7.3.2 出厂检验：产品出厂必须进行出厂检验，项目包括有效保水率、固含量、干燥时间和成膜后浸水溶解性。

7.3.3 型式检验：型式检验包括表1所列的全部检验项目。

有下列情况之一者，应进行型式检验：

a) 新产品或老产品转厂生产的试制定型鉴定；

b) 正式生产后，如材料、工艺有较大改变，可能影响产品性能时；

c) 正常生产时，每季度至少进行1次检验；

d) 产品长期停产后，恢复生产时；

e) 出厂检验结果与上次型式检验有较大差异时；

f) 国家质量监督机构提出进行型式检验要求时。

7.4 判定规则

所有项目均符合本标准第5章中规定的某一等级要求，则判为相应等级。其中有1项不符合合格品要求时，判为不合格。

## 8 包装、标志、运输与贮存

8.1 产品出厂时应提供产品质量合格证和产品说明书，产品说明书应包括生产厂名称、产品名称及型号、执行标准、外观、色泽、成膜后浸水溶解性、出厂日期、产品质量等级、有效期和注意事项。

8.2 养护剂应装入生产厂提供的洁净容器中，如塑料桶或金属桶，每个容器上应印上可识别的标志和产品名称、型号、执行标准号、净质量、生产厂家、生产日期、有效期和出厂编号。

8.3 运输时应轻拿轻放，防止破损，防止坚硬物碰撞容器。

8.4 养护剂应放在专用仓库或固定的场所妥善保管，以易于识别，便于检查和提货。

8.5 养护剂自生产之日起，在正常运输贮存条件下贮存期为半年。

# 附 录 A
（规范性附录）
水泥混凝土养护剂有效保水率试验方法

## A.1 仪器设备

A.1.1 60L 混凝土标准单卧轴强制式搅拌机。

A.1.2 混凝土标准振动台。

A.1.3 塑料试模 150 mm×150 mm×150 mm。

A.1.4 环境箱：控制箱内环境温度：(38±2)℃；

湿度：(32±3)%(R·H)；

风速：(0.5±0.2)m/s。

注：不能满足风速条件的试验设备只能进行定性试验，而不能作为定级及仲裁试验。

A.1.5 电子天平：称量 20 kg，感量 0.1g。

## A.2 试件

### A.2.1 基准混凝土的制备

采用 60L 搅拌机，成型混凝土的全部材料一次投入，用水量应使混凝土坍落度达到(40±10)mm，拌和量不少于 15L，不大于 45L，搅拌 3 min，出料后人工翻拌 2～3 次。

测定混凝土坍落度，按 GBJ/T 80 进行，须控制在(40±10)mm 的范围内。

各种混凝土材料和试验环境均应保持在温度(20±5)℃；相对湿度(50±10)%的条件下。

### A.2.2 试件的成型与数量

A.2.2.1 试模：使用塑料试模，成型前将试模底部的气孔用胶带密封好，不宜在模子内抹过多的脱模剂或油，特别是顶部边缘需密封的地方。

A.2.2.2 试件成型：按 GBJ/T 81 进行，然后在顶面用抹刀抹平，并沿试模内壁插捣数次，缺料处用余浆找平，使顶面均匀密实，没有空隙和裂缝。成型后清理干净模子外缘，并水平放置。

**A.2.2.3 试件数量**

基准试件每组：4 块。

喷涂养护剂试件每组：4 块。

### A.2.3 试件表面的制备与边缘密封

A.2.3.1 表面制备：待试件表面水消失后，用干净软毛刷轻刷表面釉层，应刷不出表面水或用手指轻擦过表面无水迹为适宜的表面条件。

A.2.3.2 基准试件的表面条件达到要求后，立即对基准试件称量，质量为 $m_1$，精确至 0.1g，放入环境箱中，记录入箱时间。

A.2.3.3 喷涂养护剂试件的表面条件达到要求后，在试模和试件边缘间，剔出一条深 3mm，宽不大于 3mm 的 V 型槽，用密封胶或蜡等密封材料填充，封边后立即对试件称量，质量为 $M_1$，精确至 0.1g。

### A.2.4 混凝土养护剂的喷涂

A.2.4.1 根据生产厂家推荐用量，计算养护剂的喷涂量 $M_c$，如无特别要求，以 0.2 kg/m$^2$ 的用量为准。试件喷涂面积以试件净尺寸计算。

A.2.4.2 按规定用量，在试件顶部均匀地喷涂养护剂，不得有漏喷、漏涂或明显不均匀的情况存在，每个试件一次完成。

A.2.4.3 通过比较喷涂前后试件质量，确定养护剂喷涂量是否达到要求，达到要求后，立即称取喷涂养护剂试件质量 $M_2$，精确至 0.1g。整个喷涂时间不得超过 2 min，如果最终的养护剂用量与计算用量相差超过 10%,试件无效。

### A.3 试件的养护

A.3.1 立即将喷涂过养护剂的试件,放入环境箱内,并记录入箱时间。

A.3.2 基准试件和喷涂养护剂试件应等间距均匀的摆放在环境箱内,72h 后,取出称其质量。基准试件试验最终质量 $m_2$;喷涂养护剂试件最终质量 $M_3$;称量精确至 0.1g。

### A.4 试验结果计算

A.4.1 基准试件的水分损失量按式(A1)计算:

$$G_0 = m_1 - m_2 \qquad (A1)$$

式中:

$G_0$——基准试件水分损失量,g;

$m_1$——基准试件入箱前质量,g;

$m_2$——基准试件试验最终质量,g。

计算结果精确至 0.1g。

A.4.2 喷涂养护剂试件水分损失量按式(A2)和(A3)计算:

$$G_c = M_1 + (N_c \times M_c) - M_3 \qquad (A2)$$

式中:

$G_c$——喷涂养护剂试件水分损失量,g;

$M_c$——养护剂用量,g;

$M_3$——喷涂养护剂试件最终质量,g;

$N_c$——养护剂非挥发组份比例,%。

计算结果精确至 0.1g。

$$M_c = M_2 - M_1 \qquad (A3)$$

$M_1$——试件封边后质量,g;

$M_2$——试件喷涂养护剂后的质量,g;

计算结果精确至 0.1g。

A.4.3 **试件水分损失量**

以每组试件水分损失量的算术平均值作为试验结果。若同一组内水分损失量最大和最小之差超过 0.15 $kg/m^2$,则该组试验结果无效;若一个试件水分损失量与平均值的差超过 15%,则将该数据剔除,取其余试件的算术平均值作为该组试件的水分损失量。余下的试件数不得少于 3 块;如少于 3 块则该试验作废,必须重做。

A.4.4 有效保水率按式(A4)计算,计算结果精确至 1%。

$$Q = (1 - \overline{G}_c / \overline{G}_0) \times 100 \qquad (A4)$$

式中:

$Q$——养护剂有效保水率,%;

$\overline{G}_0$——基准试件组平均水分损失量,g;

$\overline{G}_c$——喷涂养护剂试件组平均水分损失量,g。

# 附 录 B
## (规范性附录)
## 混凝土抗压强度比试验方法

**B.1 仪器设备**

**B.1.1** 60L 混凝土标准单卧轴强制式搅拌机。

**B.1.2** 混凝土标准振动台。

**B.1.3** 试模:为 150 mm×150 mm×150 mm 的塑料试模或密封不透水的钢试模。

**B.1.4** 试件数量:基准试件与喷涂养护剂试件每个龄期至少 3 块。

**B.2 原材料及配合比**

按本标准 6.1 执行。

**B.3 试验步骤**

**B.3.1** 按 GBJ/T 81 规定成型;控制混凝土坍落度为(40±10)mm。

**B.3.2** 待试件表面水消失后,用干净软毛刷轻刷表面釉层,应刷不出表面水或用手指轻擦过表面无水迹为适宜的表面条件。

**B.3.3** 喷涂养护剂试件组试件表面条件达到要求后,在试模和试件边缘间,剔出一条深 3mm,宽不大于 3mm 的 V 型槽,用密封胶或蜡等密封材料填充,封边。

**B.3.4** 根据生产厂家推荐用量,计算养护剂的喷涂量 $M_c$,如无特别要求,以 0.2 $kg/m^2$ 的用量为准。试件喷涂面积以试件净尺寸计算。

**B.3.5** 按规定用量,在试件顶部均匀地喷涂养护剂,不得有漏喷、漏涂或明显不均匀的情况存在,每个试件一次完成。

**B.3.6** 将喷涂养护剂试件带模置于室内养护,环境温度为(20±5)℃,相对湿度为(50±10)%。

**B.3.7** 基准试件按 GBJ/T 81 规定养护和测定抗压强度 $S$。

**B.3.8** 喷涂养护剂试件养护至龄期后取出,先实测试件受压面积,再按 GBJ/T 81 规定测定抗压强度。根据测定强度和受压面积计算混凝土抗压强度 $S'$。

**B.4 结果计算**

抗压强度比以每组涂养护剂混凝土与基准混凝土同龄期抗压强度的算术平均值之比表示,按式(B1)计算,计算结果精确至 1%:

$$R_S = \frac{S'}{S} \times 100 \quad \cdots\cdots (B1)$$

式中:

$R_S$——抗压强度比,%;

$S$——基准混凝土的抗压强度,MPa;

$S'$——涂养护剂混凝土的抗压强度,MPa。

ICS 91.100.30
Q 13

JC

# 中华人民共和国建材行业标准

JC/T 906—2002

# 混凝土地面用水泥基耐磨材料

Concrete floor hardener

2002-12-09 发布 2003-03-01 实施

中华人民共和国国家经济贸易委员会 发布

# 前　言

本标准规定的技术指标与试验方法是在参考国外同类产品的技术资料，根据工程应用实际要求，在验证试验基础上制定的。

本标准的附录A为规范性附录。

本标准由中国建筑材料工业协会提出。

本标准由全国水泥制品标准化技术委员会归口。

本标准负责起草单位：同济大学材料科学与工程学院、国家建筑材料工业局标准化研究所。

本标准参加起草单位：上海麦斯特建材有限公司、广州达成工程技术服务有限公司、广州富斯乐化学建材有限公司、广州西卡建材有限公司、上海奥新特种建材有限公司、上海天地特种建材有限公司、上海华登建材有限公司、上海百饰泰建材有限公司、广州白云区金城新型建材厂、北京奥雷科技开发有限责任公司、同济大学附属工厂。

本标准主要起草人：张晏清、张永明、杨斌、刘巽伯、刘根森、季龚、吴燕、蒋建明、邱涌建、郭四龙、刘锦文、黄伟斌、王全志。

本标准委托同济大学材料科学与工程学院负责解释。

本标准为首次发布。

# 混凝土地面用水泥基耐磨材料

## 1 范围

本标准规定了混凝土地面用水泥基耐磨材料的分类、要求、试验方法、检验规则及标志、标签、包装和贮存。

本标准适用于混凝土地面用水泥基耐磨材料。此类材料可以是本色的或彩色的。

## 2 规范性引用文件

下列文件中的条款通过本标准的引用而成为本标准的条款。凡是注日期的引用文件,其随后所有的修改单(不包括勘误的内容)或修订版均不适用于本标准,然而,鼓励根据本标准达成协议的各方研究是否可使用这些文件的最新版本。凡是不注日期的引用文件,其最新版本适用于本标准。

GB 175—1999 硅酸盐水泥、普通硅酸盐水泥

GB 231—1984 金属布氏硬度试验方法

GB 1345—1991 水泥细度检验方法

GB/T 2419—1994 水泥胶砂流动度测定方法

GB 12573—1990 水泥取样方法

GB/T 14684—2001 建筑用砂

CB/T 16925—1997 混凝土及制品耐磨性试验方法(滚珠轴承法)

GB/T 17671—1999 水泥胶砂强度检验方法

JC/T 539—1994 混凝土和砂浆用颜料及其试验方法

## 3 定义

混凝土地面用水泥基耐磨材料是指由硅酸盐水泥或普通硅酸盐水泥、耐磨骨料为基料,加入适量添加剂组成的干混材料。代号为 CFH。

## 4 分类

### 4.1 类型

混凝土地面用水泥基耐磨材料按骨料种类分为两种类型:

Ⅰ型:非金属氧化物骨料混凝土地面用水泥基耐磨材料。

Ⅱ型:金属氧化物骨料或金属骨料混凝土地面用水泥基耐磨材料。

### 4.2 标记

产品按下列顺序标记:名称代号、类型、标准号。

示例:非金属氧化物骨料混凝土地面用水泥基耐磨材料的产品标记为:

CFH Ⅰ JC/T 906—2002

## 5 原材料要求

### 5.1 水泥

混凝土地面用水泥基耐磨材料所用的水泥应符合 GB 175 规定。

### 5.2 骨料

混凝土地面用水泥基耐磨材料所用的骨料应符合 GB/T 14684 的Ⅰ类机制砂技术要求中 5.2～5.6

规定,并不得影响水泥混凝土或砂浆的体积安定性与耐久性。

## 6 要求

混凝土地面用水泥基耐磨材料的技术要求应符合表1规定。

**表1 混凝土地面用水泥基耐磨材料的技术要求**

| 项目 | | 技术指标 | |
|---|---|---|---|
| | | Ⅰ型 | Ⅱ型 |
| 外观 | | 均匀、无结块 | |
| 骨料含量偏差 | | 生产商控制指标的±5% | |
| 抗折强度(28d),MPa | ≥ | 11.5 | 13.5 |
| 抗压强度(28d),MPa | ≥ | 80.0 | 90.0 |
| 耐磨度比,% | ≥ | 300 | 350 |
| 表面强度(压痕直径),mm | ≤ | 3.30 | 3.10 |
| 颜色(与标准样比) | | 近似~微 | |

注1:产品的骨料含量应在质保书中明示。

注2:“近似”表示用肉眼基本看不出色差,“微”表示用肉眼看似乎有点色差。

## 7 试验方法

### 7.1 一般规定

7.1.1 标准试验条件为温度20℃±2℃,相对湿度45%~75%。

7.1.2 试验材料应在标准试验条件下放置24h以上。

7.1.3 混凝土地面用水泥基耐磨材料拌和时,用水量应根据流动度试验确定。用水量应使拌和物的流动度 $D$=120 mm±5mm。拌和物的流动度测定按GB/T 2419规定进行;搅拌按GB/T 17671规定进行。

7.1.4 基准砂浆用水泥应符合GB 175中强度等级为32.5级普通硅酸盐水泥的要求,骨料为ISO标准砂。基准砂浆的配合比为水泥:标准砂:水=1:3:0.5。

### 7.2 外观

目视观察。

### 7.3 骨料含量

按GB 12573规定取样。称取试样100g。试验按GB 1345规定进行。

### 7.4 颜色

按JC/T 539规定进行。样品为随机抽取的试样,标准样为厂商提供的同类样品。

### 7.5 抗折强度、抗压强度

抗压强度与抗折强度的试验按GB/T 17671规定进行。试件数量为1组。拌和物材料为混凝土地面用水泥基耐磨材料和水,每一次的拌和用量根据骨料品种的不同变化,应保证成型试件所需的物料量。

### 7.6 耐磨度比

#### 7.6.1 试件制备

基准砂浆和混凝土地面用水泥基耐磨材料的耐磨度试件采用水泥胶砂试模,抽去中间2块隔板。试件的成型按GB/T 17671规定进行。成型后,随即用刮刀在试验砂浆表面抹光若干次,使表面平整。

在砂浆表面接近初凝时，用刮刀在试验砂浆表面抹光 3～4 次，使表面光滑。

7.6.2 养护条件

成型后带模在水泥标准养护箱中养护 24h，脱模后将试件放入 20℃±1℃的水中养护至规定龄期。试件应在试验前 15 min 从水中取出。揩去试件表面沉积物，并用湿布覆盖。试验在 28d±8h 内进行。

7.6.3 试验步骤

耐磨性试验按 GB/T 16925 规定进行。每组试件 5 块。

7.6.4 结果评定

耐磨度比按式(1)计算：

$$I=\frac{I_1}{I_0}\times 100 \quad \cdots\cdots (1)$$

式中：

$I$——耐磨度比，%；

$I_0$——基准砂浆的耐磨度；

$I_1$——混凝土地面用水泥基耐磨材料的耐磨度。

7.7 表面硬度

表面硬度试验按附录 A 进行。

## 8 检验规则

8.1 检验分类

产品检验分出厂检验和型式检验。

8.1.1 出厂检验

出厂检验项目为表 1 中的外观、骨料含量偏差和耐磨度比。

8.1.2 型式检验

型式检验包括表 1 的全部项目。正常生产时每半年至少 1 次。

若有下列情况之一时，应进行型式检验：

a) 新产品或老产品转厂生产的试制定型鉴定；

b) 正式生产后，如组成、材料、工艺有较大改变，可能影响产品性能时；

c) 产品长期停产后，恢复生产时；

d) 出厂检验结果与上次型式检验结果有较大差异时；

e) 国家质量监督机构提出进行型式检验要求时。

8.2 组批与抽样

8.2.1 组批

同类型产品 50t 为 1 批，不足 50t 按 1 批计。

8.2.2 抽样

按 GB 12573 规定进行。

8.3 判定规则

8.3.1 外观不符合表 1 规定的产品为不合格品。

8.3.2 试验结果均符合表 1 规定时判为型式检验合格。在型式检验合格的条件下，出厂检验结果均符合标准规定，则判该批产品为合格品。

8.3.3 复验

检验结果中有 2 项或 2 项以上指标不符合本标准时，判该批产品为不合格品；若有 1 项指标不符合本标准时，允许在同批产品中抽样进行单项复验，若该项指标符合本标准，则判该批产品为合格品；若仍不符合本标准，则判该批产品为不合格品。

## 9 标志、标签、包装和贮存

### 9.1 标志、标签

符合本标准要求的产品，其标志、标签应包括下列内容：

a) 产品标记；

b) 产品名称与商标；

c) 生产厂商名称及地址；

d) 生产日期，贮存条件及贮存期；

e) 净质量。

### 9.2 包装

防潮包装。产品包装上应含有符合9.1规定的标志、标签。

### 9.3 贮存

产品应存放在干燥处。自生产之日起，在正常运输和贮存条件下，贮存期至少为6个月。

# 附　录　A
## （规范性附录）
## 表面硬度的测定

**A.1　测定原理与表示方法**

表面硬度的测定采用钢球压痕方法。钢球在荷载作用下在材料表面产生压痕，压痕直径即反映了材料表面硬度。

**A.2　试验方法**

试件经耐磨度试验后，即作表面压痕直径测定。每组试件 5 块。试验所用的钢球与读数显微镜应符合 GB 231 规定。

试验参数为：钢球直径 10 mm；采用最大量程为 50kN 的压力试验机，以 80N/s±20N/s 的加荷速率加荷至 4kN±10N 并持荷 10s 卸载。每个试件测试 6 点，测试取点应避开磨槽，并应在试件表面均匀分散，间距大于 15mm。每个测试点用读数显微镜读取压痕直径，使读数显微镜的固定端刻度线与试件表面压痕一端边缘相切，调节螺旋测微装置，移动刻度线使之通过压痕直径并与另一端边缘相切，读取压痕直径，精确至 0.01mm。每个测试点测定互相垂直的直径读数并取平均值作为该点的压痕直径。每个试件所得 6 个数据剔除最大值与最小值，取其余 4 个数据的算术平均值为该试件的压痕直径代表值。取各试件压痕直径代表值的算术平均值作为该组试件的表面硬度，精确至 0.01mm。

---

ICS 91.100.30
Q 13

JC

# 中华人民共和国建材行业标准

JC/T 907—2002

# 混凝土界面处理剂

## Interface treating agent for concrete

2002-12-09 发布 2003-03-01 实施

中华人民共和国国家经济贸易委员会 发布

# 前　　言

**本标准由中国建筑材料工业协会提出。**

本标准由全国水泥制品标准化技术委员会归口。

本标准负责起草单位:上海市建筑科学研究院。

本标准参加起草单位:上海曹杨建筑粘合剂厂、上海绿建干粉建材有限公司、冶金部建筑研究总院、常州市恒成建筑粘合剂有限公司。

本标准主要起草人:韩震雄、赵敏、金爱华、张慧丽、董成斌、郇希贤、张冬梅。

本标准委托上海市建筑科学研究院负责解释。

本标准为首次发布。

# 引　言

工程实践证明，使用混凝土界面处理剂是预防粉刷层与基层墙体起壳、分离、剥落的一种有效技术措施。界面处理剂近年来使用和发展较快，为规范产品性能，确保工程质量，特制定本标准。

本标准是在参考和总结国内界面剂使用经验的基础上，根据工程使用要求，通过验证试验结果而确定指标的。本标准中剪切粘结强度、拉伸粘结强度的处理条件、晾置时间等试验方法修改采用了EN 12004:2001《瓷砖粘结剂　定义与技术规范》。

# 混凝土界面处理剂

## 1 范围

本标准规定了混凝土界面处理剂(以下简称界面剂)的分类和标记、要求、试验方法、检验规则及包装、标志和贮存。

本标准适用于改善砂浆层与水泥混凝土、加气混凝土等材料基面粘结性能的水泥基界面处理剂,对于新老混凝土之间的界面,废旧瓷砖、马赛克等表面的处理剂也可参照本标准执行。

## 2 规范性引用文件

下列文件中的条款通过本标准的引用而成为本标准的条款。凡是注日期的引用文件,其随后所有的修改单(不包括勘误的内容)或修订版均不适用于本标准,然而,鼓励根据本标准达成协议的各方研究是否可使用这些文件的最新版本。凡是不注日期的引用文件,其最新版本适用于本标准。

GB 175 硅酸盐水泥、普通硅酸盐水泥

GB/T 3186 涂料产品的取样

GB/T 4100.5 干压陶瓷砖 第5部分 陶质砖(吸水率 $E>10\%$)

GB/T 9265—1988 建筑涂料涂层耐碱性的测定

GB 12573—1990 水泥取样方法

GB/T 17671—1999 水泥胶砂强度检验方法(ISO法)

JG/T 3049—1998 建筑室内用腻子

## 3 分类和标记

### 3.1 类别

按组成分为两种类别:

P类:由水泥等无机胶凝材料、填料和有机外加剂等组成的干粉状产品。

D类:含聚合物分散液的产品,分为单组分和多组分界面剂。

注:D类产品需与水泥等无机胶凝材料和水等按比例拌和后使用。

### 3.2 型号

按适用的基面分为两种型号:

Ⅰ型:适用于水泥混凝土的界面处理。

Ⅱ型:适用于加气混凝土的界面处理。

### 3.3 标记

由产品名称、类别、型号和标准号构成。

示例:干粉状用于水泥混凝土界面的界面处理剂标记为:

混凝土界面处理剂 P Ⅰ JC/T 907—2002

## 4 要求

### 4.1 外观

干粉状产品应均匀一致,不应有结块。液状产品经搅拌后应呈均匀状态,不应有块状沉淀。

### 4.2 物理力学性能

P类、D类界面剂的物理力学性能应符合表1规定。

**表 1　界面剂的物理力学性能**

| 项目 | | | 指标 Ⅰ型 | 指标 Ⅱ型 |
|---|---|---|---|---|
| 剪切粘结强度<br>MPa | 7d | | ≥1.0 | ≥0.7 |
| | 14d | | ≥1.5 | ≥1.0 |
| 拉伸粘结强度<br>MPa | 未处理 | 7d | ≥0.4 | ≥0.3 |
| | | 14d | ≥0.6 | ≥0.5 |
| | 浸水处理 | | ≥0.5 | ≥0.3 |
| | 热处理 | | | |
| | 冻融循环处理 | | | |
| | 碱处理 | | | |
| 晾置时间<br>min | | | — | ≥10 |
| 注：Ⅰ型产品的晾置时间，根据工程需要由供需双方确定。 | | | | |

## 5　试验方法

### 5.1　一般要求

5.1.1　标准试验条件为温度 23℃±2℃，相对湿度 45%～75%。

5.1.2　试验用基材应在标准试验条件下放置 24h 以上。

5.1.3　试验机：示值误差应不超过±1%，试样的破坏负荷应处于满标负荷的 20%～80%之间。

**5.1.4　界面剂的拌和**

5.1.4.1　界面剂检验时，水和各组分的用量应按生产商推荐的配合比例。如推荐的配合比为一定范围的数据，应取这一范围的平均值。在进行各项试验时，这一配合比应保持一致。

5.1.4.2　单组分的 D 类界面剂检验时，采用符合 GB 175 要求的强度等级为 32.5 级的普通硅酸盐水泥和符合 GB/T 17671—1999 要求的 ISO 标准砂。

5.1.4.3　界面剂用机械或手工搅拌均匀，每次试验至少准备 2 kg 拌好的界面剂。

5.1.5　试件养护时间的允许偏差见表 2。

**表 2　试件养护时间的允许偏差**

| 养护时间 | 偏差 |
|---|---|
| 24h | ±0.5h |
| 7d | ±3h |
| 14 d | ±6h |

### 5.2　外观

用目测方法检查。

### 5.3　剪切粘结强度

**5.3.1　试验用瓷砖**

应采用符合 GB/T 4100.5 要求的陶质无釉砖，尺寸 108 mm×108 mm，至少 6 mm 厚，表面应平整。

**5.3.2　试件的制备**

取两块试验用瓷砖，在每块瓷砖的正面，距砖边 10 mm 处划一条与砖边平行的参照线。将拌和好的界面剂分别均匀地涂抹在两块瓷砖的正面，应保证界面剂完全覆盖。按划好的参照线将两砖粘贴压合在一起，以确保两砖错开 10 mm，刮去边上多余的界面剂。将粘合好的试件水平放置，在试件上加 7 kg±15g 的重物，保持 3 min。

按上述方法，每一龄期的剪切粘结强度各制备至少 10 个试件。

5.3.3 养护条件

将试件在标准试验条件下养护 7d 和 14d。

5.3.4 试验步骤

到 5.3.3 规定的养护龄期后，将试件放入材料试验机的夹具中，以 5mm/ min 的速度施加剪切力。图 1 和图 2 分别提供了两种试验夹具的示意图。加荷至试件破坏，记录最大荷载。试验时如瓷砖先发生破坏，且数据在该组试件平均值的±20%以内，则认为该数据有效。

5.3.5 结果计算

剪切粘结强度按式(1)计算：

$$\tau=\frac{F_s}{A_s} \qquad (1)$$

式中：

$\tau$ ——剪切粘结强度，MPa；

$F_s$——最大荷载，N；

$A_s$——粘结面积，$mm^2$。

单位为 mm

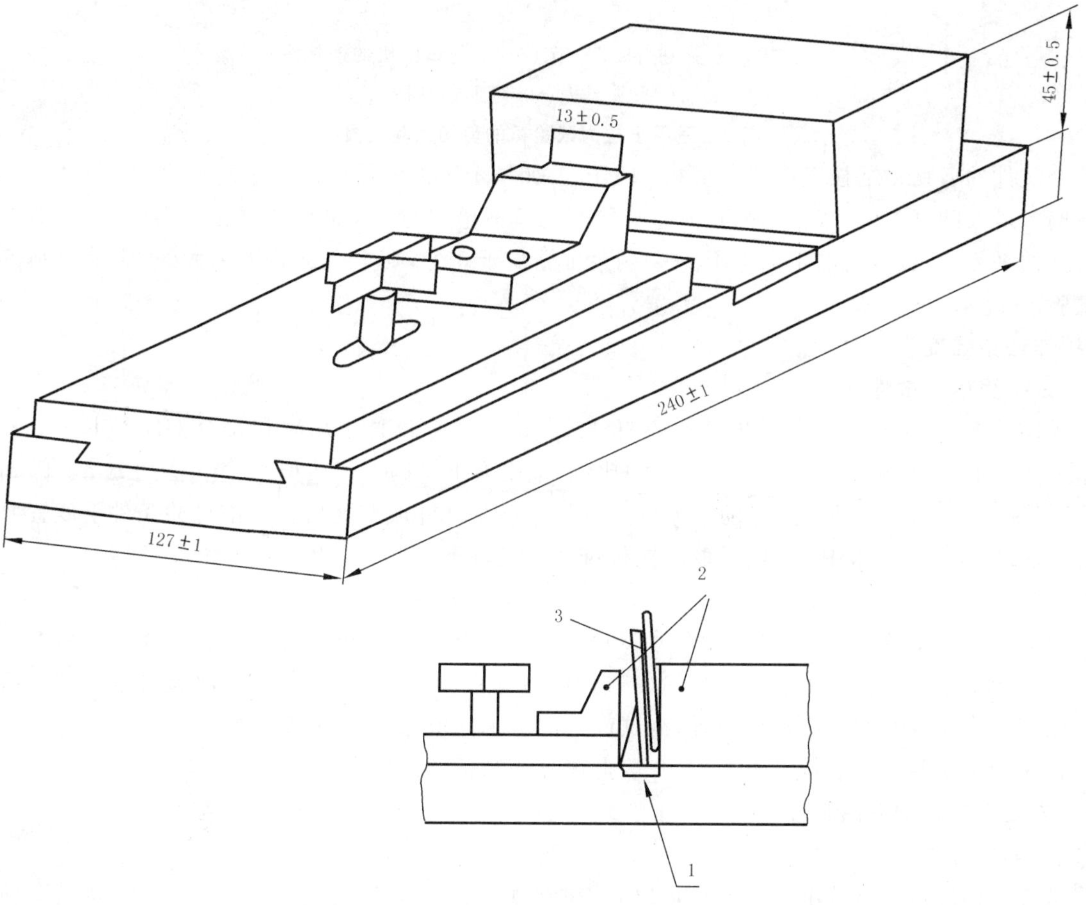


1—垫块；2—移动固定爪；3—试样。

图 1 适用于压力试验机的剪切试验夹具

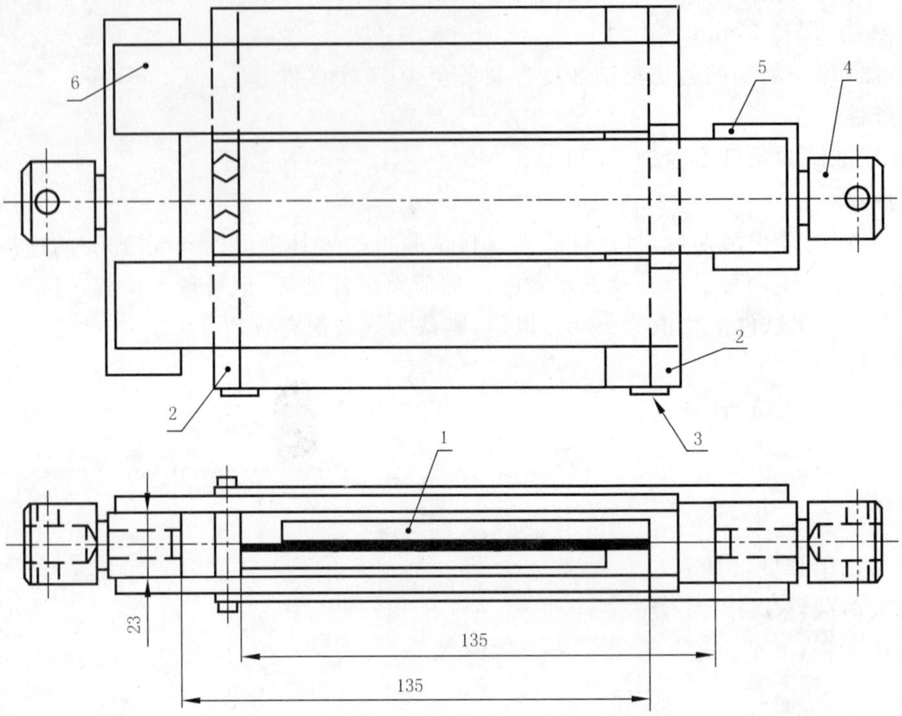


1—试样；2—受力挡板；3—限位；4—与试验机的连接头；

5—U形夹具框；6—匣形夹具框

**图2　适用于拉力试验机的剪切试验夹具**

单个试件的剪切粘结强度值精确至0.01MPa。如单个试件的强度值与平均值之差大于20%，则逐次剔除偏差最大的试验值，直至各试验值与平均值之差不超过20%，如剩余数据不少于5个，则结果以剩余数据的平均值表示，精确至0.1MPa；如剩余数据少于5个，则本次试验结果无效，应重新制备试件进行试验。

**5.4　拉伸粘结强度**

**5.4.1　试验用砂浆试件**

应采用符合GB 175要求的强度等级不低于42.5的普通硅酸盐水泥和符合GB/T 17671要求的ISO标准砂。水泥、砂和水按1∶2.5∶0.5的比例，采用人工振捣方式成型40 mm×40 mm×10 mm和70 mm×70 mm×20 mm两种尺寸的水泥砂浆试件。砂浆试件成型之后在标准试验条件下放置24h后拆模，浸入23℃±2℃的水中6d，然后取出在标准试验条件下放置21d以上。

**5.4.2　试件的制备**

按JG/T 3049—1998中5.10规定制备试件。在70 mm×70 mm×20 mm的砂浆试件和40 mm×40 mm×10 mm的砂浆试件上各均匀地涂一层拌和好的界面剂，然后二者对放，轻轻按压，刮去边上多余的界面剂。将对放好的试件水平放置，在试件上加重1.6 kg±15g，保持30s。

每种拉伸粘结强度各准备不少于10个按上述方法制备的试件。

**5.4.3　未处理的拉伸粘结强度**

**5.4.3.1　养护条件**

将试件在标准试验条件下养护7d和14d。在到规定的养护龄期24h前，用适宜的高强度粘结剂(如环氧类粘结剂)将拉拔接头(见图3)粘贴在40 mm×40 mm×10 mm的砂浆试件上。24h后按5.4.3.2测定拉伸粘结强度。

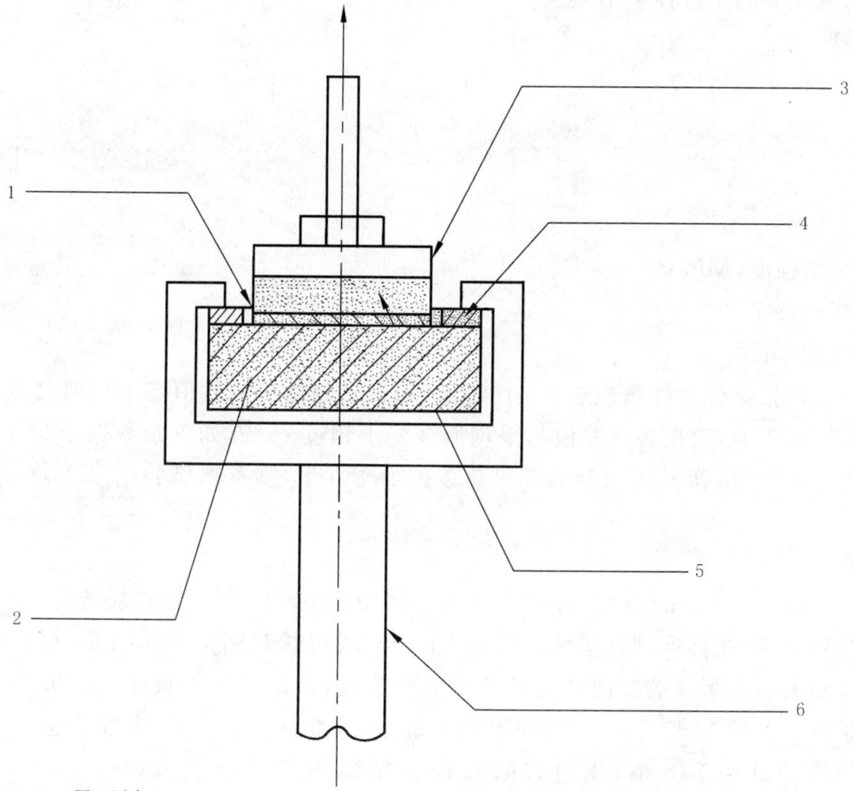


1—界面剂；2—70 mm×70 mm×20 mm 的砂浆试件；3—拉拔接头；4—垫块；
5—40 mm×40 mm×10 mm 的砂浆试件；6—拉伸试验夹具

**图 3　拉拔接头与拉伸试验夹具**

#### 5.4.3.2　试验步骤

将试件放入试验机的夹具中，以 5mm/ min 的速度施加拉力，测定拉伸粘结强度。图 3 为试件与夹具装配的示意图，夹具与试验机的连接宜采用球铰活动连接。试验时如砂浆试件发生破坏，且数据在该组试件平均值的±20%以内，则认为该数据有效。

### 5.4.4　浸水处理的拉伸粘结强度

将试件在标准试验条件下养护 7d，然后完全浸没于 23℃±2℃的水中，6d 后将试件从水中取出并用布擦干表面水渍，用适宜的高强度粘结剂粘结拉拔接头，7h 后将试件浸没于 23℃±2℃的水中，24h 后将试件取出，擦干表面水渍，按 5.4.3.2 测定拉伸粘结强度。

### 5.4.5　热处理的拉伸粘结强度

将试件在标准试验条件下养护 7d，然后在 100℃±2℃的烘箱中放置 7d，到规定的时间后将试件从烘箱中取出冷却 4h，用适宜的高强度粘结剂粘结拉拔接头，24h 后按5.4.3.2测定拉伸粘结强度。

### 5.4.6　冻融循环处理的拉伸粘结强度

将试件在标准试验条件下养护 7d，然后将试件浸入 23℃±2℃的水中 1d。将试件取出，进行 25 次冻融循环。每次循环步骤如下：

a)　将试件从水中取出，用布擦干表面水渍，在－15℃±3℃保持 2h±20 min；

b)　将试件浸入 23℃±2℃的水中 2h±20 min。

最后一次循环后将试件放置在标准试验条件下 4h，用适宜的高强度粘结剂粘结拉拔接头，24h 后按 5.4.3.2 测定拉伸粘结强度。

### 5.4.7　碱处理的拉伸粘结强度

将试件在标准试验条件下养护 7d，然后在按 GB/T 9265—1988 第 4 章规定的碱溶液中浸泡 6d，取出并用布擦干表面水渍，用适宜的高强度粘结剂粘结拉拔接头，7h 后将试件再浸没于碱溶液中，24h 后将试件取出按 5.4.3.2 测定拉伸粘结强度。

5.4.8　结果计算

拉伸粘结强度按式(2)计算：

$$\sigma=\frac{F_t}{A_t} \quad \cdots\cdots(2)$$

式中：

$\sigma$——拉伸粘结强度，MPa；

$F_t$——最大荷载，N；

$A_t$——粘结面积，$mm^2$。

单个试件的拉伸粘结强度值精确至 0.01MPa。如单个试件的强度值与平均值之差大于 20%，则逐次剔除偏差最大的试验值，直至各试验值与平均值之差不超过 20%，如剩余数据不少于 5 个，则结果以剩余数据的平均值表示，精确至 0.1MPa；如剩余数据少于 5 个，则本次试验结果无效，应重新制备试件进行试验。

5.5　晾置时间

按 5.4.2 在 70 mm×70 mm×20 mm 和 40 mm×40 mm×10 mm 的砂浆试件(5.4.1)上各均匀地涂一层拌和好的界面剂，在标准试验条件下放置 10 min，或更长时间例如 15 min、20 min 等，然后二者对放，轻轻按压，刮去边上多余的界面剂。将试件水平放置，在试件上加重 16N±0.15N，保持 30s。试件在标准试验条件下养护 14d。每一时间间隔为 1 组，每组准备不少于 10 个按上述方法制备的试件。

在到规定的养护龄期 24h 前，用适宜的高强度粘结剂将拉拔接头（见图 3）粘贴在 40 mm×40 mm×10 mm 的砂浆试件上。24h 后，按 5.4.3.2 测定拉伸粘结强度。

按 5.4.8 计算每一时间间隔的拉伸粘结强度。

晾置时间是指拉伸粘结强度不低于 0.5MPa 的最大时间间隔，用 min 表示。

## 6　检验规则

6.1　检验分类

产品检验分出厂检验和型式检验。

6.1.1　出厂检验项目包括外观、7d 剪切粘结强度和 7d 未处理的拉伸粘结强度。

6.1.2　型式检验项目包括第 4 章全部要求项目。有下列情况之一，应进行型式检验：

a）新产品或老产品转厂生产的试制定型鉴定；

b）正常生产时，每年进行 1 次；

c）正式生产后，如结构、材料、工艺有较大改变，可能影响产品性能时；

d）产品停产半年以上，恢复生产时；

e）出厂检验结果与上次型式检验有较大差异时；

f）国家质量监督机构提出进行型式检验的要求时。

6.2　组批和抽样

6.2.1　组批

用同一类型的界面剂作为 1 批，每批数量 P 类为 300t，D 类为 30t。若不足上述数量亦按 1 批计。

6.2.2　抽样

P 类产品按 GB/T 12573 中袋装水泥的规定进行取样。D 类产品中液状组分按 GB/T 3186 的规定进行取样；固体组分按 GB/T 12573 的规定取样。抽取 4 kg 样品，将样品一分为二，1 份用于检验，1 份备复验用。

6.3 判定规则

6.3.1 外观

外观符合4.1规定，则判外观合格。

6.3.2 物理力学性能

剪切粘结强度、拉伸粘结强度和晾置时间试验项目中，试验结果达到表1规定指标，则判该项目合格。

6.3.3 若性能指标中有一项达不到本标准规定要求时，允许在该批产品中抽取相同数量样品进行单项复验。若复验达到本标准要求，则判该项目合格。若仍达不到规定要求，则判该批产品为不合格。

6.3.4 综合判定

外观及物理力学性能均符合第4章要求，则判该批产品合格。

## 7 包装、标志和贮存

7.1 包装

P类界面剂宜采用复合包装袋包装。D类界面剂中液状组分宜采用塑料桶密封包装，但包装材料不应与界面剂发生物理和化学作用影响产品质量；固体组分宜采用复合包装袋包装。

产品包装上应含有符合7.2规定的标志。

7.2 标志

符合本标准要求的产品标志应含有下列内容：

a） 商品名称及商标；

b） 产品标记；

c） 生产日期或批号；

d） 贮存期；

e） 净含量；

f） 使用说明；

g） 生产商的名称、地址。

7.3 贮存

若生产商无特别说明，界面剂应贮存于5℃～30℃的干燥室内。P类产品贮存期为6个月。D类产品液状组分贮存期为1年，固体组分贮存期为6个月。

ICS 91.100.30
Q 14
备案号:12772—2003

JC

# 中华人民共和国建材行业标准

JC/T 923—2003

# 混凝土低压排水管

## Concrete low-pressure sewer pipes

2003-09-20 发布　　2003-12-01 实施

中华人民共和国国家发展和改革委员会　发布

# 前言

本标准是根据国内混凝土低压排水管的实际生产和使用情况制定的。在本标准制定中参考了美国材料与试验协会标准 ASTM C361—1999《钢筋混凝土低水头压力管》、美国国家标准 ANSI/AWWA C 302—1995《非钢筒型钢筋混凝土压力管》、ANSI/AWWAC303—1995《薄壁钢筒型混凝土压力管》及日本工业标准 JIS A 5303—1993《离心钢筋混凝土管》、JIS A 5333—1993《三阶段预应力混凝土管》，同时参考了 GB/T 11836—1999《混凝土和钢筋混凝土排水管》、GB 4084—1999《自应力混凝土输水管》、GB 5695—1994《预应力混凝土输水管(震动挤压工艺)》、GB 5696—1994《预应力混凝土输水管(管芯缠丝工艺)》和 JC 625—1996《预应力钢筒混凝土管》等标准。

本标准与 GB/T 11836—1999、GB 4084—1999、GB 5695—1994、GB 5696—1994 和 JC 625—1996 标准的主要差异：

——适用的静水压力范围为：0.1 MPa～0.4 MPa；

——适用的覆土深度可达 6 m。

本标准由中国建筑材料工业协会提出。

本标准由全国水泥制品标准化技术委员会归口。

本标准由苏州混凝土水泥制品研究院负责起草。

本标准参加起草单位：北京市市政工程设计研究总院、陕西省红旗水泥制品总厂、北京远通制管有限公司、深圳深罗水泥制品厂、广东番禺建新水泥制品有限公司、山东电力管道工程公司、四川省水泥制品厂、杭州市政管业有限公司、宁波迈克水泥制品有限公司、上海闵马水泥制管有限公司、济南山水管道有限公司、山东省邹平禹王水泥制品有限公司、秦皇岛山海关红旗水泥制品有限公司、烟台市牟平区兴达水利机具有限责任公司、安丘市五环管道有限公司、湖北枣阳建材制品厂、江都市建材机械厂、江苏邦威机械制造有限公司、扬州市江扬建材机械厂、常州万通建材机械制造有限公司。

本标准委托苏州混凝土水泥制品研究院负责解释。

本标准主要起草人：沈丽华、余洪方、杨斌、王憬山、李军奇、李羲临、李凤雏、于缘宝、吴先君。

本标准为首次发布。

# 混凝土低压排水管

## 1 范围

本标准规定了混凝土低压排水管的分类、尺寸、原材料、要求、试验方法、检验规则及标志、运输、保管、使用规定、出厂证明书等内容。

本标准适合于采用预应力工艺、自应力工艺和普通工艺制造的公称内径为$\phi$200 mm～$\phi$3 000 mm，静水压力为0.1 MPa～0.4 MPa的混凝土低压排水管，管子的接口采用胶圈密封。

按本标准制造的管子适用于排放雨水、无腐蚀污水。如用于排放带有腐蚀性的污水时，应采取适当的防腐措施。

## 2 规范性引用文件

下列文件中的条款通过本标准的引用而成为本标准的条款。凡是注日期的引用文件，其随后所有的修改单(不包括勘误的内容)或修订版均不适用于本标准，然而，鼓励根据本标准达成协议的各方研究是否可使用这些文件的最新版本。凡是不注日期的引用文件，其最新版本适用于本标准。

GB 175 硅酸盐水泥、普通硅酸盐水泥
GB 199 快硬硅酸盐水泥
GB 700 低碳结构钢
GB/T 701 低碳钢热轧圆盘条
GB 748 抗硫酸盐硅酸盐水泥
GB 912 碳素结构钢和低合金结构钢　热轧薄钢板及钢带
GB 1344 矿渣硅酸盐水泥、火山灰质硅酸盐水泥及粉煤灰硅酸盐水泥
GB 1499 钢筋混凝土用热轧带肋钢筋
GB 1596 用于水泥和混凝土中的粉煤灰
GB 4084—1999 自应力混凝土输水管
GB 4463 预应力混凝土用热处理钢筋
GB/T 5223 预应力混凝土用钢丝
GB 5695—1994 预应力混凝土输水管(震动挤压工艺)
GB 5696—1994 预应力混凝土输水管(管芯缠丝工艺)
GB 8076 混凝土外加剂
GB 11253 碳素结构钢和低合金结构钢　冷轧薄钢板及钢带
GB/T 11836—1999 混凝土和钢筋混凝土排水管
GB 13788 冷轧带肋钢筋
GB/T 14684 建筑用砂
GB/T 14685 建筑用卵石、碎石
GB/T 15345 预应力混凝土输水管检验方法
GB/T 16752 混凝土和钢筋混凝土排水管试验方法
GB 50204 混凝土结构工程施工质量验收规范
GB 50268 给水排水管道工程施工及验收规范
GB/T 50081 普通混凝土力学性能试验方法标准
GBJ 107 混凝土强度检验评定标准

JGJ 63　混凝土拌和用水标准
JC/T 218　自应力硅酸盐水泥
JC 625—1996　预应力钢筒混凝土管
JC 933　快硬硫铝酸盐水泥、快硬铁铝酸盐水泥
JC 715　自应力硫铝酸盐水泥
JC/T 748　预应力与自应力钢筋混凝土管用橡胶密封圈
JC/T 749　预应力与自应力钢筋混凝土管用橡胶密封圈试验方法

## 3　定义、符号及缩略语

### 3.1　定义

下列定义仅适用于本标准：

a)　普通混凝土低压排水管：指管壁混凝土中不产生预压应力并按照 GB/T 11836 要求制作的静水压力为 0.1 MPa 的管子；

b)　自应力混凝土低压排水管：指采用自应力工艺并按照 GB 4084 要求制作的静水压力不大于 0.4 MPa的管子；

c)　预应力混凝土低压排水管：指管壁混凝土中具有预压应力并分别按照 GB 5695、GB 5696 和 JC 625要求制作的静水压力不大于 0.4 MPa 的管子。

### 3.2　符号

$P_c$——管子的外压裂缝荷载(kN/m)；
$P_b$——管子的外压破坏荷载(kN/m)；
$P_k$——管子的内压抗裂压力(MPa)。

### 3.3　缩略语

DY—RCP——普通混凝土低压排水管；
DY—ZG——自应力混凝土低压排水管；
DY—YYG——震动挤压工艺制作的预应力混凝土低压排水管；
DY—SYG——管芯缠丝工艺制作的预应力混凝土低压排水管；
DY—PCCP——管壁内带有薄钢筒的预应力混凝土低压排水管。

## 4　分类

### 4.1　产品规格与级别

4.1.1　普通混凝土低压排水管的静水压力为 0.1 MPa，按不同外压分为Ⅰ、Ⅱ二级，其管子规格及外压荷载见表 1。

4.1.2　自应力混凝土低压排水管外压级别仅规定Ⅰ级，静水压力分为 0.2 MPa、0.3 MPa 和 0.4 MPa；其管子规格及抗裂压力见表 2。

4.1.3　预应力混凝土低压排水管按不同外压分为Ⅰ、Ⅱ、Ⅲ三级，静水压力分为 0.2 MPa、0.3 MPa 和 0.4 MPa；其管子规格及抗裂压力分别见表 3、表 4、表 5。

**表 1 普通混凝土低压排水管(DY-RCP)产品规格及外压荷载**

| 公称内径 $D_0$(mm) | 壁厚 $t \geqslant$(mm) | 静水压力 (MPa) | Ⅰ级 | | Ⅱ级 | |
|---|---|---|---|---|---|---|
| | | | $P_c$ (kN/m) | $P_b$ (kN/m) | $P_c$ (kN/m) | $P_b$ (kN/m) |
| ϕ200 | 30 | 0.1 | 15 | 23 | 19 | 29 |
| ϕ300 | 30 | 0.1 | 19 | 29 | 29 | 44 |
| ϕ400 | 40 | 0.1 | 27 | 41 | 39 | 59 |
| ϕ500 | 50 | 0.1 | 32 | 48 | 49 | 74 |
| ϕ600 | 60 | 0.1 | 40 | 60 | 60 | 90 |
| ϕ700 | 70 | 0.1 | 47 | 71 | 67 | 100 |
| ϕ800 | 80 | 0.1 | 54 | 81 | 77 | 115 |
| ϕ900 | 90 | 0.1 | 61 | 92 | 87 | 130 |
| ϕ1 000 | 100 | 0.1 | 69 | 100 | 94 | 141 |
| ϕ1 100 | 110 | 0.1 | 74 | 110 | 108 | 162 |
| ϕ1 200 | 120 | 0.1 | 81 | 120 | 119 | 179 |
| ϕ1 350 | 135 | 0.1 | 90 | 140 | 134 | 201 |
| ϕ1 500 | 150 | 0.1 | 99 | 150 | 151 | 226 |
| ϕ1 650 | 165 | 0.1 | 110 | 170 | 166 | 249 |
| ϕ1 800 | 180 | 0.1 | 120 | 180 | 183 | 274 |
| ϕ2 000 | 200 | 0.1 | 134 | 200 | 204 | 305 |
| ϕ2 200 | 220 | 0.1 | 145 | 220 | 227 | 340 |
| ϕ2 400 | 230 | 0.1 | 152 | 230 | 250 | 376 |
| ϕ2 600 | 235 | 0.1 | 172 | 260 | 272 | 407 |
| ϕ2 800 | 255 | 0.1 | 185 | 280 | 296 | 445 |
| ϕ3 000 | 275 | 0.1 | 198 | 300 | 317 | 475 |

注：表中Ⅰ、Ⅱ级管对应的覆土深度分别为：0.8 m$<H_s\leqslant$3.0 m、3.0 m$<H_s\leqslant$6.0 m；土弧基础或人工砂基；地面活荷载为两辆汽 20 级汽车荷载。如需用于静水压力为 0.1 MPa 以上的场合，需另行设计验证。

**表 2 自应力混凝土低压排水管(DY-ZG)产品规格及抗裂压力**

| 公称内径 $D_0$(mm) | 静水压力 (MPa) | $P_k$(MPa) | 公称内径 $D_0$(mm) | 静水压力 (MPa) | $P_k$(MPa) |
|---|---|---|---|---|---|
| ϕ400 | 0.2 | 0.4 | ϕ600 | 0.2 | 0.4 |
| | 0.3 | 0.6 | | 0.3 | 0.6 |
| | 0.4 | 0.8 | | 0.4 | 0.8 |
| ϕ500 | 0.2 | 0.4 | ϕ800 | 0.2 | 0.4 |
| | 0.3 | 0.6 | | 0.3 | 0.6 |
| | 0.4 | 0.8 | | 0.4 | 0.8 |

注：铺设条件为：覆土深度 0.8 m～2.0 m；素土基础或人工砂基；地面活荷载为两辆汽 20 级汽车荷载。

表 3 预应力混凝土低压排水管(DY-YYG)产品规格及抗裂压力

| 公称内径 $D_0$ (mm) | 静水压力 (MPa) | $P_k$(MPa) | | | 公称内径 $D_0$ (mm) | 静水压力 (MPa) | $P_k$(MPa) | | |
|---|---|---|---|---|---|---|---|---|---|
| | | Ⅰ | Ⅱ | Ⅲ | | | Ⅰ | Ⅱ | Ⅲ |
| φ400 | 0.2 | 0.76 | 0.85 | 0.98 | φ500 | 0.2 | 0.84 | 1.05 | 1.22 |
| | 0.3 | 0.90 | 0.99 | 1.12 | | 0.3 | 0.98 | 1.19 | 1.36 |
| | 0.4 | 1.03 | 1.12 | 1.25 | | 0.4 | 1.11 | 1.32 | 1.49 |
| φ600 | 0.2 | 0.89 | 1.60 | 2.08 | φ700 | 0.2 | 0.97 | 1.58 | 2.02 |
| | 0.3 | 1.03 | 1.74 | 2.22 | | 0.3 | 1.11 | 1.72 | 2.16 |
| | 0.4 | 1.16 | 1.87 | 2.35 | | 0.4 | 1.24 | 1.85 | 2.29 |
| φ800 | 0.2 | 0.99 | 1.58 | 2.02 | φ900 | 0.2 | 1.01 | 1.59 | 2.02 |
| | 0.3 | 1.13 | 1.72 | 2.16 | | 0.3 | 1.15 | 1.73 | 2.16 |
| | 0.4 | 1.26 | 1.85 | 2.29 | | 0.4 | 1.28 | 1.86 | 2.29 |
| φ1 000 | 0.2 | 1.02 | 1.59 | 2.02 | φ1 200 | 0.2 | 1.06 | 1.59 | 2.02 |
| | 0.3 | 1.16 | 1.73 | 2.16 | | 0.3 | 1.20 | 1.73 | 2.16 |
| | 0.4 | 1.29 | 1.86 | 2.29 | | 0.4 | 1.33 | 1.86 | 2.29 |
| φ1 400 | 0.2 | 1.10 | 1.73 | 2.19 | φ1 600 | 0.2 | 1.12 | 1.73 | 2.10 |
| | 0.3 | 1.24 | 1.87 | 2.33 | | 0.3 | 1.26 | 1.87 | 2.24 |
| | 0.4 | 1.37 | 2.00 | 2.46 | | 0.4 | 1.39 | 2.00 | 2.37 |
| φ1 800 | 0.2 | 1.12 | 1.73 | 2.25 | φ2 000 | 0.2 | 1.12 | 1.73 | 2.02 |
| | 0.3 | 1.26 | 1.87 | 2.39 | | 0.3 | 1.26 | 1.87 | 2.16 |
| | 0.4 | 1.39 | 2.00 | 2.52 | | 0.4 | 1.39 | 2.00 | 2.29 |

注：表中Ⅰ、Ⅱ、Ⅲ分别对应覆土深度为：0.8 m<$H_s$≤2.0 m、2.0 m<$H_s$≤4.0 m 和 4.0 m<$H_s$≤6.0 m；素土基础或人工砂基；地面活荷载为两辆汽 20 级汽车荷载。

表 4 预应力混凝土低压排水管(DY-SYG)产品规格及抗裂压力

| 公称内径 $D_0$ (mm) | 静水压力 (MPa) | $P_k$(MPa) | | | 公称内径 $D_0$ (mm) | 静水压力 (MPa) | $P_k$(MPa) | | |
|---|---|---|---|---|---|---|---|---|---|
| | | Ⅰ | Ⅱ | Ⅲ | | | Ⅰ | Ⅱ | Ⅲ |
| φ400 | 0.2 | 0.68 | 0.68 | 0.68 | φ700 | 0.2 | 0.84 | 1.14 | 1.40 |
| | 0.3 | 0.82 | 0.82 | 0.82 | | 0.3 | 0.98 | 1.28 | 1.54 |
| | 0.4 | 0.95 | 0.95 | 0.95 | | 0.4 | 1.11 | 1.41 | 1.67 |
| φ500 | 0.2 | 0.75 | 0.75 | 0.75 | φ800 | 0.2 | 0.87 | 1.16 | 1.43 |
| | 0.3 | 0.88 | 0.88 | 0.88 | | 0.3 | 1.00 | 1.30 | 1.57 |
| | 0.4 | 1.02 | 1.02 | 1.02 | | 0.4 | 1.14 | 1.43 | 1.70 |
| φ600 | 0.2 | 0.78 | 1.04 | 1.28 | φ900 | 0.2 | 0.88 | 1.16 | 1.44 |
| | 0.3 | 0.91 | 1.18 | 1.42 | | 0.3 | 1.02 | 1.30 | 1.58 |
| | 0.4 | 1.05 | 1.31 | 1.55 | | 0.4 | 1.15 | 1.43 | 1.71 |

续表 4

| 公称内径 $D_0$ (mm) | 静水压力 (MPa) | $P_k$(MPa) | | |
|---|---|---|---|---|
| | | Ⅰ | Ⅱ | Ⅲ |
| ϕ1 000 | 0.2 | 0.92 | 1.17 | 1.45 |
| | 0.3 | 1.06 | 1.30 | 1.59 |
| | 0.4 | 1.19 | 1.44 | 1.72 |
| ϕ1 200 | 0.2 | 0.98 | 1.19 | 1.45 |
| | 0.3 | 1.11 | 1.32 | 1.59 |
| | 0.4 | 1.22 | 1.46 | 1.72 |
| ϕ1 400 | 0.2 | 0.98 | 1.27 | 1.59 |
| | 0.3 | 1.11 | 1.40 | 1.72 |
| | 0.4 | 1.25 | 1.54 | 1.86 |
| ϕ1 600 | 0.2 | 0.98 (1.13) | 1.22 (1.37) | 1.56 (1.71) |
| | 0.3 | 1.12 (1.27) | 1.36 (1.51) | 1.70 (1.85) |
| | 0.4 | 1.25 (1.40) | 1.49 (1.64) | 1.83 (1.98) |
| ϕ1 800 | 0.2 | 0.98 (1.13) | 1.17 (1.32) | — |
| | 0.3 | 1.12 (1.27) | 1.31 (1.46) | — |
| | 0.4 | 1.25 (1.40) | 1.44 (1.59) | — |

| 公称内径 $D_0$ (mm) | 静水压力 (MPa) | $P_k$(MPa) | | |
|---|---|---|---|---|
| | | Ⅰ | Ⅱ | Ⅲ |
| ϕ2 000 | 0.2 | 0.98 (1.13) | 1.14 (1.29) | — |
| | 0.3 | 1.12 (1.27) | 1.28 (1.43) | — |
| | 0.4 | 1.25 (1.40) | 1.41 (1.56) | — |
| ϕ2 200 | 0.2 | 1.03 (1.22) | 1.18 (1.33) | — |
| | 0.3 | 1.17 (1.36) | 1.32 (1.47) | — |
| | 0.4 | 1.30 (1.49) | 1.45 (1.60) | — |
| ϕ2 600 | 0.2 | 1.03 (1.25) | — | — |
| | 0.3 | 1.17 (1.39) | — | — |
| | 0.4 | 1.30 (1.52) | — | — |
| ϕ3 000 | 0.2 | 1.03 (1.25) | — | — |
| | 0.3 | 1.17 (1.39) | — | — |
| | 0.4 | 1.30 (1.53) | — | — |

注：1. 表中Ⅰ、Ⅱ、Ⅲ分别对应覆土深度为：$0.8\ m < H_s \leqslant 2.0\ m$、$2.0\ m < H_s \leqslant 4.0\ m$ 和 $4.0\ m < H_s \leqslant 6.0\ m$；素土基础或人工砂基；地面活荷载为两辆汽 20 级汽车荷载。括号内数据为立式水压值。

2. “—”表示该级别管子不宜生产。

**表 5　预应力混凝土低压排水管(DY-PCCP)产品规格及抗裂压力**

| 公称内径 $D_0$ (mm) | 静水压力 (MPa) | $P_k$(MPa) | | | 公称内径 $D_0$ (mm) | 静水压力 (MPa) | $P_k$(MPa) | | |
|---|---|---|---|---|---|---|---|---|---|
| | | Ⅰ | Ⅱ | Ⅲ | | | Ⅰ | Ⅱ | Ⅲ |
| ϕ600 | 0.2 | 0.69 | 0.92 | 1.13 | ϕ900 | 0.2 | 0.69 | 0.94 | 1.16 |
| | 0.3 | 0.83 | 1.06 | 1.26 | | 0.3 | 0.83 | 1.08 | 1.29 |
| | 0.4 | 0.96 | 1.19 | 1.40 | | 0.4 | 0.96 | 1.21 | 1.43 |
| ϕ700 | 0.2 | 0.69 | 0.94 | 1.14 | ϕ1 000 | 0.2 | 0.69 | 0.94 | 1.17 |
| | 0.3 | 0.83 | 1.08 | 1.27 | | 0.3 | 0.83 | 1.08 | 1.30 |
| | 0.4 | 0.96 | 1.21 | 1.41 | | 0.4 | 0.96 | 1.21 | 1.44 |
| ϕ800 | 0.2 | 0.69 | 0.94 | 1.15 | ϕ1 200 | 0.2 | 0.69 | 0.94 | 1.17 |
| | 0.3 | 0.83 | 1.08 | 1.28 | | 0.3 | 0.83 | 1.08 | 1.30 |
| | 0.4 | 0.96 | 1.21 | 1.42 | | 0.4 | 0.96 | 1.21 | 1.44 |

续表 5

| 公称内径 $D_0$ (mm) | 静水压力 (MPa) | $P_k$(MPa) | | | 公称内径 $D_0$ (mm) | 静水压力 (MPa) | $P_k$(MPa) | | |
|---|---|---|---|---|---|---|---|---|---|
| | | Ⅰ | Ⅱ | Ⅲ | | | Ⅰ | Ⅱ | Ⅲ |
| ϕ1 400 | 0.2 | 0.69 | 0.94 | 1.17 | ϕ2 400 | 0.2 | 0.86 | 1.09 | 1.37 |
| | 0.3 | 0.83 | 1.08 | 1.30 | | 0.3 | 1.00 | 1.22 | 1.51 |
| | 0.4 | 0.96 | 1.21 | 1.44 | | 0.4 | 1.13 | 1.36 | 1.64 |
| ϕ1 600 | 0.2 | 0.71 | 0.95 | 1.19 | ϕ2 600 | 0.2 | 0.88 | 1.11 | 1.39 |
| | 0.3 | 0.84 | 1.09 | 1.32 | | 0.3 | 1.02 | 1.24 | 1.53 |
| | 0.4 | 0.98 | 1.22 | 1.46 | | 0.4 | 1.15 | 1.38 | 1.66 |
| ϕ1 800 | 0.2 | 0.73 | 0.96 | 1.23 | ϕ2 800 | 0.2 | 0.92 | 1.12 | 1.41 |
| | 0.3 | 0.86 | 1.10 | 1.36 | | 0.3 | 1.05 | 1.25 | 1.55 |
| | 0.4 | 1.00 | 1.23 | 1.50 | | 0.4 | 1.19 | 1.39 | 1.68 |
| ϕ2 000 | 0.2 | 0.77 | 1.01 | 1.28 | ϕ3 000 | 0.2 | 0.95 | 1.12 | 1.41 |
| | 0.3 | 0.91 | 1.14 | 1.41 | | 0.3 | 1.09 | 1.25 | 1.55 |
| | 0.4 | 1.04 | 1.28 | 1.55 | | 0.4 | 1.22 | 1.39 | 1.68 |
| ϕ2 200 | 0.2 | 0.84 | 1.03 | 1.30 | | | | | |
| | 0.3 | 0.98 | 1.16 | 1.43 | | | | | |
| | 0.4 | 1.11 | 1.30 | 1.57 | | | | | |

注：表中Ⅰ、Ⅱ、Ⅲ分别对应覆土深度为：0.8 m$<H_s\leqslant$2.0 m、2.0 m$<H_s\leqslant$4.0 m 和 4.0 m$<H_s\leqslant$6.0 m；土弧基础；地面活荷载为两辆汽 20 级汽车荷载。

### 4.2 管子形状及基本尺寸

4.2.1 普通混凝土低压排水管(DY-RCP)的管子形状及基本尺寸应参照 GB/T 11836 执行。

4.2.2 自应力混凝土低压排水管(DY-ZG)的管子形状及基本尺寸应参照 GB 4084 执行。

4.2.3 预应力混凝土低压排水管(DY-YYG、DY-SYG、DY-PCCP)的管子形状及基本尺寸应分别参照 GB 5695、GB 5696 和 JC 625 执行。

4.3 管子的质量等级分别按 GB/T 11836、GB 4084、GB 5695、GB 5696 和 JC 625 的规定执行。

4.4 管子按名称代号、公称内径×管子长度、静水压力、外压级别及标准编号顺序进行标记。

示例 1：公称内径为 500 mm，管子长度为 2 000 mm，静水压力为 0.1 MPa，外压级别为Ⅰ级的采用普通工艺制造的混凝土低压排水管，标记为：

DY-RCP　ϕ500×2 000　P1　Ⅰ　JC/T 923—2003

示例 2：公称内径为 1 200 mm，管子长度为 5 000 mm，静水压力为 0.3 MPa，管子外压级别为Ⅱ级的采用管芯缠丝工艺制造的预应力混凝土低压排水管，标记为：

DY-SYG　ϕ1 200×5 000　P3　Ⅱ　JC/T 923—2003

## 5 原材料

### 5.1 水泥

制造普通混凝土低压排水管和预应力混凝土低压排水管时应采用硅酸盐水泥、普通硅酸盐水泥、矿渣硅酸盐水泥、快硬硅酸盐水泥、抗硫酸盐硅酸盐水泥、快硬硫铝酸盐水泥。制造自应力混凝土低压排水管时应采用自应力硅酸盐水泥或自应力硫铝酸盐水泥。水泥性能应分别符合 GB 175、GB 1344、

GB 199、GB 748、JC 933《快硬硫铝酸盐水泥》的部分、JC/T 218 及 JC 715 的要求。

5.2 细集料

制管用细集料应采用中粗砂，细度模数为：3.2～2.3。砂子的含泥量不宜大于 2.0%。其余质量指标应符合 GB/T 14684 的规定。

5.3 粗集料

制管用粗集料应采用碎石或卵石。粗集料最大粒径不得大于环筋净距的 3/4，并不得大于管壁或管芯混凝土层厚度的 1/4；当管壁或管芯混凝土层厚度小于 60 mm 时，最大粒径不应大于 15 mm。石子的含泥量不得大于 1.0%，其余质量指标应符合 GB/T 14685 的规定。

5.4 水

混凝土拌和用水应符合 JGJ 63 的规定。

5.5 外加剂及掺合料

当使用外加剂时，其质量指标应符合 GB 8076 的规定，严禁使用氯盐类外加剂；当掺加粉煤灰时，其质量指标应符合 GB 1596 的规定；当掺加其他掺合料时，其质量指标应符合相应标准的规定。

5.6 钢材

制管用预应力钢丝、非预应力钢筋、热轧薄钢板和钢带、冷轧薄钢板和钢带应分别符合GB/T 5223、GB 4463、GB 700、GB/T 701、GB 1499、GB 13788、GB 912 和 GB 11253 等标准的规定。

## 6 要求

6.1 混凝土强度

6.1.1 制造普通混凝土低压排水管和预应力混凝土低压排水管用混凝土强度等级不得低于 C40。

6.1.2 制造自应力混凝土低压排水管用自应力混凝土强度应符合 GB 4084 的规定。

6.2 钢筋骨架及配筋

钢筋骨架制作及管子配筋应分别符合 GB/T 11836、GB 4084、GB 5695、GB 5696 和 JC 625 的规定。

6.3 外观质量

6.3.1 表面质量

管子的内外表面应平整。不应出现粘皮、蜂窝、麻面、塌落、露筋、合缝漏浆、端部碰伤和保护层空鼓、脱落现象。

6.3.2 表面裂缝

6.3.2.1 管子外表面不得有裂缝。

6.3.2.2 预应力混凝土低压排水管(不包括 DY-PCCP)内表面不得有裂缝。

6.3.2.3 普通混凝土低压排水管和自应力混凝土低压排水管内表面裂缝宽度不得大于 0.05 mm。

6.3.2.4 预应力混凝土低压排水管(DY-PCCP)内表面纵向裂缝宽度不得大于 0.1 mm，裂缝长度不得大于 150 mm；管身环向裂缝宽度不得大于 0.25 mm；距管端 300 mm 范围内出现的环向裂缝宽度不得大于 0.4 mm(内壁浮浆裂缝或龟裂不在此限)。

6.3.3 接口工作面

管子接口工作面应平整光洁，不得出现蜂窝、灰渣和脱皮现象。

6.3.4 修补

有瑕疵的管子允许修补，其修补范围和方法应分别符合 GB/T 11836、GB 4084、GB 5695、GB 5696 和 JC 625 的规定。

6.4 尺寸及允许偏差

管子的尺寸及允许偏差应分别符合 GB/T 11836、GB 4084、GB 5695、GB 5696 和 JC 625 的规定。

6.5 物理力学性能

6.5.1 抗渗性

管子的抗渗性应符合下列条款的规定：

6.5.1.1 普通混凝土低压排水管和预应力混凝土低压排水管(不包括 DY-PCCP)，其抗渗检验压力为管子静水压力的1.5倍；

6.5.1.2 自应力混凝土低压排水管，其抗渗检验压力为管子静水压力的2倍。

6.5.1.3 在规定的抗渗检验压力下，普通混凝土低压排水管、自应力混凝土低压排水管和预应力混凝土低压排水管(不包括 DY-PCCP)外表面允许有潮片，但潮片面积不得大于总外表面积的5%，管体表面不得出现水珠流淌，管子接头不得滴水，管子不得开裂。

6.5.1.4 预应力钢筒混凝土低压排水管，在制管过程中检验薄钢筒的抗渗性。在 JC 625 规定的抗渗检验压力下，薄钢筒包括钢筒焊缝不得出现渗漏。如在钢筒水压检验时发现任何渗漏，应在卸压后进行修补。修补后的薄钢筒应重新进行抗渗检验，直至无渗漏才能进入下道工序。

**6.5.2 接头密封性**

自应力混凝土低压排水管及预应力混凝土低压排水管的接头密封性应分别符合 GB 4084、GB 5695、GB 5696 和 JC 625 的规定，普通混凝土低压排水管的接头密封性参照 GB 5695 或 GB 5696 执行。

**6.5.3 外压荷载或抗裂压力**

6.5.3.1 普通混凝土低压排水管按 7.2.5.1 规定的三点法进行外压荷载检验时，管子外压荷载值不得低于表1的规定。

6.5.3.2 自应力混凝土低压排水管及预应力混凝土低压排水管按 7.2.5.2 规定的内水压方法进行抗裂压力检验时，管子的抗裂值应分别符合表2、表3、表4及表5的规定。

**6.6 保护层厚度**

普通混凝土低压排水管、自应力混凝土低压排水管及预应力混凝土低压排水管的保护层厚度应分别符合 GB/T 11836、GB 4084、GB 5695、GB 5696 和 JC 625 的规定。

## 7 试验方法

**7.1 仪器设备和量具**

试验用主要仪器设备和量具应分别符合 GB/T 11836、GB 4084、GB 5695、GB 5696 和 JC 625 的规定。

**7.2 试验内容**

**7.2.1 混凝土抗压强度**

7.2.1.1 混凝土试件应在混凝土的浇筑地点随机取样制作。

7.2.1.2 每天拌制的同配合比混凝土的取样不得少于1次。对普通混凝土，3个试件为1组，每次至少成型3组试件；对自应力混凝土，其取样方法和试件数量按 GB 4084 的规定执行。试件的养护条件应与管子相同，试件脱模后再进行标准养护或水养护。

7.2.1.3 普通混凝土试件用于检验管子的脱模强度、出厂强度及 28 d 混凝土抗压强度；自应力混凝土试件则用于测定自应力值、自由膨胀率、脱模强度及膨胀稳定后的混凝土强度。

7.2.1.4 普通混凝土抗压强度试验方法应符合 GB/T 50081 的规定。

7.2.1.5 自应力混凝土抗压强度试验方法应符合 GB 4084 附录 A 的规定。

**7.2.2 外观质量**

管子的外观质量包括露筋、裂缝、合缝漏浆、粘皮、麻面、蜂窝、空鼓、端部碰伤和外表面凹坑等，应分别按 GB/T 16752、GB 4084 附录 B 及 GB/T 15345 规定的试验方法进行检验。

**7.2.3 尺寸**

管子的公称内径、有效长度、壁厚、接口尺寸、弯曲度等指标应分别按 GB/T 16752、GB 4084 附录 B 及 GB/T 15345 规定的试验方法进行检验。

7.2.4 抗渗性和接头密封性

管子、管芯的抗渗性和接头密封性或薄钢筒的抗渗性应分别按 GB/T 16752、GB 4084 附录 B 及 GB/T 15345、JC 625 规定的试验方法进行检验。

7.2.5 外压荷载或抗裂压力

7.2.5.1 普通混凝土低压排水管的外压荷载试验采用三点法，按 GB/T 16752 规定的试验方法进行检验。管子的裂缝荷载为按三点法进行外压荷载试验时管壁产生 0.2 mm 裂缝宽度时的外压荷载；管子的破坏荷载为管子失去承载能力时的外压荷载。

7.2.5.2 预应力混凝土低压排水管和自应力混凝土低压排水管的抗裂压力检验采用内水压方式，按 GB/T 15345 规定的试验方法进行检验。

注：预应力混凝土低压排水管的外压荷载依生产厂家实际情况也可采用三点法，其外压荷载值由设计确定。

7.2.6 保护层厚度

管子的保护层厚度分别按 GB/T 16752、GB 4084 附录 B 及 GB/T 15345 规定的试验方法进行检验。

## 8 检验规则

8.1 检验分类

检验分为出厂检验和型式检验两类。

8.2 出厂检验

8.2.1 检验项目

检验项目包括混凝土抗压强度、外观质量、尺寸及偏差、抗渗性和接头密封性、外压荷载或抗裂压力和保护层厚度。

8.2.2 组批规则

由相同原材料、相同工艺生产的同一种规格、同一种静水压力级别、同一种外压级别的管子组成一个受检批。各种管子的出厂检验批量见表 6，管子数量不足 1 批时也可作为 1 个批量，但最少不宜少于 30 根。

表 6 出厂检验批量

| 产品品种 | 公称内径 $D_0$/mm | 批量/根 |
|---|---|---|
| DY-RCP | 200～2 000 | ≤700 |
| DY-RCP | 2 200～3 000 | ≤500 |
| DY-ZG | 400～800 | ≤500 |
| DY-YYG | 400～2 000 | ≤100 |
| DY-SYG | 400～3 000 | ≤100 |
| DY-PCCP | 600～3 000 | ≤200 |

8.3 型式检验

8.3.1 检验项目

检验项目包括混凝土抗压强度、外观质量、尺寸及偏差、抗渗性和接头密封性、外压荷载或抗裂荷载和保护层厚度。

8.3.2 遇有下列情况之一时，应进行型式检验：

a) 新产品或老产品的转产试制定型鉴定；

b) 正式投产后，如产品结构、材料、工艺有较大改变，可能影响产品性能时；

c) 正常生产时，应每年进行 1 次型式检验；

d) 产品长期停产后再恢复生产时；

e) 出厂检验结果与上一次型式检验有较大差异时；

f) 国家质量监督机构提出进行型式检验时。

8.3.3 型式检验由相同原材料、相同工艺生产的同一种规格、同一种静水压力级别、同一种外压级别的管子组成1个受检批，其抽样基数至少应为30根。

**8.4 抽样数量**

8.4.1 从受检批中采用随机抽样方法抽取10根管子，用于质量检验。

**8.4.2 混凝土抗压强度**

检查原始记录。普通混凝土抗压强度按GBJ 107的规定进行检验和评定；自应力混凝土抗压强度按GB 4084的规定进行检验和评定。

**8.4.3 外观质量和尺寸**

逐根检验管子的外观质量和尺寸。

**8.4.4 抗渗性和接头密封性**

逐根检验管子的抗渗性和接头密封性(对DY-PCCP，则检查薄钢筒的抗渗检验记录)。

**8.4.5 外压荷载或抗裂压力**

8.4.5.1 对普通混凝土低压排水管，从外观质量检验合格的管子中抽取2根管子进行外压裂缝和破坏荷载检验。

8.4.5.2 对自应力混凝土低压排水管和预应力混凝土低压排水管，从外观质量检验合格的管子中抽取2根管子，进行抗裂压力检验。

**8.4.6 保护层厚度**

从外观质量检验合格的管子中抽取1根管子进行保护层厚度检验。

**8.5 判定规则**

**8.5.1 外观质量及尺寸**

若抽取10根管子中不符合某一等级的管子不超过2根，则不影响总判定。

**8.5.2 抗渗性和接头密封性**

若抽取10根管子经抗渗性和接头密封性检验后不符合6.5.1和6.5.2的规定时，经修补或潮湿养护后可进行复检。管子抗渗性和管子接头密封性复检时如仍有管子不符合要求，则判定该批管子抗渗性或接头密封性不合格。

**8.5.3 外压荷载或抗裂压力**

若所抽两根管子均符合6.5.3规定时，则判定该批管子外压荷载或抗裂压力合格；如有1根管子不符合6.5.3规定时，则应取加倍数量复检。复检时如仍有1根管子不符合要求，则该批管子应降级使用或报废。

**8.5.4 保护层厚度**

若所抽管子保护层厚度符合6.6规定时，则判定该批管子保护层厚度合格；如不符合6.6规定时，则应取加倍数量复检。复检时管子保护层厚度如仍有1根不符合要求，则判该批管子保护层厚度不合格。

**8.6 总判定**

检验结果均达到本标准及本标准所列的规范性引用文件相应等级的规定时，判为该等级。

## 9 标志、运输及保管

9.1 每根管子外表面应注明企业名称、商标、产品标记、制造日期及严禁碰撞等字样。

标志式样： 商标、企业名称$\frac{\text{产品标记}}{\text{制造日期}}$(严禁碰撞)

9.2 管子装运时承口和插口应妥善保护，以防碰伤；运管车辆底板应备有鞍形垫木，防止管子滚动。

9.3 管子在装卸、搬运时严禁抛掷和碰撞

9.4 管子堆放时应按管子品种、规格、静水压力级别、外压级别、质量等级及生产日期等分别堆放。

9.5 管子堆放时地面第一层管子下面应设置支垫物以防止管子滚动;上层管子的承口应与下层管子的插口错开堆放。

9.6 在干燥气候条件下,应进行管子后期保湿养护。

9.7 管子堆放层数不宜超过表7的规定:

**表7 管子堆放层数**

| 公称内径(mm) | 200～350 | 400～800 | 900～1 350 | 1 400～1 600 | ≥1 800 |
|---|---|---|---|---|---|
| 堆放层数 | 5 | 4 | 3 | 2 | 1 |

## 10 使用规定

10.1 管道铺设施工应符合GB 50268的规定。

10.2 管子和密封圈宜配套供应,胶圈压缩率根据工程实际情况可作适当调整。橡胶密封圈性能及其试验方法应按JC/T 748、JC/T 749的规定执行。

## 11 出厂证明书

管子出厂时应随带企业统一编号的出厂证明书,其内容应包括:

a) 品种、规格、质量等级、数量;
b) 检验结果;
c) 生产日期;
d) 产品标准编号;
e) 企业名称和商标;
f) 生产厂质检部门签章;
g) 橡胶密封圈供应合格证。

# 二、基础标准、试验方法标准

中华人民共和国国家标准

UDC 666.981
-41:620
.174
GB 3691—83

# 钢丝网水泥板受弯试验方法

# Test method of ferrocement panels in flexure

本标准规定了测定钢丝网水泥板受弯初裂、裂缝开展到一定宽度和破坏时的承载能力（弯矩或强度）、抗弯刚度和弯矩-挠度曲线的试验方法，适用于厚度不大于60mm的钢丝网水泥板单向受弯短期静力试验。

## 1 试件制备

### 1.1 试件形状、尺寸

**1.1.1** 试件形状及尺寸符号见图1。

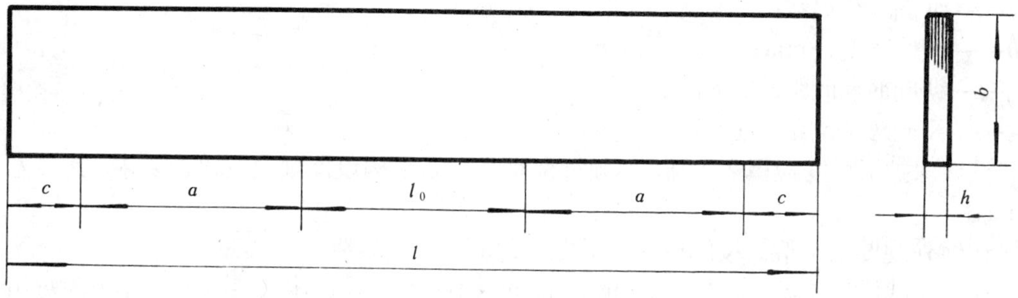


图 1

$l_0$—纯弯区长度；$l$—试件总长度；$a$—力臂长度；

$b$—试件宽度；$c$—端部长度；$h$—试件厚度

**1.1.2** 试件长度$l$按表1选取。

表 1

mm

| $h$ | $l_0$ | $a$ | $c$ | $l$ |
|---|---|---|---|---|
| ≤30 | 300 | 300 | 100 | 1100±2 |
| >30 | 400 | 400 | 100 | 1400±2 |

**1.1.3** 试件宽度$b$应根据试件配筋情况选取，见表2。其尺寸误差不得超过±1mm。

表 2

mm

| 纵筋间距$S_j$ | 30 | 40 | 50 | 60 | 70 | 80 | 90 | 100 | 120 | 150 |
|---|---|---|---|---|---|---|---|---|---|---|
| 试件宽度$b$ | 210 | 200 | 200 | 240 | 210 | 240 | 270 | 200 | 240 | 300 |

国家标准局1983-05-24发布　　　　1984-01-01实施

**1.1.4** 试件厚度$h$应符合有关产品结构设计规范或设计要求，其尺寸误差不得超过±0.5mm。

**1.2 试件数量**

试件每组至少成型4块，试验时取其中3块。

**1.3 试模**

成型试件用的试模宜采用钢模也可采用木模。其尺寸允许误差为：长度 $l\pm2$ mm；宽度 $b\pm1$ mm；厚度$h\pm0.5$mm。

**1.4 试件制作质量要求**

**1.4.1** 试件所用原材料、砂浆配比、配筋、试件成型、养护方法与制度，应与设计要求或现场制作实际情况相符合。

**1.4.2** 试件内配置的筋、网应与试件宽度一致，纵向加筋和网丝的根数按式（1）和（2）确定：

$$n_j=\frac{b}{s_j} \qquad (1)$$

$$n_w=\frac{b}{s_w}-1 \qquad (2)$$

式中：$n_j$——纵向钢筋根数；

$n_w$——纵向网丝根数；

$b$——试件宽度，mm；

$s_j$——纵向钢筋间距，mm；

$s_w$——纵向网丝间距，mm。

**1.4.3** 试件保护层厚度应严格控制，必须符合有关产品结构设计规范或设计要求，其误差不得超过±0.5mm。

**1.4.4** 试件外观要求平整、棱角整齐、厚度均匀、无原始裂缝。

**1.4.5** 在制作试件时，需同时制作4 cm×4 cm×16cm砂浆试体（每批1～3组，每组3块)。在进行试件受弯试验时，必须同时测定砂浆试体抗折、抗压和劈裂抗拉强度。砂浆试体的制作条件应与同批试件相一致。

## 2 试验装置与仪表

**2.1 试验装置**

**2.1.1** 钢丝网水泥板受弯试验采用双臂外伸纯弯试验装置，可采用重物、杠杆式或液压式加荷。荷载误差不得超过±2%。装置图见附录A（补充件)。

**2.1.2** 试验装置用支座梁要有足够刚度，基础坚实可靠。对新设置的试验装置必须采用钢质试件进行预压试验，预压三次，预压荷载量按表3选取。

表 3

| 试件厚度，mm | 预压荷载量，kgf |
|---|---|
| $h\leqslant30$ | ⩾3000 |
| $h>30$ | ⩾9000 |

**2.1.3** 支座和加荷横杆均采用直径$d$为20～40mm的圆钢。当试件厚度$h>30$mm时，支座与试件之间垫以20×5 mm的钢质薄板条。支座间距$l_0$和加荷力臂$a$的尺寸值，按表1选取。

**2.1.4** 支座上缘与支座梁上缘间的距离应不小于300mm。

**2.1.5** 试验用吊杆应采用具有铰连接及调节松紧装置的钢质杆或柔性绳。

**2.2 试验用仪表**

**2.2.1** 测量挠度用挠度计或百分表和千分表，布置见图 2 。

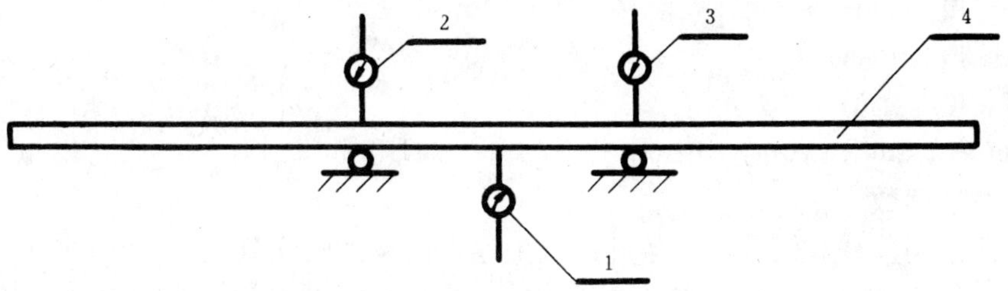


图 2

1—挠度计或百分表；2、3—千分表；4—试件

**2.2.2** 测量变形用机械式引伸仪或静态电阻应变仪。

**2.2.3** 测量裂缝用20倍读数显微镜，其最小读数值不得大于0.01mm。

## 3 试验步骤

**3.1 准备工作**

**3.1.1** 试验前应对试件进行外观质量检查，除去浮灰，用丙酮擦拭试件表面，根据湿痕检查试件原始裂缝，符合1.4.4要求后方可进行试验。

**3.1.2** 在纯弯区测量试件厚度和宽度，测量 6 点，取其平均值，读数应分别精确到0.1和0.5mm。

**3.1.3** 划定位线和裂缝观测区标志线见图3 。划线误差不得超过±0.5mm。图3 符号含义与图1相同，其值按表 1 和表 2 确定。

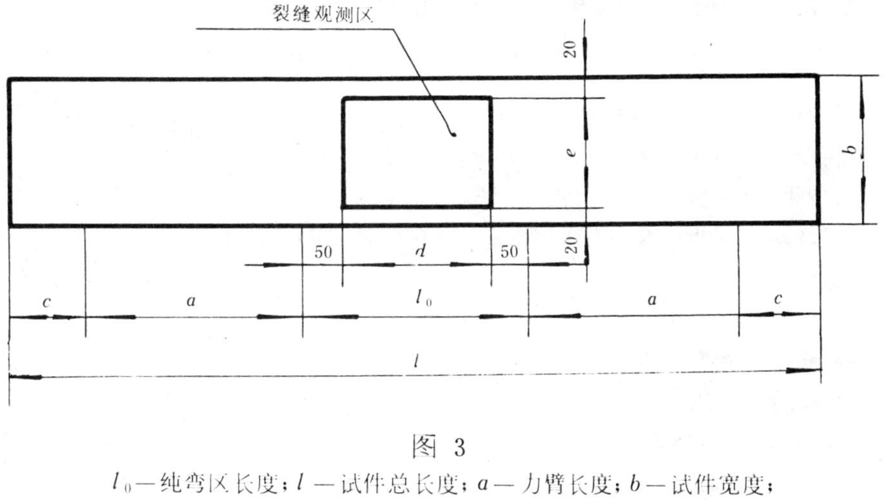


图 3

$l_0$—纯弯区长度；$l$—试件总长度；$a$—力臂长度；$b$—试件宽度；

$c$—端部长度；$d$—观测区长度；$e$—观测区宽度

**3.2 安装试件及仪表**

**3.2.1** 将试件放置在支座上，并按定位线定位。

**3.2.2** 安装测量挠度和变形的仪表，施加初载（不大于10kgf)，检查仪表工作情况，务使仪表工作正常。

**3.3 预加荷载**

在分级加荷之前，应先预加荷载，其值不得超过试件抗裂荷载的50%，一般可按式（3）确定。当测定抗弯刚度时，预加荷载应反复进行5 次，其值按附录B（补充件）确定：

$$P_y = \frac{b \cdot h^2}{12a} R_{wl} \quad \cdots\cdots (3)$$

式中：$P_y$——预加荷载，kgf；

$b$——试件宽度，cm；

$h$——试件厚度，cm；

$a$——力臂长度，cm；

$R_{wl}$——4 cm×4 cm×16cm砂浆试体抗折强度，$kgf/cm^2$。

**3.4 分级加荷、测试读数**

**3.4.1** 在正式加荷前将荷载和仪表的读数都调整至零点或取初始读数。

**3.4.2** 分级加荷，每级加荷量为试件破坏荷载的1/15～1/12；试件初裂前的级数不得少于5 级；每级荷载的时间间隔为5min，每级加荷完毕后，即测读仪表初读数，下级荷载前，读完终读数。

**3.4.3** 在测量区内进行各级荷载下的裂缝观测。用内酮擦拭试件表面，确定裂缝出现的时刻和部位。用20倍读数显微镜测量裂缝的宽度。

**3.4.4** 当裂缝宽度大于0.1mm时，注意保护仪表；破坏前拆除仪表，加荷直至破坏。

**3.4.5** 试验过程如需对试件变形均匀性加以调节与控制时，可按附录C（参考件）进行。

**3.5 测量保护层厚度**

分别在初始裂缝和破坏截面处各测3点保护层厚度，取平均值，读数应精确到0.5mm。

## 4 试验结果计算与评定

**4.1 试验结果计算**

**4.1.1** 钢丝网水泥板受弯初裂弯矩和初裂强度按式（4）和（5）计算：

$$M_{cf} = \frac{1}{2} P_{cf} \cdot a + k \cdot b \cdot h \quad \cdots\cdots (4)$$

$$\sigma_{cf} = \frac{3 P_{cf} \cdot a}{b \cdot h^2} \quad \cdots\cdots (5)$$

式中：$M_{cf}$——钢丝网水泥板初裂弯矩，kgf·cm；

$P_{cf}$——钢丝网水泥板受弯初裂荷载，kgf；

$\sigma_{cf}$——钢丝网水泥板受弯初裂强度，$kgf/cm^2$；

$a$——钢丝网水泥板受弯试验时弯曲力臂长度，cm；

$b$——试件宽度，cm；

$h$——试件厚度，cm；

$k$——自重影响系数，kg/cm；

当$h \leqslant 3$ cm时，$k = 1.72$kg/cm；

当$h > 3$ cm时，$k = 2.63$kg/cm。

**4.1.2** 钢丝网水泥板受弯裂缝为一定宽度时弯矩和强度按式（6）至（9）计算：

$$M_{0.05} = \frac{1}{2} P_{0.05} \cdot a \quad \cdots\cdots (6)$$

$$\sigma_{0.05} = \frac{3 P_{0.05} \cdot a}{b \cdot h^2} \quad \cdots\cdots (7)$$

$$M_{0.1} = \frac{1}{2} P_{0.1} \cdot a \quad \cdots\cdots (8)$$

$$\sigma_{0.1} = \frac{3 P_{0.1} \cdot a}{b \cdot h^2} \quad \cdots\cdots (9)$$

式中：$\sigma_{0.05}$、$\sigma_{0.1}$——当钢丝网水泥板受弯裂缝宽度分别为0.05、0.1mm时的强度，$kgf/cm^2$；

$M_{0.05}$、$M_{0.1}$——当钢丝网水泥板裂缝宽度分别为0.05、0.1mm时的弯矩，kgf·cm；

$P_{0.05}$、$P_{0.1}$——当钢丝网水泥板受弯裂缝宽度分别为0.05、0.1mm时的荷载，kgf。

**4.1.3** 钢丝网水泥板受弯破坏弯矩和强度按式（10）和（11）计算：

$$M_p = \frac{1}{2} P_p \cdot a \quad \cdots\cdots (10)$$

$$\sigma_p = \frac{3P_p \cdot a}{b \cdot h^2} \quad \cdots\cdots (11)$$

式中：$M_p$——钢丝网水泥板破坏弯矩，kgf·cm；

$P_p$——钢丝网水泥板受弯破坏荷载，kgf；

$\sigma_p$——钢丝网水泥板受弯破坏强度，$kgf/cm^2$。

**4.1.4** 钢丝网水泥板纯弯区段挠度如图4所示，按式（12）计算：

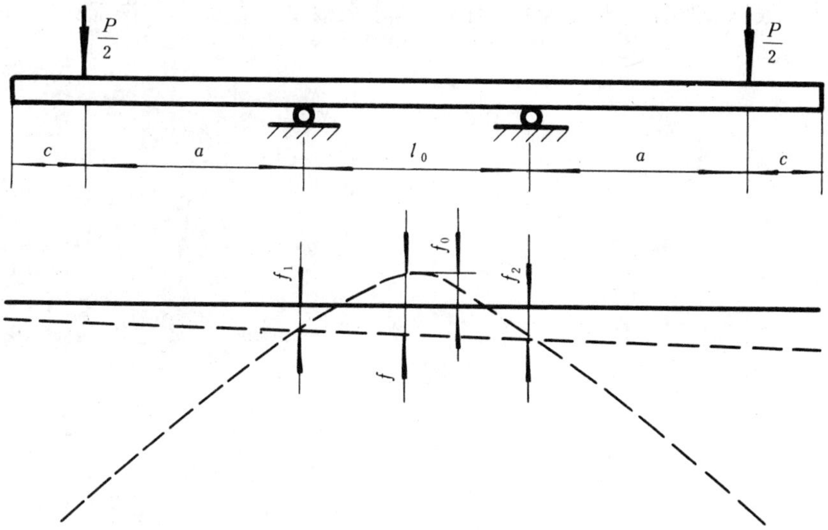


图 4

$$f = f_0 + \frac{1}{2}(f_1 + f_2) \quad \cdots\cdots (12)$$

式中：$f$——钢丝网水泥板纯弯区的中点挠度，cm；

$f_0$——试件纯弯区的中点挠度计或百分表读数，cm；

$f_1$、$f_2$——分别为试件在支座1和支座2处的千分表读数，cm。

**4.1.5** 按各个试件的各级荷载下$M$值和挠度$f$值，绘制钢丝网水泥板弯矩-挠度曲线。

**4.1.6** 钢丝网水泥板抗弯刚度按式（13）计算：

$$B = \frac{P_t \cdot a \cdot l_0^2}{16 f_t} \quad \cdots\cdots (13)$$

式中：$B$——钢丝网水泥板抗弯刚度，$kgf \cdot cm^2$；

$P_t$——钢丝网水泥板受弯弹性阶段荷载，即对应于弯矩-挠度曲线上直线段的最大荷值，kgf；

$f_t$——对应于$P_t$值的钢丝网水泥板纯弯区中点挠度，cm。

**4.2 试验结果评定**

**4.2.1** 钢丝网水泥板受弯力学性能试验结果按每组3块算术平均值评定。至少取2块的算术平均值评定。

4.2.2 钢丝网水泥板受弯力学性能试验结果，出现下列情况之一者，无效：

a. 当保护层厚度不满足设计要求或实际情况时；

b. 测试结果无法衡准时；

c. 该块试件的试验结果低于3块试件算术平均值20%时。

## 5 试验报告内容

试验报告应包括下列内容：

a. 试验项目名称；

b. 试验目的与要求；

c. 试件成型日期、试验日期；

d. 试件编号、尺寸及配筋情况，保护层厚度，砂浆强度；

e. 试件来源、原材料品种及规格、砂浆配比、成型、养护方法及制度；

f. 试验装置与仪表；

g. 试验结果根据试验目的与要求给出钢丝网水泥板受弯各项力学性能试验值；

h. 试验人员。

## 附 录 A
## 钢丝网水泥板受弯试验装置图
（补充件）

钢丝网水泥板受弯试验装置见下图。

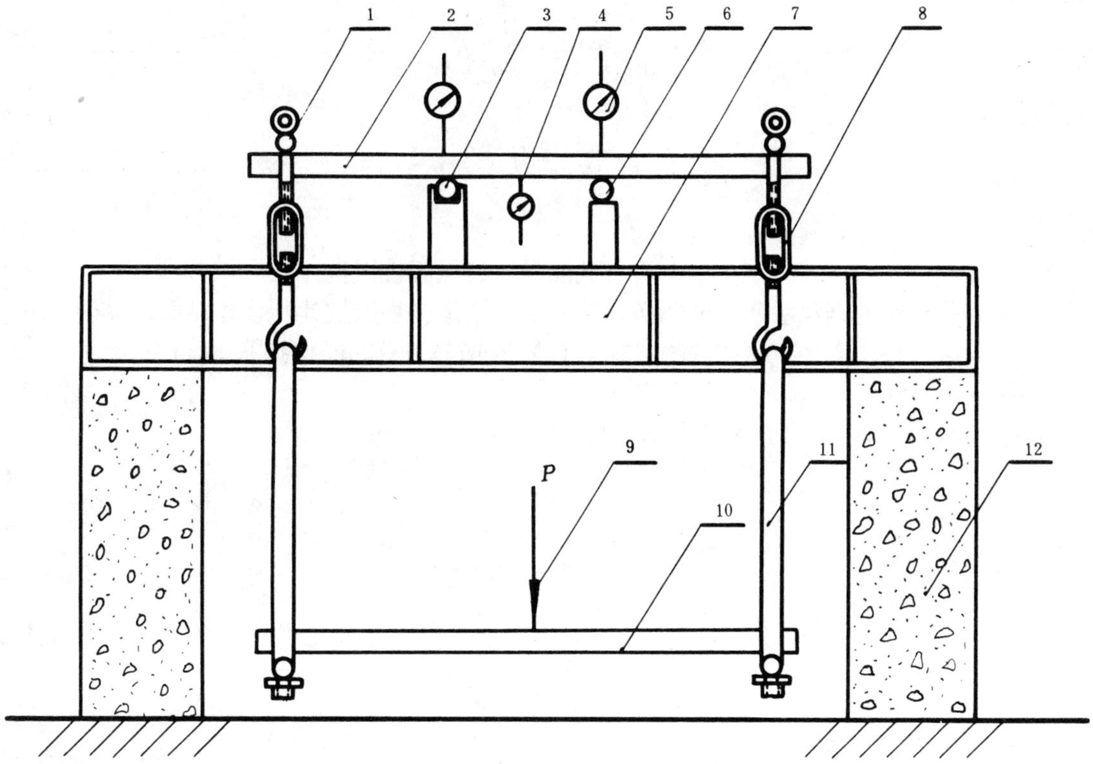


1—加荷横杆；2—试件；3—圆形可动支座；4—百分表；5—千分表；6—固定支座；
7—支座梁；8—调节环；9—荷载；10—加荷板；11—吊杆；12—支柱

## 附 录 B
## 测定抗弯刚度时预加荷载值的计算
（补充件）

测定钢丝网水泥板抗弯刚度时，预加荷载值按试件无横筋和有横筋两种情况进行计算，见式(B1)和（B2)。

无横筋时：

$$P_y = \frac{W_0}{4a} R_{Wl} \quad \cdots\cdots (B1)$$

有横筋时：

$$P_y = \frac{W_0^{hj}}{4a} R_{Wl} \quad \cdots\cdots (B2)$$

式中：$P_y$——测定刚度时预加荷载值，kgf；

$W_0$——无横筋的钢丝网水泥试件换算截面受拉边缘弹性抵抗矩，$cm^3$；

$W_0^{hj}$——有横筋的钢丝网水泥试件换算截面受拉边缘弹性抵抗矩，换算截面计算时，将位于受拉区（按中和轴位于试件的0.5$h$处计）的横筋占有的面积扣除，$cm^3$；

$a$——力臂长度，cm；

$R_{Wl}$——4cm×4cm×16cm砂浆试体抗折强度，$kgf/cm^2$。

## 附 录 C
## 试件变形均匀性调节与控制方法
(参考件)

采用4个标距$l$为200～250mm的机械式引伸仪测量试件变形，布置见下图。根据4个仪表读数，调节加荷杆上的调节环，尽量分别使横向、纵向仪表读数一致。初裂前，其差值应控制在5～10$\mu\varepsilon$；初裂后，其差值应控制在20%以内。

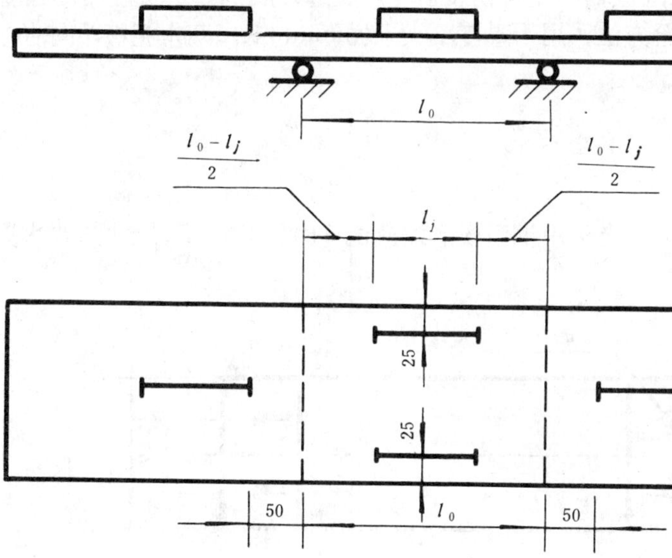


附加说明：

本标准由国家建筑材料工业局提出。

本标准由国家建筑材料工业局苏州水泥制品研究所负责起草。

本标准主要起草人王希哲、谢雪英、陈惠珍。

本标准委托国家建筑材料工业局苏州水泥制品研究所负责解释。

中华人民共和国国家标准

# 钢丝网水泥板轴心受拉试验方法

# Test method of ferrocement panels in axial tension

UDC 666.981
-41:620.173

GB 3692—83

本标准规定了测定钢丝网水泥板轴心受拉初裂强度、裂缝开展到一定宽度时的强度、破坏强度、弹性模量和应力-应变曲线的试验方法，用于厚度不大于60mm的钢丝网水泥板单向轴心受拉短期静力试验。

## 1 试件制备

### 1.1 试件形状、尺寸

**1.1.1** 试件形状、尺寸见图1。当采用钢质楔形端部试件时，其形状、尺寸与要求见附录A（参考件）。

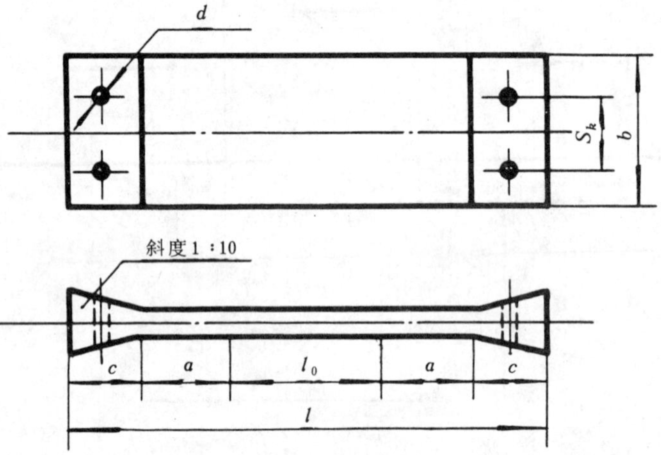


图 1

$l$—试件总长度；$b$—试件宽度；$l_0$—裂缝观测区长度；
$S_K$—预留孔间距；$a$—应力缓冲区长度；$h$—试件厚度；
$c$—端部夹紧区长度；$d$—预留孔孔径

**1.1.2** 试件总长度$l$为650±2mm，其组成部分尺寸见表1。

表 1 mm

| $l_0$ | $a$ | $c$ |
|---|---|---|
| 200～250 | 125～100 | 100 |

**1.1.3** 试件宽度$b$应根据配筋情况选取，见表2。其尺寸误差不得超过±1mm。

国家标准局1983-05-24发布 1984-01-01实施

表 2　　mm

| 纵筋间距 $S_j$ | 30 | 40 | 50 | 60 | 70 | 80 | 90 | 100 | 120 | 150 |
|---|---|---|---|---|---|---|---|---|---|---|
| 试件宽度 $b$ | 210 | 200 | 200 | 240 | 210 | 240 | 270 | 200 | 240 | 300 |

**1.1.4** 试件厚度$h$根据配筋情况确定，应符合有关产品结构设计规范或设计要求，其尺寸误差不得超过±0.5mm。

**1.1.5** 试件的夹紧螺栓预留孔孔径$d$为20mm，预留孔间距$S_K$为100mm，其尺寸误差不得超过±0.5mm。

**1.2 试件数量**

试件每组至少成型4块，试验时选取其中3块。

**1.3 试模**

成型试件用的试模宜采用钢模，也可采用木模，其尺寸允许误差为：长度$l$±2mm；宽度$b$±1mm；厚度$h$±0.5mm。

**1.4 试件制作质量要求**

**1.4.1** 试件所用原材料、砂浆配比、配筋、试件成型、养护方法与制度，应与设计要求或现场制作实际情况相符合。

**1.4.2** 试件内配置的筋网应与试件宽度一致，纵向加筋和网丝的根数按式（1）和（2）确定：

$$n_j=\frac{b}{S_j} \quad\cdots\cdots(1)$$

$$n_W=\frac{b}{S_W}-1 \quad\cdots\cdots(2)$$

式中：$n_j$——纵向加筋根数；

$n_W$——纵向网丝根数；

$b$——试件宽度，按表2选取，mm；

$S_j$——纵向加筋间距，mm；

$S_W$——纵向网丝间距，mm。

**1.4.3** 试件端部配筋应加强，纵向加筋端部应弯钩，并应延伸至应力缓冲区，于75mm范围内逐渐减至试件设计或实际配筋。

**1.4.4** 试件保护层厚度应严格控制，必须符合有关产品结构设计规范或设计要求，其误差不得超过±0.5mm。

**1.4.5** 试件外观要求平整、棱角整齐、厚度均匀、无原始裂缝。

**1.4.6** 在制作试件时，需同时制作4cm×4cm×16cm砂浆试体（每批1～3组，每组3块）。在进行试件轴心受拉试验时，必须同时测定砂浆试体抗折、抗压和劈裂抗拉强度。砂浆试体的制作条件应与同批试件相一致。

## 2 试验设备、装置与仪表

**2.1 试验设备与装置**

**2.1.1** 当试件厚度$h$不大于30mm（包括30mm）时，可采用10吨拉力试验机；当试件厚度$h$大于30mm时，应采用30吨或更大吨位的拉力试验机。拉力试验机上、下端最大净距宜不小于1500mm，荷载误差不超过±1%。

**2.1.2** 特制的双向可调偏心夹具试验装置应满足3.3.2和3.4.3调节偏心要求，装置图见附录B（补充件）。

**2.2 试验用仪表**

**2.2.1** 测量变形用机械式引伸仪或静态电阻应变仪。

**2.2.2** 观测裂缝宽度用20倍读数显微镜，其最小读数不得大于0.01mm。

## 3 试验步骤

### 3.1 准备工作

**3.1.1** 试验前应对试件进行外观质量检查，除去浮灰，用丙酮擦拭试件表面，根据试件湿痕检查试件原始裂缝，符合1.4.5要求后方可进行试验。

**3.1.2** 在裂缝观测区测量试件厚度和宽度，测量 6 点，取其平均值，读数应分别精确到0.1和0.5mm。

**3.1.3** 划定位线和裂缝观测区标志线，见图 2，划线误差不得超过±0.5mm。图 2 中符号含义与图 1 相同，其值按表 1、表 2 确定。

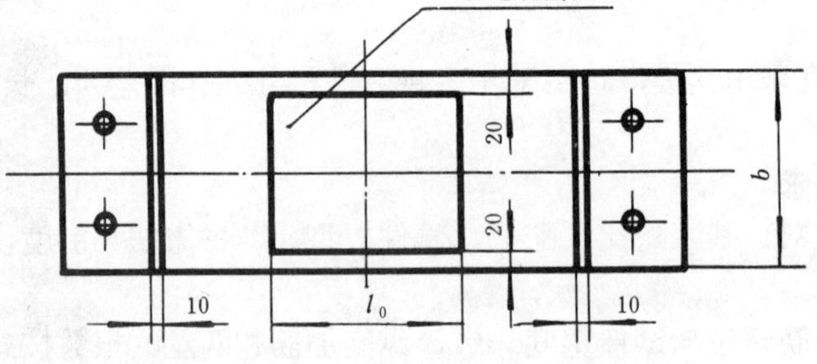


图 2

### 3.2 安装试件及仪表

**3.2.1** 将试件安装在可调偏心夹具上，使试件的轴心线与上、下夹板的中心线对准，拧紧螺栓，夹紧试件，务使螺栓的夹紧程度相一致。

**3.2.2** 将测量变形的仪表安装在试件的裂缝观测区，施加初载（不大于10kgf），检查仪表工作情况，务使仪表工作正常。

测量变形的仪表宜采用测量标距为200～250mm的机械式引伸仪，其布置见图 3。

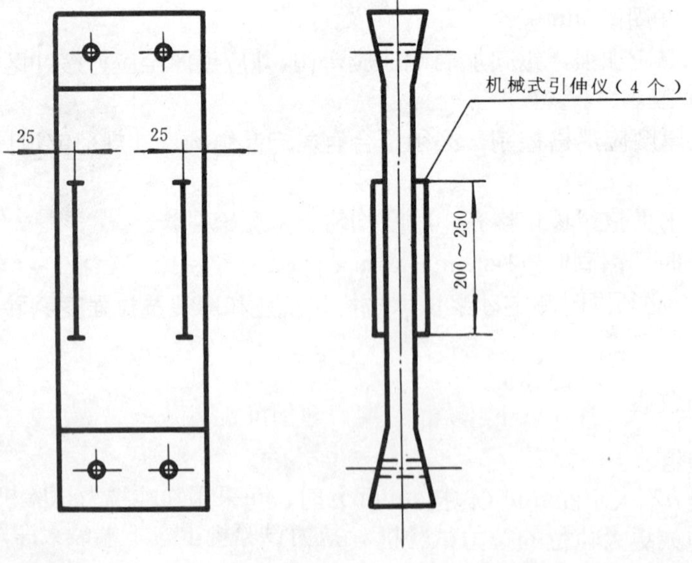


图 3

### 3.3 预加荷载，调节偏心

**3.3.1** 在分级加荷之前，应先预加荷载，其值不得超过抗裂荷载的50%，一般可按式（3）确定。当测定弹性模量时，预加荷载应反复进行 5 次，其值按附录C（补充件）确定：

$$P_y=\frac{1}{8}R_{wl}\cdot b\cdot h \quad\quad (3)$$

式中：$P_y$——预加荷载，kgf；

$R_{wl}$——4cm×4cm×16cm砂浆试体抗折强度，$kgf/cm^2$；

$b$——试件宽度，cm；

$h$——试件厚度，cm。

**3.3.2** 预加荷载时，观察试件偏心情况，根据4个机械式引伸仪的读数，同时旋转可调偏心夹具上、下摇柄，以调节试件偏心，尽量使4个仪表读数一致，其差值以不大于5～10$\mu\varepsilon$为宜。

**3.4 分级加荷，测试读数**

**3.4.1** 在正式加荷前，将荷载和仪表的读数都调整至零点，或取初始读数。

**3.4.2** 每级加荷量为试件破坏荷载的1/15～1/12，试件初裂前的加荷级数不得少于5级，每级荷载的时间间隔为5min。每级加荷完毕后，即读出各级荷载下的仪表初读数，下级加荷前，读完终读数。

**3.4.3** 在试验过程中，当4个仪表读数差值较大时，应调节偏心，尽量使仪表读数一致。初裂前，其读数差值应控制在5～10$\mu\varepsilon$；初裂后，其差值应控制在20％以内。

**3.4.4** 在裂缝观测区内进行各级荷载下的裂缝观测，用丙酮擦拭试件表面，确定裂缝出现的时刻与部位，用20倍读数显微镜测量裂缝宽度。

**3.4.5** 当裂缝宽度大于0.1mm时，注意保护仪表；破坏前，拆除仪表，加荷直至破坏。

**3.5 测量保护层厚度**

分别在初始裂缝和破坏截面处各测3点保护层厚度，取平均值，读数应精确到0.5mm。

## 4 试验结果计算与评定

**4.1 试验结果计算**

**4.1.1** 钢丝网水泥板轴心受拉应力按式（4）计算：

$$\sigma=\frac{P}{b\cdot h} \quad\quad (4)$$

式中：$\sigma$——钢丝网水泥板轴心受拉应力，$kgf/cm^2$；

$P$——钢丝网水泥板轴心受拉荷载，kgf；

$b$——试件宽度，cm；

$h$——试件厚度，cm。

**4.1.2** 钢丝网水泥板轴心受拉初裂强度按式（5）计算：

$$\sigma_{cf}=\frac{P_{cf}}{b\cdot h} \quad\quad (5)$$

式中：$\sigma_{cf}$——钢丝网水泥板轴心受拉初裂强度，$kgf/cm^2$；

$P_{cf}$——钢丝网水泥板轴心受拉初裂时的荷载，kgf；

$b$——试件宽度，cm；

$h$——试件厚度，cm。

**4.1.3** 钢丝网水泥板轴心受拉裂缝为一定宽度时的强度按式（6）和（7）计算：

$$\sigma_{0.05}=\frac{P_{0.05}}{b\cdot h} \quad\quad (6)$$

$$\sigma_{0.1}=\frac{P_{0.1}}{b\cdot h} \quad\quad (7)$$

式中：$\sigma_{0.05}$、$\sigma_{0.1}$——钢丝网水泥板轴心受拉裂缝宽度为0.05、0.1mm时的强度，$kgf/cm^2$；

$P_{0.05}$、$P_{0.1}$——钢丝网水泥板轴心受拉裂缝宽度为0.05、0.1mm时的荷载，kgf；

$b$——试件宽度，cm；

$h$——试件厚度，cm。

**4.1.4** 钢丝网水泥板轴心受拉破坏强度按式（8）计算：

$$\sigma_p=\frac{P_p}{b\cdot h} \quad \cdots\cdots(8)$$

式中：$\sigma_p$——钢丝网水泥板轴心受拉破坏强度，kgf/cm²；

$P_p$——钢丝网水泥板轴心受拉破坏荷载，kgf；

$b$——试件宽度，cm；

$h$——试件厚度，cm。

**4.1.5** 按各个试件的各级应力和应变实测值，绘制钢丝网水泥板轴心受拉应力-应变曲线。

**4.1.6** 钢丝网水泥板轴心受拉弹性模量按式（9）计算：

$$E_t=\frac{\sigma_t}{\varepsilon_t} \quad \cdots\cdots(9)$$

式中：$E_t$——钢丝网水泥板轴心受拉弹性模量，kgf/cm²；

$\sigma_t$——钢丝网水泥板轴心受拉弹性极限强度，即对应于应力-应变曲线上直线段的最大应力值，kgf/cm²；

$\varepsilon_t$——钢丝网水泥板轴心受拉弹性极限应变，即对应于应力-应变曲线上直线段的最大应变值。

**4.1.7** 钢丝网水泥板轴心受拉变形模数，按下列公式计算：

$$E_{cf}=\frac{\sigma_{cf}}{\varepsilon_{cf}} \quad \cdots\cdots(10)$$

$$E_{0.05}=\frac{\sigma_{0.05}}{\varepsilon_{0.05}} \quad \cdots\cdots(11)$$

$$E_{0.1}=\frac{\sigma_{0.1}}{\varepsilon_{0.1}} \quad \cdots\cdots(12)$$

式中：$E_{cf}$、$E_{0.05}$、$E_{0.1}$——分别为钢丝网水泥板轴心受拉初裂、裂缝宽度为0.05和0.1mm时的变形模数，kgf/cm²；

$\varepsilon_{cf}$、$\varepsilon_{0.05}$、$\varepsilon_{0.1}$——分别为钢丝网水泥板轴心受拉初裂、裂缝宽度为0.05和0.1mm时的应变值。

### 4.2 试验结果评定

**4.2.1** 钢丝网水泥板轴心受拉试验结果按每组3块算术平均值评定；至少按2块算术平均值评定。

**4.2.2** 钢丝网水泥板轴心受拉试验结果，出现下列情况之一者无效。

a. 当保护层厚度不符合要求时；

b. 测试结果无法衡准时；

c. 该试件的试验结果低于3块试件算术平均值的20％时。

## 5 试验报告内容

试验报告应包括下列内容：

a. 试验项目名称；

b. 试验目的与要求；

c. 试件成型日期、试验日期；

d. 试件编号、尺寸大小、配筋情况、保护层厚度、砂浆强度；

e. 试件来源、原材料品种及规格、砂浆配比、成型、养护方法及制度；

f. 试验设备、装置与仪表；

g. 试验结果：根据试验目的与要求，绘出钢丝网水泥板轴心受拉各项力学性能试验值；

h. 试验人员。

## 附 录 A
## 钢质楔形端部试件形状、尺寸
（参考件）

钢丝网水泥板轴心受拉钢质楔形端部试件见下图，其形状、尺寸符号含义与本标准1.1所示相同。试件由两部分组成：钢丝网水泥平板和4块钢质楔形端板。在试验前，用粘结剂将钢质楔形端板分别牢固地粘贴在钢丝网水泥平板的两端，粘结必须牢靠，确保试验顺利进行。

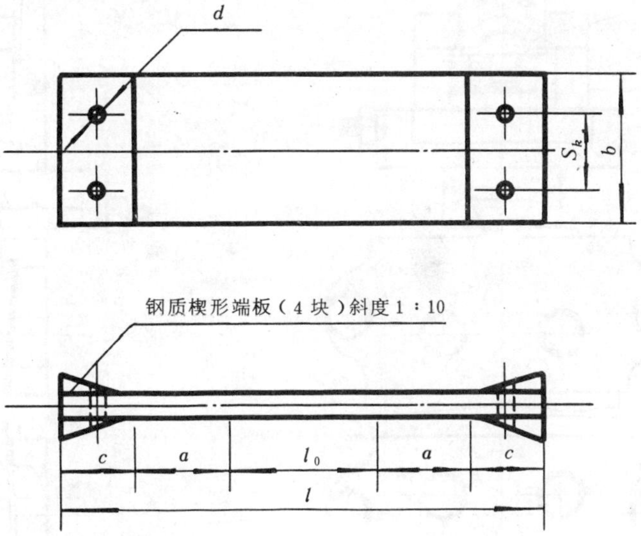

## 附 录 B
## 双向可调偏心夹具装置图
## （补充件）

双向可调偏心夹具装置见下图。

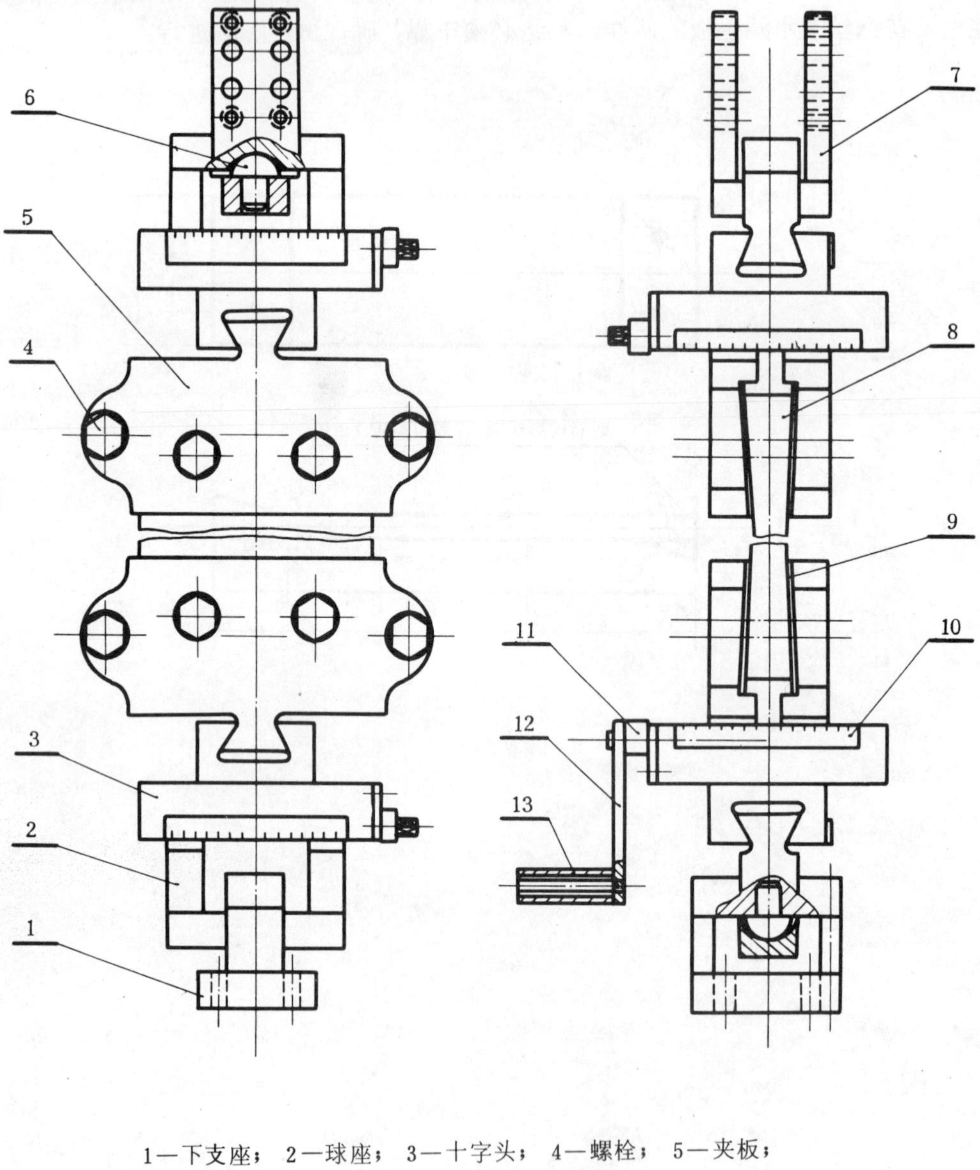


1—下支座； 2—球座； 3—十字头； 4—螺栓； 5—夹板；
6—球胶； 7—上支座； 8—试件； 9—橡胶板；10—标尺；
11—套头；12—摇臂； 13—套筒

## 附　录　C
## 测定弹性模量时预加荷载值的计算
（补充件）

测定钢丝网水泥板弹性模量时，预加荷载值按试件无横筋和有横筋两种情况进行计算，见式（C1）和（C2）。

无横筋时：

$$P_y=\frac{1}{8}(1+10\frac{A_g}{b\cdot h})R_{Wl}\cdot b\cdot h \quad \cdots\cdots (C1)$$

有横筋时：

$$P_y=\frac{1}{8}(1+10\frac{A_g}{b\cdot h}-\frac{\Sigma d'}{h})R_{Wl}\cdot b\cdot h \quad \cdots\cdots (C2)$$

式中：$P_y$——测定弹性模量时预加荷载值，kgf；

$A_g$——钢丝网水泥试件纵向加筋和网丝的截面积总和，$cm^2$；

$b$——试件宽度，cm；

$h$——试件厚度，cm；

$R_{Wl}$——4 cm×4 cm×16 cm砂浆试体抗折强度，$kgf/cm^2$；

$\Sigma d'$——钢丝网水泥试件同一截面横筋直径总和，取其最大值，cm。

---

附加说明：

本标准由国家建筑材料工业局提出，由苏州水泥制品研究所归口。

本标准由国家建筑材料工业局苏州水泥制品研究所负责起草。

本标准主要起草人王希哲、陈惠珍、谢雪英。

本标准委托国家建筑材料工业局苏州水泥制品研究所负责解释。

# 前　言

本标准是在 GB 4111—83《混凝土小型空心砌块检验方法》的基础上修订的，修订时参照了国外先进标准，结合我国国情，保留了原标准中科学合理的部分，对部分内容和条款进行了修订。

GB 4111—83 中材料密度试验方法在修订后不再列入。

测定块体密度时，砌块的含湿状态由气干状态修订为烘干状态，块体密度由块体干密度表示。

碳化系数试验时 $CO_2$ 的浓度由“30％以上”修改为“(20±3)％”。

在抗冻性试验方法中增加质量损失率试验方法，与 GB J82—85《普通混凝土长期性能和耐久性能试验方法》相一致。

增加砌块相对含水率试验方法，以满足 GB 8239—1997《普通混凝土小型空心砌块》、GB 15229—94《轻集料混凝土小型空心砌块》的需要。

本标准为推荐性国家标准。

本标准由国家建筑材料工业局提出。

本标准由河南建筑材料研究设计院归口。

本标准负责起草单位：河南建筑材料研究设计院。

本标准参加起草单位：深圳市珠江均安水泥制品有限公司、四川省绵竹机械厂。

本标准主要起草人：申国权、侯清照、张凤芝、陈红军、张太元、廖洪清。

本标准 1993 年首次发布，1996 年第一次修订。

本标准委托河南建筑材料研究设计院负责解释。

中华人民共和国国家标准

GB/T 4111—1997

# 混凝土小型空心砌块试验方法

代替 GB 4111—83

**Test methods for the small concrete hollow block**

## 1 范围

本标准规定了混凝土小型空心砌块的尺寸、外观、抗压强度、抗折强度、块体密度、空心率、含水率、吸水率、相对含水率、干燥收缩、软化系数、碳化系数、抗冻性和抗渗性的试验方法。

本标准适用于墙体用的以各种混凝土制成的小型空心砌块(以下简称砌块)。

## 2 尺寸测量和外观质量检查

2.1 量具

2.1.1 钢直尺或钢卷尺:分度值 1 mm。

2.2 尺寸测量

2.2.1 长度在条面的中间,宽度在顶面的中间,高度在顶面的中间测量。每项在对应两面各测一次,精确至 1 mm。

2.2.2 壁、肋厚在最小部位测量,每选两处各测一次,精确至 1 mm。

2.3 外观质量检查

2.3.1 弯曲测量:将直尺贴靠坐浆面、铺浆面和条面,测量直尺与试件之间的最大间距(见图 1),精确至 1 mm。

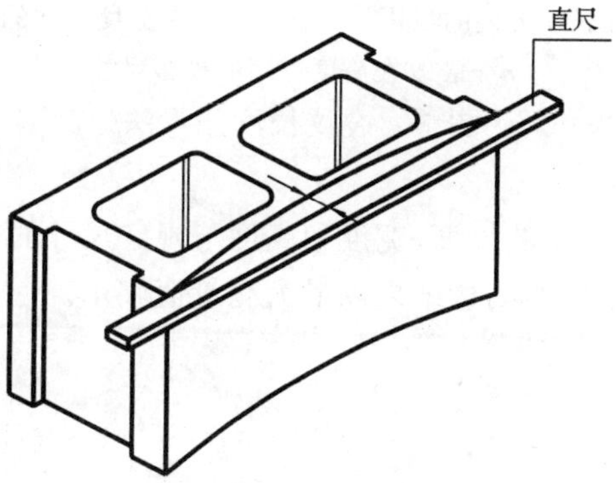


图 1 弯曲测量法

2.3.2 缺棱掉角检查:将直尺贴靠棱边,测量缺棱掉角在长、宽、高度三个方向的投影尺寸(见图 2),精确至 1 mm。

国家技术监督局1997-05-06批准

1997-11-01实施

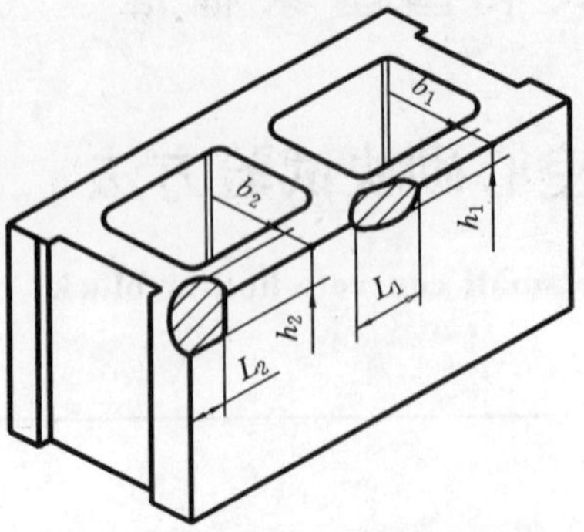


L—缺棱掉角在长度方向的投影尺寸；b—缺棱掉角在宽度方向的投影尺寸；

h—缺棱掉角在高度方向的投影尺寸

图 2 缺棱掉角尺寸测量法

2.3.3 裂纹检查：用钢直尺测量裂纹在所在面上的最大投影尺寸（如图 3 中的 $L_2$ 或 $h_3$），如裂纹由一个面延伸到另一个面时，则累计其延伸的投影尺寸（如图 3 中的 $b_1+h_1$），精确至 1 mm。

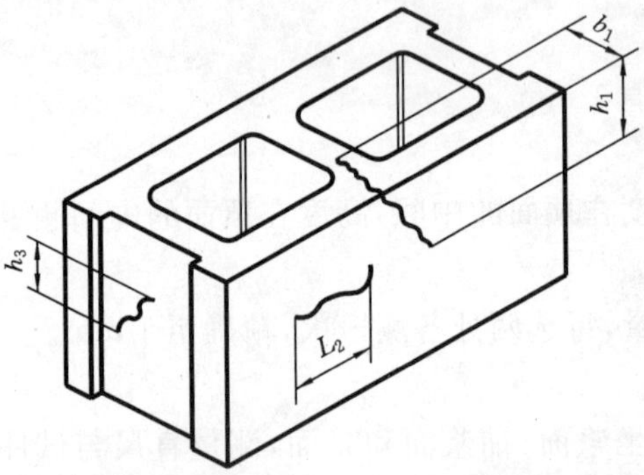


L—裂纹在长度方向的投影尺寸；b—裂纹在宽度方向的投影尺寸；

h—裂纹在高度方向的投影尺寸

图 3 裂纹长度测量法

2.4 测量结果

2.4.1 试件的尺寸偏差以实际测量的长度、宽度和高度与规定尺寸的差值表示。

2.4.2 弯曲、缺棱掉角和裂纹长度的测量结果以最大测量值表示。

## 3 抗压强度试验

3.1 设备

3.1.1 材料试验机：示值误差应不大于 2%，其量程选择应能使试件的预期破坏荷载落在满量程的 20%～80%。

3.1.2 钢板：厚度不小于 10 mm，平面尺寸应大于 440 mm×240 mm。钢板的一面需平整，精度要求在长度方向范围内的平面度不大于 0.1 mm。

3.1.3 玻璃平板：厚度不小于 6 mm，平面尺寸与钢板的要求同。

3.1.4 水平尺。

3.2 试件

3.2.1 试件数量为五个砌块。

3.2.2 处理试件的坐浆面和铺浆面，使之成为互相平行的平面。将钢板置于稳固的底座上，平整面向上，用水平尺调至水平。在钢板上先薄薄地涂一层机油，或铺一层湿纸，然后铺一层以 1 份重量的 325 号以上的普通硅酸盐水泥和2份细砂，加入适量的水调成的砂浆，将试件的坐浆面湿润后平稳地压入砂浆层内，使砂浆层尽可能均匀，厚度为3 mm～5 mm。将多余的砂浆沿试件棱边刮掉，静置24 h以后，再按上述方法处理试件的铺浆面。为使两面能彼此平行，在处理铺浆面时，应将水平尺置于现已向上的坐浆面上调至水平。在温度10℃以上不通风的室内养护3 d后做抗压强度试验。

3.2.3 为缩短时间，也可在坐浆面砂浆层处理后，不经静置立即在向上的铺浆面上铺一层砂浆、压上事先涂油的玻璃平板，边压边观察砂浆层，将气泡全部排除，并用水平尺调至水平，直至砂浆层平而均匀，厚度达3 mm～5 mm。

3.3 试验步骤

3.3.1 按2.2.1的方法测量每个试件的长度和宽度，分别求出各个方向的平均值，精确至1 mm。

3.3.2 将试件置于试验机承压板上，使试件的轴线与试验机压板的压力中心重合，以10 kN/s～30 kN/s的速度加荷，直至试件破坏。记录最大破坏荷载$P$。

若试验机压板不足以覆盖试件受压面时，可在试件的上、下承压面加辅助钢压板。辅助钢压板的表面光洁度应与试验机原压板同，其厚度至少为原压板边至辅助钢压板最远角距离的三分之一。

3.4 结果计算与评定

3.4.1 每个试件的抗压强度按式(1)计算，精确至0.1 MPa。

$$R = \frac{P}{LB} \qquad \cdots\cdots(1)$$

式中：$R$——试件的抗压强度，MPa；

$P$——破坏荷载，N；

$L$——受压面的长度，mm；

$B$——受压面的宽度，mm。

3.4.2 试验结果以五个试件抗压强度的算术平均值和单块最小值表示，精确至0.1 MPa。

## 4 抗折强度试验

4.1 设备

4.1.1 材料试验机的技术要求同3.1.1。

4.1.2 钢棒：直径35 mm～40 mm，长度210 mm，数量为三根。

4.1.3 抗折支座：由安放在底板上的两根钢棒组成，其中至少有一根是可以自由滚动的(见图4)。

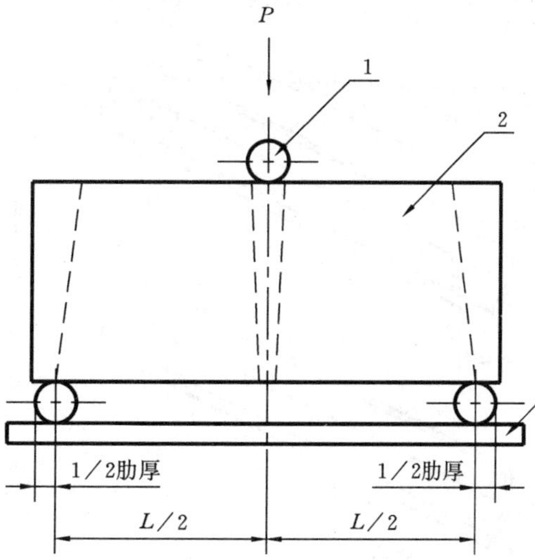


1—钢棒；2—试件；3—抗折支座

图4 抗折强度示意图

4.2 试件

4.2.1 试件数量为五个砌块。

4.2.2 按 2.2.1 的方法测量每个试件的高度和宽度，分别求出各个方向的平均值。

4.2.3 试件表面处理按 3.2.2、3.2.3 的规定进行。表面处理后应将试件孔洞处的砂浆层打掉。

4.3 试验步骤

4.3.1 将抗折支座置于材料试验机承压板上，调整钢棒轴线间的距离，使其等于试件长度减一个坐浆面处的肋厚，再使抗折支座的中线与试验机压板的压力中心重合。

4.3.2 将试件的坐浆面置于抗折支座上。

4.3.3 在试件的上部二分之一长度处放置一根钢棒(见图 4)。

4.3.4 以 250 N/s 的速度加荷直至试件破坏。记录最大破坏荷载 $P$。

4.4 结果计算与评定

4.4.1 每个试件的抗折强度按式(2)计算，精确至 0.1 MPa。

$$R_Z = \frac{3PL}{2BH^2} \qquad \cdots\cdots\cdots\cdots(2)$$

式中：$R_Z$——试件的抗折强度，MPa；

$P$——破坏荷载，N；

$L$——抗折支座上两钢棒轴心间距，mm；

$B$——试件宽度，mm；

$H$——试件高度，mm。

4.4.2 试验结果以五个试件抗折强度的算术平均值和单块最小值表示，精确至 0.1 MPa。

## 5 块体密度和空心率试验

5.1 设备

5.1.1 磅秤：最大称量 50 kg，感量 0.05 kg。

5.1.2 水池或水箱。

5.1.3 水桶：大小应能悬浸一个主规格的砌块。

5.1.4 吊架：见图 5。

5.1.5 电热鼓风干燥箱。

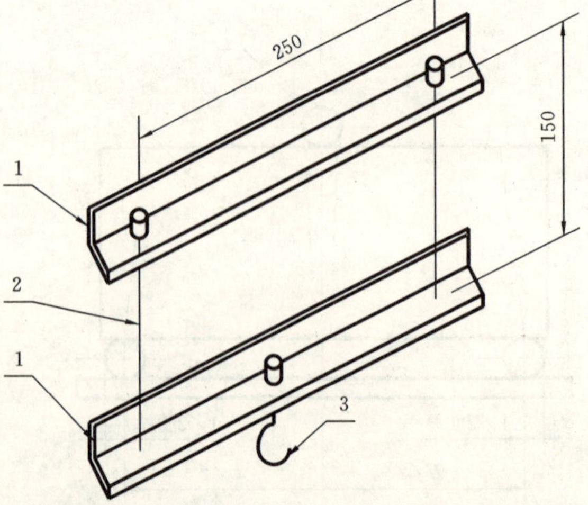


1—角钢(30 mm×30 mm)；2—拉筋；3—钩子(与两端拉筋等距离)

图 5 吊架　　单位：mm

5.2 试件数量

试件数量为三个砌块。

5.3 试验步骤

5.3.1 按2.2.1的方法测量试件的长度、宽度、高度、分别求出各个方向的平均值,计算每个试件的体积$V$,精确至0.001 $m^3$。

5.3.2 将试件放入电热鼓风干燥箱内,在(105±5)℃温度下至少干燥24 h,然后每间隔2 h称量一次,直至两次称量之差不超过后一次称量的0.2%为止。

5.3.3 待试件在电热鼓风干燥箱内冷却至与室温之差不超过20℃后取出,立即称其绝干质量$m$,精确至0.05 kg。

5.3.4 将试件浸入室温15~25℃的水中,水面应高出试件20 mm以上,24 h后将其分别移到水桶中,称出试件的悬浸质量$m_1$,精确至0.05 kg。

5.3.5 称取悬浸质量的方法如下:将磅秤置于平稳的支座上,在支座的下方与磅秤中线重合处放置水桶。在磅秤底盘上放置吊架,用铁丝把试件悬挂在吊架上,此时试件应离开水桶的底面且全部浸泡在水中。将磅秤读数减去吊架和铁丝的质量,即为悬浸质量。

5.3.6 将试件从水中取出,放在铁丝网架上滴水1 min,再用拧干的湿布拭去内、外表面的水,立即称其面干潮湿状态的质量$m_2$,精确至0.05 kg。

5.4 结果计算与评定

5.4.1 每个试件的块体密度按式(3)计算,精确至10 kg/$m^3$

$$\gamma = \frac{m}{V} \qquad \cdots\cdots(3)$$

式中:$\gamma$——试件的块体密度,kg/$m^3$;

$m$——试件的绝干质量,kg;

$V$——试件的体积,$m^3$。

块体密度以三个试件块体密度的算术平均值表示。精确至10 kg/$m^3$。

5.4.2 每个试件的空心率按式(4)计算,精确至1%:

$$K_\gamma = \left(1 - \frac{\frac{m_2 - m_1}{d}}{V}\right) \times 100 \qquad \cdots\cdots(4)$$

式中:$K_\gamma$——试件的空心率,%;

$m_1$——试件的悬浸质量,kg;

$m_2$——试件面干潮湿状态的质量,kg;

$V$——试件的体积,$m^3$;

$d$——水的密度,1 000 kg/$m^3$。

砌块的空心率以三个试件空心率的算术平均值表示。精确至1%。

## 6 含水率、吸水率和相对含水率试验

6.1 设备

6.1.1 电热鼓风干燥箱。

6.1.2 磅秤:最大称量50 kg,感量0.05 kg。

6.1.3 水池或水箱。

6.2 试件数量

试件数量为三个砌块。试件如需运至远离取样处试验,则在取样后应立即用塑料袋包装密封。

6.3 试验步骤

6.3.1 试件取样后立即称取其质量$m_0$。如试件用塑料袋密封运输,则在拆袋前先将试件连同包装袋一

起称量，然后减去包装袋的质量(袋内如有试件中析出的水珠，应将水珠拭干)，即得试件在取样时的质量，精确至 0.05 kg。

6.3.2 按 5.3.2、5.3.3 的方法将试件烘干至恒重，称取其绝干质量 $m$。

6.3.3 将试件浸入室温 15～25 ℃的水中，水面应高出试件 20 mm 以上。24 h 后取出，按 5.3.6 的规定称量试件面干潮湿状态的质量 $m_2$，精确至 0.05 kg。

6.4 结果计算与评定

6.4.1 每个试件的含水率按式(5)计算，精确至 0.1%。

$$W_1 = \frac{m_0 - m}{m} \quad \cdots\cdots(5)$$

式中：$W_1$——试件的含水率，%；

$m_0$——试件在取样时的质量，kg；

$m$——试件的绝干质量，kg。

砌块的含水率以三个试件含水率的算术平均值表示。精确至 0.1%。

6.4.2 每个试件的吸水率按式(6)计算，精确至 0.1%：

$$W_2 = \frac{m_2 - m}{m} \times 100 \quad \cdots\cdots(6)$$

式中：$W_2$——试件的吸水率，%；

$m_2$——试件面干潮湿状态的质量，kg；

$m$——试件的绝干质量，kg。

砌块的吸水率以三个试件吸水率的算术平均值表示。精确至 0.1%。

6.4.3 砌块的相对含水率按式(7)计算，精确至 0.1%：

$$W = \frac{\overline{W}_1}{\overline{W}_2} \times 100 \quad \cdots\cdots(7)$$

式中：$W$——砌块的相对含水率，%；

$\overline{W}_1$——砌块出厂时的含水率，%；

$\overline{W}_2$——砌块的吸水率，%。

## 7 干燥收缩试验

7.1 设备和仪器

7.1.1 手持应变仪，标距 250 mm。

7.1.2 电热鼓风干燥箱。

7.1.3 水池或水箱。

7.1.4 测长头：由不锈钢或黄铜制成，见图 6。

7.1.5 冷却干燥箱：可用铁皮焊接，尺寸应为 650 mm×600 mm×220 mm(长×宽×高)，盖子宜紧密。

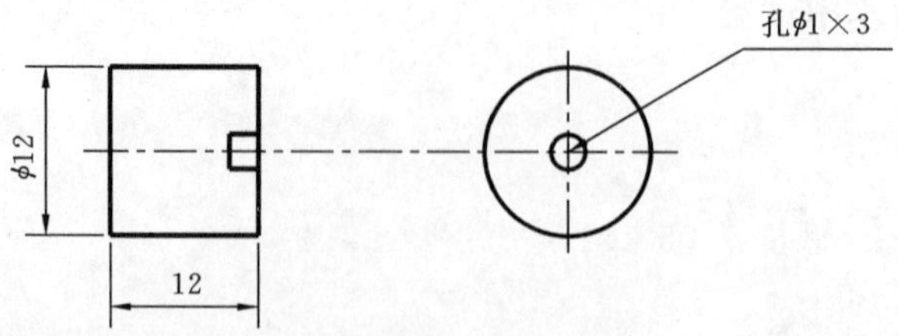


图 6 测长头

7.2 试件

7.2.1 试件每组为三个砌块。

7.2.2 用硅酸盐水泥;水泥-水玻璃浆或环氧树脂在每个试件任一条面的二分之一高度处沿水平方向粘上两个测长头。间距为 250 mm。

7.3 试验步骤

7.3.1 将测长头粘结牢固后的试件浸入室温 15～25℃的水中,水面高出试件 20 mm 以上,浸泡 4 d。但在测试前 4 h 水温应保持为(20±3)℃。

7.3.2 将试件从水中取出,放在铁丝网架上滴水 1 min,再用拧干的湿布拭去内外表面的水,立即用手持应变仪测量两个测长头之间的初始长度 $L$,精确至 0.001 mm。手持应变仪在测长前需用标准杆调整或校核,要求每组试件在 15 min 内测完。

7.3.3 将试件静置在室内,2 d 后放入温度(50±3)℃的电热鼓风干燥箱内,湿度用放在浅盘中的氯化钙过饱和溶液控制,当电热鼓风干燥箱容量为 1 $m^3$ 时,溶液暴露面积应不小于 0.3 $m^2$,氯化钙固体应始终露出液面。

7.3.4 试件在电热鼓风干燥箱中干燥 3 d 后取出,放入室温为(20±3)℃的冷却干燥箱内,冷却 3 h 后用手持应变仪测长一次。

7.3.5 将试件放回电热鼓风干燥箱进行第二周期的干燥。第二周期的干燥及以后各周期的干燥延续时间均为 2 d。干燥结束后再按 7.3.4 的规定冷却和测长。为保证干燥均匀,试件在冷却和测长后再放入电热鼓风干燥箱时,应变换一下位置。

反复进行烘干和测长,直到试件长度达到稳定。长度达到稳定系指试件在上述温、湿度条件下连续干燥三个周期后,三个试件长度变化的平均值不超过 0.005 mm。此时的长度即为干燥后的长度 $L_0$。

7.4 结果计算与评定

7.4.1 每个试件的干燥收缩值,按式(8)计算,精确至 0.01 mm/m。

$$S = \frac{L - L_0}{L_0} \times 1\ 000 \qquad \cdots\cdots(8)$$

式中:$S$——试件干燥收缩值,mm/m;

$L$——试件的初始长度,mm;

$L_0$——试件干燥后的长度,mm。

7.4.2 砌块的干燥收缩值以三个试件干燥收缩值的算术平均值表示,精确至 0.01 mm/m。

## 8 软化系数试验

8.1 设备

8.1.1 抗压强度试验设备同 3.1。

8.1.2 水池或水箱。

8.2 试件

8.2.1 试件数量为两组十个砌块。

8.2.2 试件表面处理按 3.2.2、3.2.3 的规定进行。

8.3 试验步骤

8.3.1 从经过表面处理和静置 24 h 后的两组试件中,任取一组五个试件浸入室温 15～25℃的水中,水面高出试件 20 mm 以上,浸泡 4 d 后取出,在铁丝网架上滴水 1 min,再用拧干的湿布拭去内、外表面的水。

8.3.2 将五个饱和面干的试件和其余五个气干状态的对比试件按 3.3 的规定进行抗压强度试验。

8.4 结果计算与评定

8.4.1 砌块的软化系数按式(9)计算,精确至 0.01;

$$K_f = \frac{R_f}{R} \qquad \cdots\cdots(9)$$

式中：$K_f$——砌块的软化系数；

$R_f$——五个饱和面干试件的平均抗压强度，MPa；

$R$——五个气干状态的对比试件的平均抗压强度，MPa。

## 9 碳化系数试验

9.1 设备、仪器和试剂

9.1.1 二氧化碳钢瓶。

9.1.2 碳化箱：可用铁板制作，大小应能容纳分两层放置七个试件，盖子宜紧密。

9.1.3 二氧化碳气体分析仪。

9.1.4 1%酚酞乙醇溶液：用浓度为70%的乙醇配制。

9.1.5 抗压强度试验设备同3.1。

9.1.6 碳化装置的连接见图7。

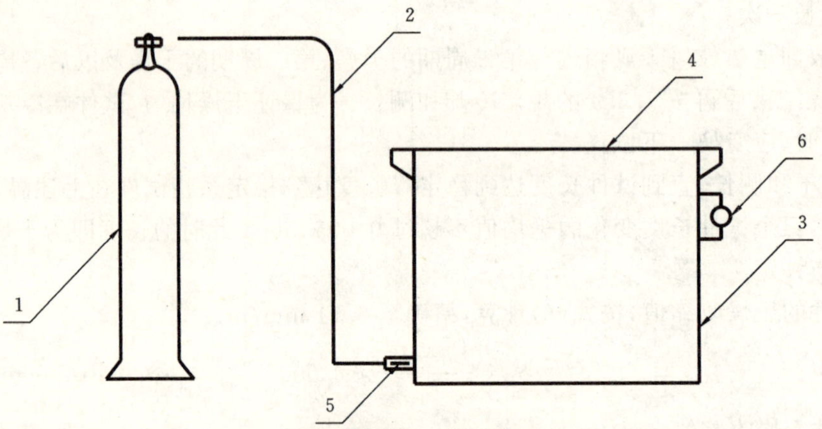


1—二氧化碳钢瓶；2—通气橡皮管；

3—碳化箱；4—箱盖；5—进气口；6—接气体分析仪

图7 碳化装置示意图

9.2 试件

9.2.1 试件数量为两组12个砌块。一组五块为对比试件，一组七块为碳化试件，其中两块用于测试碳化情况。

9.2.2 试件表面处理按3.2.2和3.2.3的规定进行。表面处理后应将试件孔洞处的砂浆层打掉。

9.3 试验步骤

9.3.1 将七个碳化试件放入碳化箱内，试件间距不得小于20 mm。

9.3.2 将二氧化碳气体通入碳化箱内，用气体分析仪控制箱内的二氧化碳浓度在(20±3)%。碳化过程中如箱内湿度太大，应采取排湿措施。

9.3.3 碳化7 d后，每天将同一个试件的局部劈开，用1%的酚酞乙醇溶液检查碳化深度，当试件中心不显红色时，则认为箱中所有试件全部碳化。

9.3.4 将已全部碳化的五个试件和五个对比试件按3.3的规定进行抗压强度试验。

9.4 结果计算与评定

9.4.1 砌块的碳化系数按式(10)计算，精确至0.01。

$$K_c = \frac{R_c}{R} \quad \cdots\cdots(10)$$

式中：$K_c$——砌块的碳化系数；

$R_c$——五个碳化后试件的平均抗压强度，MPa；

$R$——五个对比试件的平均抗压强度，MPa。

## 10 抗冻性试验

10.1 设备

10.1.1 冷冻室或低温冰箱：最低温度能达到－20℃。

10.1.2 水池或水箱。

10.1.3 抗压强度试验设备同3.1。

10.2 试件

试件数量为两组十个砌块。

10.3 试验步骤

10.3.1 分别检查十个试件的外表面，在缺陷处涂上油漆，注明编号，静置待干。

10.3.2 将一组五个冻融试件浸入10～20℃的水池或水箱中，水面应高出试件20 mm以上，试件间距不得小于20 mm。另一组五个试件作对比试验。

10.3.3 浸泡4 d后从水中取出试件，在支架上滴水1 min，再用拧干的湿布拭去内、外表面的水，立即称量试件饱和面干状态的质量$m_3$，精确至0.05 kg。

10.3.4 将五个冻融试件放入预先降至－15℃的冷冻室或低温冰箱中，试件应放置在断面为20 mm×20 mm的木条制作的格栅上，孔洞向上，间距不小于20 mm。当温度再次降至－15℃时开始计时。冷冻4 h后将试件取出，再置于水温为10～20℃的水池或水箱中融化2 h。这样一个冷冻和融化的过程即为一个冻融循环。

10.3.5 每经5次冻融循环，检查一次试件的破坏情况，如开裂、缺棱、掉角、剥落等，并做出记录。

10.3.6 在完成规定次数的冻融循环后，将试件从水中取出，按10.3.3的方法称量试件冻融后饱和面干状态的质量$m_4$。

10.3.7 冻融试件静置24 h后与对比试件一起按3.2.2、3.2.3的方法作表面处理，在表面处理完24 h后，按10.3.2、10.3.3和3.3的方法进行泡水和抗压强度试验。

10.4 结果计算与评定

10.4.1 报告五个冻融试件的外观检查结果。

10.4.2 砌块的抗压强度损失率按式(11)计算，精确至1%。

$$K_R = \frac{R_f - R_R}{R_f} \times 100 \qquad \cdots\cdots(11)$$

式中：$K_R$——砌块的抗压强度损失率，%；

$R_f$——五个未冻融试件的平均抗压强度，MPa；

$R_R$——五个冻融试件的平均抗压强度，MPa。

10.4.3 每个试件冻融后的质量损失率按式(12)计算，精确至0.1%。

$$K_m = \frac{m_3 - m_4}{m_3} \times 100 \qquad \cdots\cdots(12)$$

式中：$K_m$——试件的质量损失率，%；

$m_3$——试件冻融前的质量，kg；

$m_4$——试件冻融后的质量，kg。

砌块的质量损失率以五个冻融试件质量损失率的算术平均值表示，精确至0.1%。

10.4.4 抗冻性以冻融试件的抗压强度损失率、质量损失率和外观检验结果表示。

## 11 抗渗性试验

11.1 设备

11.1.1 抗渗装置见图8。

11.1.2　水池或水箱。

11.2　试件

11.2.1　试件数量为三个砌块。

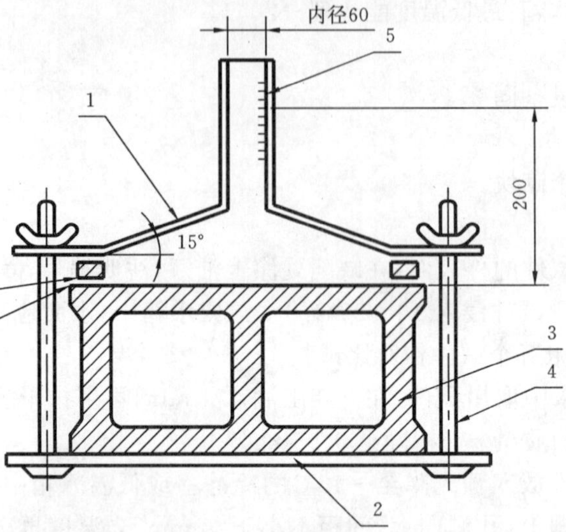


1—上盖板；2—下托板；3—试件；4—紧固螺栓；5—带有刻度的玻璃管；

6—橡胶海棉或泡沫橡胶条，厚 100 mm，宽 20 mm；7—20 mm 周边处涂黄油或其他密封材料

图 8　抗渗装置示意图

11.2.2　将试件浸入室温 15～25℃的水中，水面应高出试件 20 mm 以上，2 h 后将试件从水中取出，放在铁丝网架上滴水 1 min，再用拧干的湿布拭去内、外表面的水。

11.3　试验步骤

11.3.1　将试件放在抗渗装置中，使孔洞成水平状态(见图 8)。在试件周边 20 mm 宽度处涂上黄油或其他密封材料，再铺上橡胶条，拧紧紧固螺栓，将上盖板压紧在试件上，使周边不漏水。

11.3.2　在 30 s 内往玻璃筒内加水，使水面高出试件上表面 200 mm。

11.3.3　自加水时算起 2 h 后测量玻璃筒内水面下降的高度。

11.4　结果评定

11.4.1　按三个试件上玻璃筒内水面下降的最大高度来评定。

## 12　试验报告

试验报告内容应包括

a) 受检单位；

b) 试样名称、编号、数量及规格尺寸；

c) 送(抽)样日期；

d) 检验项目；

e) 依据标准；

f) 检验类别；

g) 试验结果与评定；

h) 报告编号及报告日期；

i) 检验单位与试验审核人员和单位技术负责人签章。

中华人民共和国国家标准

UDC 666.981
:001.4

GB 4582—84

# 钢丝网水泥名词术语及其定义

# Terms and their definition of ferrocement

本标准适用于教学、科研、设计、生产、检验、编写及翻译技术文件。

## 1 基本名称

**1.1** 钢丝网水泥
ferrocement
以钢丝网或钢丝网和加筋为增强材，水泥砂浆为基材组合而成的一种薄壁结构材料。

**1.1.1** 无筋钢丝网水泥
all mesh ferrocement
只配钢丝网，不配加筋的钢丝网水泥。

**1.1.2** 加筋钢丝网水泥
ferrocement with skeletal bar
同时配置钢丝网和加筋的钢丝网水泥。

**1.2** 自应力钢丝网水泥
self-stressing ferrocement
采用自应力水泥砂浆作基材，利用自应力水泥在硬化过程中的膨胀性能张拉加筋、钢丝网，使水泥砂浆获得预压应力的钢丝网水泥。

**1.3** 预应力钢丝网水泥
prestressed ferrocement
通过张拉加筋，使水泥砂浆获得预压应力的钢丝网水泥。

**1.4** 轻质钢丝网水泥
lightweight ferrocement
采用轻质水泥砂浆作基材的钢丝网水泥。

## 2 组成材料

**2.1** 基材
matrix
组合材料中的连续相，这里指钢丝网水泥中的水泥砂浆。

**2.1.1** 水泥砂浆
cement mortar
以水泥、砂和水或再掺入一定量的外加剂，按适当比例配制而成的拌合物。

**2.1.2** 自应力水泥砂浆
self-stressing cement mortar
以自应力水泥作胶结材的水泥砂浆。

国家标准局1984-07-20发布　　　　1985-06-01实施

2.1.3 轻质水泥砂浆

lightweight cement mortar

以松散容重不大于1200kg/m³的天然或人造轻质砂作细集料的水泥砂浆，其容重一般不大于1800kg/m³。

2.2 增强材

reinforcer

组合材料中起增强作用的分散相，这里指钢丝网水泥中的钢丝网和加筋。

2.2.1 钢丝网

wire mesh

用网丝直径0.5～2 mm、网格尺寸5～25mm，网格形状为正方形或矩形，作为钢丝网水泥分散配筋的镀锌或不镀锌的增强材料。

2.2.1.1 编织网

woven mesh

用单丝强度不低于4500kg/cm²的冷拔低碳钢丝，通过编织工艺制得的钢丝网。

2.2.1.2 焊接网

welded mesh

用单丝强度不低于4500kgf/cm²的冷拔低碳钢丝，通过焊接工艺制得的钢丝网。

2.2.2 加筋

skeletal bar

加在钢丝网水泥网层间的冷拔低碳钢丝或钢筋。通常用作加筋的冷拔低碳钢丝直径为2～5 mm；用作加筋的钢筋直径为6～8 mm。

2.2.2.1 纵筋

longitudinal bar

沿钢丝网水泥板长度方向配置的加筋。

2.2.2.2 横筋

transverse bar

沿钢丝网水泥板宽度方向配置的加筋。

## 3 生产工艺与专用设备

3.1 铺网扎筋

mesh-bar placement and tying

按设计要求铺设钢丝网和加筋，并将筋、网绑扎固定的施工工序。

3.2 手工抹浆

manual plastering

采用手工成型方法，将水泥砂浆填入筋网骨架中使之压实、抹平、精光的整个工序。

3.2.1 压实

compacting

将水泥砂浆压入筋网骨架中使之密实的成型工序。

3.2.2 抹平

smoothing

在水泥初凝前，对已压实的砂浆表面进行平整并控制保护层厚度的成型工序。

3.2.3 精光

finishing

在水泥接近终凝时，对已抹平的砂浆表面用力抹压使之光洁平滑的成型工序。

**3.3** 振动成型工艺

vibro-moulding process

利用振动机械，在振动力作用下使水泥砂浆流动、密实，制成所需形状的钢丝网水泥制品的成型工艺。

**3.4** 振动模压工艺

vibrating stamping process

利用振动模压机，在振动力和模压力的综合作用下，使水泥砂浆流动充满阴阳模之间并使之密实，制成所需形状的钢丝网水泥制品的成型工艺。

**3.5** 成组立模工艺

battery-mold process

采用成组立模，利用振动机械竖向生产钢丝网水泥板状构件的成型工艺。

**3.6** 振动－真空脱水工艺

vibrating vacuum-dewatering process

利用振动和真空脱水设备成型钢丝网水泥制品，在振动密实的基础上，进行真空脱水，使水泥砂浆更加致密的一种成型工艺。

**3.7** 高频挂斗振浆工艺

high freguency vibrating process with hopper

用插有高频振动器的开口挂斗紧压在筋网骨架上，通过不断加料及移动，在高频振动力的作用下，使水泥砂浆流动充满筋网骨架内并使之密实的一种竖向成型工艺。

**3.8** 外模振动工艺

outer mold vibrating process

利用附着于外模上的振动器，在振动力作用下，使水泥砂浆流动充满内外模之间筋网骨架内，使之密实的一种整体成型钢丝网水泥壳体的成型工艺。

**3.9** 喷浆工艺

shotcreting process

利用灰浆泵，靠压缩空气将水泥砂浆喷注压入筋网骨架内使之密实的成型工艺。

**3.10** 织网机

weaving machine of mesh

利用织布原理，通过上下窜动篦子及左右交叉梭子，编织钢丝网的专用设备。

**3.11** 焊网机

welding machine of mesh

利用低电压强电流使钢丝网网丝交叉节点熔接在一起，专制焊接网的点焊机。

**3.12** 气动筋网绑扎机

pneumatic tool for tying bar and mesh

由压缩空气机和专用绑扎枪组成，用于绑扎固定筋网骨架的一种机具。

**3.13** 电容贮能筋网骨架焊接机

bar and mesh welding system with storing energy condenser

由电焊机和专用焊枪组成，用于焊接钢丝网水泥制品筋网骨架的一种机电设备。

**3.14** 振动模压机

vibrating stamping press

由装有振动器并具有一定形状、尺寸和重量的冲头为阳模，与相应形状、尺寸的阴模组成一种专用于振动模压密实成型钢丝网水泥制品的机械设备。

**3.15** 高频挂斗振浆机

high frequency vibrating tool with hopper

由高频振动器、料箱和起吊工具联合组成的一种用于竖向成型钢丝网水泥制品的专用机械设备。

## 4 质量控制与检验

**4.1** 水灰比（$W/C$）

water - cement ratio

水泥砂浆拌合水$W$与水泥$C$的重量比。

**4.2** 灰砂比（$C/S$）

cement - sand ratio

水泥砂浆中水泥$C$与砂子$S$的重量比。

**4.3** 砂的级配

sand grading

砂试样中各级砂粒的分配情况。

**4.3.1** 砂的级配曲线

sand grading curve

以砂的标准筛上各级累计筛余百分数为纵坐标，筛孔尺寸为横坐标绘成的用以直观判断砂颗粒组成的曲线。

**4.3.2** 砂的级配标准区

sand grading standard region

用于衡量砂颗粒级配的标准区。

**4.4** 细度模数（$M_X$）

fineness modulus

表示砂颗粒粗细程度的一种指标，用砂的标准筛筛析结果按式（1）确定：

$$M_X = \frac{(A_2 + A_3 + A_4 + A_5 + A_6) - 5A_1}{100 - A_1} \quad \cdots\cdots\cdots\cdots (1)$$

式中：$A_1$、$A_2$、$A_3$、$A_4$、$A_5$、$A_6$——分别为砂的标准筛筛孔尺寸5，2.5，1.25，0.63，0.315，0.16mm各筛上的累计筛余百分率。

**4.5** 砂的最大粒径（$d_{max}$）

maximum size of sand

根据砂浆保护层厚度、网格尺寸及钢丝网水泥板厚度确定的砂的最大允许尺寸。

**4.6** 砂浆稠度

mortar consistency

表示水泥砂浆在自重或外力作用下的流动性能，以砂浆稠度仪测得的锥体沉入深度为指标，单位为cm。

**4.7** 砂浆强度

mortar strength

指边长为7.07cm立方试体经一定龄期养护后测得的水泥砂浆抗压强度，单位为$kgf/cm^2$。

**4.8** 蜂窝

honeycomb

由于振捣不够或模板不密合而产生漏浆等原因引起钢丝网水泥表面暴露蜂窝状孔洞的一种成型质量缺陷。

**4.9** 鼓泡

air pockets

由于内部气泡未赶净或精光过早而引起钢丝网水泥制品表面鼓起一击即落的浮浆壳层的一种成型质量缺陷。

4.10 夹层
sandwich
由于施浆不足，振捣不够等原因，而引起钢丝网水泥制品内部缺浆的一种成型质量缺陷。

4.11 麻面
scaling
由于底部气泡未赶净或模板涂油过多等原因，引起钢丝网水泥制品表面成片水泡麻点的一种成型质量缺陷。

4.12 表面起砂
surface dusting
由于配比不当或水泥、砂子性能不良等原因，致使水泥与砂子粘结力差而引起表面砂子剥落的一种质量缺陷。

4.13 印网印筋
trace of mesh and bar
钢丝网水泥制品表面隐显网、筋痕迹的一种质量缺陷。

4.14 露丝
emerging wire
绑扎筋网骨架的扎丝头露出钢丝网水泥制品表面的一种成型质量缺陷。

4.15 露网
emerging mesh
由于保护层厚度不足而引起网丝暴露在钢丝网水泥制品表面的一种成型质量缺陷。

4.16 裂缝
crack
由于温、湿度变化或受外力作用等原因致使钢丝网水泥制品所产生的缝隙。

4.16.1 收缩裂缝
shrinkage crack
由于外界温、湿度的变化或大气中侵蚀介质的影响引起钢丝网水泥砂浆体积变化而产生的收缩缝隙。

4.16.2 受力裂缝
stressed crack
钢丝网水泥制品在外力作用下其表面产生的缝隙。

4.17 丙酮湿痕法
acetone weting method
采用丙酮擦拭钢丝网水泥试件表面使裂缝显现的一种方法。

4.18 读数显微镜
reading microscope
用于测量钢丝网水泥试件表面砂浆裂缝宽度的一种光学计量仪器。

4.19 砂的标准筛
standard sieve of sand
一种具有标准筛孔尺寸、专用于测定砂子颗粒组成的筛。

4.20 砂浆稠度仪
mortar consistometer
一种具有标准形状、尺寸和重量，主要由圆锥体和截锥形容器组成，专用于测定砂浆稠度的仪器。

## 5 性能与试验方法

### 5.1 轴心受拉性能

axial tensive property

钢丝网水泥试件在通过轴心的轴向拉力作用下，各阶段的裂缝开展、强度与变形性能。

### 5.2 轴心受压性能

axial compressive property

钢丝网水泥试件在通过轴心的轴向压力作用下，各阶段的裂缝开展、强度与变形性能。

### 5.3 受弯性能

flexural property

钢丝网水泥试件在弯矩作用下，各阶段的弯曲力学性能。

### 5.4 抗冲击性

impact resistance

钢丝网水泥试件抵抗冲击作用的能力。

### 5.5 耐疲劳性

fatigue resistance

钢丝网水泥试件抵抗重复荷载的能力。

### 5.6 徐变

creep

钢丝网水泥试件在恒定外力作用下，随时间缓慢增加的非弹性变形。

### 5.7 收缩

shrinkage

水泥砂浆因物理和化学作用而引起的体积缩小现象。

#### 5.7.1 干缩

drying shrinkage

水泥砂浆因毛细孔和胶孔中水分蒸发散失而引起的体积缩小现象。

#### 5.7.2 温度收缩

temperature shrinkage

因温度下降引起的水泥砂浆体积缩小现象。

#### 5.7.3 碳化收缩

carbonated shrinkage

因受空气中$CO_2$的作用而导致水泥砂浆体积缩小现象。

### 5.8 抗裂性

cracking resistance

钢丝网水泥试件在应力状态下抵抗开裂的能力。以试件抵抗出现初始可见裂缝时的强度表示，单位为kgf/cm$^2$。

### 5.9 抗渗性

impermeability

钢丝网水泥试件抵抗水、油等液体渗透的能力。以试件单位面积上承受的液体压力表示，单位为kgf/cm$^2$。

### 5.10 耐久性

durability

钢丝网水泥在长期使用中能保持基本性能的能力。

**5.10.1** 砂浆耐蚀性
resistance to chemical attack of mortar
水泥砂浆抵抗酸、盐、油等介质侵蚀的能力。

**5.10.2** 筋网抗锈蚀性
corrosion resistance of bar and mesh
在化学或电化学作用下，钢丝网水泥中筋网抵抗锈蚀的能力。

**5.10.3** 抗冻性
frost resistance
钢丝网水泥抵抗冻融破坏的能力。

**5.11** 气密性
air impermeability
钢丝网水泥阻止气体渗透的能力。

**5.12** 耐火性
fire resistance
钢丝网水泥经燃烧后，能保持其使用性能的能力。

**5.13** 钢丝网水泥板轴心受拉试验方法
test method of ferrocement panels in axial tension
专指板厚不大于60mm、板宽200～300mm的钢丝网水泥板采用双向可调夹具进行的单向轴心受拉短期静力试验方法，见GB 3692—83《钢丝网水泥板轴心受拉试验方法》。

**5.14** 钢丝网水泥板受弯试验方法
test method of ferrocement panels in flexure
专指板厚不大于60mm、板宽200～300mm的钢丝网水泥板在受弯试验装置上进行的短期静力试验方法，见GB 3691—83《钢丝网水泥板受弯试验方法》。

**5.15** 双向可调夹具
adjustable fixture in two directions
一种可以在前后左右方向调节偏心而使钢丝网水泥板获得轴心受拉的专用机具。

**5.16** 受弯试验装置
flexural test device
一种可以使钢丝网水泥板中部300～400mm范围内承受纯弯曲的受弯试验装置。

## 6 计算及其参数

**6.1** 钢丝网水泥板计算厚度（$h$）
calculated thickness of ferrocement panel
钢丝网水泥板筋网骨架加两面保护层的总厚度，单位为mm，按式（2）计算：

$$h=\Sigma d_{zwi}+\Sigma d_{hwi}+\Sigma d_{zji}+\Sigma d_{hji}+2\delta \quad \cdots\cdots (2)$$

式中：$\Sigma d_{zwi}$——各层纵丝直径之和，mm；
$\Sigma d_{hwi}$——各层横丝直径之和，mm；
$\Sigma d_{zji}$——各层纵筋直径之和，mm；
$\Sigma d_{hji}$——各层横筋直径之和，mm；
$\delta$——砂浆保护层厚度，mm。

**6.2** 砂浆保护层厚度（$\delta$）
thickness of mortar coverage
指钢丝网水泥中最外层网丝外缘至砂浆表面的距离，一般为3～5mm。

**6.3** 网格尺寸

size of mesh opening

用以确定钢丝网网格的几何形状和大小的参数，对矩形、正方形网用网格边长来表示。

**6.4** 加筋间距（$S_j$）

bar spacing

钢丝网水泥板同一方向同一层相邻加筋的中心矩，单位为mm。

**6.4.1** 纵筋间距（$S_{zj}$）

longitudinal bar spacing

钢丝网水泥板同层纵筋的间距，单位为mm。

**6.4.2** 横筋间距（$S_{hj}$）

transverse bar spacing

钢丝网水泥板同层横筋的间距，单位为mm。

**6.5** 钢丝网层数（$n_w$）

layer number of mesh

铺设在钢丝网水泥中各种规格钢丝网的总层数。

**6.6** 加筋层数（$n_j$）

layer number of bar

配置在钢丝网水泥中各方向各规格加筋的层数。

**6.6.1** 纵筋层数（$n_{zj}$）

layer number of longitudinal bar

配置在钢丝网水泥中长度方向的加筋层数。

**6.6.2** 横筋层数（$n_{hj}$）

layer number of transverse bar

配置在钢丝网水泥中宽度方向的加筋层数。

**6.7** 总含钢量（$r$）

total steel content

钢丝网水泥板每立方米体积内钢丝网和加筋钢丝的总重量，单位为kg/m³。

**6.8** 含钢量（$G$）

steel content

钢丝网水泥板每立方米体积内受力方向加筋与网丝的总重量，单位为kg/m³。

**6.9** 总配筋率（$\mu$）

total percentage of reinforcement

钢丝网水泥板配筋率$\mu_j$与网丝率$\mu_s$之和，以百分率表示。

**6.9.1** 配筋率 $\mu_j$

percentage of reinforcement

钢丝网水泥板受力方向加筋总截面积与钢丝网水泥板横截面积的比值，以百分率$\mu_j$（%）表示，按式（3）计算：

$$\mu_j = \frac{\Sigma n_{ji} A_{ji}}{A} \times 100 \quad \cdots\cdots\cdots\cdots (3)$$

式中：$n_{ji}$——各层受力筋根数；

$A_{ji}$——各层受力筋单根截面积，mm²；

$A$——钢丝网水泥横截面积，mm²。

**6.9.2** 网丝率（$\mu_s$）

percentage of mesh

钢丝网水泥板受力方向网丝总截面积与钢丝网水泥板截面积的比值，以百分率 $\mu_s$(％) 表示，按式（4）计算：

$$\mu_s = \frac{\Sigma n_{si} A_{si}}{A} \times 100 \quad \cdots\cdots (4)$$

式中：$n_{si}$——各层受力丝根数；

$A_{si}$——各层受力单丝截面积，$mm^2$；

$A$——钢丝网水泥截面积，$mm^2$。

**6.10** 配筋形式

form of reinforcement

表示钢丝网水泥的筋网配置情况（包括网层数、加筋数、网径、筋径、网格尺寸、筋距、布置位置）的简式，表示如下：

$$n_w \frac{n_{lw}-d_{lzw}\cdot d_{lhw}——S_{lzw}\cdot S_{lhw}}{n_{yw}-d_{yzw}\cdot d_{yhw}——S_{yzw}\cdot S_{yhw}}——n_j\frac{n_{zj}\cdot d_{zj}-S_{zj}}{n_{hj}\cdot d_{hj}-S_{hj}} \quad \cdots\cdots (5)$$

式中：$n_w$——钢丝网层数；

$n_{lw}$——受拉面网层数；

$n_{yw}$——受压面网层数；

$d_{lzw}$——受拉面纵丝直径；

$d_{lhw}$——受拉面横丝直径；

$d_{yzw}$——受压面纵丝直径；

$d_{yhw}$——受压面横丝直径；

$S_{lzw}\cdot S_{lhw}$——受拉面网格间距；

$S_{yzw}\cdot S_{yhw}$——受压面网格间距；

$n_j$——加筋层数；

$n_{zj}$——纵筋层数；

$n_{hj}$——横筋层数；

$d_{zj}$——纵筋直径；

$d_{hj}$——横筋直径；

$S_{zj}$——纵筋间距；

$S_{hj}$——横筋间距。

当采用网丝直径为 1 mm、网格尺寸为10mm × 10mm的普通钢丝网时，配筋形式可简化为：

$$n_w——n_j\frac{n_{zj}\cdot d_{zj}-S_{zj}}{n_{hj}\cdot d_{hj}-S_{hj}} \quad \cdots\cdots (5)$$

**6.11** 配筋分散性系数（$K$）

dispersive coeficient of reinforcement

是衡量钢丝网水泥配筋分散性的指标。以配筋率、网丝率与相应的加筋直径、网丝直径的比值表示，单位为 1／mm，按式（6）、（7）计算：

对于无筋钢丝网水泥

$$K_1 = \Sigma \frac{\mu_{si}}{d_{si}} \quad \cdots\cdots (6)$$

对于加筋钢丝网水泥

$$K_2=\Sigma\frac{\mu_{si}}{d_{si}}+\Sigma\frac{\mu_{ji}}{d_{ji}} \cdots\cdots (7)$$

式中：$\mu_{si}$——各层网的网丝率；

$\mu_{ji}$——各层加筋的配筋率；

$d_{si}$——各层网的受力丝直径，mm；

$d_{ji}$——各层受力向加筋的直径，mm。

**6.12** 钢丝网比表面系数（$K_B$）

specific surface coefficient of mesh

是衡量钢丝网水泥配筋分散性的指标。以单位体积内配筋表面积表示，单位为$cm^2/cm^3$，按式（8）、（9）计算：

计全部网丝时

$$K_{B1}=\frac{S_{zh}}{A\cdot L} \cdots\cdots (8)$$

只计纵向网丝时

$$K_{B2}=\frac{S_z}{A\cdot L} \cdots\cdots (9)$$

式中：$S_{zh}$——钢丝网水泥计算长度内钢丝网纵、横丝的总表面积，$mm^2$；

$S_z$——钢丝网水泥计算长度内钢丝网纵向丝的表面积，$mm^2$；

$A$——钢丝网水泥截面积，$mm^2$；

$L$——钢丝网水泥计算长度，mm。

**6.13** 裂缝宽度

crack width

同一条表面裂缝边缘之间的最大垂直距离，单位为mm。

**6.13.1** 最大裂缝宽度

maximum crack width

表面各条裂缝宽度中的最大值。

**6.13.2** 平均裂缝宽度

average crack width

表面各条裂缝宽度的平均值。

**6.14** 裂缝间距

crack spacing

相邻两条表面裂缝之间的最小距离，单位为mm。

**6.14.1** 最小裂缝间距

minimum crack spacing

各裂缝间距的最小值。

**6.14.2** 平均裂缝间距

average crack spacing

各裂缝间距的平均值。

**6.15** 微裂

microcrack

裂缝宽度小于0.01mm的微细裂缝。

**6.16** 初裂

first cracking

裂缝宽度等于或大于0.1mm时的初始可见裂缝。

**6.17** 裂缝开展

crack developing

裂缝随外力的增长而逐渐扩展的过程。

**6.18** 强度（$\sigma$）

strength

钢丝网水泥受力各阶段单位横截面积抵抗外力的能力，以应力值表示，单位为$kgf/cm^2$。

**6.18.1** 弹限强度（$\sigma_T$）

elastic ultimate strength

在弹性范围内的最大应力值。

**6.18.2** 抗裂强度（$\sigma_{kf}$）

erack resistant strength

初裂前的最大应力值。

**6.18.3** 初裂强度（$\sigma_{cf}$）

first crack strength

出现初裂时的应力值。

**6.18.4** 0.01mm裂缝宽度的强度（$\sigma_{0.01}$）

strength at 0.01mm crack width

裂缝宽度开展至0.01mm时的应力值。

**6.18.5** 0.05mm裂缝宽度的强度（$\sigma_{0.05}$）

strength at 0.05mm crack width

裂缝宽度开展至0.05mm时的应力值。

**6.18.6** 0.1mm裂缝宽度的强度（$\sigma_{0.1}$）

strength at 0.1mm crack width

裂缝宽度开展至0.1mm时的应力值。

**6.18.7** 极限强度（$\sigma_j$）

ultimate strength

破坏前截面上所能承受的最大应力值。

**6.19** 应变（$\varepsilon$）

strain

钢丝网水泥受力后，单位长度的变形，以$\mu\varepsilon$表示。

**6.19.1** 弹限应变（$\varepsilon_T$）

elastic ultimate strain

在弹性范围内的最大应变值。

**6.19.2** 抗裂应变（$\varepsilon_{kf}$）

crack resistant strain

出现初裂前的最大应变值。

**6.19.3** 初裂应变（$\varepsilon_{cf}$）

first crack strain

出现初裂时的应变值。

**6.19.4** 0.01mm裂缝宽度的应变（$\varepsilon_{0.01}$）

strain at 0.01mm crack width

裂缝宽度开展至0.01 mm时的应变值。

**6.19.5** 0.05 mm裂缝宽度的应变（$\varepsilon_{0.01}$）

strain at 0.05mm crack width

裂缝宽度开展至0.05 mm时的应变值。

**6.19.6** 0.1 mm裂缝宽度的应变（$\varepsilon_{0.1}$）

strain at 0.1mm crack width

裂缝宽度开展至0.1 mm时的应变值。

**6.20** 弹性模量（$E_T$）

elastic modulus

表示钢丝网水泥的弹性特征，为在弹性范围内应力和应变的比值，单位为kgf/cm²。受拉弹性模量可按式（10）计算：

$$E_T = \frac{\sigma_T}{\varepsilon_T} \quad \cdots\cdots (10)$$

式中：$\sigma_T$——钢丝网水泥板轴心受拉弹性极限强度，kgf/cm²；

$\varepsilon_T$——钢丝网水泥板轴心受拉弹性极限应变值。

**6.21** 变形模量（$E_B$）

modulus of deformation

在非弹性范围内应力$\sigma_B$与应变$\varepsilon_B$的比值，单位为kgf/cm²。受拉变形模量可按式（11）计算：

$$E_B = \frac{\sigma_B}{\varepsilon_B} \quad \cdots\cdots (11)$$

式中：$\sigma_B$——钢丝网水泥板轴心受拉非弹性范围内各使用阶段的应力值；

$\varepsilon_B$——钢丝网水泥板轴心受拉弹性范围内各使用阶段的应变值。

**6.21.1** 初裂时的变形模量（$E_{cf}$）

modulus of deformation at first cracking

初裂时应力$\sigma_{cf}$与应变$\varepsilon_{cf}$的比值。

**6.21.2** 0.01 mm裂缝宽度的变形模量（$E_{0.01}$）

modulus of deformation at 0.01 mm crack width

裂缝宽度开展至0.01 mm时的应力$\sigma_{0.01}$与应变$\varepsilon_{0.01}$的比值。

**6.21.3** 0.05 mm裂缝宽度的变形模量（$E_{0.05}$）

modulus of deformation at 0.05 mm crack width

裂缝宽度开展至0.05 mm时的应力$\sigma_{0.05}$与应变$\varepsilon_{0.05}$的比值。

**6.21.4** 0.1 mm裂缝宽度的变形模量（$E_{0.1}$）

modulus of deformation at 0.1mm crack width

裂缝宽度开展至0.1mm时的应力$\sigma_{0.1}$与应变$\varepsilon_{0.1}$的比值。

**6.22** 挠度（$f_t$）

deflection

钢丝网水泥板受弯后，各点的垂直位移，单位为mm。

**6.23** 抗弯刚度（$B$）

flexural rigidity

钢丝网水泥板抵抗弯曲变形的能力。对钢丝网水泥板弹性阶段纯弯区的抗弯刚度按式（12）计算：

$$B_T = \frac{P_t \cdot a \cdot l_0^2}{16 f_t} \quad \cdots\cdots (12)$$

式中：$B_T$——钢丝网水泥板弹性抗弯刚度，kgf/cm²；

$P_t$——钢丝网水泥板受弯弹性阶段荷载，即对应于荷载挠度曲线上直线段的最大荷载，kgf；

$f_t$——对应于$P_t$值的钢丝网水泥板纯弯区段中点的挠度，cm；

$a$——钢丝网水泥板力臂长度，cm；

$l_0$——钢丝网水泥板纯弯区长度，cm。

## 汉语索引

# 英文索引

## A



## B



## C



## D



## E

O



P



R



S

附加说明:

本标准由国家建筑材料工业局提出。

本标准由国家建筑材料工业局苏州混凝土水泥制品研究院负责起草。

本标准主要起草人陈惠珍、王希哲、吴汝洁、谢雪英。

本标准委托国家建筑材料工业局苏州混凝土水泥制品研究院负责解释。

# 前　言

本标准非等效采用ISO 393-1:1983《石棉水泥制品　第一部分:屋面及墙面用波瓦与配件》及ISO 396-1:1980《纤维增强水泥制品　第一部分:石棉水泥平板》中的有关条款。

本标准非等效采用ISO 393-1和ISO 396-1标准中试验方法的技术内容的同时,结合国情作了一些补充和改进。与国际标准内容相同的有:

1 波瓦和平板的外观质量及规格尺寸检验。如波瓦的掉角、掉边、方正度、平板的边缘平直度、边缘垂直度;波瓦的波距、波高、长、宽、厚;平板的平整度、长、宽、厚等,不仅测定方法相同,且使用的测量工具亦相同。

2 物理力学性能的测定。如不透水性、抗冻性、密度、抗折强度等,从测定方法、步骤和测量工具的要求都是相同的。以上这些内容经过十多年的实施证明,具有方法简单、易于操作、试验周期短、测试结果准确、复演性好的特点。

本版本根据国情,把五个现行石棉水泥波瓦、平板试验方法合并为一个国家标准,并对下列主要内容作了修订:增加纤维水泥管外观及物理力学性能检验;增加平板含水率、干缩率、湿胀率的测定内容;对ISO 393-1和ISO 396-1的一些试验方法作了修订,如中、小波瓦横向抗折力试验的支距改为800 mm,半波板的支距也修订为1 100 mm,并增加测定大、中、小波瓦的纵向抗折力、脊瓦的破坏荷重、波瓦的落锤式冲击试验内容,使得本标准的适用范围扩大,试验项目更齐全、合理。使用本标准就能全面、准确测定各种纤维水泥制品产品标准中包含的所有检验和试验内容。

本标准自生效之日起同时代替GB 7019—86、GB 8040—87、GB 8041—87、GB 8042—87和GB 9773—88。

本标准由国家建筑材料工业局提出。

本标准由全国水泥制品标准化技术委员会归口。

本标准起草单位:国家建筑材料工业局苏州混凝土水泥制品研究院。

本标准参加起草单位:吴桥县石棉水泥制管厂、柳州市轻型建筑材料厂、淮南市石棉瓦厂。

本标准主要起草人:张明勇、冯立平、黄志刚。

**中华人民共和国国家标准**

**GB/T 7019—1997**

# 纤维水泥制品试验方法

**Test methods for fiber cement products**

代替 GB 7019—86
GB 8040—87
GB 8041—87
GB 8042—87
GB 9773—88

## 1 范围

本标准适用于纤维水泥波瓦、平板、半波板、脊瓦和纤维水泥管产品的检验和试验。

## 2 定义

本标准采用下列定义。

纤维水泥:由均匀分散的纤维或纤维网片与水泥净浆或砂浆组成的一种复合材料。

## 3 规格尺寸的测量

3.1 波瓦、半波板、脊瓦和平板

3.1.1 测量工具

a) 厚度千分尺:量程 25 mm,分度值 0.01 mm;

b) 游标卡尺:量程 125 mm,分度值 0.02 mm;

c) 深度游标卡尺:量程 200 mm,分度值 0.02 mm;

d) 钢直尺:量程 1 000 mm 和 200 mm 各一把,分度值 1 mm;

e) 钢卷尺:量程 2 000 mm 至 5 000 mm,分度值 1 mm;

f) 金属弧谷定位轴(滚筒):数量为每种规格 2 个,如图 1 所示;

g) 万用角度规:量程 320°,分度值 2″。

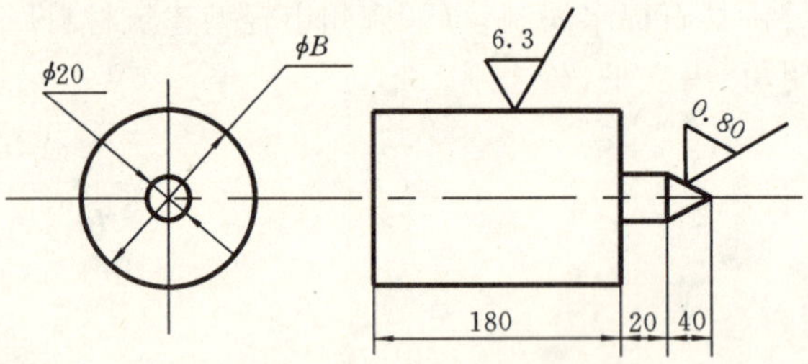


单位:mm

ϕB——分别为 ϕ37 mm(小波)和 ϕ65 mm,锥顶必须在轴线上

图 1 金属弧谷定位轴

3.1.2 测量方法

3.1.2.1 长度

大、中波瓦在 2 和 5 波顶,小波瓦在 3 和 9 波顶,平板在离板边 100 mm 处各测量一次,取两次测量的平均值;半波板在板中间及距板边各约 50 mm 的两处各测量一次,取 3 次测量结果的算术平均值。

3.1.2.2 宽度

波瓦在离两端部 150~300 mm 处、脊瓦在中部、平板在离板两端 100 mm 处各测量一次,取其平均

**国家技术监督局 1997-07-28 批准　　1998-02-01 实施**

值;半波板在板中间及距板两端 50 mm 处各测量一次,取 3 次测量结果的算术平均值。

3.1.2.3　厚度

用厚度千分尺在离端部至少 10 mm 的各点上测量。其中大、中波瓦在 2 和 5 波顶,小波瓦在 3 和 9 波顶,脊瓦在两边中部测量,取其 2 次测量平均值;平板在一端中间及离两边 20 mm 处测量,取 3 次测量的算术平均值;半波板在一端取 6 点测量,其中包括 3 个波顶及 3 个平谷,取 6 次测量的算术平均值。

3.1.2.4　波高

大、中波瓦和半波板在离端部 150～300 mm 的 2 和 3 波间及 4 和 5 波间测量,小波瓦在 3 和 4 波间及 8 和 9 波间测量,取其 2 次测量的算术平均值,如图 2 所示。

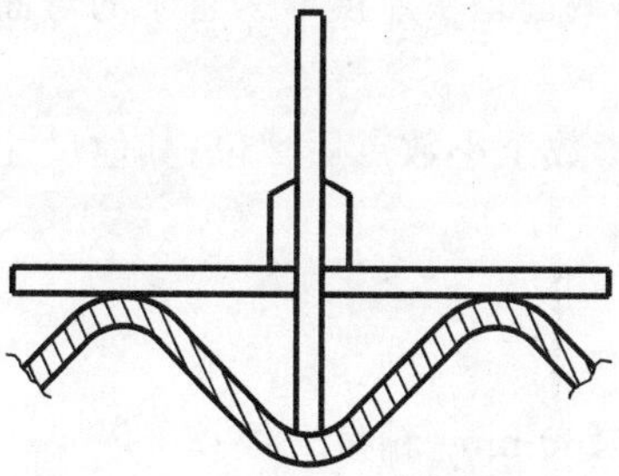

图 2　波高的测量方法

3.1.2.5　波距

在波瓦或半波板相邻波谷中(波瓦测量位置与测量波高相同,半波板则放在反面的波谷里)放置滚筒,让滚筒锥形端伸出端部,用钢直尺测量相邻两锥顶的距离,取 2 次测量的算术平均值,如图 3 所示。

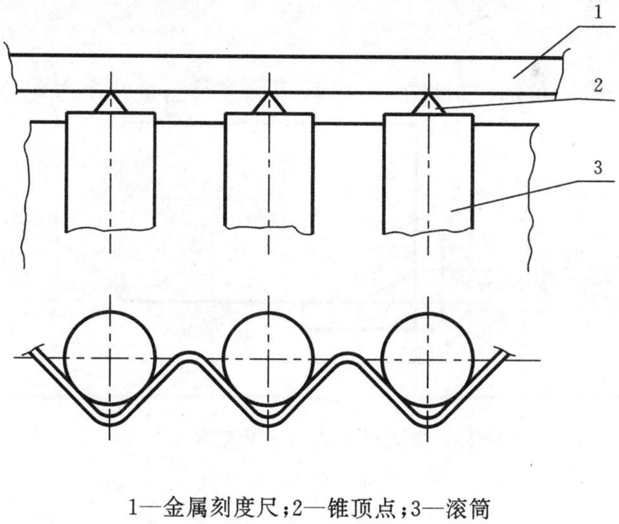


1—金属刻度尺;2—锥顶点;3—滚筒

图 3　波距的测量方法

3.1.2.6　边距

将滚筒放置在波瓦或半波板反面边波波谷内,用钢直尺测量滚筒顶端至边缘的距离,取 2 次测量的算术平均值。

3.1.2.7　脊瓦角度

把角度规一边紧靠脊瓦外边一面,调整角度规使其与脊瓦另一面紧密接触,读取角度规读数。

3.2　纤维水泥管

3.2.1　测量工具

a) 钢直尺:分度值 0.5 mm;

b) 钢卷尺:量程 5 000 mm,分度值 1 mm;

c) 游标卡尺:量程 125 mm 或 1 000 mm,分度值 0.02 mm;

d) 垫块:厚 10 mm,2 块;

e) 弦线。

3.2.2 测量方法

3.2.2.1 长度:在管子轴向对称位置用钢卷尺测量 2 次,取其算术平均值。

3.2.2.2 壁厚:在管子两端垂直对称位置用游标卡尺测量 4 次,取其算术平均值。

3.2.2.3 内外径:用游标卡尺在管子两端垂直对称位置各测量 4 次,取其算术平均值。

3.2.2.4 弯曲度:将垫块紧靠在管子侧面离两端各 5 mm 处表面上,在垫块上曳紧弦线,用钢直尺测量管子外表面与弦线之间的最大间隙,减去垫块厚度即为管子的弯曲度。

3.3 结果处理

厚度测量结果修约至 0.1 mm 读数至小数点后 2 位;其他尺寸测量结果修约至 1 mm,角度修约至 1°。

## 4 外观质量的检查

4.1 测量工具

a) 宽座直角尺:量程 160 mm×160 mm,精度一级;

b) 钢直尺:量程 1 000 mm 和 200 mm 各一把,分度值 1 mm;

c) 钢卷尺:量程 2 000 mm 至 5 000 mm,分度值为 1 mm;

d) 矩形框架:两端带有与瓦形吻合的弧形,要求框架每边与直尺的偏差每米不超过 0.2 mm,两边间的直角精度为 0.001 弧度;

e) 塞尺:最小分度值 0.05 mm。

4.2 测量方法

4.2.1 掉角

将角尺贴至波瓦或平板缺角部位(见图 4),然后用钢直尺测量两个方向的缺角长度。

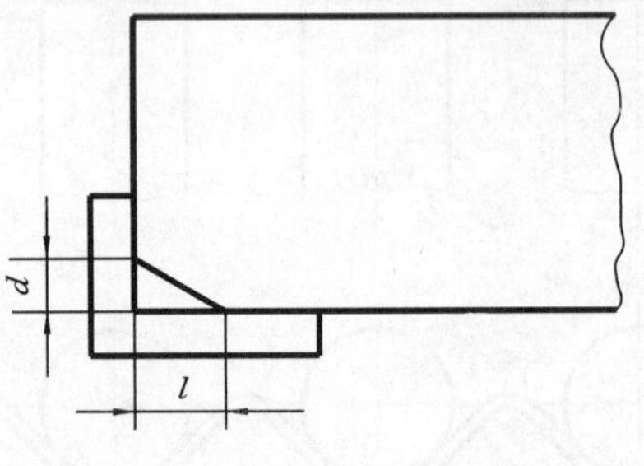


$l$—沿瓦长方向最大值;$d$—沿瓦宽方向最大值

图 4 掉角的测量

4.2.2 掉边

将长的钢直尺一边紧靠在掉边处,用短的钢直尺测出掉边最宽处与长钢直尺边的距离。

4.2.3 裂纹

用塞尺测量。

4.2.4 方正度

将框架的一端与波瓦或半波板的一端对齐(见图 5),用钢直尺测出框架另一端与波瓦另一端波顶的最大间隙 $\delta$。

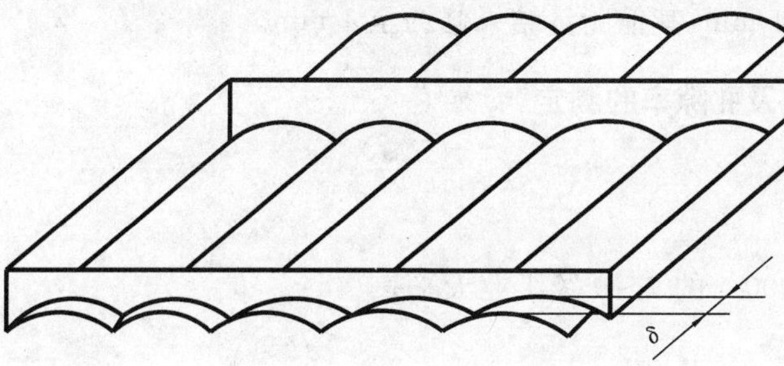


图 5 波瓦方正度的测量

4.2.5 平板边缘平直度

将钢直尺的侧面贴在平板的边上，然后测量直尺侧面与平板边缘之间的最大间隙，平直度 $d/l$ 以 mm/m 计，如图 6 所示。

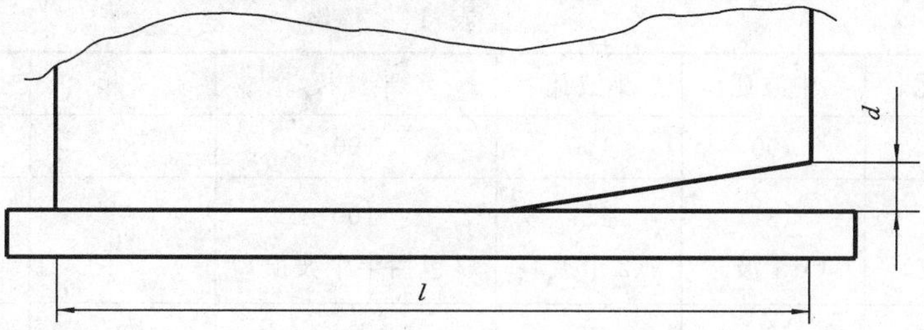


图 6 边缘平直度的测量

4.2.6 平板边缘垂直度

依次将一把长臂不短于 1 000 mm、短臂不短于 630 mm 的直角尺贴至平板的 4 个角上，角尺的长臂紧贴平板的边缘，在此位置测量平板角的顶点离直角尺短臂的间隙 $d$，垂直度 $d/l$ 以 mm/m 计，如图 7。

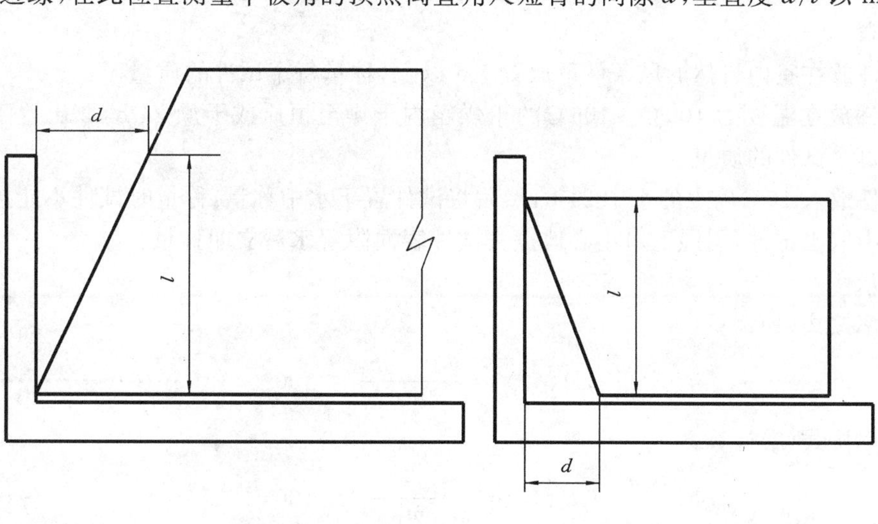


图 7 边缘垂直度的测量

4.2.7 平板表面平整度

将平板置于平整的水平台面上，用 1 000 mm 的钢直尺侧面贴在平板表面上，然后用塞尺测量直尺侧面与平板正面之间的最大间隙。

4.2.8 管子外观质量

先用目测再用钢直尺测量管子内外表面伤痕和脱皮的深度及面积。

4.2.9 结果处理

裂纹测量结果修约至 0.1 mm，其他测量结果修约至 1 mm。

## 5　含水率、吸水率、表观密度及孔隙率的测定

### 5.1　仪器设备

a）电热恒温干燥箱；

b）工业天平：称量为 1 000 g 的 7～9 级工业天平；

c）水槽；

d）盛水容器；

e）温度计。

### 5.2　试件

5.2.1　试件尺寸与数量

按表 1 的规定。

表 1

| 种类 | 大波瓦 | 中波瓦 | 小波瓦 | 半波板 | 平板 | 脊瓦 | 管子 |
|---|---|---|---|---|---|---|---|
| 长度，mm | 100 | 100 | 100 | 100 | 80 | 80 | 轴向 30 |
| 宽度，mm | 167<br>（1 个波） | 131<br>（1 个波） | 127<br>（2 个波） | 100<br>（包括半个波顶） | 80 | 80 | 环向 50 |
| 数量，个 | 2 | 2 | 2 | 2 | 2 | 2 | 2 |

5.2.2　试件的制备

5.2.2.1　取样：波瓦在后端离端部 100 mm 处的中部对称位置各取 1 块；平板或脊瓦在离边 30 mm 以上的中部对称位置取样；管子从管两端部切取。

5.2.2.2　试件应无肉眼可见裂纹，表面无灰尘及细碎颗粒，边缘平整。

### 5.3　试验步骤

5.3.1　将试件放在室内自然通风条件下放置 7 d 以上，称量每个试件的质量。

5.3.2　将试件放在温度为 100℃～105℃的干燥箱内干燥至恒质或干燥 24 h，取出置于干燥器中冷却至室温，称量每个试件的质量。

5.3.3　将试件放入 10℃以上的水中 24 h，然后将试件置于水中称量，称量时试件不能接触容器壁。

5.3.4　从水中取出试件，用湿毛巾小心地擦去试件表面附着水后立即称量。

### 5.4　结果表示

5.4.1　含水率按式(1)计算：

$$A(\%) = \frac{m_0 - m_1}{m_1} \times 100 \qquad \cdots\cdots(1)$$

5.4.2　吸水率按式(2)计算：

$$B(\%) = \frac{m_3 - m_1}{m_1} \times 100 \qquad \cdots\cdots(2)$$

5.4.3　表观密度按式(3)计算：

$$\rho = \frac{m_1 \cdot \rho_0}{m_3 - m_2} \qquad \cdots\cdots(3)$$

5.4.4　孔隙率按式(4)计算：

$$P(\%) = \frac{m_3 - m_1}{m_3 - m_2} \times 100 \qquad \cdots\cdots(4)$$

式(1)至(4)中：

$A$——试件的含水率，%；

$B$——试件的吸水率，%；

$\rho$——试件的表观密度，g/m³；

$P$——试件的孔隙率，%；

$m_0$——气干状态试件的质量，g；

$m_1$——干燥试件的质量，g；

$m_2$——饱水试件在水中的质量，g；

$m_3$——饱水试件在空气中的质量，g；

$\rho_0$——水的密度，g/cm³。

5.5 试件称量均精确至 0.01 g，计算结果表观密度修约至小数点后 2 位，其余修约至小数点后 1 位。

## 6 不透水性试验

6.1 仪器设备

a）围水框架，其长度为 1 000 mm，高度为 40 mm 加波高，宽度分别为小波瓦 6 个波数，中波瓦 4 个波数，大波瓦 3 个波数，两端板须做成与波形相吻合的形状；

b）试验支架；

c）干湿球温度计；

d）透明玻璃管，内径 35 mm，长度为 300 mm。

6.2 试件的准备

采用长度不小于 1 200 mm 的整张波瓦，平板大于 250 mm×250 mm，试件置于温度高于 5℃的环境中至少 5 d。

6.3 试验步骤

6.3.1 试验在温度为 23℃±2℃，相对湿度大于 50%的室内进行。

6.3.2 框架或玻璃管（平板用）与试件的接触处要完全密封，确保不渗水，水温不低于 5℃。

6.3.3 将水注入框架（或玻璃管），使水面高出波顶 20 mm（玻璃管内注水高度为 250 mm）。

6.4 试验结果评定

在 24 h 后检查试件底面是否有水滴形成。

## 7 干缩率、湿胀率的测定

7.1 仪器设备

a）电热恒温干燥箱；

b）干燥器；

c）外径千分尺：量程 250 mm～275 mm，分度值 0.01 mm；

d）水槽。

7.2 试件

7.2.1 试件的尺寸与数量

试件尺寸 260 mm×260 mm，干缩率试件 2 个，湿胀率试件 2 个。

7.2.2 试件的制备

在平板距离边缘 200 mm 以内的中间部位切取试件。

7.3 试验步骤

7.3.1 测定干缩率时，把试件放于室内自然通风条件下放置 7 d 以上，在试件四边测量部位刻上标线，用外径千分尺测量 4 个边长，然后将试件放进干燥箱里，保持 60℃±5℃，24 h 后取出放在干燥器中冷却至室温，再测量一次 4 个边长。

7.3.2 测定湿胀率时，把试件浸入不低于 5℃的水中至少 24 h，用湿毛巾擦干净，在试件四边测量部位刻上标线，用外径千分尺测量 4 个边长，然后将试件放进干燥箱里，在 100 ℃～105 ℃温度下烘干 24 h，取出放在干燥器中冷却至室温，再测量一次 4 个边长。

7.4 结果表示

7.4.1 干缩率按式(5)计算

$$\Delta l(\%)=\frac{l_1-l_2}{l_1}\times 100 \quad \cdots\cdots(5)$$

7.4.2 湿胀率按式(6)计算

$$\varepsilon(\%)=\frac{l_3-l_4}{l_4}\times 100 \quad \cdots\cdots(6)$$

式(5)和式(6)中：

$\Delta l$——干缩率，%；

$l_1$——自然条件下试件长度，mm；

$l_2$——60℃烘干后试件长度，mm；

$\varepsilon$——湿胀率，%；

$l_3$——饱水后试件长度，mm；

$l_4$——100℃～105℃烘干后试件长度，mm。

7.5 试件长度测量均精确至 0.01 mm。结果以两块试件 8 个数据的算术平均值表示，修约至小数点后 3 位。

## 8 抗冻性试验

8.1 仪器设备

低温冷冻箱、试件架、水池和温度计。

8.2 试件的制备

从波瓦或板上按表 2 尺寸在离端部 200 mm 处的对称位置切割 2 块试件。管子从管两端切割 2 块试件。

表 2 　　mm

| 种 类 | 大波瓦 | 中波瓦 | 小波瓦 | 半波板 | 平 板 | 脊 瓦 | 管 子 |
|---|---|---|---|---|---|---|---|
| 长度 | 300 | 300 | 300 | 300 | 300 | 100 | 100 |
| 宽度 | 167 | 196 | 190 | 200 | 200 | 150 | — |

8.3 试验步骤

8.3.1 已切割好的试件放入不低于 5℃的清水中浸泡 24 h，取出检查不得有因切割而引起的缺陷。

8.3.2 浸泡后的波瓦、平板试件侧立在试件架上，间距不小于 15 mm(管子试件竖放)，然后将其放入预先降温至－20℃±2℃的低温冷冻箱中，冷冻 90 min(管子 2 h)，取出放入 20℃±5℃的清水中融化 30 min(管子 2 h)，为一次循环。

8.4 试验结果评定

冷冻时间以放入冷冻设备后温度重新降至－20℃±2℃时开始计时。反复冻融 25 次，每次浸水后放入低温冷冻箱以前，均需擦干检查试件有无起层和龟裂等破坏现象。

## 9 波瓦、平板抗折试验

9.1 设备

试验机要求荷载示值误差不大于±1%，量程不大于 6 000 N。波瓦横向抗折试验装置见图 8，纵向抗折试验装置见图 9，脊瓦加荷装置见图 10，平板加荷装置见图 11。毛毡厚度 10 mm 且必须粘贴平整，不带倒角。

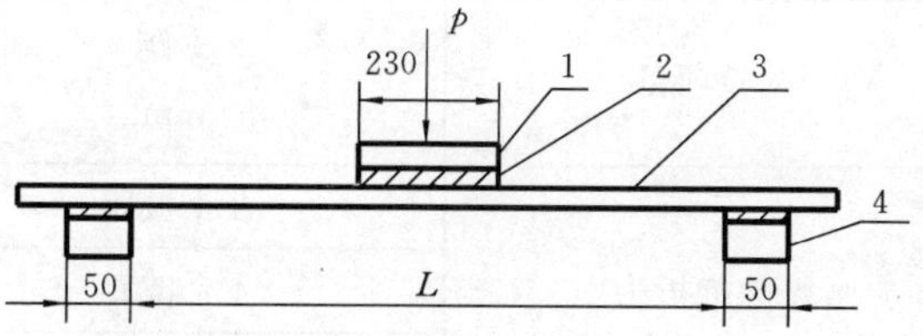


1—刚性平板；2—毛毡(厚 10 mm)；3—试件；4—支座

图 8

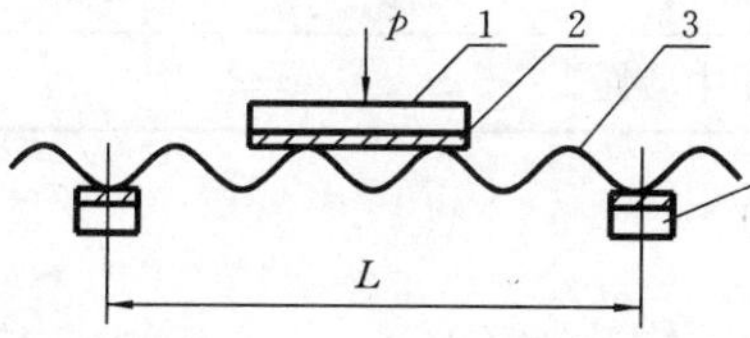


1—刚性平板；2—毛毡；3—试件；4—支座

图 9

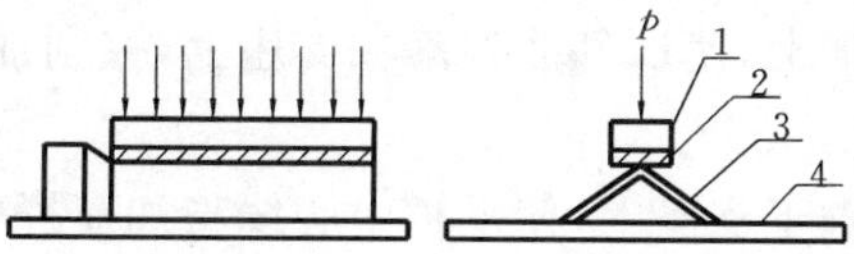


1—压块；2—毛毡；3—试件；4—钢板

图 10

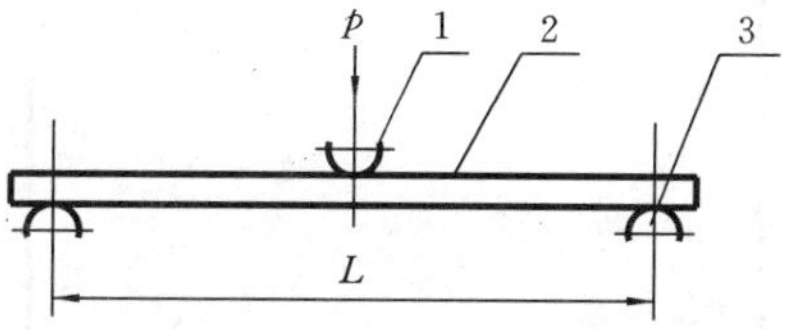


1—压杆；2—试件；3—支座

图 11

9.2　试件制备

试件尺寸，支距见表 3。波瓦横抗试件取整张瓦，纵抗试件在作完横向抗折试验的试件上割取；平板试件在距板边不小于 25 mm 的中间部分对称位置割取。

表 3

| 产品品种 | 试验项目 | 支距<br>mm | 试件尺寸<br>mm |
| --- | --- | --- | --- |
| 中、小波瓦 | 横向抗折力 | 800 | 整张瓦 |
| 加筋中波瓦 | | 1 450 | |
| 加筋小波瓦 | | 800 | |
| 大波瓦 | | 1 300 | |
| 半波板 | | 1 100 | |

表 3(完)

| 产品品种 | 试验项目 | 支距<br>mm | 试件尺寸<br>mm |
|---|---|---|---|
| 小波瓦 | 纵向抗折力 | 8 个波距 | 瓦宽×500 |
| 中波瓦 | | 4 个波距 | 瓦宽×500 |
| 大波瓦 | | 4 个波距 | 瓦宽×500 |
| 平板与平板配件 | 抗折强度 | 215 | 250×250 |
| 脊瓦 | 破坏荷重 | 平置 | 整瓦 |
| 注:波瓦横抗采用净支距,其余采用支座中心距。 | | | |

9.3 试验步骤

9.3.1 试验准备

试验前将试件置于5℃～30℃的洁净水中浸泡24 h,试件间距不小于5 mm,水面高于试件20 mm以上。试件取出后用湿毛巾揩干后立即进行试验。

9.3.2 波瓦横向抗折:试件正面朝上平置于预先调整好的支座上,以每秒60 N～100 N的速度加荷直至断裂,记录破坏荷载,精确至10 N。

9.3.3 波瓦纵向抗折:试件正面朝上,使试件波谷落在支座上,控制加荷速度使试件在15 s～30 s内断裂,记录破坏荷载,精确至5 N。

9.3.4 平板抗折:试件正面朝上置于支座上,使平板中心线与加荷杆中心线重合。控制加荷速度使试件在15 s～30 s内断裂,读取破坏荷载,测量断裂处试样宽度及对称两点的厚度。然后将试件重新拼合,在垂直方向作第二次抗折,再测量断裂处宽度与对称两点的厚度(见图12)。

(a) (b)

图 12

9.3.5 脊瓦破坏荷重:将浸水后的试件平置于钢板上,使脊瓦轴线与压板轴线重合,控制加荷速度使试件在15～30 s内破坏,读取破坏荷载。

9.4 试验结果计算

9.4.1 波瓦横向抗折力按公式(7)计算:

$$C = \frac{p}{b} \qquad (7)$$

式中:$C$——每米宽横向抗折力,N/m,精确至1 N/m;

$p$——横向破坏荷载,N;

$b$——试件宽度,m。

9.4.2 平板抗折强度按公式(8)计算:

$$R = \frac{3pL}{2be^2} \qquad (8)$$

式中：$R$——抗折强度，MPa，精确至 0.1 MPa；

$p$——破坏荷载，N；

$L$——支距，mm；

$b$——试件断面宽度，mm；

$e$——试件断面厚度，mm，二次测量结果的算术平均值。

## 10 抗冲击性试验

### 10.1 平板抗冲击试验

#### 10.1.1 仪器设备

a) 钢卷尺或钢直尺，分度值为 1 mm；

b) 游标卡尺，分度值 0.02 mm；

c) 摆锤式冲击试验机，可采用 JJG-5 型；

d) 水槽。

#### 10.1.2 试件准备

10.1.2.1 试件类型、尺寸、支座间的距离，见表 4。

表 4

mm

| 试件类型 | 长　　度 | 宽　　度 | 厚　　度 | 支承线间距离 |
|---|---|---|---|---|
| 1 | 80±2 | 10±0.5 | 4±0.2 | 60 |
| 2 | 50±1 | 6±0.2 | 4±0.2 | 40 |
| 3 | 120±2 | 15±0.5 | 10±0.5 | 70 |
| 4 | 250±2 | 13±0.5 | 13±0.5 | 95 |

10.1.2.2 试件处理

把试件置于 5℃以上洁净水中浸泡 24 h，试件间距不小于 5 mm，水面高于试件约 20 mm。试件取出后用湿毛巾揩干后应立即进行试验。

#### 10.1.3 试验步骤

根据试件的冲击韧性，选用适当的摆锤及量程。一般板厚＜10 mm 时，选用 1 J 档；10 mm≤板厚≤15 mm 时使用 2.5 J 档；15 mm＜板厚≤25 mm 时，选用 5 J 档。将摆锤提高到初始位置，固定摆锤，将试件侧立于托板上正面面向摆锤，反面与支承刀刃紧靠，然后将摆锤落下，读取破坏试件所消耗的功，测量试件折断处的宽度和厚度。

#### 10.1.4 试验结果计算

抗冲击强度按公式(9)计算：

$$AK = \frac{A}{be} \qquad \cdots\cdots(9)$$

式中：$AK$——抗冲击强度，J/m$^2$；

$A$——冲断试件所耗用的功，J；

$b$——破坏处试件宽度，m；

$e$——破坏处试件厚度，m。

### 10.2 波瓦抗冲击性试验

#### 10.2.1 仪器设备

a) 钢卷尺、钢直尺、游标卡尺和水槽同 10.1.1。

b) 落锤式冲击试验机。落锤为淬火茄形锤，质量 1 000 g±10 g，硬度 HRC40～50，外形尺寸如图 13。宽 50 mm 的钢支座二根，其上垫木厚度为 10 mm，支座可在滑轨上固定。其他主要部件有落锤固定及释放装置，调节落锤高度装置，调节支座距离的装置，固定试件及调整落点装置。

c）框式水平仪，规格 250 mm×250 mm，分度值 0.025 mm。

10.2.2 试验步骤

10.2.2.1 试件处理同 10.1.2.2。

10.2.2.2 波瓦支距为净支距 800 mm，落锤底面至冲击点的落差为 1 200 mm。

10.2.2.3 试验方法

用框式水平仪调整台面，使两支座处于同一水平面。将饱水后的试件正面朝上平置于调整好支距的支座上，放上垫木，旋紧固定螺栓将瓦固定在支座上。调整波瓦中部的波顶在落锤的垂直线上，调整落锤高度，释放落锤，记录冲击次数及试件正反面两面裂纹、剥落、龟裂等情况。

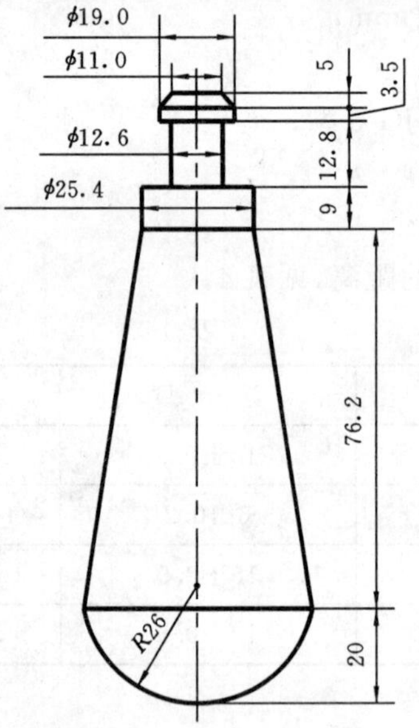


图 13 茄形锤示意图 参考尺寸 单位：mm

## 11 管子水压抗渗试验

11.1 样品制作

以整根经车削加工后的管子作样品。

11.2 水压试验机

应保证管端密封后管子两端不承受轴向压力。

11.3 试验

样管安装好后，在不少于 1 min 的时间内，使管内水压逐渐上升至标准规定的试验水压值，恒压 30 s，检查管子外表面状况。

## 12 管子破坏水压试验

12.1 样品制作

用 1 000 mm 长的管段作样品。管段预先在 20℃±5℃的水中浸泡 48 h。

12.2 水压试验机

同 11.2。

12.3 试验

样管安装好后，以 0.1～0.2 MPa/s 的升压速度加压，直至管段破裂。

12.4 试验结果计算

按公式(10)计算抗张强度。

$$R_t = \frac{p_t(d + s_1)}{2s_1} \quad \cdots\cdots (10)$$

式中：$R_t$——抗张强度，MPa；

$p_t$——破坏水压，MPa；

$d$——管段实际内径，mm；

$s_1$——破坏处管壁厚度，mm。

## 13 管子抗折荷载及抗折强度试验

### 13.1 试验装置

采用一点加荷方法测定管子的抗折荷载及抗折强度。如图 14 所示。

### 13.2 试验设备及材料

万能材料试验机；120° V 型钢制托架；10 mm 厚橡胶垫。

### 13.3 试验

抗折支距及试样长度按产品标准规定。试样在 20℃±5℃的水中浸泡 48 h。在管段中部及两侧支点放上 120° V 型钢制托架，管段与托架间垫上 10 mm 厚橡胶垫。以 400～600 N/s 的匀速加荷至产品标准规定的最小抗折荷载值时，管子不应折断。继续加荷，直至管段折断，记录破坏荷载。

### 13.4 试验结果计算

抗折强度按公式(11)计算。

$$R_f = \frac{8L'}{\pi} \times \frac{p_f(d + 2s_1)}{(d + 2s_1)^4 - d^4} \quad \cdots\cdots (11)$$

式中：$R_f$——抗折强度，MPa；

$p_f$——破坏荷载，N；

$L'$——支距，mm；

$d$——管段实际内径，mm；

$s_1$——折断处管壁厚度，mm。

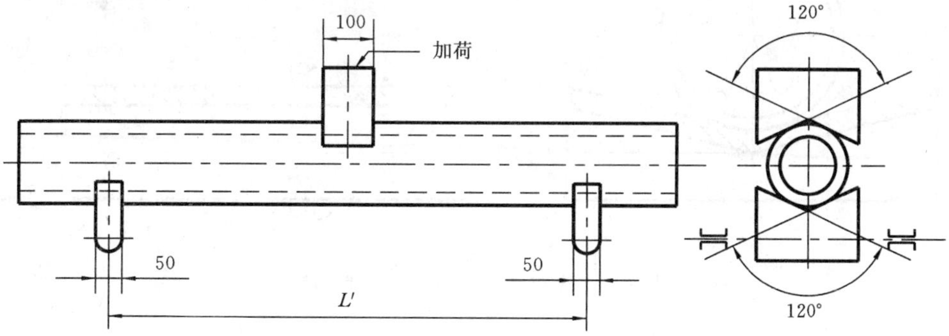


图 14

## 14 管子外压荷载及外压强度试验

### 14.1 设备

万能材料试验机；150° V 型钢制托架及 15 mm 橡胶垫；钢制压块，其宽度 $b$ 见表 5。

表 5 mm

| 管子公称直径 | 宽度，$b$ |
|---|---|
| ≤350 | 35 |
| 400～450 | 50 |
| 500 | 60 |
| 700～800 | 85 |
| 900～1 000 | 105 |

14.2 试验

用 300 mm 长的管段样品。试样需先在 20℃±5℃的水中浸泡 48 h，取出擦干，按图 15 所示在试验机上进行试验。

外压荷载试验以 400～600 N/s 匀速加荷至产品标准规定的最小外压荷载值时，管子不应破坏，继续加荷，直至管段破坏，记录破坏荷载。

14.3 试验结果计算

外压强度按公式(12)计算。

$$R_c = n \cdot \frac{p_c(3d + 5s_1)}{L \cdot s_1^2} \quad \cdots\cdots(12)$$

式中：$R_c$——外压强度，MPa；

$p_c$——破坏荷载，N；

$d$——样管实际内径，mm；

$s_1$——破裂处实际壁厚，mm；

$L$——试样长度，mm；

$n$——系数，取 0.3。

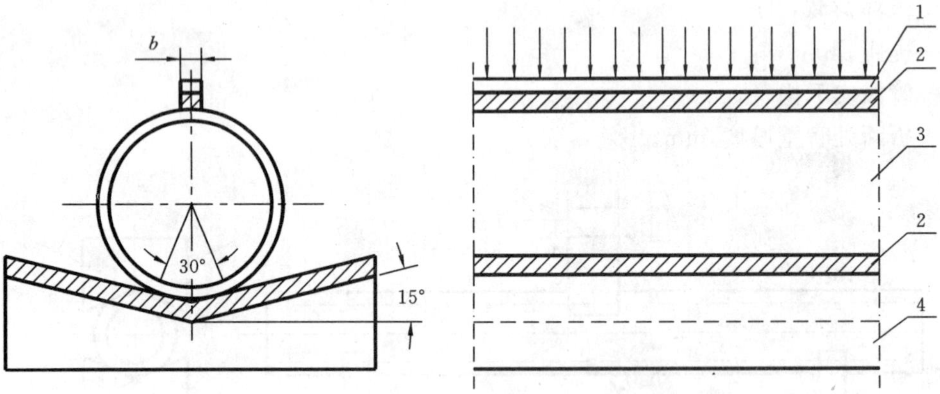


1—压块；2—橡胶垫；3—纤维水泥管；4—托架

图 15

## 15 管子轴向抗压强度试验

15.1 设备

万能材料试验机。

15.2 试验

用管子两端切取的规格为 $2s\times2s\times s$ mm(见图 16)的试样各 2 块。试样两端断面必须加工成互相平行并与轴向垂直的平面。

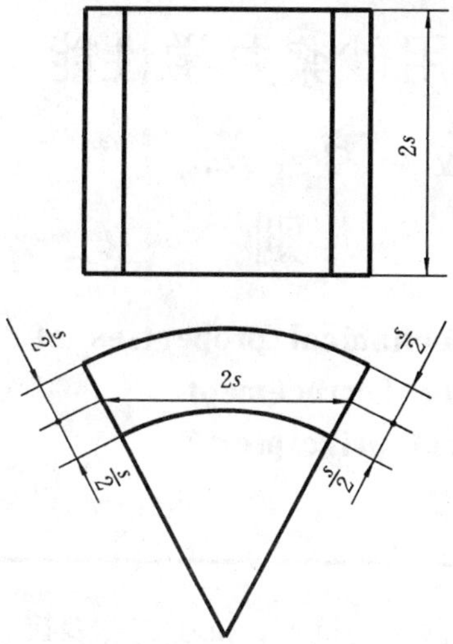


s—管壁厚度

图 16

试样应在 20℃±5℃水中浸泡 48 h 后，放在材料试验机上试验，试样端面与加压板之间不需垫放毛毡或橡胶板，施加荷载务必通过试样的中心，并以 400～600 N/s 的速度均匀加荷，直至试样压坏。

15.3 试验结果计算

管子轴向抗压强度按公式(13)计算。

$$R = \frac{p}{F} \qquad \cdots\cdots(13)$$

式中：$R$——轴向抗压强度，MPa；

$p$——破坏荷载，N；

$F$——试样断面 $s \times 2s$ 中的实际最小面积，$mm^2$。

## 16 试验报告应包括下列内容

a) 送样单位及产品名称；

b) 试验项目名称；

c) 样品编号、规格及数量；

d) 试验条件；

e) 试验用主要仪器设备；

f) 试验结果；

g) 试验单位、试验人员、试验日期及其他。

中华人民共和国国家标准

# 钢丝网水泥用砂浆力学性能试验方法 总则

UDC 666.98.022
.7:620.17
GB 7897.1—87

**Test method of mechanical properties of mortar for ferrocement General principle**

本标准适用于测定钢丝网水泥用砂浆的抗折、抗压、劈裂抗拉和轴心抗压强度，弹性模量，泊松比，砂浆与钢筋的粘结力等力学性能。

## 1 试件制备条件

**1.1** 每组试件所用的砂浆应根据不同试验目的取样。确定砂浆设计特征值、标号或进行材料性能研究时，砂浆应在试验室用机械或人工拌制，并由同一次搅拌的拌合物中取出；测定现场构件用砂浆性能时，砂浆也应由同一次拌合物或同一盛器取出，其试件分组与取样原则，应符合有关产品施工及验收规范的规定。

**1.2** 试验室制作砂浆试件时，其材料用量应以重量计，称量的精度为：水泥、水和外加剂为±0.5%；砂为±1%。

**1.3** 所有试件在取样后应立即制作，并应在初凝前完成。确定砂浆设计特征值、标号或进行材料性能研究时，试件的成型方法应根据砂浆的稠度而定。稠度不大于90mm的砂浆，采用振动台振实30～45s；大于90mm时采用捣棒人工捣实。人工捣实时，用直径16mm钢棒分两层插捣，每层插捣12次。用于测定现场构件用砂浆性能时，试件成型方法应与实际施工采用的方法相同。

采用离心法、注浆法、振动模压法、振动真空作业法及喷浆法等方法成型的砂浆，其试件制作按相应的规定进行。

**1.4** 根据试验目的不同，试件可采用标准养护或与构件同条件养护。

确定砂浆特征值、标号或进行材料性能研究时应采用标准养护；测定现场构件砂浆性能时，试件应采用同条件养护。

试件一般养护到28天龄期（由成型时算起）进行试验。但也可以按要求（如需确定拆模、起吊、施加预应力或承受施工荷载等时的性能）养护到所需的龄期。

**1.5** 采用标准养护的试件成型后应覆盖表面，以防止水分蒸发，一般应在成型标准环境条件下静置1昼夜。然后编号拆模。

拆模后的试件应立即放在标准养护室中养护。在标准养护室内试件应放在架上，彼此间隔10～20mm。

当无标准养护室时，试件可在温度为20±3℃的不流动水中养护，避免用水直接冲淋试件。水的pH值不应小于7。

同条件养护的试件成型后应覆盖表面。试件的拆模时间可与实际构件的拆模时间相同，拆模后试件仍需保持同条件养护。

国家建筑材料工业局1987-04-07批准　　　　1988-01-01实施

## 2 试验标准环境条件

**2.1** 试件成型和试验时标准环境条件：温度为20±5℃，相对湿度大于50％；标准养护室标准环境条件：温度为20±3℃，相对湿度大于90％。

**2.2** 试验从养护地点取出后应及时进行试验。

## 3 试验设备条件

**3.1** 试验机的精度（示值的相对误差）应在±2％以内，其量程应能使试件的预期破坏荷载值不小于全量程的20％，也不大于全量程的80％。

**3.2** 测量变形的仪表精度为±1％。

**3.3** 振动台的振动频率为50±3 Hz，在空载时的振幅约为0.5mm。

**3.4** 试验设备及仪表应按国家规定由计量部门定期检定。

## 4 试验报告内容

试验报告应包括下列内容：

a. 试验名称；

b. 试件编号及规格尺寸；

c. 试验目的与要求；

d. 试件成型日期、试验日期及试验环境条件；

e. 试件来源、原材料品种、规格与制备条件；

f. 主要试验设备与仪表；

g. 试验结果；

h. 试验委托单位、试验单位及试验人员。

---

附加说明：

本标准由国家建筑材料工业局苏州混凝土水泥制品研究院归口。

本标准由国家建筑材料工业局苏州混凝土水泥制品研究院负责起草。

本标准主要起草人王希哲、吴汝洁、钱明。

本标准委托国家建筑材料工业局苏州混凝土水泥制品研究院负责解释。

中华人民共和国国家标准

# 钢丝网水泥用砂浆力学性能试验方法 抗折强度试验

UDC 666.98.022.7:620.17

GB 7897.2—87

Test method of mechanical properties of mortar for ferrocement Test of bending strength

本标准适用于测定钢丝网水泥用砂浆抗折强度。

## 1 试件

### 1.1 试件形状、尺寸

砂浆抗折强度试验采用40mm × 40mm × 160mm 棱柱形试件。

### 1.2 试件数量

砂浆抗折强度试件为每组三个。

### 1.3 试件制备

试件制备条件按GB 7897.1—87《钢丝网水泥用砂浆力学性能试验方法 总则》规定。

## 2 仪器设备

### 2.1 试模

试模采用GB 3350.5—82《水泥物理检验仪器胶砂试模》规定的可装卸的三联试模。如下图所示，由底座、隔板和端板组成，装配后内壁各接触面互相垂直，不垂直度不大于 ± 0.5°，其允许尺寸应符合表 1 要求。

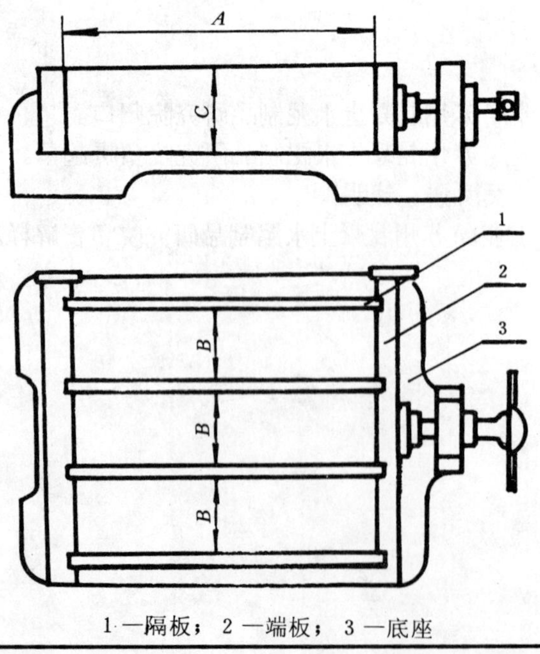


1 一隔板；2 一端板；3 一底座

国家建筑材料工业局1987-04-07批准　　　　1988-01-01实施

表 1 mm

| 符 号 | 制 造 尺 寸 | 磨损后允许尺寸 |
|---|---|---|
| $A$ | 160 | |
| $B$ | $40^{+0.05}_{-0.10}$ | $40^{+0.20}$ |
| $C$ | $40^{+0.10}$ | $40_{-0.20}$ |

**2.2** 试验机

抗折试验一般采用电动抗折试验机，其性能应符合GB 3350.3—82《水泥物理检验仪器 电动抗折试验机》规定，也可采用性能符合要求的其他试验机。抗折夹具尺寸应符合表 2 要求。

表 2 mm

| 名 称 | 制 造 尺 寸 | 磨损后允许尺寸 |
|---|---|---|
| 加荷与支撑圆柱直径 | 10±0.1 | $10_{-0.2}$ |
| 两个支撑圆柱中心间距 | 100±0.1 | |

**2.3** 试验设备条件

试验设备条件按GB 7897.1—87《钢丝网水泥用砂浆力学性能试验方法 总则》规定。

## 3 试验步骤

**3.1** 先将试件擦拭干净，测量尺寸，并检查其外观。在试件中部30mm 范围内测量试件尺寸，取其三次的平均值，精确至 1 mm，并据此计算试件截面几何特征。如实测尺寸与公称尺寸之差不超过 1 mm，可按公称尺寸进行计算。

试件承压面的不平度应为每100mm 不超过0.05mm，承压面与相邻面的不垂直度不应超过 ±1°。

试件不得有明显缺损。如其中一个试件中部30mm范围内有直径大于 5 mm，深度大于 2 mm的表面孔洞，该组试件即作废。在特殊情况下，决定采用这组试件进行试验时，应按3.2条中规定进行。

**3.2** 将试件安装在抗折夹具上，应使加荷圆柱、支撑圆柱与试件成型时侧面接触，并应居中放置。

当试件中部有孔洞并决定用其进行试验时，应将有孔洞面朝向上面，并应尽可能避免孔洞在跨中放置。

**3.3** 抗折试验应以每秒50±5 N（5±0.5kgf）的加荷速度，连续而均匀地加荷，直至试件破坏，记录破坏荷载及破坏位置。

## 4 计算与评定

**4.1** 砂浆抗折强度按公式（1）计算。当采用公称尺寸时，则可按公式(2)计算。取值至0.01MPa（0.1kgf/cm²）。

$$f_b = \frac{3PL}{2bh^2} \quad (1)$$

$$f_b = 0.234 \times 10^{-2} P \quad (2)$$

式中：$f_b$ —— 砂浆抗折强度，MPa；

$P$——试件承受的破坏荷载，N；

$L$——支承点间距，即为100mm；

$b$——试件截面宽度，公称尺寸为40mm；

$h$——试件截面高度，公称尺寸为40mm。

**4.2** 砂浆抗折强度试验结果按每组三个算术平均值评定。三个测值中的最大或最小值，如有一个与中间值的差值超过中间值的15%，则取中间值作为该组试件的强度值；如有两个测值与中间值的差值超过中间值的15%，则该组试件的试验结果无效。

## 5 试验报告

试验报告按GB 7897.1—87《钢丝网水泥用砂浆力学性能试验方法 总则》规定。

---

附加说明：

本标准由国家建筑材料工业局苏州混凝土水泥制品研究院归口。

本标准由国家建筑材料工业局苏州混凝土水泥制品研究院负责起草。

本标准主要起草人王希哲、吴汝洁、钱明。

本标准委托国家建筑材料工业局苏州混凝土水泥制品研究院负责解释。

中华人民共和国国家标准

# 钢丝网水泥用砂浆力学性能试验方法 抗压强度试验

UDC 666.98.022.7:620.17

GB 7897.3—87

**Test method of mechanical properties of mortar for ferrocement Test of compressive strength**

本标准适用于测定钢丝网水泥用砂浆抗压强度。

## 1 试件

**1.1** 采用每组抗折强度试验折断后的一半试件，其受压面为40mm × 62.5mm，也可以采用70.7mm立方体试件，每组为三个。

**1.2** 立方体试件制备条件按GB 7897.1—87《钢丝网水泥用砂浆力学性能试验方法 总则》规定。

## 2 仪器设备

**2.1** 试模

当采用70.7mm立方体试件时，试模按附录A（补充件）规定。

**2.2** 试验机及夹具

**2.2.1** 试验机的一个压板上应具有球形支座，上、下压板与试件之间可各垫以钢垫板。钢垫板的两个承压面均应机械加工。

与试件接触的压板或垫板尺寸应大于试件的承压面，其不平度应为每100mm不超过±0.05mm。

**2.2.2** 抗压夹具按GB 3350.4—82《水泥物理检验仪器 抗压夹具》规定。

**2.3** 试验设备条件

试验设备条件按GB 7897.1—87规定。

## 3 试验步骤

**3.1** 抗折试验后的一半试件应立即进行抗压试验。抗压试验须采用抗压夹具进行，试验时以试件成型时的侧面作为受压面，并使夹具对准试验机压板中心，加荷前应清除试件受压面与加压板间的砂粒或杂物。

**3.2** 采用70.7mm立方体试件时，应先将试件擦拭干净。测量尺寸，并检查外观。

试件尺寸测量精确至1mm，并据此计算试件的承压面积。如实测尺寸与公称尺寸之差不超过1mm，可按公称尺寸进行计算。

试件承压面的不平度应为每100mm不超过±0.05mm，承压面与相邻面的不垂直度不超过±1°。

**3.3** 试件可直接在试验机上进行抗压试验，以成型时的试件侧面作为受压面，并使试件的中心对准试验机上下压板中心。开动试验机，当上压板与试件接近时，先调整球座，使接触均衡，然后连续而均匀地加荷，加荷速度对于40×40×160mm试件为每秒2500N（250kgf），对于70.7×70.7×70.7mm试件为每秒5000N（500kgf），当试件接近破坏而开始迅速变形时，严格控制试验机油门，直至试件破

国家建筑材料工业局1987-04-07批准 1988-01-01实施

坏，然后记录破坏荷载。

**3.4** 试验标准环境条件按GB 7897.1—87规定。

## 4 计算与评定

**4.1** 砂浆抗压强度按下式计算，取值至0.1MPa（1kgf/cm²）。

$$f_c = \frac{P}{A}$$

式中：$f_c$——砂浆抗压强度，MPa；

$P$——破坏荷载，N；

$A$——试件承压面积，mm²。

**4.2** 砂浆抗压强度试验结果按每组三个算术平均值评定。三个测值中的最大或最小值，如有一个与中间值的差值超过中间值的15%，则取中间值作为该组试件的强度值；如有两个测值与中间值的差值超过中间值的15%，则该组试件的试验结果无效。

## 5 试验报告

试验报告按GB 7897.1—87规定。

## 附 录 A
## 70.7mm立方体试模
## （补充件）

70.7mm 立方体试模见下图，底座、隔板和端板的各接触面互相垂直，不垂直度不大于±0.5°，其尺寸应符合下表。

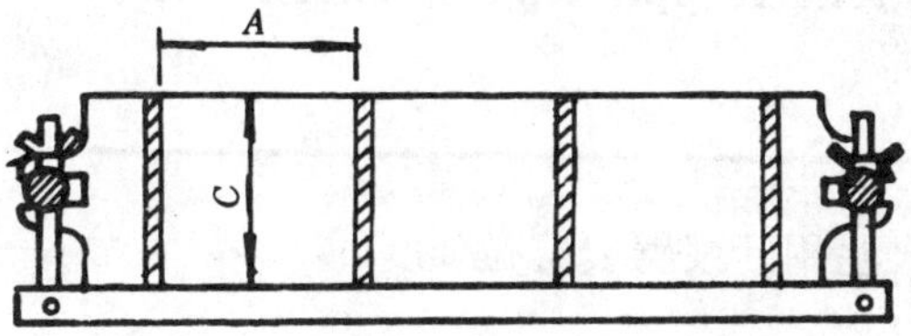


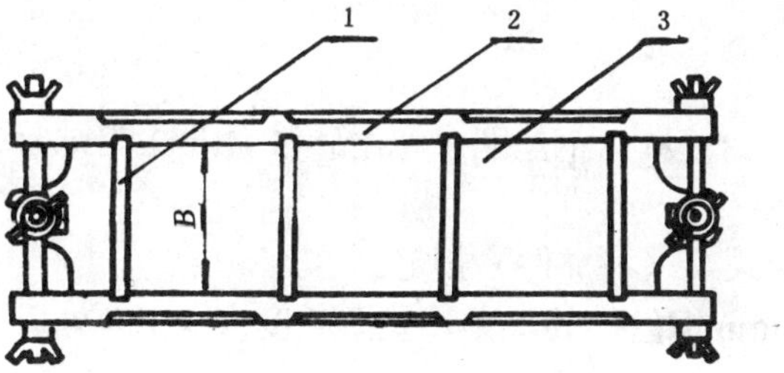


1—隔板； 2—端板； 3—底座

| 符　　号 | 制造尺寸，mm | 磨损后允许尺寸，mm |
|---|---|---|
| $A$ | $70.7^{+0.1}_{-0.2}$ | $70.7^{+0.3}$ |
| $B$ | $70.7^{+0.1}_{-0.2}$ | $70.7\pm0.3$ |
| $C$ | $70.7^{+0.1}$ | $70.7_{-0.3}$ |

附加说明：
本标准由国家建筑材料工业局苏州混凝土水泥制品研究院归口。
本标准由国家建筑材料工业局苏州混凝土水泥制品研究院负责起草。
本标准主要起草人王希哲、吴汝洁、钱明。
本标准委托国家建筑材料工业局苏州混凝土水泥制品研究院负责解释。

中华人民共和国国家标准

# 钢丝网水泥用砂浆力学性能试验方法 劈裂抗拉强度试验

Test method of mechanical properties of mortar for ferrocement Test of tensile splitting strength

UDC 666.98.022 .7:620.17

GB 7897.4—87

本标准适用于测定钢丝网水泥用砂浆劈裂抗拉强度。

## 1 试件

采用每组抗折强度试验折断后的另一半试件。

## 2 仪器设备

**2.1** 试验机、夹具及垫条

**2.1.1** 试验机按GB 7897.3—87《钢丝网水泥用砂浆力学性能试验方法 抗压强度试验》2.2.1规定。

**2.1.2** 劈裂抗拉夹具按附录A（补充件）规定。

**2.1.3** 采用直径4±0.1mm钢丝作为垫条，垫条长度大于40mm。

**2.2** 试验设备条件

试验设备条件按GB 7897.1—87《钢丝网水泥用砂浆力学性能试验方法 总则》规定。

## 3 试验步骤

**3.1** 抗折试验后立即进行劈裂抗拉试验。

**3.2** 劈裂抗拉试验须采用劈裂抗拉夹具进行，试验时应使垫条与试件成型时的顶面垂直，在上、下垫条与试件接触面各垫以垫层一个，见下图。

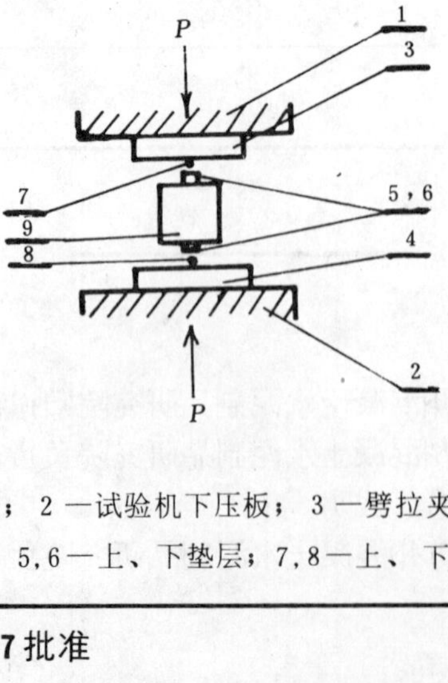


1—试验机上压板；2—试验机下压板；3—劈拉夹具上压板；4—劈拉夹具下压板；5,6—上、下垫层；7,8—上、下垫条；9—试件

国家建筑材料工业局1987-04-07批准　　　　1988-01-01实施

**3.3** 试验时，开动试验机后，当试验机的上压板与劈裂抗拉夹具接近时，调整球座，使接触均衡，然后连续均匀地加荷，使压力通过垫条、垫层均匀地传到试件上，加荷速度为每秒500±50N（50±5 kgf），当试件接近破坏时，应严格控制试验机油门，直至试件破坏，然后记下破坏荷载。

## 4 计算与评定

**4.1** 砂浆劈裂抗拉强度按公式（1）计算，当采用公称尺寸时，则可按公式（2）计算。取值至0.01MPa（0.1kgf/cm²）。

$$f_{ts}=\frac{2P}{\pi bh} \qquad (1)$$

$$f_{ts}=0.04P \qquad (2)$$

式中：$f_{ts}$ —— 砂浆劈裂抗拉强度，MPa；

$P$ —— 破坏荷载，N；

$b$ —— 试件截面宽度，公称尺寸为40mm；

$h$ —— 试件截面高度，公称尺寸为40mm。

**4.2** 砂浆劈裂抗拉强度试验结果按每组三个算术平均值评定。三个测值中的最大或最小值，如有一个与中间值的差值超过中间值的15%，则取中间值作为该组试件的强度值；如有两个测值与中间值的差值超过中间值的15%，则该组试件的试验结果无效。

## 5 试验报告

试验报告按GB 7897.1—87规定。

## 附 录 A
## 劈裂抗拉夹具
（补充件）

劈裂抗拉夹具如下图所示。框架、传压柱、上压板和球座、下压板、铜套、吊簧、定向销等技术要求应符合GB 3350.4—82《水泥物理检验仪器 抗压夹具》的规定。

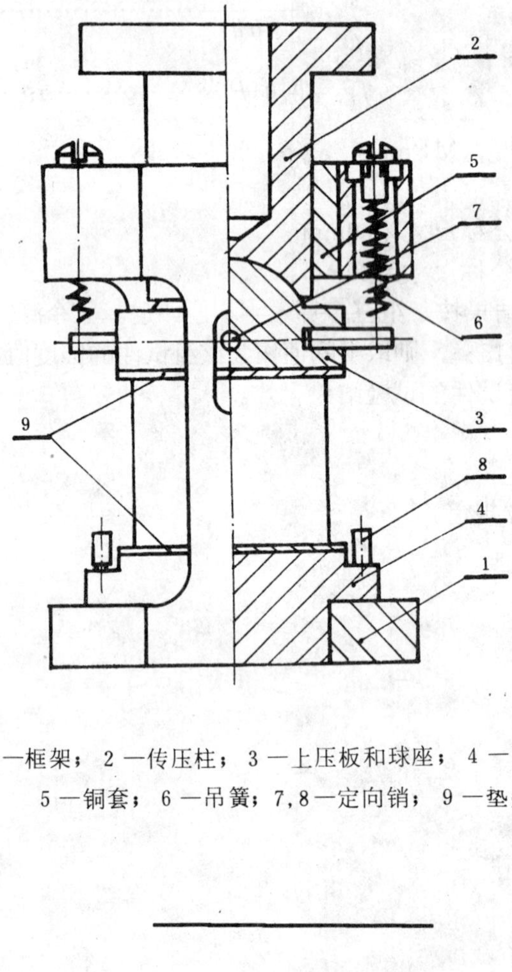


1—框架；2—传压柱；3—上压板和球座；4—下压板；
5—铜套；6—吊簧；7,8—定向销；9—垫条

附加说明：

本标准由国家建筑材料工业局苏州混凝土水泥制品研究院归口。

本标准由国家建筑材料工业局苏州混凝土水泥制品研究院负责起草。

本标准主要起草人王希哲、吴汝洁、钱明。

本标准委托国家建筑材料工业局苏州混凝土水泥制品研究院负责解释。

**中华人民共和国国家标准**

# 钢丝网水泥用砂浆力学性能试验方法 轴心抗压强度试验

GB 7897.5—90

**Test methods of mechanical properties of mortar for ferrocement Test of axial compressive strength**

## 1 主题内容与适用范围

本标准规定了钢丝网水泥用砂浆轴心抗压强度试验采用的试件、仪器设备、试验步骤、结果计算与评定。

本标准适用于测定钢丝网水泥用砂浆的轴心抗压强度。

## 2 引用标准

GB 7897.1 钢丝网水泥用砂浆力学性能试验方法 总则

GB 7897.2 钢丝网水泥用砂浆力学性能试验方法 抗折强度试验

GB 7897.3 钢丝网水泥用砂浆力学性能试验方法 抗压强度试验

## 3 试件

3.1 试件形状、尺寸、数量

采用 40mm×40 mm×160 mm 棱柱形试件，每组试件 3 个。

3.2 试件制备、养护

按 GB 7897.1 第 1 章规定。

## 4 仪器设备

4.1 试模

按 GB 7897.2 第 2.1 条规定。

4.2 试验机

按 GB 7897.3 第 2.2 条规定。

4.3 试验设备条件

按 GB 7897.1 第 3 章规定。

## 5 试验步骤

5.1 试件尺寸测量及外观检查

将试件从养护室中取出擦拭干净、测量尺寸，并检查外观，试件尺寸测量精确至 1 mm，并据此计算试件的承压面积，如实测尺寸与公称尺寸之差不超过 1 mm，可按公称尺寸进行计算。

试件承压面的不平度应不超过边长的 0.05%。承压面与相邻面的不垂直度不超过±1°，如不满足

国家技术监督局1990-07-21批准 1991-07-01实施

上述要求时，允许用细砂纸磨平端面，满足要求方可试验。

5.2　轴心抗压强度测定

试件竖放在试验机上，并使试件的中心对准上下压板中心，开动试验机，当上压板与试件接近时，先调整球座，使接触均衡，然后连续均匀地加荷，加荷速度为 1 kN/s。当试件接近破坏而开始迅速变形时，严格控制试验机油门，直至试件破坏，然后记录破坏荷载。

5.3　试验标准环境条件

按 GB 7897.1 第 2 章规定。

## 6　结果计算与评定

6.1　砂浆轴心抗压强度按下式计算，取值至 0.1 MPa。

$$f_a = \frac{P}{A}$$

式中：$f_a$ —— 砂浆轴心抗压强度，MPa；

$P$ —— 破坏荷载，N；

$A$ —— 试件承压面积，$mm^2$。

6.2　砂浆轴心抗压强度试验结果按每组三个算术平均值评定，三个测值中的最大或最小值，如有一个与中间值的差值超过中间值的 15%，则取中间值作为该组试件的强度值；如有两个测值与中间值的差值超过中间值的 15%，则该组试件的试验结果无效。

## 7　试验报告

按 GB 7897.1 第 4 章规定。

**附加说明：**

本标准由国家建筑材料工业局提出。

本标准由国家建筑材料工业局苏州混凝土水泥制品研究院负责起草。

本标准主要起草人钱明、吴汝洁、王希哲。

本标准委托国家建筑材料工业局苏州混凝土水泥制品研究院负责解释。

中华人民共和国国家标准

# 钢丝网水泥用砂浆力学性能试验方法 静力受压弹性模量试验

GB 7897.6—90

Test methods of mechanical properties of mortar for ferrocement
Test for static modulus of elasticity in compression

## 1 主题内容与适用范围

本标准规定了钢丝网水泥用砂浆静力受压弹性模量(简称弹性模量)试验采用的试件、仪器设备、试验步骤、结果计算与评定。

本标准适用于测定钢丝网水泥用砂浆静力受压弹性模量。本方法测定的砂浆弹性模量是指应力为轴心抗压强度40%时的加荷割线模量。

## 2 引用标准

GB 7897.1 钢丝网水泥用砂浆力学性能试验方法 总则
GB 7897.2 钢丝网水泥用砂浆力学性能试验方法 抗折强度试验
GB 7897.3 钢丝网水泥用砂浆力学性能试验方法 抗压强度试验
GB 7897.5 钢丝网水泥用砂浆力学性能试验方法 轴心抗压强度试验

## 3 试件

3.1 试件形状、尺寸、数量

采用40mm×40 mm×160 mm棱柱形试件,每组试件6个,其中3个用于测定轴心抗压强度。

3.2 试件制备、养护

按GB 7897.1第1章规定。

## 4 仪器设备

4.1 试模

按GB 7897.2第2.1条规定。

4.2 试验机

按GB 7897.3第2.2条规定。

4.3 仪表

4.3.1 砂浆变形调偏仪(简称调偏仪)按附录A(补充件)规定。

4.3.2 测量变形用砂浆变形测定仪或静态电阻应变仪,砂浆变形测定仪见附录B(补充件)。

4.4 试验设备条件

按GB 7897.1第3章规定。

国家技术监督局1990-07-21批准 1991-07-01实施

## 5 试验步骤

5.1 试件尺寸测量与外观检查

按 GB 7897.5 第 5.1 条规定。

5.2 弹性模量测定

5.2.1 取 3 个试件，按 GB 7897.5 第 5.2 条规定，测定砂浆轴心抗压强度（$f_a$）。

5.2.2 采用砂浆变形测定仪测定变形时，仪表安装在试件成型时两侧面的中线上，对称于试件的两端，砂浆变形测定仪标距为 80 mm，采用静态电阻应变仪测量变形时，电阻应变片粘贴在试件相对两面或四个侧面的中线中点上，电阻应变片标距不小于 20 mm 及集料最大粒径的四倍，且不大于试件高度的二分之一。

5.2.3 采用调偏仪进行弹性模量试验，调偏仪中心应和试验机上下压板中心对准，将安装好仪表或贴好电阻应变片的试件放在调偏夹具上，仔细调整试件位置，使其轴心与调偏仪中心对准。开动试验机，当上压板与试件接近时调整球座，使其接触均衡。应连续均匀地对试件加荷至轴心抗压强度值的 40%，即为弹性模量试验的控制荷载值，加荷速度为 1 kN/s。然后以同样的速度卸荷至零，如此反复预压三次（见下图）。

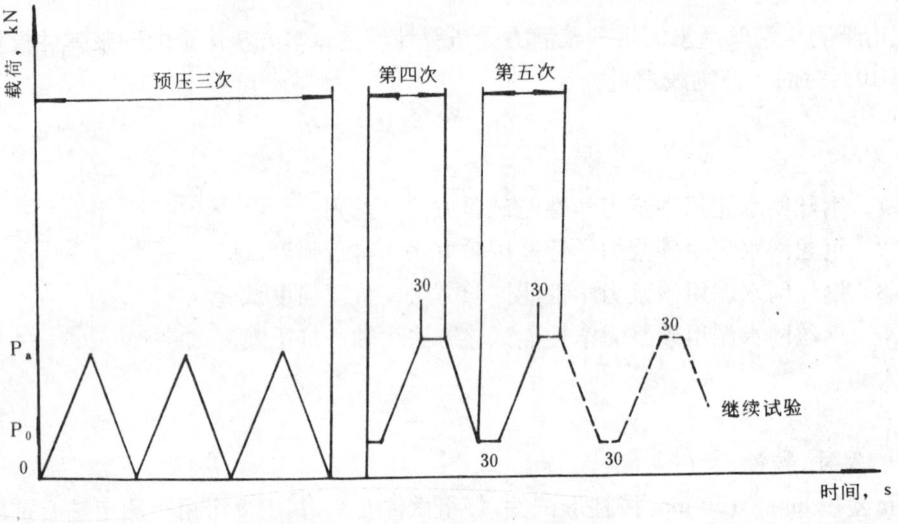


弹性模量试验加荷制度示意图

在预压过程中，观察试验机和测量仪表是否正常，并应根据两侧或四侧变形读数调整试件位置，使变形最大差值不大于变形平均值的 20%。当调整试件位置满足不了上述要求时，采用调偏仪调节。

5.2.4 预压三次后，用上述同样速度进行第四次加荷，先施加 0.8 kN 的初始荷载值，保持 30 s 后读取仪表的初始读数。然后加荷到控制荷载保持 30 s 后读取仪表读数，两侧或四侧读数增值的平均值即为该次试验的变形值。

按上述速度卸荷至初始荷载，30 s 后再读取仪表读数，并按上述方法继续进行第五次加荷、持荷、读数并计算出该次试验的变形值，前后两次试验的应变差值不大于 20με。否则，应重复上述过程，直到两次相邻加荷的变形值相差符合上述要求为止。

5.2.5 卸除仪表、调偏仪，按上述同样速度加荷至破坏，取得试件的轴心抗压强度（$f'_a$）。

5.3 试验标准环境条件

按 GB 7897.1 第 2 章规定。

## 6 结果计算与评定

6.1 砂浆的弹性模量按下式计算，取值至 0.1 GPa。

$$E_m = \frac{P_a - P_0}{A(\varepsilon_a - \varepsilon_0)}$$

式中：$E_m$ ——砂浆的弹性模量，GPa；

$P_a$ ——控制荷载，kN；

$P_0$ ——初始荷载，取 $P_0 = 0.8$kN；

$\varepsilon_a$ ——控制荷载下的应变；

$\varepsilon_0$ ——初始荷载下的应变；

$A$ ——试件承压面积，公称面积为 1 600 mm²。

注：当采用砂浆变形测定仪测量时上式中 $\varepsilon_a - \varepsilon_0 = \Delta n/L$ 其中 $\Delta n$ 为最后一次从 $P_0$ 加荷到 $P_a$ 时试件两侧或四侧变形差的平均值(mm)；$L$ 为测量标距(mm)。

6.2 砂浆弹性模量试验结果按每组 3 个试件测值的算术平均值评定，如果其中一个试件在测定弹性模量后测得的轴心抗压强度 $f'_a$ 与 $f_a$ 的差值超过 $f_a$ 的 20%时，则弹性模量值按另两个试件测得的算术平均值计算，如有两个试件超过上述规定时，则试验结果无效。

## 7 试验报告

按 GB 7897.1 第 4 章规定。

## 附 录 A
## 砂浆变形调偏仪
## （补充件）

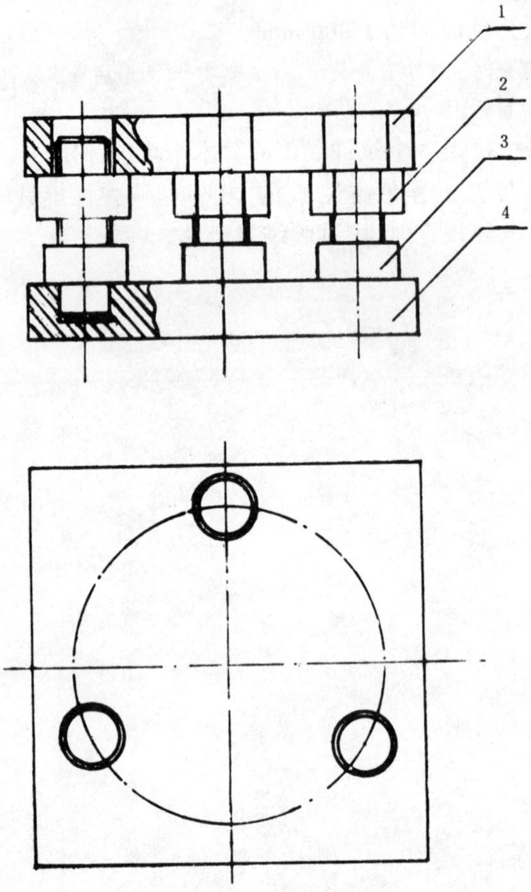


图 A1 砂浆变形调偏仪示意图

1—上钢板；2—调节螺母；3—螺杆；4—下钢板

## 附 录 B
## 砂浆变形测定仪
## （补充件）

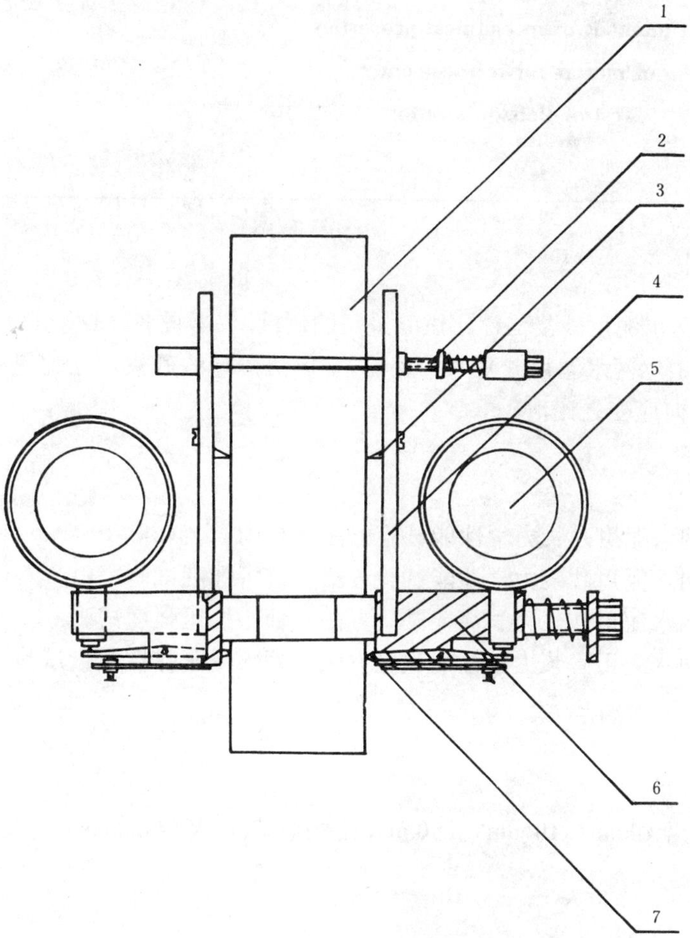


图 B1 砂浆变形测定仪示意图

1—试件；2—夹紧架；3—上刀口；4—右标杆；5—千分表；6—右主体；7—活动下刀口

附加说明：

本标准由国家建筑材料工业局提出。

本标准由国家建筑材料工业局苏州混凝土水泥制品研究院负责起草。

本标准主要起草人钱明、吴汝洁、王希哲。

本标准委托国家建筑材料工业局苏州混凝土水泥制品研究院负责解释。

# 中华人民共和国国家标准

# 钢丝网水泥用砂浆力学性能试验方法 泊松比试验

GB 7897.7—90

Test methods of mechanical properties of mortar for ferrocement
Test of Poisson's ratio

## 1 主题内容与适用范围

本标准规定了钢丝网水泥用砂浆泊松比试验采用的试件、仪器设备、试验步骤、结果计算与评定。

本标准适用于测定钢丝网水泥用砂浆的泊松比，本方法测定的砂浆泊松比是指应力为轴心抗压强度40%时横向应变与纵向应变之比值。

## 2 引用标准

GB 7897.1 钢丝网水泥用砂浆力学性能试验方法 总则

GB 7897.2 钢丝网水泥用砂浆力学性能试验方法 抗折强度试验

GB 7897.5 钢丝网水泥用砂浆力学性能试验方法 轴心抗压强度试验

GB 7897.6 钢丝网水泥用砂浆力学性能试验方法 静力受压弹性模量试验

## 3 试件

3.1 试件形状、尺寸、数量

砂浆泊松比试验采用40mm×40 mm×160 mm棱柱形试件，每组试件6个。其中3个用于测定轴心抗压强度。

3.2 试件制备、养护

按GB 7897.1第1章规定。

## 4 仪器设备

4.1 试模

按GB 7897.2第2.1条规定。

4.2 试验机

按GB 7897.3第2.2条规定。

4.3 仪表

4.3.1 砂浆变形调偏仪按GB 7897.6附录A(补充件)规定。

4.3.2 应变采用静态电阻应变仪测量精确至1με，纵向电阻片标距不得小于20 mm及集料最大粒径的四倍，且不大于试件高度的二分之一；横向电阻片标距为20 mm。

4.4 试验设备条件

按GB 7897.1第3章规定。

国家技术监督局1990-07-21批准　　　　1991-07-01实施

## 5 试验步骤

5.1 试件尺寸测量与外观检查

按 GB 7897.5第5.1条规定。

5.2 泊松比测定

5.2.1 取3个试件在每个试件的相对两个或四个侧面中线的中点位置粘贴纵向电阻应变片，上方粘贴横向电阻应变片；取另外3个试件，按 GB 7897.5第5.2条规定测定砂浆轴心抗压强度（$f_a$）。

5.2.2 按 GB7897.6附录 A（补充件）调偏仪进行调偏，调偏仪中心应和试验机下压板中心对准，将试件放在调偏仪上，仔细调整试件位置，使其轴心与调偏仪中心对准，将电阻应变片的线接好后，校核仪表的工作情况，开动试验机，当上压板与试件接近时调整球座，使其接触均衡。

应连续均匀地对试件加荷至轴心抗压强度值的40%，即为测量泊松比的控制荷载值 Pa，加荷速度为1kN/s，然后以同样的速度卸荷至零，如此反复预压三次。

在预压过程中，观察试验机和应变仪是否正常，并应根据纵向应变读数调整试件位置，使纵向应变最大差值不大于应变平均值的20%，当调整试件位置不能满足上述要求时，可采用调偏仪调节。

5.2.3 预压三次后，用上述同样速度进行第四次加荷，先施加0.8kN 的初始荷载值 $P_0$，保持30s 后分别读取仪表的初始读数，然后加荷到控制荷载值，保持30s 后读取仪表读数。读数增值的平均值即为该次试验的应变值。

按上述速度卸荷至初始荷载，30s 后再读取仪表读数并按上述方法继续进行第五次加荷、持荷、读数并计算出该次试验的应变值。前后两次试验的纵向应变差值不应大于20με，否则应重复上述过程，直到两次相邻加荷的应变差值符合上述要求为止。

5.2.4 卸除仪表、调偏仪，以上述同样速度加荷至破坏，取得该试件的轴心抗压强度（$f'_a$）。

5.3 试验标准环境条件

按 GB 7897.1第2章规定。

## 6 结果计算与评定

6.1 砂浆泊松比按下式计算，取值至1 με。

$$\nu = \frac{\Delta\varepsilon_t}{\Delta\varepsilon_L}$$

式中：$\nu$ ——砂浆的泊松比；

$\Delta\varepsilon_t$ ——最后一次从 $P_0$加荷到 $P_a$ 时试件横向应变差的平均值；

$\Delta\varepsilon_L$ ——最后一次从 $P_0$加荷到 $P_a$ 时试件纵向应变差的平均值。

6.2 砂浆泊松比试验结果按每组3个算术平均值评定，如果其中一个试件在测定泊松比后测得的轴心抗压强度 $f'_a$ 与 $f_a$ 的差值超过 $f_a$ 的20%时，则泊松比按另两个试件所测值的算术平均值评定，如有两个试件超过上述规定时，则试验结果无效。

## 7 试验报告

按 GB 7897.1第4章规定。

**附加说明：**

本标准由国家建筑材料工业局提出。

本标准由国家建筑材料工业局苏州混凝土水泥制品研究院负责起草。

本标准主要起草人吴汝洁、王希哲、钱明。

本标准委托国家建筑材料工业局苏州混凝土水泥制品研究院负责解释。

中华人民共和国国家标准

# 钢丝网水泥用砂浆力学性能试验方法 粘结力试验

GB 7897.8—90

**Test methods of mechanical properties of mortar for ferrocement Bond test**

## 1 主题内容与适用范围

本标准规定了钢丝网水泥用砂浆与钢筋(或钢丝、网丝)粘结力试验采用的试件、试验设备、试验步骤、结果计算与评定。

本标准适用于测定钢丝网水泥用砂浆与钢筋(或钢丝、网丝)间的粘结力,通常用砂浆与钢筋(或钢丝、网丝)的粘结强度(简称粘结强度)来评定。

## 2 引用标准

GB 7897.1 钢丝网水泥用砂浆力学性能试验方法 总则

## 3 试件

3.1 试件形状、尺寸、数量

砂浆与直径为5～10 mm 钢筋(或钢丝)粘结力试验,采用埋有钢筋(或钢丝)的边长为70.7 mm 的立方体试件,砂浆与直径为2～4 mm 的钢丝粘结力试验采用埋有钢丝的边长为30 mm 立方体试件;砂浆与网丝粘结力试验采用埋有网丝的边长为20 mm 立方体试件(见下图)。每组试件为6个:

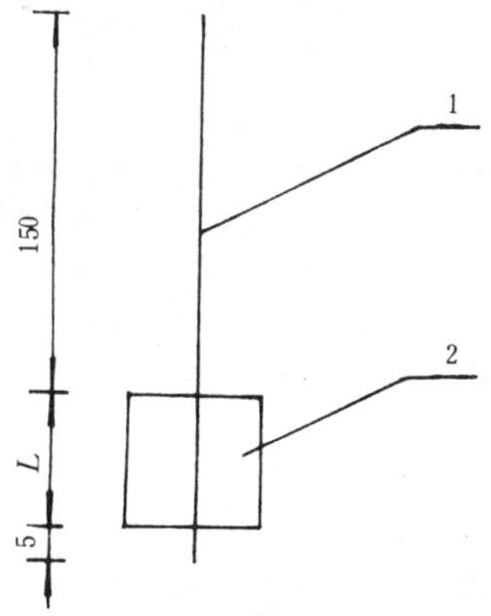


1—钢筋(或钢丝、网丝);2—砂浆试件;$L$—钢筋(或钢丝、网丝)埋入砂浆的长度

3.2 试件制备

3.2.1 钢筋(或钢丝、网丝)应根据试验目的要求取样,测量其直径,端头应磨平,不允许有油渍。

3.2.2 砂浆试件的制备按 GB 7897.1第1章规定。脱模和养护时应避免碰动埋设的钢筋(或钢丝、网

国家技术监督局1990-07-21批准 1991-07-01实施

丝）。

## 4 仪器设备

4.1 试模

砂浆与钢筋（或钢丝、网丝）粘结力试验采用卧式试模，在长度方向的一端中央留有一孔，另一端中央设有深度为3～5 mm 浅孔供固定埋设钢筋（或钢丝，网丝）用。

4.2 试验机及夹具

4.2.1 直径不大于4 mm 钢丝或网丝的粘结力试验，宜采用5 000N 拉力试验机，直径5～10 mm 的钢筋（或钢丝）的粘结力试验，宜采用50 kN 拉力试验机，也可采用其他拉力试验机或万能试验机。

4.2.2 测定砂浆与钢筋（或钢丝、网丝）粘结力的试验装置及夹具见附录 A（补充件）。

4.3 试验设备条件

按 GB 7897.1第3章规定。

## 5 试验步骤

5.1 试件尺寸测量与外观检查

将试件从养护室中取出擦拭干净，测量尺寸并检查外观，试件尺寸测量精确至1 mm。检查钢筋（或钢丝、网丝）是否松动及承压面是否平整，如钢筋（或钢丝、网丝）有松动现象的试件数量超过2个时，则该组试件应重新制备，试件承压面的不平度应不超过边长的0.05%，并应与钢筋（或钢丝、网丝）的纵轴线相垂直。

5.2 粘结力测定

5.2.1 将试验装置安装在试验机上，使拉力机上夹头与拉杆夹牢并调整试验装置使其轴线与拉力机轴线一致，将装有夹具的试件安放在试验装置上，使下钢板呈水平状态并用水准尺校准，调整试件位置，使其与拉力机轴线相一致，并使试验机的下夹头与试件的钢筋（或钢丝、网丝）夹牢。

5.2.2 检查量表与钢筋（或钢丝、网丝）顶面接触是否良好，并进行适当调整，使量表有一初始读数，开动拉力试验机，以2.5 MPa/s 的加荷速度，连续而均匀地加荷。测定钢筋（或钢丝、网丝）滑动在0.25～0.50 mm 时的荷载和拔出时的荷载。

5.3 试验标准环境条件

按 GB 7897.1第2章规定。

## 6 结果计算与评定

6.1 粘结强度按下式计算，取值至0.1 MPa：

$$R_b = \frac{P}{\pi d L}$$

式中：$R_b$ ——粘结强度，MPa；

$P$ ——钢筋（或钢丝、网丝）滑动在0.25～0.50 mm 时之荷载，N；

$d$ ——钢筋（或钢丝、网丝）的实测直径，mm；

$L$ ——钢筋（或钢丝、网丝）埋入砂浆的长度，mm。

6.2 粘结强度按6个试件中4个大的实测值的算术平均值评定。

## 7 试验报告

按 GB 7897.1第4章规定。

# 附 录 A
# 测定砂浆与钢筋（或钢丝、网丝）的粘结力试验装置及夹具
（补充件）

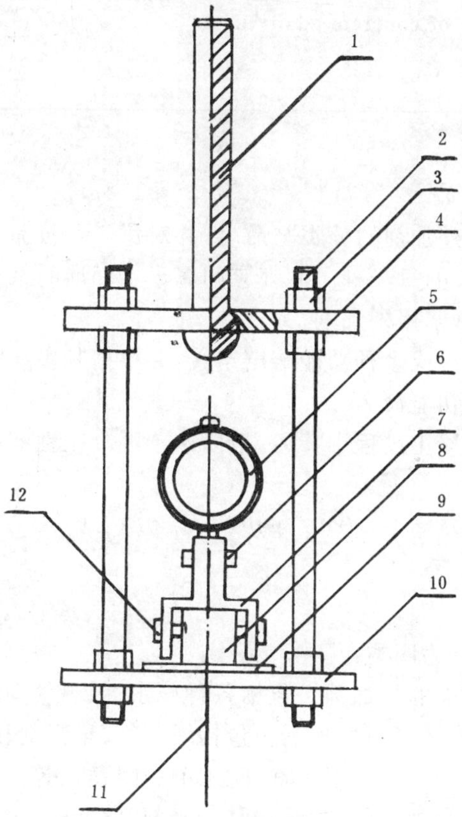


图 A1 粘结力试验装置及夹具示意图

1—拉杆；2—钢杆；3—螺母；4—上端钢板；5—量表；6—螺栓；7—夹具；8—试件；
9—垫板；10—下端钢板；11—钢筋；12—螺栓

---

**附加说明：**

本标准由国家建筑材料工业局提出。

本标准由国家建筑材料工业局苏州混凝土水泥制品研究院负责起草。

本标准主要起草人吴汝洁、王希哲、钱明。

本标准委托国家建筑材料工业局苏州混凝土水泥制品研究院负责解释。

中华人民共和国国家标准

UDC 666.972
.022.6
:001.4
GB 8075—87

# 混凝土外加剂的分类、命名与定义

**Classification nomenclature and definition of concrete admixtures**

## 1 引言

1.1 本标准适用于水泥混凝土外加剂的分类与命名，并对每一种被命名的外加剂给以定义。凡符合本标准第2、3章混凝土外加剂定义的每一种产品都应归属于本标准的某一类，并给予名称。

本标准也适用于水泥净浆或砂浆用外加剂。

1.2 每种外加剂按其具有的一种或多种功能给出定义，并根据其主要功能命名。复合外加剂具有一种以上的主要功能，按其一种以上功能命名。

1.3 混凝土外加剂是在拌制混凝土过程中掺入，用以改善混凝土性能的物质。掺量不大于水泥质量的5%（特殊情况除外）。

1.4 本标准参照采用国际标准草案ISO/DIS 7690。

## 2 混凝土外加剂的分类

混凝土外加剂按其主要功能分为四类：

2.1 改善混凝土拌合物流变性能的外加剂。包括各种减水剂、引气剂和泵送剂等。

2.2 调节混凝土凝结时间、硬化性能的外加剂。包括缓凝剂、早强剂和速凝剂等。

2.3 改善混凝土耐久性的外加剂。包括引气剂、防水剂和阻锈剂等。

2.4 改善混凝土其它性能的外加剂。包括加气剂、膨胀剂、防冻剂、着色剂、防水剂和泵送剂等。

## 3 混凝土外加剂的名称及定义

3.1 普通减水剂 water-reducing admixture

在混凝土坍落度基本相同的条件下，能减少拌合用水量的外加剂。

3.2 早强剂 hardening accelerator

加速混凝土早期强度发展的外加剂。

3.3 缓凝剂 set retarder

延长混凝土凝结时间的外加剂。

3.4 引气剂 air entraining admixture

在搅拌混凝土过程中能引入大量均匀分布、稳定而封闭的微小气泡的外加剂。

3.5 高效减水剂 superplasticizer

在混凝土坍落度基本相同的条件下，能大幅度减少拌合用水量的外加剂。

3.6 早强减水剂 hardening accelerating and water reducing admixture

兼有早强和减水功能的外加剂。

3.7 缓凝减水剂 set retarding and water-reducing admixture

兼有缓凝和减水功能的外加剂。

国家标准局1987-07-15批准　　1988-02-01实施

3.8 引气减水剂 air entraining and water reducing admixture

兼有引气和减水功能的外加剂。

3.9 防水剂 water repellent admixture

能降低混凝土在静水压力下的透水性的外加剂。

3.10 阻锈剂 anti-corrosion admixture

能抑制或减轻混凝土中钢筋或其它预埋金属锈蚀的外加剂。

3.11 加气剂 gas forming admixture

混凝土制备过程中因发生化学反应，放出气体，而使混凝土中形成大量气孔的外加剂。

3.12 膨胀剂 expanding admixture

能使混凝土产生一定体积膨胀的外加剂。

3.13 防冻剂 anti-freezing admixture

能使混凝土在负温下硬化，并在规定时间内达到足够防冻，强度的外加剂。

3.14 着色剂 colouring admixture

能制备具有稳定色彩混凝土的外加剂。

3.15 速凝剂 flash setting admixture

能使混凝土迅速凝结硬化的外加剂。

3.16 泵送剂 pumping aid

能改善混凝土拌合物泵送性能的外加剂。

---

**附加说明：**

本标准由建筑材料科学研究院、中国建筑科学研究院、苏州砼水泥制品研究院、上海市建筑科学研究所、铁道科学研究院、南京水利科学研究院、水科水电科学研究院、长江科学院、冶金建筑科学研究院、同济大学、清华大学负责起草。

本标准主要起草人黄大能、吴兆琦、陈金川。

# 前　　言

本标准是在 GB/T 8077—1987《混凝土外加剂匀质性试验方法》基础上修订的，主要试验方法未作重大修订。本次修订主要内容如下：

本标准适用范围中增加缓凝高效减水剂、泵送剂、防水剂、防冻剂、膨胀剂和速凝剂等品种；细度试验方法中将试验筛统一为一种规格；pH 值试验方法中试验步骤进行了修改和补充，并增加复合电极；表面张力试验方法中空白试验改用无水乙醇作标样；氯离子含量试验方法中增加氯电极；还原糖含量试验方法中统一了称样量；水泥砂浆工作性试验方法进行了修改；增加了碱含量试验方法；增加了试验方法的允许差；删除了泡沫性能试验方法。

本标准自实施之日起，代替 GB/T 8077—1987。

本标准的附录 A 是标准的附录。

本标准首次发布时间 1987 年。

本标准由国家建筑材料工业局提出。

本标准由全国水泥制品标准化技术委员会归口。

本标准委托国家建筑材料工业局苏州混凝土水泥制品研究院负责解释。

本标准负责起草单位：国家建筑材料工业局苏州混凝土水泥制品研究院、上海市建筑科学研究院。

本标准参加起草单位：中国建筑材料科学研究院、冶金工业部建筑研究总院、中国建筑科学研究院、清华大学、浙江五龙化工股份有限公司、江都减水剂厂、湛江外加剂厂、浙江省建筑构配件公司外加剂厂、镇江特密斯混凝土外加剂厂、山东鼎力化工(集团)厂、延边开山屯鲍利葛木素有限公司、淮南市合成材料厂、上海新浦化工厂、格雷斯中国有限公司。

本标准主要起草人：郭　涛、吴菊珍、田　培、施凤莲、林国英、俞伟青、陈国忠。

中华人民共和国国家标准

# 混凝土外加剂匀质性试验方法

GB/T 8077—2000

代替 GB/T 8077—1987

Methods for testing uniformity of concrete admixture

## 1 范围

本标准规定了用于水泥混凝土中外加剂的匀质性试验方法。

本标准适用于普通减水剂、高效减水剂、缓凝高效减水剂、早强减水剂、缓凝减水剂、引气减水剂、早强剂、缓凝剂、引气剂、泵送剂、防水剂、防冻剂、膨胀剂和速凝剂共十四种混凝土外加剂。

## 2 引用标准

下列标准所包含的条文，通过在本标准中引用而构成为本标准的条文。本标准出版时，所示版本均为有效。所有标准都会被修订，使用本标准的各方应探讨使用下列标准最新版本的可能性。

GB/T 176—1996　水泥化学分析方法(eqv ISO 680:1990)

GB/T 2419—1994　水泥胶砂流动度测定方法

JC/T 681—1997　行星式水泥胶砂搅拌机(eqv ISO 679:1989(E)4.2.3)

## 3 一般规定

### 3.1 试验次数与要求

每项测定的试验次数规定为两次。用两次试验平均值表示测定结果。

本标准所用的水为蒸馏水或同等纯度的水(水泥净浆流动度、水泥砂浆工作性除外)。

本标准所用的化学试剂除特别注明外，均为分析纯化学试剂。

### 3.2 允许差

本标准所列允许差为绝对偏差。

室内允许差：同一分析试验室同一分析人员(或两个分析人员)，采用本标准方法分析同一试样时，两次分析结果应符合允许差规定。如超出允许范围，应在短时间内进行第三次测定(或第三者的测定)，测定结果与前两次或任一次分析结果之差值符合允许差规定时，则取其平均值，否则，应查找原因，重新按上述规定进行分析。

室间允许差：两个试验室采用本标准方法对同一试样各自进行分析时，所得分析结果的平均值之差应符合允许差规定。如有争议应商定另一单位按本标准进行仲裁分析。以仲裁单位报出的结果为准，与原分析结果比较，若两个分析结果差值符合允许差规定，则认为原分析结果无误。

## 4 固体含量

### 4.1 方法提要

将已恒量的称量瓶内放入被测试样于一定的温度下烘至恒量。

国家质量技术监督局 2000-12-18 批准　　2001-07-01 实施

4.2 仪器

a）天平：不应低于四级，精确至 0.000 1 g；

b）鼓风电热恒温干燥箱：温度范围 0℃～200℃；

c）带盖称量瓶：25 mm×65mm；

d）干燥器：内盛变色硅胶。

4.3 试验步骤

4.3.1 将洁净带盖称量瓶放入烘箱内，于 100℃～105℃烘 30 min，取出置于干燥器内，冷却 30 min 后称量，重复上述步骤直至恒量，其质量为 $m_0$。

4.3.2 将被测试样装入已经恒量的称量瓶内，盖上盖称出试样及称量瓶的总质量为 $m_1$。

试样称量：固体产品 1.000 0 g～2.000 0 g；液体产品 3.000 0 g～5.000 0g。

4.3.3 将盛有试样的称量瓶放入烘箱内，开启瓶盖，升温至 100℃～105℃（特殊品种除外）烘干，盖上盖置于干燥器内冷却 30 min 后称量，重复上述步骤直至恒量，其质量为 $m_2$。

4.4 结果表示

固体含量 $X_{固}$ 按式(1)计算：

$$X_{固} = \frac{m_2 - m_0}{m_1 - m_0} \times 100 \qquad \cdots\cdots(1)$$

式中：$X_{固}$——固体含量，%；

$m_0$——称量瓶的质量，g；

$m_1$——称量瓶加试样的质量，g；

$m_2$——称量瓶加烘干后试样的质量，g。

4.5 允许差

室内允许差为 0.30%；

室间允许差为 0.50%。

## 5 密度

5.1 比重瓶法

5.1.1 方法提要

将已校正容积（$V$ 值）的比重瓶，灌满被测溶液，在 20℃±1℃恒温，在天平上称出其质量。

5.1.2 测试条件

a）液体样品直接测试；

b）固体样品溶液的浓度为 10 g/L；

c）被测溶液的温度为 20℃±1℃；

d）被测溶液必须清澈，如有沉淀应滤去。

5.1.3 仪器

a）比重瓶：25 mL 或 50 mL；

b）天平：不应低于四级，精确至 0.000 1 g；

c）干燥器：内盛变色硅胶；

d）超级恒温器或同等条件的恒温设备。

5.1.4 试验步骤

5.1.4.1 比重瓶容积的校正

比重瓶依次用水、乙醇、丙酮和乙醚洗涤并吹干，塞子连瓶一起放入干燥器内，取出，称量比重瓶之质量为 $m_0$，直至恒量。然后将预先煮沸并经冷却的水装入瓶内，塞上塞子，使多余的水分从塞子毛细管流出，用吸水纸吸干瓶外的水。注意不能让吸水纸吸出塞子毛细管里的水，水要保持与毛细管上口相平，立即在天平称出比重瓶装满水后的质量 $m_1$。

容积 $V$ 按式(2)计算：

$$V = \frac{m_1 - m_0}{0.9982} \qquad \cdots\cdots(2)$$

式中：$V$——比重瓶在 20℃时的容积，mL；

$m_0$——干燥的比重瓶质量，g；

$m_1$——比重瓶盛满 20℃水的质量，g；

0.998 2——20℃时纯水的密度，g/mL。

5.1.4.2 外加剂溶液密度 $\rho$ 的测定

将已校正 $V$ 值的比重瓶洗净、干燥、灌满被测溶液，塞上塞子后浸入 20℃±1℃超级恒温器内，恒温 20 min 后取出，用吸水纸吸干瓶外的水及由毛细管溢出的溶液后，在天平上称出比重瓶装满外加剂溶液后的质量为 $m_2$。

5.1.5 结果表示

外加剂溶液的密度 $\rho$ 按式(3)计算：

$$\rho = \frac{m_2 - m_0}{V} = \frac{m_2 - m_0}{m_1 - m_0} \times 0.9982 \qquad \cdots\cdots(3)$$

式中：$\rho$——20℃时外加剂溶液密度，g/mL；

$m_2$——比重瓶装满 20℃外加剂溶液后的质量，g。

5.1.6 允许差

室内允许差为 0.001 g/mL；

室间允许差为 0.002 g/mL。

5.2 液体比重天平法

5.2.1 方法提要

在液体比重天平的一端挂有一标准体积与质量之测锤，浸没于液体之中获得浮力而使横梁失去平衡，然后在横梁的 V 型槽里放置各种定量骑码使横梁恢复平衡，所加骑码之读数 $d$，再乘以 0.998 2 g/mL即为被测溶液的密度 $\rho$ 值。

5.2.2 测试条件

测试条件同 5.1.2。

5.2.3 仪器

a）液体比重天平（构造示意见图 1）；

b）超级恒温器或同等条件的恒温设备。

5.2.4 试验步骤

5.2.4.1 液体比重天平的调试

将液体比重天平安装在平稳不受震动的水泥台上，其周围不得有强力磁源及腐蚀性气体，在横梁(2)的末端钩子上挂上等重砝码(8)，调节水平调节螺丝(9)，使横梁上的指针与托架指针成水平线相对，天平即调成水平位置；如无法调节平衡时，可将平衡调节器(3)的定位小螺丝钉松开，然后略微轻动平衡调节(3)，直至平衡为止。仍将中间定位螺丝钉旋紧，防止松动。

将等重砝码取下，换上整套测锤(6)，此时天平必须保持平衡，允许有±0.000 5 的误差存在。

如果天平灵敏度过高，可将灵敏度调节(4)旋低，反之旋高。

5.2.4.2 外加剂溶液密度 $\rho$ 的测定

将已恒温的被测溶液倒入量筒(7)内，将液体比重天平的测锤浸没在量筒中被测溶液的中央，这时横梁失去平衡，在横梁 V 形槽与小钩上加放各种骑码后使之恢复平衡，所加骑码之读数 $d$，再乘以 0.998 2 g/mL，即为被测溶液的密度 $\rho$ 值。

5.2.5 结果表示

将测得的数值 $d$ 代入式(4)计算出密度 $\rho$：

$$\rho = 0.9982\,d \qquad (4)$$

式中：$d$——20℃时被测溶液所加骑码的数值。

5.2.6 允许差

室内允许差为 0.001 g/mL；

室间允许差为 0.002 g/mL。

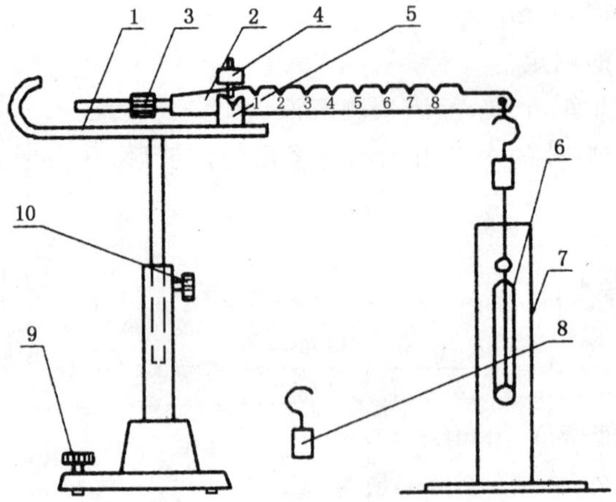


1—托架；2—横梁；3—平衡调节器；4—灵敏度调节器；5—玛瑙刃座；

6—测锤；7—玻筒；8—等重砝码；9—水平调节；10—紧固螺钉

图 1 液体比重天平

5.3 精密密度计法

5.3.1 方法提要

先以波美比重计测出溶液的密度，再参考波美比重计所测的数据，以精密密度计准确测出试样的密度 $\rho$ 值。

5.3.2 测试条件

测试条件同 5.1.2。

5.3.3 仪器

a）波美比重计；

b）精密密度计；

c）超级恒温器或同等条件的恒温设备。

5.3.4 试验步骤

将已恒温的外加剂倒入 500 mL 玻璃量筒内，以波美比重计插入溶液中测出该溶液的密度。

参考波美比重计所测溶液的数据，选择这一刻度范围的精密密度计插入溶液中，精确读出溶液凹液面与精密密度计相齐的刻度即为该溶液的密度 $\rho$。

5.3.5 结果表示

测得的数据即为 20℃时外加剂溶液的密度。

5.3.6 允许差

室内允许差为 0.001 g/mL；

室间允许差为 0.002 g/mL。

## 6 细度

6.1 方法提要

采用孔径为 0.315 mm 的试验筛，称取烘干试样 $m_0$ 倒入筛内，用人工筛样，称量筛余物质量 $m_1$，按式(5)计算出筛余物的百分含量。

6.2 仪器

a) 药物天平：称量 100 g，分度值 0.1 g；

b) 试验筛：采用孔径为 0.315 mm 的铜丝网筛布。筛框有效直径 150 mm、高 50 mm。筛布应紧绷在筛框上，接缝必须严密，并附有筛盖。

6.3 试验步骤

外加剂试样应充分拌匀并经 100℃～105℃(特殊品种除外)烘干，称取烘干试样 10 g 倒入筛内，用人工筛样，将近筛完时，必须一手执筛往复摇动，一手拍打，摇动速度每分钟约 120 次。其间，筛子应向一定方向旋转数次，使试样分散在筛布上，直至每分钟通过质量不超过 0.05 g 时为止。称量筛余物，称准至 0.1 g。

6.4 结果表示

细度用筛余(%)表示按式(5)计算：

$$筛余 = \frac{m_1}{m_0} \times 100 \qquad \cdots\cdots(5)$$

式中：$m_1$——筛余物质量，g；

$m_0$——试样质量，g。

6.5 允许差

室内允许差为 0.40%；

室间允许差为 0.60%。

## 7 pH 值

7.1 方法提要

根据奈斯特(Nernst)方程 $E=E_0+0.059\ 15\lg[H^+]$，$E=E_0-0.059\ 15\text{pH}$，利用一对电极在不同 pH 值溶液中能产生不同电位差，这一对电极由测试电极(玻璃电极)和参比电极(饱和甘汞电极)组成，在 25℃时每相差一个单位 pH 值时产生 59.15 mV 的电位差，pH 值可在仪器的刻度表上直接读出。

7.2 仪器

a) 酸度计；

b) 甘汞电极；

c) 玻璃电极；

d) 复合电极。

7.3 测试条件

a) 液体样品直接测试；

b) 固体样品溶液的浓度为 10 g/L；

c) 被测溶液的温度为 20℃±3℃。

7.4 试验步骤

7.4.1 校正

按仪器的出厂说明书校正仪器。

7.4.2 测量

当仪器校正好后，先用水，再用测试溶液冲洗电极，然后再将电极浸入被测溶液中轻轻摇动试杯，使溶液均匀。待到酸度计的读数稳定 1 min，记录读数。测量结束后，用水冲洗电极，以待下次测量。

7.5 结果表示

酸度计测出的结果即为溶液的 pH 值。

7.6 允许差

室内允许差为 0.2；

室间允许差为 0.5。

## 8 表面张力

8.1 方法提要

铂环与液面接触后，在铂环内形成液膜，提起铂环时所需的力与液体表面张力相平衡，测定液膜脱离液面的力之大小。

8.2 测试条件

a）液体样品直接测试；

b）固体样品溶液的浓度为 10 g/L；

c）被测溶液的温度为 20℃±1℃；

d）被测溶液必须清澈，如有沉淀应滤去。

8.3 仪器

a）界面张力仪（构造示意图 2）或自动界面张力仪；

b）天平：不低于四级，精确至 0.000 1 g。

8.4 试验步骤

8.4.1 用比重瓶或液体比重天平测定该外加剂溶液的密度。

8.4.2 将仪器调至水平，把铂环放在吊杆臂的下末端，把一块小纸片放在铂环的圆环上，把臂之制止器打开，把放大镜调好，使臂上的指针与反射镜上的红线重合。

8.4.3 用质量法校正。在铂圆环的小纸片上放上一定质量的砝码，使指针与红线重合时，游标指示正好与计算值一致。如果不一致时调整臂长度，保证铂环在试验中垂直地上下移动，再通过游码的前后移动达到调整结果。

8.4.4 在测量之前，应把铂环和玻璃器皿很好地进行清洗彻底去掉油污。

8.4.5 空白试验用无水乙醇作标样，测定其表面张力，测定值与理论值之差不得超过 0.5 mN/m。

8.4.6 把被测溶液倒入盛样皿中（离皿口 5 mm～7 mm），并将样品座升高，使铂环浸入溶液内 5 mm～7 mm。

8.4.7 旋转蜗轮把手，匀速增加钢丝扭力，同时下降样品座，使向上与向下的两个力保持平衡（保持指针与反射镜上的红线重合），直至环被拉脱离开液面，记录刻度盘上的读数 $P$。

8.5 采用自动界面张力仪测量时，试验步骤按仪器使用说明书进行。

8.6 结果表示

溶液表面张力 $\sigma$ 按式(6)计算

$$\sigma = F \cdot P \qquad \cdots\cdots(6)$$

式中：$\sigma$——溶液的表面张力，mN/m；

$P$——游标盘上读数，mN/m；

$F$——校正因子。

校正因子 $F$ 按式(7)计算

$$F = 0.725\,0 + \sqrt{\frac{0.014\,52P}{C^2(\rho - \rho_0)} + 0.045\,34 - \frac{1.679}{R/r}} \qquad \cdots\cdots(7)$$

式中：$C$——铂环周长 $2\pi R$，cm；

$R$——铂环内半径和铂丝半径之和，cm；

$\rho_0$——空气密度，g/mL；

$\rho$——被测溶液密度，g/mL；

*r*——铂丝半径,cm。

8.7 允许差

室内允许差为1.0 mN/m;

室间允许差为1.5 mN/m。

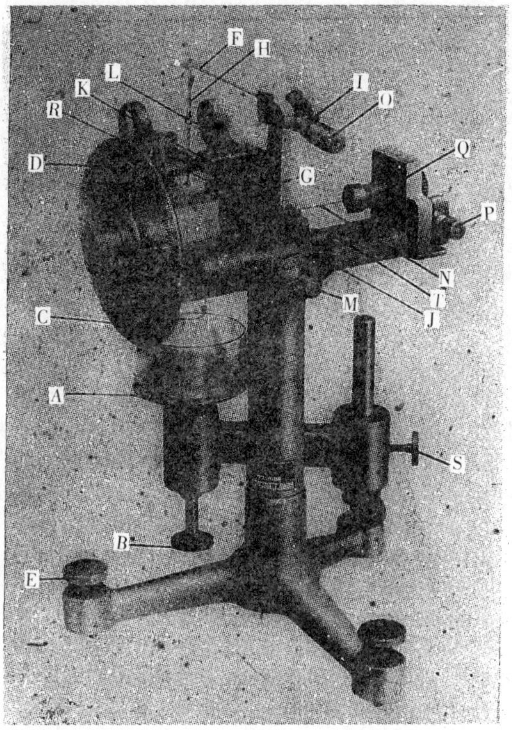


A—样品座;B—样品座螺丝;C—刻度盘;D—游标;E—水平螺旋;F—臂1;G—臂2;H—臂3;I—调节臂的螺母;J—臂的制止器(1);K—臂的制止器(2);L—指针;M—蜗轮把手;N—钢丝;O—游码;P—微调蜗轮把手;Q—固定钢丝手母;R—放大镜;S—样品座的制止器;T—水准泡

图2 界面张力仪

## 9 氯离子含量

9.1 方法提要

用电位滴定法,以银电极或氯电极为指示电极,其电势随$Ag^+$浓度而变化。以甘汞电极为参比电极,用电位计或酸度计测定两电极在溶液中组成原电池的电势,银离子与氯离子反应生成溶解度很小的氯化银白色沉淀。在等当点前滴入硝酸银生成氯化银沉淀,两电极间电势变化缓慢,等当点时氯离子全部生成氯化银沉淀,这时滴入少量硝酸银即引起电势急剧变化,指示出滴定终点。

9.2 试剂

a) 硝酸(1+1);

b) 硝酸银溶液(17 g/L):准确称取约17 g硝酸银($AgNO_3$),用水溶解,放入1 L棕色容量瓶中稀释至刻度,摇匀,用0.100 0 mol/L氯化钠标准溶液对硝酸银溶液进行标定;

c) 氯化钠标准溶液〔$c$(NaCl)=0.100 0 mol/L)〕:称取约10 g氯化钠(基准试剂),盛在称量瓶中,于130℃~150℃烘干2 h,在干燥器内冷却后精确称取5.844 3 g,用水溶解并稀释至1 L,摇匀。

标定硝酸银溶液(17 g/L):

用移液管吸取10 mL0.100 0 mol/L的氯化钠标准溶液于烧杯中,加水稀释至200 mL,加4 mL硝酸(1+1),在电磁搅拌下,用硝酸银溶液以电位滴定法测定终点,过等当点后,在同一溶液中再加入0.100 0 mol/L 氯化钠标准溶液 10 mL,继续用硝酸银溶液滴定至第二个终点,用二次微商法计算出硝酸银溶液消耗的体积 $V_{01}$,$V_{02}$。

体积 $V_0$ 按式(8)计算:

$$V_0 = V_{02} - V_{01} \qquad \cdots\cdots(8)$$

式中:$V_0$——10 mL0.100 0 mol/L 氯化钠消耗硝酸银溶液的体积,mL;

$V_{01}$——空白试验中 200 mL 水,加 4 mL 硝酸(1+1)加 10 mL0.100 0 mol/L 氯化钠标准溶液所消耗的硝酸银溶液的体积,mL;

$V_{02}$——空白试验中 200 mL 水,加 4 mL 硝酸(1+1)加 20 mL0.100 0 mol/L 氯化钠标准溶液所消耗的硝酸银溶液的体积,mL。

浓度 $c$ 按式(9)计算:

$$c = \frac{c'V'}{V_0} \qquad \cdots\cdots(9)$$

式中:$c$——硝酸银溶液的浓度,mol/L;

$c'$——氯化钠标准溶液的浓度,mol/L;

$V'$——氯化钠标准溶液的体积,mL。

9.3 仪器

a) 电位测定仪或酸度仪;

b) 银电极或氯电极;

c) 甘汞电极;

d) 电磁搅拌器;

e) 滴定管(25 mL);

f) 移液管(10 mL)。

9.4 试验步骤

9.4.1 准确称取外加剂试样 0.500 0 g~5.000 0 g,放入烧杯中,加 200 mL 水和 4 mL 硝酸(1+1),使溶液呈酸性,搅拌至完全溶解,如不能完全溶解,可用快速定性滤纸过滤,并用蒸馏水洗涤残渣至无氯离子为止。

9.4.2 用移液管加入 10 mL0.100 0 mol/L 的氯化钠标准溶液,烧杯内加入电磁搅拌子,将烧杯放在电磁搅拌器上,开动搅拌器并插入银电极(或氯电极)及甘汞电极,两电极与电位计或酸度计相连接,用硝酸银溶液缓慢滴定,记录电势和对应的滴定管读数。

由于接近等当点时,电势增加很快,此时要缓慢滴加硝酸银溶液,每次定量加入 0.1 mL,当电势发生突变时,表示等当点已过,此时继续滴入硝酸银溶液,直至电势趋向变化平缓。得到第一个终点时硝酸银溶液消耗的体积 $V_1$。

9.4.3 在同一溶液中,用移液管再加入 10 mL0.100 0 mol/L 氯化钠标准溶液(此时溶液电势降低),继续用硝酸银溶液滴定,直至第二个等当点出现,记录电势和对应的 0.1 mol/L 硝酸银溶液消耗的体积 $V_2$。

9.4.4 空白试验 在干净的烧杯中加入 200 mL 水和 4 mL 硝酸(1+1)。用移液管加入 10 mL 0.100 0 mol/L氯化钠标准溶液,在不加入试样的情况下,在电磁搅拌下,缓慢滴加硝酸银溶液,记录电势和对应的滴定管读数,直至第一个终点出现。过等当点后,在同一溶液中,再用移液管加入0.100 0 mol/L氯化钠标准溶液 10 mL,继续用硝酸银溶液滴定至第二个终点,用二次微商法计算出硝酸银溶液消耗的体积 $V_{01}$及 $V_{02}$。

9.5 结果表示

用二次微商法计算结果。通过电压对体积二次导数(即 $\Delta^2E/\Delta V^2$)变成零的办法来求出滴定终点。

假如在邻近等当点时，每次加入的硝酸银溶液是相等的，此函数($\Delta^2E/\Delta V^2$)必定会在正负两个符号发生变化的体积之间的某一点变成零，对应这一点的体积即为终点体积，可用内插法求得。

外加剂中氯离子所消耗的硝酸银体积 $V$ 按式(10)计算：

$$V=\frac{(V_1-V_{01})+(V_2-V_{02})}{2} \qquad \cdots\cdots(10)$$

式中：$V_1$——试样溶液加 10 mL0.100 0 mol/L 氯化钠标准溶液所消耗的硝酸银溶液体积，mL；

$V_2$——试样溶液加 20 mL0.100 0 mol/L 氯化钠标准溶液所消耗的硝酸银溶液体积，mL。

外加剂中氯离子含量 $X_{Cl^-}$ 按式(11)计算：

$$X_{Cl^-}=\frac{c\cdot V\times 35.45}{m\times 1\ 000}\times 100 \qquad \cdots\cdots(11)$$

式中：$X_{Cl^-}$——外加剂氯离子含量，%；

$m$——外加剂样品质量，g。

用 1.565 乘氯离子的含量，即获得无水氯化钙 $X_{CaCl_2}$ 的含量，按式(12)计算：

$$X_{CaCl_2}=1.565\times X_{Cl^-} \qquad \cdots\cdots(12)$$

式中：$X_{CaCl_2}$——外加剂中无水氯化钙的含量，%。

9.6 允许差

室内允许差为 0.05%；

室间允许差为 0.08%。

## 10 硫酸钠含量

10.1 重量法

10.1.1 方法提要

氯化钡溶液与外加剂试样中的硫酸盐生成溶解度极小的硫酸钡沉淀，称量经高温灼烧后的沉淀来计算硫酸钠的含量。

10.1.2 试剂

a) 盐酸(1+1)；

b) 氯化铵溶液(50 g/L)；

c) 氯化钡溶液(100 g/L)；

d) 硝酸银溶液(1 g/L)。

10.1.3 仪器

a) 电阻高温炉：最高使用温度不低于 900℃；

b) 天平：不应低于四级，精确至 0.000 1 g；

c) 电磁电热式搅拌器；

d) 瓷坩埚：18 mL～30 mL；

e) 烧杯：400 mL；

f) 长颈漏斗；

g) 慢速定量滤纸，快速定性滤纸。

10.1.4 试验步骤

10.1.4.1 准确称取试样约 0.5 g，于 400 mL 烧杯中，加入 200 mL 水搅拌溶解，再加入氯化铵溶液 50 mL，加热煮沸后，用快速定性滤纸过滤，用水洗涤数次后，将滤液浓缩至 200 mL 左右，滴加盐酸(1+1)至浓缩滤液显示酸性，再多加 5 滴～10 滴盐酸，煮沸后在不断搅拌下趁热滴加氯化钡溶液 10 mL，继续煮沸 15 min，取下烧杯，置于加热板上，保持 50℃～60℃静置 2 h～4 h 或常温静置 8 h。

10.1.4.2 用两张慢速定量滤纸过滤，烧杯中的沉淀用 70℃水洗净，使沉淀全部转移到滤纸上，用温热水洗涤沉淀至无氯根为止(用硝酸银溶液检验)。

10.1.4.3 将沉淀与滤纸移入预先灼烧恒重的坩埚中,小火烘干,灰化。

10.1.4.4 在800℃电阻高温炉中灼烧30 min,然后在干燥器里冷却至室温(约30 min),取出称量,再将坩埚放回高温炉中,灼烧20 min,取出冷却至室温称量,如此反复直至恒量(连续两次称量之差小于0.000 5 g)。

10.1.5 结果表示

硫酸钠含量$X_{Na_2SO_4}$按式(13)计算:

$$X_{Na_2SO_4} = \frac{(m_2 - m_1) \times 0.608\,6}{m} \times 100 \quad \cdots\cdots(13)$$

式中:$X_{Na_2SO_4}$——外加剂中硫酸钠含量,%;

$m$——试样质量,g;

$m_1$——空坩埚质量,g;

$m_2$——灼烧后滤渣加坩埚质量,g;

0.608 6——硫酸钡换算成硫酸钠的系数。

10.1.6 允许差

室内允许差为0.50%;

室间允许差为0.80%。

10.2 离子交换重量法

采用重量法测定,试样加入氯化铵溶液沉淀处理过程中,发现絮凝物而不易过滤时改用离子交换重量法。

10.2.1 方法提要

同10.1.1。

10.2.2 试剂

同10.1.2并增加预先经活化处理过的717-OH型阴离子交换树脂。

10.2.3 仪器

同10.1.3。

10.2.4 试验步骤

10.2.4.1 准确称取外加剂样品0.200 0 g~0.500 0 g,置于盛有6 g717-OH型阴离子交换树脂的100 mL烧杯中,加入60 mL水和电磁搅拌棒,在电磁电热式搅拌器上加热至60℃~65℃,搅拌10 min,进行离子交换。

10.2.4.2 将烧杯取下,用快速定性滤纸于三角漏斗上过滤,弃去滤液。

10.2.4.3 然后用50℃~60℃氯化铵溶液洗涤树脂五次,再用温水洗涤五次,将洗液收集于另一干净的300 mL烧杯中,滴加盐酸(1+1)至溶液显示酸性,再多加5滴~10滴盐酸,煮沸后在不断搅拌下趁热滴加氯化钡溶液10 mL,继续煮沸15 min,取下烧杯,置于加热板上保持50℃~60℃,静置2 h~4 h或常温静置8h。

10.2.4.4 重复10.1.4.2~10.1.4.4的步骤。

10.2.5 结果表示

同10.1.5。

10.2.6 允许差

同10.1.6。

## 11 还原糖含量

本方法适用于测定木质素磺酸盐外加剂还原糖含量,不适用于羟基含量测定。

11.1 方法提要

利用乙酸铅试液脱色，与斐林溶液混合生成氢氧化铜，氢氧化铜与酒石酸钾钠作用生成溶解状态复盐，此复盐具氧化性。当有还原糖存在时，或用葡萄糖溶液滴定时，该复盐中的二价铜被还原为一价铜，葡萄糖氧化为葡萄糖酸，以次甲基蓝为指示剂，在氧化剂中呈蓝色，在还原剂中呈无色。

11.2 试剂

a) 乙酸铅溶液(200 g/mL)：称量中性乙酸铅〔$(CH_3COO)_2Pb \cdot 3H_2O$〕20 g，溶于水，稀释至100 mL。

b) 草酸钾、磷酸氢二钠混合液：称取草酸钾($K_2C_2O_4 \cdot H_2O$)3 g，磷酸氢二钠($Na_2HPO_4 \cdot 12H_2O$)7 g溶于水，稀释至100 mL。

c) 斐林溶液A：称取34.6 g硫酸铜($CuSO_4 \cdot 5H_2O$)溶于400 mL水中，煮沸放置一天，然后再煮沸、过滤，稀释至1 000 mL。

d) 斐林溶液B：称取酒石酸钾钠($C_4H_4O_6KNa \cdot 4H_2O$)173 g，氢氧化钠50 g，溶于水中并稀释至1 000 mL。

e) 葡萄糖溶液：称取2.75 g～2.76 g葡萄糖于1 L容量瓶中，加盐酸(密度1.19)1 mL，加水稀释至刻度。

f) 次甲基蓝指示剂(10 g/L)：称取1 g次甲基蓝，在玛瑙研钵中加少量水研溶后，用水稀释至100 mL。

11.3 仪器

a) 磨口具塞量筒：50 mL；

b) 三角烧瓶：100 mL；

c) 移液管：5 mL，10 mL；

d) 滴定管：25 mL；

e) 容量瓶：100 mL。

11.4 试验步骤

11.4.1 准确称取固体试样约2.5 g(液体试样称取换算成约2.5 g固体的相应质量的试样)。溶于100 mL容量瓶中，用移液管吸取10 mL置于50 mL具塞量筒中。

11.4.2 在50 mL具塞量筒中加入7.5 mL乙酸铅溶液，振动量筒使之与试液混合，然后加入10 mL草酸钾、磷酸氢二钠溶液放置片刻，加水稀释至刻度，将量筒颠倒数次，使之混匀后，放置澄清，取上层清液作为试样。

11.4.3 用移液管分别吸取5 mL斐林溶液A及B于100 mL三角烧瓶中，混合均匀后加水20 mL，然后用移液管吸取试样10 mL，置于三角烧瓶中，并加适量的葡萄糖溶液，混合均匀后在电炉上加热，待沸腾后加一滴次甲基蓝指示剂，再沸腾2 min，继续用葡萄糖溶液滴定，并不断摇动，保持沸腾状态，直至最后一滴使次甲基蓝退色为止。

11.4.4 用同样方法做空白试验，所消耗葡萄糖溶液的体积为$V_0$。

11.5 结果表示

还原糖含量$X_{还原糖}$按式(14)计算：

$$X_{还原糖} = \frac{(V_0 - V) \times 12.5}{m} \quad \cdots\cdots(14)$$

式中：$X_{还原糖}$——外加剂中还原糖含量，%；

$V_0$——空白试验所消耗葡萄糖溶液的体积，mL；

$V$——试样消耗的葡萄糖溶液的体积，mL；

$m$——试样质量，g。

11.6 注意事项

11.6.1 试样加乙酸铅溶液脱色是为了使还原物等有色物质与铅生成沉淀物。

11.6.2 加草酸钾、磷酸氢二钠溶液是为了除去溶液中的铅，其用量以保证溶液中无过剩铅为准，若过量也会影响脱色。

11.6.3 滴定时必须先加适量葡萄糖溶液，使沸腾后滴定消耗量在0.5 mL以内，否则终点不明显。

11.7 允许差

室内允许差为0.50%；

室间允许差为1.20%。

## 12 水泥净浆流动度

12.1 方法提要

在水泥净浆搅拌机中，加入一定量的水泥、外加剂和水进行搅拌。将搅拌好的净浆注入截锥圆模内，提起截锥圆模，测定水泥净浆在玻璃平面上自由流淌的最大直径。

12.2 仪器

a）水泥净浆搅拌机；

b）截锥圆模：上口直径36 mm，下口直径60 mm，高度为60 mm，内壁光滑无接缝的金属制品；

c）玻璃板：400 mm×400 mm×5 mm；

d）秒表；

e）钢直尺：300 mm；

f）刮刀；

g）药物天平：称量100 g，分度值0.1 g；

h）药物天平：称量1 000 g，分度值1 g。

12.3 试验步骤

12.3.1 将玻璃板放置在水平位置，用湿布抹擦玻璃板、截锥圆模、搅拌器及搅拌锅，使其表面湿而不带水渍。将截锥圆模放在玻璃板的中央，并用湿布覆盖待用。

12.3.2 称取水泥300 g，倒入搅拌锅内。加入推荐掺量的外加剂及87 g或105 g水，搅拌3 min。

12.3.3 将拌好的净浆迅速注入截锥圆模内，用刮刀刮平，将截锥圆模按垂直方向提起，同时开启秒表计时，任水泥净浆在玻璃板上流动，至30 s，用直尺量取流淌部分互相垂直的两个方向的最大直径，取平均值作为水泥净浆流动度。

12.4 结果表示

表示净浆流动度时，需注明用水量，所用水泥的强度等级标号、名称、型号及生产厂和外加剂掺量。

12.5 允许差

室内允许差为5 mm；

室间允许差为10 mm。

## 13 水泥砂浆工作性

本方法适用于测定外加剂对水泥的分散效果，以水泥砂浆减水率表示其工作性，当水泥净浆流动度试验不明显时可用此法。

13.1 方法提要

先测定基准砂浆流动度的用水量，再测定掺外加剂砂浆流动度的用水量，然后，测定加入基准砂浆流动度的用水量时的砂浆流动度。以水泥砂浆减水率表示其工作性。

13.2 仪器

a）胶砂搅拌机：符合JC/T 681的要求；

b）跳桌、截锥圆模及模套、圆柱捣棒、卡尺均应符合GB/T 2419的规定；

c）抹刀；

d）药物天平：称量 100 g，分度值 0.1 g；

e）台秤：称量 5 kg。

13.3 材料

a）水泥；

b）ISO 标准砂；

砂的颗粒级配及其湿含量完全符合 ISO 标准砂的规定，各级配以 1 350 g±5 g 量的塑料袋混合包装，但所用塑料袋材料不得影响砂浆工作性试验结果。

c）外加剂。

13.4 试验步骤

13.4.1 基准砂浆流动度用水量的测定

13.4.1.1 先使搅拌机处于待工作状态，然后按以下程序进行操作：把水加入锅里，再加入水泥 450 g，把锅放在固定架上，上升至固定位置，然后立即开动机器，低速搅拌 30 s 后，在第二个 30 s 开始的同时均匀地将砂子加入，机器转至高速再拌 30 s。停拌 90 s，在第一个 15 s 内用一抹刀将叶片和锅壁上的胶砂刮入锅中间，在高速下继续搅拌 60 s，各个阶段搅拌时间误差应在±1 s 以内。

13.4.1.2 在拌和砂浆的同时，用湿布抹擦跳桌的玻璃台面，捣棒、截锥圆模及模套内壁，并把它们置于玻璃台面中心，盖上湿布，备用。

13.4.1.3 将拌好的砂浆迅速地分两次装入模内，第一次装至截锥圆模的三分之二处，用抹刀在相互垂直的两个方向各划 5 次，并用捣棒自边缘向中心均匀捣 15 次，接着装第二层砂浆，装至高出截锥圆模约 20 mm，用抹刀划 10 次，同样用捣棒捣 10 次，在装胶砂与捣实时，用手将截锥圆模按住，不要使其产生移动。

13.4.1.4 捣好后取下模套，用抹刀将高出截锥圆模的砂浆刮去并抹平，随即将截锥圆模垂直向上提起置于台上，立即开动跳桌，以每秒一次的频率使跳桌连续跳动 30 次。

13.4.1.5 跳动完毕用卡尺量出砂浆底部流动直径，取互相垂直的两个直径的平均值为该用水量时的砂浆流动度，用 mm 表示。

13.4.1.6 重复上述步骤，直至流动度达到 180 mm±5 mm。当砂浆流动度为 180 mm±5 mm 时的用水量即为基准砂浆流动度的用水量 $M_0$。

13.4.2 将水和外加剂加入锅里搅拌均匀，按 13.4.1 的操作步骤测出掺外加剂砂浆流动度达 180 mm±5 mm 时的用水量 $M_1$。

13.4.3 将外加剂和基准砂浆流动度的用水量 $M_0$ 加入锅中，人工搅拌均匀，再按 13.4.1 的操作步骤，测定加入基准砂浆流动度的用水量时的砂浆流动度，以 mm 表示。

13.5 结果表示

13.5.1 砂浆减水率

砂浆减水率（%）按式（15）计算：

$$\text{砂浆减水率} = \frac{M_0 - M_1}{M_0} \times 100 \quad \cdots\cdots(15)$$

式中：$M_0$——基准砂浆流动度为 180 mm±5 mm 时的用水量，g；

$M_1$——掺外加剂的砂浆流动度为 180 mm±5 mm 时的用水量，g。

13.5.2 注明所用水泥的标号、名称、型号及生产厂。

13.5.3 当仲裁试验时，必须采用基准水泥。

13.6 允许差

室内允许差为砂浆减水率 1.0%；

室间允许差为砂浆减水率 1.5%。

## 14 碱含量

### 14.1 方法提要

试样用约 80℃的热水溶解，以氨水分离铁、铝；以碳酸钙分离钙、镁。滤液中的碱(钾和钠)，采用相应的滤光片，用火焰光度计进行测定。

### 14.2 试剂与仪器

a) 盐酸(1+1)。

b) 氨水(1+1)。

c) 碳酸铵溶液(100 g/L)。

d) 氧化钾、氧化钠标准溶液：精确称取已在 130℃～150℃烘过 2 h 的氯化钾(KCl 光谱纯) 0.792 0 g及氯化钠(NaCl 光谱纯)0.943 0 g，置于烧杯中，加水溶解后，移入 1 000 mL 容量瓶中，用水稀释至标线，摇匀，转移至干燥的带盖的塑料瓶中。此标准溶液每毫升相当于氧化钾及氧化钠 0.5 mg。

e) 甲基红指示剂(2 g/L 乙醇溶液)。

f) 火焰光度计。

### 14.3 试验步骤

#### 14.3.1 工作曲线的绘制

分别向 100 mL 容量瓶中注入 0.00；1.00；2.00；4.00；8.00；12.00 mL 的氧化钾、氧化钠标准溶液(分别相当于氧化钾、氧化钠各 0.00；0.50；1.00；2.00；4.00；6.00 mg)，用水稀释至标线，摇匀，然后分别于火焰光度计上按仪器使用规程进行测定，根据测得的检流计读数与溶液的浓度关系，分别绘制氧化钾及氧化钠的工作曲线。

14.3.2 准确称取一定量的试样置于 150 mL 的瓷蒸发皿中，用 80℃左右的热水润湿并稀释至 30 mL，置于电热板上加热蒸发，保持微沸 5 mim 后取下，冷却，加 1 滴甲基红指示剂，滴加氨水(1+1)，使溶液呈黄色；加入 10 mL 碳酸铵溶液，搅拌，置于电热板上加热并保持微沸 10 min，用中速滤纸过滤，以热水洗涤，滤液及洗液盛于容量瓶中，冷却至室温，以盐酸(1+1)中和至溶液呈红色，然后用水稀释至标线，摇匀，以火焰光度计按仪器使用规程进行测定。称样量及稀释倍数见表 1。

表 1 称样量及稀释倍数

| 总碱量，% | 称样量，g | 稀释体积，mL | 稀释倍数 $n$ |
|---|---|---|---|
| 1.00 | 0.2 | 100 | 1 |
| 1.00～5.00 | 0.1 | 250 | 2.5 |
| 5.00～10.00 | 0.05 | 250 或 500 | 2.5 或 5.0 |
| 大于 10.00 | 0.05 | 500 或 1 000 | 5.0 或 10.0 |

### 14.4 结果表示

#### 14.4.1 氧化钾与氧化钠含量计量

氧化钾含量 $X_{K_2O}$按(16)式计算：

$$X_{K_2O}=\frac{C_1\cdot n}{m\times 1\ 000}\times 100 \qquad \cdots\cdots(16)$$

式中：$X_{K_2O}$——外加剂中氧化钾含量，%；

$C_1$——在工作曲线上查得每 100 mL 被测定液中氧化钾的含量，mg；

$n$——被测溶液的稀释倍数；

$m$——试样质量，g。

氧化钠含量 $X_{Na_2O}$按(17)式计算：

$$X_{Na_2O} = \frac{C_2 \cdot n}{m \times 1\,000} \times 100 \qquad \cdots\cdots (17)$$

式中：$X_{Na_2O}$——外加剂中氧化钠含量，%；

$C_2$——在工作曲线上查得每 100 mL 被测溶液中氧化钠的含量，mg。

14.4.2 $X_{总碱量}$按(18)式计算

$$X_{总碱量} = 0.658 \times X_{K_2O} + X_{Na_2O} \qquad \cdots\cdots (18)$$

式中：$X_{总碱量}$——外加剂中的总碱量，%。

14.5 允许差

允许差见表 2。

表 2 总碱量的允许差

| 总碱量，% | 室内允许差，% | 室间允许差，% |
|---|---|---|
| 1.00 | 0.10 | 0.15 |
| 1.00～5.00 | 0.20 | 0.30 |
| 5.00～10.00 | 0.30 | 0.50 |
| 大于 10.00 | 0.50 | 0.80 |

注

1 矿物质的混凝土外加剂：如膨胀剂等，不在此范围之内。

2 总碱量的测定亦可采用原子吸收光谱法，参见 GB/T 176—1996 中 3.11.2。

## 附 录 A

（标准的附录）

## 二次微商法计算混凝土外加剂中氯离子百分含量实例

**A1** 空白试验及硝酸银浓度的标定：

| 加 10 mL0.100 0 mol/L 氯化钠 | | | | 加 20 mL0.100 0 mol/L 氯化钠 | | | |
|---|---|---|---|---|---|---|---|
| 滴加硝酸银体积 $V_{01}$ mL | 电势 $E$ mV | $\Delta E/\Delta V$ mV/mL | $\Delta^2E/\Delta V^2$ $(mV/mL)^2$ | 滴加硝酸银体积 $V_{02}$ mL | 电势 $E$ mV | $\Delta E/\Delta V$ mV/mL | $\Delta^2E/\Delta V^2$ $(mV/mL^2)$ |
| 10.30 | 242 | | | 20.20 | 240 | | |
| 10.40 | 253 | 110 | 300 | 20.30 | 251 | 110 | 200 |
| 10.50 | 267 | 140 | −100 | 20.40 | 264 | 130 | −100 |
| 10.60 | 280 | 130 | | 20.50 | 276 | 120 | |

计算：$V_{01}=10.40+0.10\times\frac{300}{300+100}=10.48(mL)$

$$V_{02}=20.30+0.10\times\frac{200}{200+100}=20.37(mL)$$

$$C_{AgNO_3}=\frac{10.00\times0.100\,0}{20.37-10.48}=0.101\,1(mol/L)$$

**A2** 称取外加剂样品 0.769 6 g，加 200 mL 蒸馏水，溶解后加 4 mL 硝酸(1+1)，用硝酸银溶液滴定：

| 加 10 mL0.100 0 mol/L 氯化钠 | | | | 加 20 mL0.100 0 mol/L 氯化钠 | | | |
|---|---|---|---|---|---|---|---|
| 滴加硝酸银体积 $V_1$ mL | 电势 $E$ mV | $\Delta E/\Delta V$ mV/mL | $\Delta^2E/\Delta V^2$ $(mV/mL)^2$ | 滴加硝酸银体积 $V_2$ mL | 电势 $E$ mV | $\Delta E/\Delta V$ mV/mL | $\Delta^2E/\Delta V^2$ $(mV/mL)^2$ |
| 13.20 | 244 | | | 23.20 | 241 | | |
| 13.30 | 256 | 120 | 100 | 23.30 | 252 | 110 | 100 |
| 13.40 | 269 | 130 | −200 | 23.40 | 264 | 120 | −100 |
| 13.50 | 280 | 110 | | 23.50 | 275 | 110 | |

计算：$V_1=13.30+0.1\times\frac{100}{100+200}=13.33(mL)$

$$V_2=23.30+0.1\times\frac{100}{100+100}=23.35(mL)$$

$$V=\frac{(13.33-10.48)+(23.35-20.37)}{2}=2.92(mL)$$

$$Cl^-=\frac{35.45\times0.101\,1\times2.92}{0.769\,6\times1\,000}\times100=1.36(\%)$$

中华人民共和国国家标准

# 混凝土管用混凝土抗压强度试验方法

GB 11837—89

Test methods of the concrete compressive strength of concrete pipes for water

## 1 主题内容与适用范围

本标准规定了检验预应力混凝土输水管（震动挤压工艺和管芯绕丝工艺）、混凝土和钢筋混凝土排水管（离心、悬辊、立式挤压及立式震动工艺)制管用混凝土立方试体抗压强度的试验仪器与设备、试样、试验步骤、结果计算与评定、试验报告等。

注：混凝土和钢筋混凝土 排水管芯样试体抗压强度试验方法详见附录A（补充件）。

本标准适用于检验预应力混凝土输水管、混凝土和钢筋混凝土排水管的管体混凝土抗压强度。

## 2 引用标准

GB 5695 预应力混凝土输水管（震动挤压工艺）

GB 5696 预应力混凝土输水管（管芯绕丝工艺）

GB 11836 混凝土和钢筋混凝土排水管

## 3 试验仪器与设备

**3.1** 试体模型

立方试模为铸铁或钢制成，内表面刨光（磨光），平整度要求在100mm距离内凹凸不超过0.05mm；试模可拆卸擦洗，模内棱边尺寸的偏差不超过1mm，直角偏差不超过0.5°。

**3.2** 拌和设备

自落式或强制式混凝土搅拌机。

**3.3** 成型设备

**3.3.1** 标准震动台，频率为每分钟3 000±200次，负荷震幅为0.35mm，或空载震幅为0.5mm。

**3.3.2** 半球形插捣棒，直径为16mm、长度为650mm。

**3.4** 成型机具

小铁铲、镘刀、金属直尺及台秤等。

**3.5** 试验设备

压力试验机或万能试验机的精度（示值的相对误差）应在±2%以内；其量程应能使试体的预期破坏荷载值不小于全量程的20%，也不大于全量程的80%。

## 4 试样

**4.1** 试体规格与数量

试体为立方体，试体规格为100mm×100mm×100mm和150mm×150mm×150mm两种。以同一龄期为一组，每组至少三块。

**4.2** 模具准备

国家技术监督局1989-11-30批准 1990-08-01实施

清理模型后，在其内表面均匀涂刷一层脱模剂。

**4.3** 取样方法

成型用混凝土，应在制管过程中的同一混凝土拌和物中随机取样，不应任意挑选。

**4.4** 成型方法

**4.4.1** 根据混凝土的稠度选择试体成型方式：塌落度小于或等于70mm时，使用震动台震实成型；塌落度大于70mm时，使用插捣棒捣实成型。

**4.4.2** 震动台震实方法

**4.4.2.1** 将试模置于标准震动台台面上，灌满混凝土拌和物，并稍高出模具顶面，开始震动至混凝土表面呈现乳状水泥浆时结束震动（一般不超过90s），记录震动时间。

**4.4.2.2** 用镘刀沿试模周边刮掉多余混凝土浆料，并抹平混凝土表面。

**4.4.3** 插捣棒捣实方法

**4.4.3.1** 混凝土拌和物分两层装入试模内，每层约为1/2试模高度。

**4.4.3.2** 插捣时，应按螺旋方向逐层从周边向中心均匀地进行，每层插捣次数：对于100mm×100mm×100mm试体为12次；对于150mm×150mm×150mm试体为25次。

**4.4.3.3** 插捣深度和力度，插捣底层时，捣棒应插到模底；插捣上层时，捣棒应插入该层底面以下20～30mm。插捣时应将捣棒垂直（不得倾斜）压下（不得冲击）。

注：捣完一层后，遇有棒坑，应使用捣棒填平。

**4.4.3.4** 用镘刀沿试模周边刮掉多余混凝土拌和物，静停后用镘刀抹平。

**4.5** 试体养护

**4.5.1** 标准养护

**4.5.1.1** 试体成型后，置于温度20±5℃，相对湿度大于50%的环境中，静停时间一般不超过24h，然后脱模、修补、编号。

**4.5.1.2** 将脱模后的试体在标准养护室或标准养护箱内养护；标准养护条件的温度为20±3℃，相对湿度在90%以上；或置于温度在20±3℃的水中养护，每周应换水一次。

**4.5.1.3** 试体养护至规定龄期后取出，在1h内进行抗压试验，取得相应龄期的抗压强度。

**4.5.2** 生产养护

**4.5.2.1** 试体成型后，随同管子在相同养护温度、湿度及时间条件下进行蒸汽养护，对于震动挤压工艺生产的预应力混凝土输水管，试体成型后应在其表面施加$30g/cm^2$的压力，再进行蒸汽养护。

**4.5.2.2** 管子蒸养后，取出试块、脱模，立即进行抗压试验，取得脱模强度。

**4.5.2.3** 测定其他龄期混凝土抗压强度试体，应放置在与管子堆放相同温度、湿度及时间条件下进行后期养护，直至规定龄期时再进行抗压试验，取得相应龄期的抗压强度。

## 5 试验步骤

**5.1** 外观检查与尺寸测量

试体不得有缺陷，相对两面应平行。在试验前应擦拭干净。测量试体尺寸应精确至1mm，计算承压面积。

**5.2** 试体安置

以成型时的侧面为上下承压面，将试体稳妥放在下压板上，对正上、下压板几何中心，开动试验机，当上压板与试体表面接近时，再次调整球形座，使接触均衡。

**5.3** 加荷速度

以每秒0.4～0.8MPa（4～8$kgf/cm^2$）的加荷速度连续均匀地加荷（较高的混凝土标号取较高的加荷速度），当试体接近破坏而迅速变形时，应停止调整试验机油门，直至试体破坏，记录破坏荷载。

## 6 结果计算与评定

**6.1** 混凝土立方试体抗压强度按式（1）计算：

$$R = \frac{p}{F} \times 10 \cdots\cdots (1)$$

式中：$R$——抗压强度，MPa；

$p$——破坏荷载，kN；

$F$——承压载面面积，$cm^2$。

**6.2** 取每组（三个）试体的抗压试验结果的算术平均值作为该组试体抗压强度的代表值，计算精确至0.1MPa（1kgf/$cm^2$）。当三个试体中最大或最小的强度值，其中之一与中间值相比超过15%时，以中间值代表该组的混凝土抗压强度；当三个试体中的最大与最小的强度值与中间值相比均超过中间值的15%时，则该组试验结果无效。

**6.3** 混凝土抗压强度尺寸换算系数

试体为100mm×100mm×100mm的抗压强度，换算成标准试体（150mm×150mm×150mm）抗压强度时应乘以尺寸换算系数0.95。

**6.4** 混凝土抗压强度的工艺换算系数

不同制管工艺的预应力混凝土输水管管体混凝土抗压强度等于立方体混凝土抗压强度乘以工艺换算系数；工艺换算系数应通过这种工艺管体混凝土抗压强度与立方试体抗压强度对比试验取得；当尚未取得实用工艺换算系数时，可参照下表数据。

| 制管工艺方式 | 工艺换算系数 $K_g$ |
|---|---|
| 管芯绕丝工艺 | |
| 离心制管工艺 | 1.25 |
| 悬辊制管工艺 | 1.00 |
| 立式震动制管工艺 | 1.00 |
| 震动挤压工艺 | 1.50 |

## 7 试验报告

试验报告应包括下列内容：

a. 试验项目名称；

b. 试验目的和要求；

c. 试体成型日期、编号、试验日期及龄期；

d. 成型方式及养护方式；

e. 混凝土等级、配合比及原材料品种规格；

f. 试体外观、修补及尺寸测量记录；

g. 脱模强度、缠丝强度、出厂强度、28d强度及其他龄期的强度值的试验结果；

h. 试验单位及检验人员签章；

i. 数据偏差、取舍说明等试验分析；

j. 标准编号。

## 附 录 A
## 芯样试体抗压强度试验方法
（补充件）

### A1 主题内容与适用范围

本附录规定了从离心、悬辊、立式挤压及立式震动成型的混凝土和钢筋混凝土排水管管体钻取芯样的抗压强度试验方法，适用于产品定型及仲裁检验。

### A2 试验设备及仪器

混凝土钻机：采取金刚石或人造金刚石钻头。转速大于或等于900 r/min。

### A3 试样

**A3.1** 芯样试体的技术要求。

**A3.1.1** 芯样试体的直径应大于或等于混凝土中粗集料最大粒径的3倍。

**A3.1.2** 芯样试体的高度应为其直径的1～2倍。

**A3.1.3** 芯样试体的两个端面与轴线间的垂直度总偏差不得超过2°。

**A3.1.4** 芯样试体承压面的不平度应为每100mm不超过0.05mm。

**A3.1.5** 芯样中应尽可能没有钢筋。若含有钢筋，应记录钢筋的直径、长度、位置及方向，并使其处于靠近端面的位置，但不露出端面。

**A3.2** 芯样试体的制备。

**A3.2.1** 芯样试体的尺寸：芯样试体直径一般采用规格有$\phi$50mm，$\phi$100mm两种。

**A3.2.2** 芯样钻取位置：从样管的中央及两端（距端部大于100mm）分三段钻取芯样，三个为一组。

**A3.2.3** 芯样的混凝土强度：为避免钻取芯样和芯样加工时破坏砂浆与石子之间的粘结，样管的混凝土强度应不低于10MPa。

**A3.2.4** 芯样的钻取

**A3.2.4.1** 根据钻机的型号和现场条件，固定钻机，调平底盘，使钻头垂直于管轴线。

**A3.2.4.2** 调整变速杆使其达到所需转速。

**A3.2.4.3** 开启水龙头，钻头慢慢地接触混凝土表面，钻头入槽后方可加压进钻。

**A3.2.4.4** 进钻后应保持钻机平稳，冷却水不可中断，需水量大小以出水温度不超过30℃，水流量能排出粉屑为准。

**A3.2.4.5** 钻芯完毕应慢慢提升钻头离开混凝土表面，然后停机、停水。

**A3.2.4.6** 芯样取出后立即编号、记录（包括取芯位置、钢筋位置、外观特征等）。

**A3.2.5** 芯样端面处理：芯样端面可采用磨光机磨平或采用425号以上水泥，水灰比在0.3以下配制的水泥净浆抹平。

注：用水泥净浆抹平时，宜采用一个直径比芯样直径大1～2mm的圆形套模。为了增加芯样端面与水泥净浆之间的粘结力，先在芯样端面刷上粘结剂，然后把芯样放入套模中涂抹水泥净浆。抹光压平，抹面层厚不大于3mm。次日脱模，检查其平整度。处理完两个端面后，即可养护。

**A3.2.6** 芯样试体养护

**A3.2.6.1** 端面磨平处理的试体，磨平后放入20±5℃的净水中浸泡40～48h，即可进行抗压强度试验。

**A3.2.6.2** 端面抹面处理的试体，抹平后放入标准养护室内养护2～3d，然后放入20±5℃的净水中浸泡40～48h，即可进行抗压强度试验。

## A4 试验步骤

**A4.1** 详细记录芯样试体上的分层、麻面、气孔等异常特征及骨料的类型、最大粒径和混凝土的密实状况。

**A4.2** 凡试体表面有裂缝、缺损、缩颈、鼓肚、蜂窝及端面不符合规定者，一律不得作抗压强度试体。

**A4.3** 测量芯样试体的直径和高度。

**A4.3.1** 芯样试体直径：用游标卡尺在芯样试体的上、中、下三处测量，取其算术平均值为直径，精确到0.2mm。

**A4.3.2** 芯样试体高度：用游标卡尺在芯样试体侧面两个相对位置上测量，取其算术平均值为高度。精确到1mm。

**A4.4** 按本标准第5章进行抗压强度试验。

## A5 试验结果计算

**A5.1** 芯样试体抗压强度按式（A1）计算：

$$R_x = \frac{4P}{\pi D^2 K_y} \quad \cdots\cdots\cdots\cdots (A1)$$

式中：$R_x$——芯样试体抗压强度值，MPa；

$P$——芯样试体破坏前载荷，N；

$D$——芯样试体直径，mm；

$K_y$——不同高径比芯样试体抗压强度换算系数，见表A1、表A2。

表 A1 直径为100mm不同高径比芯样试体抗压强度换算系数

| 高径比$H/D$ | 混凝土强度等级，MPa | | |
|---|---|---|---|
| | $35<C\leqslant45$ | $25<C\leqslant35$ | $15<C\leqslant25$ |
| 1.00 | 1.00 | 1.00 | 1.00 |
| 1.25 | 0.98 | 0.94 | 0.90 |
| 1.50 | 0.96 | 0.91 | 0.86 |
| 1.75 | 0.94 | 0.89 | 0.84 |
| 2.00 | 0.92 | 0.87 | 0.82 |

注：$H$—芯样试体高度，mm；$D$—芯样试体直径，mm；$C$—混凝土强度等级，MPa；当$H/D$为其他比值时抗压强度换算系数可用内插法求得。下表同。

表 A2　直径为50mm不同高径比芯样试体抗压强度换算系数

| 高径比$H/D$ | 混凝土强度等级，MPa | |
|---|---|---|
| | $32.5<C\leqslant35$ | $20<C\leqslant32.5$ |
| 1.00 | 1.00 | 1.00 |
| 1.25 | 0.78 | 0.85 |
| 1.50 | 0.74 | 0.80 |
| 1.75 | 0.71 | 0.78 |
| 2.00 | 0.63 | 0.76 |

**A5.2**　芯样试体抗压强度换算为150mm×150mm×150mm试体抗压强度按式（A2）计算：

$$\frac{R_x}{R_b}=0.56+\frac{0.7}{0.006D+\frac{H}{D}} \quad \cdots\cdots\cdots(A2)$$

式中：$R_b$——150mm×150mm×150mm试体抗压强度，MPa。

附加说明：

本标准由国家建筑材料工业局提出。

本标准由国家建筑材料工业局苏州混凝土水泥制品研究院归口。

本标准由国家建筑材料工业局苏州混凝土水泥制品研究院负责起草。

本标准主要起草人费芳恒、解德信、徐忠文、张芳淑、沈丽华。

# 前　言

本标准1980年第一次制定为JC 265—80部标准，1989年制定并首次发布为国家标准，1997年第一次修订，修订时参照了国外先进标准，结合我国国情，保留了原标准中科学合理的部分，对部分内容和条款进行了修订。

本标准将重量改为质量，容重改为体积密度，恒重改为恒质。

增加导热系数试件锯取方法和其试验值的评定。

本标准自生效之日起，同时代替GB 11969—89。

本标准由国家建筑材料工业局提出。

本标准负责起草单位：中国新型建筑材料公司常州建筑材料研究设计所。

本标准参加起草单位：上海市建筑科学研究院。

本标准主要起草人：姜炳年、沈琨、邵英纯、龚君范、姚国伟、鲍俊海。

本标准1989年首次发布，1997年第一次修订。

本标准委托中国新型建筑材料公司常州建筑材料研究设计所解释。

# 中华人民共和国国家标准

GB/T 11969—1997

# 加气混凝土性能试验方法总则

代替 GB 11969—89

**General requirements for test methods of aerated concrete**

## 1 范围

本标准规定了加气混凝土的体积密度、含水率、吸水率、抗压强度、抗拉强度、抗折强度、轴心抗压强度、静力受压弹性模量、干燥收缩、抗冻、碳化、干湿循环和导热系数试验用的试件、结果评定和试验报告。

本标准适用于加气混凝土。

## 2 试件

2.1 试件制备

2.1.1 试件的制备，采用机锯或刀锯，锯时不得将试件弄湿。

2.1.2 体积密度，吸水率、抗压强度、抗拉强度、抗冻性、轴心抗压强度和静力受压弹性模量试件，沿制品膨胀方向中心部分上、中、下顺序锯取一组，“上”块上表面距离制品顶面 30 mm，“中”块在制品正中处，“下”块下表面离制品底面 30 mm。制品的高度不同，试件间隔略有不同，以高度 600 mm 的制品为例，试件锯取部位如图 1 和图 2 所示。

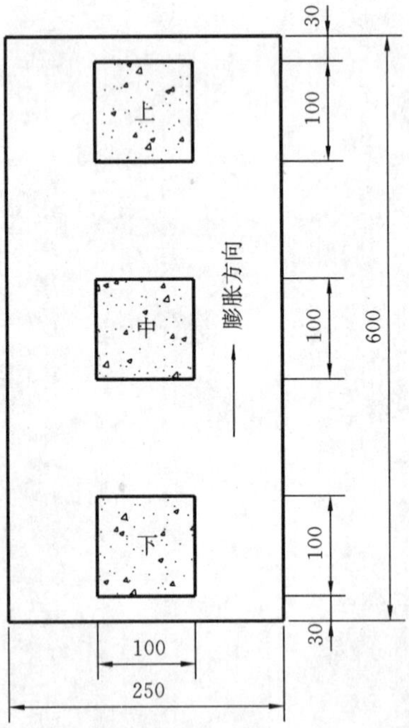


单位：mm

图 1 体积密度、吸水率、抗压、抗拉、抗冻性试件锯取示意图

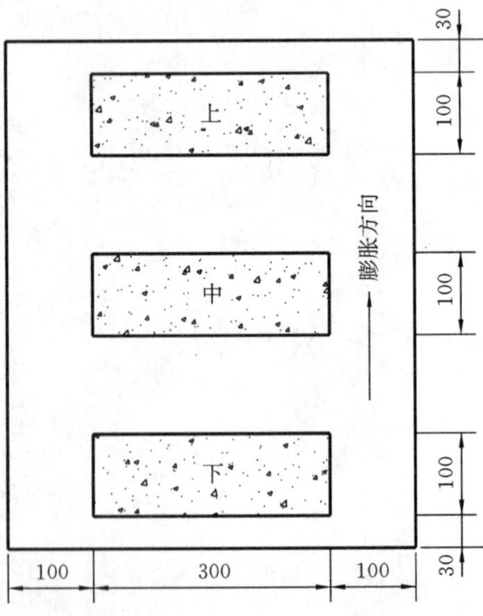


单位：mm

图 2 轴压强度、弹性模量试件锯取示意图

国家技术监督局 1997-11-12 批准 1998-06-01 实施

2.1.3 干湿循环和碳化性能试件均分别在同一块制品中心部分，沿制品膨胀方向中心部分的上、中、下顺序相邻部位锯取两组试件。相邻对应两组试件锯取部位如图3所示。

2.1.4 干燥收缩试件从当天出釜的制品中部锯取，试件长度方向平行于制品的膨胀方向，其锯取部位如图4所示。锯好后立即将试件密封，以防碳化。

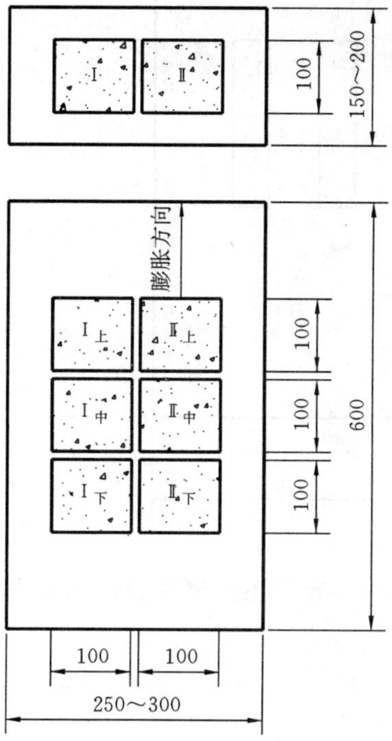


单位：mm

图3 干湿循环和碳化试件锯取部位示意图

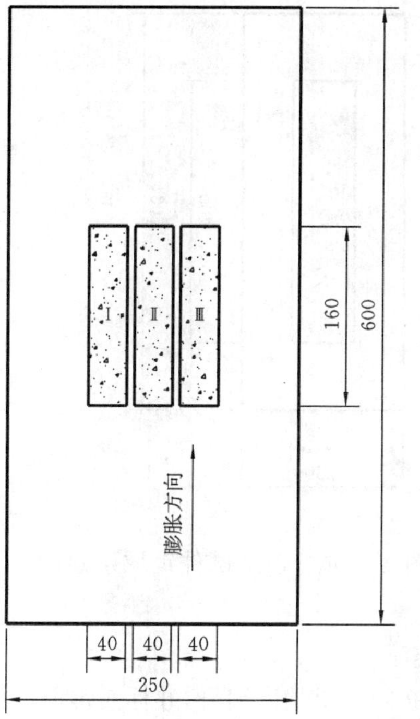


单位：mm

图4 干燥收缩试件锯取示意图

2.1.5 抗折强度试件在制品中心部分平行于制品膨胀方向锯取，其锯取部位如图5所示。

2.1.6 导热系数试件在制品中心部分锯取，试件长度方向平行于制品的膨胀方向，其锯取部位如图6所示。

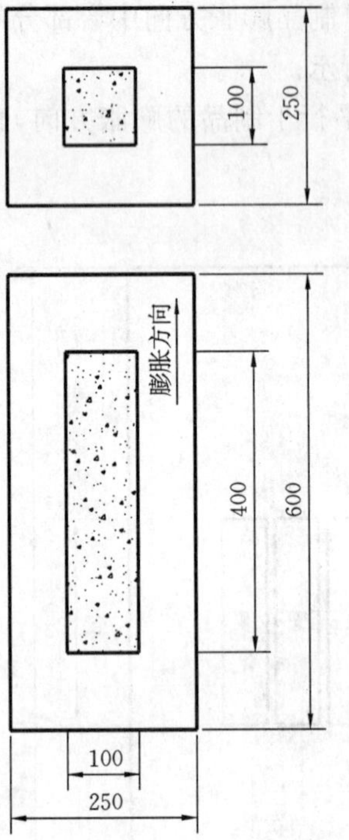


图 5　抗折强度试件锯取示意图

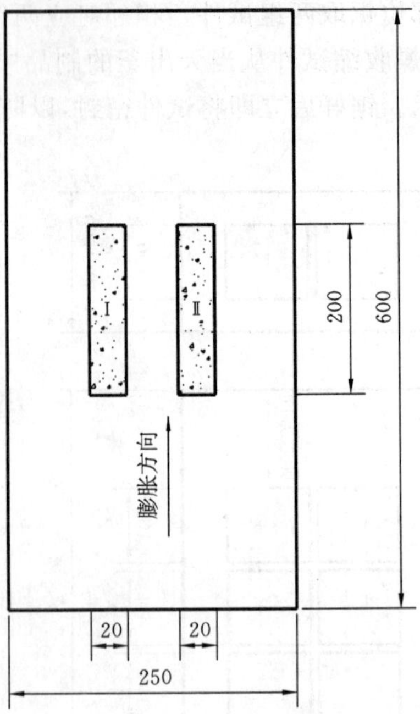


图 6　导热系数试件锯取示意图

2.2　标志

试件必须逐块加以编号，并标明锯取部位和膨胀方向。

2.3　试件外形

2.3.1　立方体试件外形必须是正立方体。

2.3.2　棱柱体试件外形必须是矩形六面体。

2.4　试件尺寸允许偏差

干燥收缩试件尺寸允许偏差为$_{-1}^{\ 0}$ mm，其他性能试件允许偏差为±2 mm。

2.5　外观要求

2.5.1　试件表面必须平整，不得有裂缝或明显缺陷。

2.5.2　试件承压面的不平度应为每 100 mm 不超过 0.1 mm，承压面与相邻面的不垂直度不应超过±1°。

2.6　试件烘干条件

2.6.1　试件根据试验要求，可分阶段升温烘至恒质，在烘干过程中，要防止出现裂缝。

2.6.2　恒质，指在烘干过程中间隔 4 h，前后两次质量差不超过试件质量的 0.5%。

## 3　结果评定

3.1　体积密度、吸水率、含水率、碳化系数和干湿强度系数试验结果，按 3 块试件试验值的算术平均值进行评定，体积密度精确至 1 kg/m$^3$，吸水率和含水率精确至 0.1%，碳化系数和干湿强度系数精确至 0.01。

3.2　强度的试验结果，按 3 块试件试验值的算术平均值进行评定，精确至 0.1MPa。

3.3　收缩值以 3 块试件试验值的算术平均值进行评定，精确至 0.01 mm/m。

3.4　导热系数以 2 块试件试验值的平均值进行评定，精确至 0.01 W/m·K。

## 4 试验报告

a）生产单位和产品名称；

b）标准编号、试验项目；

c）试件编号、尺寸及数量；

d）试验条件；

e）所用的主要试验仪器；

f）试验结果：每项性能试验的单个值和每组的算术平均值。同时给出相应的含水率和体积密度；

g）试验单位、试验人、报告审核人、日期及其他。

# 前　　言

本标准1980年第一次制定为JC 266—80部标准，1989年制定并首次发布为国家标准，1997年第一次修订，修订时保留了原标准中科学合理的部分，对部分内容和条款进行了修订。

本标准的干燥制度与原标准有所不同，采用在(60±5)℃保温24 h，然后在(80±5)℃保温24 h，再在(105±5)℃烘至恒质。

本标准自生效之日起，同时代替GB 11970—89。

本标准由国家建筑材料工业局提出。

本标准负责起草单位：中国新型建筑材料公司常州建筑材料研究设计所。

本标准参加起草单位：新疆加气混凝土厂、杭州加气混凝土厂、上海大学建筑工程学院。

本标准主要起草人：姜炳年、姚国伟、秦虹、李建中、郑炳芳。

本标准1989年首次发布，1997年第一次修订。

本标准委托中国新型建筑材料公司常州建筑材料研究设计所解释。

中华人民共和国国家标准

# 加气混凝土体积密度、含水率和吸水率试验方法

GB/T 11970—1997

代替 GB 11970—89

Test methods for bulk density, moisture and water absorbtion of aerated concrete

## 1 范围

本标准规定了加气混凝土的体积密度、含水率和吸水率试验用仪器设备、试件、试验步骤、结果计算与评定和试验报告。

本标准适用于加气混凝土。

## 2 引用标准

下列标准包含的条文通过在本标准中引用而构成本标准的条文。本标准出版时,所示版本均为有效。所有标准都会被修订,使用本标准的各方应探讨使用下列标准最新版本的可能性。

GB/T 11969—1997 加气混凝土性能试验方法总则

## 3 仪器设备

3.1 电热鼓风干燥箱:最高温度 200℃。

3.2 托盘天平或磅秤:称量 2 000 g,感量 1 g。

3.3 钢板直尺:规格为 300 mm,分度值为 0.5 mm。

3.4 恒温水槽:水温 15℃~25℃。

## 4 试件

4.1 试件制备

按 GB/T 11969 的有关规定进行。

4.2 试件尺寸和数量

100 mm×100 mm×100 mm 立方体试件二组 6 块。

## 5 干体积密度和含水率试验步骤

5.1 取试件一组 3 块,逐块量取长、宽、高三个方向的轴线尺寸,精确至 1 mm,计算试件的体积;并称取试件质量 $M$,精确至 1 g。

5.2 将试件放入电热鼓风干燥箱内,在(60±5)℃下保温 24 h,然后在(80±5)℃下保温 24 h,再在(105±5)℃下烘至恒质($M_0$)。

## 6 吸水率试验步骤

6.1 取另一组 3 块试件放入电热鼓风干燥箱内,在(60±5)℃下保温 24 h,然后在(80±5)℃下保温

国家技术监督局 1997-11-12 批准　　1998-06-01 实施

24 h，再在(105±5)℃下烘至恒质($M_0$)。

6.2 试件冷却至室温后，放入水温为(20±5)℃的恒温水槽内，然后加水至试件高度的1/3，保持24 h，再加水至试件高度的2/3，经24 h后，加水高出试件30 mm以上，保持24 h。

6.3 将试件从水中取出，用湿布抹去表面水分，立即称取每块质量($M_g$)，精确至1 g。

## 7 结果计算与评定

7.1 干体积密度按式(1)计算：

$$r_0 = \frac{M_0}{V} \times 10^6 \qquad \cdots\cdots(1)$$

式中：$r_0$——干体积密度，kg/m³；

$M_0$——试件烘干后质量，g；

$V$——试件体积，mm³。

7.2 含水率按式(2)计算：

$$W_S = \frac{M - M_0}{M_0} \times 100 \qquad \cdots\cdots(2)$$

式中：$W_S$——含水率，%；

$M_0$——试件烘干后质量，g；

$M$——试件烘干前的质量，g。

7.3 吸水率按式(3)计算(以质量百分率表示)：

$$W_R = \frac{M_g - M_0}{M_0} \times 100 \qquad \cdots\cdots(3)$$

式中：$W_R$——吸水率，%；

$M_0$——试件烘干后质量，g；

$M_g$——试件吸水后质量，g。

7.4 体积密度的计算精确至1 kg/m³；含水率和吸水率的计算精确至0.1%。

## 8 试验报告

试验报告应符合GB/T 11969的规定。

# 前　言

本标准1980年第一次制定为JC 267—80、JC 268—80、JC 269—80、JC 270—80部标准，1989年制定并首次发布为国家标准，1997年第一次修订，修订时参照了国外先进标准，结合我国国情，保留了原标准中科学合理的部分，对部分内容和条款进行了修订。

抗折强度、轴心抗压强度和静力受压弹性模量试件由在含水率6%～10%下进行试验，改为在含水率8%～12%下进行试验。

劈裂抗拉试验由采用$\phi 12$钢垫条，改为采用$\phi 75$的圆弧形钢垫条。

抗折试验由采用单点加荷，改为采用双点加荷。

本标准自生效之日起，同时代替GB 11971—89。

本标准由国家建筑材料工业局提出。

本标准负责起草单位：中国新型建筑材料公司常州建筑材料研究设计所、新疆加气混凝土厂。

本标准参加起草单位：新疆加气混凝土厂、杭州加气混凝土厂、锦西化工总厂。

本标准主要起草人：姜炳年、龚君范、姚国伟、秦虹、郑炳芳、赵振宇。

本标准1989年首次发布，1997年第一次修订。

本标准委托中国新型建筑材料公司常州建筑材料研究设计所解释。

# 中华人民共和国国家标准

GB/T 11971—1997

# 加气混凝土力学性能试验方法

代替 GB 11971—89

**Test method for mechanical property of aerated concrete**

## 1 范围

本标准规定了加气混凝土抗压强度、抗拉强度、抗折强度、轴心抗压强度和静力受压弹性模量试验用仪器设备、试件、试验步骤、结果计算与评定和试验报告。

本标准适用于加气混凝土。

## 2 引用标准

下列标准包含的条文通过在本标准中引用而构成本标准的条文。本标准出版时，所示版本均为有效。所有标准都会被修订，使用本标准的各方应探讨使用下列标准最新版本的可能性。

GB/T 11969—1997 加气混凝土性能试验方法总则

## 3 仪器设备

3.1 材料试验机：精度(示值的相对误差)不应低于±2%，其量程的选择应能使试件的预期最大破坏荷载处在全量程的20%～80%范围内。

3.2 托盘天平或磅秤：称量2 000 g，感量1 g。

3.3 电热鼓风干燥箱：最高温度200℃。

3.4 钢板直尺：规格为300 mm，分度值为0.5 mm。

3.5 劈裂抗拉钢垫条的直径为75 mm，如图1所示。钢垫条与试件之间应垫以木质三合板垫层，垫层宽度应为15～20 mm，厚3～4 mm，长度不应短于试件边长，垫层不得重复使用。

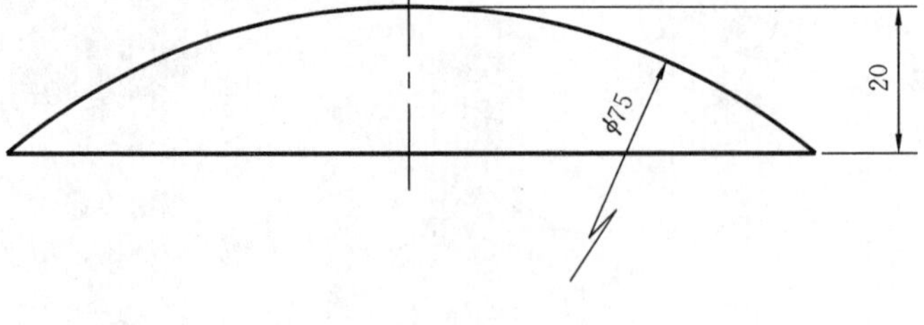


单位：mm

图1 劈裂抗拉钢垫条

3.6 变形测量仪表：精度不应低于0.001 mm，当使用镜式引伸仪时，允许精度不低于0.002 mm。

## 4 试件

4.1 试件制备

按GB/T 11969有关规定进行，受力面必须锉平或磨平。

4.2 试件尺寸和数量

国家技术监督局1997-11-12批准　　1998-06-01实施

抗压强度：100 mm×100 mm×100 mm 立方体试件一组 3 块；

劈裂抗拉强度：100 mm×100 mm×100 mm 立方体试件一组 3 块；

抗折强度：100 mm×100 mm×400 mm 棱柱体试件一组 3 块；

轴心抗压强度：100 mm×100 mm×300 mm 棱柱体试件一组 3 块；

静力受压弹性模量：100 mm×100 mm×300 mm 棱柱体试件二组 6 块。

4.3 试件含水状态

4.3.1 抗压强度和劈裂抗拉强度试件在质量含水率为 25%～45%下进行试验。

4.3.2 抗折强度、轴心抗压强度和静力受压弹性模量试件在质量含水率 8%～12%下进行试验。

4.3.3 如果质量含水率超过上述规定范围，则在(60±5)℃下烘至所要求的含水率。

4.3.4 其他情况下，可将试件浸水 6 h，从水中取出，用干布抹去表面水分，在(60±5)℃下烘至所要求的含水率。

## 5 试验步骤

5.1 抗压强度

5.1.1 检查试件外观。

5.1.2 测量试件的尺寸，精确至 1 mm，并计算试件的受压面积($A_1$)。

5.1.3 将试件放在材料试验机的下压板的中心位置，试件的受压方向应垂直于制品的膨胀方向。

5.1.4 开动试验机，当上压板与试件接近时，调整球座，使接触均衡。

5.1.5 以(2.0±0.5)kN/s 的速度连续而均匀地加荷，直至试件破坏，记录破坏荷载($p_1$)。

5.1.6 将试验后的试件全部或部分立即称质量，然后在(105±5)℃下烘至恒质，计算其含水率。

5.2 劈裂抗拉强度(劈裂法)

5.2.1 检查试件外观

5.2.2 在试件中部划线定出劈裂面的位置，劈裂面垂直于制品膨胀方向，测量尺寸，精确至 1 mm，计算劈裂面面积($A_2$)。

5.2.3 将试件放在试验机下压板的中心位置，在上、下压板与试件之间垫以劈裂抗拉钢垫条及垫层各一条。钢垫条与试件中心线重合，如图 2 所示。

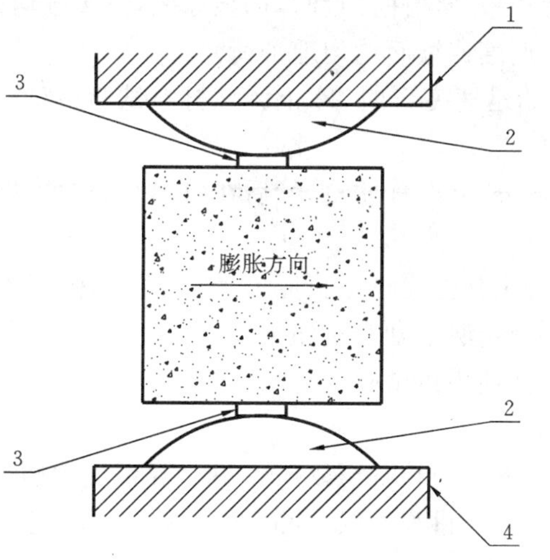


1—试验机上压板；2—劈裂抗拉钢垫条；3—垫层；4—试验机下压板

图 2 劈裂抗拉试验示意图

5.2.4 开动试验机，当上压板与试件接近时，调整球座，使接触均衡。

5.2.5 以(0.20±0.05)kN/s 的速度连续而均匀地加荷，直至试件破坏，记录破坏荷载($p_2$)。

5.2.6 将试验后的试件全部或部分称质量，然后在(105±5)℃下烘至恒质，计算其含水率。

5.3 抗折强度

5.3.1 检查试件外观。

5.3.2 在试件中部测量其宽度和高度，精确至 1 mm。

5.3.3 将试件放在抗弯支座辊轮上，支点间距为 300 mm，开动试验机，当加压辊轮与试件快接近时，调整加压辊轮及支座辊轮，使接触均衡，其所有间距的尺寸偏差不应大于±1 mm。加荷方式如图 3 所示。

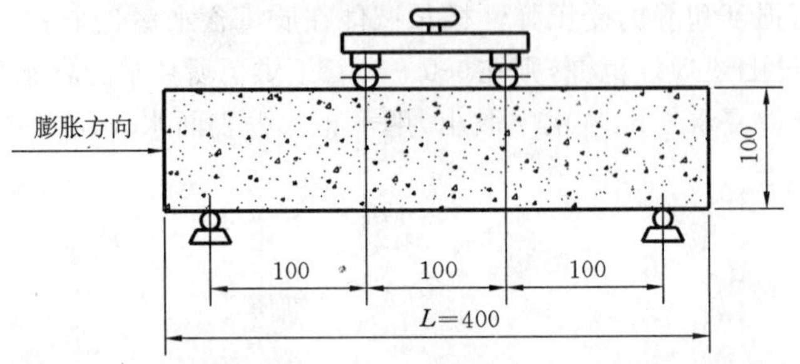


图 3 抗折强度试验示意图

5.3.4 试验机与试件接触的两个支座辊轮和两个加压辊轮应具有直径为 30 mm 的弧形顶面，并应至少比试件的宽度长 10 mm。其中 3 个(一个支座辊轮及两个加压辊轮)尽量做到能滚动并前后倾斜。

5.3.5 以(0.20±0.05)kN/s 的速度连续而均匀地加荷，直至试件破坏，记录破坏荷载($p$)及破坏位置。

5.3.6 将试验后的短半段试件，立即称质量，然后在(105±5)℃下烘至恒质，计算其含水率。

5.4 轴心抗压强度

5.4.1 检查试件外观。

5.4.2 在试件中部测量试件的边长精确至 1 mm，并计算试件的受压面积($A_3$)。

5.4.3 将试件直立放置在材料试验机的下压板上，试件的轴心与材料试验机下压板的中心对准。

5.4.4 开动材料试验机，当上压板与试件接近时，调整球座，使接触均衡。

5.4.5 以(2.0±0.5)kN/s 的速度连续而均匀地加荷。

5.4.6 当试件接近破坏而开始迅速变形时，停止调整材料试验机油门，直至试件破坏，记录破坏荷载($p_3$)。

5.4.7 取试验后的试件的一部分，立即称质量，然后在(105±5)℃下烘至恒质，计算其含水率。

5.5 静力受压弹性模量

5.5.1 本方法测定的加气混凝土弹性模量是指应力为轴心抗压强度 40%时的加荷割线模量。

5.5.2 取一组试件，按 5.4 条规定测定轴心抗压强度 $f_{cp}$。

5.5.3 取另一组试件，作静力弹性模量试验，其步骤如下：

5.5.3.1 检查试件外观。

5.5.3.2 在试件中部测量试件的边长精确至 1 mm，并计算试件的横截面面积 $A$。

5.5.3.3 将测量变形的仪表安装在供弹性模量测定的试件上，仪表应精确地安在试件的两对应大面的中心线上。

5.5.3.4 试件的测量标距为 150 mm。

5.5.3.5 将装有变形测量仪表的试件置于材料试验机的下压板上，使试件的轴心与材料试验机下压板的中心对准。

5.5.3.6 启动材料试验机，当上压板与试件接近时，调整球座，使之接触均衡。

5.5.3.7 以(2.0±0.5)kN/s 的速度连续而均匀地加荷。当达到应力为 0.1MPa 的荷载 $p_{b1}$时，保持该荷载 30 s，然后以同样的速度加荷至应力为 0.4 $f_{CP}$的荷载 $p_{a1}$，保持该荷载 30 s，然后以同样的速度卸荷至应力为 0.1 MPa 的荷载 $p_{b2}$，保持该荷载 30 s。如此反复预压 3 次(图 4)。

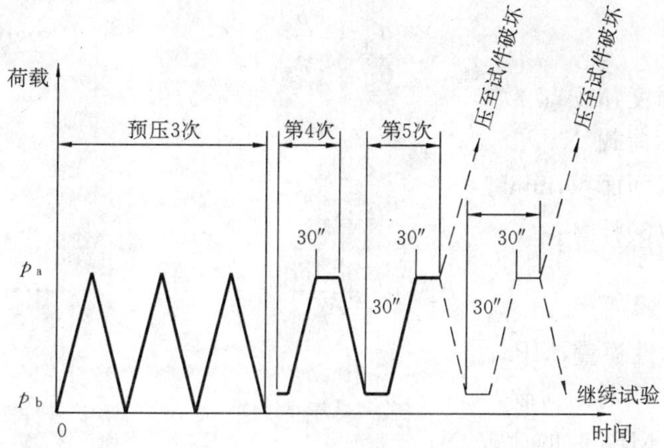


图 4 弹性模量试验加荷制度示意图

5.5.3.8 按上述加荷和卸荷方法，分别读取第 4 次荷载循环，以 $p_{b4}$与 $p_{a4}$时试件两侧相应的变形读数 $\delta_{b4}$与 $\delta_{a4}$，计算两侧变形值的平均值 $\delta_4$，按同样方法进行第 5 次荷载循环，并计算 $\delta_5$。

5.5.3.9 如果 $\delta_4$与 $\delta_5$之差不大于 0.003 mm，则卸除仪表，以同样速度加荷至试件破坏，并计算轴心抗压强度 $f_{cp}$。

5.5.3.10 如果 $\delta_4$与 $\delta_5$之差大于 0.003 mm，继续按上述方法加荷与卸荷，直至相邻两次两侧变形平均值之差不大于 0.003 mm 为止。并按最后一次的变形平均值计算弹性模量值。但在试验报告中应注明计算时的次数。

5.5.3.11 取试验后的试件的一部分立即称取质量，然后在(105±5)℃下烘至恒质，计算其含水率。

## 6 结果计算与评定

6.1 抗压强度按式(1)计算：

$$f_{cc} = \frac{p_1}{A_1} \qquad \cdots\cdots(1)$$

式中：$f_{cc}$——试件的抗压强度，MPa；

$p_1$——破坏荷载，N；

$A_1$——试件受压面积，$mm^2$。

6.2 抗折强度按式(2)计算：

$$f_f = \frac{p \cdot L}{b \cdot h^2} \qquad \cdots\cdots(2)$$

式中：$f_f$——试件的抗折强度，MPa；

$p$——破坏荷载，N；

$b$——试件宽度，mm；

$h$——试件高度，mm；

$L$——支座间距即跨度(mm)，精确至 1 mm。

6.3 劈裂抗拉强度按式(3)计算：

$$f_{ts} = \frac{2p_2}{\pi A_2} \approx 0.637\frac{p_2}{A_2} \qquad \cdots\cdots(3)$$

式中：$f_{ts}$——试件的劈裂抗拉强度，MPa；

$p_2$——破坏荷载,N;

$A_2$——劈裂面面积,$mm^2$。

6.4 轴心抗压强度按式(4)计算:

$$f_{cp}=\frac{p_3}{A_3} \quad \cdots\cdots(4)$$

式中:$f_{cp}$——轴心抗压强度,MPa;

$p_3$——试件的破坏荷载,N;

$A_3$——试件中部截面面积,$mm^2$。

6.5 静力弹性模量按式(5)计算:

$$E_c=\frac{p_a-p_b}{A}\times\frac{l}{\delta_5} \quad \cdots\cdots(5)$$

式中:$E_c$——试件静力弹性模量,MPa;

$p_a$——应力为 0.4 $f_{cp}$时的荷载,N;

$p_b$——应力为 0.1 MPa 时的荷载,N;

$A$——试件的横截面面积,$mm^2$;

$\delta_5$——第五次荷载循环时试件两侧变形平均值,mm;

$l$——测点标距,150 mm。

6.6 抗压强度和轴心抗压强度的计算精确至 0.1 MPa;抗拉强度和抗折强度的计算精确至 0.01 MPa;静力弹性模量的计算精确至 100 MPa。

6.7 结果评定按 GB/T 11969 第 3 条的规定进行。静力弹性模量按 3 块试件测试值的算术平均值计算,如果其中一个试件的轴心抗压强度 $f'_{cp}$与 $f_{cp}$之差超过 20%$f_{cp}$,则弹性模量值按另二个试件测值的算术平均值计算,如有二个试件与 $f_{cp}$之差超过规定,则试验结果无效。

## 7 试验报告

试验报告应符合 GB/T 11969 的规定。

# 前 言

本标准1980年第一次制定为JC 271—80部标准，1989年制定并首次发布为国家标准，1997年第一次修订，修订时参照了国外先进标准，结合我国国情，保留了原标准中科学合理的部分，对部分内容和条款进行了修订。

本标准中，由原测试长度变化小于0.01 mm结束试验，改为测试质量变化小于0.1%结束试验；

本标准自生效之日起，同时代替GB 11972—89。

本标准由国家建筑材料工业局提出。

本标准负责起草单位：中国新型建筑材料公司常州建筑材料研究设计所。

本标准参加起草单位：河南建筑材料研究设计院、上海大学建筑工程学院。

本标准主要起草人：姜炳年、姜勇、李建中、章珍梅、杨世叶。

本标准1989年首次发布，1997年第一次修订。

本标准委托中国新型建筑材料公司常州建筑材料研究设计所解释。

# 中华人民共和国国家标准

GB/T 11972—1997

# 加气混凝土干燥收缩试验方法

代替 GB 11972—89

**Test methods for dry shrinkage of aerated concrete**

## 1 范围

本标准规定了加气混凝土干燥收缩试验用仪器设备、试件、标准试验方法、快速试验方法、结果计算与评定和试验报告。

本标准适用于加气混凝土。

## 2 引用标准

下列标准包含的条文通过在本标准中引用而构成本标准的条文。本标准出版时,所示版本均为有效。所有标准都会被修订,使用本标准的各方应探讨使用下列标准最新版本的可能性。

GB/T 11969—1997 加气混凝土性能试验方法总则

GB/T 11970—1997 加气混凝土体积密度、含水率和吸水率试验方法

## 3 仪器设备

3.1 立式收缩仪:精度为 0.01 mm。

3.2 收缩头:采用黄铜或不锈钢制成,如图 1 所示:

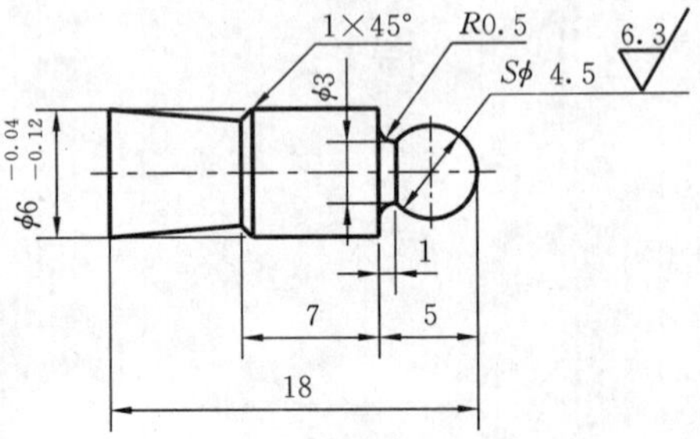


单位:mm

图 1 收缩头

3.3 电热鼓风干燥箱:最高温度 200℃。

3.4 调温调湿箱:最高工作温度 150℃,最高相对湿度(95±3)%。

3.5 天平:称量 500 g,感量 0.1 g。

3.6 干燥器。

3.7 干湿球温度计:最高温度 100℃。

3.8 恒温水槽:水温(20±2)℃。

## 4 试件

4.1 试件制备

国家技术监督局 1997-11-12 批准　　1998-06-01 实施

按 GB/T 11969 有关规定进行。

4.2 试件尺寸和数量

40 mm×40 mm×160 mm 一组 3 块。

4.3 试件处理

4.3.1 在试件的两个端面中心，各钻一个直径 6 mm～10 mm，深度 13 mm 孔洞。

4.3.2 在孔洞内灌入水玻璃水泥浆（或其他粘结剂），然后埋置收缩头，收缩头中心线应与试件中心线重合，试件端面必须平整。2 h 后，检查收缩头安装是否牢固，否则重装。

## 5 试验步骤

5.1 标准试验方法

5.1.1 试件放置 1 d 后，浸入水温为（20±2）℃恒温水槽中，水面应高出试件 30 mm，保持 72 h。

5.1.2 将试件从水中取出，用湿布抹去表面水分，并将收缩头擦干净，立即称取试件的质量。

5.1.3 用标准杆调整仪表原点（一般取 5.00 mm），然后按标明的测试方向立即测定试件初始长度，记下初始百分表读数。

5.1.4 试件长度测试误差为±0.01 mm，称取质量误差为±0.1 g。

5.1.5 将试件放在温度为（20±2）℃，相对湿度为（43±2）%的调温调湿箱中。

5.1.6 每隔 4 d 将试件在（20±2）℃的房间内测定一次，直至质量变化小于 0.1%为止，测前需校准仪器原点，要求每组试件在 10 min 内测完。

5.1.7 每测一次长度，应同时称取试件的质量。

5.2 快速试验法

5.2.1 同 5.1.1。

5.2.2 同 5.1.2。

5.2.3 同 5.1.3。

5.2.4 同 5.1.4。

5.2.5 将试件置于调温调湿箱内，控制箱内温度为（50±1）℃，相对湿度为（30±2）%（当箱内湿度至 35%左右时，放入盛有氯化钙饱和溶液的瓷盘，用以调节箱内湿度；如果湿度不易下降时，用无水氯化钙调节）。

5.2.6 每天从箱内取出试件测长度一次。当试件取出后应立即放入无吸湿剂的干燥器中，在（20±2）℃的房间内冷却 3 h 后进行测试。测前须校准仪器的百分表原点，要求每组试件在 10 min 内测完。

5.2.7 按 5.2.5、5.2.6 条所述反复进行干燥、冷却和测试，直到质量变化小于 0.1%为止。

5.2.8 每测一次长度，应同时称取试件的质量。

## 6 结果计算与评定

6.1 干燥收缩值按式（1）计算：

$$S = \frac{L_1 - L_2}{L_0 - (M_0 - L_1) - L} \times 1\,000 \qquad \cdots\cdots(1)$$

式中：$S$——干燥收缩值，mm/m；

$L_0$——标准杆长度，mm；

$M_0$——百分表的原点，mm；

$L_1$——试件初始长度（百分表读数），mm；

$L_2$——试件干燥后长度（百分表读数），mm；

$L$——二个收缩头长度之和，mm。

6.2 结果评定按 GB/T 11969 第 3 章规定进行。

6.3 含水率按 GB/T 11970 第 7 章计算。

## 7 试验报告

试验报告应符合 GB/T 11969 的规定。

# 前　　言

本标准1980年第一次制定为JC 272—80部标准,1989年制定并首次发布为国家标准,1997年第一次修订,修订时参照了国外先进标准,结合我国国情,保留了原标准中科学合理的部分,对部分内容和条款进行了修订,将强度损失改为用冻后强度平均值作为评定抗冻性的一个指标。

本标准自生效之日起,同时代替GB 11973—89。

本标准由国家建筑材料工业局提出。

本标准负责起草单位:中国新型建筑材料公司常州建筑材料研究设计所。

本标准参加起草单位:上海大学建筑工程学院。

本标准主要起草人:姜炳年、姚国伟、王其平、金孝杰、李建中。

本标准1989年首次发布,1997年第一次修订。

本标准委托中国新型建筑材料公司常州建筑材料研究设计所解释。

# 中华人民共和国国家标准

GB/T 11973—1997

# 加气混凝土抗冻性试验方法

代替 GB 11973—89

**Test method for frost-resistance of aerated concrete**

## 1 范围

本标准规定了加气混凝土抗冻性试验用仪器设备、试件、试验步骤、结果评定和试验报告。

本标准适用于加气混凝土。

## 2 引用标准

下列标准所包含的条文，通过在本标准中引用而构成本标准的条文。本标准出版时，所示版本均为有效。所有标准都会被修订，使用本标准的各方应探讨使用下列标准最新版本的可能性。

GB/T 11969—1997 加气混凝土性能试验方法总则

GB/T 11971—1997 加气混凝土力学性能试验方法

## 3 仪器设备

3.1 低温箱或冷冻室：最低工作温度－30℃以下。

3.2 恒温水槽：水温(20±5)℃。

3.3 托盘天平或磅秤：称量 2 000 g，感量 1 g。

3.4 电热鼓风干燥箱：最高温度 200℃。

## 4 试件

4.1 试件制备

按 GB/T 11969 有关规定进行。

4.2 试件尺寸和数量

100 mm×100 mm×100 mm 立方体试件一组 3 块。

## 5 试验步骤

5.1 将冻融试件放在电热鼓风干燥箱内，在(60±5)℃下保温 24 h，然后在(80±5)℃下保温 24 h，再在(105±5)℃下烘至恒质。

5.2 试件冷却至室温后，立即称取质量，精确至 1 g，然后浸入水温为(20±5)℃恒温水槽中，水面应高出试件 30 mm，保持 48 h。

5.3 取出试件，用湿布抹去表面水分，放入预先降温至－15℃以下的低温箱或冷冻室中，其间距不小于 20 mm，当温度降至－18℃时记录时间。在(－20±2)℃下冻 6 h 取出，放入水温为(20±5)℃的恒温水槽中，融化 5 h 作为一次冻融循环，如此冻融循环 15 次为止。

5.4 每隔 5 次循环检查并记录试件在冻融过程中的破坏情况。

5.5 冻融过程中，发现试件呈明显的破坏，应取出试件，停止冻融试验，并记录冻融次数。

国家技术监督局 1997-11-12 批准 1998-06-01 实施

5.6 将经15次冻融后的试件，放入电热鼓风干燥箱内，按5.1条规定烘至恒质。

5.7 试件冷却至室温后，立即称取质量，精确至1 g。

5.8 将冻融后试件按GB/T 11971有关规定，进行抗压强度试验。

## 6 结果计算与评定

6.1 质量损失率按式(1)计算：

$$M_m = \frac{M_0 - M}{M_0} \times 100 \quad \cdots\cdots(1)$$

式中：$M_m$——质量损失率，%；

$M_0$——冻融试件试验前的干质量，g；

$M$——经冻融试验后试件的干质量，g。

6.2 冻后试件的抗压强度按GB/T 11971式(1)计算。

6.3 抗冻性按冻融试件的质量损失率平均值和冻后的抗压强度平均值进行评定。质量损失率精确至0.1%。

## 7 试验报告

试验报告应符合GB/T 11969的规定。

# 前　　言

本标准1980年第一次制定为JC 273—80部标准，1989年制定并首次发布为国家标准，1997年第一次修订，修订时保留了原标准中科学合理的部分，对部分内容和条款进行了修订。

本标准中，碳化浓度由原来的80%($m/m$)改为(20±3)%($m/m$)。

本标准自生效之日起，同时代替GB 11974—89。

本标准负责起草单位：中国新型建筑材料公司常州建筑材料研究设计所、上海大学建筑工程学院。

本标准参加起草单位：中国新型建筑材料公司上海分公司。

本标准主要起草人：姜炳年、金孝杰、鲍俊海、邓寿康、姜勇。

本标准1989年首次发布，1997年第一次修订。

本标准委托中国新型建筑材料公司常州建筑材料研究设计所解释。

中华人民共和国国家标准

GB/T 11974—1997

# 加气混凝土碳化试验方法

代替 GB 11974—89

**Test method for carbonation of aerated concrete**

## 1 范围

本标准规定了加气混凝土碳化试验用仪器设备和试剂、试件、试验条件、试验步骤、结果计算与评定和试验报告。

本标准适用于加气混凝土。

## 2 引用标准

下列标准包含的条文通过在本标准中引用而构成本标准的条文。本标准出版时,所示版本均为有效。所有标准都会被修订,使用本标准的各方应探讨使用下列标准最新版本的可能性。

GB/T 11969—1997 加气混凝土性能试验方法总则

GB/T 11971—1997 加气混凝土力学性能试验方法

## 3 仪器设备和试剂

3.1 碳化箱:下部设有进气孔,上部设有排气孔,且有湿度观察装置,盖(门)必须严密。

3.2 二氧化碳钢瓶。

3.3 转子流量计。

3.4 气体分析仪。

3.5 电热鼓风干燥箱:最高温度 200℃。

3.6 托盘天平或磅称:称量 2 000 g,感量 1 g。

3.7 干湿球温度计:最高温度 100℃。

3.8 二氧化碳气体:浓度大于 80%($m/m$)。

3.9 钠石灰。

3.10 工业用硝酸镁(保湿剂)。

3.11 1%($m/m$)酚酞溶液:用浓度为 70%($m/m$)的乙醇配制。

3.12 30%($m/m$)氢氧化钾溶液。

## 4 试件

4.1 试件制备

按 GB/T 11969 有关要求加工。

4.2 试件尺寸

100 mm×100 mm×100 mm 立方体试件。

4.3 试件数量

五组共 15 块。一组 3 块为对比试件;四组 12 块为碳化试件,其中三组 9 块用于碳化深度检查,一组

国家技术监督局 1997-11-12 批准　　1998-06-01 实施

3 块用于测定碳化后强度。

## 5 试验条件

5.1 湿度

碳化过程的相对湿度为(55±5)%。

空气和二氧化碳分别通过盛有硝酸镁(保湿剂)过饱和溶液(以 1 kg 工业纯硝酸镁,200 mL 水的比例配制)的广口瓶,以控制介质湿度。应经常保持溶液中有硝酸镁固相存在。

5.2 二氧化碳浓度

5.2.1 二氧化碳浓度的测定

每隔一定时期对箱内的二氧化碳浓度作一次测定,一般在第一、二天每隔 2 h 测定一次以后每隔 4 h测定一次。并根据测得的二氧化碳浓度,随时调节其流量,保湿剂也应经常予以更换。

二氧化碳浓度采用气体分析仪测定,精确至 1%(*m*/*m*)。

5.2.2 二氧化碳浓度的调节和控制

如下图所示,装配人工碳化装置,分别调节二氧化碳钢瓶和空气压缩机上的针形阀,通过流量计控制二氧化碳浓度为(20±3)%(*m*/*m*)。

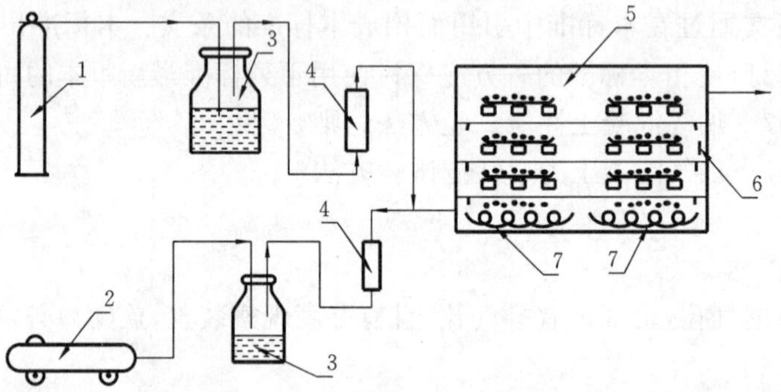


1—二氧化碳钢瓶;2—空气压缩机;3—保湿剂瓶;4—转子流量计;
5—碳化箱;6—干湿球温度计;7—内盛保湿剂的搪瓷盘

图 1 人工碳化装置示意图

## 6 试验步骤

6.1 试件放入温度(60±5)℃的电热鼓风干燥箱内,烘至恒质。电热鼓风干燥箱内需放入适量的钠石灰,以吸收箱内的二氧化碳。

6.2 取一组试件,按 GB/T 11971 有关规定测定抗压强度($f_{cc}$)。

6.3 其余四组试件放入碳化箱进行碳化,试件间隔不得小于 20 mm。4 d 后,每天取一块试件劈开,用 1%(*m*/*m*)酚酞溶液测定碳化深度,直至试件中心不显红色,则认为试件已完全碳化。此时,取一组试件按 GB/T 11971 有关规定测定其碳化后的抗压强度($f_c$)。

## 7 结果计算与评定

7.1 碳化系数按式(1)计算:

$$K_c = \frac{f_c}{f_{cc}} \qquad \cdots\cdots(1)$$

式中:$K_c$—— 碳化系数;

$f_c$——碳化后试件抗压强度平均值,MPa;

$f_{cc}$——对比试件抗压强度平均值,MPa。

7.2 结果评定按 GB/T 11969 有关规定进行。

## 8 试验报告

试验报告应符合 GB/T 11969 第 4 章的规定。

# 前　　言

本标准1980年第一次制定为JC 274—80部标准,1989年制定并首次发布为国家标准,1997年第一次修订,修订时保留了原标准中科学合理的部分,对部分内容和条款进行了修订。

本标准中,规定了试件烘干后的冷却时间为20 min。

本标准自生效之日起,同时代替GB 11975—89。

本标准负责起草单位:中国新型建筑材料公司常州建筑材料研究设计所。

本标准参加起草单位:上海大学建筑工程学院。

本标准主要起草人:姜炳年、金孝杰、李建中、龚君范、鲍俊海。

本标准1989年首次发布,1997年第一次修订。

本标准委托中国新型建筑材料公司常州建筑材料研究设计所解释。

# 中华人民共和国国家标准

GB/T 11975—1997

# 加气混凝土干湿循环试验方法

代替 GB 11975—89

**Test method for wet-dry cycle of aerated concrete**

## 1 范围

本标准规定了加气混凝土干湿循环试验用仪器设备、试件、试验步骤、结果计算与评定和试验报告。

本标准适用于加气混凝土。

## 2 引用标准

下列标准包含的条文通过在本标准中引用而构成本标准的条文。本标准出版时,所示版本均为有效。所有标准都会被修订,使用本标准的各方应探讨使用下列标准最新版本的可能性。

GB/T 11969—1997 加气混凝土性能试验方法总则

GB/T 11971—1997 加气混凝土力学性能试验方法

## 3 仪器设备

3.1 电热鼓风干燥箱:最高温度 200℃。

3.2 恒温水槽或水箱:水温(20±5)℃。

3.3 托盘天平或磅称:称量 2 000 g,感量 1 g。

3.4 钢板直尺:规格为 300 mm,精度为 0.5 mm。

## 4 试件

4.1 试件制备

按 GB/T 11969 有关规定进行。

4.2 试件尺寸和数量

100 mm×100 mm×100 mm 立方体试件二组 6 块。

## 5 试验步骤

5.1 将二组试件,其中一组为对比试件,一起放入电热鼓风干燥箱内,在(60±5)℃下烘至恒质。

5.2 取其中一组 3 块,在(20±5)℃的室内冷却 20 min,然后放入钢丝网箱(恒温水槽或水箱)内,并浸入水温为(20±5)℃的水中。水高出试件上表面 30 mm,保持 5 min 后取出,放在室内晾干 30 min。再放入电热鼓风干燥箱内,在(60±5)℃下烘 7 h(即在(60±5)℃下烘 7 h,冷却 20 min,放入(20±5)℃水中 5 min)作为一次干湿循环。如此反复 15 次为止。

5.3 经 15 次干湿循环后的试件,继续在(60±5)℃下烘至恒质,然后关闭电源,打开干燥箱,使试件冷却至室温。

5.4 将干湿循环后试件和另一组对比试件按 GB/T 11971 的有关规定,分别进行劈裂抗拉强度试验,并计算其 3 块试件劈裂抗拉强度平均值 $f'_{ts}$和 $f_{ts}$。

国家技术监督局 1997-11-12 批准　　　　1998-06-01 实施

## 6 结果计算与评定

6.1 干湿循环性能以干湿强度系数表示，干湿强度系数按式(1)计算：

$$K = \frac{f'_{ts}}{f_{ts}} \qquad \cdots\cdots(1)$$

式中：$K$——干湿强度系数；

$f'_{ts}$——经 15 次干湿循环后的一组 3 块试件劈裂抗拉强度平均值，MPa；

$f_{ts}$——对比试件劈裂抗拉强度平均值，MPa。

6.2 结果评定按 GB/T 11969 规定进行。

## 7 试验报告

应符合 GB/T 11969 的规定。

中华人民共和国国家标准

# 无机地面材料耐磨性试验方法

GB/T 12988—91

**Test method for abrasion resistance of inorganic paving materials**

## 1 主题内容与适用范围

本标准规定了滚动法测定无机地面材料耐磨性的方法原理、磨料、设备、试件、试验步骤、试验结果计算与评定、试验报告等。

本标准适用于测定无机地面材料的耐磨性。

## 2 引用标准

GB 178　水泥强度试验用标准砂

## 3 方法原理

本方法是通过磨擦钢轮在规定条件和磨料作用下，在试件表面产生磨坑，测量磨坑的长度表示试件的耐磨性。

## 4 磨料

磨料采用符合GB 178规定的标准砂。磨料可重复使用3次，每次使用之前必须用筛孔尺寸为0.16 mm的方孔筛筛分除尘。

## 5 设备

5.1 钢轮式耐磨试验机

钢轮式耐磨试验机见图1。

国家技术监督局1991-08-20批准　　　　1992-08-01实施

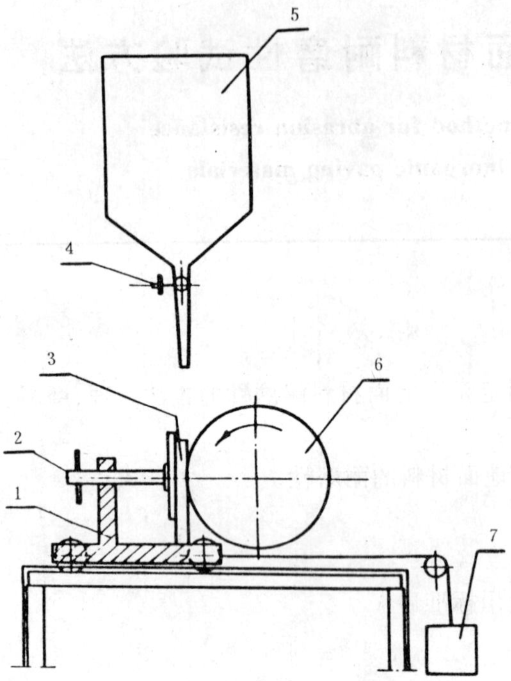


图 1　钢轮式耐磨试验机示意图

1—试件托架；2—紧固螺栓；3—试件；4—可调节流阀；

5—磨料料斗；6—磨擦钢轮；7—配重砣

5.1.1　磨擦钢轮

硬度为 HB 203～245 的钢质轮。钢轮直径为 200±0.2 mm，当钢轮直径使用至 199 mm 时，必须更换钢轮。钢轮宽度为 70 mm。

5.1.2　磨料料斗

容积应大于 5 L，料斗应带有可调节流阀和扁平状导管，导管的内口宽应为 70 mm。

5.1.3　试件托架

托架应可水平移动。托架上应有紧固试件的螺栓。

5.1.4　配重砣

质量为 14 kg，其作用是使试件在一定荷载作用下进行磨擦试验。

5.2　游标卡尺

精度为 0.02 mm。

5.3　试验筛

筛孔尺寸为 0.16 mm 的方孔筛。

## 6　试件

6.1　试件尺寸

试件尺寸应不小于 100 mm×150 mm。

6.2　试件处理

试件表面应平整、干净。试件应在 105～110℃温度下烘干至恒量。在试件表面涂上赭色水彩涂料。

6.3　试件数量

5 块试件为一组。

## 7 试验步骤

7.1 将标准砂装入磨料料斗。

7.2 将试件固定在试件托架上，使试件表面平行于磨擦钢轮的轴线，且垂直于托架底座。

7.3 启动电动机，使钢轮以 75 r/min 的速度转动，接着，调节节流阀，使磨料至少以 1 L/min 的速度均匀落下，立即将试件与磨擦钢轮接触，并开始计时。

7.4 磨至表1规定的时间后，关闭电动机，移开托架，关闭节流阀，取下试件，在试件上用游标卡尺测量磨坑两边缘和中间的长度，精确至 0.1 mm，取其平均值。

表 1

| 材料特性 | 坚硬、密实[1)] | 其他[2)] |
|---|---|---|
| 磨擦时间<br>min | 2 | 1 |

注：1）系指大理石、花岗石、无釉陶瓷地砖等。

2）系指混凝土路面砖、水泥花砖、建筑水磨石、氯氧镁水泥地面板块等。

7.5 每块试件应在其表面上相互垂直的两个不同部位进行两次试验。

## 8 试验结果计算与评定

8.1 试验结果以5块试件10次试验的平均磨坑长度进行评定，必要时，也可用平均磨坑体积进行评定，长度精确至 0.1 mm，体积精确至 1 $mm^3$。

8.2 当试验结果以体积表示时，磨坑体积按下式计算：

$$V=\left(\frac{\pi\cdot\alpha}{180}-\sin\alpha\right)\frac{bd^2}{8}$$

$$\sin\frac{\alpha}{2}=\frac{l}{d}$$

式中：$d$ ——磨擦钢轮直径，mm；

$b$ ——磨擦钢轮宽度，mm；

$\alpha$ ——磨坑长度所对之圆心角（见图2），(°)；

$l$ ——磨坑长度，mm。

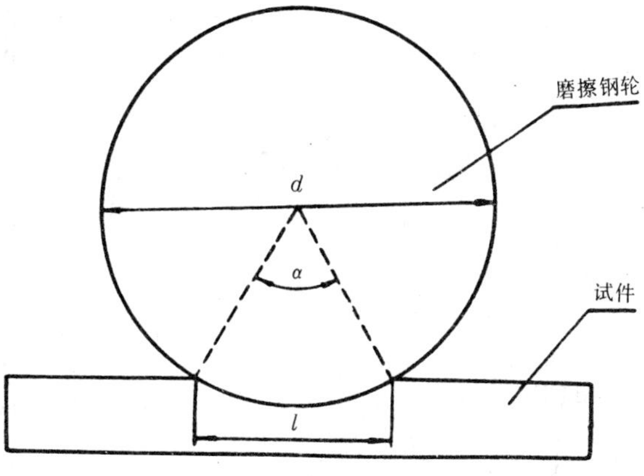


图 2 磨坑的测量

## 9 试验报告

试验报告必须包括下列内容：

a. 试件品种；

b. 送样单位；

c. 试件尺寸；

d. 磨擦时间，min；

e. 每次试验后的磨坑长度(mm)，必要时应有每次试验后的磨坑体积($mm^3$)；

f. 试件的平均磨坑长度(mm)，必要时应有试件的平均磨坑体积($mm^3$)；

g. 本标准编号；

h. 试验日期；

i. 试验单位与人员。

---

**附加说明：**

本标准由国家建筑材料工业局提出。

本标准由国家建筑材料工业局标准化研究所、辽宁省建筑材料科学研究所和国家建筑材料工业局苏州混凝土水泥制品研究院负责起草。

本标准主要起草人杨祥坤、刘孟兴、王立国、赵玉屏。

本标准由国家建筑材料工业局标准化研究所负责解释。

中华人民共和国国家标准

# 玻璃纤维增强水泥性能试验方法 体积密度、含水率和玻璃纤维含量

GB/T 15231.1—94

**Test methods for the properties of glass fibre reinforced cement The volume density, water content and glass fibre content**

## 1 主题内容与适用范围

本标准规定了玻璃纤维增强水泥体积密度、含水率和玻璃纤维含量的试验方法。

本标准适用于测定抗碱玻璃纤维增强水泥净浆或砂浆(简称GRC)的体积密度、含水率和玻璃纤维含量。

## 2 体积密度、含水率

2.1 仪器

2.1.1 烘箱:温度应可调至105℃。

2.1.2 天平:最大称量为1 000 g,感量为0.01 g。

2.1.3 干燥器。

2.1.4 水容器:容器深约150 mm,直径以能放入试件和天平称量盘为准。

2.2 试件

2.2.1 试件尺寸:长×宽×厚=100 mm×100 mm×10 mm。

2.2.2 试件数量:3块。

2.2.3 试件制备:成型600 mm×600 mm×10 mm的试验板一块,在试验板(或制品)的中间部位割取3个试件,距试验板边缘50 mm之间,不能割取试件。试件表面无粉尘粒子。

2.3 试验步骤

2.3.1 测定试件的气干质量:将试件置于通风良好的室内存放7 d,称其质量$m_1$,精确到0.01 g。

2.3.2 测定试件的干燥质量:将2.3.1的试件放入温度调节为60±2℃的烘箱中干燥,干燥时间不得少于48 h,然后每间隔2 h称量一次,直到连续两次称量之差小于较小值的0.5%时为止。将试件从烘箱中取出,放入干燥器中冷却到室温,称其质量$m_2$,精确到0.01 g。

2.3.3 测定试件的水中质量:将2.3.2的试件浸泡于温度为20±2℃的水中。浸水时间不少于24 h,然后每隔2 h称量一次,直到连续两次称量之差小于较大值的0.5%时为止。测定试件的水中质量,即将天平的一个称量盘浸入水中,使之平衡,然后将试件放在此称量盘上,试件须完全浸入水中,此时试件的质量即为试件水中质量$m_3$,精确到0.01 g。

2.3.4 测定试件的饱水质量:把浸水试件从水中取出,立即用湿毛巾擦去表面吸附水,测定其饱水质量$m_4$,精确到0.01 g。

2.4 结果计算与评定

2.4.1 按式(1)和式(2)计算体积密度和含水率:

国家技术监督局1994-09-24批准 1995-06-01实施

$$\rho = \frac{m_1}{m_4 - m_3} \times \rho_{水} \quad \cdots\cdots (1)$$

$$W_r = \frac{m_1 - m_3}{m_2} \times 100 \quad \cdots\cdots (2)$$

式中：$\rho$——体积密度，g/cm³；

$\rho_{水}$——水密度，$\rho_{水}=1$ g/cm³；

$W_r$——含水率，%；

$m_1$——气干质量，g；

$m_2$——干燥质量，g；

$m_3$——水中质量，g；

$m_4$——饱水质量，g。

2.4.2 结果以 3 个试件的平均值表示，体积密度精确到 0.01 g/cm³，含水率精确到 0.1%。

2.5 试验报告

试验报告必须包括下列内容：

**a.** 试件种类、尺寸、龄期和养护条件；

**b.** 每组试件体积密度的平均值；

**c.** 每组试件含水率的平均值；

**d.** 试验日期；

**e.** 试验单位、人员。

## 3 玻璃纤维含量

3.1 定义

玻璃纤维含量系指制作试件的 GRC 混合物中玻璃纤维质量占 GRC 质量的百分比。

3.2 仪器

3.2.1 烘箱：同 2.1.1 条。

3.2.2 天平：架盘天平，最大称量 2 000 g，感量 0.1 g。

3.2.3 不锈钢丝筛网 3 个，见图 1，网孔尺寸 2.5 mm×2.5 mm。

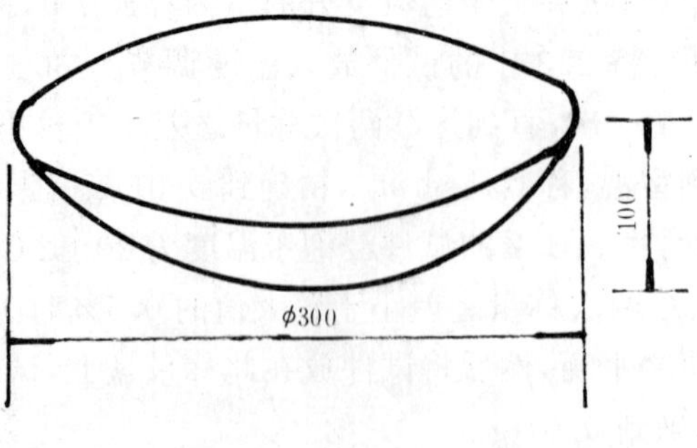


图 1

3.2.4 切割刀：锐利的刀具。

3.3 试样

3.3.1 试样数量：每组取 3 个试样。

3.3.2 试样制备：成型一块 600 mm×600 mm×10 mm 的试验板，成型后立即用切割刀从试验板中间部位割取边长为 100 mm 的 3 个正方形试件，距试验板边缘 50 mm 之间不能割取试样。

3.4 试验步骤

3.4.1 分别称取 3 个筛网的质量 $m_1$，并编号，精确到 0.1 g。

3.4.2 将试样分别放入 3 个筛网中，称取试样与筛网的总质量 $m_2$，精确到 0.1 g。

3.4.3 将筛网和其中的 GRC 混合物一起置于水流下进行冲洗，用手指将混合物分散开，仔细洗净粘附在纤维上的异物，应防止纤维流失。

3.4.4 将冲洗干净的纤维连同筛网一起送入温度控制在 105±5℃的烘箱中，烘干时间不少于 4 h，然后每隔 1 h 称量一次，直到连续两次称量之差小于较小值的 0.5%时为止。称量筛网与干燥纤维的总质量 $m_3$，精确到 0.1 g。

3.5 结果计算与评定

3.5.1 按式(3)计算玻璃纤维含量：

$$W_f = \frac{m_3 - m_1}{m_2 - m_1} \times 100 \qquad (3)$$

式中：$W_f$ ——玻璃纤维含量，%；

$m_1$ ——筛网质量，g；

$m_2$ ——筛网与 GRC 试样总质量，g；

$m_3$ ——筛网与干燥纤维总质量，g。

3.5.2 结果以 3 个试样的平均值表示，精确到 0.1%。

3.6 试验报告

试验报告必须包括下列内容：

a. 试样种类；

b. 每组试样玻璃纤维含量的平均值；

c. 试验日期；

d. 试验单位、人员。

---

**附加说明：**

本标准由国家建筑材料工业局提出。

本标准由中国建筑材料科学研究院房建材料与混凝土研究所负责起草。

本标准主要起草人崔玉忠。

中华人民共和国国家标准

# 玻璃纤维增强水泥性能试验方法 抗压强度

GB/T 15231.2—94

Test methods for the properties of glass fibre reinforced cement
The compressive strength

## 1 主题内容与适用范围

本标准规定了玻璃纤维增强水泥抗压强度试验方法。

本标准适用于测定抗碱玻璃纤维增强水泥净浆或砂浆(简称GRC)的抗压强度。

## 2 仪器

2.1 压力机:量程100 kN,精度1%。

2.2 游标卡尺:读数值0.02 mm。

## 3 试件

3.1 试件尺寸

试件为30 mm×30 mm×30 mm的立方体。

3.2 试件数量

每组6块试件。

3.3 试件制备

成型长×宽×厚等于300 mm×300 mm×30 mm的板材,将其在20±3℃,相对湿度80%以上的养护室充分湿润养护26 d后取出,从该板材中间部位切取标准试件,试件表面平整,对称面互相平行,并将其在通风良好的常温室内放置48 h,使之处于气干状态,然后进行试验。

## 4 试验条件

试验在20±5℃的常温室内进行。

## 5 试验步骤

5.1 每组6块试件中,3块加荷方向平行于板面(称面内,即加荷方向与玻纤分布取向平行),另3块加荷方向垂直于板面(称面外,即加荷方向与玻纤分布取向垂直)。

5.2 测出每一试件受压面的几何尺寸。在试件被测面的中央部位分别测其长度($a$)和宽度($b$),精确到0.5 mm。

5.3 将试件置于压力机上,确保所加荷载为中心受压荷载,以0.5 kN/min的速度加荷,直至试件破坏,记录破坏荷载$F$。

国家技术监督局1994-09-24批准　　1995-06-01实施

## 6 结果计算与评定

6.1 按下式计算抗压强度：

$$\sigma_c = \frac{F}{A} \times 10^3$$

$$A = a \times b$$

式中：$\sigma_c$ ——抗压强度，MPa；

$F$ ——破坏荷载，kN；

$A$ ——受压面积，$mm^2$；

$a$ ——试件受压面长度，mm；

$b$ ——试件受压面宽度，mm。

6.2 结果以 3 块加荷方向平行于板面试件的平均值和 3 块加荷方向垂直于板面试件的平均值表示，精确至 0.1 MPa。

## 7 试验报告

试验报告必须包括下列内容：

a. 试件的种类、尺寸、龄期和养护条件；

b. 加荷方向平行于板面的抗压强度平均值；

c. 加荷方向垂直于板面的抗压强度平均值；

d. 试验日期、单位和人员。

**附加说明：**

本标准由国家建筑材料工业局提出。

本标准由中国建筑材料科学研究院房建材料与混凝土研究所负责起草。

本标准主要起草人崔琪。

# 中华人民共和国国家标准

## 玻璃纤维增强水泥性能试验方法 抗弯性能

GB/T 15231.3—94

**Test methods for the properties of glass fibre reinforced cement The flexural properties**

## 1 主题内容与适用范围

本标准规定了玻璃纤维增强水泥抗弯性能试验方法。

本标准适用于测定抗碱玻璃纤维增强水泥净浆或砂浆(简称GRC)的抗弯性能。

## 2 仪器

2.1 电子万能试验机:量程50 kN,精度1%。

2.2 游标卡尺:读数值0.02 mm。

## 3 试件

3.1 试件长250 mm,宽50 mm,厚10 mm。

若试件厚度大于10 mm,且宽度为50 mm时,则长度为厚度的20倍再加50 mm。

以检验制品质量为目的的抗弯试验,由制品上不能按规定尺寸切割出试件时,可以把上述的20倍改为16～20倍。

3.2 按3.1规定,从600 mm×600 mm×10 mm的试验板中部切取试件,每组6块。

3.3 试件在温度20±3℃,相对湿度80%以上的条件下充分湿润养护26 d,再在通风良好的常温室内放置48 h,使之处于气干状态,然后进行试验。

3.4 试件表面平整且上下两面平行,否则需经研磨后方可进行试验。

## 4 试验条件

试验在20±5℃的室内进行。

## 5 试验步骤

5.1 对于厚度为10 mm的试件,跨度为210 mm,若试件的厚度大于10 mm时,跨度为厚度的20倍。以检验制品质量为目的的抗弯试验,当试件不能按规定的尺寸,由制品上切割下来时,试件的跨度可以是厚度的16～20倍。

5.2 试件的支撑及加荷方式如图1所示,该装置由钢材制成。

国家技术监督局1994-09-24批准　　1995-06-01实施

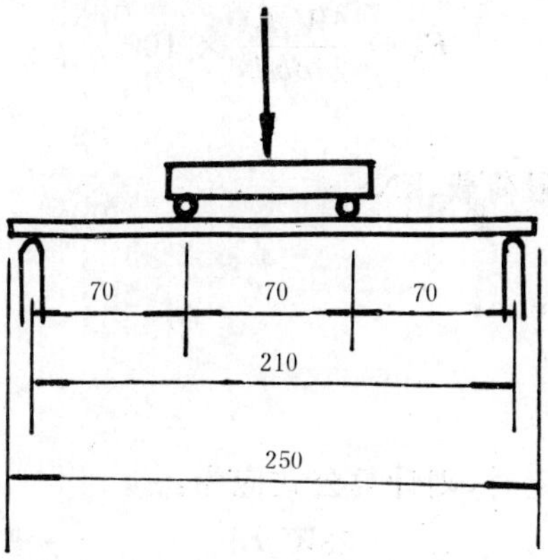


图 1

施加荷载时，有 3 块试件其荷载直接作用于试件的正面，另 3 块试件其荷载直接作用于试件的反面。

5.3 以 2～5 mm/min 的速度加荷，直至破坏，并由函数记录仪绘出荷载-挠度曲线。

5.4 测量每一试件的宽度和厚度，其方法如下：

测量破坏区的宽度(避开破坏截面)，精确到 0.25 mm，沿宽度两端分别测其厚度，精确到 0.1 mm，最终厚度取其平均值。若破坏发生在中间小跨之外，则舍弃该试件。

## 6 结果计算与评定

6.1 由荷载-挠度曲线求出下列值：

抗弯比例极限荷载(即在曲线上刚开始离开直线时之点的荷载) $W_1$；

抗弯最大荷载 $W_2$；

三分之二抗弯比例极限荷载 $W_3$；

$W_3$ 时加荷点的挠度 $\delta$。

6.2 按式(1)计算抗弯比例极限强度：

$$\mathrm{LOP} = \frac{W_1 L}{bd^2} \times 10^3 \qquad \cdots\cdots(1)$$

式中：LOP——抗弯比例极限强度，MPa；

$W_1$——抗弯比例极限荷载，kN；

$L$——跨度，mm；

$b$——试件宽度，mm；

$d$——试件厚度，mm。

6.3 按式(2)计算抗弯强度：

$$\mathrm{MOR} = \frac{W_2 L}{bd^2} \times 10^3 \qquad \cdots\cdots(2)$$

式中：MOR——抗弯强度，MPa；

$W_2$——抗弯最大荷载，kN；

$L$——跨度，mm；

$b$——试件宽度，mm；

$d$——试件厚度，mm。

6.4 按式(3)计算抗弯弹性模量：

$$E_b = \frac{5W_3L^3}{27\delta bd^3} \times 10^3 \quad \cdots\cdots(3)$$

式中：$E_b$ ——抗弯弹性模量，MPa；

$W_3$ ——三分之二抗弯比例极限荷载，kN；

$L$ ——跨度，mm；

$\delta$ —— $W_3$ 时加荷点的挠度，mm；

$b$ ——试件宽度，mm；

$d$ ——试件厚度，mm。

若挠度是在试件跨度的中央测定时，则计算公式应为：

$$E_b = \frac{23W_3L^3}{108\delta bd^3} \times 10^3 \quad \cdots\cdots(4)$$

6.5 结果以 6 块试件的平均值表示，精确至 0.1 MPa。

## 7 试验报告

试验报告必须包括下列内容：

a. 试件的种类、尺寸、龄期和养护条件；

b. 抗弯比例极限强度平均值(LOP)；

c. 抗弯强度平均值(MOR)；

d. 抗弯弹性模量平均值($E_b$)；

e. 试验日期、单位和人员。

---

**附加说明：**

本标准由国家建筑材料工业局提出。

本标准由中国建筑材料科学研究院房建材料与混凝土研究所负责起草。

本标准主要起草人杨瑞珊。

中华人民共和国国家标准

# 玻璃纤维增强水泥性能试验方法 抗拉性能

GB/T 15231.4—94

**Test methods for the properties of glass fibre reinforced cement The properties of direct tension**

## 1 主题内容与适用范围

本标准规定了玻璃纤维增强水泥抗拉性能试验方法。

本标准适用于测定抗碱玻璃纤维增强水泥净浆或砂浆(简称GRC)的抗拉性能。

## 2 仪器

2.1 电子万能试验机:量程 50 kN,精度 1%。

2.2 游标卡尺:读数值 0.02 mm。

## 3 试件

3.1 试件长 250 mm,宽 30 mm,厚 8 mm。以检验制品质量为目的的抗拉试验,若从制品上不能按规定厚度切取试件时,其最小厚度不得小于 6 mm,超过 10 mm,需经研磨至 10 mm 后方可使用。

3.2 试件测长为 180 mm,测长与宽度之比为 6。以检验制品质量为目的的抗拉试验,由制品上不能按规定的尺寸切割出试件时,试件的测长与宽度之比可以是 5～7。

3.3 按 3.1 和 3.2 规定,从 600 mm×600 mm×10 mm 的试验板中部或制品中部切取试件,每组 6 块。

3.4 试件在温度 20±3℃,相对湿度 80%以上条件下,充分湿润养护 26 d,再在通风良好的常温室内放置 48 h,使之处于气干状态然后进行试验。

3.5 试件表面应平整且两面平行,否则需经研磨后方可使用。

## 4 试验条件

试验应在 20±5℃的室内进行。

## 5 试验步骤

5.1 在试件的中央部位测其宽度和厚度,精确到 0.25 mm。

5.2 如图 1 所示,首先将试件夹紧在上楔形夹头中,在夹头与试件之间垫入 0.8 mm 厚铝片,该夹头与加荷装置柔性联接。然后将下楔形夹头的夹片分开,将试件另一端夹在垫有 0.8 mm 厚铝片的下楔形夹头中。试件沿宽度和厚度方向,必须精确对中并夹紧。

5.3 将电阻应变片粘贴在试件中央,在试件的两面对称配置。

5.4 以 1～2 mm/min 的加荷速度加荷,直至试件断裂,并由函数记录仪绘出荷载-应变曲线。

国家技术监督局1994-09-24批准　　　　1995-06-01实施

## 6 结果计算与评定

6.1 由荷载-应变曲线求出下列值：

抗拉比例极限荷载(即在曲线上刚开始离开直线时的荷载) $W_1$；

抗拉最大荷载 $W_2$；

三分之二抗拉比例极限荷载 $W_3$；

$W_3$ 时的应变 $\delta$ 。

6.2 按式(1)计算抗拉比例极限强度：

$$\mathrm{BOP}=\frac{W_1}{bd}\times 10^3 \qquad (1)$$

式中：BOP——抗拉比例极限强度，MPa；

$W_1$ ——抗拉比例极限荷载，kN；

$b$ ——试件宽度，mm；

$d$ ——试件厚度，mm。

6.3 按式(2)计算抗拉强度：

$$\mathrm{UTS}=\frac{W_2}{bd}\times 10^3 \qquad (2)$$

式中：UTS——抗拉强度，MPa；

$W_2$ ——抗拉最大荷载，kN；

$b$ ——试件宽度，mm；

$d$ ——试件厚度，mm。

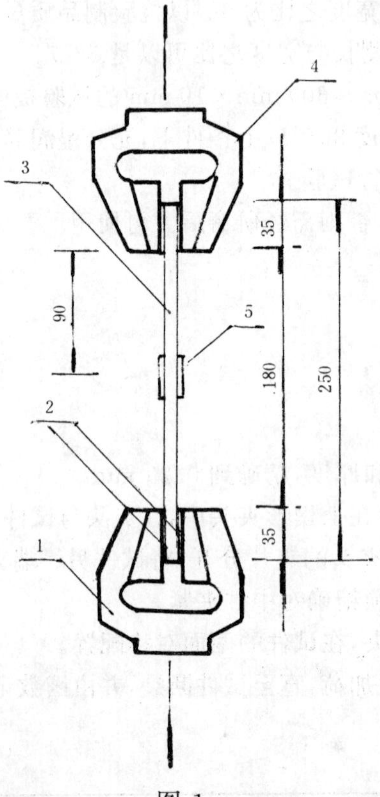


图 1

1—下楔形夹头；2—铝片；3—试件；4—上楔形夹头；5—电阻应变片

6.4 按式(3)计算抗拉弹性模量：

$$E_t = \frac{W_3}{bd\varepsilon} \times 10^3 \quad \cdots\cdots(3)$$

式中：$E_t$ —— 抗拉弹性模量，MPa；

$W_3$ —— 三分之二抗拉比例极限荷载，kN；

$b$ —— 试件宽度，mm；

$d$ —— 试件厚度，mm；

$\varepsilon$ —— $W_3$ 时的应变。

6.5 结果以 6 块试件的平均值表示，精确至 0.1 MPa。

## 7 试验报告

试验报告必须包括下列内容：

a. 试件的种类、尺寸、龄期和养护条件；

b. 抗拉比例极限强度平均值(BOP)；

c. 抗拉强度平均值(UTS)；

d. 抗拉弹性模量平均值($E_t$)；

e. 试验日期、单位和人员。

---

**附加说明：**

本标准由国家建筑材料工业局提出。

本标准由中国建筑材料科学研究院房建材料与混凝土研究所负责起草。

本标准主要起草人沈荣喜、杨瑞珊。

中华人民共和国国家标准

# 玻璃纤维增强水泥性能试验方法 抗冲击性能

GB/T 15231.5—94

**Test methods for the properties of glass fibre reinforced cement The properties of impact resistance**

## 1 主题内容与适用范围

本标准规定了玻璃纤维增强水泥抗冲击强度试验方法。

本标准适用于测定抗碱玻璃纤维增强水泥净浆或砂浆(简称 GRC)的抗冲击强度。

## 2 仪器

2.1 冲击试验机:摆锤式冲击试验机,试验机机座必须水平放置,并与基础紧密连接,试验机机身不得晃动。

2.2 游标卡尺:读数值 0.02 mm。

## 3 试件

3.1 试件长 120 mm,宽 50 mm,厚 10 mm。

3.2 试件必须从厚度为 10±2 mm 的 GRC 平板中部沿预先估计为强度最大的方向及其垂直方向分别截取。每组试件为 6 块(双向两组共 12 块)。

3.3 试件表面必须平整,不得有明显的缺陷和裂纹。试件厚度变化,沿宽度方向不得超过 1 mm,沿长度方向不得超过 2 mm。

3.4 试件在 20±3℃,相对湿度 80%以上的条件下养护 26 d,再在通风良好的常温室内放置 48 h,使之处于气干状态,然后进行试验。

## 4 试验条件

试验在 20±5℃的室内进行。

## 5 试验步骤

5.1 选用适当的摆锤,试件中心到摆轴的距离为 470 mm,跨距 70 mm。检查和调整被动指针和主动指针的位置,然后进行空击试验。一般说试件消耗的冲击功,应当选择在摆锤最大能量的 20%到 80%之间为妥。

5.2 试件应与竖直主跨的支撑面紧密贴合,每组 6 块试件中的 3 块的正面对着冲击荷载,另 3 块试件的反面对着冲击荷载。

5.3 试验时不得有影响摆锤自由下落和机身稳定的干扰存在。

5.4 冲断试件后,测量断口处试件的宽度和厚度,精确到 0.1 mm。

国家技术监督局 1994-09-24 批准　　1995-06-01 实施

## 6 结果计算与评定

6.1 按下式计算冲击强度：

$$A_k = \frac{W}{bd} \times 10^3$$

式中：$A_k$ —— 试件的冲击强度，$kJ/m^2$；

$W$ —— 表盘读数，即冲击功，J；

$b$ —— 试件断口宽度，mm；

$d$ —— 试件断口厚度，mm。

6.2 结果以 6 块试件的平均值表示，精确至 0.1 $kJ/m^2$。

## 7 试验报告

试验报告必须包括下列内容：

a. 试件的种类、尺寸、龄期和养护条件；

b. 冲击强度平均值；

c. 试验日期、单位和人员。

---

**附加说明：**

本标准由国家建筑材料工业局提出。

本标准由中国建筑材料科学研究院房建材料与混凝土研究所负责起草。

本标准主要起草人张峥。

ICS 23.040
Q 14

# 中华人民共和国国家标准

GB/T 15345—2003
代替 GB/T 15345—1994

# 混凝土输水管试验方法

Test methods of concrete pipes for water transmission

2003-07-23 发布 2004-03-01 实施

中华人民共和国
国家质量监督检验检疫总局 发布

# 前　言

本标准参考了国外标准 ГОСТ 12586.0—83《振动挤压钢筋混凝土压力管　技术条件》，JIS A 5333—1993《预应力混凝土管(管芯缠丝工艺)》、ANSI/AWWA C301—1999《预应力钢筒混凝土压力管》、EN BS 642—1995《带钢筒和不带钢筒的预应力混凝土压力管、接头、配件以及对制管用预应力钢材的特殊要求》、ASTMC497—1998《混凝土管、人孔或瓦筒管试验方法》的有关内容。

本标准代替 GB/T 15345—1994《预应力混凝土输水管检验方法》，本标准与 GB/T 15345—1994 相比主要变化如下：

——适用范围扩大到 GB 4084—1999《自应力混凝土输水管》和 JC 625—1996《预应力钢筒混凝土管》；

——修改了水泥砂浆保护层厚度的测点位置(1994 年版的 5.3.1.2；本版的 8.2)；

——修改了水泥砂浆保护层强度的试验方法(1994 年版的 5.4；本版的第 11 章)；

——修改了保护层砂浆吸水性试验的环境条件，明确了试验仪器的部件组成(1994 年版的 5.5.2；本版的 12.2 和 12.3)；

——删去了抗渗检验压力的规定值、抗裂检验压力的规定值和检验结果评定(1994 年版的 5.6.2.1、5.6.2.2 和 5.6.3)；

——删去了转角试验的结果评定(1994 年版的 5.7.3)；

——改变了仪器设备的编写格式和内容(1994 年版的第 4 章；本版的第 4 章和附录 A)；

——增加了规范性附录“保护层砂浆试件的制作及养护”(见附录 B)；

——增加了资料性附录“PCCP 保护层砂浆抗压强度试验方法(切割法)”(见附录 C)；

——增加了资料性附录“PCCP 保护层砂浆吸水性试验方法(压渗法)”(见附录 D)；

——增加了资料性附录“PCCP 保护层砂浆吸水率试验方法(沸煮法)”(见附录 E)。

木标准的附录 A 和附录 B 为规范性附录，附录 C、附录 D 和附录 E 为资料性附录。

本标准由中国建筑材料工业协会提出。

本标准由全国水泥制品标准化技术委员会归口。

本标准负责起草单位：苏州混凝土水泥制品研究院。

本标准参加起草单位：山东电力管道工程公司、无锡华毅管道有限公司、陕西省红旗水泥制品总厂、昆明预达制管有限责任公司、南宁鸿基水泥制品有限责任公司、深圳市太阳莱因达管道有限公司、天津市宝坻区水泥构件厂、宁波迈克水泥制品有限公司、宁波浙东水泥制品有限公司、宁夏青龙管道有限责任公司、江苏中毅建设工程有限公司、成都市双流水泥制品厂、成都金炜制管有限责任公司、安徽省水泥制品厂、杭州腾龙管业有限公司、枣阳市建筑材料制品厂、浙江宝业住宅产业股份有限公司、浙江尖峰管业有限公司、淄博龙泉管道工程有限公司、新疆天山水泥制品有限责任公司、新疆国统管道股份有限公司、天津市津港钢丝总厂、江苏华光双顺机械制造有限公司、广东茂名市恒威橡胶制品有限公司。

本标准主要起草人：周正、徐祥源、陈刚、吴悦人、李军奇、王建辛、何栋、李世祥。

本标准委托苏州混凝土水泥制品研究院负责解释。

本标准所代替标准的历次版本发布情况为：GB/T 15345—1994。

# 混凝土输水管试验方法

## 1 范围

本标准规定了混凝土输水管外观质量、几何尺寸、水压试验、保护层厚度、混凝土强度、保护层砂浆强度和保护层砂浆吸水性、相对转角等项目的试验方法。

本标准适用于自应力混凝土输水管(以下用Z或Z(Ⅰ)、Z(Ⅱ)、Z(Ⅲ)表示);用震动挤压工艺、管芯缠丝工艺生产的预应力混凝土输水管(以下分别用YYG和SYG表示)及预应力钢筒混凝土管(以下用PCCP或PCCPL、PCCPE表示)等四种混凝土输水管。

## 2 规范性引用文件

下列文件中的条款通过本标准的引用而成为本标准的条款。凡是注日期的引用文件,其随后所有的修改单(不包括勘误的内容)或修订版均不适用于本标准,然而,鼓励根据本标准达成协议的各方研究是否可使用这些文件的最新版本。凡是不注日期的引用文件,其最新版本适用于本标准。

GB/T 177—1985 水泥胶砂强度检验方法

GB 1250 极限数值的表示方法和判定方法

GB 4084 自应力混凝土输水管

GB 5695—1994 预应力混凝土输水管(震动挤压工艺)

GB 5696—1994 预应力混凝土输水管(管芯缠丝工艺)

GB 8170 数值修约规则

GB/T 11837—1989 混凝土管用混凝土抗压强度试验方法

GB 50268—1997 给水排水管道工程施工及验收规范

GBJ 81—1985 普通混凝土力学性能试验方法

GBJ 107 混凝土强度检验评定标准

JC/T 218—1995 自应力硅酸盐水泥

JC 625 预应力钢筒混凝土管

JC 715—1996 自应力硫铝酸盐水泥

JC/T 748 预应力与自应力钢筋混凝土管用橡胶密封圈(原ZB Q43 001—1987)

JGJ 70—1990 建筑砂浆基本性能试验方法

JG/T 3020 混凝土试验用振动台

## 3 术语和定义

下列术语和定义适用于本标准。

### 3.1 蜂窝

管子混凝土表面因缺少水泥砂浆而形成的石子外露和空洞。

### 3.2 粘皮

管壁表面因水泥砂浆被管模粘连而形成的粗糙不光滑。

### 3.3 刻痕

插口工作面被尖硬的物质刻划后留下的深度大于1 mm的沟痕。

### 3.4 裂纹

管子表面存在的因收缩而形成的不规则缝隙。

3.5 **裂缝**

管壁表面存在的因受外力而形成的伸入保护层或管壁混凝土内部的狭长的缝隙。

3.6 **露筋**

管子的受力钢筋未被砂浆或混凝土包裹而外露。

3.7 **纵筋露头**

管子端面出现纵向钢筋头外露或锈斑。

3.8 **凹坑**

在一阶段管内壁形成的深度大于壁厚二十分之一且大于 5 mm 的凹陷。

3.9 **凹凸度**

管子承口工作面不平整,局部出现高差和面积大于相应产品标准规定值的现象。

3.10 **空鼓**

管壁保护层内部与钢筋粘结的界面分离形成的空气夹层。

3.11 **脱落**

管子保护层局部脱落,使此处受力钢筋不能得到有效保护。

3.12 **错位**

插口工作面、止胶台和管模其他部位合缝口出现台阶,或者管身平直段高出止胶台的情况。

3.13 **碰伤**

管子端部因碰撞造成的纵向长度大于 50 mm 的损伤。

3.14 **缺边**

管子承口、插口边缘受到的损伤。

3.15 **椭圆度**

承口内径、插口外径最大值与最小值之差与相应的标准规定值的比值,分别称为承口椭圆度、插口椭圆度。

3.16 **相对转角**

产品标准规定的二根相邻的管子纵向轴线的夹角。

3.17 **拐点**

承插式管的承口外斜坡与管体平直段的交界处。

3.18 **恒压压力**

在管子水压试验的恒压过程中,水压的下限值应始终不低于标准规定的检验压力值(恒压过程中允许进行补压)。

## 4 试验用仪器和量具

试验用主要仪器和量具见附录 A。

## 5 外观质量

### 5.1 试件

已生产的管子,其中有些试验可在蒸汽养护(或自然养护)脱模后进行,有的试验可在入库前进行。

### 5.2 试验方法

#### 5.2.1 蜂窝、麻面、粘皮和刻痕

a) 目测承插口工作面和管体有无蜂窝、麻面、粘皮和刻痕;

b) 用钢直尺和钢卷尺测量刻痕的长度,蜂窝、麻面和粘皮的尺寸并计算其面积;

c) 用钢直尺和深度游标卡尺或 20 号铁丝测量瑕疵的最大深度;

d) 记录蜂窝、麻面和粘皮的面积和最大深度,刻痕的深度和长度。

5.2.2 裂纹、裂缝

a) 目测管体表面是否有裂纹、裂缝，对可疑处可用丙酮湿斑法显示；

b) 用20倍工具显微镜测量裂纹和裂缝的最大宽度；

c) 用钢直尺或钢卷尺测量裂缝最大长度；

d) 记录裂纹和裂缝的最大宽度和最大长度。

5.2.3 浮渣、露石、起皮和鼓泡

a) 目测管体内壁有无浮渣、露石、起皮、鼓泡；

b) 用钢卷尺测量上述瑕疵的尺寸并计算其面积；

c) 用深度游标卡尺测量露石突出的最大高度；

d) 记录内壁浮渣、露石、起皮和鼓泡的面积，露石的最大高度。

5.2.4 露筋

a) 目测管体表面有无露筋或锈斑；

b) 若刮去表层锈斑，露出受力钢筋，则为露筋；

c) 用钢卷尺测量露筋的长度；

d) 记录外露钢筋的根数、最大长度。

5.2.5 纵筋露头

a) 目测管子两端纵筋头处有无锈斑或露筋；

b) 若刮去表层锈斑，露出纵筋头，则为纵向钢筋露头；

c) 记录纵向钢筋露头的点数和部位。

5.2.6 凹槽、凹凸度、凹坑和孔洞

a) 目测承口和插口工作面有无凹槽、凹凸度和孔洞、插口合缝处有无凹槽、管内壁有无凹坑；

b) 用钢直尺和20号铁丝测量凹槽深度、宽度，并计算其面积，用钢直尺和塞尺测量凹凸度；

c) 在管内径测点处用300 mm钢直尺沿着管子的纵向竖放在管子内壁，用深度游标卡尺测量凹坑和孔洞的最大深度；

d) 记录凹槽、凹凸度、凹坑和孔洞的深度。

5.2.7 空鼓

a) 用250 g羊角锤敲打管子外表面，依据声音的差异确定管体有无空鼓；

b) 沿着敲打管子时发出不同声音的界线，确定空鼓的范围；

c) 用钢卷尺或钢直尺测量尺寸并计算其面积；

d) 记录空鼓的部位、处数及面积。

5.2.8 保护层脱落

a) 目测管体保护层有无脱落；

b) 用钢卷尺或钢直尺测量脱落的尺寸并计算其面积；

c) 记录保护层脱落的部位、深度和面积。

5.2.9 错位、飞边、毛刺

a) 目测插口密封面合缝处，管体合缝处以及管体与止胶台合缝处有无错位；

b) 用150 mm的钢直尺测量错位处的高度差；

c) 目测有无飞边、毛刺；

d) 记录错位的高度差及飞边毛刺情况。

5.2.10 端部碰伤

a) 目测管两端有无碰伤；

b) 用钢卷尺或钢直尺测量碰伤处的环向长度和纵向长度；

c) 记录碰伤的环向长度和纵向长度。

5.2.11 **承口露砂**

a) 目测承口有无露砂；

b) 用钢卷尺或钢直尺测量露砂的环向长度和最大宽度；

c) 记录露砂的环向长度和最大宽度。

5.2.12 **漏补和修补质量**

a) 目测管体表面有无漏修现象，若有则用钢直尺或钢卷尺测量漏修的尺寸并计算其面积。

b) 观察管体表面修补质量，查看修补处有无裂纹，是否光洁平整，粘结是否牢固等情况，并详细记录。

5.2.13 **瑕疵面积的测算**

5.2.13.1 按瑕疵形状估算：

a) 当瑕疵形状近似为圆形时，在其大约中心位置，测其相互垂直的纵、横两个方向的长度，如图1a 所示，其面积按式(1)和式(2)计算：

$$D=\frac{D_h+D_z}{2} \qquad \cdots\cdots(1)$$

$$S=\frac{\pi D^2}{4} \qquad \cdots\cdots(2)$$

式中：

$D$——瑕疵平均直径，单位为毫米(mm)；

$S$——瑕疵面积，单位为平方毫米($mm^2$)；

$D_h$——瑕疵横向直径，单位为毫米(mm)；

$D_z$——瑕疵纵向直径，单位为毫米(mm)。

b) 当瑕疵形状近似为矩形时，测最大长度 $L$，最大宽度 $B_{max}$ 和最小宽度 $B_{min}$，取其平均宽度，如图1b 所示，其面积按式(3)计算：

$$S=L\frac{B_{max}+B_{min}}{2} \qquad \cdots\cdots(3)$$

式中：

$S$——瑕疵面积，单位为平方毫米($mm^2$)；

$L$——瑕疵长度，单位为毫米(mm)；

$B_{max}$——瑕疵最大宽度，单位为毫米(mm)；

$B_{min}$——瑕疵最小宽度，单位为毫米(mm)。

c) 如瑕疵形状难以确定时，其面积取式(2)与式(3)计算所得的较大值。

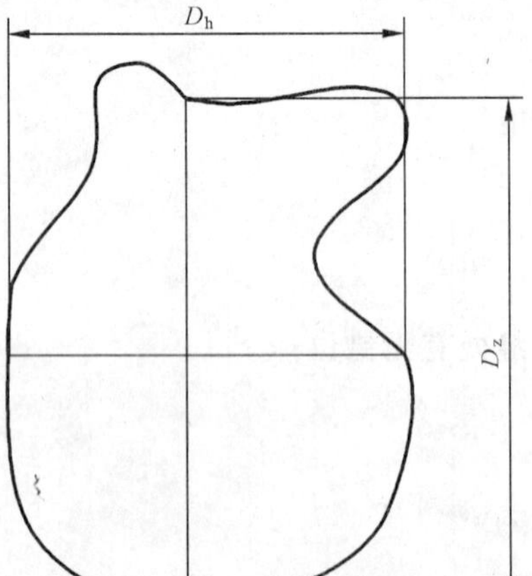


a) 瑕疵直径的测量

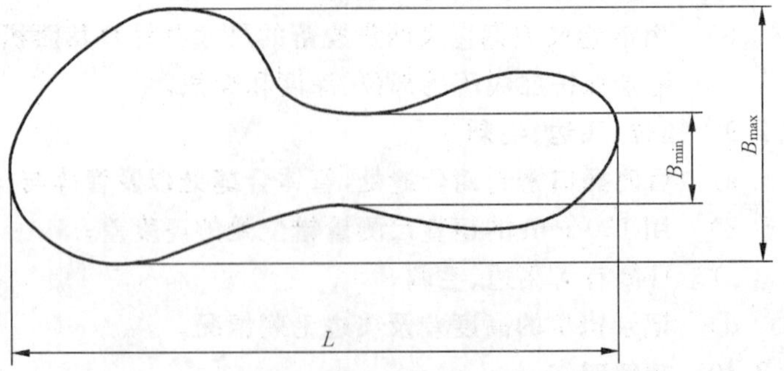


b) 瑕疵长度、宽度的测量

**图 1 瑕疵尺寸测量示意图**

5.2.13.2 若瑕疵的估算面积位于判定值边缘时，可改用百格网测算。

## 6 几何尺寸

### 6.1 试件

用已生产的Z、YYG、SYG和PCCP或SYG、PCCP管芯。

### 6.2 龄期

a) Z应在水养结束出池，表面风干后进行测量。

b) YYG、SYG和PCCP管应在管子脱模或后续工序完成后进行测量。

### 6.3 直径环向测点位置

a) 对于用整体模生产的管子，在承口端和插口端任意确定圆心角约为90°的二条直径与管壁的交点，见图2a)。

b) 对于用两瓣模或四瓣模生产的管子，在承口端和插口端确定与管子合缝连线成圆心角约为45°的二条直径与管壁的交点，见图2b)。

c) 对于用单开模生产的SYG，在承口端和插口端确定圆心角约为90°的二条直径与管壁的交点（但应错开合缝线），见图2b)。

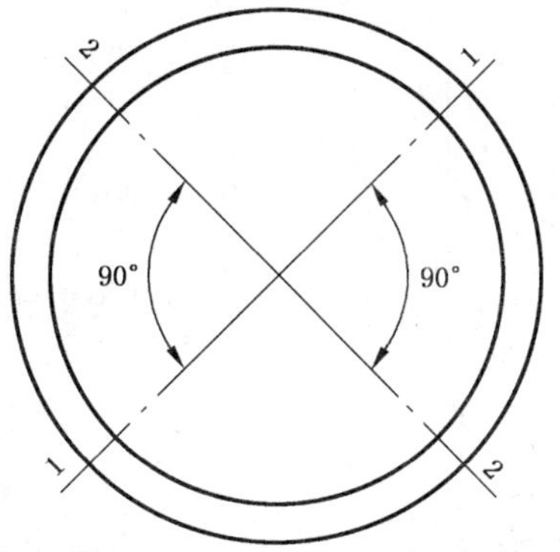


a) 整体模环向测量位置

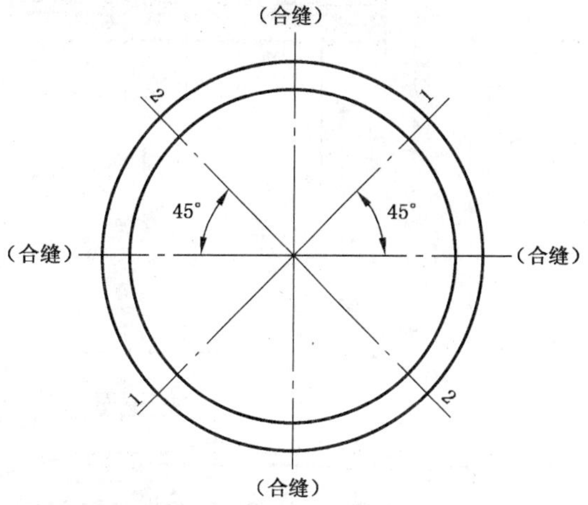


b) 单开模、二瓣模、四瓣模环向测量位置

图2 直径环向测量位置示意图

### 6.4 直径轴向测点位置

将承口端、插口端确定的环向测点沿着管子的轴向延伸，与测量的部位对应即为直径尺寸的纵向测点，在图3、图4、图5中用“·”表示。

a) Z轴向测点位置见图3（$C_0$ 测点距插口端部：当 $D_0 \leqslant 300$ mm时为100 mm，当 $D_0 > 300$ mm时为200 mm）。

b) YYG轴向测点位置见图4a，接头用滚动橡胶密封圈的SYG轴向测点位置见图4b，接头用滑动橡胶密封圈的SYG轴向测量位置见图4c（$C_0$ 测点距插口端部：当 $D_0 \leqslant 800$ mm时为200 mm，当 $D_0 > 800$ mm时为500 mm）。

c) PCCP轴向测点位置见图5（$C_0$ 测点距插口端部：当 $D_0 \leqslant 800$ mm时为200 mm，当 $D_0 > 800$ mm时为500 mm）。

单位为毫米

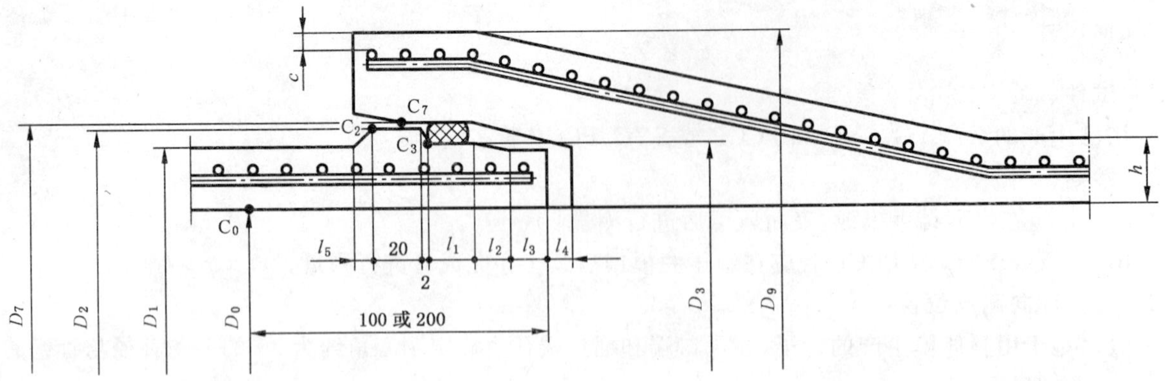


a) Z(Ⅰ)

单位为毫米

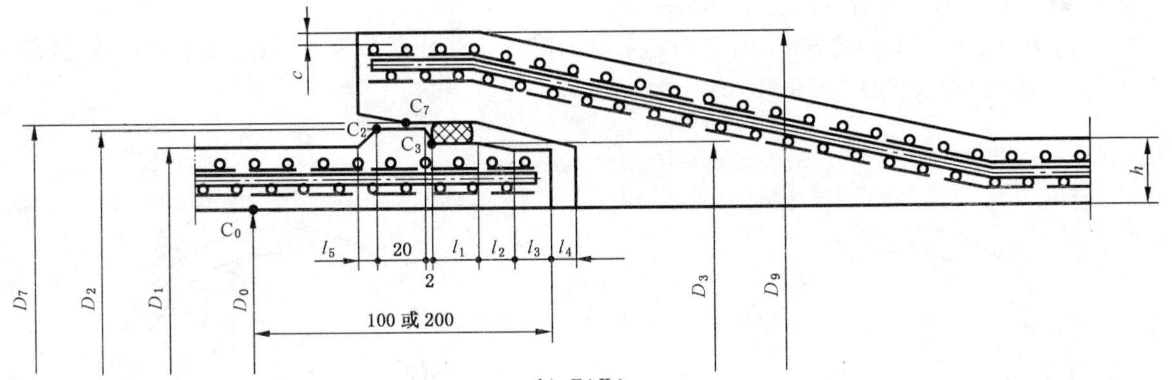


b) Z(Ⅱ)

单位为毫米

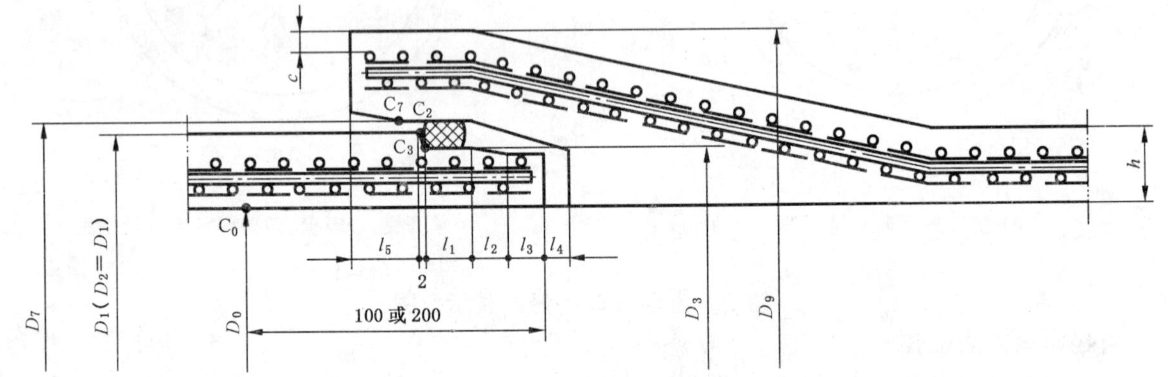


c) Z(Ⅲ)

$c$——保护层厚度；

$C_0$——管内径 $D_0$ 测点；

$C_2$——插口止胶台直径 $D_2$ 测点；

$C_3$——插口密封面直径 $D_3$ 测点；

$C_7$——承口密封面直径 $D_7$ 测点。

**图 3　自应力管直径轴向测量位置**

单位为毫米

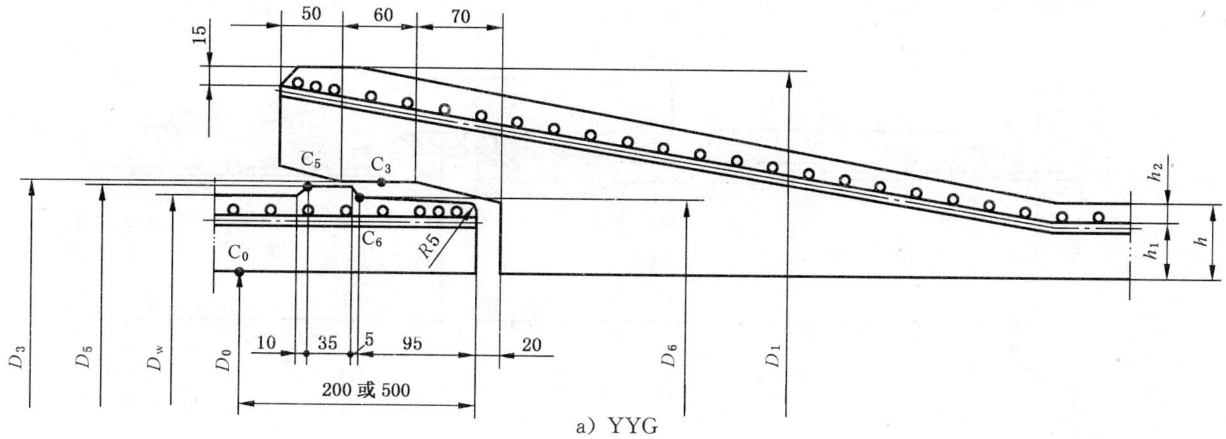


a) YYG

单位为毫米

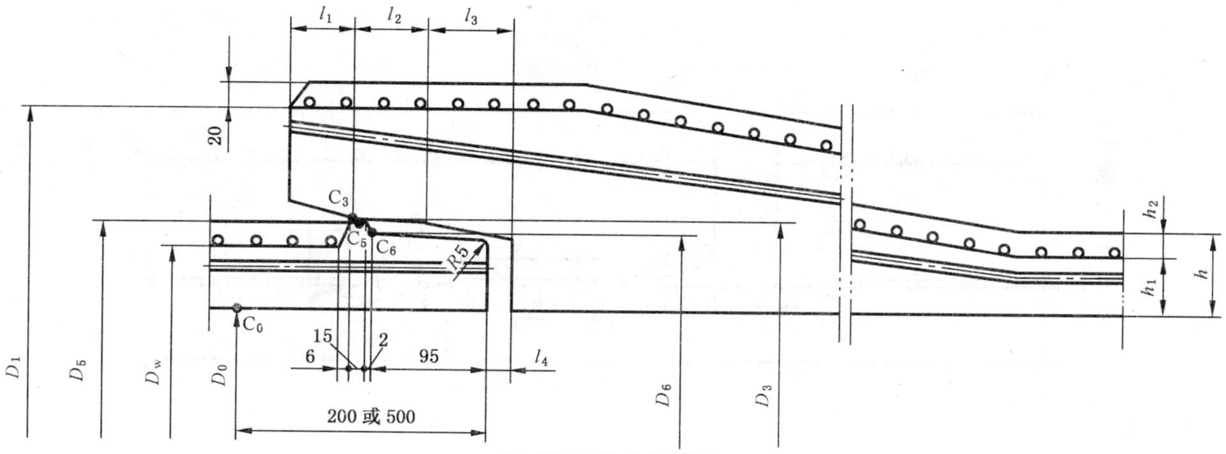


b) SYG(滚动密封圈)

单位为毫米

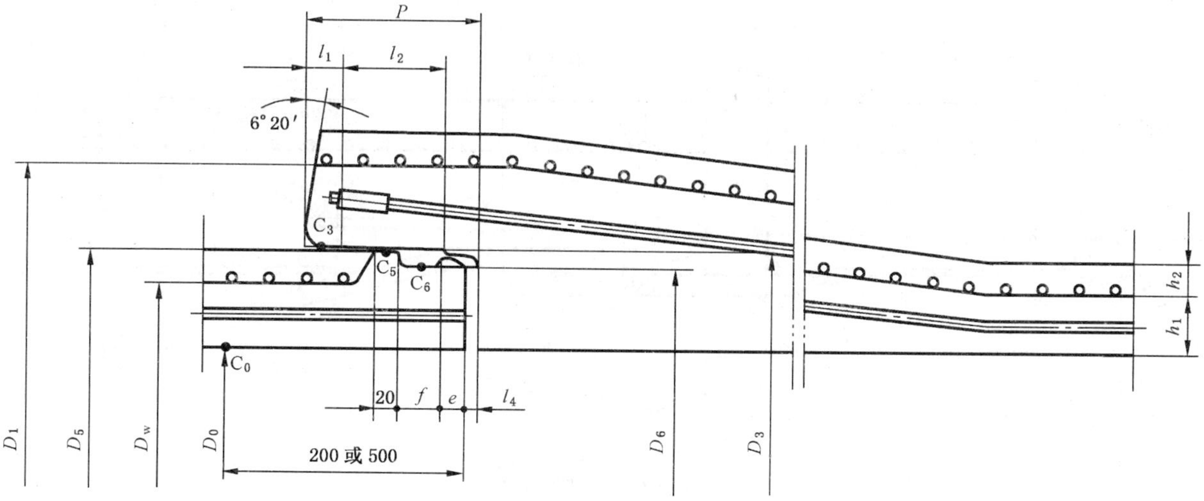


c) SYG(悬辊法 滑动密封圈)

$C_0$——管内径 $D_0$ 测点;

$C_3$——承口工作面内径 $D_3$ 测点;

$C_5$——止胶台外径 $D_5$ 测点;

$C_6$——插口工作面直径 $D_6$ 测点。

**图 4 一阶段管、三阶段管直径轴向测量位置**

单位为毫米

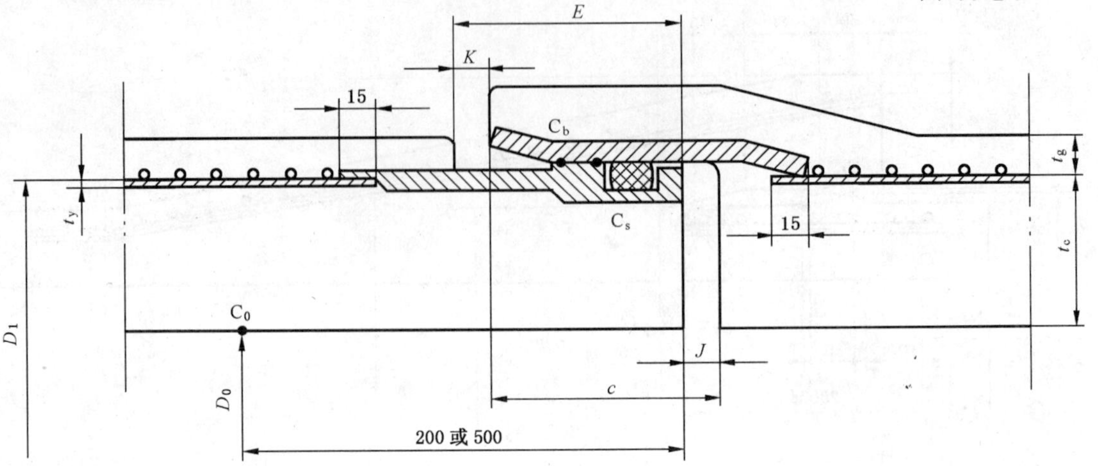


a) PCCPL

单位为毫米

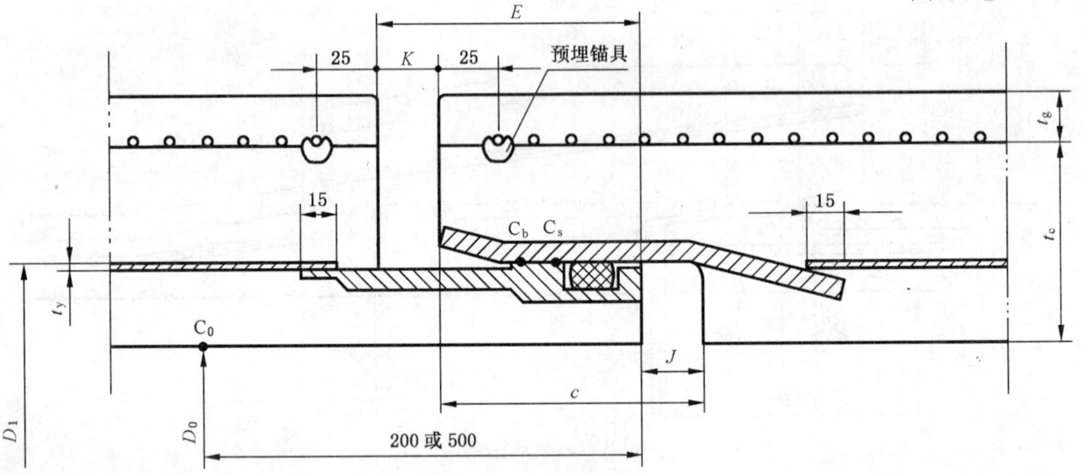


b) PCCPE(单胶圈)

单位为毫米

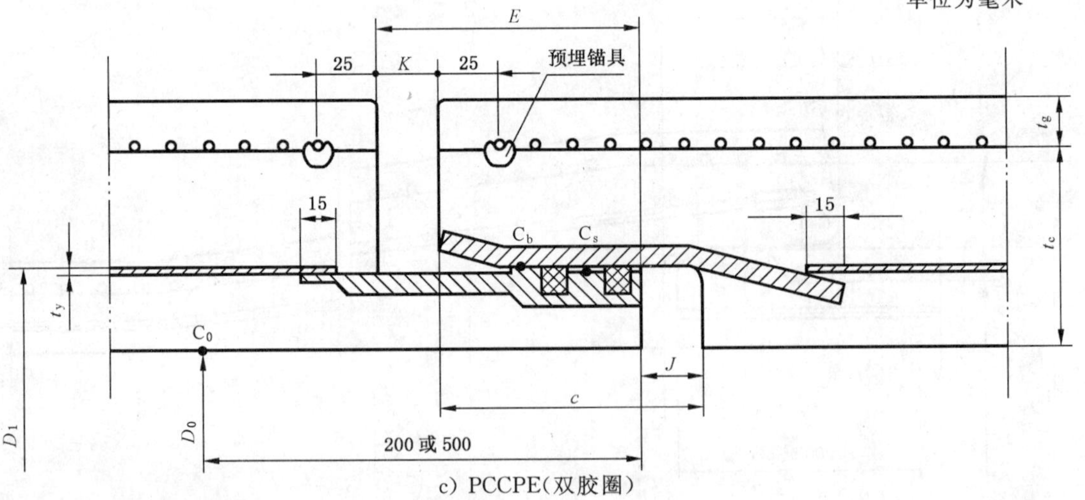


c) PCCPE(双胶圈)

$C_0$——管子内径 $D_0$ 测点；
$C_b$——承口内径 $B_b$ 测点；
$C_s$——插口外径 $B_s$ 测点；
$c$——承口深度；
$E$——插口长度。

**图 5 钢筒管直径轴向测量位置**

**6.5 测量方法**

**6.5.1 管内径 $D_0$、承口工作面内径 $D_7$(Z)、$D_3$(YYG、SYG)**

6.5.1.1 按照6.3、6.4确定的测点,用内径千分尺(或专用量具)测量。

6.5.1.2 将内径千分尺的固定测头紧贴在管内径或承口工作面内径的一个测量点,可调测头沿通过相对测点的弧线移动,其最大值即为管子的管内径值或承口工作面内径值。在另一对测点处采用相同的方法,测得另一个值。

6.5.1.3 测量数值修约:

a) 管内径 $D_0$,取两个数值的平均值,修约到1 mm。

b) 承口工作面内径 $D_7$(Z)、$D_3$(YYG、SYG),两个数值分别修约到1 mm。

**6.5.2 插口工作面直径 $D_3$(Z)、$D_6$(YYG、SYG)、插口止胶台外径 $D_2$(Z)、$D_5$(YYG、SYG)**

6.5.2.1 按照6.3、6.4确定的测点,用游标卡尺(或专用量具)测量。

6.5.2.2 将游标卡尺的一个测量爪紧贴在一个测点,另一测量爪沿通过相对测点的弧线移动,其最大值为插口工作面直径值或插口止胶台外径值。在另一对测点处采用相同的方法,测得另一个值。

6.5.2.3 测量数值修约:

a) 插口工作面直径 $D_6$(YYG、SYG)的两个数值分别修约到1 mm;$D_3$(Z)的两个数值分别修约:当 $D_0$ 为100 mm~350 mm,正偏差修约到1 mm,负偏差修约到0.5 mm,当 $D_0$ 为400 mm~800 mm,正负偏差均修约到1 mm。

b) 插口止胶台外径 $D_2$(Z)、$D_5$(YYG、SYG)的两个数值分别修约到1 mm。

**6.5.3 PCCP承口内径 $B_b$、插口外径 $B_s$**

6.5.3.1 按照6.3、6.4确定的测点位置,用量程符合要求的精密π尺及辅件磁铁块测量 $B_b$、$B_s$。

6.5.3.2 $B_b$、$B_s$ 的测量:

a) 用一块磁铁将π尺的副尺端吸固在承口钢环上,使π尺紧贴测量面并往前推一段,用磁铁吸固,再重复前面的动作,使π尺绕钢环一周,用磁铁将π尺的末端吸固,测得的值为 $B_b$。

b) 用一块磁铁将π尺的副尺端吸固在插口钢环上,使π尺沿着钢环凹槽的边缘绕一圈后将尺的末端吸固在插口钢环上,检查π尺的边是否和凹槽的边缘一致,拿掉首尾两块磁铁,两手拉紧π尺,来回拉动几下,紧贴测量面,测得的值为 $B_s$。

6.5.3.3 承口内径 $B_b$,插口外径 $B_s$ 修约到小数点后一位。

**6.5.4 PCCP承口椭圆度、插口椭圆度**

6.5.4.1 按照6.4确定的测点位置,用内径千分尺、游标卡尺或其他专用量具测量 $B_b$、$B_s$ 最大和最小各两个值。

6.5.4.2 承口和插口椭圆度按式(4)计算:

$$\text{承口(或插口)椭圆度} = \frac{B'_{max} - B'_{min}}{B_b\text{(或}B_s\text{)标准规定值}} \times 100 \quad \cdots\cdots(4)$$

式中:

$B'_{max}$——$B_b$(或 $B_s$)测量的最大值,单位为毫米(mm);

$B'_{min}$——$B_b$(或 $B_s$)测量的最小值,单位为毫米(mm)。

承口或插口椭圆度计算结果精确到0.001。

**6.5.5 插口工作面长度 $l_1$(Z)、承口工作面长度(YYG、SYG)**

a) 在Z插口工作面上,使钢直尺与管子轴线平行,测量两个插口工作面长度值,读数到1 mm。

b) 在YYG、SYG承口工作面上使钢直尺与管子轴线平行,测量两个承口工作面长度值,读数到1 mm。

**6.5.6 PCCP承口深度 $C$、插口长度 $E$**

a) 用两把量程为300 mm的钢直尺测量承口深度 $C$,将一把钢直尺紧贴承口端面,另一把钢直尺端部紧贴承口立面，钢直尺与管子的轴向平行，测 C 值，读数到 1 mm，任意测量两个值；

b） 用两把量程为 300 mm 的钢直尺测量插口长度 $E$。将一把钢直尺紧贴插口端面，另一把钢直尺端部紧贴插口立面，钢直尺与管子的轴向平行，测 $E$ 值，读数到 1 mm，任意测量两个值。

**6.5.7 PCCP 端面倾斜度 $S$**

6.5.7.1 清理管子靠近承口端和插口端的内壁，清理长度大于宽座角尺的短边 $l$，在两端确定两条相互垂直的直径。

6.5.7.2 用一靠尺紧贴管端直径的一点，宽座角尺的短边紧贴管子清理过的内壁，靠尺紧贴角尺长边，用钢直尺测量靠尺距管端直径另一点的距离 $S$，见图 6。

6.5.7.3 在两端各测两个值，读数至 1 mm，取较大值。

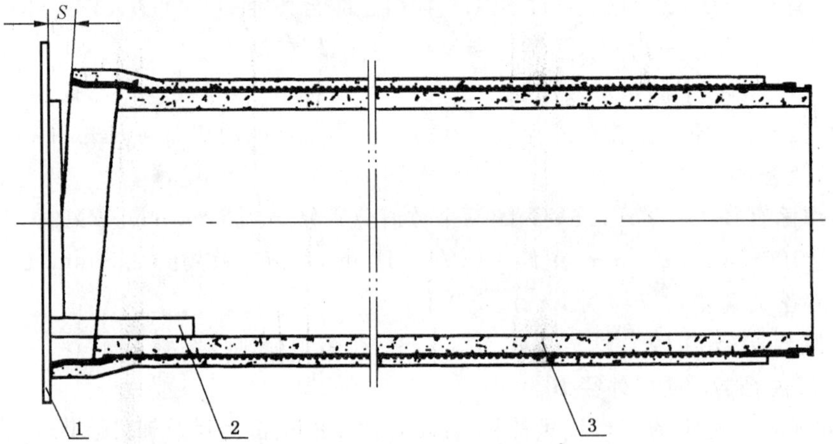


1——靠尺；

2——宽座角尺；

3——管子。

**图 6 端面倾斜测量方法示意图**

## 7 水压试验

**7.1 试件**

Z、YYG、PCCP 用已制成的管子进行试验；SYG 抗渗性能试验，可用已缠丝的管芯进行试验，抗裂性能试验和接头密封性能试验用保护层制作后的管子。

**7.2 龄期**

a） Z：在管子膨胀稳定后进行试验，管子应饱和吸水，外表面风干。

由不同水泥制成的管子的膨胀稳定期的确定：

1） 自应力硅酸盐水泥：按照 JC/T 218—1995 中 3.5 条的规定，通过测定自应力混凝土的自由膨胀率，确定自应力混凝土的膨胀稳定期。

2） 自应力硫铝酸盐水泥：按照 JC 715—1996 附录 B 的规定，通过测定 28 d 及其以后的自应力混凝土自应力增进率，确定自应力混凝土的膨胀稳定期。

3） A 型自应力硫铝酸盐水泥：当车间水养试件达到标准水养试件自应力的 85％以上时，则视为该配合比混凝土进入自应力稳定期。

在大气中长期存放时，需回水养护后再进行水压试验。回水养护期：$D_0 \leqslant 300$ 一般为 3 d～5 d；$D_0 > 300$ 一般为 5 d～9 d。

b） YYG：抗渗性能试验，在蒸汽养护脱模后不宜少于 24 h，抗裂性能试验混凝土龄期不宜少于 7 d。

c） SYG：在管芯缠丝后即可进行抗渗性能试验，抗裂性能试验管芯混凝土龄期不宜少于 7 d。

d) PCCP：砂浆保护层采用蒸汽养护时，管芯混凝土龄期不宜少于 7 d；采用自然养护时，砂浆龄期不宜少于 14 d。

### 7.3 试验装置

7.3.1 水压试验机的承口、插口堵头应与管子的承口、插口相匹配。水压机堵头的工作面应光洁无浮锈、无凹坑、不粘有硬化的水泥砂浆，水压机堵头和拉杆能满足最大推力的试验要求。

7.3.2 加压泵应能满足水压试验升压速度的要求，并能升到规定的最大压力。

7.3.3 根据 GB 50268—1997 的规定，宜选用直径不小于 150 mm，分度值为 0.05 MPa，精度不低于 1.5 级的压力表。压力表的最大量程宜为试验压力的 1.3～1.5 倍。

7.3.4 圆形橡胶密封圈的性能应满足 JC/T 748 的规定，其尺寸应满足相应产品的密封要求，且必须逐个检查，不得有割损、气泡、飞边等瑕疵。

### 7.4 试验步骤

7.4.1 检查水压试验机压力表的量程是否满足管子检验压力的要求，检查水压机的状况，清理堵头，确认设备正常后，方可开始试验。

7.4.2 清理管子的承口和插口工作面，安装圆形橡胶密封圈，将管子放置在水压试验机上，管子就位，锁紧水压试验机的加压堵头。

7.4.3 向管内充水直到排净管内的空气，然后以每分钟 0.1 MPa～0.5 MPa 的速度均匀升压至规定的检验压力值，各种输水管的检验压力按标准的规定或按其他的约定。

7.4.4 在恒压状态下，检查输水管的抗渗、抗裂性能和接头密封性能。自应力混凝土输水管和预应力钢筒混凝土管在检验压力下的恒压时间分别为 10 min、5 min；预应力混凝土输水管抗渗检验的恒压时间见表 1，抗裂检验的恒压时间为 3 min。

7.4.5 在水压试验过程中，观察并记录管子在升压时及恒压状态下管子表面和接头的情况：

a) 记录管子接口处、管子与水压试验机堵头接口处有无滴水。在抗渗检验时若出现滴水，经确认后，可停止试验，卸压放水，允许重新安装一次，重装后，抗渗检验的恒压时间仍按标准规定。记录滴水出现的部位、时间和次数。

b) 记录管子表面有无冒汗、潮片、淌水、喷水，记录出现的时间、部位和程度，在抗渗试验时用彩笔划出冒汗、潮片的边缘，标出淌水、喷水处的位置。

c) 用钢卷尺或钢直尺测量潮片的直径或长度、宽度，见图 1，按式(1)和式(2)或式(3)估算潮片面积。

d) 潮片等瑕疵的估算面积位于判定值边缘时，可改用百格网测算。

e) 记录 Z、YYG、SYG 表面是否开裂、记录开裂的时间、部位及裂缝的长度。

f) 记录 PCCP 管体是否爆裂、局部凸起及渗漏，记录出现的时间、部位及程度。

表 1 预应力混凝土输水管抗渗检验恒压时间

| 管壁或管芯厚度规定值/mm | ≤50 | 51～60 | 61～70 | 71～80 | 81～90 | 91～100 | 101～110 | 111～120 | 121～130 | ＞130 |
|---|---|---|---|---|---|---|---|---|---|---|
| 抗渗检验恒压时间/min | 10 | 11 | 12 | 13 | 14 | 15 | 16 | 17 | 18 | 20 |

## 8 保护层厚度

### 8.1 试件

膨胀稳定的 Z，已制成的 YYG、SYG 和 PCCP。

注：SYG、PCCP 保护层厚度的测量，也可在制作保护层时进行。

## 8.2 测点位置

四种管子，每种管子在一根上测三点，三测点的环向位置互相错开(圆心角约为120°)。纵向位置见表2。

**表2 保护层厚度测点位置**

<table>
<tr><th rowspan="2">管子种类</th><th colspan="3">测点位置</th></tr>
<tr><th>Ⅰ</th><th>Ⅱ</th><th>Ⅲ</th></tr>
<tr><td>Z(C)</td><td rowspan="4">承口外斜坡中部</td><td rowspan="4">距拐点 100 mm 的管身平直段上</td><td>安装线外 50 mm 处</td></tr>
<tr><td>YYG($h_2$)</td><td>距插口端 200 mm 处</td></tr>
<tr><td>SYG($h_2$)</td><td>安装线内[a]</td></tr>
<tr><td>PCCPL($t_g$)</td><td rowspan="2">距插口端 600 mm 处</td></tr>
<tr><td>PCCPE($t_g$)</td><td>距承口端 600 mm 处</td><td>管身中部</td></tr>
<tr><td colspan="4">[a] SYG 安装线至插口端长度 $L_C$ 按下列公式计算：<br>滚动密封圈接头：$L_C = l_1 + l_2 + l_3 - l_4$；滑动密封圈接头：$L_C = P - l_4$<br>式中参数分别见 GB 5696—1994 表3、表A1</td></tr>
</table>

## 8.3 试验方法

8.3.1 在上述测点位置，用冲击钻或凿子将管子表层凿开一个小坑，直至露出环筋表面为止，不可凿伤钢筋。

8.3.2 用深度游标卡尺测量环筋表面到管子外表面的距离 $h_i$，测量时应使深度游标卡尺的底座与管子的轴线平行；也可使钢直尺刻度面与管体表面垂直，并沿管体轴线放在被凿开处，再用深度游标卡尺放在钢直尺上进行测量。

## 8.4 结果计算

a) Z的保护层厚度 $C$，直接用各测点的测值表示。

b) YYG、SYG 和 PCCP 保护层厚度也用 $C$ 表示，各测点保护层厚度按式(5)计算：

$$C_i = h_i + d_{环} \qquad \cdots\cdots (5)$$

式中：

$C_i$——第 $i$ 测点保护层厚度，单位为毫米(mm)；

$h_i$——该测点实测的环筋表面至管子外表面的距离，单位为毫米(mm)；

$d_{环}$——管子环向钢筋的公称直径，单位为毫米(mm)。

# 9 管芯厚度或管壁厚度

## 9.1 试件

已制成的 YYG，SYG 和 PCCP 管芯。

## 9.2 试验方法

9.2.1 管内径按6.5.1的规定测两个值。

9.2.2 外径测点与管内径测点相对应，在管外壁作四个标记(圆心角约为90°)。

9.2.3 按以下方法测量管外径 $D_w$：

a) 用精密 π 尺测量：将 π 尺的首端放在一外径测点处，使其紧贴管芯或管子筒体外表面环绕一周，并保持环形测量面与管子轴线垂直，两手拉紧 π 尺，使 π 尺紧贴测量面，来回拉动几下后读取外径 $D_w$；

b) 在管模对应管外径测点处(YYG 除外)，用内径千分尺测量管模内径两个值，以其平均值代替管子外径 $D_w$；

c） 在确定的外径测点处，用专用量具测量管子外径两个值，两个值的平均值为 $D_w$。

### 9.3 结果计算

管芯厚度、管壁厚度按式(6)计算：

$$t_i = \frac{1}{2}(D_w - D_{0,i}) \qquad (6)$$

式中：

$t_i$——$i$ 测点的管芯厚度或管壁厚度，单位为毫米(mm)；

$D_w$——$i$ 测点的外径值，单位为毫米(mm)；

$D_{0,i}$——$i$ 测点的内径值，单位为毫米(mm)。

注：YYG 的管壁厚度为 $h$，SYG 管芯厚度为 $h_1$，PCCP 管芯厚度为 $t_c$，在计算公式(6)中统一用“$t$”表示。

9.4 测量相邻的两个测点的厚度值，分别修约到 1 mm。

## 10 混凝土强度

### 10.1 混凝土拌和物取样

10.1.1 混凝土拌和物试样应在混凝土浇筑地点随机抽取。

10.1.2 取样频率宜按 GBJ 107 的规定执行。

10.1.3 每次取样量应满足各产品标准有关混凝土试件组数的规定(各种管子应测定的混凝土强度项目见表 3)。

### 10.2 试件制作

a） 自应力混凝土试件按 GB 4084 的规定制作。

b） YYG 的混凝土试件采用与制管相同的振动成型方法制作。

c） SYG、PCCP 的塑性混凝土拌和物试件按 GBJ 81—1985 的规定制作，SYG 的干硬性混凝土拌和物试件采用拌合物适量加水搅拌均匀后加压振动的方法制作。

**表 3 各种混凝土输水管的混凝土强度测定项目**

| 管子种类 | 混凝土强度测定项目 |
|---|---|
| Z | 蒸汽养护脱模强度、膨胀稳定期强度 |
| YYG | 脱模强度(热状态)、28 d 强度 |
| SYG | 管芯脱模强度、缠丝强度、28 d 强度 |
| PCCP | 管芯脱模强度、缠丝强度、28 d 强度(蒸养后) |

### 10.3 试件养护

a） 评定混凝土强度等级的试件按照 GBJ 81—1985 规定进行养护。

b） 测定脱模强度、缠丝强度、出厂强度和蒸汽养护后 28 d 强度的普通混凝土试件，与管子同条件蒸汽养护(YYG 的混凝土试件在进行蒸汽养护时，按 GB 5695—1994 中 6.2 条规定试件表面施加 0.03 MPa 的压力)，除脱模强度外，其余试件与管子同条件继续养护。

c） 测定脱模强度、膨胀稳定期强度的自应力混凝土试件，按照 GB 4084 的规定进行蒸汽养护和水养护。

### 10.4 试验步骤

a） 普通混凝土立方试件抗压强度试验按 GBJ 81—1985 中第三章的规定进行。

b） 自应力混凝土试件抗压强度试验按 GB/T 177—1987 中第 9.3 条的规定进行。

### 10.5 结果计算

10.5.1 混凝土试件的抗压强度按式(7)计算：

$$f_{cu} = \frac{P}{A} \cdot K_g \qquad (7)$$

式中：

$f_{cu}$——混凝土立方试件的抗压强度，单位为兆帕(MPa)；

$P$——混凝土试件的破坏荷载，单位为牛顿(N)；

$A$——试件承压面积，单位为平方毫米($mm^2$)；

$K_g$——工艺换算系数。

不同工艺的SYG、YYG、PCCP，管体混凝土的抗压强度等于立方试件混凝土抗压强度乘以工艺换算系数(由试验确定)，当工厂尚未取得实用的工艺换算系数时，可参照GB/T 11837—1989中第6.4条的规定(见表4)选取。对掺用减水剂的混凝土离心工艺、振动挤压工艺，表4的换算系数不适用。

**表4 混凝土抗压强度工艺换算系数**

| 制管工艺 | 离心工艺 | 悬辊工艺 | 立式振动工艺 | 振动挤压工艺 |
|---|---|---|---|---|
| 工艺换算系数 $K_g$ | 1.25 | 1.00 | 1.00 | 1.50 |

10.5.2 混凝土28 d抗压强度的评定按GBJ 107进行。

## 11 保护层砂浆强度

11.1 取样

11.1.1 砂浆试样应在制作保护层的地点随机抽取。

11.1.2 取样频率应符合GB 5696、JC 625和JGJ 70—1990的规定。

11.1.3 每次取样数量和方法应符合JGJ 70—1990第2.0.2条的规定。

11.2 试件的制作与养护

11.2.1 保护层砂浆强度采用70.7 mm×70.7 mm×70.7 mm的立方试件，每组6个。

11.2.2 试件的制作和养护见附录B。

11.3 试验和结果计算

11.3.1 抗压强度试验按JGJ 70—1990的规定进行。

11.3.2 抗压强度按下式(8)计算：

$$f_{m,cu} = \frac{N_u}{A} \qquad \cdots\cdots (8)$$

式中：

$f_{m,cu}$——砂浆立方体抗压强度，单位为兆帕(MPa)；

$N_u$——立方体破坏力，单位为牛顿(N)；

$A$——试件承压面积，单位为平方毫米($mm^2$)。

11.3.3 6个抗压强度结果中剔除最大、最小两个数值，以剩下的4个数据的平均值作为抗压强度试验的结果。

11.4 应用户的要求，保护层砂浆强度试验也可参照附录C进行。

## 12 保护层砂浆吸水性

**12.1 试件**

已制作砂浆保护层的SYG和PCCP。

**12.2 试验龄期**

砂浆保护层制作后，采用蒸汽养护的龄期不宜少于7 d，采用自然养护的龄期不宜少于14 d，试验前试件保持湿润24 h，然后至少风干1 h，在此状态下进行试验。

**12.3 试验仪器**

表面吸水测定仪(见图7)由下列部件组成：

a) 钢制底座：与砂浆面接触处内径为 61.8 mm，外径为 88.0 mm，吸水面积为 3 000 $mm^2$。

b) 金属套管：内径为 10 mm，沿套管一侧开槽，槽宽 7 mm，槽的长度为 300 mm。

c) 玻璃管：内径为 6 mm，长 400 mm，装在金属套管内，在套管与玻璃管之间放置以毫米为分度值的刻度尺。

d) 橡胶密封圈用于表面吸水测定仪与管体砂浆测区之间的密封，密封圈内径为 61.8 mm，外径为 88 mm，厚度为 5 mm，低硬度高弹性，代号为 1615 工业用硫化橡胶。橡胶密封圈安装在表面吸水测定仪钢制底座与测区表面之间。

### 12.4 试验步骤

12.4.1 在试验管的管体外表面和承口外斜面顶部布置 3 个测区(见图 7)，每个测区面积为 150 mm×150 mm，各测区之间距离大于 1 000 mm。

12.4.2 清理测区表面，将橡胶垫圈、表面吸水测定仪放置在测区处，橡胶垫圈与钢制底座和测区之间用玻璃胶密封。

12.4.3 向玻璃管内注水，在 1 min 之内使玻璃管内水柱上升至零刻度，此时用秒表计时，到 30 min 时，记录玻璃管内水柱下降的高度 $H_i$。

单位为毫米

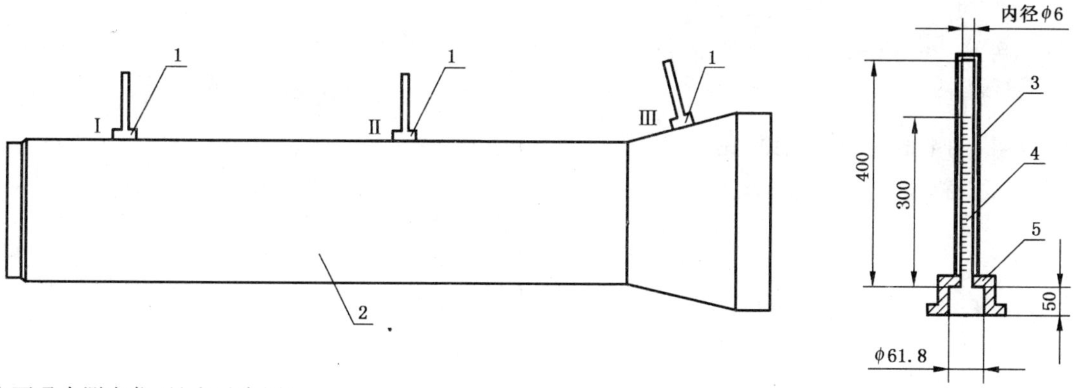


1——表面吸水测定仪(见右示意图)；
2——管子；
3——金属套管；
4——玻璃管；
5——钢制底座。

图 7 保护层吸水性的测区布置示意图

### 12.5 结果计算

每根管子的砂浆保护层吸水高度按式(9)计算：

$$H = \frac{\Sigma H_i}{3} \qquad \cdots\cdots(9)$$

式中：

$H$——每根管子砂浆保护层的平均吸水高度，单位为毫米(mm)；

$H_i$——各测区玻璃管内水柱的下降高度，单位为毫米(mm)。

12.6 应用户的要求，保护层砂浆吸水性试验也可参照附录 D 或附录 E 进行。

## 13 相对转角

### 13.1 试件

取同品种、同规格、同级别的两根管子。

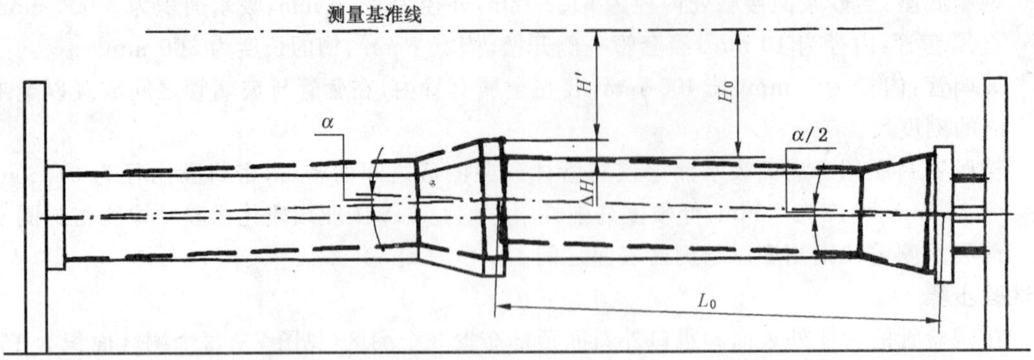


图 8　管子转角接头密封性能试验示意图

13.2　试件龄期

YYG、SYG 为抗渗试验龄期，Z、PCCP 为水压试验龄期。

13.3　试验装置及要求

13.3.1　双管水压试验机，应配有可灵活调节高度的托管车，或专用转角试验装置。

13.3.2　测量用的细线，可用弦线或细铁丝，长度应大于 15 m。

13.3.3　量程为 1 000 mm 的钢直尺或钢卷尺。

13.4　Z、YYG、SYG 和 PCCP(单胶圈)的试验

13.4.1　将两根样管置于双管水压机上，调至水平位置，两根管子的纵向轴线完全重合，在管体上方或一侧在水压机两端固定一根细线(见图 8)，测量细线到管体接头处的初始距离 $H_0$。

13.4.2　根据表 5 规定的允许相对转角，按式(10)计算接头处顶起高度 $\Delta H$：

$$\Delta H = \sin\frac{\alpha}{2} \times L \qquad \cdots\cdots(10)$$

式中：

$\Delta H$——产品标准规定允许相对转角的接头位移值，单位为毫米(mm)；

$\alpha$——管子允许相对转角，单位为度(°)；

$L$——管子的有效长度，单位为毫米(mm)。

13.4.3　用托管车上、下调节，测量细线与被顶起的管子接头的距离 $H'$，直至满足式(11)的要求。

$$H' = H_0 - \Delta H \qquad \cdots\cdots(11)$$

式中：

$H'$——管体被顶起后管接头处与细线的距离，单位为毫米(mm)；

$H_0$——管体未顶起前细线与管接头处的初始距离，单位为毫米(mm)。

表 5　各种管子不同公称内径的允许相对转角 α

| 管子种类 | 允许相对转角 α/° | | | |
|---|---|---|---|---|
| | 2.0° | 1.5° | 1.0° | 0.5° |
| | 公称内径/mm | | | |
| Z | 100～350 | 400～800 | | |
| YYG | | 400～700 | 800～1 400 | 1 600～2 000 |
| SYG | | 400～700 | 800～1 400 | 1 400～3 000 |
| PCCP | | 600～1 000 | 1 200～2 000 | 2 200～3 000 |

13.4.4　向管内充水，将管内空气排净，各种管子按规定的升压速度匀速升压至规定的检验压力，按各种管子的恒压时间，检查接头处密封情况。

### 13.5 PCCP(双胶圈)的试验

用拉杆或其他方式将二根 PCCP 水平连接，测量细线紧贴管子内壁水平直径的一端，用液压千斤顶水平方向顶管子接头处，分别按 12.4.2、12.4.3 计算 $\Delta H$、$H'$，向管子接头内充水，将接头空腔内的空气排除，在规定的检验压力下，恒压时间 5 min，检查接头处密封情况。

## 14 试验数值的修约与比较方法

### 14.1 试验数值的修约

试验数值应读至仪器、量具的最小分度值，按产品允许偏差的要求，确定修约位数和修约间隔，修约规则应符合 GB/T 8170 的规定。

### 14.2 试验数值的比较方法

按 GB/T 1250 的规定，根据试验项目的性质，水压试验压力值应采用全数值比较法，其余项目的试验值或其计算值均采用修约值比较法。

## 15 试验报告

试验报告应包括下列主要内容：

a） 生产厂名；

b） 产品名称；

c） 标准编号；

d） 样品编号、规格和数量；

e） 试验项目名称；

f） 试验条件与日期；

g） 试验用主要仪器设备；

h） 试验结果；

i） 试验人员、审核人员；

j） 试验部门签章；

k） 试验报告日期。

# 附　录　A
## （规范性附录）
## 试验用主要仪器和量具

A.1　混凝土输水管外观质量与几何尺寸、水压等试验所用的主要仪器和量具见表 A.1。

**表 A.1　试验用主要仪器和量具**

| 序号 | 名　　称 | 测量范围 | 精确度 | 分度值 |
|---|---|---|---|---|
| 1 | 一般压力表[a] | 试验压力宜为最大量程的 1/5～3/4 | 不低于 1.5 级 | 表盘直径≥150 mm，<br>分度值 0.05 MPa |
| 2 | 磁助电接点压力表[b] | 试验压力宜为最大量程的 1/5～3/4 | 不低于 1.5 级 | 表盘直径≥150 mm，<br>分度值 0.05 MPa |
| 3 | 内径千分尺 | 50 mm～600 mm<br>100 mm～1 225 mm<br>250 mm～4 000 mm<br>250 mm～5 000 mm | 示值偏差：<br>见 GB 8177 表 2 | 0.01 mm<br>0.01 mm<br>0.01 mm<br>0.01 mm |
| | 自制内径专用量具 | 满足内径测量要求 | | |
| 4 | 游标卡尺 | 0～1 000 mm<br>0～2 000 mm<br>0～3 000 mm | 示值偏差：<br>>500 mm～1 000 mm，±0.10 mm<br>>1 000 mm，±0.20 mm | 0.05 mm<br>0.20 mm |
| | 自制外径专用量具 | 满足外径测量要求 | | |
| 5 | 游标卡尺 | 0～150 mm | ±0.02 mm | 0.02 mm |
| | 电子数显卡尺 | 0～150 mm Ⅰ型 | ±0.03 mm | 0.01 mm |
| 6 | 深度游标卡尺 | 0～200 mm | ±0.05 mm | 0.05 mm |
| | 电子数显深度卡尺 | 0～200 mm | ±0.03 mm | 0.01 mm |
| 7 | 钢直尺 | 150 mm<br>300 mm<br>1 000 mm | 极限偏差：<br>>1 00 mm～200 mm，±0.08 mm<br>>2 00 mm～300 mm，±0.09 mm<br>>9 00 mm～1 000 mm，±0.2 mm | 0.5 mm<br>1 mm<br>1 mm |
| 8 | 钢卷尺 | 1 000 mm<br>2 000 mm<br>5 000 mm | 示值偏差：<br>Ⅱ级±0.3<br>Ⅱ级±0.7<br>Ⅱ级±1.3 | 1 mm<br>1 mm<br>1 mm |
| 9 | JC-10 工具显微镜 | 0～8 mm | ±0.01 mm | 0.01 mm |
| | 塞尺 | 75B20 | | |
| 10 | 羊角锤 | 0.25 kg | | |
| 11 | 秒表 | | | |
| 12 | 表面吸水测定仪 | | | |

**表 A.1(续)**

| 序号 | 名　　称 | 测量范围 | 精确度 | 分度值 |
|---|---|---|---|---|
| 13 | 精密 π 尺 | 根据被测参数值选择相应的量程 | | |
| 14 | 宽座角尺 | 根据 $D_0$ 选择不同的长边和短边 | 2 级 | |
| | | 自制满足测量要求的专用测量工具 | | |
| 15 | 线锤 | 铜质或钢质,0.5 kg | | |
| 自制量具必须编写自校方法,并定期进行自校。 | | | | |
| a 用于水压试验机显示试验压力值。<br>b 用于水压试验机水压试验恒压阶段的控制仪表。 | | | | |

A.2　表中列出了量具和仪器的精度和分度值,不排除选择满足测量要求的同类产品。

# 附 录 B
# （规范性附录）
# 保护层砂浆试件的制作与养护

## B.1 试件成型设备

**B.1.1** 砂浆抗压强度采用70.7 mm×70.7 mm×70.7 mm立方体有底试模（应符合JGJ 70的要求），6个试件为一组。

**B.1.2** 制作保护层砂浆用的喷浆机。

**B.1.3** 混凝土试验用振动台（应符合JG/T 3020的要求）。

**B.1.4** 捣棒。

## B.2 试件制作

**B.2.1** 直接向试模内喷射砂浆的试件。

**B.2.1.1** 在试模的内壁涂刷薄层机油或脱模剂。

**B.2.1.2** 将试模平放在靠近管子保护层砂浆喷射机的地面上，用砂浆喷浆机直接将生产用的砂浆喷入试模内，喷射速度与生产时相同，喷嘴应与试模成型面保持垂直，喷嘴距试模约为300 mm～400 mm。

**B.2.1.3** 使喷入试模内的砂浆高出试模5 mm～10 mm，用抹刀将高出部分的砂浆沿试模顶面削去并抹平。

**B.2.2** 采用振动成型或捣实成型的试件

a) 对于喷射砂浆，将取自于生产现场的砂浆装入试模内，装料时应用油灰抹刀沿试模内壁略加插捣并使砂浆拌合物高出试模上口放在振动台上振动密实，刮去多余的砂浆，并用抹刀抹平。

b) 对于辊射砂浆，可在取自于生产现场的砂浆中加入少量的水，搅拌均匀后分层装料，装料方法同上，采取振动或捣实成型的方法使试件密实。

## B.3 试件养护

**B.3.1** 试件与已制作保护层的管子同条件养护。

**B.3.2** 拆模后的立方体试件与管子同条件继续养护至28 d。

# 附　录　C
（资料性附录）
# 保护层砂浆抗压强度试验方法（切割法）

## C.1　试件

用喷射到固定模板上的砂浆试样，切割6块边长为25 mm的立方试件作为一组试件。

## C.2　龄期

砂浆试件龄期为28 d。

## C.3　试件制作与养护

C.3.1　用管子喷浆用砂浆制作立方体试件。

C.3.2　将钢板模固定在要制作保护层的管子上或模拟管上，用喷浆机将砂浆喷射到钢板模中。钢板模中的砂浆试样应与管子保护层的养护方法相同。

C.3.3　钢板模中砂浆试样的前期养护：

a）　加速养护：喷浆后的钢板模应尽快地放入养护室内，静停时间不超过4 h，升温速度不超过22℃/h，恒温温度为32℃～52℃，整个养护周期不少于12 h。

b）　喷水养护：保护层一旦充分凝固，应立即间断喷水保持湿润至少4 d。当最初24 h出现环境温度＜10℃时，应按温度＜10℃的时间加倍延长养护时间。

C.3.4　前期养护后的砂浆试样，用金刚石锯切割下6块试件，在切割试件时，应定出每个立方体试件面向管子圆周方向的两个面，并在这两个平行的切割面上做上记号，这两个面是砂浆抗压强度试验的受力面。

C.3.5　试件应采取适当方法湿润直至试验。

## C.4　试验步骤

C.4.1　试验前先将试件擦拭干净，测量尺寸并检查其外观。

C.4.2　将试件放在试验机的下压板中央，使试件与试验机中心线对中，以免偏心加荷。加荷速度为每秒钟0.5 kN～1.5 kN。

C.4.3　当试件接近破坏时，停止调整试验机油门，直至试件破坏，然后记录破坏荷载。

## C.5　结果计算

C.5.1　砂浆立方体抗压强度按式（C.1）计算：

$$f_{m,cu} = \frac{F}{A} \qquad \cdots\cdots (C.1)$$

式中：

$f_{m,cu}$——砂浆立方体抗压强度，单位为兆帕（MPa）；

$F$——立方体破坏压力，单位为牛顿（N）；

$A$——试件承压面积，指立方体中部高度的面积，单位为平方毫米（$mm^2$）。

C.5.2　6块立方体试件的强度平均值作为砂浆强度值。

C.5.3　将按公式C.1计算得出的砂浆立方体抗压强度乘以0.80，即为PCCP保护层砂浆的标准强度。

# 附 录 D
（资料性附录）
# PCCP 保护层砂浆吸水性试验方法（压渗法）

## D.1 试件与龄期

PCCP 成品管，龄期达到 28 d。

## D.2 试验装置

由压载梁、拉杆、底梁、胶垫、观察镜、压力表、氮气瓶等组成，示意图见图 D.1。

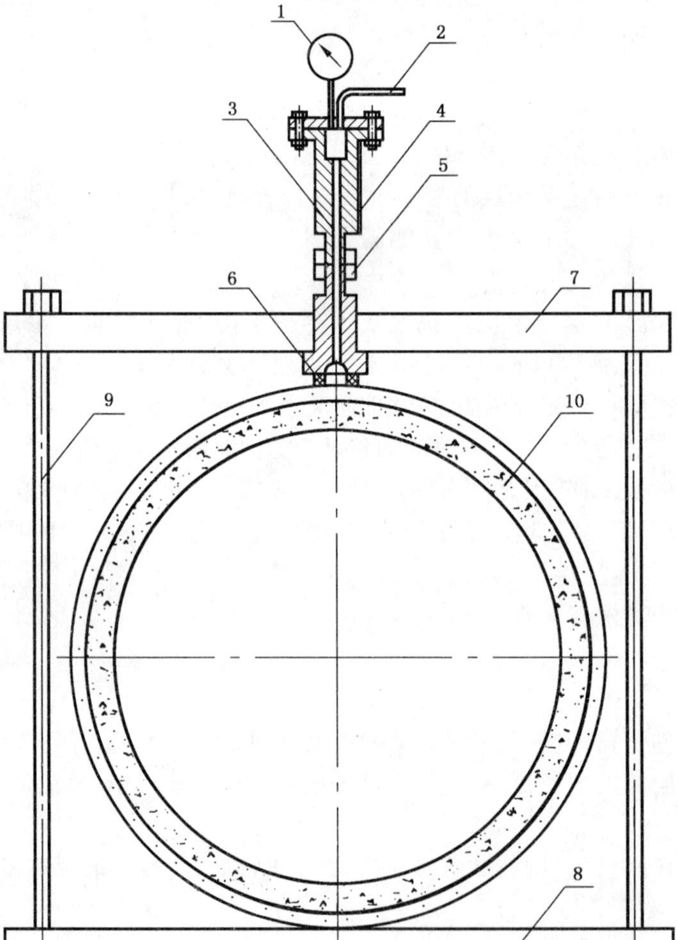


1——压力表；
2——进气管；
3——观察镜；
4——标尺；
5——快速联接头；
6——橡胶垫；
7——压载梁；
8——底梁；
9——拉杆；
10——PCCP。

**图 D.1 PCCP 保护层砂浆抗渗试验装置示意图**

## D.3 试验方法

**D.3.1** 在管顶平直段选择一测点，将测点处磨出 80 mm×80 mm 的平面，平整度应控制在 0.5 mm 内。

**D.3.2** 将压载梁、底梁和拉杆连接好。

**D.3.3** 将平面充分干燥，选无孔洞处将内径 30 mm 圆形胶垫用密封胶粘贴在平面上，密封胶应涂 2～3 道，第一道应干燥 1 h 以上，最后一道应在涂胶后立即将圆形胶垫粘接在平面上。

**D.3.4** 立即用压载梁将试验装置底座在胶垫上压紧，待密封胶充分凝固后（保持干燥不少于 2 h），将其余的附件接好，向底座与观察镜内注水至满刻度且充分排气。

**D.3.5** 胶垫周围的水渍干燥后，即进行试压，压力控制在（0.3±0.02）MPa，仔细观察胶垫周围有无渗漏现象，如有渗漏应拆掉底座，用砂轮机清理试验面后，重新按上述步骤操作，若多次操作均未成功，可另选一测点。

**D.3.6** 试压成功后，卸压，在试验处不断浇水保持潮湿养护 24 h，即可试验。

**D.3.7** 测点压力控制在（0.3±0.02）MPa 保持 6 h，每 30 min 记录一次数据。

## D.4 试验结果判定

**D.4.1** 按图 D.2 绘制总渗水量与时间的变化曲线。

**D.4.2** 根据 6 h 总渗水量曲线在 0.15 斜率直线的下方或上方判断吸水率合格或不合格。

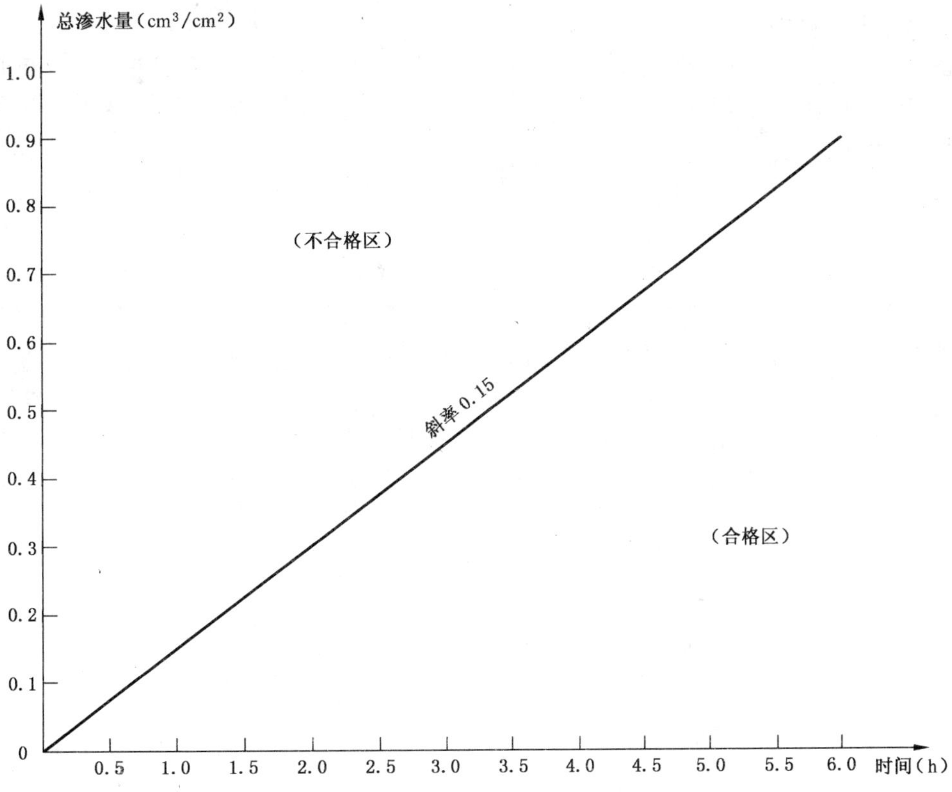


**图 D.2 总渗水量与时间的变化曲线**

# 附 录 E
# （资料性附录）
# PCCP保护层砂浆吸水率试验方法（沸煮法）

## E.1 方法摘要

本方法包括两种试验方法，方法A是标准试验和仲裁试验，需要3 d～6 d完成，方法B作为一种快速试验需要1.5 d的时间完成。

## E.2 试样

E.2.1 将钢板模固定在制作砂浆保护层的管子上，用喷浆机或辊射机将砂浆喷射到钢板模上，砂浆试样的养护方法应与管子保护层的养护方法相同。

E.2.2 试样应由取自管子两端和中间部分的3块试样组成，方法B试样应切割成直径为38 mm的圆柱体试样。

## E.3 试验步骤

### E.3.1 干燥样品

E.3.1.1 把样品放在温度为105℃～115℃的烘干箱中进行干燥，样品从烘干箱中取出后立即称量。

E.3.1.2 方法A：样品干燥直至间隔时间超过6 h的两次连续称量，其质量差不超过最终干燥质量的0.10%，对壁厚小于38 mm的试样其最短干燥时间不应少于24 h，壁厚为38 mm～76 mm的试样其最短干燥时间不应少于48 h，壁厚大于76 mm的试样其最短干燥时间不应少于72 h，用最后的样品称量作为样品的干燥质量。

E.3.1.3 方法B：用试样干燥24 h后的质量作为样品的干燥质量。

### E.3.2 浸水和沸煮

E.3.2.1 方法A：在24 h内，将已称量的干燥样品放在盛有10℃～24℃干净水的合适容器中，用蒸馏水、雨水或者自来水都不影响试验结果，在不少于1 h但不超过2 h内把水加热至沸，继续沸煮5 h后关掉电源，使样品冷却至室温，自然散热不少于14 h但不超过24 h。

E.3.2.2 方法B：在24 h内，将已称量的干燥样品放在盛有10℃～24℃干净水的合适容器中，用蒸馏水、雨水或者自来水都不影响试验结果，在不少于1 h但不超过2 h内把水加热至沸，继续沸煮3 h后关掉电源，通过放冷自来水于沸水中或将样品取出放在一个单独的容器中，将样品冷却3 h，冷却的温度不应超过18℃。

### E.3.3 称量湿样品

从水中取出冷却样品放在一个开阔的排水架上，排水1 min，用一干燥的吸水布或吸水纸快速擦掉留在样品表面的水，立即称量样品的质量。

### E.3.4 天平灵敏性

称量少于1 kg的样品精确至样品质量的0.10%，称量大于1 kg的样品精确至1 g。

## E.4 计算和报告

E.4.1 把沸煮样品超出干燥样品的质量作为样品的吸水量，把它表示成干燥质量的百分比，每个样品单独计算。

E.4.2 按方法B计算的吸水率不符合标准要求时，可重新用方法A进行试验。

中华人民共和国国家标准

# 纤维增强水泥及其制品术语

GB/T 16309—1996

**Terms of fiber reinforced cement and related products**

## 1 主题内容与适用范围

本标准规定了纤维增强水泥及其制品的基本名称、基础理论、组成材料、生产工艺、专用设备、制品、性能、检验与应用技术等方面术语的定义与涵义。

本标准适用于教学、科研、设计、生产、经贸、检验、编写及翻译技术文件。

## 2 引用标准

GB/T 1.1 标准化工作导则 第1单元:标准的起草与表述规则 第1部分:标准编写的基本规定

GB 1.6 标准化工作导则 术语标准编写规定

GB 10112 确定术语的一般原则与方法

## 3 基本名称

3.1 纤维增强水泥 fiber reinforced cement

简称纤维水泥。由均匀分散的纤维或纤维网片与水泥净浆或砂浆组成的一种复合材料。

3.1.1 石棉水泥 asbestos-cement

均匀分散的石棉纤维与水泥净浆组成的一种复合材料。

3.1.2 玻璃纤维增强水泥 glass fiber cement

简称玻璃纤维水泥。用玻璃纤维作增强材料,水泥净浆或砂浆作基体组合而成的一种复合材料。

3.1.3 聚乙烯醇纤维增强水泥 PVA fiber cement

又称维纶纤维增强水泥(Vinylon fiber cement)。简称维纶纤维水泥。以维纶纤维作增强材料,水泥净浆或砂浆作基体组合而成的一种复合材料。

3.1.4 聚丙烯膜裂纤维增强水泥 fibrillated polypropylene film cement

简称聚丙烯膜裂纤维水泥。以聚丙烯膜裂纤维作增强材料,水泥净浆或砂浆作基体组合而成的一种复合材料。

3.1.5 纤维素纤维增强水泥 cellulose fiber cement

简称纤维素纤维水泥。以纤维素纤维作增强材料,水泥净浆作基体组合而成的一种复合材料。

3.1.6 碳纤维增强水泥 carbon fiber cement

简称碳纤维水泥。用连续的或切短的碳纤维束作增强材料,水泥浆作基体组合而成的一种复合材料。

3.2 高性能纤维增强水泥基复合材料 high performance fiber cement-based composite

用纤维增强的高性能(高强度、高弹模、高耐久性以及电磁等特性)的水泥基复合材料。

3.3 混合纤维增强水泥 hybrid fiber cement

国家技术监督局1996-05-15批准 1996-12-01实施

简称混合纤维水泥。采用两种与两种以上纤维混合作增强材料，水泥净浆或砂浆作基体组合而成的一种复合材料。

3.4 纤维增强硅酸钙 fiber calcium silicate material

用纤维与硅质和钙质材料混合经蒸压处理制成的一种复合材料。

3.5 纤维水泥制品 fiber cement products

用纤维和水泥为主要材料制成的瓦、板、管等制品的总称。

3.5.1 石棉水泥制品 asbestos-cement products

用石棉和水泥为主要材料制成的瓦、板、管等制品的总称。

3.5.2 石棉砂质水泥制品 asbestos-sand cement products

用石棉和砂质水泥为主要原材料，经蒸压制成的瓦、板、管等制品的总称。

3.5.3 石棉维纶纤维水泥制品 asbestos-vinylon fiber cement products

用石棉、维纶纤维和水泥为主要原材料制成的瓦、板、管等制品的总称。

3.5.4 玻璃纤维增强水泥制品 glass fiber cement products

用抗碱玻璃纤维和低碱度水泥为主要原材料制成的制品的总称，常缩写为 GRC 制品。

3.6 混合纤维水泥制品 hybrid fiber cement products

用两种或两种以上纤维和水泥为主要材料制成的瓦、板、管等制品的总称。

3.7 纤维硅酸钙制品 fiber calcium silicate products

用纤维和硅质与钙质材料为主要材料经蒸压制成的制品。

## 4 基础理论

4.1 纤维间距理论 fiber spacing mechanism

推算纤维增强混凝土初裂强度的一种理论。

4.2 混合定律 law of mixtures

混合物的某些性能指标等于各组分性能指标与体积率乘积之和。

4.3 中心质假说 centra hypothesis

用来进一步说明水泥基材料的组成、结构与性能的假说。

4.4 界面粘结强度 interfacial bond strength

表示纤维增强的复合材料中纤维与基体界面的粘结能力。

4.5 纤维长径比 aspect ratio

又称纤维外形比，系纤维的长度($L$)与直径($d$)的比值，用 $L/d$ 表示。对非圆形截面的纤维，则取与其截面面积相等的圆的直径(当量直径)。

4.6 纤维取向 fiber orientation

纤维在纤维水泥复合材料中的排列方向。

4.6.1 一维定向 one-dimentional aligned

全部纤维沿着一个方向排列。

4.6.2 二维定向 two-dimentional aligned

全部纤维均在平面内按规定的两个方向排列。

4.6.3 二维乱向 two-dimentional random orientation

全部纤维均在平面内任意地排列。

4.6.4 三维乱向 three-dimentional random orientation

全部纤维在空间内任意地排列。

4.7 纤维方向有效系数 orientation factor of fiber

表示纤维在复合材料中增强效果的一种指标。

4.8 纤维体积率 volume percentage of fiber

纤维复合材料中纤维体积占总体积的百分数。

4.9 纤维平均间距 average fiber spacing

表示乱向短纤维增强混凝土中纤维几何中心之间的平均距离。可按下式计算。

$$S=5\sqrt{\frac{\pi}{B}}\cdot\frac{d}{\sqrt{\rho}}$$

式中：$S$——纤维的平均间距；

$d$——纤维直径；

$\rho$——纤维体积率；

$B$——纤维方向有效系数。

4.10 石棉增强效率 reinforcing efficiency of asbestos

不同品种、级别的石棉增强水泥石的效果。

4.11 吸附性 adsorption

固体或液体表面对气体或溶质的吸着能力。由于物质的表面能所引起的，按这种能的性质不同可分为物理吸附和化学吸附两类。

4.12 脆性 brittleness

材料的一种性质，与塑性相反，直到断裂前只出现很小的弹性变形而不出现塑性变形的性能。

4.13 塑性 plasticity

使固体产生变形的力，在超过该固体的屈服点后，出现能使该固体长期保持其变形后的形状或尺寸，亦即出现非可逆性变形的性能。

4.14 韧性 toughness

材料在外力作用下，在塑性变形的过程中吸收能量的能力。

4.15 韧性指数 toughness index

评价纤维增强水泥复合材料韧性的指标。

4.16 单缝断裂 single cracking

脆性材料在受拉时破坏的一种形式。

4.17 多缝开(断)裂 multiple cracking

纤维与脆性基体组成的复合材料受拉破坏的一种形式。其特征是在受拉破坏时基体多处出现裂缝，改变了脆性材料单缝开(断)裂的突发性破坏形式。

4.18 断裂韧度 fracture toughness

又称断裂韧性。材料阻止裂纹扩展的能力。

4.19 假延性 pseudo-ductility

纤维增强水泥复合材料在外力作用下进入塑性变形阶段后，由于多缝开裂而表现出的延性。

## 5 组成材料

5.1 基材 matrix

复合材料中的连续相，这里指纤维水泥中的水泥浆或水泥砂浆。

5.1.1 水泥 cement

加水拌和成塑性浆体，能胶结砂石等适当材料并能在空气和水中硬化的粉状水硬性胶凝材料。

5.1.1.1 硅酸盐水泥 portland cement

硅酸盐水泥熟料加入适量石膏，磨细制成的水泥，即国外通称的波特兰水泥。

5.1.1.2 普通硅酸盐水泥 ordinary portland cement

由硅酸盐熟料、少量混合材料、适量石膏磨细制成的水泥。

5.1.1.3 抗硫酸盐硅酸盐水泥 sulphate resiting portland cement

由硅酸盐水泥熟料，加入适量石膏磨细制成的抗硫酸盐性能良好的水泥。

5.1.1.4 低碱度水泥 low pH value cement

在常温下水化生成的液相的 pH 值低于 12.5(相当于氢氧化钙饱和溶液的 pH 值)的水泥。

5.1.1.5 砂质水泥 sand cement

由硅酸盐水泥熟料、石英砂和适量的石膏共同粉磨，或用硅酸盐水泥与磨细的石英砂混合而成的一种水硬性胶凝材料。

5.1.1.6 硅质材料 siliceous material

含二氧化硅($SiO_2$)材料的总称。往往同时含 $Al_2O_3$。磨细后，特别是在蒸汽养护和蒸压养护条件下，能与 $Ca(OH)_2$ 发生化学反应而生成以水化硅酸钙为主要产物的硬化体。

5.1.1.7 钙质材料 calcareous material

含氧化钙(CaO)材料的总称。

5.1.2 净浆 paste

由胶凝材料与水混合而成的浆状体。

5.1.3 水泥砂浆 cement mortar

由水泥、砂加水按适当比例调制而成的砂浆。

5.2 增强材料 reinforcement

复合材料中起增强作用的组分。

5.2.1 石棉 asbestos

纤维状镁、钙、钠、铁的硅酸盐矿物的总称。

5.2.1.1 蛇纹石石棉 chrysotile asbestos

又称温石棉。纤维状含水的镁硅酸盐，是生产石棉水泥制品的最主要的一种石棉。

5.2.1.2 角闪石石棉 amphibole asbestos

各种角闪石矿物的纤维状异种的总称。用于生产石棉水泥制品的有青石棉、铁石棉等。

5.2.2 玻璃纤维 glass fiber

熔融玻璃经一定的成型工艺而制成的纤维状(或丝状)物。

5.2.2.1 无碱玻璃纤维(E 玻璃纤维) non-alkali glass fiber(E glass fiber)

碱金属氧化物含量很少，具有良好电绝缘性的玻璃纤维(其碱金属氧化物含量一般小于1%)。

5.2.2.2 中碱玻璃纤维 medium-alkali glass fiber

碱金属氧化物含量在12%左右的一种玻璃纤维。

5.2.2.3 抗碱玻璃纤维(耐碱玻璃纤维) alkali-resistant glass fiber

用于增强硅酸盐水泥的玻璃纤维。能耐水泥水化时析出的水化物的长期侵蚀。

5.2.2.4 短切玻璃纤维原纱 chopped glass fiber strand

又称短切玻璃纤维。是将连续玻璃纤维无捻粗纱，切成长度 3～12mm 的丝段。

5.2.2.5 玻璃纤维无捻纱 glass fiber roving

将若干股连续玻璃纤维原丝不经加捻直接平行并合而成的玻璃纤维。

5.2.2.6 被覆玻璃纤维 coated glass fiber

表面覆盖保护膜层的玻璃纤维无捻粗纱。

5.2.2.7 被覆玻璃纤维网 coated glass fiber mesh

表面覆盖保护膜层的玻璃纤维网片。

5.2.3 合成纤维 synthetic fiber

一种化学纤维。以苯、二甲苯、苯酚、乙烯、丙烯、乙炔等为基本原料，先合成高分子化合物，再用不同方法制成的纤维。

5.2.3.1 聚乙烯醇纤维 polyvinyl alcohol fiber;PVA fiber

又称维尼纶纤维(Vinylon fiber),简称维纶。用聚乙烯醇作主要原料制成的一种化学纤维。

5.2.3.2 聚丙烯膜裂纤维 polypropylene fibrillated film fiber

用聚丙烯作主要原料制成的一种束状化学纤维。

5.2.4 纤维素纤维 cellulose fiber;graphite fiber

用某些植物的杆和韧皮等经机械或化学加工制成的纤维。

5.2.5 纸纤维浆 fibrous pulp

俗称纸浆。是纤维与水的混合液。

5.2.6 碳纤维 carbon fiber

由聚丙烯晴纤维、沥青纤维或粘胶纤维等经氧化、炭化等过程制得的含碳量为90%以上的纤维。

5.2.7 钢纤维 steel fiber;steel wire

由细钢丝冷拔、剪断、薄钢片切削与熔钢抽取等方法制成的金属纤维。

5.2.8 耐碱矿物棉 alkali-resistant mineral wool

用天然岩石、含抗碱氧化物矿渣加其它抗碱原料经混合、熔化、用喷吹法或离心法制成的一种耐碱溶液侵蚀的矿物纤维。

5.2.9 云母 mica

铁、镁、钾等的层状结构铝硅酸盐水合物,具有极完全的片状解理,可沿解理剥成具有弹性的薄片。

5.2.10 钢丝网 wire mesh

用网丝直径0.5~1mm、网格尺寸5~25mm,网格形状为正方形或矩形。用作生产钢丝网石棉水泥波瓦用的增强材料。

5.3 辅助材料

5.3.1 外加剂 admixture

又称添加剂。为改进水泥净浆,砂浆和混凝土的某些性能而掺入其中的物质。

5.3.1.1 分散剂 dispersant

又称扩散剂。能促使固体粒子的絮凝团或液滴分散为细小粒子悬浮于液体中的物质。

5.3.1.2 凝聚剂 coagulator;congelating agent

又称絮凝剂。一种能溶解于水中,并使水中悬浮的固体粒子凝集与聚沉的物质。

5.3.2 水玻璃 water glass

又称硅酸钠或泡花碱。分子式:$Na_2O \cdot nSiO_2$。无色、青绿色或棕色粘稠液体。

5.3.3 轻集料 lightweight aggregate

堆积密度小于1100kg/m$^3$的粗集料和小于1000kg/m$^3$的细集料。

5.3.4 膨胀珍珠岩 expanded pearlite

由天然酸性火山玻璃质岩石(即珍珠岩)经焙烧膨胀而制成的粒状多孔材料。

5.3.5 消石灰 hydrated lime;slaked lime

又称熟石灰。由生石灰加水消化而成。主要成分为氢氧化钙。

5.3.6 石英砂 quartz sand

又称硅砂。主要成分为二氧化硅的粒状矿物。

5.3.7 硅灰石 wollastonite

又名板石。化学式:$Ca_3[Si_3O_9]$,三斜晶系,晶体呈板状,集合体呈片状,放射状或纤维状。

5.3.8 海泡石 sepiolite

由菱镁矿、蛇纹石、不纯的高镁蛋白石蚀变而成,具有高度吸收性的材料。其化学组成:$Mg_8H_6[Si_{12}O_{30}](OH)_{10}\cdot 6H_2O$,$SiO_2$ 为 60.8%,MgO 为 27.1%,$H_2O$ 为 12.1%。

5.3.9 纸浆废液 paper making waste

用亚硫酸盐溶液蒸煮木材、芦苇、庶渣等原料制造纸浆后排出的废液。

5.3.10 涂料 coatings;surface coatings

涂于物体表面形成连续性薄膜,而具有保护、装饰或其他特殊功能的材料。

5.3.11 颜料 pigment

不溶于分散介质(如油或水)的彩色、黑色或白色的粉状物质。

5.3.12 橡胶圈 rubber ring

用天然或合成橡胶按一定配方硫化制成的密封圈。

## 6 生产工艺与专用设备

6.1 湿法工艺 wet process

采用浓度为 3%～13%的石棉水泥料浆通过过滤、真空抽吸、辊压等方法制造石棉水泥制品的一种生产工艺。

6.2 半干法工艺 semi-dry process

采用浓度为 50%～70%的石棉水泥料浆,通过挤压、真空—挤压或辊压等方法制造石棉水泥制品的一种生产工艺。

6.3 干法工艺 dry process

指加占干料重量 10%～14%的水,拌成混合料,通过辊压、冲压或挤出等方法制造石棉水泥制品的一种生产工艺。

6.4 抄取法 Hatschek process

又称圆网抄取法。是湿法工艺制造石棉水泥制品的方法之一,其成型原理与圆网造纸法相似。

6.5 流浆法 flow-on process

是利用流浆机与真空脱水装置,制造纤维水泥制品的一种方法。

6.6 挤出法 extrusion process

用挤出机制造纤维水泥制品的一种方法。

6.7 注浆法 injection process

用注浆装置将料浆注入模具内经脱水密实制造纤维水泥制品的一种方法。

6.8 喷射法 spraying process

是在制造玻璃纤维增强塑料喷射成型基础上加以改进和发展而成的一种制造纤维水泥制品方法。

6.9 喷吸法 spray-suction process

利用喷射与真空抽吸脱水装置制造纤维水泥制品的一种方法。

6.10 缠绕法 winding process

用水泥浆浸渍的连续纤维缠绕于蕊模上以制造纤维水泥制品的一种方法。

6.11 预拌法 premixing process

将束状短纤维与水泥砂浆先均匀混合制成具有一定塑性的混合物再喂入模具内制成纤维水泥制品的方法。

6.12 抹浆法 lay-up process

将连续的纤维纱、纤维毡片或网片和水泥砂浆分别铺放在模型内制造纤维水泥制品的一种方法。

6.13 纤维水泥混合料 fiber cement mixture

纤维水泥原材料按一定配比搅拌均匀的混合料。

6.14 纤维水泥配合比 fiber cement mix proportion

纤维水泥各组成材料间的重量或体积比。

6.15 钙硅比 calc-silica ratio

硅酸钙矿物或水化硅酸钙中 CaO 与 $SiO_2$ 的摩尔比。

6.16 石棉主体纤维 constituent fiber of asbestos

纤维长度符合成品棉等级要求的石棉纤维。是反映成品棉质量的重要指标之一。

6.17 石棉结构 texture of asbestos

机选石棉产品中纤维变形的状况。

6.18 石棉结构指数 texture index of asbestos

又称石棉结构指标。测定石棉纤维在干燥状态下的松散程度。

6.19 石棉风选 pneumatic concentration of asbestos

又称精选。利用物料在空气流中的重力和离心力不同的作用,除掉或减少石棉中的砂粒、杂物和部分粉尘的生产工序。

6.20 石棉松解 asbestos fiberization

指对石棉纤维束进行松散和分离的工序。

6.21 石棉松解度 fiberization degree of asbestos

指石棉纤维松散的程度。可按下式计算。

$$A=\frac{V_1}{V_2}\times 100\%$$

式中:$A$——石棉松解度,%;

$V_1$——量筒内石棉沉淀体积读数,mL;

$V_2$——石棉悬浮液的总体积,1000mL。

6.22 制浆 slurry making

俗称打浆。按一定顺序将石棉、代用纤维、水泥加水放在打浆设备中,根据不同成型工艺的要求制成均匀的具有一定浓度的石棉水泥料浆。

6.23 料浆浓度 slurry concentration

指具有一定流动性的而用于生产纤维水泥制品的固体原料与水的重量比。

6.24 石棉水泥悬浮液 asbestos-cement suspension

指抄取法工艺中,石棉水泥浆加水稀释成低浓度而使石棉水泥呈现悬浮的液体。

6.25 放浆 slurry discharging

将浓度较稠的石棉水泥料浆加水稀释到规定要求,通过机械装置,由流浆槽流入抄取机的网箱的过程。

6.26 网箱过滤 filtration on sieve cylinder

抄取法制造石棉水泥制品时,抄取成型机的网箱里滤取石棉水泥悬浮液,形成石棉水泥料层(薄层)的过程。

6.27 料层厚度 thickness of asbertos-cememt layer

又称薄层厚度。抄取法或流浆法成型时,粘附在成型机毛布上的石棉水泥料层的厚度。

6.28 冲料 rinsing

又称冲浆。抄取法制造石棉水泥制品过程中,伏辊挤出的水冲刷初料层,使料层局部剥落的现象。

6.29 回水 back water

在制造石棉水泥制品过程中,网筒过滤、清洗毛布与网筒等所排出的混水。

6.30 扯坯 stripping of green sheet

俗称搬钩。抄取法或流浆法制造石棉水泥瓦、板的过程中,当缠卷在成型筒上的料坯达到要求厚度时,用自动控制的机械方法将料坯扯下的工序。

6.31 合坯 superposition of green sheet
制造石棉水泥瓦、板时，把成型好的几片料坯通过加压装置合成整体的过程。

6.32 料坯水分 water content of green sheet
指在制造石棉水泥制品时，经成型筒加压后的料坯所含的水分。

6.33 真空脱水 vacuum dewatering
指湿法工艺生产纤维水泥制品过程中，利用真空的原理，排除料坯中部分水分的工序。

6.34 扩孔 separating pipe from mandrel
当成型石棉水泥管达到规定厚度时，使管子内壁与管芯扩开一定间隙，以便脱出管芯的工序。

6.35 拔管 pipe drawing
又称脱管。将管芯从石棉水泥管坯中抽拔出来的工序。

6.36 管端湿切 end cutting of green pipe
制管机卷制的石棉水泥管坯脱管芯后，两端在湿切机上进行切割整齐的工序。

6.37 预养 precuring
指纤维水泥制品，在正式养护前，先在一定温度和湿度环境中经历一段时间，以提高坯体正式养护时的初始强度的工序。

6.38 养护 curing
为纤维水泥制品创造适当的温、湿度条件，以利其水化硬化的工序。

6.39 湿热处理 hydrothermal treatment
又称水热处理。使纤维水泥制品在较高温度的水或蒸汽中硬化。是加速制品硬化的常用养护方法。

6.40 蒸汽养护 steam curing
简称蒸养。一般指常压蒸汽养护。是加速制品硬化的一种养护方法。

6.41 压蒸养护 autoclaving
又称蒸压养护。简称压蒸或蒸压。即高压蒸汽养护，是加速制品硬化的一种养护方法。

6.42 养护制度 curing schedule
指关于养护过程中的预养、升温、恒温、降温的温度、湿度、时间以及其它措施和条件的规定。

6.43 瓦模 template
生产纤维水泥波瓦用的钢模板。

6.44 管芯 mandrel
生产石棉水泥管专用的成型筒。

6.45 毛布 felt
又称毛毯。抄取法或流浆法成型设备中的重要部件。

6.46 石棉机械储仓 asbestos-mechanical bin
储存已精选的石棉纤维，改善劳动条件的设备。

6.47 轮碾机 kollergang
把块状或棒状石棉束碾压松解的设备。

6.48 开棉机 asbestos defibring machine
在石棉风选系统中，用于除去砂石并打散石棉束的设备。

6.49 水力松解机 hygdraulic defibring machine
用以松解石棉，并制备石棉浆的设备。

6.50 叶轮式松解机 turbine defibring machine
利用叶轮高速旋转产生涡流来松解石棉的设备。

6.51 泵式打浆机 pump-pulper

用以进一步松解石棉，并制备石棉水泥料浆的设备。

6.52 荷兰式打浆机 Hollarnder

造纸和石棉水泥工业用于制备纸浆、松解石棉、混合石棉水泥料浆的一种设备。

6.53 逆流式混浆机 counter-flow mixer

利用物料反向流动，强化搅拌石棉水泥混合料的设备。

6.54 斗式储浆池 bucket rabbling vat

抄取法生产石棉水泥制品过程中，储备并保证不断供浆的设备。

6.55 流浆箱 flow-on box

流浆法制造石棉水泥制品的主要装置。

6.56 成型筒 accumulator roll

指由筒体、扯坯装置、测厚装置等组成，用于缠卷石棉水泥料层，并对料层加压、脱水，是湿法工艺制瓦、板机的一个重要部件。

6.57 网箱 vat

指由圆网筒、搅拌器等组成，是抄取法制板、瓦、管机的一个重要装置。

6.58 回料搅拌机 waste dissolver

及时处理石棉水泥制品生产过程中的未硬化的边角料与废料坯，使之重新制成石棉水泥浆的设备。

6.59 抄取法制管机 Mazza pipe machine

抄取法生产石棉水泥管的主机，由料浆过滤（网箱、网筒）、料层传递（毛布）、成型加压（管芯、压力组）、真空脱水（真空箱）、液压控制、清洗、传动等系统组成。

6.60 内真空法制管机 inner suction pipe machine

又称塑法内真空制管机。半干法工艺生产石棉水泥管的主机。主要由喂料、传动、加压、真空脱水等装置组成。

6.61 三轴式挤压制管机 triaxile extruder pipe machine

半干法简易生产石棉水泥管的主机。由三根导辊（其中一根为主动辊），管芯、传动装置、加压机构、无端成型布和机架等组成。

6.62 马雅尼制管机 Magnani pipe machine

意大利人 Magnani 所创的一种湿法制造石棉水泥管设备。

6.63 马雅尼制瓦机 Magnani board machine

意大利 Magnani 所创的一种湿法制造石棉水泥瓦的设备。

6.64 抄取法制板（瓦）机 Hatschek sheet(board)machine

抄取法生产石棉水泥板（瓦）的主机。

6.65 流浆法制板（瓦）机 flow-on sheet(board)machine

流浆法生产纤维水泥板（瓦）的主机。

6.66 干法带式制板机 belt type sheet machine for dry process

干法连续生产石棉水泥板的主机。

6.67 真空成型机 vacuum formation machine

利用真空吸盘把石棉水泥板坯成型各种规格制品，并能同时完成切割、喂模和堆垛等工序的设备。

6.68 直压成波机 corrugator

又称直压成型机。将石棉水泥料坯压成波形的设备。

6.69 辊式压板机 rolling machine

俗称扣压机。是加压石棉水泥板（瓦）坯，使之进一步脱水，并起合坯作用的设备。

6.70 波瓦切边机 cutting machine for corrugated sheet

按石棉水泥湿瓦坯规格,沿瓦坯纵、横向切去多余料边的设备。

6.71 波瓦堆垛机 stacking machine for corrugated sheet

将石棉水泥波瓦湿坯叠放成垛的设备。

6.72 喂模机 template feeding machine

生产石棉水泥波瓦时,把钢瓦模分片送到接坯机辊道上的设备。

6.73 脱模机 stripping device

将经养护后的石棉水泥瓦从瓦模上脱离,并分别堆成垛的设备。

6.74 加筋瓦接坯机 green sheet receiving machine for reinforced corrugated sheet

生产钢丝网石棉水泥波瓦时,在普通的接坯机上增加电磁自动喂网机构的设备。

6.75 高压水射流切割机 high-pressure water jet cutter

利用大于 40MPa 的高压水,切割纤维水泥板坯的装置。

6.76 成垛液压机 stack hydraulic press

对重叠多张板坯进行加压,提高纤维水泥板坯致密度的设备。

6.77 单片液压机 single-piece hydraulic press

又称快速压机。按生产线节拍,每次加压一张坯的设备。

6.78 管芯装卸装置 mandrel loading and discharging device

将管芯送至制管机的卷管部位,随之将卷好的管坯(带管芯),送入拔管机的装置。

6.79 预硬传送带 precuring conveyor

简称预硬带。预硬石棉水泥管坯,并起输送作用的设备。

6.80 养护窑 steam-curing chamber

又称养护室。石棉水泥制品蒸汽养护的设施。

6.81 隧道式养护窑 tunnel curing room

能连续进行蒸汽养护的设施。

6.82 养护坑 curing pit

又称“养护池”。是间歇式常压蒸汽养护的一种设施。

6.83 高压釜 autoclave

又称压蒸釜。对纤维水泥硅酸钙、石棉砂质水泥制品等进行高压蒸汽养护的设备。

6.84 烘干机 dryer

对板材表面喷涂处理前进行烘干以降低水份的装置。

6.85 穿孔机 puncher

在板材上冲制各种花型孔的设备。

6.86 喷涂机组 spray coating set

用于对板材表面进行装饰性处理的设备。

## 7 制品

7.1 纤维水泥管 fiber cement pipe

以纤维与水泥为主要原材料制成的各种非金属管的统称。

7.1.1 石棉水泥管 asbestos-cement pipe

用石棉和水泥为主要原材料制成的纤维水泥管。

7.1.1.1 石棉水泥输水管 asbestos-cement pressure pipe for water transmission

用于铺设工、农业与民用的输水管道的石棉水泥压力管。

7.1.1.2 石棉水泥输轻油管 asbestos-cement pressure pipe for light oil

用于输送轻质石油制品(汽油、煤油、柴油)的石棉水泥压力管。

7.1.1.3 石棉水泥输盐卤管 asbestos-cement pressure pipe for bittern transmission

用于输送海水、盐卤的石棉水泥压力管。

7.1.1.4 石棉水泥输煤气管 asbestos-cement pressure pipe for gas transmission

用于输送煤气的石棉水泥压力管。

7.1.1.5 石棉水泥电缆管 asbestos-cement pipe for cable conductions

用于电力系统和通讯系统铺设电缆用的石棉水泥管。

7.1.1.6 石棉水泥落水管 asbestos-cement pipe for rainwater

用作房屋建筑屋外排除雨水用的石棉水泥管。

7.1.1.7 石棉水泥排污管 asbestos-cement pipe for evacuation of sewerage

用作房屋内外的排污水用的石棉水泥管。

7.1.1.8 石棉水泥井管 asbestos-cement pipe for well casing

用于钻杆托盘方法打机井用的石棉水泥井壁管。

7.1.2 混合纤维水泥管 hybrid fiber cement pipe

用两种以上纤维和水泥为主要原材料制成的纤维水泥管。

7.2 纤维水泥瓦 fiber cement corrugated sheet

用纤维和水泥为主要原材料制成的轻质瓦的统称。

7.2.1 石棉水泥波瓦 asbestos-cement corrugated sheet

以石棉和水泥为主要原材料制成的断面呈波形的板材。

7.2.2 石棉水泥半波瓦 asbestos-cement semi-corrugated sheet

横截面呈半波形的石棉水泥瓦。

7.2.3 钢丝网石棉水泥波瓦 wire-mesh reinforced asbestos-cement sheet

配置钢丝网的石棉水泥波瓦。

7.2.4 石棉水泥脊瓦 asbestos-cement ridge sheet

用石棉水泥波瓦铺设屋面时,屋脊处所用的石棉水泥配件。

7.2.5 彩色石棉水泥瓦(板) coloured asbestos-cement sheet(board)

带颜色的石棉水泥瓦(板)。

7.2.6 玻璃纤维水泥波瓦 glass fiber cement corrugated sheet

以抗碱玻璃纤维和低碱度水泥砂浆为主要原料制成的断面呈波形的瓦。

7.3 纤维水泥板 fiber cement board

用纤维和水泥为主要原材料制成的板材的统称。

7.3.1 石棉水泥平板 asbestos-cement flat board

以石棉和水泥为基本原材料制成的轻型板材的统称。

7.3.2 石棉水泥电气绝缘板 asbestos-cement electrical insulating board

又称电工用石棉水泥加压板。以石棉和水泥为基本原材料(或掺适量电绝缘性好的辅助材料)经加工制成的电绝缘板材。

7.3.3 石棉水泥挠性板 asbestos-cement flexible board

经高压成型的石棉含量高的石棉水泥平板。

7.3.4 纤维硅酸钙板 fiber calcium silicate board

以硅质材料(如硅藻土、石英粉等)、钙质材料(如消石灰等)和石棉、纤维素纤维等为主要原料,成型后经高压蒸养而成的一种板材。

7.3.5 聚乙烯醇纤维水泥板 PVA fiber cement board

又称维纶纤维水泥板。以维纶纤维和水泥为主要原材料制成的轻型板材。

7.3.6 轻质纤维水泥板 Lightweight fiber cement board

以纤维、轻集料与水泥为主要原料制成的板材，具有密度低、机械加工性好，并有一定的隔热、隔音效果。

7.3.7 玻璃纤维水泥半波板 glass fiber reinforced cement simi-corrugated sheet;GRC semi-corrugated sheet

用抗碱玻璃纤维和低碱度水泥为主要原材料制成的呈半波形截面的板材。

7.4 纤维水泥复合墙板 fiber cement sandwich panel

在两层纤维水泥面板中间填充一定厚度的轻质保温材料而制成的墙板。

7.5 纤维水泥建筑配件 fiber cement architectural parts

用纤维水泥制成的房屋建筑中的装修预制件。

7.6 纤维水泥管异形件 fiber cement pipe fittings

纤维水泥低压管道上配套应用的各种水泥连接管件。

7.7 石棉水泥管接头 joint for asbestos-cement pipe

石棉水泥管的连接件。

7.7.1 套管式柔性接头 sleeve flexible joint

由套管和橡胶圈组成的一种用作石棉水泥平口管的柔性接头。

7.7.2 法兰式柔性接头 flange-type flexible joint

用法兰盘、套管和橡胶圈组成的一种石棉水泥管柔性接头。

7.8 玻璃纤维增强水泥温室骨架 glass fiber reinforced cement framework for green house

在玻璃纤维增强水泥中配置少量钢筋制成的种植蔬菜作物用的塑料暖棚的骨架。

7.9 玻璃纤维增强水泥模板 glass fiber reinforced cement permanent formwork

用抗碱玻璃纤维和低碱度水泥为主要原材料制成的一种建筑用的模板。

## 8 性能

8.1 密度 density

物体的质量和其体积的比值。

8.2 相对密度 specific density

纤维水泥试件单位体积的质量与同体积 4℃水的质量之比。

8.3 表观密度 apparent density

纤维水泥材料在自然状态下单位体积的质量。

8.4 密实性 denseness

纤维水泥材料的致密程度。常用密实度表示。

$$D=\frac{\text{表观密度}}{\text{相对密度}}\times 100\%$$

8.5 孔结构 pore structure

纤维水泥或制品内部气孔的数量、形状、大小、分布以及连通或密闭的状况。

8.6 孔隙率 voids ratio;percentage of voids

衡量纤维水泥制品的多孔性或致密程度的一种指标。

8.7 表观孔隙率 apparent porosity

纤维水泥材料开口孔的容积与纤维水泥材料总体积(包括开口孔和闭口孔的容积)的比率(%)。

8.8 饱和吸水率 coefficient of water saturation

纤维水泥材料水饱和状态所含水分的质量与纤维水泥材料干质量的比率，以百分率(%)表示。

8.9 含水率 water content;moisture content

纤维水泥材料孔隙中所含水分的质量占干燥的纤维水泥材料质量的百分数。

8.10 吸水性 water absorption

纤维水泥材料吸收水分的能力。

8.11 保水性 water retentivity

纤维水泥材料保持水分的能力。

8.12 湿胀 swelling

纤维水泥材料因吸收水分产生的体积膨胀。

8.13 极限强度 ultimate strength

又称强度极限。纤维水泥材料或制品在外力(压、拉、剪、弯曲等)作用下达到破坏前,截面上所能承受的最大应力。

8.14 抗压强度 compressive strength

纤维水泥材料或制品在压力作用下达到破坏前单位面积上所承受的最大应力。

8.15 轴向抗拉强度 axial tensile strength

纤维水泥材料或制品在轴向拉力作用下达到破坏前单位面积上所能承受的最大应力。

8.16 抗折强度 modulus of rupture;bending strength

纤维水泥材料或制品在承受弯曲时达到破坏前单位面积上的最大应力。

8.17 抗冲击性 impact resistance

纤维水泥材料抵抗冲击、震动和碰撞作用的能力。

8.18 耐久性 durability

纤维水泥材料在长期使用中能保持基本性能的能力。

8.19 耐候性 weatherability;weathering resistance

材料抵抗日光、风雨、寒热等气候条件长期作用的能力。

8.20 耐蚀性 resistance to chemical attack

纤维水泥材料抵抗侵蚀介质作用的能力。

8.21 老化 ageing

材料随时间的推移而产生的各种不可逆的化学及物理过程的总称。

8.22 自然老化 natural ageing

纤维水泥材料或制品在自然环境条件下的老化。

8.23 人工老化 artificial ageing

纤维水泥材料或制品在人工模拟自然条件下所产生的老化。

8.24 干缩 dry shrinkage

纤维水泥、水泥砂浆因毛细孔和胶孔中水分蒸发散失而引起的体积缩小现象。

8.25 翘曲 warping

面积较大的含有孔隙的纤维水泥瓦(板),在单面受潮吸水或单面干燥失水时所发生的弯曲现象。

8.26 耐干湿循环性 endurance to alternate wetting and drying

纤维水泥材料或制品在长期干湿交替作用下的耐久性。

8.27 抗渗性 impermeability

纤维水泥材料抵抗水、油等液体压力作用下渗透的性能。

8.28 抗油性 oil resistance

纤维水泥材料抵抗油介质作用的能力。

8.29 抗冻性 frost resistance

纤维水泥材料抵抗冻融循环破坏作用的能力。

8.30 气密性 air impermeability

纤维水泥材料抵抗气体渗透的能力。

8.31 耐火性 fire resistance

纤维水泥材料抵抗燃烧引起破坏的能力。

8.32 耐热性 heat resistance

纤维水泥材料耐高温的性能。

8.33 挠度 deflection

杆件在承受挠曲荷载后，产生弹性变形所形成的曲线称为弹性曲线(或挠曲曲线)。弹性曲线上各点的挠曲位移称为挠度。

8.34 蠕变 creep

在恒定应力下，材料应变随时间而变化的现象。

8.35 碳化作用 carbonation

水泥砂浆、混凝土和纤维水泥制品表面层的水化产物与大气中的二氧化碳生成碳酸盐的作用。

## 9 检验与应用技术

9.1 石棉水泥管椭圆率 ellipticity of asbestos-cement pipe

石棉水泥管端部呈现椭圆，其最大内径和最小内径之差与名义内径的比值。

9.2 石棉水泥管弯曲度 curvature of asbestos-cement pipe

指石棉水泥管偏离轴线的程度。

9.3 起层 delamination

指石棉水泥制品断面出现的分层现象。

9.4 石棉水泥波瓦断裂 cracking of asbestos-cement corrugated sheet

在搬运、存放、保管和使用过程中，石棉水泥波瓦边缘出现的贯穿瓦厚度的裂缝现象。分“横断”与“顺断”两种。

9.5 龟裂 map cracking

纤维水泥制品表面产生的龟背状裂纹。

9.6 水压试验 hydraulic pressure test

检验纤维水泥管及其接头的抗渗性、破坏强度的试验。

9.7 气压试验 air-pressure test

检验纤维水泥管及其接头的气密性的试验。

9.8 工作压力 working pressure

纤维水泥管道在正常工作状态下，输送介质的压力值。

9.9 抗渗压力 impermeability pressure

检验石棉水泥管抗渗性的压力指标。

9.10 验收压力 acceptance pressure

纤维水泥压力管道铺设后，检验其强度和严密性的压力指标。

9.11 漏水量 amount of leakage

纤维水泥管道严密性试验时，在一定时间内所渗漏的水量。

9.12 压降值 pressure drop

管道严密性试验时，在一定恒压时间内压力降低的数值。

9.13 管道检漏器 leak detector for pipeline

检查纤维水泥管道渗漏的仪器。

9.14 非破损检验 non-destructive test

又称无损检验。在不破坏试件的条件下，对材料或制品内部缺陷性能等所进行的检验。如X光探伤、超声波探伤等。

9.15 水压试验机 hydraulic pressure testing machine

检验纤维水泥压力管及其接头的抗渗性与破坏水压的试验设备。

9.16 气压试验机 air test machine

检验纤维水泥管及其接头的气密性的试验设备。

9.17 波瓦(板)抗折试验机 bending test machine for corrugated sheet(board)

测定石棉水泥瓦(板)抗折力的试验设备。

9.18 抗冲击试验机 impact resistance tester

测定纤维水泥瓦(板)抗冲击强度的试验设备。分为摆锤式与落锤式两种。

9.19 石棉检验筛 inspection sieves for asbestos

检验石棉纤维长度及砂粒粉尘含量的设备。

9.20 纤维水泥波瓦断面系数 section modulus of fiber-cement corrugated sheet

表示纤维水泥波瓦断面特征的数值。

9.21 石棉水泥管标准米 nominal meter of asbestos-cement pipe

简称标米。统计石棉水泥管产量的一种计量单位。不同规格的石棉水泥管可按管壁体积相等的原则按下式折算成标米。

$$K=\frac{S(D+S)}{3280}$$

式中：$K$——1m 长不同规格管子折算标准管的 m 数；

$S$——管壁厚度，mm；

$D$——管子内径，mm。

9.22 石棉水泥波瓦标准张 nominal asbestos-cement sheet

简称标张。统计石棉水泥波瓦产量用的一种计量单位。不同规格的石棉水泥波瓦按(长×宽×厚)/0.0078 计算公式折算成标准张。

9.23 “井”字堆垛 “#” type stacking

石棉水泥波瓦堆放时使单张瓦或二张瓦垛合排列成“井”字形的堆放。是防止石棉水泥波瓦断裂的一种堆放方式。

9.24 花弧堆垛 “≈” type stacking

石棉水泥波瓦堆放时使上面一张瓦的弧底与下面一张瓦的弧顶相接触堆放，是减少石棉水泥波瓦断裂的一种堆放方式。

# 附 录 A
# 中 文 索 引
（参考件）

# 附 录 B
# 英 文 索 引
（参考件）

## A

**L**



**M**



**N**



**O**



**P**

---

**附加说明：**

本标准由国家建筑材料工业局提出。

本标准由全国水泥制品标准化技术委员会归口。

本标准由国家建筑材料工业局苏州混凝土水泥制品研究院负责起草。

本标准主要起草人叶启汉、张明勇、韩静云。

本标准委托国家建筑材料工业局苏州混凝土水泥制品研究院负责解释。

# 前　言

本标准是混凝土和钢筋混凝土排水管产品试验方法标准，是与GB 11836《混凝土和钢筋混凝土排水管》和其他同类产品标准配套使用的一个标准。

本标准附录A、附录B都是标准的附录。

本标准由国家建筑材料工业局提出。

本标准由全国水泥制品标准化技术委员会归口。

本标准负责起草单位：国家建筑材料工业局苏州混凝土水泥制品研究院。

本标准参加起草单位：北京市第三水泥管厂、武汉市水泥制品厂。

本标准主要起草人：周正、赵玉屏、余科旺、仲国贤、谈永泉。

中华人民共和国国家标准

# 混凝土和钢筋混凝土排水管试验方法

GB/T 16752—1997

Test methods of concrete and reinforced concrete drainage and sewer pipes

## 1 范围

本标准规定了混凝土和钢筋混凝土排水管外观质量检查、尺寸、外压荷载、内水压、保护层厚度、吸水率、混凝土强度等试验用的试件、仪器设备和量具、试验方法、试验步骤、结果计算及试验报告。

## 2 引用标准

下列标准包含的条文，通过在本标准中引用而构成为本标准的条文。本标准出版时，所示版本均为有效。所有标准都会被修订，使用本标准的各方应探讨使用下列标准最新版本的可能性。

GB 1214—85 游标卡尺
GB 1215—87 深度游标卡尺
GB 1226—86 一般压力表
GB 3719—88 工具显微镜
GB 9056—88 钢直尺
GB 9057—88 单杠式内径千分尺
GB 10633—89 钢卷尺
GB 11836—89 混凝土和钢筋混凝土排水管
GB 11837—89 混凝土管用混凝土抗压强度检验方法
GB/T 13283—91 工业过程测量和控制用检验仪表和显示仪表精确度等级
GB/T 13335—91 磁弹性测力称重传感器
GBJ 107—87 混凝土强度检验评定标准

## 3 定义

本标准采用下列定义。

3.1 露筋

钢筋未被混凝土包裹而外露。

3.2 裂缝

混凝土表面存在的伸入混凝土内的缝隙。

3.3 合缝漏浆

混凝土表面在管模合缝处因水泥浆流失露出砂、石。

3.4 麻面

混凝土表面出现的较为密集的小孔。

3.5 蜂窝

混凝土表面因缺少水泥砂浆而形成的石子外露和空洞。

国家技术监督局1997-03-06批准 1997-10-01实施

3.6　粘皮

混凝土表面因水泥砂浆被管模粘连而造成的粗糙不平。

3.7　塌落

钢筋骨架内侧管壁混凝土坠落。

3.8　空鼓

混凝土内部局部出现的空气夹层。

3.9　拐点

承插式管的承口外斜坡与筒体平直段交界处。

## 4　仪器设备

外观质量检查、尺寸、外压荷载和内水压试验用的主要仪器、设备和量具见表1。

表1　试验用主要仪器设备和量具　　mm

| 序号 | 名　　称 | 测量范围 | 精确度 | 分度值 | 标准代号 |
|---|---|---|---|---|---|
| 1 | 内压试验机：<br>由压力表、堵头和试验架等组成 | 按标准内水压<br>检验压力配备 | 压力表<br>1.5级 | 0.01 MPa | GB 1226 |
| 2 | 外压试验机可采用以下任何一种形式：<br>a）由传感器、荷载数显仪、油泵和试验架等组成； | 按标准破坏荷<br>载配备 | 荷载数显仪<br>±3‰<br>传感器<br>±1% | | GB/T 13335 |
| | b）由压力表、千斤顶和试验架等组成 | | 压力表<br>1.5级 | | GB 1226 |
| 3 | 裂缝宽度测量可采用以下任何一种量具：<br>a）JC-10读数显微镜； | 0～8 | ±0.01 | 0.01 | GB 3719 |
| | b）混凝土裂缝检验规 | | | | |
| 4 | 内径尺寸的测量可采用以下任何一种量具：<br>a）内径千分尺； | 50～1 500<br>100～2 000<br>150～5 000 | ±0.030<br>±0.035<br>±0.070 | 0.01<br>0.01<br>0.01 | GB 9057 |
| | b）内径专用检验量具 | 100～1 000<br>1 100～2 000<br>>2 000 | ±0.2<br>±0.5<br>±1.0 | 0.1<br>0.5<br>1.0 | 计量检定合格 |
| 5 | 外径尺寸的测量可采用以下任何一种量具：<br>a）游标卡尺； | 0～150<br>0～500<br>0～2 000 | ±0.02<br>±0.02<br>±0.05 | 0.02<br>0.02<br>0.05 | GB 1214 |
| | b）外径专用检验量具 | 100～1 000<br>1 100～2 000<br>>2 000 | ±0.2<br>±0.5<br>±1.0 | 0.1<br>0.5<br>1.0 | 计量检定合格 |
| 6 | 钢卷尺 | 3 m<br>5 m | Ⅱ级<br>Ⅱ级 | 1<br>1 | GB 10633 |
| 7 | 深度游标卡尺 | 0～200 | ±0.02 | 0.02 | GB 1215 |
| 8 | 钢直尺 | 0～150 | ±0.10 | 0.5 | GB 9056 |

检验仪表和显示仪表必须满足被测值在仪表全量程的1/5～2/3范围内，检验仪表、显示仪表和量具精确度的选择应符合GB/T 13283的规定，并满足GB 11836等标准中各项技术要求对测量精确度的要求。

尺寸的测量读至量具的最小分度值。

## 5 试验方法

5.1 试件

各项试验用试件应满足混凝土和钢筋混凝土排水管标准的规定。

5.2 外观质量

5.2.1 露筋

a）目测管体表面有无露筋；

b）用钢卷尺测量露筋的长度。

5.2.2 裂缝

a）检查管体表面有无可见裂缝；

b）用读数显微镜或混凝土裂缝检验规测量裂缝的最大宽度；

c）用钢卷尺或钢直尺测量裂缝长度。

5.2.3 合缝漏浆

a）目测管体在管模合缝处有无漏浆；

b）用 20# 铁丝和钢直尺测量漏浆深度；

c）用钢直尺或钢卷尺测量每处漏浆的长度；

d）用钢直尺测量漏浆处的最大宽度。

5.2.4 蜂窝、麻面、粘皮、塌落和空鼓

a）目测管体有无蜂窝、麻面、粘皮和塌落，用 250 g 铁锤敲击管的表面，依据声音的差异确定管体有无空鼓，并用色笔标出空鼓的范围；

b）用 20# 铁丝和钢直尺测量蜂窝的最大深度；

c）用拉线和钢直尺测量最大粘皮深度；

d）上述缺陷的面积都视为一个长方形，用钢卷尺测量上述缺陷的最大长度和最大宽度。

5.2.5 端部碰伤

a）目测管两端部有无碰伤；

b）用钢卷尺或钢直尺测量碰伤处的环向长度和纵向深度。

5.2.6 外表面凹坑

a）目测管体外表面有无局部凹坑；

b）对直径小于或等于 50 mm 的凹坑，直接用深度游标卡尺测量凹坑的最大深度；

对直径大于 50 mm 的凹坑，用钢直尺和深度游标卡尺测量，钢直尺沿着管的纵向竖放在管体表面，用深度游标卡尺测量凹坑底部至管体表面的最大距离。

5.2.7 将以上检查项目的检查情况填写在表 2。

表 2 外观质量检查记录表

| 序号 | 检查项目 | 检查内容 | 检查情况 | | | | | | | | | |
|---|---|---|---|---|---|---|---|---|---|---|---|---|
| | | | 管子生产日期及编号 | | | | | | | | | |
| | | | | | | | | | | | | |
| 1 | 露筋 | 纵筋根数(根)<br>环筋根数(根)<br>最大长度(mm) | | | | | | | | | | |
| 2 | 裂缝 | 环向条数(条)<br>纵向条数(条)<br>最大长度(mm)<br>最大宽度(mm) | | | | | | | | | | |

表 2(完)

| 序号 | 检查项目 | 检查内容 | 检查情况 | | | | | | | | | |
|---|---|---|---|---|---|---|---|---|---|---|---|---|
| | | | 管子生产日期及编号 | | | | | | | | | |
| | | | | | | | | | | | | |
| 3 | 合缝漏浆 | 最大长度(mm)<br>最大宽度(mm)<br>最大深度(mm)<br>累计长度(mm) | | | | | | | | | | |
| 4 | 蜂窝 | 处　数(处)<br>最大深度(mm)<br>最大面积($cm^2$)<br>累计面积($cm^2$) | | | | | | | | | | |
| 5 | 麻面 | 处　数(处)<br>最大深度(mm)<br>最大面积($cm^2$)<br>累计面积($cm^2$) | | | | | | | | | | |
| 6 | 粘皮 | 处　数(处)<br>最大深度(mm)<br>最大面积($cm^2$)<br>累计面积($cm^2$) | | | | | | | | | | |
| 7 | 塌落 | 处　数(处)<br>最大深度(mm)<br>最大面积($cm^2$)<br>累计面积($cm^2$) | | | | | | | | | | |
| 8 | 空鼓 | 处　数(处)<br>累计面积($cm^2$) | | | | | | | | | | |
| 9 | 端部碰伤 | 处　数(处)<br>最大纵向深度(mm)<br>累计环向长度(mm) | | | | | | | | | | |
| 10 | 外表面凹坑 | 处　数(处)<br>最大深度(mm) | | | | | | | | | | |

复核　　　　　　　　　　　　　　试验　　　　　　　　　　　　　　年　月　日

### 5.3 尺寸

#### 5.3.1 测点位置

a）各项尺寸测点的环向位置均与合缝线成 45°圆心角，见图 1；

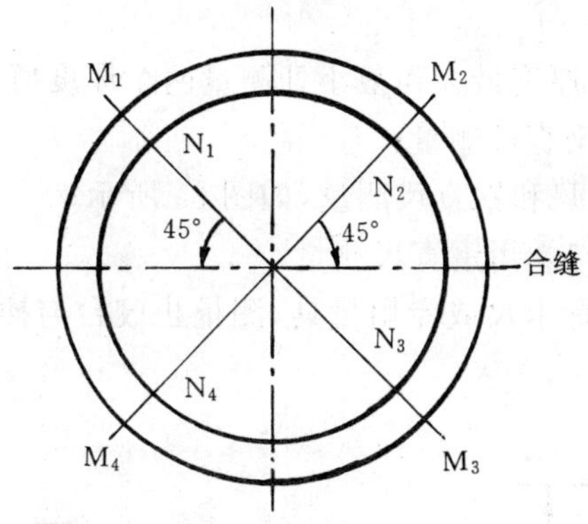


$M_1$、$M_2$、$M_3$、$M_4$—外径测点；$N_1$、$N_2$、$N_3$、$N_4$—内径测点。

图 1　测点环向位置示意图

b）公称内径测点的纵向位置如下：

套环式管和企口式管在任一端测量，承插式管在插口端测量；

公称内径等于或小于 300 mm 时，测点位置距管子端部 100 mm；

公称内径大于 300 mm 时，测点位置距管子端部 200 mm。

5.3.2　管长 $L$

a）每根管在相互对应的位置测量两个管的长度值；

b）对于套环式、企口式管，用钢卷尺在管的外表面测量，钢卷尺必须紧贴管外表面并与管体轴线平行，管两端测点 AB 的最小长度即为管的长度 $L$。见图 2a 和 b；

c）对承插式管，用钢卷尺和靠尺在管的内表面测量，靠尺必须紧贴管内表面并与管体轴线平行，钢卷尺沿靠尺侧面与管内表面接触，测量插口端部 A 点至承口立面 B 点的最小长度，AB 即为管的长度，见图 2c 和 d。

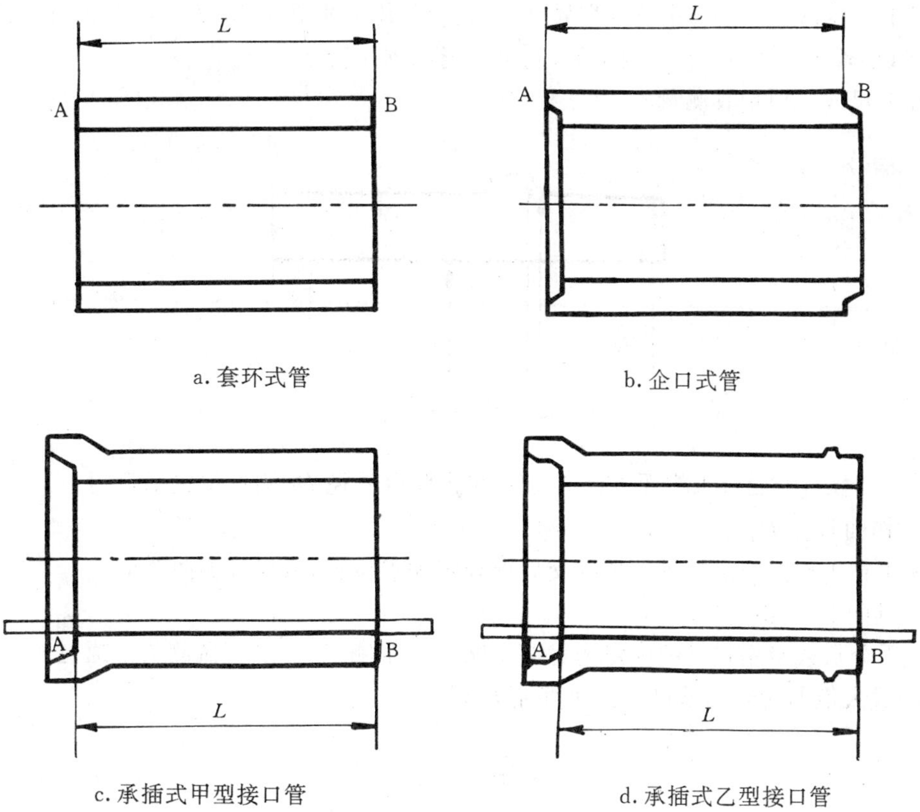


图 2　管长测量示意图

5.3.3 管壁厚度 $h$

a）目测管壁厚度是否均匀，在厚度最大和最小处测量两个厚度值（浮浆层不计入内）；

b）对套环式管，任选一端，用钢直尺测量；

c）对企口式管，任选一端用角尺和钢直尺测量，如图 3a 所示；

d）对承插式甲型接口管在插口端用钢直尺测量；

e）对承插式乙型接口管用游标卡尺或专用量具，测量止胶台与插口工作面交界处的厚度，如图 3b 所示。

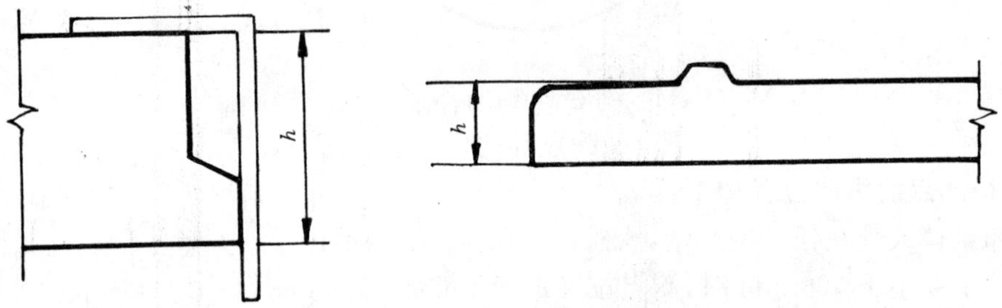


a. 企口式管　　b. 承插式乙型接口管

图 3　管壁厚度测量示意图

5.3.4 公称内径 $D_0$

a）每根管测量两个公称内径值，测点位置按 5.3.1 的 a 和 b 确定；

b）用内径千分尺或专用量具测量；

c）将内径千分尺固定测头紧贴在一个测点 $N_1$（或 $N_2$）上，使可调测头沿通过相对测点 $N_3$（或 $N_4$）的弧线移动，$N_1N_3$、$N_2N_4$ 的最大值即为管子内径。

5.3.5 插口工作面直径 $D_6$、$D_6'$ 和止胶台外径 $D_5$

a）按 5.3.1 在插口工作面与止胶台交界处，止胶台外缘分别确定 $D_6$、$D_6'$ 和 $D_5$ 的环向测点，并用色笔做好标记。每根管 $D_6$、$D_6'$、$D_5$ 各测两个值，测量位置如图 4 所示；

b）用游标卡尺或专用量具测量。

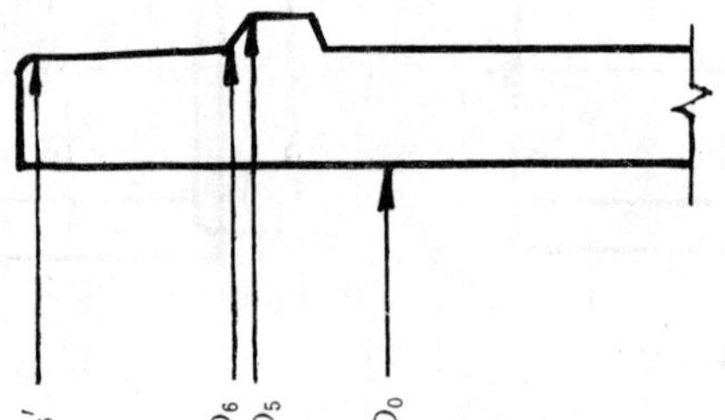


图 4　插口工作面直径 $D_6$、$D_6'$ 和止胶台外径 $D_5$ 测点位置示意图

5.3.6 承口工作面直径 $D_3$

a）按 5.3.1 在工作面与承口外倒坡的交界处确定测点位置，每根管测两个值；

b）检验量具同 5.3.4b；

c）将内径千分尺或专用量具的固定测量头紧贴在一个测点上，使可调测头沿通过相对测点的弧线移动，其测量的最大值即为管的承口工作面直径 $D_3$，见图 5。

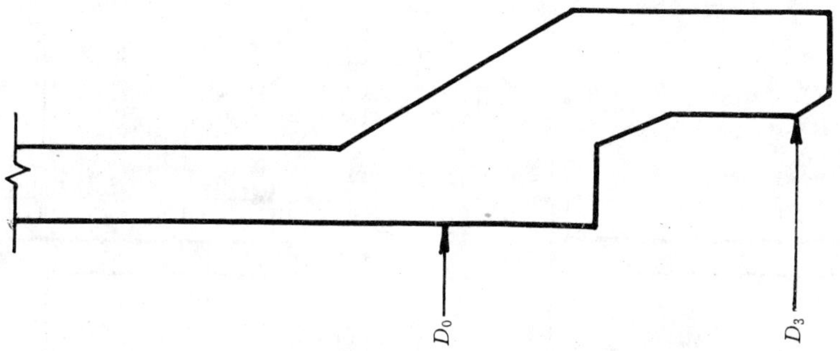


图 5 承口工作面直径 $D_3$ 测量位置示意图

5.3.7 企口式接口尺寸 $L_1$、$L_2$ 和 $m_1+s_1$、$m_2+s_2$

a）按 5.3.1 在企口式管二端确定环向测点位置，每根管每端各测量两个值；

b）用钢直尺和角尺测量企口长度 $L_1$ 和 $L_2$，如图 6b 和 c 所示；

c）用钢直尺和角尺测量 $m_1+s_1$、$m_2+s_2$，如图 6d 和 e 所示。

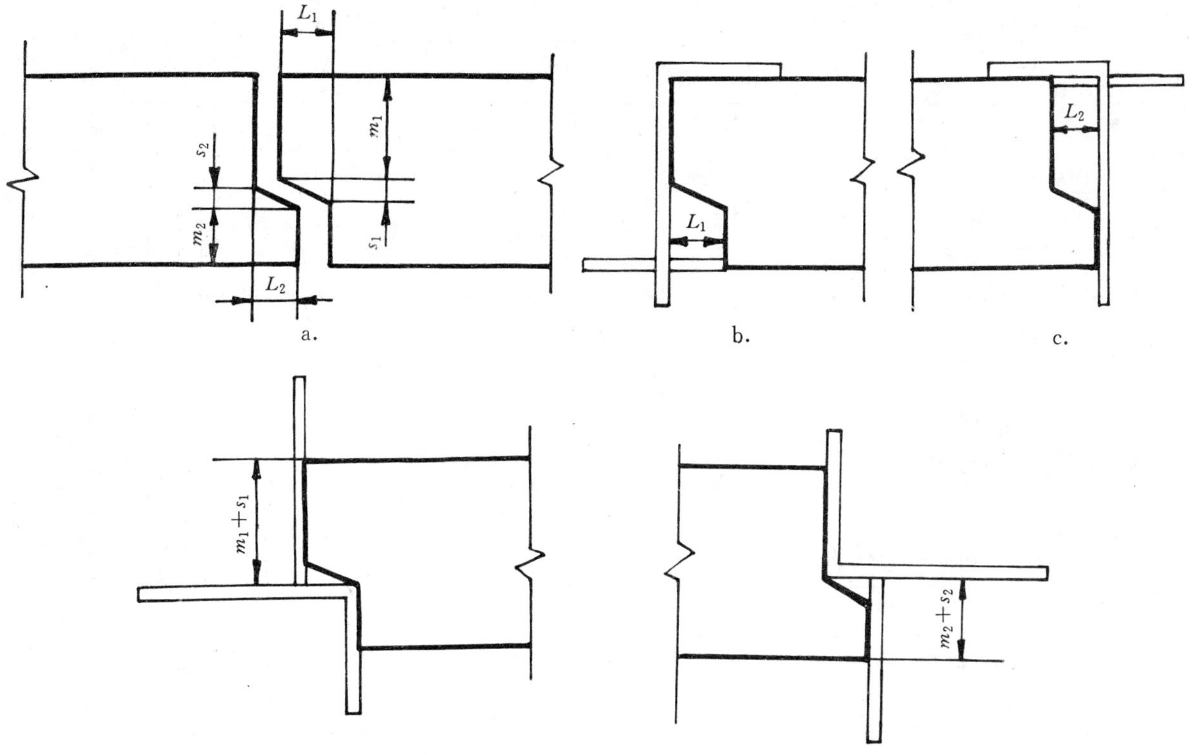


$L_1$、$L_2$—企口长度；$m_1$、$m_2$—企口深度；$s_1$、$s_2$—企口斜坡投影长度

图 6 企口尺寸测量示意图

5.3.8 弯曲度 $\delta$

a）目测管体弯曲情况，有明显弯曲的管子，测其最大弯曲处的弯曲度；无明显弯曲的管子，按本标准 5.3.1 在管两端确定两对测点的环向位置；

b）企口式管和套环式管测点在距管两端 50 mm 处，承插式甲型接口管，测点一点在距插口端 50 mm 处，另一点在管体的平直段上距拐点 50 mm 处，承插式乙型接口管测点一点在管的止胶台内侧 50 mm处，另一点在管体的平直段距拐点 50 mm 处，见图 7；

c）将相同厚度的垫块（钢质或硬质塑料）放在管体测点上，紧贴垫块拉弦线，用钢直尺测量弦线与管外表面之间的最大值；

d）测量测点之间的距离；

e）弯曲度 $\delta$ 按式(1)计算。

$$\delta(\%) = \frac{\text{最大值} - \text{垫块厚度}}{\text{测点之间距离}} \times 100 \quad \cdots\cdots (1)$$

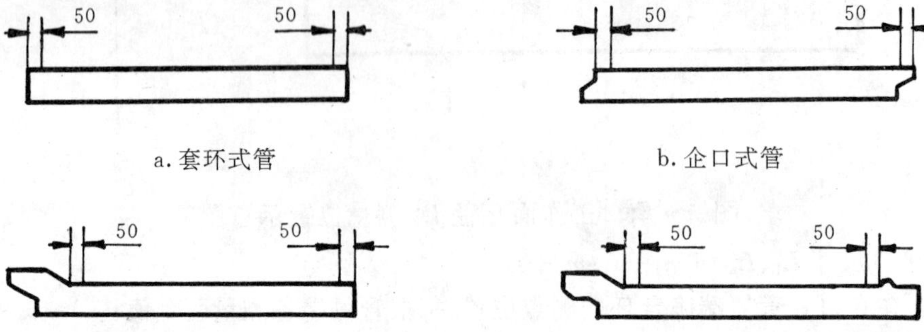


c. 承插式甲型接口管　　d. 承插式乙型接口管

图 7　弯曲度测量位置示意图　　单位：mm

5.3.9　尺寸测量结果按表 3 记录。

表 3　尺寸检测记录表　　mm

| 序号 | 检测项目 | | 检测情况 | | | | | | | | | |
|---|---|---|---|---|---|---|---|---|---|---|---|---|
| | | | 管子生产日期及编号 | | | | | | | | | |
| 1 | 厚度 $h$ | | | | | | | | | | | |
| 2 | 长度 $L$ | | | | | | | | | | | |
| 3 | 公称内径 $D_0$ | | | | | | | | | | | |
| 4 | 弯曲度，% | 最大弯曲值 | | | | | | | | | | |
| | | 测点距离 | | | | | | | | | | |
| | | 弯曲度 $\delta$ | | | | | | | | | | |
| 5 | 承插式管 | 承口工作面直径 $D_3$ | | | | | | | | | | |
| | | 插口工作面直径 $D_6$ | | | | | | | | | | |
| | | 止胶台直径 $D_5$ | | | | | | | | | | |
| 6 | 企口式管 | 企口长度 $L_1$ | | | | | | | | | | |
| | | 企口长度 $L_2$ | | | | | | | | | | |
| | | 企口深度和斜坡投影长度 $m_1+s_1$ | | | | | | | | | | |
| | | 企口深度和斜坡投影长度 $m_2+s_2$ | | | | | | | | | | |

复核　　　　试验　　　　年　月　日

5.4　外压荷载

5.4.1　采用三点试验法，通过机械压力的传递，试验管子的抗裂荷载和破坏荷载。

试验安装示意图见图 8。

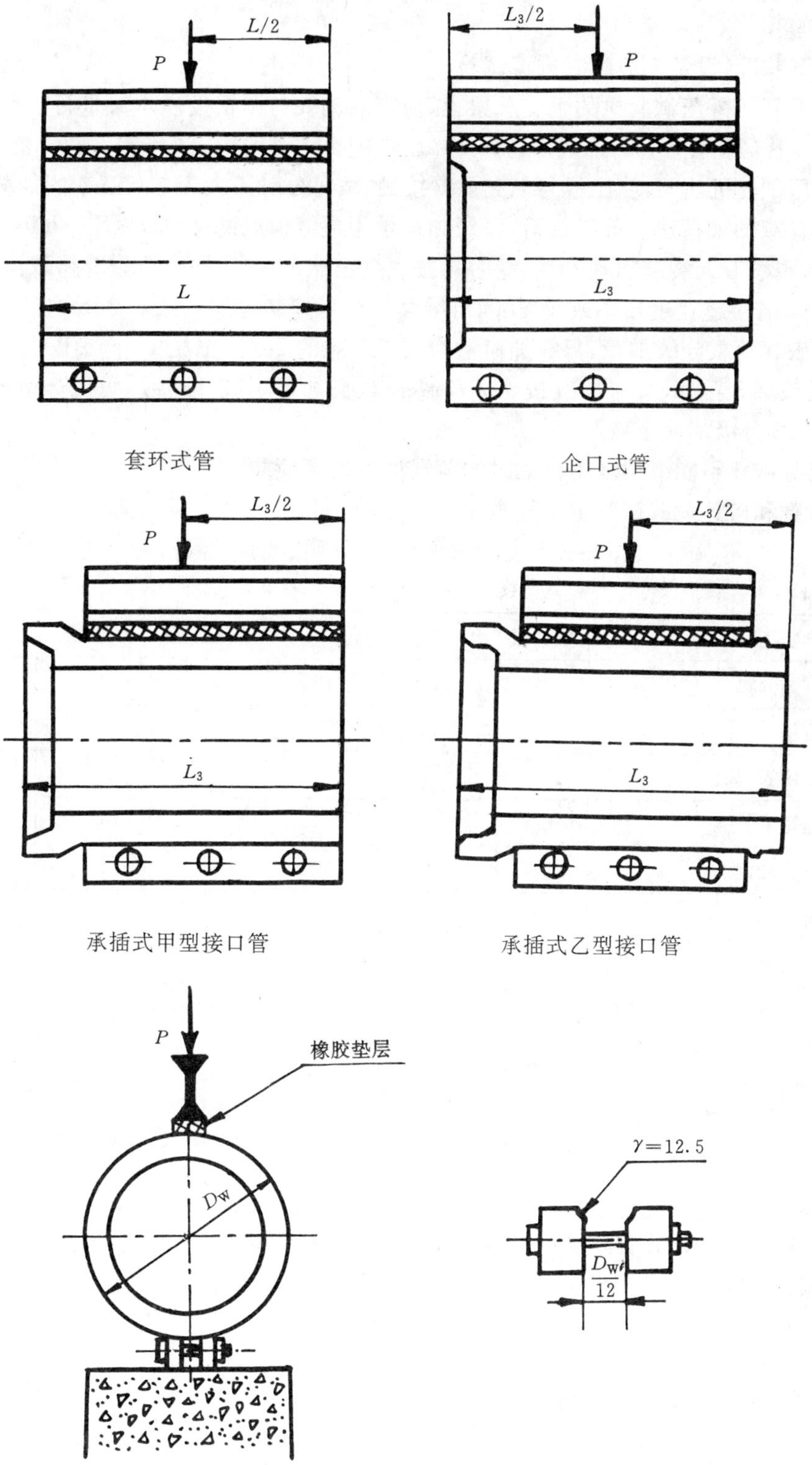


图 8 圆管外压荷载试验安装示意图

5.4.2 试件

试件一个，为整根管或从管体上截取长度不小于 1 m 的圆柱体；

自然养护的管龄期不少于 28 天；

蒸汽养护的管龄期不少于 14 天。

5.4.3 仪器设备见表 1，外压荷载试验机技术要求见附录 A。

5.4.4 试验步骤

a）检查设备状况，设备无故障时方可试验；

b）将试件安置于外压试验机的下支承梁上，使管的轴线与两根硬质木梁平行。然后将上支承梁安置于管上，使上、下支承梁与管的轴线平行；

c）开动外压试验机油泵，使压板与上支承梁接触，按每分钟不大于 5 kN/m 的加荷速度均匀加荷；

d）按裂缝荷载的加荷速度分级加荷，每级加荷量为裂缝荷载的 20%，恒压 1 min。逐级加荷至裂缝荷载的 80%时，观察有无裂缝出现，无裂缝时再按裂缝荷载的 10%加荷至裂缝荷载恒压 3 min，观察裂缝并测量其宽度，若裂缝宽度较小或无裂缝，可继续加荷至裂缝宽度达到 0.2 mm，读取裂缝荷载值。

e）继续按破坏荷载分级加荷，每级加荷量为破坏荷载的 20%，恒压 1 min。逐级加荷至破坏荷载的 80%，观察有无破坏，若未破坏可继续按破坏荷载的 10%加荷至破坏荷载，恒压 3 min，检查破坏情况，如仍未破坏可继续分级加荷至破坏。

5.4.5 管体已经破坏不能继续承受荷载时的荷载值为破坏荷载。

5.4.6 裂缝荷载和破坏荷载试验记录见表 4。

表 4 裂缝荷载和破坏荷载试验记录

管子生产日期及编号　　规格尺寸　　裂缝荷载　　kN/m　　破坏荷载　　kN/m

| 试验项目 | | 单位 | 试验情况 | | | | | |
|---|---|---|---|---|---|---|---|---|
| 裂缝荷载 | 荷载百分比 | % | 20 | 40 | 60 | 80 | 100 | 110 |
| | 加荷量 | kN | | | | | | |
| | 测压仪表读数 | | | | | | | |
| | 裂缝宽度 | mm | | | | | | |
| 破坏荷载 | 荷载百分比 | % | 80 | 90 | 100 | 110 | | |
| | 加荷量 | kN | | | | | | |
| | 测压仪表读数 | | | | | | | |

复核　　　　试验　　　　年　月　日

5.4.7 结果计算

外压试验荷载值按式(2)计算。

$$P = \frac{F}{L} \qquad \cdots\cdots(2)$$

式中：$F$——总荷载值，kN；

$L$——管体圆柱体部分实际受压长度，m；

$P$——试验荷载值，kN/m。

5.5 内水压

5.5.1 试件同 5.4.2。

5.5.2 试验设备见附录 B(标准的附录)。

5.5.3 试验步骤：

a）检查试验机压力表的量程是否与试验的管子检验压力相符，检查设备状况，设备无故障时方可试验；

b）擦掉管体表面附着水，清理管的两端；

c）将管子安置在试验机两堵头板之间，管的两端与堵板连接处垫橡胶板(或麻垫圈)，使管体轴线与堵板中心对正，将两个堵头锁紧，然后向管内充水；

d）管内充满水排尽管内残余空气，后关闭排气阀门，开始采用加压泵加压；

e）试压制度见表 5。

表 5　内水压试验试压制度

| 试验压力,MPa | 试　压　制　度 |
| --- | --- |
| 0.02 | 升压至 0.02 MPa,恒压 10 min。 |
| 0.04 | 升压至 0.02 MPa,恒压 5 min;继续升压至 0.04 MPa,恒压 10 min。 |
| 0.06 | 升压至 0.04 MPa,恒压 5 min;继续升压至 0.06 MPa,恒压 10 min。 |
| 0.10 | 升压至 0.06 MPa,恒压 5 min;继续升压至 0.10 MPa,恒压 10 min。 |
| >0.10 | 升压至检验压力的 60%,恒压 5 min;继续升压至检验压力,恒压 10 min。 |

f) 在规定的试验压力下,观察管体表面渗漏情况,并作好记录。

5.6　保护层厚度

5.6.1　试件

测定保护层厚度的试件可从下列管上抽取:

a) 外压荷载试验后的管;

b) 同批产品中因搬运损坏的管;

c) 在同批产品中随机抽样的管。

5.6.2　测点位置

a) 测点的纵向位置:

企口式管和套环式管测点 A 和 C 各距两端面 200 mm,测点 B 在管的中部;

承插式管测点 A 在拐点处,测点 B 在管的中部,甲型接口管测点 C 距插口端面 200 mm,乙型接口管测点 C 距止胶台 50 mm;

b) 测点在环向截面的分布,应使三点与圆心的夹角约为 120°。

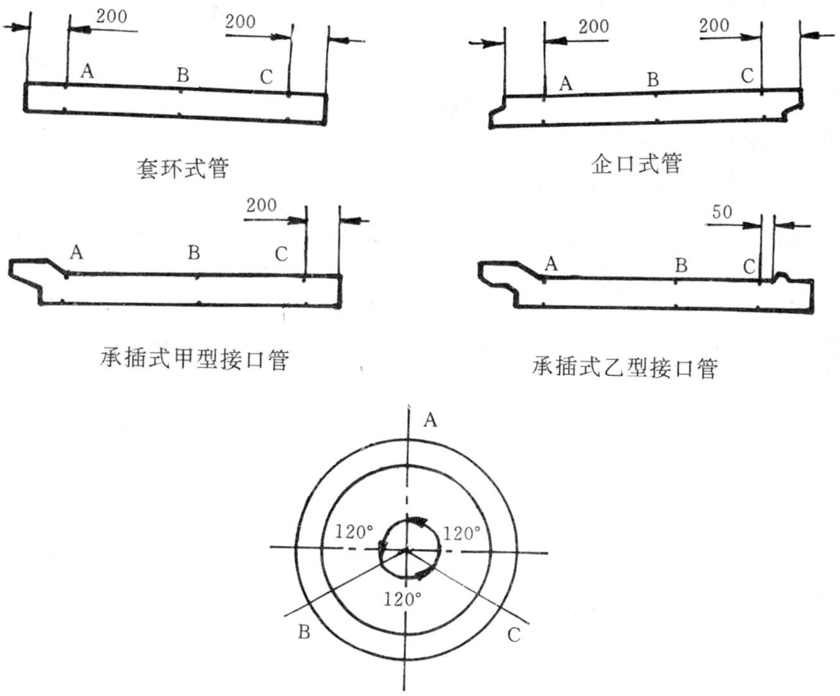


图 9　保护层测点位置示意图

5.6.3　试验步骤

a) 用凿子或冲击钻在测点处将管体表层混凝土凿去,不得损伤钢筋,使钢筋骨架的环向筋暴露,清除钢筋表面浮灰;

b）用深度游标卡尺测量环筋表面到管体表面的距离，即为保护层厚度；测量时深度游标卡尺底座的长度方向应与管的轴线平行；

c）对于公称内径等于或小于 ϕ600 mm 的管，因凿去管体内壁表层混凝土困难，凿通测点，可用钢卷尺（或钢板尺）测量测点处管壁厚度，用游标卡尺测量环向钢筋直径，内保护层厚度可按式(3)计算。

$$t_{内} = h - (t_{外} + d) \quad \cdots\cdots(3)$$

式中：$t_{内}$——内保护层厚度，mm；

$h$——管壁厚度，mm；

$t_{外}$——外保护层厚度，mm；

$d$——环向钢筋直径，mm。

d）保护层厚度亦可在测点处钻取一个试样并进行测量。

5.7 吸水率

5.7.1 试件

从外压荷载试验后的管两端和中部各取一块试件，截取试件的面积不得小于 100 $cm^2$，钻取芯样直径不得小于 5 cm，试件厚度与管壁厚度相同；

5.7.2 试验设备

a）混凝土切割机或金刚石钻机；

b）托盘天平，最大称量 10 kg，感量 1 g；

c）电热鼓风恒温干燥箱；

d）水槽。

5.7.3 试验步骤

a）将试件放入电热鼓风恒温干燥箱内，彼此距离 2～5 cm；

b）将电热鼓风恒温干燥箱温度升至(110±5)℃，对试件进行鼓风干燥，干燥处理时间按表 6 规定；

表 6 试件干燥处理时间表

| 试件类型 | 试件尺寸(mm) | 干燥处理时间(h) |
|---|---|---|
| 钻取(或截取)试件 | 厚度<38 | ≥24 |
| | 厚度 38～76 | ≥48 |
| | 厚度>76 | ≥72 |

c）试件在干燥处理的过程中，在不小于 6 h 间隔内连续在热状态下称量两次，试件质量减少≤0.1%，就认为试件已到恒重；

d）从电热鼓风恒温干燥箱中取出试件放在干燥器中，冷却到室温，称其干燥状态下的质量 $G_1$；

e）称重后的试件放入盛有净水的水槽内，水温为(20±3)℃，水面高出试件 5 cm，浸泡 24 h 后，取出用湿毛巾擦去表面附着水，并立即称其含水状态下的质量 $G_2$。

5.7.4 结果计算

a）每个试件的吸水率按式(4)计算。

$$W = \frac{G_2 - G_1}{G_1} \times 100\% \quad \cdots\cdots(4)$$

式中：$W$——吸水率，%；

$G_1$——试件干燥状态下的质量，g；

$G_2$——试件含水状态下的质量，g。

b）取三个试件的算术平均值作为该组试件的吸水率，计算至小数点后面第三位。

5.8 混凝土强度

5.8.1 试件的制作、养护及立方试件抗压强度试验，见 GB 11837。

5.8.2 混凝土强度的检验评定按 GBJ 107。

## 6 试验报告

按表 7-1、7-2、7-3、7-4 提出试验报告。

表 7-1 套环式排水管试验结果　　　　编号

规格　　　　批量　　　　生产日期　　　　　　　　　　　　标准代号

| 序号 | 试验项目 | | 计量单位 | 标准规定 | 试验结果 |
|---|---|---|---|---|---|
| 1 | 外观质量 | 露筋 | mm | | |
| | | 裂缝 | mm | | |
| | | 合缝漏浆 | mm | | |
| | | 塌落 | $cm^2$ | | |
| | | 蜂窝 | $cm^2$ | | |
| | | 麻面 | $cm^2$ | | |
| | | 空鼓 | $cm^2$ | | |
| | | 粘皮 | $cm^2$ | | |
| | | 凹深 | mm | | |
| | | 端面碰伤 | mm | | |
| 2 | 尺寸 | 内径 $D_0$ | mm | | |
| | | 厚度 $h$ | mm | | |
| | | 长度 $L$ | mm | | |
| | | 弯曲度 $\delta$ | % | | |
| 3 | 外压荷载 | 裂缝荷载 $P_c$ | kN/m | | |
| | | 破坏荷载 $P_p$ | kN/m | | |
| 4 | 内水压 | | MPa | | |
| 5 | 保护层厚度 | | mm | | |
| 6 | 吸水率 | | % | | |
| 7 | 混凝土强度 | | MPa | | |

主管　　　　复核　　　　试验　　　　　　　　　　　　试验部门　（盖章）

年　月　日

表 7-2 企口式排水管试验结果　　　　编号

规格　　　　批量　　　　生产日期　　　　　　　　　　　　标准代号

| 序号 | 试验项目 | | 计量单位 | 标准规定 | 试验结果 |
|---|---|---|---|---|---|
| 1 | 外观质量 | 露筋 | mm | | |
| | | 裂缝 | mm | | |
| | | 合缝漏浆 | mm | | |
| | | 塌落 | $cm^2$ | | |
| | | 蜂窝 | $cm^2$ | | |
| | | 麻面 | $cm^2$ | | |

表 7-2(完)

规格　　　　　　　批量　　　　　生产日期　　　　　　　　　　　　　　　　　　　标准代号

| 序号 | 试验项目 | | 计量单位 | 标准规定 | 试验结果 |
|---|---|---|---|---|---|
| 1 | 外观质量 | 空　鼓 | $cm^2$ | | |
| | | 粘　皮 | $cm^2$ | | |
| | | 凹　深 | mm | | |
| | | 端面碰伤 | mm | | |
| 2 | 尺寸 | 内径 $D_0$ | mm | | |
| | | 厚　度 $h$ | mm | | |
| | | 长　度 $L$ | mm | | |
| | | 企口长度 $L_1$ | mm | | |
| | | 企口长度 $L_2$ | mm | | |
| | | 企口深度和斜坡投影长度 $s_1+m_1$ | mm | | |
| | | 企口深度和斜坡投影长度 $s_2+m_2$ | mm | | |
| | | 弯曲度 $\delta$ | % | | |
| 3 | 外压荷载 | 裂缝荷载 $P_c$ | kN/m | | |
| | | 破坏荷载 $P_p$ | kN/m | | |
| 4 | 内　水　压 | | MPa | | |
| 5 | 保护层厚度 | | mm | | |
| 6 | 吸　水　率 | | % | | |
| 7 | 混凝土强度 | | MPa | | |

主管　　　　　　复核　　　　试验　　　　　　　　　　　　　　　　　　　试验部门　　（盖章）

年　　月　　日

表 7-3　承插式甲型接口排水管试验结果　　　　　编号

规格　　　　　　　批量　　　　　生产日期　　　　　　　　　　　　　　　　　　　标准代号

| 序号 | 试验项目 | | 计量单位 | 标准规定 | 检验结果 |
|---|---|---|---|---|---|
| 1 | 外观质量 | 露　筋 | mm | | |
| | | 裂　缝 | mm | | |
| | | 合缝漏浆 | mm | | |
| | | 塌　落 | $cm^2$ | | |
| | | 蜂　窝 | $cm^2$ | | |
| | | 麻　面 | $cm^2$ | | |
| | | 空　鼓 | $cm^2$ | | |
| | | 粘　皮 | $cm^2$ | | |
| | | 凹　深 | mm | | |
| | | 端面碰伤 | mm | | |
| 2 | 尺寸 | 内径 $D_0$ | mm | | |
| | | 厚　度 $h$ | mm | | |
| | | 长　度 $L$ | mm | | |
| | | 插口外径 $D_W$ | mm | | |
| | | 承口内径 $D_3$ | mm | | |

表 7-3(完)

规格　　　　批量　　　　生产日期　　　　　　　　　　　　标准代号

| 序号 | 试验项目 | | 计量单位 | 标准规定 | 检验结果 |
|---|---|---|---|---|---|
| 2 | 尺寸 | 承口长度 $L_3$<br>弯曲度 $\delta$ | mm<br>% | | |
| 3 | 外压荷载 | 裂缝荷载 $P_c$<br>破坏荷载 $P_p$ | kN/m<br>kN/m | | |
| 4 | 内水压 | | MPa | | |
| 5 | 保护层厚度 | | mm | | |
| 6 | 吸水率 | | % | | |
| 7 | 混凝土强度 | | MPa | | |

主管　　　　复核　　　　试验　　　　　　　　　　　　试验部门　　（盖章）

年　　月　　日

表 7-4　承插式乙型接口排水管试验结果　　　　编号

规格　　　　批量　　　　生产日期　　　　　　　　　　　　标准代号

| 序号 | 试验项目 | | | 计量单位 | 标准规定 | 试验结果 |
|---|---|---|---|---|---|---|
| 1 | 外观质量 | 露筋<br>裂缝<br>合缝漏浆<br>塌落<br>蜂窝<br>麻面<br>空鼓<br>粘皮<br>凹深<br>端面碰伤 | | mm<br>mm<br>mm<br>$cm^2$<br>$cm^2$<br>$cm^2$<br>$cm^2$<br>$cm^2$<br>mm<br>mm | | |
| 2 | 尺寸 | 内径 $D_0$<br>厚度 $h$<br>长度 $L$ | | mm<br>mm<br>mm | | |
| | | 承口工作面 | 直径 $D_3$<br>长度 | mm<br>mm | | |
| | | 插口工作面 | 直径 $D_6$<br>$D_6'$<br>长度 | mm<br>mm<br>mm | | |
| | | 止胶台外径 $D_5$<br>弯曲度 $\delta$ | | mm<br>% | | |
| 3 | 外压荷载 | 裂缝荷载 $P_c$<br>破坏荷载 $P_p$ | | kN/m<br>kN/m | | |
| 4 | 内水压 | | | MPa | | |
| 5 | 保护层厚度 | | | mm | | |
| 6 | 吸水率 | | | % | | |
| 7 | 混凝土强度 | | | MPa | | |

主管　　　　复核　　　　试验　　　　　　　　　　　　试验部门　　（盖章）

年　　月　　日

## 附 录 A
（标准的附录）
## 外压荷载试验机

A1 外压荷载试验机必须有足够的强度和刚度，以便荷载的分布不受任何部位变形的影响。设备的组合除主机外，另有上、下两个支承梁组成。上、下支承梁均延伸到试件的整个检验长度上。检验时，通过刚性上支承梁将荷载传递到试件上。

A2 上支承梁为一钢梁，钢梁的刚度为在最大荷载下它的弯曲不超过管检验长度的1/720，钢梁上装一根与梁同长，与梁底面同宽，厚度不小于25 mm的橡胶垫板，其硬度为邵氏硬度45～60。

A3 下支承梁由两块硬木条组合而成，其断面尺寸为宽度不小于50 mm，厚度不小于25 mm。硬木条与管子接触处应做成半径为12.5 mm的圆弧，两木条之间的净距离为管子外径的1/12，但不得小于25 mm。

A4 外压荷载试验机见示意图A1，试验机应保证测量荷载误差为±2%，加荷速度可控制。

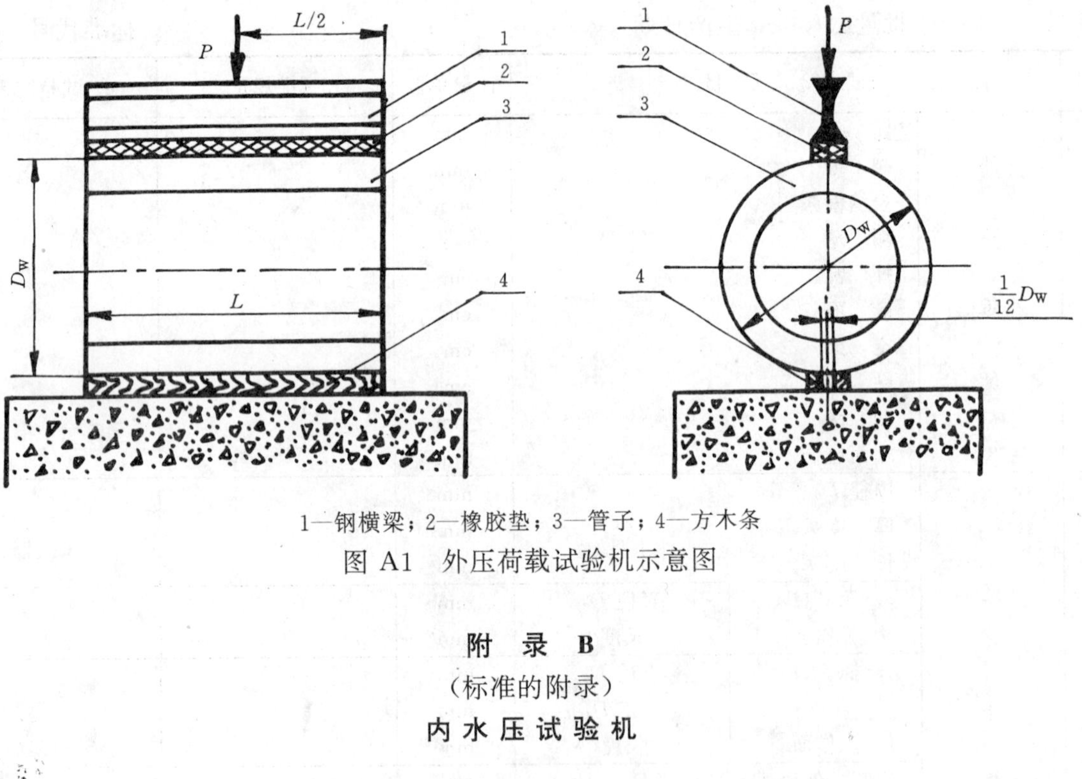


1—钢横梁；2—橡胶垫；3—管子；4—方木条

图 A1 外压荷载试验机示意图

## 附 录 B
（标准的附录）
## 内水压试验机

内水压试验机有卧式及立式两种，见图B1和图B2。

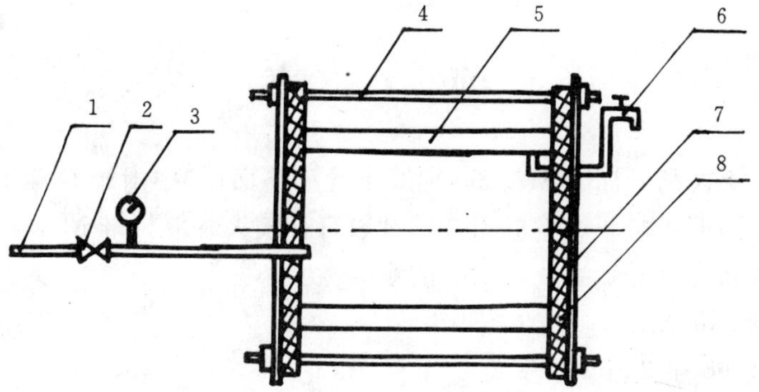


1—进水管；2—阀门；3—压力表；4—拉杆；5—管子；6—排气管；7—堵板；8—橡胶垫。

图 B1　卧式内水压试验机

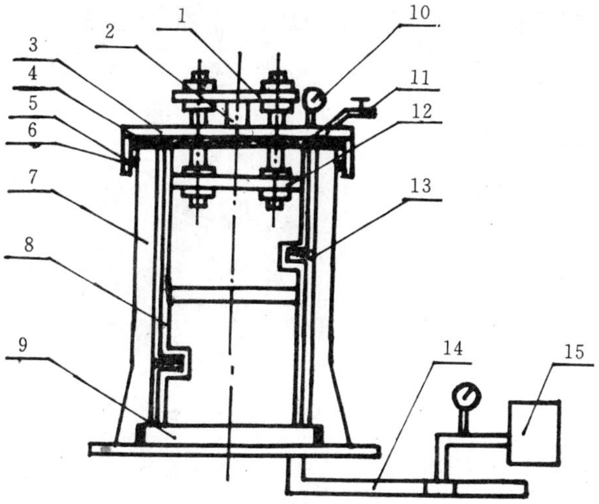


1—上顶梁；2—千斤顶；3—活动梁；4—胶　垫；5—插口堵板；6—胶　圈；
7—管　子；8—内套筒；9—承口底盘；10—压力表；11—排气管；12—下顶梁；
13—定位器；14—进、排水导管；15—电动压泵

图 B2　立式内水压试验机

# 前　言

本标准等效采用了澳大利亚标准 MA 20《混凝土异型路面砖》中附录 D 耐磨度测定方法。

本标准采用的滚珠轴承式耐磨试验机的技术参数符合澳大利亚标准 MA 20 的规定，并结合我国国情，作了一些改进，能准确测定混凝土及其制品的耐磨性。

本标准附录 A 是标准的附录。

本标准首次发布，1998 年 2 月 1 日实施。

本标准由国家建筑材料工业局提出。

本标准由全国水泥制品标准化技术委员会归口。

本标准起草单位：同济大学材料科学与工程系、国家建筑材料工业局标准化研究所。

本标准参加起草单位：厦门市政工程研究所、上海建筑材料工业学院附属工厂、江苏省常熟市长江新型混凝土制品厂、江苏省常熟新型混凝土制品厂、四川省绵竹机械厂。

本标准主要起草人：刘巽伯、杨斌、柯为锟、陈志成、李恭宪、谢志金。

中华人民共和国国家标准

# 混凝土及其制品耐磨性试验方法（滚珠轴承法）

GB/T 16925—1997

Test method for abrasion resistance of concrete and its products (Ball bearing method)

## 1 范围

本标准规定了滚珠轴承法测定混凝土及其制品耐磨性的方法原理、设备、试件、试验步骤、试验结果计算及数据处理等。

本标准适用于测定混凝土及其制品（混凝土路面砖、水磨石制品等）的耐磨性，也可用于指定采用本方法的其他建筑材料的耐磨性测定。

## 2 方法原理

本方法是以滚珠轴承为磨头，通过滚珠在额定负荷下回转滚动时，摩擦湿试件表面，在受磨面上磨成环形磨槽。通过测量磨槽的深度和磨头的研磨转数，计算耐磨度。

## 3 设备

滚珠轴承式耐磨试验机应符合附录 A 的要求。

## 4 试件

4.1 试件的受磨面应平整，无凹坑和突起，其直径应不小于 100 mm。

4.2 每组试件为 5 个。

## 5 试验步骤

5.1 将试件受磨面朝上，水平放置在耐磨试验机的试件夹具内，调平后夹紧之。

5.2 将磨头放在试件的受磨面上，使中空转轴下端的滚道正好压在磨头上。

5.3 中空转轴的位置，应调整到试验全过程中在垂直方向处于无约束状态。

5.4 开启水源，使水从中空转轴内连续流向试件受磨面，并应足以冲去试验过程中磨下的碎末。

5.5 启动电机，当磨头预磨 30 转后停机，并测量初始磨槽深度。然后，磨头每转 1 000 转，停机一次，测量磨槽深度。

5.6 直至磨头转数达 5 000 转或磨槽深度（测得的磨槽深度——初始磨槽深度）达 1.5 mm 以上时，试验结束。

5.7 磨槽深度采用百分表测量，将磨头转动一周，在相互垂直方向上各测量一次，取四次测量结果的算术平均值，精确至 0.01 mm。

5.8 测量并记录磨头转数和最终磨槽深度。

国家技术监督局1997-07-28批准　　　　1998-02-01实施

## 6 试验结果计算及数据处理

### 6.1 试验结果计算

每个试件的耐磨度按式(1)计算：

$$I_a = \frac{\sqrt{R}}{P} \quad \cdots\cdots(1)$$

式中：$I_a$——耐磨度，精确至 0.01；

$R$——磨头转数，千转；

$P$——磨槽深度(最终磨槽深度——初始磨槽深度)，mm。

### 6.2 数据处理

每组试件中，舍去耐磨度的最大值和最小值，取三个中间值的平均值为该组试件的试验结果，精确至 0.1。

# 附 录 A
（标准的附录）
## 滚珠轴承式耐磨试验机

### A1 结构

滚珠轴承式耐磨试验机由直立中空转轴及传动机构、控制系统组成。中空转轴下端配有与磨头啮合的环形滚道。水流经转轴内腔流向试件表面。工作时，中空转轴在垂直方向无约束。轴和配重、辅件的自重全部压在磨头上。图 A1 为滚珠式耐磨试验机的结构示意图。

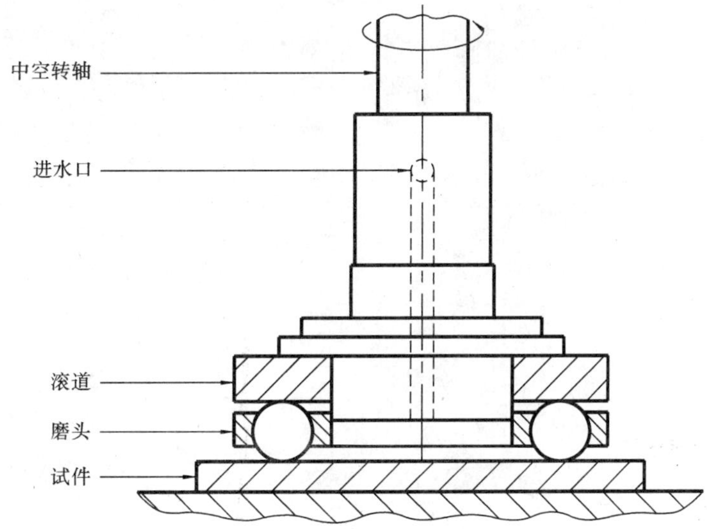


图 A1 滚珠轴承式耐磨试验机结构示意图

### A2 技术要求

A2.1 中空转轴的额定转速：1 000 r/min～1 050r/min。

A2.2 磨头：采用 13 个 $\phi$15.875 mm 滚珠轴承，硬度>HRC62。

A2.3 磨头上的额定压力负荷：154 N±2.5 N。

A2.4 中空转轴测量行程：≥10 mm。

A2.5 适用试件尺寸：受磨面的直径不小于 100 mm。

A2.6 电机功率：≥0.75 kW。

A2.7 机器上装有测量磨槽深度的百分表（量程 10 mm，分度值 0.01 mm）及偏差为±10 转的磨头转数自动数显和控制装置。

A2.8 磨头的滚珠磨损至直径<15.675 mm 时，必须更换。

ICS 91.100.30
Q 12

# 中华人民共和国国家标准

GB 18588—2001

# 混凝土外加剂中释放氨的限量

## Limit of ammonia emitted from the concrete admixtures

2001-12-10发布 2002-01-01实施

中华人民共和国国家质量监督检验检疫总局 发布

# 前 言

**本标准第4章为强制性条款，其余为推荐性条款。**

本标准的附录A为规范性附录。

自2002年1月1日起，生产企业生产的产品应执行该国家标准，过渡期6个月；自2002年7月1日起，市场上停止销售不符合该国家标准的产品。

本标准由中国建筑材料工业协会提出。

本标准由全国水泥制品标准化技术委员会归口。

本标准负责起草单位：中国建筑材料科学研究院环境工程研究所。

本标准参加起草单位：浙江五龙化工股份有限公司、北京中岩特种工程材料公司、吉林省一建集团有限公司、北京城建集团构件厂、中国建筑材料科学研究院水泥科学与新型建筑材料研究所。

本标准主要起草人：萧瑛、谢钰、宋治华、艾萍、黄慧芳、沈鑫根、聂卿。

# 混凝土外加剂中释放氨的限量

## 1 范围

本标准规定了混凝土外加剂中释放氨的限量。

本标准适用于各类具有室内使用功能的建筑用、能释放氨的混凝土外加剂，不适用于桥梁、公路及其他室外工程用混凝土外加剂。

## 2 规范性引用文件

下列文件中的条款通过本标准的引用而成为本标准的条款。凡是注日期的引用文件，其随后所有的修改单（不包括勘误的内容）或修订版均不适用于本标准，然而，鼓励根据本标准达成协议的各方研究是否可使用这些文件的最新版本。凡是不注日期的引用文件，其最新版本适用于本标准。

GB/T 8075 混凝土外加剂的分类、命名与定义

## 3 术语和定义

GB/T 8075 确立的以及下列术语和定义适用于本标准。

混凝土外加剂 concrete admixtures

在拌制混凝土过程中掺入，用以改善混凝土性能的物质。

## 4 要求

混凝土外加剂中释放氨的量≤0.10%（质量分数）。

## 5 试验方法

### 5.1 取样和留样

在同一编号外加剂中随机抽取 1 kg 样品，混合均匀，分为两份，一份密封保存三个月，另一份作为试样样品。

### 5.2 试验方法

按附录 A 进行。

## 6 检验规则

6.1 本标准所列技术要求内容为型式检验项目。

6.1.1 在正常生产情况下，每年至少进行一次型式检验。

6.1.2 有下列情况之一时，应进行型式检验：

——新产品的试制定型时；

——产品异地生产时；

——生产工艺及其原材料有较大改变时；

### 6.2 试验结果的判定

试验结果符合第 4 章的要求判为合格。

## 附 录 A
（规范性附录）
## 混凝土外加剂中释放氨的测定　蒸馏后滴定法

### A.1 原理

从碱性溶液中蒸馏出氨，用过量硫酸标准溶液吸收，以甲基红-亚甲基兰混合指示剂为指示剂，用氢氧化钠标准滴定溶液滴定过量的硫酸。

### A.2 试剂

A.2.1 本方法所涉及的水为蒸馏水或同等纯度的水。
A.2.2 本方法所涉及的化学试剂除特别注明外，均为分析纯化学试剂。
A.2.3 盐酸：1+1溶液。
A.2.4 硫酸标准溶液：$c(1/2H_2SO_4)=0.1$ mol/L。
A.2.5 氢氧化钠标准滴定溶液：$c(NaOH)=0.1$ mol/L。
A.2.6 甲基红-亚甲基兰混合指示液：将50 mL甲基红乙醇溶液(2 g/L)和50 mL亚甲基蓝乙醇溶液(1 g/L)混合。
A.2.7 广泛pH试纸。
A.2.8 氢氧化钠。

### A.3 仪器设备

A.3.1 分析天平：精度0.001 g。
A.3.2 500 mL玻璃蒸馏器。
A.3.3 300 mL烧杯。
A.3.4 250 mL量筒。
A.3.5 20 mL移液管。
A.3.6 50 mL碱式滴定管。
A.3.7 1 000 W电炉。

### A.4 分析步骤

#### A.4.1 试样的处理

固体试样需在干燥器中放置24 h后测定，液体试样可直接称量。

将试样搅拌均匀，分别称取两份各约5 g的试料，精确至0.001 g，放入两个300 mL烧杯中，加水溶解，如试料中有不溶物，采用A.4.1.2步骤。

##### A.4.1.1 可水溶的试料

在盛有试料的300 mL烧杯(A.3.3)中加入水，移入500 mL玻璃蒸馏器(A.3.2)中，控制总体积200 mL，备蒸馏。

##### A.4.1.2 含有可能保留有氨的水不溶物的试料

在盛有试料的300 mL烧杯(A.3.3)中加入20 mL水和10 mL盐酸溶液(A.2.3)，搅拌均匀，放置20 min后过滤，收集滤液至500 mL玻璃蒸馏器(A.3.2)中，控制总体积200 mL，备蒸馏。

**A.4.2 蒸馏**

在备蒸馏的溶液中加入数粒氢氧化钠(A.2.8),以广泛试纸(A.2.7)试验,调整溶液 pH＞12,加入几粒防爆玻璃珠。

准确移取 20 mL 硫酸标准溶液(A.2.4)于 250 mL 量筒(A.3.4)中,加入 3～4 滴混合指示剂(A.2.6),将蒸馏器馏出液出口玻璃管插入量筒底部硫酸溶液中。

检查蒸馏器连接无误并确保密封后,加热蒸馏。收集蒸馏液达 180 mL 后停止加热,卸下蒸馏瓶,用水冲洗冷凝管,并将洗涤液收集在量筒中。

**A.4.3 滴定**

将量筒中溶液移入 300 mL 烧杯中,洗涤量筒,将洗涤液并入烧杯。用氢氧化钠标准滴定溶液(A.2.5)回滴过量的硫酸标准溶液,直至指示剂由亮紫色变为灰绿色,消耗氢氧化钠标准滴定溶液的体积为 $V_1$。

**A.4.4 空白试验**

在测定的同时,按同样的分析步骤、试剂和用量,不加试料进行平行操作,测定空白试验氢氧化钠标准滴定溶液消耗体积($V_2$)。

## A.5 计算

混凝土外加剂样品中释放氨的量,以氨($NH_3$)质量分数表示,按式(1)计算:

$$X_{氨} = \frac{(V_2 - V_1)c \times 0.01703}{m} \times 100 \qquad \cdots\cdots(1)$$

式中:

$X_{氨}$——混凝土外加剂中释放氨的量,单位为质量分数(%);

$c$——氢氧化钠标准溶液浓度的准确数值,单位为摩尔每升(mol/L);

$V_1$——滴定试料溶液消耗氢氧化钠标准溶液体积的数值,单位为毫升(mL);

$V_2$——空白试验消耗氢氧化钠标准溶液体积的数值,单位为毫升(mL);

0.017 03——与 1.00 mL 氢氧化钠标准溶液[$c$(NaOH)＝1.000 mol/L]相当的以克表示的氨的质量;

$m$——试料质量的数值,单位为克(g)。

取两次平行测定结果的算术平均值为测定结果。两次平行测定结果的绝对差值大于 0.01%时,需重新测定。

ICS 91.100.30
Q 13

中华人民共和国国家标准

GB/T 19496—2004

# 钻芯检测离心高强混凝土抗压强度试验方法

**Determinating of the compressive strength of spun high-strength concrete cores**

2004-04-30 发布　　2004-12-01 实施

中华人民共和国国家质量监督检验检疫总局
中国国家标准化管理委员会　发布

# 前　言

本标准与英国标准 BS 1881:Part 120:1983《钻芯法检测混凝土抗压强度试验方法》的一致性程度为非等效。

本标准的附录 A 为规范性附录。

本标准由中国建筑材料工业协会提出。

本标准由全国水泥制品标准化技术委员会归口。

本标准负责起草单位:苏州混凝土水泥制品研究院、苏州中材建筑建材设计研究院。

本标准参加起草单位:广州羊城管桩有限公司、广东省建筑科学研究院、中山建华管桩有限公司、中山三和混凝土桩杆有限公司、上海建筑科学研究院、上海兴南混凝土有限公司、宁波浙东水泥制品有限公司、广东构件管桩有限公司、新会金星管桩有限公司、广州市番禺桥丰水泥制品有限公司、杭州高翔管桩有限公司、广州市番禺区建安管桩水泥制品公司、佛山市顺德区鸿业水泥制品有限公司、广东七建集团管桩基础有限公司、上海二十冶金混凝土构件有限公司、浙江宝业住宅产业股份有限公司、福建省建筑科学研究院、上海航源管桩有限公司、浙江省天和建设有限公司、增城市新塘水泥管桩预制件厂、宁波市建工集团股份有限公司构件分公司、杭州坚塔管桩有限公司、东莞市鸿昌水泥制品有限公司、福建省坚实水泥制品有限公司、中山市宏星管桩有限公司、宁波迈克水泥制品有限公司、上海宝力管桩厂、佛山管桩厂、济南试金集团有限公司、台州市建设工程机械厂。

本标准主要起草人:蒋元海、金　舜、严志隆、王新祥、章杰春、廖振中、魏宜龄、朱建华、杨明华、夏策昭、周小赫、杨中炎、于缘宝、虞志刚、强　卫、申建新、谈维汉、魏宏超、余亚超、陈　松、张造扬、沈松炎、江永澄、章　耀、来建华、李灿华、谢清明、肖海明、项伟军、贺元将、安　玲、刘　娟、王云贵。

本标准于 2004 年 4 月首次发布。

本标准委托苏州混凝土水泥制品研究院、苏州中材建筑建材设计研究院负责解释。

# 钻芯检测离心高强混凝土抗压强度试验方法

## 1 范围

本标准规定了钻芯检测离心高强混凝土抗压强度试验的主要设备、芯样钻取、芯样加工、芯样抗压强度试验、芯样试件混凝土抗压强度推算值的计算、试验结果评定等。

本标准适用于对离心高强混凝土制品(以下简称制品)的混凝土立方试件强度的代表性有异议时的试验。

## 2 规范性引用文件

下列文件中的条款通过本标准的引用而成为本标准的条款。凡是注日期的引用文件，其随后所有的修改单(不包括勘误的内容)或修订版均不适用于本标准，然而，鼓励根据本标准达成协议的各方研究是否可使用这些文件的最新版本。凡是不注日期的引用文件，其最新版本适用于本标准。

GB/T 2611 试验机通用技术要求

GB/T 3722 液压式压力试验机

GB/T 50081 普通混凝土力学性能试验方法标准

## 3 术语和定义

下列术语和定义适用于本标准。

3.1

**离心高强混凝土 spun high-strength concrete**

利用离心成型工艺对混凝土制品进行密实成型的强度等级为C50及其以上等级的混凝土。

3.2

**芯样 concrete cores**

用钻芯机在离心混凝土制品中钻取的圆柱形混凝土试件。

3.3

**芯样平面度 flatness**

表示芯样端面的平面要素实际形状保持理想平面的状况。

3.4

**芯样平行度 parallelism**

表示芯样一端面相对于另一端面保持等距离的状况。

3.5

**芯样垂直度 squareness**

表示芯样端面相对芯样轴线保持正确的90°夹角的状况。

3.6

**芯样圆柱度 cylindricity**

表示芯样圆柱面上各点对芯样轴线保持等距离的状况。

3.7

**芯样内侧 inboard**

芯样加工前沿芯样轴线靠近凹面的一侧。

3.8

**芯样试件混凝土抗压强度推算值　estimated in-situ cub strength**

用钻芯法测得的芯样强度推算成相应于同测试龄期的、边长为150 mm的立方体试件的抗压强度值。

注：芯样试件混凝土抗压强度推算值不等于混凝土标准养护28天试块抗压强度值。

## 4　主要设备

4.1　钻取芯样及芯样加工的主要设备均应具有产品合格证。

4.2　钻芯机应具有足够的动力、刚度，且操作灵活、固定和移动方便，并应有水冷却系统。钻芯机主轴的径向跳动应小于0.05 mm，轴向窜动应小于0.1 mm。

4.3　钻取芯样时宜采用内径70 mm～100 mm的筒型钻头，筒型钻头不得有肉眼可见的裂缝、缺边、少角、倾斜及变形等缺陷。

钻头与钻机钻轴的同轴度偏差不得大于0.3 mm，钻头的径向跳动不得大于1.5 mm。

4.4　锯切芯样的锯切机应有水冷却系统和牢固夹紧芯样的装置，配套使用的圆锯片应具有足够的刚度。

4.5　研磨机的加工性能应达到6.8规定的芯样平面度的技术要求。

4.6　压力试验机的技术要求应符合GB/T 3722、GB/T 2611的规定，其测量精度为±1%。试件破坏荷载应大于压力机全量程的20%且小于压力机全量程的80%。

## 5　芯样钻取

5.1　钻芯机具的操作应由熟练的试验人员完成。

5.2　采用钻芯检测离心高强混凝土抗压强度前，应具备下列资料：

a）　制品生产单位，工程名称（或代号）及其设计、施工、监理、建设单位名称；

b）　制品品种、型号、规格；

c）　设计采用的混凝土强度等级；

d）　制品成型日期、原材料（水泥品种、掺合料、粗细骨料粒径等）和混凝土立方体试件抗压强度报告；

e）　制品的质量状况及施工质量状况的记录；

f）　制品的结构设计图。

5.3　芯样应在制品的下列部位钻取：

a）　混凝土质量应具有代表性，不得在已破损的制品上钻取。对先张法预应力混凝土管桩产品，不得在沉桩或沉桩后的管桩桩身上钻取；

b）　应在制品中部且便于钻芯机安装与操作的部位，同时离制品两端1.5 m以外，且芯样的取样间距不宜小于1 m，应尽量避开预应力钢筋、螺旋筋密绕的部位及桩身钢模合缝处。

5.4　钻取的芯样直径为70 mm～100mm，一般不宜小于骨料最大粒径的3倍，在任何情况下不得小于骨料最大粒径的2倍。

5.5　钻芯机就位并安装平稳后，应将钻芯机固定，以便工作时不致产生位置偏移、跳动，钻芯机主轴应与被钻取芯样的制品的外表面切线相垂直。

5.6　钻芯时用于冷却钻头和排除混凝土料屑的冷却水的压力不宜小于0.1 MPa，流量不宜小于3 L/min。

5.7 钻取芯样时，钻取速度应均匀，推进行程的速度不宜大于 5 mm/min。

5.8 从钻孔中取出的芯样晾干后应及时标上清晰牢固的标记，并记录制品的编号、钻取位置和方向、取样日期等。若钻取的芯样经锯切、磨平或补平加工后的高度和质量不能符合 6.2、6.8 的规定，则应重新钻取芯样。

5.9 芯样在运送前应仔细包装，搬运时应轻取轻放，不得挤压或碰撞。

## 6 芯样加工

6.1 芯样加工应由熟练的试验人员完成。

6.2 芯样抗压强度试件的高度和直径的比值为 1.0～1.2。

6.3 芯样试件内不宜含有钢筋。若不能满足此项要求，则 1 个试件内最多只允许含有 2 根钢筋，且钢筋应与芯样轴线垂直。

6.4 采用锯切机加工芯样时，应将芯样固定，并使锯切平面垂直芯样轴线。锯切时必须将芯样内侧的浮浆、水泥净浆及砂浆层锯切掉。锯切过程中应采用水冷却圆锯片和芯样。

6.5 芯样锯切后，应采用磨平机对芯样两端面进行磨平处理。磨平处理过程中应保证芯样端面平整及芯样端面与轴线相垂直。

6.6 如经磨平加工的芯样试件不能符合 6.8 的规定，宜用环氧胶泥或硫磺胶泥等材料在专用补平装置上补平。

用环氧胶泥或硫磺胶泥作补平材料的厚度不宜大于 2 mm，补平时宜采用厚度不小于 6 mm、直径比芯样的直径大 25mm 以上的平板玻璃作基准平板，待补平材料达到设计强度后，再将芯样的补平面与平板玻璃脱离。经端面补平后的芯样高度和直径的比值应符合 6.2 的规定。

6.7 芯样在进行抗压强度试验前应对其几何尺寸、形位公差作下列项目测量：

a) 平均直径：用游标卡尺测量芯样上、中、下 3 个部位相互垂直的 6 处直径，取其算术平均值，精确至 0.1 mm；

b) 芯样高度：用游标卡尺测量芯样端面 0°、90°、180°、270° 4 处的高度，取其算术平均值，精确至0.1 mm；

c) 芯样平面度：将钢板尺立起横放在芯样端面上，然后慢慢旋转 360°，用塞尺测量其最大间隙，精确至 0.01mm；

d) 芯样平行度：用游标卡尺测量芯样高度的最大值、最小值，求其差值，精确至 0.1mm；

e) 芯样垂直度：将游标量角器的两只脚分别紧贴于芯样侧面和端面，测出其最大偏差，一个端面测完后再测另一端面，精确至 0.1°；

f) 芯样圆柱度：将钢板尺靠在芯样的母线上，并沿圆周方向转动，用塞尺测量其与芯样表面之间的最大间隙，精确至 0.1mm；

g) 芯样端面与钢筋轴心的距离：若芯样内含钢筋，则应测量钢筋轴心与芯样端面较近一端的距离，精确至 0.1 mm。

6.8 芯样的外观质量及形位公差应符合下列规定：

a) 芯样不得有可见裂缝、掉角、孔洞；

b) 芯样圆柱度不得大于 1.5 mm；

c) 芯样平面度不得大于 0.06 mm；

d) 芯样平行度不得大于 1.0 mm；

e) 芯样垂直度不得大于 2.0°。

## 7 抗压强度试验

7.1 芯样的抗压强度试验按 GB/T 50081 中立方体试件抗压强度试验的规定进行。加荷时，应控制加荷速度，使之保持在 0.2 MPa/s～0.4 MPa/s 的范围内，直至最大荷载。

7.2 试验时，芯样应处于室温自然风干状态。

## 8 芯样试件混凝土抗压强度推算值的计算

芯样试件混凝土抗压强度推算值的计算见式(1)：

$$R = [4F/(\pi d^2)] \cdot f_1 \cdot f_2 \qquad \cdots\cdots(1)$$

在式(1)的系数应按式(2)、式(3)和式(4)计算：

$$f_1 = 2.5/(1.5 + 1/\alpha) \qquad \cdots\cdots(2)$$

$$f_2 = 1.0 + 1.5\{[\Sigma(d_s \cdot h_s)]/(d \cdot H)\} \qquad \cdots\cdots(3)$$

$$\alpha = H/d \qquad \cdots\cdots(4)$$

式中：

$R$——芯样试件混凝土抗压强度推算值，单位为兆帕(MPa)；

$F$——芯样抗压试验时测得的最大压力，单位为牛顿(N)；

$d$——芯样的平均直径，单位为毫米(mm)；

$f_1$——芯样高径比修正系数；

$f_2$——芯样内含钢筋修正系数，当芯样内不含钢筋时，取 $f_2=1$；

$\alpha$——芯样的高径比；

$H$——芯样的高度，单位为毫米(mm)；

$d_s$——芯样内含钢筋的直径，单位为毫米(mm)；

$h_s$——芯样内含钢筋轴心与芯样端面较近一端的距离，单位为毫米(mm)。

芯样试件混凝土抗压强度推算值的计算应精确至 0.1 MPa。

## 9 试验报告

试验报告应包括表 1 有关内容，试验报告形式可参见表 1 的示例。

离心高强混凝土制品的混凝土抗压强度推算值的试验结果评定见附录 A。

**表 1 试验报告示例**

<table>
<tr><td colspan="5">钻芯检测离心高强混凝土抗压强度试验报告<br>试验报告编号________</td></tr>
<tr><td colspan="5">委托单位：__________ 制品质量状况：__________<br>工程名称：__________ 骨料最大粒径：__________<br>生产企业：__________ 混凝土强度设计等级：__________<br>制品名称：__________ 制品生产日期及钻芯日期：__________<br>制品编号：__________ 芯样检验日期：__________<br>检验依据：__________ 报告编写日期：__________</td></tr>
<tr><td colspan="2">芯 样 编 号</td><td>1</td><td>2</td><td>3</td></tr>
<tr><td rowspan="6">端部处理后芯样尺寸及形位公差</td><td>芯样平均直径 $d$/mm</td><td></td><td></td><td></td></tr>
<tr><td>端部处理后芯样高度 $H$/mm</td><td></td><td></td><td></td></tr>
<tr><td>芯样平面度(≤0.06 mm)</td><td></td><td></td><td></td></tr>
<tr><td>芯样平行度(≤1.0 mm)</td><td></td><td></td><td></td></tr>
<tr><td>芯样垂直度(≤2.0°)</td><td></td><td></td><td></td></tr>
<tr><td>芯样圆柱度(≤1.5 mm)</td><td></td><td></td><td></td></tr>
<tr><td colspan="2">芯样外观状况</td><td></td><td></td><td></td></tr>
<tr><td colspan="2">芯样钢筋直径 $d_s$/mm</td><td></td><td></td><td></td></tr>
<tr><td colspan="2">芯样钢筋位置 $h_s$/mm</td><td></td><td></td><td></td></tr>
<tr><td colspan="2">芯样钢筋数量，根</td><td></td><td></td><td></td></tr>
<tr><td colspan="2">芯样破坏时最大压力 $F$/N</td><td></td><td></td><td></td></tr>
<tr><td colspan="2">混凝土的破坏形态</td><td></td><td></td><td></td></tr>
<tr><td colspan="2">芯样抗压强度推算值 $R$/MPa</td><td></td><td></td><td></td></tr>
<tr><td colspan="2">芯样抗压强度推算值的平均值 $\overline{R}$/MPa</td><td colspan="3"></td></tr>
<tr><td colspan="2">芯样抗压强度推算值中的最小值 $R_{min}$/MPa</td><td colspan="3"></td></tr>
<tr><td>结论</td><td colspan="4"></td></tr>
<tr><td>备注</td><td colspan="4"></td></tr>
<tr><td colspan="5">批准： 审核： 校核： 检验：</td></tr>
</table>

（试验单位签章）

# 附 录 A
## （规范性附录）
## 试验结果评定

**A.1** 同一制品中钻取并加工成符合本标准要求的芯样数量为3个。

**A.2** 若3个芯样所测得的芯样试件混凝土抗压强度推算值符合式（A.1）和式（A.2）规定，则判定该制品的混凝土强度合格。

$$\overline{R} \geqslant f_{cu,k} \quad \cdots\cdots (A.1)$$

$$R_{min} \geqslant 0.85\ f_{cu,k} \quad \cdots\cdots (A.2)$$

式中：

$\overline{R}$——3个芯样的芯样试件混凝土抗压强度推算值的平均值，单位为兆帕（MPa）；

$R_{min}$——3个芯样的芯样试件混凝土抗压强度推算值中的最小值，单位为兆帕（MPa）；

$f_{cu,k}$——混凝土立方体抗压强度标准值，单位为兆帕（MPa），如C80混凝土，$f_{cu,k}$=80 MPa。

**A.3** 若钻取的3个芯样所测得的芯样试件混凝土抗压强度推算值不符合A.2的规定，则判定该制品的混凝土强度不合格。

**A.4** 若钻取的3个芯样所测得的芯样试件混凝土抗压强度推算值只符合A.2列项中的一项规定，则应在该制品上再钻取9个芯样进行试验。

**A.4.1** 若测得的芯样试件混凝土抗压强度推算值能满足式（A.3）和式（A.4）条件，则判定该制品的混凝土强度合格。

$$\overline{R}' \geqslant 0.85\ f_{cu,k} \quad \cdots\cdots (A.3)$$

$$R'_{min} \geqslant 0.75\ f_{cu,k} \quad \cdots\cdots (A.4)$$

式中：

$\overline{R}'$——钻取的12个芯样的芯样试件混凝土抗压强度推算值的平均值，单位为兆帕（MPa）；

$R'_{min}$——钻取的12个芯样的芯样试件混凝土抗压强度推算值中的最小值，单位为兆帕（MPa）。

**A.4.2** 若测得的芯样试件混凝土抗压强度推算值不能同时满足式A.3、式A.4条件，则判定该制品的混凝土强度不合格。

中华人民共和国建筑材料工业部
部　标　准

JC 219—79

# 硅酸盐自应力水泥(制管用)物理检验方法

## 一、总则

1. 本检验方法适用于制管厂自配的硅酸盐自应力水泥。

2. 送至试验室的水泥试样，应有严密包装及防潮措施。如样品已受潮或容器破损，必须将试样另装入干燥的容器加以密封，原容器的种类与情况应记入记录本中。

3. 检验前须将试样拌和均匀，并用 0.9 mm 方孔筛过筛 1 次，抛弃筛余物。筛余物的百分数及性质(结块、金属、木屑等)应记入记录本中。

4. 检验时的室温、混合料的配比、水灰比、蒸养制度和水养温度均应与当时各厂制管条件相一致。室温和养护水温每日均须记录。

5. 检验时须用洁净的淡水。

6. 检验时不得用铝制或锌制的模具、钵器和工具等。

## 二、水泥比表面积的测定

7. 按 GB 207—63《水泥比表面积测定方法》测定。

## 三、水泥净浆的稠度和凝结时间的检验

8. 按 GB 1346—77《水泥标准稠度用水量、凝结时间、安定性检验方法》测定。

## 四、膨胀和强度的测定

9. 仪器设备

(1) 试模：用钢或铸铁制造，其规格及允许误差如下：

mm

| 规格及允许误差 \ 试模类型 | 膨胀试模 | 抗压强度试模 |
|---|---|---|
| 规　　格 | 30×30×275 | 31.6×31.6×31.6 |
| 制造误差 | ±0.2 | ±0.2 |
| 使用误差 | +0.4 | +0.3 |

中华人民共和国建筑材料工业部　发布　　　1980年3月1日　实施
江　苏　省　建　材　局　提出　　　江苏省建筑科学研究所　山东水泥制品研究所　起草

(2) 端钮:自由膨胀试体的测量端钮需用铜(或不锈钢)制造,其尺寸如图1所示。

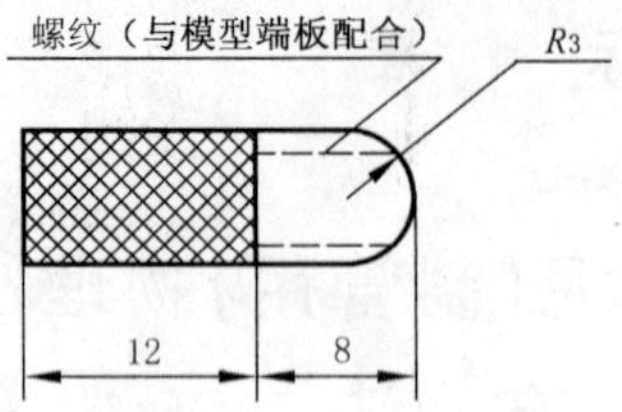


图 1

(3) 测定限制膨胀所用的钢丝和钢板如图2所示。

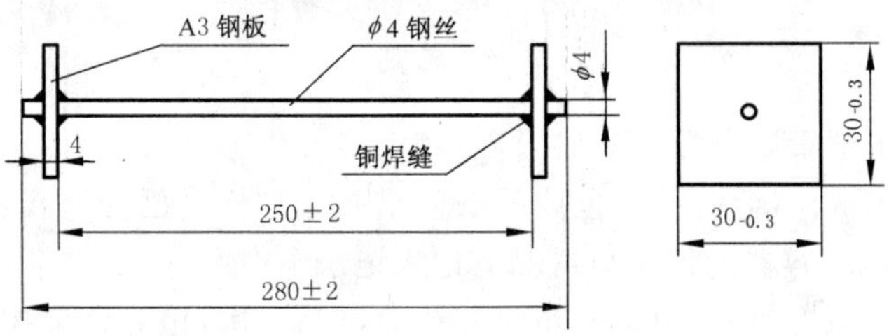


图 2

**a.** 试筋采用 $\phi4$ mm 高强钢丝,两侧铜焊 4 mm 原钢板。钢丝抗拉极限强度应大于12 000kg/cm²。

**b.** 钢板与钢丝的垂直偏差不大于5°,钢丝应平直不弯曲,两端测点呈球形,并经防锈处理。

**c.** 钢板与钢丝铜焊处的拉脱强度不低于8 000 kg/cm²。

(4) 当采用机械搅拌、振动成型时,所用振动台及搅拌机应符合GB 177—77《水泥胶砂强度检验方法》的有关规定。

当采用手工搅拌时,所用的球形钵、铲子按JC 213—77《水泥胶砂强度简易检验方法》的规定。

(5) 蒸汽养护箱:形状尺寸不作规定。

(6) 外径千分卡:测量范围275 mm~300 mm,精确到0.01 mm。

(7) 压力机:宜采用最大荷重不超过30吨的压力机,误差不超过±2%。

10. 试体成型和养护

试验混合料的搅拌和成型分手工和机械两种,可根据实际情况选用。

(1) 成型前须在试模内壁涂上脱模剂。作自由膨胀的试模,两端放入装好端钮的端板,作限制膨胀的试模内装入限制钢筋。

(2) 自由膨胀,限制膨胀试体各3条,抗压强度试体6块,合称为1组。

(3) 混合料的搅拌

手工搅拌:把已称好的水泥及集料倒入干球形钵内,用干燥的搅拌铲干拌2分钟,再将搅拌均匀的干料倒入另一个湿布擦过的搅拌锅内,在干料上挖一深坑,将所需用水缓缓注入坑内,用湿布擦过的搅拌铲拨、压、翻、拌3 min。

机械搅拌:将已称好的水泥及集料放入搅拌锅内,按GB 177—77《水泥胶砂强度检验方法》的规定进行。

混合料应自加水时起8 min内全部装入试模,并立即成型。

(4) 试体成型

手工成型:将拌好的混合料分2次装入试模内。第一次装满试模后,膨胀试体用抹刀来回插实1次,再用捣棒按次序往返捣实一次,然后手提试模一端自由下落振动10次(试模提起高度为4 cm~7 mm),然后再加第二层料,料层略高出试模,按上述方法插捣振动。用抹刀将表面刮平,盖上盖板。强度试体也分2次装料,每次每块捣10下,同上法振动10次,刮平表面盖上盖板。

振动成型:将试模固定在振动台上,将混合料一次装满试模(略高出试模)振动 2 min,取下试模,刮平表面,盖上盖板。

(5) 试体蒸养:将盖好盖板的试件及时移入预热的蒸养箱中,在盖板上压上重物(每平方厘米重量不少于 20 g),盖好蒸养箱盖子,进行蒸养。

(6) 蒸养完毕,立即将试体脱模、编号,待试体冷却至室温后测定脱模抗压强度及膨胀试体的初始长度,作好记录,并及时将试体放入水池中养护。养护水每两周更换 1 次。

**a.** 每次测量前应校正外径千分卡的零点。

**b.** 试体从水中取出测定时,应擦干表面,擦净两端测点,并用湿布遮盖。

**c.** 稳定期未到前,应每隔 1 日对自由和限制膨胀试体观测并记录。

**d.** 测定所得的数据中,每组取 3 个数的平均值计算膨胀率。

**e.** 膨胀率(%)按下式计算:

$$\varepsilon_{f(r)}=\frac{L_X-L}{L_0}\times 100$$

式中:$\varepsilon_f$——自由膨胀率;

$\varepsilon_r$——限制膨胀率;

$L_0$——试体净长,mm。

自由膨胀试体净长 275 mm,限制膨胀试体净长 250 mm。

$L$——试体脱模后测得的初始长度(mm);

$L_X$——任一令期测得的试体长度(mm)。

**f.** 自应力值按下式计算:

$$\delta=\mu E_g\cdot\varepsilon_r$$

式中:$\delta$——自应力值($kg/cm^2$);

$\mu$——配筋率,取 1.4%;

$E_g$——钢丝弹性模量,取 $2.0\times10^6$ $kg/cm^2$;

$\varepsilon_r$——限制试体的相对伸长率(%)。

**g.** 膨胀稳定期的定义如下,当自由膨胀试体连续三个令期中,一令期的膨胀率与前一令期的膨胀率相差均在 0.05%以内时,则该令期称为试体的“膨胀稳定期”,简称“稳定期”,以(d)为计算单位。

(7) 抗压强度的测定与计算

**a.** 抗压强度测定:压力机的压板必须擦干。加压时应将试块与试模相接触的平面作为加压面,试块须放于压板中心位置。测定抗压强度时压力机加荷速度为每秒平均 20 $kg/cm^2$。

**b.** 测定令期:蒸养后脱模强度,稳定期强度。

**c.** 测定所得的数据,每组中取两个相近的数值的平均值为试验结果。精确至 1 $kg/cm^2$。

**d.** 抗压强度计算:

$$R_x=\frac{P_x}{F}$$

式中:$R_x$——某一令期抗压强度($kg/cm^2$);

$P_x$——试体破坏荷重(kg);

$F$——试体受压面积($cm^2$)。

中华人民共和国建筑材料工业部
部 标 准
JC 275—80

# 加气混凝土导热系数试验方法

## 一、适用范围

1. 本方法用于测定蒸压养护的加气混凝土导热系数。

## 二、仪器设备

2. DRM-1 型导热系数测定仪。
3. 电热烘干箱。
4. 秒表两只。
5. 干燥器。
6. 天平。
7. 卡尺，精度为 0.05 mm。

## 三、试件

8. 尺寸：20×20×(1.5～2.0)cm 一块(薄片)；
20×20×(6～10)cm 二块(厚片)。

9. 取样：在砌块发气方向中部，按厚、薄、厚的顺序切割，试件表面初步磨平后，再将厚、薄两块试件吻合面进行互相对磨，并清除粉末，使其接触紧密。

10. 将试件在 105±5℃下烘干后，放到干燥器中冷却至室温。

## 四、试验步骤

11. 接通电源，预热半小时，根据仪器要求选择加热电压。

12. 量取薄试件中心处的厚度 $d$(m)测 3～5 点取平均值，精确到 0.1 mm。

13. 如图 1 所示的顺序安放厚、薄试件，冷、热面热电偶和加热器，并用夹具固紧。

中华人民共和国建筑材料工业部 发布　　1981年7月1日 实施
北京市建筑材料工业局 提出　　重庆建筑工程学院 起草

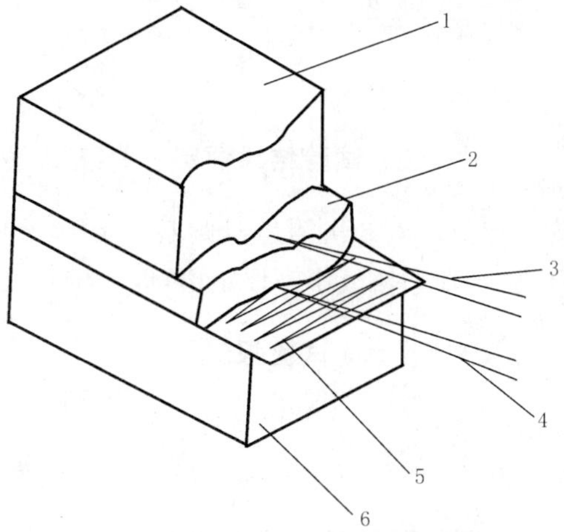


1—厚试件;2—薄试件;3—冷面热电偶;4—热面热电偶;
5—加热器;6—厚试件

图 1 试件图

14. 安装好试件,注意两电偶尽量分别安装在薄试件上、下表面的中心垂直线上。

15. 校正好电位差计。测量上、下两电偶的温度是否一致,若相差小于 0.1℃时,记录薄试件上、下表面的起始温度 $T(x、0)$、$T(0、0)$(℃)。

16. 接通加热器电源,与此同时启动两只秒表,并测量加热电流 $I$(安)。

17. 当薄试件上表面升温达 2℃左右时,切断加热电源,并同时停一秒表,测量出切断加热电源时的薄试件上表面温度 $T(x、\tau_x)$和时间 $\tau_x$(h)。升温时间 $\tau_x$ 应控制在 4～7 min 内。

18. 切断加热电源后,待 5～7 min 测量出薄试件下表面温度 $T(0、\tau_0)$,与此同时用另一秒表测量出相对的时间 $\tau_0$。$\tau_0$ 一般控制在 $\tau_0 \approx 2\tau_x$。

19. 记录电偶冷点温度、环境温度,并称取试件重量。

20. 计算:

(1) 计算薄试件上、下表面温度升高值 $\theta_x$,$\theta_0$:

$$\theta_x = T(x、\tau_x) - T(x、0)$$

$$\theta_0 = T(0、\tau_0) - T(0、0)$$

(2) 函数 $B(y)$按下式计算:

$$B(y) = \frac{\theta_x}{\theta_0} \times \frac{\sqrt{\tau_0} - \sqrt{\tau_0 - \tau_x}}{\sqrt{\tau_x}}$$

(3) 由 DRM-1 型导热仪使用说明书附表——函数 $B(y)$表查出 $y^2$。

注:$y^2$ 是函数 $B(y)$的自变量。

(4) 导温系数 $a$($m^2$/h)按下式计算:

$$a = \frac{d^2}{4\tau_x \cdot y^2}$$

(5) 加热器发出的热源强度 $Q$(kcal/($m^2$ · h))按下式计算:

$$Q = 0.86 I^2 \cdot R/S$$

式中:$R$——加热器内阻,Ω;

$S$——加热器面积,$m^2$;

$I$——加热电流,A。

(6) 导热系数 λ(kcal/h · m · ℃)按下式计算:

$$\lambda=\frac{Q\sqrt{a}}{1.772\theta_0}(\sqrt{\tau_0}-\sqrt{\tau_0-\tau_x})$$

(7) 计算试件干容重,单位为 $kg/m^3$。

## 五、试验结果评定

21. 试验 2 次,取其平均值为评定值。若 2 次测量值偏差大于 10%时,相应增加试验次数,选择其中 2 次偏差小于 10%的 2 个测定值,取其平均值作为评定值,取 2 位有效数字。

## 六、试验报告

22. 按 JC 265—80 第五章要求。

中华人民共和国建材行业标准

JC/T 539—94

# 混凝土和砂浆用颜料及其试验方法

## 1 主题内容与适用范围

本标准规定了混凝土和砂浆用颜料的分类、等级、技术要求、试验方法、检验规则以及包装、标志、贮存、运输等。

本标准适用于常温养护整体着色和表面着色的混凝土和砂浆用颜料。

本标准不适用于高温或高压养护的混凝土和砂浆用颜料。

## 2 引用标准

GB 178 水泥强度试验用标准砂

GB 250 评定变色用灰色样卡

GB 251 评定沾色用灰色样卡

GB 730 耐光和耐气候色牢度蓝色羊毛标准

GB 2015 白色硅酸盐水泥

GB 5211.2 颜料水溶物测定 热萃取法

GB 5211.3 颜料在105℃挥发物的测定

GB 8076 混凝土外加剂

GB 9285 色漆和清漆用原材料 取样

GBJ 81 普通混凝土基本力学性能试验标准方法

GBJ 107 混凝土强度检验评定标准

## 3 产品分类及等级

### 3.1 分类

混凝土和砂浆用颜料按状态分为粉末颜料和浆状颜料两类。

### 3.2 等级

混凝土和砂浆用颜料按技术要求分为一级品和合格品。

## 4 技术要求

4.1 混凝土和砂浆用颜料应符合表1的规定。

国家建筑材料工业局1994-02-17批准 1994-11-01实施

表 1

| 项目 | | | 指标 | |
|---|---|---|---|---|
| | | | 一级品 | 合格品 |
| 颜料性能 | 颜色<br>(与标准样比) | | 近似～微 | 稍 |
| | 粉末颜料水湿润性 | | 亲 水 | 亲 水 |
| | 粉末颜料 105℃挥发物,% | 不大于 | 1.0 | 1.5 |
| | 水溶物,% | 不大于 | 1.5 | 2.0 |
| | 耐碱性 | | 近似～微 | 近似～微 |
| | 耐光性 | | 近似～微 | 近似～微 |
| | 三氧化硫含量,% | 不大于 | 2.5 | 5.0 |
| 混凝土性能 | 凝结时间差<br>min | 初凝<br>终凝 | −60～+90<br>−60～+90 | −60～+120<br>−60～+120 |
| | 抗压强度比,% | 不小于 | 95 | 90 |

注:① "近似"—用肉眼基本看不出色差;
"微"—用肉眼看似乎有点色差;
"稍"—用肉眼观察可以看得出有色差存在;
"较"—用肉眼看,明显存在色差。
② 凝结时间指标"−"号表示提前,"+"号表示延缓。

4.2 掺入混凝土和砂浆用颜料的化学助剂应对混凝土性能是无害的。

## 5 试验方法

### 5.1 颜色比较

5.1.1 材料

a. 标准色样;

b. 符合 GB 2015 的白色硅酸盐水泥,白度为二级。

5.1.2 仪器设备

a. 天平:感量 0.01 g;

b. 广口瓶:容量 125 mL;

c. 玻璃球:直径 3～4 mm;

d. 标准筛:筛孔 1.00 mm;

e. 玻璃板:100 mm×100 mm×5 mm;

f. 钢刮刀;

g. 红外线干燥灯。

5.1.3 试验步骤

5.1.3.1 试样制备

粉末颜料试样制备:在 125 mL 的广口瓶中加入 50 g 玻璃球。加 20 g 白色硅酸盐水泥和表 2 规定量的颜料,盖上瓶盖,摇动 3 min,共计 200 次,然后将混合物倒入标准筛,分离玻璃球和混合物,依次分别做出试样和标准样各一份备用。

浆状颜料试样制备:在干净的玻璃板上倒上 20 g 白色硅酸盐水泥和表 2 规定量换算的浆状颜料(固体含量),用刮刀将水泥和浆状颜料搅拌均匀,依次分别做出试样和标准样各一份备用。

表 2

| 色　　调 | 红 | 黄 | 蓝 | 绿 | 棕 | 紫 |
|---|---|---|---|---|---|---|
| 颜料用量,% | 5.6 | 3.9 | 2.8 | 3.9 | 3.9 | 5.6 |

注:颜料用量是指占白色硅酸盐水泥的重量百分比。

5.1.3.2　颜色比较

将制备好的试样和有关方面提供的标准样(约 1/3)分别倒在玻璃板上,用刮刀将粉末或浆状颜料制备的试样压平,成色饼,厚度为 2 mm 左右,并使其边界相接。浆状颜料饼放在红外线干燥灯下干燥,将试饼移至散射光线下目测对比颜色。

5.1.3.3　结果评定及表示

评定结果以"近似"、"微"、"稍"、"较"四级表示。

**5.2　水湿润试验**

5.2.1　材料

蒸馏水。

5.2.2　仪器设备

a.　天平:感量 0.1 g;

b.　烧杯:容量 250 mL;

c.　量筒:200 mL;

d.　玻璃搅拌棒。

5.2.3　试验步骤

在烧杯中注入 150 mL 的蒸馏水,将 10 g 颜料粉末倒入水中,用玻璃搅拌棒搅拌 1 min,共计 60 次,使之与水混合。

5.2.4　结果评定及表示

观察颜料粉末与水混合程度,颜料粉末很快与水混合者,以亲水表示;如果颜料粉末不能很快与水混合,而是浮于水面,则以疏水表示。

**5.3　105℃挥发物测定**

按 GB 5211.3 进行。

**5.4　水溶物测定**

按 GB 5211.2 进行。

**5.5　耐碱性测定**

5.5.1　材料

a.　蒸馏水;

b.　1%氢氧化钠溶液:将 1 g 氢氧化钠(A·R)溶解于 99 g 蒸馏水中。

5.5.2　仪器设备

a.　天平:感量 0.1 g;

b.　烧杯:容量 250 mL;

c.　布氏漏斗:直径 10 cm;

d.　定性中速滤纸;

e.　抽滤瓶:容量 500 mL;

f. 陶瓷研钵；

g. 电热鼓风箱：灵敏度±1℃；

h. 玻璃板：100 mm×100 mm×5 mm。

5.5.3 试验步骤

5.5.3.1 试样制备

称取两份颜料样品，每份10 g，若样品为浆状颜料，则按其含固量折算成固体重量为10 g，分别置于两只编号为A、B的烧杯中，在A烧杯中注入150 mL氢氧化钠溶液，在B烧杯中注入150 mL蒸馏水。浆状颜料的水分忽略不计，分别搅拌均匀，两份试样放置1 h，其间每10 min搅拌一次。然后分别倒入铺设滤纸的布氏漏斗中，接上抽滤瓶，真空抽滤。A试样用30 mL蒸馏水冲滤三次，滤毕后的A、B试样置于电热鼓风箱中，在105±3℃温度下，烘4±0.5 h，取出后分别用研钵研成粉末备用。

5.5.3.2 变色评定

将A、B试样粉末分别倒在玻璃板上，用刮刀压平，使试样的边缘相邻，在散射光线下目测评定其色差。

5.5.3.3 结果表示

A、B试样的目测评定色差结果，分别用"近似"、"微"、"稍"、"较"四级表示。

5.5.3.4 平行试验

需做两份平行试验，其结果应相同。

5.6 **耐光试验**

5.6.1 材料

a. 符合GB 2015的白色硅酸盐水泥，白度为二级；

b. 符合GB 178的水泥强度试验用标准砂。

5.6.2 仪器设备

a. 搅拌锅及搅拌铲；

b. 模型(见下图)：材料采用优质木材，木模应涂以无污染的涂料，使其不致吸水。使用时可用C型夹固定；

c. 振动台；

d. 符合GB 730的耐光和耐气候色牢度蓝色羊毛标准；

e. 符合GB 250的评定变色用灰色样卡；

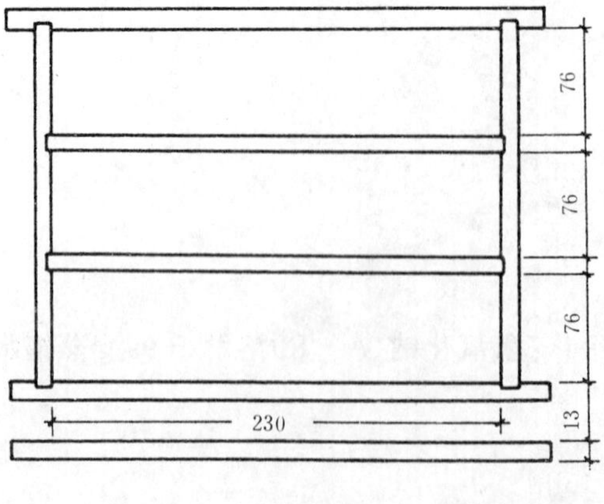

**f.** 黑色卡纸；

**g.** 天然日晒玻璃框：以厚约 3 mm 均匀无色的窗玻璃和木框构成，木框四周有小孔，使空气流通，并不受雨水和灰尘的影响，曝晒试样与玻璃间距为 20～50 mm。

5.6.3 试验步骤

5.6.3.1 试样制备

按水泥：砂：水＝1：2.5：0.44 的比例分别称取白色硅酸盐水泥、标准砂和水备用。颜料用量根据不同色调按表 2 称取。若为浆状颜料时，则按含固量折算，将水泥和颜料置于搅拌锅内搅拌均匀，再加入标准砂混合搅拌均匀，最后加水拌成砂浆，将三联模型放于振动台面中央，把拌好的砂浆分两次注入模型内，每次振动 60±5 s。振动完毕后，用抹刀将砂浆表面抹平，在试件适当的位置写上编号，试件经室温养护 24±3 h 后脱模，然后继续室温养护 48 h。

5.6.3.2 耐光试验

以三块试件为一组，耐光和耐气候色牢度蓝色羊毛标准样卡为另一组，用黑色卡纸遮住每块试件及样卡的一半。将试件及蓝色羊毛标准样卡放于天然日晒玻璃框中。晒架与水平面呈当地地理纬度角朝南方向，注意框边阴影不落于试件上，并经常擦除玻璃上的灰尘，当晒至蓝色羊毛标准样卡中的 7 级褪色到相当于变色用灰色样卡的 3 级时即为终点。

采用快速曝晒时，可采用 1.5 kW 氙灯照射，其照射终点同上。

5.6.3.3 结果评定及表示

在散射光线下目测观察试件曝晒部分和揭去黑色卡纸遮挡部分的变色程度。结果分别以“近似”、“微”、“稍”、“较”四级表示。

**5.7 三氧化硫含量测定**

5.7.1 材料

**a.** 盐酸(1：1)(*V*/*V*)：密度为 1.84 g/cm³ 的盐酸(A.R.)以同体积蒸馏水稀释；

**b.** 硝酸(1：1)(*V*/*V*)：密度为 1.42 g/cm³ 的硝酸(A.R.)以同体积蒸馏水稀释；

**c.** 5%氯化钡：将 5 g 氯化钡(A.R.)溶解于 95 g 蒸馏水中；

**d.** 1%硝酸银：将 1 g 硝酸银溶解于约 50 mL 水中，加入 1：1 硝酸 15 滴，再以蒸馏水稀释至 100 mL，贮存于棕色瓶中；

**e.** 蒸馏水或去离子水。

5.7.2 仪器设备

**a.** 瓷坩埚：20～25 mL；

**b.** 烧杯：容量 300 mL；

**c.** 滤纸：中速定量和定性滤纸；

**d.** 高温炉；

**e.** 天平：感量 0.000 1 g；

**f.** 干燥器；

**g.** 普通玻璃漏斗：$\phi$60 mm；

**h.** 电炉。

5.7.3 试验步骤

精确称取约 0.200 0～0.500 0 g 样品于烧杯中，再将 20 mL1：1 的盐酸倒入烧杯中，用玻璃棒将样品和盐酸搅拌均匀，煮沸 5 min。再加入约 50 mL 水，煮沸 5 min。用中速定性滤纸，趁热过滤，用热水洗涤。在滤液中加入 150～200 mL 水煮沸，在不断搅拌下，徐徐滴入过量的氯化钡溶液(大约 10～20 mL)，煮沸 5～10 min。静止过夜，用中速定量滤纸过滤，并洗涤沉淀至无氯离子。将沉淀及滤纸一并移入已于 800～850℃下恒重的瓷坩埚中灰化后，在 800℃高温炉中灼烧 30～60 min，取出置于干燥器中冷却，称重，反复灼烧，直至恒重。

三氧化硫含量 $X(\%)$ 按下式计算：

$$X = \frac{(m_2 - m_1) \times 0.343\,0}{m} \times 100$$

式中：$m$——试样质量，g；

$m_1$——坩埚质量，g；

$m_2$——坩埚与沉淀质量，g；

0.343 0——硫酸钡对三氧化硫的换算系数。

**5.8 凝结时间差测定**

凝结时间差为掺颜料混凝土与基准混凝土凝结时间之差。试样的颜料掺加量分别取表2值，若为浆状颜料，则按固体含量折算，试样取用砂浆试样，其配合比为水泥：砂：水＝1：2.5：0.44。测定方法按 GB 8076 有关条款执行。

**5.9 混凝土抗压强度比测定**

混凝土抗压强度比为掺颜料混凝土与基准混凝土同龄期抗压强度之比，试件取用 7.07 cm×7.07 cm×7.07 cm 试件，颜料掺加量分别取表2值，若为浆状颜料，则按固体含量折算，砂浆配合比为水泥：砂：水＝1：2.5：0.44。试验方法按 GBJ 81 和 GBJ 107 进行。

## 6 检验规则

**6.1 检验分类**

产品检验分出厂检验和型式检验。

6.1.1 出厂检验项目：出厂检验的项目有粉末颜料 105℃挥发物、水溶物、三氧化硫等项检验。

6.1.2 型式检验项目：型式检验要求对本标准规定的所有技术要求全部进行检验。

**6.2 出厂检验**

6.2.1 批量

生产厂应根据产量和生产设备条件，将产品分批编号，同一编号的产品必须是混合均匀的。规定以 5 000 kg(200袋)为一批。

6.2.2 取样

按 GB 9285 执行。试样量为 200 g。

6.2.3 试样及留样

将所取之试样分为两等分，装入两个清洁、干燥的棕色磨口广口瓶中，贴上标签，注明生产厂名、产品名称、批号和生产日期。一瓶作检验之用，另一瓶密封保存，备查。

6.2.4 判定规则

出厂检验结果全部符合本标准技术要求中相应等级性能指标时，产品判为该等级。

6.2.5 复验

用户对出厂检验结果有异议时，可以提出复验，复验样品采用合同规定样品或生产厂封存样品。委托供需双方同意的质检机构进行检验。如检验结果合格，则复验费用由用户负责；如复验结果不合格，则复验费用由生产厂负责。

**6.3 型式检验**

6.3.1 有下列情况之一时，一般应进行型式检验：

**a.** 新产品或老产品转厂生产的试制、定型、鉴定；

**b.** 正式生产后，如设备、材料、工艺有较大改变，可能影响产品性能时；

**c.** 正常生产时，每6个月进行一次周期性检验；

d. 产品长期停产恢复生产时；

e. 出厂检验结果与上次型式检验结果有较大差异时；

f. 国家质量监督机构提出进行型式检验要求时。

6.3.2 取样

按 GB 9285 执行，取样量为 3 000 g，所取之试样按 6.2.3 处理。

6.3.3 判定规则

型式检验结果全部符合本标准技术要求中相应等级性能指标时，产品判为该等级。

## 7 包装、标志、运输及贮存

### 7.1 包装

粉末状颜料包装材料用塑料编织袋内衬薄膜袋或用合成材料薄膜袋，每袋净重 25 kg，浆状颜料包装材料为聚氯乙烯塑料桶，每桶净重 25 kg。

### 7.2 标志

包装标志包括生产厂名、产品名称、型号、批号、等级、生产日期、贮存日期、净重、本标准号及“小心轻放”、“注意防潮”等字样。

### 7.3 贮存

产品应贮存于通风、凉爽、干燥处。严禁与酸碱物品接触。

按上述保管条件，未拆开包装的粉状颜料产品有效贮存期为 3 年，浆状颜料为 1 年。

### 7.4 运输

有关运输事项，以运输部门的规定为准。

---

**附加说明：**

本标准由国家建筑材料工业局苏州混凝土水泥制品研究院负责起草。

本标准主要起草人许如源、韩静云。

# 前　　言

本标准是对原中华人民共和国专业标准 ZBQ 14002.1～14002.4—1988《农房混凝土构件检测方法》的修订。

在修订时，依据 GBJ 10—1989《混凝土结构设计规范》和 GBJ 321—1990《预制混凝土构件质量检验评定标准》，结合农房混凝土构件生产、使用特点，主要对构件结构性能检验作了修改。另外，还增加了原材料性能检验内容。

本标准自实施之日起，原 ZBQ 14002.1～14002.4—1988 同时作废。

本附录的附录 A 是标准的附录。

本标准的附录 B 是提示的附录。

本标准由全国水泥制品标准化技术委员会提出并归口。

本标准起草单位：国家建筑材料工业局苏州混凝土水泥制品研究院。

本标准参加单位：河南省温县建委建筑工程质量监督站、江苏省泰兴市水泥构件厂、江苏省扬中县建筑材料厂、安徽省宿州市淮海建材厂、江苏省张家港市产品质量监督检验所。

本标准主要起草人：庄启才、陆乃鼎、马虎臣、田福寿、王纪亮、韩照根、王作儒。

中华人民共和国建材行业标准

JC/T 624—1996

# 农房混凝土构件质量检测方法

## 1 范围

本标准规定了农房混凝土构件混凝土抗压强度、外观质量和尺寸、力学性能以及原材料性能的检测方法。

本标准适用于农房用混凝土及预应力混凝土预制构件(以下简称农房构件)的质量检测。

农房构件系指适用于农村和乡镇建造的住房、办公室、中小学教室、文化室、小型生产房屋、仓库、畜棚等结构承重构件,主要包括楼板、檩条、梁、挂瓦板、屋面板、屋架等中小型构件。

## 2 引用标准

下列标准所包含的条文,通过在本标准中引用而构成为本标准的条文。本标准出版时,所示版本均为有效。所有标准都会被修订,使用本标准的各方应探讨使用下列标准最新版本的可能性。

GB/T 228—1987 金属拉力试验方法

GBJ 81—1985 普通混凝土力学性能试验方法

## 3 总则

3.1 检测内容

a) 原材料性能;

b) 构件混凝土的抗压极限强度(以下简称抗压强度);

c) 构件外观质量和尺寸;

d) 构件力学性能。

3.2 检测报告内容

a) 试件名称、型号、数量、编号、规格尺寸;

b) 试件来源和生产日期;

c) 试验日期;

d) 原材料品种及规格,混凝土配合比、成型、养护方法及制度;

e) 试验用主要设备与仪表;

f) 试验结果计算;

g) 检测单位与检测人员签章。

3.3 检测要求

生产农房构件的企业,应按本标准规定的内容逐项进行检测。凡暂时尚未具备检测手段和条件的企业,也必须委托有关单位检测。检测的原始数据应建档妥善保存,以作备查。

## 4 混凝土抗压强度检验

4.1 试件

4.1.1 试件形状、尺寸

国家建筑材料工业局1996-07-10批准　　1997-01-01实施

试件采用150mm×150mm×150mm的标准立方体试块。若采用100mm×100mm×100mm立方体试块,所得到的混凝土抗压强度值必须乘以0.95修正系数。

4.1.2 试块数量

4.1.2.1 检验混凝土设计强度等级用的试块,在同一原材料、配合比及相同生产工艺条件下,每周至少成型两组。

4.1.2.2 检验构件放张预应力筋或脱模强度用的试块,每生产班至少成型一组,检验构件出厂强度用的试块每生产班也必须至少成型一组。

4.1.2.3 混凝土抗压强度试块每组为三块。

4.1.3 混凝土试块制备

4.1.3.1 试块所用原材料和配合比必须与构件相同。

4.1.3.2 试块的制作应符合GBJ 81的要求。试块脱膜后对其表面有缺陷的应用稠水泥浆填补平整。

4.1.3.3 检验混凝土设计强度等级用的试块,必须在温度为20℃±3℃和相对湿度为90%以上的潮湿环境或水中的标准条件下连续养护28天;检验构件放张预应力筋或脱膜强度以及出厂强度用的试块,必须采用与构件相同条件养护。

4.2 仪器设备

4.2.1 试模

采用可拆装的立方体金属模,装配后各接触面应互相垂直,内部表面应经过刨光,其内部尺寸的允许偏差如下:棱边长度不超过±1%,直角不超过±2°。

4.2.2 振动台

振动台的振动频率为50Hz±3.3Hz,负荷时的振幅为0.35mm。

4.2.3 试验机

混凝土试块抗压强度试验采用压力试验机或万能试验机,其负荷示值精度为±2%。

4.2.4 标准养护箱或标准养护池

4.3 试验步骤

4.3.1 将试块擦干,并测定其三个方向的尺寸,精确至1mm。试块的受力截面积按试块与试验机垫板的接触面计算。

4.3.2 将试块的成型面垂直置于试验机上、下垫板之间的中部。

4.3.3 启动试验机,并以每秒0.2~0.3MPa的速度连续均匀加荷,直至试块破坏,记录破坏荷载。

4.4 结果计算

4.4.1 每块混凝土抗压强度按式(1)计算:

$$f_{cc}=\frac{P}{F} \qquad (1)$$

式中:$f_{cc}$——每块混凝土抗压强度,(精确至0.1MPa),MPa;

$P$——试块破坏荷载,N;

$F$——试块承压面积,$mm^2$。

4.4.2 每组三块混凝土试块的平均抗压强度按式(2)计算:

$$\mu f_{cc}=\frac{f_{cc1}+f_{cc2}+f_{cc3}}{3} \qquad (2)$$

式中: $\mu f_{cc}$——每组混凝土试块平均抗压强度(精确至0.1MPa),MPa;

$f_{cc1}$、$f_{cc2}$、$f_{cc3}$——分别为一组混凝土试块中第1、第2、第3块的抗压强度值,MPa。

如果同一组三块试块中的最大或最小的强度值与中间值相比,其差值超过中间值的15%时,以中间值代表该组抗压强度;如果同一组三块试块中的最大和最小的强度值与中间值的差值均超过中间值的15%时,则该组混凝土试块的试验结果无效。

## 5 外观质量及尺寸检测

### 5.1 外观质量

5.1.1 测量器具

a) 平面放大镜，其放大倍数为3～5倍；

b) 钢直尺，其量程为300mm，示值精度为1mm；

c) 刻度放大镜，其测量精度为0.05mm；

d) 标准插针，其直径为2mm带有刻度的钢针，示值精度为1mm；

e) 保护层厚度测定仪。

5.1.2 检测内容和方法

5.1.2.1 露筋

a) 凡构件内部配置的主筋、副筋和箍筋外露于混凝土表面(预应力构件两端外露筋除外)，称为露筋。

b) 露筋的检测方法采用目测，凡能用肉眼看到钢筋外露混凝土表面者，均按露筋处理，并在露筋部位作出标志。

c) 凡构件表面有一处露筋者，即按该构件有露筋处理。

5.1.2.2 裂缝

a) 凡构件表面用放大镜观测到的缝隙，即为裂缝。

b) 裂缝的检测按下列方法进行：

——先用肉眼或用3～5倍平面放大镜寻找构件表面裂缝部位，并作出标志；

——在有裂缝标志处用丙酮刷二次后，立即用精度为0.05mm的刻度放大镜测量裂缝宽度，并按编号记录；

——构件的裂缝按测得的最大裂缝宽度作为该构件的裂缝宽度指标。

5.1.2.3 蜂窝、麻面和孔洞

a) 凡构件出现表面疏松、石子架空，构成深度小于7mm者作为蜂窝；凡构件表面有缺浆、起砂、粘皮者作为麻面；凡构件出现直径超过4mm，深度超过7mm孔穴者作为孔洞。

b) 蜂窝、麻面和孔洞按下列方法检测：

——先对构件各面目测，并在蜂窝或麻面、孔洞处作出标志。

——选择构件最严重的蜂窝、麻面和孔洞的一个面，用标准插针和钢直尺测量并分别计算其深度、面积和数量。

——蜂窝、麻面按构件同一个面的总面积计算，精确至1%，孔洞按实际数量计算。

5.1.2.4 缺角、掉边

a) 构件的缺角、掉边系指构件端部的直角及边缘的破损。

b) 构件的缺角、掉边采用直角靠尺从端部量至直角破损部位的距离。

c) 构件的缺角、掉边以其破损部位的最大长度、宽度和深度计算，精确至1mm。

5.1.2.5 端部疏松

a) 端部疏松系指构件端部因混凝土振捣不密实而使混凝土松散。

b) 测量端部疏松先采用目测，再用小锤轻击构件端部，凡有一处被击落者，按端部疏松处理。

5.1.2.6 活筋

a) 活筋系指预应力筋在锚固区段内呈现松动者。

b) 活筋测量方法宜用手指扳动，凡松动者按活筋处理。

5.1.2.7 凸肋疤瘤

a) 凸肋疤瘤系指因模板缺陷而使构件混凝土表面产生局部高差大于5mm的肋状或疤瘤状者。

b）检测凸肋疤瘤时先用目测再用靠尺、直尺测量。

5.2 尺寸

5.2.1 测量器具

a）钢卷尺，其量程为10m，示值精度为1mm。

b）钢直尺，其量程为500mm，示值精度为1mm。

c）钢角尺（辅助量具），其规格为高315mm，宽200mm，精度为3级。

d）2m靠尺和楔形塞尺。

e）混凝土保护层厚度测定仪，其测量精度为±1mm。

5.2.2 检测内容和方法

5.2.2.1 构件的长度

a）构件的长度系指平行于构件纵向轴线两端之间的距离。

b）测量构件长度应用钢卷尺分别测量构件对称面上、下纵向两端之间的距离；测量圆形构件长度应用钢卷尺对称测量两个端部之间的距离。

c）测量长度时应避开构件的飞边，局部不平、缺棱、掉角等部位。

d）构件长度以测得数据中的最大和最小值作为构件的实测长度的评定指标。

5.2.2.2 构件的宽度和肋宽

a）构件的宽度系指构件在正位状态下，与构件轴线相垂直的横截面两边之间的距离；肋宽系指带肋构件肋的宽度。

b）构件宽度应用钢直尺或钢卷尺测量构件正、反两面跨中和距离端部100mm处横截面方向的距离；肋宽则应用钢直尺在构件端部分别测量其底部和上部肋的宽度，当肋有倾斜度时，还需加测两端肋顶面两个点的宽度。

c）构件的宽度和肋宽均以测得数据中的最大和最小值作为实测宽度的评定指标。

d）圆形构件应用钢直尺分别测量其两端垂直端部直径。

5.2.2.3 构件的高度和厚度

a）构件的高度系指与构件轴线相垂直的横截面上、下两面之间的距离；构件的厚度系指带肋构件的板厚或环形构件的壁厚。

b）构件的高度应用钢直尺分别在离构件端部100mm处和中部测量；厚度则在构件两端用钢直尺测量。

c）构件的高度和厚度以测量数据中的最大和最小值作为其评定指标。

5.2.2.4 构件中钢筋（丝）的混凝土保护层厚度

a）钢筋（丝）的混凝土保护层厚度，系指构件内钢筋（丝）的外边缘至构件外表面之间的厚度。

b）混凝土保护层厚度采用保护层厚度测定仪分别测量构件两个端部和中部至少三处的厚度。

c）混凝土保护层厚度以测得数据中的最大和最小值作为评定值。

5.2.2.5 表面平整度和侧向弯曲

a）表面平整度指构件表面的最大高低偏差；侧向弯曲指构件在正位状态下，侧向偏离直线的最大差值。

b）构件表面平整度和侧向弯曲应分别测量构件上表面和两个侧向表面。

c）测量平整度时，在构件表面目测选取最大偏差两处，用2m靠尺和楔形塞尺检查，并以二处中的最大值作为构件的平整度指标，精确至1mm；测量侧向弯曲时，分别在构件侧向表面的两端垫同厚度垫块并用拉线拉紧，再用直尺在构件中部和其他任意两点处（目测最大处）测量拉线至构件侧表面的垂直距离，并以其最大值作为构件侧向弯曲的指标。

5.2.2.6 预留孔、洞及预埋件

构件中的预留孔和圆孔孔径、洞及预埋件的位置，均用直尺在其纵、横两个方向测量。

5.2.2.7 对角线差

一般指平面板类构件对角角顶之间两条直线距离之差，用钢卷尺测量。

5.2.2.8 端部垂直倾斜度

一般指梁类构件端部立面与其底平面的垂直偏差，用线锤或角尺及钢直尺或塞尺测量。

## 6 力学性能检验

6.1 试件

6.1.1 试件(以下称构件)必须经过外观质量及尺寸检验合格。

6.1.2 试验前应测量构件的实际尺寸，并详细记录。需要观测裂缝的构件，应在其底面和侧面用石灰水刷白。

6.2 试验条件

6.2.1 试验仪器与设备

a) 百分表及百分表架，百分表示值精度为 0.01mm；

b) 刻度标尺，示值精度为 1mm；

c) 加荷装置，详见图 3～图 6。

6.2.2 试验场地与环境

试验应在远离振源的室内或棚内进行，场地应平整，支墩基础应坚实。应在 0℃以上的环境中进行试验。

6.2.3 支承方式

檩条、楼板、屋面板及屋架均属一般简支构件，试验时应一端采用铰支承，另一端采用滚动支承见图 1；屋架的滚动支承构造见图 2。

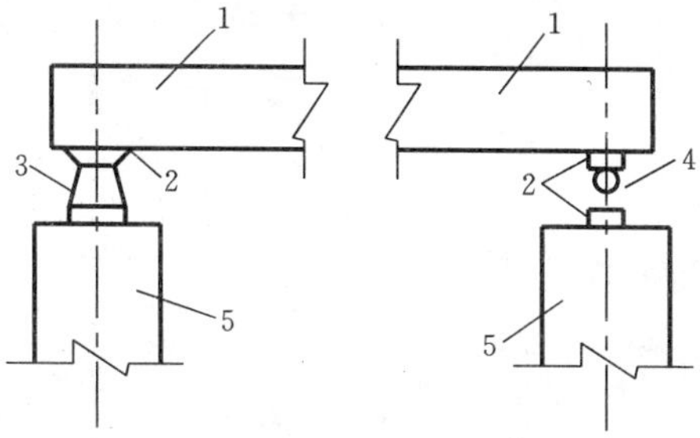


铰支承

1—构件；2—钢垫板；3—三角形钢；

4—圆钢；5—支墩

图 1 梁、板类构件支承

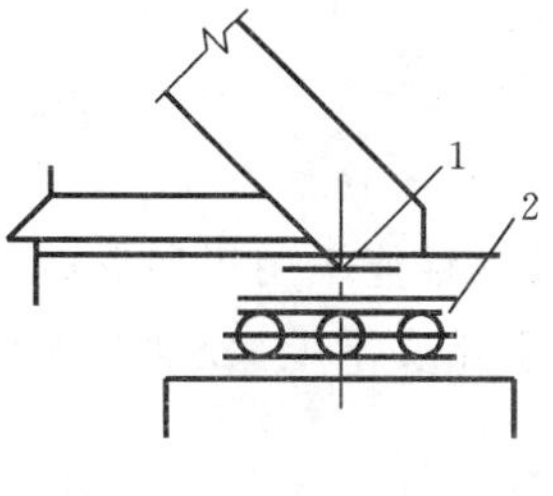


滚动支承

1—半圆形钢；2—圆钢

图 2 屋架滚动支承

6.2.4 荷载布置

6.2.4.1 构件的试验荷载布置应符合设计规定。

6.2.4.2 当试验荷载布置不能完全与设计规定相符时，应按荷载效应等效的原则换算。

6.2.5 加荷方法

6.2.5.1 梁、檩条宜采用四分点吊篮或千斤顶加荷，荷载布置见图 3。

6.2.5.2 楼板、屋面板宜采用荷重块均布加荷、荷载布置见图 4。

6.2.5.3 屋架宜采用节点吊篮加荷，荷载布置见图 5。

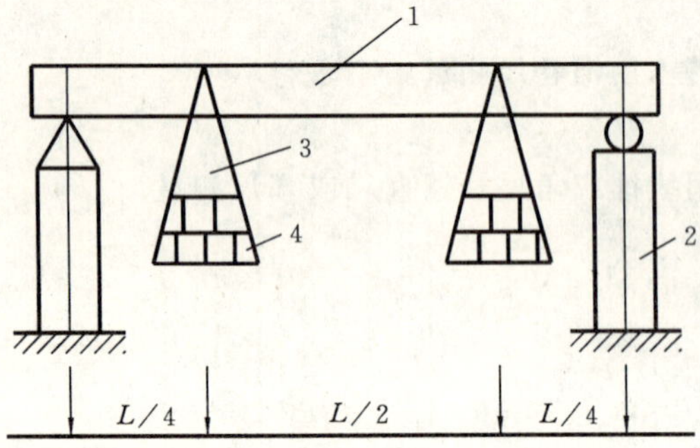


1—构件；2—支墩；3—吊篮（或千斤顶）；

4—荷重块；$L$—计算跨度

图 3　梁式构件荷载布置

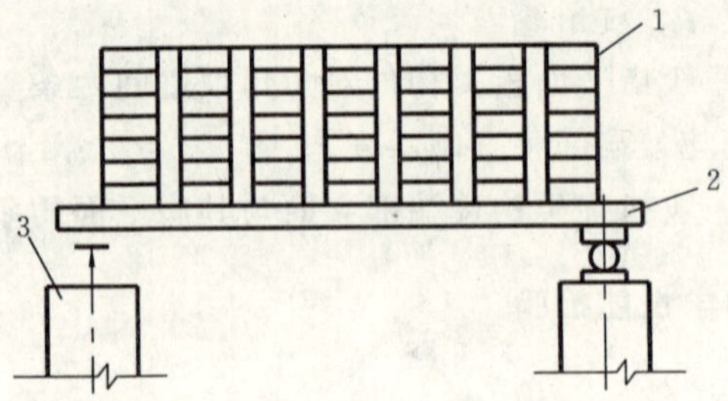


1—荷重块；2—构件；3—支墩

图 4　板类构件荷载布置

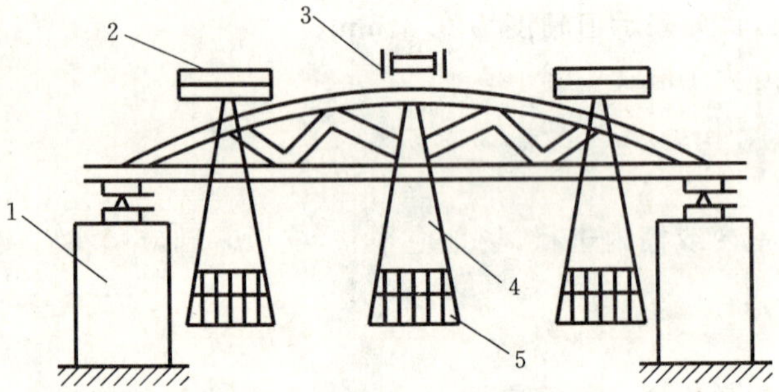


1—支墩；2—分配梁；3—构件；4—吊篮；5—荷重块

图 5　屋架荷载布置

6.3　试验方法及步骤

构件的力学性能采用短期静载试验方法。

6.3.1　构件置于支承上，分别在支承和跨中处布置仪表（见图 6）。

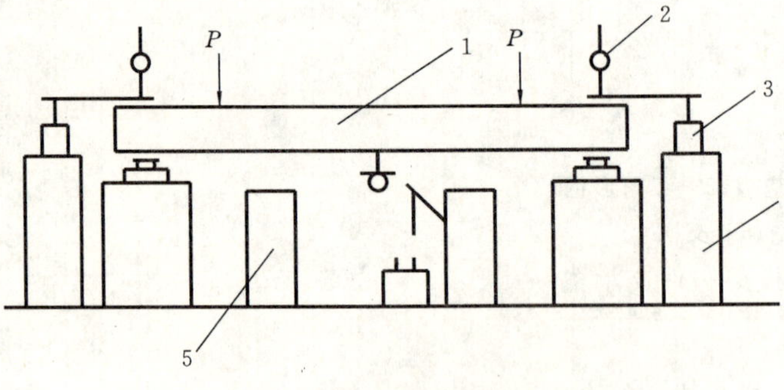


1—构件；2—百分表；3—百分表架；4—支墩；

5—保护支墩；$P$—集中荷载

图 6　仪表布置示意图

6.3.2　调整百分表读数，使支承处百分表调整到中间读数，跨中处百分表调整一个初读数。

6.3.3　按规定加荷方法分项加荷

6.3.3.1　取正常使用短期荷载检验值的 40%（包括构件自重和加荷设备质量）进行预压，以检查试验装置及构件质量，持续 15min 后卸去荷载，并对支承处和跨中处百分表重读一个初读数。

6.3.3.2　当荷载小于正常使用短期荷载检验值时，从第一级加荷开始，每级荷载取该荷载值的 20%加荷（第一级荷载需包括构件自重及加荷设备质量）；当荷载超过该荷载值时，每级荷载取该荷载值的

10%;当荷载接近抗裂荷载检验值时,每级荷载取正常使用短期荷载检验值的5%,当接近承载力荷载检验值时,每级荷载取承载力检验荷载设计值的5%,直至试件破坏。

6.3.3.3 每级荷载加完后,应持续10～15min,在正常使用短期荷载检验值作用下宜持续30min,在每次持续时间结束时,观察并记录各项试验数据。

6.4 结果计算

6.4.1 承载力

在对构件进行加荷试验过程中,构件出现表1所列检验标志之一时,即认为构件已达到承载能力极限状态。当在规定的荷载持续时间内出现上述检验标志之一时,应取本级荷载值与前一级荷载值的平均值作为其承载力检验荷载实测值;当在规定的荷载持续时间结束后出现上述检验标志之一时,应取本级荷载值作为其承载力检验荷载实测值;当在加荷过程中出现上述标志之一时,应取前一级荷载值作为其承载力检验荷载实测值。构件的承载力检验系数实测值,应根据不同加荷方法分别按式(3)～(7)计算。

当采用均布荷载试验时,按式(3)和式(4)计算:

$$\gamma_u^0=\frac{Q_u^0}{Q_d} \qquad (3)$$

$$Q_d=\gamma_G G_K+\gamma_Q Q_K \qquad (4)$$

当采用等效集中力加载模拟均布荷载进行试验时,按式(5)计算:

$$\gamma_u^0=\frac{F_u^0}{F_d} \qquad (5)$$

如采用两个对称集中荷载三分点加载进行正截面受弯的承载力检验时,其单点的承载力检验荷载设计值按式(6)计算:

$$F_d=\frac{3}{8}(\gamma_G G_K+\gamma_Q Q_K)L \qquad (6)$$

如采用两个对称集中荷载四分点加载进行正截面受弯的承载力检验时,其单点的承载力检验荷载设计值按式(7)计算:

$$F_d=\frac{1}{2}(\gamma_G G_K+\gamma_Q Q_K)L \qquad (7)$$

当采用其他形式的集中荷载加载进行正截面受弯的承载力检验时,应根据弯矩等效原则,确定其单点的承载力检验荷载设计值。

式中:$\gamma_u^0$——构件的承载力检验系数实测值;

$Q_u^0$、$F_u^0$——分别为均布荷载和集中荷载加载时的承载力检验荷载实测值,kN;

$\gamma_G$、$\gamma_Q$——分别为永久荷载和可变荷载的分项系数,一般情况下$\gamma_G$取1.2,$\gamma_Q$取1.4;

$G_K$、$Q_K$——分别为永久荷载和可变荷载的标准值,kN/m;

$L$——构件计算跨度,m;

$F_d$——承载力检验荷载设计值,kN。

表1 构件达到承载力极限状态时的检验标志

| 受力情况 | 检验标志 |
|---|---|
| 受弯 | 受拉主筋处的最大裂缝宽度达到1.5mm或挠度达到跨度的1/50 |
| | 受压区混凝土破坏,此时受拉主筋处的最大裂缝宽度小于1.5mm且挠度小于跨度的1/50 |
| | 受拉主筋拉断 |
| 受弯构件的受剪 | 腹部裂缝达到1.5mm,或斜裂缝末端受压混凝土剪压破坏 |
| | 沿斜截面混凝土斜压破坏,受拉主筋在端部滑脱或其他锚固破坏 |

6.4.2 挠度

构件的挠度反映构件在荷载作用下的刚度，一般可用百分表量测。当百分表达到最大量程时，需及时调整，当荷载接近破坏阶段时，应拆除百分表，改用弦线方法测量(图 7)。试验时，应量测构件跨中位移和支座沉陷，对板类构件，应在跨中量测截面的两边布置测点，并取其量测结果的平均值作为该处的位移。当试验荷载竖直向下作用时，对水平放置的构件，在正常使用短期荷载检验值($Q_s$ 或 $F_s$)和各级荷载下的跨中短期挠度实测值应按式(8)～(14)计算：

$$a_s^0=a_{qs}^0+a_g^0 \quad \cdots\cdots (8)$$

$$a_t^0=a_q^0+a_g^0 \quad \cdots\cdots (9)$$

$$a_q^0=U_m^0-\frac{1}{2}(U_L^0+U_r^0) \quad \cdots\cdots (10)$$

$$a_g^0=\frac{M_g}{M_b}a_b^0$$

或 $$a_g^0=\frac{Q_g}{Q_b}a_b^0 \quad \cdots\cdots (11)$$

式中：$a_s^0$——在正常使用短期荷载检验值下，构件跨中短期挠度实测值，mm；

$a_{qs}^0$——在正常使用短期荷载作用下，构件跨中挠度实测值，其计算方法同式(10)；

$a_t^0$——某级试验荷载作用下构件跨中的挠度实测值，mm；

$a_q^0$——某级外加试验荷载作用下构件跨中的挠度实测值，mm；

$U_m^0$——某级外加试验荷载作用下构件跨中的位移实测值，mm；

$U_L^0$、$U_r^0$——某级外加试验荷载作用下构件左、右端支座沉陷位移的实测值，mm；

$M_g$——构件自重与加荷设备重量产生的跨中弯距值，kN·m；

$M_b$——在正常使用短期荷载检验值之前构件出现裂缝的前一级外加试验荷载产生的跨中弯矩值，当裂缝出现在正常使用短期荷载检验值之后则采用正常使用短期荷载检验值所产生的跨中弯矩值，N·m 或 kN·m；

$a_b^0$——与 $M_b$ 相对应的外加试验荷载产生的跨中挠度实测值，mm；

$Q_g$——构件自重与加荷设备重量，kN/m 或 kN；

$Q_b$——与 $M_b$ 相应的外加试验荷载值，kN/m 或 kN。

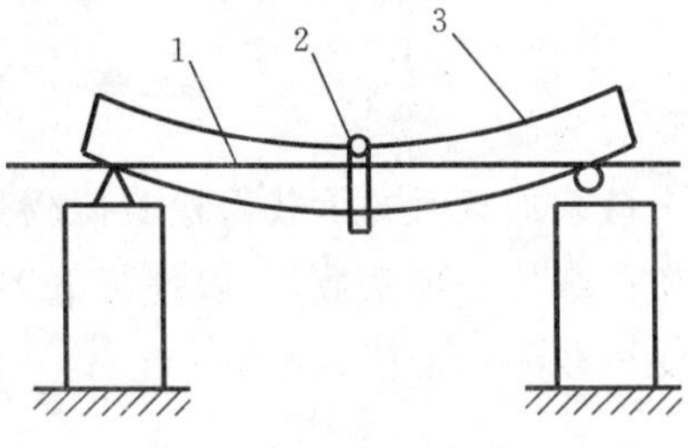


1—弦线；2—标尺；3—构件

图 7 挠度测量方法

正常使用短期荷载检验值($Q_s$，kN/m)，当采用均布加荷时：

$$Q_s=G_K+Q_K \quad \cdots\cdots (12)$$

当采用两个对称集中荷载三分点加载检验时，其单点的正常使用短期荷载检验值($F_s$，kN)为：

$$F_s=\frac{3}{8}(G_k+Q_k)L \quad \cdots\cdots (13)$$

但所得的挠度实测值应乘以修正系数 $\varphi$ 为 0.98。

当采用两个对称集中荷载四分点加载检验时，其单点的正常使用短期荷载检验值：

$$F_s=\frac{1}{2}(G_K+Q_K)L \quad \cdots\cdots (14)$$

但所得的挠度实测值应乘以修正系数，$\varphi$为 0.91。

如采用其他形式的集中荷载加载检验时，应根据弯矩等效原则确定。

6.4.3 抗裂

构件的抗裂以观测构件出现第一条裂缝时的荷载作为开裂荷载实测值。在对构件进行抗裂检验中，当在规定的荷载持续时间内出现裂缝时，应取本级荷载值与前一级荷载值的平均值作为其开裂荷载实测值；当在规定的荷载持续时间结束后出现裂缝时，应取本级荷载值作为其开裂荷载实测值，当在加荷过程中出现裂缝时，则取前一线荷载作为开裂荷载实测值，观察裂缝出现可采用放大镜。构件的抗裂检验系数实测值 $\gamma_{cr}^0$ 按式(15)计算：

$$\left.\begin{aligned}\gamma_{cr}^0&=\frac{Q_{cr}^0}{Q_s}\\ &\text{或}\\ \gamma_{cr}^0&=\frac{F_{cr}^0}{F_s}\end{aligned}\right\} \quad \cdots\cdots (15)$$

式中：$Q_{cr}^0$——均布加荷时构件的开裂荷载实测值，kN；

$F_{cr}^0$——集中荷载加载时构件的开裂荷载实测值，kN。

在试验中，如果未能观测到第一条正截面裂缝的出现，则可取荷载-挠度曲线(图 8)上的转折点(即曲线第一弯转段两端点切线的交点)的荷载值作为构件的开裂荷载实测值。

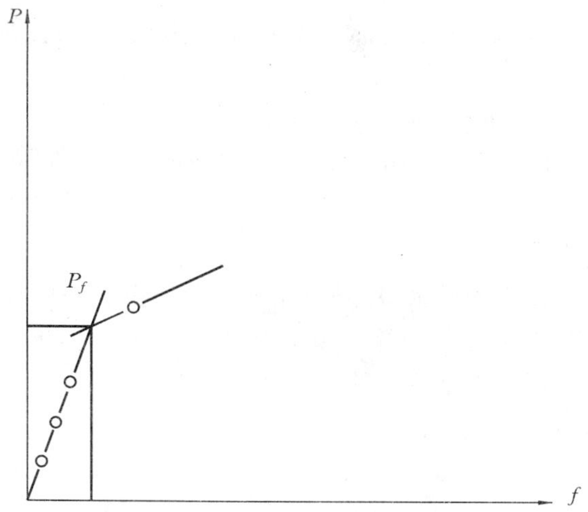


图 8 荷载-挠度曲线

6.4.4 裂缝宽度

观测裂缝宽度用精度为 0.05mm 的刻度放大镜，受弯构件中的受拉主筋处的裂缝宽度均在构件侧面观测；对斜截面裂缝，应观测腹部斜裂缝宽度。构件的裂缝宽度检验以在正常使用短期荷载检验值下受拉主筋处的最大裂缝宽度实测值作为评定依据。

6.4.5 试验记录与数据整理

试验结果应详细记录(参见附录 B)，必要时需绘制裂缝图及荷载-挠度曲线。

## 附 录 A
（标准的附录）
## 原材料性能检测方法

### A1 范围

本方法规定了生产农房混凝土构件用砂、石及冷拔钢丝性能试验的试样、器具设备、方法步骤和结果计算等。

本方法适用于生产农房混凝土构件用的砂、石质量及冷拔钢丝机械性能检测。

### A2 砂

A2.1 器具、设备

A2.1.1 套筛，其孔径为0.080，0.160，0.315，0.630；1.25mm方孔筛以及2.50，5.00和10mm圆孔筛。

A2.1.2 托盘天平，其称量为1 000g，感量为1g。

A2.1.3 烘箱，能使温度控制在105℃±5℃。

A2.1.4 浅盘和容器。

A2.2 检测内容和方法

A2.2.1 筛分析

A2.2.1.1 试样

采用四分法缩分并烘干（或炒干）至恒重的干砂冷却至室温后称取两份试样各500g。

注

1 试样需通过10mm圆孔筛，并计算其筛余百分率（下同）。

2 恒重系指在相邻两次称量间隔时间大于3h的情况下，前后两次称量之差小于该试验所要求的称量精度（下同）。

A2.2.1.2 试验步骤

砂子筛分析试验按下列步骤进行：

a）称取试样500g±1g，置于按筛孔大、小顺序排列的套筛最上一只的5.00mm筛上；

b）用振筛机或手工摇筛，直至每分钟筛出量不超过试样总质量的0.1%为止，通过的颗粒并入下一号筛再一起过筛，这样顺序进行，直至各号筛全部筛完为止；

c）称量各号筛上的筛余量，精确至1g。

A2.2.1.3 结果计算

各号筛上的分计筛余百分率按式（A1）计算：

$$B_i=\frac{n_g}{g}\times 100 \qquad \text{(A1)}$$

式中：$B_i$——某号筛的分计筛余百分率，%；

$n_g$——某号筛上筛余量，g；

$g$——试样总量，g。

注：各号筛上筛余量均不得超过200g，否则应将该筛余试样分成两份再筛分。

各号筛上的累计筛余百分率按式（A2）计算：

$$A_i=B_i+\Sigma B_n \qquad \text{(A2)}$$

式中：$A_i$——某号筛累计筛余百分率，%；

$B_n$——大于该号筛的各分计筛余百分率，%；

$\Sigma$——相加总和。

细度模数按式(A3)计算：

$$M_x=\frac{(A_2+A_3+A_4+A_5+A_6)-5A_1}{100-A_1} \quad\cdots\cdots\cdots\cdots \text{(A3)}$$

式中： $M_x$——评定砂子颗粒级配及粗细程度的细度模数；

$A_1$、$A_2$、$A_3$、$A_4$、$A_5$、$A_6$——分别为 5.00，2.50，1.25，0.630，0.315，0.160mm 各号筛上的累计筛余百分率。

筛分试验采用两个试样进行试验，并以其试验结果的算术平均值作为测定值。若两次试验所得细度模数之差大于 0.2，则应重新进行试验。

A2.2.2 含泥量

A2.2.2.1 试样

采用四分法缩分并烘干(或炒干)至恒重的干砂冷却至室温后称取两份试样各 500g。

A2.2.2.2 试验步骤

砂子含泥量按下列步骤检验：

a) 将试样置于容器中并注入水(使水面高出试样约 200mm)充分搅拌并浸泡 2h 后再淘洗试样，使尘屑、淤泥和粘土与砂粒分离，悬浮或溶于水中。

b) 将浑浊液缓缓倒入 1.25 及 0.08mm 的套筛上，滤去小于 0.08mm 的颗粒。

c) 再次加水于容器中，重复上述过程，直至水清为止。

d) 取出试样(包括筛中残留颗粒)并烘干至恒重。

A2.2.2.3 结果计算

砂的含泥量按式(A4)计算，精确至 0.1%：

$$Q=\frac{g_0-g_1}{g_0}\times 100 \quad\cdots\cdots\cdots\cdots \text{(A4)}$$

式中：$Q$——砂含泥量，%；

$g_0$——试验前的烘干试样质量，g；

$g_1$——试验后的烘干试样质量，g。

注

1 以两个试样试验结果的算术平均值作为测定值。若两次结果的差值超过 0.5%时，则应重新进行试验。

2 也可用虹吸管法进行砂子含泥量试验。

## A3 石子

A3.1 器具、设备

A3.1.1 石子标准筛，其孔径规格为 2.50，5.00，10.0，15.0，20.0，25.0，30.0，40.0mm 的圆孔筛。

A3.1.2 托盘天平或台秤，称量应与表 A1 规定相对应，其感量为试样质量的 0.1%。

表 A1 石子筛子试验所需试样最少质量

| 最大粒径，mm | 10 | 15 | 20(25) | 30 | 40 |
|---|---|---|---|---|---|
| 试样质量不少于，kg | 2 | 4 | 4 | 10 | 15 |

A3.1.3 烘箱，能使温度控制在 105℃±5℃。

A3.2 检测内容和方法

A3.2.1 筛分析

A3.2.1.1 试样

试样采用四分法缩分并烘干或风干，按表 A1 称取质量。

A3.2.1.2 试验步骤

石子筛分析试验，按下列步骤进行：

a）将试样依筛孔大、小顺序过筛，直至每分钟通过量不超过试样总量的 0.1%为止，但若某号筛上的筛余层的厚度超过石子最大粒径值，则应将该号筛上的筛余分成两份，再进行筛分。

b）称取各号筛上筛余的质量。

A3.2.1.3　结果计算

计算各号筛上的分计筛余百分率——各号筛上的筛余量除以试样总质量的百分数，精确至 0.1%。

计算各号筛上的累计筛余百分率——该号筛上的分计筛余百分率与孔径大于该号筛的各号筛上的分计筛余百分率之总和。

A3.2.2　含水率

A3.2.2.1　试样

试样数量应符合表 A2 规定，并分成两份备用。

表 A2　石子含水率试验所需试样最少质量

| 石子最大粒径，mm | 10 | 15 | 20(25) | 30 | 40 |
|---|---|---|---|---|---|
| 试样最少质量，kg | 2 | 2 | 2 | 3 | 3 |

A3.2.2.2　试验步骤

石子含水率试验按下列步骤进行：

a）将试样置于容器内，称出试样和容器共重，并在 105℃±5℃烘箱中烘干或炒干至恒重。

b）取出试样，冷却至室温后称出试样与容器共重。

A3.2.2.3　结果计算

石子含水率按式(A5)计算：

$$Z=\frac{g_1-g_2}{g_2-g_3}\times 100 \qquad \text{(A5)}$$

式中：$Z$——石子含水率，%；

$g_1$——烘干前试样与容器共质量，g；

$g_2$——烘干后试样与容器共质量，g；

$g_3$——容器质量，g。

注

1　以两次试验结果的算术平均值作为测定值。

2　砂子含水率试验方法除试样为 500g 外其余与石子相同。

A3.2.3　含泥量

A3.2.3.1　试样

试样采用四分法缩分至表 A3 规定的质量（注意防止细粉丢失）并烘干或炒干至恒重，冷却至室温后分成两份备用。

表 A3　石子含泥量试验所需试样最少质量

| 石子最大粒径，mm | 10 | 15 | 20(25) | 30 | 40 |
|---|---|---|---|---|---|
| 试样最少质量，kg | 2 | 2 | 5 | 10 | 10 |

A3.2.3.2　试验步骤

同 A2.2.2.2。

A3.2.3.3　结果计算

同 A2.2.2.3。

注：以两个试样的试验结果的算术平均值作为测定值。若两次结果差值超过 0.2%，则应重新取样试验。

## A4 冷拔丝质量

A4.1 器具、设备

A4.1.1 30kN 拉力试验机或 100kN 万能试验机，负荷示值精度±1%。

A4.1.2 钢直尺和游标卡尺，示值精度分别为 1mm 和 0.02mm。

A4.2 抗拉强度和伸长率

A4.2.1 试样

在外观质量检测合格盘内的任何一端先截去 500mm 后，再取一根长 400～500mm 的冷拔丝作为试样。

A4.2.2 试验步骤

A4.2.2.1 在试样长度方向的中部取 100mm，并刻划成 10 个等份，作为原始标距长度。

A4.2.2.2 将试样夹在拉力机上、下夹具的中心位置内，并以每秒钟 10～30MPa 的速度加荷，直至试样被拉断，并读出最大负荷(拉力)。

A4.2.2.3 将拉断后的试件紧密对接并量测标距长度内的距离。

注：钢筋试样的标距长度为其直径的 5 倍或 10 倍。其试验步骤与冷拔丝相同。

A4.2.3 结果计算

A4.2.3.1 抗拉强度按式(A6)计算：

$$f_{yt}=\frac{P_t}{F_0} \quad \cdots\cdots (A6)$$

式中：$f_{yt}$——冷拔丝抗拉强度，MPa；

$P_t$——试样拉断时的最大拉力，N；

$F_0$——试样原始横截面积，$mm^2$。

A4.2.3.2 伸长率按式(A7)计算：

$$\delta=\frac{L_1-L_0}{L_0}\times 100 \quad \cdots\cdots (A7)$$

式中：$\delta$——冷拔丝伸长率，%；

$L_0$——试样未拉伸前的原始标距长度，mm；

$L_1$——试样拉断后的标距长度，mm。

注

1 当试样断口处到邻近的标距端点距离小于或等于 $1/3L_0$ 时，则 $L_1$ 应按 GB 228 规定采用移位法测定。

2 试样断口在标距端点上或端点外，则试验结果无效。

## A5 试验报告

试验报告按 3.2 规定。

## 附 录 B

（提示的附录）

## 构件结构性能检验记录表

委托单位：　　　　　　　　　构件名称和型号：　　　　　生产日期：　　　　　试验日期：

| 项目 | 外型尺寸 mm | 保护层厚 度 mm | 主筋数量及规格 | 混凝土立方体抗压强度值 $N/mm^2$ | 正常使用短期荷载检验值 N或kN | 检 验 指 标 | | | |
|---|---|---|---|---|---|---|---|---|---|
| | | | | | | 承载力检验系数 | 挠度 mm | 抗裂检验系数 | 最大裂缝宽度 mm |
| 设计 | | | | | | | | | |
| 实测 | | | | | | | | | |
| | | | | | | | | | |
| 加荷简图、仪表位置及编号 | | | | | 裂缝情况及构件达到承载能力极限状态时的标志 | | | | |

| 加 荷 | | 荷载(N或kN) | | | 各测点位移，mm | | | | | | | | | | | | 挠度实测值 mm | 最大裂缝宽度实测值 mm | |
|---|---|---|---|---|---|---|---|---|---|---|---|---|---|---|---|---|---|---|---|
| | | 累计 % | 每级 | 累计 | 1 | | | 2 | | | 3 | | | 4 | | | | | |
| 次数 | 时间 | | | | 读数 | 差值 | 累计 | 读数 | 差值 | 累计 | 读数 | 差值 | 累计 | 读数 | 差值 | 累计 | | （ ）侧 | （ ）侧 |
| | | | | | | | | | | | | | | | | | | | |
| | | | | | | | | | | | | | | | | | | | |
| | | | | | | | | | | | | | | | | | | | |
| | | | | | | | | | | | | | | | | | | | |
| | | | | | | | | | | | | | | | | | | | |
| 结 论 | | | | | | | | | | | | | | | | | | | |

负责人：　　　　　　　　　　校核：　　　　　　　　　　记录：

中华人民共和国建材行业标准

JC/T 631—1996

# 钢丝网水泥板抗冲击性能试验方法

## 1 范围

本标准规定了钢丝网水泥板抗冲击性能试验方法。

本标准适用于公称厚度不大于 36 mm 的钢丝网水泥板在单向简支状态下，用落锤法进行的抗冲击性能试验。

## 2 引用标准

GB 7897 钢丝网水泥用砂浆力学性能试验方法

## 3 试件

3.1 试件形状、尺寸

试件形状、尺寸见图 1、表 1。

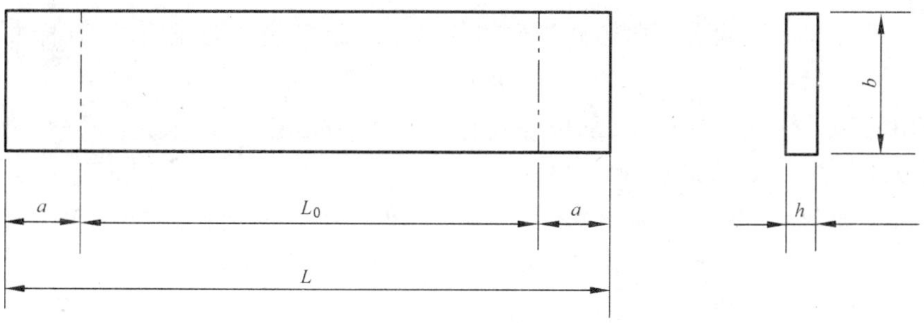


$L$—试件总长度；$L_0$—支座间距离；$a$—端部长度；$b$—试件宽度；$h$—试件厚度

图 1

表 1

mm

| $L$ | $L_0$ | $b$ | $a$ | $h$ |
|---|---|---|---|---|
| 500 | 400 | 100～200 | 50 | ≤36 |

3.2 试件数量

试件每组成型六块，试验时选取其中五块。

3.3 试模

成型试件用的试模宜采用钢质试模也可以采用木模，其尺寸允许偏差为：长度 $L$ mm±2 mm；宽度 $b$ mm±2 mm；厚度 $h$ mm±0.5 mm。试模内表面不平整度应不超过边长的 0.1%。

3.4 试件要求

3.4.1 试件所用原材料、砂浆配比、配筋、试件成型、养护方法与制度，应与有关标准、设计的要求或现场制作实际情况相符合。

3.4.2 试件内配置的筋、网应与试件宽度一致，纵向钢筋和网丝总根数按式(1)和式(2)确定：

国家建筑材料工业局 1996-03-21 批准　　1996-08-01 实施

$$n_j = \frac{b}{S_j} \quad \cdots\cdots (1)$$

$$n_w = \frac{b}{S_w} - 1 \quad \cdots\cdots (2)$$

式中：$n_j$——纵向钢筋总根数；

$n_w$——纵向网丝总根数；

$b$——试件宽度，mm；

$S_j$——纵向钢筋间距，mm；

$S_w$——纵向网丝间距，mm。

3.4.3 试件保护层厚度应严格控制，必须符合有关产品结构设计规范或设计要求，其偏差不得超过±0.5 mm。

3.4.4 试件外观质量应合格，表面平整光滑，不得有浮皮，上表面不平整度应不超过边长的0.1%，棱角整齐，厚度均匀，无干缩裂缝。

3.4.5 在制作钢丝网水泥板抗冲击试件时，需同时制作 40 mm×40 mm×160 mm 砂浆试件（每批1～3组，每组3块）。砂浆试件的制备应符合 GB 7897 有关规定并与同批钢丝网水泥板抗冲击试件相一致。在进行钢丝网水泥板抗冲击性能试验时，必须同时按 GB 7897 测定砂浆试件抗折、抗压和劈裂抗拉强度。

## 4 试验设备

4.1 钢丝网水泥板抗冲击试验采用落锤式试验方法进行。设备装置图见附录A（标准的附录）中图A1所示。

4.2 试验设备用底架、导杆架、导杆、支承板等要有足够的刚度，应坚实可靠。

4.3 试件支承方式为简支支承、支座间距离为400 mm。

4.4 落锤为淬火U形锤，质量为1 kg、2 kg、4 kg、8 kg，偏差±1%，硬度为HRC58～65，落距为0.5 m、1 m。落锤形状、尺寸如附录A（标准的附录）中图A2所示。

4.5 落锤设计应符合下面原则：

a）落锤应作用在试件全宽上；

b）落锤与试件接触面为线接触。

## 5 试验步骤

5.1 试验准备

5.1.1 试验前先将试件擦拭干净，检查其外观，试件不得有明显缺损，在两支座区内，不得有直径大于5 mm、深度大于2 mm的孔洞。用丙酮擦拭试件表面，根据湿痕检查试件有否干缩裂缝，符合3.4.4要求后方可进行试验。

5.1.2 在试件中部测量宽度和厚度，分别测量3点，取其平均值，读数应分别精确至0.5 mm和0.1 mm。

5.1.3 划定位线，按图1及表1数值确定，划线偏差不得超过±0.5 mm。

5.2 抗冲击性能测定

5.2.1 将试件安放在支座上，并按定位线定位。试件受冲击面应为试件成型时的上表面。

5.2.2 将压板放在支座处的试件上表面，压板与试件接触表面为圆弧形，压板中心线与试件定位线及支座标志线相重合，调节螺母使试件与压板呈微接触。

5.2.3 将落锤提升到规定的高度，落锤的落距是指落锤的下端点至试件表面的距离。

5.2.4 松开锁钩，让落锤自由落下，每次冲击应使落锤对准试件中心线。

5.2.5 试件初裂前和试件初裂后的落锤质量和落距，应根据板的配筋特征和几何尺寸按附录B(提示的附录)采用。

5.2.6 试件初裂前，在跨中区段应进行各级冲击荷载下的裂缝观测。每次冲击完毕应及时将试件移开支座，用丙酮擦拭试件的下表面，确定裂缝出现的部位，记录试件初裂时的冲击次数。用20倍读数显微镜测量初始残余裂缝宽度。试件初裂时的冲击次数应不少于4次。

5.2.7 记录试件破坏时的冲击次数，破坏的标志规定为试件的永久挠度 $f$ 达到50 mm，并记录试件的破坏部位。破坏时的总冲击次数不宜小于10次。

5.2.8 分别在试件初裂和破坏处各测3点保护层厚度，取平均值。读数精确至0.5 mm。

5.2.9 对1块试件的冲击试验，只限1次，多于1次无效，以第1次冲击试验为准。

## 6 结果计算与评定

### 6.1 结果计算

钢丝网水泥板抗冲击初裂强度和抗冲击破坏强度分别按式(3)、式(4)计算，精确至0.01 J/m²。

$$\sigma_{cf}=\frac{9.81\times n_{cf}\cdot G_2\cdot H_2}{b\cdot h} \qquad (3)$$

$$\sigma_p=\frac{9.81\times(n_{cf}\cdot G_1\cdot H_1+n_p\cdot G_2\cdot H_2)}{b\cdot h} \qquad (4)$$

式中：$\sigma_{cf}$——钢丝网水泥板抗冲击初裂强度，J/m²；

$\sigma_p$——钢丝网水泥板抗冲击破坏强度，J/m²；

$n_{cf}$——试件初裂时落锤的冲击次数；

$n_p$——试件破坏时落锤的冲击次数；

$G_1$——初裂前落锤质量，kg；

$G_2$——初裂后落锤质量，kg；

$H_1$——初裂前落锤的落距，m；

$H_2$——初裂后落锤的落距，m；

$b$——试件截面宽度，m；

$h$——试件截面厚度，m；

9.81——换算系数。

### 6.2 试验结果评定

6.2.1 钢丝网水泥板抗冲击强度试验结果剔除最大值和最小值，按每组3个算术平均值评定。

6.2.2 钢丝网水泥板抗冲击力学性能试验结果，出现下列情况之一者无效：

a) 当保护层厚度不满足设计要求或实际情况时；

b) 试件初始裂缝位于跨中区段外侧时；

c) 试验结果无法衡准时。

## 7 试验报告

试验报告应包括下列内容：

a) 试验项目名称、执行标准；

b) 试验目的与要求；

c) 试件成型日期、试验日期；

d) 试件编号、尺寸及配筋情况、保护层厚度、砂浆强度、落锤质量、落距；

e）试件来源、原材料品种及规格、砂浆配比、成型养护方法及制度；

f）试验设备；

g）试验结果：根据试验目的与要求给出钢丝网水泥板抗冲击强度试验值；

h）试验委托单位、试验单位及试验人员。

## 附　录　A
（标准的附录）
**钢丝网水泥板冲击试验机**

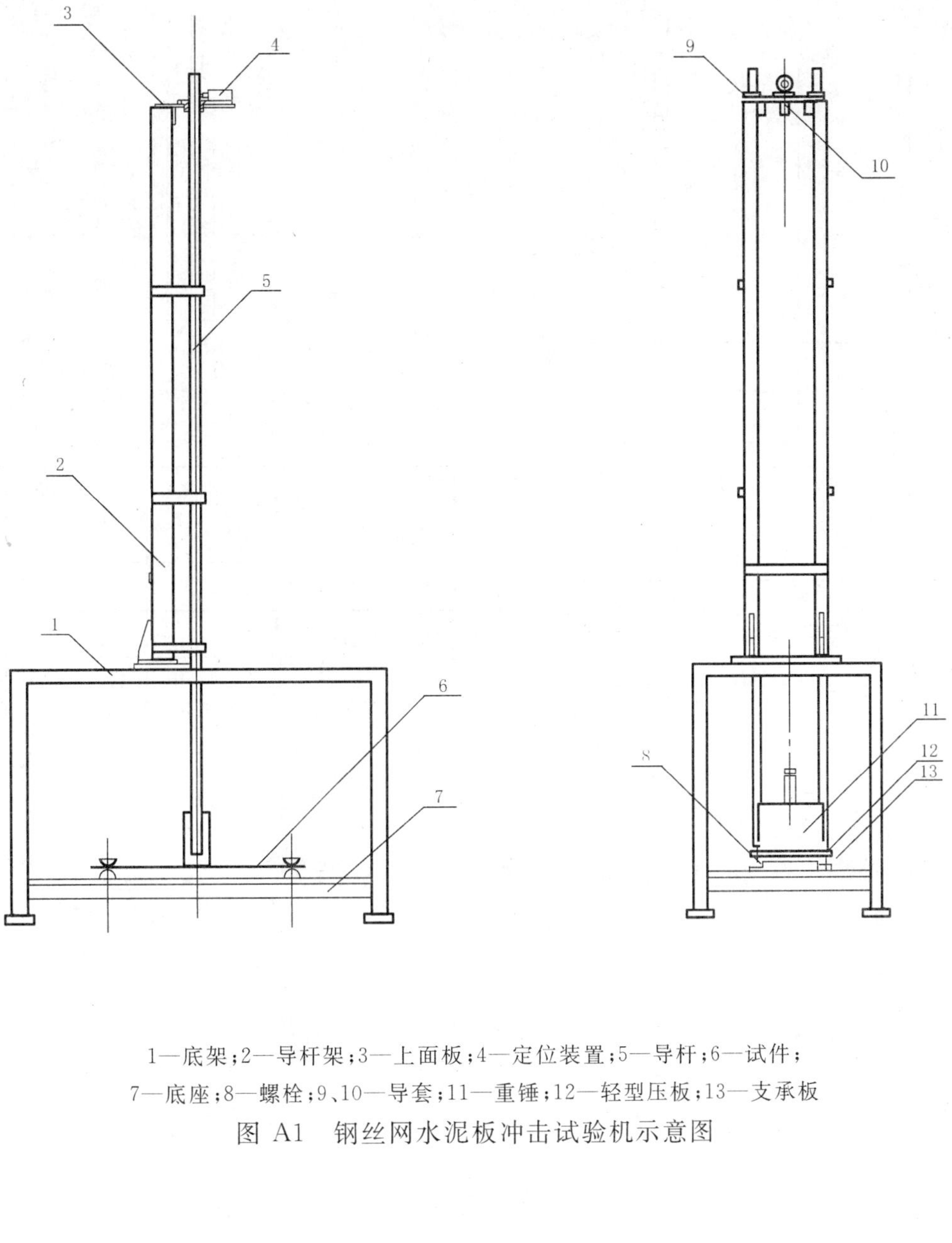


1—底架；2—导杆架；3—上面板；4—定位装置；5—导杆；6—试件；
7—底座；8—螺栓；9、10—导套；11—重锤；12—轻型压板；13—支承板

图 A1　钢丝网水泥板冲击试验机示意图

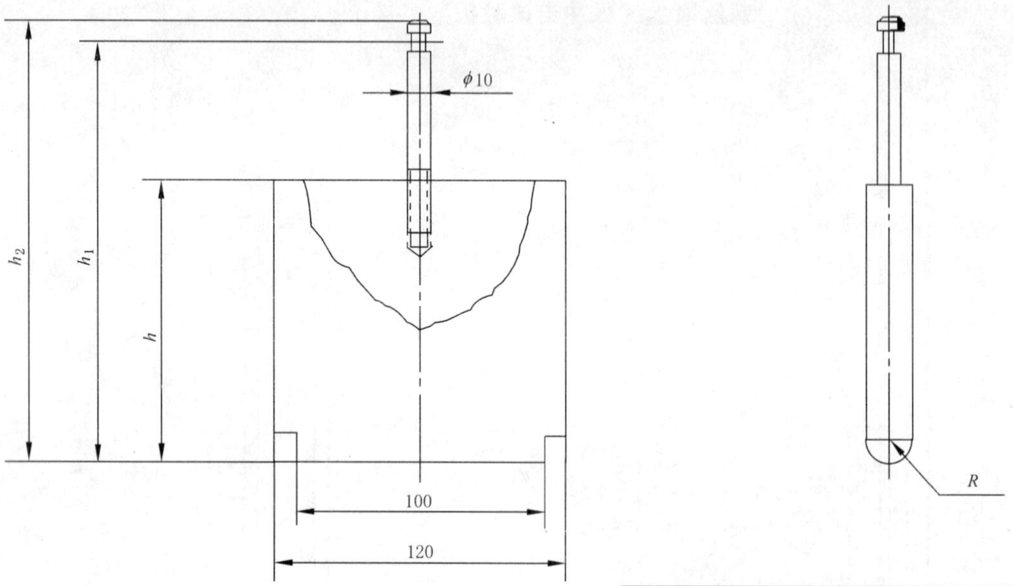


单位：mm

| 落锤，kg \ 参数 | $h$ | $h_1$ | $h_2$ | $b$ | $R$ |
|---|---|---|---|---|---|
| 1 | 57 | 106 | 117 | 20 | 10 |
| 2 | 113 | 162 | 173 | 20 | 10 |
| 3 | 115 | 164 | 175 | 40 | 20 |
| 4 | 123 | 171 | 182 | 80 | 20 |

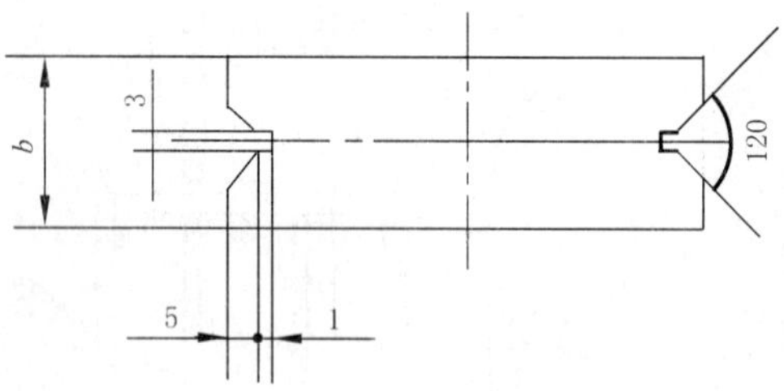


图 A2　落锤形状、尺寸图

## 附　录　B
（提示的附录）
## 钢丝网水泥板抗冲击试验

落锤质量、落距选用表

| 网筋层数 | 筋径 mm | 筋距 mm | 公称厚度 mm | 初裂前 | | 初裂后 | |
|---|---|---|---|---|---|---|---|
| | | | | 落锤质量 kg | 落距 m | 落锤质量 kg | 落距 m |
| 两网一筋 | 3 | 50～100 | 13 | 1 | 0.5 | 1 | 1 |
| | 4 | 50～100 | 14 | 1 | 0.5 | 1 | 1 |
| | 5 | 50～100 | 15 | 1 | 0.5 | 2 | 1 |
| 三网一筋 | 3 | 50～100 | 15 | 1 | 0.5 | 2 | 1 |
| | 4 | 50～100 | 16 | 1 | 1 | 2 | 1 |
| | 5 | 50～100 | 17 | 1 | 1 | 2 | 1 |
| | 6 | 50～100 | 18 | 1 | 1 | 4 | 1 |
| 三网二筋 | 4/4 | 50～100 | 20 | 2 | 0.5 | 4 | 1 |
| | 5/5 | 50～100 | 22 | 2 | 0.5 | 4 | 1 |
| | 6/6 | 50～100 | 24 | 2 | 1 | 4 | 1 |
| | 8/8 | 50～100 | 28 | 4 | 1 | 8 | 1 |
| 四网一筋 | 3 | 50～100 | 17 | 1 | 1 | 2 | 1 |
| | 4 | 50～100 | 18 | 1 | 1 | 2 | 1 |
| | 5 | 50～100 | 19 | 1 | 1 | 4 | 1 |
| | 6 | 50～100 | 20 | 1 | 1 | 4 | 1 |
| | 8 | 50～100 | 22 | 2 | 1 | 4 | 1 |
| 四网二筋 | 4/4 | 50～100 | 22 | 2 | 1 | 4 | 1 |
| | 6/6 | 50～100 | 26 | 4 | 1 | 8 | 1 |
| | 8/6.5 | 50～100 | 28.5 | 4 | 1 | 8 | 1 |
| 四网三筋 | 4-4-4 | 50～100 | 26 | 4 | 1 | 4 | 1 |
| | 6-4-6 | 50～100 | 30 | 4 | 1 | 8 | 1 |
| | 6.5-4-6.5 | 50～100 | 31 | 4 | 1 | 8 | 1 |
| 五网一筋 | 4 | 50～100 | 20 | 2 | 1 | 4 | 1 |
| | 5 | 50～100 | 21 | 2 | 1 | 4 | 1 |
| | 6 | 50～100 | 22 | 2 | 1 | 4 | 1 |
| | 6.5 | 50～100 | 22.5 | 2 | 1 | 4 | 1 |
| 五网二筋 | 4/4 | 50～100 | 24 | 4 | 1 | 4 | 1 |
| | 6/6 | 50～100 | 28 | 4 | 1 | 8 | 1 |
| | 8/6.5 | 50～100 | 30.5 | 4 | 1 | 8 | 1 |

续表

| 网筋层数 | 筋径<br>mm | 筋距<br>mm | 公称厚度<br>mm | 初裂前 | | 初裂后 | |
|---|---|---|---|---|---|---|---|
| | | | | 落锤质量<br>kg | 落距<br>m | 落锤质量<br>kg | 落距<br>m |
| 五网三筋 | 6.5 | 50～100 | 35.5 | 8 | 1 | 8 | 1 |
| | 5-5-5 | 50～100 | 31 | 4 | 1 | 8 | 1 |
| | 6.5-6-6.5 | 50～100 | 35 | 8 | 1 | 8 | 1 |
| 六网一筋 | 4 | 50～100 | 22 | 2 | 1 | 4 | 1 |
| | 6 | 50～100 | 24 | 4 | 1 | 4 | 1 |
| | 8 | 50～100 | 26 | 4 | 1 | 4 | 1 |
| 六网二筋 | 5 | 50～100 | 28 | 4 | 1 | 8 | 1 |
| | 6 | 50～100 | 30 | 8 | 1 | 8 | 1 |
| | 8 | 50～100 | 34 | 8 | 1 | 8 | 1 |
| | 8/6.5 | 50～100 | 32.5 | 8 | 1 | 8 | 1 |

**附加说明：**

本标准由全国水泥制品标准化技术委员会提出并归口。

本标准由国家建筑材料工业局苏州混凝土水泥制品研究院负责起草。

本标准主要起草人：吴汝洁、阮晓蔚、王招弟、刘建华。

本标准委托国家建筑材料工业局苏州混凝土水泥制品研究院负责解释。

中华人民共和国专业标准

# 水泥制品能耗等级定额

ZB Q01 001—90

## 1 主题内容与适用范围

本标准规定了水泥制品的能耗等级定额和统计计算方法。

本标准适用于水泥制品生产企业的能耗定额管理。

## 2 引用标准

GB 212 煤的工业分析方法

GB 2589 综合能耗计算通则

## 3 能耗定额的分类

3.1 水泥制品平均单位能耗分为特级、一级、二级和及格 4 个等级。

3.2 水泥制品平均单位能耗按品种分为平均单位综合电耗和平均单位煤耗 2 类。

3.3 计算水泥制品平均单位能耗时，按制品的品种和成型工艺分为震动挤压工艺预应力混凝土输水管、管芯绕丝工艺预应力混凝土输水管、混凝土及钢筋混凝土排水管、承插式自应力钢筋混凝土输水管、环形钢筋混凝土及预应力混凝土电杆、普通石棉水泥波瓦和钢丝网水泥船。

## 4 平均单位能耗

4.1 水泥制品平均单位综合电耗分级指标应不大于表 1 规定。

表 1

| 制 品 名 称 | 特级 | 一级 | 二级 | 及格 |
|---|---|---|---|---|
| 震动挤压工艺预应力混凝土输水管，kw·h/t 混凝土 | 26 | 27 | 30 | 33 |
| 管芯绕丝工艺预应力混凝土输水管，kw·h/t 混凝土 | 28 | 29 | 32 | 35 |
| 承插式自应力钢筋混凝土输水管，kw·h/t 混凝土 | 24 | 25 | 28 | 31 |
| 混凝土及钢筋混凝土排水管，kw·h/t 混凝土 | 20 | 21 | 23 | 25 |
| 环形钢筋混凝土及混凝土电杆，kw·h/t 混凝土 | 20 | 21 | 23 | 25 |
| 普通石棉水泥波瓦，kw·h/张 | 0.57 | 0.6 | 0.7 | 1 |
| 钢丝网水泥船，kw·h/载重吨 | 29 | 31 | 34 | 37 |

4.2 水泥制品平均单位煤耗分级指标应不大于表 2 的规定。

国家建筑材料工业局 1990-03-23 批准 1990-07-01 实施

表 2

| 制品名称 | 特级 | 一级 | 二级 | 及格 |
|---|---|---|---|---|
| 震动挤压工艺预应力混凝土输水管,kg 标煤/t 混凝土 | 51 | 56 | 30 | 120 |
| 管芯绕丝工艺预应力混凝土输水管,kg 标煤/t 混凝土 | 69 | 77 | 110 | 165 |
| 承插式自应力钢筋混凝土输水管,kg 标煤/t 混凝土 | 38 | 42 | 60 | 90 |
| 混凝土及钢筋混凝土排水管,kg 标煤/t 混凝土 | 29 | 32 | 45 | 68 |
| 环形钢筋混凝土及预应力混凝土电杆,k8 标煤/t 混凝土 | 38 | 42 | 60 | 90 |
| 普通石棉水泥波瓦,kg 标煤/张 | 0.55 | 0.6 | 0.8 | 1.2 |
| 钢丝网水泥船,kg 标煤/载重吨 | 23 | 25 | 36 | 54 |

## 5 平均单位能耗的计算

5.1 平均单位综合电耗应包括各工序的动力用电、生产照明用电,以及企业办公室、仓库照明用电,但不包括与生产无关的基建用电和生活用电。

5.2 合格水泥制品的平均单位综合电耗按式(1)计算:

$$D=\frac{W}{T} \qquad (1)$$

式中:$D$——合格水泥制品的平均单位电耗,kW·h/t 混凝土(或 kW·h/张或 kW·h/载重吨);

$W$——统计期间制品综合耗电总量,kW·h;

$T$——统计期间合格水泥制品产量,t(或张或载重吨)。

5.3 合格水泥制品的平均单位煤耗按式(2)计算:

$$B=\frac{Q}{T}\times 1\ 000 \qquad (2)$$

式中:$B$——合格水泥制品的平均单位煤耗,kg 标煤/t 混凝土(或 kg 标煤/张或 kg 标煤/载重吨);

$Q$——统计期间制品热养护等所消耗的标准煤总量,t;

$T$——统计期间合格水泥制品产量,t(或张或载重吨)。

5.4 寒冷地区水泥制品平均单位煤耗的计算

5.4.1 寒冷地区冬期水泥制品平均单位煤耗按式(3)计算:

$$b_c=B_0 f \qquad (3)$$

式中:$b_c$——修正后水泥制品冬期平均单位煤耗,kg 标煤/t(或 kg 标煤/张或 kg 标煤/载重吨);

$B_0$——表 2 所列水泥制品平均单位煤耗分级指标,kg 标煤/t(或 kg 标煤/张或 kg 标煤/载重吨);

$f$——修正系数,$f=\frac{t-t_1}{t-t_0}$;

$t$——水泥制品养护最高温度,℃;

$t_1$——企业所在地区冬期平均温度,℃;

$t_0$——企业所在地区长年平均温度($t_1$ 及 $t_0$ 均按当地气象部门出具证明的数值计算),℃。

5.4.2 寒冷地区水泥制品长年平均单位煤耗按式(4)计算:

$$B_c=[b_c M+B_0(12-M)]/12 \qquad (4)$$

式中:$B_c$——寒冷地区水泥制品修正后年平均单位煤耗,kg 标煤/t(或 kg 标煤/张或 kg 标煤/载重吨);

$M$——企业所在地区冬期时间,月;

$B_0$——表 2 所列水泥制品平均单位煤耗分级指标,kg 标煤/t(或 kg 标煤/张或 kg 标煤/载重吨);

$b_c$——修正后水泥制品冬期平均单位煤耗,kg 标煤/t(或 kg 标煤/张或 kg 标煤/载重吨)。

## 6 换算关系

6.1 水泥制品养护等消耗的煤，均按低位发热量换算成标准煤。1 kg 标准煤发热量等于 29.307 6 mJ。

6.2 企业使用的煤的低位发热量无法实测时，可根据 GB 212 和 GB 2589 的有关规定确定。

6.3 养护采用商品蒸汽、油和天然气燃料时，应根据国家统计局有关规定换算成标准煤。

---

**附加说明：**

本标准由国家建筑材料工业局生产管理司提出。

本标准由国家建筑材料工业局苏州混凝土水泥制品研究院负责起草。

本标准主要起草人许如源、陈梅谠。

中华人民共和国国家标准

UDC 666.977
-462:696
.1/.2
GB 4551—84

# 石棉水泥输水、输煤气管道铺设指南

# Guides of laying for asbestos-cement water and gas pipelines

本标准参照采用了国际标准ISO 4482—1979（E）《石棉水泥管道—铺设指南》有关条款。

## 1 适用范围

本标准适用于工作压力范围和管材质量符合GB 3039—82《石棉水泥输水管》和GB 3040—82《石棉水泥输煤气管》规定的输水与室外埋地式输煤气的石棉水泥管道的施工试压与验收。

管道埋设深度不小于0.6米，并在冰冻线以下。

铺设石棉水泥管道还应遵守国家颁发的有关设计、施工、验收技术规范、消防与卫生规定。

输煤气的石棉水泥管道与建筑物和构筑物间的水平距离和铸铁管道的规定相同。

本标准不包括特殊的施工方法。

## 2 包装、运输、装卸和存放

**2.1** 管子必须妥善捆扎，每根管子捆扎不应少于三个部位，管子两端必须严加保护。

用各种运输工具运送管子、接头和配件时，应绑扎牢固，避免碰撞和震动，尤其应防止管子跌落。

**2.2** 在装卸过程中，应保证轻吊轻放，严禁摔碰，大直径的管子与大配件应采用相应的机械吊装或单根起吊。采用人力装卸时，严禁管子自由滚落或抛摔。

**2.3** 堆放场地必须坚实平坦，不同品种、级别、规格的管子和接头配件应分别堆放。堆放时最下一层的管子应固定好，管垛两侧宜打短桩以防坍落。公称直径小于和等于250毫米的管子，堆垛高度不得大于1.5米；公称直径大于250毫米的管子，堆垛高度不得大于2米。

橡胶圈应放在仓库内，不允许露天曝晒，防止热源的影响和油脂、酸、碱等有害物质的沾染。如果橡胶圈是捆扎包装的，在施工前几天就应将绳子松开，以消除捆扎引起的微小压痕。

## 3 现场排放

在施工前，将管子沿准备铺设的管线的一侧排放好。搬运、排放过程应注意防止管子碰撞受损。要求将管子卸在靠近安装现场并无车辆通行的适当地方，应避开管沟开挖及堆放土方的地区，避免两次倒运。

## 4 管沟开挖

### 4.1 开挖前准备工作

**4.1.1** 按照施工图和管道设计说明规定，测量管道中心线、槽边线；确定堆土范围及布置堆放器材场地，并选择合理运输交通路线。

**4.1.2** 挖试验坑，检查地质和地下水情况，核对开槽形式。地下水位高于沟底时，要采取排水措施，准备好排水设备。

### 4.2 管沟宽度

沟槽底部的宽度应保证管子和接头安装以及管子胸腔回填、夯实的方便。对于公称直径小于和等于500毫米的管子，垫层上所需的净宽为$D+0.5$米（$D$为管子外径）。若沟槽深达1.5米时，垫层上的

国家标准局1984-07-10发布　　1985-03-01实施

沟宽至少为$D+0.6$米；当沟槽深度达1.5米以上时，则垫层上的沟宽应为$D+0.8$米。

若需要特殊设备安装接头时，则必须挖好接头工作坑。

**4.3　沟槽边坡**

应遵守当地其他管道施工的有关规定。

**4.4　沟槽深度**

沟槽深度与沟槽内底标高应由管道设计人员根据外部附加荷载、基础形式、边坡、气候条件以及最少回填土覆盖层的要求予以确定。

**4.5　挖沟应注意的事项**

**4.5.1**　沟槽应直，沟底要平整。接头工作坑规格尺寸应合适，其开挖的长、宽和深度取决于接头的尺寸和安装方式。

**4.5.2**　挖沟时不允许破坏沟底原状土，人工挖土留出10厘米厚的余土，机械挖土留出20～30厘米厚的余土，在找平时再挖掉。若施工不慎，沟底原状土结构破坏时，用原土夯实平整。

**4.5.3**　若采用机械下管时，应一侧抛土，若需二侧抛土时，在下管前必须将下管一侧的土清理到便于机械行驶和操作为止。用人工下管时，下管一侧的堆土高度要在0.3米以下。

**4.5.4**　当遇管沟中出现积水（地下水、雨水等）应随时排除，管沟开挖进度要与装管速度相适应。

**4.5.5**　必须排除管沟两侧一切可能掉落伤人或撞击管子的石块、砖头等。挖沟抛土后，堆土距沟槽边的距离不应小于0.3米。

**4.5.6**　在市街开挖沟槽时应有安全措施，保证施工的安全。

## 5　管沟基础处理

**5.1**　管沟基础处理按设计要求进行。应根据当地地质、水文和荷载等具体条件，选用素土平基、砂基（槽底有平底、弧形与槽形三种）或砂碎石基础等。

**5.2**　在无地下水的砂质粘土和不含石头等块状物的天然粘土中可采用素土平基。为了改善管体受力条件，保证施工质量和管道使用安全，可采用槽形砂基础。

**5.3**　沟底为岩石、半岩石、砾石或含水土壤时，宜采用砂基础，如图1所示。用不含有土块、石块、树枝等杂物的粗、中砂或过筛碎渣等材料铺一层基础，其厚度不应小于$20+D/10$（$D$为管子外径）厘米的垫层。安装后再在管子两侧填砂质材料至中心角90°～120°并夯实。接头工作坑部分先不铺砂质材料，待管道分段试压合格后，接头工作坑再作砂基。夯实程度和其他部位一致。

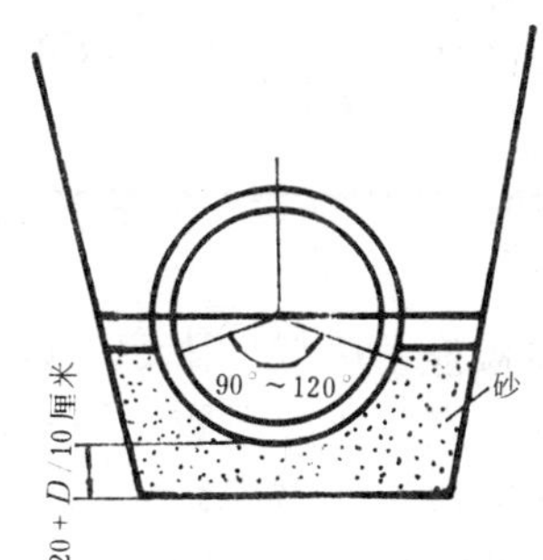


图 1　砂基础

**5.4**　当沟内土质松软，沟内有地下水，又无条件排尽地下水时，可采用砂、碎石或砂、卵石基础，如图2所示。沟底挖至设计标高后，先往沟内倒入8～10厘米厚的碎石或卵石，铺平拍实后再铺$20+D/10$厘米厚的砂垫层至管底设计标高，安装后再在管子两侧铺砂至中心角90°～120°。施工要求与砂基相同。

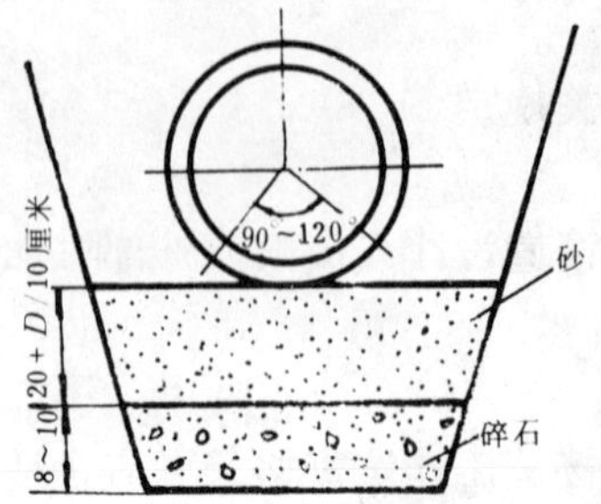


图 2　砂、碎石或砂、卵石基础

**5.5**　当遇沟底土质不稳定如沼泽地、流砂或沉陷性土壤等情况时，必须采取特殊的措施，以确保铺设质量。

## 6　下管

**6.1**　下管前应将地基和阀门井的井底做好，检查和修整沟底标高和基础质量，符合要求后，才允许下管。

**6.2**　每根管子及每个配件在入沟之前应检查和除去内部杂物，以外观检查的方法确定有无裂缝、碰伤、剥落及其他缺陷，不符合质量要求的，不得使用。

**6.3**　下管可采用各种方法，但严禁将管子抛入管沟中。

如果管子和配件的重量不大，并且沟深不超过1.5米，沟边又相当坚实，则可用人工下管。

若沟深超过1.5米或管子与配件过重，以致不能使用人工下管时，可采用绳索下管方法。

当管子、接头以及配件太重或管沟过深时，应采用机械设备下管。

**6.4**　下管要有专人负责指挥，切实注意安全。

## 7　管道铺设安装

**7.1**　铺管前应将所需的一切材料与设备准备就绪，并做好工地组织工作。施工期间，为防止杂物进入管内，每天收工后，都应将管道端部暂时堵塞。

**7.2**　下入管沟的管子，应找平调直，管底不允许悬空，禁止用硬物垫管底，其他局部基础不平时，可用粗、中砂垫平，不得垫松土。

如果需要管线具有一定折角（转弯），则应在接头安装好后，再适当逐根移动管子使之有一定的偏离。移动后及时半回填定位。

**7.3**　在地形坡度较大的管沟中铺管时，应考虑横向固定，以防止管道移位。固定型式和间距的选择以及所有补充要求，均由管道设计人员确定。还应采取预防地表水流入管沟的措施。此外，在管沟全回填前，需在管沟内适当间隔设置止水装置，以防止管沟基础和回填土被冲刷。

**7.4**　管道主干线和支线连接、阀门、检查井、排水器处等所有石棉水泥管与金属管件的连接，采用短的石棉水泥管段或用1米铸铁管过渡连接，以确保安全。

**7.5**　在管道走向沿横向与纵向发生变向的交叉处，以及管径缩小、阀门、支管或管端密封等处，由于内压产生的推力会引起管线位移，因此必须设置永久性的固定设施。

永久性固定设施，一般可采用现浇混凝土支墩。其形状取决于选用的配件的形式，而尺寸则由内压所引起的推力、土壤强度以及其他局部荷载等因素来确定的。

在进行压力试验前，所有永久性和临时性的混凝土支墩都必须具有足够的强度，可采用快硬水泥。

**7.6**　接头安装，应按照生产厂的接头产品使用、安装操作说明书的规定进行。

**7.7** 当安装柔性接头前，应将石棉水泥管管端、套管内部和胶圈擦干净，管端与管端的间隙必须保留 2 ～ 3 厘米。

柔性接头的橡胶圈放在套管的凹槽内或管子车削端的加工面上，位置应正确，不应扭曲或偏斜。安装时应小心避免回填材料进入接头内。

**7.8** 用户支线的连接，可直接或间接地在主管道上进行。

直接连接即是支管可在主管道的管子或接头上开孔直接连接。若采用螺纹接头时，在直径100～150毫米的管子上钻孔，其直径不大于20毫米；在更大的管子上钻孔，其直径不超过25毫米。钻孔的机具应与管子外径相适应。

间接开孔连接即是在主管道与支管道之间插入一个适当的连接件进行连接。标准的连接件包括有三通、垫圈以及特殊的石棉水泥接头等。

## 8 输水管道试压与验收

### 8.1 试验段长度

石棉水泥输水管道应分段进行水压试验。考虑到管道断面的变化、气候条件、运输、回填时间、永久性支座的位置、试验用水以及管道端部临时性支座的适用性等因素，故试验段具体长度应由管道设计人员确定。试验段长度一般为500～1000米。

### 8.2 做好试压后背

分段处应保留 5 米以上沟槽不开挖，利用它作为试压后背。它应根据试验压力、管径大小及土壤承载力进行周密计算，保证试压时后背不会产生位移。

当用原槽壁作后背时，必须在槽壁前排放方木或钢板，以增大承载面积，排放数量根据计算决定。

用作后背支撑的千斤顶，按式（1）计算选用：

$$P = \frac{\pi}{4} D^2 \cdot P_1 \cdot K \quad \cdots\cdots (1)$$

式中：$P$——千斤顶顶力，公斤力；

$D$——管内径，厘米；

$P_1$——试验压力，公斤力/厘米$^2$；

$K$——安全系数，取1.5。

### 8.3 试验段充水

试验段最高点应设置放气阀，充水应从最低点注入，速度要缓慢，充水期间，应打开排气阀，直至空气排尽为止。管道充满水后在 1 ～ 2 公斤力/厘米$^2$水压条件下，至少保持24小时，然后才能进行试压。在试压时若发现有窝气现象（压力表指针跳动），应重新排气，把空气排除后再试压。

### 8.4 试验设备和仪器

应采用合适的水泵加压，泵的水箱应带有测量用的测量仪或量筒，其精度为±0.1升。经校准过的1.5级弹簧压力表（要求装在试验段的最低点）。计时用秒表。

### 8.5 管道水压试验

**8.5.1** 强度试验

管道工作压力小于 6 公斤力/厘米$^2$时，强度试验压力为工作压力的1.5倍。

管道工作压力大于 6 公斤力/厘米$^2$时，强度试验压力为工作压力加 3 公斤力/厘米$^2$。

试验段在规定的试验压力下，管子、接头及配件在10分钟内，其压降不大于0.5公斤力/厘米$^2$时，即认为强度试验合格。

**8.5.2** 严密性试验

管道做完了强度试验之后，即转入严密性试验，其试验压力等于管道的工作压力。

严密性试验以漏水量为标准，其允许漏水量列于表 1 。

1公里长的石棉水泥管道在严密性
试验压力下的允许漏水量
表 1

| 管子公称直径<br>毫米 | 允许漏水量<br>升/分 | 管子公称直径<br>毫米 | 允许漏水量<br>升/分 |
|---|---|---|---|
| 75 | 1.21 | 300 | 2.42 |
| 100 | 1.40 | 350 | 2.62 |
| 150 | 1.72 | 400 | 2.80 |
| 200 | 1.98 | 450 | 2.96 |
| 250 | 2.22 | 500 | 3.14 |

注：若试验段长于或短于1公里时，可按比例增加或减少。

漏水量测定顺序如下：

**a.** 将压力升到严密性试验压力，关闭进水阀门，记录下降1公斤力/厘米$^2$所需的时间$T_1$。

**b.** 将压力再升到严密性试验压力，关闭进水阀门，立即打开放水龙头，将水徐徐放入量筒，记录下降1公斤力/厘米$^2$所需的时间$T_2$。

**c.** 测量时间$T_2$内放入量筒内的水量$W$。

按式（2）计算漏水量：

$$q=\frac{W}{T_1-T_2} \qquad \cdots\cdots(2)$$

式中：$q$——管道漏水量，升/分；

$W$——每下降1公斤力/厘米$^2$时流出的水量，升；

$T_1$——未放水时，从试验压力下降1公斤力/厘米$^2$所经过的时间，分；

$T_2$——放水时，从试验压力下降1公斤力/厘米$^2$所经过的时间，分。

**8.5.3** 当管子公称直径小于400毫米，强度试验时的压降小于0.5公斤力/厘米$^2$，又无其他特殊要求，可免做严密性试验。

## 9 输煤气管道试压与验收

**9.1** 试压前准备工作

**9.1.1** 煤气管道安装结束后，应提交质量验收小组进行外观检查，核对所安装的煤气管道及其全部构筑物是否与设计相符合，并检查安装部件和固定装置、坡度的准确性、接头及关闭配件的安装质量。

**9.1.2** 管道试压的管段两端应安装堵板，并在管沟中增加固定支撑（见本标准8.2）。

**9.1.3** 管道应用空气进行试压，在试压前管道应充满水，至少保持24小时。

**9.2** 分段试压

分段试压其长度不得超过400米。

**9.3** 管道气压试验

煤气管道试压分为强度试验和两次气密性试验，其试验气压列于表2。

表 2

公斤力/厘米$^2$

| 管道工作压力 | 试验气压 | |
|---|---|---|
| | 强度试验 | 第一、二次气密性试验 |
| ≤0.02 | 1 | 0.2 |
| 0.021～1 | 2 | 1 |

当试验压力小于和等于1公斤力/厘米²时，应当采用U形水银压力计，当压力大于1公斤力/厘米²时，应采用精度等级不小于1.5级的弹簧压力表。

**9.3.1** 强度试验

进行煤气管道的强度与第一次气密性试验时，应按10.2要求回填。

管道的强度试验是将管道中压力升至强度试验压力，并保持1小时，此时由于漏气或环境温度的影响，应及时调整管内压力。随后将试验压力降至气密性试验压力后，用外观检查的方法，寻找有否缺陷，并利用肥皂液检查接头是否漏气。

**9.3.2** 气密性试验

经过强度试验之后，转入气密性试验，在测定压降之前，应保持在试验压力下均衡煤气管中空气的温度。最少保持时间应根据管径来决定。当管径小于和等于300毫米时为6小时。

试验持续时间为24小时，允许压降值按式（3）计算：

$$\Delta p = K\frac{300T}{D} \quad \cdots\cdots\cdots\cdots (3)$$

式中：$\Delta p$—— 允许压降值，毫米汞柱；

$D$——管子内径，毫米；

$T$——试验时间，小时；

$K$——湿度对石棉水泥管透气性影响系数。

$K$值选用：覆土前$K=2.5\sim4.0$，覆土48小时后$K=1.4\sim1.8$。

管道实际压降值，应根据试验期间大气压和气温变化对实测的压力降进行修正。实际压降值应按式（4）计算：

$$\Delta P' = (H_1+B_1) - (H_2+B_2)\frac{273+t_1}{273+t_2} \quad \cdots\cdots\cdots\cdots (4)$$

式中：$\Delta P'$——经修正后的实际压降值，毫米汞柱；

$H_1$、$H_2$——试验开始和结束时的压力计读数，毫米汞柱；

$B_1$、$B_2$——试验开始和结束时的气压计读数，毫米汞柱；

$t_1$、$t_2$——试验开始和结束时的沟内温度，℃。

当$\Delta P' \leqslant \Delta P$时，管道气密性试验才符合要求。

**9.4** 在进行煤气管道强度气压试验期间，要有安全措施，确定安全保护区，在往煤气管道中压入空气期间以及试验压力大于1公斤力/厘米²，禁止任何人在保护区中停留。

只能将煤气管道中的压力降至大气压以后，才允许消除试验过程中发现的管道上的缺陷。切实注意安全。

**9.5** 煤气管道完全回填至设计标高后，根据第一次气密性试验采用的标准进行第二次气密性试验。

## 10 回填

**10.1** 回填前应排尽管沟内的积水。

**10.2** 管道试压前，应边安装边部分回填，并先回填管侧和管顶以上20～30厘米，以免受温度应力的影响。全部接头及凝水器等暂不回填，待试压符合要求后再回填。禁止用含有大块硬物和冻土材料或有害的工业废料回填。

**10.3** 管径小于和等于150毫米的管道可一次回填到管顶，管径150毫米以上的管道，管侧回填土应分两次用木夯加以夯实。密实度应在90％以上，打夯时应在管道两侧对称夯，如果采用机械夯实，应小心避免碰伤管子。

**10.4** 管道两侧夯实后，再填30厘米的细土，仍用木夯将管道上两侧切实夯实，密实度在90％以上，管顶部分轻夯即可，管顶30厘米以上的填土仍应分层夯实。被夯实的回填土的密实度和含水量应尽量接近原土。

**10.5** 接头工作坑应用砂、细土或过筛的炉渣捣实，接头两侧与顶部回填和管道回填的要求相同。

**10.6** 当完成全部回填后，再补加一层（超高）约10～15厘米的细土加以平整夯实。若管道不在房屋建筑物附近，也不在道路下，设计未要求夯实时，管顶30厘米以上的回填土可不必夯实，但管沟上应留一定超高（约20厘米）的回填土，便于日后土壤沉实后平整地面。

## 11 冬季施工注意事项

**11.1** 石棉水泥管在冬季施工时，应采用流水作业法。边开沟，边安装，边回填，防止沟槽冻结。

**11.2** 开挖后的沟槽当天不能施工时，在槽底应留30厘米松土不清除，或用草帘覆盖以免冻结。

**11.3** 供、排水设备应有防冻措施。

## 12 冲洗、消毒、验收规定

管道的冲洗、消毒、验收应符合GBJ 242—82《采暖与卫生工程施工及验收规范》中的规定。

---

附加说明：

本标准由国家建筑材料工业局提出，由国家建筑材料工业局苏州混凝土水泥制品研究所归口。

本标准由国家建筑材料工业局苏州混凝土水泥制品研究院、沧州市自来水公司、武汉市自来水公司、锦州市煤气公司等单位负责起草。

本标准主要起草人叶启汉、白万元、黄同萱、马长斌。

本标准委托国家建筑材料工业局苏州混凝土水泥制品研究院负责解释。

中华人民共和国国家标准

UDC 666.977-462
:624.157.05

GB 4552—84

# 石棉水泥管井施工指南

# Guide of laying for asbetos -Cement pipe for well casing

## 1 适用范围

本标准适用于采用钻杆托盘成井的石棉水泥管井的施工方法。

## 2 管材

石棉水泥井管使用的选择与质量要求，应符合GB 3041—82《石棉水泥井管》中的规定。

## 3 包装、运输、装卸和存放

**3.1** 管子必需妥善包装，每根管子捆扎不应少于三个部位，管子两端必须严加护护。用各种运输工具运管子时，必须设法使管子固定。在运输过程中，应减少震动，防止碰撞，装卸时严禁抛掷，不自由滚落。不得用撬棍插入管口内撬抬管子。

**2.2** 管子的堆放场地必须坚实平坦。不同级别、不同规格的管子，应分别堆放。堆放时最下一层的管子应固定好，堆垛两侧宜打短桩，以防塌落。公称直径250毫米以内的管子，堆垛高度不得大于1.5米。公称直径在250毫米以上者，堆垛高度不得大于2 米。

## 4 钻孔

**4.1** 钻孔前准备工作：

**4.1.1** 作好物料、现场、打井机具等准备工作。

**4.1.2** 钻机进入井场，安装前应根据地形条件和当时的气候、风向，尽量使操作人员处于背风方向。安装钻机时，要用水平尺进行测量，使钻机处于水平状态。井架竖起后，纤绳要拉紧、固定牢靠。一切检查妥当后要进行试车。然后悬空钻头，利用钻头静止不动的位置，找出所打井孔的中心点。以中心点为圆心，开挖井口，必要时安装护筒。在安装和钻进过程中，保持滑车、转盘、井孔三者的中心点垂直成线。

**4.1.3** 根据管井的设计、施工要求和水文地质情况等，确定好井孔径和孔深。

**4.2** 终孔直径一般要比使用井管的处径大200毫米以上，开孔应圆整、垂直。直径偏差不得超过20毫米。

**4.3** 在钻孔时应及时取样并做好编录工作，每次取样数量不小于2 公斤，非含水层每3 米取样一次，含水层每2 米取样一次，变层加取一次。采取的土壤必须及时妥善整理保管并记录取样时间及筛分结果，绘制井孔剖面图，以确定含水层利用段。

如根据水文地质资料，已确定不予利用的含水层，也可不按上述规定取样。

**4.4** 在钻进中使用泥浆可以防止塌孔，悬浮岩屑，安全钻进等。但过量使用泥浆，会给洗井带来困难，而且影响出水量。使用泥浆时，一定要根据不同的地层性质随时调整泥浆比重和粘度。一般泥浆的比重控制在1.1～1.25克/厘米$^3$为宜。粘度（用野外粘度计测量）不低于17秒为宜。冲击钻进时泥浆含砂量不大于8％，转盘式钻进时泥浆含砂量不大于12％。

国家标准局1984-07-10发布 1985-03-01实施

## 5 下管

### 5.1 下管前的准备工作

**5.1.1** 作好井管连接材料、下管工具（如托盘等）、疏孔器、扶正器等器材的准备工作。

**5.1.2** 根据编制的井孔剖面图选定取水层，合理确定实管、滤水管的位置，绘制管井结构图，管井下端应设4～8米实管作为沉淀管。

**5.1.3** 对运到现场的管子应进行检查和挑选。按管井结构图对挑选好的管子测量长度和编号，根据管子长度和编号排列钻杆并编号，以便于按顺序下管。

**5.1.4** 下管前，应先用直径比孔径小20～50毫米，长度不小于4米的疏孔器进行疏孔，检查井孔的圆直度。

**5.1.5** 下管前应先清理孔底稠泥浆和沉积物，然后进行孔内换浆，由稠到稀逐步进行，换浆以不坍孔为原则，对于易坍塌地层要格外小心。

**5.1.6** 要组织好人员，分工负责，统一指挥。防止因操作忙乱而出现人为断管、碎管等事故。

### 5.2 钻杆托盘一次下管

用钻杆托盘一次下管方法下管就是利用具有足够强度的托盘(见图)托住管子，利用钻杆将井管一节一节送入井孔中，保证管子始终承受压力。

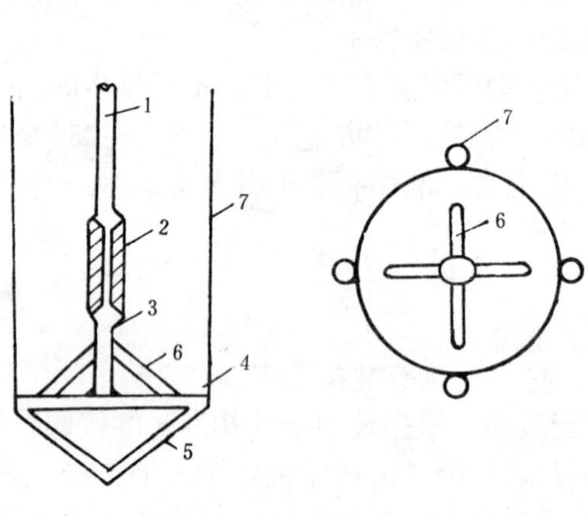


托盘结构示意图

1—钻杆；2—左右螺纹接头；3—钻杆头；4—托盘钢板；5—导向锥体板；
6—加劲钢筋（4 $\phi$12毫米）；7—连接钢筋（4 $\phi$ 6 毫米，长600毫米）

**5.2.1** 托盘安装

先把托盘板上用胶皮垫平，螺纹涂上黄油，托盘与钻杆左螺纹连接。将第一节井管穿入钻杆，平稳放入托盘上。将托盘上四根钢筋，用8号铅丝牢固绑扎在井管上。在距离井管下端1米左右，用8号铅丝把一组井管扶正器绑扎在井管外壁上。

**5.2.2** 穿管与吊管

钻杆和井管均应按编号顺序下管，先将井管套在钻杆外面。钻杆下端加上板叉，以托住井管，然后用主卷扬机将套有井管的钻杆缓慢吊起。专人扶稳吊拉到井口就位。

**5.2.3** 井管接头的连接

用副卷扬机将上边的井管吊住，先擦净管端，并浇注沥青（沥青要始终保持熔化状态），使上、下管端对齐粘结好，要求对口又快又准。然后，在管壁外卷贴塑料布，安竹片（不少于6片），再用8号镀锌铁丝绑扎牢固。每个接口用双股8号镀锌铁丝绑扎不少于三道。竹片、镀锌铁丝要均匀分布。

管口也可采用胶套连接，胶套一般长400毫米，内径略小于井管外径，胶套内侧的管口垫圈尺寸应与管壁厚度相适应。其安放竹片和绑扎方法同上。

**5.2.4** 接钻杆

将连接好的井管下入井内，将钻杆用垫叉固定在井口上。继续将穿好井管的钻杆吊到井口就位，先将钻杆接头对正，但不要上螺纹，副卷扬机将井管吊住，卸掉托井管的垫叉接着在钻杆上紧螺纹，取下垫叉，做好井管接头的连接，如此循环操作，直至下完井管为止。

**5.3 下管应注意的事项**

**5.3.1** 若井基地质情况不好或钻进超深而需要做井基处理时，应在下管前做好井基处理，通常的处理办法是回填一定数量的碎石或卵石。分层填充，随填随捣实。

**5.3.2** 卷扬机要慢慢下管，操作要平稳，遇障碍时要立即查明原因，排除故障。操作人员应特别注意使井管下到设计要求的位置。

**5.3.3** 下管时，必须使井管位于井孔中心，以保证井管四周填料厚度均匀。为了避免井管与孔壁碰撞，在井管下端第一组井管扶正器以上，每20～30米左右安放一组扶正器。

扶正器可由四块长200～250毫米、宽50毫米木块组成。木块外形两端应成65°斜面，并用 8 号铅丝绑在井管外壁，绑好后直径比井孔直径小30～50毫米，使不妨碍填料。

**5.3.4** 用钻杆托盘一次下管法下管时，要注意左螺纹接头的松紧度，在取出钻杆时，不要用力过猛，要慢慢加力，使螺纹逐渐松脱，避免钻杆下端在井管内摆动，打破井管。

## 6 围填

井管全部下到孔内后，管壁和孔壁之间的空隙要进行围填。围填包括对含水层的围填滤料和对非含水层的外封闭围填。

**6.1 围填滤料**

**6.1.1** 滤料最好选择坚固的天然砾石，严禁使用石灰石碎屑、炉渣、碎砖块等。滤料粒径应根据砂层颗粒大小按表中选用。

填入砾石和滤水管缠丝间隙的规格

| 含水层分类 | 筛分结果<br>以筛分后的重量计算 | 填入砾石直径<br>毫米 | 滤水管缠丝间隙<br>毫米 |
|---|---|---|---|
| 卵石 | 颗粒＞3.00毫米　占90～100％ | 24.00～50.00 | 5.00 |
| 砾石 | 颗粒＞2.25毫米　占88～90％ | 18.00～22.00 | 5.00 |
| 砾石 | 颗粒＞1.00毫米　占80～85％ | 7.50～10.00 | 5.00 |
| 粗砂 | 颗粒＞0.75毫米　占70～80％ | 6.00～7.50 | 5.00 |
| 粗砂 | 颗粒＞0.50毫米　占70～80％ | 5.00～6.00 | 4.00 |
| 中砂 | 颗粒＞0.40毫米　占60～70％ | 3.00～4.00 | 2.50 |
| 中砂 | 颗粒＞0.30毫米　占60～70％ | 2.50～3.00 | 2.00 |

续表

| 含水层分类 | 筛 分 结 果<br>以筛分后的重量计算 | 填入砾石直径<br>毫米 | 滤水管缠丝间隙<br>毫米 |
|---|---|---|---|
| 中 砂 | 颗粒＞0.25毫米 占60～70％ | 2.00～2.50 | 1.50 |
| 细 砂 | 颗粒＞0.20毫米 占50～60％ | 1.50～2.00 | 1.00 |
| 细 砂 | 颗粒＞0.15毫米 占50～60％ | 1.00～1.50 | 0.75 |
| 细砂含泥 | 颗粒＞0.15毫米 占40～50％<br>（含泥不超过50％） | 1.00～1.50 | 0.75 |
| 粉 砂 | 颗粒＞0.10毫米 占50～60％ | 0.75～1.00 | 0.50～0.75 |
| 粉砂含泥 | 颗粒＞0.10毫米 占40～50％<br>（含泥不超过50％） | 0.75～1.00 | 0.50～0.75 |

注：表中填砾石的规格系最大限度，即含水层筛分粒径的8～10倍，在实际中亦可根据具体情况定为6—8或5—10倍。

**6.1.2** 为防止洗井，抽水时滤料下降到滤水管以下而发生涌砂现象，填滤料的高度应高出滤水管10～20米。

**6.1.3** 围填滤料一般按下列方法进行。

在填滤料前，要将砾石进行筛分，去掉杂质、泥土和不合格的部分。填料过程要计量，可以用已知容量的车、筐来运送滤料。

为防止滤料填入井管内，填料时应盖住井管口。滤料要均匀地向管井四周填入。禁止整车整筐地倒入，以免发生堵塞。填料要连续进行，速度要适当，使每个填料截面上大小颗粒组成都能符合滤料级配的要求。

填料过程要不断用测棒测量填入的深度，直至达到要求的填料高度。不论围填的井孔深浅，滤料必须一次连续填完，不能中途停止。

投填滤料时，泥浆的粘度应控制在16～17秒。

**6.2** 井管外封闭

管井不予利用的含水层也应予以封闭。封闭应从滤料的最上部开始。封闭的材料采用粘土球或粘土块，粘土含砂量不得大于30％，粘土球直径或粘土块尺寸一般不大于25毫米。围填方法与填滤料方法一样，但须分层填实，每层均待下沉压缩后再继续填入上一层。

井口封闭时也要把粘土打碎，均匀填入，直至地面，分层夯实。必要时，可在上层铺一层混凝土，以加固井台。

## 7 洗井

**7.1** 围填完毕后，应及时洗井，避免泥浆硬结，影响出水量。

**7.2** 石棉水泥管井不宜用活塞洗井，拟选用空气压缩机洗井，但应注意根据石棉水泥井管的强度规定洗井压力，洗井一般应自上而下逐层进行。在松散含水层应从小下降开始，再逐步增大到最大下降，至含水层水流畅通为止。但无论选用何种方法，洗井结束时，井底沉淀泥砂不得超过0.5米。

## 8 管井抽水试验及验收

**8.1** 洗井完毕后，应进行抽水试验，测量静水位、动水位，测定出水量，并计算管井的单位出水量。抽水试验应按GBJ 13—66《供水管井施工及验收规范》（修订本）中的规定进行。

**8.2** 管井工程完工后，应按GBJ 13—66的规定进行验收。

## 9 井、泵配套

**9.1** 根据抽水试验资料和使用要求等，合理选择泵型和安装型式，并采取有效方法，防止吸水管（包括龙头）与井壁相撞，避免井管损坏。

**9.2** 如选用对口抽连接形式，水泵吸水管口与井口的连接，可采用胶管连接。防止井管因震动而损坏。

---

附加说明：

本标准由国家建筑材料工业局提出，由国家建筑材料工业局苏州混凝土水泥制品研究院归口。

本标准由国家建筑材料工业局苏州混凝土水泥制品研究院、辽宁省水利科学研究所、北镇县水利局、天津市静海县水利局等单位负责起草。

本标准主要起草人叶启汉、钱继忠、张述元、杨作用。

本标准委托国家建筑材料工业局苏州混凝土水泥制品研究院负责解释。

# 前　言

为了检验蒸压加气混凝土板中钢筋涂层的防锈性能,特制定本标准。

本标准非等效采用瑞典、德国和日本等三个国家有关标准中的钢筋涂层防锈性能试验方法。

本标准与 GB 15762—1995 相比,在技术内容上的主要差异为:评定钢筋涂层的防锈性能不用锈蚀等级图,而以锈蚀面积率表示。

本标准由甘肃省建筑科学研究院、中国加气混凝土协会负责起草。

本标准参加起草单位:北京市加气混凝土厂、北京市现代建筑材料公司。

本标准主要起草人:周嘉祥、齐子刚。

本标准委托甘肃省建筑科学研究院解释。

本标准为首次发布。

中华人民共和国建材行业标准

# 蒸压加气混凝土板钢筋涂层防锈性能试验方法

JC/T 855—1999

**Test method of anti-corrosion performance for the coated reinforcement in autoclaved aerated concrete slabs**

## 1 范围

本标准规定了测定蒸压加气混凝土板中钢筋涂层防锈性能的试验设备、试件、试验步骤和试验结果评定等。

本标准适用于测定蒸压加气混凝土板中钢筋涂层的防锈性能。

## 2 方法原理

本方法是通过交变湿热试验环境加速钢筋锈蚀，测定钢筋表面的锈蚀面积，计算锈蚀面积率，判定钢筋涂层防锈性能是否合格。

## 3 仪器设备

交变湿热试验箱：

规格：工作室容积≥200 L，温度 20℃～80℃，温度均匀度±2℃，相对湿度 45%～98%，湿度均匀度$^{+2}_{-3}$%。工作室内应装有监控温度、湿度条件的传感器。工作室的温度和湿度应均匀，并尽可能与温湿度传感器的条件一致。

锤子和单面刀片；

千分尺或游标卡尺，分度值≤0.02 mm；

求积仪，精度为 0.5%；

薄型无色玻璃纸；

标准计算纸 1 $mm^2$ 方格。

## 4 试件

4.1 试件尺寸为 40 mm×40 mm×160 mm。

4.2 由蒸压加气混凝土板中纵向顺筋锯取中心带钢筋的试件，一组为 3 块。

4.3 试验前用环氧树脂或其他密封性好的材料涂刷试件两个端部，使试件端部完全封闭。

## 5 试验步骤

5.1 将试件悬挂或放在支架上，同一组试件置于同一高度，试件之间距离>10 mm。

5.2 按表 1 中的试验步骤进行温度循环变化试验。

国家建筑材料工业局 1999-06-15 批准　　2000-01-01 实施

表1 温度循环

| 顺序 | 温　度,℃ | 相对湿度,% | 持续时间,h |
|---|---|---|---|
| 1 | 25±5 | ≥95 | 2.5 |
| 2 | 由25±5升到55±5 | ≥95 | 0.5 |
| 3 | 55±5 | ≥95 | 2.5 |
| 4 | 由55+5降到25±5 | ≥95 | 0.5 |

5.3　试验箱内壁和顶部的凝结水不应滴落到试件上。

5.4　连续试验672 h,取出试件,放至室温,打开试件,去掉钢筋涂层,测量钢筋面积和锈蚀面积。

5.5　钢筋面积和锈蚀面积的测量和计算方法:用千分尺或游标卡尺测量钢筋直径,单位:mm,读数精确至0.1 mm。钢筋直径测量方法:在钢筋长度中央测量两次直径,第一次读数为$D_1$,在垂直$D_1$方向的第二次读数为$D_2$。

去除钢筋两端各10 mm,按(1)式计算钢筋面积。

$$A=\pi DL_0 \quad\cdots\cdots(1)$$

式中:$\pi$——圆周率=3.1416;

$D$——钢筋平均直径$=\frac{D_1+D_2}{2}$,mm;

$L_0$——钢筋计算长度(140 mm)。

在钢筋表面贴上无色玻璃纸,在玻璃纸上画出锈蚀图形,然后求出其面积。在下述3个方法中选择一个方法测定锈蚀面积:a)将画有锈蚀图形的玻璃纸,放在标准计算纸上,数出生锈部分的格数(不足1 $mm^2$的用目测估算)。b)将玻璃纸上画有锈蚀部分涂黑,使用浓淡差自动面积测定仪测定。c)用求积仪测量锈蚀面积。3个测量锈蚀面积的方法,并列选择使用,当有争议时,以求积仪的测量结果为准。按(2)式计算钢筋锈蚀面积率。

$$P_r=\frac{A_r}{A}\times 100 \quad\cdots\cdots(2)$$

式中:$P_r$——锈蚀面积率,%,精确至0.1%;

$A$——钢筋面积,$mm^2$;

$A_r$——钢筋锈蚀面积,$mm^2$。

## 6　试验结果与评定

1组3个试件中的3根钢筋,每一根钢筋表面的锈蚀面积率均不超过钢筋计算表面积的5%,则该组试件的钢筋防锈涂层的防锈性能评为合格。当其中有1根钢筋表面的锈蚀面积率大于钢筋表面积的5%,则该组试件的钢筋防锈涂层的防锈性能评为不合格。

## 7　试验报告

a)生产单位和产品的涂料名称;

b)标准名称和编号;

c)所用的主要仪器、设备;

d)测定锈蚀面积的方法;

e)锈蚀面积的百分率及评定结果;

f)试验单位、试验人、报告审核人、日期及其他。

# 三、 设备、模具标准

## 国家建筑材料工业局部标准

JC 363—86

# 承插式自应力钢筋混凝土输水管管模

本标准适用于承插式自应力钢筋混凝土输水管管模（简称管模）。该管模用于离心成型符合GB 4084—83《承插式自应力钢筋混凝土输水管》所规定的管材。

## 1 名词、术语

a. 企口：是指管模上、下模合模时用作定位和密封的凹槽和凸台（见图）。

b. 跑轮：是指管模上带动管模回转的轮箍（见图）。

c. 插口模：是指成型承插式自应力钢筋混凝土输水管（简称自应力管）插口的管模零件（见图）。

d. 承口内模：是指成型自应力管承口的管模零件（见图）。

e. 公称内径：是指自应力管的内径$D_0$（见图）。

f. 公称长度：是指自应力管的工作长度$L_0$（见图）。

g. 有效长度：是指自应力管的实际长度$L$（见图）。

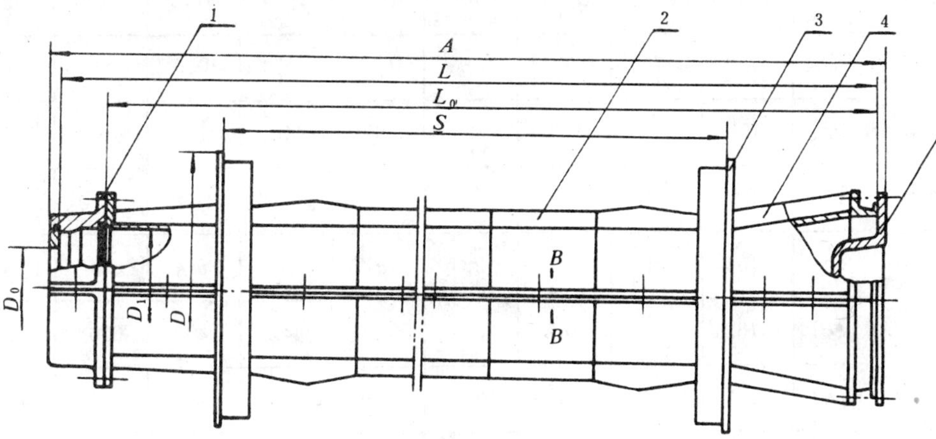


B—B 放大

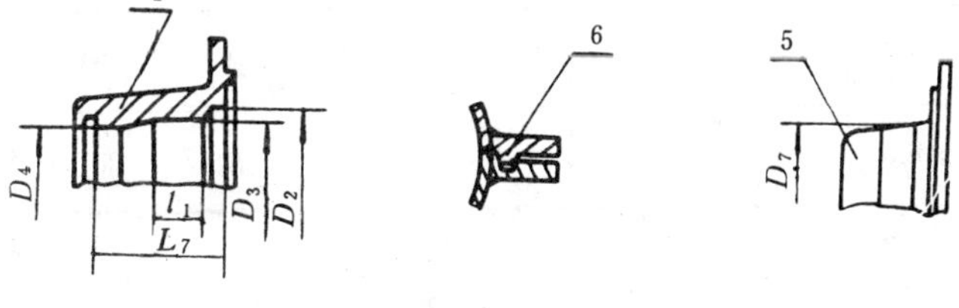


管模结构示意图

1—插口模；2—筒体；3—跑轮；4—承口外模；5—承口内模；6—企口

国家建筑材料工业局1986－01－14发布　　　　1986－07－01实施

## 2 规格、参数

2.1 结构型式为剖分式。

2.2 型号编制说明：

GMZ×××
- ×（第三位）——表示自应力管的公称长度（m）
- ××（前两位）——表示自应力管的公称内径（cm）
- Z——表示自（Z）应力管
- GM——表示管（G）模（M）

2.3 规格、参数见表1。

表 1

| 名称 | 参数 \ 型号 | GMZ 103 | GMZ 153 | GMZ 203 | GMZ 253 | GMZ 304 | GMZ 354 | GMZ 404 | GMZ 504 | GMZ 604 | GMZ 804 |
|---|---|---|---|---|---|---|---|---|---|---|---|
| 公称内径，mm | $D_0$ | 100 | 150 | 200 | 250 | 300 | 350 | 400 | 500 | 600 | 800 |
| 公称长度，mm | $L_0$ | 3000 | 3000 | 3000 | 3000 | 4000 | 4000 | 4000 | 4000 | 4000 | 4000 |
| 有效长度，mm | $L$ | 3080 | 3080 | 3080 | 3080 | 4088 | 4088 | 4107 | 4107 | 4117 | 4140 |
| 管模总长，mm | $A$ | 3170 | 3170 | 3170 | 3170 | 4170 | 4170 | 4170 | 4200 | 4200 | 4230 |
| 最大外径，mm | $D$ | 750 | 750 | 750 | 1050 | 1050 | 1050 | 1050 | 1400 | 1400 | 1750 |
| 管模内径，mm | $D_1$ | 150 | 200 | 260 | 320 | 380 | 440 | 490 | 610 | 720 | 960 |
| 轮缘距，mm | $S$ | 2370 | 2370 | 2370 | 2370 | 3120 | 3120 | 3120 | 3120 | 3120 | 3120 |
| 插口模 mm | $D_2$ | 164 | 214 | 274 | 334 | 397 | 457 | 514 | 634 | 743 | 984 |
| | $D_3$ | 152 | 202 | 262 | 322 | 382 | 442 | 496 | 616 | 726 | 966 |
| | $D_4$ | 146 | 196 | 256 | 316 | 376 | 436 | 490 | 610 | 718 | 958 |
| | $l_1$ | 20 | 20 | 20 | 20 | 25 | 25 | 35 | 35 | 40 | 50 |
| | $L_7$ | 72 | 72 | 72 | 72 | 80 | 80 | 92 | 92 | 102 | 117 |
| 承口内模，mm | $D_7$ | 169 | 219 | 279 | 339 | 402 | 462 | 519 | 639 | 751 | 994 |
| 参考重量，kg | | 1050 | 1100 | 1200 | 1400 | 1700 | 1800 | 2000 | 2500 | 2800 | 4200 |

## 3 技术要求

### 3.1 基本技术要求

3.1.1 管模应符合本标准规定，并按照经规定程序批准的图样及技术文件制造。

3.1.2 金属件焊接应符合Q/JCJ05—82《钢制建材机械焊接技术规程》的规定。

3.1.3 铸钢件应符合Q/JCJ02—82《碳素钢、低合金钢铸件通用技术条件》的规定。

3.1.4 铸钢件缺陷焊补应符合Q/JCJ03—82《碳素钢、低合金钢铸件缺陷焊补通用技术条件》的规定。

3.1.5 图样上未注公差尺寸的极限偏差应符合GB 1804—79《公差与配合 未注公差尺寸的极限偏差》的规定。

a. 机械加工未注公差尺寸的公差等级为IT14。

b. 非机械加工未注公差尺寸的公差等级为IT16。

c. 冷作件或焊接件未注公差尺寸的公差等级为IT18。

3.1.6 图样上未注形状和位置公差的机械加工零件应符合GB1184—80《形状和位置公差 未注公差的规定》公差等级$D$。

3.1.7 易损件应能互换。

3.2 主要零部件技术要求

3.2.1 跑轮

3.2.1.1 材料不低于ZG35。

3.2.1.2 跑轮锥面斜角$\alpha$的偏差为±5′，锥端直径尺寸公差等级为IT9，表面粗糙度$R_a$的最大允许值为12.5μm。

3.2.1.3 跑轮踏面尺寸公差等级为IT11，表面粗糙度$R_a$的最大允许值为12.5μm。

3.2.2 筒体

3.2.2.1 支承法兰锥面斜角$\alpha$的偏差为±5′，锥端直径尺寸公差等级为IT9，表面粗糙度$R_a$的最大允许值为12.5μm。

3.2.2.2 支承法兰止口内径尺寸公差等级为IT11，表面粗糙度$R_a$的最大允许值为12.5μm。

3.2.2.3 插口联接法兰止口外径尺寸公差等级为IT11，表面粗糙度$R_a$的最大允许值为12.5μm。

3.2.2.4 内径$D_1$偏差：GMZ103～GMZ604为$^{+3}_{-2}$mm；GMZ804为$^{+3.5}_{-2}$mm。

3.2.3 插口模

3.2.3.1 材料不低于ZG25。

3.2.3.2 $D_2$、$D_4$尺寸偏差：GMZ103～GMZ604为±0.5mm，GMZ804为±1mm；

$D_3$尺寸偏差：GMZ103～GMZ604为$^{+0.5}_{-0.2}$mm，GMZ804为$^{+1.0}_{-0.2}$mm；

$l_1$尺寸偏差：GMZ103～GMZ804为$^{+1.5}_{-0.5}$mm；

表面粗糙度$R_a$的最大允许值为12.5μm。

3.2.4 承口内模

3.2.4.1 材料不低于ZG25。

3.2.4.2 $D_7$尺寸偏差：GMZ103～GMZ604为±0.5mm，GMZ804为$^{+1.0}_{-0.5}$mm；表面粗糙度$R_a$的最大允许值为12.5μm。

3.3 装配技术要求

3.3.1 轮缘距$S$偏差$^{+8}_{+2}$mm。

3.3.2 管模内径（指同一截面）在剖分面处比垂直方向大2～4mm。

3.3.3 合模后，内壁缝隙和错位不大于0.5mm。

3.3.4 管模有效长度$L$偏差$^{+3}_{-1}$mm。

3.4 外观要求

3.4.1 止口、法兰、跑轮、螺栓等无毛刺、锐边、锈蚀及碰伤，管模内壁焊缝应修整，圆滑过渡。

3.4.2 油漆光亮，无漏漆、粘手、皱皮、流痕、气泡及粘附不良。

3.4.3 纵、环向筋板配置平直。

## 4 试验方法

每套管模置于离心机上运转，转速应符合表 2 规定，连续运转时间不少于15min，运转平稳，无异常响声。

表 2

| 型　号 | GMZ103～GMZ253 | GMZ304～GMZ404 | GMZ504～GMZ604 | GMZ804 |
|---|---|---|---|---|
| 转速，r/min | 300 | 250 | 200 | 150 |

## 5 检验规则

5.1 制造厂质量检验部门按本标准各项要求检验。

5.2 外观质量检验用目测。

5.3 长度的检验应采用刻度为 1 mm的钢卷尺，钢卷尺应符合JJG 4 —80《钢卷尺检定规程》的要求。

5.4 筒体内径$D_1$的检验采用专用样板，样板公差等级规定为IT12；

支承法兰锥端直径尺寸的检验应采用千分尺，千分尺应符合JJG 193—79《千分尺试行检定规程》；

跑轮和支承法兰的锥面斜角$\alpha$的检验应采用分度值为 2′的角度规，角度规应符合JJG 33—79《角度规检定规程》。

5.5 内壁缝隙和错位的检验部位在管模两端。

5.6 内壁缝隙和错位的检验应采用塞尺，塞尺应符合JJG 62—78《塞尺试行检定规程》的要求。

5.7 除5.2～5.6规定外，其他项目的检验应采用游标卡尺，游标卡尺应符合JJG 192—79《游标卡尺试行检定规程》、JJG 30—75《游标卡尺检定规程》。

## 6 标志、包装、运输、贮存

6.1 管模应在明显部位标上铭牌，内容包括：

a. 名称；

b. 型号；

c. 重量；

d. 出厂编号；

e. 出厂日期；

f. 制造厂名。

6.2 管模整体外裸包装，跑轮工作面用软性材料包装，非油漆面应涂上防锈油脂。

6.3 管模出厂应附有合格证和使用说明书。

6.4 管模运输时扎紧捆牢，用木楔将跑轮楔紧，防止滚动。

6.5 管模应堆放在干燥、平整坚实的场地上，堆放层数不超过三层，每层跑轮之间用垫料填实，严禁半模堆放。

**附加说明：**

本标准由国家建筑材料工业局装备公司提出。

本标准由武汉水泥制品工业设计院、常州建材设备制造厂负责起草。

本标准主要起草人许伯祥、陈秀珠、周翠雯、许明道。

# 前　言

本标准根据我国环形预应力混凝土电杆钢模的实际生产和使用现状，对 JC/T 364—1986(1996)《环形预应力混凝土电杆钢模》进行修订。

本标准与 JC/T 364—1986(1996)的主要技术差异如下：

增补了标准的范围和引用标准章节、杆模的规格系列、形位公差要求，修订了杆模的技术要求，试验方法和检验规则，有利于本标准在我国的推广实施。

本标准自实施之日起，代替 JC/T 364—1986(1996)。

本标准由国家建筑材料工业局建材机械标准化技术委员会提出并归口。

本标准负责起草单位：国家建筑材料工业局苏州混凝土水泥制品研究院。

本标准参加起草单位：无锡建筑材料机械厂、丹阳市建材机械厂、泰州建材机械厂、常州建材设备制造厂、武进第二建材机械厂、常州长江钢模有限公司、扬州市江扬建材机械厂等。

本标准主要起草人：匡红杰、史瑞庭、薛淦泉、龚书寿、张裕华、左元龙、恽金大、巢士明、马祥。

本标准于 1986 年 1 月首次发布，2001 年第一次修订。

中华人民共和国建材行业标准

JC/T 364—2001

代替 JC/T 364—1986(1996)

# 环形预应力混凝土电杆钢模

**Steel model of circular prestressed concrete pole**

## 1 范围

本标准规定了环形预应力混凝土电杆钢模的术语、代号、产品分类、技术要求、试验方法、检验规则及标志、包装、运输和贮存。

本标准适用于生产离心成型的符合 GB 4623 规定的环形预应力混凝土电杆的钢模(以下简称杆模),也适用于生产离心成型的符合 GB 396 规定的环形钢筋混凝土电杆的钢模。

## 2 引用标准

下列标准所包含的条文,通过在本标准中引用而构成为本标准的条文。本标准出版时,所示版本均为有效。所有标准都会被修订,使用本标准的各方应探讨使用下列标准最新版本的可能性。

GB 396—1994 环形钢筋混凝土电杆

GB/T 699—1999 优质碳素结构钢

GB/T 700—1988 碳素结构钢(neq DIN 630:1987)

GB/T 1804—1992 一般公差 线性尺寸的未注公差(eqv ISO 2768-1:1989)

GB/T 3098.1—1982 紧固件机械性能 螺栓、螺钉和螺柱(eqv ISO 898-1:1978)

GB/T 3098.2—1982 紧固件机械性能 螺母(eqv ISO 898-2:1980)

GB 4623—1994 环形预应力混凝土电杆

GB 5083—1999 生产设备安全卫生设计总则(neq DIN 31000/VDE1000:1993)

GB/T 13306—1991 标牌

JC/T 401.2—1991(1996) 建材机械用碳钢和低合金钢铸件技术条件

JC/T 401.3—1991(1996) 建材机械用铸钢件缺陷处理规定

JC/T 401.4—1991(1996) 建材机械用铸钢件交货技术条件

JC/T 402—1991 水泥机械涂漆防锈技术条件

JC/T 406—1991 水泥机械包装技术条件

JC 532—1994 建材机械钢焊接件通用技术条件

## 3 术语、代号

a) 杆模长度 $L$:指杆模组装后的总长度(见图 1)。

b) 杆模公称长度 $L_0$:指杆模制作的电杆的公称长度。

c) 杆模公称直径 $D$:指杆模内径(对于锥形杆模,是指小端杆模内径),亦即电杆的外径(锥形电杆为稍径)。

d) 跑轮:指杆模上与离心机托轮接触并用于传递扭矩的轮箍(见图 1)。

e) 跑轮距 $S$:指相邻两跑轮有效轮宽中心之间的距离(见图 1)。

f) 企口:指杆模上、下模合模时用作定位和密封的凹槽和凸台(见图 1)。

国家建筑材料工业局2001-02-20批准 2001-10-01实施

g) 搭攀：指用作合口螺栓固定和紧固的支架（见图 1）。

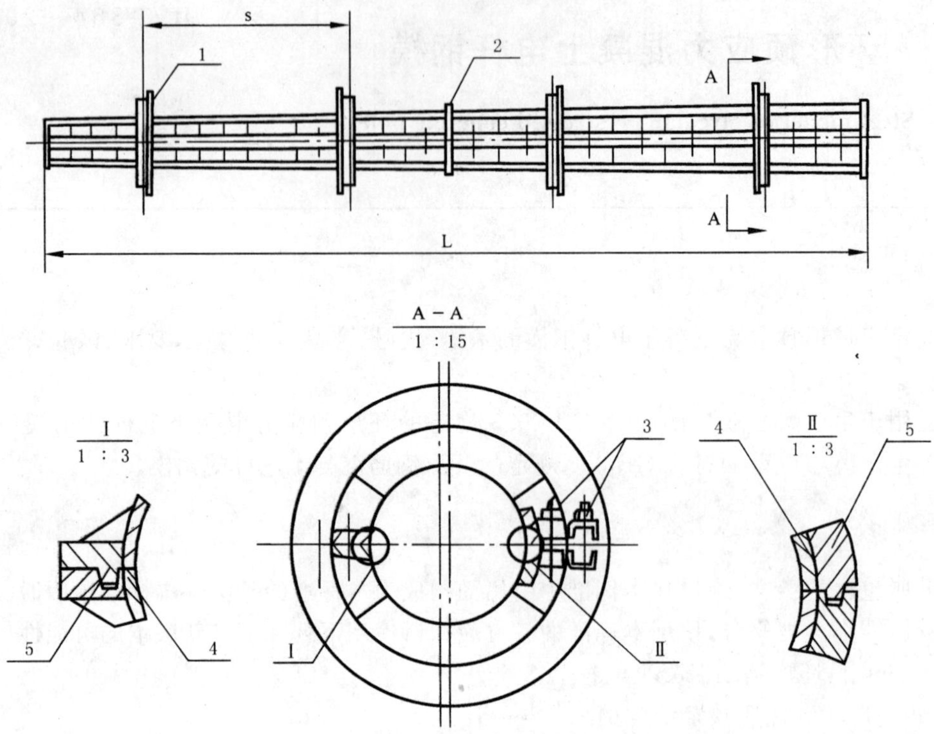


1—跑轮；2—连接法兰；3—搭攀；4—分模面；5—企口

图 1

## 4 产品分类

### 4.1 型式

杆模为两半模，由跑轮和数段（或整段）模体等组成。

### 4.2 品种

杆模按成型电杆的外形分为锥形杆模（锥度为 1∶75）和等径杆模。

### 4.3 型号

型号表示方法规定如下：

DM Z □－□

- □（第二个）——杆模公称长度 $L_0$，m
- □（第一个）——杆模公称直径 $D$，mm
- Z——锥形（Z）电杆代号
- DM——杆模代号

DM D □－□

- □（第二个）——杆模公称长度 $L_0$，m
- □（第一个）——杆模公称直径 $D$，mm
- D——等径（$D$）电杆代号
- DM——杆模代号

4.4 产品标记示例

公称直径为150mm、公称长度为8m的锥形环形预应力混凝土电杆钢模：

环形预应力混凝土电杆钢模 DMZ 150-8 JC/T 364—2001

4.5 规格

锥形杆模规格参数见表1，等径杆模规格参数见表2。

表1 锥形杆模规格

| 公称直径<br>mm | 公称长度<br>m | | | | | | | | | | | |
|---|---|---|---|---|---|---|---|---|---|---|---|---|
| | 6.0 | 6.5 | 7.0 | 7.5 | 8.0 | 8.5 | 9.0 | 10.0 | 11.0 | 12.0 | 13.0 | 15.0 |
| 100 | ● | ● | ● | — | — | — | — | — | — | — | — | — |
| 130 | ● | ● | ● | ● | ● | — | — | — | — | — | — | — |
| 150 | ● | ● | ● | ● | ● | ● | ● | ● | ● | — | — | — |
| 170 | — | — | ● | — | ● | — | ● | ● | ● | ● | — | — |
| 190 | — | — | ● | — | ● | — | ● | ● | ● | ● | ● | ● |
| 230 | ● | — | — | — | — | — | ● | — | — | ● | — | — |
| 270 | ● | — | — | — | — | — | ● | — | — | — | — | — |
| 283 | ● | — | — | — | — | — | — | — | — | — | — | — |
| 310 | ● | — | — | — | — | — | ● | — | — | — | — | — |
| 350 | ● | — | — | — | — | — | ● | — | — | — | — | — |
| 390 | ● | — | — | — | — | — | ● | — | — | — | — | — |
| 430 | ● | — | — | — | — | — | — | — | — | — | — | — |
| 470 | ● | — | — | — | — | — | — | — | — | — | — | — |
| 510 | ● | — | — | — | — | — | ● | — | — | — | — | — |
| 550 | ● | — | — | — | — | — | — | — | — | — | — | — |

注

1 "●"表示规定的规格。

2 根据供需双方协议，也可生产其他规格的锥形杆模。

表2 等径杆模规格

| 公称直径<br>mm | 公称长度<br>m | | |
|---|---|---|---|
| | 4.5 | 6.0 | 9.0 |
| 300 | ● | ● | ● |
| 400 | ● | ● | ● |
| 500 | ● | ● | ● |
| 550 | ● | ● | ● |

注

1 "●"表示规定的规格。

2 根据供需双方协议，也可生产其他规格的等径杆模。

## 5 技术要求

5.1 基本要求

5.1.1 杆模应符合本标准要求,并按规定程序批准的图样及技术文件制造。

5.1.2 产品设计和制造的安全卫生要求应符合 GB 5083 的规定。

5.1.3 图样上线性尺寸的未注公差,机械加工部位应符合 GB/T 1804—1992 中的 m 级;非机械加工部位应符合 GB/T 1804—1992 中的 c 级。

5.2 主要零部件要求

5.2.1 分段模体

5.2.1.1 相邻两跑轮支承板间距偏差为±1 mm。

5.2.1.2 连接法兰工作面与筒体中心线的垂直度公差为 0.25 mm。

5.2.1.3 企口板与筒体在分模面处允许存在不大于 0.5 mm 的缝隙;大于 0.5 mm 小于 1 mm 的缝隙在一半分段模体上,单段长度不应大于 100 mm,累计长度不应大于分段模体长度的 1/10;不允许有大于 1 mm 的缝隙。

5.2.1.4 支承板直径和连接法兰止口直径的公差等级为 IT9,表面粗糙度 $R_a$ 的最大允许值为6.3 μm。

5.2.1.5 筒体内表面不允许有裂纹、麻点、起鳞、疤痕和锈蚀等缺陷。

5.2.1.6 采用铆接工艺时,筒体内壁铆钉周围允许有深度不大于 1mm 的凹坑,但应圆滑过渡。

5.2.2 跑轮

5.2.2.1 工作面直径的公差等级为 IT9,表面粗糙度 $R_a$ 的最大允许值为 12.5μm。

5.2.2.2 支承定位内径的公差等级为 IT9,表面粗糙度 $R_a$ 的最大允许值为 6.3μm。

5.3 材料要求

5.3.1 材质应符合 GB/T 699 和 GB/T 700 的规定。其中筒体、企口板、筋板、法兰材料的机械性能不低于 GB/T 700—1988 中 Q235-A 的要求;螺栓的机械性能不应低于 GB/T 3098.1—1982 中的 8.8 级,螺母材料的机械性能不应低于 GB/T 3098.2—1982 中的 8 级。

5.3.2 铸钢件应符合 JC/T 401.2～JC/T 401.4 的规定。其中跑轮材料的机械性能不低于 JC/T 401.2—1991 中 ZG 270—500 的要求。

5.4 焊接要求

5.4.1 焊接件应符合 JC 532 的规定。其中跑轮及其支承法兰、连接法兰和端部法兰关键零部件与筒体之间的焊接接头表面质量不应低于 JC 532—1994 中的Ⅲ级。

5.4.2 杆模内表面焊缝应磨平,磨削表面粗糙度 $R_a$ 的最大允许值为 25 μm。

5.5 装配要求

5.5.1 杆模内径的尺寸极限偏差为$^{+2}_{-1}$mm;分模面处内径的尺寸偏差为$^{+4}_{+2}$mm,且应圆滑过渡。

5.5.2 杆模内表面素线直线度偏差在全长范围内为 $L$/2 500,但不应大于 5 mm,在距离两端 1m 范围内不大于 1 mm。

5.5.3 杆模长度偏差不大于 0.5‰$L$。

5.5.4 杆模内表面合口间隙不大于 0.25 mm;连接法兰处内表面环向间隙不大于 0.25 mm。

5.5.5 杆模内表面合口错位不大于 1 mm;连接法兰处内表面错位不大于 1 mm,且应磨平,磨削斜度不大于 1/100;连接法兰处企口错位不大于 1 mm。

5.5.6 跑轮距 S 为 2m,其偏差不大于 2 mm;任意两跑轮轮距为 2m 的整数倍,其偏差不大于 4mm。

5.5.7 跑轮与筒体的同轴度公差为 $\phi$2 mm。

5.5.8 搭攀螺栓拧紧后,螺栓应露出螺母,但露出长度不大于 15mm。

5.6 外观质量

5.6.1 杆模外表面应无毛刺、锐边、焊渣和碰伤等缺陷。

5.6.2 纵、环向筋板配置应平直。

5.6.3 搭攀螺栓拧紧后，搭攀锁紧面外侧不应向分模面倾斜。

5.6.4 杆模外表面涂漆要求应符合 JC/T 402 的规定。

5.7 试运转要求

5.7.1 杆模空载运转应平稳，无异常响声。

5.7.2 杆模负载运转应平稳，无异常响声，且负载运转时杆模合口及法兰连接处等均不应漏浆。

## 6 试验方法

6.1 相邻两跑轮支承板间距偏差(5.2.1.1)：用游标卡尺测量。

6.2 连接法兰工作面与筒体中心线的垂直度(5.2.1.2)：在机床上用百分表测量连接法兰工作面的跳动。

6.3 企口板与筒体在分模面处的缝隙(5.2.1.3)：半模状态，用塞尺和钢直尺测量。

6.4 杆模内径尺寸偏差(5.5.1)：半模状态，用半径样板和塞尺沿杆模轴线方向分别测量杆模两端和 $1/4L$、$1/2L$、$3/4L$ 三点处的半径；或合模后，在杆模两端与合缝呈 45°和 135°的两点处用游标卡尺分别测量杆模两端的内径。

6.5 分模面处内径尺寸偏差(5.5.1)：合模后用游标卡尺分别测量杆模两端合口方向与垂直方向的内径。

6.6 杆模内表面素线直线度(5.5.2)：在半模内表面 A、B、C 三点处(见图 2)沿筒体素线方向拉一条绷紧的细线，用钢直尺或塞尺测量该线与被测面之间的间隙。

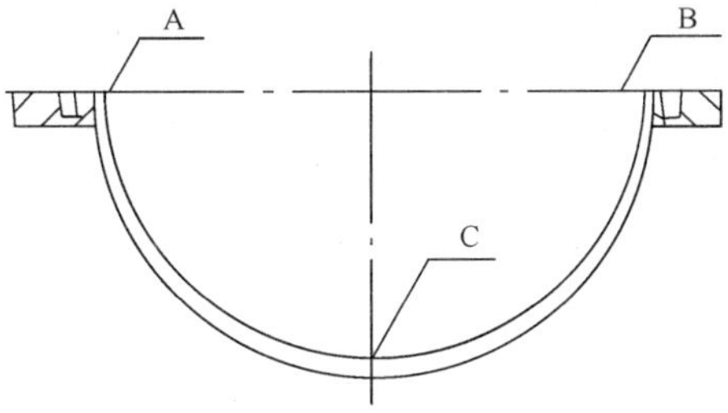

图 2

6.7 杆模长度偏差(5.5.3)：合模后用钢卷尺沿杆模轴线方向测量。

6.8 杆模内表面合口间隙(5.5.4)：合模后在筒体两端面处用塞尺测量。

6.9 连接法兰处内表面环向间隙(5.5.4)：半模水平状态，在连接法兰处内表面与合口呈 30°、90°、150°的三点处用塞尺测量。

6.10 杆模内表面合口错位(5.5.5)：合模后在筒体两端用深度尺或塞尺测量。

6.11 连接法兰处内表面错位(5.5.5)：半模水平状态，在连接法兰处内表面与合口呈 30°、90°、150°的三点处用深度尺测量。

6.12 跑轮距偏差及任意两跑轮轮距偏差(5.5.6)：合模后用钢卷尺沿杆模轴线方向测量各跑轮之间的距离。

6.13 同轴度(5.5.7)：杆模组装后，置于试验用离心机上用百分表测量其两端内表面的圆跳动。

6.14 外观质量(5.6)：用目测和手感法测量。

6.15 空载运转试验(5.7.1)：将杆模平稳地置于离心机上，以(80～120)r/min 的速度运转 5 min，然后缓慢升高至 450 r/min，并持续 20 min，观察运行情况。

6.16 负载运转试验(5.7.2)：在使用单位进行，试生产 3～5 根电杆。

## 7 检验规则

7.1 检验分类

检验分出厂检验和型式检验。

7.2 出厂检验

产品出厂前应按 5.1～5.7.1 规定逐根检验，并符合要求。产品出厂前必须经制造厂检验部门检验合格，并签发合格证。

7.3 型式检验

有下列情况之一时，应按本标准的全部技术要求进行型式检验并应符合要求：

a）新产品和老产品转厂生产的试制定型鉴定；

b）正常生产时，如结构、材料、工艺有较大改变，可能影响产品性能时；

c）正常生产时，每两年至少要进行 1 次；

d）产品停产 1 年后恢复生产时；

e）出厂检验结果与上次型式检验有较大差异时；

f）国家质量技术监督机构提出进行型式检验要求时。

7.4 型式检验的样品，应从出厂检验合格产品中抽取 1 套。

## 8 标志、包装、运输和贮存

8.1 在杆模大端外表面固定产品标牌，标牌应符合 GB/T 13306 的规定，内容应包括：

a）制造厂名；

b）产品名称；

c）产品型号；

d）标准号；

e）商标；

f）外形尺寸；

g）重量；

h）制造编号；

i）制造日期。

8.2 包装及随机文件应符合 JC/T 406 的规定。

8.3 杆模运输时应捆牢、楔紧、防止滚动。

8.4 杆模应堆放在干燥、平整、坚实的场地上，堆放层数不超过 3 层，跑轮之间应垫实，严禁半模堆放。

中华人民共和国建材行业标准

JC/T 582—1995

# 预应力混凝土输水管(管芯缠丝工艺)管模

## 1 主题内容与适用范围

本标准规定了预应力混凝土输水管(管芯缠丝工艺)管模的术语、代号、产品分类、技术要求、试验方法、检验规则、标志、包装、运输和贮存。

本标准适用于以托轮离心法和悬辊离心法生产的符合GB 5696规定的公称直径为400～1 600 mm的预应力混凝土输水管(管芯缠丝工艺)的管模(以下简称管模)。其他规格的管模亦可参照使用。

## 2 引用标准

GB 700 碳素结构钢

GB/T 1804 一般公差 线性尺寸的未注公差

GB 5083 生产设备安全卫生设计总则

GB 5696 预应力混凝土输水管(管芯缠丝工艺)

GB/T 13306 标牌

JC 401.2 建材机械用碳钢和低合金钢铸件技术条件

JC 401.3 建材机械用铸钢件缺陷处理规定

JC 401.4 建材机械用铸钢件交货技术条件

JC/T 402 水泥机械涂漆防锈技术条件

JC/T 406 水泥机械包装技术条件

JC 532 建材机械钢焊接件通用技术条件

## 3 术语、代号

a. 管模公称直径 $D_0$:指预应力混凝土输水管的公称直径。

b. 管模公称长度 $L_0$:指预应力混凝土输水管的有效长度。

c. 管模工作长度 $L$:指预应力混凝土输水管的管体长度。

d. 支承间距 $S$:指管模在成型机上两支承轴向定位面之间的距离。

e. 支承宽度 $B$:对托轮离心管模指跑轮踏面宽度,对悬辊离心管模指承插口模与辊轴外圆表面的接触宽度。

## 4 产品分类

国家建筑材料工业局1995-11-23批准　　1996-03-01实施

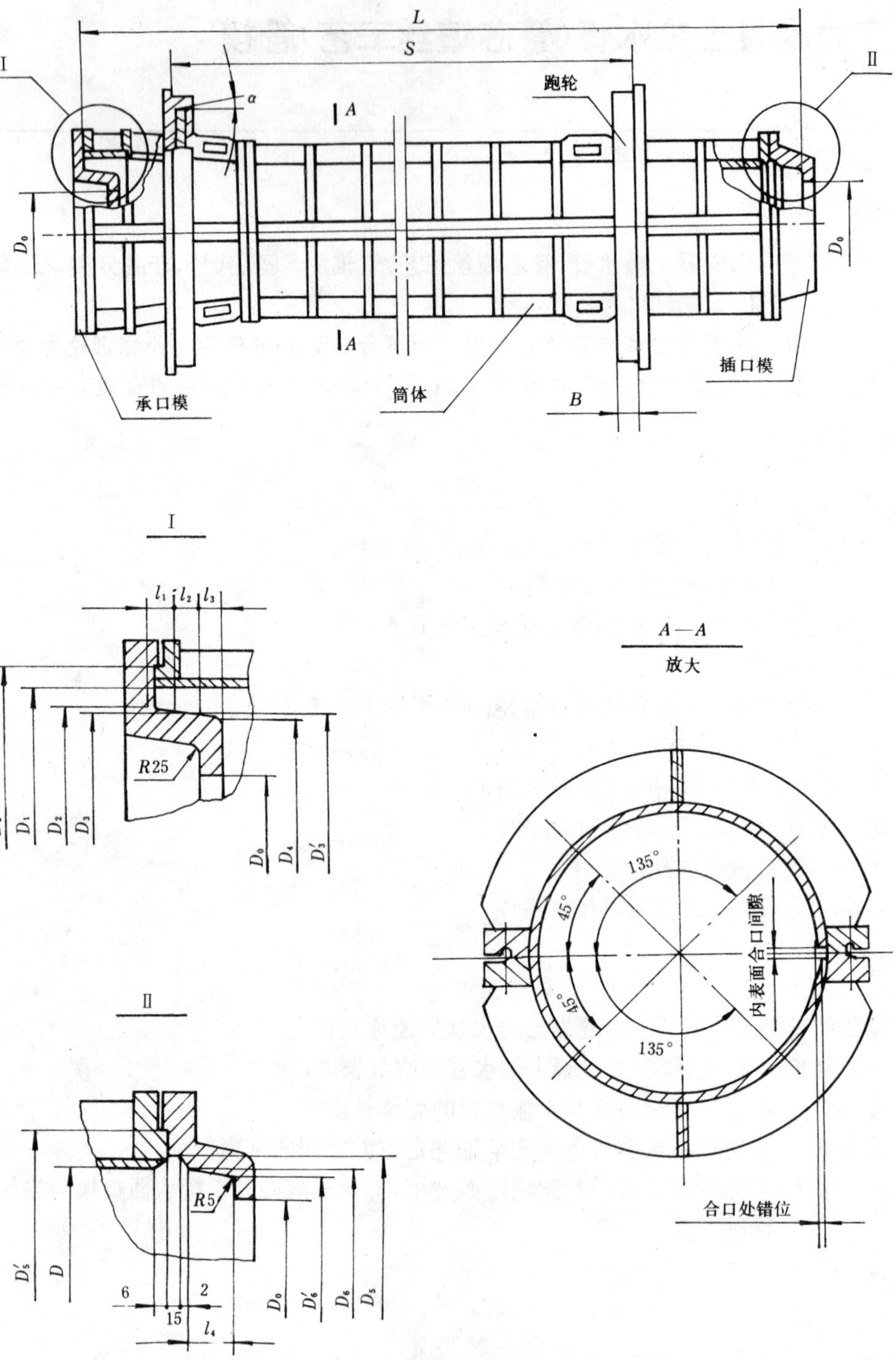


图 1 托轮离心管模

4.1 型式

4.1.1 管模结构型式为两瓣组合式。

4.1.2 管模按制管方法分为托轮离心管模(代号 $L$,见图 1)和悬辊离心管模(代号为 G,见图 2)。

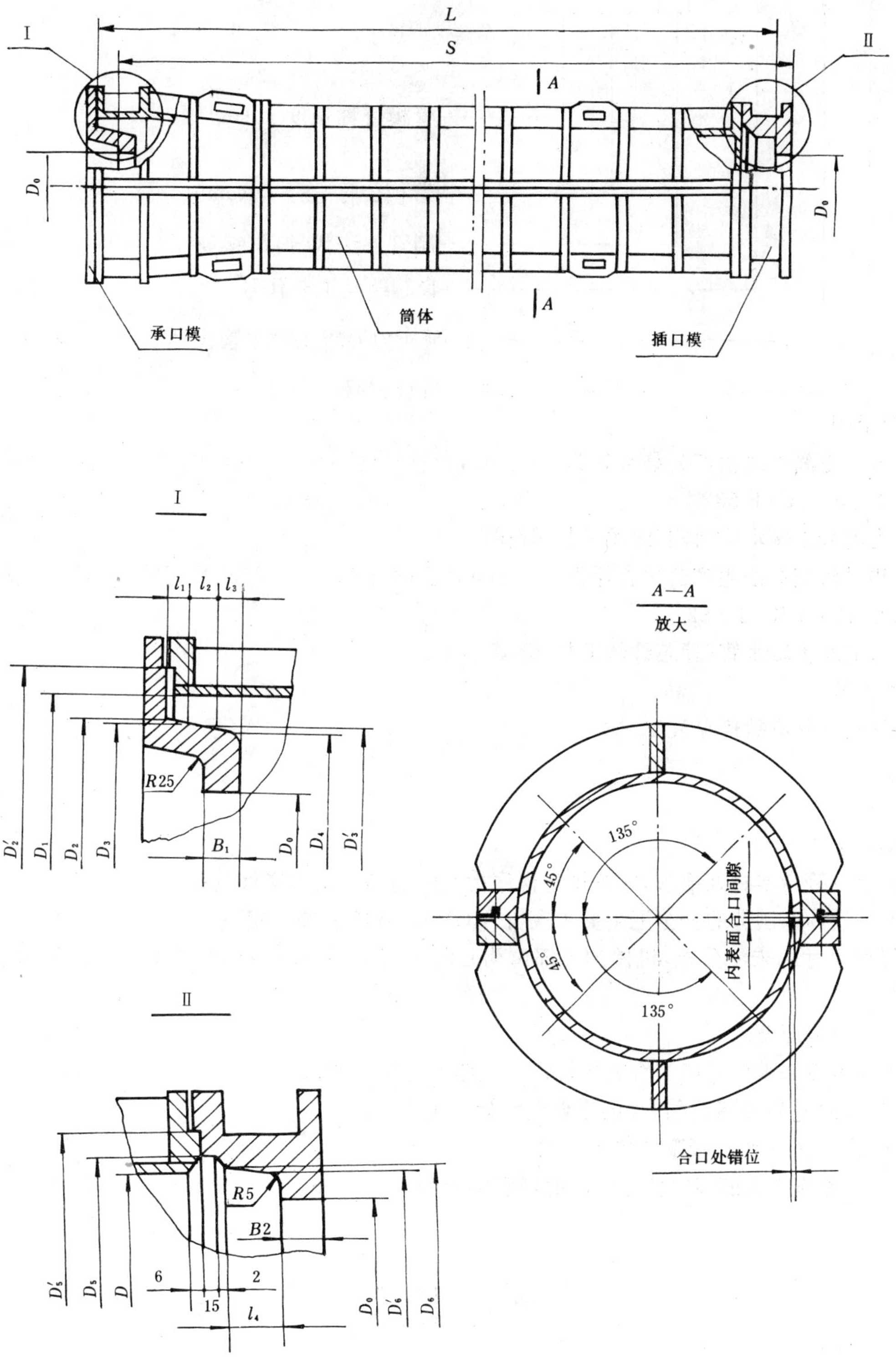

L
S
Ⅰ
Ⅱ
A
A
$D_0$
$D_0$
承口模
筒体
插口模
Ⅰ
$l_1$ $l_2$ $l_3$
R25
$B_1$
$D_2'$ $D_1$ $D_2$ $D_3$ $D_0$ $D_4$ $D_3'$
Ⅱ
R5
B2
6
2
15
$l_4$
$D_5'$ $D_5$ $D$ $D_0$ $D_6'$ $D_6$
A—A
放大
135°
45°
45°
135°
内表面合口间隙
合口处错位


图 2　悬辊离心管模

4.2 型号

型号标记方法规定如下：

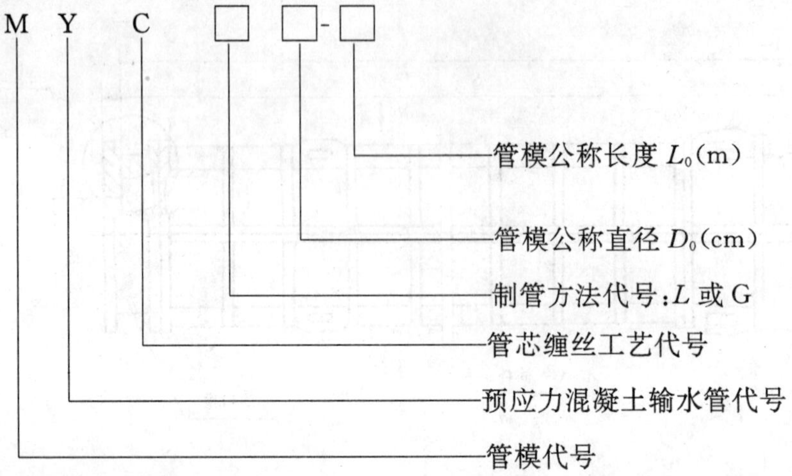


4.3 标记示例

**a.** 用托轮离心法生产公称直径为 800 mm，公称长度为 5 000 mm 的预应力混凝土输水管管模：

MYCL 80-5 JC/T 582

预应力混凝土输水管(管芯缠丝工艺)管模

**b.** 用悬辊离心法生产公称直径为 1 200 mm，公称长度为 5 000 mm 的预应力混凝土输水管管模：

MYCG 120-5 JC/T 582

预应力混凝土输水管(管芯缠丝工艺)管模

4.4 基本参数

管模规格及基本数值见表 1。

## 5 技术要求

5.1 基本要求

5.1.1 管模应符合本标准要求，并按规定程序批准的图样及技术文件制造。

5.1.2 产品设计和制造的安全卫生要求应符合 GB 5083 的有关规定。

5.1.3 线性尺寸的未注公差，机械加工部位为 GB/T 1804 中的 m 级；非机械加工部位为 GB/T 1804 中的 C 级。

5.2 管模工作表面要求

5.2.1 工作表面基本尺寸应符合表 1 规定。主要尺寸偏差要求：

**a.** 筒体内径 D 及承、插口模的主要尺寸偏差见表 2。

**b.** 管模工作长度 L 极限偏差为$^{+3\ \mathrm{mm}}_{-1\ \mathrm{mm}}$。

**c.** 纵向预应力钢筋两定位面间距的极限偏差为±1.5 mm。

表 1

mm

| 项目名称 | | 管模规格 | | | | | | | | | |
|---|---|---|---|---|---|---|---|---|---|---|---|
| | | 40-5 | 50-5 | 60-5 | 70-5 | 80-5 | 90-5 | 100-5 | 120-5 | 140-5 | 160-5 |
| | | 数值 | | | | | | | | | |
| 公称直径 $D_0$ | | 400 | 500 | 600 | 700 | 800 | 900 | 1 000 | 1 200 | 1 400 | 1 600 |
| 公称长度 $L_0$ | | 5 000 | | | | | | | | | |
| 工作长度 $L$ | | 5 160 | | | | | | | | | |
| 管模内径 $D$ | | 476 | 576 | 686 | 786 | 896 | 1 008 | 1 118 | 1 338 | 1 560 | 1 790 |
| 管模承口内径 $D_1$ | | 644 | 764 | 882 | 1 004 | 1 120 | 1 228 | 1 348 | 1 580 | 1 818 | 2 081 |
| 管模承口平直段长度 $L_1$ | | 220 | | 230 | | 240 | | | | | 190 |
| 管模承口斜坡段投影长度 $L_2$ | | 554 | 612 | 648 | 726 | 740 | 756 | 790 | 864 | 900 | 1 075 |
| 承口模工作面尺寸 | $D_2$ | 545 | 650 | 760 | 860 | 970 | 1 080 | 1 190 | 1 410 | 1 634 | 1 864 |
| | $D_3$ | 524 | 624 | 734 | 834 | 944 | 1 056 | 1 166 | 1 386 | 1 608 | 1 838 |
| | $D_3'$ | 516 | 618 | 728 | 828 | 938 | 1 050 | 1 160 | 1 380 | 1 602 | 1 832 |
| | $D_4$ | 494 | 594 | 704 | 804 | 914 | 1 024 | 1 134 | 1 354 | 1 574 | 1 802 |
| | $l_1$ | 50 | | | | | | | | | |
| | $l_2$ | 65 | | | 60 | | | | | | 110 |
| | $l_3$ | | | | 70 | | | | | | 20 |
| 插口模工作面尺寸 | $D_5$ | 516 | 616 | 726 | 826 | 936 | 1 048 | 1 158 | 1 376 | 1 600 | 1 830 |
| | $D_6$ | 500 | 600 | 710 | 810 | 920 | 1 030 | 1 140 | 1 360 | 1 580 | 1 080 |
| | $D_6'$ | 492 | 592 | 702 | 802 | 912 | 1 022 | 1 132 | 1 352 | 1 572 | 1 800 |
| | $l_4$ | 95 | | | | | | | | | |

表 2　　mm

<table>
<tr><th rowspan="3">公称直径<br>$D_0$</th><th colspan="3">承口模</th><th colspan="4">插口模</th><th>筒体</th></tr>
<tr><th>$D_2$</th><th>$D_3$　$D_3'$</th><th>$D_4$</th><th>$l_2$</th><th>$D_5$</th><th>$D_6$　$D_6'$</th><th>$l_4$</th><th>$D$</th></tr>
<tr><th colspan="8">偏　差　值</th></tr>
<tr><td>400～700</td><td>±1.5</td><td>+1.0<br>−0.3</td><td>±1.0</td><td>+1.5<br>−1.0</td><td rowspan="3">±1.0</td><td rowspan="3">+0.2<br>−0.8</td><td>±1.0</td><td>+3.0<br>−1.0</td></tr>
<tr><td>800～1 000</td><td rowspan="2">±0.2</td><td>+1.3<br>−0.5</td><td rowspan="2">±1.5</td><td>+2.0<br>−1.0</td><td rowspan="2">±1.5</td><td>+3.5<br>−1.0</td></tr>
<tr><td>1 200～1 600</td><td>+1.5<br>−0.5</td><td>+2.0<br>−1.5</td><td>+4.5<br>−1.0</td></tr>
</table>

表 3　　mm

<table>
<tr><th colspan="3" rowspan="3">项目名称</th><th colspan="10">管　模　规　格</th></tr>
<tr><th>40-5</th><th>50-5</th><th>60-5</th><th>70-5</th><th>80-5</th><th>90-5</th><th>100-5</th><th>120-5</th><th>140-5</th><th>160-5</th></tr>
<tr><th colspan="10">数　值</th></tr>
<tr><td rowspan="2">支承间距</td><td rowspan="2">S</td><td>ML</td><td colspan="10">4 020</td></tr>
<tr><td>MG</td><td colspan="3">5 140</td><td colspan="3">5 160</td><td colspan="2">5 180</td><td colspan="2">5 220</td></tr>
<tr><td rowspan="3">支承宽度</td><td>ML</td><td>B</td><td colspan="5">105</td><td colspan="4">120</td><td>135</td></tr>
<tr><td rowspan="2">MG</td><td>$B_1$</td><td colspan="3">90</td><td colspan="3">100</td><td colspan="2">110</td><td colspan="2">130</td></tr>
<tr><td>$B_2$</td><td colspan="3">70</td><td colspan="3">80</td><td colspan="2">90</td><td colspan="2">110</td></tr>
</table>

5.2.2　形位公差要求

a.　筒体内表面素线直线度偏差不大于筒体总长度的二千分之一，每米长度的偏差不大于 1 mm。

b.　筒体同一截面处，其合口方向的尺寸比垂直方向的尺寸大 3～5 mm。

c.　合口处错位不大于 0.5 mm(见图 1、图 2)。

5.2.3　管模内表面合口间隙：托轮离心管模不大于 0.5 mm；悬辊离心管模不大于 1 mm。

5.2.4　工作面表面粗糙度要求

a.　管模工作表面不允许有裂纹、麻点、起鳞、刻痕和锈蚀等缺陷。

b.　承插口模 $l_1$～$l_4$ 尺寸段及 $D_5$ 的加工表面粗糙度 $R_a$≤3.2 μm，其余的相应工作表面粗糙度 $R_a$≤6.3 μm。

5.3　材料要求

5.3.1　材质应符合 GB 700 的有关规定，其中筒体、法兰、筋板和联接件材料的机械性能不低于 Q 235A 的要求。

5.3.2　铸钢件应符合 JC 401.2～401.4 的规定。其中跑轮和悬辊离心管模的承、插口模材料机械性能不低于 ZG 270—500 的要求；托轮离心管模的承插口模材料的机械性能不低于 ZG 230—450 的要求。

5.4　焊接件要求

5.4.1　焊接件应符合 JC 532 的规定，其焊缝表面质量不低于Ⅲ级。

5.4.2　筒体内表面焊缝应磨平，磨削表面粗糙度 $R_a$≤25 μm。

5.5　装配要求

5.5.1 支承宽度B和支承间距S的尺寸见表3;S的极限偏差为:托轮离心管模$^{+10\ mm}_{+2\ mm}$,悬辊离心管模$^{-2\ mm}_{-1.0\ mm}$。

5.5.2 跑轮与支承法兰配合公差等级为IT 8,加工表面粗糙度$R_a \leqslant 3.2\ \mu m$,锥面斜角$\alpha$的偏差:跑轮为$^{\ 0}_{-5}$;支承法兰为$^{+5}_{\ 0}$。

5.5.3 跑轮踏面直径的公差等级为IT 9,加工表面粗糙度$R_a \leqslant 12.5\ \mu m$。

5.5.4 承插口模与筒体联接法兰的定位圆直径$D_2'$、$D_5'$的配合公差等级为IT 10,加工表面粗糙度$R_a \leqslant 6.3\ \mu m$。

5.6 外观要求

5.6.1 管模外表面涂漆要求参照JC/T 402的有关规定执行。

5.6.2 管模外表面应无毛刺、锐边、锈蚀和碰伤等缺陷。

5.6.3 纵、环向筋板配制应平直。

5.7 试运转要求

5.7.1 管模空载运转应平稳,无异常响声。不少于10 min。

5.7.2 管模负载运转应平稳,无异常响声。

## 6 试验方法

6.1 素线直线度(5.2.2中a)在半模45°~135°之间取2~3处沿筒体素线方向拉一条绷紧的细线,测量该线与被测面之间的间隙(见图1、图2)。

6.2 合口处错位(5.2.2条中c)用深度尺在筒体两端测量。

6.3 管模内表面合间隙(5.2.3)在筒体两端面处用塞尺测量。

6.4 锥面斜角$\alpha$偏差(5.5.2)使用精度为1′的角度规测量。

6.5 试运转(5.7):

**a.** 空运转试验,将离心管模置于成型机上按表4规定运转,运转时间不少于10 min,悬辊离心管模空运转试验允许在使用单位进行;运转时间不少于10 min;

**b.** 负载试验在使用单位进行,试生产3~5根管芯。

表4

| 项目名称 | 管模公称直径$D_0$,mm | | | |
|---|---|---|---|---|
| | 400~600 | 700~900 | 1 000~1 200 | 1 400~1 600 |
| | 转速,r/min | | | |
| 离心管模转速 | 200 | 150 | 100 | 80 |
| 悬辊管模转速 | 100 | 75 | 60 | 40 |

## 7 检验规则

产品出厂前必须经制造厂检验部门检验合格、并签发合格证。

7.1 检验分类

检验分出厂检验和型式检验。

7.2 出厂检验

产品出厂前应完成对5.1~5.7.1条规定的检验。

7.3 型式检验

有下列情况之一时,应按本标准的全部技术要求进行型式检验:

a. 新产品和老产品转厂生产的试制定型鉴定；

b. 正常生产时，如结构、材料、工艺有较大改变，可能影响产品性能时；

c. 正常生产时，每二年至少要进行一次；

d. 产品长期停产后恢复生产时；

e. 出厂检验结果与上次型式检验有较大差异时。

7.4 抽样和判定规则

7.4.1 空运转试验，从每类每批产品中随机抽取百分之十，但不少于1套。如不合格应加倍抽检，若仍不合格，则判定该批产品为不合格。

7.4.2 负载试运转，从每类批量产品中随机抽取1套，如不合格，应加倍抽检，若仍不合格，则判定该批产品为不合格。

## 8 标志、包装、运输、贮存

8.1 在管模明显位置固定产品标牌、标牌应符合 GB/T 13306 的规定，标牌内容应包括：

a. 制造厂名；

b. 产品名称；

c. 产品型号；

d. 标准号；

e. 商标；

f. 重量；

g. 外形尺寸；

h. 制造日期；

8.2 包装及随机文件参照 JC/T 406 的要求。

8.3 管模运输时应捆牢、楔紧、防止滚动。

8.4 管模应堆放在干燥、平整、坚实处；严禁半模堆放，堆放层数应符合表5规定。

表 5

| 管模公称直径，mm | 400～700 | 800～1 200 | 1 400～1 600 |
|---|---|---|---|
| 堆放层数 | 3 | 2 | 1 |

**附加说明：**

本标准由国家建材局机械标准化委员会提出并归口。

本标准由国家建筑材料工业局苏州混凝土水泥制品研究院、丽宝第集团公司负责起草，扬州市江扬建材机械厂参加。

本标准起草人杨培华、方文铸、李春芬、贾文红、陈从喜。

中华人民共和国建材行业标准

JC/T 605—1995

# 先张法预应力混凝土管桩钢模

## 1 主题内容与适用范围

本标准规定了先张法预应力混凝土管桩钢模的术语、代号、产品分类、技术要求、试验方法、检验规则、标志、包装、运输和贮存。

本标准适用于离心成型符合 GB 13476 规定的先张法预应力混凝土管桩的钢模(以下简称桩模)。

## 2 引用标准

GB 699 优质碳素结构钢技术条件
GB 700 碳素结构钢
GB/T 1804 一般公差 线性尺寸的未注公差
GB 5083 生产设备安全卫生设计总则
GB/T 13306 标牌
GB 13476 先张法预应力混凝土管桩
JC 401.2 建材机械用碳钢和低合金钢铸件技术条件
JC 401.3 建材机械用铸钢件缺陷处理规定
JC 401.4 建材机械用铸钢件交货技术条件
JC/T 402 水泥机械涂漆防锈技术条件
JC/T 406 水泥机械包装技术条件
JC 532 建材机械钢焊接件通用技术条件

## 3 术语、代号

**a.** 桩模公称直径 $D$:亦即桩模内径,指先张法预应力混凝土管桩的外径(见图 1)。
**b.** 桩模公称长度 $L_0$:指先张法预应力混凝土管桩的公称长度。
**c.** 桩模长度 $L$:指桩模组装后的总长度(见图 1)。
**d.** 跑轮距 $S$:指相邻两跑轮轮宽中心之间的距离(见图 1)。

国家建筑材料工业局1995-12-29批准 1996-05-01实施

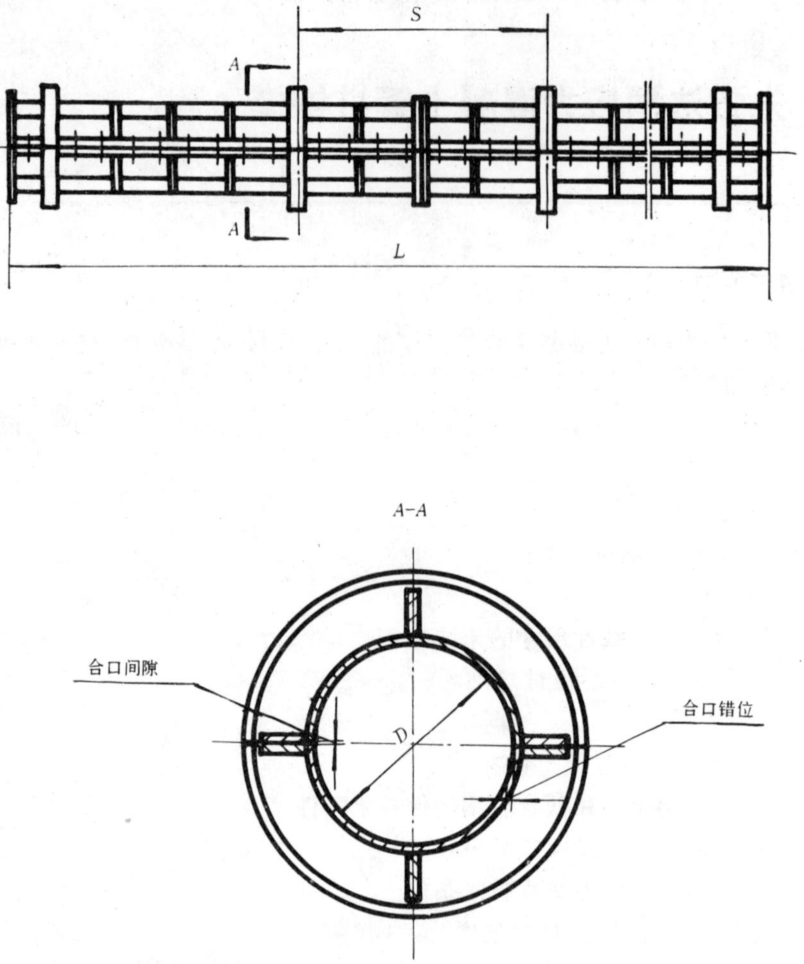


图 1

## 4 产品分类

### 4.1 型式

桩模由筒体、跑轮、筋板、企口板、合口螺栓等部件组成。

### 4.2 型号

型号表示方法规定如下：

ZM □ - □

- 第二个□——桩模公称长度 $L_0$(m)
- 第一个□——桩模内径 $D$(mm)
- ZM——桩模代号

### 4.3 产品标记示例

公称直径为 500 mm，公称长度为 10 m 的先张法预应力混凝土管桩钢模：

先张法预应力混凝土管桩钢模　ZM500-10　JC/T 605

### 4.4 规格

桩模规格参数见表 1。

表 1

| 桩模公称直径 D mm | 桩模公称长度 $L_0$ ,m | | | | | | | | |
|---|---|---|---|---|---|---|---|---|---|
| | 7 | 8 | 9 | 10 | 11 | 12 | 13 | 14 | 15 |
| 300 | ● | ● | ● | ● | ● | — | — | — | — |
| 350 | ● | ● | ● | ● | ● | — | — | — | — |
| 400 | ● | ● | ● | ● | ● | ● | — | — | — |
| 450 | ● | ● | ● | ● | ● | ● | — | — | — |
| 500 | ● | ● | ● | ● | ● | ● | — | — | — |
| 550 | ● | ● | ● | ● | ● | ● | — | — | — |
| 600 | ● | ● | ● | ● | ● | ● | ● | ● | ● |
| 800 | ● | ● | ● | ● | ● | ● | ● | ● | ● |
| 1 000 | ● | ● | ● | ● | ● | ● | ● | ● | ● |

注：根据供需双方协议，也可生产其他长度的桩模。

## 5 技术要求

5.1 基本要求

5.1.1 桩模应符合本标准要求，并按规定程序批准的图样及技术文件制造。

5.1.2 产品设计和制造的安全卫生要求应符合 GB 5083 的有关规定。

5.1.3 图样上线性尺寸的未注公差，机械加工部位按 GB/T 1804 中的 m 级；非机械加工部位按 GB/T 1804中的 c 级。

5.2 桩模工作表面要求

5.2.1 桩模内径应符合 4.4 条的规定，其尺寸极限偏差：$D \leqslant 600$ mm 时，极限偏差为 $D_{-1}^{+2}$ mm；$D>$ 600 mm 时，极限偏差为 $D_{-1}^{+3}$ mm。

5.2.2 筒体内表面素线直线度偏差在全长范围内为 $L/3\ 000$，但不得大于 4 mm，在距两端 600 mm 范围内不大于 1 mm。

5.2.3 筒体同一截面处内径，其合口方向的尺寸比垂直方向的尺寸大 2～4 mm，并应圆滑过渡。

5.2.4 筒体内表面不允许有裂纹、麻点、起鳞、疤痕和锈蚀等缺陷。

5.3 材料要求

5.3.1 材质应符合 GB 699 和 GB 700 的有关规定。其中筒体、企口板、筋板、法兰材料的机械性能不低于 Q235-A 的要求，合口螺栓和螺母材料的机械性能不低于 45 调质钢的要求。

5.3.2 铸钢件应符合 JC 401.2～401.4 的规定。其中跑轮材料的机械性能不低于 ZG270-500 的要求。

5.4 焊接要求

5.4.1 焊接件应符合 JC 532 的规定。其中跑轮及其支承法兰、连接法兰和端部法兰等关键零部件与筒体之间的焊接接头表面质量不得低于 Ⅲ 级。

5.4.2 筒体内表面焊缝应磨平，磨削表面粗糙度 $R_a$ 的最大允许值为 25 $\mu$m。

5.5 装配要求

5.5.1 桩模长度偏差不大于±0.5‰ $L$。

5.5.2 桩模内表面合口间隙(见图 1)不大于 0.25 mm，合口错位(见图 1)不大于 1 mm。

5.5.3 连接法兰处内壁错位应磨平，磨削斜度不大于 1/100。

5.5.4 跑轮踏面直径的公差等级为IT9，表面粗糙度 $R_a$ 的最大允许值为 12.5 μm。

5.5.5 跑轮距 $S$ 为 2 m，其偏差不大于 2 mm；任意两跑轮轮距为 2 m 的整数倍，其偏差不大于 4 mm。

5.5.6 跑轮与筒体的同轴度公差为 $\phi$2 mm。

5.6 外观要求

5.6.1 桩模外表面涂漆要求参照 JC/T 402 的有关规定执行。

5.6.2 桩模外表面应无毛刺、锐边、锈蚀、焊渣和碰伤等缺陷。

5.6.3 纵、环向筋板配置应平直。

5.7 试运转要求

5.7.1 桩模空载运转应平稳，无异常响声。

5.7.2 桩模负载运转应平稳，无异常响声，且负载运转时桩模合口及法兰连接处等均不得漏浆。

## 6 试验方法

6.1 素线直线度(5.2.2)：在半模内表面 $A$、$B$、$C$ 3 点处(见图 2)沿筒体素线方向拉一条绷紧的细线，测量该线与被测面之间的间隙。

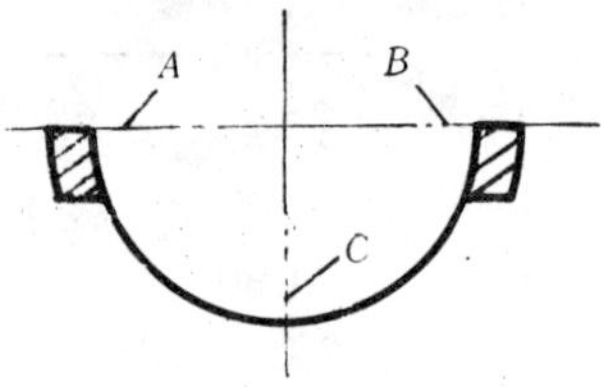


图 2

6.2 筒体同一截面处合口方向与垂直方向内径之差(5.2.3)：合模后测量筒体两端合口方向与垂直方向的内径。

6.3 桩模内表面合口间隙(5.5.2)：在筒体两端面处用塞尺测量。合口处错位用深度尺在筒体两端测量。

6.4 跑轮距偏差(5.5.5)：合模后沿桩模素线方向测量各跑轮之间的距离。

6.5 同轴度(5.5.6)：桩模组装后，置于机床或类似的旋转装置上对其两端进行测量。

6.6 空载运转试验(5.7.1)，将桩模平稳地置于离心机上，以 80～120 r/min 的速度运转 5 min，然后缓慢升高至表 2 规定的转速，并持续 10 min，观查运转情况。

表 2

| 规格，mm | $\varphi$300～$\varphi$350 | $\varphi$400～$\varphi$600 | $\varphi$800～$\varphi$1 000 |
|---|---|---|---|
| 转速，r/min | 350 | 280 | 200 |

6.7 负载运转试验(5.7.2)在使用单位进行，试生产 3～5 根管桩。

## 7 检验规则

产品出厂前必须经制造厂检验部门检验合格，并签发合格证。

7.1 检验分类

检验分出厂检验和型式检验。

7.2 出厂检验

产品出厂前应完成对 5.1～5.7.1 条规定的检验。其中 5.7.1 条可在异地进行。

7.3 型式检验

有下列情况之一时，应按本标准的全部技术要求进行型式检验：

a. 新产品和老产品转厂生产的试制定型鉴定；

b. 正常生产时，如结构、材料、工艺有较大改变，可能影响产品性能时；

c. 正常生产时，每二年至少要进行一次；

d. 产品长期停产后恢复生产时；

e. 出厂检验结果与上次型式检验有较大差异时；

f. 国家质量监督机构提出进行型式检验要求时。

7.4 抽样和判定规则

7.4.1 以同种规格的产品为一批，从每批产品中随机抽取十分之一为样品，但不少于1套。其中负载运转试验抽取一套。

7.4.2 抽检的样品检验合格，判定该批产品合格；如不合格，则随机加倍抽检，如合格，判该批产品合格，否则判定该批产品为不合格。

## 8 标志、包装、运输、贮存

8.1 在桩模明显位置固定产品标牌，标牌应符合GB/T 13306的规定，内容应包括：

a. 制造厂名；

b. 产品名称；

c. 产品型号；

d. 标准号；

e. 商标；

f. 外形尺寸；

g. 重量；

h. 出厂编号；

i. 制造日期。

8.2 包装及随机文件参照JC/T 406的规定。

8.3 桩模运输时应捆牢、楔紧、防止滚动。

8.4 桩模应堆放在干燥、平整、坚实的场地上，堆放层数不宜超过表3的规定，跑轮之间应垫实，严禁半模堆放。

表 3

| 规格,mm | φ300～φ350 | φ400～φ600 | φ800～φ1 000 |
|---|---|---|---|
| 层数 | 4 | 3 | 2 |

**附加说明：**

本标准由国家建材局建材机械标准化技术委员会提出并归口。

本标准由国家建筑材料工业局苏州混凝土水泥制品研究院负责起草。泰州建材机械厂、丹阳市建材机械厂、上海三航混凝土制品公司、丽宝第集团公司、无锡市建筑材料机械厂、常州市武进第二建材机械厂等单位参加起草。

本标准主要起草人匡红杰、徐鳌、张裕华、龚书寿、王重、蒋福敏、薛淦泉。

中华人民共和国建材行业标准

JC/T 613—1995

# 混凝土和钢筋混凝土排水管钢模

## 1 主题内容与适用范围

本标准规定了混凝土和钢筋混凝土排水管钢模的术语、代号、产品分类、技术要求、试验方法、检验规则以及标志、包装、运输、贮存。

本标准适用于GB 11836所规定的以离心和悬辊工艺成型的混凝土和钢筋混凝土排水管的钢模(以下简称管模)。

## 2 引用标准

GB 700 碳素结构钢

GB 1184 形状和位置公差 未注公差的规定

GB/T 1804 一般公差 线性尺寸的未注公差

GB 11836 混凝土和钢筋混凝土排水管

GB/T 13306 标牌

JC 401.2 建材机械用碳钢和低合金钢铸件技术条件

JC 401.3 建材机械用铸钢件缺陷处理规定

JC/T 402 水泥机械涂漆防锈技术条件

JC/T 406 水泥机械包装技术条件

JC 532 建材机械钢焊接件通用技术条件

## 3 术语、代号

3.1 管模公称直径 $D_0$:指用管模成型的管子的公称内径。

3.2 管模公称长度 $L_0$:指用管模成型的管子的公称有效长度。

3.3 管模内径 $D_1$:指管模筒体内表面的公称直径。

3.4 管模涉及有关混凝土和钢筋混凝土排水管及其要素的术语按GB 11836规定。

## 4 产品分类

4.1 型式

4.1.1 管模按管子成型工艺分为两种型式:离心式(代号为L)和悬辊式(代号为G)。其结构示意如图1。

4.1.2 管模按所成型的管子接口形状分为3种型式:平口式(代号为P,又称套环式),其端模形状见图2中a;企口式(代号为Q),其承口、插口端模形状示意如图2中b、c;承插式(代号为c),其承口、插口端模形状示意如图2中d、e。

4.2 型号

国家建筑材料工业局1995-12-29批准 1996-05-01实施

型号表示方法规定如下：

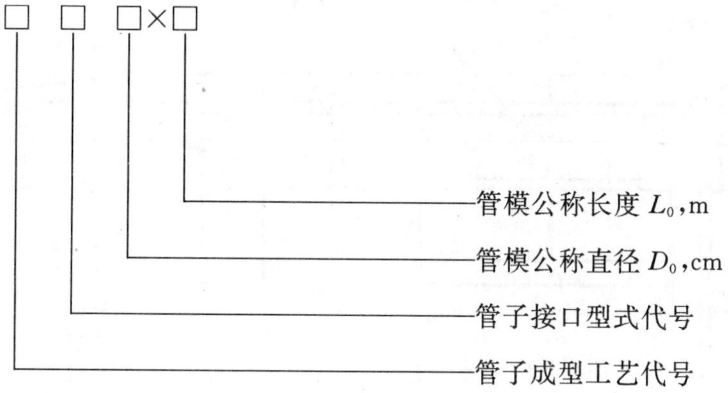


标记示例：

公称直径为 150 cm，公称长度为 2 m 的离心、平口式管模：

排水管钢模　LP 150×2　JC/T 613

4.3　规格系列

4.3.1　混凝土管钢模均为平口式，其规格系列见表 1。

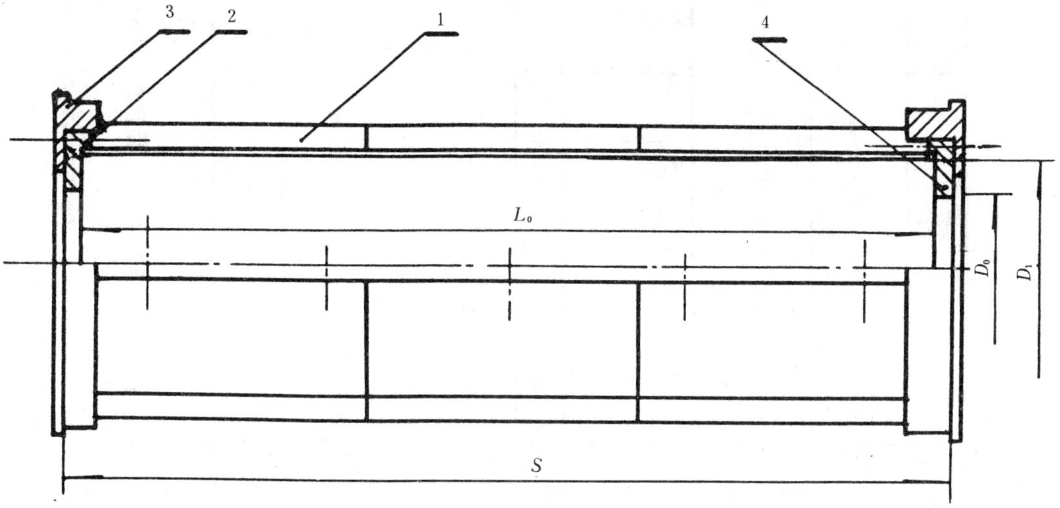


a　离心式(平口)

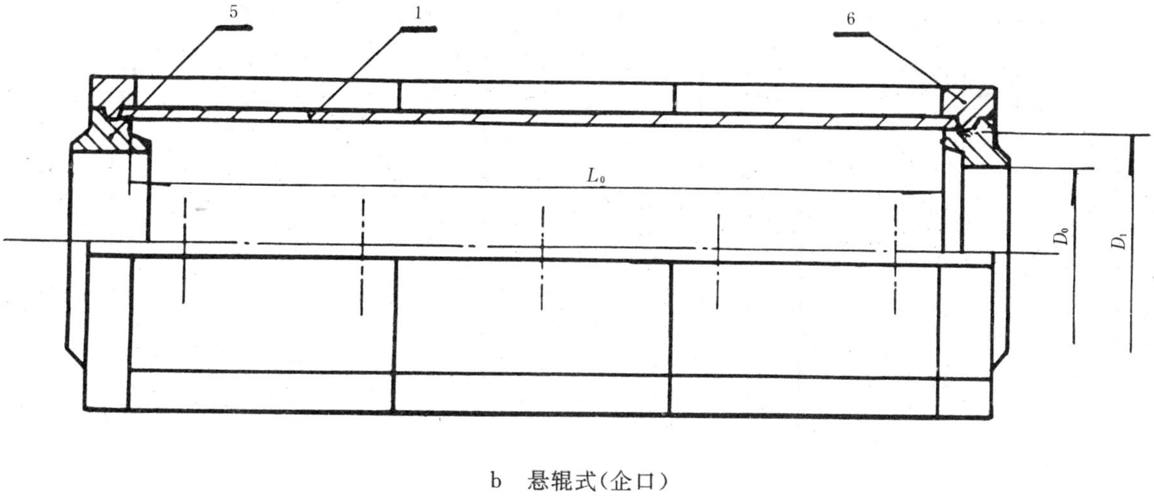


b　悬辊式(企口)

图 1

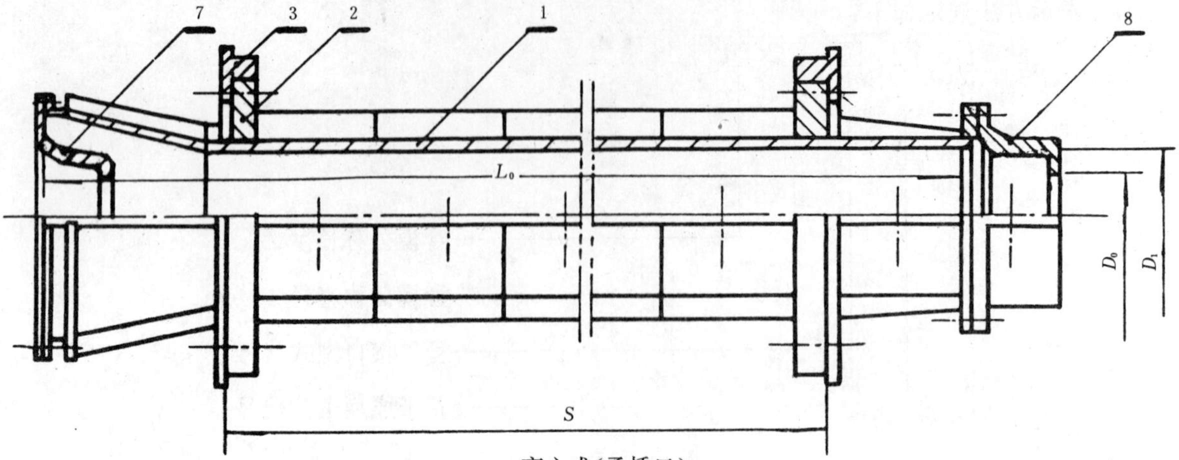


c　离心式(承插口)

续图 1

1—筒体;2—支承法兰;3—跑轮;4—平口式端模;5—企口式承口端模;
6—企口式插口端模;7—承插式承口端模;8—承插式插口端模

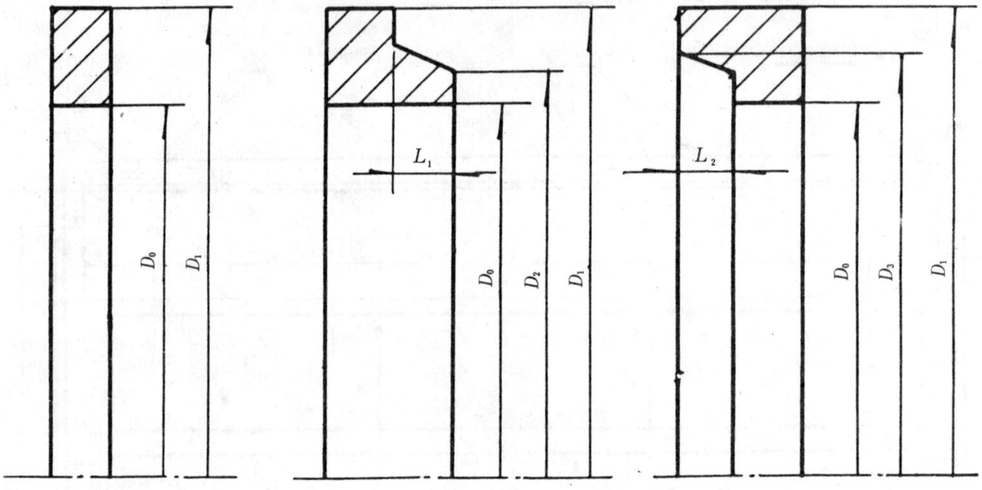


a　平口式端模　　b　企口式承口端模　　c　企口式插口端模

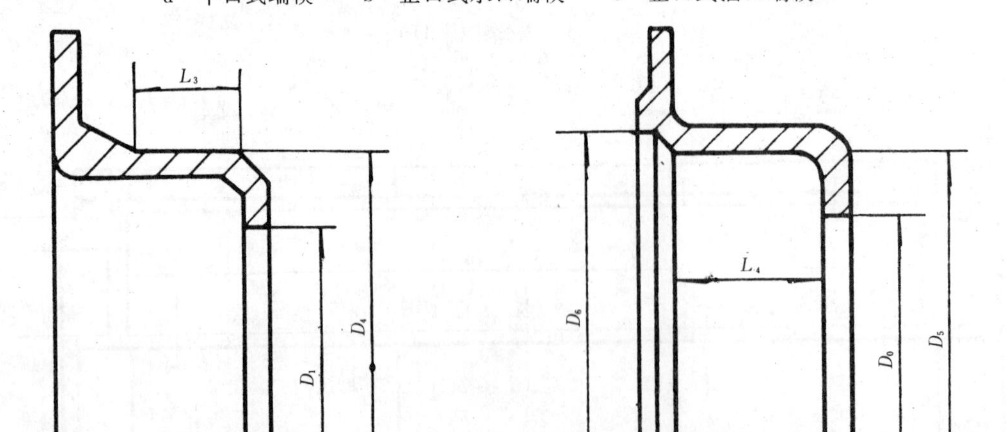


d　承插式承口端模　　　　e　承插式插口端模

图 2

表 1

mm

<table>
<tr><th rowspan="2">管模公称直径<br>$D_0$</th><th rowspan="2">管模公称长度<br>$L_0$</th><th colspan="2">管模内径 $D_1$ 最小值</th></tr>
<tr><th>Ⅰ级管</th><th>Ⅱ级管</th></tr>
<tr><td>100</td><td rowspan="10">≥1 000</td><td>138</td><td>150</td></tr>
<tr><td>150</td><td>188</td><td>200</td></tr>
<tr><td>200</td><td>244</td><td>254</td></tr>
<tr><td>250</td><td>300</td><td>316</td></tr>
<tr><td>300</td><td>360</td><td>380</td></tr>
<tr><td>350</td><td>420</td><td>440</td></tr>
<tr><td>400</td><td>480</td><td>494</td></tr>
<tr><td>450</td><td>540</td><td>550</td></tr>
<tr><td>500</td><td>600</td><td>610</td></tr>
<tr><td>600</td><td>720</td><td>730</td></tr>
</table>

注:“Ⅰ级管”和“Ⅱ级管”是关于所成型管子的承受外压荷载等级的术语。其含义按 GB 11836 的规定。

4.3.2 钢筋混凝土管钢模规格系列见表 2。

表 2

mm

<table>
<tr><th rowspan="2">管模公称<br>直径 $D_0$</th><th colspan="3">管模公称长度 $L_0$</th><th colspan="2">管模内径 $D_1$ 最小值</th></tr>
<tr><th>平口式</th><th>企口式</th><th>承插式</th><th>Ⅰ级管</th><th>Ⅱ级管</th></tr>
<tr><td>300</td><td rowspan="17">≥2 000</td><td rowspan="7">—</td><td rowspan="12">≥2 000</td><td>360</td><td>360</td></tr>
<tr><td>400</td><td>470</td><td>480</td></tr>
<tr><td>500</td><td>584</td><td>600</td></tr>
<tr><td>600</td><td>700</td><td>720</td></tr>
<tr><td>700</td><td>810</td><td>840</td></tr>
<tr><td>800</td><td>930</td><td>960</td></tr>
<tr><td>900</td><td>1 040</td><td>1 080</td></tr>
<tr><td>1 000</td><td rowspan="10">≥2 000</td><td>1 150</td><td>1 200</td></tr>
<tr><td>1 100</td><td>1 270</td><td>1 320</td></tr>
<tr><td>1 200</td><td>1 380</td><td>1 440</td></tr>
<tr><td>1 350</td><td>1 560</td><td>1 620</td></tr>
<tr><td>1 500</td><td>1 730</td><td>1 800</td></tr>
<tr><td>1 650</td><td rowspan="5">—</td><td>1 900</td><td>1 980</td></tr>
<tr><td>1 800</td><td>2 080</td><td>2 160</td></tr>
<tr><td>2 000</td><td>2 310</td><td>2 400</td></tr>
<tr><td>2 200</td><td>2 550</td><td>2 640</td></tr>
<tr><td>2 400</td><td>2 770</td><td>2 880</td></tr>
</table>

注:经供需双方协商可生产 $D_0$、$L_0$ 为其他尺寸的管模。$D_1$ 的数值应按照排水管结构设计的合理壁厚确定。

## 5 技术要求

5.1 基本技术要求

5.1.1 管模应符合本标准的规定,并按规定程序批准的图样及技术文件制造。

5.1.2 钢焊接件焊接应符合 JC 532 的规定,其中焊接接头表面质量应不低于Ⅲ级。

5.1.3　碳钢铸件应符合 JC 401.2 的规定。

5.1.4　铸钢件缺陷处理应符合 JC 401.3 的规定。

5.1.5　图样上线性尺寸的未注公差，机械加工部位按 GB/T 1804 中的 m 级；焊接非机械加工部位按 GB/T 1804 中的 C 级。

5.2　主要零部件技术要求

5.2.1　筒体

5.2.1.1　材料应不低于 GB 700 中有关 Q 235 中 A 的规定。

5.2.1.2　离心式管模支承法兰外径尺寸公差等级为 IT9，配合面的表面粗糙度 $R_a$ 的最大允许值为 12.5 μm。

5.2.1.3　筒体内壁素线直线度公差为筒体全长的 1/1 000，但不得大于 3 mm。

5.2.2　跑轮

5.2.2.1　材料应不低于 JC 401.2 中有关 ZG 270 中 500 的规定。

5.2.2.2　跑轮内缘配合面尺寸公差等级为 IT9，外圆踏面尺寸公差等级为 IT10。相应面表面粗糙度 $R_a$ 的最大允许值均为 12.5 μm。

5.2.3　平口式端模、企口式承口端模、企口式插口端模、承插式承口端模和承插式插口端模。

5.2.3.1　材料应不低于 JC 401.2 中有关 ZG 270 中 500 的规定。

5.2.3.2　尺寸极限偏差见表 3 和表 4。相应面的表面粗糙度 $R_a$ 的最大允许值为 12.5 μm。

表 3　　mm

<table>
<tr><td rowspan="3">管模公称直径 $D_0$</td><td colspan="2">平口式端模</td><td colspan="4">企口式承口端模</td><td colspan="4">企口式插口端模</td></tr>
<tr><td>$D_0$</td><td>$D_1$</td><td>$D_0$</td><td>$D_1$</td><td>$D_2$</td><td>$L_1$</td><td>$D_0$</td><td>$D_1$</td><td>$D_3$</td><td>$L_2$</td></tr>
<tr><td colspan="10">极限偏差值</td></tr>
<tr><td>100～900</td><td rowspan="4">±1</td><td rowspan="4">±0.5</td><td colspan="8">—</td></tr>
<tr><td>1 000～1 500</td><td rowspan="3">±1</td><td rowspan="3">±0.5</td><td rowspan="3">+1.5<br>−0.5</td><td>±1</td><td rowspan="3">±1</td><td rowspan="3">±0.5</td><td rowspan="3">+0.5<br>−1</td><td>±1</td></tr>
<tr><td>1 650～1 800</td><td>±1.5</td><td>±1.5</td></tr>
<tr><td>2 000～2 400</td><td>±2</td><td>±2</td></tr>
</table>

注：表中符号见图 2。

表 4　　mm

<table>
<tr><td rowspan="3">管模公称直径 $D_0$</td><td colspan="3">承插式承口端模</td><td colspan="4">承插式插口端模</td></tr>
<tr><td>$D_0$</td><td>$D_4$</td><td>$L_3$</td><td>$D_0$</td><td>$D_5$</td><td>$D_6$</td><td>$L_4$</td></tr>
<tr><td colspan="7">极限偏差值</td></tr>
<tr><td>300～900</td><td>±1</td><td>+1<br>−0.5</td><td>+1.5<br>−1</td><td>±1</td><td>+0.5<br>−1</td><td rowspan="2">+0.5<br>−1</td><td rowspan="2">±1</td></tr>
<tr><td>1 000～1 500</td><td>±3</td><td>+1<br>−1.5</td><td>+1.5<br>−1</td><td>±3</td><td>+0.5<br>−1.5</td></tr>
</table>

注：表中符号见图 2。

5.3　装配技术要求

5.3.1　管模组装后合口处沿径向的开口宽度应比筒体实际直径大 2～4 mm，并应圆滑过渡。

5.3.2　管模公称长度 $L_0$ 的尺寸极限偏差均为 $^{+5}_{-3}$ mm。

5.3.3　筒体合缝间隙，离心式管模不大于 0.5 mm，悬辊式管模不大于 1 mm。

5.3.4　端模与筒体配合间隙，离心式管模不大于 0.5 mm，悬辊式管模不大于 2 mm。

5.3.5　管模组装后，筒体内壁合缝错位不大于 1 mm。

5.3.6 离心式管模装配后两跑轮与筒体同轴度公差：直径不大于1 000 mm时为1 mm；大于1 000 mm时为2 mm。两跑轮内缘面间距$S$的尺寸极限偏差为$^{+5}_{+2}$ mm。

5.3.7 管模组装后进行试运转时应平稳、无异常响声。

5.4 外观要求

5.4.1 管模表面应无毛刺、锐边、锈蚀及碰伤。

5.4.2 纵环向筋板配置平直。

5.4.3 涂漆防锈应符合JC/T 402规定。

## 6 试验方法

6.1 对5.2.1.3条的检验，在半模45°～135°之间取3处沿素线方向用弦线拉紧，沿线测量间隙。

6.2 对5.3.1条的检验，管模组装前，对筒体合口内缘按5.2.1.3条要求和6.1条方法检验直线度，组装后，测量筒体两端合口方向开口尺寸及垂直方向的内径。

6.3 对5.3.3条和5.3.4条的检验，管模组装后测量筒体两端合缝间隙及端模与筒体配合间隙。

6.4 对5.3.5条的检验，管模组装后，测量筒体两端合缝错位。

6.5 对5.3.6条中同轴度的检验，管模组装后，借助专用夹具，将其置于机床或类似的旋转装置上测量。

6.6 对5.3.7条的检验，管模组装后，置于制管机或类似的旋转装置上，加速至使用转速的0.5倍，持续运转20 min，观察运转情况。

## 7 检验规则

7.1 产品必须经制造厂检验部门检验合格，并签发合格证后方准出厂。

7.2 出厂前应对5.1条～5.3.5条、5.4条、8.1条、8.2条进行逐项检验。

7.3 对5.3.6条和5.3.7条进行抽检。

7.3.1 按投料批量中同一规格产品的十分之一进行抽检，但不得少于1套。

7.3.2 抽检的样品全部项目检验合格，判该批产品合格；如有一项不合格，则随机加倍抽样检验，如合格，判该批产品合格，否则为不合格。

## 8 标志、包装、运输、贮存

8.1 在管模明显位置固定产品标牌，标牌应符合GB/T 13306的规定，内容应包括：

a. 制造厂名称；

b. 产品名称、型号和标准号；

c. 外形尺寸(直径×长度)；

d. 出厂编号；

e. 出厂日期；

f. 商标。

8.2 包装及随机文件应符合JC/T 406的规定。

8.3 管模运输时应捆牢、楔紧、防止滚动。

8.4 管模应堆放在干燥、平整、坚实的场地上，堆放层数不得超过表5的规定，每层支撑部位之间用软木垫实，严禁半模堆放。

表 5

| 管模公称内径 $D_0$<br>mm | 100～600 | 700～1 000 | >1 000 |
|---|---|---|---|
| 层数 | 3 | 2 | 1 |

**附加说明：**

本标准由国家建材局建材机械标准化技术委员会提出并归口。

本标准由北京市市政工程研究院负责起草。参加起草的单位有：中国水泥制品工业协会排水管专业委员会、苏州混凝土水泥制品研究院、常州建材设备厂、泰州建材机械厂、沧州市通用机械厂、常州市武进第二建材机械厂。

本标准主要起草人许广存、温颂申、丛者彬、匡红杰、施栋梁、张裕华、张伟。

# 中华人民共和国建材行业标准

# 预应力混凝土输水管(震动挤压工艺) 管模

JC/T 614—1995

## 1 主题内容与适用范围

本标准规定了预应力混凝土输水管(震动挤压工艺)管模的产品分类、技术要求、试验方法、检验规则、标志、包装、运输和贮存。

本标准适用于生产 GB 5695 规定的预应力混凝土输水管的管模(以下简称管模)。

## 2 引用标准

GB 700 碳素结构钢
GB 1222 弹簧钢
GB 1239.2 冷卷圆柱螺旋压缩弹簧技术条件
GB/T 1804 一般公差 线性尺寸的未注公差
GB 5083 生产设备安全卫生设计总则
GB 5695 预应力混凝土输水管(震动挤压工艺)
GB/T 13306 标牌
JC 401.2 建材机械用碳钢和低合金钢铸件技术条件
JC 401.3 建材机械用铸钢件缺陷处理规定
JC 401.4 建材机械用铸件交货技术条件
JC/T 402 水泥机械涂漆防锈技术条件
JC/T 406 水泥机械包装技术条件
JC 532 建材机械钢焊接件通用技术条件
ZB Q 43002 预应力与自应力钢筋混凝土管用橡胶密封圈试验方法

## 3 名词术语

3.1 管模公称直径 $D$

用管模生产的预应力混凝土输水管的公称直径。

3.2 管模公称长度 $L_0$

用管模生产的预应力混凝土输水管的有效长度。

3.3 管模内径 $D_1$

外模直筒体内表面的公称直径。

3.4 管模有效长度 $L$

管模自外模承口端面到插口模小头内端面的公称长度。

3.5 插口模有效长度 $L_2$

国家建筑材料工业局1995-12-29批准 1996-05-01实施

插口模自大头端面到小头内端面的长度。

3.6 内模

内模由橡胶套、钢筒体和底座组成。

## 4 产品分类

4.1 型式

4.1.1 管模主要由外模、内模、橡胶承口座、插口模、锚固盘、加压盖、弹簧螺栓等零部件组成，见图1、图2。

4.1.2 管模按外模的剖分方式划分为两瓣管模代号为(R)和四瓣管模代号为(S)。

4.2 型号

管模的型号表示方法规定如下：

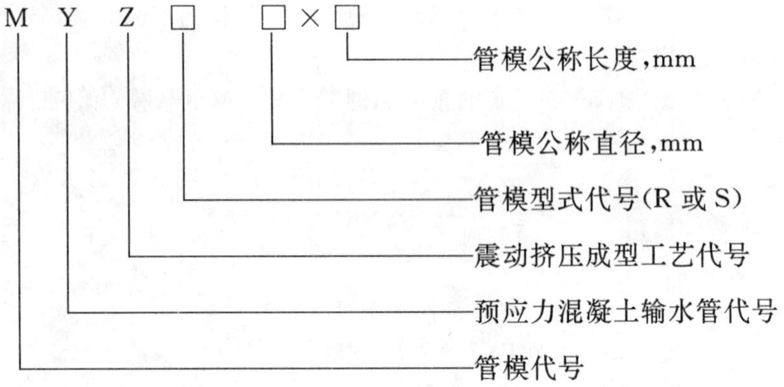


4.3 标记示例

公称直径为800 mm、公称长度为5 000 mm的预应力混凝土输水管(震动挤压工艺)两瓣管模标记为：

输水管管模 MYZ R800×5 000 JC/T 614

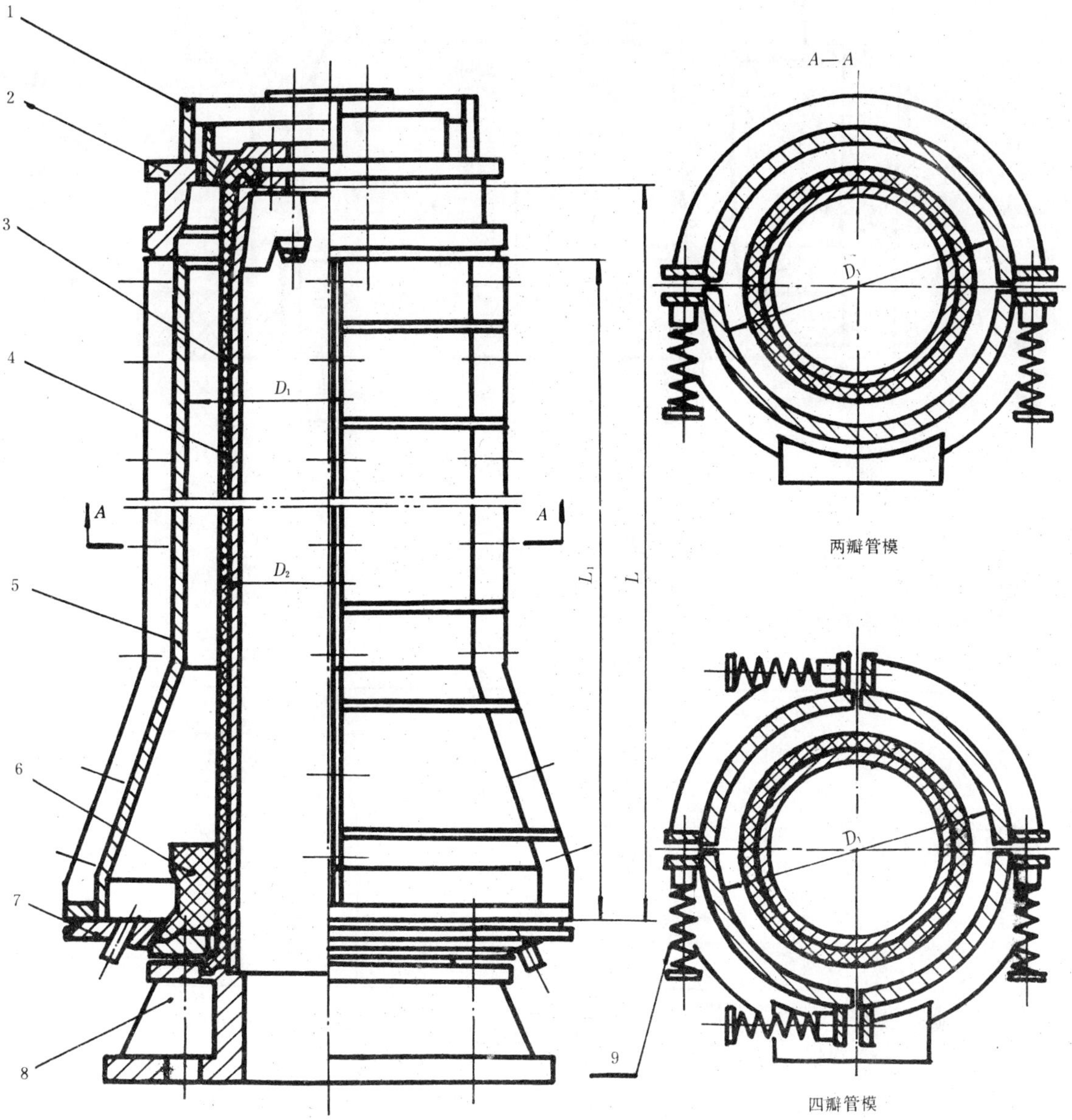


1—加压盖;2—插口模;3—钢筒体;4—橡胶套;5—外模;
6—橡胶承口座;7—锚固盘;8—底座;9—弹簧螺栓

图 1　管模结构示意图

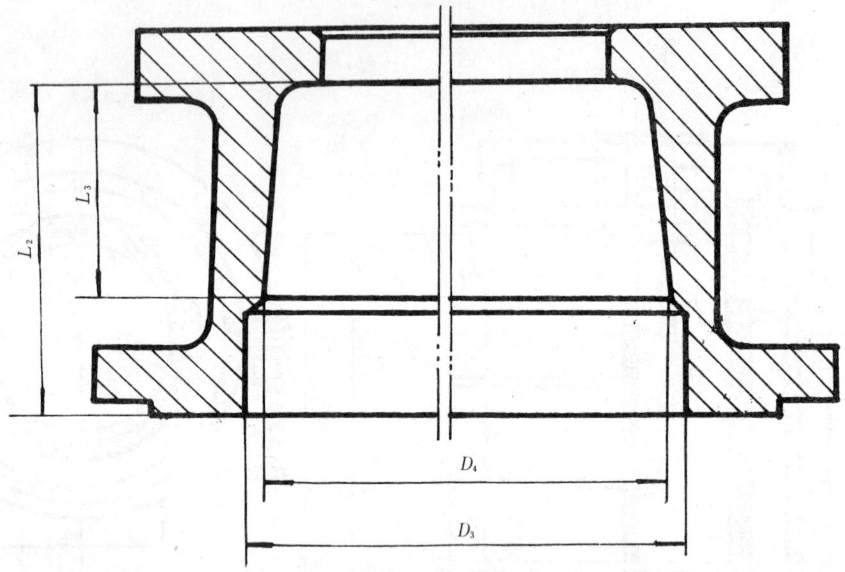


图 2　插口模示意图

## 4.4　基本参数

4.4.1　管模的规格系列见表 1。

表 1　　mm

| 项目 | | 400 | 500 | 600 | 700 | 800 | 900 | 1 000 | 1 200 | 1 400 | 1 600 | 1 800 | 2 000 |
|---|---|---|---|---|---|---|---|---|---|---|---|---|---|
| | | 管模公称直径 $D$ 系列 | | | | | | | | | | | |
| | | 参数值 | | | | | | | | | | | |
| 管模公称长度 $L_0$ | | 5 000 | | | | | | | | | | | |
| 管模内径 $D_1$ | R 型 | 500 | 600 | 710 | 810 | 920 | 1 030 | 1 140 | 1 360 | — | | | |
| | S 型 | — | | | | 920 | 1 030 | 1 140 | 1 360 | 1 580 | 1 800 | 2 030 | 2 260 |

注：经供需双方协商可生产公称长度 4 000 mm 的管模。

4.4.2　管模的主要结构尺寸见表 2。

表 2　　mm

| 项目 | 400 | 500 | 600 | 700 | 800 | 900 | 1 000 | 1 200 | 1 400 | 1 600 | 1 800 | 2 000 |
|---|---|---|---|---|---|---|---|---|---|---|---|---|
| | 管模公称直径 $D$ 系列 | | | | | | | | | | | |
| | 参数值 | | | | | | | | | | | |
| 管模有效长度 $L$ | 5 160 | | | | | | | | | | | |
| 外模总长度 $L_1$ | 5 025 | | | | | | | | | | | |
| 内模橡胶套外径 $D_2$ | 394 | 490 | 590 | 690 | 790 | 890 | 985 | 1 185 | 1 384 | 1 576 | 1 768 | 1 964 |
| 插口模止胶台内径 $D_3$ | 516 | 616 | 726 | 826 | 936 | 1 048 | 1 158 | 1 378 | 1 600 | 1 830 | 2 058 | 2 288 |
| 插口模工作面内径 $D_4$ | 500 | 600 | 710 | 810 | 920 | 1 030 | 1 140 | 1 360 | 1 580 | 1 808 | 2 032 | 2 262 |
| 插口模有效长度 $L_2$ | 132 | | | | | | | | | | | |
| 插口模平直段长度 $L_3$ | 95 | | | | | | | | | | | |

## 5 技术要求

5.1 基本要求

5.1.1 管模应符合本标准规定，并按规定程序批准的图样及技术文件制造。

5.1.2 图样上线性尺寸的未注公差应符合 GB/T 1804 的规定，其中机械加工部位按 m 级，非机械加工部位按 C 级。

5.1.3 管模设计、制造的安全要求应符合 GB 5083 的有关规定。

5.2 铸钢件

5.2.1 铸钢件应符合 JC 401.2、JC 401.3 和 JC 401.4 的有关规定。

5.2.2 插口模铸钢件的机械性能不得低于 JC 401.2 中 ZG270-500 的有关规定。其他铸钢件的机械性能不得低于 ZG 230-450 的有关规定。

5.3 焊接件

5.3.1 焊接件所用材料的机械性能和可焊性不得低于 GB 700 中 Q 235 中 A 的有关规定。

5.3.2 外模内表面和内模筒体外表面的焊缝应清理得与基面一样平，其表面粗糙度 $R_a$ 的最大允许值应分别不大于 25 μm、50 μm，其余部位焊接接头表面质量应不低于 JC 532 中Ⅳ级的规定。

5.3.3 内模除筋板外均采用连续焊接，焊接接头的表面质量、内部质量和焊缝严密性应符合 JC 532 中的有关规定。

5.4 橡胶件

5.4.1 内模橡胶套和橡胶承口座的橡胶物理力学性能应符合表 3 规定。

表 3

| 部件名称 | 公称硬度<br>IRHD | 伸长率<br>% | 拉断强度<br>MPa | 热老化系数<br>120℃<br>48 h | 耐碱系数<br>40% NaOH<br>常温 24 h |
|---|---|---|---|---|---|
| 内模橡胶套 | $50^{+5}_{-3}$ | >450 | >15 | ≥0.6 | >0.7 |
| 橡胶承口座 | $55^{+5}_{-3}$ | | | | |

5.4.2 内模橡胶套在无酸性介质、无机械损伤、温度 100℃以下，每次工作 10 h，其使用寿命应不低于 200 次。

5.5 弹簧

5.5.1 弹簧材料性能应不低于 GB 1222 中 60 Si2Mn 的有关规定。

5.5.2 弹簧负荷、弹簧外径、总圈数、自由高度的允许偏差应不低于 GB 1239 中规定的三级精度。

5.5.3 弹簧淬火硬度值在 HRC40～50，淬火处理次数不得超过 3 次。

5.6 尺寸公差

5.6.1 主要结构尺寸的公差应符合表 4 的规定。

表 4 mm

<table>
<tr><th rowspan="3">项　目</th><th colspan="11">管模公称内径 $D$ 系列</th></tr>
<tr><th>400</th><th>500</th><th>600</th><th>700</th><th>800</th><th>900</th><th>1 000</th><th>1 200</th><th>1 400</th><th>1 600</th><th>1 800</th><th>2 000</th></tr>
<tr><th colspan="12">公　差　值</th></tr>
<tr><td>管模有效长度<br>$L$</td><td colspan="12">±5.0</td></tr>
<tr><td>外模总长度<br>$L_1$</td><td colspan="12">±2.0</td></tr>
<tr><td>管模内径<br>$D_1$</td><td colspan="6">+3.0<br>−2.0</td><td colspan="3">+5.0<br>−2.0</td><td colspan="3">+6.0<br>−2.0</td></tr>
<tr><td>内模橡胶套外径<br>$D_2$</td><td colspan="6">±1.0</td><td colspan="3">±2.0</td><td colspan="3">±3.0</td></tr>
<tr><td>插口模止胶台内径<br>$D_3$</td><td colspan="6">+0.5<br>−1.0</td><td colspan="3">+1.0<br>−1.5</td><td colspan="3">+1.5<br>−2.0</td></tr>
<tr><td>插口模工作面内径<br>$D_4$</td><td colspan="6">±0.5</td><td colspan="3">+0.5<br>−1.0</td><td colspan="3">+1.0<br>−1.5</td></tr>
<tr><td>插口模有效长度<br>$L_2$</td><td colspan="12" rowspan="2">±0.25</td></tr>
<tr><td>插口模平直段长度<br>$L_3$</td></tr>
</table>

5.6.2 外模直筒体内表面和内模筒体外表面的素线直线度偏差应不超过筒体长度的千分之一。

5.6.3 插口模内表面的表面粗糙度 $R_a$ 的最大允许值不得大于 6.3 μm，外模内表面的粗糙度 $R_a$ 的最大允许值应不大于 50 μm。

5.7 装配要求

5.7.1 内模筒体外径应在允许公差的范围内由内模筒体根部向插口端逐渐减小。

5.7.2 外模每瓣之间应有专门的销钉定位，横向错位不得大于 2 mm，纵向错位不得大于 1.5 mm，装配后的外模合缝间隙不得大于 2 mm。

5.7.3 外模与插口模的装配面应有定位结构，装配后两者的径向错位对于公称直径 400～900 mm 的管模不得大于 1 mm；对于公称直径 1 000～2 000 mm 的管模不得大于 2 mm。

5.7.4 外模与插口模、锚固盘之间应用橡胶圈密封。

5.7.5 弹簧螺栓的数量、布置、预紧力及安全防护应符合管模技术文件要求。

5.7.6 橡胶承口座与内模装配后，橡胶承口座端部应与内模橡胶套粘合严密。

5.7.7 装配后内模在工作水压作用下应无渗漏。

5.8 涂漆防锈

管模涂漆防锈应符合 JC/T 402 的规定。

5.9 外观质量

5.9.1 外模纵向和环向筋板应平直，无偏斜。

5.9.2 管模各部件的工作面应无锈蚀。

5.9.3 管模各部件应无焊渣、毛刺、飞边。

## 6 试验方法

6.1 对 5.3.3 内模筒体焊缝严密性的检验，按 JC 532 规定的煤油渗透法检验。

6.2 对 5.4.1 橡胶物理力学性能的检验，按 ZB Q43 002 的规定。

6.3 对 5.6.1 管模内径 $D_1$ 实际尺寸的检验，用垫块使外模恢复正圆，在距外模合缝 45°处用内径千分尺测量外模两端直径。

6.4　对 5.6.1 中 $D_2$ 的检验，用专用外径卡尺测量。

6.5　对 5.6.2 直线度的检验，沿素线方向将弦线拉紧，用钢直尺测量弦线与被测量面的间隙。R 型外模取半模的 0°、45°、90°、135°、180°5 处；S 型外模每瓣模的 0°、45°、90°3 处；内模筒体取 0°、90°、180°、270°4 处。

6.6　对 5.7.2 合缝间隙的检验，用塞尺测量。

6.7　对 5.7.7 内模渗漏性的检验，将装配好的管模用于预应力混凝土输水管生产，观察管模在挤压过程中内模有无异常渗漏现象。

## 7　检验规则

7.1　出厂检验

产品必须经制造厂检验部门检验合格并签发合格证后方准出厂。

出厂应完成的检验项目为 5.1～5.4.1、5.5～5.7.6、5.8，5.9、8.1、8.2、8.4。

7.2　型式检验

7.2.1　型式检验项目为本标准规定的全部技术要求，有下列情况之一时进行型式检验：

a.　新产品或老产品转厂生产的试制定型鉴定；

b.　正式生产后，如结构、材料、工艺有较大改变，可能影响产品性能时；

c.　正常生产后，每年应进行一次周期性检验；

d.　产品停产一年后，恢复生产时。

7.2.2　样品从所生产的产品中任抽一套，经检验应符合本标准。

7.3　抽样与判定规则

型式检验样机应在检验批中随机抽取一台，检验合格则判定该检验批合格。如有某项不合格再随机抽取一台，检验若有任意一项不合格，判检验批不合格；若合格，再随机抽取一台，检验全部合格，可判检验批合格，否则，判检验批不合格。

## 8　标志、包装、运输、贮存

8.1　标牌应符合 GB/T 13306 的规定，并固定在管模的明显部位。标牌内容如下：

a.　产品名称、型号和标准号；

b.　产品出厂编号；

c.　出厂日期；

d.　生产厂厂名和商标。

8.2　管模包装及随机文件应符合 JC/T 406 的规定。整体包装时采用裸装，小件散装时应箱装。

8.3　管模在运输时应用木楔将外模下部固定。内模在运输时最好套入外模内，若单独运输时应防止与锋利物件接触。

8.4　管模贮存时应放置在干燥、平整、坚实的场地上，严禁瓣模堆放，平放堆放层数见表 5。

表 5

| 管模公称直径 $D$<br>mm | 400～900 | 1 000～1 400 | 1 600～2 000 |
|---|---|---|---|
| 堆放层数，层 | 3 | 2 | 1 |

**附加说明：**

本标准由国家建材局建材机械标准化技术委员会提出并归口。

本标准由国家建材工业局苏州混凝土水泥制品研究院负责起草，陕西省红旗水泥制品厂常州市武进第二建材机械厂参加起草。

本标准主要起草人周正、赵玉屏、谭志刚、田华、谈永泉。

# 前　　言

目前尚未发现钢筋混凝土管悬辊成型机的国际标准和国外先进标准。

本标准由国家建筑材料工业局建材机械标准化技术委员会提出并归口。

本标准由南京复合材料总厂水泥制品机械厂、常州建材设备制造厂负责起草；扬州市江扬建材机械厂、丹阳建材机械厂、武进第二建材机械厂、无锡建材机械厂、国家建筑材料工业局苏州混凝土水泥制品研究院参加起草。

本标准主要起草人：张金芳、施顺兴、董峰、田华、龚书寿、恽金大、吴列敏、佘福斌。

中华人民共和国建材行业标准

# 钢筋混凝土管悬辊成型机

JC/T 697—1998

**Roller suspension shaping machine of reinforced concrete pipe**

## 1 范围

本标准规定了钢筋混凝土管悬辊成型机(以下简称悬辊机)的产品分类、技术要求、试验方法、检验规则、标志、包装、运输和贮存。

本标准适用于悬辊成型法成型的符合 GB 11836—1989《混凝土和钢筋混凝土排水管》规定的钢筋混凝土排水管和 GB 5696—1994《预应力混凝土输水管(管芯缠丝工艺)》规定的预应力混凝土输水管的悬辊机。

## 2 引用标准

下列标准所包含的条文,通过在本标准中引用而构成为本标准的条文。本标准出版时,所示版本均为有效。所有标准都会被修订,使用本标准的各方应探讨使用下列标准最新版本的可能性。

GB 5083—1985　生产设备安全卫生设计总则

GB 5696—1994　预应力混凝土输水管(管芯缠丝工艺)

GB 11836—1989　混凝土和钢筋混凝土排水管

GB/T 13306—1991　标牌

JC/T 402—1991　水泥机械涂漆防锈技术条件

JC/T 406—1991　水泥机械包装技术条件

JC 532—1994　建材机械钢焊接件通用技术条件

## 3 产品分类

### 3.1 型式

悬辊机由主电机、传动机构、喂料机构、主机架、主传动轴、辊轴、活动门架等部件组成。

悬辊机按其用途分为排水管悬辊机(代号 P)和输水管悬辊机(代号 S)。

### 3.2 型号

悬辊机型号表示方法规定如下:

G □ □-□

——制管有效长度,m

——最大制管公称直径,cm

——用途代号:排水管悬辊机为 P,输水管悬辊机为 S

——悬辊机代号

### 3.3 标记示例

国家建筑材料工业局1998-09-09批准　　1998-12-01实施

最大制管公称直径为 1 500mm，制管有效长度 2 000mm 的排水管悬辊机标记如下：

悬辊机　GP150-2　JC/T 697—1998

## 3.4　基本参数

悬辊机基本参数见表 1。

表 1　基本参数

| 产品型号 | 制管有效长度 mm | 制管直径 mm | 辊轴直径 mm | 辊轴工作转速 r/min |
|---|---|---|---|---|
| GP50-2 | 2 000 | 300 | 80～90 | 90～500 |
| | | 400 | 150～160 | |
| | | 500 | | |
| GP100-2 | | 600 | 210～220 | 90～450 |
| | | 700 | | |
| | | 800 | | |
| | | 900 | 260～275 | |
| | | 1 000 | | |
| GP150-2 | | 1 100 | 310～325 | |
| | | 1 200 | | |
| | | 1 350 | 340～355 | |
| GP200-2 | | 1 500 | 425～450 | 100～400 |
| | | 1 650 | | |
| | | 1 800 | | |
| | | 2 000 | | |
| GP240-2 | | 2 200 | 530～560 | 100～400 |
| | | 2 400 | | |
| GS80-5 | 5 000 | 600 | 235～245 | 主电机驱动时：90～450，慢速电机驱动时：13 |
| | | 700 | | |
| | | 800 | | |
| GS120-5 | | 900 | 340～350 | 主电机驱动时：50～400，慢速电机驱动时：11 |
| | | 1 000 | | |
| | | 1 200 | | |
| 注：如有特殊要求，由供需双方商定。 | | | | |

# 4　技术要求

## 4.1　基本要求

4.1.1　悬辊机应符合本标准要求，并按规定程序批准的图样及技术文件制造。

4.1.2　产品设计和制造的安全卫生要求应符合 GB 5083 的有关规定。

4.1.3　悬辊机焊接件应符合 JC 532 的规定，焊接接头表面质量不低于Ⅳ级，其中辊轴的焊接接头表面质量不低于Ⅲ级。

4.1.4　悬辊机的喂料机构应满足制管工艺要求。

4.2 主要零部件要求

4.2.1 悬辊机辊轴材料机械性能不低于20钢的要求。

4.2.2 辊轴刚度应满足制管工艺要求。

4.3 装配与安装要求

4.3.1 悬辊机活动门架启闭轻便，不能有卡阻现象，开启角度不小于120。

4.3.2 悬辊机辊轴对水平面的倾斜度不大于0.10mm/m。

4.4 空载运转要求

4.4.1 悬辊机运转应平稳，无异常声响。

4.4.2 排水管悬辊机辊轴径向跳动不大于1mm，输水管悬辊机辊轴径向跳动不大于0.6mm。

4.4.3 各轴承温升不大于30℃。

4.5 负载运转要求

4.5.1 在正常运转时，各轴承温升不大于35℃。

4.5.2 在正常工艺条件下，悬辊机运转应无异常声响和振动。

4.6 外观要求

悬辊机表面涂漆应符合JC/T 402的有关规定。

## 5 试验方法

5.1 活动门架开启角度测量

活动门架开启角度用角度测量器测量。

5.2 倾斜度测量

悬辊机辊轴安装后，用分度值为0.02mm/m的水平仪置于辊轴的任意圆柱面的上侧母线上，测量其倾斜度。

5.3 空载运转试验

悬辊机安装后，进行不少于2h的空载试验。

用百分表测试辊轴两端的径向跳动，用温度计测试轴承外壳温度。

5.4 负载运转试验

负载运转试验在制管生产现场进行。

## 6 检验规则

产品出厂前必须经制造厂检验部门检验合格，并签发合格证后方能出厂。

6.1 检验分类

检验分为出厂检验和型式检验。

6.2 出厂检验

出厂检验按4.1、4.2、4.3、4.4、4.6的规定进行检验。

6.3 型式检验

有下列情况之一时，应按第4章规定的全部技术要求进行型式检验：

a）新产品或老产品转厂生产的试制定型鉴定；

b）正常生产后，如结构、材料、工艺有较大改变，可能影响产品性能时；

c）正常生产时，每二年至少进行一次；

d）产品长期停产后，恢复生产时；

e）国家质量监督机构提出进行型式检验的要求时。

## 7 标志、包装、运输和贮存

7.1 悬辊机应在明显位置固定产品标牌，标牌应符合 GB/T 13306 的有关规定，并标明下列内容：

a）产品名称及型号；

b）主要技术参数；

c）出厂日期；

d）制造厂名；

e）商标；

f）产品标准号。

7.2 包装、运输应符合 JC/T 406 的有关规定。

7.3 悬辊机安装使用前，制造厂和用户均应将零件、部件妥善保管，防止锈蚀、损坏及变形。

# 前　　言

目前尚未发现钢筋混凝土管钢筋骨架滚焊机的国际标准和国外先进标准。

本标准由国家建筑材料工业局建材机械标准化技术委员会提出并归口。

本标准由南京复合材料总厂水泥制品机械厂负责起草。排水管专业委员会、沧州通用机械厂、苏州混凝土水泥制品研究院参加起草。

本标准主要起草人：张金芳、施顺兴、纵者彬、张明伦、方文铸、代雷。

中华人民共和国建材行业标准

# 钢筋混凝土管钢筋骨架滚焊机

JC/T 699—1998

**Roll welding machine for steel bar skeleton of reinforced concrete pipe**

## 1 范围

本标准规定了钢筋混凝土管钢筋骨架滚焊机的产品分类、技术要求、试验方法、检验规则、标志、包装、运输和贮存。

本标准适用于以纵向钢筋与环向钢筋缠绕滚动接触电阻焊的钢筋混凝土管钢筋骨架滚焊机，也适用于钢筋混凝土管桩、电杆钢筋骨架滚焊机(以下简称滚焊机)。

## 2 引用标准

下列标准所包含的条文，通过在本标准中引用而构成为本标准的条文。本标准出版时，所示版本均为有效。所有标准都会被修订，使用本标准的各方应探讨使用下列标准最新版本的可能性。

GB/T 343—1994　一般用途低碳钢丝

GB/T 8366—1987　电阻焊机、通用技术条件

GB/T 13306—1991　标牌

JC/T 402—1991　水泥机械涂漆防锈技术条件

JC/T 406—1991　水泥机械包装技术条件

JB 3571—1984　点焊电极用铜铬锆合金棒材

## 3 定义

本标准采用下列定义。

3.1　自动变径

在焊接过程中，滚焊机可自动连续改变钢筋骨架的直径。

3.2　手动变径

滚焊机在停机状态下，可手动改变待焊钢筋骨架的直径。

3.3　钢筋骨架公称直径

表示对应的钢筋混凝土管的公称内径。

## 4 产品分类

4.1　型式

滚焊机按变径方式分为自动变径滚焊机(代号:Z)和手动变径滚焊机(代号:S)。

4.2　型号

型号表示方法规定如下：

国家建筑材料工业局1998-09-09批准　　　　1998-12-01实施

H G ╳ ╳

——最大焊接钢筋骨架公称直径,mm

——变径方式代号:自动变径为 Z,手动变径为 S

——滚动接触电阻焊代号

——焊机代号

4.3 标记示例

最大焊接钢筋骨架公称直径为 800mm 的手动变径滚焊机,标记如下:

滚焊机 HGS 800 JC/T 699—1998

4.4 基本参数

滚焊机基本参数见表 1。

表 1

<table>
<tr><th>型 号</th><th>可焊钢筋骨架公称<br>直 径<br>mm</th><th>可焊纵筋<br>直径<br>mm</th><th>可焊环向筋<br>直径<br>mm</th><th>环向筋螺距<br>直径<br>mm</th><th>纵筋数<br>根</th><th>焊接线速度<br>m/s</th></tr>
<tr><td>HGS 800</td><td>400～800</td><td rowspan="2">4～8</td><td rowspan="7">3～6</td><td rowspan="7">5～300</td><td rowspan="7">≥6</td><td rowspan="7">≥0.5</td></tr>
<tr><td>HGS 1 200</td><td>800～1 200</td></tr>
<tr><td>HGS 1 650</td><td>1 200～1 650</td><td rowspan="3">8～10</td></tr>
<tr><td>HGS 2 400</td><td>1 650～2 400</td></tr>
<tr><td>HGS 3 000</td><td>2 400～3 000</td></tr>
<tr><td>HGZ 1 600</td><td>300～1 600</td><td rowspan="2">5～9</td></tr>
<tr><td>HGZ 2 400</td><td>1 600～2 400</td></tr>
<tr><td colspan="7">注:如有特殊要求,由供需双方商定。</td></tr>
</table>

## 5 技术要求

5.1 绝缘及介电强度

绝缘及介电强度应符合 GB/T 8366—1987 中的 4.1 规定。

5.2 空载

阻焊变压器在额定电源电压、额定级数时,其空载视在功率及空载电流应符合 GB/T 8366—1987 中的 4.2 规定。

5.3 温升

阻焊变压器的绕组、铁芯及其他零件的温升应符合 GB/T 8366—1987 中的 4.4 规定。

5.4 电极

5.4.1 电极的材质应不低于 JB 3571 的要求。

5.4.2 滚焊机应设置能保持电极间压力稳定的加压机构。

5.5 安全

5.5.1 滚焊机中暴露在外和可能被接触到的电路,其电压均应不大于或等于交流 36V,直流 48V。

5.5.2 滚焊机机身上应有不小于 M8 的接地螺栓及相应接地标志。

5.6 外观

滚焊机表面涂漆应符合 JC/T 402 的有关规定。

5.7 空运转

滚焊机空运转应平稳，无异常声响。

5.8 焊接质量

5.8.1 钢筋骨架纵筋间距极限偏差为±2mm。

5.8.2 钢筋骨架环筋间距极限偏差为±2mm。

5.8.3 钢筋骨架焊接点的有效焊接率应不小于95%。

5.8.4 钢筋骨架焊接点的剪切力：在环向筋直径不大于5mm时，应不小于800N；在环向筋直径大于5mm时，应不小于1 200N。

5.8.5 钢筋焊接后的抗拉强度损失率应不大于10%。

## 6 试验方法

6.1 绝缘电阻测定按GB/T 8366—1987中的5.4进行。

6.2 绝缘介电强度试验按GB/T 8366—1987中的5.5进行。

6.3 空载测定按GB/T 8366—1987中的5.6进行。

6.4 温升的测定

在滚焊机焊接完一个钢筋骨架后立即进行测定，测定方法应符合GB/T 8366—1987中的5.10规定。

6.5 空运转试验

连续空运转应不少于2h。

6.6 焊接质量

6.6.1 试焊接的钢筋骨架应不少于一个，其材质应符合GB/T 343的要求。

6.6.2 钢筋骨架的纵筋和环向筋间距偏差的测定

用钢尺测量钢筋骨架的任意三处相邻两纵筋和环向筋间的间距。

6.6.3 钢筋骨架焊接点的有效焊接率的测定

6.6.3.1 在钢筋骨架上任意选择不少于20个焊接点检查，不虚焊的焊接点为有效焊点。

6.6.3.2 计算方法见式(1)：

$$T=\frac{N_2}{N_1}\times 100\% \quad \cdots\cdots (1)$$

式中：$T$——有效焊接率，%；

$N_1$——实测焊接点数；

$N_2$——有效焊接点数。

6.6.4 钢筋骨架焊接点的剪切力测定

6.6.4.1 试件

在钢筋骨架上任意截取如图1所示的试件，数量不得少于五个。

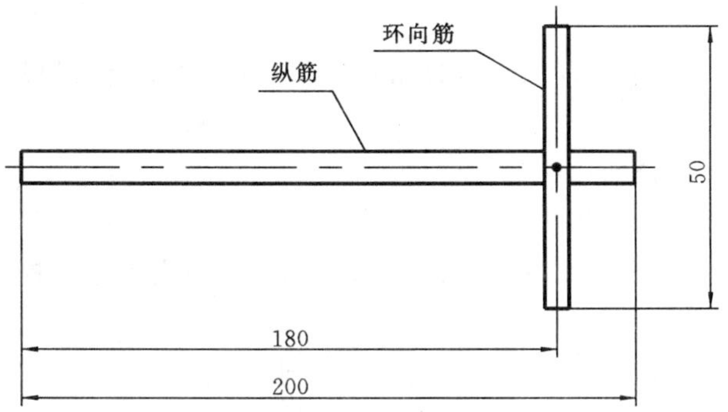


图1 试件

6.6.4.2 试验用夹具示意图见图2。

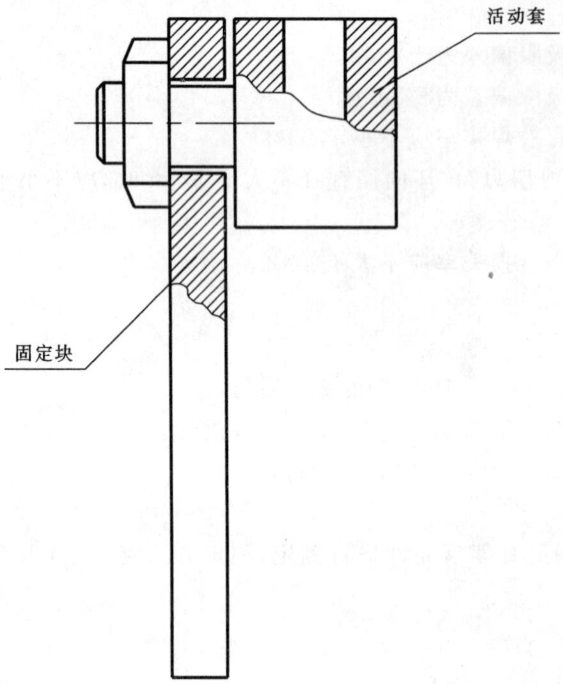


图2 夹具示意图

6.6.4.3 试验步骤

将试件装于夹具内在材料试验机上进行拉伸试验，试件焊接点的破坏载荷即为焊接点的剪切力。

6.6.5 钢筋骨架焊接点的钢筋强度损失率的测定

6.6.5.1 试件

分别在原钢筋上和钢筋骨架上截取长度为200mm有焊点的钢筋试件各五个。

6.6.5.2 试验步骤

将试件置于材料试验机上进行拉伸强度试验。

6.6.5.3 计算方法见式(2)：

$$T=(1-\frac{P_2}{P_1})\times 100\% \quad \cdots\cdots (2)$$

式中：$T$——钢筋焊接点的强度损失率，%；

$P_1$——原钢筋的平均拉伸强度，MPa；

$P_2$——焊接后钢筋的平均拉伸强度，MPa。

## 7 检验规则

产品出厂前必须经制造厂检验部门检验合格，并签发合格证后方能出厂。

7.1 检验分类

检验分为出厂检验和型式检验。

7.2 出厂检验

出厂检验按5.1、5.2、5.4、5.5、5.6、5.8.1、5.8.2、5.8.3的规定进行检验。

7.3 型式检验

有下列情况之一时，应按第5章规定的全部技术要求进行试验：

a) 新产品或老产品转厂生产的试制定型鉴定；

b) 正常生产后，如结构、材料、工艺有较大改变，可能影响产品性能时；

c）正常生产时，每二年至少进行一次；

d）产品长期停产后，恢复生产时；

e）国家质量监督机构提出进行型式检验的要求时。

## 8 标志、包装、运输和贮存

8.1 滚焊机应在明显位置固定产品标牌，标牌应符合 GB/T 13306 的规定，并标明下列内容：

a）产品名称及型号；

b）主要技术参数；

c）出厂日期；

d）制造厂名；

e）商标；

f）产品标准号。

8.2 包装、运输应符合 JC/T 406 的规定。

# 前　　言

本标准对原标准 JC 720—87(1996)主要做了如下修改：

原标准规定的应用范围仅限于硅酸盐建筑材料制品的钢制蒸压釜。修订后应用范围扩大为工作介质为饱和蒸汽或压缩空气、工作压力不大于 2.5 MPa，工作温度为 0～250℃的建材行业用钢制蒸压釜。因此产品规格也比原标准有所扩大。

取消原标准中焊接予热的要求。

对原标准中以焊后热处理的方式消除焊接应力的要求，根据实践经验，修改后不限于热处理一种方式，还可以使用其他有效的消除焊接应力的方法。

本标准从生效之日起，同时代替 JC 720—87(1996)。

本标准由国家建筑材料工业局建材机械标准化技术委员会提出并归口。

本标准由中国建筑东北设计研究院负责起草。常州建材机械厂、沈阳水泥机械厂、上海新建机器厂、朝阳重型机器厂、四川省峨眉冶金机械厂参加起草。

本标准主要起草人：于忠洋、徐曼丽、刘昕、王彬娟、周德全。

中华人民共和国建材行业标准

JC 720—1997

# 蒸　压　釜

代替 JC 720—87(1996)

## 1　范围

本标准规定了蒸压釜的产品分类，技术要求，试验方法，检验规则及标志、包装、运输和贮存等。

本标准适用于介质为饱和蒸汽或压缩空气，工作压力不大于 2.5 MPa，工作温度为 0～250℃的建材行业用钢制蒸压釜。

## 2　引用标准

下列标准包含的条文，通过在本标准中引用而构成为本标准的条文。在标准出版时，所示版本均为有效。所有标准都会被修订，使用本标准的各方应探讨使用下列标准最新版本的可能性。

GB 150—1996　钢制压力容器

GB 713—86　制造锅炉用碳素钢和低合金钢钢板

GB 1300—77　焊接用钢丝

GB/T 1804—92　一般公差　线性尺寸的未注公差

GB 3087—82　低中压锅炉用无缝钢管

GB/T 5117—95　碳钢焊条

GB/T 5118—95　低合金钢焊条

GB 5293—85　碳素钢埋弧焊用焊剂

GB 6654—86　压力容器用碳素钢和低合金钢厚钢板

GB 8163—87　输送流体用无缝钢管

JB 2536—80　压力容器油漆、包装、运输

JB 4726—94　压力容器用碳素钢和低合金钢锻件

JB 4730—94　压力容器无损检测

JB/T 4737—95　椭圆形封头

## 3　定义

本标准采用下列定义：

3.1　尽端式蒸压釜

一端安装釜盖，另一端为凸形封头的蒸压釜。

3.2　贯通式蒸压釜

两端均装釜盖的蒸压釜。

3.3　釜盖法兰

与釜盖封头焊接的具有外牙齿的凸缘。

3.4　釜体法兰

与筒体焊接的具有内牙齿的凸缘。

3.5　釜盖封头

国家建筑材料工业局1997-02-24批准　　　　1997-06-01实施

与釜盖法兰焊接的凸形封头。

3.6 釜体封头

尽端式蒸压釜封闭端的凸形封头。

3.7 除污罐

介质为饱和蒸汽的蒸压釜冷凝水排放系统中料渣的分离装置。

## 4 产品分类

4.1 型式

蒸压釜按照整体结构分尽端式和贯通式，按照工作介质分饱和蒸汽和压缩空气，按照釜盖开启方式分侧开式和上开式，按照釜盖开启的驱动方式分手动、电动、气动和液压传动。

4.2 型号

型号表示方法规定如下：

F □ □ □ □ □-□×□

- 有效长度，m
- 内径，m
- 最高工作压力，MPa
- 釜盖开启的驱动方式代号（S—手动，D—电动，Q—气动，Y—液动）
- 釜盖开启型式代号（C—侧开，S—上开）
- 介质代号（Z—饱和蒸汽，K—压缩空气）
- 整体结构型式代号（G—贯通式，J—尽端式）
- 蒸压釜代号

标记示例：介质为饱和蒸汽，最高工作压力为 1.3 MPa，内径为 2 m，有效长度为 21 m，贯通式，手动，侧开盖蒸压釜的标记为：

蒸压釜 FGZCS 1.3—2×21 JC 720

4.3 基本参数

基本参数见表 1。

表 1

<table>
<tr><td rowspan="3" colspan="2">参数名称</td><td rowspan="3">单　位</td><td colspan="6">参　数　值</td></tr>
<tr><td colspan="3">以饱和蒸汽为介质蒸压釜(单位 m)</td><td colspan="3">以压缩空气为介质蒸压釜(单位 m)</td></tr>
<tr><td>1.65×21</td><td>2×21</td><td>2.85×26</td><td>1.65×4</td><td>2×5</td><td>2.5×5</td></tr>
<tr><td colspan="2">最高工作压力</td><td>MPa</td><td>1.0</td><td>1.3</td><td>1.5</td><td>1.3</td><td>1.4</td><td>1.5</td></tr>
<tr><td colspan="2">设计压力</td><td>MPa</td><td>1.1</td><td>1.4</td><td>1.6</td><td>1.4</td><td>1.5</td><td>1.6</td></tr>
<tr><td colspan="2">设计温度</td><td>℃</td><td>187</td><td>197</td><td>203</td><td colspan="2">≤150</td><td>≤160</td></tr>
<tr><td colspan="2">工作介质</td><td>—</td><td colspan="3">饱　和　蒸　汽</td><td colspan="3">压　缩　空　气</td></tr>
<tr><td colspan="2">真空压力</td><td>MPa</td><td colspan="3">−0.07</td><td colspan="3">—</td></tr>
<tr><td rowspan="2">腐蚀裕度</td><td>釜盖</td><td rowspan="2">mm</td><td colspan="3">2</td><td colspan="3">1</td></tr>
<tr><td>釜体</td><td colspan="3">4</td><td colspan="3">1</td></tr>
<tr><td colspan="2">总容积</td><td>m³</td><td>46</td><td>68</td><td>172</td><td>9.5</td><td>17.7</td><td>25</td></tr>
<tr><td colspan="2">总重量</td><td>t</td><td>18.7</td><td>30</td><td>62</td><td>5.8</td><td>8.56</td><td>15.1</td></tr>
<tr><td colspan="2">外形尺寸<br>(长×宽×高)</td><td>mm</td><td>2165×2619<br>×2600</td><td>22300×2730<br>×3330</td><td>27760×3280<br>×4560</td><td>5710×2360<br>×2735</td><td>6726×2596<br>×3193</td><td>7000×2970<br>×3870</td></tr>
<tr><td colspan="9">注：1　根据用户要求，蒸压釜的有效长度可适当增减。<br>2　直径压力接近表中规格的蒸压釜参照执行。<br>3　根据蒸养制品对釜的腐蚀作用情况，腐蚀裕度可适当增减。</td></tr>
</table>

## 5　技术要求

5.1　基本技术要求

5.1.1　蒸压釜应符合本标准的规定，并按照经规定程序批准的图样及技术文件制造。

5.1.2　本标准未规定的技术要求，应按照 GB 150 及有关规定执行。

5.1.3　图样上未注公差尺寸的极限偏差，对机械加工尺寸按 GB/T 1804 中 m 级精度，对非机械加工尺寸按 c 级精度制造。

5.1.4　蒸压釜必须配置安全联锁装置。

5.2　材料要求

5.2.1　零件材料和焊接材料应符合图样中所规定的材料牌号，其性能应符合相应的国标、行业标准等规定，并应具有质量合格证明书。

5.2.2　釜盖封头、釜体封头、釜体等受压元件的钢板应符合 GB 6654 或 GB 713 的规定。

5.2.3　蒸压釜用的钢管应符合 GB 3087 或 GB 8163 的规定。

5.2.4　釜体法兰和釜盖法兰的锻件，应符合 JB 4726 中的Ⅱ级，并应逐件进行超声波探伤检查，其指标应符合 JB 4730 的相应规定。

5.2.5　焊条应符合 GB 5117 和 GB 5118 的规定，焊丝应符合 GB 1300 的规定，焊剂应符合 GB 5293 的规定。

5.3　主要受压零部件要求

5.3.1　釜盖

5.3.1.1　釜盖封头应尽量用整块钢板制成。必须拼接时，允许由 2 块或 3 块钢板拼成，拼接焊缝应尽量避开封头中心的开孔位置。

5.3.1.2　釜盖封头的几何形状应符合图样要求，几何形状偏差应符合 GB 150 规定。

5.3.1.3　釜盖法兰和釜盖封头组焊错边量 $b$ 应不大于 2 mm(见图 1)。

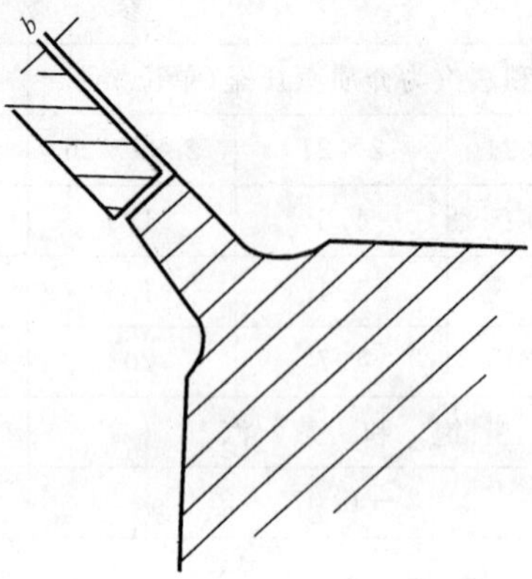


图 1

5.3.1.4　釜盖法兰牙齿接触面的齿根圆角半径应不小于 5 mm。

5.3.2　釜体

5.3.2.1　釜体封头的几何形状应符合 JB/T 4737 的规定。几何形状偏差应符合 GB 150 的规定。封头的拼接应符合本标准 5.3.1.1 的规定。

5.3.2.2　釜体法兰牙齿接触面的齿根圆角半径应不小于 5 mm。

5.3.2.3　釜体纵焊缝的对口错边量 $b_1$（见图 2），环焊缝的对口错边量 $b_2$（见图 3），釜体法兰与筒体对接的环焊缝的对口错边量 $b_3$（见图 4），均应符合表 2 的规定。

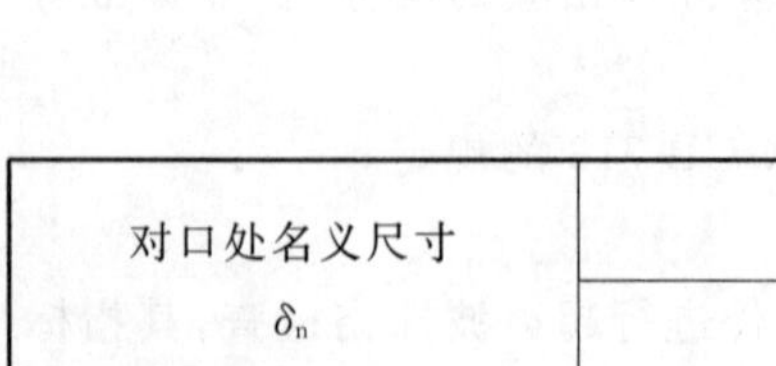


图 2

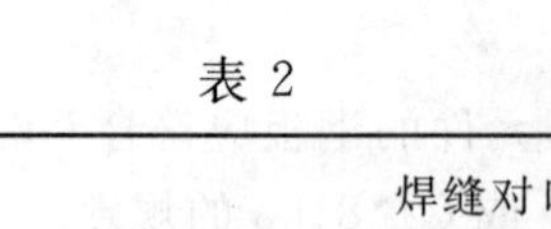


图 3

图 4

表 2　　mm

| 对口处名义尺寸 $\delta_n$ | 焊缝对口错边量 | | |
|---|---|---|---|
| | $b_1$ | $b_2$ | $b_3$ |
| ≤12 | 2 | 3 | 2 |
| $12<\delta_n\leqslant 22$ | 3 | 4 | 3 |

5.3.2.4　釜体纵环焊缝处形成的棱角度应符合以下规定：

纵焊缝处的棱角度 $E$，用弦长等于 $1/6D_i$，且不小于 300 mm 的内样板或外样板检查（见图 5）；环焊缝的棱角度 $E$，用长度不小于 300 mm 的检查尺检查（见图 6），其 $E$ 值应不大于表 3 规定。

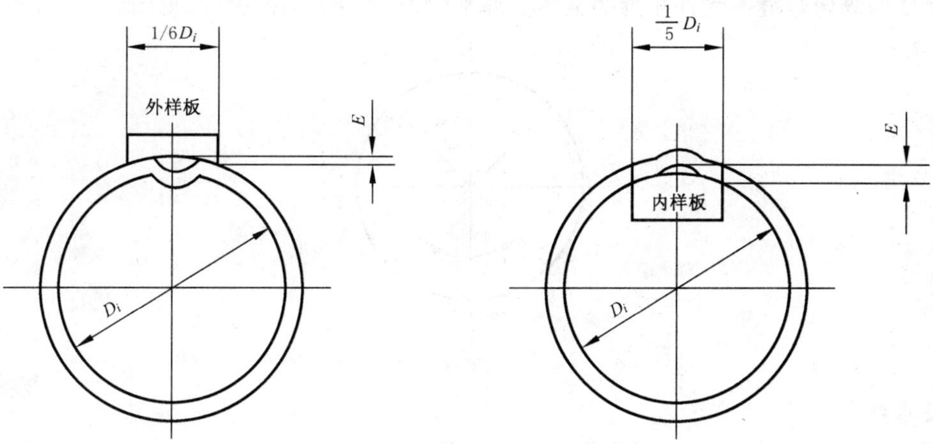


图 5

图 6

表 3

mm

| 釜体内径　$D_i$ | $\phi$1 650 | $\phi$2 000 | $\phi$2 500 | $\phi$2 850 |
|---|---|---|---|---|
| 棱角度　$E$ | ≤3.0 | ≤3.0 | ≤3.5 | ≤3.5 |

5.3.2.5　筒节同一断面上最大直径与最小直径之差 $e$ 值(见图 7)应符合表 4 的规定。

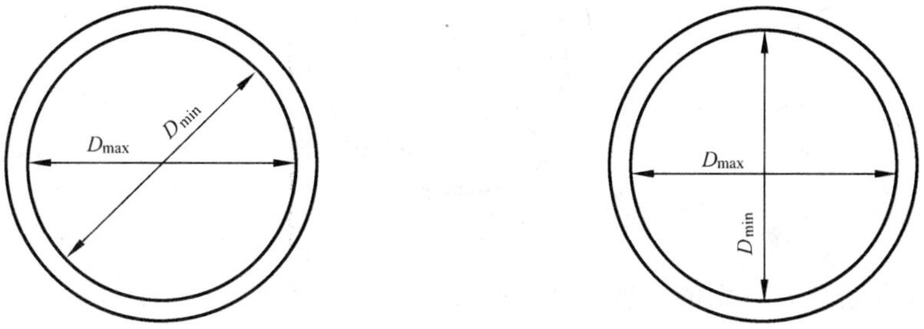


图 7

表 4

mm

| 釜体内径　$D_i$ | $\phi$1 650 | $\phi$2 000 | $\phi$2 500 | $\phi$2 850 |
|---|---|---|---|---|
| $e=D_{max}-D_{min}$ | ≤8 | ≤10 | ≤12 | ≤14 |

5.3.2.6　釜体法兰端面与釜体中心线的垂直度 $t$ 值应符合表 5 规定。

5.3.2.7　分段交货的蒸压釜,其分段处的外园周长偏差 $\Delta e$,分段处端面对该段轴线的垂直度 $T$ 均应符合表 5 的规定,并保证环焊缝对口错边量的要求。

表 5

mm

| 釜体内径　$D_i$ | $\phi$1 650 | $\phi$2 000 | $\phi$2 500 | $\phi$2 850 |
|---|---|---|---|---|
| $t$ | 2 | 2 | 2.5 | 3 |
| $T$ | 1.5 | 1.5 | 1.8 | 2.0 |
| $\Delta e$ | ±6 | ±7 | ±8 | ±9 |

5.3.2.8 釜体的纵向焊缝不允许布置在釜体上部 90°和下部 80°的范围内(见图 8)。

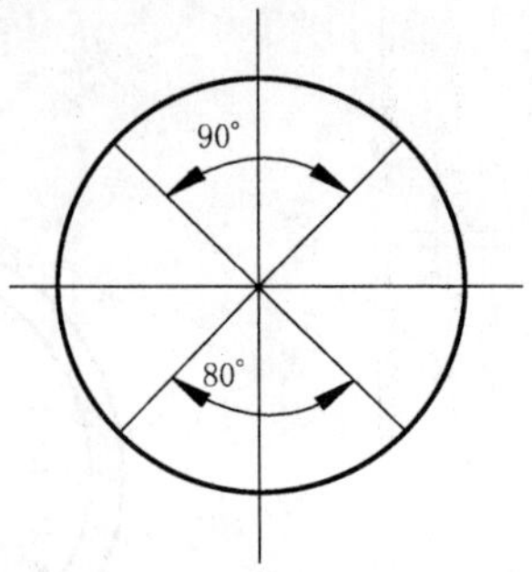


图 8

5.4 组装技术要求

5.4.1 蒸压釜筒节组装对接时,相邻筒节的纵缝距离不小于 100 mm。

5.4.2 纵环向焊缝均应位于各支座包容面之外,且距离不小于 50 mm。

5.4.3 环向焊缝距加强圈距离不小于 100 mm。

5.4.4 开孔边缘距纵环焊缝不小于 100 mm。

5.4.5 釜盖封头、釜体封头和釜体上的纵环向焊缝必须采用双面对接焊。

5.4.6 法兰面应垂直于接管或釜体的主轴中心线。安装接管法兰应保证法兰面水平或垂直(有特殊要求的应按图样规定),其偏差均不得超过法兰外径的 1%(法兰外径小于 100 mm 时,按 100 mm 计算)且不大于 3 mm。

5.4.7 接管法兰螺栓通孔不应和壳体主轴中心线重合,应对称地分布在它的两侧(见图 9),有特殊要求时,应在图样上注明。

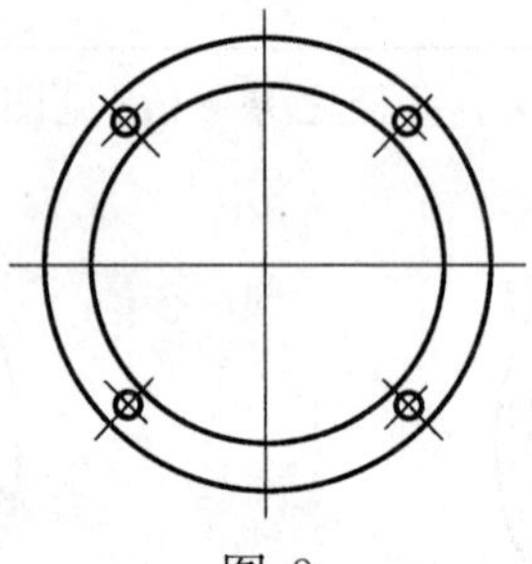

图 9

5.4.8 釜体同一断面处二轨顶面的高度差 $\Delta h$ 不大于 2 mm,轨距偏差 $\Delta B$ 不大于 3 mm,且应对称分布(见图 10)。

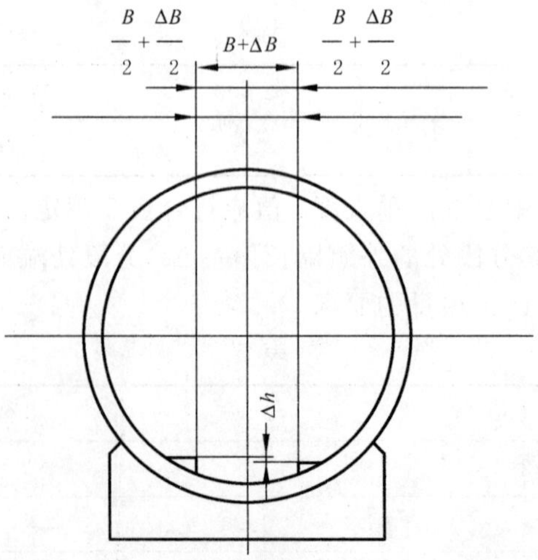


图 10

5.4.9 支座的包容面半径允差不大于 2mm，高度允差不超过±3 mm。

5.4.10 釜内钢轨不宜与釜体焊接，应采用活动连接结构，但应防止钢轨轴向窜动。

5.4.11 手摇减速器的安装应保证出轴小齿轮与釜盖上的齿板啮合正常，转动灵活轻便。

5.4.12 釜体直线度 $\Delta H$，釜体的长度偏差 $\Delta L$ 均应符合表 6 的规定。

表 6

| 釜体长度 $L$ | m | ≤20 | 20<$L$≤30 | 30<$L$≤50 |
|---|---|---|---|---|
| 直线度 $\Delta H$ | mm | $\leqslant\frac{L}{1\,000}$，且≤20 | $\leqslant\frac{L}{1\,000}$，且≤25 | ≤35 |
| 长度偏差 $\Delta L$ | mm | +15<br>−10 | +20<br>−10 | +30<br>−15 |

5.5 焊接要求

5.5.1 焊前准备及施焊环境应符合 GB 150 的有关规定。

5.5.2 焊接工艺应符合 GB 150 的有关规定。

5.5.3 焊缝表面的形状尺寸及外观要求应符合 GB 150 的有关规定。

5.5.4 焊缝返修应符合 GB 150 的有关规定。

5.5.5 釜体底部 60°范围的内表面的焊缝余高，应不大于 2.5mm，如果超过此高度时，应打磨后符合要求，打磨时不能损伤母材。

5.6 焊接试板要求

5.6.1 产品应配制焊接试板。每台蒸压釜的纵焊缝至少制作产品试板 1 块。

5.6.2 产品试板的材料应是合格的且与蒸压釜用材料具有相同牌号、相同规格和相同热处理工艺。

5.6.3 试板应采用施焊蒸压釜时相同的条件和相同的焊接工艺焊出。多焊工焊接的蒸压釜，做焊接试板的焊工由检验部门指定，试板上应打上焊工和检验员的钢印。

5.6.4 纵焊缝试板必须在筒体纵焊缝的延长部位上与筒体同时施焊。

5.7 消除焊接应力处理要求

釜盖封头与釜盖法兰对接的环向焊缝和釜体法兰与筒体对接的环向焊缝在组焊后应进行消除焊接应力的处理。

5.8 焊缝无损探伤检查要求

5.8.1 蒸压釜主要采用局部射线探伤检查（也可以采用 100%射线探伤检查）。超声波探伤、磁粉和渗透探伤等可作为辅助探伤检查。

5.8.2 采用局部射线探伤检查时，对下列焊缝应作 100%的射线探伤检查：

a）釜盖封头上的对接焊缝；

b）釜盖封头与釜盖法兰焊接的环缝；

c）釜体与釜体法兰焊接的环缝；

d）蒸压釜在现场拼接的筒体环缝；

e）釜体下部 60°范围内的全部环缝。

5.8.3 对釜体上除5.8.2规定以外的对接焊缝做局部射线探伤检查。射线探伤的焊缝长度不得少于各条焊缝长度的20%,且不小于250 mm(必须包括每一相交的焊缝接头)。

5.8.4 进行局部探伤的焊缝,发现有不允许的缺陷时,应在该缺陷两端的延伸部位增加检查长度,增加的长度为该焊缝长度的10%,且不少于250 mm。若仍有不允许的缺陷时,则对该焊缝做100%探伤检查。

5.8.5 焊缝探伤部位应打上标记。

5.8.6 蒸压釜的全部原始探伤资料(底片记录),制造单位应保留5年,5年后可转交用户保管。

5.8.7 探伤结果评定:

5.8.7.1 射线探伤按JB 4730评定,采用局部射线探伤时,对接焊缝应达到Ⅲ级为合格,但不得有未焊透缺陷。采用100%射线探伤时Ⅱ级为合格。

5.8.7.2 超声波探伤按JB 4730评定。采用局部探伤的对接焊缝达到Ⅱ级为合格。

5.8.7.3 磁粉探伤和渗透探伤按JB 4730评定。

5.9 水压试验要求

水压试验合格标准:蒸压釜的各部分焊缝应无渗漏和无可见的异常变形。

5.10 涂漆防锈要求

5.10.1 蒸压釜的油漆应符合JB 2536要求。

5.10.2 釜体的外表面应涂底漆两道,内表面涂防锈漆。

5.10.3 蒸压釜的釜端法兰牙齿等机械加工表面应涂防锈油脂。

5.11 除污罐要求

除污罐的制造、检查及验收应符合GB 150的有关规定。

## 6 试验方法

6.1 焊接试板按GB 150进行检验与评定。

6.2 无损探伤按JB 4730进行。

6.3 水压试验方法:

6.3.1 每台蒸压釜都应进行水压试验。水压试验应在无损探伤及有关检验项目合格后进行。试验压力应符合表7的规定。

表7

| 蒸压釜内径,mm | $\phi$1 650 | $\phi$2 000 | $\phi$2 500 | $\phi$2 850 |
|---|---|---|---|---|
| 最高工作压力,MPa | 1.0 | 1.3 | 1.5 | 1.5 |
| 试验压力,MPa | 1.4 | 1.8 | 2.1 | 2.1 |

6.3.2 应采用洁净水进行试验,试验水温不低于5℃,以不在釜体外表面结露为准。

6.3.3 试验前应检查各螺栓连接处的可靠性及密封加压系统的密封性能是否良好。

6.3.4 升压前蒸压釜外表面应保持干燥。

6.3.5 水压试验前釜体上应同时装两个量程相同的并经过校正的压力表,其量程为最高工作压力的1.5～3倍,最好是2倍。压力表的精度不低于1.5级,表盘直径应不小于100 mm。

6.3.6 将压力水通入密封圈内,使釜盖密封,密封压力在试验过程中不得低于同时釜内的压力。

6.3.7 蒸压釜充完水后釜内不应有空气,在确认釜体外表面无渗水、滴水和漏水现象后,便可缓慢升压到指定的试验压力。恒压30 min,然后将压力降到设计压力,并保压30 min,对所有焊缝和连接部位进行检查,最后缓慢降压至零。升压速度控制在每分钟不超过0.1 MPa,如有渗漏现象,必须降压后修理,修复后重新试验，任何修补工作不允许在试验过程中进行。

6.3.8 试验中应有专人负责做好试验记录。内容包括升压方式，所使用的升压设备，试验程序的各个时间、升压速度、试验压力、试验温度(包括环境温度)及试验的检查结果。

6.3.9 试验中如发现有异常声响、压力下降或加压装置发生故障等不正常现象时，应立即停止试验，并查明原因排除故障后，重新试验。

6.3.10 试验后应及时将釜内试验水排净，并将釜体内表面吹干。

## 7 检验规则

每台产品均应经制造厂质检部门，按本标准规定的全部技术要求进行检验合格并签发合格证明书，经劳动部门认可后方准出厂。

## 8 标志、包装、运输和贮存

8.1 标志

每台蒸压釜在釜盖端明显位置上固定产品铭牌。铭牌上应载明下列项目：

a) 产品名称；

b) 型号及规格；

c) 容器类别；

d) 设计压力；

e) 设计温度；

f) 最高工作压力；

g) 试验压力；

h) 总重量；

i) 制造单位名称；

j) 产品编号；

k) 制造许可证编号；

l) 监检标记；

m) 制造年月。

8.2 包装和运输

8.2.1 蒸压釜的包装和运输应符合 JB 2536 的有关规定。

8.2.2 蒸压釜在运输时，允许把蒸压釜的小型零部件和附件经包扎和小件装箱后装在釜体内。但应给于可靠的固定，不允许上述物品在釜内窜动，同时要避免使釜体内壁受到任何机械损伤。

8.2.3 在搬运过程中应将釜盖关上，并用四块木楔打入釜盖法兰与釜体法兰的牙齿相互咬合后的空隙中，以防釜盖松动。如不允许合盖运输时，应采用防止釜体法兰变形的措施。

8.2.4 当釜体分段运输时，运输前必须在每段釜体的分段端的釜体内加以支撑，运到现场安装时再拆除。

8.2.5 吊运蒸压釜的吊点位置在制造厂用喷漆做出标记。

8.2.6 蒸压釜吊运时，应确保釜体不产生永久变形和表面损伤。吊运点应用木块或其他软质材料把钢索与釜体隔开。

8.2.7 运输时应把釜体稳固地安放在凹座上。釜体与凹座的接触应均匀防止釜体局部永久变形。

8.3 贮存

蒸压釜应妥善保管，不允许长期置于露天。闲置超过 6 个月的蒸压釜应仔细检查。如有锈蚀现象，应清洁除锈并重新涂上防锈漆和油脂。

## 9 随机文件

9.1 产品合格证

9.2 使用说明书

9.3 产品的总图和安装图(竣工图)

9.4 质量证明书

质量证明书的内容主要包括：

a) 主要受压元件材料的化学成分和力学性能；

b) 主要受压元件焊接材料的化学成分和力学性能；

c) 焊接试板的检验报告；

d) 焊缝无损检测报告；

e) 水压试验报告。

9.5 装箱单

ICS 91.110
Q 92
备案号:12770—2003

JC

# 中华人民共和国建材行业标准

JC/T 822—2003
代替 JC/T 822—1988(1996)

# 水泥制品工业用离心成型机技术条件

Technical regulation of centrifugal machine
for cement products industry

2003-09-20 发布　　2003-12-01 实施

中华人民共和国国家发展和改革委员会　发布

# 前　言

本标准根据国外引进的样机和我国水泥制品工业用离心成型机的实际生产及使用现状，对JC/T 822—1988(1996)标准进行修订。本标准扩大了适用范围(所有用离心工艺成型的水泥制品的离心成型机)，有利于在我国的推广实施。

本标准代替JC/T 822—1988(1996)。

本标准与JC/T 822—1988(1996)的主要差异如下：

——修订了标准的范围(1988年版的1；本版的1)；

——修订了引用文件的表示方式(1988年版的2；本版的2)；

——取消了产品分类(1988年版的3)；

——修订了技术要求(1988年版的4；本版的3)；

——修订了试验方法(1988年版的5；本版的4)；

——修订了检验规则(1988年版的6；本版的5)；

——修订了标志、包装、贮存和运输(1986年版的7；本版的6)；

——增加了整机性能要求(见3.2)；

——增加了托轮静平衡试验要求(见3.3.2.5)；

——增加了托轮与轴采用带键的锥套联接的要求(见3.4.1.3)；

——增加了相邻两托轮公共轴线平行度公差的要求(见3.5.2)；

——增加了托轮的轮距偏差要求(见3.5.4)；

——增加了外观质量(见3.6)；

——增加了规范性附录"产品型号"(见附录A)。

本标准由国家建筑材料工业机械标准化技术委员会提出并归口。

本标准负责起草单位：苏州混凝土水泥制品研究院。

本标准参加起草单位：无锡建筑材料机械厂、泰州建材机械厂、常州建材设备制造厂、常州长江钢模有限公司、上海利源机械设备工程公司、丹阳市建材机械厂、上海臻杰建材机械有限公司、南京费隆复合材料有限责任公司水泥制品机械厂、扬州市江扬建材机械厂、江都华光水泥机械制造有限公司。

本标准主要起草人：匡红杰、史端庭、薛淦泉、张裕华、左元龙、巢士明、王 勤、龚书寿、尹敏。

本标准所代替的历次版本发布情况为：

——ZBQ9 2004—1988；

——JC/T 822—1988(1996)。

# 水泥制品工业用离心成型机技术条件

## 1 范围

本标准规定了水泥制品工业用离心成型机的技术要求、试验方法、检验规则及标志、包装、贮存和运输。

本标准适用于用离心工艺成型的水泥制品的离心成型机(以下简称离心机)。

## 2 规范性引用文件

下列文件中的条款通过本标准的引用而成为本标准的条款。凡是注日期的引用文件,其随后所有的修改单(不包括勘误的内容)或修订版均不适用于本标准,然而,鼓励根据本标准达成协议的各方研究是否可使用这些文件的最新版本。凡是不注日期的引用文件,其最新版本适用于本标准。

GB/T 699—1999 优质碳素结构钢 技术条件

GB/T 1095 平键 键和键槽的剖面尺寸

GB/T 1184—1996 形状和位置公差 未注公差值

GB/T 1800.4—1999 极限与配合 标准公差等级和孔轴的极限偏差表

GB/T 1801—1999 极限与配合公差带与配合的选择

GB/T 1804—2000 一般公差 未注公差的线性和角度尺寸的公差(eqv ISO 2768—1:1989)

GB 5083 生产设备安全卫生设计总则(neq DIN 31000/VDG 1000)

GB/T 5226.1 工业机械电气设备 第一部分:通用技术条件(eqv IEC 204-1)

GB/T 9239—1988 刚性转子平衡品质 许用不平衡的确定(eqv ISO 1940-1)

GB/T 13306 标牌

JC/T 401.2—1991(1996) 建材机械用碳钢和低合金钢铸件技术条件

JC/T 401.3—1991(1996) 建材机械用铸钢件缺陷处理规定

JC/T 401.4—1991(1996) 建材机械用铸钢件交货技术条件

JC/T 402 水泥机械涂漆防锈技术条件

JC/T 406 水泥机械包装技术条件

JC 532—1994 建材机械钢焊接件通用技术条件

## 3 技术要求

### 3.1 基本要求

3.1.1 离心机应符合本标准要求,并按规定程序批准的图样及技术文件制造。

3.1.2 产品设计和制造的安全卫生要求应符合 GB 5083 的规定。

3.1.3 图样上线性尺寸的未注公差,机械加工部位应符合 GB/T 1804—2000 表 1 中 m 级的要求;非机械加工部位应符合 GB/T 1804—2000 表 1 中 c 级的要求。

3.1.4 机械加工零件的形状和位置公差的未注公差应符合 GB/T 1184—1996 第 5 章中 k 级的要求。

3.1.5 焊接件应符合 JC 532—1994 的规定。焊接接头的表面质量不得低于 JC 532—1994 表 2 中Ⅲ级的要求。

3.1.6 铸钢件应符合 JC/T 401.2—1991(1996)、JC/T 401.3—1991(1996)、JC/T 401.4—1991(1996)的规定。

3.2 整机性能要求

3.2.1 离心机第一次大修前的正常使用期限应不低于10 000 h。

3.2.2 离心机空车运转时的噪音不得大于其配套电机的噪声值。

3.2.3 离心机托轮中心与钢模跑轮中心连线的夹角 $\alpha$（见图1）的范围为75°～110°，且宜设置钢模防飞安全装置。

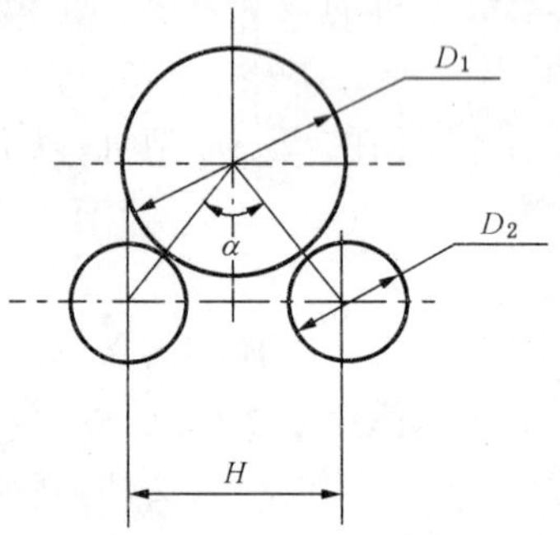


$D_1$—钢模跑轮直径；$D_2$—离心机托轮直径；$H$—离心机托轮轴距

图 1

3.2.4 离心机应具有转速—时间程序控制功能，其转速误差为±5%。

3.2.5 电器系统的质量应符合GB/T 5226.1的规定。

3.3 主要零部件要求

3.3.1 轴承座

3.3.1.1 材料的机械性能不低于JC/T 401.2—1991(1996)中4.2有关ZG 230—450的要求。

3.3.1.2 中心高尺寸公差等级不低于GB/T 1800.4—1999表1中9级的要求。

3.3.1.3 轴承孔的加工精度不低于GB/T 1800.4—1999表1中9级的要求，表面粗糙度不大于3.2 μm。

3.3.1.4 两轴承孔的同轴度公差等级不低于GB/T 1184—1996表B4中8级的要求。

3.3.2 托轮

3.3.2.1 材料的机械性能不低于JC/T 401.2—1991(1996)中4.2有关ZG 270—500的要求。

3.3.2.2 工作面的加工精度不低于GB/T 1800.4—1999表1中9级的要求，表面粗糙度不大于6.3 μm。

3.3.2.3 工作面和端面（或凸缘）热处理后的硬度为HB 215～255。

3.3.2.4 内孔的加工精度不低于GB/T 1800.4—1999表1中7级的要求，表面粗糙度不大于3.2 μm。

3.3.2.5 托轮的平衡品质等级不低于GB/T 9239—1988表1中G16的要求。

3.3.3 轴

3.3.3.1 材料的机械性能不低于GB/T 699—1999中45钢调质后的要求。

3.3.3.2 与轴承配合的轴颈直径的尺寸公差等级为GB/T 1801—1999中的k6级，表面粗糙度不大于1.6 μm。

3.3.3.3 托轮轴颈的加工精度不低于GB/T 1800.4—1999表1中6级的要求，表面粗糙度不大于1.6 μm；皮带轮轴颈和联轴器轴颈的加工精度不低于GB/T 1800.4—1999表1中7级的要求，表面粗糙度不大于3.2 μm。

3.3.3.4 两轴承轴颈的同轴度公差等级不低于GB/T 1184—1996表B4中6级的要求，托轮轴颈、皮带轮轴颈和联轴器轴颈对两轴承轴颈的共同轴线的同轴度公差等级不低于GB/T 1184—1996表B4中7级的要求。

**3.4 托轮组装配技术要求**

3.4.1 托轮与轴的装配联接应符合下列要求：

3.4.1.1 托轮与轴采用锥套联接时：

a) 锥套材料的机械性能不低于 GB/T 699—1999 中 45 钢的要求；

b) 锥套内圆柱面的加工精度不低于 GB/T 1800.4—1999 表 1 中 7 级的要求。表面粗糙度不大于 1.6 μm；

c) 托轮内锥面和锥套外锥面大端的加工精度不低于 GB/T 1800.4—1999 表 1 中 7 级的要求，表面粗糙度不大于 1.6 μm，锥面配合接触面积应大于 85%。

3.4.1.2 托轮与轴采用键联接时：

a) 键与键槽应符合 GB/T 1095 中的有关规定；

b) 托轮内孔与托轮轴配合优先选用 H7/k6。

3.4.1.3 托轮与轴采用带键的锥套联接时：

a) 锥套材料的机械性能不低于 JC/T 401.2—1991(1996)中 4.2 有关 ZG 270—500 的要求；

b) 锥套内圆柱面的加工精度不低于 GB/T 1800.4—1999 表 1 中 7 级的要求，表面粗糙度不大于 3.2 μm；

c) 托轮内锥面和锥套外锥面大端的加工精度不低于 GB/T 1800.4—1999 表 1 中 7 级的要求，表面粗糙度不大于 3.2 μm，锥面配合接触面积应大于 75%。

3.4.2 同组托轮中心线应相互平行，且在同一水平面内，平行度公差等级不低于 GB/T 1184—1996 表 B3 中 8 级的要求，中心线至底座上表面的高度尺寸公差等级不低于 GB/T 1800.4—1999 表 1 中 9 级的要求。

3.4.3 托轮轴距偏差为±0.5 mm。

3.4.4 托轮工作面和端面的跳动公差等级不低于 CB/T 1184—1996 表 B4 中 8 级的要求。

3.4.5 同侧托轮端面应在同一平面内，误差不大于 0.5 mm。

3.4.6 托轮转动应灵活，无卡阻现象，轴承轴向间隙不大于 0.15 mm。

**3.5 整机安装**

3.5.1 托轮与其公共基准线的同轴度公差等级不低于 GB/T 1184—1996 表 B4 中 9 级的要求。

3.5.2 相邻两托轮公共轴线的平行度公差等级不低于 GB/T 1184—1996 表 B3 中 9 级的要求。

3.5.3 托轮公共基准线的水平度公差不大于 0.015/100。

3.5.4 相邻两托轮的轮距偏差不大于 1 mm，任意两托轮的轮距偏差不大于 2.5 mm。

3.5.5 托轮转动应灵活，无卡阻现象。

3.5.6 各部位的紧固件不得有松动，不得有错装和漏装。

3.5.7 空车试运转，电控箱的控制和显示仪应良好，托轮转动平稳，无异常响声。

3.5.8 负载试运转

3.5.8.1 把符合相关标准要求的钢模平稳地吊放在托轮上，转速由 80 r/min 以下缓慢升高至制品实际生产最高转速的 60%，持续 30 min，各轴承温升不超过 20℃，且托轮转动平稳，无异常响声。

3.5.8.2 按正常生产工艺要求试生产 3～5 根制品，各轴承温升不超过 50℃，托轮运转应平稳，无异常响声，电控箱的控制和显示仪应良好，各紧固螺栓不应松动。

**3.6 外观质量**

3.6.1 离心机外表面应无毛刺、锐边、焊渣、碰伤和凹凸不平等影响外观质量的缺陷。结合面处错边量不大于 1 mm。

3.6.2 离心机外表面涂漆要求应符合 JC/T 402 的规定。

## 4 试验方法

4.1 离心机噪声值(3.2.2):用噪声测定仪测量。

4.2 离心机托轮中心与钢模跑轮中心连线的夹角α(3.2.3):用游标卡尺测量后按公式(1)计算:

$$\alpha=2\arcsin[H/(D_1+D_2)] \quad \cdots\cdots (1)$$

式中:

α——托轮中心与钢模中心的夹角,(°);

$H$——托轮轴距,mm;

$D_1$——钢模跑轮外径,mm;

$D_2$——离心机托轮外径,mm。

4.3 转速误差(3.2.4):用转速表测量。

4.4 轴承座中心高(3.3.1.2):在平板上用高度游标卡尺和游标卡尺测量。

4.5 轴承孔(3.3.1.3):用内径量表测量。

4.6 两轴承孔的同轴度(3.3.1.4):用综合量规测量。

4.7 托轮工作面(3.3.2.2):用游标卡尺测量。

4.8 托轮内孔(3.3.2.4):用内径量表测量。

4.9 静平衡试验(3.3.2.5):在静平衡装置上进行试验。最大许用不平衡度根据GB/T 9239—1988中的图2选取,托轮的许用不平衡量按公式(2)计算确定:

$$U_{per}=e_{per}m \quad \cdots\cdots (2)$$

式中:

$U_{per}$——托轮的许用不平衡量,g mm;

$e_{per}$——许用不平衡度,g mm/kg;

$m$——托轮质量,kg。

4.10 与轴承配合的轴颈(3.3.3.2、3.3.3.3):用外径千分尺测量。

4.11 两轴承轴颈的同轴度和托轮轴颈、皮带轮轴颈和联轴器轴颈对两轴承轴颈的共同轴线的同轴度(3.3.3.4):将轴置于机床上,缓慢转动,用百分表分别测量各轴颈处的跳动。

4.12 锥套内圆柱面(3.4.1.1b、3.4.1.3b):开槽前用内径量表测量。

4.13 托轮内锥面(3.4.1.1c、3.4.1.3c):用塞规测量。

4.14 锥套外锥面(3.4.1.1c、3.4.1.3c):用环规测量。

4.15 锥面接触面积(3.4.1.1c、3.4.1.3c):用环规和塞规涂色测量。

4.16 托轮内孔与托轮轴的配合尺寸偏差(3.4.1.2b):用内径量表和外径千分尺测量。

4.17 同组托轮中心线的平行度及中心线至底座上表面的高度(3.4.2):在平板上用游标卡尺和高度游标卡尺测量。

4.18 托轮轴距(3.4.3):用经纬仪或游标卡尺或钢直尺测量。

4.19 托轮工作面和端面的跳动(3.4.4):用百分表测量。

4.20 同侧托轮端面应在同一平面内(3.4.5):用直尺和塞尺测量。

4.21 轴承轴向间隙(3.4.6):用百分表在托轮端面测量。

4.22 托轮与其公共基准线的同轴度(3.5.1):用经纬仪测量。

4.23 相邻两托轮公共轴线的平行度(3.5.2):用经纬仪或游标卡尺测量。

4.24 托轮公共基准线的水平度(3.5.3):用经纬仪测量。

4.25 托轮轮距(3.5.4):用钢卷尺测量。

4.26 负载运转试验(3.5.8.1、3.5.8.2):用秒表和转速仪测量,轴承温升用点温计测量。

## 5 检验规则

产品出厂前必须经制造厂检验部门检验合格，并签发合格证。

### 5.1 检验分类

检验分出厂检验和型式检验。

### 5.2 出厂检验

产品出厂前应完成对3.1、3.3～3.4和3.6规定的检验。

### 5.3 型式检验

有下列情况之一时，应按本标准的全部技术要求（除3.2.1外）进行型式检验。其中3.2、3.5可在用户单位进行。

a）新产品和老产品转厂生产的试制定型鉴定；

b）正常生产时，如结构、材料、工艺有较大改变，可能影响产品性能时；

c）正常生产时，每两年至少要进行1次；

d）产品停产1年后恢复生产时；

e）出厂检验结果与上次型式检验有较大差异时；

f）国家质量监督机构提出进行型式检验要求时。

### 5.4 型式检验的样机

应从出厂检验的合格产品中随机抽取1台。

## 6 标志、包装、贮存和运输

6.1 在离心机外表面明显位置固定产品标牌，标牌应符合GB/T 13306的规定，内容应包括：

a）制造厂名；

b）产品名称；

c）产品型号；

d）标准号；

e）商标；

f）制造编号；

g）制造日期。

6.2 包装、贮存和运输应符合JC/T 406的有关规定。

# 附 录 A
## (规范性附录)
## 产 品 型 号

**A.1 型号表示方法如下:**

□ L □—□ □×□

- 水泥制品规格(截面公称尺寸×公称长度),mm×m
- 托轮组数
- 可同时成型的制品数量
- 离心机代号
- 水泥制品代号

注:1. 水泥制品代号用能代表该制品特点的两位大写字母表示,如:电杆为 DG,预应力管为 YG,等等。

2. 可同时成型的制品数量为 1 时,可不表示。

3. 托轮组数仅对电杆和管桩产品而言,是指主动轴轴线方向上的托轮数。

4. 截面公称尺寸是指可生产的环形水泥制品的最小公称直径和最大公称直径(锥形电杆为稍径)的范围。截面为其他形状的水泥制品,按截面形状特点表示,如,截面为三角形时,取三角形边长,等等。

5. 公称长度是指可生产的水泥制品的最大公称长度。

**A.2 产品标记示例**

截面公称尺寸为 $\phi$150～$\phi$190 mm、公称长度为 12 m、托轮组数为 6 组、可同时成型 2 根环形预应力混凝土电杆的离心机:

环形预应力混凝土电杆离心机 DGL2-6($\phi$150～$\phi$190)×12 JC/T822

ICS 91.110
Q 92

JC

# 中华人民共和国建材行业标准

JC/T 877—2001

# 预应力混凝土输水管辊射机

**Mortar coater of prestressed concrete pipes for water**

2001-02-20 发布　　2001-10-01 实施

国家建筑材料工业局　　发布

# 前 言

本标准参考澳大利亚罗克拉公司的预应力混凝土输水管辊射机的主要技术指标，并根据我国的实际生产和使用现状进行制定。

本标准由国家建筑材料工业局建材机械标准化技术委员会提出并归口。

本标准负责起草单位：国家建筑材料工业局苏州混凝土水泥制品研究院。

本标准参加起草单位：常州建材设备制造厂、张家港市华圆建材机械有限公司、江都华光水泥机械制造有限公司、扬州市江扬建材机械厂、无锡建筑材料机械厂等。

本标准主要起草人：匡红杰、史瑞庭、左元龙、鲍亚明、刘启华、马祥、吴列敏、孙修才。

中华人民共和国建材行业标准

# 预应力混凝土输水管辊射机

JC/T 877—2001

**Mortar coater of prestressed concrete pipes for water**

## 1 范围

本标准规定了预应力混凝土输水管辊射机的产品分类、技术要求、试验方法、检验规则及标志、包装、运输和贮存。

本标准适用于生产卧式(管芯水平放置)成型的符合 GB 5696 规定的预应力混凝土输水管(管芯缠丝工艺)的辊射机(以下简称辊射机)。

## 2 引用标准

下列标准所包含的条文,通过在本标准中引用而构成为本标准的条文。本标准出版时,所示版本均为有效。所有标准都会被修订,使用本标准的各方应探讨使用下列标准最新版本的可能性。

GB/T 531—1999 橡胶袖珍硬度计压入硬度试验方法(idt ISO 7619:1986)

GB/T 1689—1998 硫化橡胶耐磨性能的测定(用阿克隆磨耗机)(neq BS 903 part A9:1988)

GB/T 1804—1992 一般公差 线性尺寸的未注公差(eqv ISO 2768-1:1989)

GB 5083—1999 生产设备安全卫生设计总则(neq DIN 31000/VDE 1000:1993)

GB/T 5226.1—1996 工业机械电气设备 第一部分:通用技术条件(eqv IEC 204-1:1992)

GB/T 5574—1994 工业用橡胶板(neq NF T47-402:1980)

GB 5696—1994 预应力混凝土输水管(管芯缠丝工艺)

GB/T 13306—1991 标牌

JC/T 401.2—1991(1996) 建材机械用碳钢和低合金钢铸件技术条件

JC/T 401.3—1991(1996) 建材机械用铸钢件缺陷处理规定

JC/T 401.4—1991(1996) 建材机械用铸钢件交货技术条件

JC/T 402—1991 水泥机械涂漆防锈技术条件

JC/T 406—1991 水泥机械包装技术条件

JC 532—1994 建材机械钢焊接件通用技术条件

## 3 术语、代号

a) 管芯直径:指预应力混凝土输水管的公称直径。

b) 辊射轮组件:指辊射轮轮芯、橡胶体、轮轴、皮带轮等零部件组合体的名称。

## 4 产品分类

### 4.1 型式

辊射机由辊射主机(辊射轮装置、搅拌系统、输送装置、下料斗等)、管芯车等部件组成(见图1)。

国家建筑材料工业局2001-02-20批准　　2001-10-01实施

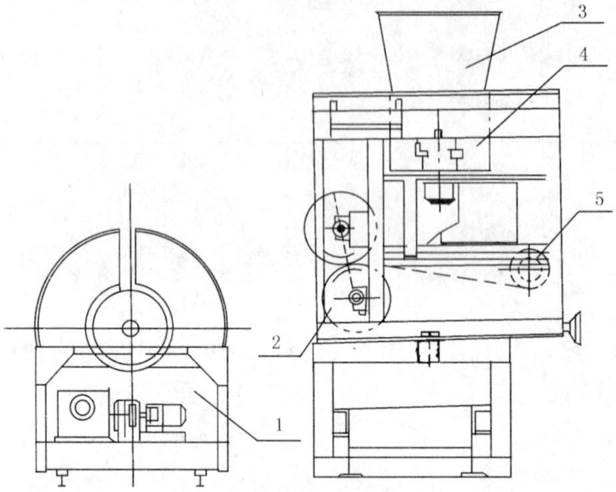


1—管芯车;2—辐射轮装置;3—下料斗;4—搅拌系统;5—输送装置

图 1

4.2 型号

型号表示方法如下：

GS □

—最大管芯直径,mm

—辊射机代号

4.3 产品标记示例

最大管芯直径为 1 600 mm 的预应力混凝土输水管辊射机：

预应力混凝土输水管辊射机 GS 1600 JC/T 877—2001

4.4 基本参数

辊射机基本参数见表 1。

表 1

| 项 目 | 基本参数(公称值) | |
|---|---|---|
| 型号 | GS 800 | GS 1600 |
| 适用管芯直径,mm | 400～800 | 800～1 600 |
| 砂浆回弹率,% | ≤24 | |
| 最大辊射量,kg/min | 250 | |
| 管芯工作移动速度,m/min | 0.5～1.5 | |
| 管芯返回移动速度,m/min | 4 | |
| 管芯旋转速度,r/min | 43～65 | 20～60 |
| 辊射直径, mm | 508 | |
| 注：根据供需双方协议,也可生产其他规格参数的辊射机。 | | |

## 5 技术要求

5.1 基本要求

5.1.1 辊射机应符合本标准要求，并按规定程序批准的图样及技术文件制造。

5.1.2 产品设计和制造的安全卫生要求应符合 GB 5083 的规定。

5.1.3 图样上线性尺寸的未注公差，机械加工部位应符合 GB/T 1804—1992 中的 m 级要求；非机械加工部位应符合 GB/T 1804—1992 中的 c 级要求。

5.2 焊接要求

焊接件应符合 JC 532 的规定。

5.3 辊射机电器系统质量应符合 GB/T 5226.1 的规定。

5.4 辊射轮组件

5.4.1 辊射轮组件须作静平衡试验，其许用不平衡力矩为 0.04 N·m。

5.4.2 辊射轮转速的公称值为 1 480 r/min，允许变动范围为±60 r/min，一对辊射轮中两辊射轮转速之差不得超过 40 r/min。

5.4.3 橡胶体

5.4.3.1 橡胶体材料的性能应符合 GB/T 5574 的规定。

5.4.3.2 橡胶体的磨耗不得超过 0.5 $cm^3$/1.61 km。

5.4.3.3 橡胶体的使用寿命：经过多次修正，累计正常生产时间不少于 2 000 min。

5.4.3.4 橡胶体的邵尔 A 硬度不应低于 60 度。

5.5 辊射机最大辊射量的允许变动范围为±10%。

5.6 辊射轮在管芯轴线垂直方向的水平调节距离：GS 800 不小于 500 mm，GS 1600 不小于 700 mm。

5.7 砂浆输送带速度为 0.37 m/s，胶带在运行中不应有打滑现象。

5.8 管芯承口端堵盘的工作行程不小于 500mm。

5.9 辊射机轴承温升空载不大于 30℃，负载不大于 40℃。

5.10 铸钢件应符合 JC/T 401.2～JC/T 401.4 的规定。

5.11 外观质量

5.11.1 辊射机外表面应无毛刺、锐边、焊渣、碰伤和凹凸不平等影响外观质量的缺陷。

5.11.2 辊射机外表面涂漆要求应符合 JC/T 402 的规定。

## 6 试验方法

6.1 辊射机整机性能（见表 1）

6.1.1 砂浆回弹率：在制作保护层时，用磅秤称重法测定，并按公式(1)计算：

$$A = Q_3/(Q_0 - Q_1 - Q_2) \times 100 \quad (1)$$

式中：$A$——砂浆回弹率，%；

$Q_0$——试验用砂浆总量，kg；

$Q_1$——试验后砂浆剩余量，kg；

$Q_2$——砂浆进入辊射轮前的损失量，kg；

$Q_3$——砂浆回弹量，kg。

6.1.2 最大辊射量：在下料斗下料门完全打开时，用秒表、磅秤称重法测定，并按公式(2)计算：

$$W = (Q_0 - Q_1 - Q_2)/t \quad (2)$$

式中：$W$——砂浆辊射量，kg/min；

$t$——砂浆辐射时间，min。

6.1.3　管芯工作(返回)移动速度:用秒表、钢卷尺计数法测量,并以目测在工作行程范围内无明显窜动(爬行)。

6.1.4　管芯旋转速度:用测速仪测量。

6.1.5　辊射轮直径:用游标卡尺测量。

6.2　辊射轮组件静平衡试验(5.4.1):在静平衡装置上进行。

6.3　辊射轮转速(5.4.2):用测速仪测量。

6.4　橡胶体的磨耗(5.4.3.2):按 GB/T 1689 的规定进行检测。

6.5　橡胶体的使用寿命(5.4.3.3):在输水管生产厂测试。

6.6　橡胶体的硬度(5.4.3.4):按 GB/T 531 的规定进行检测。

6.7　辊射轮在管芯轴线垂直方向的水平调节距离(5.6):用钢卷尺测量。

6.8　砂浆输送带速度(5.7):用秒表、钢卷尺测量。

6.9　管芯承口端堵盘的工作行程(5.8):用钢卷尺测量。

6.10　辊射机轴承温升(5.9):空载运行 60min 后用点温计测量。负载试验在生产厂进行。

## 7　检验规则

7.1　检验分类

检验分出厂检验和型式检验。

7.2　出厂检验

产品出厂前应完成对 5.1～5.4.2、5.6～5.11.2 规定的检验并应全部符合要求。

产品出厂前必须经制造厂检验部门检验合格,并签发合格证。

7.3　型式检验

有下列情况之一时,应按本标准的全部技术要求进行型式检验:

a) 新产品和老产品转厂生产的试制定型鉴定;

b) 正常生产时,如结构、材料、工艺有较大改变,可能影响产品性能时;

c) 正常生产时,每两年至少要进行一次;

d) 产品停产一年后恢复生产时;

e) 出厂检验结果与上次型式检验有较大差异时;

f) 国家质量监督机构提出进行型式检验要求时。

7.4　型式检验的样机,应从出厂检验的合格产品中随机抽取一台并应全部符合要求。

## 8　标志、包装、贮存和运输

8.1　在辊射机外表面明显位置固定产品标牌,标牌应符合 GB/T 13306 的规定,内容应包括:

a) 制造厂名;

b) 产品名称;

c) 产品型号;

d) 标准号;

e) 商标;

f) 外形尺寸;

g) 制造编号;

h) 制造日期。

8.2　包装、贮存和运输应符合 JC/T 406 的规定。

ICS 91.110
Q 92
备案号:12768—2003

JC

# 中华人民共和国建材行业标准

JC/T 920—2003

# 建材工业用砌块成型机

## Architecture material industry block machine

2003-09-20 发布　　2003-12-01 实施

中华人民共和国国家发展和改革委员会　发布

# 前　言

本标准是在参考美国、德国等先进国家砌块成型机技术基础上，结合我国开发研制的砌块成型机新技术新产品而制定的。

本标准由中国建筑材料工业协会提出。

本标准由国家建筑材料工业机械标准化技术委员会归口。

本标准负责起草单位：北京市建筑材料工业设计研究院、北京京华贝尔机电技术工程有限公司。

本标准参加起草单位：北京京建建材机械有限公司（原北京建材机械制造厂）、江苏扬州建设机械有限公司、江苏海安机械总厂、常州建材设备制造厂、秦皇岛市海兰建材冶金机械制造有限公司（原秦皇岛市建材机械厂）、北京瑞图科技发展有限公司。

本标准主要起草人：杨树杰、马宏伟、张金宇、张和清、邵建中、张贤俊、左元龙、张志芹、胡子忠。

# 建材工业用砌块成型机

## 1 范围

本标准规定了建材工业用砌块成型机术语和定义、分类、技术要求、试验方法、检验规则及标志、包装、运输和贮存。

本标准适用于建材工业用砌块成型机(以下简称成型机),其他行业成型机也可参照执行。

## 2 规范性引用文件

下列文件中的条款通过本标准的引用而成为本标准的条款。凡是注日期的引用文件,其随后所有的修改单(不包括勘误的内容)或修订版均不适用于本标准,然而,鼓励根据本标准达成协议的各方研究是否可使用这些文件的最新版本。凡是不注日期的引用文件,其最新版本适用于本标准。

GB/T 1184—1996 形状和位置公差 未注公差值

GB/T 1804—2000 一般公差 未注公差的线性和角度尺寸的公差(epv ISO 2768-1:1989)

GB/T 3766—2001 液压系统通用技术条件(neq ISO 4413:1998)

GB/T 3768—1996 声学、声压法测定噪声源声功率级 反射面上方采用包络测量表面的简易法(eqv ISO 3746)

GB/T 4111—1997 混凝土小型砌块试验方法

GB 5083—1999 生产设备安全卫生设计总则(neq DIN 31000/VDE 1000)

GB/T 5226.1—2002 工业机械电气设备 第一部分:通用技术条件(eqv IEC 204-1)

GB 8239—1997 普通混凝土小型空心砌块

GB/T 8533—1998 小型砌块成型机

GB/T 9439—1988 灰铸铁件

GB/T 13306—1991 标牌

JC/T 402—1991 水泥机械涂漆防锈技术条件

JC/T 401.1～401.2—1991(1996) 建材机械用高锰钢铸件技术条件 建材机械用碳钢和低合金钢铸件技术条件

JC/T 406—1991 水泥机械包装技术条件

JC 532—1994 建材机械钢焊接通用技术条件

## 3 术语和定义

下列术语和定义适用于本标准。

3.1

**模具使用寿命 mould life**

模具生产出砌块的成型周期总数。

3.2

**加压振动 pressing and vibrating**

压头落到拌合料上表面,边加压边振动的振动。

3.3

**同步振动　synchronous vibrating**

指采用单电机或多电机或液压马达驱动双轴(或多轴)惯性激振器或直接或间接推动模箱振动,保证模箱各部位相位,使机体产生定向直线振动的方法。

3.4

**模振　mouldbox vibrating**

模箱振动成型方法的简称。指仅由模箱振动将能量传递给拌合料在模箱中成型密实的方法。

3.5

**台振　table vibrating**

仅指由托板及其支撑体同时振动而将能量传递给拌合料使之在模箱中成型密实的方法。

## 4　分类

### 4.1　主参数及其系列

成型机的主参数为成型主规格(390 mm×190 mm×190 mm)块数和成型周期。

4.1.1　成型机每次成型主规格块数为:1～18 块。

4.1.2　成型周期见表 1。

**表 1　成型周期**　　　单位为秒

| 每次成型主规格块数(块/每模) | 1～4 | 5～7 | 8～18 |
|---|---|---|---|
| 移动式 | ≤35 | ≤30 | ≤30 |
| 模振固定式 | ≤15 | ≤18 | — |
| 台振固定式 | ≤25 | ≤25 | ≤30 |
| 分层布料式 | ≤30 | ≤30 | ≤35 |
| 注:分层布料式指成型同台面 80 mm 高的地面砖。 | | | |

### 4.2　型号

成型机型号由组代号、型代号、特性代号、主参数代号及更新、变型代号组成,其型号说明如下:

□ □ □ △ □

- □(第五位)——更新、变型代号:用大写印刷体汉语拼音字母顺序表示
- △——主参数代号:每次成型主规格块数 — 成型周期(块 —s)
- □(第三位)——特性代号:T— 台振(只用于固定式)
  M— 模振(只用于固定式)
- □(第二位)——型代号:固定式无代号
  Y— 移动式
  F— 分层布料式
- □(第一位)——组代号:Q— 砌块成型机

### 4.3　标记示例

4.3.1　每次成型主规格块数 3 块,成型周期 15 s,移动式模振成型机:

砌块成型机 QY3—15

4.3.2　每次成型主规格块数 4 块,成型周期 12 s,固定式模振成型机:

砌块成型机 QM4—12

4.3.3　每次成型主规格块数 5 块,成型周期 25 s,并第一次更新的分层布料式台振成型机:

砌块成型机 QFT5—25A

## 5 技术要求

### 5.1 基本要求

5.1.1 砌块成型机应符合本标准的规定，并按规定程序的图样和技术文件制造。

5.1.2 图样上尺寸未注公差的极限偏差，切削加工部位应符合 GB/T 1184—1996 中的有关规定及 GB/T 1804—2000 表 1 中的 m 级要求，非切削加工部位应符合 GB/T 1804—2000 表 1 中 c 级要求。

5.1.3 焊接件应符合 JC 532—1994 的规定。

5.1.4 铸钢件应符合 JC/T 401.1～401.2—1991(1996)的规定。

5.1.5 铸铁件材料应不低于 GB/T 9439—1988 表 1～表 3 中 HT200 的要求并时效处理。

5.1.6 成型机在环境温度 5℃～40℃范围内，湿度不大于 85%，供电电压在 380(1±5%)V 条件下能可靠工作。

5.1.7 液压油正常油温在 30℃～60℃范围内，最高不大于 85℃，最低不小于 15℃。

5.1.8 操作手柄安装位置应便于操作，手柄操作力不应大于 250N。

5.1.9 成型机设有起吊孔、钩或留有起吊位置。

5.1.10 成型机外形尺寸应适合于汽车、火车等交通工具的运输。

5.1.11 成型机外表面涂漆应符合 JC/T 402—1991 的有关规定。

5.1.12 安全防护装置应符合 GB 5083—1999 的规定。

5.1.13 液压系统及其元件应符合 GB/T 3766—2001 的有关规定，并有防振措施。

5.1.14 电气设备及其系统应符合 GB/T 5226.1—2002 的有关规定。

5.1.15 成型机的工作噪声，在离机边缘 1m，离地面高 1.5m 处，当大于 85dB(A)时，应对操作员进行隔音保护。

5.1.16 成型机所用原材料、标准件、配套件，均符合国家标准和有关行业标准的规定。

5.1.17 同一制造厂生产的相同型号产品的零部件具有互换性。

### 5.2 整机性能要求

5.2.1 每立方米主规格(190 mm×190 mm×390 mm)砌块功耗＜2.5kW·h。

5.2.2 模箱振动加速度应符合表 2 的规定。

**表 2 模箱振动加速度**

| 型式 | 移动式 | 模振固定式 | 台振固定式 |
|---|---|---|---|
| 振动加速度 | ≥5g | ≥12g | ≥8g |

5.2.3 成型机的成型周期应符合表 1 的规定。

5.2.4 成型机成型振动时，模箱各处振幅偏离量应满足：

对固定式成型机偏离量不应大于 15%；

对移动式成型机偏离量不应大于 25%。

5.2.5 成型机生产的砌块应符合 GB 8239—1997 优等品的要求。

5.2.6 成型机各部位不得漏油。

5.2.7 压头与模箱的间隙(单边间隙)应符合表 3 的规定。

5.2.8 模具使用寿命应符合表 4 的规定。

**表 3 压头与模箱的间隙** 单位为毫米

| 结构 | | 装配式 | 焊接式 |
|---|---|---|---|
| 项目 | 压头与模箱壁 | ≤1.2 | ≤1.5 |
| | 压头与模芯 | ≤1.2 | ≤1.5 |

表 4　模具使用寿命　　单位为万次

| 机型 | | 固定式 | | 移动式 | |
|---|---|---|---|---|---|
| 材料 | | 耐磨材料 | 普通材料（或整体式） | 耐磨材料 | 普通材料（或整体式） |
| 项目 | 模箱壁 | 8 | 4 | 10 | 5 |
| | 模芯 | 8 | 4 | 10 | 5 |
| | 压头 | 8 | 4 | 10 | 5 |

### 5.3 负载性能要求

5.3.1 供料斗供料应均匀，没有泼料、撒料现象。

5.3.2 振动成型部分与机架应有良好的隔振设施，机架振幅应符合表 5 的规定。

表 5　机架振幅　　单位为毫米

| 加速度 | $>8g$ | $\leqslant 8g$ |
|---|---|---|
| 机架振幅 | $0.10Ap$ | $0.25Ap$ |

5.3.3 成型机可靠性不应低于 85％。

5.3.4 振动电机温升不超过 80℃。

5.3.5 对双轴同步振动系统，模箱各测点最大相位差不大于 15°。

5.3.6 对双轴自同步振动系统，两电动机转轴的转速差应小于额定转速的 0.2％。

5.3.7 成型机作业时，供料、加压、脱模、移坯（送底板）等动作灵活，定位可靠。对自动或半自动控制的成型机，应设有连锁与互锁功能。

## 6 试验方法

### 6.1 试验条件

6.1.1 试验仪器和器具要求如下：

6.1.1.1 试验用的仪器和器具应有产品合格证，试验前必须进行检查和校正，其性能和误差应符合其规定。

6.1.1.2 允许采用测量精度不低于本标准中所规定的仪器和器具。

**6.1.2 试验工况**

6.1.2.1 成型机成型的块数为主规格块数。

6.1.2.2 在规定的砌块成型周期内试验。

6.1.2.3 用水泥、砂石作原材料生产普通混凝土小型空心砌块，其规格尺寸为 390 mm×190 mm×190 mm，空心率不小于 45％；混凝土强度等级为 C15。

6.1.2.4 试验用的水泥为普通硅酸盐水泥或普通矿渣水泥，其质量应符合有关国家标准的规定；砂子选用中砂，集料选用 5 mm～10 mm 的碎石或豆石，其质量应符合有关国家、行业标准的规定。

6.1.2.5 试验应连续进行，开机后的前五模砌块不作试验用。

6.1.3 被测样机应具备设计所规定的全部工作装置。

6.1.4 被测样机应按使用说明书的规定安装。

6.1.5 试验时，要求电网输入电压正常，电压值允差为±5％。

6.1.6 试验环境温度为 5℃～40℃。

6.1.7 移动式成型机的试验场地应为平整的混凝土地面，其抗压强度不应小于 15MPa；厚度不应小于 120 mm；每平方米平面度不应大于 2 mm。

6.1.8 噪声试验应在空旷场地进行。在以试验样机为中心 25m 半径的范围内，不能有大的反射物（如建筑物、围墙等)。背景噪声应比被测样机噪声至少低10dB(A)。大型固定式成型机的噪声试验允许在厂房内进行,但成型机四周边缘应远离墙边5m以上,测试时墙面要采取吸声措施。

6.1.9 需方的栈板应满足供方的技术要求。

**6.2 压头与模箱间隙的测定**

**6.2.1 测试仪器**

塞尺。

**6.2.2 测试方法**

压头底部高于模箱底部190 mm时,分别测出每块位的压头与模箱壁、压头与模芯之间的间隙。

**6.3 操作力的测定**

**6.3.1 测试仪器**

弹簧测力计:精度±10N。

**6.3.2 测试方法**

用弹簧测力计钩住手柄的手握位置,把作用力加在垂直于手柄的方向上,观察手柄到工作位置时的最大拉力,即为手柄操作力。测3次,取其平均值。

**6.4 油箱中油温的测定**

**6.4.1 测试仪器**

半导体点温计:精度±1℃。

**6.4.2 测试要求**

6.4.2.1 成型机连续工作1h,原材料可以重复使用。

6.4.2.2 液压油应符合使用说明书中的规定。

**6.4.3 测试项目**

测试试验前后,油箱中的油温。

**6.5 模具使用寿命的测定**

按同机型用户的使用报告进行考核。

**6.6 砌块性能的测定**

6.6.1 测试仪器和工具:采用GB/T 4111—1997所规定的仪器和工具。

6.6.2 测试项目:砌块的尺寸偏差和外观质量。

6.6.3 测试方法:砌块的尺寸偏差和外观质量以及抗压强度检验,按GB/T 4111—1997的规定进行。

**6.7 负载试验**

**6.7.1 振动参数的测定**

**6.7.1.1 测试仪器**

6.7.1.1.1 具有存储和显示波形功能的双通道测振仪:频率范围2Hz～1 000Hz,灵敏度0.1g,线性度1%。

6.7.1.1.2 数显转速表:精度50r/min～11 999r/min±1r/min。

6.7.1.1.3 其他符合要求的仪器组。

**6.7.1.2 测试要求**

6.7.1.2.1 每次测试两点,并应对称布置。

6.7.1.2.2 激振器启动后,取稳定工作阶段作测试记录的有效值。

6.7.1.2.3 测定加压振动阶段的振动参数。

**6.7.1.3 测试项目**

6.7.1.3.1 测定模箱振动成型机模箱的强迫振动频率、振幅和加速度。

6.7.1.3.2 测定台振成型机模箱的强迫振动频率、振幅和加速度。

6.7.1.3.3 对双轴同步振动系统,测定对称测试点的振动相位差。

6.7.1.3.4　对双轴自同步振动系统，测定两电机转轴转速差。

6.7.1.3.5　测定加压振动阶段的振动参数。

6.7.1.3.6　计算成型机成型振动时，模箱各处振幅偏离量：

按公式(1)、(2)计算：

$$F=[(A_{max}-A_p)/A_p]\times 100\% \quad \cdots\cdots(1)$$

$$F'=[(A_{min}-A_p)/A_p]\times 100\% \quad \cdots\cdots(2)$$

式中：$F$、$F'$——成型振动时，模箱振幅最大和最小的偏离量，%；

$A_p$——成型振动时，模箱各测点的振幅平均值，单位为毫米(mm)；

$A_{max}$——成型振动时，模箱各测点的振幅最大值，单位为毫米(mm)；

$A_{min}$——成型振动时，模箱各测点的振幅最小值，单位为毫米(mm)。

6.7.1.4　**测点布置**

6.7.1.4.1　模箱振动成型机

a)　一次测定的 2 个测点应布置在模箱的同一高度；

b)　模箱四周棱边上，各布置一个测点、模箱前后侧的长度方向上，每个隔板端部布置 1 个测点，见图 1。

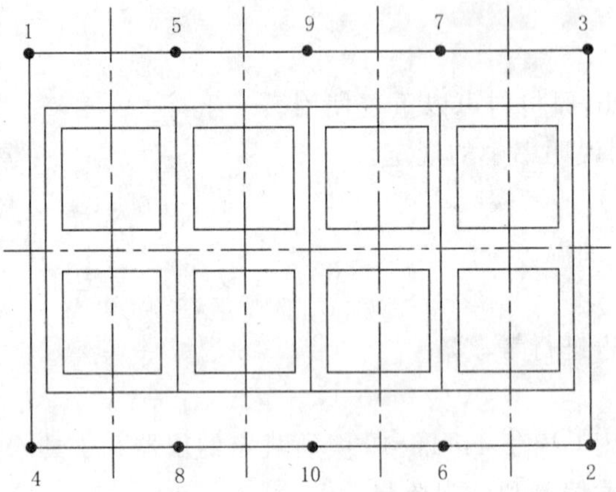


**图 1**

c)　双排生产砌块模箱的测点布置，模箱四周棱边上和模箱两侧的中间方向上，各布置 1 个测点；模箱两侧的宽度方向上，每隔 200 mm 布置 1 个测点，见图 2。

6.7.1.4.2　**台振成型机**

台振成型机模箱的测点布置与 6.7.1.4.1 相同。

6.7.1.4.3　**成型机机架**

a)　在正对模箱长度方向下部的底架上，布置 2 个测点；

b)　在机架中部，靠近给料斗一侧，布置 2 个测点。

6.7.2　**成型周期的测定**

6.7.2.1　**测试仪器**

秒表。

6.7.2.2　**测试方法**

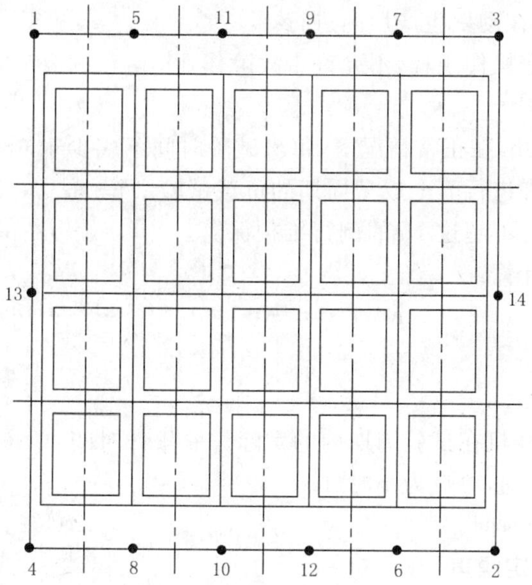


图 2

6.7.2.2.1　记录成型机连续成型 10 模砌块所需要的时间 t(s)。

6.7.2.2.2　成型周期按公式(3)进行计算：

$$T=\frac{t_1+t_2+t_3}{30} \qquad (3)$$

式中：

$T$——成型周期，单位为秒(s)；

$t_1,t_2,t_3$——分别为 3 次测试时间。

6.7.3　**功耗的测定**

6.7.3.1　**测试仪器**

6.7.3.1.1　电度表：精度等级 1.5 级。

6.7.3.1.2　配套的电压互感器和电流互感器：准确级次 0.5 级。

6.7.3.2　**测试项目**

测试连续生产 10 模砌块，成型机的整机耗电量。

6.7.3.3　成型机的整机功耗按公式(4)进行计算：

$$W=\frac{S_1+S_2+S_3}{3v} \qquad (4)$$

式中：

$W$——生产每立方米主规格砌块成型机的功耗，单位为千瓦·时/立方米(kW·h/m³)；

$S_1,S_2,S_3$——分别为 3 次连续生产 10 模主规格砌块成型机的功耗，单位为千瓦·时(kW·h)；

$v$——10 模主规格砌块的体积数，单位为立方米(m³)。

6.7.4　振动电动机温升的测定

6.7.4.1　**测试仪器**

半导体点温计：精度±1℃。

6.7.4.2　**测试要求**

成型机连续工作 1h，原材料可以重复使用。

6.7.4.3　**测试项目**

测试振动电动机试验前后壳体的温度。

6.7.5　**可靠性试验**

6.7.5.1　**试验要求**

6.7.5.1.1 可靠性试验允许在砌块生产厂内进行。

6.7.5.1.2 试验时，严格遵守操作规程，不允许带故障作业。

**6.7.5.2 试验方法**

6.7.5.2.1 被测样机试验 48h，在正常情况下，每班试验时间不应少于 6h。

6.7.5.2.2 每班试验前，允许进行五个成型周期的负载试验。

6.7.5.2.3 每班试验后，进行不超过 1h 的例行维护保养。

6.7.5.3 可靠性按公式(5)计算：

$$R = t_0/(t_0 + t_1) \times 100\% \qquad (5)$$

式中：

$R$——可靠性，%；

$t_0$——作业时间，即被测样机在试验周期内的实际作业累计时间，单位为小时(h)；

$t_1$——总的排除和修复时间，单位为小时(h)；

$t_0$、$t_1$——均不包括正常保养时间。

**6.8 在空载和负载条件下测定噪声**

**6.8.1 测试仪器和工具**

6.8.1.1 声级计：精度±2dB(A)。

6.8.1.2 卷尺。

**6.8.2 测试要求**

6.8.2.1 天气：无雨、风力小于 3 级；

6.8.2.2 声级计附近，除测量者和成型机操作人员外，不能有其他人员。

**6.8.3 测试项目**

6.8.3.1 测定背景噪声。

6.8.3.2 测定成型机在供料振动和加压振动 2 个阶段的噪声。

**6.8.4 测试方法**

按 GB/T 3768—1996 的有关规定。

## 7 检验规则

**7.1 出厂检验**

检验包括出厂检验和型式检验。

逐台进行出厂检验，出厂检验项目见表 7。

**7.2 型式检验**

7.2.1 有下列情况之一时，应进行型式检验：

7.2.1.1 新产品或老产品的转产生产试制定型鉴定时；

7.2.1.2 正式生产后，如结构、材料、工艺有较大改变，可能影响产品性能时；

7.2.1.3 产品长期停产后，恢复生产时；

7.2.1.4 国家质量监督机构提出进行型式检验的要求时。

**7.2.2 检验项目**

型式检验项目见表 7。

**7.2.3 抽样方法**

随机抽取一至两台样机，抽样基数不限。

**7.2.4 判定规则**

7.2.4.1 若成型机达不到表 7 重要项中任何一项要求时，产品判定为不合格品。

7.2.4.2 当成型机在表 7 一般项中有 3 项达不到要求时，则判定为不合格品。

7.2.4.3 当成型机被判定为不合格产品时，允许在原抽样数量中加倍进行复检，复检仍有 1 台不合格时，该产品不合格。

表 7 出厂检验和型式检验项目

| 序号 | 检验项目 | 项类 | 检验方法 | 判定依据 | 型式检验 | 出厂检验 |
|---|---|---|---|---|---|---|
| 1 | 成型周期 | 重要 | 6.7.2 | 4.1.2 | √ | √ |
| 2 | 模箱振动加速度 | | 6.7.1.3 | 5.2.2 | √ | |
| 3 | 模箱振幅偏离量 | | 6.7.1.3 | 5.2.4 | √ | |
| 4 | 可靠性 | | 6.7.5 | 5.3.3 | √ | |
| 5 | 液压油温度 | 一般 | 6.4 | 5.1.7 | √ | |
| 6 | 手柄操作力 | | 6.3 | 5.1.8 | √ | |
| 7 | 外观质量 | | 观察 | 5.1.9<br>5.1.10<br>5.1.11<br>5.1.12<br>5.1.13<br>5.1.14 | √ | √ |
| 8 | 功耗 | | 6.7.3 | 5.2.1 | √ | |
| 9 | 砌块的尺寸偏差和外观质量 | | 6.6 | 5.2.5 | √ | √ |
| 10 | 密封性能 | | 观察 | 5.2.6 | √ | √ |
| 11 | 压头与模箱的间隙 | | 6.2 | 5.2.7 | √ | √ |
| 12 | 模具使用寿命 | | 6.5 | 5.2.8 | √ | |
| 13 | 机架振幅 | | 6.7.1.3 | 5.3.2 | √ | |
| 14 | 振动电动机温升 | | 6.7.4 | 5.3.4 | √ | |
| 15 | 模箱各测点最大相位差 | | 6.7.1.3.3 | 5.3.5 | √ | |
| 16 | 电动机转速差 | | 6.7.1.3.4 | 5.3.6 | √ | |
| 17 | 砌块成型机应符合本标准的规定 | | 查看检验报告 | 5.1.1 | | |
| 18 | 尺寸未注公差的极限偏差 | | 查看检验报告 | 5.1.2 | √ | |
| 19 | 焊接件质量 | | 查看检验报告 | 5.1.3 | √ | |
| 20 | 铸钢件质量 | | 查看检验报告 | 5.1.4 | √ | |
| 21 | 铸铁件材料质量 | | 查看检验报告 | 5.1.5 | √ | |
| 22 | 成型机的工作条件 | | 查看检验报告 | 5.1.6 | √ | |
| 23 | 成型机的工作噪声 | | 查看检验报告 | 5.1.15 | √ | |
| 24 | 成型机所用原材料、标准件、配套件，均符合国家标准和有关行业标准的规定 | | 查看检验报告 | 5.1.16 | √ | |
| 25 | 同一制造厂生产的相同型号产品的零部件具有互换性 | | 查看检验报告 | 5.1.17 | √ | |

## 8 标志、包装、运输和贮存

8.1 应在成型机明显位置固定产品标牌，标牌应符合 GB/T 13306—1991 的规定，并标明下列内容：

a) 产品名称；

b) 产品型号；

c) 标准号和商标；

d) 主要技术参数；

e) 制造日期、出厂编号；

f) 制造厂名称、厂址。

8.2 成型机包装和随机文件应符合 JC/T 406—1991 的第 6 章的规定。

8.3 成型机包装中对外露加工表面应采取防锈措施，其有效期应符合 JC/T 406—1991 中第 3 章的规定。

8.4 成型机包装应能满足运输部门的要求。

8.5 成型机在安装使用前，应对产品妥善贮存，防止锈蚀、变形和损坏。

ICS 91.110
Q 92
备案号:12769—2003

JC

# 中华人民共和国建材行业标准

JC/T 921—2003

# 蒸压加气混凝土切割机

Cutting machine for autoclaved aerated concrete

2003-09-20 发布　　2003-12-01 实施

中华人民共和国国家发展和改革委员会　发布

# 前　言

本标准参考国外引进技术及国内开发的产品的基本技术要求制定。

本标准的附录 A 是提示的附录。

本标准由国家建筑材料工业机械标准化技术委员会提出并归口。

本标准负责起草单位:北京市建筑材料工业设计研究院。

本标准参加起草单位:北京市加气混凝土厂、常州天元工程机械有限公司、常州建材设备制造厂、陕西省玻璃纤维机械厂、陕西农房建材设备制造有限公司、四川峨嵋兴德机械有限公司、甘肃兴达石油化工机械制造厂。

本标准主要起草人:吴国栋、张思成、朱永勤、罗春、徐建平、左元龙、张均、崔新德、熊建友、张刚。

# 蒸压加气混凝土切割机

## 1 范围

本标准规定了蒸压加气混凝土切割机的分类、技术要求、试验方法、检验规则及标志、包装、运输和贮存等内容。

本标准适用于正常工况下工作的蒸压加气混凝土切割机(以下简称切割机)。

## 2 规范性引用文件

下列文件中的条款通过本标准的引用而成为本标准的条款。凡是注日期的引用文件,其随后所有的修改单(不包括勘误的内容)或修订版均不适用于本标准,然而,鼓励根据本标准达成协议的各方研究是否可使用这些文件的最新版本。凡是不注日期的引用文件,其最新版本适用于本标准。

GB 191—2000 包装储运图示标志

GB/T 699—1999 优质碳素结构钢 技术条件

GB/T 985—1988 气焊、手工电弧焊及气体保护焊焊缝坡口的基本形式与尺寸

GB/T 1176—1987 铸造铜合金技术条件(neq ISO 1338:1997)

GB/T 1184—1996 形状和位置公差 未注公差值(eqv ISO 2768-2:1989)

GB/T 1348—1988 球墨铸铁件

GB/T 1804—2000 一般公差 未注公差的线性和角度尺寸的公差(eqv ISO 2768.1:1989)

GB/T 3766—2001 液压系统 通用技术条件(neq ISO 4413:1979)

GB/T 3768—1996 声压法测定噪声源声功率级 反射面上方采用包络测量表面的简易法(eqv ISO 3746:1995)

GB/T 6417—1986 金属熔化焊焊缝缺陷分类及说明(eqv ISO 6520:1982)

GB/T 7932—1987 气动系统 通用技术条件(neq ISO 4414:1982)

GB/T 8923—1988 涂装前钢材表面锈蚀等级和除锈等级(eqv ISO 8501-1:1988)

GB/T 9286—1998 色漆和清漆漆膜的划格试验(eqv ISO 2409:1992)

GB/T 9438—1999 铝合金铸件技术条件

GB/T 9439—1988 灰铸铁件

GB/T 10095—2001 渐开线圆柱齿轮精度(eqv ISO 1328:1975)

GB/T 11352—1989 一般工程用铸造碳钢件(neq ISO 3755:1975)

GB/T 11968—1997 蒸压加气混凝土砌块(neq DIN 4165:1986)

GB/T 13306—1991 标牌

GB/T 13384—1992 机电产品包装通用技术条件

GB 15762—1995 蒸压加气混凝土板(neq JIS A5416:1985)

GB 16754—1997 机械安全 急停 设计原则

GB 50054—1995 低压配电装置及线路设计规范

GB 50168—1992 电气装置安装工程电缆线路施工及验收规范

GB 50169—1992 电气装置安装工程接地装置施工及验收规范

GB 50231—1998 机械设备安装工程施工及验收通用规范

GBJ 232—1988 电气装置安装工程施工及验收规范

JB/T 5995—1992 机电产品使用说明书编写规定

JB/T 7943.2—1999　润滑装置及元件检查验收规则

JB/T 7949—1999　钢结构焊缝外形尺寸

## 3　分类

### 3.1　型式分类

切割机的类型主要按蒸压加气混凝土坯体在切割时的体态位置(平放或侧立)及切割方式的主要特点进行分类。切割机主要类型见表1。

表1

| 序　号 | 类型名称 | 类型代号 | 主要特点 |
|---|---|---|---|
| 1 | 翻转式 | JQF | 坯体翻转呈侧位进行纵横向切割 |
| 2 | 长杆式 | JQG | 用长杆推或拉纵切钢丝进行纵向切割 |
| 3 | 预铺式 | JQP | 切割钢丝预铺于入釜底板提拉切割 |
| 4 | 压入式 | JQY | 切割钢丝呈水平状态压入坯体进行切割 |
| 5 | 栅条式 | JQS | 坯体平放栅条上,纵切钢丝穿过栅条进行切割 |
| 6 | 钢带式 | JQD | 坯体平放钢带上运动进行纵向切割 |

### 3.2　型号表示方法

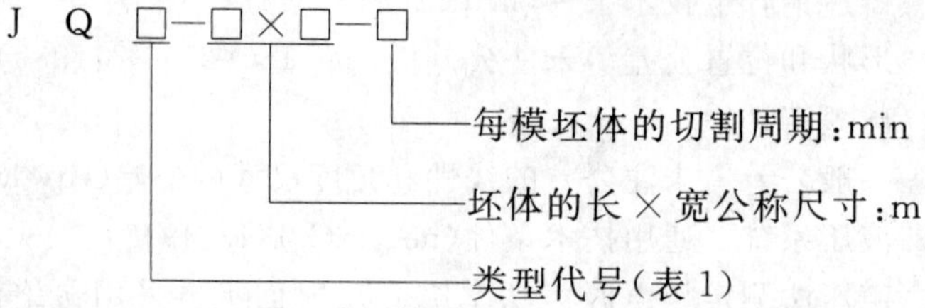


### 3.3　标记示例

翻转式切割机,切割坯体尺寸长度6m,宽度1.5m,每模坯体的切割周期为7.5 min,应标记为:JQF-6×1.5-7.5

## 4　技术要求

### 4.1　基本要求

#### 4.1.1　切割坯体的公称尺寸

坯体的公称尺寸为坯体的长度、宽度、高度,单位:m。

如图1:

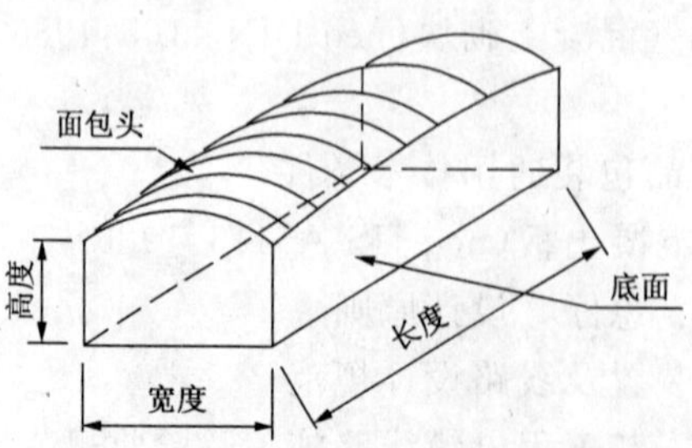


图1　坯体外形

坯体的公称尺寸如下:

a)　坯体的长度系列:6;4.2;4;3.9;2.1;

b)　坯体的宽度系列:1.5;1.2;

c） 坯体的高度：0.6。

**4.1.2 切割模数及可切割制品最小尺寸**

**4.1.2.1 切割模数**

单位：mm

纵切：（5）；25；50；60；

横切：（5）；50；60；

水平切：不限。

注：括号内尺寸表示纵切或横切至少有一个方位模数为5。

**4.1.2.2 可切割制品最小尺寸**

制品尺寸（图2）$a$、$b$、$c$。单位：mm；

纵切尺寸 $a$：50；

横切尺寸 $b$：60；

水平切尺寸 $c$：不限。

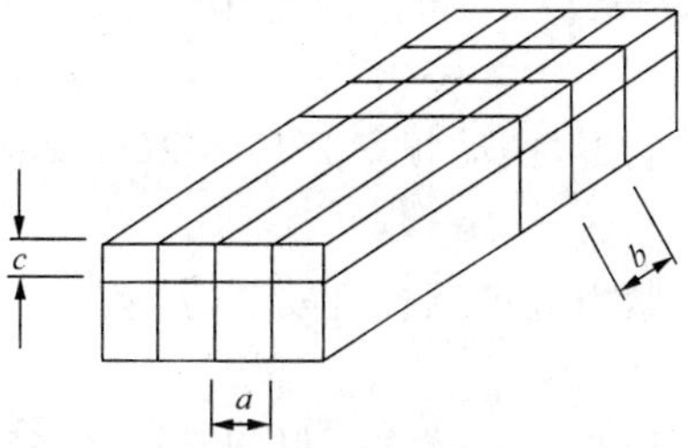


图2 切割的三向

**4.1.3 切割周期**

按切割机不同类型，切割周期应小于10 min。

4.1.4 整机噪音不得超过80 dB。

4.1.5 切割机应按图样及技术文件制造并符合本标准的要求。

**4.2 整机性能要求**

4.2.1 与切割机使用性能有关的参数，应符合本标准及使用者在定货合同中与供货方议定的要求。

4.2.2 切割机的切割精度应满足GB/T 11968—1997与GB 15762—1995中对制品的优等品要求。

4.2.3 切割机应具备废料输送回收的功能。

4.2.4 切割机应能对坯体进行六个表面的切割。

4.2.5 切割机应保证坯体的支撑面在切割运转（升降、移动、翻转、放置等）过程中的变形量小于$0.25\times10^{-3}$。

4.2.6 切割机改变切割尺寸的操作应简便，钢丝的装卡机构应简便易行、安全、牢固可靠。

4.2.7 切割机的配套设备应与切割机配套完整、协调，满足生产线工艺要求和制品质量要求。

**4.3 主要零、部件**

**4.3.1 切割装置**

切割装置一般分为纵向切割、横向切割、水平切割及面包头排除装置4部分。切割通常采用钢丝作为切割介质，通过钢丝与坯体的相对运动，钢丝切入坯体而实现。水平切割装置可不作为切割机的必备切割装置。

**4.3.1.1 纵切装置**

纵切每根切割钢丝间平行度偏差应小于0.5 mm，中心距累计偏差应小于0.5 mm，切割速度视切割方式在40 mm/s～120 mm/s之间选定。纵切的切割面与坯体底面的垂直度偏差应小于1.0 mm，纵切的切割面平面度偏差应小于1.0 mm。

4.3.1.2 横切装置

横切每根切割钢丝间平行度偏差应小于0.5 mm，中心距累计偏差应小于0.5 mm，切割速度视切割方式在30 mm/s～100 mm/s之间选定。横切的切割面与坯体底面的垂直度偏差应小于1.0 mm，横向切割的切割面平面度偏差应小于1.0 mm。

4.3.1.3 水平切装置

水平切每根切割钢丝间平行度偏差应小于0.5 mm，中心距累计偏差应小于0.5 mm，切割速度视切割方式在40 mm/s～120 mm/s之间选定。通常与纵向切割速度相同。水平切的切割面与坯体底面的平行度偏差应小于1.0 mm，水平切的切割面平面度偏差应小于1.0 mm。

4.3.1.4 面包头排除装置

切割机应设置面包头排除装置，切除方式根据切割机形式选择确定。排除面包头后，应使切除面的质量满足GB/T 11968—1997及GB/T 15762—1995的要求。

4.3.2 切割钢丝直径

不同的切割形式采用不同的切割钢丝。切割钢丝分为复合与不复合两种型式。不复合钢丝直径可在0.5 mm～1.2 mm之间选定，复合钢丝最大外径应小于2 mm。

4.3.3 切割钢丝的摆动装置

横切时，切割机宜设置钢丝摆动装置，摆动频率2 Hz～10 Hz，摆幅10 mm～100 mm。

4.3.4 切割钢丝的张紧装置

切割机应设置钢丝张紧装置，张紧力应可调整且安装方便。

4.3.5 倒角、槽、榫加工装置

切割机可设置制品加工装置，在切割中同时完成付制品倒角、槽、榫的加工。

4.3.6 切割机应设有缓冲、慢速或变速运行机构。

4.3.7 切割废料输送装置

切割机应设置废料输送装置，以便废料回收利用。

4.3.8 如用开式齿轮传动，则齿轮副精度不低于GB/T 10095—2001中的8级。

4.3.9 机械加工件的未注公差应符合GB/T 1804—2000中m级要求，非加工表面及型钢焊接件、铸件的非机械加工表面应符合GB/T 1804—2000中c级要求。

4.3.10 机械加工件的未注形状及位置公差，按GB/T 1184—1996中k级制造。

4.4 材料及热处理

4.4.1 材质要求

a) 灰铸铁件质量应符合GB/T 9439—1998的要求；

b) 球墨铸铁件应符合GB/T 1348—1988的要求；

c) 钢铸件应符合GB/T 11352—1989的要求；

d) 铸造铜合金件应符合GB/T 1176—1987的要求；

e) 各轴类零件的材质不低于GB/T 699—1999中35钢的要求；

f) 铝合金铸件应符合GB/T 9438—1999的要求；

g) 主要铸铁件如切割台、轴承座、齿轮箱、皮带轮等应进行时效处理；

h) 其他零件的材料应符合图样中的材料牌号，其材质应符合相应的要求。

4.4.2 主要轴类、导向柱类零件材质选择应不低于GB/T 699—1999中35钢的要求，并调质处理；链轮、齿轮和齿条等关键传动件的材质选择应不低于GB/T 699—1999中45钢的要求，并进行调质热处理或进行相应淬火热处理，调质硬度应在HB 255～217；淬火硬度应在HRC 45～52。

4.4.3 重要构件的钢材在涂装前应进行表面除锈处理，应符合GB/T 8923—1998中的B Sa2级或B St2级的要求。

4.5 焊接

4.5.1 钢结构件焊接焊缝及外形尺寸应符合 JB/T 7949—1999 的要求，普通焊缝坡口应符合 GB/T 985—1988的要求，特殊接头应在图样上注明。

4.5.2 焊缝外部检查不应有目测可见的明显缺陷，这些缺陷按 GB/T 6417—1986 的分类为：裂纹、空穴、固体夹杂未溶合和未焊接形状缺陷及其他缺陷。

**4.6 装配和安装**

4.6.1 切割机的装配和安装，应符合设计图纸及 GB 50231—1998 的要求。

4.6.2 传动链中各部件的联接，同一轴线的偏斜角不应大于有关规范允许的安装误差。

4.6.3 各运动部件须运行平稳、灵活，无卡滞、无冲击和异常声响等非正常现象。

**4.7 润滑和密封**

4.7.1 润滑系统及装置应符合 JB/T 7943.2—1999 的要求。

4.7.2 设备应配有润滑图，润滑点应有标志，润滑点的位置应便于安全接近。

4.7.3 各密封处应密封良好。

**4.8 电器设备**

**4.8.1 电器设备的选用原则**

4.8.1.1 一般应采用交流传动交流控制系统。

4.8.1.2 操纵设备应采用联合控制台。

4.8.1.3 电器配套产品要有产品合格证，并符合相关产品标准。

**4.8.2 电器设备的安装**

4.8.2.1 切割机上电器设备的安装，须符合 GBJ 232—1988 的要求。

4.8.2.2 安装在切割机各部位的电器设备，应能方便和安全的维修。走台上和电器室内的电器设备前一般应留有 600 mm 以上的通道，特殊情况允许适当缩小，但不应小于 500 mm。

**4.8.3 导线及其敷设**

4.8.3.1 线路敷设应符合 GB 50168—1992 及 GB 50054—1995 的要求。

4.8.3.2 切割机须采用铜芯、多股、有护套的绝缘导线，控制室内允许采用无护套的铜芯、多股、塑料绝缘导线。

4.8.3.3 切割机上的电线应敷设于线槽或金属管中，在线槽或金属管不便敷设或有相对移动的场合，可穿过金属软管敷设。电缆允许直接敷设。但在有机械损伤、化学腐蚀、油污侵蚀的地方应有防护措施。

**4.9 气动、液压装置**

4.9.1 液压系统应符合 GB/T 3766—2001 的要求。

4.9.2 气动系统应符合 GB/T 7932—1987 的要求。

**4.10 外观**

4.10.1 切割机面漆应均匀、细致、光亮、完整和色泽一致，不得有粗糙不平、漏漆、错漆、皱纹、针孔及严重流挂等缺陷。

4.10.2 油漆漆膜厚度，每层为 25 μm—35 μm，总厚为 75 μm—105 μm。

4.10.3 漆膜附着力应符合 GB/T 9286—1988 中一级的要求。

**4.11 使用环境**

4.11.1 切割机安装使用地点的海拔高度或环境温度条件较差时，应对相关零部件进行设计校核。

4.11.2 切割机的正常工作温度：

a) 高温条件：＜40℃；

b) 低温条件：＞5℃。

4.11.3 切割机可切割的坯体强度宜在 0.1 MPa～0.5 MPa 之间。

4.12 安全、卫生要求

4.12.1 切割机应设置紧急制动安全装置及紧急断电保护开关，并应符合 GB 16754—1997 的要求。

4.12.2 切割机电气装置接地应符合 GB 50169—1992 的要求。

4.12.3 切割机的平台、检修通道、地坑等应设防护设施。外露的、有可能伤人的活动零部件应装设安全防护罩。

## 5 试验方法

### 5.1 目测检查

目测检查外观质量、各机构、电器设备、安全装置、制动器、控制器和信号系统；切割机金属结构及其连接件、梯子、通道和走台以及所有的防护装置等是否符合要求。检查时，不必拆开任何部件，但应打开在正常维护和检查时应打开的盖子。

目测检查还应包括检查必备的证书。

5.2 支撑面变形量检查(4.2.5)，在支撑面有效部位加入均布等效载荷，用经纬仪、钢板尺测量。

5.3 切割钢丝间平行度偏差及中心距累计偏差检查(4.3.1.1、4.3.1.2、4.3.1.3)，用经纬仪、钢板尺及钢卷尺测量。

5.4 纵切的切割面与坯体底面的垂直度偏差检查(4.3.1.1、4.3.1.2)，用经纬仪、钢板尺测量。

5.5 切割面的平面度偏差检查(4.3.1.1、4.3.1.2、4.3.1.3)，用经纬仪、钢板尺在切割钢丝运动轨迹面分五工位均布测量。

5.6 液压系统管路及气动系统管路按 GB 50231—1998 中第六、七章进行。采用溢流阀调压时，溢流阀压力应取为系统工作压力的 110%。采用分流阀调压时，不平衡度小于 3%。

5.7 密封装置应保证系统压力为工作压力的 130%时无泄露，保压 120 min 时压降不超过系统试验压力的 10%。

5.8 噪声检查(4.1.4)，按 GB/T 3768—1996 要求检测。

### 5.9 试车方法

5.9.1 空载试车

5.9.1.1 在使用现场对设备安装调试后，整机作空载试车。

5.9.1.2 检查各润滑部位是否按要求标号加足润滑油，各紧固件是否紧固。

5.9.1.3 分部件点动试车未见异常现象后，再按生产程序空载试车 10 个循环。检查机器的运转性能是否符合本标准的要求。

5.9.2 负载试车

5.9.2.1 空车试验合格后进行负载试车 10 个循环。

5.9.2.2 检查机器运转情况，应符合本标准的要求。

## 6 检验规则

产品检验分为出厂检验和型式检验。

### 6.1 出厂检验

6.1.1 每台切割机都应按产品图样、本标准第 4 章(4.2.2、4.3.1.4、4.11 除外)以及 7.1、7.2.1、7.2.2、7.2.3、7.2.5 进行逐项检验，检查合格后签发产品合格证。

6.1.2 分别开动各个机构，进行空运转试验，试验的累计时间不少于 30 min。

### 6.2 型式检验

6.2.1 型式检验应对本标准的全部要求进行检验。

6.2.2 有下列情况之一时，应进行型式检验：

a) 新产品或老产品转厂生产的试制定型鉴定；

b） 正式生产后，如结构、材料、工艺有较大改变，可能影响产品性能时；

c） 正常生产时，每5台1批，每批抽1台进行型式检验；

d） 产品停产2年以上，恢复生产时；

e） 出厂检验结果与上次型式检验有较大差异时；

f） 国家质量技术监督机构提出进行型式检验的要求时。

6.2.3 如制造厂没有条件进行试验，则应到用户使用现场亲自作型式检验。

6.2.4 进行型式检验的切割机，应由制造厂的质量检验部门或国家质量监督机构根据实际情况按型式种类等方面进行调配。

**6.3 判定规则**

检验项目4.1.1、4.1.2、4.1.3、4.1.4中任1项不符合要求，该产品判为不合格。其余检查项目中10％以上不符合要求时，该产品亦判为不合格。

## 7 标志、包装、运输和贮存

**7.1 标志**

在切割机机体的显著位置设置明显的标牌。标牌应符合GB/T 13306—1991的要求。标牌上的内容、术语及其排列顺序应符合下列规定：

a） 商标、产品名称；

b） 产品型号；

c） 制造编号；

d） 制造日期；

e） 标准代号；

f） 制造厂（商）名称。

**7.2 包装、运输和贮存**

7.2.1 切割机的包装、运输和贮存应符合GB 191—2000及GB/T 13384—1992的要求。

7.2.2 在切割机第1号包装箱内应有下列随机文件：

a） 合格证；

b） 使用说明书；

c） 装箱单；

d） 安装图；

e） 其他有关的技术文件。

7.2.3 产品使用说明书的编写应符合JB/T 5995—1992的要求。

7.2.4 产品应贮存在干燥的环境中。

7.2.5 包装应符合交通部门运输和装卸的要求，且采取必要的防护措施。

# 附　录　A
## （提示的附录）
## 术语和定义

下列术语和定义适用于本标准。

**A1　坯体底面**

指坯体在模具内形成的自然底面。

**A2　蒸压加气混凝土切割机**

指采用机械方式对加气混凝土坯体进行分割和加工的机械设备。

**A2.1　翻转式切割机**

指采用使坯体翻转侧位，对坯体进行纵横向切割的切割机。

**A2.2　长杆式切割机**

指坯体平放，用长杆推动或牵引钢丝方式对坯体进行纵向切割的切割机。

**A2.3　预铺式切割机**

指将切割钢丝预铺于蒸压底板上，坯体平放在钢丝上，提拉钢丝对坯体进行切割的切割机。

**A2.4　压入式切割机**

指切割钢丝全部水平放置，切割时切割钢丝呈水平状态压入坯体进行切割的切割机。

**A2.5　栅条式切割机**

指切割时坯体平放栅条上，纵切钢丝穿过栅条对坯体进行切割的切割机。

**A2.6　钢带式切割机**

指切割时坯体平放钢带上运动对坯体进行切割的切割机。

**A3　切割**

指对坯体进行分割和成型的过程。

**A3.1　纵切**

指对坯体进行沿坯体长度方向、且切割面垂直于底面(图 1)的切割。

**A3.2　横切**

指对坯体进行垂直于长度方向、且切割面垂直于底面(图 1)的切割。

**A3.3　水平切**

指切割面平行于坯体底面的切割。

**A4　切割精度**

指切割机切割坯体成制品后，制品的精度。

**A5　切割模数**

在对坯体进行切割时，切割钢丝可调整的最小进位尺寸(单位：mm)。

**A6　切割周期**

从坯体进入切割机的第一道工序开始至坯体切割最后一道工序完成离开切割机，切割机各机构复位所用的全部时间为一个切割周期(单位：min)。

**A7 面包头**

指未经加工的坯体，在发气后形成坯体顶面不规则的凸起部分。

**A8 摆动**

切割钢丝沿着钢丝轴向进行一定量的平面往复运动(类似于拉锯的摆动)，简称为摆动。

**A9 废料**

坯体被切下的坯体表面及未形成制品的部分。

**A10 配套设备**

与切割机有关的辅助设备(包括模具、底板、侧板、运输、吊具等)统称配套设备。

# 四、辅、配件标准

中华人民共和国建材行业标准

JC/T 516—93

# 自应力钢筋混凝土输水管用塑料嵌件

## 1 主题内容与适用范围

本标准规定了自应力钢筋混凝土输水管用塑料嵌件的规格、技术要求、试验方法、检验规则等。

本标准适用于承插式自应力钢筋混凝土输水管控制环向和纵向保护层厚度，以塑料为原料制成的嵌件。

## 2 引用标准

GB 1040 塑料拉伸试验方法

GB 1041 塑料压缩试验方法

GB 2411 塑料邵氏硬度试验方法

## 3 术语

3.1 嵌件

以塑料为原料制成的、嵌入自应力混凝土管中控制保护层厚度的塑料件。

3.2 环向

管体的径向称为环向。

3.3 纵向

管体的轴向称为纵向。

## 4 形状、尺寸

4.1 环向嵌件形状如图1，尺寸及其允许偏差见表1。

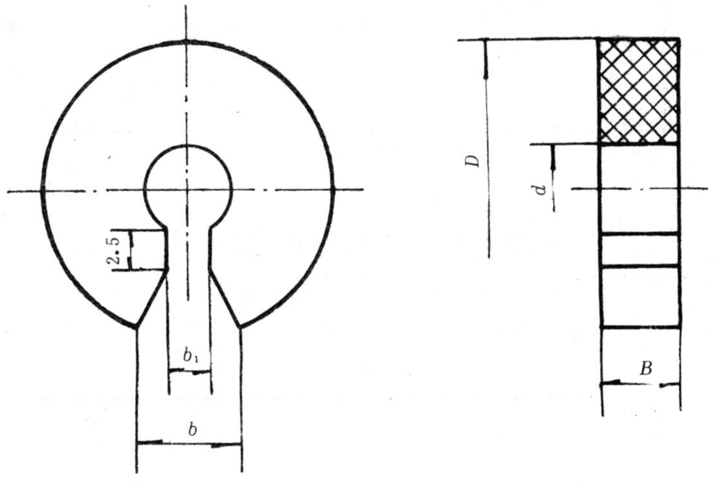


图1 环向嵌件形状

国家建筑材料工业局1993-07-22批准

1994-02-01实施

表 1

mm

| 基本尺寸 允许偏差 环向筋直径 | $d^{+0.50}_{0}$ | $D^{+1.00}_{0}$ | $b^{+1.00}_{0}$ | $b_1 \pm 0.1$ | $B \pm 0.1$ |
|---|---|---|---|---|---|
| 2.8 | 2.8 | 16.8 | 3.0 | 2.0 | 4.0(6.0) |
| 3.0 | 3.0 | 17.0 | 3.5 | 2.0 | 4.0(6.0) |
| 3.5 | 3.5 | 17.5 | 4.0 | 2.5 | 4.0(6.0) |
| 4.0 | 4.0 | 18.0 | 4.5 | 3.0 | 4.0(6.0) |
| 4.5 | 4.5 | 18.5 | 5.0 | 3.5 | 6.0(8.0) |
| 5.0 | 5.0 | 19.0 | 5.5 | 4.0 | 6.0(8.0) |
| 6.0 | 6.0 | 20.0 | 6.5 | 5.0 | 6.0(8.0) |

注：括号内的厚度在用户需要时采用。

4.2 纵向嵌件形状如图 2，尺寸及允许偏差见表 2。

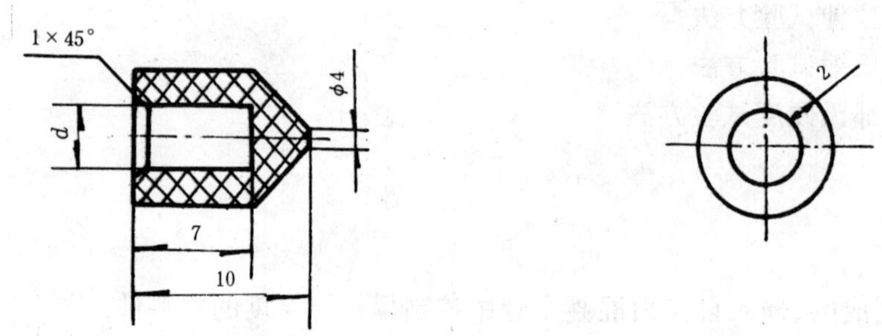


图 2 纵向嵌件形状

表 2

mm

| 基本尺寸 允许偏差 纵向筋直径 | $d^{+0.30}_{0}$ |
|---|---|
| 4.0 | 4.0 |
| 4.5 | 4.5 |
| 5.0 | 5.0 |
| 5.5 | 5.5 |
| 6.0 | 6.0 |

## 5 技术要求

5.1 嵌件基料采用硬质塑料。掺用回收塑料(甲级)量不得超过 30%。

5.2 嵌件宜采用注塑成型工艺，表面应光滑，无溢料飞边，无裂纹。

5.3 嵌件的物理性能应符合表 3 的规定。

表 3

| 项 目 | 指 标 |
|---|---|
| 硬度，邵氏 | 60～65 |
| 压缩强度，MPa | 28～32 |
| 拉伸强度，MPa | 10～16 |

## 6 试验方法

硬度、压缩和拉伸试验，分别按照 GB 2411、GB 1041 和 GB 1040 的规定进行。

## 7 检验规则

### 7.1 检验分类

7.1.1 出厂检验

出厂检验项目包括尺寸和外观检验。

7.1.2 型式检验

型式检验项目包括尺寸、外观和物理性能检验。有下列情况之一时，应进行型式检验：

a. 新产品投产鉴定；

b. 正式生产后，原材料有较大变化，更换模具时；

c. 正常生产时，每年应进行一次检验；

d. 出厂检验结果与上次型式检验有较大差异时。

7.1.3 批量

同一品种，同一规格的 10 000 件为一批量；不足 10 000 件也可作为一个批量。

7.1.4 抽样

每一批量随机抽取 10 件进行检验。

7.1.5 判定规则

每项检验结果均符合本标准 4.1，4.2，5.2 条和 5.3 条规定时，判该批产品为合格品。

## 8 标志、包装、运输与贮存

8.1 本产品用塑料袋包装，每 500 g 为一小包装。每 20 小包装为一发货件，发货件采用纸箱包装。

8.2 每一发货件应放产品标签，其标签内容：

a. 生产厂家和商标；

b. 产品名称、包装数量、规格、单件重量；

c. 制造年月；

d. 所用塑料品种；

e. 检验员工号。

8.3 运输和贮存时应防止阳光直射和重压，应避免接触高温和明火，防止产品老化、变形。

---

**附加说明：**

本标准由中国水泥制品工业协会自应力管专业委员会负责起草。

本标准主要起草人侯中华、李友仙。

中华人民共和国建材行业标准　　JC/T 540—94

# 混凝土制品用冷拔冷轧低碳螺纹钢丝

## 1 主题内容与适用范围

本标准规定了冷拔冷轧低碳螺纹钢丝(以下简称冷轧螺纹钢丝)的产品分类、技术要求、试验方法、检验规则和标志、包装、质量证明书。

本标准适用于钢筋混凝土和预应力混凝土制品用的以普通低碳钢热轧圆盘条为母材经冷拔冷轧制成的螺纹钢丝。

## 2 引用标准

GB 228　金属拉伸试验法

GB 238　金属线材反复弯曲试验方法

GB 700　碳素结构钢

GB 701　普通低碳钢热轧圆盘条

GB 2103　钢丝验收、包装、标志、及质量证明书的一般规定

ZB　H44 003　普通低碳钢无扭控冷热轧圆盘条

## 3 术语

3.1 冷轧螺纹钢丝

普通低碳钢热轧圆盘条经一次或多次冷拔和一次或多次冷轧减径并使其表面呈三列横肋的钢丝。

3.2 公称直径

相当于横截面积相等的圆形截面冷拔低碳钢丝的直径。

## 4 分类和代号

4.1 冷轧螺纹钢丝按公称直径分为三种规格：$\phi^z 4$、$\phi^z 5$、$\phi^z 6$。

4.2 冷轧螺纹钢丝按抗拉强度分为两级，依次为甲级(Ⅰ组、Ⅱ组)、乙级。

4.3 冷轧螺纹钢丝按肋高分为浅螺纹和深螺纹两种外形，前者宜用于预应力混凝土制品；后者宜用于钢筋混凝土制品。

4.4 冷轧螺纹钢丝的代号按照冷轧螺纹钢丝(CRS)、肋高(浅螺纹为S、深螺纹为0)、抗拉强度和本标准编号顺序编写。

示例：浅螺纹、抗拉强度为650 N/mm² 冷轧螺纹钢丝的代号是：CRS S 650 JC/T 540

## 5 外形、尺寸、重量

5.1 外形

5.1.1 冷轧螺纹钢丝外形应符合下图的规定。

5.1.2 冷轧螺纹钢丝有三列横肋，沿钢丝横截面圆周上均匀分布，其中一列横肋应与另二列逆向，允许相互错位。

国家建筑材料工业局1994-02-17批准　　1994-11-01实施

5.1.3 横肋为月牙形，端部应向钢丝表面平滑过渡。

5.1.4 横肋侧面与钢丝表面的夹角 $\alpha$ 不得小于 45°。

5.1.5 横肋与钢丝轴线夹角 $\beta$=40°～60°。

5.1.6 三列横肋末端间隙总和 $\Sigma e$ 不得大于钢丝公称周长的 20%。

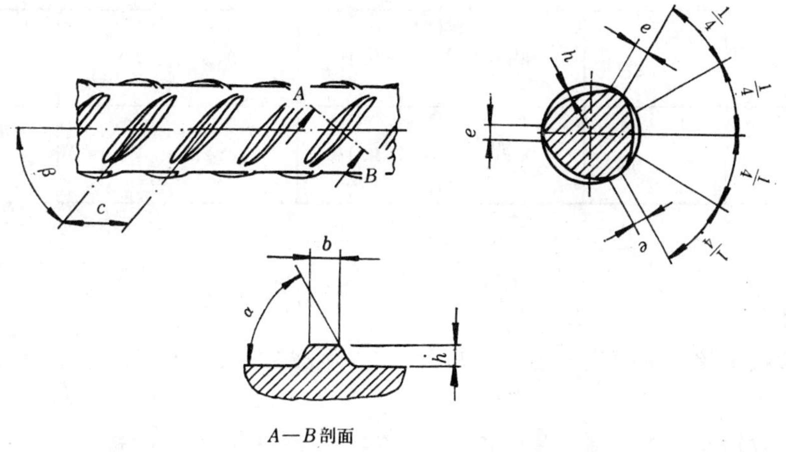


图 1 冷轧螺纹钢丝外形

## 5.2 尺寸、重量

5.2.1 冷轧螺纹钢丝的公称直径、公称横截面积、公称重量及重量允许偏差应符合表 1 的规定。

表 1

| 公称直径 $\phi^z$<br>mm | 公称横截面积 $F$<br>$mm^2$ | 公称重量 $W$<br>kg/m | 实际重量与<br>公称重量的允许偏差，% |
|---|---|---|---|
| 4.0 | 12.6 | 0.099 | ±4 |
| 5.0 | 19.6 | 0.154 | |
| 6.0 | 28.3 | 0.222 | |

5.2.2 浅螺纹钢丝横肋的尺寸及允许偏差应符合表 2 的规定。

表 2 mm

| 公称直径<br>$\phi^z$ | 肋高 $h$ | | 肋顶宽 $b$ | | 肋中心距<br>$c$ | 横肋末端间隙总和<br>$\Sigma e$ 不大于 |
|---|---|---|---|---|---|---|
| | 公称尺寸 | 允许偏差 | 公称尺寸 | 允许偏差 | | |
| 4.0 | 0.15 | $^{+0.05}_{0}$ | 0.40 | ±0.10 | 3.50～4.50 | 2.50 |
| 5.0 | 0.16 | $^{+0.05}_{0}$ | 0.50 | ±0.10 | 3.50～4.50 | 3.10 |
| 6.0 | 0.20 | $^{+0.05}_{0}$ | 0.60 | ±0.10 | 4.25～5.57 | 3.80 |

5.2.3 深螺纹钢丝横肋的尺寸及允许偏差应符合表 3 的规定。

表 3

mm

<table>
<tr><td rowspan="2">公称直径<br>$\phi^z$</td><td colspan="2">肋高 $h$</td><td colspan="2">肋顶宽 $b$</td><td rowspan="2">肋中心距<br>$c$</td><td rowspan="2">横肋末端间隙总和<br>$\Sigma e$ 不大于</td></tr>
<tr><td>公称尺寸</td><td>允许偏差</td><td>公称尺寸</td><td>允许偏差</td></tr>
<tr><td>4.0</td><td>0.30</td><td>0<br>−0.05</td><td>0.40</td><td>±0.10</td><td>3.50～4.50</td><td>2.50</td></tr>
<tr><td>5.0</td><td>0.32</td><td>0<br>−0.05</td><td>0.50</td><td>±0.10</td><td>3.50～4.50</td><td>3.10</td></tr>
<tr><td>6.0</td><td>0.40</td><td>0<br>−0.05</td><td>0.60</td><td>±0.10</td><td>4.25～5.75</td><td>3.80</td></tr>
</table>

## 6 技术要求

### 6.1 牌号及化学成分

6.1.1 制造冷轧螺纹钢丝用钢的化学成分应符合 GB 700 或 ZB H44 003 的规定，其钢号可由供方从 2 号钢或 3 号钢中确定。

6.1.2 制造冷轧螺纹钢丝用热轧圆盘条应符合 GB 701 或 ZB H44 003 的规定。

### 6.2 制造要求

6.2.1 制造冷轧螺纹钢丝用钢由氧气转炉、平炉或电炉冶炼。

6.2.2 冷轧螺纹钢丝用热轧圆盘条经机械剥壳除去表面氧化皮和浮锈后，再经冷拔和冷轧制成。

6.2.3 允许热轧圆盘条对焊后进行冷拔或冷轧。但必须是同一钢号的圆盘条。

6.2.4 在冷拔和冷轧过程中，不得酸洗和退火，成品钢丝不允许对焊。

### 6.3 表面质量

6.3.1 冷轧螺纹钢丝外表面允许有凸块，但不得超过横肋的最大高度。

6.3.2 冷轧螺纹钢丝表面不得有油污、锈蚀、裂缝和机械损伤。

### 6.4 力学性能

冷轧螺纹钢丝的力学性能应不低于表 4 的规定。

表 4

<table>
<tr><td rowspan="2">级别</td><td rowspan="2">公称直径<br>$\phi^z$<br>mm</td><td colspan="2">抗拉强度<br>N/mm²</td><td rowspan="2">伸长率<br>$\delta_{100}$<br>%</td><td rowspan="2">反复弯曲次数<br>次</td></tr>
<tr><td>Ⅰ组</td><td>Ⅱ组</td></tr>
<tr><td rowspan="3">甲级</td><td>6</td><td>650</td><td>600</td><td>3.5</td><td>4</td></tr>
<tr><td>5</td><td>650</td><td>600</td><td>3.0</td><td>4</td></tr>
<tr><td>4</td><td>700</td><td>650</td><td>2.5</td><td>4</td></tr>
<tr><td>乙级</td><td>4,5,6</td><td colspan="2">550</td><td>4.0</td><td>4</td></tr>
</table>

注：① 甲级冷轧螺纹钢丝用于非抗震的预应力混凝土中小制品时，可不要求反复弯曲指标。

② 乙级冷轧螺纹钢丝用于焊接骨架、箍筋和构造筋时，伸长率 $\delta_{100}$ 不低于 2% 即可。

## 7 试验方法

### 7.1 外形、尺寸和重量

7.1.1 冷轧螺纹钢丝外形用目测法检查。

7.1.2 横肋高度和肋顶宽度用实测法测定，取同一列 3 处横肋的实测值，计算平均值，千分尺的最小分度值应不大于 0.01 mm。

7.1.3 横肋中心距应平行于螺纹钢丝轴线实测，取三列横肋 10 处以上的实测值，计算平均值。千分尺的最小分度值应不大于 0.01 mm。

7.1.4 横肋末端间隙总和用实测法测定，取三处末端间隙总和实测值，计算平均值，千分尺的最小分度值应不大于 0.01 mm。

7.1.5 冷轧螺纹钢丝的实际直径用重量法求得，试样长度应不短于 500 mm，直尺的最小分度值应不大于 1 mm，天平的最小分度值应不大于 0.5 g，实际直径按式(1)计算：

$$D = \sqrt{\frac{4G_1}{\pi \cdot L \cdot \rho}} \times 10^3 \quad \cdots\cdots (1)$$

式中：$D$——实际直径，mm；

$G_1$——试样重量，kg；

$L$——试样长度，m；

$\rho$——钢的密度，kg/m$^3$。

7.1.6 冷轧螺纹钢丝的重量偏差按式(2)计算：

$$S = \frac{G - L \cdot G_0}{L \cdot G_0} \times 100 \quad \cdots\cdots (2)$$

式中：$S$——重量偏差，%；

$G$——实际重量，kg；

$G_0$——公称重量，kg/m。

7.2 **表面质量**

冷轧螺纹钢丝表面质量用目测法检查。

7.3 **力学性能**

7.3.1 冷轧螺纹钢丝抗拉强度和伸长率按 GB 228 的有关规定进行试验，钢丝横截面积按公称横截面积计算。

7.3.2 冷轧螺纹钢丝反复弯曲按 GB 238 的有关规定进行试验。

## 8 检验规则

8.1 冷轧螺纹钢丝应按 GB 2103 的有关规定进行检验。

8.2 冷轧螺纹钢丝的表面质量应逐盘进行检查。

8.3 冷轧螺纹钢丝的各部尺寸、单位长度的重量应成批检验。每批由同一钢厂、同一钢号、同一总压缩率、同一直径的钢丝组成，每批重量不大于 30 t。应从每批中抽查 5%。但不少于 5 盘进行检查。如检查有不合格者应将该批钢丝逐盘检查，剔除不合格品。

8.4 冷轧螺纹钢丝的抗拉强度、伸长率及反复弯曲应逐盘进行检查。如有某项试验不符合本标准规定要求，可从该盘中再取双倍数量的试样进行复验，复验中如有一项指标不合格，则判定该盘钢丝不合格，不得交货。

## 9 包装、标志及质量证明书

9.1 冷轧螺纹钢丝的包装、标志及质量证明书应符合 GB 2103 的有关规定。

9.2 冷轧螺纹钢丝应成盘包扎，每盘捆扎点不少于 3 处。

9.3 每盘冷轧螺纹钢丝应挂牌，标牌上应注明产品名称、代号、生产日期及制造厂名。

9.4 每批冷轧螺纹钢丝必须附质量证明书。

---

**附加说明：**

本标准由国家建筑材料工业局苏州混凝土水泥制品研究院负责起草。

本标准主要起草人沈六如、蔡建明。

中华人民共和国建材行业标准

JC/T 630—1996

# 石棉水泥管用橡胶圈

## 1 范围

本标准规定了以天然橡胶为主要原料制成的石棉水泥管接头密封用的橡胶圈的产品分级、技术要求、试验方法、检验规则、标志、包装、运输与贮存。

本标准适用于石棉水泥输水管、石棉水泥落水管、排污管及石棉水泥电缆管等接头密封用的橡胶圈。

本标准不适用于输油、煤气与有强侵蚀性介质的石棉水泥管接头密封用的橡胶圈。

## 2 引用标准

GB 528 硫化橡胶拉伸性能的测定

GB 1683 硫化橡胶恒定形变压缩永久变形的测定方法

GB 1685 硫化橡胶在常温和高温下压缩应力松弛的测定

GB 1690 硫化橡胶耐液体试验方法

GB 3512 硫化橡胶热空气老化试验方法

GB 3514 硫化橡胶中游离硫含量的测定——亚硫酸钠法

GB 5009.60 食品包装用聚乙烯、聚苯乙烯、聚丙烯成品卫生标准的分析方法

GB 5723 硫化橡胶 试验用试片和制品尺寸测定的一般规定

GB 5749 生活饮用水卫生标准

GB 5750 生活饮用水标准检验法

GB 6032 硫化橡胶国际硬度的测定(30～85IRHD)微型试验方法

## 3 分级、型式和规格

### 3.1 分级

橡胶圈以硬度指标分为H40、H50、H60三个级别。

### 3.2 截面型式

橡胶圈按截面型式分为圆型(Y)、唇形(C)和梯形(T)。橡胶圈必须具备安装方便、密封性能好、使用安全等基本要求。

### 3.3 规格尺寸和尺寸允许偏差

3.3.1 圆形橡胶圈的尺寸应符合管子与接头配套规格尺寸要求,其内径、截面直径与尺寸允许偏差应符合表1规定。

国家建筑材料工业局1996-03-21批准 1996-08-01实施

表 1

mm

| 橡胶圈内径 | 内径允许偏差 | 橡胶圈截面直径 | 截面直径允许偏差 |
|---|---|---|---|
| 116 | +2<br>−1 | 14 | +0.5<br>−0.2 |
| 141 | | | |
| 168 | | | |
| 213 | | | |
| 267 | | | |
| 328 | +2<br>−1 | 16 | +0.5<br>−0.2 |

3.3.2 唇形、梯形等其他断面型式的橡胶圈截面尺寸及尺寸允许偏差，应与配套使用的管子相匹配。

## 4 技术要求

### 4.1 橡胶圈的成分与制作

4.1.1 输水管用橡胶圈的成分中不应析出有毒物质，如能萃取出汞、锰、铅或铜等化合物，其含量（指在检验水中）不得超过 GB 5749 规定的限量数。

4.1.2 输水管用橡胶圈成分中不应析出有损害饮用水质量的物质，即具有化学稳定性。试样在规定的溶液中，测量值须符合表 2 规定。

表 2

| 试验项目 | | | 限量 |
|---|---|---|---|
| 游离硫磺分析 | 游离硫磺，% | < | 0.5 |
| 溶解试验 | 臭氧及气味 | | 需无异常现象 |
| | 浊　度，度 | < | 1 |
| | 高锰酸钾消耗量，mL/L | < | 5 |
| | 色　度，度 | < | 5 |
| | 剩余氯碱量，mL/L | < | 1.5 |

4.1.3 橡胶圈需用模压法制作。

4.1.4 大口径管子用的橡胶圈，可用压出法制作胶条后，作成带接头的橡胶圈，每个橡胶圈的接头只允许一处，对带接头的橡胶圈须进行结合强度试验，接头处无分离迹象。

### 4.2 外观质量

4.2.1 橡胶圈的颜色要均匀，不应有游离硫、石蜡等析出物。

4.2.2 橡胶圈的材质须均匀致密，橡胶圈应无平面扭曲现象，无肉眼可见的杂质、气孔、裂缝及其他有碍使用的缺陷。

4.2.3 橡胶圈上的毛刺应除净，其厚度不超过 0.4mm，剪损宽度应不超过 0.8mm。

### 4.3 物理力学性能

各类橡胶圈的物理力学性能应符合表 3 规定。

表 3

| 性能 | | 硬度级别 | | |
|---|---|---|---|---|
| | | 40 | 50 | 60 |
| | | 性能指标 | | |
| 硬度,IRHD | 公称硬度 | 40 | 50 | 60 |
| | 允许偏差 | +5<br>−4 | +5<br>−4 | +5<br>−4 |
| 扯断伸长率,% | > | 500 | 480 | 450 |
| 扯断强度,MPa | > | 14 | 14 | 14 |
| 压缩永久变形,%<br>23℃±2℃,70h<br>70℃,22h | <br>≤<br>≤ | <br>20<br>35 | <br>20<br>35 | <br>20<br>35 |
| 热空气老化性能,在70℃空气中老化168h的数值时对原始值的变化<br>硬度,IRHD<br>扯断强度,%<br>扯断伸长率,% | <br><br>≤<br>≤<br>≤ | <br><br>−5～+8<br>−20<br>−30～+10 | <br><br>−5～+8<br>−20<br>−30～+10 | <br><br>−5～+8<br>−20<br>−30～+10 |
| 浸水溶胀性能,在70℃蒸馏水中浸泡168h体积变化,% | | (−3～+8) | (−3～+8) | (−3～+8) |
| 压缩压力松弛,%<br>23℃±2℃,168h | ≤ | 16 | 16 | 16 |
| 结合强度,MPa | > | 14 | 13 | 12 |
| 注:带括号的指标数可供产、需双方协商采用。 | | | | |

## 5 试验方法

5.1 橡胶圈的外观质量用目测与量具检查。

5.2 橡胶圈尺寸的测量,按GB 5723规定进行。

5.3 游离硫磺试验,按GB 3514规定进行。

5.4 浊度试验,按GB 5750比浊法部分规定进行。

5.5 色度试验,按GB 5750铂-钴标准比色法部分规定进行。

5.6 高锰酸钾消耗试验,按GB 5009.60高锰酸钾消耗量部分规定进行。

5.7 剩余氯碱量试验,按GB 5750邻联甲苯胺比色法部分规定进行。

5.8 硬度试验的取样和试验方法,按GB 6032规定进行。

5.9 扯断伸长率试验,按GB 528规定进行。

5.10 扯断强度试验,按GB 528规定进行。

5.11 压缩永久变形试验,取直径13mm±0.5mm,厚度为6.3mm±0.3mm试件三个,在时间为$72^{0}_{-2}$h或$24^{0}_{-2}$h,相应温度为23℃±2℃或70℃±1℃条件下,按GB 1683规定进行。

5.12 热空气中老化性能试验,在温度为70℃±1℃。时间为168h条件下,按GB 3512规定进行。

5.13 浸水溶胀性能试验,试件在蒸馏水中,温度为70℃±1℃,时间为168h±2h条件下,按GB 1690中4.1与有关部分规定进行。

5.14 压缩压力松弛试验,在温度为23℃±2℃,时间为$168^{0}_{-2}$h条件下,按GB 1685规定进行。

## 6 检验规则

### 6.1 类别和项目

橡胶圈的检验分为出厂检验与型式检验。各检验项目与抽样数量见表4。

表4

| 检验项目 | 出厂检验 | | | 型式检验 | | | 批量<br>个 | 抽样数量<br>个 |
|---|---|---|---|---|---|---|---|---|
| | 输水管 | 落水管<br>排污管 | 电缆管 | 输水管 | 落水管<br>排污管 | 电缆管 | | |
| 有害物含量测定 | — | — | — | √ | — | — | — | 3 |
| 化学稳定性 | — | — | — | √ | √ | √ | — | 3 |
| 硬　　度 | √ | √ | √ | √ | √ | √ | 1 000 | 3 |
| 扯断伸长率 | √ | √ | √ | √ | √ | √ | 1 000 | 6 |
| 扯断强度 | √ | √ | — | √ | √ | — | 1 000 | 4 |
| 压缩永久变形 | √ | √ | — | √ | √ | √ | 1 000 | 4 |
| 热空气老化性能 | — | — | — | √ | — | — | 1 000 | 6 |
| 浸水溶胀性能 | — | — | — | √ | √ | √ | 1 000 | 6 |
| 压缩应力松弛 | — | — | — | √ | — | — | 1 000 | 4 |
| 结合强度试验 | √ | √ | √ | √ | √ | √ | 1 000 | 32 |
| 外观质量 | √ | √ | √ | √ | √ | √ | 1 000 | 20 |
| 尺寸偏差 | √ | √ | √ | √ | √ | √ | 1 000 | 20 |
| 注：√为测定项目，对带接头的橡胶圈须进行结合强度试验。 | | | | | | | | |

### 6.2 出厂检验

#### 6.2.1 批量

同一级别、同一型式、同一规格的橡胶圈1 000个为一个批量。不足1 000个也作为一个批量。

#### 6.2.2 抽检数量

从每批中抽取20个试件作外观质量、规格尺寸的检验，在合格的产品中按表4抽取试件作硬度、扯断伸长率、扯断强度与压缩永久变形检验。

#### 6.2.3 检验与判定规则

6.2.3.1 外观质量、尺寸偏差检验：在第一次检验的试件中不合格数为零，则判该批合格。若在第一次试件中不合格数大于或等于2，则判该批不合格。若在第一次试件中不合格数为1，则抽第二次样品进行复验。若在第一次和第二次试件中不合格数总和等于1，则判该批合格。相反，若大于或等于2，则判该批为不合格。

6.2.3.2 硬度、扯断伸长率、扯断强度、压缩永久变形的检验：若在试件中未发现不合格品，则判该批合格。否则，判定该批产品不合格。

### 6.3 型式检验

6.3.1 有下列情况之一时，产品需进行型式检验：

a）新产品或老产品转厂生产的试制定型鉴定；

b）正式生产后如产品结构、材料、工艺有较大改变，可能影响产品性能时；

c）正式生产时，至少每年进行一次检验；

d）产品长期停产，恢复生产时；

e）出厂检验结果与上次型式检验有较大差异时；

f）国家质量监督机构提出进行型式检验的要求时。

6.3.2 检验项目：按表 4 中的规定。

6.3.3 检验结果按表 4 技术要求中的规定判定。

## 7 标志、包装、运输与贮存

7.1 标志与产品合格证

7.1.1 标志：在每个橡胶圈的非工作面部位应印有不易磨损的生产厂名。

7.1.2 产品合格证：发货时必须将该产品合格证随同发货单寄给用户，其中应注明：

a）产品名称、生产日期；

b）生产厂名称、商标、厂址；

c）执行标准与产品性能检验结果；

d）生产厂检验部门及检验人员签名盖章。

7.1.3 包装标志：在包装上注明厂名、厂址、产品名称和规格、生产年、月等。

7.2 包装

7.2.1 准备：准备包装的橡胶圈应清洁，不应受到污物、灰尘、油脂类的污染。

7.2.2 包装：橡胶圈应用塑料袋和纸箱（麻袋）双层包装。

7.3 运输

7.3.1 橡胶圈在运输过程中，应防止阳光直射、雨淋，严禁与油脂类、酸碱类、化学药品及其他对人身和对橡胶有害的物质接触。

7.3.2 装卸时，应避免损坏橡胶圈的外包装。

7.4 贮存

贮存以及存货应按不同规格、型式、级别堆放。其堆放要求按 GB 5723 规定进行。

---

**附加说明：**

本标准由全国水泥制品标准化技术委员会归口。

本标准由国家建筑材料工业局苏州混凝土水泥制品研究院、华新纤维水泥制品厂、吴桥县石棉水泥制管厂等单位负责起草。

本标准主要起草人：陈桂琴、叶启汉、任景武、王业昌、韩前卫、裴良。

本标准委托国家建筑材料工业局苏州混凝土水泥制品研究院负责解释。

中华人民共和国专业标准

# 预应力与自应力钢筋混凝土管用橡胶密封圈

JC/T 748—1987(1996)

Rubber gasket ring of prestressed and self-stressing concrete pipe

本标准适用于预应力混凝土输水管、自应力混凝土输水管等输送饮用水的管道密封接口，以天然橡胶为主要原料制成的胶圈。

产品的使用范围，与符合GB 4084—1983《承插式自应力钢筋混凝土输水管》、GB 5695—1985《预应力混凝土输水管(震动挤压工艺)》和GB 5696—1985《预应力混凝土输水管(管芯绕丝工艺)》诸标准的产品使用范围相一致。

## 1 技术要求

### 1.1 成分与制作

1.1.1 胶圈成分中不应析出有毒的物质。如能萃取出汞、锰、铅或铜等化合物，其含量(指在检验水中)不得超过GB 5749—1985《生活饮用水卫生标准》规定的限量数。

1.1.2 胶圈成分中不应析出有损害饮用水质量的物质，即具有化学稳定性。试样在指定的溶液中，测值须符合表1的限量。

表1

| 试验项目 | | 限量 |
|---|---|---|
| 游离硫磺分析 | 游离硫磺 | 0.5%以下 |
| 溶解试验 | 臭氧及气味 | 需无异常现象 |
| | 浊度 | 1度以下 |
| | 色度 | 5度以下 |
| | 高锰酸钾消耗量 | 5mg/L以下 |
| | 剩余氯减量 | 1.5mg/L以下 |

1.1.3 胶圈的制作有模压法与压出法。

1.1.3.1 与公称内径$\phi$1600mm及其以下的管子相配套的胶圈，需用模压法制作。

1.1.3.2 与公称内径大于$\phi$1600mm的管子相配套的胶圈，可用压出法制作胶条后，作成带接头的胶圈。每个胶圈的接头只许一处。

对带接头的胶圈，须进行结合强度试验，接头处无分离迹象为合格。

### 1.2 硬度分级

1.2.1 以硬度为标志，胶圈分为四个等级，见表2。

国家建筑材料工业局1987-07-03批准　　1987-12-01实施

表 2 材料的一般要求

| 性能 | 单位 | 硬度级别 | | | |
|---|---|---|---|---|---|
| | | 40 | 50 | 60 | (70)[②] |
| | | 性能指标 | | | |
| 公称硬度 | IRHD | 40 | 50 | 60 | (70) |
| 硬度允许公差 | IRHD | +5<br>−4 | +5<br>−4 | +5<br>−4 | +5<br>−4 |
| 扯断伸长率,最小 | % | 400 | 375 | 300 | (200) |
| 扯断强度,最小 | MPa | 14 | 13 | 12 | (11) |
| 压缩永久变形<br>23℃±2℃、70h,最大<br>70℃、22h,最大 | <br>%<br>% | <br>12<br>25 | <br>12<br>25 | <br>12<br>25 | <br>(15)<br>(25) |
| 热空气老化性能,在70℃空气老化168h的数值对原始值的变化<br>硬度,最大<br>扯断强度,最大<br>扯断伸长率,最大 | <br>IRHD<br>%<br>% | <br>−5～+8<br>−20<br>−30～+10 | <br>−5～+8<br>−20<br>−30～+10 | <br>−5～+8<br>−20<br>−30～+10 | <br>(−5～+8)<br>(−20)<br>(−30～+10) |
| 浸水溶胀性能,在70℃蒸馏水中浸泡168h体积变化,最大 | % | (0～+8) | (0～+8) | (0～+8) | (0～+8) |
| 压缩应力松弛<br>23℃±2℃、168h,最大[①] | % | 16 | 16 | 16 | (16) |

注:① 测值低于表中规定的数值时,亦认可。用意是在提高测试精度后,在修订标准时,再调整规定数,并删去扯断强度。

② 带括号的指标数,可供产、需双方协商采用。

1.2.2 在同一胶圈或试件上所测得硬度值之差,应不超过4IRHD。硬度允许公差见表2。

1.3 物理性能

1.3.1 一般指标,试验项目有七项。测值须符合表2的限量数。

1.3.2 选择指标,有压缩耐寒系数。根据特殊需要,产、需双方对检验规则与指标达成协议后,可进行测定。对公称硬度数为40、50的胶圈,测值应不小于0.80。

1.4 尺寸公差

1.4.1 胶圈的尺寸,应同GB 4084—1983、或GB 5695—1985或GB 5696—1985三种管子相配合。

1.4.2 按胶圈的尺寸与制作方法区分,从附录A选取公差。

1.5 外观质量

1.5.1 胶圈的颜色要均匀,不应有游离硫、石蜡等喷出物。

1.5.2 胶圈的材质须致密,无平面扭曲现象,无肉眼可见的杂质、气孔、裂缝及其他有碍使用的缺陷。

1.5.3 单个胶圈上,凹凸不超过1mm,面积不超过6mm$^2$者,应不多于三处。

1.5.4 胶圈上的毛刺须除净,其厚度应不超过0.4mm,剪损宽度应不超过0.8mm。

1.5.5 合模缝错位,包括呈椭圆的缺陷,不超过截面公差。

## 2 试验方法

各项试验方法,均按照ZB Q43 002—1987《预应力与自应力钢筋混凝土管用橡胶密封圈试验方法》进行。

## 3 检验规则

### 3.1 类别和项目

3.1.1 胶圈的检验分为生产定型检验、定期检验与交收检验。三类检验的目的相关协调，见附录B与表3。

表3 各检验类型的项目与抽样方案

| 检验项目 | 本标准条款 | 检验类别 | | | 定期、交收检验的抽样方案 | | |
|---|---|---|---|---|---|---|---|
| | | 生产定型检验 | 定期检验 | 交收检验 | 抽样方案类型 | 批量(个) | 各次样本数(个) |
| 有害物含量的测定 | 1.1.1 | +① | — | — | — | — | — |
| 化学稳定性 | 1.1.2 | + | — | — | — | — | — |
| 硬度 | 1.2 | + | +③ | + | 一次抽样 | 1000 | 3 |
| 扯断伸长率 | 1.3.1 | + | + | — | 二次抽样 | ② | 6 |
| 热空气老化性能 | 1.3.1 | + | + | — | 二次抽样 | ② | 6 |
| 浸水溶胀性能 | 1.3.1 | + | + | — | 二次抽样 | ② | 6 |
| 压缩永久变形 | 1.3.1 | + | + | — | 二次抽样 | ② | 4 |
| 压缩应力松弛 | 1.3.1 | + | + | — | 二次抽样 | ② | 4 |
| 扯断强度 | 1.3.1 | + | + | — | 二次抽样 | ② | 4 |
| 尺寸与公差 | 1.4 | + | — | + | — | 1 | 1 |
| 外观质量 | 1.5 | + | — | + | — | 1 | 1 |
| 结合强度 | 1.1.3 | + | — | + | 五次抽样 | 3200 | 32 |

注：①"+"号表示进行试验。

② 定期检验的批量，见附录B。

③ 定期检验硬度的抽样方案，与扯断伸长率项目的二次抽样方案相同。

3.1.2 所有出厂产品均应进行交收检验与定期检验，当新产品投产时需进行生产定型检验，不合格的产品不能出厂。

3.1.3 各检验项目的抽样方案，按GB 2828—1981《逐批检查计数抽样程序及抽样表(适用于连续批的检查)》，或按GB 2829—1981《周期检查计数抽样程序及抽样表(适用于生产过程稳定性的检查)》进行。见表3。

3.1.4 检查的实施，见附录B。

### 3.2 结果评定

3.2.1 需方复验硬度时的结果评定

若在样本中未发现不合格品数，则判该批是合格的。否则，判断该批是不合格。

3.2.2 检验结合强度时的结果评定

按GB 2828—1981中3.2.7.4与3.2.10.3进行。

3.2.3 交收检验合格，必须是有关项目的逐批、逐件检查都合格，否则认为交收检验不合格。

逐件检查合格，必须是完全符合1.4、1.5的要求。

具有1.5中一项缺陷者为不合格品，对有的缺陷，可经修补、一次达到合格，仍作合格品。

3.2.4 定期检验的单项试验结果评定

若在第一样本中发现的不合格品数为0，则判断该批是合格。若在第一样本中发现的不合格品数，大于或等于2，则判断该批是不合格。

若在第一样本中发现的不合格品数为1，则抽第二样本进行检查。若在第一和第二样本中发现的不合格品数总和小于1，则判断该批是合格的。相反，若大于或等于2，则判断该批是不合格。

3.2.5 定期检验的全项试验结果评定

判为合格,必须是本周期内所有定期检验项目的检查都合格,否则认为不合格。

3.2.6 在定期检验合格前提下,经交收检验合格的批,整批交付需方。经交收检验不合格的批,原则上由供方包换。

本月定期检验之前,可按上月定期检验结果验收产品。

3.2.7 若定期检验不合格,实属产品原因,则它所代表的产品,应暂停交付需方,已交付需方的产品,原则上由供方包退。

3.2.8 生产定型检验的结果评定,必须以产品所属质量监督检验所(站)签署的生产许可证为基准。

3.2.9 需方有权按本标准,对产品作交收检验。并可要求产方提供定期检验报告。

3.2.10 如需方对产品质量发生异议时,可会同产方按本标准规定的方法抽取样品,委托产品质量监督检验部门进行仲裁检验。

## 4 标志、包装、运输和贮存

4.1 标志

4.1.1 制品的标志

对每个胶圈,应尽量打印出明显不易磨损并包括以下内容的标志。

a. 厂名或商标;

b. 制造年代;

c. 胶种的代号;

d. 橡胶的公称硬度数(在数字后注明 I,表示国际硬度。不加注明,表示邵尔 A 型硬度)。

4.1.2 包装的标志

在包装上注明,生产许可证编号、获证时间、厂名、厂址、产品名称与规格、制造时的年份、月份,以及其他的标志。

4.2 包装

4.2.1 准备

准备包装的胶圈应清洁,不应受到污物、灰尘、油脂类的污染。

4.2.2 盘卷

按 GB 5721—1985《橡胶密封制品标志、包装、运输的一般规定》中的盘卷规定。

4.2.3 包装层

胶圈应有塑料袋和纸箱(麻袋)双层包装。

4.3 运输

4.3.1 胶圈在运输过程中,应防止阳光直射、雨淋雪盖,严禁与油脂类、酸碱类、化学药品及其他对人身和对橡胶有害的材料相接触。

4.3.2 装卸时,应避免胶圈的外包装被损坏。

4.4 贮存

贮存以及存货的循环和清洗规定,均按 GB 5722—1985《橡胶密封制品贮存的一般规定》进行。

## 5 使用注意事项

5.1 在使用胶圈时,用肥皂水洗净,直至装上插口时,始终保持清洁。

5.2 不得安装使用冻硬胶圈。胶圈一般应在 5℃以上保存。如在低于 5℃下存放时,要避免胶圈受扭转。使用前应将其温度升到 15～25℃近 24h。

5.3 在待装管的插口套上胶圈后,及在安装过程中,应保持胶圈不出现扭曲、翻滚现象。并保护胶圈不受机械损坏。

## 附 录 A
## 胶圈的尺寸及公差
(补充件)

**A1 形状及文字代号**

A1.1 形状:胶圈是圆环形,如下图。

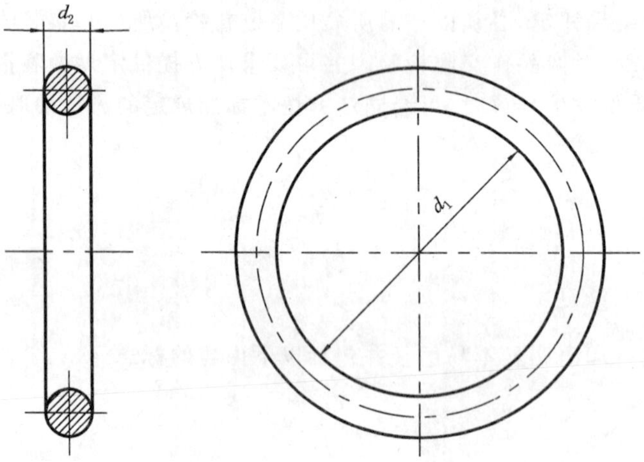


A1.2 文字代号

$d_1$——内径;

$d_2$——截面直径。

**A2 内径与截面直径公差**

A2.1 模压法或压出法制作的胶圈,分别执行 GB 3672—1983《橡胶实心模压和压出制品尺寸公差》,据以列出两份公差表。

A2.2 模压制品尺寸公差表,见表 A1。

表 A1 模压制品尺寸公差表 mm

| $d_1$ 或 $d_2$ 的基本尺寸 | | $d_1$ 尺寸公差 | $d_2$ 尺寸公差 |
|---|---|---|---|
| 大 于 | 至 | ± | ± |
| 10 | 16 | — | 0.40 |
| 16 | 25 | — | 0.50 |
| 25 | 40 | — | 0.60 |
| 40 | 63 | — | 0.80 |
| 63 | 100 | — | — |
| 100 | 160 | 1.80 | — |
| 160 | — | 1.0% | — |

A2.3 压出制品尺寸公差表,见表 A2。

表 A2　压出制品尺寸公差表　　mm

| $\pi d_1$ 或 $d_2$ 的基本尺寸 | | $\pi d_1$ 尺寸公差 | $d_2$ 尺寸公差 |
|---|---|---|---|
| 大　于 | 至 | ± | ± |
| 25 | 40 | — | 2.00 |
| 40 | 63 | — | 2.50 |
| ⋮ | ⋮ | — | — |
| ⋮ | ⋮ | — | — |
| 4000 | — | 0.50% | — |

A2.4　公差表中的公差带是均匀对称分布。经产需双方商定后,可改为不对称分布。如,允许±0.35的公差,也可视为$^{+0.2}_{-0.5}$或$^{+0.7}_{0}$或$^{0}_{-0.7}$等。

A2.5　公差表中的基本尺寸及其公差,分别基于优先数系的R5和R10系列。

## 附　录　B
## 检 查 的 实 施
（补充件）

### B1　术语

B1.1　单位产品

为了实施抽样检查的需要而划分的基本单位。本标准确定以一个胶圈为单位产品。

B1.2　提交检查批(简称:批)

为实施抽样检查汇集起来的单位产品。

这些产品必须是具有相同配方、相同的成型工艺和连续生产的时间内制造,同一规格尺寸的胶圈。

B1.3　批量

批中所含胶圈个数,称为批量。

交收检验的批量大小,因项目而异,见表3。

定期检验的批量大小,指在一个周期内生产的,经逐件、逐批检验合格的全部胶圈数。

本标准确定以一个月为一个周期。

B1.4　样本单位

从批中随机抽取被检查的单位产品。

B1.5　样本

样本单位的全体。

B1.6　样本大小

样本中所含的胶圈个数,即样本数。

B1.7　抽样方案

样本大小和判断检查批是否合格的一组规则,统称抽样方案。

B1.8　检查水平、合格质量水平、抽样方案严格性与转移规则等,详见GB 2828。

B1.9　判别水平、不合格质量水平等,详见GB 2829。

### B2　各类检验的目的

B2.1　生产定型检验

上级主管部门为判断某厂或某种新产品，能否许可成批投产，通过若干样本进行一系列试验。

**B2.2** 定期检验

生产定型检验通过后，生产方在一个周期内，须判断在连续成批生产过程中，技术水平是否稳定维持在生产定型时的水平上，为此，抽取样本进行检验。

对产品结构、工艺、材料略加改动后，或停产三个月以上又恢复生产时，亦应进行。

按 GB 2829 的抽样方法，进行定期检验。

**B2.3** 交收检验

当产品入库或出厂时，生产方或需方为判断一个检查批的批质量是否符合规定要求所进行的检验。

按逐件检查与按 GB 2828 的逐批检查方法，进行交收检验。

## B3 有关定期检验的规定

为统一、恰当地执行 GB 2829，须按表 B1 规定。

表 B1 有关定期检验的规定

| 序号 | 项目 | 判别水平 | 不合格质量水平 |
|---|---|---|---|
| 第一组 | | | |
| 1 | 硬度 | I | 20 |
| 2 | 扯断伸长率 | | |
| 3 | 热空气老化性能 | | |
| 4 | 浸水溶胀性能 | | |
| 第二组 | | | |
| 5 | 压缩永久变形 | I | 30 |
| 6 | 压缩应力松弛 | | |
| 7 | 扯断强度 | | |

## B4 有关交收检验的规定

为统一、恰当地执行 GB 2828，须按表 B2 规定。

表 B2 有关交收检验的规定

| 序号 | 项目 | 检查水平 | 合格质量水平 |
|---|---|---|---|
| 第一组 | | | |
| 1 | 硬度 | *S*-2 | 4.0 |
| 第二组 | | | |
| 2 | 结合强度 | Ⅱ | 2.5 |

## B5 交收检验中抽样方案严格性的规定

硬度与结合强度试验等两项，从正常检查抽样方案作起，酌情可按 GB 2828 的转移规则，改变抽样方案的严格性，改用放宽检查或加严检查抽样方案。

## B6 样本的抽取

**B6.1** 作交收检验的样本，应从批中随机抽取。方便时，最好把整批产品按某种合理的方法分成几部分，然后再按各部分占整批的百分比，与总样本大小成比例地在各部分随机抽取。

抽取样本的时间,可在批的形成过程中或以后。

**B6.2** 作定期检验的样本,在周期计划产量过半后,从本周期生产的经交收检验合格的产品中随机抽取。不同项目的样本,分别一次取足。

---

**附加说明:**

本标准由国家建筑材料工业局苏州混凝土水泥制品研究院归口。

本标准由北京市市政工程研究所、长治橡胶厂、陕西红旗水泥制品厂负责起草。

本标准主要起草人:张广铨、李群、王养民等。

本标准委托北京市政工程研究所负责解释。

中华人民共和国专业标准

# 预应力与自应力钢筋混凝土管用橡胶密封圈试验方法

ZB Q 43002—87

**Standard methods of testing rubber gasket ring of prestressed and self-stressing concrete pipe**

本标准适用于预应力与自应力钢筋混凝土管用橡胶密封圈的试验。

## 1 有害物含量的测定

新设的管道，在按 GB J 242—82《采暖与卫生工程施工及验收规范》中第 3.2.11 款的规定作完消毒后，按 GB 5750—85《生活饮用水　标准检验法》制备和测定检验水，作汞、锰、铅、铜等化合物的含量测定。必要时，从新管上游取检验水，作试验对比。

## 2 化学稳定性能试验

2.1　试件

从胶圈中裁切出表面积为 20cm² 的试件，用水洗净，揩干。

2.2　检验水

在纯水中加氯静置 12～48h，至含剩余氯约为 2mg/L 的水，取这种水 1L 浸泡试件，置于暗处，避免与外部通气，在温度 20±2℃下静置 24h 后，备作检验水。

相同的制备过程而未泡有试件的水，备作空白检验水。

注：纯水系指蒸馏水或通过离子交换树脂淡化处理的水，其电导率须在 300μS/m 以下。

2.3　试验方法

采用的仪器、试剂与方法，须根据表 1 介绍的标准，并须符合本标准的补充方法。

表 1　化学稳定性能的试验方法

| 项　目 | 方　　法 |
|---|---|
| 游离硫磺 | 按 GB 3514—83《硫化橡胶中游离硫含量的测定——亚硫酸钠法》作试件与测定 |
| 浑浊度 | 按 GB 5750—85 中，比浊法部分 |
| 色 | 按 GB 5750—85 中，铂钴标准比色法部分 |
| 高锰酸钾消耗量 | 按 GB 5009.60—85 中，高锰酸钾消耗量部分 |
| 剩余氯减量 | 按 GB 5750—85 中，邻联甲苯胺比色法部分 |

2.3.1　浑浊度

与检验水的浑浊度相适应，取标准液的浑浊度为 0.5、1.0、1.5、2.0、2.5、3.0、3.5、4.0、4.5、5.0 度，共 10 种。

2.3.2　剩余氯减量

剩余氯减量是空白检验水的余氯量与检验水余氯量之差。

2.3.2.1　与检验水的余氯量相适应，取余氯标准色列为 0.1、0.2、0.3、0.4、0.5、0.6、0.7、0.8、0.9、

国家建筑材料工业局 1987-07-03发布　　　　1987-12-01实施

1.0、1.5、2.0、3.0、4.0、5.0、6.0、7.0、8.0mg/L，共 18 种。

2.3.2.2 检验水或空白检验水与邻联甲苯胺溶液混合后，静放 5min，迅速比色。

2.3.3 臭和味

将 100ml 检验水装入三角烧瓶，配上塞子，加温至 40～50℃后，拔塞的同时，进行嗅味和尝味。

## 3 物理性能试验

3.1 试件

3.1.1 各种试件应从胶圈中切取。切取不了时，则从同批、同硫化度的模压胶片上制备。

3.1.2 制备方法须根据表 2 介绍的标准，并符合本标准的规定。

表 2 制备试件的方法

| 项　目 | 方　　法 |
|---|---|
| 胶片打磨 | 按 GB 527—83《硫化橡胶物理试验方法的一般要求》中第 2.4 条规定 |
| 试件的裁切 | 按 GB 527—83 中第 2.6～2.8 条规定 |
| 扯断强度试件的裁切 | 按 GB 528—82《硫化橡胶拉伸性能的测定》中第 4.2 条规定 |

3.1.3 一次打磨深度一般不超过 0.2mm，连续打磨要逐渐减薄，避免过热。

3.1.4 经砂轮打磨的胶片，裁切试件前置于标准室温下至少停放 2h。

3.1.5 试件的裁切

3.1.5.1 试件规格与数量见表 3。老化用的两种试件，其规格与数量，均同老化前的硬度试件、扯断强度试件一致。

表 3 试件规格与数量

| 名　称 | 规　格、数　量 |
|---|---|
| 硬度试件 | 按 GB 6032—85《硫化橡胶国际硬度的测定(30～85 IRHD)　微型试验法》中第 3 章；1～2 片[1] |
| 扯断强度试件 | 按 GB 528—82 的 Ⅱ 型；3 片[2] |
| 浸水试件 | 长、宽各为 25.0±0.1mm，厚度为 2.0±0.3mm；3 片 |
| 压缩变形试件、压缩应力松弛试件 | 直径 13.0±0.5mm，厚度为 6.30±0.3mm，圆盘体表面互相垂直、平行；各 3 件 |
| 压缩耐寒试件 | 直径与高均为 10.0±0.2mm，圆柱体表面互相垂直、平行；三件 |

注：① 如胶圈的尺寸适宜，可按 GB 6031—85《硫化橡胶国际硬度的测定(30～85 IRHD)　常规试验方法》第 3 章要求制片，按该标准介绍的试验方法进行试验。

② 如果 Ⅱ 型哑铃状试件和其他类型试件其试验值之间的关系达到一致，则其他类型试件也可使用。

3.1.5.2 裁切方向、裁切技术

a. 硬度试件裁切得沿胶圈的圆周方向。

b. 扯断强度试件裁切方向应与压延、压出方向一致。

c. 压缩变形试件、压缩应力松弛试件与压缩耐寒试件，均应按胶圈使用时受压的方向切取，均用旋转刀从成品取样。关于旋转刀和旋转裁切技术，见附录 A。

3.2 试验条件

3.2.1 各种试件的试验条件，必须符合 GB 527—83 第 3 章的规定。

3.2.2 各种试件在裁切和试验之前须作停放，须按 GB 2941—82《橡胶试样停放和试验的标准温度、湿度及时间》中的规定和分写在各试验方法中的补充规定。

3.3 试验方法

采用的仪器、设备和方法，必须根据表 4 介绍的标准，并须符合本标准的补充方法。

表 4 物理性能的试验方法

| 项 目 | 方 法 | 选 用 参 数 |
|---|---|---|
| 硬度 | 按 GB 6032—85 | |
| 拉伸性能 | 按 GB 528—82 | |
| 在热空气中老化性能 | 按 GB 3512—83《橡胶热空气老化试验方法》 | 温度：70±1℃<br>时间：168h |
| 浸水溶胀性能 | 按 GB 1690—82《硫化橡胶耐液体试验方法》中第 4.1 条与相关部分 | 液体：蒸馏水<br>温度：70±1℃<br>时间：168±2h |
| 压缩永久变形 | 按 GB 1683—81《硫化橡胶恒定形变压缩永久变形的测定方法》 | 时间：$72_{-2}^{0}$ h 或 $24_{-2}^{0}$ h<br>相应温度：28±2℃<br>或 70±1℃<br>限制器高为 4.73±0.01mm |
| 压缩应力松弛 | 按 GB 1685—82《硫化橡胶在常温和高温下压缩应力松弛的测定》 | 温度：23±2℃<br>时间：$168_{-2}^{0}$ h |
| 压缩耐寒性能 | 按 GB 6034—85《硫化橡胶压缩耐寒系数的测定》 | 温度：−25℃ |

3.3.1 浸水溶胀试验

试验前，试件在 23±2℃，50±5%相对湿度下放置不少于 3h。

3.3.2 压缩永久变形试验

3.3.2.1 试验前，将试件置于标准室温下至少停放 3h。

3.3.2.2 在规定温度条件下，将夹具放入恒温箱中，即开始计算试验时间，到达规定时间。从恒温箱中取出夹具，迅速将试件转送到木板上，让试件在 23±2℃的室温下恢复 30±3min，测量试样压缩后的恢复高度。

3.3.2.3 三片试件可分别试验或作为一组试验。试验后，沿直径把试件切成两半，若有任何内伤（如气泡），则舍去该试验结果。

## 4 胶圈尺寸测量

4.1 测量条件

4.1.1 对胶圈及其试件作尺寸测量，须先符合 GB 3672—83《橡胶实心模压和压出制品尺寸公差》标准中第 5.1～5.3 条的规定。

4.1.2 量具须经校正合格后才使用，应保证相应的试验方法规定的测量精度。

4.2 测量方法与量具

4.2.1 须符合 GB 5723—85《硫化橡胶 试验用试片和制品尺寸测量的一般规定》。

4.2.2 须符合表 4 各标准（如 GB 528—82、GB 6034—85）有关规定。

## 5 外观质量检查

5.1 对胶圈的外观质量，用目测与量具检查。

5.2 拼接、嵌接胶圈的结合强度试验。

用胶圈本身进行。或在一段 200mm 长，接缝位于试件中央，即接头两侧各留有 100mm 长度。在试件接头两侧各 50mm 处打上两个记号，将胶圈试件以 8.3±0.8mm/s 的速度拉伸，直到两个记号之间达到表 5 规定的拉伸度百分率，保持 60s，观察拼接区有无分离现象。

表 5 拉伸度百分率

| 硬 度 级 | 40 | 50 | 60 | (70) |
| --- | --- | --- | --- | --- |
| 拉伸度，% | 100 | 100 | 100 | (100) |

注：带括号的数，供产需双方协商采用。

## 附 录 A
## 旋转刀和裁切技术
（参考件）

A.1 本法适用于硫化橡胶硬度在36～70度(IRHD)范围的橡胶圈。

A.2 旋转刀

用优质碳素工具钢，制成锐利的圆冲模式的旋转刀。

I型旋转刀内孔直径为10.10±0.05mm；II型旋转刀内孔直径为13.20±0.05mm。

两型刀的外刃锥度，均为1∶7。

A.3 旋转装置

旋转刀装置固定在台钻的接头里。

刀具的旋转与上下位移，要有相应的同心度和平行度的保证。

旋转刀轴线方向与被裁切胶片相垂直。

A.4 裁切技术

胶片放在合适的胶垫材料上，配有压住胶片的工具。

裁切压力要小，以避免切面呈“杯形”。

一次只裁切一个试样，不得把胶片重叠进行裁切。裁切时，不许重刀。

A.5 裁切始终应加冷却液（宜用中性肥皂水冷却、润滑），防止试样过热、冒烟和冒汽的现象发生。

A.6 为防止冷却液体飞溅，需设透明防护罩。

A.7 裁刀的保养

用400号以上油石或细水磨石经常地轻轻研磨外刃，刃口应保持规定的尺寸和锋利。不许有变钝、缺口或卷刃现象。

裁刀的金属部分要涂一层薄薄的保护油防止锈蚀。并将裁刀贮存在干燥的容器里。

---

**附加说明：**

本标准由国家建筑材料工业局苏州混凝土水泥制品研究院归口。

本标准由北京市市政工程研究所、长治橡胶厂、陕西红旗水泥制品厂负责起草。

本标准主要起草人张广铨、陈书福、王养民等。

本标准委托北京市市政工程研究所负责解释。